# 人工智能

# ARTIFICIAL INTELLIGENCE

## （下册）

陆汝钤 院士◎编著

上海科学技术文献出版社

Shanghai Scientific and Technological Literature Press

# 目　录

## 第四部分  定理机器证明

## 第五部分　机器学习

## 第六部分　自然语言理解

# 第三部分　非经典逻辑和非经典推理

　　——对逻辑来说不存在清规戒律，每个人都可以构造自己的逻辑，即他自己的语言形式，只要他愿意。对他的唯一要求是：如果他想讨论这种逻辑，那么他必须说清楚他的方法，并给出语法规则，而不是给出哲学论据。

Carnap(卡尔纳普)

　　任何科学都需要思维。逻辑是思维的规范，推理是思维的法则，对人工智能来说，它们是两根最重要的支柱。根据老一辈专家的观点，人工智能就是要研究人的思维规律和推理方法，并让计算机学会它。Feigenbaum 特别强调知识的作用，但他也不否认逻辑和推理是人工智能的基本骨架。

　　人工智能之需要逻辑，是从自己特定的角度出发的。首先，它不同于逻辑学家之对待逻辑，后者把逻辑学本身作为研究对象，而人工智能则把逻辑作为描述和模拟思维的工具。大英百科全书把现代逻辑划分为纯逻辑和应用逻辑两大类，前一类研究主要应是逻辑学家的任务，人工智能中的逻辑则属于后一类。其次，它也不同于一般学科和逻辑之间的关系，一般学科主要用逻辑来指导自己的研究，使研究方法更加科学，因此是对逻辑的应用，而人工智能则不仅要应用逻辑，而且还要研究逻辑的应用。第三，它也不同于数学和逻辑的关系，数学和人工智能一样，是要研究逻辑的应用的，但数学研究的是用逻辑来改造数学的基础，而人工智能研究的则是把逻辑作为重现智能的手段。以上所说的种种区别，不能不在选择重点、理论深度、形式化程度等方面对人工智能中的逻辑研究产生深刻的影响。可以这样说,我们不能期望逻辑学家们长期苦苦思索的一些根本问题都在人工智能研究中得到解决,但是却可以指望通过人工智能研究的深入以向逻辑学家们提出一个又一个的新问题。人工智能研究的这种特点,同样体现在推理方法的研究上。

在相当大的一个范围内,人们一提起逻辑,想到的往往只是形式逻辑和数理逻辑,而后者又特指命题逻辑和谓词逻辑。这当然有其道理,因为自从 2 000 多年前产生形式逻辑和 100 多年前产生数理逻辑以来,这两门逻辑一直在研究和应用方面居于主导地位。但是,在长期的实践中,它们也日渐暴露出对许多应用领域力不从心,从而无法阻止许多"离经叛道"的新逻辑流派的不断涌现。在习惯上,人们把这些新逻辑流派称为非经典逻辑,与之相应的推理方法称为非经典推理,根据本书的观点,它们和经典逻辑与经典推理方法之间的主要区别表现在以下几点:

1. 演绎还是归纳? 从 Aristotle 开始,演绎逻辑和演绎推理方法长期以来一直占主导地位,直到 16 世纪,这种一统天下的局面才被 Bacon 等人提倡的归纳法打破。但是比起演绎方法来,归纳方法有一些天然的弱点,它形式化程度不够,哲学上尚有争论,推理结果的可信度没有演绎方法高,因此演绎逻辑似乎仍是逻辑的正宗,甚至有的人误把逻辑和演绎逻辑等同起来,实际上,归纳逻辑在人工智能中的地位一点都不亚于演绎逻辑。

2. 二值还是多值? 传统的形式逻辑和数理逻辑都是二值逻辑,即任一命题的值只有真和假两种,但是在像"波斯海战"这样的问题上就已暴露出二值逻辑描述能力之不足,它是对客观世界真理性的一个过分简化的抽象,为了弥补这个缺陷,各种各样的三值逻辑、四值逻辑、$n$ 值逻辑,甚至模糊逻辑不断被提出来,多值逻辑和模糊逻辑已被证明有广泛的应用,但是比起二值的命题逻辑和谓词逻辑来,它们的理论基础尚显得薄弱,尤其是二值逻辑中一些重要而"优美的"性质在多值逻辑和模糊逻辑中不再出现,令人遗憾。

3. 是否遵守形式逻辑和传统数理逻辑的运算法则? 这是从第 2 点的最后一句话引申出来的。例如,排中律曾是传统逻辑的基石之一,但直觉主义逻辑把它排除了,使大数学家 Hilbert 为之捶胸顿足,痛斥人心不古。"负负得正"是小学生都知道的原则,体现在逻辑中就是～～$A \equiv A$。许多三值逻辑却公然背弃这个法则。还有 De.Morgan 定律,一向被认为是对逻辑发展的基础性贡献,在一些多值逻辑中也不再成立。最不能令人容忍的也许是恒等律 $A \equiv A$ 的失效。

这都是某些现代逻辑背离传统逻辑的重要特征。

4. 是否引进额外的逻辑算子？传统的命题运算有五个逻辑运算符：∨、∧、→、～、≡，在谓词逻辑中增加了量词∀和∃，所有这些运算符组成的逻辑公式都只能回答"什么是真？""什么是假？"的绝对是非判断问题。但是如果面临"什么可能真？""什么必然假？""什么应该真？""什么允许假？"之类的问题，它们就显得无能为力了，引进额外的算子——通常称为模态算子，是解决这个问题的一条重要途径。

5. 单调还是非单调？传统逻辑是单调的，就是说，已知的事实（定理）都是充分可信的，不会随着新事实的发现而使旧事实变假。但是在现实生活中，许多事实是在人们未完全掌握其前提条件的情况下"大致地"认可的，当人们对客观情况的认识进一步深化，或客观情况有了变化时，一些旧的认识可能被推翻，这就是人的认识的非单调性，把非单调性引进逻辑，就得到与传统逻辑迥然不同的非单调逻辑。

在本书中，我们把传统的形式逻辑以及数理逻辑中的命题逻辑和谓词逻辑看成是经典逻辑，它们是演绎的、二值的和非单调的，而把其他逻辑看成是非经典逻辑。同时，我们把经典逻辑采用的演绎方法看成是经典推理方法，而把其他推理方法看成是非经典推理方法。

在某种程度上，各种非经典逻辑和非经典推理方法是一群乌合之众，缺少统一的理论体系，从本部分包含的内容来看，它们之间在表示方法上有较大的区别：

1. 是否具有逻辑的形式？这大体上表明了一种推理方法是否已足够地形式化。

2. 是否采用经典逻辑的语法框架？这是对已经逻辑化的推理方法而言的。

3. 属于外延逻辑还是内涵逻辑？一般来说，从内涵到外延有一个层次的变化，不一定是绝对的内涵或绝对的外延。

还有一些其他的区别。

我们希望，阅读本部分将会激起读者对运用和创造各种逻辑手段去描述和解决客观世界问题的兴趣。

# 第十一章
## 模态逻辑及其应用

经典的一阶逻辑（普通谓词演算）在表达能力上有很大的局限性。早在古希腊时代，Aristotle 就提出过著名的波斯海战问题："明天波斯和雅典将发生海战"。由于一阶逻辑对任何命题只能回答是或否，所以像这样一个明天才知道其真伪的命题用一阶逻辑是回答不了的。Aristotle 不但以此指出传统逻辑（在他的时代还只是形式逻辑）的局限性，而且研究了其解决办法，即模态逻辑。在他的《工具论》一书中，论述模态逻辑的部分所占篇幅约为论述普通形式逻辑所占篇幅的三倍。只是从 Aristotle 的弟子们开始，模态逻辑的研究才被冷落了。这一冷就冷了两千多年，直到本世纪初，美国逻辑学家 Lewis（刘易斯）在研究实质蕴含悖论时才重新提到了模态逻辑。所谓实质蕴含悖论指的是像以下这样一些在一阶逻辑中恒真的命题：

$$p \rightarrow (q \rightarrow p)$$
$$\sim p \rightarrow (p \rightarrow q)$$
$$(p \rightarrow q) \vee (q \rightarrow p)$$

它们分别表示：

1. 若某命题为真，则它可从任何命题推出。

2. 若某命题为假，则它可以推出任何命题。

3. 任意两个命题 $p$ 和 $q$，不是 $p$ 推出 $q$，就是 $q$ 推出 $p$。

由此可以推出如下的悖论：

1. 若布什在 7086 年当选印度皇帝，则 $1+1=2$。

2. 若太阳从西边出来，则公司经理学雷锋。

3. 要么从黎曼猜想为真能推出费尔马大定理为真，要么从费尔马大定理为真能推出黎曼猜想为真，两者必居其一。

所有这些悖论的根源在于 Russel 对 $p \rightarrow q$ 的经典定义：$p \rightarrow q$ 等价于 $\sim p \vee q$。Lewis 提出以所谓严格蕴含来代替 Russel 的实质蕴含。按照 Lewis 的定义，$p \rightarrow$

$q$ 等价于

$$不可能(p \wedge \sim q)$$

他还发展了一套基于模态的数理逻辑理论。可是人们发现，严格蕴含也能导致悖论，不过这是后话。上述事实表明，模态逻辑的历史至少和普通形式逻辑的历史一样长。把它列入非经典逻辑的范围，是有点委屈了它。但本书暂时没有更好的分类方法，也只好这样。

当 Aristotle 首创模态逻辑时，他一共提出了四种模态：可能、偶然、不可能和必然。后来 Kant(康德)把模态分为三种：或然、实然和必然。Wunt(冯特)又把模态归结为或然和必然，把实然判断看作非模态判断。现代的模态逻辑一般都以可能和必然为两个模态词。上面已经提到，把模态推理引入数理逻辑是Lewis(1918 年)完成的，为时并不太久。之后，人们对模态词的含义又作了各种引申。例如，把"可能真"解释为"总有一天真"，把"必然真"解释为"永远真"，就得到时序逻辑。把"可能 $P$"解释为"允许 $P$"，把"必然 $P$"解释为"应该 $P$"，就得到义务逻辑，等等。

本章主要讲模态逻辑和时序逻辑、考虑到时间推理在人工智能技术中的重要性，加了一节不直接与模态和时序逻辑有关的时间推理。

## 11.1　模态逻辑

模态逻辑的基本思想，是在普通逻辑中引进可能和必然两个模态词，例如：

可能(贾宝玉娶了林妹妹)

必然(骆驼祥子当不成车行老板)

对这两个模态词的适当解释，最初是由德国哲学家、数学家 Leibnitz 给出的。他认为世界不只有一个，除了现实世界以外，还有许多可能世界。一个命题的真或假，取决于在哪个世界中对它进行考察。"世界"一词原是佛教用语，"世"表示时间，"界"表示空间。《楞严经》说"世为迁流，界为方位。汝今当知，东、西、南、北、东南、西南、东北、西北、上、下为界。过去、未来、现在为世。"就是这个意思。据说佛教认为有三千个可能世界。除此之外，《镜花缘》中的君子国、女儿国、两面国，以及《聊斋》中的阴曹地府、狐宫仙境，还有高能物理中的正粒子和反粒子世界,也都是可能世界的例子。在君子国中奉为道德准绳的你谦我让,到两面国就行不通,说明真理标准也随可能世界而转移。

在用可能世界的概念深入论述模态逻辑的语义之前,我们先给出它的语法定义:

**定义 11.1.1** 模态逻辑的合式公式定义如下:

1. 任何一个一阶谓词演算的合式公式都是模态逻辑的合式公式。

2. 若 $A$ 是模态逻辑的合式公式(以下简称合式公式),则 $\Box A$ 也是合式公式。

3. 若 $A$ 是合式公式,则 $\Diamond A$ 也是合式公式。

4. 若 $A$ 是合式公式,则 $\sim A$ 也是合式公式。

5. 若 $A$ 和 $B$ 是合式公式,则 $A \land B$, $A \lor B$, $A \rightarrow B$, $A \equiv B$ 都是合式公式。

6. 除此以外,没有别的合式公式。

在这里,$\Box$ 就是必然算子,$\Box A$ 称为必然 $A$,$\Diamond$ 就是可能算子,$\Diamond A$ 称为可能 $A$。注意它在逻辑上的顺序性。$\Box \sim (A \rightarrow B)$ 表示 $A$ 必然推不出 $B$,而 $\sim \Box (A \rightarrow B)$ 表示 $A$ 不一定推出 $B$。对可能算子 $\Diamond$ 也一样。

下面讨论模态逻辑系统。为简单起见,本节只考虑命题模态逻辑。

**定义 11.1.2** 若有

1. 一组命题(模态)合式公式,称为公理。

2. 一组推导规则,其中每个规则取如下形式:

$$\frac{A_1 \land A_2 \land \cdots \land A_n}{A}$$

这里 $A$ 和诸 $A_i$ 均属于上述合式公式组。

3. 该合式公式组在此推导规则下封闭。

则称 1.和 2.构成一个命题模态逻辑系统。

下面介绍几个命题模态逻辑系统。

**定义 11.1.3**($T$ 系统) 在定义 11.1.1 的基础上增加两个逻辑符号:严格蕴含符 $\prec$ 和严格等价符 $=$,并规定:

1. 若 $A$,$B$ 为合式公式,则 $A \prec B$ 也是合式公式。

2. 若 $A$,$B$ 为合式公式,则 $A = B$ 也是合式公式。

各逻辑运算符之间的关系为:

1. $A{\to}B$ 定义为 $\sim A \vee B$

2. $A \wedge B$ 定义为 $\sim(\sim A \vee \sim B)$

3. $A \equiv B$ 定义为 $(A{\to}B) \wedge (B{\to}A)$

4. $\diamondsuit A$ 定义为 $\sim\square\sim A$。

5. $A{\prec}B$ 定义为 $\square(A{\to}B)$。

6. $A{=}B$ 定义为 $(A{\prec}B) \wedge (B{\prec}A)$。

它们满足的公理系统是：

$T_1 : (A \vee A){\to}A$

$T_2 : A{\to}A \vee B$

$T_3 : A \vee B{\to}B \vee A$

$T_4 : (A{\to}B){\to}((C \vee A){\to}(C \vee B))$

$T_5 : \square A{\to}A$

$T_6 : \square(A{\to}B){\to}(\square A{\to}\square B)$

合式公式的变形规则为：

1. 代入规则：若 $p$ 是 $A$ 中变量，$A$ 为合式公式，且能用上述公理系统证明（写作 $\vdash A$），$B$ 为任一合式公式，用 $B$ 代入 $A$ 中的 $p$ 后使 $A$ 成为 $A'$，则亦有 $\vdash A'$。

2. 分离规则：由 $\vdash A{\to}B$ 及 $\vdash A$，有 $\vdash B$ 成立。

3. 必然规则：从 $\vdash A$ 可得 $\vdash \square A$。

这样的一个命题模态逻辑系统称为 $T$ 系统。

注意，第一，在 $T$ 系统中，只有三个逻辑运算是基本的，它们是 $\sim$，$\vee$ 和 $\square$，其他都是用这三个运算定义的；第二，$T$ 系统正式引进了严格蕴含和严格等价，企图避免悖论；第三，千万不要把必然规则理解为 $A{\to}\square A$。因为必然规则的含义是：若 $A$ 为定理，则 $\square A$ 为定理，而 $A{\to}\square A$ 表示：若 $A$ 为真，则 $\square A$ 为真。通常 $A$ 为真不等于 $A$ 是定理，参看下面的语义。第四，$T$ 系统是最弱的命题模态逻辑系统。也就是说，凡 $T$ 系统中成立的公理和推导规则，在其他命题模态逻辑系统中也成立。它们是起码要求。

**定理 11.1.1** $T$ 系统具有如下性质：

1. $A{\to}\diamondsuit A$。

2. $(A{=}B){\to}(\square A \equiv \square B)$。

3. $\square(A \wedge B) \equiv (\square A \wedge \square B)$。

4. $\square(A \equiv B) \equiv (A{=}B)$。

5. $\Box A \equiv \sim \diamondsuit \sim A$。

6. $\sim \diamondsuit(A \lor B) \equiv (\sim \diamondsuit A \land \sim \diamondsuit B)$。

7. $\diamondsuit(A \lor B) \equiv (\diamondsuit A \lor \diamondsuit B)$。

8. $(A < B) \rightarrow (\diamondsuit A \rightarrow \diamondsuit B)$。

9. $(\Box A \lor \Box B) \rightarrow \Box(A \lor B)$。

10. $\diamondsuit(A \land B) \rightarrow (\diamondsuit A \land \diamondsuit B)$。

11. $(\sim A < A) \equiv \Box A$。

12. $(A < \sim A) \equiv \Box \sim A$。

13. $((A < B) \lor (\sim A < B)) \equiv \Box B$。

14. $((A < B) \land (A < \sim B)) \equiv \Box \sim B$。

15. $\Box A \rightarrow (B < A)$。

16. $\Box \sim A \rightarrow (A < B)$。

17. $\Box A \rightarrow (\diamondsuit B \rightarrow \diamondsuit(A \land B))$。

**证明** 我们只证第一条性质以作示范,其余留作习题。

| | |
|---|---|
| $\Box p \rightarrow p$ | 公理 $T_5$ |
| $\Box \sim A \rightarrow \sim A$ | 代入规则 |
| $\sim \Box \sim A \lor \sim A$ | $\rightarrow$的定义 |
| $\sim A \lor \sim \Box \sim A$ | 公理 $T_3$ |
| $A \rightarrow \sim \Box \sim A$ | $\rightarrow$的定义 |
| $A \rightarrow \diamondsuit A$ | $\diamondsuit$的定义 |

证毕。

在这些性质中,性质 15 和性质 16 具有特殊的地位。性质 15 表明:若 $A$ 必然成立,则任何命题 $B$ 皆能严格推出(严格蕴含)$A$。性质 16 表明,若 $A$ 必然假,则 $A$ 能严格推出任何命题 $B$。这就是所谓的严格蕴含悖论,与实质蕴含悖论相对应。这表明,Lewis 对蕴含的新定义未能解决悖论问题。

Lewis 引进了五个模态逻辑系统:$S_1$,$S_2$,$S_3$,$S_4$ 和 $S_5$。下面我们介绍其中的两个。

**定义 11.1.4**($S_4$ 系统) 对 $T$ 系统加上新公理

$$L_1: \Box p \rightarrow \Box \Box p$$

即成为 $S_4$ 系统。

**定理 11.1.2**　$S_4$ 系统有如下附加性质：

1. $\Box A \equiv \Box\Box A$。

2. $\Diamond A \equiv \Diamond\Diamond A$。

3. $\Diamond\Box\Diamond A \rightarrow \Diamond A$。

4. $\Box\Diamond A \equiv \Box\Diamond\Diamond A$。

5. $\Diamond\Box A \equiv \Diamond\Box\Diamond\Box A$。

**证明**　只证第一个性质：

$\Box A \rightarrow A$　　　　　　　　　　　$T$ 系统公理 $T_5$

$\Box\Box A \rightarrow \Box A$　　　　　　　　代入规则

$\Box A \rightarrow \Box\Box A$　　　　　　　　公理 $L_1$ 及代入规则

$\Box A \equiv \Box\Box A$　　　　　　　　　$\equiv$ 之定义

　　　　　　　　　　　　　　　　　　　　　　证毕。

**定义 11.1.5**（$S_5$ 系统）　对 $T$ 系统加上新公理

$$L_2 : \Diamond p \rightarrow \Box\Diamond p$$

即成为 $S_5$ 系统。

**定理 11.1.3**　$S_4$ 是 $S_5$ 的子系统。

**证明**　只要证明 $L_1$ 是 $L_2$ 的推论即可。

首先证明性质 $1 : \Diamond\Box p \rightarrow \Box p$。

$\Diamond p \rightarrow \Box\Diamond p$　　　　　　　　公理 $L_2$

$\Diamond \sim p \rightarrow \Box\Diamond \sim p$　　　　　　代入规则

$\sim\Diamond \sim p \lor \Box\Diamond \sim p$　　　　　$\rightarrow$ 的定义

$\Box\Diamond \sim p \lor \sim\Diamond \sim p$　　　　　公理 $T_3$

$\sim\Box\Diamond \sim p \rightarrow \sim\Diamond \sim p$　　　　$\rightarrow$ 的定义

$\sim\sim\Diamond \sim\Diamond \sim p \rightarrow \sim\Diamond \sim p$　　$T$ 系统性质 $5$

$\Diamond\Box p \rightarrow \Box p$　　　　　　　　　$T$ 系统性质 $5$

下面证明性质 $2 : \Diamond p \equiv \Box\Diamond p$。

$\Diamond p \rightarrow \Box\Diamond p$　　　　　　　　公理 $L_2$

$\Box p \rightarrow p$　　　　　　　　　　　公理 $T_5$

$\Box\Diamond p \rightarrow \Diamond p$　　　　　　　　代入规则

$\Diamond p \equiv \Box\Diamond p$　　　　　　　　　$\equiv$ 之定义

下面证明性质 $3:\Box p \equiv \Diamond \Box p$。

| | |
|---|---|
| $\Box p \to \Diamond \Box p$ | $T$ 系统性质 1，代入规则 |
| $\Diamond p \to \Box \Diamond p$ | 公理 $L_2$ |
| $\Diamond \sim p \to \Box \Diamond \sim p$ | 代入规则 |
| $\sim \Box \Diamond \sim p \to \sim \Diamond \sim p$ | →之定义，公理 $T_3$ |
| $\sim \Box \sim \Box \sim \sim p \to \sim \sim \Box \sim \sim p$ | $\Diamond$ 之定义，代入规则 |
| $\sim \Box \sim \Box p \to \Box p$ | $\sim$ 之定义 |
| $\Diamond \Box p \to \Box p$ | $\Diamond$ 之定义，代入规则 |
| $\Box p \equiv \Diamond \Box p$ | $\equiv$ 之定义 |

现在证明 $L_1$。

| | |
|---|---|
| $\Box p \to \Diamond \Box p$ | $T$ 系统性质 1，代入规则 |
| $\Box p \to \Box \Diamond \Box p$ | 本系统性质 2，代入规则 |
| $\Box p \to \Box \Box p$ | 本系统性质 3，代入规则 |

证毕。

这三个命题模态逻辑系统提供了大量的模态命题间的关系公式，利用它们可把复杂的模态命题归约为简单的模态命题。

**定义 11.1.6**

1. 由算子集合 $\text{MOP} = \{\sim, \Box, \Diamond\}$ 生成的算子序列集合 $\text{MOP}^*$ 称为模态集合。它的每个元素称为一个模态，是由零个或有限个算子（模态逻辑运算符）组成的串。

2. 两个模态 $\varphi$ 和 $\psi$ 称为是等价的，当且仅当对每个合式公式 $A$，有

$$\varphi A \equiv \psi A$$

注意，等价性随模态逻辑系统而异。

**定理 11.1.4**

1. 在 $T$ 系统中，存在无限多个互相不等价的模态。

2. 在 $S_4$ 系统中，只有有限多个互相不等价的模态，并有下列归约规则：

(1) $\Diamond p \equiv \Diamond \Diamond p$

(2) $\Box p \equiv \Box \Box p$

3. 在 $S_5$ 系统中，只有有限多个互相不等价的模态，并且比 $S_4$ 多出两个归约规则：

（3）$\diamond p \equiv \square \diamond p$

（4）$\square p \equiv \diamond \square p$

其结果为可把由多于一个模态运算符相连的模态（如 $\diamond\diamond$，$\square\square$，$\diamond\square$，$\square\diamond$ 等）都化成只有一个模态运算符的模态。

**定义 11.1.7**　若不存在一个命题 $A$，使同一模态逻辑系统中既有 $\vdash A$，又有 $\vdash \sim A$，则称此系统为一致的。

**定理 11.1.5**　$T$ 系统、$S_4$ 系统和 $S_5$ 系统都是一致的。

下面讨论模态命题逻辑的语义。关键在于给出运算符 $\square$ 和 $\diamond$ 的语义。一种逻辑的语义取决于它的解释（或称模型）。

**定义 11.1.8**　三元组 $M=(W, R, \overline{V})$ 称为模态逻辑的一个模型，其中 $W$ 是可能世界的非空集合，$\overline{V}$ 是对 $W$ 中各可能世界的真值指派，即对每个合式公式，指明它在每个可能世界中取真值还是假值。$R$ 是附加于此模型之上的其他关系，可以为空。

对可能世界的真值指派应满足以下条件：

1. true 在所有的可能世界中为真。

2. false 在所有的可能世界中为假。

3. $p$ 在可能世界 $\alpha$ 中为真，当且仅当 $\sim p$ 在 $\alpha$ 中为假。

4. $p \wedge q$ 在可能世界 $\alpha$ 中为真，当且仅当 $p$ 和 $q$ 都在 $\alpha$ 中为真。

5. $p \vee q$ 在可能世界 $\alpha$ 中为真，当且仅当 $p$ 或 $q$ 在 $\alpha$ 中为真。

6. $p \rightarrow q$ 在可能世界 $\alpha$ 中为真，当且仅当若 $p$ 在 $\alpha$ 中为真，则 $q$ 也在 $\alpha$ 中为真。

7. $p \equiv q$ 在可能世界 $\alpha$ 中为真，当且仅当 $p \rightarrow q$ 和 $q \rightarrow p$ 在 $\alpha$ 中均为真。

读者不难发现，在上面的定义中未涉及必然算子和可能算子的语义，即没有说明 $\square A$ 和 $\diamond A$ 什么时候为真，这是因为对它们的真值指派随模型而异。上面说的只是所有模型必需满足的公共条件。除了这些以外，每个模型还有自己独特的规定。今后，我们也以 $\models_{\alpha}^{M} A$ 或 $\models_{\alpha} A$ 来表示 $A$ 在模型 $M$ 的可能世界 $\alpha$ 中为真，在不导致二义性时可使用后一种。并用 $\models^{M} A$ 或 $\models A$ 表示 $A$ 在 $M$ 的所有可能世界中为真（规定同上），孤立的 $A$ 相当于 $\models_{\alpha}^{M} A$，只是 $M$ 和 $\alpha$ 未显式指出。

**定义 11.1.9** 如果规定

1. $\models_{\alpha}^{M} \Box A$ 当且仅当 $\models^{M} A$。

2. $\models_{\alpha}^{M} \Diamond A$ 当且仅当 $\exists \beta \in W, \models_{\beta}^{M} A$，其中 $M = (W, R, \bar{V})$（今后也简写为 $\exists \beta \in M$）。则称此模型为 Leibnitz 模型。

本模型反映了 Leibnitz 对可能和必然算子的原来解释。

**定理 11.1.6** 对 Leibnitz 模型，有下列公式成立：

1. $\Box A \rightarrow A$

2. $\Diamond A \equiv \Box \Diamond A$

3. $\Box A \equiv \sim \Diamond \sim A$

4. $\Diamond A \equiv \sim \Box \sim A$

5. $\Diamond \sim A \equiv \sim \Box A$

6. $\Box \sim A \equiv \sim \Diamond A$

7. $\Diamond (A \wedge B) \rightarrow \Diamond A \wedge \Diamond B$

8. $\Diamond A \vee \Diamond B \equiv \Diamond (A \vee B)$

9. $\Box (A \wedge B) \equiv \Box A \wedge \Box B$

10. $\Box A \vee \Box B \rightarrow \Box (A \vee B)$

11. $\Box (A \rightarrow B) \rightarrow (\Box A \rightarrow \Box B)$

**证明**

对 1，该式左边表示对所有可能世界 $\alpha$，皆有 $\models_{\alpha} A$ 成立。该式右边表示对一个未显式地说明的可能世界 $\beta$，$\models_{\beta} A$ 成立。因此从左边可推出右边。

对 2，该式左边表示存在一个可能世界 $\alpha$，使 $\models_{\alpha} A$ 成立，该式右边表示对所有 $\alpha$，皆有 $\models_{\alpha}^{M} \Diamond A$ 成立。根据定义 11.1.9，其含义为 $\exists \beta$，使 $\models_{\beta}^{M} A$ 成立，这 $\beta$ 与 $\alpha$ 无关，所以上面的"对所有 $\alpha$"一句可去掉，因此从左边可推出右边，利用性质 1 可从右边推出左边。

对 3，可读为：$A$ 在所有 $\alpha$ 中成立等价于不存在 $\alpha$，使 $A$ 不成立。

对 4，可读为：存在 $\alpha$ 使 $A$ 成立等价于并非对所有 $\alpha$，$A$ 皆不成立。

这两个结论肯定是对的（同义反复）。

对 5 和 6，可分别从 3 和 4 导出。

其余各项的证明方法类似。

证毕。

注意,上述性质的描述是不可能改进的。例如性质 1 的逆向推理 $A \rightarrow \Box A$ 不能成立,因为从 $A$ 在一个世界中为真不能推出它在所有世界中为真。性质 7 的逆向推理 $\Diamond A \wedge \Diamond B \rightarrow \Diamond (A \wedge B)$ 也不成立,这好比从"海淀镇有一家卖烧饼的店和一家卖计算机的店"推不出"该镇上有一家既卖烧饼又卖计算机的店"。性质 10 的逆向推理 $\Box (A \vee B) \rightarrow \Box A \vee \Box B$ 也不成立,这好比从"夜入民宅,非偷即盗"推不出"夜入民宅皆偷或夜入民宅皆盗"。性质 11 的逆向推理 $(\Box A \rightarrow \Box B) \rightarrow \Box (A \rightarrow B)$ 也不成立,这好比从"若 $x$ 在所有国家都能用当地语言自由交谈,则 $x$ 在所有国家都能充当万能译员"推不出"若 $x$ 在某国能用当地语言自由交谈,则 $x$ 能在该国充当万能译员"。

另一个要注意的是,这 11 条性质中只有一部分(例如性质 3,4,5,6)是对模态逻辑的所有模型都适用的,另一些则将在其他模型中失效。

**定义 11.1.10**(标准模型) 设 $M = (W, R, \overline{V})$ 是一个模型,若 $R$ 定义了 $W \times W$ 上的一个二元关系,则 $M$ 称为一个标准模型。在标准模型中模态算子的含义是:

1. $\models^M_\alpha \Box A$,当且仅当对每个使 $\alpha R \beta$ 成立的 $\beta$,有 $\models^M_\beta A$ 成立。

2. $\models^M_\alpha \Diamond A$,当且仅当存在 $W$ 中的某个 $\beta$,使 $\alpha R \beta$ 成立,且 $\models^M_\beta A$ 为真。

在这里,$R$ 可以理解为可到达关系,即:$\Box A$ 为真,当且仅当从目前所在的世界 $\alpha$ 出发,在能到达的一切世界 $\beta$ 中,$A$ 皆为真。$\Diamond A$ 为真,当且仅当从目前所在的世界 $\alpha$ 出发,能够到达某个世界 $\beta$,在那里 $A$ 为真。

注意,我们在这里未给 $R$ 加上任何条件。因此在 Leibnitz 模型中成立的许多定理,在此是不成立的。

例如,$\Box A \rightarrow A$ 在这里就不成立,因为对任意的可能世界 $\alpha$,不一定有 $\alpha R \alpha$ 成立,即从 $\alpha$ 出发,不一定能到达 $\alpha$ 自己。设想当前的可能世界 $\alpha$ 为张三的一生,$A$ 表示能享福,$R$ 表示父子关系,则 $\Box A$ 表示张三的子孙万代都可以享福,但张三并不是自己的后代,因此张三本人不一定能享福。同样,$\Box A \rightarrow \Diamond A$ 也不一定成立,因为从一个可能世界出发能到达的世界集也许是空集。仍以父子关系为例,若张三没有生育子女,则 $\Box A$ 仍然成立,但 $\Diamond A$ 就不真了,因为找不到张三的一个享福的后代。在用父子关系作可到达关系 $R$ 的例子时,我们实际上加了一个隐含的假定,即可到达性是传递的:若 $\alpha$ 能到达 $\beta$,$\beta$ 能到达 $\gamma$,则 $\alpha$ 亦能到达 $\gamma$。在一般的标准模型中,这种假定也是不一定成立的。例如,把 $\alpha R\beta$ 理解为 $\alpha$ 认识 $\beta$。令 $\alpha$ 为张三,$A$ 的含义照旧,则 $\Box A$ 表示张三认识的人都享福,而 $\Box\Box A$ 表示张三认识的人认识的人都享福,因此,$\Box A \to \Box\Box A$ 不成立,即从必然 $A$ 推不出必然 $A$。

这样的例子还有很多,但是有一些重要的关系在标准模型中是成立的。

**定理 11.1.7**

1. $\models_\alpha^M \Diamond A$ 等价于 $\models_\alpha^M \sim\Box\sim A$。

2. $\models_\alpha^M \Box A$ 等价于 $\models_\alpha^M \sim\Diamond\sim A$。

**证明**  对 1,有:

$\models_\alpha^M \Diamond A$ 等价于存在 $\beta$,$\alpha R\beta$,使 $\models_\beta^M A$;

等价于并非对每个满足 $\alpha R\beta$ 的 $\beta$,都有 $\sim\models_\beta^M A$;

等价于并非对每个满足的 $\alpha R\beta$ 的 $\beta$,都有 $\models_\beta^M \sim A$;

等价于 $\sim\models_\alpha^M \Box\sim A$;

等价于 $\models_\alpha^M \sim\Box\sim A$。

对 2,有:

$\models_\alpha^M \Box A$ 等价于对所有满足 $\alpha R\beta$ 的 $\beta$,有 $\models_\beta^M A$;

等价于并不存在一个满足 $\alpha R\beta$ 的 $\beta$,使 $\sim\models_\beta^M A$ 成立;

等价于并不存在一个满足 $\alpha R\beta$ 的 $\beta$,使 $\models_\beta^M \sim A$ 成立;

等价于 $\sim\models_\alpha^M \Diamond\sim A$;

等价于 $\models_\alpha^M \sim\Diamond\sim A$。

证毕.

**定理 11.1.8** 对于 $n \geqslant 0$，从 $\models_C (A_1 \wedge A_2 \wedge \cdots \wedge A_n) \rightarrow A$ 可推出 $\models_C (\square A_1 \wedge \cdots \wedge \square A_n) \rightarrow \square A$，其中 $C$ 表示一个标准模型类。

**证明** 用归纳法。当 $n = 0$ 时，定理成为

$$\models_C A \rightarrow \models_C \square A$$

该式左边表示在 $C$ 中每个标准模型的每个可能世界 $\alpha$ 中 $A$ 皆为真，由此当然可以推出在 $C$ 中每个标准模型的每个可能世界 $\alpha$ 中 $\square A$ 为真。

现在假定对所有的 $0 \leqslant k < n$，本定理皆成立，设有 $\models_C (A_1 \wedge A_2 \wedge \cdots \wedge A_n) \rightarrow A$ 成立，由通常命题运算的规则可知它等价于下式：

$$\models_C (A_1 \wedge \cdots \wedge A_{n-1}) \rightarrow (A_n \rightarrow A)$$

根据归纳假设有：

$$\models_C (\square A_1 \wedge \cdots \wedge \square A_{n-1}) \rightarrow \square (A_n \rightarrow A)$$

但在任何可能世界中，$\square(A_n \rightarrow A)$ 都蕴含 $(\square A_n \rightarrow \square A)$，因此上式等价于

$$\models_C (\square A_1 \wedge \cdots \wedge \square A_{n-1}) \rightarrow (\square A_n \rightarrow \square A)$$

再次运用命题逻辑公式，得

$$\models_C (\square A_1 \wedge \cdots \wedge \square A_{n-1} \wedge \square A_n) \rightarrow \square A$$

证毕。

下面我们要对标准模型加以限制。

**定义 11.1.11.** 设 $R$ 是标准模型 $M = (W, R, \overline{V})$ 中的关系，则 $R$ 称为是：

1. 序列的，当且仅当对 $W$ 中的每个 $\alpha$，存在 $W$ 中的 $\beta$，使 $\alpha R \beta$。

2. 自反的，当且仅当对 $W$ 中的每个 $\alpha$，有 $\alpha R \alpha$ 成立。

3. 对称的，当且仅当对 $W$ 中任意的 $\alpha$、$\beta$，从 $\alpha R \beta$ 可推知 $\beta R \alpha$。

4. 传递的，当且仅当对 $W$ 中任意的 $\alpha$、$\beta$、$\gamma$，从 $\alpha R \beta$ 和 $\beta R \gamma$ 可推出 $\alpha R \gamma$。

5. 欧几里得的，当且仅当对 $W$ 中任意的 $\alpha$、$\beta$、$\gamma$，由 $\alpha R \beta$ 和 $\alpha R \gamma$ 可推出 $\beta R \gamma$。

**定理 11.1.9**

1. 若 $R$ 为序列的,则 $\Box A \to \Diamond A$ 为真。

2. 若 $R$ 为自反的,则 $\Box A \to A$ 和 $\Box A \to \Diamond A$ 皆为真。

3. 若 $R$ 为对称的,则 $A \to \Box \Diamond A$ 为真。

4. 若 $R$ 为传递的,则 $\Box A \to \Box \Box A$ 为真。

5. 若 $R$ 为欧几里得的,则 $\Diamond A \to \Box \Diamond A$ 为真。

**证明**

1. $R$ 为序列的,对任何 $\alpha \in W$,有 $\beta$,使 $\alpha R \beta$,由 $\Box A$ 可知 $\models_\beta A$ 成立,此示 $\Diamond A$ 为真。

2. $R$ 为自反的,由 $\alpha R \alpha$ 可知 $\Box A$ 能推出 $\models_\alpha A$,因此 $A$ 为真,同样可证 $\models_\alpha \Diamond A$ 成立。

3. $R$ 为对称的,设当前世界为 $\alpha$,若不存在 $\beta$,使 $\alpha R \beta$ 成立,则 $\Box \Diamond A$ 自然成立。否则,令 $\beta$ 是使 $\alpha R \beta$ 成立的一个可能世界,由对称性知 $\beta R \alpha$ 成立。因此由 $A$ 在 $\alpha$ 中为真知 $\models_\beta \Diamond A$ 成立。这对每一个这样的 $\beta$ 都是对的,因此有 $\models_\alpha \Box \Diamond A$ 成立。

4. $R$ 为传递的,设当前世界为 $\alpha$,$\Box A$ 表示凡满足 $\alpha R \beta$ 的 $\beta$ 均使 $A$ 为真,若 $\gamma$ 使 $\beta R \gamma$ 成立,则由传递性知 $\alpha R \gamma$ 亦成立,这表明 $\Box \Box A$ 成立。

5. $R$ 为欧几里得的,设当前世界为 $\alpha$,$\Diamond A$ 表示存在 $\beta$,使 $\alpha R \beta$,且 $\models_\beta A$ 为真,又由 $\alpha R \beta$ 和 $\alpha R \beta$ 知有 $\beta R \beta$,即 $R$ 是自反的,说明有 $\models_\beta \Diamond A$ 成立。现在设 $\gamma$ 是一个任意的使得 $\alpha R \gamma$ 成立的可能世界,再次引用欧几里得性质,可知有 $\gamma R \beta$ 成立,此示 $\models_\gamma \Diamond A$ 为真,因此 $\models_\alpha \Box \Diamond A$ 为真。

证毕。

**推论 11.1.1**

1. 若关系 $R$ 是自反的和欧几里得的,则 $R$ 是对称的。

2. 若关系 $R$ 是欧几里得的和对称的,则 $R$ 是传递的。

**定理 11.1.10** 设 $(W, R, \overline{V})$ 是一个标准模型,则

1. 当 $R$ 为自反时,它是 $T$ 系统的模型。

2. 当 $R$ 为自反且传递时,它是 $S_4$ 系统的模型。

3. 当 $R$ 为自反且欧几里得时,它是 $S_5$ 系统的模型。

注意本定理的最后一点，它指出当 $R$ 为自反且欧几里得时，得到的是 $S_5$ 系统的模型。由推论 11.1.1 知，这样的模型必定也是对称的和传递的。一个自反、对称和传递的关系在数学上也叫作等价的。这表示该模型把可能世界集分为一组互不相关的等价类。若把每个等价类看成一个可能世界，则得到一个缩小了的模型，称为商模型。

## 11.2　时序逻辑

在模态逻辑中，把模型 $M=(W,R,\bar{V})$ 中的 $R$ 解释为时间先后关系，就得到了一种时态逻辑，称为时序逻辑。

**定义 11.2.1**　在模态逻辑中，令 $M=(W,R,\bar{V})$ 是一个标准模型，$R$ 是一个自反且传递的关系。对于 $\alpha,\beta\in W$，凡 $\alpha R\beta$ 成立者，称 $\beta$ 为 $\alpha$ 的一个将来世界。规定：若 $\alpha R\beta$ 成立，且 $\alpha\neq\beta$，则 $\beta R\alpha$ 不成立。称可能世界 $\alpha$ 的全体将来世界的集合为 $\alpha$ 的将来，并令

$$\models_\alpha \diamondsuit p \equiv 存在\,\alpha\,的将来世界\,\beta, \models_\beta p$$

$$\models_\alpha \square p \equiv 对\,\alpha\,的所有将来世界\,\beta, \models_\beta p$$

我们把 $\diamondsuit$ 称为将会算子，把 $\square$ 称为永远算子。将会算子适合于描写某类事物的最终性质。例如"善有善报、恶有恶报"可表示为

$$做好事(x)\longrightarrow\diamondsuit 得好报(x)$$
$$做坏事(x)\longrightarrow\diamondsuit 得坏报(x)$$

永远算子适合于描写某类事物的不变性质。例如，"海枯石烂，永不变心"可表示为

$$\diamondsuit 枯(海)\wedge\diamondsuit 烂(石)\wedge\square\sim 变(心)$$

翻译成白话就是：海有一天会枯的，石头有一天会烂的，但心是永远不会变的。

现在让我们用前面讲过的几个模态逻辑系统来对照检查一下：

1. $T$ 系统。除严格蕴含和严格等价未予考虑外，其他公理都适用于上述时序逻辑系统，其中涉及模态算子（此处称为时态算子）的有逻辑运算定义之 4 及公理 $T_5$，$T_6$：

$$\diamondsuit A\equiv\sim\square\sim A$$

例:总有一天得好报等价于不会永远不得好报。

$$\square A \equiv \sim \diamondsuit \sim A$$

例:永远不变心等价于不会有一天变心。

$T_5$ :　　　　　　　$\square A \rightarrow A$

例:若永远不变心,则现在并未变心。

$T_6$ :　　　　　　　$\square(A \rightarrow B) \rightarrow (\square A \rightarrow \square B)$

例:若任何时候只要做好事就有好报,则若永远做好事,就会永远有好报。

注:本例若写成下列形式,也许更易理解:

$T_6'$ :　　　　　　　$\square(A \rightarrow \diamondsuit B) \rightarrow (\square A \rightarrow \square \diamondsuit B)$

$T_6'$ 是 $T_6$ 的一个推论。

我们从定理 11.1.1 中选取几个性质:

性质 1.　　　$A \rightarrow \diamondsuit A$

例:如果现在变心,则总有一天变心。

性质 3.　　　$\square(A \wedge B) \equiv (\square A \wedge \square B)$

例:如果他总是当面奉承、背后诽谤,则他总是当面奉承且总是背后诽谤。

性质 6.　　　$\sim \diamondsuit(A \vee B) \equiv (\sim \diamondsuit A \wedge \sim \diamondsuit B)$

例:如果他不会有一天"成名"或"成家",则他不会有一天"成名",也不会有一天"成家"。

性质 9.　　　$(\square A \vee \square B) \rightarrow \square(A \vee B)$

例:如果丈夫永不变心或妻子永不变心,则在任何时候,丈夫和妻子中至少有一人不变心。注意,这个推理是单向的,不能反过来,因为存在着丈夫今天变心,而妻子明天变心的可能性。

性质 10.　　　$\diamondsuit(A \wedge B) \rightarrow (\diamondsuit A \wedge \diamondsuit B)$

例:如果总有一天"鸡飞蛋打",则总有一天"鸡飞"且总有一天"蛋打"。这个推理也不能反向,因为存在着鸡先飞走,然后又飞回来,最后蛋被打碎的可能性。

性质 17.　　　$\square A \rightarrow (\diamondsuit B \rightarrow \diamondsuit(A \wedge B))$

例:如果宇宙不灭,则[如果太阳系有一天要消灭,则必有一天宇宙在而太阳系灭]。

2. $S_4$ 系统。由定义 11.1.4 知，$S_4$ 系统比 $T$ 系统只多一条公理：

$L_1: \Box p \rightarrow \Box\Box p$

又由定理 11.1.9 知，若关系 $R$ 为传递的，则 $L_1$ 一定成立，因此 $L_1$ 在我们的时序逻辑系统中成立。实际上，根据定理 11.1.10，时序逻辑和 $S_4$ 系统是等价的。

$L_1$ 的例子：若某人对任何疑难问题，总是要"打破砂锅问到底"，则他对询问疑难问题过程中遇到的疑难问题，也一定要"打破砂锅问到底"。

我们从定理 11.1.2 的性质中选择一些进行研究。

性质 3.    $\Diamond\Box\Diamond A \rightarrow \Diamond A$

例：若夫妻婚后总有一天，从那天开始过几天就要吵一次架，并且永远这样下去，则夫妻间总有一天要吵架。

注意，模态 $\Box\Diamond$ 是非常有用的，从时态角度来解释，它说明了某种状态的无穷多次反复出现。例如，若要表示某个数学函数 $f(x)$ 之极限为 $a$，可用下列时序公式：

$$\forall \delta > 0, \quad \sim\Box\Diamond(|f(x) - a| > \delta)$$

不难看出，性质 3 的推理方向是不能反过来的。

性质 5.    $\Diamond\Box A \equiv \Diamond\Box\Diamond\Box A$

例：（总有一天，从那天开始世界上再也没有战争）等价于（总有一天，对从那天开始的每一天来说，总有一天，从那天开始世界上再也没有战争）。

读者不妨自己证明一下这个拗口的定理，并且注意它也可以说成是等价于（总有一天，从那天起会无穷多次反复地出现那样的一天 $d$，从 $d$ 开始世界上再也没有战争）。

3. $S_5$ 系统。它对 $T$ 系统加上的新公理是：

$$L_2: \Diamond p \rightarrow \Box\Diamond p$$

易见，$L_2$ 对我们的时序逻辑系统不适用。否则将会产生"某种状态一旦出现，即会无穷多次出现"的谬论。请看

例：如果存款后总有一天能取回本息，则将有无穷多次能取回本息。

定理 11.1.9 表明，若模型 $R$ 是具有欧几里得性质的，则 $R$ 满足公理 $L_2$。显然我们的时序逻辑系统不具备欧几里得性质。因为后者要求：若 $\alpha R\beta$ 且 $\alpha R\gamma$，则可推出 $\beta R\gamma$。这相当于说：若死亡是出生的将来世界，上学也是出生的将来世

界,则上学也是死亡的将来世界。显然这是谬误的。原因是时间关系不可逆转。

顺便说明,时序逻辑在分析和证明一个计算机程序的语义时非常有用。略举数例:

1. 部分正确性。某程序从标号 $l$ 处开始运行,输入变量为 $x$,满足初始条件 $\varphi(x)$($\varphi$ 是一个谓词,下面的 $\psi$ 也是)。预计的程序运行结束处为标号 $m$。如果该程序真能在标号 $m$ 处结束运行,结束时的输出变量为 $y$,则定有命题 $\psi(x,y)$ 成立。这样的断言称为部分正确性断言,可用如下的时序逻辑公式描述。

$$[\text{at}(l) \wedge y = x \wedge \varphi(x)] \rightarrow \square[\text{at}(m) \rightarrow \psi(x,y)]$$

其中 $\text{at}(l)$ 也是一个命题,表示程序执行到标号 $l$ 处。

2. 完全正确性。断言某程序的执行一定终止(在标号 $m$ 处),且终止时命题 $\psi$ 成立。这类断言称为完全正确性断言。可用下式表示:

$$[\text{at}(l) \wedge y = x \wedge \varphi(x)] \rightarrow \diamondsuit[\text{at}(m) \wedge \psi(x,y)]$$

3. 两个事件间的联系。设有一个不断运转的会话式咨询系统,要求对用户的每个提问都作出答复。如果提问处的标号是 $m$,答复处的标号是 $n$,则或许有人会想到用如下的时序逻辑公式表示:

$$[\text{at}(l) \wedge y = x \wedge \varphi(x)] \rightarrow \square[\text{at}(m) \rightarrow \diamondsuit \text{at}(n)]$$

但是仔细推敲就会发现,上式只是保证每次到达标号 $m$ 以后,将来总会到达标号 $n$。这里并没有排除对用户的多次提问只作一次回答的可能性。即连续 $k$ 次($k>1$)到达标号 $m$ 后方到达标号 $n$。因此确切地说,需要表达的是这样的意思:每次到达标号 $m$ 后,接下去总会到达标号 $n$,并且在此之前不会再次到达标号 $m$。

现已介绍过的时序算子不能解决这个问题,我们必须引进新的算子。

**定义 11.2.2**

1. "下个状态"算子○,表示当前状态的下一个状态。由于我们的状态是离散的,因此谈论下个状态是有意义的。○$p$ 意为下个状态 $p$ 为真。

2. "直到"算子∪,$p \cup q$ 表示 $q$ 总有一天要成立,并且在 $q$ 成立之前,$p$ 一直成立。

现在,我们可以把上面提到的"有问必答"问题用下列时序逻辑公式表示:

$$[\mathrm{at}(l) \wedge y = x \wedge \varphi(x)] \rightarrow \Box[\mathrm{at}(m) \rightarrow$$
$$\bigcirc \sim \mathrm{at}(m) \bigcup \mathrm{at}(n)]$$

这两个算子的表达能力是很强的,如"立竿见影"和"放下屠刀,立地成佛"可表示为

$$立(竿) \rightarrow \bigcirc 见(影)$$
$$放下(屠刀) \rightarrow \bigcirc 成(佛)$$

另一方面,"鞠躬尽瘁,死而后已"及"不改变兰考的面貌,死不瞑目"可表示为

$$拼命而忠诚地工作 \bigcup 死亡$$
$$\{[\sim 改变(兰考面貌)] \bigcup 死亡\} \rightarrow$$
$$\Box[死亡 \rightarrow \Box \sim 闭上(眼睛)]$$

许多学者对时序逻辑进行过研究,并提出了各自的时序逻辑体系。其中基本上可分为两大流派:线性时序逻辑和分枝时序逻辑。关于这两种时序逻辑孰优孰劣,学者们长期以来有不同的看法,并有不少争论。加之这两种逻辑往往使用同一种符号体系,造成了语义上的模糊,使观点之间的分歧更加突出。

Lamport,Emerson 和 Halpern 等人曾研究并争论过线性时序逻辑和分枝时序逻辑的本质区别及其在用于程序验证时功能上的不同。下面,我们以他们的争论为主线,分析一下这两类时序逻辑。

**定义 11.2.3** 三元组 $M = (S, X, D)$ 称为一个时序结构,其中:

1. $S$ 是非空状态集。

2. $X$ 是非空路径集,$X \subseteq S^{+} \bigcup S^{\infty}$,其中 $S^{+}$ 的元素是有限个 $S$ 中元素的顺序联接,$S^{\infty}$ 的元素是无穷个 $S$ 中元素的顺序联接。

3. $D$ 是由 $S$ 到原子命题集 $P$ 的幂集 $2^{P}$ 的映射,$D(a)$ 称为在状态 $a$ 下为真的命题集。

由此可知,$X$ 代表了在时序结构 $M$ 下一切可能的事件序列。

**定义 11.2.4** 令 $X$ 为路径集,$a, b \in X$,则

1. $a$ 的长度 $|a| = k$,其中 $k + 1$ 是 $a$ 中所含状态的个数,$k$ 也可以是无穷的。

2. $\mathrm{first}(a)$ 是 $a$ 的第一个状态。若 $|a|$ 有限,则 $\mathrm{last}(a)$ 是 $a$ 的最后一个状态。

3. 当 $|a| > 0$ 时,$\mathrm{body}(a)$ 是 $a$ 除去 $\mathrm{first}(a)$ 后剩下的部分,否则 $\mathrm{body}(a) = a$。

4. $a^{i}(i \geqslant 0)$ 称为 $a$ 的后缀,其中

$$a^0 = a, \ a^{m+1} = \text{body}(a^m)$$

5. 若 $b$ 是 $a$ 的后缀, $b \neq a$, 则 $b$ 是 $a$ 的实在后缀。

6. $a$ 的前缀和实在前缀可相应定义。

**定义 11.2.5** 时序公式的集合可递归地定义如下:

1. 任何原子命题公式 $p$ 都是时序公式。

2. 若 $p$, $q$ 为时序公式, 则 $p \wedge q$ 和 $\sim p$ 也是时序公式。

3. 若 $p$ 为时序公式, 则 $\Box p$ (称为永远 $p$), $\rightsquigarrow p$ (称为有时 $p$) 和 $\bigcirc p$ (称为下一步 $p$) 也是时序公式。

4. 若 $p$, $q$ 为时序公式, 则 $p \cup q$ (称为 $q$ 成立之前 $p$) 也是时序公式。

5. 令 $\Diamond p \equiv \sim \Box \sim p$

两种时序逻辑的公式是一样的, 关键在于语义有区别。线性时序逻辑以路径作为命题的论断对象, 而分枝时序逻辑以状态作为命题的论断对象。下面分别列出它们的语义。

**定义 11.2.6** $(B, M, t) \models p$ 表示在分枝时序逻辑下, 对状态 $t$ 来说 $p$ 为真。其中 $M = (S, X, D)$, $t \in S$, 它可以递归地定义如下:

1. $(B, M, t) \models p$, 当且仅当 $p \in D(t)$。

2. $(B, M, t) \models p \wedge q$, 当且仅当 $(B, M, t) \models p$ 且 $(B, M, t) \models q$。

3. $(B, M, t) \models \sim p$, 当且仅当 $\sim ((B, M, t) \models p)$。

4. $(B, M, t) \models \Box p$, 当且仅当 $\forall a \in X$, 使 $\text{first}(a) = t$ 者, 有 $\forall n \geq 0$, $(B, M, \text{first}(a^n)) \models p$。

5. $(B, M, t) \models \rightsquigarrow p$, 当且仅当 $\forall a \in X$, 使 $\text{first}(a) = t$ 者, 有 $\exists n \geq 0$, $(B, M, \text{first}(a^n)) \models p$。

6. $(B, M, t) \models \bigcirc p$, 当且仅当 $\forall a \in X$, 使 $\text{first}(a) = t$ 者, 有 $|a| > 0 \rightarrow (B, M, \text{first}(a^1)) \models p$。

7. $(B, M, t) \models p \cup q$, 当且仅当 $\forall a \in X$, 使 $\text{first}(a) = t$ 者, 有 $\forall n \geq 0$, $\{(B, M, \text{first}(a^i)) \models \sim q, \ 0 \leq i \leq n\} \rightarrow \{(B, M, \text{first}(a^i)) \models p, \ 0 \leq i \leq n\}$, 且 $\exists k \geq 0$, $(B, M, \text{first}(a^k)) \models q$。

**定义 11.2.7** $(L, M, a) \models p$ 表示在线性时序逻辑下, 对路径 $a$ 来说 $p$ 为真。其中 $M = (S, X, D)$, $a \in X$, 它可以递归地定义如下:

1. $(L, M, a) \models p$, 当且仅当 $p \in D(\text{first}(a))$。

2. $(L, M, a) \models p \wedge q$,当且仅当$(L, M, a) \models p$且$(L, M, a) \models q$。

3. $(L, M, a) \models \sim p$,当且仅当$\sim((L, M, a) \models p)$为真。

4. $(L, M, a) \models \square p$,当且仅当$\forall n \geqslant 0$, $(L, M, a^n) \models p$。

5. $(L, M, a) \models \leadsto p$,当且仅当$\exists n \geqslant 0$, $(L, M, a^n) \models p$。

6. $(L, M, a) \models \bigcirc p$,当且仅当$(L, M, a^1) \models p$。

7. $(L, M, a) \models p \bigcup q$,当且仅当$\forall n \geqslant 0$, $\{((L, M, a^i) \models \sim q, 0 \leqslant i \leqslant n) \to \{(L, M, a^i) \models p, 0 \leqslant i \leqslant n\}$,且$\exists k \geqslant 0$, $(L, M, a^k) \models q$。

这两种语义之不一样表现在下列事实上。

**定理 11.2.1**　在线性时序逻辑中$\diamondsuit p \equiv \leadsto p$,但在分枝时序逻辑中$\diamondsuit p \not\equiv \leadsto p$。

**证明**　对线性时序逻辑来说:

$(L, M, a) \models \diamondsuit p$,当且仅当$(L, M, a) \models \sim \square \sim p$,

当且仅当$\sim \forall n \geqslant 0$, $(L, M, a^n) \models \sim p$,

当且仅当$\exists n \geqslant 0$, $(L, M, a^n) \models p$,

当且仅当$(L, M, a) \models \leadsto p$。

但是,对于分枝时序逻辑来说:

$(B, M, t) \models \diamondsuit p$,当且仅当$(B, M, t) \models \sim \square \sim p$,

当且仅当$\sim \forall a \in X$,使 $\mathrm{first}(a) = t$ 者,有$\forall n \geqslant 0$, $(B, M, \mathrm{first}(a^n)) \models \sim p$,

当且仅当$\exists a \in X$, 使 $\mathrm{first}(a) = t$,且$\sim \forall n \geqslant 0$, $(B, M, \mathrm{first}(a^n)) \models \sim p$,

当且仅当$\exists a \in X$, $\mathrm{first}(a) = t$, 且$\exists n \geqslant 0$, $(B, M, \mathrm{first}(a^n)) \models p$,

当$(B, M, t) \models \leadsto p$。

最后一个蕴含式不是双向的。可见在分枝时序逻辑的条件下,断言$\leadsto p$强于断言$\diamondsuit p$。

证毕。

现在举一个人生路径的例子说明这两种时序逻辑。设状态集 $S = \{$出生、上学、毕业、退学、求职、工作、辞职、开除、退休、结婚、离婚、生育、死亡$\}$。

人生路径集 $X$ 的构成规则如下:

1. 若$a \in X$,且出生在 $a$ 中,则出生$= \mathrm{first}(a)$。

2. 若 $a \in X$，且死亡在 $a$ 中，则死亡＝last($a$)（假定 $X$ 只包含有限长的路径）。

3. 在两次上学之间必出现毕业或退学。

4. 在两次毕业或退学之间必出现一次上学。

5. 在两次辞职或开除之间必出现工作。

6. 若退休出现，则退休之后没有工作、辞职或开除、退休。

7. 两次结婚之间必有离婚。

8. 两次离婚之间必有结婚。

当然，这里作了很多理想化的假设。

命题集 $P =$｛当学生、是职工、做父母、拿铁饭碗、拿金饭碗、拿泥饭碗、……｝

为节省篇幅，我们不详细地给出映射 $D(t)$，只用例子来说明定义 11.2.6 和定义 11.2.7 设有两条路径

$a_1 =$（求职，工作，结婚，生育，退休）

$a_2 =$（求职，工作，辞职）

关于分枝时序逻辑：

1. $(B, M, 工作) \models 拿铁饭碗 \Leftrightarrow 拿铁饭碗 \in D(工作)$。

2. $(B, M, 工作) \models 是职工 \wedge 拿铁饭碗 \Leftrightarrow (B, M, 工作) \models 是职工 \wedge (B, M, 工作) \models 拿铁饭碗$。

3. $(B, M, 辞职) \models \sim 拿铁饭碗 \Leftrightarrow \sim ((B, M, 辞职) \models 拿铁饭碗)$。

4. $(B, M, 辞职) \models \square 拿泥饭碗 \Leftrightarrow \forall a \in X$，使 first($a$)＝辞职者，有 $\forall n \geq 0$，拿泥饭碗 $\in D$（$a$ 的第 $n$ 个后继状态）。

5. $(B, M, 工作) \models \rightsquigarrow 拿泥饭碗 \Leftrightarrow \forall a \in X$，使 first($a$)＝工作者，有 $\exists n \geq 0$，拿泥饭碗 $\in D$（$a$ 的第 $n$ 个后继状态）。

6. $(B, M, 辞职) \models \bigcirc 拿泥饭碗 \Leftrightarrow \forall a \in X$，使 first($a$)＝辞职者，有 $a$ 的下个状态令命题拿泥饭碗为真。

7. $(B, M, 工作) \models 拿铁饭碗 \bigcup 拿泥饭碗 \Leftrightarrow \forall a \in X$，使 first($a$)＝工作者，$a$ 中一定有状态 $t$，使拿泥饭碗 $\in D(t)$，且对 $t$ 之前的所有其他状态 $s$，拿铁饭碗 $\in D(s)$。

对线性时序逻辑，我们不再一一用例子说明它的定义，仅举两条：

4. $(L, M, a_1) \models \square 拿铁饭碗 \Leftrightarrow \forall n \geq 0$，$(L, M, a_1^n) \models 拿铁饭碗$。

5. $(L, M, a_1) \models \rightsquigarrow 拿泥饭碗 \Leftrightarrow \exists n \geq 0$，$(L, M, a_1^n) \models 拿泥饭碗$。

现在可以看出 $\diamondsuit p$ 和 $\rightsquigarrow p$ 两类命题在分枝时序逻辑和线性时序逻辑中的

不同作用了。假设拿泥饭碗$\in D$(辞职)，且对任何其他$t$，拿泥饭碗$\notin D(t)$，则我们有

$(L, M, a_1)\models\diamondsuit$拿泥饭碗，因为$(L, M, a_1)\models\sim\Box\sim$拿泥饭碗成立。

$(L, M, a_1)\models\sim\rightsquigarrow$拿泥饭碗。

$(B, M,$求职$)\models\diamondsuit$拿泥饭碗，理由同上。

$(B, M,$求职$)\not\models\sim\rightsquigarrow$拿泥饭碗。

原因是，当存在着多条以求职状态开始的路径时，$\rightsquigarrow$拿泥饭碗要求在每条路径上都能找到一个将来的状态，在其中拿泥饭碗为真，而$\diamondsuit$拿泥饭碗却只要求存在一条路径，该路径上有一个将来状态使拿泥饭碗为真就行了。见图 11.2.1.

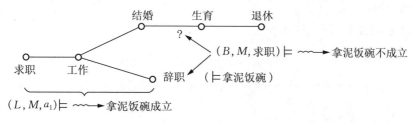

**图 11.2.1** $\rightsquigarrow p$ 和$\diamondsuit p$ 的区别

既然线性时序逻辑和分枝时序逻辑是不等价的，那么如何比较它们的表达能力呢？直接比较是不行的，因为它们一个是针对状态，一个是针对路径的，论断的对象不同。为了克服这个困难，Lamport 定义了所谓强等价性。

**定义 11.2.8**　给定时序结构 $M=(S, X, D)$。时序公式 $p$ 称为是在线性意义下 $M$ 为真的，写作$(L, M)\models p$，如果对每条路径 $a\in X$ 皆有$(L, M, a)\models p$。类似地，$p$ 称为是在分枝意义下 $M$ 为真的，如果对每个状态 $t\in S$，皆有$(B, M, t)\models p$。

**定义 11.2.9**　令 $p$ 和 $q$ 为两个时序公式，$C$ 是由一组时序结构组成的类。如果对 $C$ 中的每个时序结构 $M$，皆有

$$(I, M)\models p\Leftrightarrow(J, M)\models q$$

其中 $I$ 和 $J$ 是两个语义解释(例如可为线性语义 $L$ 或分枝语义 $B$)，则称公式 $p$ 和 $q$ 分别在语义解释 $I$ 和 $J$ 下，相对于结构类 $C$ 强等价，以 $p\equiv q(I, J, C)$ 表示之。

然后 Lamport 证明了如下的两个定理：

**定理 11.2.2**　存在这样的结构类 $C$，使得分枝时序逻辑中的公式$\diamondsuit p$ 不强

等价于线性时序逻辑中的任何公式。

**定理 11.2.3** 存在这样的结构类 $C$,使得线性时序逻辑中的公式 $\rightsquigarrow\!\Box p$ 不强等价于分枝时序逻辑中的任何公式。

这个结论可靠吗? 如果严格地在 Lamport 规定的前提下进行推论,这个结论是对的,但是,人们可以提问:Lamport 的前提是否合理? 可以从两个方面来分析。第一,为这两种逻辑选择的模型是否恰当? 第二,用以比较两种逻辑的准则是否恰当?

首先,Emerson 指出,Lamport 的强等价的要求过高,因为它是以某个断言在所有状态或所有路径上均为真的前提下进行比较的。根据这个定义,可以得到下列结果:

**推论 11.2.1** 下面两式恒成立:

$$\rightsquigarrow p \wedge \sim p \equiv \text{false}(L, L, C)$$
$$\rightsquigarrow p \wedge \sim p \equiv \text{false}(B, B, C)$$

其中 $C$ 为任意的结构类。

**证明** 以第一个式子为例。若 $\rightsquigarrow p$ 为真,则必有 $n \geqslant 0$,使 $(L, M, a^n) \models p$,这与 $(L, M, a^n) \models \sim p$ 矛盾。表明式子 $\rightsquigarrow p \wedge \sim p$ 在线性意义下 $M$ 为假,因之等价于 false。

证毕。

这个推论显然不是我们所希望的。

其次,定理 11.2.2 和定理 11.2.3 的基础是特定的时序结构(什么时序结构,下面会提到)。原来,时序逻辑的语义模型包括两方面。一个健康的公理体系只是其一方面,而其时序结构又是另一方面。其中关键之处在于其路径结构,即每条路径是如何由一系列的状态组成的。对组成规则施加一定的限制,就得到相应的路径结构。随着路径结构的不同,时序逻辑的语义也不同。各家时序逻辑研究流派提出的路径结构限制大抵有如下几种。

**定义 11.2.10** 令 $M = (S, X, D)$ 为时序结构,则 $M$ 的路径在结构限制有如下几种。

1. 一个路径结构称为是后缀封闭的,如果每条路径的后缀仍是路径,即

$$b \circ a \in X \rightarrow a \in X$$

其中 $b \in s^*$，$a \in s^+ \cup S^\infty$。其中。是两串符号的联接，$S^* = S^+ \cup \{\varepsilon\}$，$\varepsilon$ 是空串。

2. 一个路径结构称为是装配封闭的，如果对任意两条路径 $a_1$ 和 $a_2$ 都包含状态 $t$ 者，构造新的状态序列 $a_3$ 如下：$a_3$ 从 $a_1$ 的初始状态开始顺着 $a_1$ 直到 $t$，然后接上 $a_2$ 中 $t$ 以后的部分，则 $a_3$ 也是路径，即

$$a_4 \circ (t) \circ a_5 \in X \ \& \ a_6 \circ (t) \circ a_7 \in X \rightarrow a_4 \circ (t) \circ a_7 \in X$$

其中 $a_4 \circ (t) \circ a_5 = a_1$，$a_6 \circ (t) \circ a_7 = a_2$。

3. 一个路径结构称为是极限封闭的，如果对任意的无穷状态序列 $a$，只要 $a$ 的任意有限长的前缀都是 $X$ 中某条路径的前缀，则 $a$ 本身也是路径，即

$$\forall a = (t_1, t_2, t_3, \cdots)$$

若 $\forall n \geqslant 1$，$\exists p$，$p = (t_1, t_2, t_3, \cdots, t_n, \cdots)$，$p \in X$，则亦有 $a \in X$。

4. 一个路径结构称为是 $R$ 可生成的，如果存在一个二元关系 $R$，它恰好生成所有的路径。即有这样的 $R$，使得

$$(t_1, t_2, \cdots) \in X \Leftrightarrow \forall j t_j R t_{j+1}$$

成立。

不难看出，在前面举的人生路径的例子中：

1. 人生路径集 $X$ 是后缀封闭的。但如规定在每条人生路径中必须出现某种状态（如上学或工作），则除非规定的状态是死亡，否则该路径集一定不是后缀封闭的。

2. $X$ 也是装配封闭的。但若规定人生至少要上三次学，则就不是装配封闭的了。因为 $a_1 = (上学，毕业) \circ (上学，毕业)^2$ 和 $a_2 = (上学，毕业)^2 \circ (上学，毕业)$ 不能组装成 $a_3 = (上学，毕业) \circ (上学，毕业)$。

3. 若放松对人生路径集的要求，允许它有无限长的路径（对无限长的路径，不能谈论最后一个状态），则放松后的人生路径集是极限封闭的。否则，假设 $a$ 是一条无限长的状态序列，但不是一条路径，则它一定是违反了 $X$ 的构成规则 1，3，4，5，7，8 之一。对其中的任何一种情况，一定可以截取 $a$ 的一个足够长的前缀（有限序列）$a'$，使 $a'$ 也违反此规定，这说明 $a'$ 不是 $X$ 中某条路径的前缀，因而 $a$ 不是路径前缀的极限，矛盾。

但如把人生路径集 $X$ 的规定 3 改为：若路径 $a$ 包含上学，则它也必须包含毕业或退学。此时 $X$ 就不是极限封闭的了。因为路径序列：

$$a_n = (上学, (结婚, 离婚)^n \ 毕业), \ n \geqslant 0$$

具有这样的性质：它们的前缀序列(上学,(结婚,离婚,)$^n$)的极限是无穷序列：

$$a = (上学, 结婚, 离婚, 结婚, 离婚, \cdots\cdots)$$

它不符合上述路径限制。

4. 人生路径集 $X$ 是 $R$ 可生成的。因为只要首先列举出所有的状态对 $(s_1, s_2)$，从中去掉规定中禁止的状态对(s,出生)、(死亡,s)，以上 s 任意；以及 (上学,上学)、(毕业,毕业)、(毕业,退学)、(退学,毕业)、(退学,退学)、(辞职,辞职)、(辞职,开除)、(开除,辞职)、(开除,开除)、(结婚,结婚)、(离婚,离婚)。定义

$$R = \{(s_1, s_2) \mid (s_1, s_2) 为剩下的状态对\}$$

则此 $R$ 可生成 $X$ 中的全部路径。

Emerson 证明了如下的重要定理。

**定理 11.2.4** 令 $M = (S, X, D)$ 为时序结构,若 $X$ 的路径是 $R$ 可生成的,则它必然也是后缀封闭的、装配封闭的和极限封闭的(如果它包含无限长路径的话)。反之,若它是后缀封闭的、装配封闭的和极限封闭的,则它一定也是 $R$ 可生成的。

现在回到本节开头时所提的问题上来。我们看到,Lamport 的结论是:线性时序逻辑和分枝时序逻辑一般来说是不能相比的。他还有一个我们尚未提到过的结论。那就是:在证明某些程序的性质时,线性时序逻辑要优于分枝时序逻辑,而在证明另一些程序的性质时,分枝时序逻辑又要优于线性时序逻辑。

对于这个结论,我们可以给予如下的直观解释:如果 $P$ 是一个不确定的程序,则 $P$ 的计算路径和结果可能是多种多样的。如果我们要证明,比方说,不管 $P$ 走哪一条路线,它的计算最后必将终止,则这个性质可以用分枝时序逻辑公式 $\diamondsuit \mathrm{terminated}(P)$ 来表示。根据定理 11.2.2,此公式是无法用线性时序逻辑来表示的,因之在这一点上,分枝时序逻辑强于线性时序逻辑。另一方面,设 $Q$ 是一个并发程序,其中包含许多并发执行的分量。如果我们要证明,比方说,$Q$ 对各分量的调度是符合公平原则的。即,任何一个分量,只要获得足够多次可以执行的机会,则它一定会被执行。这个性质可以用线性时序逻辑公式($\rightsquigarrow\square\sim$enabled($Q_i$))∨⟿executed($Q_i$))来表示,其中 $Q_i$ 是 $Q$ 的第 $i$ 个并发分量。根据定理 11.2.3,此公式是无法用分枝时序逻辑来表示的。因之在这一点上,线性时序逻辑又强于分枝时序逻辑。

Emerson 对 Lamport 的说法提出了异议,尤其是不赞成 Lamport 关于线性时序逻辑在某些方面强于分枝时序逻辑的论断。他认为,不能说 Lamport 的观点完全没有道理。但这是由于 Lamport 在比较两种逻辑时采用了特定的时序结构和特定的比较原则(强等价),并且 Lamport 还限定了分枝时序逻辑公式的语法和语义。他指出,如果对分枝时序逻辑的语法和语义作适当的扩充,则上述缺点是完全可以克服的,并且可以融两种时序逻辑于一个语言之中。同时还克服了对时序逻辑公式的二义性解释(不同的时序逻辑常有相同的语法)。

这里涉及时序逻辑语言问题。人们设计过各种线性的和分枝的时序逻辑语言。如唐稚松的 XYZ-e 就是一个线性时序逻辑语言,被誉为第一个可执行的时序逻辑语言。Clarke 的 CTL 则是一个分枝时序逻辑语言,下面要介绍的是 Emerson 和 Clarke 等设计的双时序逻辑语言 CTL*。

**定义 11.2.11**　有下列时态符号,其意义分别为

1. **A**:对从当前状态出发的所有路径,……。
2. **E**:存在从当前状态出发的某条路径,……。
3. **F**:在指定路径上的将来某个状态,……。
4. **G**:在指定路径上的将来所有状态,……。
5. **N**:在指定路径上的下一个状态,……。
6. **U**:在指定路径上直到某命题成立为止,……。

**定义 11.2.12**　状态公式和路径公式。

S1:每个原子命题 $p$ 都是状态公式。

S2:若 $p,q$ 是状态公式,则 $p \wedge q$, $p \vee q$ 和 $\sim p$ 都是状态公式。

S3:若 $p$ 是路径公式,则 **E**p,**A**p 都是状态公式。

P1:每个状态公式 $p$ 都是路径公式。

P2:若 $p,q$ 是路径公式,则 $p \wedge q$, $p \vee q$ 和 $\sim p$ 都是路径公式。

P3:若 $p,q$ 是路径公式,则 **F**p,**G**p,**N**p 和 p**U**q 都是路径公式。

基于前面的人生路径集,可以举例如下:

1. **EF**(拿泥饭碗)。存在一条人生路径(求职,工作,辞职)及其上的一个状态(辞职),使拿泥饭碗$\in D$(辞职)。

2. **ENEF**(作父母)。存在一条人生路径(毕业,结婚)及路径上的下一个状态(结婚),又存在从结婚出发的一条路径(结婚,生育)及路径上的一个状态(生育),使作父母∈$D$(生育)。

3. **AGEN**$p$。对所有路径及路径上的所有状态 $t$,存在从 $t$ 出发的一条路径及路径上的下一个状态 $r$,使命题 $p$ 对 $r$ 成立,易证对于人生路径集 $X$ 来说,这样的命题 $p$ 是不存在的,因为存在一条路径(出生,死亡)及路径上的一个状态(死亡),使得从(死亡)出发的任何路径,都不具备下一个状态。

除了讨论将来以外,时序逻辑还可以讨论过去。下面介绍一个基于状态的既考虑将来,也考虑过去的时序逻辑。像 CTL* 一样,它用 **F** 表示对某个将来世界,用 **G** 表示对所有的将来世界。但增加了两个算子,其中 **P** 表示对某个过去世界,**H** 表示对所有的过去世界,这个系统叫 $K'_t$,是以 Lemmon 提出的 $K_t$ 系统为样板的。

**定义 11.2.13** $K'_t$ 系统的合式公式的组成为:

1. 普通命题逻辑的合式公式都是 $K'_t$ 的合式公式。

2. 若 $A$,$B$ 是 $K'_t$ 的合式公式,则 $\sim A$,$A \wedge B$,$A \vee B$,$A \rightarrow B$,$A \equiv B$ 都是 $K'_t$ 的合式公式。

3. 若 $A$ 是合式公式,则 **F**$A$,**G**$A$,**H**$A$,**P**$A$ 也都是合式公式。

4. 除此之外没有其他合式公式。

**定义 11.2.14** $K'_t$ 系统中运算符间的关系为

1. $A \vee B$ 定义为 $\sim A \rightarrow B$。

2. $A \wedge B$ 定义为 $\sim (A \rightarrow \sim B)$。

3. $A \equiv B$ 定义为 $\sim ((A \rightarrow B) \rightarrow \sim (B \rightarrow A))$。

4. **F**$A$ 定义为 $\sim$**G**$\sim A$。

5. **P**$A$ 定义为 $\sim$**H**$\sim A$。

6. MI($A$)定义为把 $A$ 中的 **G** 换成 **H**,**H** 换成 **G** 后所得到的合式公式。

**定义 11.2.15** $K'_t$ 系统的公理有:

KT1:所有的重言式 $A$。

KT2:**G**$(A \rightarrow B) \rightarrow ($**G**$A \rightarrow$**G**$B)$。

KT3:**H**$(A \rightarrow B) \rightarrow ($**H**$A \rightarrow$**H**$B)$。

KT4:$A \rightarrow$**HF**$A$。

KT5:$A \rightarrow$**GP**$A$。

KT6：$\mathbf{G}A$，其中 $A$ 是公理。

KT7：$\mathbf{H}A$，其中 $A$ 是公理。

$K'_t$ 系统的推理规则是

MP（分离规则）：如果 $A$ 并且 $A \to B$ 都成立，则 $B$ 也成立。

**定理 11.2.5**　下列推理规则皆成立：

1. G 规则。若 $A$ 可证，则 $\mathbf{G}A$ 可证。

2. H 规则。若 $A$ 可证，则 $\mathbf{H}A$ 可证。

3. G→ 规则。若 $A \to B$ 可证，则 $\mathbf{G}A \to \mathbf{G}B$ 可证。

4. H→ 规则。若 $A \to B$ 可证，则 $\mathbf{H}A \to \mathbf{H}B$ 可证。

5. MI 规则。若 $A$ 可证，则 $\mathrm{MI}(A)$ 可证。

**定理 11.2.6**　$K'_t$ 系统有下列性质：

1. $\mathbf{G}(A \to B) \to (\mathbf{F}A \to \mathbf{F}B)$。

2. $\mathbf{H}(A \to B) \to (\mathbf{P}A \to \mathbf{P}B)$。

3. $(\mathbf{G}A \vee \mathbf{G}B) \to \mathbf{G}(A \vee B)$。

4. $(\mathbf{H}A \vee \mathbf{H}B) \to \mathbf{H}(A \vee B)$。

5. $\mathbf{F}(A \wedge B) \to (\mathbf{F}A \wedge \mathbf{F}B)$。

6. $\mathbf{P}(A \wedge B) \to (\mathbf{P}A \wedge \mathbf{P}B)$。

7. $\mathbf{G}(A \wedge B) \equiv (\mathbf{G}A \wedge \mathbf{G}B)$。

8. $\mathbf{H}(A \wedge B) \equiv (\mathbf{H}A \wedge \mathbf{H}B)$。

9. $\mathbf{F}(A \vee B) \equiv (\mathbf{F}A \vee \mathbf{F}B)$。

10. $\mathbf{P}(A \vee B) \equiv (\mathbf{P}A \vee \mathbf{P}B)$。

11. $\mathbf{P}\mathbf{G}A \to A$。

12. $\mathbf{F}\mathbf{H}A \to A$。

不难看出，$\mathbf{H}$ 和 $\mathbf{G}$，$\mathbf{F}$ 和 $\mathbf{P}$ 是完全对称的。上面的诸性质只要列出一半就够了，其余的都可通过镜像变换 MI 得到，而这一半也基本上是我们所熟悉的。对比一下可知，性质 1，3，5，7，9 相当于定理 11.1.1 中 $T$ 系统的性质 8，9，10，3，7。只有性质 11 有点新意。如果对某个过去时刻来说，将来恒有 $A$ 成立，则现在 $A$ 成立。相应地，性质 12 是说，如果对将来某个时刻来说，过去恒有 $A$ 成立，则现在 $A$ 成立。这两条性质沟通了过去和将来。

$K'_t$ 系统的语义也可使用类似可能世界的方法。

## 11.3 基于区间的时间推理

这是 Allen 提出的一种表示时间知识和进行时间推理的方法，它不是以逻辑为基础的，但是在发表以后得到了广泛的应用，具有较大的实用价值。本节介绍 Allen 的理论及其推广。

Allen 认为区间是表示时间的基本单位。时间是度量客观事件发生的先后和延续性的一种标准，而客观事件的发生总是有一个过程的，因此区间长度一般不为零，由两个时间点 $t-$ 和 $t+$ 代表，其中 $t-<t+$。

下面一个问题是这种时间区间应该是开区间还是闭区间？两种定义都会引起问题。Allen 举了一个例子：在一间漆黑的屋子里把灯打开。把未开灯时看作一个时间区间，开灯后看作另一个时间区间。如果这两个区间都是闭的，那么存在一个既开灯又未开灯的时刻，于理不通。如果这两个区间都是开的，则又存在一个既不是开灯又不是未开灯的时刻，也不行。唯一的解决办法是半开半闭，例如令时间区间的左端是闭的，右端是开的。这在物理上不会产生矛盾，但显得有些不够自然。在定性推理一章的定性进程理论一节中，时间区间被明确地区分为事件和史段两类，每个史段由一个事件开始，相当于时间区间的左端点，这较好地说明了时间区间开和闭的物理背景。

**定义 11.3.1** Allen 设计了 $t$ 种时间关系，下面的 $A$ 和 $B$ 均表示时间区间。$t(A)^-$ 和 $t(B)^-$ 分别表示 $A$ 和 $B$ 的左端，$t(A)^+$ 和 $t(B)^+$ 分别表示 $A$ 和 $B$ 的右端。

1. $A$ 在 $B$ 之前。以 $A<B$ 或 $B>A$ 表示。具体特征为 $t(A)^+<t(B)^-$。

2. $A$ 等于 $B$。以 $A=B$ 或 $B=A$ 表示。具体特征为 $t(A)^-=t(B)^-$ 且 $t(A)^+=t(B)^+$。

3. $A$ 遇上 $B$。以 $A\ m\ B$ 或 $B\ mi\ A$ 表示。具体特征为 $t(A)^+=t(B)^-$。

4. $A$ 交叉 $B$。以 $A\ o\ B$ 或 $B\ oi\ A$ 表示。具体特征为 $t(A)^-<t(B)^-<t(A)^+<t(B)^+$。

5. $A$ 在 $B$ 中。以 $A\ d\ B$ 或 $B\ di\ A$ 表示。具体特征为 $t(B)^-<t(A)^-<t(A)^+\leqslant t(B)^+$ 或者 $t(B)^-\leqslant t(A)^-<t(A)^+<t(B)^+$。

6. $A$ 开始 $B$。以 $AbB$ 或 $BbiA$ 表示。具体特征为 $t(A)^-=t(B)^-<t(A)^+<t(B)^+$。

7. $A$ 结束 $B$。以 $AeB$ 或 $BeiA$ 表示。具体特征为 $t(B)^- < t(A)^- < t(A)^+ = t(B)^+$。

现在举一个例子。例中插入标识符 $A_1$，$A_2$，…等以代表有关事件发生的时间区间。

包龙图为了弄清($A_1$)新科状元陈世美不认($A_2$)发妻的原因，请($A_3$)御史大夫寇准侦查($A_4$)陈世美的宅院。助手狄仁杰配合($A_5$)寇准工作。他在监视($A_6$)陈时，遭人攻击($A_7$)，被打($A_8$)致伤($A_9$)，尚方宝剑被抢($A_{10}$)。

在这十个时间区间之间至少应有如下关系：$A_4$ 在 $A_1$ 之中，$A_2$ 在 $A_1$ 之前，$A_3$ 遇上 $A_4$，$A_5$ 等于 $A_4$，$A_6$ 在 $A_5$ 之中，$A_8$ 开始 $A_7$，$A_8$ 交叉 $A_9$，$A_9$ 结束 $A_5$，$A_9$ 遇上 $A_{10}$。

时间区间之间的这些关系，不是可以直接获得的，往往需要通过知识（常识）才能提炼出来，上面的关系中几乎每一个都依赖于知识。另外，关系和关系可以组合而形成新的关系。Allen 把这种关系看成是一种限制（事件之间不能任意排列）。关系的组合可以看成限制的延伸。例如，从头两个关系：$A_4$ 在 $A_1$ 之中和 $A_2$ 在 $A_1$ 之前，可以推出 $A_2$ 也在 $A_4$ 之前，等等。图 11.3.1 表示这种关系的组合。为了直观，常常把关系画成有向图的形式。图 11.3.2 就是用有向图表示上面说的包龙图查陈世美的例子。其中关系 $A_iRA_j$ 表示成加标注有向弧 $A_i$ —$(R)→A_j$ 的形式，$R$ 是图 11.3.1 中 13 种关系之一。一般说来，当两个时间区间之间的关系尚未唯一确定时，可把所有可能的关系都标注在有向弧上，并在获得新的时间关系信息后逐步减少其不唯一性。这是一个逐步建立时间区间网络并在网络上进行推理（传播时间约束关系）的过程。

**定义 11.3.2**

1. 一对关系是重复的，如果它们是

(1) $ARB$ 和 $ARB$，$R$ 是任意关系；

(2) $ARB$ 和 $BR^{-1}A$，$R^{-1}$ 是 $R$ 的逆关系。

2. 下列两种情况称为包含关系：

(1) $AdB$ 包含 $AbB$；

(2) $AdB$ 包含 $AeB$。

3. 若关系甲包含关系乙，关系乙和关系丙重复，则亦称关系甲包含关系丙。

**算法 11.3.1**（传播时间约束关系）。

1. 给定一组事件（时间区间）$A_i$，$1 \leqslant i \leqslant n$。

| $R_1$ \ $R_2$ | = | < | > | d | di | o | oi | m | mi | b | bi | e | ei |
|---|---|---|---|---|---|---|---|---|---|---|---|---|---|
| =<br>(等于) | = | < | > | d | di | o | oi | m | mi | b | bi | e | ei |
| <<br>(在……之前) | < | < | ? | < o m d b | < | < | < o m d b | < | < o m d b | < | < | < o m d b | < |
| ><br>(在……之后) | > | ? | > | > oi mi d e | > | > oi mi d e | > | > oi mi d e | > | > oi mi d e | > | > | > |
| d<br>(在……之中) | d | < | > | d | ? | < o m d b | > oi mi d e | < | > | d | > oi mi d e | d | < o m d b |
| di<br>(包含) | di | < o m di ei | > oi di mi bi | o oi du co = | di | o di ei | oi di bi | o di ei | oi di bi | di ei o | di | di bi oi | di |
| o<br>(交叉) | o | < | > oi di mi bi | o d b | < o m di ei | < o m | o oi du co = | < | oi di bi | di ei o | o | d b o | < o m |
| oi<br>(被……交叉) | oi | < o m di ei | > | oi d e | > oi mi di bi | o oi du co = | > oi mi | o mi | > | oi d e | oi > mi | oi | oi di bi |
| m<br>(遇上) | m | < | > oi mi di bi | o d b | < | < | o d b | < | e ei = | m | m | d b o | < |
| $m_i$<br>(被……遇上) | mi | < o m di ei | > | oi d e | > | oi d e | > | b bi = | > | d e oi | > | mi | mi |

| $R_1$ \ $R_2$ | = | < | > | d | di | o | oi | m | mi | b | bi | e | ei |
|---|---|---|---|---|---|---|---|---|---|---|---|---|---|
| b<br>（开始） | b | < | > | d | < o m di ei | < o m | oi d e | < | mi | b | b bi = | d | < m o |
| bi<br>（被……开始） | bi | < o m di ei | > | oi d e | di | o di ei | oi | o di ei | mi | b bi = | bi | oi | di |
| e<br>（结束） | e | < | > | d | > oi mi di bi | o d b | > oi mi | m | > | d | > oi mi | e | e ei = |
| ei<br>（被……结束） | ei | < | > oi mi di bi | o d b | di | o | oi di bi | m | bi oi di | o | di | e ei = | ei |

? ＝结果不确定, $du=d$ 或 $b$ 或 $e$, $co=di$ 或 $bi$ 或 $ei$, 表中内容＝$R_1R_2$

**图 11.3.1　时间区间关系的组合**

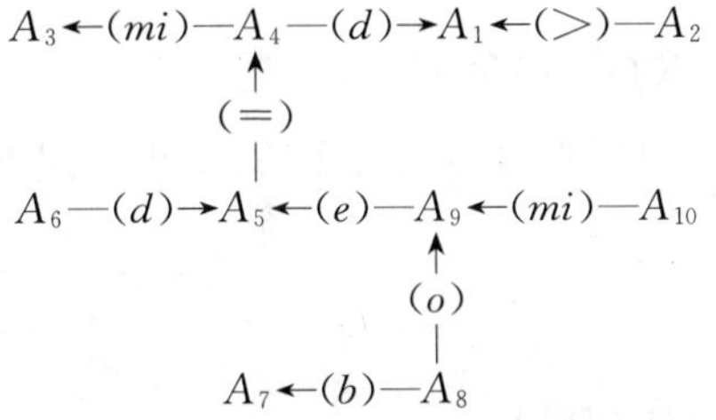

```
A₃ ←(mi)— A₄ —(d)→ A₁ ←(>)— A₂
                ↑
              (=)
                |
A₆ —(d)→ A₅ ←(e)— A₉ ←(mi)— A₁₀
                ↑
              (o)
                |
          A₇ ←(b)— A₈
```

**图 11.3.2　时间区间关系的网络表示**

2. 给定其中某些时间区间对$(A_i,A_j)$之间的（非重复）约束关系集 $N(i,j)$，$i<j$。

3. 令 $S$ 和 $T$ 为空集。又令 $\alpha=0$。

4. 把所有的对偶$<i,j>$，$1\leqslant i<j\leqslant n$，置入 $S$。

5. 由 $S$ 中取出一个对偶$<i,j>$并把它置入 $T$ 中，对$<i,j>$调用算法 11.3.2。若调用的结果使 $N(i,j)$的内容改变，则令 $\alpha:=1$。

6. 若 $S$ 非空则转 5。

7. 若 $\alpha=0$。则算法结束,停止执行。

8. 把 $T$ 的内容倒入 $S$ 中,置 $T$ 为空。置 $\alpha$ 为 0,转 5。

算法完。

**算法 11.3.2**(计算两个节点间的累加约束)。

1. 对每一个 $k$,使

(1) $N(i,k)$ 和 $N(k,j)$ 均非 $\phi$;

(2) 或 $N(i,k)$ 和 $N(j,k)$ 均非 $\phi$;

(3) 或 $N(k,i)$ 和 $N(k,j)$ 均非 $\phi$。

者,调用算法 11.3.3,计算集合 $N'(\min(i,j),k,\max(i,j))$。

2. 如果 1.中的 $k$ 不存在,则结束算法,返回。

3. 无妨假设 $i<j$,构造 $N''(i,j)=\bigcap_k N'(i,k,j)$,其中 $\bigcap$ 表示集合之交,但加上如下约束:若关系甲 $\in N'(i,a,j)$,关系乙 $\in N'(i,b,j)$,且甲包含乙,则关系乙 $\in N'(i,a,j)\bigcap N'(i,b,j)$,而关系甲 $\notin$ 此交集。今后凡提到约束关系集合求交,均按此理解。

4. 若 $N''(i,j)=\phi$,则说明出现约束矛盾,给出错误信号,停止执行算法。

5. 如果原来的 $N(i,j)=\phi$,则令新的 $N(i,j)$ 之内容即为 $N''(i,j)$,结束算法,返回。

6. 令 $N(i,j):=N(i,j)\bigcap N''(i,j)$。

7. 若 $N(i,j)=\phi$,则说明出现约束矛盾,给出错误信号,停止执行算法。

8. 结束算法,返回。

算法完。

**算法 11.3.3**(计算合成约束)。

1. 设任务为求 $N'(i,k,j)$,先置集合 $N'(i,k,j)$ 为空集。通过必要时用逆关系代替原关系的方法,把两个输入集合改成 $N(i,k)$ 和 $N(k,j)$ 的形式。

2. 若集合 $N(i,k)$ 非空,则转 3。否则,通过必要时用逆关系代替原关系的方法把输出集 $N'(i,k,j)$ 改为 $N'(\min(i,j),k,\max(i,j))$ 的形式。结束算法,返回。

3. 自 $N(i,k)$ 中取出一个约束(时间区间关系)$R$。

4. 对 $N(k,j)$ 中的每个约束 $R'$,构造合成约束 $R\circ R'$(按照图 11.3.1 的规

定),并把它(们)置入 $N'(i,k,j)$ 中。

　　5. 转 2。

算法完。

　　需要说明几点。第一,从非形式化的故事情节中总结出的时间关系。往往不是唯一确定的。尤其是因为有许多详细情节可能本来就没有交代。在上述包龙图的例子中,我们只是为每一个情节选取了一种可能,实际上完全不排除其他可能。例如,令 $A_3$ 遇上 $A_4$ 是假定包龙图一请,寇准马上答应,这里当然不应排除寇准需要时间考虑考虑的可能性。如果是这样,将有 $A_3 < A_4$ 的关系。另一种可能是,寇准早已察觉了陈世美的不法行为,未等老包去请,他已开始侦查,于是关系成为 $A_4 < A_3$。这说明,一条弧上可能标注有多个关系。所谓约束累加(算法 11.3.2)就是通过多方约束删去那些不合适的关系。因此这也是一个使时间关系逐步精确化的过程。第二,交集为空(算法 11.3.2 的第 4 和第 7 步)表明约束出现矛盾。例如,设 $A_1 < A_2$,$A_2 < A_3$,$A_3 < A_1$。则 $N'(1,2,3) = \{<\}$,$N(1,3) = \{>\}$。$N'(1,2,3) \bigcap N(1,3) = \phi$。表示时间不能循环。第三,从图 11.3.1 可知,任何时间关系都有一个逆关系。因此在上述算法中没有特别细究次序。如果用的符号是 $N(i,j)$,则表示考虑的是 $A_i$ 和 $A_j$ 的关系。若用的是 $N(j,i)$,则表示考虑的是 $A_j$ 和 $A_i$ 的关系。依此类推。

　　为了更直观,我们考察如下的情节:当狄仁杰跳进陈世美的宅院时正好陈世美不在家。这个情节通过下列三个事件定义。

　　$A_1$:狄仁杰跳进陈世美宅院。

　　$A_2$:陈世美在自己的宅院里。

　　$A_3$:狄仁杰在陈世美的宅院里。

　　表示成网络关系,即是

$$A_2 \leftarrow (<, m, mi, >) - A_1 - (o, m) \rightarrow A_3$$

下面分别计算每一对约束的合成约束,用 $T$ 表示合成。设所求集合为 $N'(3,1,2)$。

$T(oi, <) = \{<, o, m, di, ei\}$,$T(oi, m) = \{o, di, ei\}$,$T(oi, mi) = \{>\}$,$T(oi, >) = \{>\}$,$T(mi, <) = \{<, o, m, di, ei\}$。$T(m, mi) = \{b, bi, =\}$,$T(mi, mi) = \{>\}$,$T(mi, >) = \{>\}$。

　　最后得到结果如下:

$$N'(3,1,2) = \{<, >, o, m, di, b, bi, ei, =\} \tag{11.3.1}$$

如果加上这样一个情节:陈世美回到了自己的宅院。则有如下几种可能:

1. 狄仁杰刚跳落宅院地上,陈世美就回来了,两人争执起来。狄随即离去。

2. 狄仁杰等了一会,陈世美来了。陈责怪狄不该私进他人宅院,狄赧然离去。

3. 狄仁杰等了一会,陈世美来了。陈见狄私进自己宅院大怒,扬言要面君告状,转身进宫去了。

于是 $A_3$ 和 $A_2$ 之间增加了新的约束 $\{b, o, di\}$,分别表示这三种情况。取此新约束集和原来的 $N(2, 3)(=N'(2, 1, 3))$ 之交集,得到新的 $N(2, 3) = \{bi, oi, d\}$。

为了在网中传播这个新的约束,考虑如下的约束传递:

$$A_1—(o, m)\rightarrow A_3—(o, b, di)\rightarrow A_2$$

下面计算从 $A_1$ 到 $A_2$ 的合成约束 $N'(1, 3, 2)$。我们有:$T(o, o) = \{<, o, m\}$,$T(o, b) = \{o\}$,$T(o, di) = \{<, o, m, di\}$,$T(m, o) = \{<\}$,$T(m, b) = \{m\}$,$T(m, di) = \{<\}$。

$$N'(1, 3, 2) = \{<, o, m, di\}$$

与原来的 $N(1, 2)$ 求交集:

$$N(1, 2) := N'(1, 3, 2) \bigcap N(1, 2) = \{<, m\} \tag{11.3.2}$$

原来的两种可能 $\{>, mi\}$ 被排除了。即并非陈世美先在自己的宅院,然后狄仁杰跳进去,也并非陈世美一离开宅院,狄仁杰马上就跳进去。

这暴露了 Allen 方法的一个弱点。因为从常识来看,陈世美肯定应已在自己的宅院停留过,排除 $>$ 和 $mi$ 的关系是没有道理的。其根源在于 Allen 假定每个事件只能位于一个时间区间,而不能位于多个时间区间。他没有考虑陈世美经常(每天晚上)在宅院里,而又经常(每天上朝的时候)不在宅院里。为了描述这种情况,需要对 Allen 的描述手段加以扩充。

**定义 11.3.3** 对事件增加一元关系 $f$。令 $A$ 为时间区间所代表的事件,则 $fA$ 表示 $A$ 可多次出现。这导致如下的语义扩充:

1. 若 $fA_2$ 成立,而 $fA_1$ 不成立,则 $A_1RA_2$ 表示 $A_1$ 和 $A_2$ 的某个出现之间有关系 $R$。其中 $R$ 是图 11.3.1 所示的 13 种关系之一。

2. 若 $R$ 是这样的一个关系,则定义它的子关系 $R_1$ 和 $R_n$。$A_1R_1A_2$ 表示 $A_1$ 和 $A_2$ 的第一个出现之间有关系 $R$,$A_1R_nA_2$ 表示 $A_1$ 和 $A_2$ 的最后一个出

现之间有关系 $R$。

3. 若 $fA_1$ 和 $fA_2$ 都成立,则 $A_1RA_2$ 表示 $A_1$ 的某个出现和 $A_2$ 的某个出现之间有关系 $R$,其中 $R$ 是图 11.3.1 所定义的 13 种关系之一。

4. 若 $R$ 是这样的一个关系,则定义它的子关系 $R_{ij}$,$i$,$j = 0, 1, n$。其中下标 0 代表"某个",下标 1 代表"第一个",下标 $n$ 代表"最后一个"。

例:$A_1R_{01}A_2$ 表示 $A_1$ 的某个出现和 $A_2$ 的第一个出现之间有关系 $R$,$A_1R_{1n}A_2$ 表示 $A_1$ 的第一个出现和 $A_2$ 的最后一个出现之间有关系 $R$,$A_1R_{00}A_2$ 等价于 $A_1RA_2$,等等。

扩充了一元关系 $f$ 以后,就可对事件"$A_2$:陈世美在自己的宅院里"赋以一元关系 $f$,即令 $fA_2$ 成立。此时在网络关系的外观上没有引起变化,仍然是:

$$A_2 \leftarrow (<, m, mi, >) - A_1 - (o, mi) \rightarrow A_3$$

但 $N(1, 2)$ 中的诸关系 $(<, m, mi, >)$ 则已经具有定义 11.3.2 中第 1 条的含义,即

$$A_1(<, m, mi, >)A_2 \text{ 的某次出现}$$

虽然我们只定义了子关系 $R_1$ 和 $R_n$,但我们可以想象从 $R_1$,$R_2$,$\cdots$,到 $R_n$ 都有定义,因此实际上 $N(1, 2)$ 可以写为

$$N(1, 2) = \{<_1, <_2, \cdots, <_n, mi_1, mi_2, \cdots, mi_n, m_1, m_2, \cdots,$$
$$m_n, >_1, >_2, \cdots, >_n\} \tag{11.3.3}$$

现在加上新事实"陈世美回到了自己的宅院",利用与刚才类似的推理方法,得到 $N'(1, 3, 2) = \{<_n, o_n, m_n\}$,这些关系都有下标 $n$,因为"陈世美回到了自己的宅院"是事件 $A_2$ 的最后一次出现,用它改进 $N(1, 2)$,得

$$N(1, 2) := N'(1, 3, 2) \bigcap N(1, 2) = \{<_n, m_n\} \tag{11.3.4}$$

这表明,原来的 $2n$ 种可能 $\{>_1, \cdots, >_n, mi_1, \cdots, mi_n\}$ 仍被排除。其原因是因为增加了定义 11.3.3 后,Allen 的交集运算变得不合理了:它不反映事件多次出现时关系的多样性。为此,需要对 Allen 的理论作进一步推广。

**定义 11.3.4** 事件 $A_1$ 和 $A_2$ 之间的两个关系称为是一致的,如果就这两个关系的严格定义来说,任何一个都不排斥另一个。否则称为是不一致的,或矛盾的。

| 关系 | 矛盾关系 |
|---|---|
| $<$ | $>_n, mi_n, m_n, o_n, oi_n, b_n, bi_n, e_n, ei_n, d_n, di_n, =_n$ |
| $>$ | $<_1, mi_1, m_1, o_1, oi_1, b_1, bi_1, e_1, ei_1, d_1, di_1, =_1$ |
| $=$ | $<_1, >_n, m_1, mi_n, o, oi, b, bi, e, ei, d, di$ |

**图 11.3.3　部分矛盾关系**

图 11.3.3 是一张表示不一致关系的表(只列出了部分)。我们有：

**推论 11.3.1**　若关系 $R_1$ 和 $R_2$ 不一致。则 $R_2$ 也和 $R_1$ 不一致。

现在可以修改前面的算法。

**算法 11.3.4**(时间区间多次出现时的约束计算)。

对算法 11.3.2 作如下修改：

3′.构造 $N''(i, j) = \underset{k}{\mathscr{C}} N'(i, k, j)$。

6′.令 $N(i, j) := N(i, j) \mathscr{C} N''(i, j)$。

其中对任意的关系集 $\alpha$、$\beta$，$\alpha \mathscr{C} \beta$ 定义为：

$\alpha \mathscr{C} \beta = \{x \mid x \in \alpha$ 且和 $\beta$ 中的某个元素不矛盾，或 $x \in \beta$ 且和 $\alpha$ 中的某个元素不矛盾$\}$

对任意的关系集组 $\{\alpha_k\}$，$\underset{k}{\mathscr{C}} \alpha_k$ 定义为

$\underset{k}{\mathscr{C}} \alpha_k = \{x \mid x \in \alpha_i$ 且与每个 $\alpha_j$ 的某个元素不矛盾，$i \neq j, 1 \leqslant i, j \leqslant n\}$

对算法 11.3.3 作如下修改：

4′.对 $N(k, j)$ 中的每个约束 $R'$，构造合成约束 $R \circ R'$(按照图 11.3.1 及其他有关合成约束的规定)，并把它(们)置入 $N'(i, k, j)$ 中。

$\qquad\qquad\qquad\qquad\qquad\qquad\qquad$ 算法完。

**推论 11.3.2**　算法 11.3.4 对所有的事件 $A_i$，无论 $fA_i$ 成立与否，都是适用的。

本推论的意思是，当 $fA_i$ 不成立时，运算 $\mathscr{C}$ 的效果即是求交集 $\cap$ 的效果。

现在再回到包龙图和陈世美的例子上来。求 $N'(1, 3, 2)$ 和 $N(1, 2)$ (式(11.3.3))之约束合成。注意 $N'(1, 3, 2) = \{<_n, o_n, m_n\}$，其中 $<_n$ 与式(11.3.3)中的 $<_1$ 到 $<_n$ 都不矛盾，与其中的 $mi_1$ 到 $mi_{n-1}$ 也不矛盾，与 $m_1$ 到 $m_{n-1}$ 也不矛盾，与 $>_1$ 到 $>_{n-1}$ 也不矛盾。$N'(1, 3, 2)$ 的 $o_n$ 与 $mi_1$ 到 $mi_{n-1}$ 都不矛盾，与 $>_1$ 到 $>_{n-1}$ 也不矛盾。它的 $m_n$ 与 $mi_1$ 到 $mi_{n-1}$ 不矛盾，与 $m_n$ 当然不矛盾，与 $>_1$ 到 $>_{n-1}$ 也不矛盾。这表示 $N'(1, 3, 2)$ 的成员可以全部保留下

来。在 $N(1, 2)$ 中只有 $mi_n$ 和 $>_n$ 这两个成员和 $N'(1, 3, 2)$ 的成员全都有矛盾,除此之外,其余的元素都可以留下来。因此,最后得到的新的 $N(1, 2)$ 可以表示为

$$\{<_1, <_2, \cdots, <_n, mi_1, mi_2, \cdots, mi_{n-1}, m_1, m_2, \cdots,$$
$$m_n, >_1, >_2, \cdots, >_{n-1}\} \tag{11.3.5}$$

或者简略地写为

$$N(1, 2) = \{<, mi - \{mi_n\}, m, > - \{>_n\}\} \tag{11.3.6}$$

由此可知,加进事实"陈世美回到了自己的宅院"的效果是使式(11.3.3)变成式(11.3.5)或式(11.3.6)。

Freksa 对 Allen 的理论作了另一方面的推广。他考虑只有起点或只有终点的时间区间,称之为半区间。例如,"陈世美离家以后杳无音信"是一个只有起点的半区间,表示陈世美不在家这一状态。"秦香莲历尽千辛万苦,找到了陈世美"是一个只有终点的半区间,表示秦香莲找夫这一过程。在这里,时间区间的起点和终点本身又是一个长度为零的区间,也是一个事实,在上例中是"陈世美离家"和"秦香莲找到了陈世美"。Freksa 按照半区间关系把 Allen 的 13 种关系重新整理一遍,得到如图 11.3.4 所示的关系。

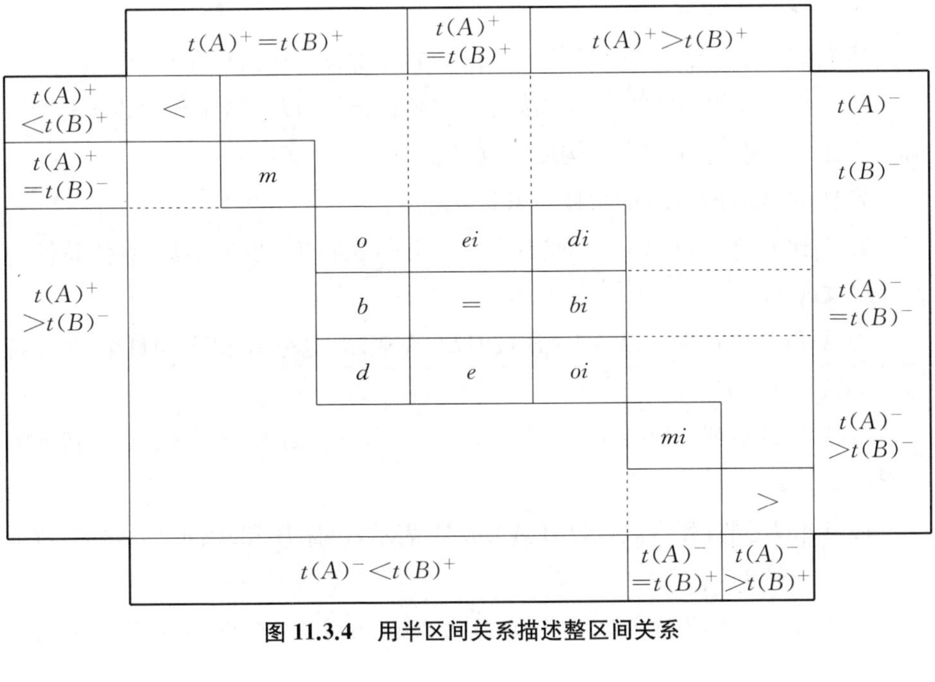

| | $t(A)^+ = t(B)^+$ | $t(A)^+ = t(B)^+$ | $t(A)^+ > t(B)^+$ | | |
|---|---|---|---|---|---|
| $t(A)^+ < t(B)^+$ | $<$ | | | | $t(A)^-$ |
| $t(A)^+ = t(B)^-$ | | $m$ | | | $t(B)^-$ |
| | | $o$ | $ei$ | $di$ | |
| $t(A)^+ > t(B)^-$ | | $b$ | $=$ | $bi$ | $t(A)^- = t(B)^-$ |
| | | $d$ | $e$ | $oi$ | |
| | | | | $mi$ | $t(A)^- > t(B)^-$ |
| | | | | $>$ | |
| | $t(A)^- < t(B)^+$ | | $t(A)^- = t(B)^+$ | $t(A)^- > t(B)^+$ | |

图 11.3.4 用半区间关系描述整区间关系

由图 11.3.4 可知,用半区间方法可以在一定程度上简化 Allen 的 13 种关系的表示。其中充分利用了两个事实:Allen 区间的终点一定大于它的起点,以及 $<,=,>$ 三种关系具有传递性。

在实际应用中,待解问题的初始知识可能是不完整的。给出的可能不是 Allen 的 13 种关系之一,而是它的某个子集中诸元素的析取。另一方面,所求的结果可能也不需要非常精确,它也是 Allen 关系的某种析取。基于这种考虑,Freksa 建议引进时间区间间的相邻关系。

**定义 11.3.5** 给定事件 $A_1$ 和 $A_2$ 之间的任意两个关系 $R_1$ 和 $R_2$,如果其中一个可以连续地变化为另一个(缩短、拉长、移动)而不通过另一个关系 $R_3$,则称 $R_1$ 和 $R_2$ 是相邻的。

例如,$<$ 和 $m$ 是相邻的关系,因为若有 $A_1<A_2$,则把 $A_1$ 逐渐向右移动,即可达到 $A_1mA_2$ 的状态。但 $<$ 和 $o$ 不是相邻的关系,因为从 $<$ 变成 $o$,中间要经过第三个关系 $m$。

**定义 11.3.6** 一组关系 $\{A_i\}$ 称为是邻居,若对其中任意两个关系 $A_1$ 和 $A_n$,必定存在组中的关系 $A_2,A_3,\cdots,A_{n-1}$,使对任意 $i,1\leqslant i\leqslant n-1$,$A_i$ 和 $A_{i+1}$ 相邻。

例如,$<,m$ 和 $o$ 是邻居,但只有 $<$ 和 $o$ 就不构成邻居。邻居的特例是单个关系和所有 13 种关系。

**定义 11.3.7** 若邻居中有多于一个成员,则称此邻居为粗粒知识。

Freksa 称他的半区间表示方法为粗粒知识方法,以此区别于 Allen 的细粒知识方法。注意,单个关系不构成粗粒知识。

**定义 11.3.8**(Freksa 的粗粒知识关系)。

1. $A$ 比 $B$ 老。以 $A\ ol\ B$ 或 $B\ yo\ A$ 表示,也称 $B$ 比 $A$ 年轻,具体特征为 $t(A)^-<t(B)^-$。

2. $A$ 和 $B$ 同日生。以 $A\ hh\ B$ 或 $B\ hh\ A$ 表示,也称 $B$ 和 $A$ 同日生,具体特征为 $t(A)^-=t(B)^-$。

3. $A$ 比 $B$ 后死。以 $A\ sv\ B$ 或 $B\ sb\ A$ 表示,也称 $B$ 比 $A$ 先死,具体特征为 $t(A)^+>t(B)^+$。

4. $A$ 和 $B$ 同日死。以 $A\ tt\ B$ 或 $B\ tt\ A$ 表示,也称 $B$ 和 $A$ 同日死,具体特征为 $t(A)^+=t(B)^+$。

5. $A$ 死在 $B$ 出生之前。以 $A\ pr\ B$ 或 $B\ sd\ A$ 表示,也称 $B$ 生在 $A$ 死去之

后。具体特征为 $t(A)^+ < t(B)^-$ 。

6. $A$ 和 $B$ 同时代。以 $A\ ct\ B$ 或 $B\ ct\ A$ 表示,也称 $B$ 和 $A$ 同时代,具体特征为 $A \cap B \neq \phi$ 。

7. $A$ 出生在 $B$ 死去之前。以 $A\ bd\ B$ 或 $B\ db\ A$ 表示,也称 $B$ 死在 $A$ 出生之后,具体特征为 $t(A)^- < t(B)^+$ 。

利用以上关系,还可组合出六种关系:

8. $A$ 比 $B$ 老并且比 $B$ 先死。以 $A\ ob\ B$ 或 $B\ ys\ A$ 表示,也称 $B$ 比 $A$ 年轻并且比 $A$ 后死。具体特征为 $t(A)^- < t(B)^-$ 并且 $t(A)^+ < t(B)^+$ 。

9. $A$ 和 $B$ 同时代并且比 $B$ 后死。以 $A\ sc\ B$ 或 $B\ bc\ A$ 表示,也称 $B$ 和 $A$ 同时代并且比 $A$ 先死,具体特征为 $A \cap B \neq \phi$ 且 $t(A)^+ > t(B)^+$ 。

10. $A$ 比 $B$ 老并且和 $B$ 同时代,以 $A\ oc\ B$ 或 $B\ yc\ A$ 表示,也称 $B$ 比 $A$ 年轻并且和 $A$ 同时代,具体特征为 $t(A)^- < t(B)^-$ 且 $A \cap B \neq \phi$ 。

在 Allen 时间表示和 Freksa 时间表示之间有一种对应关系,实际上,图 11.3.4 已经作了这样的提示,遗憾的是,Freksa 时间表示不能直接与该图中大方形的外围部分对应,如果我们把 Freksa 时间关系修改一下,这种对应关系就完全成立了。修改方法如下:

1. 删去第 6,第 9 和第 10 类 Freksa 时间关系(即 $ct$ , $sc$ , $bc$ , $oc$ , $yc$ 共五项)。

2. 增加下列关系:$A$ 死时正好 $B$ 出生,以 $A\ to\ B$ 或 $B\ fr\ A$ 表示,也称 $B$ 出生时正好 $A$ 死去,具体特征为 $t(A)^+ = t(B)^-$ 。

修改过的 Freksa 时间关系和 Allen 时间关系的对应如图 11.3.5 所示。

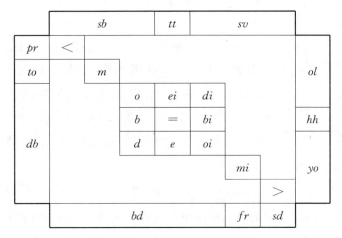

**图 11.3.5　两种时间关系的对应**

两种时间关系(简称 A 关系和 F 关系)的对应是严格的。这可以从下面的算法看出来。

**定义 11.3.9** F 关系 $f$ 和 A 关系 $a$ 称为是相关的,如果代表 $f$ 和 $a$ 的两个矩形在水平或垂直方向有公共投影。

**算法 11.3.5**(时间关系换算)。

1. 对任意两个时间区间 $x$ 和 $y$,以一组(不)等式 $t(x)^{-}(<, =, >)t(y)^{-}$, $t(x)^{-}(<, =, >)t(y)^{+}$, $t(x)^{+}, (<, =, >)t(y)^{-}$, $t(x)^{+}(<, =, >)t(y)^{+}$ 表示(A 或 F)时间关系 $r$,称为 $G(r)$。

2. 若与 F 关系 $f$ 相关的 A 关系是 $\{a_1, \cdots, a_n\}$,则 $\bigcap\limits_{i=1}^{n} G_n(a_i)=G(f)$。

3. 若与 A 关系 $a$ 相关的 F 关系是 $\{f_1, \cdots, f_m\}$,则 $\bigcup\limits_{i=1}^{m} G(f_i)=G(a)$。

算法完。

例如,$G(tt)=\{t(x)^{+}=t(y)^{+}\}$, $G(ei)=\{t(x)^{-}<t(y)^{-}, t(x)^{+}=t(y)^{+}\}$, $G(=)=\{t(x)^{-}=t(y)^{-}, t(x)^{+}=t(y)^{+}\}$, $G(e)=\{t(x)^{-}>t(y)^{-}, t(x)^{+}=t(y)^{+}\}$,因此,$G(tt)=G(ei)\bigcap G(=)\bigcap G(e)$,而 $G(o)=G(db)\bigcup G(sb)\bigcup G(ol)\bigcup G(bd)$。

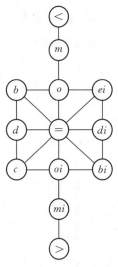

**图 11.3.6 Allen 关系的相邻图**

**定理 11.3.1** 对任一 A 关系 $a$,算法 11.3.5 唯一地确定了它的 F 关系表示。反之亦然。

Allen 时间关系和 Freksa 时间关系都可以用前面讲的相邻关系表示出来。把 Allen 的 13 种基本时间关系排成图 11.3.6 所示,其中所有可能的相邻关系都用连线表示。

不难看出,该图(共 13 个点)的任一连通子图都代表了某种时间关系,这里不但包括图 11.3.5 中的所有 Freksa 时间关系,也包括未曾包括在图 11.3.5 中的 Freksa 时间关系,还包括 Freksa 关系以外的其他时间关系,这三类关系的例子分别包含在图 11.3.7 的(a),(b)和(c)中。

由图 11.3.4, 11.3.5, 11.3.6, 11.3.7 可以看出 Allen 时间表示法和 Freksa 时间表示法的根本区别。在 Allen 的时间表示法中,基本的时间关系是细粒度的,它们的析取可构成粗粒度时间关系。在 Freksa 的时间表示法中,基本的时间关系是粗粒度的,它们的合取可构成细粒度时间关系。两者的指导思想不完全一样。

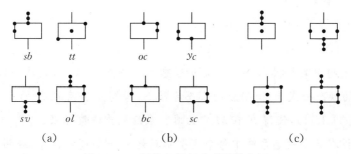

**图 11.3.7 细粒知识组合成粗粒知识**

# 习 题

1. 对于模态逻辑中的 $T$ 系统:

(1) 证明定理 11.1.1 中的性质 2 至性质 17。

(2) 给每个性质以一个直观易懂的实例作解释。例如:性质 13 可以解释为:"小羊弄脏了溪水,则狼有权吃小羊;小羊没有弄脏溪水,狼也有权吃小羊"等价于"总而言之,狼有权吃小羊"。

(3) 如果某个性质取 $P \rightarrow Q$ 的形式,则举例说明在某些情况下 $Q \rightarrow P$ 为假。

2. 考察下列模态公式,它们在 11.1 节的哪些模态系统中恒真? 哪些模态系统中恒假? 哪些模态系统中既非恒真,又非恒假?

(1) $\Box A \rightarrow \Diamond A$

(2) $\Diamond A \rightarrow \Box A$

(3) $\Box\Box A \rightarrow \sim \Diamond \sim \Diamond A$

(4) $\Diamond\Box\Box\Diamond A \rightarrow \Box\Diamond\Diamond A$

(5) $\Box(A \wedge B) \rightarrow (\Box A \wedge \Box B)$

(6) $\Box(A \vee B) \rightarrow (\Box A \vee \Box B)$

(7) $\Box(A \vee \Diamond B) \rightarrow \Box(\Diamond A \wedge \Diamond B)$

(8) $A \rightarrow \Box\Diamond A$

(9) $\Box A \rightarrow \sim A$

(10) $\Diamond\Box A \rightarrow \Box\Diamond A$

(11) $\square\diamondsuit A \rightarrow \diamondsuit A$

(12) $\diamondsuit A \rightarrow \diamondsuit\diamondsuit A$

(13) $\square A \rightarrow \diamondsuit\square A$

(14) $\square\square\square A \rightarrow \square\square A$

(15) $\square\diamondsuit\square\diamondsuit A \rightarrow \diamondsuit\square\diamondsuit\square A$

3. 若上题中某些模态公式在某些模态系统中既非恒真,又非恒假,则对每一个这样的模态公式 $F$ 和相应的模态系统 $S$,考察是否存在 $S$ 的一个模型 $M$ (参见定义 11.1.11),使得 $F$ 在 $M$ 中为真? 最后列出考察结果。

4. 假设在某个模态系统中每个模型都正好有一个可能世界,证明下列公式恒真:

(1) $A \rightarrow \diamondsuit A$

(2) $\diamondsuit A \rightarrow \square A$

5. 证明定理 11.1.2 中列出的诸性质,并给每条性质以一个直观易懂的解释。

6. 证明定理 11.1.4,并且为 $S_4$ 给出一组最大的互不等价的模态集。

7. 证明定理 11.1.5。

8. 证明定理 11.1.6 中尚未证明的部分,并为该定理的每条性质给一个直观易懂的解释。

9. 求证,若在 $S_4$ 系统中加入公理

$$\square\diamondsuit A \rightarrow \diamondsuit\square A$$

则公式 $A \rightarrow \square A$ 成为该系统的定理。

10. 求证:下列规则都是 $S_5$ 系统中的健康的推导规则。即,它能从恒真公式推出恒真公式:

$$(1)\ \frac{A \rightarrow B}{\diamondsuit A \rightarrow \diamondsuit B} \qquad\qquad (2)\ \frac{A \equiv B}{\diamondsuit A \equiv \diamondsuit B}$$

$$(3)\ \frac{\diamondsuit A \rightarrow B}{A \rightarrow \square B} \qquad\qquad (4)\ \frac{A \rightarrow \square B}{\diamondsuit A \rightarrow B}$$

11. 举例说明上题的四个推导规则并非公理。例如:其中第(1)个推导规则不能理解成如下形式的公理:

$$(A \rightarrow B) \rightarrow (\diamondsuit A \rightarrow \diamondsuit B)$$

其余依此类推。

12. 本章只讨论了命题模态逻辑,但是一阶模态逻辑的基本形式也不难想象,例如,～◇$is$(骆驼祥子,老板)表示祥子可能是老板。试把第一章习题 2 之(3)改写为一阶模态公式,改写时允许把"能"理解为"可能"。

13. 把下列诗句写成时序逻辑的命题(如果写起来有困难,是否需要增加什么功能?):

(1) 昔人已乘黄鹤去,此地空余黄鹤楼。

(2) 黄鹤一去不复返,白云千载空悠悠。

(3) 出师未捷身先死,长使英雄泪满襟。

(4) 春蚕到死丝方尽,蜡炬成灰泪始干。

(5) 悠悠生死别经年,魂魄不曾来入梦。

(6) 天长地久有时尽,此恨绵绵无绝期。

(7) 今年欢笑复明年,秋月春风等闲度。

(8) 同是天涯沦落人,相逢何必曾相识。

(9) 门庭风雨几时休,千载机缘付水流。

(10) 争议未终膏沃尽,清谈从古误神州。

14. 用时序逻辑公式描述下列断言:

(1) 部分正确性:某程序从标号 $l$ 处开始执行,输入变量为 $x$,满足输入条件 $P(x)$,预计的程序运行结束处为标号 $m$。如果该程序真能在 $m$ 处结束运行,结束时的输出变量为 $y$,则定有命题 $Q(x, y)$ 成立。

(2) 排除异常条件。程序的输入条件同上。断言为:每当程序运行到标号 $n$ 处,变量 $y$ 之值肯定不为零。

(3) 完全正确性。程序是部分正确的,并且它一定会在标号 $m$ 处终止。

(4) 程序的遍历。程序的输入条件同上。断言是:该程序的运行经过其标号集 $L$ 的每个标号至少一次。

15. 11.3 节讲了一种基于区间的时间推理方法,你能否设计一种基于时间点的,并且和 11.3 节中所讲方法在表达能力上等价的时间推理方法?(按:表达能力等价是指凡能用前一种方法表达的时间关系必能用后一种方法表达,反之亦然。)

16. 设有如下故事:

林黛玉一进贾府,贾府上下立刻忙碌起来。贾母拉着林黛玉的手说,"我早就知道你非常聪明。"一阵聊天过后,贾母吩咐开饭。席间,王熙凤打听林黛玉家乡的事,林黛玉一一说了。林黛玉因长途旅行疲劳,吃着饭就觉得发困,饭后,贾宝玉看林黛玉还是发困,就说我们玩拱猪吧,结果把林黛玉拱成一个大猪,林黛玉一着急,顿时困意全消。

请你:

(1) 把此文中所有的事件标出。

(2) 凡文中点明两个事件在时间上有联系者,请选择恰当的 Allen 时间关系。

(3) 凡文中未直接点明两个事件的时间关系者,请根据组合算法算出它们的时间关系。

(4) 用 Freksa 的时间关系再做一遍(2)和(3)。

17. 能否混合使用 Allen 和 Freksa 的时间关系? 试研究它们之间的组合规则,列出像图 11.3.1 或者图 11.3.7 那样的表,并得出必要的结论。

# 第十二章

# 知道逻辑和信念逻辑

据说有这么一回事：$A$，$B$ 两国军队打仗。$A$ 军占据两边山头，$B$ 军驻扎在两山之间的峡谷里。东山 $A$ 军（称为 $A_1$）指挥想约西山 $A$ 军（称为 $A_2$）联合向 $B$ 军发起攻击，但无现代化通信工具可用，唯一的办法是派一名通信员穿过 $B$ 军阵地去通知 $A_2$ 的指挥员。于是通信员 $x$ 派出去了，在 $x$ 回来之前，$A_1$ 指挥是不敢发动攻击的，因为他不知道 $x$ 把信送到没有。后来 $x$ 回来了，并报告说信已送到。$A_1$ 仍然不敢发起攻击。为什么？因为 $A_2$ 指挥此时尚不知道 $x$ 是否已回到东山，即"$A_2$ 指挥不知道 $A_1$ 指挥是否已知道 $A_1$ 指挥已收到信"（把引号内的命题称为 $P$），因而 $A_2$ 指挥不敢发起攻击。$A_1$ 指挥知道 $P$，所以 $A_1$ 指挥也不敢发起攻击。于是 $A_1$ 指挥必须派 $x$ 再走一次西山，告诉 $A_2$ 方面："$A_1$ 指挥已知道 $A_2$ 指挥已收到信"（把引号内的命题称为 $Q$）。此时 $A_2$ 指挥敢于发动攻击了吗？不敢。因为他知道 $A_1$ 指挥尚未知道 $A_2$ 指挥已知道 $Q$，因此还得派 $x$ 再回东山。如此反复，可以证明，无论通信员 $x$ 往返东山和西山多少次，$A_1$ 和 $A_2$ 的指挥员仍无法在共同发起攻击的问题上统一认识，研究这类问题的逻辑就是知道逻辑。与它密切相关的是信念逻辑。

中国古代有许多哲学论争也涉及知道问题。如庄子在他的一篇著作中假托他与一位朋友的谈话记下了他们之间的辩论。庄子说："看！池里的鱼游得多高兴啊！"朋友说："你不是鱼，你怎么知道鱼很高兴呢？"庄子说："你不是我，你怎么知道我不知道鱼高兴呢？"庄子记录的故事至此结束。似乎庄子在辩论中胜利了。其实未必。他的朋友完全可以进一步追问："你不是我，你怎么知道我不知道你不知道鱼高兴呢？"于是这场辩论又可像上面讲的打仗的故事那样无休止地继续下去。

关于知道逻辑的研究有其实际的意义。在有多个独立主体构成的分布式系统中，每个主体都应该知道某些信息，其中包括知道其他的主体知道些什么。例如，在通信网络中，发信一方需要知道对方是否已收到，并正在继续收到他发去的信息，因此有一个不断呼叫和应答的问题。在密码通信系统中，发信方和收信方也有一个互相知道对方知道些什么的问题,并且应能知道第三者不知道他们知道些什么。在带竞争性的自治式分布系统中,每个独立主体既要确保其他主体知道某些消息,又要确保其他主体不知道某些消息,甚至要使其他主体得到某些错误消息,以便保证自己的最大利益。这里又有一个知道逻辑问题。

信念逻辑是知道逻辑的变种,和后者的公理系统不完全一样,它和非单调逻辑有较密切的关系(参见第十六章)。

## 12.1  知道逻辑

"知道"是认知逻辑研究的一个重要对象。知道逻辑就是对"知道"的含义进行形式化的研究。近代知道逻辑研究的一个重要里程碑是芬兰哲学家 Hintikka(欣迪加)于 1962 年发表的专著《知识与信念》。他已经注意到了"知道"一词的不同含义。在日常生活中不同的人使用"知道"一词时,起码有如下两种可能的含义。

第一,某人确切地知道某事,即:只要他知道一件事,则这件事必然是真的。如:"学生们知道李教授今天早晨卖馅饼了。"

第二,某人认为某事是真的。这是他的主观认识,与该事是否真不一定一致。如:"杨经理知道股票行情还要看涨,从交易所大大地买进了一批。"严格地说,这应该属于信念的范围。我们将主要在第三节中讨论这个问题。本节只是为了叙述方便,需要部分地提到它。

我们从完全非形式化的角度来开始知道逻辑的讨论。本节只涉及单个的认识主体,统一以第一人称"我"表示。不同的人(或人群)在认识能力上是有很大差异的,这里先研究凡人的知道逻辑。用算子 **K** 表示知道,则

$$\mathbf{K}(李教授今天早晨卖馅饼了)$$

表示"我知道李教授今天早晨卖馅饼了"。

仿照模态逻辑的通常做法,用下列公式引进新算子 **Z**:

$$ZA \equiv \sim K \sim A \tag{12.1.1}$$

它的含义是:不能排除命题 $A$ 成立(并非知道命题 $A$ 不成立)。例如:

$$\mathbf{Z}(杨经理是一个会炒股的大款)$$

表示"我不能排除杨经理是一个会炒股的大款"。和通常模态逻辑中一样，容易证明

$$\mathbf{K}A \equiv \sim\mathbf{Z}\sim A \qquad\qquad (12.1.2)$$

它的直观含义是：并非不能排除命题 $A$ 不成立，即可以排除命题 $A$ 不成立，即知道 $A$ 成立。

根据直观，可以加上如下的公理：

$$\mathbf{K}A \rightarrow \mathbf{Z}A \qquad\qquad (12.1.3)$$

即知道 $A$ 成立蕴含着不排除 $A$ 成立.把这个式子改写为 $\sim\mathbf{K}A \vee \mathbf{Z}A$，再用式 (12.1.1)中 $\mathbf{Z}A$ 的定义代入，得到

$$\sim\mathbf{K}A \vee \sim\mathbf{K}\sim A$$

这等价于

$$\sim(\mathbf{K}A \wedge \mathbf{K}\sim A) \qquad\qquad (12.1.4)$$

表示"我既知道命题 $A$ 是真的，又知道命题 $A$ 是假的"这个知道逻辑的论断是不成立的，符合直观。反过来，我们不可能有

$$\mathbf{Z}A \rightarrow \mathbf{K}A \qquad\qquad (12.1.5)$$

即"不排除 $A$"蕴含"知道 $A$"，因为它可以改写为 $\sim\mathbf{Z}A \vee \mathbf{K}A$，用式(12.1.2)中的 $\mathbf{K}A$ 代入，得

$$\sim\mathbf{Z}A \vee \sim\mathbf{Z}\sim A$$

这等价于

$$\sim(\mathbf{Z}A \wedge \mathbf{Z}\sim A) \qquad\qquad (12.1.6)$$

表示"我既不排除命题 $A$ 是真的，又不排除命题 $A$ 是假的"这个论断不成立。但它不符合常识，因为我很可能对命题 $A$ 的真假一无所知。所以式(12.1.6)不是一个真命题。

凡人的认识能力有限，我所知道的事不一定是真的(因此，凡人知道逻辑中的"知道"本质上是一种信念)。但我又认为我所知道的事都是真的，为此不妨引进如下的公理；

$$\mathbf{K}A \equiv \mathbf{K}\mathbf{K}A \qquad\qquad (12.1.7)$$

即,如果我知道命题 $A$ 成立,那么我也知道我知道命题 $A$ 成立。反过来也是一样。这表明我很清楚自己有哪些知识。

下一个可能的公式是

$$ZA \equiv ZZA \tag{12.1.8}$$

即,如果我不排除命题 $A$ 成立,那么我就不排除不排除命题 $A$ 成立。反过来也是一样。这表明减弱了的一种可能仍然是可能,加强了的可能性也仍然是可能。进一步,还可以有

$$ZA \equiv KZA \tag{12.1.9}$$
$$ZA \equiv ZKA \tag{12.1.10}$$

它们分别表示,我知道我不排除 $A$ 成立等价于我不排除 $A$ 成立,以及我不排除我知道 $A$ 成立等价于我不排除 $A$ 成立。综合式(12.1.8)、(12.1.9)和(12.1.10),可以得到

$$M^i Z M^j A \equiv ZA \tag{12.1.11}$$

这里的 $M$ 可以是 $Z$ 或 $K$。$M^i$ 和 $M^j$ 分别表示 $i$ 个 $M$ 和 $j$ 个 $M$ 组成的序列,$i \geqslant 0$,$j \geqslant 0$。利用式(12.1.7)和(12.1.11),可以把本逻辑中任何复杂的模态($M$ 的任一序列称为凡人知道逻辑的一个模态)化为 $K$ 和 $Z$,最后只剩下知道 $A$ 和不排除 $A$ 两种。例如

$$[(ZKKZA \lor KZZB) \land KKKC] = [(ZA \lor ZB) \land KC]$$

现在要把凡人知道逻辑升级为圣人知道逻辑。圣人是不犯错误的。如果圣人知道某件事,那某件事一定为真。所以要加上一条公理:

$$KA \rightarrow A$$

表示"如果我知道命题 $A$ 为真,则命题 $A$ 为真"。注意,圣人知道逻辑和凡人知道逻辑的区别反映了知道逻辑和信念逻辑的本质不同,本节从这里开始,讲的都是知道逻辑。

圣人虽然不犯错误,但推理能力可能是有限的。如果圣人知道 $A$ 能推出 $B$,又知道 $A$ 成立,他能知道 $B$ 也成立吗?不一定能。在我们已给出的公理系统中没有这一条。而且事实上要做到这一点也是非常困难的。一个重要的数学定理,在它被证明之前,似乎使人一筹莫展。但一旦它被证明之后,又令人觉得

证明的每一步都是利用了熟知的推理规则,只是没有看证明的时候想不到把几百几千条熟知的推理规则按这种方式组织起来。即使是号称数学王子的高斯,也不可能解决数学或数论中的全部问题。为了强化系统的推理能力,需要把圣人知道逻辑再上升为超人知道逻辑,即增加如下的推理规则:

由 $\mathbf{K}A$ 和 $\mathbf{K}(A \to B)$ 可知有 $\mathbf{K}B$ 成立

或者写成如下的公理形式:

$$\left[\mathbf{K}(A \to B)\right] \to \left[\mathbf{K}A \to \mathbf{K}B\right] \tag{12.1.12}$$

这样,再加上普通命题逻辑的推理规则(由 $A \to B$ 及 $B \to C$ 得 $A \to C$),即可推出所有被已有知识蕴含的知识。

但是,超人知道逻辑只是具有超人的推理能力,它还不能洞察一切客观上为真的命题,要做到这一点,还需再上升一步,达到事无不知的境界,这就是上帝知道逻辑。它需要的新公理是:

如果 $A$ 可证,那么 $\mathbf{K}A$ 也可证

或者写成如下形式:

$$(\vdash A) \to (\vdash \mathbf{K}A)$$

注意,写成 $A \to \mathbf{K}A$ 是不合适的,因为这将意味着:$A$ 为假而 $\mathbf{K}A$ 为真时此规则也成立,表示上帝把假命题视作真命题,当然上帝是不会犯这样的错误的。

现在我们作一点形式化的讨论,引进一个接近于上帝知道逻辑的系统 $KS_4$。

**定义 12.1.1** 知道逻辑系统 $KS_4$ 的命题公式定义如下:

1. 普通命题逻辑的合式公式都是它的合式公式。

2. 若 $A$ 是 $KS_4$ 的合式公式,则 $\mathbf{K}A$ 和 $\mathbf{Z}A$ 也是它的合式公式。

3. 若 $A$ 和 $B$ 是 $KS_4$ 的合式公式,则 $\sim A$,$A \to B$,$A \vee B$,$A \wedge B$ 和 $A \equiv B$ 也是它的合式公式。

4. 除此以外,没有其他的合式公式。

**定义 12.1.2** $KS_4$ 系统有如下一些公理:

1. $A \to \mathbf{Z}A$.

2. $\mathbf{Z}(A \vee B) \equiv (\mathbf{Z}A \vee \mathbf{Z}B)$.

3. $\mathbf{ZZ}A \to \mathbf{Z}A$.

4. 普通命题逻辑的公理都是 $KS_4$ 的公理,但公理中涉及的逻辑量不仅可以是普通命题逻辑中的命题,也可以是 $KS_4$ 的命题。$KS_4$ 有如下的推理规则:

1. 由 $\vdash A \equiv B$ 推出 $\vdash \mathbf{Z}A \equiv \mathbf{Z}B$.

2. 由 $\vdash A$ 推出 $\vdash \mathbf{K}A$.

仔细研究可以知道,$KS_4$ 系统不能作为真正的上帝知道逻辑。请看第一条公理:$A \rightarrow \mathbf{Z}A$,这等价于 $\sim A \vee \mathbf{Z}A$,表示即使 $A$ 非事实(命题 $A$ 为假),不排除 $A$(命题 $\mathbf{Z}A$ 为真)也是符合此公理的。例如,分明是上帝创造了亚当和夏娃,但对

$A =$ 上帝创造了保尔和冬妮娅

这样的错误命题竟然可不予排除,即 $\mathbf{Z}A$ 为真。当然上帝也不会犯这样的错误。

**定理 12.1.1** $KS_4$ 系统有如下的性质:

1. $\mathbf{K}A \rightarrow A$.

2. $\mathbf{K}A \rightarrow \mathbf{Z}A$.

3. $\mathbf{K}(A \wedge B) \rightarrow \mathbf{K}A \wedge \mathbf{K}B$.

4. $\mathbf{K}(A \rightarrow B) \rightarrow (\mathbf{K}A \rightarrow \mathbf{Z}B)$.

5. $\mathbf{K}A \wedge \mathbf{Z}B \rightarrow \mathbf{Z}(A \wedge B)$.

6. $\mathbf{K}\mathbf{K}A \rightarrow \mathbf{K}A$.

7. $\mathbf{K}A \rightarrow \mathbf{K}\mathbf{K}A$.

8. $\mathbf{Z}\mathbf{Z}A \rightarrow \mathbf{Z}A$.

9. $\mathbf{K}(A \rightarrow B) \rightarrow \mathbf{K}(A \rightarrow \mathbf{Z}B)$.

10. $\mathbf{K}(A \rightarrow B) \rightarrow \mathbf{K}(\mathbf{K}A \rightarrow B)$.

11. $[\mathbf{K}A \wedge \mathbf{K}(A \rightarrow B)] \rightarrow \mathbf{K}B$.

**证明** 我们挑选几个加以证明。

| | |
|---|---|
| 对性质 1:$\sim A \rightarrow \mathbf{Z} \sim A$ | 用 $\sim A$ 代入公理 1 |
| $\sim \mathbf{Z} \sim A \rightarrow \sim \sim A$ | 上式左右易位 |
| $\mathbf{K}A \rightarrow A$ | 利用定义 |
| 对性质 3:$\mathbf{Z}(A \vee B) \equiv \mathbf{Z}A \vee \mathbf{Z}B$ | 公理 2 |
| $\mathbf{Z}(\sim A \vee \sim B) \equiv \mathbf{Z} \sim A \vee \mathbf{Z} \sim B$ | 用 $\sim A$,$\sim B$ 代入 |
| $\mathbf{Z} \sim (A \wedge B) \equiv \mathbf{Z} \sim A \vee \mathbf{Z} \sim B$ | 德摩根定律 |
| $\sim \mathbf{Z} \sim (A \wedge B) \equiv \sim (\mathbf{Z} \sim A \vee \mathbf{Z} \sim B)$ | 命题演算法则 |
| $\mathbf{K}(A \wedge B) \equiv \sim \mathbf{Z} \sim A \wedge \sim \mathbf{Z} \sim B$ | 德摩根定律 |
| $\mathbf{K}(A \wedge B) = \mathbf{K}A \wedge \mathbf{K}B$ | 定义 |

对性质 4：$\mathbf{K}(A{\to}B){\to}\mathbf{Z}(A{\to}B)$ 　　　　　　　　　　性质 2

$\qquad\qquad\mathbf{K}(A{\to}B){\to}\mathbf{Z}({\sim}A\vee B)$ 　　　　　　　　{\to}定义

$\qquad\qquad\mathbf{K}(A{\to}B){\to}\mathbf{Z}{\sim}A\vee\mathbf{Z}B$ 　　　　　　　公理 2

$\qquad\qquad\mathbf{K}(A{\to}B){\to}(\mathbf{K}A{\to}\mathbf{Z}B)$ 　　　　　　　　定义

　　　　　　　　　　　　　　　　　　　　　　　证毕。

　　其中性质 1 保证了 $KS_4$ 具有圣人知道逻辑的特点，性质 11 保证了 $KS_4$ 具有超人知道逻辑的特点。当然，推理规则 2 还保证了它具有上帝知道逻辑的特点，但公理 1 不提供这种性质。因为公理 1 只保证对每个命题 $A$，若 $A$ 成立则 $\mathbf{Z}A$ 也成立，即系统不排除 $A$ 成立。但若要系统知道 $A$ 成立（$\mathbf{K}A$ 成立），则非要 $A$ 是可证的才行（第二条推理规则）。

　　在下一节"群体知道逻辑"中将进一步讨论知道逻辑。

## 12.2　群体知道逻辑

　　在这个世界上，认识的主体不只是一个单个的人，也不是有着统一认识的整个人类，而是一群有着不同知识的个体，简称群体。研究这种类型的知道机制是群体知道逻辑的任务。这个课题比较难，也引起了众多研究者的兴趣。Halpern 和 Moses 对此曾有过很好的分析，他们指出，Kripke 的可能世界模型是探索群体知道逻辑的有效工具。本节介绍群体知道逻辑的基本内容。

　　**定义 12.2.1**　设有 $m$ 个个体，编号为 $1,\cdots,m$。另有一个命题集合 $\Phi=\{A,B,C,\cdots\}$，用 $\mathbf{K}_1,\mathbf{K}_2,\cdots,\mathbf{K}_m$ 表示 $m$ 个模态算子，其中 $\mathbf{K}_iP$ 表示第 $i$ 个个体知道 $P$。以 $L_m(\Phi)$ 表示群体的最小知识闭包，即：

　　1. $\Phi\subseteq L_m(\Phi)$.

　　2. 若 $A\in L_m(\Phi)$，则 ${\sim}A\notin L_m(\Phi)$.

　　3. 若 $A,B\in L_m(\Phi)$，则 $A\wedge B\in L_m(\Phi)$.

　　4. 若 $A\in L_m(\Phi)$，则 $\mathbf{K}_iA\in L_m(\Phi)$，$1\leqslant i\leqslant m$.

其他的三个逻辑运算定义为：

　　1. $A\vee B$ 即是 ${\sim}({\sim}A\wedge{\sim}B)$.

　　2. $A{\to}B$ 即是 ${\sim}(A\wedge{\sim}B)$.

　　3. $A\equiv B$ 即是 $(A{\to}B)\wedge(B{\to}A)$.

现在讨论这种群体知道逻辑的语义，基本思想是用可能世界集来表达。每

一个个体 $a_i$ 被赋予一个可能世界集 $W_i$，$W_i$ 中的每个可能世界 $w$ 都是 $a_i$ 心目中可能的现实世界。例如，无生命的火星和有生命的火星都是天文学家心目中可能的现实世界。无引力波和有引力波的地球都是物理学家心目中可能的现实世界。黎曼猜想为真和黎曼猜想为假的数论都是数学家心目中可能的现实世界。如此等等。个体 $a_i$ 知道某个事实 $p$ 的含义是：$p$ 在 $W_i$ 的每个对 $a_i$ 来说是可到达的可能世界（简称可到达世界）中为真。反之，若 $p$ 至少在 $W_i$ 的一个可到达世界中为假，则称 $a_i$ 不知道 $p$，若 $p$ 在 $W_i$ 的所有可到达世界中都为假，则称 $a_i$ 知道非 $p$。

**定义 12.2.2**（知道逻辑的 Kripke 群体模型）  知道逻辑的 Kripke 群体模型是一个 $m+2$ 元组 $M=(W, R_1, R_2, \cdots, R_m, \overline{V})$，其中 $w$ 是全体可能世界集，$\overline{V}$ 是命题集 $\Phi$ 在 $W$ 中每个可能世界 $W$ 上的真值指派。对每个 $i$，$R_i$ 是在 $W$ 上的一个二元关系。它的含义是：若 $\alpha R_i \beta$ 为真，则从可能世界 $\alpha$ 中的一个个体 $a_i$ 的观点看来，$\beta$ 是一个可到达的现实世界。

Kripke 语义的一个优点是可以把群体知道逻辑的模型画成一个带标记的有向图，其中的节点即 $W$ 中的可能世界。对每个为真的 $\alpha R_i \beta$，由节点 $\alpha$ 画一根加上标记 $i$ 的有向弧指向 $\beta$。但是在利用图论工具考察 $Kripke$ 模型时必须注意两者在概念上的区别。例如，在无特别说明时 $Kripke$ 的可到达性不保证是传递的。仅此一点就区别于有向图。

**定义 12.2.3**  群体知道逻辑中命题的语义为：

1. $\models_\alpha A$ 成立，当且仅当 $A$ 在 $\alpha$ 中为真。

2. $\models_\alpha A \wedge B$ 成立，当且仅当 $\models_\alpha A$ 和 $\models_\alpha B$ 皆成立。

3. $\models_\alpha \sim A$ 成立，当且仅当 $\models_\alpha A$ 不成立。

4. $\models_\alpha \mathbf{K}_i A$ 成立，当且仅当对所有使得 $\alpha R_i \beta$ 成立的 $\beta$，皆有 $\models_\beta A$ 成立。

5. 以 $\models A$ 表示 $A$ 在 $W$ 中恒真，即 $\models A$ 成立，当且仅当对所有 $\alpha \in W$，$\models_\alpha A$ 皆成立。

6. 称 $A$ 为在 $W$ 中可满足的，当且仅当存在 $\alpha \in W$，使 $\models_\alpha A$ 成立。

**定理 12.2.1**

1. 普通命题逻辑中的重言式在此皆恒真。

2. 若 $A, B \in L_m(\Phi)$，则对 $i=1, \cdots, m$，式子

$$\mathbf{K}_i A \wedge \mathbf{K}_i (A \to B) \to \mathbf{K}_i B$$

皆成立。

3. 若 $A$，$B \in L_m(\Phi)$，且 $\models A$ 和 $\models A \rightarrow B$ 皆成立，则 $\models B$ 成立。

4. 若 $A \in L_m(\Phi)$，则对 $i = 1, \cdots, m$，由 $\models A$ 成立可推出 $\models \mathbf{K}_i A$ 成立。

这个定理的核心是表明同普通知道逻辑一样，群体知道逻辑也存在一个逻辑全知问题，我们在以后的行文中将会讨论这个问题。

**定义 12.2.4** 定义有 $m$ 个个体的群体知道逻辑 $K_{(m)}$ 如下：

它有两个公理系列：

1. $J_1$：普通命题演算的所有重言式都是它的公理。

2. $J_2$：$\mathbf{K}_i A \wedge \mathbf{K}_i (A \rightarrow B) \rightarrow \mathbf{K}_i B (i = 1, \cdots, m)$．

另有两类推理规则：

1. $Q_1$：若 $A$ 可证，且 $A \rightarrow B$ 可证，则 $B$ 可证。

2. $Q_2$：若 $A$ 可证，则 $\mathbf{K}_i A$ 可证 $(i = 1, \cdots, m)$。

**定义 12.2.5** 命题 $A$ 称为是 $K_{(m)}$ 可证的，以 $K_{(m)} \vdash A$ 表示，若 $A$ 为定义 12.2.4 的一个公理，或可由公理经 $Q_1$ 和 $Q_2$ 的有限步推理推出。命题 $A$ 称为是一致的，若 $\sim A$ 不是 $K_{(m)}$ 可证的（以后简称可证的），一组命题 $\{A_1, A_2, \cdots, A_j\}$ 称为是一致的，当且仅当 $A_1 \wedge A_2 \wedge \cdots \wedge A_j$ 是一致的。命题的一个无限集称为是一致的，当且仅当它的每个有限子集都是一致的。命题集 $S$ 称为是最大一致的，若 $S$ 是一致的，且对所有的 $A \in L_m(\Phi) - S$，$\{A\} \cup S$ 都不是一致的。

**引理 12.2.1** 设 $K'$ 是一个群体知道逻辑的公理系统，它的公理集含有 $J_1$，推理规则集含有 $Q_1$，则 $K'$ 具有如下性质：

1. 每个一致的命题集可以扩充成为最大一致的命题集。

2. 若 $S$ 是一个最大一致的命题集，则对所有的命题 $A$，$B$ 有：

(1) 或者 $A \in S$，或者 $\sim A \in S$。

(2) $A \wedge B \in S$，当且仅当 $A \in S$ 且 $B \in S$。

(3) 若 $A \in S$ 且 $(A \rightarrow B) \in S$，则 $B \in S$。

(4) 若 $A$ 恒真，则 $A \in S$。

正像普通的逻辑一样，也可以讨论群体知道逻辑 $K_{(m)}$ 的健康性和完备性。一个群体知道逻辑的公理系统称为是健康的，若任何在此公理系统中可证的命题在每个可能世界中皆成立。该系统称为是完备的，若每个在所有可能世界中成立的命题都是在系统中可证的。

**定理 12.2.2** $K_{(m)}$ 是一个健康且完备的公理系统。

**证明** 从定理 12.2.1 已可知它是健康的,此处只需证其完备性,为此我们证明每个一致的命题都是在 $K_{(m)}$ 中可证的。

令 $S$ 为一个最大一致命题集,以 $S_i$ 表示第 $i$ 个个体的全部知识,即

$$S_i = \{A \mid \mathbf{K}_i A \in S\}$$

构造一个模型,$M^c = (W, R_1, R_2, \cdots, R_m, \overline{V})$ 如下:

$$W = \{\alpha(S) \mid S \text{ 为一个最大一致命题集}\}$$

其中 $\alpha(S)$ 的定义为:它是 $W$ 中的一个世界,使 $S$ 的所有命题在其中为真,它可表为:

$\overline{V}(A, \alpha(S)) = \text{true}$,当且仅当 $A \in S$。

$M^c$ 上的关系 $R_i$ 定义为:

$\alpha(S) R_i \alpha(S')$,当且仅当 $S_i \subseteq S'$

模型 $M^c$ 称为典范 Kripke 群体知道模型,简称典范模型。

现在用归纳法来证明:当且仅当 $A \in S$ 时有 $\models^{M^c}_{\alpha(S)} A$ 成立。归纳对 $A$ 的结构进行,首先,若 $A$ 为原子公式,则由 $\overline{V}(A, \alpha(S))$ 的定义立即可推出结论。若 $A$ 为复合公式,且 $A$ 的所有子公式都满足上述条件,求证 $A$ 本身也满足此条件。

在 $A$ 为 $\sim B$ 或 $B \wedge C$,且 $B$ 和 $C$ 已证满足上述条件,则不难证明 $A$ 也满足上述条件。现假定 $A$ 的形式为 $K_i B$,且 $A \in S$,则 $B \in S_i$。由 $R_i$ 的定义可知,若 $\alpha(S) R_i \alpha(S')$ 成立,则 $B \in S'$。根据归纳假设,对所有满足 $\alpha(S) R_i \alpha(S')$ 的 $S'$ 来说,均有 $\models^{M^c}_{\alpha(S')} B$ 成立。由符号 $\models$ 的定义可知,这意味着 $\models^{M^c}_{\alpha(S)} K_i B$ 成立。

现在证另一个方向,设已知 $\models^{M^c}_{\alpha(S)} K_i B$ 成立。由此可推出 $S_i \cup \{\sim B\}$ 是不一致的,因为如果不是这样的话,可以通过加入 $\sim B$ 而把 $S_i$ 逐步扩展成一个最大一致命题集 $S'$,并得到关系 $\alpha(S) R_i \alpha(S')$。由归纳假设可知 $\models^{M^c}_{\alpha(S')} \sim B$ 成立,由此又推出 $\models^{M^c}_{\alpha(S)} \sim K_i B$ 成立,这与原来的假设矛盾。这证明了 $S_i \cup \{\sim B\}$ 是不一致的,无妨假设它为有限集(否则总可找到一个有限的不一致子集)。令此

有限集为$\{A_1, A_2, \cdots, A_j, \sim B\}$,利用通常的命题逻辑推理,可得

$$A_1 \rightarrow (A_2 \rightarrow (\cdots (A_j \rightarrow B) \cdots))$$

是可证的,利用推理规则$Q_2$,又得

$$K_i(A_1 \rightarrow (A_2 \rightarrow (\cdots (A_j \rightarrow B) \cdots)))$$

是可证的。显然,一个最大一致命题集应包含所有的重言式,因此

$$K_i(A_1 \rightarrow (A_2 \rightarrow \cdots (A_j \rightarrow B) \cdots)) \in S$$

又由于$A_1, \cdots, A_j \in S_i$,我们又有

$$K_i A_1, \cdots, K_i A_j \in S$$

反复利用公理$J_2$和引理12.2.1的第2点之(3),即可证明$K_i B \in S$。

证毕。

有了公理系统,就可以讨论它的模型。但这个公理系统力量太弱了,解题能力有限。为此,常常需要增加一些公理,例如:

**定义 12.2.6**

1. 知识公理

$$J_3: \mathbf{K}_i A \rightarrow A \qquad i=1, \cdots, m$$

表明:若有人知道$A$为真,则$A$为真。即群体中任何人都没有错误的知识。

2. 正内省公理

$$J_4: \mathbf{K}_i A \rightarrow \mathbf{K}_i \mathbf{K}_i A \qquad i=1, \cdots, m$$

即每人都知道他知道些什么。

3. 负内省公理

$$J_5: \sim \mathbf{K}_i A \rightarrow \mathbf{K}_i \sim \mathbf{K}_i A \qquad i=1, \cdots, m$$

即每人都知道他不知道些什么。

这三条公理有着现实的意义。一个遵守公理$J_3$的学生,在考试时不会写上错误的答案。一个遵守公理$J_4$的学生,在考试时不会因怯场而忘掉他知道的答案。一个遵守公理$J_5$的学生,在考试时不会徒劳地把时间浪费在做他所不能做的题目上。

这三条公理又给我们以"似曾相识"之感。把它们与 11.1 节中介绍的三个模态逻辑系统 $T$、$S_4$ 和 $S_5$ 作一比较,就可以看出:

1. 若把 $\mathbf{K}_i$ 比作必然算子□,把公理 $J_3$ 比作定义 11.1.3 中的公理 $T_5$,把公理 $J_2$ 比作那里的公理 $T_6$,把公理 $J_1$ 比作那里的公理 $T_1$—$T_4$,把推理规则 $Q_1$ 比作那里的分离规则,把 $Q_2$ 比作那里的必然规则,则实际上就得到了一个与 $T$ 系统对应的群体知道逻辑系统,可称之为 $T_{(m)}$。

2. 若把公理 $J_4$ 比作定义 11.1.4 中的公理 $L_1$,其他不变,则实际上就得了一个与 $S_4$ 系统对应的群体知道逻辑系统,可称之为 $S_{4(m)}$。

3. 公理 $J_5$ 可以比作定义 11.1.5 中的公理 $L_2$,这是因为 $L_2$ 可以改写为

$$\sim\square\sim p \rightarrow \square\sim\square\sim p$$

用 $q$ 表示 $\sim p$,即得

$$\sim\square q \rightarrow \square\sim\square q$$

把□换成 $\mathbf{K}_i$,即得

$$\sim\mathbf{K}_i q \rightarrow \mathbf{K}_i\sim\mathbf{K}_i q$$

这就是 $J_5$。相应的群体知道逻辑系统可称之为 $S_{5(m)}$。

从这里也可以看出,把必然算子□解释为知道是有意义的。

本书 2.3 节中曾经研究过三个聪明人抢答帽子颜色的问题。聪明人之一的某甲得到了朋友的面授机宜,那是五条产生式规则。某甲记住了这五条规则并取得了比赛的胜利。但是他只知其然而不知其所以然。比赛结束以后,他的朋友用群体知道逻辑向他解释了这些规则。这相当于往前面的系统中增加一些公理。我们用 1,2,3 表示三位聪明人,其中 1 即是某甲。又用 $i$,$j$,$h$,$g$ 等泛指其中的任意一位。则附加的公理大致如下:

$$\mathbf{K}_1[\mathbf{K}_i[\mathbf{K}_j[\text{帽色}(1,\text{白})\vee\text{帽色}(2,\text{白})\vee\text{帽色}(3,\text{白})]]] \quad 1\leqslant i,j\leqslant 3$$

$$\mathbf{K}_1[\mathbf{K}_i[\mathbf{K}_j[\text{帽色}(h,x)\wedge x\neq y \rightarrow \sim\text{帽色}(h,y)]]] \quad 1\leqslant i,j,h\leqslant 3$$

$$\mathbf{K}_1[\mathbf{K}_i[[\mathbf{K}_j\,\text{帽色}(h,\text{白})]\vee[k_j\sim\text{帽色}(h,\text{白})]]]$$

$$1\leqslant i,j,h\leqslant 3,j\neq h$$

$$\mathbf{K}_1[\mathbf{K}_i[\mathbf{K}_j\,\text{帽色}(j,x) \rightarrow \text{回答}(j,x)]] \quad 1\leqslant i,j\leqslant 3$$

$$\mathbf{K}_1 [ \mathbf{K}_i [ \mathbf{K}_j \text{ 帽色}(h, x) \rightarrow \mathbf{K}_j \mathbf{K}_g \text{ 帽色}(h, x) ] ]$$

$$1 \leqslant i, j, h, g \leqslant 3, h \neq g$$

$$\mathbf{K}_1 [ \mathbf{K}_i [ \mathbf{K}_j (T_{(m)} \text{ 的全部推理能力}) ] ] \qquad 1 \leqslant i, j \leqslant 3$$

上述公理的含义分别为:某甲知道每个人知道所有人都知道至少有一顶白帽子;某甲知道每个人知道没有人的帽子能兼有两种颜色;某甲知道每个人知道任何人都能知道另外两个人的帽子是什么颜色;某甲知道每个人知道任何人一旦知道自己的帽子是什么颜色,就一定能正确地回答出来;某甲知道每个人知道任何人一旦知道某人 $h$ 的帽子是什么颜色,那么这个人一定也知道任意另一个人(只要他不是 $h$)也知道 $h$ 的帽子是什么颜色;某甲知道每个人知道任何人都能用 $T_{(m)}$ 系统的全部功能进行推理。

这最后一条附加公理是很重要的,否则每个人的头脑就不能形成一个完整的逻辑推理系统。

在刚才举的例子中,我们大量地用到了像 $\mathbf{K}_1 [ \mathbf{K}_i [ \mathbf{K}_j [ \cdots\cdots ] ] ]$ 这类公理形式,它们涉及每个人都知道,而且每个人都知道别人也知道,如此类型的知识,这就是我们所说的常识。为了表示公共知识,引进两个新算子 $\mathbf{J}$ 和 $\mathbf{C}$,其中:

1. $\mathbf{J}$ 表示人所共知的知识,设 $A$ 为命题,则

$$\mathbf{J}A \equiv \mathbf{K}_1 A \wedge \mathbf{K}_2 A \wedge \cdots \wedge \mathbf{K}_m A$$

这里每个 $\mathbf{K}_i$ 表示第 $i$ 个个体的知道算子。

2. $C$ 表示具有无限层内省(自己知道自己知道)和无限层外察(每个人知道别人知道)的知识。设 $A$ 为命题,则

$$\mathbf{C}A \equiv \mathbf{J}A \wedge \mathbf{J}\mathbf{J}A \wedge \cdots\cdots \wedge \cdots\cdots$$

其中右边是一个无穷的与式。

**定义 12.2.7** 设 $M = (W, R_1, R_2, \cdots, R_m, \bar{V})$ 是一个 Kripke 群体模型,$\alpha$ 和 $\beta$ 是 $W$ 中的两个可能世界,称 $\beta$ 是可从 $\alpha$ 到达的,若存在可能世界序列 $\alpha_1$, $\alpha_2$, $\cdots$, $\alpha_h$,使得

$$\alpha = \alpha_1, \ \alpha_i R'_i \alpha_{i+1} \text{ 成立}, \alpha_h = \beta, \ 1 \leqslant i \leqslant h-1$$

其中对每个 $i$,存在一个 $j$,使得 $R'_i = R_j$。于是算子 $\mathbf{C}$ 和 $\mathbf{J}$ 的语义可表述为:

1. $\vDash_\alpha \mathbf{J}A$ 成立,当且仅当对所有使得 $\alpha R_i \beta$ 成立的 $\beta$(其中 $1 \leqslant i \leqslant m$,任意),皆有 $\vDash_\beta A$ 成立。

2. $\vDash_\alpha \mathbf{C}A$ 成立,当且仅当对所有从 $\alpha$ 可到达的世界 $\beta$ 有: $\vDash_\beta A$ 成立。

显然,算子 $\mathbf{C}$ 表达的内容比算子 $\mathbf{J}$ 表达的要多得多,但日常生活中又好像若每个人都知道某件事,则每个人都知道别人也知道这件事,很难把 $\mathbf{C}$ 和 $\mathbf{J}$ 分开。可以举的一个反例是,某个秘密地下组织,每个人都知道他的上级是谁,但他不知道别人也知道这位上级,因为他根本就不知道还有谁属于这个秘密组织。这表明 $\mathbf{J}A$ 成立而 $\mathbf{C}A$ 不成立($A=\times\times\times$为上级)。

**定义 12.2.8** 下面五条公理称为常识型附加公理:

$J6$:$\mathbf{J}p \equiv \mathbf{K}_1 p \wedge \cdots\cdots \wedge \mathbf{K}_m p$

$J7$:$\mathbf{C}p \rightarrow p$

$J8$:$\mathbf{C}p \rightarrow \mathbf{CJ}p$

$J9$:$[\mathbf{C}p \wedge \mathbf{C}(p \rightarrow q)] \rightarrow \mathbf{C}q$

$J10$:$(p \rightarrow \mathbf{J}q) \rightarrow (p \rightarrow \mathbf{C}q)$

下面的推理规则称为常识型附加规则:

$Q_3$:若 $p$ 户是可证的,则 $\mathbf{C}p$ 也是可证的。

这里 $J_6$ 是算子 $\mathbf{J}$ 的定义,算子 $\mathbf{C}$ 不能直接定义,因为它是一个无限的与公式。$J_7$ 表明凡常识都是事实。$J_7$ 和 $J_8$ 合在一起给出 $\mathbf{C}p$ 的递归定义。$J_9$ 表示常识推理在逻辑上是全知的。$J_{10}$ 表明,必然成为 $\mathbf{J}$ 型常识的事实也必然成为 $\mathbf{C}$ 型常识。例如,只要地震在某地发生,它一定使当地所有人都知道($\mathbf{J}$ 型常识)。由此推出:只要地震在该地发生,则每个人都知道别人也知道发生了地震(等等等等),这就是 $\mathbf{C}$ 型常识。

**定义 12.2.9** 把定义 12.2.8 中的附加公理和附加规则加到群体知道逻辑 $K_{(m)}$(或 $T_{(m)}$,$S_{4(m)}$,$S_{5(m)}$)中去,得到的新逻辑称为 $KC_{(m)}$(或 $TC_{(m)}$,$SC_{4(m)}$,$SC_{5(m)}$)。

**定理 12.2.3** 如果取 Kripke 群体模型(或关系为自返的模型,或关系为自返且传递的模型,或关系为等价的模型),则 $KC_{(m)}$(或 $TC_{(m)}$,或 $SC_{4(m)}$,或 $SC_{5(m)}$)作为公理系统是健康且完备的。

对公共知识的探讨还可以更进一步。到目前为止,每个人都只能利用自己的知识来进行推理。但是在实际生活中,每个人都不会拥有全部知识,因此,合作是必需的。科学家的学术交流,医生的会诊等都是一个群体利用每个人的知识进行合作的例子。这种由不完全知识组合成的相对完全的知识,称为潜在的知识。例如,医生知道吃过不洁的食物能腹泻,病人知道自己吃过不洁的食物。两者合在一起,就得到潜在的知识:病人能腹泻。

用算子 **I** 表示潜在的知识,则它的语义可以刻画如下:

**定义 12.2.10** 设 $M=(W, R_1, \cdots, R_m, \overline{V})$ 是一个 Kripke 群体模型,则 $\models_\alpha \mathbf{I}A$ 成立,当且仅当对所有的公共世界 $\beta$,皆有 $\models_\beta A$ 成立(其中 $A$ 是一个命题)。在这里,$\beta$ 称为是(相对于 $\alpha$ 的)一个公共世界,当且仅当对所有 $i (1 \leqslant i \leqslant m)$,$\alpha R_i \beta$ 皆成立。

本定义的意思是:在所有个体都认为是可能的现实世界的地方,并且只有在这种地方,成立的命题才是潜在的知识。因为既然是公共的世界,那么各人的知识就可以放在一起了,否则是不行的。例如,中医的知识建立在阴阳五行的可能世界上,西医的知识建立在人体解剖的可能世界上,把这两者直接组合成潜在知识是困难的。

**定义 12.2.11** 下面的公理称为集成型知识公理:

$J_{11}: \mathbf{K}_i p \rightarrow \mathbf{I}p, \quad i=1, \cdots, m$

下面的规则称为集成型附加规则:

$Q_4: \mathbf{I}p \wedge \mathbf{I}(p \rightarrow q) \rightarrow \mathbf{I}q$

**定义 12.2.12** 把定义 12.2.11 中的附加公理和附加规则加到群体知道逻辑 $K_{(m)}$(或 $T_{(m)}$,或 $S_{4(m)}$,或 $S_{5(m)}$)中去,得到的新逻辑称为 $KI_{(m)}$(或 $TI_{(m)}$,或 $SI_{4(m)}$,或 $SI_{5(m)}$),其中 $\mathbf{K}_i$ 算子分别满足公理 $J_2$,$J_3$,$J_4$ 或 $J_5$。

**定理 12.2.4** 当 $m \geqslant 2$ 时,$KI_{(m)}$(或 $TI_{(m)}$,或 $SI_{4(m)}$,或 $SI_{5(m)}$)作为公理系统是健康且完备的,如果相应的模型是采用 Kripke 群体模型(或 $R_i$ 为自返关系的模型,或 $R_i$ 为自返且传递关系的模型,或 $R_i$ 为等价关系的模型,$1 \leqslant i \leqslant m$)。

## 12.3 信念逻辑

信念是与知道相联系的一个概念。文献中经常把知道和信念放在一起研究。正像知道一词常在多种不同的意义下被使用一样,信念的含义也往往是随研究者而异的,它至少有如下三种不同的解释:

第一,信念表示尚未被完全证实的知道。在这种含义下,只有已经被证实(变成知道)的信念和尚未被证实的信念之分,而不存在可能被否证的信念。例如,室外下着大雨,他没有带雨具就冲了出去。此时他的信念是:一分钟以后衣服必然是被淋湿的(在某些逻辑中,这类信念也是可以否证的,例如一出门就遇到一辆车来接他,参看非单调逻辑一章)。

第二,信念表示不一定正确的知道。在这种含义下,信念既可以被证实,也可以被否证。这类例子在日常生活中随处可见。例如,一个学生相信自己一定能考好,结果却考砸了锅;一个经理相信"顾客付了钱就是上了案板,只能挨宰了",结果被人告到了消费者协会,又赔钱又道歉。

第三,信念表示对已有证据积累的一种函数,体现了对某个命题的相信程度。此时在数学上说,信念就是一种概率(或其他表示不精确程度的数学量),它在证据积累过程中可以变化(上升或下降),常用于专家系统的不精确推理。本章不准备阐述这方面的研究,有关它的一些应用参见第二十六章。

如像在 12.1 节中那样,我们对信念也从非形式化的讨论开始。以算子 **B** 表示信念,则

$$\mathbf{B}(\text{地球正在逐渐变暖})$$

表示我相信地球正在逐渐变暖。定义新算子

$$\mathbf{W}A \equiv \sim\mathbf{B}\sim A \tag{12.3.1}$$

其中 $A$ 为任意命题。它的含义是可以接受命题 $A$(并非相信命题 $A$ 不成立)。例如:

$$\mathbf{W}(\text{银河中心有一个黑洞})$$

表示"我可以接受银河中心有一个黑洞这种假设"。当然我们有

$$\mathbf{B}A \equiv \sim\mathbf{W}\sim A \tag{12.3.2}$$

对于凡人信念逻辑,如下的公理是直观的:

$$\mathbf{K}A \rightarrow \mathbf{B}A \tag{12.3.3}$$

$$\mathbf{B}A \rightarrow \mathbf{W}A \tag{13.3.4}$$

$$\mathbf{W}A \rightarrow \mathbf{Z}A \tag{12.3.5}$$

它们分别表示:如果我知道 $A$,那么我就相信 $A$;如果我相信 $A$,那么我就接受 $A$;如果我接受 $A$,那么我就不排除 $A$。根据实质蕴含的语义,它们同样包含如下的意思:即使我不知道 $A$,我也可以相信;即使我不相信 $A$,我也可以接受

$A$;即使我不接受 $A$,我也可以不排除 $A$。

类似于凡人知道逻辑,在凡人信念逻辑中可以引入如下两条公理:

$$\mathbf{B}A\equiv\mathbf{BB}A \tag{12.3.6}$$

$$\mathbf{W}A\equiv\mathbf{WW}A \tag{12.3.7}$$

如果凡人是理智的,则应加上如下公理:

$$\mathbf{B}A\to\mathbf{BK}A$$

表示:如果我相信 $A$,那么我一定相信我知道 $A$,否则就是盲目相信。如果一个妇女自己并不相信她知道丈夫有外遇,却毫无根据地相信她丈夫有外遇,这就是不理智的。

下面的公理可以刻画一个鲁莽的人的信念逻辑:

$$\mathbf{Z}A\to\mathbf{B}A$$

表示:如果我不排除 $A$,我就相信 $A$。这样的人可以做出许多冒险的事,因为只要不排除成功的可能,他就会去冒险。

相反,下面的公理刻画的是一个谨慎的人的信念逻辑:

$$\mathbf{Z}A\to\mathbf{W}A$$

表示:如果我不排除 $A$,我就可以接受 $A$。这样的人不大会做冒险的事。因为只要不排除有风险,他就会认为风险是有现实可能的,从而在制定方案时就考虑这种现实。

超人的信念逻辑与超人的知道逻辑类似,需要增加以下的推理规则:

由 $\mathbf{B}A$ 和 $\mathbf{B}(A\to C)$ 可知有 $\mathbf{B}C$ 成立

或者写成如下的形式:

$$[\mathbf{B}(A\to C)]\longrightarrow[\mathbf{B}A\to\mathbf{B}C]$$

这样,再加上普通命题逻辑的推理规则,即可推出被已知信念蕴含的所有信念。它与知道逻辑中的逻辑全知问题相对应,是另一类型的逻辑全知问题。可以称之为逻辑全信问题。它也是研究者们在建立信念逻辑系统时竭力想避免的现象。

最后是上帝信念逻辑,对它应该加上如下的新公理:

$$\mathbf{B}A\to\mathbf{K}A$$

表示:如果我相信 $A$ 是真的,那么我就知道 $A$ 是真的。凡相信者必真。但这只有上帝能做到,凡人是做不到的。例如,若令 $A=$(可以从广州发功给在北京的人治病),并从相信 $A$ 而推出知道 $A$,这就是一个在日常生活中不能接受的结论了。

下面是一个早期的信念逻辑系统:

**定义 12.3.1** Pap 的信念逻辑系统包括如下四条公理:

1. $\mathbf{B}_i A \wedge \mathbf{B}_i(A \rightarrow C) \rightarrow \mathbf{B}_i C$。

2. $\mathbf{B}_i \sim A \rightarrow \sim \mathbf{B}_i A$。

3. $\mathbf{B}_i(A \wedge C) \rightarrow \mathbf{B}_i A$。

4. $\mathbf{B}_i(A \wedge C) \rightarrow \mathbf{B}_i C$。

以及如下两条推理规则:

1. 若对所有的个体 $i$,均有 $\mathbf{B}_i A \rightarrow \mathbf{B}_i C$ 成立,则亦有 $A \rightarrow C$ 成立。

2. 不存在这样的个体 $i$,使得对任何命题 $A$,只要 $\mathbf{B}_i A$ 成立,即有 $A$ 成立。

由此可以推出如下结论:

1. Pap 的信念逻辑认为每个人都是超人(公理 1)。

2. Pap 的信念逻辑认为每个人都不会发生逻辑上的矛盾(公理 2)。

3. Pap 的信念逻辑认为所有人都相信的命题即是真命题(每个人都有一票否决权,见规则 1)。

4. Pap 的信念逻辑排除了上帝的存在(规则 2)。

在这里,我们已经进入了群体信念逻辑的领域。实际上,现在有意思的信念逻辑研究多数属于群体信念逻辑。

较近代的信念逻辑的例子是 Kraus 和 Lehmann 在 1986 年提出的 KL 逻辑。

**定义 12.3.2**(KL 逻辑)

KL 逻辑有 $m$ 个知道算子 $\mathbf{K}_1$,$\mathbf{K}_2$,$\cdots$,$\mathbf{K}_m$ 和 $m$ 个信念算子 $\mathbf{B}_1$,$\mathbf{B}_2$,$\cdots$,$\mathbf{B}_m$。如同在群体知道逻辑中一样,用 $\mathbf{J}$ 表示公共知识:

$$\mathbf{J}A \equiv \mathbf{K}_1 A \wedge \mathbf{K}_2 A \wedge \cdots \wedge \mathbf{K}_m A$$

用 $\mathbf{C}$ 表示具有无限内省和无限外察的知识:

$$\mathbf{C}A \equiv \mathbf{J}A \wedge \mathbf{J}\mathbf{J}A \wedge \cdots$$

同时增加 $L$ 算子表示公共信念：

$$\mathbf{L}A \equiv \mathbf{B}_1 A \wedge \mathbf{B}_2 A \wedge \cdots \wedge \mathbf{B}_m A$$

并用 $Q$ 算子表示具有无限内省和无限外察的信念：

$$\mathbf{Q}A \equiv \mathbf{L}A \wedge \mathbf{L}\mathbf{L}A \wedge \cdots$$

KL 逻辑的公理系统分为四层，第一层是只与普通命题演算有关的：

KL1：命题演算的全部公理。

KL2：由 $\vdash A$ 和 $\vdash(A \rightarrow B)$ 可得 $\vdash B$。

第二层是关于知道算子的：

KL3：$\mathbf{K}_i(A \rightarrow B) \rightarrow (\mathbf{K}_i A \rightarrow \mathbf{K}_i B)$。

KL4：$\mathbf{K}_i A \rightarrow A$。

KL5：$\sim \mathbf{K}_i A \rightarrow \mathbf{K}_i \sim \mathbf{K}_i A$。

KL6：$\mathbf{C}(A \rightarrow B) \rightarrow (\mathbf{C}A \rightarrow \mathbf{C}B)$。

KL7：$\mathbf{C}A \rightarrow \mathbf{K}_i A$。

KL8：$\mathbf{C}A \rightarrow \mathbf{K}_i \mathbf{C}A$。

KL9：$\mathbf{C}(A \rightarrow \mathbf{J}A) \rightarrow (A \rightarrow \mathbf{C}A)$。

KL10：由 $\vdash A$ 可得 $\vdash \mathbf{C}A$。

第三层是关于信念算子的：

KL11：$\mathbf{B}_i(A \rightarrow B) \rightarrow (\mathbf{B}_i A \rightarrow \mathbf{B}_i B)$。

KL12：$\sim \mathbf{B}_i \text{false}$。

KL13：$\mathbf{Q}(A \rightarrow B) \rightarrow (\mathbf{Q}A \rightarrow \mathbf{Q}B)$。

KL14：$\mathbf{Q}A \rightarrow \mathbf{L}A$。

KL15：$\mathbf{Q}A \rightarrow \mathbf{L}\mathbf{Q}A$。

KL16：$\mathbf{Q}(A \rightarrow \mathbf{L}A) \rightarrow (\mathbf{L}A \rightarrow \mathbf{Q}A)$。

第四层是关于知道和信念的交互作用的：

KL17：$\mathbf{K}_i A \rightarrow \mathbf{B}_i A$。

KL18：$\mathbf{B}_i A \rightarrow \mathbf{K}_i \mathbf{B}_i A$。

KL19：$\mathbf{C}A \rightarrow \mathbf{Q}A$。

KL 逻辑有几个特点。首先，从公理 KL3 和 KL11 可以看出，它仍然是超人的逻辑，即未能摆脱逻辑全知和逻辑全信的困扰。其次，从公理 KL6 和公理

KL13 可以看出,它在公共常识和公共信念推理方面也是属于全知和全信型的。它是圣人型的,因为它知道的命题一定是事实(公理 KL4),它相信的命题至少不能证明其错(公理 KL12)。常识是每个人的知识(公理 KL7),常识型信念也是每个人的信念(公理 KL14)。而且每个人都知道它们是常识和常识型信念(公理 KL8 和 KL15)。另外,知道 $A$ 者一定相信 $A$(公理 KL17),相信 $A$ 者一定知道自己相信 $A$(公理 KL18)。若 $A$ 是常识,则它一定也是常识型信念(公理 KL19)。等等。

**定义 12.3.3**(KL 逻辑的 Kripke 群体模型)

信念逻辑 KL 的 Kripke 群体模型是一个 $2m+2$ 元组 $M=(W, R_1, R_2, \cdots, R_m, R'_1, R'_2, \cdots R'_m, \bar{V})$,其中 $W$ 是全体可能世界的集合,$\bar{V}$ 是命题集在 $W$ 中每个可能世界中的真值指派。对每个 $i$,$R_i$ 和 $R'_i$ 的含义均和定义 12.2.2 中 $R_i$ 的含义相同。此外,有如下的附加条件:

1. 每个 $R_i$ 都是 $W$ 上的等价关系。

2. 诸 $R'_i$ 具有如下性质:

(1) $R'_i$ 都是序列的(参见定义 11.1.11)。

(2) 由 $\alpha R'_i \beta$ 可推出 $\alpha R_i \beta$。

(3) 对任意的 $\alpha$、$\beta$、$\gamma$,若 $\alpha R_i \beta$ 及 $\beta R'_i \gamma$ 均成立,则 $\alpha R'_i \gamma$ 亦成立。

**定理 12.3.1** KL 逻辑相对于上述 Kripke 模型是健康且完备的。

**定理 12.3.2** KL 逻辑有如下性质:

1. $\mathbf{K}_i \sim A \rightarrow \sim \mathbf{B}_i A$。

2. $\mathbf{B}_i A \equiv \mathbf{K}_i \mathbf{B}_i A$。

3. $\sim \mathbf{B}_i A \equiv \mathbf{K}_i \sim \mathbf{B}_i A$。

4. $\mathbf{K}_i A \equiv \mathbf{B}_i \mathbf{K}_i A$。

5. $\sim \mathbf{K}_i A \equiv \mathbf{B}_i \sim \mathbf{K}_i A$。

6. $\mathbf{B}_i A \equiv \mathbf{B}_i \mathbf{B}_i A$。

7. $\sim \mathbf{B}_i A \equiv \mathbf{B}_i \sim \mathbf{B}_i A$。

8. $\mathbf{B}_i (\mathbf{B}_i A \rightarrow A)$。

9. $QA \equiv QLA$,$QA \equiv LQA$。

10. $LQA \equiv QLQA$,$QA \equiv QQA$。

11. $C(A \wedge B) \equiv CA \wedge CB$。

12. $Q(A \wedge B) \equiv QA \wedge QB$。

在这些性质中,最值得注意的是性质 8。它表明:每个人都相信,只要他相信 $A$ , $A$ 就一定是真命题。这是十足的主观主义者的信念逻辑。这样的人从不怀疑自己的信念是否会有错。

以上我们已经介绍了两个信念逻辑,它们有一个共同的毛病:逻辑全知(包括逻辑全信,以后不再单独提逻辑全信)。近年来,不少逻辑学家们竭力研究能摆脱逻辑全知的途径。Z. Huang 和 K. Kwast 对这些研究作了较全面的分析。其中涉及区分显式信念和隐式信念。显式信念是指推理者实际具有的(例如在公理中列出的)信念。隐式信念是指蕴含在显式信念中的信念(例如由公理推出的定理)。另一种说法是实际信念和可能信念。可能信念和隐式信念尚不完全一样。此处不深究了。本节中采用可能信念作讨论的出发点。

有关摆脱逻辑全知的研究主要采用两种策略。一种是逻辑方法,其指导思想是避免在系统中出现逻辑闭包(即通过无穷推理求出全体可能信念的集合)。另一种是心理学方法,其指导思想是把某些心理学概念引进逻辑中,如"意识到"便是其中的一个。下面叙述三种主要的研究途径。

第一种方法是阻断生成逻辑闭包的途径。所谓逻辑闭包是在多种意义上的,至少可以举出下列几种:

$C1$:在蕴含意义上封闭。由 $\mathbf{B}A$ 及 $\mathbf{B}[A{\rightarrow}B]$ 成立推出 $\mathbf{B}B$ 成立。

$C2$:在合取意义上封闭。由 $\mathbf{B}A$ 及 $\mathbf{B}B$ 成立推出 $\mathbf{B}[A \wedge B]$ 成立。

$C3$:在合取意义上可分解。由 $\mathbf{B}[A \wedge B]$ 成立推出 $\mathbf{B}A$ 和 $\mathbf{B}B$ 皆成立。

$C4$:在逻辑公理意义上封闭。由 $A$ 是某逻辑理论 $T$ 的公理推出 $\mathbf{B}A$ 成立。

$C5$:在重言式意义上封闭。由 $A$ 是重言式推出 $\mathbf{B}A$ 成立。

$C6$:在重言蕴含意义上封闭。由 $\mathbf{B}A$ 成立及 $A{\rightarrow}B$ 是重言式推出 $\mathbf{B}B$ 成立。

$C7$:在相干蕴含意义上封闭。由 $\mathbf{B}A$ 及 $\mathbf{B}[A{\rightarrow}B]$ 成立以及 $A$ 和 $B$ 相干推出 $\mathbf{B}B$ 成立。

$C8$:在逻辑等价意义上封闭。由 $\mathbf{B}A$ 成立及 $\mathbf{B}[A{\equiv}B]$ 推出 $\mathbf{B}B$ 成立。

$C9$:在置换意义上封闭。若 $\mathbf{B}A$ 成立且 $\varphi$ 为一置换,则 $\mathbf{B}A\varphi$ 成立。

$C10$:在逻辑全知意义下封闭。若 $\mathbf{B}A$ 成立且 $A$ 逻辑蕴含 $B$ ,则 $\mathbf{B}B$ 成立。

上述封闭性不都是互相独立的,Huang 等指出,它们有如下的依赖关系:

1. $C4+C9+C1{\rightarrow}C10$.

2. $C4{\rightarrow}C5$.

3. $C10{\rightarrow}C1+C2+C9+C6$.

4. $C1+C5 \rightarrow C6$.

5. $C6 \rightarrow C3+C5+C8$.

......

一般的研究集中在如何取消 $C1$，$C2$ 和 $C6$ 三种封闭上，因为它们起着比较重要的作用。最常用的方法是在语义上设计某些不可能世界或非标准世界，使一些本来为真的命题在其中不为真。或反过来，本来不真的命题到其中成为真的了。Hinttika 和 Levesque 等人都作过这类研究，其中 Levesque 的主要结果将在下节中阐述。

第二种方法也是设法阻断求逻辑闭包的道路，但不是像第一种方法那样是语义性的，而是语法性的。通常是先给出推理者的一个初始信念集，然后给出一组不完备的推理规则，使推理者只能得到范围有限的结论。例如 Konolige 的演绎信念系统就是如此。这种方法的缺点是初始信念集的选择往往是人为的、不自然的。如果用来描述计算机或机器人这类人工制造的信念推理系统也许还可以，而要描述人的信念活动就很困难了。

第三种方法是 Fagin 和 Halpern 等人提出的。他们认为解决逻辑全知问题的钥匙在于把信念和意识区分开来。人必须意识到某个事物或概念之存在，然后才可能产生对那个事物或概念的信念。由此，意识逻辑成了信念逻辑之上的一层元逻辑。它控制着信念逻辑的推理。本章最后一节将叙述他们的研究成果。

## 12.4　显式信念和隐式信念

正如 Levesque 所指出的，避免逻辑全知的途径之一是把显式信念和隐式信念区分开来。在 Levesque 看来，显式信念是与推理者直接相关的信念，而隐式信念虽然可能被推理者所持有，但却和推理者目前考虑的问题无关。例如，假设推理者目前正在解算一道三角学的习题，此时他的显式信念是各种三角函数的定义、三角恒等式、三角不等式，以及各种三角学推演的算法。至于伊拉克是否应该吞并科威特，或者被印度教徒拆毁的锡克教寺庙是否应该重建，也许他对这些问题都有他自己的观点（信念），但至少与目前要解算的习题无关。因而可把它们置入隐式信念集中而暂不予考虑。在这一点上，Levesque 受了相干逻辑思想的影响。相干逻辑是由阿克曼（Ackermann）为了解决实质蕴含悖论而提出的一种逻辑，主要思想是认为只有在内容上互相有联系的命题才可以用逻辑公式来描述它们之间的联系。并且认为两个命题中出现同一个命题变量是体现它们在内容上有联系的重要方式。

Levesque 把与推理者所进行的当前推理直接有关的信念称为显式信念,把显式信念在其中成立的环境称为情景。在前面的例子中,推算三角学习题是一个情景,而外交部召开的中东问题对策会是另一个情景。一位外交官可能白天参加外交对策研讨会,晚上为儿子补习三角学习题。他从一个情景转到另一个情景。在每个情景中都使用相应的显式信念进行推理。

情景与可能世界不同,在一个可能世界里,每个命题或为真,或为假,两者只能取其一且必取其一。在一个情景中,一个命题可以为真,或为假,或不知其真假值,或既真又假(矛盾)。这反映了一个推理者的真实情况。如果一个情景中不包含矛盾,且每个命题在此情景中的真假值是已知的,则称它是一个完善的情景。完善的情景也称为可能世界,与通常的可能世界概念吻合。这样,显式信念在情景集合中推理,隐式信念在可能世界集合中推理,两者各得其所。且彼此有一定的渠道发生联系,构成了 Levesque 的信念逻辑要点。下面引用一些形式化的定义。我们称 Levesque 的逻辑为 LV 逻辑。

**定义 12.4.1**　LV 逻辑有一个显式信念算子 **B** 和一个隐式信念算子 **I**。LV 的合式公式的组成为:

1. 所有普通命题逻辑的合式公式都是 LV 系统的合式公式。

2. 若 $A$ 是命题逻辑的合式公式,则 **B**$A$ 和 **I**$A$ 是 LV 系统的合式公式。

3. 若 $A$ 和 $B$ 是 LV 系统的合式公式,则 $\sim A$, $A \wedge B$, $A \vee B$, $A \to B$ 和 $A \equiv B$ 也是 LV 系统的合式公式。

4. 除此之外没有其他合式公式。

由此可知,LV 系统的一个很大特点是信念算子可以组合,但不许嵌套(上述定义之第 2 点)。

**定义 12.4.2**　LV 逻辑的公理系统为:

LV1:普通命题逻辑的全部公理。

LV2:若 $A$ 是一个重言式,则 **I**$A$ 为真。

LV3：**B**$A \to$**I**$A$.

LV4：$[$**I**$A \wedge$**I**$(A \to B)] \to$**I**$B$.

LV5：**B**$(A \wedge C) \equiv$**B**$(C \wedge A)$.

LV6：**B**$(A \vee C) \equiv$**B**$(C \wedge A)$.

LV7：$\mathbf{B}(A \wedge (D \wedge C)) \equiv \mathbf{B}((A \wedge C) \wedge D).$

LV8：$\mathbf{B}(A \vee (D \vee C)) \equiv \mathbf{B}((A \vee C) \vee D).$

LV9：$\mathbf{B}(A \wedge (C \vee D)) \equiv \mathbf{B}((A \wedge C) \vee (A \wedge D)).$

LV10：$\mathbf{B}(A \vee (C \wedge D)) \equiv \mathbf{B}((A \vee C) \wedge (A \vee D)).$

LV11：$\mathbf{B}\sim(A \vee C) \equiv \mathbf{B}(\sim A \wedge \sim C).$

LV12：$\mathbf{B}\sim(A \wedge C) \equiv \mathbf{B}(\sim A \vee \sim C).$

LV13：$\mathbf{B}\sim\sim A \equiv \mathbf{B}A.$

LV14：$\mathbf{B}A \wedge \mathbf{B}C \equiv \mathbf{B}(A \wedge C).$

LV15：$\mathbf{B}A \vee \mathbf{B}C \to \mathbf{B}(A \vee C).$

本定义的一个显著特点是：有关隐式信念的公理比有关显式信念的公理要简略得多。这是很自然的，因为隐式信念的推理是超人信念逻辑的推理，它仍然具有逻辑全知的能力（公理 LV4）。而显式信念的推理则是凡人信念逻辑的推理，它的目的就是要避免逻辑全知。但是凡人信念逻辑不能变成弱智者的信念逻辑，一些显而易见的推理规则是凡人必须掌握的。为此，上述公理系统不得不不厌其烦地把它们一一列举出来，它等于定义了凡人的推理能力。如果它能允许一条规则：若命题 $A$ 和 $C$ 在普通命题逻辑意义上等价，则 $\mathbf{B}A$ 和 $\mathbf{B}C$ 亦等价。那么定义中的多数有关显式信念的公理就可以取消了。顺便说明，上述定义中有关显式信念的那部分公理（LV5 至 LV15）也就是 Anderson 和 Belnap 给出的一个相干逻辑的公理系统。

**定义 12.4.3** LV 系统的模型是一个四元组 $\overline{M} = (\overline{S}, \overline{B}, \overline{T}, \overline{F})$，其中 $\overline{S}$ 是全体情景构成的集合，$\overline{B}$ 是 $\overline{S}$ 的子集，$\overline{B}$ 中的每个情景是推理者认为可能真实的情景。$\overline{T}$ 和 $\overline{S}$ 都是从原子命题集到 $\overline{S}$ 的幂集的映射。对每个原子命题 $p$，$\overline{T}(p)$ 是所有支持 $p$ 为真的情景的集合，$\overline{F}(p)$ 是所有支持 $p$ 为假的情景的集合。令 $s$ 是一个情景

$W(s) = \{s' \in \overline{S} \mid$ 对每个原子命题 $p$，有：

（1）$s'$ 属于且只属于 $\overline{T}(p)$ 和 $\overline{F}(p)$ 之一，

（2）$s'$ 和 $s$ 同属于 $\overline{T}(p)$ 或同属于 $\overline{F}(p)\}$

$W(s)$ 称为是与 $s$ 兼容的所有可能世界的集合，它的每一个元素称为一个可能世界。

对 $\overline{S}$ 的每个子集 $\overline{S}'$，$W(\overline{S})'$ 是 $\overline{S}'$ 中所有元素 $s'$ 的兼容可能世界集 $W(s')$ 的并集。

**定义 12.4.4**　设 $\bar{M}=(\bar{S},\bar{B},\bar{T},\bar{F})$ 是 LV 系统的一个模型,$s$ 是一个情景,则"支持真"关系 $\models_T$ 和"支持假"关系 $\models_F$ 的含义由下列式子确定:

1. $s\models_T p$,当且仅当 $s\in\bar{T}(p)$.

2. $s\models_F p$,当且仅当 $s\in\bar{F}(p)$.

3. $s\models_T(A\vee B)$,当且仅当 $s\models_T A$ 或 $s\models_T B$.

4. $s\models_F(A\vee B)$,当且仅当 $s\models_F A$ 且 $s\models_F B$.

5. $s\models_T(A\wedge B)$,当且仅当 $s\models_T A$ 且 $s\models_T B$.

6. $s\models_F(A\wedge B)$,当且仅当 $s\models_F A$ 或 $s\models_F B$.

7. $s\models_T\sim A$,当且仅当 $s\models_F A$.

8. $s\models_F\sim A$,当且仅当 $s\models_T A$.

9. $s\models_T\mathbf{B}A$,当且仅当对 $\bar{B}$ 中的每个 $s'$,有 $s'\models_T A$.

10. $s\models_F\mathbf{B}A$,当且仅当 $s\not\models_T\mathbf{B}A$.

11. $s\models_T\mathbf{I}A$,当且仅当对 $W(\bar{B})$ 中的每个 $s'$,有 $s'\models_T A$.

12. $s\models_F\mathbf{I}A$,当且仅当 $s\not\models_T\mathbf{I}A$.

**定义 12.4.5**　令 $s$ 是一个情景,若有 $s\models_T A$,则称 $A$ 在 $s$ 中为真。若有 $s\models_F A$,则称 $A$ 在 $s$ 中为假。

若命题 $A$ 在任何 LV 模型的任何可能世界 $s$ 中为真,则称 $A$ 恒真,用 $\models A$ 表示。若 $\sim A$ 恒真,则称 $A$ 为恒假或不可满足的。非恒假的 $A$ 称为是可满足的。

基于 LV 系统的语法和语义定义,已经证明了如下的定理:

**定理 12.4.1**　LV 系统是健康且完备的。

LV 系统确实避免了逻辑全知问题,这从以下事实可以看出:

1. 显式信念 **B** 确实不具备超人的推理能力,因为命题集合 $\{\mathbf{B}p,\mathbf{B}(p\to q),\sim\mathbf{B}q\}$ 是可以满足的,这说明显式信念对蕴含算子不封闭。

2. 显式信念 **B** 确实不具备上帝的推理能力,因为它并不相信所有的事实,例如 $p\vee\sim p$ 显然是一个重言式,但 $\sim\mathbf{B}(p\vee\sim p)$ 是可以满足的。

3. 连相干蕴含(蕴含式两边有相同的命题变量)在此也不起作用。从相干蕴含式 $A\to C$ 推不出 $\mathbf{B}A\to\mathbf{B}C$。例如,虽然 $p\to(p\wedge(q\vee\sim q))$ 为真,但 $\mathbf{B}p\wedge\sim\mathbf{B}(p\wedge(q\vee\sim q))$ 却是可以满足的。

4. 甚至恒假的命题它也可以相信。例如,$\mathbf{B}p\wedge\mathbf{B}\sim p$ 和 $\mathbf{B}(p\wedge\sim p)$ 都是可以满足的。从这一点看,LV 系统似乎比其他系统更接近凡人的信念逻辑。

Fagin 和 Halpern 指出, LV 系统的这些性质都来自该系统的特点——它允许不完善的情景。因为虽然

$$[\mathbf{B}A \wedge \mathbf{B}(A \rightarrow C)] \rightarrow \mathbf{B}C$$

不是一个恒真的公式, 但

$$[\mathbf{B}A \wedge \mathbf{B}(A \rightarrow C)] \rightarrow \mathbf{B}[C \vee (A \wedge \sim A)]$$

却是一个恒真的公式。这表明, 如果显式信念对蕴含不封闭(没有超人的推理能力), 那一定是在推理者认为可能的某个情景中出现了矛盾($A \wedge \sim A$)。

另一方面, 由重言式 $\mathbf{B}A \wedge \mathbf{B}(\sim A) \equiv \mathbf{B}(A \wedge \sim A)$ 可以看出(根据定义 12.4.4 的规定 9), 被推理者认为可能的每个情景既支持 $A$ 为真, 也支持 $A$ 为假, 这是违反直观的。因此, Fagin 和 Halpern 认为, Levesque 如想避免这种违反直观的语义, 就只能回到他所不情愿要的逻辑全知陷阱中去。

LV 系统还有其他的问题。例如可能世界和情景之间的关系并不十分清楚。虽然语义上的真和假对每个情景都有定义, 但在涉及恒真和恒假的概念时却只考虑完善的情景, 即可能世界(见定义 12.4.5)。这表明该系统没有把情景的使用贯彻到底。

而且, LV 系统虽然排除了在普通逻辑含义上的逻辑全知, 但由于它的基本思想是相干逻辑, 因此在相干逻辑意义上它仍然是逻辑全知的。很难想象一个超人的相干信念逻辑比一个超人的普通信念逻辑在推理能力上有多少本质的减弱!

此外, LV 系统的信念不允许嵌套, 即不允许有对信念的信念, 这是它在表示能力上的一个严重缺陷。孙子兵法说: "知己知彼, 百战不殆"。这里的知彼, 就包括知道对方的意图和信念。孙膑的"增兵减灶"计就表明了"孙膑相信庞涓相信齐国的军队在不断减员"这一命题。本例不但说明了信念嵌套的需要, 也说明了群体信念逻辑的需要。在 LV 系统中只允许单人信念推理, 这是远远不够的。

## 12.5 信念和意识

这里所说的意识, 不是像哲学上讨论存在和意识的关系时所指的那种广泛意义下的意识(mind), 而是指某人意识到某个事物的存在或某件事情的发生时

的那种心理状态(awareness)。Fagin 和 Halpern 在批评 Levesque 的 LV 系统时指出,逻辑全知问题的根源在于没有注意到意识在信念形成中的重要作用。举例来说,若问孔夫子对"中国加入关贸总协定是利多弊少"这一判断有何信念,他一定无法回答,因为孔夫子从来就没有听说过有"关贸总协定"这样一个东西,即它不存在于孔夫子的意识之中,当然也就谈不上什么信念。这表明,信念是受意识限制的,基于这样一个思想,他们定义了一个意识逻辑系统,本节中称之为FH 系统。FH 系统并没有完全抛弃 LV 系统的一些重要思想。相反,它借用了LV 系统中有益的基本原理,是对 LV 系统的重要改进.由于这个改进是从对 LV系统的语义分析开始的,我们在这里也首先给出 FH 系统的语义模型,并把公理化的问题推迟到本节的后半部分讨论。

**定义 12.5.1**　FH 系统有 $2m$ 个信念算子,$\mathbf{B}_1$,$\mathbf{B}_2$,…,$\mathbf{B}_m$ 和 $\mathbf{I}_1$,$\mathbf{I}_2$,…,$\mathbf{I}_m$分别代表 $m$ 个推理者的显式信念和隐式信念。FH 系统的合式公式的组成为:

1. 所有普通命题逻辑的合式公式都是 FH 系统的合式公式。

2. 若 $A$ 是合式公式,则 $\mathbf{B}_iA$ 和 $\mathbf{I}_iA(i=1,…,m)$ 也是合式公式。

3. 若 $A$ 和 $B$ 是 FH 系统的合式公式,则 $\sim A$,$A \wedge B$,$A \vee B$,$A \to B$ 和 $A \equiv B$ 也是合式公式。

4. 除此以外没有其他合式公式。

不难看出,在这里信念算子是可以任意嵌套的。

**定义 12.5.2**　FH 系统的一个模型是一个 $2m+2$ 元组 $M=(\bar{S},\bar{A}_1,…,\bar{A}_m,R_1,…,R_m,\bar{V})$,其中 $\bar{S}$ 是全体状态的集合。每个状态拥有原子命题集 $\Phi$中的全部命题。这些命题在各状态中的真值指派由 $\bar{V}$ 决定。每个 $\bar{A}_i$ 是从 $\bar{S}$ 到$\Phi$ 的幂集 $2^{\Phi}$ 的映射,即 $\bar{A}_i$ 为 $\bar{S}$ 的每个状态 $s$ 指定了 $\Phi$ 的一个子集。它的含义是第 $i$ 个推理者在状态 $s$ 中意识到的全部原子命题的集合。每个 $R_i$ 是 $\bar{S}$ 上的一个序列的、传递的且欧几里得的二元关系。若 $\alpha$ 和 $\beta$ 为状态,则 $\alpha R_i \beta$ 为真表示第 $i$ 个推理者在状态 $\alpha$ 中认为状态 $\beta$ 是一个现实可能的状态。

FH 系统也使用"支持真"和"支持假"的概念,但加上了意识集 $\bar{A}_i$ 的限制以及公共推理环境 $\Psi$ 的限制。

**定义 12.5.3**　原子命题集 $\Psi$ 称为公共推理环境。它是对 FH 系统中 $m$ 个推理者的公共限制:任何推理者都不能意识到 $\Psi$ 之外的任何命题。亦即,$\Psi$ 之外的命题在一场具体的推理中被认为是无定义的,用符号 $M,s \models_{T}^{\Pi} A$ 表示在模

型 $M$ 的状态 $s$ 中,在意识集 $\Pi$ 的限制下支持 $A$ 为真。同样,用符号 $M$, $s\models^{\Pi}_{F}A$ 表示在同样的条件下支持 $A$ 为假。在此约定下,FH 系统的真假支持关系可以表述如下(为简化符号,省掉了其中的模型 $M$ ,$\models$ 表示通常意义下"为真"符号):

1. $s\models^{\Psi}_{T}\text{true}.$

2. $s\not\models^{\Psi}_{F}\text{true}.$

3. $s\models\text{true}.$

4. $s\models^{\Psi}_{T}p$,其中 $p$ 是一个原子命题,当且仅当 $\bar{V}(p, s)=\text{true}$ 及 $p\in\Psi$.

5. $s\models^{\Psi}_{F}p$,其中 $p$ 是一个原子命题,当且仅当 $\bar{V}(p, s)=\text{false}.$ 且 $p\in\Psi$。

6. $s\models p$,其中 $p$ 是一个原子命题,当且仅当 $\bar{V}(p, s)=\text{true}.$

7. $s\models^{\Psi}_{T}\sim A$,当且仅当 $s\models^{\Psi}_{F}A.$

8. $s\models^{\Psi}_{F}\sim A$,当且仅当 $s\models^{\Psi}_{T}A.$

9. $s\models\sim A$,当且仅当 $s\not\models A.$

10. $s\models^{\Psi}_{T}A_1\wedge A_2$,当且仅当 $s\models^{\Psi}_{T}A_1$,且 $s\models^{\Psi}_{T}A_2.$

11. $s\models^{\Psi}_{F}A_1\wedge A_2$,当且仅当 $s\models^{\Psi}_{F}A_1$ 或 $s\models^{\Psi}_{F}A_2.$

12. $s\models A_1\wedge A_2$,当且仅当 $s\models A_1$ 且 $s\models A_2.$

13. $s\models^{\Psi}_{T}\mathbf{B}_iA$,当且仅当对所有使得 $sR_it$ 成立的 $t$ 皆有 $t\models^{\Psi\cap\bar{A}_i(s)}_{T}A$ 成立。

14. $s\models^{\Psi}_{F}\mathbf{B}_iA$,当且仅当对某个使得 $sR_it$ 成立的 $t$ 有 $t\models^{\Psi\cap\bar{A}_i(s)}_{F}A$ 成立。

15. $s\models\mathbf{B}_iA$,当且仅当 $s\models^{\Phi}_{T}\mathbf{B}_iA$ 成立。

16. $s\models^{\Psi}_{T}\mathbf{I}_iA$,当且仅当对所有使得 $sR_it$ 成立的 $t$,有 $t\models^{\Psi}_{T}A$ 成立。

17. $s\models_{F}^{\Psi}\mathbf{I}_iA$，当且仅当对某个使得 $sR_it$ 成立的 $t$，有 $t\models_{F}^{\Psi}A$ 成立。

18. $s\models\mathbf{I}_iA$，当且仅当对所有使得 $sR_it$ 成立的 $t$，有 $t\models A$ 成立。

**定义 12.5.4**　若 $s$ 是一个状态，$\Psi$ 是一个推理环境，且 $s\models_{T}^{\Psi}A$ 成立，则称 $A$ 在 $s$ 中相对于 $\Psi$ 为真。否则，若 $s\models_{F}^{\Psi}A$ 成立，则称 $A$ 在 $s$ 中相对于 $\Psi$ 为假。

若命题 $A$ 对所有的状态 $s$ 都满足 $s\models_T A$，则称 $A$ 恒真。若命题 $A$ 对所有的状态 $s$ 都满足 $s\models_F A$，则称 $A$ 恒假。非恒假的命题称为是可满足的。

FH 系统的语义具有如下特点：

1. 它不像 LV 系统那样区分情景和可能世界，而是用统一的状态概念表示，避免了混用两种表示的麻烦。

2. 每个状态在逻辑上是一致的，不会出现 LV 系统中同一个情景既支持 $p$ 真又支持 $p$ 假的那种不合理情况。不仅如此，每个状态还是完善的，即任何命题在任何状态中要么为真，要么为假。两者必居其一（在通常的 $\models$ 意义上）。

3. 隐式信念具有上帝信念逻辑的智慧。因为凡是普遍成立的事实都在推理者的隐式信念之中（规定 18）。

4. 显式信念不具备上帝信念逻辑的智慧。因为命题 $\sim\mathbf{B}_i(p\vee\sim p)$ 是可满足的，这表明即使是重言式也可以不在显式信念之中（在重言式意义上不封闭，见 12.3 节之 C5）。具体证明如下：$\sim\mathbf{B}_i(p\vee\sim p)$ 是可满足的相当于 $\mathbf{B}_i(p\vee\sim p)$ 非恒真（定义 12.5.4）；又相当于 $s\models_{T}^{\Phi}\mathbf{B}_i(p\vee\sim p)$ 不成立（规定 15）；又相当于存在一个 $t$，使得 $sR_it$ 成立，且 $t\models_{F}^{\Phi\cap\overline{A}_i(S)}(p\vee\sim p)$ 不成立（规定 13）。这一点很容易做到，只要令 $\overline{A}_i(s)=\phi$ 即可。

5. 显式信念也不具备超人信念逻辑的智慧，因为 $\mathbf{B}_ip\wedge\sim\mathbf{B}_i(p\wedge(q\vee\sim q))$ 是可满足的。如果相干蕴含公理在此适用，这本来应该是不可满足的。事实上，这不仅说明它对相干蕴含不封闭（见 12.3 节之 C7，$p\to p\wedge(q\wedge\sim q)$ 是一个相干蕴含式），而且对相干等价也不封闭（$p\equiv p\wedge(q\wedge\sim q)$ 是相干等价式）。

6. 显式信念在合取意义上是封闭的（12.3 节之 C2），且可分解的（同节之 C3），参见 FH 系统语义规定之第 10 至 12 条。

7. 显式信念推理能力的强弱之关键是每个推理者的意识集 $\overline{A}_i$ 以及他们的公共推理环境 $\Psi$。只要 $\forall_i$，$\overline{A}_i = \Psi = \Phi$（其中 $\Phi$ 是全部原子命题集），则任何推理者既具有上帝的智慧（凡命题 $A$ 成立者必有 $\mathbf{B}_i A$ 成立），又具有圣人的严谨（凡 $\mathbf{B}_i A$ 成立者必有 $A$ 成立）。参见 FH 系统中语义规定的第 13 条。由此可见，FH 系统既能描述凡人的信念，又能描述圣人和上帝的信念。

**定理 12.5.1**

1. 关系 $\models$ 是完备的，即，对任何模型 $M$（$M$ 未在公式中明显列出），状态 $s$ 和命题 $A$，或者 $s \models A$ 成立，或者 $s \models \sim A$ 成立，两者必居其一。

2. 令 $\Psi$ 和 $\Psi'$ 是两个公共推理环境，若 $\Psi \subseteq \Psi'$，则由 $s \models_T^{\Psi} A$ 可推出 $s \models_T^{\Psi'} A$。

3. 令 $\Psi$ 和 $\Psi'$ 之意义同上，若 $\Psi \subseteq \Psi'$，则由 $s \models_F^{\Psi} A$ 可推出 $s \models_F^{\Psi'} A$。

4. 令 $\Psi$ 为任意的公共推理环境，则由 $s \models_T^{\Psi} A$ 可推出 $s \models A$。

5. 令 $\Psi$ 的意义同上，则由 $s \models_F^{\Psi} A$ 可推出 $s \models \sim A$。

由此又可以推得下列性质：

**定理 12.5.2**

1. $s \models_T^{\Psi} \mathbf{B}_i A$ 成立，当且仅当对所有满足关系 $s R_i t$ 的状态 $t$，有 $t \models_T^{\overline{A}_i(s)} A$。

2. 恒有 $\models (\mathbf{B}_i A \rightarrow \mathbf{I}_i A)$ 成立，$A$ 为任意命题。

3. 恒有 $\models (\mathbf{B}_i \mathbf{I}_i A \equiv \mathbf{B}_i A)$ 成立，$A$ 为任意命题。

4. 公式 $\mathbf{B}_i (A \wedge \sim A)$ 是不可满足的。

5. 公式 $\sim \mathbf{B}_i (\mathbf{B}_j A \vee \sim \mathbf{B}_j A)$ 是可以满足的。

在这个定理中，第 1 点是前面 FH 系统语义性质的直接推论。第 2 点说明了 FH 系统和 LV 系统有些共同的特性，例如从显式信念成立可推出隐式信念成立。这一条特性从直观上看是必需的。第 3 点表示：显式地相信命题 $A$ 等价于显式地相信隐式地相信命题 $A$。这样的特性在 LV 系统中不可能存在，因为 LV 系统不允许信念嵌套。第 4 点表明：FH 系统虽然不是上帝逻辑或超人逻辑，但却是一个圣人逻辑。因为错误的命题是不会被推理者相信的。第 5 点再次说明了信念的嵌套表示给 FH 系统带来的附加表达能力。

容易看出，FH 系统虽然引进了意识的概念，但在用意识进行推理时还是不很方便的,它只能让推理者事先说明他们的意识集 $\overline{A}_i$。这是静态的意识说明,不能在推理过程中变化,而且每个 $\overline{A}_i$ 只包含原子命题集。这导致对推理者推理能力的区分是粗放的:如果原子命题 $A$ 不属于 $\overline{A}_i$,那么所有以 $A$ 为子命题的命题都不在第 $i$ 个推理者的意识之中,因此都不能被运用于该推理者的任何推理过程之中。这样,如果我们想表示:推理者甲意识到某些包含 $A$ 的命题,而推理者乙意识到另一些包含 $A$ 的命题,我们就无能为力了。为了加细意识集表示的粒度,也为了把意识能力引进推理过程之中,Fagin 和 Halpern 进一步把意识能力体现在语法中,他们引进一个意识算子 $\mathbf{A}$。用 $\mathbf{A}_ip$ 表示第 $i$ 个推理者意识到命题 $p$,或者(等价地)第 $i$ 个推理者有能力推断出 $p$ 的真假值。

应该说明,引进意识算子 $\mathbf{A}_i$ 并非 Fagin 和 Halpern 的首创,早在 70 年代末,McCarthy 就在研究知道逻辑时提出过算子 $,公式 $A 表示推理者知道命题 $A$ 是真还是假。McCarthy 用它和其他一些算子顺利地解决了三个聪明人的猜帽子颜色问题(McCarthy 的公理系统见本章习题 21)。后来,马希文又对 McCarthy 的公理系统作了改进,解决了原系统不能解决的 $P$ 先生和 $S$ 先生猜数问题(也见本章习题 24)。但是他们两位都没有像 Fagin 和 Halpern 讨论得那样深入。

**定义 12.5.5**　意识逻辑的一个 Kripke 群体模型是一个 $2m+2$ 元组 $M=(\overline{S}, \overline{A}_1, \overline{A}_2, \cdots, \overline{A}_m, \overline{R}_1, \overline{R}_2, \cdots, \overline{R}_m, \overline{V})$,其中 $\overline{S}$ 是一个状态集。每个 $\overline{A}_i$ 是一个命题(即合式公式,不一定是原子命题)集,它指定了第 $i$ 个推理者所具有的全部意识,为方便起见,仍然假定 $F$ 属于所有的 $\overline{A}_i$。此外,每个 $R_i$ 是一个传递的、序列的、且欧几里得的二元关系 $\overline{S} \times \overline{S}$。$\overline{V}$ 是对每个状态 $s$ 中每个命题的真假值的一个指派。

**定义 12.5.6**　意识逻辑中 Kripke 群体模型的真值指派服从下列规则(用 $\models$ 关系表示):

1. 若 $p$ 为原子命题,且 $\overline{V}(p, s)$ 为真,则有 $s \models p$ 成立。

2. 由 $s \not\models A$ 可得,$s \models \sim A$,$A$ 为任意命题。

3. 由 $s \models A_1$ 及 $s \models A_2$ 可得 $s \models A_1 \wedge A_2$。

4. 由 $A \in \overline{A}_i(s)$ 可得 $s \models \mathbf{A}_iA$。

5. 由 $A \in \overline{A}_i(s)$ 及对所有使 $sR_it$ 成立的 $t$,有 $t \models A$,可得 $s \models \mathbf{B}_iA$。

6. 由对所有使 $sR_it$ 成立的 $t$,有 $t \models A$,可得 $s \models \mathbf{I}_iA$。

由上述定义可以看出:

1. 意识逻辑对合取运算是封闭的,但对其他运算则不一定封闭。

2. 若命题 $A$ 属于推理者的意识集,则推理者能意识到 $A$。

3. 隐式信念($I_i$)的能力与 FH 逻辑相同,它也是上帝型的(凡是事实都相信)。

4. 若命题 $A$ 在推理者的意识集之中,且 $A$ 是事实,则 $A$ 也在推理者的显式信念之中,这说明

$$\mathbf{B}_i A \equiv \mathbf{A}_i A \wedge \mathbf{I}_i A$$

即显式信念等于隐式信念加意识。

到目前为止,我们还未给意识集 $\bar{A}_i$ 加任何限制。意识逻辑允许给意识集加上各种各样的人为限制。举例如下:

1. 规定意识集对子公式封闭。即,若 $A \in \bar{A}_i$,$B$ 是 $A$ 的子公式($B$ 是公式且 $B$ 是 $A$ 在语法上的一个组成部分),则 $B \in \bar{A}_i$。这个规定有一定的合理性,因为如果一个人意识到一个公式,则也一定意识到它的子公式。在计算上,也是先求出各子公式的真假值,然后才求出整个公式的真假值。当然这个规定也是可以被违反的,在此情况下可以称之为一种不求甚解的逻辑(适合于描述"囫囵吞枣"式学习的学生)。

2. 规定意识集对某些子公式封闭。如由 $A \wedge B \in \bar{A}_i$ 推出 $A$ 和 $B$ 均属于 $\bar{A}_i$。但不同的子公式所起的作用是不一样的。例如规定由 $(A \to B) \in A_i$ 推出 $A \in \bar{A}_i$,$B \in \bar{A}_i$ 就可以使显式信念在逻辑蕴含下封闭,从而成为超人逻辑。

3. 规定意识集满足某些交换律,如由 $A \wedge B \in \bar{A}_i$ 推出 $B \wedge A \in \bar{A}_i$。或由 $A \vee B \in \bar{A}_i$,推出 $B \vee A \in \bar{A}_i$,这比较符合常人的思维规律。

4. 规定意识集满足某些对称律,如由 $A \in \bar{A}_i$ 推出 $\sim A \in \bar{A}_i$。或由 $A \wedge B \in \bar{A}_i$ 推出 $\sim(\sim A \vee \sim B) \in \bar{A}_i$,对称律愈复杂,表明推理者转换推理形式的能力越强。

5. 规定意识集满足某些结合律.例如从 $A \wedge (B \wedge C) \in \bar{A}_i$ 推出 $(A \wedge B) \wedge C \in \bar{A}_i$,或从 $A \vee (B \vee C) \in \bar{A}_i$ 推出 $(A \vee B) \vee C \in \bar{A}_i$。

6. 规定意识集满足某些分配律。例如从 $A \wedge (B \vee C) \in \bar{A}_i$ 推出 $(A \wedge B) \vee (A \wedge C) \in \bar{A}_i$,或从 $A \vee (B \wedge C) \in \bar{A}_i$ 推出 $(A \vee B) \wedge (A \vee C) \in \bar{A}_i$。

7. 规定原子命题集 $\Phi$ 的一个子集 $\Phi'$,凡 $\bar{A}_i$ 中的公式只允许包含 $\Phi'$ 中的命

题。这适合于描述人们在专业知识上的差别。例如,冶金学的命题可能不包含在数学家的意识集中。它也适合于描述缺少某些素质的人,如法律学的命题不会包含在一个法盲的意识集中。

8. 规定每个推理者在多大程度上了解其他推理者的信念。例如,涉及普通群众信念的命题不会包含在一个高高在上、官僚主义严重的领导者的意识集中。两军对阵的胜负结局部分地依赖于涉及一方指挥官信念的命题有多少存在于另一方指挥官的意识集中。

9. 规定每个推理者在多大程度上了解自己的信念。如果公理 $\mathbf{A}_i A \rightarrow \mathbf{A}_i \mathbf{A}_i A$ 成立,则表明每个推理者(当然也可以是部分)的所有信念均在自己的意识集中。这种逻辑部分地揭示了有自知之明的人的信念特点。

10. 规定每个推理者在多大程度上"隐含地"了解自己的信念。如果公理 $\mathbf{A}_i A \rightarrow \mathbf{I}_i \mathbf{A}_i A$ 成立,则表明推理者的信念在自己的"潜意识"之中。从定义 12.5.6 的规定来看,这相当于规定在同一推理者的所有可能世界中有相同的意识集,即对 $sR_i t$ 成立者恒有 $\overline{A}_i(s) = \overline{A}_i(t)$。

Fagin 和 Halpern 为意识逻辑给出了如下的公理系统:

**定义 12.5.7** 意识逻辑的公理系统为:

1. 普通命题逻辑的全部重言式。

2. 把意识逻辑命题代入普通命题逻辑重言式中的命题变量后所得到的重言式。

3. $\mathbf{I}_i A \rightarrow \mathbf{I}_i \mathbf{I}_i A$(正命题内省)。

4. $\sim\mathbf{I}_i A \rightarrow \mathbf{I}_i \sim\mathbf{I}_i A$(负命题内省)。

5. $\mathbf{I}_i A \wedge \mathbf{I}_i(A \rightarrow B) \rightarrow \mathbf{I}_i B$(隐式信念在逻辑蕴含下封闭)。

6. $\sim\mathbf{I}_i F$(隐式信念中不包含矛盾)。

7. $\mathbf{A}_i F$(推理者意识到公式 $F$)。

8. $\mathbf{B}_i A \equiv \mathbf{I}_i A \wedge \mathbf{A}_i A$(显式信念等于隐式信念加上意识)。

意识逻辑的推理规则有两条:

1. 分离规则:从 $A_1$ 及 $A_1 \rightarrow A_2$ 成立可推出 $A_2$ 成立。

2. 上帝信念规则:从 $A$ 成立可推出 $\mathbf{I}_i A$ 成立。

**定理 12.5.3** 意识逻辑的公理系统是健康且完备的。

如果不考虑隐式信念而只考虑显式信念,同样可以建立一个合适的公理系统。

**定义 12.5.8** 不包含隐式信念的意识逻辑称为显式意识逻辑，它的公理包括：

1. 普通命题逻辑的全部重言式。

2. 把意识逻辑命题代入普通命题逻辑重言式中的命题变量后所得到的重言式。

3. $\mathbf{B}_i A \wedge \mathbf{A}_i \mathbf{B}_i A \rightarrow \mathbf{B}_i \mathbf{B}_i A$。

4. $\sim \mathbf{B}_i A \wedge \mathbf{A}_i (\sim \mathbf{B}_i A) \rightarrow \mathbf{B}_i \sim \mathbf{B}_i A$。

5. $\mathbf{B}_i A \wedge \mathbf{B}_i (A \rightarrow B) \wedge \mathbf{A}_i B \rightarrow \mathbf{B}_i B$。

6. $\sim \mathbf{B}_i (F)$。

7. $\mathbf{A}_i (F)$。

8. $\mathbf{B}_i A \rightarrow \mathbf{A}_i A$。

它的推理规则有如下三条：

1. 分离规则。由 $A$ 及 $A \rightarrow B$ 成立可推出 $B$ 成立。

2. 转化规则。由 $A$ 及 $\mathbf{A}_i A$ 成立可推出 $\mathbf{B}_i A$ 成立。

3. 复合转化规则。由 $\mathbf{B}_i A_1 \wedge \mathbf{B}_i A_2 \wedge \cdots \wedge \mathbf{B}_i A_n \wedge A_1 \wedge A_2 \wedge \cdots \wedge A_n \rightarrow B$ 成立可推出 $\mathbf{B}_i A_1 \wedge \mathbf{B}_i A_2 \wedge \cdots \wedge \mathbf{B}_i A_n \wedge \mathbf{A}_i B \rightarrow \mathbf{B}_i B$ 成立。

**定理 12.5.4** 显式意识逻辑的公理系统是一个健康且完备的公理系统。

显式意识逻辑的公理系统充分显示了意识对于信念的重要性。公理 3 表明，一个相信金钱至上的人可能并没有意识到自己有这个信念，从而也就不相信自己相信金钱至上（当别人批评他时他可能会反驳）。公理 4 表明，一个不相信人类有光明前途的人可能并没有意识到自己已失去信心。公理 5 表明，一个知道某个前提并知道从该前提可以推出某种结论的数学家可能并未意识到这个结论，从而坐失了发现重大数学理论的良机。例如历史上有很多人都曾有发现非欧几里得几何的机会，但他们没有意识到可以有非欧几里得几何的存在，因而只能让罗巴切夫斯基获此殊荣了。

Fagin 和 Halpern 还发现，把意识逻辑和时序逻辑结合起来可以得到很有意思的时序意识逻辑，他们加进了三种时序运算：下个状态算子。、将会算子◇和永远算子□。

**定义 12.5.9** 时序意识逻辑的 Kripke 群体模型是一个 $2m+3$ 元组 $M = (\overline{S}, \overline{A}_1, \overline{A}_2, \cdots, \overline{A}_m, \overline{R}_1, \overline{R}_2, \cdots, \overline{R}_m, \overline{V}, \overline{T})$，其中 $\overline{S}$，诸 $\overline{A}_i$，诸 $R_i$ 及 $\overline{V}$ 的含义与定义 12.5.5 中的一样，$\overline{T}$ 是 $\overline{S}$ 上的一个确定性的、自反的和传递的二元序

列关系。此即

1. 对任意的 $s \in \bar{S}$，有 $s\bar{T}S$ 成立。

2. 若 $s\bar{T}t$ 及 $t\bar{T}u$ 成立，则有 $s\bar{T}u$ 成立。

3. 若 $s\bar{T}t$ 成立，且 $s \neq t$，则 $t\bar{T}s$ 不成立. $t$ 称为 $s$ 的后代，$s$ 称为 $t$ 的前辈。

4. 若 $t$ 是 $s$ 的后代，且 $t$ 的前辈都不是 $s$ 的后代，则称 $t$ 是 $s$ 的直接后代。

5. 任何 $s \in \bar{S}$ 有一个且仅有一个直接后代。

**定义 12.5.10**　时序意识逻辑的 Kripke 群体模型的真值指派满足下列规则：

1. 定义 12.5.6 中给出的所有规则。

2. $S \models \bigcirc A$ 成立，若 $t \models A$ 成立，其中 $t$ 是 $s$ 的直接后代。

3. $s \models \Diamond A$ 成立，若 $s \models A$ 成立，或对 $s$ 的某个后代 $t$，$t \models A$ 成立。

4. $s \models \Box A$ 成立，若 $s \models A$ 成立，且对 $s$ 的所有后代 $t$，$t \models A$ 成立。

以上是一些比较一般的规定，适用于各类时序意识逻辑。在此基础上，可以增加不同的规定，以描述不同种类人的思维规律。在下面的规定中，起核心作用的是关系 $\bar{T}$，其余 $\bar{A}_i$ 和 $R_i$ 两个因素可以看作是随 $\bar{T}$ 而变化的，即随时间而变化，因为不随时间变化的 $\bar{A}_i$ 和 $R_i$ 我们已在前面充分讨论过了。

1. 描述努力学习的人的逻辑。他们的知识（在此表示为意识）不会随时间而消失（忘记）。相反，随着时间的推移，知识会越来越增加。相应的规则是：

$$\text{若 } s\bar{T}t \text{ 成立，则有 } \bar{A}_i(s) \subseteq \bar{A}_i(t)$$

2. 描述善于学习的人的逻辑。如果有一个命题 $A$ 原来不在推理者 $i$ 的意识之中，则随着时间的推移，总有一天 $A$ 会包含在他的意识集之中。用规则表示，就是

$$\forall s \in \bar{S}, \ \forall A, \ \exists t, \ s\bar{T}t \text{ 且 } A \in \bar{A}_i(t)$$

3. 把以上两条合起来，可以得到规则

$$(\vdash A) \to \Diamond \Box B_i A$$

即恒真的公式总有一天会在推理者的信念之中，并且再也不会失去。

4. 如果 $A$ 和 $A \to B$ 均为命题，它们的真假值不随时间而变化. 则由性质 1 和 2 还可推出

$$[\mathbf{B}_i A \wedge \mathbf{B}_i(A \rightarrow B)] \rightarrow \diamondsuit \mathbf{B}_i B$$

即如果不限时间,它对逻辑蕴含是封闭的。

5. 如果我们把可能世界的数目大看成是推理者对事物的判断有多种可能,暂时无法决定取哪一个。而把可能世界的数目小看成是推理者对事物的判断比较地有把握。则可以规定随着时间的推移,可能世界的数目只能变小,不能变大,即人对事物的认识越来越清楚。用形式化的语言讲就是:

设 $s$, $t$, $u$ 是三个状态。$s\bar{T}t$ 和 $tR_iu$ 成立,则存在状态 $w$,使 $sR_iw$ 和 $w\bar{T}u$ 皆成立。这可以表示为如下的关系组合公式:

$$\bar{T}OR_i \subseteq R_i O\bar{T}$$

上述关系见图 12.5.1,其中省略了所有的连线 $x\bar{T}x$。

例如,物理学家原来认为存在着有引力波的地球和无引力波的地球两个可能世界。但是随着研究工作的深入,他们会发现其中的一个不是可能世界。在1991 年 1 月 16 日以前,对于美国是否和伊拉克开战,存在着两个可能世界:战或不战。但是过了那一天,就只有一个可能世界了。

注意,可能世界的减少不是通过删掉某些状态来实现的,因为状态集是不会变的。删掉的只是从某个推理者到某些状态之间的联系,使它们不再成为推理者的可能世界。

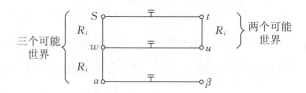

图 12.5.1　可能世界随时间的减少

6. 比这稍弱一点的要求由下列公理给出:

$$[\mathbf{B}_i OA] \rightarrow [O\mathbf{B}_i A]$$

由 $[\mathbf{B}_i OA]$ 成立可知在第 $i$ 个推理者的所有当前可能世界中 $OA$ 成立且 $A \in \bar{A}_i$。若意识集不随时间而缩小,且命题的真假值不随时间而改变,则在当前状态的直接后代中 $A$ 也成立,且 $A$ 也属于 $\bar{A}_i$。

# 习　题

1. 用知道逻辑(或者加上其他逻辑)描述下列警句:

(1) 知之为知之,不知为不知,是真知也。(孔子)

(2) 知其然而不知其所以然。

(3) 知己知彼,百战不殆。(孙子)

(4) 知人知面不知心。

(5) 我比别人知道得多的,不过是知道自己的无知。(苏格拉底)

2. 有人就三国演义中蒋干盗书这段故事发表评论说:孔明是事情未发生就能洞察;周瑜是事情一发生他就明白;曹操是事情过后能够明白;蒋干是事情过后也不明白。试用知道逻辑或其他逻辑手段描述之。

3. 在12.1节中,提到了凡人、圣人、超人和上帝四种知道逻辑。你能否设计其他类型的知道逻辑? 如伟人、聪明人、笨人、健忘的人等等的知道逻辑?

4. 用"群体知道逻辑"一节中给出的解三个聪明人猜帽子颜色的公理系统来实际推导某甲在各种情况下帽子的颜色。

5. 上述公理系统是否健康? 是否完备? 是否有冗余? 若有这些毛病,应如何改进?

6. 古代有一位阿拉伯国王,他手下有五位将军。有一天,国王把将军们找来,告诉他们说:"你们中有人的妻子对你们不忠。每个人都知道别人的妻子是否对丈夫忠诚,却不知道自己的妻子是否忠诚。我要求你们不得互通情报,但一旦发现自己的妻子不忠,就应在当天晚上把她杀掉。"到了第 $n$ 天($1 \leqslant n \leqslant 5$),将军家中出事了,有的将军夫人掉了脑袋。请用知道逻辑描述和推断这个故事,并回答:(1)$n$ 等于几? (2)掉了几个脑袋?

7. 定理 12.2.4 中为什么要规定 $m \geqslant 2$,用什么办法可以去掉这个规定?

8. 根据12.2节中说的潜在知识的直观含义(由各个体的部分知识组合成相对完整知识),可以给出如下的推导规则:

$Q_5$:若$(q_1 \wedge \cdots \wedge q_m) \to p$ 是可证的,则$(\mathbf{K}_1 q_1 \wedge \cdots \wedge \mathbf{K}_m q_m) \to \mathbf{I}_p$ 也是可证的,试问:

(1) 把 $Q_5$ 加到定义 12.2.12 中提到的各公理系统中去,所得的新系统是否还是健康的?

(2) 你能证明：由 $J_2$，$J_{11}$ 及普通的命题演算规则可以推出 $Q_5$ 吗？

(3) 你能证明，$J_{11}$ 本身可以由 $Q_5$ 及其他公理推出吗？

9. 用信念逻辑(或者加上其他逻辑)描述下列句子：

(1) 宁可信其有，不可信其无。

(2) 不可不信，也不可全信。

(3) 信不信由你。

10. 能否构造一个完全避免 12.3 节中列举的各项逻辑全知性质($C_1$ 至 $C_{10}$)的信念逻辑系统？

11. 能否构造一个信念逻辑系统的序列，它的逻辑全知性质是逐步增加的，从最接近凡人的信念逻辑系统(完全不具备任何逻辑全知性质)到最接近于上帝的信念逻辑系统(具备所有逻辑全知性质)，能力一层层地增强？

12. 在 12.3 节中列出的逻辑全知性质是否已是全部的了？能否找到未在其中的逻辑全知性质？(提示：例如，其中只说到信念 $B$，而未说到知识 $K$，若把信念和知识结合起来，是否能发现新的逻辑全知性质？)

13. 12.5 节中论证了 FH 系统的一些性质，特别是与逻辑全知问题有关的一些性质。试用 12.3 节中衡量逻辑全知问题的 10 项标准($C_1$ 至 $C_{10}$)逐项对照 FH 系统，论证 FH 系统避免了哪些逻辑全知性质，还有哪些尚未避免？

14. 证明定理 12.5.1。

15. 证明定理 12.5.2。

16. 在定理 12.5.2 的第 3 点中提到 $\models(\mathbf{B}_i\mathbf{I}_iA\equiv\mathbf{B}_iA)$ 是一个恒真命题。请问，如果我们要求有

(1) $\models(\mathbf{B}_i\mathbf{I}_iA\equiv\mathbf{I}_iA)$

或

(2) $\models(\mathbf{I}_i\mathbf{B}_iA\equiv\mathbf{B}_iA)$

或

(3) $\models(\mathbf{I}_i\mathbf{B}_iA\equiv\mathbf{I}_iA)$

应该对 FH 系统作哪些更动？将会产生哪些后果？

17. 证明定理 12.5.3。

18. 证明定理 12.5.4。

19. 求证：$\mathbf{B}_iA\rightarrow\mathbf{B}_i(A\vee B)$ 是 FH 逻辑的重言式，但不一定是意识逻辑的重言式。

20. 在 12.5 节中,针对意识逻辑的意识集给出了 10 种可能的限制,你能否参照定义 12.5.7 和 12.5.8 的方式,为它们中的每一种提出一个相应的公理化系统。并像定理 12.5.3 和 12.5.4 那样,证明它们的健康性和完备性。

21. McCarthy 使用知道算子 $*$(相当于我们的知道算子 $K$),以 $s*A$ 表示推理者 $s$ 知道命题 $A$ 为真,以 $o*A$ 表示任何一个笨蛋都知道命题 $A$ 为真,并给出了如下的公理系统:

$K0: s*p \rightarrow p$

$K1: o*(s*p \rightarrow p)$

$K2: o*(o*p \rightarrow o*s*p)$

$K3: o*(s*p \wedge s*(p \rightarrow q) \rightarrow s*q)$

$K4: o*(s*p \rightarrow s*s*p)$

$K5: o*(\sim s*p \rightarrow s*\sim s*p)$

在只有一个推理者 $s$ 的情况下,这是一个普通模态系统。试证明:

(1) 公理集 $K1+K2+K3$ 相当于 $T$ 系统;

(2) 公理集 $K1+K2+K3+K4$ 相当于 $S_4$ 系统;

(3) 公理集 $K1+K2+K3+K5$ 相当于 $S_5$ 系统。

(注意 $K4$ 和 $K5$ 分别对应正内省和负内省公理)

22. McCarthy 定义了"知道是否为真"算子 $\$$,这里 $s\$p$ 定义为 $s*p \vee s*\sim p$。然后他把三个聪明人猜帽子颜色问题表示为:

$c0: p_1 \wedge p_2 \wedge p_3$

$c1: o*(p_1 \vee p_2 \vee p_3)$

$c2: o*(s_1\$p_2 \wedge s_1\$p_3 \wedge s_2\$p_1 \wedge s_2\$p_3 \wedge s_3\$p_1 \wedge s_3\$p_2)$

$c3: o*(s_3\$s_1*p_1)$

$c4: o*(s_3\$s_2*p_2)$

$c5: \sim s_1\$p_1$

$c6: \sim s_1\$p_2$

其中,$s_i$ 表示第 $i$ 个聪明人,$p_i$ 表示第 $i$ 顶帽子是白的。

(1) 请证明由公理 $K0$—$K3$ 及事实 $c1$—$c6$ 可推知 $s_3*p_3$;

(2) 事实 $c5$ 和 $c6$ 的使用一定是必要的吗?试推敲之。

23. "$s$ 先生和 $p$ 先生"问题是这样的:选择两个自然数 $m$ 和 $n$,使 $2 \leqslant m \leqslant n \leqslant 99$,将这两个数的和告诉 $s$ 先生,而将两数的积告诉 $p$ 先生。随后他们进行了

如下的对话：

　　s 先生：我知道你不知道这两个数是什么，但我也不知道。

　　p 先生：现在我知道这两个数是什么了。

　　s 先生：现在我也知道了。

要从以上的信息推断这两个数是什么。

　　马希文认为 McCarthy 的系统解决不了这个问题，你同意吗？试证明你的观点。

　　24. 马希文使用三个算子，包括知道算子：(即 McCarthy 的 *)，"知道是否为真"算子！(即 McCarthy 的 $)和"知道内容"算子 *，在此基础上建立了一个公理系统 W，并用 W 系统解决了 s 先生和 p 先生问题。限于篇幅，此处不介绍 W 系统细节，你能把它补出来，并用来解决此问题吗？

　　(提示：参见《计算机研究与发展》1982 年第 12 期)

# 第十三章

# 定 性 推 理

70 年代中期,以 de Kleer 等人为首,提出了一种称为定性推理的新方法。该方法主要起源于对现实世界物理系统的研究。他们发现,为了搞清一个物理系统的行为,往往不需要使用严格的定量方法(例如用微分方程描述),而且在许多情况下难以使用彻底的定量方法(例如一个复杂的机械系统)。定性方法既便于使用(可以从人的直观出发),又可解决相当大一部分问题。例如,在火上烧一杯水,我们只需要知道水温的升高既是火焰大小的函数,也是加热时间的函数,并且如果加热持续不断,总能把水煮沸,再加热则水不断化为蒸气,再加热则水总能煮干,再加热则容器有可能烧坏,等等。根据这些事实即可进行推理,并得到相应的结论,这就是定性推理。

定性推理研究中使用的方法各不一样。最基本的理论是"老三样",第一样是 de Kleer 和 Brown 的 ENVISION 方法。其要点是直接在物理系统的各个关键部位(如管道、阀门、液面、弹簧、晶体管、电容器等)定义有关的物理量(如长度、高度、角度、温度、压力、电压、电容、电流等),然后建立这些物理量之间的定性关系(如电阻不变时,电流和电压成正比),然后进行推理。第二样是 Kuipers的 QSIM 方法。他把定性推理过程分为建模和仿真两个步骤。首先把现实的物理系统离散化,用所谓的进程和视图加以描述。然后把它写成一种特殊的微分方程,称为定性微分方程,最后用此定性微分方程仿真。第三样是 Forbus 的定性进程方法。他不是以空间结构来描述物理系统,而是以因果关系为基础,从时间演变来把握系统的特性及其发展过程。因此,他使用的基本元素是事件、进程、发展阶段、历史等等。与空间结构描述方法相比,Forbus 的方法提供了解决著名的框架问题的一种较好途径。

定性推理在系统设计中有许多用处。它可以用来预测系统的特性,从而在众多的方案中优选较好的方案。它可以分析故障的原因,从而在系统失效时进行诊断。它可以从系统的部分特性推断其整体特性,从过去的行为推断其将来的表现,等等。定性推理已经用于相当复杂的现象,例如曾有一篇博士论文用定性推理方法详细地描述了飞机涡轮发动机的结构原理。此外,目前许多专家系统缺乏原理性描述,定性推理是解决这个问题的有效方法。实际上,我们所说的物理系统不一定限于工程技术方面,Iwasaki 认为,定性推理是一个包括人工智能、经济学、生态学、社会学和应用数学在内的跨领域研究课题。定性推理研究近年来发展很快,国际人工智能杂志已经为它出了两期专辑(1984 年,1991 年)。本章重点介绍两个基本方法:ENVISION 方法和定性进程理论。

## 13.1　定性演算

把普通演算中出现的具体的量抽象化,归入有限的几个类,就得到定性演算。最简单的做法是像 de kleer 和 Brown 那样把实数分成三类:$>0$,$=0$ 和$<0$,用符号$[x]$表示 $x$ 的值经抽象化后的归类,它们是:

$$[x]=\begin{cases}+1,\text{当且仅当 } x>0\\=0,\text{当且仅当 } x=0\\-1,\text{当且仅当 } x<0\end{cases}$$

把 $Q'=\{1,0,-1\}$ 看成一个代数结构的元素集,可以在上面定义各种算术运算。相应于实数运算$+$、$-$、$\times$、$=$、$>$、$<$等等,可分别定义定性运算$\oplus$、$\ominus$、$\otimes$、$\ominus$、$\lhd$、$\rhd$等等,具体规则如图 13.1.1 所示。

需要说明几点:

1. 鉴于有未知值"?"的存在,应该把上面的集合 $Q'$ 扩展为 $Q=\{1,-1,0,?\}$,$Q$ 对于上述代数运算是封闭的。

2. 同样鉴于未知值"?"的存在,应该把图 13.1.1 中每张表的行和列各加一项"?",以便使所有的基本定性运算在整个 $Q$ 上均有定义。这一点很容易做到,只需令

$$([X]\oplus?)=(?\ \oplus[X])=(?\ \oplus?)=(\oplus?)=[?]=?$$

即行,其中$\oplus$是任意的基本定性运算。

3. 为了使当$[x]$的值为"?"时,普通的算术运算也可作用于$[x]$,设 $a$ 为实数,规定

$$(a\sharp?)=(?\ \sharp a)=(?\ \sharp?)=(\sharp?)=?$$

其中$\sharp$是任意的算术运算($+$,$-$,$\times$,$=$等)。

| [y] \ [x] | +1 | 0 | −1 |
|---|---|---|---|
| +1 | +1 | +1 | ? |
| 0 | +1 | 0 | −1 |
| −1 | ? | −1 | −1 |

(a) $[x]\oplus[y]$

| [y] \ [x] | +1 | 0 | −1 |
|---|---|---|---|
| +1 | ? | −1 | −1 |
| 0 | +1 | 0 | −1 |
| −1 | +1 | +1 | ? |

(b) $[x]\ominus[y]$

| [y] \ [x] | +1 | 0 | −1 |
|---|---|---|---|
| +1 | +1 | 0 | −1 |
| 0 | 0 | 0 | 0 |
| −1 | −1 | 0 | +1 |

(c) $[x]\oplus[y]$

| [y] \ [x] | +1 | 0 | −1 |
|---|---|---|---|
| +1 | ? | −1 | −1 |
| 0 | −1 | +1 | −1 |
| −1 | −1 | −1 | ? |

(d) $[x]\ominus[y]$

| [y] \ [x] | +1 | 0 | −1 |
|---|---|---|---|
| +1 | ? | −1 | −1 |
| 0 | +1 | −1 | −1 |
| −1 | +1 | +1 | ? |

(e) $[x]>[y]$

| $[x]$ | $\ominus[x]$ |
|---|---|
| +1 | −1 |
| 0 | 0 |
| −1 | +1 |

(f) $\ominus[x]$

图 13.1.1　基本的定性演算

4. 在比较运算 $\ominus$ 和 $\oslash$ 中，+1 和 −1 分别代表传统的真值 $T$ 和 $F$。

不难证明定性演算的如下性质：

1. $[[x]]=[X]$。

2. $\ominus[x]=[-x]=-[x]$。

3. 对 $c>0$ 有 $[cx]=[x]$。

4. $[x]\oplus[y]=[x]\ominus[-y]$，$[x]\ominus[y]=[x]\oplus[-y]$。

5. 对任意的定性运算符 $\oplus$，有：$[x]\oplus[y]=[[x]\oplus[y]]$。

6. $[x]\otimes[y]=[x\cdot y]$。

7. $[x]\oplus[x]=[x]$。

8. $[[x]+[x]]=[x]$。

9. $[-x]\oplus[-y]=\ominus([x]\oplus[y])$，$\oplus\in\{\oplus,\ominus\}$。

10. $[x^2] = [x]^2$。

11. 一般的有$[x^n] = [x]^n$，$n$ 为非负整数。

12. $[x]^n = [x]^{n-2}$，$n \geqslant 3$，非负整数。

13. $[x][y] = [x \cdot y]$。

14. 若$\{x_n\}$是一个有极限的序列，则一般地说，$[\lim\limits_{n \to \infty} x_n] \neq \lim\limits_{n \to \infty} [x_n]$。

利用以上性质，可以研究一类定性多项式的解，这类多项式取下列形式：

$$a_n[x]^n + a_{n-1}[x]^{n-1} + \cdots + a_1[x] + a_0 = 0$$

其中所有的 $a_i$ 均为实数，$0 \leqslant i \leqslant n$，不加圆圈的运算符号都是普通运算符号。根据性质 12，可以把它化归为次数不超过 2 的多项式：

$$a[x]^2 + b[x] + c = 0$$

注意，$[x]$ 的值只有$+1$，$-1$ 和 0 三种，因此该多项式的解可以表示为

$$[x] \begin{cases} 0, & 若 c = 0 \\ 1, & 若 a + b + c = 0 \\ -1, & 若 a - b + c = 0 \\ 无定义，& 其他情形 \end{cases}$$

上述条件不一定互斥，如 $c = 0$ 和 $a + b + c = 0$ 可以同时成立，此时$[x]$既可为 0 也可为 1。这说明定性多项式的解不一定是唯一的。但是我们至少可以有这样的结论：对任何一个有意义的二次定性多项式（系数 $a$ 和 $b$ 不全为零），$[x]$ 至多有两个解。

现在研究另一类定性多项式，它们与上面一类的不同之处是以定性运算符代替普通运算符，并以定性常数（只有$+1$，$-1$，0 三种）作为每一项的系数，其形式为

$$\varepsilon_n[x]^n \oplus \varepsilon_{n-1}[x]^{n-1} \oplus \cdots \oplus \varepsilon_1[x] \oplus \varepsilon_0 = 0$$

这里每个 $\varepsilon_i$ 都为$+1$，$-1$ 或 0，并且对每个 $i$，

$$[x]^i = \underbrace{[x] \otimes [x] \otimes \cdots \otimes [x]}_{i \uparrow [x]}$$

为了研究这一类定性多项式，我们需要对定性演算服从的规则作更深一步的探讨。如下一些规则是重要的：

15. 运算 $\oplus$、$\otimes$ 和 $\ominus$ 满足交换律,即,令 $\oplus$ 代表它们中的任意一个,有

$$[x]\oplus[y]=[y]\oplus[x]$$

16. 运算 $\oplus$ 和 $\otimes$ 满足结合律,即

$$[x]\oplus([y]\oplus[z])=([x]\oplus[y])\oplus[z]$$
$$[x]\otimes([y]\otimes[z])=([x]\otimes[y])\otimes[z]$$

以上两条规则都很容易直接验证。

17. 运算 $\oplus$ 和 $\otimes$ 对 $\otimes$ 满足分配律,即

$$[x]\otimes([y]\oplus[z])=([x]\otimes[y])\oplus([x]\otimes[z])$$

证明:我们从上式的右边推出左边,其中 $x>0$, $x=0$ 和 $x<0$ 三种情况要分开讨论。我们只给出 $x<0$ 时的证明,其他两种情况的证明十分容易。

$$([x]\otimes[y])\oplus([x]\otimes[z])$$

| | |
|---|---|
| $=[x \cdot y]\oplus(x \cdot z)$ | 性质 6 |
| $=[\|x\| \cdot (-y)]\oplus[\|x\| \cdot (-z)]$ | $x<0$ |
| $=[-y]\oplus(-z)$ | 性质 3 |
| $=[\|x\|]([-y]\oplus[-z])$ | $\|x\|>0$ |
| $=[\|x\|](\ominus([y]\oplus[z]))$ | 性质 9 |
| $=[\|x\|](\ominus[[y]\oplus[z]])$ | 性质 5 |
| $=[\|x\|](-[[y]\oplus[z]])$ | 性质 2 |
| $=[x][[y]\oplus[z]]$ | 性质 2 及 $x<0$ |
| $=[x \cdot ([y]\oplus[z])]$ | 性质 13 |
| $=[x]\otimes[[y]\oplus[z]]$ | 性质 6 |
| $=[x]\otimes([y]\oplus[z])$ | 性质 5 |

现在我们可以着手来解第二类定性多项式。根据性质 6,性质 11 以及 $\otimes$ 运算的结合律,我们有

$$[x]^n=[x]\otimes[x]\otimes\cdots\otimes[x]$$
$$=[x^n]=[x]^n$$

因此第二类定性多项式可以表示为

$$\varepsilon_n[x]^n\oplus\varepsilon_{n-1}[x]^{n-1}\oplus\cdots\oplus\varepsilon_1[x]\oplus\varepsilon_0=\varepsilon_{-1}$$

根据性质 12 可把其中的每一项化为次数不超过 2 的单项式,得

$$\varepsilon_n[x]^{m_n}\oplus\varepsilon_{n-1}[x]^{m_{n-1}}\oplus\cdots\oplus\varepsilon_1[x]\oplus\varepsilon_0=\varepsilon_{-1}$$

其中对每个 $i$, $1\leqslant m_i\leqslant 2$。利用 $\oplus$ 运算的交换律把次数相同的单项式调在一起,得到

$$a_1[x]^2\oplus a_2[x]^2\oplus\cdots\oplus a_m[x]^2\oplus b_1[x]\oplus b_2[x]\oplus\cdots\oplus b_k[x]\oplus\varepsilon_0=\varepsilon_{-1}$$

其中所有 $a_i$, $b_i$ 均属于 $\{+1,-1\}$,注意此处已把它们等于零的情况排除,因为

$$[x]\oplus[0]=[0]\oplus[x]=[x]$$

再次利用 $\oplus$ 运算的交换律可以把正的 $a_i$ 和 $b_i$ 调在一起。负的 $a_i$ 和 $b_i$ 也调在一起。利用性质 7 可以把 $a_i=+1$ 的那些 $[x]^2$ 项归并同类项,并把 $b_i=+1$ 的那些 $[x]$ 项归并同类项。利用性质 9 可以把 $a_i=-1$ 和 $b_i=-1$ 的那些项的 $-1$ 因子提出来,然后归并同类项。经如此整理后得到四种可能的标准多项式:

$$a[x]^2\oplus b[x]\oplus\varepsilon_0=\varepsilon_{-1} \tag{13.1.1}$$

$$a[x]^2\oplus b[-x]\oplus\varepsilon_0=\varepsilon_{-1} \tag{13.1.2}$$

$$a[-x^2]\oplus b[x]\oplus\varepsilon_0=\varepsilon_{0-1} \tag{13.1.3}$$

$$a[-x^2]\oplus b[-x]\oplus\varepsilon_0=\varepsilon_{-1} \tag{13.1.4}$$

这是因为:所有的 $a_i$ 必须同号(均为 $+1$ 或 $-1$),所有的 $b_i$ 也必须同号,否则会产生结果"?"而使方程无解。标准多项式中的 $a$ 和 $b$ 可以是 $+1$ 或 0。现在可以看出等号右边的常数 $\varepsilon_{-1}$ 的意义了。因为若是 $\varepsilon_{-1}=0$,则这些标准多项式只有平凡解,即 $[x]=0$,因为 $c_1\oplus c_2=0$ 要求 $c_1$ 和 $c_2$ 全为 0,只有当 $\varepsilon_{-1}\neq0$ 时才有非平凡解。

当 $\varepsilon_{-1}=+1$ 时,$\varepsilon_0$ 可为 0 或 $+1$,此时式(13.1.1)有解 $[x]=+1$,式(13.1.2)有解 $[x]=-1$。其余两个多项式无解。

当 $\varepsilon_{-1}=-1$ 时,头两个多项式无解。$\varepsilon_0$ 可为 0 或 $-1$。多项式(13.1.3)有解 $[x]=-1$,式(13.1.4)有解 $[x]=+1$。

现在研究多个变元的情形,最基本的是线性方程式,一般为联立线性方程式。例如

$$[a]+[b]=[c]$$
$$[b]-[c]=[d] \tag{13.1.5}$$
$$[e]+[d]=[b]$$

这里的运算符是普通运算符,因此可利用通常解线性方程组的办法解此方程。令(13.1.5)的第2式加第3式,得

$$[e]-[c]=0$$

(13.1.5)的第1式加第3式并以上式代入,得

$$[a]+[d]=0$$

由此可知,满足(13.1.5)第1式的$[a]$,$[b]$,$[c]$及相应的$[d]$,$[e]$(见上面两式)即是全部解,这些解可以概括成下面的矩阵,其中每一列都是一个解。

$$\begin{pmatrix} [a] \\ [b] \\ [c] \\ [d] \\ [e] \end{pmatrix} = \begin{pmatrix} 1 & 1 & 0 & 0 & 0 & -1 & -1 \\ 0 & -1 & 1 & 0 & -1 & 1 & 0 \\ 1 & 0 & 1 & 0 & -1 & 0 & -1 \\ -1 & -1 & 0 & 0 & 0 & 1 & 1 \\ 1 & 0 & 1 & 0 & -1 & 0 & -1 \end{pmatrix}$$

由此可知,解定性线性方程组往往有很大的二义性。鉴于定性方程提供的信息太少,这是没有办法的事。有时往往要靠定量信息来补充,以便尽可能得到唯一的解。另外,方程组(13.1.5)相当于普通的齐次线性方程组,不会出现矛盾的情形,顶多是只有平凡解。例如,下列方程组就只有平凡解$[a]=[b]=[c]=[d]=0$:

$$\begin{aligned} [a]+[b]&=[c] \\ [b]+[c]&=[d] \\ [c]+[d]&=[a] \end{aligned} \tag{13.1.6}$$

现在把联立方程组的普通运算符推广为定性运算符,这次推广比前面的第二类定性多项式还要彻底,连等号＝都换成⊜,即考察如下形式的联立方程组:

$$\begin{aligned} [a_{11}]\oplus[a_{12}]\oplus\cdots\oplus[a_{1n}]&\circleddash0 \\ [a_{21}]\oplus[a_{22}]\oplus\cdots\oplus[a_{2n}]&\circleddash0 \\ &\cdots\cdots \\ [a_{m1}]\oplus[a_{m2}]\oplus\cdots\oplus[a_{mn}]&\circleddash0 \end{aligned} \tag{13.1.7}$$

Dormoy等人研究了这一类方程组的解法,他把高斯消去法推广到这种方

程组上来,并把他的方法称为定性消解法,这是因为他的方法与定理证明中的消解法(见 1.4 节及 17.1 节)有很大相似之处。

在定性消解法中,定性等号$\ominus$的语义起着很大的作用。鉴于图 13.1.1 中给出的$\ominus$的真值表在某些实际应用中并不合适,他们规定$\ominus$的新真值表由如下规则生成(见图 13.1.2):

$$[a]\ominus[b],当且仅当[a]=[b]或[a]=? 或[b]=?$$

| $[y]$ ╲ $[x]$ | +1 | 0 | −1 | ? |
|:---:|:---:|:---:|:---:|:---:|
| +1 | +1 | −1 | −1 | +1 |
| 0 | −1 | +1 | −1 | +1 |
| −1 | −1 | −1 | +1 | +1 |
| ? | +1 | +1 | +1 | +1 |

**图 13.1.2 $\ominus$运算的又一真值表**

由此可见,新的$\ominus$运算真值表对任意运算对象均有确定的值。因此我们可以定义它的反运算(不等运算)$\oslash$为:

$$[a]\oslash[b],当且仅当[a]\ominus[b]不成立$$

用真值表方法可以表示为

$$([a]\oslash[b])=\ominus([a]\ominus[b]) \tag{13.1.8}$$

不难证明$\ominus$运算的如下性质(其中定性变量允许含负号):

18. 若$[a]\ominus[b]$,$[b]\ominus[c]$,$[b]\oslash?$ 则$[a]\ominus[c]$。这是广义的传递律。

19. $[a]\ominus[a]$。

20. $[a]\ominus[b]$,当且仅当$[b]\ominus[a]$。

21. $[a]\oplus[b]\ominus[c]$,当且仅当$[a]\ominus[c]\ominus[b]$。

22. 当$[a]$不为? 时,从联立方程组

$$[a]\oplus[b]\ominus0 \tag{13.1.9}$$

$$\ominus[a]\oplus[c]\ominus0 \tag{13.1.10}$$

可以得到第三个方程:

$$[b] \oplus [c] \ominus 0 \tag{13.1.11}$$

这就是定性消解法的基本形式。注意,它只是在形式上像高斯消去法,而其合法性的论证则与高斯消去法的论证很不一样。因为一般地说,我们不能把上述类型的两个定性方程简单地相加,例如上面头两个方程的简单相加将产生方程

$$[a] \oplus [b] \oplus [-a] \oplus [c] \ominus 0 \tag{13.1.12}$$

其中$[a] \oplus [-a]$等于?,是不能消去的。因此,第三个方程的证明应该利用刚才给出的性质 18 至 21。证明步骤为:

(1) 由式(13.1.9)推得$[a] \ominus [-b]$(性质 21)。

(2) 由式(13.1.10)推得$[a] \ominus [c]$(性质 21)。

(3) 因此$[c] \ominus [-b]$(性质 18)。

(4) 因此$[b] \oplus [c] \ominus 0$(性质 21)。

23. 令 $E_1$ 和 $E_2$ 表示多个定性变量的线性和,即

$$\begin{aligned} E_1 &= [a_1] \oplus [a_2] \oplus \cdots \oplus [a_n] \\ E_2 &= [b_1] \oplus [b_2] \oplus \cdots \oplus [b_m] \end{aligned} \tag{13.1.13}$$

则当$[a]$不为? 时,从联立方程组

$$[a] \oplus E_1 \ominus 0 \tag{13.1.14}$$

$$\ominus [a] \oplus E_2 \ominus 0 \tag{13.1.15}$$

可以得到第三个方程:

$$E_1 \oplus E_2 \ominus 0 \tag{13.1.16}$$

条件是在 $E_1 \oplus E_2$ 中不得出现类似$[x] \oplus [-x]$的项。

24. 当$[a]$不为? 时,从联立方程组

$$[a] \oplus E_1 \ominus 0 \tag{13.1.17}$$

$$[a] \oplus E_2 \ominus 0 \tag{13.1.18}$$

可以得到第三个方程:

$$E_1 \ominus E_2 \tag{13.1.19}$$

条件是 $E_1$ 和 $E_2$ 中不得包含相同的项,例如若 $E_1 = [b]$, $E_2 = [b]$就是不允许的。顺便说一句,在方程

$$[a] \oplus [b] \ominus [a] \oplus [c] \qquad (13.1.20)$$

中消去两边的$[a]$是非法的,理由相同。

下面举一个例子,考察方程组:

$$[a] \ominus [b] \ominus [c] \oplus [d] \ominus 0 \qquad (13.1.21)$$

$$[e] \oplus [d] \ominus 0 \qquad (13.1.22)$$

它们的公共变元是$[d]$,但式(13.1.22)尚未取式(13.1.15)的形式,利用性质21,20和4把它改造为

$$\ominus [d] \oplus [-e] \ominus 0 \qquad (13.1.23)$$

与式(13.1.17)和式(13.1.18)相比,可知

$$E_1 = [a] \ominus [b] \ominus [c], \ E_2 = [e]$$

代入式(13.1.19)中,得

$$[a] \ominus [b] \ominus [c] \ominus [e]$$

它两边没有相同的项,因此是一个合法的推导,并可进一步改写为:

$$[a] \ominus [b] \ominus [c] \ominus [e] \ominus 0 \qquad (13.1.24)$$

进一步考察如下的方程:

$$[b] \ominus [c] \ominus [e] \ominus 0 \qquad (13.1.25)$$

把式(13.1.24)和式(13.1.25)联立,显而易见可从多个角度进行推导。角度之一是对$[b]$进行消解,此时可参照式(13.1.14)和(13.1.15)的模式,得到

$$E_1 = [-c] \ominus [e], \ E_2 = [a] \ominus [c] \ominus [e]$$

把它们代入式(13.1.16)中,得

$$\ominus [c] \ominus [e] \oplus [a] \ominus [c] \ominus [e] \ominus 0$$

利用性质2,4,7,15,可以把它简化为

$$[a] \ominus [c] \ominus [e] \ominus 0$$

这是合法的推导。

另一个角度是对$[c]$进行消解,式(13.1.24)和(13.1.25)可以改写为

$$[c]\oplus[b]\oplus[e]\ominus[a]\circeq0 \qquad (13.1.26)$$

$$[c]\oplus[e]\ominus[b]\circeq0 \qquad (13.1.27)$$

与模式(13.1.17)和(13.1.18)对比,可知

$$E_1=[b]\oplus[e]\ominus[a],\ E_2=[e]\ominus[b]$$

$E_1$ 和 $E_2$ 中分别出现符号相反、内容相同的定性变量$[b]$和$\ominus[b]$,这违反了前面的规定,因此,这个角度的消解是走不通的。

第三个角度是对$[e]$进行消解,易见这里会遇到和刚才同样的困难。

## 13.2　基于状态的推理

定性演算的一个直接应用是基于状态的推理。在现实世界中,物理系统的状态是连续变化的,往往可用微分方程来描述。为了应用定性演算,首先要把微分方程定性化。一般遵循的原则是:

1. 把各级导数作为独立的定性变量。

2. 把常数抽象化为定性常数$+1$,$-1$或$0$。

3. 保留导数前的正负号。

例如,微分方程

$$5\frac{d^2x}{dt^2}-3\frac{dx}{dt}+\frac{1}{2}x-6=0 \qquad (13.2.1)$$

定性化后成为

$$[d^2x]\ominus[dx]\oplus[x]\ominus1 \qquad (13.2.2)$$

其中把对时间参数 $t$ 的微分省掉了,因为在物理系统中的微分一般都是对时间 $t$ 的微分。在这里,$[d^2x]$,$[dx]$和$[x]$都是定性变量。在下文的叙述中为了简化,有时地写出微分符号 $d$。按通常的理解,$[dx]$取值为$1$,$0$或$-1$时表示量 $x$ 在增长、不变或减少。$[d^2x]$取值为$1$,$0$或$-1$时表示$[dx]$的值在增长、不变或减少,如此等等。

用 $n$ 个定性变量$[x_i]$($i=1$,$2$,$\cdots$,$n$,其中包括微分变量)描述一个物理系统 $P$。每个定性变量的取值在$\{+1,-1,0\}$之中。对这 $n$ 个定性变量的每一组合法的赋值构成 $P$ 的一个状态。例如,在以$\{[dx],[dy],[dz]\}$为定性变

量集的物理系统中：

$$[dx]=1, \ [dy]=0, \ [dz]=0$$
$$[dx]=0, \ [dy]=-1, \ [dz]=1$$

是两个不同的状态。

状态到状态之间的变迁不能是任意的。基于对物理系统的常识,这种变迁遵循一定的规则。下面用$[x(s)]$或$[x(s_i)]$表示定性变量$[x]$在状态 $s$ 或 $s_i$ 之下的值,用$[x(t)]$或$[x(t_i)]$表示$[x]$在时间 $t$ 或 $t_i$ 时的值。状态变迁应遵循的基本规则如下：

1. 连续性规则。任何定性变量的值都不能从$+1$跳到$-1$,或从$-1$跳到$+1$。亦即,若 $s_2$ 是紧接在 $s_1$ 之后的另一个状态,则由$[x(s_1)]=+1$可推出$[x(s_2)]\neq-1$。反之,从$[x(s_1)]=-1$可推出$[x(s_2)]\neq+1$。用时序逻辑的符号表示就是：

$$[x]\neq0\rightarrow\sim(N[x]=-[x])$$

这里 $N[x]$表示下个状态中$[x]$的值,注意下个状态可以是不唯一的。

2. 导数规则。作为导数的定性变量（简称定性导数）的值指明了原来的定性变量的值的变化趋势。表示为时序逻辑的形式就是：

$$(1) \ [x]=N[x]\rightarrow[dx]=0$$

$$(2) \ [x]<N[x]\rightarrow[dx]=1$$

$$(3) \ [x]>N[x]\rightarrow[dx]=-1$$

$$(4) \ [dx]=0\rightarrow[x]=N[x]$$

$$(5) \ [dx]=1\rightarrow[x]<N[x]$$

$$(6) \ [dx]=-1\rightarrow[x]>N[x]$$

$$(13.2.3)$$

这表明,定性变量值的改变必然意味着定性导数值的改变。反之则不一定。因为定性导数是对物理系统中原变量的导数取其定性抽象而成,而并非对定性变量求导数,它是$[dx]$而非 $d[x]$。原变量的值的变化如果不改变正负号的话,它可引起$[dx]$的变化而不导致$[x]$的变化。

3. 离零规则。在上面的规则中,$[dx]\neq0$ 不一定导致$[x]$值的变化。本规则指出它的一个特殊情形,即当$[x]=0$ 时$[dx]\neq0$ 肯定导致$[x]$值的变化。具体为：

(1) $[x]=0 \land [dx]=1 \rightarrow \bigcirc([x]=1)$.

(2) $[x]=0 \land [dx]=-1 \rightarrow \bigcirc([x]=-1)$.

这里要带一个附加的条件，就是该系统的物理特性确实允许下个状态的$[x]$之值$+1$或$-1$。符号$\bigcirc$表示时序逻辑中的下个状态算子。

4. 趋零规则。如果$[x]$开头不等于零，而向零的方向变化，则有：

(1) $[x]$可以无限渐近于零而不一定最后到达零，即

$$[x]>0 \land \square([dx]<0) \nrightarrow \diamondsuit([x]=0)$$
$$[x]<0 \land \square([dx]>0) \nrightarrow \diamondsuit([x]=0)$$

这里的$\square$和$\diamondsuit$分别是时序逻辑中的永远和将会算子，下面还要使用直到算子$U$。

（2）即使$[x]$的值最终变为零，在变为零之前必须经过一个长度非零的时间区间，即

$$(t=t_1) \land ([x(t_1)]>0) \land \diamondsuit([x(t)]=0)$$
$$\rightarrow \exists t_2, \; t_2>t_1, \; ([x(t)]>0)U(t=t_2)$$
$$(t=t_1) \land ([x(t_1)]<0) \land \diamondsuit([x(t)]=0)$$
$$\rightarrow \exists t_2, \; t_2>t_1, \; ([x(t)]<0)v(t=t_2)$$

5. 瞬时变化规则。如果$[x]=0$且正在离开零，而$[y]\neq0$且正在趋向零，则一定是$[x]$首先离开零，然后才是$[y]$到达零（如果它能到达零的话）。即：

$$[x]=0 \land [dx]=1 \land [y]=1 \rightarrow \bigcirc([x]=1 \land [y]=1)$$
$$[x]=0 \land [dx]=-1 \land [y]=1 \rightarrow \bigcirc([x]=-1 \land [y]=1)$$

对于$[y]=-1$的情况也是一样。

下面以单摆运动（见图13.2.1）为例，说明这种状态变迁。

单摆运动可用方程

$$\theta=\theta_0 \sin pt$$

描述，其中$\theta_0$是最大摆幅。

它的两次微分是

$$\dot{\theta}=\theta_0 p \cos pt, \; \ddot{\theta}=-\theta_0 p^2 \sin pt$$

单摆在两侧最高点时，速度为零，向中间的加

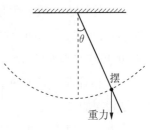

图 13.2.1　单摆运动

速度最大。它在中轴位置时速度最大,而加速度为零,从两侧位置向中间运动时速度逐渐加大,而加速度逐渐减小。从中间位置向两侧运动时速度逐渐减小,而加速度逐渐增大。因此它一共有三个变量:$[x]$,$[dx]$,$[d^2x]$和八种状态,如图 13.2.2 所示。

|  | $s_1$ | $s_2$ | $s_3$ | $s_4$ | $s_5$ | $s_6$ | $s_7$ | $s_8$ |
|---|---|---|---|---|---|---|---|---|
| $[x]$ | +1 | +1 | 0 | −1 | −1 | −1 | 0 | +1 |
| $[dx]$ | 0 | −1 | −1 | −1 | 0 | +1 | +1 | +1 |
| $[d^2x]$ | −1 | −1 | 0 | +1 | +1 | +1 | 0 | −1 |

图 13.2.2　单摆运动状态集

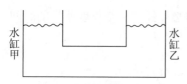

图 13.2.3　单摆的状态迁移

不难检验,从 $s_1$ 到 $s_8$,再回到 $s_1$ 这样一个状态循环满足前面列出的状态变迁规则。诸 $s_i$ 代表的状态如图 13.2.3 所示。

基于状态的推理可以用来预测系统的行为。de Kleer 和 Brown 等人开发了一个称为 ENVISION 的软件。ENVISION 的意思是展望,可以用定性方法描述和预测系统的行为。一个物理系统的描述包括部件和管道两部分,其中管道起连接部件的作用,它们除传递信息外无其他功能(此处的信息包括物理系统中存放的工作物质,如水流、电流),并且假定这种传递是不需要时间延迟的。而部件则比较复杂,它们可分为不同的类型,每种类型的行为由规则加以描述。在描述这类系统时必须遵循如下原则:

1. 局部性。对一个部件的描述只能限于它自己,而不能涉及其他部件。

2. 非功能性。在结构描述中不能涉及功能,因为同一个部件在不同场合下可以有不同的功能。

3. 连续性。假设所有的管道都充满了不可压缩的物质。因此,在管道的一头送入物质流将立即导致管道的另一头输出物质。这表示,管道对信息(包括物质)的传递是瞬时的。

4. 相容性。如果两个部件间有多个管道相连,则每根管道两头的压力差应该是相同的。

由上述规定可见,它们使用于某些特定的物理系统类,特别是后两条,主要

适用于盛放液体的容器。下面我们就介绍他们用 ENVISION 分析物理系统的
一个例子:用管道连通的两个水缸(见图 13.2.4.此处做了部分修正)。

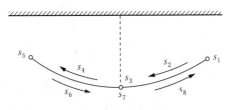

图 13.2.4　双水缸

这里有两个部件:水缸甲、乙,和一个管道,水缸的状态由下列物理参数描述:

1. $P$。　缸底压力,$P \geqslant 0$。

2. $L$。　缸中液面高度,$L \geqslant 0$。

3. $V$。　缸中液体的体积,$V \geqslant 0$。

4. $Q_{in}$。　从缸顶注入液体的流量,$Q_{in} \geqslant 0$。

5. $Q_{out}$。　从缸内流入管道的液体流量。

以下的规则约束水缸的行为:

1. 缸底压力和液面高度成正比,表示为

$$[dP] = [dL]$$

2. 液体体积和液面高度成正比,表示为

$$[dL] = [dV]$$

3. 液体体积变化是液体注入量和流出量之差,表示为:

$$[dV] = [Q_{in}] \ominus [Q_{out}]$$

管道的参数由下列物理状态描述:

1. $Q_l$, $Q_r$。　分别从左、右两边流入管道的液体流量。

2. $P_l$, $P_r$。　管道左、右两端的压力。$P_l \geqslant 0$, $P_r \geqslant 0$。

3. $P_d$。　管道两端压力之差。

以下的规则约束管道的行为:

1. 物质守恒定律:

$$Q_l = -Q_r, \quad [dQ_l] = -[dQ_r]$$

2. 液体流量与管道两端压力差成正比:

$$[dQ_l]=[dP_d]$$

3. 根据 $P_d$ 的定义:

$$[dP_d]=[dP_l]\ominus[dP_r]$$

现在用 ENVISION 的方式把上面的描述表示出来。下标 $i=1,2$ 表示两个水缸:

1. $[dP_i]=[dL_i]$。

2. $[dL_i]=[dV_i]$。

3. $[Q_{in-i}]\ominus[Q_{out-i}]=[dV_i]$。

4. $Q_l=-Q$。

5. $[dQ_1]=-[dQ_r]$。

6. $[dQ_1]=[dP_d]$。

7. $[dP_d]=[dP_l]\ominus[dP_r]$。

8. $[Q_{out-1}]=[Q_1]$。

9. $[dQ_{out-1}]=[dQ_1]$。

10. $[dP_1]=[dP_1]$。

11. $[Q_{out-2}]=[Q_r]$。

12. $[dQ_{out-2}]=[dQ_r]$。

13. $[dP_2]=[dP_r]$。

其中最后六条规则是描述水缸和管道之间的关系的,可以称之为全局性规则。

ENVISION 作两类预测,一类是预测物理系统在某个状态下的静态特性(在 ENVISION 内称为状态内部行为),另一类是预测物理系统从一个状态向另一个状态的变化规律(称为状态间行为)。

预测静态特性的方法是:把描述该物理系统的诸方程(在双水缸的情况下即为上面的 1 到 13 诸方程)看成是联立方程组,然后对其中的部分变量赋以初值,再利用在前一节中给出的方法,通过方程组把其余变量的值计算出来(在术语上称为约束传播)。

例如,在双水缸平静的情况下往左边的水缸加水,得到初始条件为

$$[Q_{in-1}]=1, [Q_{in-2}]=0, [Q_{out-1}]=[Q_{out-2}]=0$$

于是有下列的约束传播过程：

| 变量赋值 | 理由 | 物理解释 |
|---|---|---|
| 14. $[Q_{in-1}]=1$ | 初值 | 左缸加水 |
| 15. $[Q_{in-2}]=0$ | 初值 | 右缸不加水 |
| 16. $[Q_{out-1}]=0$ | 初值 | 左缸无水流出 |
| 17. $[Q_{out-2}]=0$ | 初值 | 右缸无水流出 |
| 18. $[dV_1]=1$ | 3，14，16 | 左缸水量增加 |
| 19. $[dL_1]=1$ | 2，18 | 左缸液面升高 |
| 20. $[dP_1]=1$ | 1，19 | 左缸底压力升高 |
| 21. $[dP_1]=1$ | 10，20 | 管道左侧压力升高 |
| 22. $[dV_2]=0$ | 3，15，17 | 右缸水量不变 |
| 23. $[dL_2]=0$ | 2，22 | 右缸液面高度不变 |
| 24. $[dP_2]=0$ | 1，23 | 右缸底压力不变 |
| 25. $[dP_r]=0$ | 13，24 | 管道右侧压力不变 |
| 26. $[dP_d]=1$ | 7，21，25 | 管道两侧压差增加 |
| 27. $[dQ_l]=1$ | 6，26 | 管道左侧有水流入之势 |
| 28. $[dQ_{out-1}]=1$ | 9，27 | 左缸有水流出之势 |
| 29. $[dQ_r]=-1$ | 5，27 | 管道右侧有水流出之势 |
| 30. $[dQ_{out-2}]=-1$ | 12，29 | 右缸有从管道进水之势 |

预测动态特性的方法基于前面所说的状态变迁五项原则，同时也要调用静态特性预测作为其子过程。概括成算法如下。

**算法 13.2.1**（预测动态特性）。

1. 建立物理系统的初始描述，即定性联立方程组。

2. 把外界对物理系统的扰动也写成定性方程，加入上述方程组中。

3. 用预测静态特性子过程算出各定性变量的值。

4. 若有某个定性变量 $x$ 之值为?，则

(1) 如果本状态不是初始状态，则从前一状态继承 $x$ 之值；

(2) 如果本状态是初始状态，则把算法分为 $x=-1$，$x=0$，$x=+1$ 三叉，分别讨论。

5. 称如此得到的新状态为 $S$，若 $S$ 是初始状态，则转 9。

6. 若 $S$ 和 $S$ 的前一个状态 $S'$ 之间没有空白地带，则转 9。（$S$ 和 $S'$ 之间称

为有空白地带,若存在定性变量$[x]$,它在$S$和$S'$中取相反的符号,这叫第一种空白地带。或者若存在定性变量$[x]$和$[y]$,在$S'$中$[x]\neq0$而在$S$中$[x]=0$,$[y]$则相反,在$S'$中$[y]=0$,而在$S$中$[y]\neq0$,这叫第二种空白地带。根据状态变迁五项原则,这两种空白地带都是不允许的。)

7. 反复执行如下动作,直至在任何两个状态间都不存在空白地带为止。

(1) 若状态$S_1$在$S_2$之前,$S_1$和$S_2$之间有第一种空白地带,则在$S_1$和$S_2$之间插入中间状态$S_3$,凡在$S_1$和$S_2$中取相反符号的$[x]$,在$S_3$中均取值为0,$S_3$中其余定性变量的值继承$S_1$中相应变量的值。

(2) 若$S_1$和$S_2$之间有第二种空白地带,则插入中间状态$S_3$,凡在$S_1$中为0而在$S_2$中$\neq0$的定性变量$[x]$,在$S_3$中均取$S_2$中该变量的值,$S_3$中其余定性变量的值继承$S_1$中相应变量的值。

8. 称各已有的状态序列中的最后一个状态为$S$。

9. 若对$S$中的所有定性变量$x$,$[dx]=0$,则本系统(本序列)已处于稳定状态,记下此最后状态,结束算法(转3)。

10. 若$S$与已经得到的某另一状态一致,则本系统已进入循环状态,结束算法(转3)。

11. $S$作为新状态计算完成,把它记下。

12. 若不存在定性变量$x$,使$[x]=0$,$[dx]\neq0$,则转14。

13. 找出$S$中所有满足$[x]=0$,$[dx]\neq0$的定性变量$x$,对其中的每一个

(1) 若$[dx]>0$,则令$\bigcirc([x]=1)$;

(2) 若$[dx]<0$,则令$\bigcirc([x]=-1)$。

其中$\bigcirc$是时序逻辑的下一个状态算子,转3。

14. 若对所有使$[dx]\neq0$的定性变量$x$,皆有$[x]$、$[dx]>0$,或$[x]$、$[dx]<0$则转16。

15. 找出$S$中所有满足$[x]\neq0$,$[dx]\neq0$的状态变量$x$,且:

(1) 若本物理系统严格遵守状态变迁规则之第四条(趋零规则)之(1),则转3

(2) 若$[x]>0$,$[dx]<0$,且本系统服从

$$[x]>0 \wedge \square([dx]<0) \rightarrow \lozenge([x]=0)$$

则对每个这样的$x$设一序列,令$\bigcirc([x]=0)$

（3）若$[x]<0$，$[dx]>0$，且本系统服从

$$[x]<0 \land \Box([dx]>0) \rightarrow \Diamond([x]=0)$$

则对每个这样的 $x$ 设一序列，令$\bigcirc([x]=0)$

（4）转 3。

16. 如果有外界扰动，则转 2，否则，系统下一步的行为无法预测，结束算法。

算法完。

我们运用算法 13.2.1 来推算双水缸问题。设外界初始扰动为向左缸内注水，然后注水量逐渐减少，最后注水停止，双水缸的状态变迁如图 13.2.5 所示，$S_1$ 是扰动前状态，$S_2$ 是扰动后初态，其中符合算法第 13 步条件的变量有 $Q_{out-1}$，$Q_{out-2}$，$Q_l$ 和 $Q_r$，运用该步推理后得到 $S_3$，$S_3$ 中没有变量符合算法第 13 步的条件，但有符合算法第 14 步条件的变量，仍旧是 $Q_{out-1}$，$Q_{out-2}$，$Q_l$ 和 $Q_r$，此

| 状态<br>变量 | $S_1$ | $S_2$ | $S_3$ | $S_4$ | $S_5$ | $S_6$ | $S_7$ |
|---|---|---|---|---|---|---|---|
| $[Q_{in-1}]$ | 0 | +1 | +1 | +1 | +1 | 0 | 0 |
| $[Q_{in-2}]$ | 0 | 0 | 0 | 0 | 0 | 0 | 0 |
| $[Q_{out-1}][Q_l]$ | 0 | 0 | +1 | +1 | +1 | +1 | 0 |
| $[Q_{out-2}][Q_r]$ | 0 | 0 | −1 | −1 | −1 | −1 | 0 |
| $[dP_l][dV_1][dL_1][dP_1]$ | 0 | +1 | +1 | 0 | −1 | −1 | 0 |
| $[dP_r][dV_2][dL_2][dP_2]$ | 0 | 0 | +1 | +1 | +1 | +1 | 0 |
| $[dQ_{out-1}][dQ_l][dQ_d]$ | 0 | +1 | +1 | 0 | −1 | −1 | 0 |
| $[dQ_{out-2}][dQ_r]$ | 0 | −1 | −1 | 0 | +1 | +1 | 0 |
| | | | | | | | $=S_1$ |
| | | | | | | $Q_{in-1}=0$<br>$Q_{out-1}>0$ | |
| | | | | | $0<Q_{in-1}<Q_{out-1}$ | | |
| | | | | $Q_{in-1}=Q_{out-1}>0$ | | | |
| 系统的环境特性 | | | $Q_{in-1}>Q_{out-1}>0$ | | | | |
| | | $Q_{in-1}>0, Q_{out-1}=0$ | | | | | |
| | | 初始状态 | | | | | |

**图 13.2.5 双水缸系统状态变迁**

时如无外界扰动,算法将进行不下去。因此,令左缸停止进水,即令$[Q_{in-1}]=0$,由此得到状态 $S_6$,但在 $S_3$ 和 $S_6$ 之间出现了第一种空白地带,即$[dP_l]$,$[dQ_l]$和$[dQ_r]$在 $S_3$ 和 $S_6$ 中均取相反符号,为此需插入中间状态 $S_4$,在 $S_4$ 中$[dP_l]=$$[dQ_l]=[dQ_r]=0$,此时在 $S_4$ 和 $S_6$ 之间又出现第二种空白地带,因$[Q_{in-1}]$由 1 变 0,而$[dP_l]$,$[dQ_l]$,$[dQ_r]$都由 0 变为$\neq 0$,为此又需插入中间状态 $S_5$。现在接着推导 $S_6$,由算法第 15 步(假设不服从趋零规则)得到 $Q_l=Q_r=Q_{out-1}=$ $Q_{out-2}=0$,再经静态计算即得状态 $S_7$,系统处于稳定状态,算法结束。

## 13.3 定性进程理论

Hayes 认为,在他之前的许多定性推理方法,包括定性演算等在内,有一个共同的特点:它们的基础都是所谓的情况演算。情况演算的出发点是:一个物理系统在每一时刻都处于一个状态集合的某个状态之中。除非有某个动作发生,这个状态是不会改变的。一旦发生动作,此状态即转入另一个状态。一般来说,两个相邻状态之间往往只有有限的差别,但是为了描述状态的改变,却需要不厌其烦地指出状态的哪些部分改变了,而哪些部分尚没有变,这就是本书 2.5 节中已经提到过的框架问题,情况演算的一个重要缺点就是难以避开框架问题。为此,Hayes 主张采用以描述物理系统的变迁历史为主的方法,可以称之为历史演算。打个比方,如果情况演算描述的是物理系统变迁中的纬线,以及如何从一根纬线转变到下一根纬线,则历史演算描述的是物理系统变迁中的经线,以及各根经线之间的相互关系。它们实际上是互为补充的。

对历史演算展开详尽研究的是 Forbus,他称他的理论为定性进程理论,简称为 QPT 理论。本节即简述这个理论的概要。

描述历史时要用到的第一个概念是时间,QPT 理论采用 Allen 的时间表示法,并作了一些补充修改。在这里,基本单位是时间区间。在时间区间上定义了一些运算,如:

1. start:把区间映射为时间轴上的一个点。

2. end:把区间映射为时间轴上的一个点。

3. duration:与 start 和 end 相对应的两个点在时间轴上的距离。

4. instant:duration 为零的区间,但 instant 的 start 和 end 仍为两个不同的点。

5. during:把区间映射为由该区间所含的全体子区间和瞬间所构成的集合。

6. before：$A$ before $B$ 表示时间区间 $A$ 在时间区间 $B$ 之前,并且无重叠。

7. after：$A$ after $B$ 表示时间区间 $A$ 在时间区间 $B$ 之后,并且无重叠。

8. equal：$A$ 区间 equal $B$ 区间表示它们的 start 和 end 分别相等。

9. meet：$A$ 区间 meet $B$ 区间表示 $B$ 的 start 紧跟在 $A$ 的 end 之后,中间无空隙。

10. $T$:$(T,a,I)$表示 during 区间 $I$ 发生了动作 $a$。

今后,分别称它们为开始、结尾、延续、瞬间、在……时候、在……之前、在……之后、同时、紧接、在 $I$ 时发生动作 $a$。

QPT 理论需要的第二个概念是参量。每个参量代表一个物体的一个参数,例如温度、压力、体积等都是参量。有两个谓词:

Quantity-Type$(x)$:表示 $x$ 是一个参量

Has-Quantity$(x,y)$:表示 $y$ 是 $x$ 的一个参量

每个参量由两部分组成:量值和导数,在 QPT 理论中分别用 $A$ 和 $D$ 表示,它们都是数。数的正负号用 $s$ 表示,数的大小用 $m$ 表示,因此,在 QPT 中,以 $A_m$ 表示量值的绝对值,$A_s$ 表示量值的正负号,$D_m$ 表示导数的绝对值,$D_s$ 表示导数的正负号,$(MQt)$ 表示在时刻 $t$ 测得的 $Q$ 的值,$(TPt)$ 表示命题 $P$ 在时刻 $t$ 为真。

一个物理系统的每个参量的可能取值组成一个参量空间,在此空间中它们按参量的值排成一个偏序集(有关偏序集的定义参见 15.2 节)。参量空间有两类特殊的点。一类叫参考点,如物质的溶点,沸点等,它们都是固定的。另一类叫极限点,这又分两种:若对点 $a$ 来说,参量空间中没有任何点比它更大,则 $a$ 称为上极限;若对点 $b$ 来说,参量空间中没有任何点比它更小,则 $b$ 称为下极限。它们统称为极限点。一个参量或者取某个特殊点为其值,或者取两个相邻特殊点(即中间没有其他特殊点)之间的区间为其值。

物理系统中的部件称为个体。每个子系统由个体的一个子集组成,通过视图描述,一个个体视图由如下四部分组成:

1. 个体表(Individuals)。指明本视图内有哪些个体存在。

2. 前提条件(Precondition)。指明上述个体应满足的常识性条件,这些条件或者不能用 QPT 中的参量关系描述,例如"管道能传热","有人打开阀门",等;

或者是在本推理过程中不需要用参量关系描述的。

3. 参量条件(Quantity Conditions)。指明各个体参量之间的关系(通常为不等式)以及还有哪些其他的进程或视图成立(进程概念在下面说明)。

4. 关系(Relations)。指出如果本视图为真,则应有何种关系成立。

下面是 Forbus 本人给出的个体视图的一个例子:

Individual View Contained-Liquid($p$)

Individuals:

    con a container

    sub a liquid

Preconditions:

    Can-Contain-Substance(con, sub)

Quantity Conditions:

    A[amount-of-in(sub, con)]>ZERO

Relations:

    There is $p \in$ piece-of-stuff

    amount-of($p$)=amount-of-in(sub, con)

    made-of($p$)=sub

    container($p$)=con

这个个体视图共有两个个体:一个容器 con 和一种液体 sub,这种液体的成分 $p$ 是可以代真的参数,ZERO 是与领域无关的参考点,代表零。偏序关系在此直接用通常的<, >, =等表示。该视图其余部分的含义可直接从其英文描述中看出来。

每个个体视图实际上是一个类型,把它例化即得到一批视图实例,简称 VI。如果一个视图实例的前提条件和参量条件全部满足,则称此实例为活动的(ACTIVE),否则是不活动的(INACTIVE)。

QPT 理论中允许简单的定性依赖关系。在一个个体视图的两个参量之间,或两个个体视图的某些参量之间可能存在着单调的函数依赖关系,此处用

$$Q_1 \propto_+ Q_2, \ Q_1 \propto_- Q_2, \ Q_1 \propto_\pm Q_2$$

分别表示当 $Q_2$ 的值上升时,$Q_1$ 的值也单调上升,或单调下降,或不知道上升还是下降。例如,在单个容器的例子中:

$\text{level}(p) \propto_{+} \text{amount-of}(p)$

$\text{level}(p) \propto_{-} \text{pour-out}(p)$

$\text{level}(p) \propto_{\pm} (\text{pour-in}(p) + \text{pour-out}(p))$

分别表示液面高度与液体体积正相关,与倒出容器的液体量负相关,与注入和倒出的液体量之总和之间的关系则不清楚。

系统函数 Function-spec$(x, y)$可显式地指明这种单调相关关系,其中 $x$ 是关系的名称,$y$ 是关系本身,如

$$\text{Function-spec}(\text{lose}, \{\text{level}(p) \propto_{-} \text{pour-out}(p)\})$$

给 level$(p)$和 Pour-out$(p)$之间的负相关关系起名 lose。如果再加上说明

$$\text{level}(p_i) = \text{lose}(\text{pour-out}(p_i)) \quad i = 1, 2$$

则从 pour-out$(p_1)$=pour-out$(p_2)$可推出 level$(p_1)$=level$(p_2)$,这个结果仅靠比例关系∝是得不到的.如果两个参量之间的依赖关系存在,但性质完全不清楚,特别是当被依赖的对象难以用量来刻画时,可采用系统函数 F-dependency$(x, y)$。表示相关关系 $x$ 的确切机制依赖于 $y$。例如

$$\text{F-dependency}(\text{lose}, \text{agent}(\text{pour-out}(p)))$$

表示 lose 关系(容器因倒出水而损失的水量)与 agent(pour-out$(p)$)(倒水的人)有关。它的用处是:若在不同的实例下倒水的人是同一个人,则可以认为容器损失的水量相同。

利用相关关系进行推理需要一些参考点。系统函数 Correspondence 就是为此而设计的。

$$\text{Correspondence}((x, y), (z, w))$$

表示当 $x=y$ 时 $z=w$。例如:

internal-force(band)$\propto_{+}$length(band)

Correspondence((A[internal-force(band)], ZERO),

　(A[length(band)], A[rest-length(band)]))

表示:一根橡皮筋的内部拉力与它的长度成正相关关系,而内部拉力为零时橡皮筋的长度等于它松弛时的长度。当这些说明用于推理时,可以推出当橡皮筋的长度超过松弛长度时,它的内部拉力大于零。

现在要引进 QPT 中的核心概念：进程。进程描述物理系统的变化，它的定义包括五个部分：

1. 个体表（与个体视图的一样）。

2. 前提条件（与个体视图的一样）。

3. 参量条件。除了描述参量之间的关系（包括与领域有关的常数和函数）外，还描述进程和个体视图的状态。

4. 关系。除个体间原有的关系外，还包括在系统演变中可能产生的新关系。

5. 影响（Influence）。本进程对于各个体的参量的影响（驱动参量值变化）。

由此可见，进程和个体视图的区别主要有两条。首先，它多了一项（影响）。其次，它显示出更强的随时间而演变的特点。下面是两个进程的例子，并且前面一个被后面一个所调用.第一个是加热进程：

```
Process heat-flow
Individuals：
    src an object，Has-Quantity(src，heat)
        ♯定义一个以 heat(热)为参量的对象 src♯
    dst an object，Has-Quantity(dst，heat)
    path a heat-path，Heat-Connection(path，src dst)
        ♯定义一个 src 和 dst 之间的传热通道 path♯
Preconditions：
    Heat-Aligned(path)
        ♯path 是能传热的通道♯
Quantity Conditions：
    A[temperature(src)]>A[temperature(dst)]
Relations：
    Let flow-rate be a quantity
        ♯定义一个新的参量 flow-rate(热流率)♯
    A[flow-rate]>ZERO
    flow—rate∞₊(temperature(src)-temperature(dst))
Influences：
    I₋(heat(src)，A[flow-rate])
        ♯热流率对 src(热源)的热量有负影响♯
    I₊(heat(dst)，A[flow-rate])
        ♯热流率对 dst(目的地)的热量有正影响♯
```

第二个是煮沸进程：

Process boiling

Individuals：

w a contained-liquid♯容器内的液体♯

hf a process-instance，♯定义进程实例♯

　　process(hf)＝heat-flow

　　　　♯hf 是进程 heat-flow 的例化♯

　　dst(hf)＝w

　　　　♯令 heat-flow 的 dst 例化为 hf 的 w♯

Quantity Conditions：

　　status(hf，Active)♯hf 为活动进程♯

　　A[temperature(w)]＝A[t—boil(w)]

　　　　♯w 的温度为沸腾的温度♯

Relations

　　There is g∈piece-of-stuff

　　gas(g)♯g 是气体♯

　　substance(g)＝substance(w)

　　　　♯g 与 w 成分相同♯

　　temperature(w)＝temperature(g)

　　Let generation-rate be a quantity

　　　　♯定义汽化率♯

　　A[generation-rate]＞ZERO

　　generation-rate ∞$_+$ flow-rate(hf)

Influences：

　　I_(heat(w)，A[flow-rate(hf)])

　　　　♯热流率同样对 w 的热量有负影响,试把它与加热进程的最后一行对比♯

　　I_(amount-of(w)，A[generation-rate])

　　I$_+$(amount-of(g)，A[generation-rate])

　　I_(heat(w)，A[generation-rate])

　　I$_+$(heat(g)，A[generation-rate])

　　这两个进程的其余部分不难理解。Forbus 称 I_($x$，$y$)或 I$_+$($x$，$y$)中的 $x$ 为受 $y$ 直接影响。若 $y$ 为 $t$ 的函数,则又称 $x$ 为受 $t$ 的间接影响,在影响方式不明的情况下可写成 I±($x$，$y$)。若一个参量受其他参量的直接影响,则前者的导数等于所有直接影响的总和。一个参量的导数在某个区间上恒大于零意味着该参量的值是上升的,而导数恒小于零则意味着该参量的值在下降,导数恒等于零意味着参量的值不变。

　　有一类特殊的进程,称为历史包,它们与普通进程的主要区别是:普通进程描述中不显含时间标记,而历史包的描述中却可以显含时间标记,本节开始时提到 QPT 把 Allen 的时间表示法略加改造后予以使用,主要就使用在历史包中。下面是历史包的一个例子:

Encapsulated History Collide(a, b, dir)　　　　　　　　　　　　♯碰撞♯
　　Individuals
　　　　a：an object, mobile(a)　　　　　　　　　　　　　　♯a 是能动物体♯
　　　　b：an object, immobile(b)　　　　　　　　　　　　　♯b 是固定物体♯
　　　　dir：a direction　　　　　　　　　　　　　　　　♯dir 是一个方向♯
　　　　e：an event　　　　　　　　　　　　　　　　　♯e 是碰撞事件♯
　　Preconditions
　　　　(T Contact(a, b, dir)start(e))　　　　　　　　♯e 开始时 a 和 b 相接♯
　　　　(T Direction(a, b, dir) start(e))　　　　♯e 开始时 a 从 dir 方向靠近 b♯
　　Quantity Conditions
　　　　(T Motion(a, dir)start(e))　　　　♯e 开始时进程 Motion 还是活动的♯
　　Relations
　　　　(M A[velocity(a)]start(e))
　　　　　=−(M A[velocity(a)]end(e))　　　　♯碰撞前后 a 的速度改为相反方向♯
　　　　(M A[velocity(a)]during(e))＝Zero　　　　♯碰撞时 a 之速度为零♯
　　　　(T Contact(a, b, dir)end(e))　　　　　　♯碰撞后 a, b 仍相接♯
　　　　duration(e)＝Zero　　　　　　　　　　♯碰撞时间为零♯
　　　　(T Direction(b, a, dir)end(e))　　　　♯碰撞后 a 向相反方向离去♯

　　物理系统的演变记录称为历史。一个对象的历史由史段和事件的序列组成。事件是瞬时性的,与一个瞬间相对应,而史段是有延续性的,有开始和结尾,与一个时间区间相对应。一般来说,每个史段之后紧接着一个事件,而一个事件之后又紧接着一个新的史段。例如,水在 100 ℃ 以下被加热是一个史段,达到100 ℃ 是一个事件,此后水开始汽化又是一个新的史段。

　　一个物理系统中通常包含多个参量,每个参量有自己的历史、史段和事件,它们组合起来就构成整个物理系统的历史。以一个容器中盛放的水为例,从水汽凝结为水,再结成冰,这中间至少涉及三个参量:温度、体积和压力。在图 13.3.1中,温度从右向左逐步下降,体积则是先下降,至 4 ℃ 后又开始膨胀。液体对容器器壁的压力与体积同步变化,但膨胀到一定程度时会把容器挤破。图中以 e 表示事件,ep 表示史段。

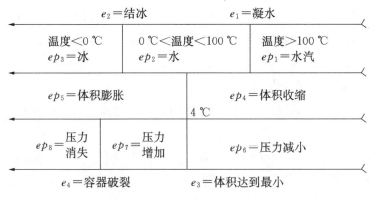

**图 13.3.1　多参量的事件和史段**

历史在某一瞬间的描述称为切片,以 $\mathrm{at}(i,t)$ 表示个体 $i$ 在时间 $t$ 时的切片。由此可以把 $(T\,f(x)t)$ 和 $(M\,A[f(x)]t)$ 分别简化为 $f(\mathrm{at}(x,t))$ 和 $A[f(\mathrm{at}(x,t))]$。

在给出定性推理算法之前,先要说明 QPT 的一个基本假设:物理系统中的任何变化都是由进程(直接或间接地)引起的。Forbus 称之为"唯一机制假设",这是一种特殊的封闭世界假设。在下面的算法中应用了这个假设。

**算法 13.3.1**(QPT 定性推理)

1. 给定一个个体视图集 $I$ 和一个进程集 $P$。

2. 从 $I$ 中删去不在任何进程中出现的个体视图,并从 $P$ 中删去其个体不完全包含在 $I$ 中的进程。剩下的个体集和进程集仍然分别称为 $I$ 和 $P$。

3. 若 $P$ 为空集则无推理可做,算法结束。

4. 用 $I$ 中的实际个体实例化 $P$ 中进程的个体说明,得到一批进程实例,仍称为 $P$。

5. 检查个体视图中的前提条件和参量条件,凡条件全部满足者是活动的个体,构成集合 $I'$,$I'\subseteq I$,$I'$ 称为视图结构。

6. 检查各进程实例的前提条件和参量条件,条件全部满足者是活动进程,构成集合 $P'$,$P'\subseteq P$,$P'$ 称为进程结构。

7. 对每个活动进程,用下列方法确定参量的变化趋势:

（1）若参量 $x$ 受到参量 $y$ 的直接影响,并且此影响使具有参量 $x$ 的个体消失,则任何其他对 $x$ 的影响均不予考虑,转(5)。

（2）把对每个参量 $x$ 的所有直接影响加在一起,若这些影响都是正面的,则

令 $x$ 的导数为+1(即 $D_s[x]=+1$)。若这些影响都是反面的,则令 $x$ 的导数为
-1。若既有正面影响,又有反面影响,则如果有不等式能比较正、反面影响的大
小,则以其影响大的为准(正面影响大时 $D_s[x]=+1$,反面影响大时 $D_s[x]=$
-1)。如果正、反面影响不能比较,则转(3)。

(3) 若参量 $x$ 的导数符号 $D_s[x]$ 尚未确定,则考察它是否受到间接影响,方
法为:

1) 若 $x \propto_+ y$,且 $D_s[y]=1$,或者 $x \propto_- y$,且 $D_s[y]=-1$,则称 $x$ 有向上
趋势。

2) 若 $x \propto_+ y$,且 $D_s[y]=-1$,或者 $x \propto_- y$,且 $D_s[y]=+1$,则称 $x$ 有向下
趋势。

3) 若 $x$ 只有向上趋势,则令 $D_s[x]=1$,若 $x$ 只有向下趋势,则令 $D_s[x]=-1$。

(4) 若参量 $x$ 的导数符号仍未确定,则尝试用领域知识确定 $D_s[x]$。

(5) 若还有未研究过变化趋势的参量,则转(1)。

8. 对所有在上一步中确定了 $D_s[x]$ 值的参量 $x$,把这个值(称为新的 $D_s[x]$
值)同老的 $D_s[x]$ 值比较,如果是从-1变为+1,或从+1变为-1,则把新的
$D_s[x]$ 值改为零(根据参量变化的连续性要求。相当于 13.2 节中的连续性规则)。

9. 找出所有的参量 $x$,它们的导数符号 $D_s[x]$ 被最后确定为+1或-1,并
且 $x$ 原来的值 $a$ 符合下列两个条件之一:

(1) $a=b$,$b$ 是参量空间中某特殊点 $y$ 的值。

(2) $a=b$,$b$ 是另一个参量 $y$ 的值。

根据图 13.3.2 中的表计算 $x$ 的新值与 $y$ 的新值的关系(当 $y$ 为参考点时 $y$
的新值即旧值,且导数为零)。若前者大于后者,且物理系统不限制 $x$ 向 $y$ 上方
发展,则在后者上方建立一个新的史段代表 $x$ 的新值。若前者小于后者,且物
理系统不限制 $x$ 向 $y$ 下方发展,则在后者下方建立一个新的史段代表 $x$ 的新
值。否则,系统没有任何变化。

10. 根据上述参量值改变引起的新情况,检查原来不活动的进程和个体视
图中有没有原来不满足的条件得到满足的,若有,则令它们成为活动的。同样,
检查原来活动的进程和个体视图中有没有原来满足的条件现在不满足的,若有,
则令它们成为不活动的。

11. 找出所有的参量 $x$,它们的导数符号 $D_s[x]$ 被最后确定为+1或-1,并
且第 9 步的其余条件不满足。找出参量空间中所有与这些 $x$ 相邻的其他参量和

特殊点,根据图 13.3.3 中的表计算 $x$ 的新值与这些特殊点的新值的关系。如果特殊点不止一个,算出的结果不唯一或有矛盾,则根据领域知识解决之。

| $D_s[x]$ ╲ $D_s[y]$ | $-1$ | $0$ | $1$ |
|---|---|---|---|
| $-1$ | $N_1$ | $<$ | $<$ |
| $0$ | $>$ | $=$ | $<$ |
| $1$ | $>$ | $>$ | $N_2$ |

条件:$x=y$,表中为 $x$ 和 $y$ 的新关系。

$N_1$:若 $D_m[x]>D_m[y]$ 则 $<$;若 $D_m[x]<D_m[y]$ 则 $>$;若 $D_m[x]=D_m[y]$ 则 $=$。

$N_2$:若 $D_m[x]>D_m[y]$ 则 $>$;若 $D_m[x]<D_m[y]$ 则 $<$;若 $D_m[x]=D_m[y]$ 则 $=$。

**图 13.3.2  产生新史段的计算方法**

| $D_s[x]$ ╲ $D_s[y]$ | $-1$ | $0$ | $+1$ |
|---|---|---|---|
| $-1$ | $N_3$ | $=$ | $=$ |
| $0$ | $>$ | $>$ | $=$ |
| $+1$ | $>$ | $>$ | $N_4$ |

条件:$x>y$,表中为 $x$ 和 $y$ 的新关系。

$N_3$:若 $D_m[x]>D_m[y]$ 则 $=$,否则 $>$。 $N_4$:若 $D_m[x]<D_m[y]$ 则 $=$,否则 $>$。

**图 13.3.3  产生新事件的计算方法**

如果物理系统没有限制,则做下列事:如果计算的结果是前者等于后者,则建立一个与此相应的新事件。如果计算结果维持原来的次序不变,则什么也不做。如果计算结果颠倒了原来的次序,则首先建立一个新事件(表明前者变得和后者一样),再继续向前建立一个新史段。

算法完。

12. 再做一遍第 10 步,设当前的活动进程集为 $P'$,若 $P'$ 非空则转第 7 步,否则停止算法执行。

注意,算法 13.3.1 是在对实际情况作了许多理想化处理后概括而成的。由于现实世界情况极端复杂,把它们统一地通过 QPT 的几条基本原则来处理是极其困难的,甚至是不可能的。1985 年,Forbus 编了一个名叫 GIZMO 的程序,部分地实现了 QPT 的功能,据文献报告,实际上,GIZMO 未曾作为某个应用系统

(例如专家系统)的一部分,用于解决物理世界的现实问题。直到 1990 年才推出了一个功能比较强大的软件:定性进程机(Qualitative Process Engine)。然而问题也还是存在,有的物理现象 QPT 能描述而 QPE 不能模拟,也有的现象 QPE 能模拟而 QPT 不能描述。此外,Forbus 想建立一个物理常识库的愿望也远未实现。因此,前面要走的路还很长。

# 习 题

1. 求解定性方程组(如果有解的话):

$$
\begin{cases}
[a]-[b]+[c]=[d] \\
[d]+[c]=[e] \\
[e]-[f]+[a]=[b]
\end{cases}
$$

2. 求解定性方程组(如果有解的话):

$$
\begin{cases}
[a]\ominus[b]\oplus[c]=[d] \\
[d]\oplus[c]=[e] \\
[e]\ominus[f]\oplus[a]=[b]
\end{cases}
$$

3. 求解习题 1、2 给出的定性方程组(如果有解的话):

(1) 把习题 1 中的等号"="改为"$\ominus$"。

(2) 把习题 2 中的等号"="改为"$\ominus$"。

4. 求解定性多项式(如果有解的话):

$$3[x]^5-2[x]^4+7[x]^3+9[x]^2-5[x]+1=0$$

5. 求解定性多项式(如果有解的话):

$$[x]^5\ominus[x]^4\oplus[x]^3\oplus[x]^2\ominus[x]\oplus1=0$$

(提示:对定性运算符$\oplus$、$\ominus$、$\otimes$实行和普通运算符$+$、$-$、$\times$一样的优先次序。)

6. 把习题 5 中的等号"="改为"$\ominus$",$[x]^n$ 改为$[x]^n$,然后求解该定性多项式。

7. 求解非线性方程组(如果有解的话):

$$\begin{cases} a[x]^2 + b[x] = c \\ d[x]^2 - c[x] = -b \\ f[x]^2 + d[x] = a \end{cases}$$

8. 求解定性微分方程式（如果有解的话）：

$$[d^7 x] \ominus [d^6 x] \ominus [d^5 x] \oplus [d^4 x] \oplus [d^3 x] \ominus [d^2 x] \oplus [dx] \oplus [x] \ominus 1.$$

其中规定在时刻 $t = 0$ 时的初始条件为：

$x = 0$，$[dx] = 1$，$[d^2 x] = 0$，$[d^3 x] = -1$，$[d^4 x] = -1$，$[d^5 x] = 1$，$[d^6 x] = 0$，$[d^7 x] = 1$.

9. 考虑如何解定性偏微分方程式：

$$[x_{uu}] \oplus [x_{vv}] \ominus [a]$$

其中 $x_{uu} = \dfrac{\partial^2 x}{\partial^2 u}$。

10. 考虑解定性偏微分方程组：

$$\begin{cases} [x_u] \ominus [y_v] \\ [y_u] \ominus -[x_v] \end{cases}$$

其中 $x_u = \dfrac{\partial x}{\partial u}$。

11. 求解定性微分方程组（如果有解的话）：

$$\begin{cases} [dx] \ominus [dy] \oplus [dz] = [x] \\ [dy] \oplus [dz] \ominus [de] = [y] \\ [dz] \ominus [dy] = [z] \end{cases}$$

12. 求解定性微分方程式（如果有解的话）：

$$[dx]^2 \oplus [dx] \otimes [dy] \oplus [dy]^2 = [x] \otimes [y]$$

13. 求解定性微分方程组（如果有解的话）：

$$\begin{cases} [dx]^2 \oplus [dx] \otimes [dy] \ominus [dz] = [x] \\ [dy]^2 \ominus [dz] \oplus [dx] = [y] \\ [dz]^2 \ominus [dx] \otimes [dy]^2 \oplus [dz] = [z] \end{cases}$$

14. 证明 13.1 节中列出的定性演算的 24 条性质中尚未证明的部分。

15. 对下列物理系统做定性分析：

(1) 一个在圆弧形槽内来回滚动的钢球。

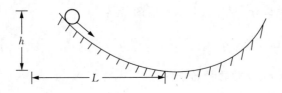

(2) 一个先拉长然后松手的弹簧。

(3) 地球绕太阳转动,本身还有自转。

16. 对下列物理系统作定性分析：

(1) 三水缸的水位变化问题(下图为初态)。

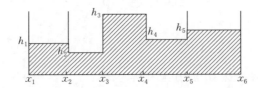

(2) 两个球的碰撞问题。

17. 用 Forbus 的进程和视图的观点描述下列现象,并分别写出它们的个体视图,进程和历史。

(1) 冷热气团相遇而下雨。

(2) 高压、低压带相遇而形成大风。

(3) 温带季风气候区特点:冬季风时,受极地大陆气团控制,寒冷干燥;夏季风时,受极地海洋气团或热带海洋气团影响,暖热多雨。

(4) B 山夹在 A,C 两山之间,由于 A、C 两山都有一股向 B 的挤压力,使 B 山不断上升。

(5) 某地受地震影响,裂开一条地缝,地下原有的一热水源乘机从缝中喷出热水。

(6) 在硫酸铜溶液中插入两根铜棒,分别作为阴阳两极,通电开始电解,铜即从阳极通过溶液不断转移到阴极上去。

(7) 瓶中装两个体积的氢气和一个体积的氧气的混合物,点燃后发生爆炸。

(8) 一大团稀薄的宇宙尘在万有引力作用下慢慢聚在一起,此过程使引力场变得越来越大,反过来又加速凝聚过程。最后,宇宙尘的云坍缩成一个致密的天体,就是太阳。

18. 算法 13.2.1 中有一些问题尚未考虑到,请你根据下列提示修改和补充该算法。

(1) 状态方程组可能是矛盾的,如 $[dx]=[dy]$,$[dy]=1$ 和 $[dx]=-1$ 共存。

(2) 状态方程组的解可能是不唯一的。

(3) 有些物理变量可能不在状态方程组中出现。

(4) 按变迁规则求出的新状态可能是物理上不允许的,如由 $[x]=0$,$[dx]=1$ 可推出下一步 $[x]=1$,但 $x=0$ 处有一挡板隔住,该物理部件不可能运动到 $x>0$ 的地方去。

(5) 不等内部状态变迁结束,新的外来扰动可能出现。

# 第十四章

# 归 纳 逻 辑

自从 Aristotle 的《工具论》发表以后,以演绎推理为主要内容的亚氏形式逻辑在逻辑学界长期占据主导地位。这种情况一直延续了将近 2000 年。直至 16 世纪中叶,才有一位英国哲学家向他提出挑战,这位哲学家便是 Bacon, Bacon 是一位唯物主义经验论者。他的哲学观点决定了他重视观察,重视实践和实验。他强调从观察到的现象中总结出规律性的东西来,并提出了一套总结规律的方法。因此而成为归纳法的主要创始人。

归纳逻辑是归纳法的理论体系,可分为古典归纳逻辑和现代归纳逻辑两大类。古典归纳逻辑相当于演绎逻辑的 Aristotle 阶段,现代归纳逻辑相当于演绎逻辑的数理逻辑阶段。它的典型代表人物是 Carnap,主要成果是概率逻辑。本章第 3 节将介绍他的观点。

自从出现演绎逻辑和归纳逻辑两大门系以来,有关这两种逻辑应在逻辑研究上占何种地位之争就一直没有停止过。有些人重归纳而轻演绎,如 Bacon, Mill 等经验论哲学家。另一些人则重演绎而轻归纳,如 Descartes, Spinoza 等唯理论哲学家。全归纳派和全演绎派则把归纳和演绎完全对立起来,前者只讲归纳而不讲演绎,后者只讲演绎而不讲归纳。

实际上,只重视一种逻辑而忽视另一种逻辑的做法是片面的。归纳是从个别性的前提推出一般性的结论,前提与结论之间的联系是或然性的。演绎则是从一般性的前提推出个别性的结论,前提与结论之间的联系是必然性的。这两种逻辑和两种推理方法都反映了人类的思维规律。人类为要在自然和社会的大海洋中游泳,必须运用各种各样的思维手段,好比自由泳和仰泳,蛙泳和蝶泳,各有各的用处,只有善于针对不同的气象和浪情条件运用不同的游泳姿势,才能掌握水上的自由。恩格斯说得好:"归纳和演绎,正如分析和综合一样,是必然相互联系着的。不应当牺牲一个而把另一个捧到天上去,应当把每一个都用到该用的地方。而要做到这一点,就只有注意它们的相互联系,它们的相互补充。"这是对待演绎和归纳的关系的正确态度。

## 14.1 经典归纳方法

历史上第一个系统地研究了归纳法的人是 Bacon（培根），本节就从 Bacon 的研究成果开始，叙述经典归纳法的基本概念。

Bacon 认为，归纳是科学方法的基础，它能使人们从对个别事物的认识上升为对一般事物和客观规律的认识。在使用这种方法时，他特别注意到了枚举归纳法的局限性，认为对客观事物和现象的简单罗列会导致草率的归纳和错误的结论，因此他特别重视消除归纳法的研究，把归纳和分析方法结合起来，在归纳的具体方法上，Bacon 采用了所谓的"例证表和例证比较"法。这样的表一共有三种：

第一种表叫存在表。它记录"当现象 $x$ 出现时存在另一种现象 $y$"。例如，当热出现时，存在着阳光；当热出现时存在着火；当热出现时存在着摩擦。等等。意在找出可能和 $x$ 有联系的 $y$。

第二种表叫缺乏表。它记录"当现象 $x$ 出现时另一种现象 $y$ 不存在"。例如，当月光出现时不存在热；当溪水出现时不存在热；当两个物体相对静止时不存在热。等等。意在找出和 $x$ 没有联系的 $y$。

第三种表叫比较表。它记录"当现象 $x$ 由于条件不同而发生变化时，现象 $y$ 也随之发生变化"。例如，比起早、晚的阳光来，中午的阳光和更多的热联系在一起；比起较小的火焰来，较大的火焰和更多的热联系在一起；比起两个光滑物体的摩擦来，两个粗糙物体的摩擦和更多的热联系在一起。等等。意在找出 $x$ 和 $y$ 两种现象变化之间的依赖关系。

Bacon 认为，构造上述三种表中的每一种都是认识过程的一个阶段。三者合在一起，构成一个完整的认识阶段。在充分运用这三种表进行归纳的基础上，Bacon 证明了各种不同程度的热都是和运动联系在一起的，体现了归纳法在科学发现方面的有效性。

Bacon 的归纳法后来为 Mill（穆勒）进一步发展。他的存在表、缺乏表和比较表分别演化成为 Mill 五法中的契合法、差异法和共变法。

Mill 系统地研究了消除归纳法，提出了通过分析事件发生的条件来确定因果关系的五种方法，人称 Mill 五法，现分述于下：

**定义 14.1.1**(契合法)    中契合法又称求同法,是识别必要条件的方法。给定两个互不相交的事件集合 $A$ 和 $B$。寻找这样的条件 $c$,它在 $A$ 中每一个事件发生前成立,但不一定在 $B$ 中所有事件发生前成立。这样的条件 $c$ 被定义为 $A$ 中事件发生的必要条件。

例如,以 $A$ 和 $B$ 分别表示行车事故和安全行车两类事件的集合。公安局发现 $A$ 类事件发生前司机都有违章行为,而 $B$ 类事件发生前司机多半没有违章。于是得到了 $A$ 类事件的必要条件:所有事故皆由违章引起。

施行契合法时要注意以下几个问题。

1. 找必要条件时往往要通过分析多个可能的条件,并排除不合适的候选者后才能得到。例如,车速过快、交通标志失灵、有人破坏等都是可能的原因。但它们中的任何一个都不是为 $A$ 中事件所共有,只有违章才是公共原因(必要条件)。

2. 必要条件往往不是一眼就能识别的,有时需要对具体条件加以抽象。如违章这个概念就是从车速过快、车手疲劳、酒后开车等具体现象中抽象出来的。

3. 这种抽象不宜过分,以能说明问题为准则。例如若把违章进一步抽象为纪律性不强,或更进一步抽象为个人思想上有缺点,就不能达到总结行车事故原因的目的了。

4. 必要条件可能不止一个。俗话说:一只碗不响,两只碗叮驹,就是说吵架双方都有毛病才能出现吵架。这就是两个必要条件合成一个复合性必要条件。前面举过例的"夜入民宅,非偷即盗",指的是偷和盗这两个必要条件至少有一个成立,才会发生破门而入的事件。前一个例子是条件的与,后一个例子是条件的或。还可以构造更为复杂的条件。

**定义 14.1.2**(差异法)    差异法是识别某个特定事件发生原因的方法。给定一个事件已和一个事件集 $A$。$e$ 发生前的条件有许多和 $A$ 中所有事件发生前的条件一样。寻找这样的条件 $c$,它在 $e$ 发生前成立,但不在 $A$ 中任何事件发生前成立,$c$ 被定义为特定事件 $e$ 发生的一个条件。

例如,设 $e$ 是某人考试得了 100 分,$A$ 是班级中其他人考试成绩皆不佳。对于这场考试来说,$e$ 和 $A$ 发生前的条件几乎完全一样:同样的试卷,同样的考试时间,同样的考前学历等等。但老师发现有一点不一样:该考生在考前作了认真准备,这是其他人所不及的。这个条件被定义为 $e$ 发生的条件。

施行差异法要注意几个问题:

1. 由于差异法是对特定事件发生原因的判定，所找到的原因很难说是充分条件或必要条件。笼统地说，说它是充分或必要条件都可以，因为正是该特定事件且仅有该特定事件满足此条件。但实际上，它只相对于集合 $\{e\}\cup A$ 是充分必要的，出了这个集合，它可以既不是必要的（对聪明的学生）又不是充分的（对平时基础太差的学生）。

2. 差异法要求 $e$ 和 $A$ 中事件之间除了一个条件不一样外，其他条件都一样。这个不一样的条件有时不易确定，有时还不唯一。如果不唯一，最好构造一个和 $e$ 同类的事件集 $E$，然后用契合法查找其中哪些条件是必要的。

**定义 14.1.3**（契合求差法）　也称求同求异并用法或同异法，用于识别某类事件发生的特殊原因。给定两个事件集 $A$ 和 $B$，寻找这样的条件 $c$，它在 $A$ 类事件发生前皆成立，而在 $B$ 类事件发生前皆不成立，$c$ 被定义为 $A$ 类事件发生的原因。

例如，对照两组小孩，一组是患软骨病的，另一组则很健康。经研究他们的食谱发现，那组健康的孩子都服用过维生素 $D$，而患软骨病的那组则没有。于是"没有服用维生素 $D$"被确定为软骨病的原因。

施行契合求差法时要注意几个问题：

1. 传统上认为，施行契合求差法要经过三个步骤。第一步运用契合法，找出 $A$ 组事件的共同前提 $Ac$，第二步再次运用契合法，找出 $B$ 组事件的共同前提 $Bc$。第三步 $Ac$—$Bc$ 即是 $A$ 组事件发生的持续原因。

2. 这里已对差异法作了推广，从寻找一个特定事件($e$)发生的原因推广为寻找一个特定事件类发生的原因。因此对 $A$ 组事件运用契合法以找出共同前提是必要的。否则，所找出的原因不能代表整个 $A$ 组。

**定义 14.1.4**（共变法）　共变法是通过观察两个客观事物的变化之间的相关性而找出因果关系的方法。如果当某个客观事物变化时，另一客观事物以某种规律跟着变化，则前者定义为后者的原因，后者定义为前者的结果。

例如，每当经济指数上升的时候，通货膨胀也跟着上升。而当经济指数下降的时候，失业人数又跟着上升。根据这种规律性，人们把前者定义为后者的原因，或后者是前者的结果。

施行共变法要注意以下几个问题。

1. 由于共变法包含着对客观条件变化的分析，因此它是一种动态的，即不完全是静态的方法。利用共变法可以分析那些联系密切而难以完全分开的复杂现象,以及客观条件随时间而变化的现象,这是上述其他方法难以做到的。

2. 客观条件的变化可以用数量关系加以描述。因此,共变法有助于引进数学方法,用数学公式来描述客观条件变化的函数依赖关系,使之精确化。

3. 正像函数有一个定义区间一样,客观现象之间的各种依赖关系也有一个范围,超出此范围,依赖关系就不成立或被别的依赖关系所代替。例如虎克定律就指出,当弹簧拉伸超过一定范围时,其拉伸长度不再和施力的大小成正比。

**定义 14.1.5**(剩余法) 剩余法也是识别某个特定事件发生原因的方法。设 $A$ 为事件集,$B$ 为 $A$ 中诸事件发生前的条件集。把 $A$ 分成两部分:$A = A_1 \cup A_2$,$A_1 \cap A_2 = \varnothing$。如果 $B$ 也可以分成两部分:$B = B_1 \cup B_2$,$B_1 \cap B_2 = \varnothing$,使 $B_1$ 是 $A_2$ 的充分条件,则一定存在 $B_2$ 的子集 $B'_2$,使 $B'_2$ 是 $A_2$ 的必要条件。

例如,若条件集为:{他春天居住在北京,他春天居住在香港},事件集为:{他春天无感冒症状,他春天有感冒症状}。已知第一个条件是第一个事件的充分条件,即第一个条件不可能导致感冒症状,那么导致感冒症状的必然是第二个条件。

施行剩余法时要注意以下几个问题。

1. $B_1$ 必须是 $A_1$ 的充分条件。否则,若 $B_1$ 仅是 $A_1$ 的必要条件,则不能排除 $B_1$ 也导致 $A_2$(或部分 $A_2$)的可能性,从而不能认为 $B'_2$ 是 $A_2$ 的必要条件。

2. $B'_2$ 可能是 $B_2$ 的真子集。这首先是因为我们没有要求 $B_1$ 是 $A_1$ 的最大充分条件集,有些 $A_1$ 的充分条件可能跑到 $B_2$ 中去。其次,$B_2$ 中的有些条件可能既在 $A_1$ 的事件之前出现,又在 $A_2$ 的事件之前出现,这些条件的成立不能保证 $A_2$ 中事件的出现。只有把这两部分条件扣去之后,剩余部分才是 $B'_2$。

3. 如果我们持因果确定论的观点(确定的原因导致确定的结果),则 $B'_2$ 不可能是空集,否则无法解释为什么在某些时候出现的不是 $A_1$ 中的事件而是 $A_2$ 中的事件。

正如 George von Wright(赖特)所指出的,对于实行归纳法来说,Mill 五法既不是完备的,又不是互相独立的,当然也不一定是最好的表达形式。后人对此提出了一些修正与补充。现列出其中的数种。

**定义 14.1.6**(逆向契合法) 逆向契合法是识别充分条件的方法。给定两个事件集合 $A$ 和 $B$,寻找这样的条件 $c$,它在 $A$ 中的某些事件发生前成立,但一定不在 $B$ 或其他非 $A$ 的事件发生之前成立,这样的条件 $c$ 被定义为 $A$ 中事件发生的充分条件。

仍以 $A$ 和 $B$ 分别表示行车事故和安全行车两类事件的集合。公安局发现 $A$ 类集合中的某些司机在出车前喝过酒,而 $B$ 类司机无此行为。于是得到了 $A$ 类事件的一个充分条件:凡喝过酒的司机开车一定出事故。

**定义 14.1.7**(双重契合法) 双重契合法是识别充要条件的方法,实施时先执行契合法,找出必要条件,再执行逆向契合法,以检查此条件是否也是充分条件。

例如,以 $A$ 和 $B$ 分别表示有好运气(好结局)和没有好运气两类人。因果报应论者用直接契合法发现 $A$ 类人都做过好事,于是找到了必要条件。继而又用逆向契合法检验这个条件,发现这也是充分条件,因为 $B$ 类人都没有做过好事。因而找到了一个充要条件:好有好报。

**定义 14.1.8**(同异合用法) 同异合用法是识别某个特定事件发生的充分必要条件的方法。实施时先执行差异法,找出该特定事件的充分条件 $c$,然后再搜集一组该特定事件的同类事件,使用契合法以证明 $c$ 是此类事件的必要条件。(因此,严格地说,同异合用法是找某类事件的必要条件以及该类事件中某一特定事件的充分条件的方法。)

例如,在前面举过的考试例子中,如果在找到"考前认真准备"这个条件之后,再对所有考试成绩好的人加以考察,看他们是否(在直接契合法意义上)满足这个条件。结果是肯定的,得到"凡考试成绩好者,考前一定认真准备过"这个普遍的结论。

## 14.2 归纳问题争鸣

归纳法不同于演绎法。在前提条件为真的情况下,用演绎法推出的结论必然是正确的。但用归纳法得到的结论却只是似然地正确。也就是说,该结论很可能是正确的,但不正确的可能性也存在。上一节介绍的穆勒五法以及其他类似的方法都有同样的问题。检查 1 000 次行车事故,发现它们都是由违章引起的。这并不能排除第 1 001 次事故是由非违章引起的。例如,由于机械老化引起发动机故障而导致事故。检查 1 000 个考试成绩好的学生,发现他们考试前都曾认真准备,这并不能排除第 1 001 个考试成绩好的学生在考前未曾认真准备。例如,他可能是一个很聪明的学生。如果是这样,那归纳法还有没有用呢?

　　对这个问题提出最尖锐的诘难的是 18 世纪英国哲学家 Hume(休谟),他认为人的知识有两种,一种是关于实际事情的知识,例如交通事故、考试成绩等等。另一种是关于抽象观念的知识,例如素数有无穷多个就是一条抽象的数学定理。他认为后一种知识是可以在主观想象的基础上推导的,无需以客观事物为凭据。而前一种知识则是人类知识中最主要的部分。那么,人类是根据什么来判断这种知识的真伪呢? Hume 认为,一靠感官(我看见一辆车出了事),二靠记忆(这条路上曾经出过车祸),三就是靠因果联系(我所知道的车祸发生前司机都有过违章行为)。可是,因果联系又是从何而来的呢? Hume 认为它不能通过归纳得到。正像前面已指出的,1 000 个司机因违章而出车祸不等于所有的车祸都必因司机违章引起,也不等于违章的司机一定出车祸。所以,由这种经验来作出绝对肯定的结论是会有问题的。如果 Hume 对归纳法的质疑仅限于此,那我们不妨同意他的观点,但 Hume 把问题推到了极端。首先,他否定一切确定的因果关系,认为世界上根本没有确定的因果关系,不仅是 1 000 次车祸的经验不能提供任何确定的结论,而且连那些已被证明为真的科学事实,如氢和氧化合能产生水、作用力会产生反作用力,以及日常生活中的常识,如睡觉能消除疲劳、吃饭能解决饥饿,在 Hume 看来都是不一定的。即使到今天为止所有的人吃了饭都可以不饿,到明天也许有人无论吃多少饭还是感到饿。Hume 的另一个极端观点是:他实际上也否定或然关系。就是说,即使过去所有的人都能靠吃饭解决饥饿,明天的人靠吃饭能解决饥饿的可能性一点也不会比靠吃饭不能解决饥饿的可能性大。即使过去太阳天天从东方升起,明天太阳从东方升起的可能性一点也不比太阳不从东方升起的可能性大。

　　Hume 的解释是,人们观察到的并非因果关系,而是先后关系。前面的例子只是说明了氢和氧起化学作用在先,产生水在后;作用力在先,反作用力在后;睡觉在先,消除疲劳在后;吃饭在先,解决饥饿在后,而并不说明它们有什么因果关系。所谓因果关系只是人们的一种感觉或信念。用 Hume 的话来说是一种经验,但那是主观的经验。

　　由 Hume 提出的这个问题,称为归纳推理的认可问题。对于它,许多人提出了不同的答案。

　　Mill 认为应该假设某种世界图式。他指出:"自然界中存在着像平行的事例这一类事情;过去曾经发生的,在具有足够类似程度的条件下,将再次发生"。他认为自然界的本性是认可归纳方法的。

Reichenbach(赖欣巴哈)用实用主义观点为归纳方法辩护,他认为,当人们根据归纳方法行事时,并不是因为能确定地预知结果,而是因为这样做有好处。他说:"商人总是使他的店里货物贮备很丰富,以便顾客来时有东西买。失业者根据报纸上的招工广告寄出申请书,虽然他不知道是否能得到答复。遇难船上的人攀登上峭壁,虽然他不知道救生艇是否能发现他。"这表明,相信归纳结果具有或然的真理性是有好处的。

Engels(恩格斯)用实践的观点解决归纳推理的认可问题。他同意 Hume 的这一说法:$a$ 在 $b$ 之前不等于 $a$ 是 $b$ 的原因。而且不能因太阳过去每天从东方升起就推断太阳明天还是从东方升起。事实上,我们已经知道总会有太阳在早晨不升起的一天。"单凭观察所得的经验,是决不能充分证明必然性的。""必然性的证明是在人类活动中,在实验中,在劳动中:如果我能够造成 post hoc(在这以后),那么它便和 propter hoc(由于这)等同了。""如果我们用一面凸镜把太阳光正好集中在焦点上,造成像普通的火一样的效果,那么我们因此就证明了热是从太阳来的。"这表明"人类的活动对因果性作出验证。"

归纳问题是复杂的,它不仅仅是对归纳推理的一般认可问题。而且如果不恰当地使用归纳,它还将导致谬误。以下我们举两个著名的归纳悖论来说明这一点。

第一个悖论是 Gutermann 悖论。为了给出悖论,他引进了如下的定义。

**定义 14.2.1**　某物在时间 $t$ 被认为是绿蓝的,当且仅当:该物在时间 $t$ 是绿的,且 $t$ 在公元 2000 年之前,或该物在时间 $t$ 是蓝的,且 $t$ 在公元 2000 年或以后。

假设现在有一块绿色的宝石,某人在公元 1999 年对它观察了 1 000 次,每次都发现它是绿蓝的(根据上述定义),于是用归纳法推知它将来也应是绿蓝的,不料当他在公元 2000 年的元旦再次观察时,发现归纳结论是错的,该宝石虽仍是绿色,但已不是绿蓝色的了。这首先表明归纳法在这种情况下会导致谬误,其次还表明不同的观察者使用同样的归纳法会得到互相矛盾的结论。因为上述观察者会作出结论:宝石的颜色在世纪之交发生了变化。而另一位以绿色为宝石属性的观察者会认为宝石的颜色根本没有发生变化,这就是 Gutermann 悖论。

Gutermann 悖论可以推广到很一般的情形。若某类物体具有属性 $A$;$a$, $b$ 是 $A$ 的两个可能值,则我们可以定义一种新的值 $ab$,使它在某个时间 $t$ 之前为 $a$,而在 $t$ 之后为 $b$。使用以 $ab$ 为基础的归纳法于具属性值 $a$ 或 $b$ 的物体 $x$ 或

$y$，即可炮制出上述悖论。

对此，Gutermann 本人试图用所谓的巩固规则来解决悖论。大意是：对"所有的 $x$ 都是 $y$"之类的假设，称 $x$ 为前件，$y$ 为后件，则前件和后件都可以分为巩固的和不巩固的两种。一个后件或前件称为是巩固的，若它曾多次成功地在归纳推理中使用过，反之则是不巩固的。如果现在有两个互相冲突的假设 $H_1$ 和 $H_2$，若它们有相同的前件，但 $H_1$ 的后件比 $H_2$ 的后件巩固；或它们有相同的后件，而 $H_1$ 的前件比 $H_2$ 的前件巩固，则保留 $H_1$ 而淘汰 $H_2$。例如：设 $H_1$ 为"所有的翡翠都是绿的"，$H_2$ 为"所有的翡翠都是绿蓝的"，则因为绿比绿蓝巩固而保留 $H_1$，淘汰 $H_2$。又如，设 $H_3$ 为"一切蛋糕都是美味的"，$H_4$ 为"一切鞋子蛋糕都是美味的"，则因为蛋糕比鞋子蛋糕巩固而保留 $H_3$，淘汰 $H_4$。

易见，Gutermann 的巩固规则是含糊且缺乏说服力的。首先是巩固性定义缺乏明确的标准。其次，正如 Cohen 所指出的，Gutermann 未能说明为什么正确的归纳推理恰好是因为使用了巩固的前件和后件。一篇科学论文往往要引进新词汇，这显然是不巩固的，那么基于此新词汇的归纳推理还能正确吗？而且使用此词汇的假设都有相同的巩固程度（零），那么谁淘汰谁呢？显然，一篇科学论文的价值不能依其中出现的词汇是否巩固而定。而且什么叫互相冲突的假设，如何比较两个词汇的巩固性等都没有明确的定义。因此 Gutermann 的巩固规则在理论上并不"巩固"，同时也不实用。其他人提出的解决办法也有类似的毛病。

Stemmer（施梯默）用进化论的观点为归纳方法辩护。他认为，充分进化的物种（例如人）在运用归纳法时，总是会选取适当的概括类（归纳对象），如动物、家具、暴雨和适当的属性（如繁衍方式、制造年代、降雨量）等等，以便使作出的归纳结论对该物种的继续生存和发展具有价值，而不会使用不合理的概括类（如把沙发＋动物算作一类）或不合理的属性（如把胎生＋降雨量在 300 mm 以下算作一种属性）。因此，Stemmer 认为这些物种能够作出高度可靠的归纳结论，他的意见与赖欣巴哈的实用主义观点相近。

有一种意见认为：产生 Gutermann 悖论的主要原因是由于作归纳推理的人所使用的语言不同，使用通常的绿色、蓝色等概念的语言时推出宝石的颜色没有变化，而使用蓝绿、绿蓝等概念的语言时，就会得出宝石颜色改变了的结论。但这种观点只涉及问题的表面。实质在于：若推理的前提和结论取决于某些因素（如时间、地点），而在推理的过程中这些因素又发生改变，则推理结果的正确性就会受影响。在上述宝石颜色的例子中,绿蓝的概念定义中包含着时间因素,这是推理出错的根本原因。如果把时间因素换成其他的,比如说地点因素,情况会是同样。上面的例子可修改为:一块宝石称为是绿蓝的,如果它是绿的且地点在 A 国,或它是蓝的且地点不在 A 国。现在有一位 B 国的商人要购买 A 国的绿蓝宝石,他肯定不会成功,因为在 A 国符合绿蓝标准的宝石到了 B 国就不符合绿蓝标准了。

第二个悖论称为 Hampel(亨佩尔)悖论,又叫乌鸦悖论。它的内容是这样的。设我们要证明一个假设:所有的乌鸦都是黑的。这个假设逻辑地等价于另一个假设:所有非黑的东西都不是乌鸦。原则上,每个与假设一致的实例都提供了对该假设的支持,或者说增加了该假设的可信度。于是,每发现一只黑乌鸦就增强了我们对第一个假设为真的信心,每发现一个非黑的非乌鸦则增强了我们对第二个假设的信心。由于这两个假设是逻辑等价的,所以发现非黑的非乌鸦也加强了第一个假设的可信度。于是,发现一枝白粉笔、一只红鞋子、一颗绿色的卷心菜等等都可以使我们更相信所有乌鸦都是黑的,由于这种推理方式违反常识,所以称为悖论。

实际上,悖论还不止于此。用公式

$$乌鸦(x) \rightarrow 黑(x) \tag{14.2.1}$$

表示上述假设,则根据谓词演算的定义知,只有前件为真且后件为假(发现了非黑的乌鸦)时该式才取假值。因此,前件为假而后件为真的实例也应是支持该假设的。此即:每发现一个黑的非乌鸦,例如一块黑板、一件黑衣服、一双黑眼睛等,也都是对该假设的支持,即能增强我们对乌鸦都是黑的的信心。

更一般地,用谓词 $P$ 和 $Q$ 分别代替上式中的乌鸦和黑,得

$$P(x) \rightarrow Q(x) \tag{14.2.2}$$

则每个满足 $\sim P(a) \vee Q(a)$ 的实例 $a$ 都是对式(14.2.2)的支持。

更一般地,任意给定一个用全称量词限定的假设 $H$ 和世上某个事物 $a$,其中 $H$ 取"所有的 $x$ 都是 $y$"的形式,则 $a$ 或者是对 $H$ 的支持,或者是对 $H$ 的反驳,两者必居其一。例如,马路上随便捡一块石头,它一定是对哥德巴赫猜想:"任意大偶数能表为两个素数之和"的支持。理由是:石头不是偶数。

对于乌鸦悖论,曾有许多人作出努力企图解决它。Hampel 本人的意见是:

这只是看上去像悖论,实际上不是悖论。他主张,以"所有的 $x$ 都是 $y$"的形式出现的命题,不仅提供了有关 $x$ 和 $y$ 的信息,而且也提供了有关非 $x$ 和非 $y$ 的信息。因此以逻辑非表示的同一内容(把该命题表示为 $\sim y \rightarrow \sim x$ 或 $\sim x \vee y$)应该是等效的,于是:任何一块石头都支持"乌鸦都是黑的"的假说,也支持哥德巴赫猜想。

第二种观点主张划分假设和实例的适用范围。von Wright 说:"所有的乌鸦都是黑的"是就乌鸦而言的一个假设,它只与乌鸦有关。任何非乌鸦(例如石头)都与此假设无关,因而不能提供正面或反面支持。这就避免了悖论。但是,von Wright 留了一个缺口,他认为人可以指定一个所谓的"相干范围",该范围可以比乌鸦的集合大,例如鸟类。于是,发现一只白天鹅仍然是对乌鸦皆黑的支持,这是 von Wright 方法不彻底的地方。

第三种观点主张限制逻辑的推理功能,认为由所有的 $x$ 都是 $y$ 推不出凡非 $y$ 者一定是非 $x$。这涉及提出一种新的逻辑。但这种观点没有得到广泛的承认。

第四种观点认为形式逻辑方法和科学假设的产生和验证规律是矛盾的。在逻辑上等价的两个命题,从科学方法的角度看未必等价。即:一切乌鸦都是黑的和一切非黑的都是非乌鸦这两个命题在形式逻辑上是等价的,但在作为科学假设去验证的时候却是不等价的。为验证前者要去观察尽可能多的乌鸦,而为验证后者则要观察尽可能多的非黑的东西。只有当经过分别验证它们均为真时,这两个命题才可以在逻辑的基础上等价起来。那么,如何解释白粉笔、红鞋子之类都使命题(14.2.1)为真呢? Schoenberg 认为:白粉笔、红鞋子之类只是与命题(14.2.1)相容,即不矛盾,而并非支持该命题。关于这一点我们可以这样来看。有四种情况:黑乌鸦、非黑乌鸦、黑非乌鸦、非黑非乌鸦。造成悖论的是后两种情况。它们的共同特点是均非乌鸦。因此不但和式(14.2.1)相容,而且和下列两个式子都相容:

$$乌鸦(x) \rightarrow 白(x) \tag{14.2.3}$$

$$乌鸦(x) \rightarrow 非黑(x) \tag{14.2.4}$$

这两个式子都是式(14.2.1)的对立面,由此可知,不说支持而说相容是合适的。它们起的作用相当于投票中的弃权者。

除了通过悖论来揭示归纳法中蕴含的矛盾因素以外,也还有从另外的角度来彻底否定归纳法的,例如英国的 Popple(波普)。不过他反对归纳法的方式与 Hume 不一样。他不是像 Hume 那样以仅仅指出"无论观察到多少只黑乌鸦也不能下结论乌鸦都是黑的"来否定归纳法,也不像 Carnap 那样用归纳逻辑方法(见下节)来作出"观察到 $x$ 只黑乌鸦以后能够推测 $y$% 的乌鸦都是黑的"的判断,而是用一种新的科学发现方法——证伪法,来代替归纳法。在 Popple 看来,任何观察和任何实验均不能证明某种科学假设为真,而只能挑出该科学假设的毛病,使它更为精确。如果这种毛病是致命的,则要彻底抛弃该科学假设,而设法代之以另外一个更可信的科学假设。在这里,假设 $A$ 称为比假设 $B$ 更可信,如果假设 $A$ 经受住了假设 $B$ 能经受的所有检验而未被证伪。反之,有一种检验是假设 $A$ 能经受而假设 $B$ 不能经受的。通过这种方法,各种相互竞争的假设优胜劣汰,从而导致科学的进步。例如,发现一只白色的三条腿的乌鸦可以把黑乌鸦假设修正为"除三条腿的乌鸦外其余乌鸦都是黑的",或"两条腿的乌鸦都是黑的"。这样就产生了两个不同的假设。如果在某个时候又发现了一只五条腿的红乌鸦,则前一个假设在竞争中失败,后一个假设继续生存下来。

　　深受 Popple 影响的 Lakatos 认为,证伪原则同样适合于数学。他举了数学史上的许多例子说明数学理论同样是在证伪过程中发展的。在历史上,各种各样的数学"猜想"纷纷被证伪,并导致新的数学理论的诞生。为了反驳别人对证伪主义的非难,Lakatos 对这个理论进行了发展。他主张,科学发现的基本单位不是一个孤立的理论,而是一个所谓的研究纲领,每个研究纲领分为两部分:它的硬核(这部分一般来说是不可反驳的,例如力学中的牛顿三大定律)以及它的保护带(在维护硬核不变的前提下,这部分是可以调整的)。一个科学家往往力图通过修改保护带中的辅助理论来抵御各种反例的攻击而维护原来的理论体系,直到万不得已时才彻底抛弃原来的体系(包括硬核)。

　　Lakatos 主张使用启发式方法来推进理论,这是他的又一大特点。自从 Hume 对归纳法发难以后,像 Carnap 这样的逻辑实证主义者纷纷否定了归纳法作为科学发现工具的作用,而仅仅用它来验证已有的知识。实际上他们并没有真正解决 Hume 提出的问题,反倒拒绝了 Bacon 和 Mill 归纳法原有的优点,Lakatos 的方法既包括科学理论的验证,也包括科学理论的发现,并且是用一种启发式的方法在验证和发现之间反复探索,这不能不说是一种进步。他的启发式方法分正面和反面两种。反面启发法用于应付外来的反例,并设法把反例的矛头从研究纲领的硬核引开,使它们指向保护带的辅助理论并修改之。正面启发法从辅助理论自身存在的不足和矛盾开始,设法修正、补充和扩展这套理论,以便形成一个更坚强的保护带。

Lakatos 把反例分为两类:全局反例和局部反例。设理论 $a \to d$ 由下列推理组成:

$$a \to b, \ b \to c, \ c \to d \tag{14.2.5}$$

如果发现一个反例 $A$ 使 $a$ 成立而 $d$ 不成立,则 $A$ 为全局反例,此时必须修改硬核。反之,若反例 $B$ 使 $b$ 成立而 $c$ 不成立,则 $B$ 为局部反例。局部反例可通过调整辅助理论解决,例如可能存在 $e$ 和 $f$,使

$$a \to e, \ e \to f, \ f \to d \tag{14.2.6}$$

成立,这就不需要修改硬核了。

Lanatos 把他的启发法归纳成五条规则:

1. 如果你有一个猜想,就下功夫证明它或反驳它。如果是证明,则要仔细检查之,并设法找出局部和全局反例。例如,设证明为

$$a_1 \to a_2, \ a_2 \to a_3, \ a_3 \to a_4 \tag{14.2.7}$$

则设法找出反例使某 $a_i$ 成立而 $a_{i+k}$ 不成立。

2. 若找到的是全局反例,则放弃原来的猜想,为被反驳的证明更现换和添加引理,以便得到一个包括新引理的新猜想。例如,若反例 $A$ 使 $a_1$ 成立而 $a_4$ 不成立,并且问题是出在 $a_1 \to a_2$ 这一步上,且已知反例 $A$ 不含性质 $a_1'$,则可修改原理论为

$$a_1 \wedge a_1' \to a_2, \ a_2 \to a_3, \ a_3 \to a_4 \tag{14.2.8}$$

3. 若找到的是局部反例,则检查它是否同时也是全局反例,若是则用规则 2。

4. 若该局部反例不是全局反例,则设法修改相应的引理,如同前面把(14.2.5)变成(14.2.6)那样。

5. 对任何一类反例,应用演绎推理找出修改理论的方法,使此反例不再成为反例。这实际上是 2 和 4 两条规则的概括。

# 14.3 归纳的概率方法

当我们在回答 Hume 的诘难时,不能把问题推到另一个极端,即认为一切

事物之间的因果关系都是确定性的，因为这并不符合事实。违反交通规则的人不一定出车祸，出车祸者也不一定违反过交通规则。但是我们却知道：违反交通规则的人往往要出车祸，出车祸的人也多半在出事前违反了交通规则。这是交通民警的经验之谈，并最终形成了人们对交通事故发生原因的一种信念。由于它不是在任何场合下都正确，因此又称为部分信念。表达这种部分信念的最好方法便是概率方法。与部分信念理论对立的不仅有 Hume 派的怀疑论者，还有所谓的逻辑实证主义学派，后者主张所有的信念都应该通过事实得到完全的证明。对任何一个命题，他们只有是、非和不知道三种回答，而不承认所谓的"很可能是"或"90%的可能是"之类的回答。

什么叫概率？它的意义是什么？对此人们有不同的解释，并形成了三个主要的派别。这些派别不但对概率的观点不同，而且在处理方法上也不尽一致。

最正统的派别称为频率派。这一派的著名代表之一是 Reichenbach，他力图用概率理论来论证归纳推理的合理性。他发现，Hume 反对归纳推理的基本出发点是认为归纳推量不一定能导致绝对正确的结论，因而认为归纳推理不可靠。但是当我们使用归纳方法时非要得到绝对正确的结论不可吗？Reichenbach 从前面已经提到的实用主义观点出发，认为得到正确结论仅是归纳法合理性的充分条件，而不是其必要条件。那么，Keichenbach 认为归纳法的合理性体现在什么地方呢？他是用频率观点来解释的。假设我们要归纳的定律是 $a \rightarrow b$，意即若条件 $a$ 成立，则事件 $b$ 发生。现构造一个无穷序列 $e_i$，对每个 $i$，条件 $a$ 都在 $e_i$ 中成立。则一般来说，在某些 $e_i$ 中有事件 $b$ 发生，而在另一些 $e_i$ 中则没有。构造分数：

$$\alpha_N = \frac{\sum\limits_{e_i} 1(\text{在 } e_i \text{ 中事件 } b \text{ 发生})}{\sum\limits_{i=1}^{N} 1(\text{对所有 } e_i, 1 \leqslant i \leqslant N)}$$

如果当 $N$ 趋于无穷时，$\alpha_N$ 趋于一个极限值 $\alpha$，则归纳结论："当条件 $a$ 成立时事件 $b$ 出现的可能性是 $\alpha$"是合理的，$\alpha$ 称为概率。例如，掷一枚伍分硬币时哪一面朝上的问题就可用这个办法来计算其概率。

反对者马上提一个问题：$\alpha_N$ 的极限一定存在吗？对此，Reichenbach 又使用了实用主义的回答。他说，我们不知道 $\alpha_N$ 的极限是否存在，但是，如果没有人能证明该极限不存在，则用频率极限来定义概率就是一种合理的方法，因为没有已知的方法比它更优。

反对者的第二个问题是:如果不存在序列,只有单个的事件,那么概率又应该如何定义呢？例如,我只掷一次硬币,正面朝上的概率是多少？Reichenbach利用"认定"的概念来回避这个困难。认定就是基于已有知识的猜测,在掷硬币的情况下,一开始也许掷者会认定正面朝上的可能性是二分之一,因为他了解别人掷硬币的经验,而对于自己来说又是第一次。但是随着投掷次数的增加,他会变得有主意了,如果在已掷的 $n$ 次中有 $k$ 次正面朝上,他将猜测下次投掷时正面朝上的概率将大于 $1/2$(若 $k<n/2$)或小于 $1/2$(若 $k>n/2$)。掷的次数越多,这种猜测为正确的可能性就愈大。总的来说,猜测成功的次数会大于猜测失败的次数。那么,认定和频率解释之间的关系是什么呢？首先,认定是对基于频率解释的概率的一种猜测,掷币者对硬币哪面朝上的概率知道愈详细,他的认定便愈易成功。其次,基于频率解释的概率本身也可以用认定的极限来定义。

对概率的第二种解释是逻辑解释。这一派的著名代表之一是 Carnap。他认为,形式逻辑的那一套演绎方法完全可以用到归纳法的研究中来。在这里,他指的是纯语法而无语义的演绎推理方法。例如,我们在第一章中说过:白(煤球)、黑(雪)及白(煤球)→黑(雪)都是合法的命题,其真假值随人赋予。根据Carnap 的观点:白(煤球)→黑(雪)的概率为 73% 这样一个命题在归纳逻辑中也是完全合法的,其真假值也是可以随人赋予的。

为了实现这种思想,Carnap 设计了一个形式系统 $L_N^{\pi}$,定义如下:

给定一组常数 $a_1, a_2, \cdots, a_N$,一组谓词常数 $p_1, p_2, \cdots, p_\pi$,$L_N^{\pi}$ 的构造规则为:

1. 原子公式。若 $p_i$ 为谓词常数,$a_j$ 为常数,则 $p_i a_j$ 是一个原子公式。

2. 合式公式。

(1) 每个原子公式都是一个合式公式。

(2) 若 $A$,$B$ 为合式公式,则 $\bar{A}$,$A \cdot B$,$A \vee B$,$A \rightarrow B$ 都是合式公式。

3. 状态公式。若 $a$ 为常数,则 $p_1'(a) \cdot p_2'(a) \cdot \cdots \cdot p_\pi'(a)$ 称为一个状态公式,其中每个 $p_i'$ 为 $p_i$ 或 $p_i'$。状态公式可以简写为 $p_1' \cdot p_2' \cdot \cdots \cdot p_\pi'(a)$。

4. 状态。以带下标的 $P$ 表示任意一个 $P_1' \cdot P_2' \cdots P_\pi'$,则 $P_1(a_1) \cdot P_2(a_2) \cdot \cdots \cdot P_N(a_N)$ 称为一个状态,$P_i$ 称为结构谓词名。若对每个 $i$,有 $P_i' = P_i''$,这里 $P_i'(a_i)$ 和 $P_i''(a_i)$ 分别是第一个状态和第二个状态中的第 $i$ 个状态公式,则两个状态称作是相同的。否则称两个状态是不一样的。如果存在一个排列变换$(a_1, a_2, \cdots, a_N) \rightarrow (a_{i1}, a_{i2}, \cdots, a_{iN})$，把前者变为后者，则两个状态称为是同构的。

Carnap 对这个形式系统的解释是：它完全刻画了一个封闭的可能世界的集合，每个状态代表一个可能世界。例如，设 $N = \pi = 2$，$a_1 =$ 玫瑰花，$a_2 =$ 含羞草。$p_1 =$ 红色，$p_2 =$ 绿色。则共有 16 种状态：{红色·绿色(玫瑰花)·红色·绿色(含羞草)，红色·$\overline{绿色}$(玫瑰花)·红色·绿色(含羞草)，……}。除去每个状态自己和自己同构外，在这个集合中还有六对同构的状态。例如，红色·绿色(玫瑰花)·$\overline{红色}$·$\overline{绿色}$(含羞草)和红色·$\overline{绿色}$(玫瑰花)·红色·绿色(含羞草)是一对同构的状态。

此处所用的符号与通常谓词演算中所用的稍有不同，其中 $p_i a_j$ 相当于 $p_i(a_j)$，$\overline{A}$ 相当于 $\sim A$，$A \cdot B$ 相当于 $A \wedge B$。

Carnap 用这个形式系统来定义概率。他考虑一个函数 $c(h, e)$，表示在证据 $e$ 下 $h$ 的可信度，即概率。在这个形式系统中，$h$ 和 $e$ 都是合式公式。令 $S(h, e)$ 为使 $h$ 和 $e$ 都取真值的状态集，$S(e)$ 为使 $e$ 取真值的状态集，若对每个状态集 $S$ 都能给一个测度 $m(S)$，则可定义

$$c(he) = \frac{m(S(h, e))}{m(S(e))}$$

为了确定测度函数 $m(S)$，首先必须明确概率函数 $c(h, e)$ 应满足概率公理。例如：

　1. $c(h \cdot h', e) = c(h, e) \times c(h', e \cdot h)$

　2. 由 $c(h \cdot h', e) = 0$ 推出 $c(h \vee h', e) = c(h, e) + c(h', e)$。

　3. $0 \leqslant c(h, e) \leqslant 1$。

等等。但除了这些公理之外，还有很大的选择余地。例如：

　1. 规定所有状态有相同的测度，即

$$m(S) = \frac{S \text{ 中所含状态数}}{\text{全体状态数}}$$

　2. 规定所有同构状态组有相同的测度，即

$$m(S) = \frac{1}{\text{同构状态组的组数}}$$

此处 $S$ 是一个同构状态组,其含义为:组内各状态互相同构,组内、外状态不同构。

这第 2 条还可以细化为:

3. 一个同构状态组内部各状态具有相同的测度。

让我们计算 $c(h,e)=c$(含羞草是绿的而不是红的,玫瑰花是红的而不是绿的)之值。首先用上述计算规则 1,算得 $e.$ 的测度为 $\frac{1}{4}$,$h \cdot e$ 的测度为 1/16,因此

$$c(h,e)=1/4$$

如果用计算规则 2 和 3,则得到

$$c(h,e)=1/5$$

Carnap 的这个形式逻辑系统有两个主要的问题,第一,他未能说明为什么要使用这种测度而不是其他测度,事实上他也并未真正确定要使用哪种测度。测度的确定隐含着在各种状态之间分配概率,这是问题的要害。第二,这种形式系统只能用于处理规模很小的人工语言,对于 Carnap 为自己规定的任务——测定自然语言中命题的概率含义——来说,是太不够了。不过如果我们仅限于很小的专业领域,如知识工程中对某个医学分枝的不精确处理,则也许这一点不造成主要的障碍。

对概率的第三种解释是 Bayes(贝叶斯)解释,或称主观解释。这一派的创始人就是 Bayes。Bayes 认为概率是个人的一种合理置信度。这表示它首先是个人的置信度,例如对于股票投机所冒的风险可能各人估计不一样。其次它应是合理的置信度,即应满足概率的某些基本定律,例如对投机成功(包括不输不赢)和投机失败的置信度之和应该是 1。实际上,除了满足概率定律外,个人置信度还应该符合某些客观规律,Ramsey(兰姆赛)形象化地用下列方法来定义个人合理置信度。

某甲去赌场下注。庄家摇骰子。假设这场赌的规定为:人人可以押奇数点(骰子朝上的面为 1,3,5 点)或偶数点(骰子朝上的面为 2,4,6 点)。押准了赚 1 000 元,押错了输 1 000 元,某甲犹豫半天,下不了决心。这说明他对奇数点和偶数点出现的置信度各为 1/2。换句话说,如果要他在两个命题之间挑一个。其中一个是"如果奇数点则赚 1 000 元否则输 1 000 元",另一个是"如果奇数点

则输 1 000 元否则赚 1 000 元"。某甲是很难下决心的。

把这种解释法给以推广,就可得到对任意置信度的定义。这可以非形式地说明如下。某甲必须在如下两种可能性之间作出选择:或者交 300 元钱给庄家作为脱离赌场的求饶费,或者继续参加赌博。赌博规定为:"如果奇数点则赚 1 000 元否则输 1 000 元"。他经过长时间思考以后还是下不了决心,这说明他认为继续参加赌博的结果与交 300 元钱差不多,难分上下。同时可以看出他认为偶数点出现的可能性比较大(否则他肯定会愿意继续参加赌博)。他对偶数点出现的置信度 $\alpha$ 可定义为:

$$\alpha = \frac{\text{输赢(交求饶费)} - \text{输赢(出现奇数点)}}{\text{输赢(出现偶数点)} - \text{输赢(出现奇数点)}} = \frac{13}{20}$$

其中输赢$(x)$表示在情况 $x$ 下某甲可能得到或损失的钱数(用正、负整数表示)。

把上面的例子抽象化,就可以得到任意置信度的形式定义,关于这种形式定义,Pamsey 证明它符合下列概率公理:

1. 对 $p$ 的置信度和对非 $p$ 的置信度之和为 1。

2. 在已知 $q$ 为真的前提下,对 $p$ 的置信度和对非 $p$ 的置信度之和为 1。

3. 对 $p$ 和 $q$ 同时成立的置信度等于对 $p$ 的置信度乘以已知 $p$ 为真时对 $q$ 的置信度。

4. 对 $p$ 和 $q$ 同时成立的置信度加上对 $p$ 和非 $q$ 同时成立的置信度等于对 $p$ 的置信度。

易见,如果只要求符合概率公理(像上面列出的那样),则置信度的取值是相当任意的,这就是 Bayes 的基本观点:在符合概率公理的前提下任何一种置信度分配都同其他在相同条件下的置信度分配一样合理。

Finnety 对这个观点提出进一步的论证。其大意是:令一个可交换事件的序列为这样的一个序列,它的事件出现的相对次序不影响该事件的属性出现的概率。例如,一颗骰子被投掷时朝上的一面为六点的概率一般被认为是 1/6。假设现在有一大把骰子,一颗颗地被取出来投掷,那么其中特定的某颗骰子无论是排在第几个被投掷,其先验概率总是一样的。所谓先验概率,是指不考虑在此之前投掷的实际结果,把该特定骰子的投掷作为一个孤立的事件来考虑时的概率。

现在我们把该特定骰子投掷之前的那些投掷的结果也考虑进去,这样估计的概率就成为条件概率。设有甲、乙二人,他们对每次投掷结果的条件概率之值都有自己的置信度,这两个置信度可能不一样,但随着投掷的进行而不断地调整。Finnety证明了如下结论:只要投掷次数足够多,这两人的置信度将被调整为任意接近。这说明个人置信度虽然是主观的东西,但也服从某种隐含的客观规律。该结论适用于一切可交换的事件序列。

刚才提到了先验概率,关于这个概念,有两种不同的理解。现在通常的理解是:在没有任何证据的情况下,一个人对某事件发生的可能性有他自己的置信度,称为这个人对该事件赋予的先验概率。待到搜集各种(包括正、反两方面)证据之后,先验概率被修正为条件概率。这最后得到的条件概率又称为后验概率。而Bayes学派中某些人所持的另一种理解是:先验概率是万能的上帝为某事件发生的可能性所赋予的先天概率。一般来说,凡人是无法知道它的值的,只能通过搜集证据和做各种试验来逐步逼近它。所以,从概念上说不存在所谓的后验概率。这种解释上的分歧部分地反映了下面要讲的对先验概率的主观解释和客观解释。

对概率解释持不同观点的三派学者在长期的争鸣和切磋中,也使各自的见解渗透到对方的理论中去,从而出现了更加意见纷呈的场面。以Bayes学派来说,该派的支持者也已一分为三。他们的共同点是承认先验概率的存在,不同之处是对此先验概率的解释。逻辑Bayes主义者认为先验概率是一种逻辑量,体现在Carnap式的测度函数上,它是纯粹形式的,并不反映客观世界的现实。经验Bayes主义者认为先验概率是使用某种归纳方法从经验数据中总结出来的,这个观点比较接近频率派。主观Bayes主义者则认为先验概率纯粹是个人的信念。在同一个系统中,各人对同一事件所持的先验概率可以完全不一样。它们只需服从一些最基本的概率规则(例如对同一个人来说,$e$和非$e$的先验概率之和应该为1。其中$e$代表某一事件)。从这个意义上说,前两种Bayes主义可以称为客观Bayes主义。我们在前面讨论概率的Bayes解释时,没有区分Bayes学派内部的分歧。读者不难发现其中某些说法反映了主观Bayes主义(如Ramsey的观点),而另一些说法则反映了客观Bayes主义(如Finnety的观点)。

并不是每一种解释都适用于所有场合的,例如Ramsey的解释实际上是把个人信念同基于这种信念所作出的选择的效用联系起来。一位将军选择某种作战方案是因为他相信这种方案获胜的可能性大。因此,主观Bayes主义常用于需要决策的场合,并发展成Bayes决策理论。但是,在研究某种科学假设的时候,例如分析血友病在多大程度上能传给后代,或者探讨中国华北地区多少年发生一次六级以上的地震。这时所使用的先验概率就不能采用 Ramsey 的解释了,因为这里没有效用问题。另一方面,当医生在诊断一个病人时,或将军在处理一场战役时,他很难根据频率来判断其概率(一个具体的战役,例如淮海战役,在历史上只有一次!)。他是根据其丰富的知识来行事的。这种知识就是产生先验概率的基础。主观 Bayes 主义在这里又起作用了。

根据以上的分析,不难看出我们在归纳推理的两个主要应用领域——知识工程和机器学习——应该作何选择。知识工程要总结和模仿专家的知识和推理行为,因此宜选择 Bayes 主义,尤其是主观 Bayes 主义作为不精确推理的模型。而机器学习中的归纳方法需要从实际数据中总结出客观规律,所以频率解释是最合适的。

# 习　题

1. 利用 Becon 和 Mill 的归纳法观察与下列问题有关的现象并总结出一些规律来

(1) 交通事故的发生和预防。

(2) 癌症的发病和预防。

(3) 物价的上升和平抑。

(4) 城市犯罪率的变化。

(5) 不同气候条件对人健康的影响。

2. 讨论 Mill 五法的缺点:(1)举出 Mill 五法所不能解决的归纳问题,以证明它们是不完备的;(2)举出 Mill 五法中的某几个方法,证明它们依赖于其他的方法,并证明五法中的其他几法是彼此独立的。

3. 讨论列在 Mill 五法之后的其他三种方法,探讨

(1) 它们能否从 Mill 五法中导出?

(2) 它们能否取代 Mill 五法中的某些方法?

4. 如果用 $A$,$B$,$C$,$D$,$E$ 顺序代表 Mill 五法,$F$,$G$,$H$ 代表后面的三法,则它们之间有一些组合关系,如 $C=AAB$,$G=AF$,$H=BA$ 等等。试考虑这些方法的其他组合以及这些组合能解决的归纳问题,例如,$AB$,$AC$,$AD$,$AE$,$ACE$,$BD$ 等。当然有些组合可能是无意义或意义不大的。如果能找到一些原则,说明什么样的组合是有意义的,什么样的组合是没有意义的,并用公式

把这些原则表示出来,那就更好了(因为组合的可能性是无穷之多的)。

5. 根据对 Gutermann 悖论的讨论,我们可试着做如下规定。若当前要做的归纳法有如下特点:

(1) 希望通过归纳法证明的命题是 $P$。

(2) 归纳假设所处的环境是 $Q$。

(3) 归纳结论所处的环境是 $R$。

则如果 $Q$ 和 $R$ 在某个属性 $A$ 上有区别的话,$P$ 和 $P$ 的概念都不依赖于 $A$。

你对这个解决办法满意吗? 如不满意,请说出理由及修改办法。如满意,请设法把它形式化,并在某种程度上证实它防止悖论的有效性。

6. 乌鸦悖论是否一定荒唐? 考虑下列情况:

(1) 世上只有四只鸟。

(2) 已知其中有两只是乌鸦,两只不是乌鸦。

(3) 已知其中有两只鸟是黑的。

某科学家为证实"乌鸦都是黑的"的结论而进行考察。如果他找到了一只非黑的麻雀,则他对上述结论的信心肯定增强了。试解释这个现象。

7. 证伪主义(包括 Popple 和 Lakatos 的)只能否定一种理论(朴素证伪主义)或限定某种理论的适用范围(精致证伪主义)。但却不能扩充一种理论。而这在科学上,尤其在数学上是常见的。它往往表现为如下形式:把理论 $a \rightarrow b$ 扩展为 $a' \rightarrow b$,其中 $a \rightarrow a'$。试设法把这种功能结合进 Lakatos 的启发法中去。

8. 归纳法与证伪法,以及归纳法与 Lakatos 的科学纲领能否结合在一起,各取所长?

9. 我们在讨论 Carnap 的 $L_N^\infty$ 系统时用了玫瑰花和含羞草的例子。

(1) 详细计算一遍这个例子并验证我们在推导这个例子时给出的各种结论数据(如状态数、同构状态数、测度的值等);

(2) 计算 $c$(含羞草是红的,玫瑰花是绿的)及 $c$(含羞草是绿的,玫瑰花是红的)这两个测度函数的值。

10. 能否为 $L_N^\infty$ 系统找到更好的概率测度函数 $c(h, e)$.

11. 有一位学者坚持对概率作频率解释,他的理由是:即使一件具体的事没有历史频率依据,如淮海战役历史上只有一次。但处理这件事的原则却可在历史上找到许多先例。例如要集中兵力打歼灭战;要声东击西,迷惑敌人;要围点打援等。所以,战役的指挥者在作了具体的作战部置以后,可以从他们所依据的作战原则在历史上成功的频率来判断本次战役成功的概率。因此,频率解释可以"一统天下"。你对这种说法有何观点?

12. 通过你在日常生活中决定做一件事时心态的犹豫来计算某些概率。

(1) 当你决定不下是否购买某一物品时。

(2) 当你决定不下是否"下海"去公司时。

(3) 当你决定不下是把钱存银行还是购买国库券或其他有价证券时。

(4) 当你决定不下把资金投入哪个行业以赚大钱时。

(5) 当你决定不下是否冒罚款的危险去做某些违法勾当之时。

(提示:参考 14.3 节中赌博的例子)

# 第十五章

# 模 糊 逻 辑

传统逻辑强调严格性和精确性。但是人们越来越注意到,我们所处的现实世界中有许多不精确的东西。模糊的现象需要描述("年轻人花钱的派头越来越大了"中的"年轻"和"派头大"),模糊的问题需要解决("把通货膨胀控制到一般居民可接受的程度"中的"一般"和"可接受")。这一类任务,不但传统的精确数学解决不了,传统的概率数学也解决不了。逻辑学家们自己也认识到了这一点。早在约 100 年前,Peirce 就指出:"逻辑学家们很不重视模糊性的研究,没有注意到它在数学思维中起的重要作用"。Russel(罗素)在 1923 年又再次指出了这一点。但直到 1937 年,美国哲学家 Black 才首先对"模糊符号"进行了研究。1940年,德国数学家 Weyl 开始研究模糊谓词。第一个使用"模糊集"名字的是法国数学家 Menger(1951 年),但他对此名字的语义解释却是在概率论意义上的。1965 年,美国数学家 Zadeh(查德)发表了他的著名论文"模糊集"。从此时开始,用数学工具研究模糊现象才真正引起了广大科学工作者的注意。

有些人不能分清模糊现象和概率现象,甚至以为模糊就是概率,其实大谬不然。如果我们向空中抛一枚硬币,落地后哪一面朝上虽然是不确定的,但它只有两种可能,要么正面朝上,要么负面朝上,决不会一半正面朝上,一半负面朝上。更不会 37%正面朝上,63%负面朝上。但是如果在我们面前站着一位 34 岁的人,要回答这个人是中年还是青年时,我们却不能说只有两种可能,要么是中年,要么是青年。我们也许会说:他界于青年和中年之间;或者说,他有几分像青年,又有几分像中年。因此,概率事件的结局是"非此即彼",而模糊事件的结局却是"亦此亦彼"。这就是概率和模糊的根本区别。相应地,处理概率问题和模糊问题的数学方法也是不一样的。我们在下面将会看到这一点。

30 年来,尽管有一部分科学家不能接受 Zadeh 的理论,以模糊集为基础的对模糊现象的研究却有了很大的发展。不但产生了模糊逻辑,而且产生了各式各样的模糊数学(模糊图论、模糊微分方程等等)。在应用上,研究最多的是如何用模糊方法来描述专家的知识,包括用模糊度来代替可信度(例如,不说规则 $R$

的可信度是 0.9,而说规则 $R$ "非常有效")以及用模糊术语来描述知识本身(例如,"若土地贫瘠,则应多施肥料"中的"贫瘠"和"多施")。由此派生出许多应用,如模糊数据库、模糊模式识别、模糊推理、模糊规划与模糊决策、模糊聚类分析等。近几年来,模糊控制得到了广泛的应用,市场上的许多家用电器都标上了"使用模糊逻辑"以吸引顾客。

对模糊方法的广泛研究和应用说明了它的生命力。但同时,我们也应看到,它的严格数学基础还没有真正地建立起来。在这一点上,它比概率方法要差得很远。正如"智能"一词在某些场合中,特别是在抽象谈论中,容易被滥用一样,"模糊"概念也遭到了同样的厄运。在这里,我们想特别提倡对模糊逻辑和模糊数学进行认真、严肃的研究。

本章探讨模糊逻辑的基本概念和理论,其中包括模糊逻辑的来源之一:多值逻辑。有关它的应用参见 26.3 节。

## 15.1　模糊集合论

在传统的集合论中,一个对象是否为某集合的元素,是界线分明的,其回答只有是和否两种。因此,一个集合 $A$ 可以用它的特征函数 $C_A(x)$ 来刻画:

$$C_A(x)=\begin{cases}1, & x\in A\\ 0, & x\notin A\end{cases} \tag{15.1.1}$$

读者马上会问:$C_A(x)$ 的定义域是什么? 一种可能的回答是:$x$ 遍及宇宙间的万物,从抽象到具体,无所不包。但这种回答是很危险的,会陷入数学上的悖论。为了避免麻烦,我们恒假定有一个(定义明确的)集合 $B$,它以 $A$ 为子集,$C_A(x)$ 即定义在 $B$ 上。因此我们也称 $A$ 为 $B$ 的一个分明子集。

现在把上述定义推广到模糊的情形。令 $C_A(x)$ 仍旧定义在 $B$ 上,但取值可为 0 到 1 之间(包括 0 和 1)的任何实数,它也定义了 $B$ 的一个子集 $A$,但此时 $A$ 是模糊子集。$B$ 的元素 $x$ 可以属于 $A(C_A(x)=1)$,或不属于 $A(C_A(x)=0)$,或"在一定程度上"属于 $A(0<C_A(x)<1)$。一般称模糊子集的特征函数为隶属函数,它在 $B$ 的元素 $x$ 上的取值表示 $x$ 对 $A$ 的隶属度,用 $\mu_A(x)$ 表示之。因此,$B$ 的一个模糊子集 $A$ 可以表示为

$$A=\{(x,\mu_A(x))\mid x\in B\} \tag{15.1.2}$$

可以把 $\mu_A(x)=0$ 的那些元素 $x$ 除去,得到一个等价的定义:

$$A=\{(x,\ \mu_A(x))\,|\,x\in B\ \text{且}\ \mu_A(x)>0\} \tag{15.1.3}$$

由此可见,每一个非空的集合 $B$ 都可以有无穷多个(彼此不同的)模糊子集。空集只有一个模糊子集——空模糊子集。

人们最喜欢举的模糊集合例子是青年、中年、老年这样一些年龄段的人的集合。令 $B$ 为各种年龄的人的集合,则青年是其中的一部分,构成 $B$ 的模糊子集。一个人属于青年的"程度"随他的年龄而异。20 岁肯定是青年,90 岁肯定不是青年。但若问 30 岁是否是青年,则在回答时就要有些犹豫了。用隶属函数来表示可能是:

$$\mu_{青年}(20)=1$$
$$\mu_{青年}(90)=0$$
$$\mu_{青年}(30)=0.8$$

把不同年龄的人对青年的隶属度排列起来,可以得到隶属函数的图形表示。例如,图 15.1.1 是青年的一个可能的隶属函数的表示。

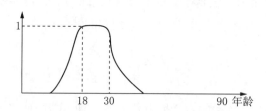

**图 15.1.1  青年的隶属函数**

隶属度和概率是完全不同性质的两个量。30 岁的人对青年的隶属度是 0.8,可以理解为:30 岁的人有 80% 的特性和青年人一样。但决不能理解为 30 岁的人占青年人总数的 80%,也不能理解为 30 岁的人中有 80% 是青年人。

严格地说,这个例子中的集合 $B$ 是一个整数集合 $\{0,\ 1,\ 2,\ 3,\ \cdots,\ a\}$,其中 $a$ 大于一个人可能活到的最大年龄,比如说等于 200。图 15.1.1 中的隶属函数即定义在此集合上。

令 $S=\{x\,|\,x\in B,\ \mu_A(x)>0\}$,则 $S$ 称为模糊子集 $A$ 的支集。它包含了所有隶属度大于 0 的元素。又令 $h(A)=\max\{\mu_A(x)\,|\,(x,\ \mu_A(x))\in A\}$,$h(A)$ 称为 $A$ 的高度,即 $A$ 中元素所能达到的最高的隶属度。$B$ 的元素称为 $A$ 的

基元。

Zadeh 引进了一种模糊子集的表示法:他为每个基元标上它的隶属度,然后用+号把这些基元连起来。例如,模糊子集青年可以表为(仅是可能性之一):

$$0/15+0.2/16+0.6/17+0.9/18+1/20+1/21$$
$$+1/22+1/23+1/24+1/25+0.8/26+\cdots$$

每条斜杠的右边是基元,左边是该基元的隶属度。注意不要把斜杠"/"看成除符号,也不要把"+"看成加符号。

可以用一种简洁的表示法来代替它:

$$0/0\sim15+0.2/16+0.9/18+1/20\sim25+0.8/26+\cdots$$

抽象地,它可以表示为

$$\sum_{i=1}^{n} \mu_A(u_i)/u_i \tag{15.1.4}$$

或

$$\sum_{i=1}^{\infty} \mu_A(u_i)/u_i \tag{15.1.5}$$

其中诸 $u_i$ 为基元。式(15.1.4)适用于基元数为有限的情况,式(15.1.5)适用于基元数为无限的情况。当基元数为不可数无限多时,还可以使用类似积分的表示形式:

$$\int_B \mu_A(u)/u \tag{15.1.6}$$

所有这些表示法都是形式求和,求和范围遍及整个集合 $B$。

当隶属函数很有规律时,抽象表示法比较有用。例如,对百分制来说,考试成绩优秀可以表示为如下的模糊子集:

$$\sum_{i=60}^{100} [(i-60)\times0.025]/i$$

其中 $i$ 表示考试分数。

对于无限多基元的情况,可以举圆周率 $\pi$ 的计算为例。$\pi$ 的展开有无穷多位小数,但实用时只能取有穷多位。因此,圆周率可以看作是实数的一个模糊子集,表示为

$$\sum_{i=1}^{\infty} (1-e^{-i})/\pi_i$$

其中 $\pi_i$ 表示取到小数点后 $i$ 位的 $\pi$ 的展开。

对于不可数基元的情况,可以举某市的恒大绸布店为例。该市遭水灾后,恒大绸布店准备削价出售遭污损的白绸布。但污损是一个模糊概念,要用模糊集的方法处理,首先对布上的每一点用强光照射,设通过的光量为 $\alpha$,则一点的污损可以定义为

$$\int_{[0,1]} (1-\alpha)/\alpha$$

表示若通过光量为 $\alpha$,则该点对污损的隶属度为 $1-\alpha$。$\alpha$ 在 $[0,1]$ 区间内取值。

下面给出模糊集的运算:

1. 空集判断。设 $A$ 为 $B$ 的模糊子集,则当且仅当

$$\forall x \in B, \ \mu_A(x) = 0 \tag{15.1.7}$$

时,$A$ 为空集。

2. 真模糊集判断。设 $A$ 为 $B$ 的模糊子集,则当且仅当

$$\exists x \in B, \ 0 < \mu_A(x) < 1 \tag{15.1.8}$$

时,$A$ 为 $B$ 的真模糊子集。

3. 设 $A$ 为 $B$ 的真模糊子集,则当且仅当

$$\exists x \in B, \ \mu_A(x) = 1 \tag{15.1.9}$$

时,$A$ 为 $B$ 的正规模糊子集。

4. 设 $A_1$,$A_2$ 均为 $B$ 的模糊子集,则当且仅当

$$\forall x \in B, \ \mu_{A_1}(x) = \mu_{A_2}(x) \tag{15.1.10}$$

时,$A_1$ 和 $A_2$ 相等。

5. 设 $A_1$,$A_2$ 均为 $B$ 的模糊子集,则当且仅当

$$\forall x \in B, \ \mu_{A_1}(x) \leqslant \mu_{A_2}(x) \tag{15.1.11}$$

时,称 $A_2$ 包含 $A_1$,以 $A_1 \subseteq A_2$ 或 $A_2 \supseteq A_1$ 表示之。我们也称 $A_2$ 是 $A_1$ 的强化,或 $A_1$ 是 $A_2$ 的弱化。

注意,我们从现在开始拓广模糊子集的定义。当模糊子集 $A_2$ 包含模糊子集 $A_1$ 时我们也说 $A_1$ 是 $A_2$ 的模糊子集。不难证明如下事实:

(1) 前面给出的模糊子集的定义是本定义的一个特例。

(2) 新的模糊子集定义具有自反性(任一分明集或模糊集都是自己的模糊子集)和传递性(若 $A_2$ 是 $A_1$ 的模糊子集,$A_3$ 是 $A_2$ 的模糊子集,则 $A_3$ 是 $A_1$ 的模糊子集),而老定义没有。

根据这个推广了的定义,今后把一个模糊集 $A$ 表示为由一组对偶 $(x, \mu_A(x))$ 构成的集合。这说明模糊集可用分明集来表示,并且可以独立地定义而不再需要采用某个分明集的模糊子集的形式。此处恒有 $0 < \mu_A(x) \leq 1$ 成立。若所有的 $\mu_A(x)$ 皆为 1,则用上述方法表示的模糊集转化为分明集。

6. 设 $A$ 为模糊集,则 $A$ 的分明基 $\sharp A$ 定义为

$$\sharp A = \{x \mid \exists \alpha, (x, \alpha) \in A\} \tag{15.1.12}$$

7. 设 $A$, $B$ 为模糊集,则 $A$ 和 $B$ 的交集定义为

$$A \bigcap B = \{(x, \min(\mu_A(x), \mu_B(x))) \mid x \in \sharp A \bigcap \sharp B\} \tag{15.1.13}$$

8. 设 $A$, $B$ 为模糊集,则 $A$ 和 $B$ 的差集定义为

$$A - B = \{(x, \mu_A(x)) \mid x \in \sharp A - \sharp B\}$$
$$\bigcup \{(x, \mu_A(x) - \mu_B(x)) \mid x \in \sharp A \bigcap \sharp B, \mu_B(x) < \mu_A(x)\}$$

$$\tag{15.1.14}$$

9. 设 $A$, $B$ 为模糊集,则 $A$ 和 $B$ 的并集定义为

$$A \bigcup B = \{(x, \max(\mu_A(x), \mu_B(x))) \mid x \in \sharp A \bigcap \sharp B\}$$
$$\bigcup \{(x, \mu_A(x)) \mid x \in \sharp A - \sharp B\}$$
$$\bigcup \{(x, \mu_B(x)) \mid x \in \sharp B - \sharp A\} \tag{15.1.15}$$

10. 设 $A$ 为模糊集,则 $A$ 的余集 $B$ 定义为

$$B = \sim A = \{(x, 1 - \mu_A(x)) \mid x \in \sharp A, \mu_A(x) < 1\}$$

11. 设 $A$, $B$ 为模糊集,则 $B$ 是 $A$ 的一个集中,若下列条件皆满足:

(1) $\sharp B \subseteq \sharp A$。

(2) 若 $\mu_A(x) = h(A)$(即 $A$ 的高度,见前面的定义),则 $x \in \sharp B$,且 $\mu_A(x) \leq \mu_B(x)$。

(3) 若 $\mu_A(x)=h(A)$ 且 $y\in\sharp B$,则 $\mu_A(x)-\mu_A(y)\leqslant\mu_B(x)-\mu_B(y)$。此时也说 $A$ 是 $B$ 的一个分散。今后称满足条件 $\mu_A(x)=h(A)$ 的 $x$ 为 $A$ 的一个顶点。

12. 设 $A_1$, $A_2$, $\cdots$, $A_n$ 为模糊集,则它们的直接积 $A_1\times A_2\times\cdots\times A_n$ 定义为

$$A_1\times A_2\times\cdots\times A_n=\{((a_1,a_2,\cdots,a_n),\min(\mu_{A_1}(a_1),$$
$$\mu_{A_2}(a_2),\cdots,\mu_{A_n}(a_n)))\,|\,\forall a_i\in\sharp A_i\} \qquad (15.1.16)$$

13. 设 $A_1$, $A_2$, $\cdots$, $A_n$ 为模糊集,则它们的直接和 $A_1+A_2+\cdots+A_n$ 定义为

$$A_1+A_2+\cdots+A_n=\{((a_1,a_2,\cdots,a_n),\max(\mu_{A_1}(a_1),$$
$$\mu_{A_2}(a_2),\cdots,\mu_{A_n}(a_n)))\,|\,\forall a_i\in\sharp A_i\} \qquad (15.1.17)$$

14. 模糊集 $A$ 的 $\lambda$ 水平截集 $A_\lambda$ 定义为

$$A_\lambda=\{(x,\mu_A(x))\,|\,x\in\sharp A,\mu_A(x)\geqslant\lambda\} \qquad (15.1.18)$$

此处 $0<\lambda\leqslant1$。

15. 设 $A$ 是模糊集,$B$ 是分明集,$\varphi$ 是分明集上的映射:

$$\varphi:\sharp A\to B$$

则 $\varphi$ 可以扩张为模糊集 $A$ 上的映射。考虑到可能有 $x$, $y\in\sharp A$, $x\neq y$,但 $\varphi(x)=\varphi(y)$,我们分别定义 $\varphi$ 的上扩张和下扩张为

(1) $A$ 上的映射 $f$ 称为 $\varphi$ 的上扩张,若

$$f((x,\alpha))=(\varphi(x),\beta)$$
$$\beta=\sup\{\gamma\,|\,\exists y,(y,\gamma)\in A,\varphi(y)=\varphi(x)\} \qquad (15.1.19)$$

其中 sup 表示上确界。

(2) $A$ 上的映射 $f$ 称为 $\varphi$ 的下扩张,若

$$f((x,\alpha))=(\varphi(x),\beta)$$
$$\beta=\inf\{\gamma\,|\,\exists y,(y,\gamma)\in A,\varphi(y)=\varphi(x)\} \qquad (15.1.20)$$

其中 inf 是下确界。

(3) 还可以定义 $\varphi$ 的平均扩张。$A$ 上的映射 $f$ 称为 $\varphi$ 的平均扩张,若

$$f((x, \alpha)) = (\varphi(x), \beta)$$
$$\beta = \text{ave}\{\gamma \mid \exists y, (y, \gamma) \in A, \varphi(y) = \varphi(x)\}$$

(15.1.21)

其中 ave 表示平均值。

像这样的模糊集上的运算还可以定义许多。不难证明如下一些性质,其中 $A$ 和 $B$ 为任意模糊集,$\widetilde{\varnothing}$ 为空模糊集,$\varnothing$ 为空分明集。

1. $\widetilde{\varnothing} \cap A = \widetilde{\varnothing}$.

2. $\widetilde{\varnothing} \cup A = A$.

3. $\widetilde{\varnothing} - A = \widetilde{\varnothing}$.

4. $A - \widetilde{\varnothing} = A$.  (15.1.22)

5. $A \cap B = \widetilde{\varnothing}$ 当且仅当 $\sharp A \cap \sharp B = \varnothing$.

6. $A \cap B = B$ 当且仅当 $B \subseteq A$.

7. $A \cup B = B$ 当且仅当 $A \subseteq B$.

8. $A - B = A \cup B - B = A - A \cap B$.等等。

例如,设

青年 $=\{(15, 0.4), (18, 0.6), (20, 1), (25, 1), (30, 0.6), (35, 0.2)\}$

中年 $=\{(30, 0.2), (35, 0.6), (40, 1), (45, 0.6), (50, 0.4), (55, 0.2)\}$

老年 $=\{(50, 0.2), (55, 0.6), (60, 1)\}$

(15.1.23)

如果要选拔中青年科学家,则科学家中之年龄从 15 岁到 55 岁皆有入选可能(求并集),如 30 岁的人对中青年的隶属度为 0.6,但若要一个人既是青年又是中年(求交集),则 30 岁的人的隶属度为 0.2。某单位有一批房子要分给中年人,分房者不希望青年人和老年人沾边,于是用中年—青年—老年的集合差运算,结果得到"有资格分房的中年人"的模糊集合为

$$\{(35, 0.4), (40, 1), (45, 0.6), (50, 0.2)\}$$

某单位选拔领导干部,规定老年人不得入选(求补集),根据隶属函数的规定,50 岁和 55 岁的人虽已是部分的老年人,但仍分别有 0.8 和 0.4 的隶属度可以入选。

在上面的分房例子中,如果房子不够分,需要找出更加典型的中年人,则可以采用集中运算,例如把 $A$ 集中为 $B$,令 $\sharp B = \sharp A$,$\mu_B(x) = [\mu_A(x)]^2$,容易验证这符合集中的条件。结果为"典型的中年人":

$$\{(30,0.04),(35,0.36),(40,1),(45,0.36),(50,0.16),(55,0.04)\}$$

于是,有分房资格者为典型的中年人—青年人—老年人,即

$$\{(35,0.16),(40,1),(45,0.36)\}$$

与前面的结果相比,它排除了 50 岁的人的分房资格,并大大降低了 35 岁和 45 岁的人的分房竞争力,使形势对"最典型的中年人"(40 岁的人)特别有利。如果房子还不够分,则可采用 λ 水平截集的办法。取 $\lambda=0.2$,即规定隶属度在 0.2 以上的典型中年人才有分房资格,这就把 35 岁的人排挤出去了。最后,如果一共只有一套房子,且正好有一位 40 岁的人,则可取 $\lambda=0.4$ 的水平截集,以解决分房难题。

如果房子掌握在上级手中,根据中年人的实际情况分发,则可以采取强化的办法,以争取更多的房子。令 $\sharp B=\sharp A$,$\mu_B(x)=(4+\mu_A(x))/5$,则得到模糊集"广义的中年人":

$$\{(30,0.84),(35,0.92),(40,1),(45,0.92),(50,0.88),(55,0.84)\}$$

取差集:广义中年人—青年—老年,得到模糊集:有分房资格的广义中年人:

$$\{(30,0.24),(35,0.72),(40,1),(45,0.92),(50,0.68),(55,0.64)\}$$

如果在取上述差集之前先对青年人和老年人两个模糊集进行弱化,则效果会更佳。

注意,模糊集之交集和模糊集的拓扑积(直接积)在含义上的区别是微妙的。例如,年轻和漂亮是两个模糊集。这两个模糊集之交集应为"既年轻又漂亮"。但年轻和漂亮的直接积:年轻×漂亮似乎也是这个意思。两者有何区别?

细心的读者会说:年轻和漂亮这两个模糊集难以按严格的定义求交集,因为它们的基元不同;年轻的基元是年龄,而漂亮的基元则是眼睛的大小、鼻子的高低等等。如取交集,肯定为空集,因此不存在矛盾。但是,也有基元相同的模糊概念,例如老年、中年和青年。更进一步,同一基元集可以有不同的覆盖,如图 15.1.2 所示。在这种情况下,弱冠∩青年和弱冠×青年的区别何在呢? 仔细分析可以知道,弱冠×青年比弱冠∩青年保留了更多的信息。后者舍弃了非公有的基元,而前者保存了。后者只考虑同一基元上两个隶属函数的值,而前者考虑每一对基元上两个隶属函数的值。观察一下:

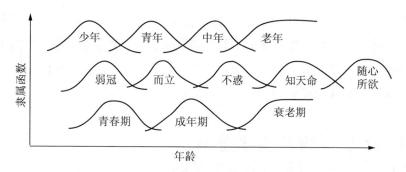

**图 15.1.2　同一基元集上的不同覆盖**

$$A \times B = \{((a, b), \min(\mu_A(a), \mu_B(b))) \mid a \in \sharp A, b \in \sharp B\}$$

$$(15.1.24)$$

而 $A \bigcap B$ 可以写成如下的等价形式：

$$A \bigcap B = \{((a, a), \min(\mu_A(a), \mu_B(a))) \mid a \in \sharp A, a \in \sharp B\}$$

$$(15.1.25)$$

比较式(15.1.24)和(15.1.25)，可知：作为模糊集，后者是前者的模糊子集。作为分明集（模糊集表示成分明集的形式），后者也是前者的子集。

类似地，在直接和 $A + B$ 和并集 $A \bigcup B$ 之间也需小心区分其含义。

最后给一个模糊扩张的例子。设有模糊集"经验丰富"，其基元为年龄。

经验丰富＝{(15, 0.1), (20, 0.2), (25, 0.3), (30, 0.4), (35, 0.5), (40, 0.6), (45, 0.7), (50, 0.8), (55, 0.9), (60, 1)}

又有分明集"年龄段"：

年龄段＝{青年，中年，老年}

映射 $\varphi$ 把分明集 $\sharp$ 经验丰富映入年龄段：

$\varphi$：15，20，25，30→青年

　　35，40，45，50→中年

　　55，60→老年

则三种模糊扩张的结果为

上扩张＝{(青年,0.4),(中年,0.8),(老年,1)}

下扩张＝{(青年,0.1),(中年,0.5),(老年,0.9)}

平均扩张＝{(青年,0.25),(中年,0.65),(老年,0.95)}

从含义上看,取平均扩张较为合理,因为青年人的经验丰富程度应该是各种年龄的青年人的经验丰富程度的平均。但是从计算性质上看,平均扩张的性质不如上扩张和下扩张好。如果一个扩张分几次进行,则平均扩张的结果随扩张的分段及其先后次序而异,但上、下扩张没有此问题。

## 15.2 多值逻辑和模糊逻辑

在经典的二值逻辑中只有两个真值:真或假。如果允许一个逻辑系统中真值的个数超过两个,这样的逻辑就称为多值逻辑。模糊逻辑是一种特殊的多值逻辑,所以本节先从多值逻辑讲起。

多值逻辑思想的产生和发展是很自然的。前面在介绍模态逻辑时曾经说过,Aristotle 在几千年前就发现二值逻辑的描述能力有限,不能描述像波斯与雅典海战这类无法知道其真假的命题。为此 Aristotle 研究了模态逻辑。但模态逻辑只是解决波斯海战问题的途径之一。另一条途径是在传统逻辑中引进第三个真值,这就是三值逻辑。首先建立三值逻辑系统的是 20 世纪 20 年代的 Lukaciewicz(卢卡西维茨)和 Post,他们各自提出了自己的三值逻辑系统。此后又有一些别的学者提出了其他形式的三值逻辑系统。下面我们介绍其中的几个。

不同的三值逻辑系统在对真和假这两种真值的处理上是类似的,即和普通的二值逻辑差不多。它们之间的区别主要在对第三个真值的处理原则上。而处理原则的不同又主要是基于对第三个真值的含义的理解不同。

我们首先从 Kleene(克林)的三值逻辑系统开始。他的出发点是要用三值逻辑描述数学命题。他对第三个真值的含义的理解是"不知道",用 $U$ 表示。下面是取不同真值的三个命题:

1. 素数有无穷多个(取值为真,用 $T$ 表示)。

2. 9 是素数(取值为假,用 $F$ 表示)。

3. 任何大偶数必可表为两个素数之和(取值为不知道,用 $U$ 表示)。

在 Kleene 的三值逻辑中引进了五个逻辑联结符,它们是:～(非)、∧(与)、∨(或)、→(蕴含)和≡(等价)。相应的真值表如图 15.2.1 所示。

| $p$ | $\sim p$ |
|---|---|
| $T$ | $F$ |
| $U$ | $U$ |
| $F$ | $T$ |

| $p \wedge q$ | $T\ U\ F$ |
|---|---|
| $T$ | $T\ U\ F$ |
| $U$ | $U\ U\ F$ |
| $F$ | $F\ F\ F$ |

| $p \vee q$ | $T\ U\ F$ |
|---|---|
| $T$ | $T\ T\ T$ |
| $U$ | $T\ U\ U$ |
| $F$ | $T\ U\ F$ |

| $p \rightarrow q$ | $T\ U\ F$ |
|---|---|
| $T$ | $T\ U\ F$ |
| $U$ | $T\ U\ U$ |
| $F$ | $T\ T\ T$ |

| $p \equiv q$ | $T\ U\ F$ |
|---|---|
| $T$ | $T\ U\ F$ |
| $U$ | $U\ U\ U$ |
| $F$ | $F\ U\ T$ |

**图 15.2.1　Kleene 联结符的真值表**

从这张真值表可以看出几点：

1. 排中律不再成立，即不再有"对任何 $p$，$p \vee \sim p = T$"。为此只需令 $p=U$，即得

$$U \vee \sim U = U \vee U = U$$

这是很自然的，因为二值逻辑是排中律成立的必备条件。

2. 矛盾律不再成立，即不再有"对任何 $p$，$p \wedge \sim p = F$"。为此只需令 $p=U$，即得

$$U \wedge \sim U = U \wedge U = U$$

3. 下列等价式仍成立

$$p \rightarrow q \equiv \sim p \vee q$$

4. De Morgan 定律仍成立：

$$\sim (p \wedge q) \equiv \sim p \vee \sim q$$
$$\sim (p \vee q) \equiv \sim p \wedge \sim q$$

5. 不仅有 $T \vee p \equiv T$，而且有 $F \vee p \equiv p$

6. 不仅有 $T \wedge p \equiv p$，而且有 $F \wedge p \equiv F$。

7. 恒等律不再成立，即不再有"对任何 $p$，有 $p \rightarrow p$ 及 $p \equiv p$"。为此只需令 $p=U$，即得：

$$(U \rightarrow U) \equiv U$$
$$(U \equiv U) \equiv U$$

排中律和矛盾律不成立还可以理解。这最后一点:恒等律不成立却着实使人吃惊。这相当于如下的一场对话。

问:如果人们不知道 Fermat 大定理是否成立,那么能否由此推出:人们不知道 Fermat 大定理是否成立呢?

答:不知道。

相比之下,Lukaciewicz 的三值逻辑系统在这一点上解决得比较好,Lukaciewicz 对第三个真值的含义的理解是"无所谓真假"。取这类真值的命题的典型例子是:

1. 在平面几何中过直线外一点恰能作一条平行线(本命题的真假取决于几何学的特性,在欧氏几何中是对的,在非欧几何中不对)。

2. 在不可数和连续统之间不存在其他的基数(本命题的真假独立于通常的集合论公理系统。例如在 Zermelo-Fraenkel 的 $ZF$ 公理系统中,既不能证明它为真,也不能证明它为假)。

卢氏系统的真值表有两部分与 Kleene 系统不一样,即蕴含和等价,见图 15.2.2。

| $p \rightarrow q$ | $T\ U\ F$ |
|---|---|
| $T$ | $T\ U\ F$ |
| $U$ | $T\ T\ U$ |
| $F$ | $T\ T\ T$ |

| $p \equiv q$ | $T\ U\ F$ |
|---|---|
| $T$ | $T\ U\ F$ |
| $U$ | $U\ T\ U$ |
| $F$ | $F\ U\ T$ |

图 15.2.2　**Lukaciewicz 联结符的真值表**

由上图可以看出,卢氏系统维持了恒等律,但在不遵守矛盾律和排中律方面与 Kleene 系统是一样的,并且还牺牲了等价式 $\sim p \vee q \equiv p \rightarrow q$。

我们要介绍的第三个三值逻辑系统是 Bochvar(波赫瓦)的。如果说 Lukaciewicz 对第三个真值的含义的理解是"无所谓真假",并且把"无所谓真假"理解为说它是真也行,说它是假也行,那么 Bochvar 对第三个真值的含义的理解便是"既非真又非假",即说它是真也不行,说它是假也不行,它表示一个含有内在矛盾的命题,有时称为悖论。取这类真值的命题的典型的例子是:

1. 本句所说的内容是错误的。(若该命题被赋以真值 $T$,则根据句子陈述可推出该命题的真值应为 $F$。反之,若该命题被赋以真值 $F$,则又可推出它的真值为 $T$。)

2. 理发师傅为自己理发。（这句话的背景是：某村有一位理发师傅。他规定：只替不给自己理发的人理发。现在问，他该不该替自己理发？如果前面的命题被赋以真值 $T$，即理发师傅为自己理发，则根据上述规定，他不应该替自己理发，即该命题应被赋以真值 $F$。反之，如果对命题赋以假值，即理发师傅不为自己理发，则根据规定，他又应该为自己理发，即命题应赋以真值 $T$。）

由于把第三个真值的含义理解为悖论或无意义，因此在 Bochvar 的系统中，任何一个逻辑公式只要其中含有一项 $U$（不管是在什么位置），则整个公式即等价于 $U$。部分的无意义导致整体的无意义。

Bochvar 三值逻辑的真值表见图 15.2.3。

| $p$ | $\sim p$ |
|---|---|
| $T$ | $F$ |
| $U$ | $U$ |
| $F$ | $T$ |

| $p \wedge q$ | $T\ U\ F$ |
|---|---|
| $T$ | $T\ U\ F$ |
| $U$ | $U\ U\ U$ |
| $F$ | $F\ U\ F$ |

| $p \vee q$ | $T\ U\ F$ |
|---|---|
| $T$ | $T\ U\ T$ |
| $U$ | $U\ U\ U$ |
| $F$ | $T\ U\ F$ |

| $p \to q$ | $T\ U\ F$ |
|---|---|
| $T$ | $T\ U\ F$ |
| $U$ | $U\ U\ U$ |
| $F$ | $T\ U\ T$ |

| $p \equiv q$ | $T\ U\ F$ |
|---|---|
| $T$ | $T\ U\ F$ |
| $U$ | $U\ U\ U$ |
| $F$ | $F\ U\ T$ |

**图 15.2.3　Bochvar 联结符的真值表**

显然，排中律、矛盾律、恒等律在此无一成立。

在 Post 的三值逻辑系统中，第三个真值的含义被理解为"介于真和假两者之间"，或云"半真半假"。相应地，非符号"$\sim$"的含义被理解为对真假程度的一种减弱。即 $\sim T=U$，$\sim U=F$。然而，在他那里这种减弱是循环的，因为同时有 $\sim F=T$ 成立。于是形成了一个 $T \to U \to F \to T$ 的循环。它可用符号形式表示为

$$\mathrm{suc}(T)=U,\ \mathrm{suc}(U)=F,\ \mathrm{suc}(F)=T$$

以 $v(p)$ 表示命题公式 $p$ 的真值，则有

$$v(T)=T,\ v(U)=U,\ v(F)=F$$

这三个真值之间有一个全序：

$$v(T) > v(U) > v(F)$$

注意用 suc 函数表示的真值之间的循环次序和用全序"＞"表示的它们的大小次序是两回事。现在可以写出 Post 系统的真值计算规则如下：

$$\forall p, v(\sim p) = \mathrm{suc}(v(p))$$
$$\forall p, q, v(p \lor q) = \max(v(p), v(q)) \tag{15.2.1}$$

其他公式的真值都可以用～和∨这两个基本联结符来定义。它们是：

$$v(p \land q) = v(\sim(\sim p \lor \sim q))$$
$$v(p \to q) = v(\sim p \lor q) \tag{15.2.2}$$
$$v(p \equiv q) = v((p \to q) \land (q \to p))$$

由此得到的真值表如图 15.2.4 所示。

| $p$ | $\sim p$ |
|---|---|
| $T$ | $U$ |
| $U$ | $F$ |
| $F$ | $T$ |

| $p \land q$ | $T\ U\ F$ |
|---|---|
| $T$ | $F\ F\ U$ |
| $U$ | $F\ T\ U$ |
| $F$ | $U\ U\ U$ |

| $p \lor q$ | $T\ U\ F$ |
|---|---|
| $T$ | $T\ T\ T$ |
| $U$ | $T\ U\ U$ |
| $F$ | $T\ U\ F$ |

| $p \to q$ | $T\ U\ F$ |
|---|---|
| $T$ | $T\ U\ U$ |
| $U$ | $T\ U\ F$ |
| $F$ | $T\ T\ T$ |

| $p \equiv q$ | $T\ U\ F$ |
|---|---|
| $T$ | $F\ F\ F$ |
| $U$ | $F\ T\ U$ |
| $F$ | $F\ U\ F$ |

**图 15.2.4　Post 联结符的真值表**

分析一下这个真值表，可知：

1. 排中律不成立，因为 $U \lor \sim U = U$。

2. 矛盾律不成立，因为 $U \land \sim U = U$。

3. 恒等律不成立，因为 $U \to U = U$，但却有 $(U \equiv U) = T$。

4. 零幂律不成立，因为 $\sim\sim p \neq p$，而是 $\sim\sim\sim p = p$。

5. De Morgan 定律只成立了一半，因为虽然根据计算规则的定义有 $v(p \land q) = v(\sim(\sim p \lor \sim q))$，但却有 $v(U \lor F) = U$，$\sim(\sim U \land \sim F) = F$。

　　此处有许多重要的定律皆不成立,这并不奇怪,因为那些定律基本上都是以真值的正负两极为基础的、现在从两极转为三极,它们就失去了存在的基础。真值的三极化越彻底,那些定律的失效也越彻底。在 Post 系统中失效的定律比前几个系统多,是因为 Post 系统中双极对立的概念进一步模糊了,这主要表现在非运算"∼"上,该运算的效应不再是以 $U$ 为中心的对称(如前三个系统那样),而是真值之间的定向循环运动。它使三个真值的作用和地位向平等的方向迈进了一步。但它做得并不彻底,这可以从 $T>U>F$ 的全序以及有关的真值计算规律上看出来。为了使三个真值的作用和地位更趋于平等,可以定义这样的三值逻辑系统,令

$$\mathrm{suc}(T)=U,\ \mathrm{suc}(U)=F,\ \mathrm{suc}(F)=T,$$

$$\forall p,\ v(\sim p)=\mathrm{suc}(v(p)),$$

$$\forall p,\ v(p\vee p)=v(p\wedge p)=v(p)$$

$$\forall p,\ v(p\vee\sim p)=v(\sim p\vee p)=v(p)$$

$$\forall p,\ v(p\wedge\sim p)=v(\sim p\wedge p)=v(\sim p) \tag{15.2.3}$$

$$\forall p,q,\ v(p\to p)=v(\sim p\vee p)$$

$$\forall p,q,\ v(p\equiv p)=v((p\to p)\wedge(q\to p))$$

$$\forall p,\ v(\circ p)=\mathrm{suc}^{-1}(v(p))$$

符号。表示反非运算,是为了和非运算对称而加上的。这个三值逻辑(可以称之为平等三值逻辑)的真值表如图 15.2.5 所示。

| $p$ | $\sim p$ |
|---|---|
| $T$ | $U$ |
| $U$ | $F$ |
| $F$ | $T$ |

| $p\wedge q$ | $T\ U\ F$ |
|---|---|
| $T$ | $T\ U\ T$ |
| $U$ | $U\ U\ F$ |
| $F$ | $T\ F\ F$ |

| $P\vee q$ | $T\ U\ F$ |
|---|---|
| $T$ | $T\ T\ F$ |
| $U$ | $T\ U\ U$ |
| $F$ | $F\ U\ F$ |

| $p$ | $\circ p$ |
|---|---|
| $T$ | $F$ |
| $U$ | $T$ |
| $E$ | $U$ |

| $p\to q$ | $T\ U\ F$ |
|---|---|
| $T$ | $T\ U\ U$ |
| $U$ | $F\ U\ F$ |
| $F$ | $T\ T\ F$ |

| $p\equiv q$ | $T\ U\ F$ |
|---|---|
| $T$ | $T\ F\ U$ |
| $U$ | $F\ U\ T$ |
| $F$ | $U\ T\ F$ |

**图 15.2.5　平等联结符的真值表**

读者可自行检验各有关定律在平等三值逻辑中的成立情况。不难看出,平等三值逻辑朝三个真值完全平等的方向又跨出了一步。

然而,我们对三值逻辑中各真值的地位和作用的平等的讨论也就到此为止,因为本节的目标是要从多值逻辑引出模糊逻辑。对于模糊逻辑来说,不是要消除各真值间的不平等,而恰恰是要用某种定量的方法计算出它们之间的差别程度来。

多值逻辑模糊化的第一步,是把三值逻辑推广到任意的 $n$ 值逻辑($n \geq 3$),甚至任意的无穷多值逻辑或不可数多值逻辑。为此,需在已有的三值逻辑中选择一个作为出发点。显然,平等三值逻辑是不合用的,因为它强调真值之间的平等地位,而不讲它们之间的程度差别。类似地,Post 三值逻辑也是不合用的,因为它抛弃了 $\sim\sim p = p$ 的原则,这与人的直观不相符。Bochvar 的三值逻辑同样不能考虑,因为它把第三个真值 $U$ 看作无意义,而不是把 $U$ 看作介于真、假之间的一个值。于是,可以考虑作为模糊逻辑基础的只有 Lukaciewicz 和 Kleene 这两种三值逻辑了。但是 Kleene 逻辑中 $(U \rightarrow U) = U$ 的规定是不能令人满意的,因此 Lukaciewicz 的三值逻辑可能是构造模糊逻辑的最佳基础。

事实上,卢氏本人早已把他的三值逻辑推广到任意多值的情形,他规定:

$$
\begin{aligned}
&v(T) = 1, \; v(F) = 0 \\
&v(p \wedge q) = \min(v(p), \, v(q)) \\
&v(p \vee q) = \max(v(p), \, v(q)) \\
&v(\sim p) = 1 - v(p) \\
&v(p \rightarrow q) = \min(1, \, 1 - v(p) + v(q)) \\
&v(p \equiv q) = \min(v(p \rightarrow q), \, v(q \rightarrow p))
\end{aligned}
\tag{15.2.4}
$$

在这里,真值 $U$ 已经不再被提到,因为它成了无穷多个真值中之一种,没有什么特殊地位。实际上,$v(U) = 1/2$。

多值逻辑模糊化的第二步,是引进模糊变量和模糊谓词,以便从模糊命题逻辑过渡到模糊谓词逻辑。实际上我们在前面讨论的还不是完全的模糊命题逻辑,因为那里只有逻辑常量而没有逻辑变量。下面的定义实现了完善模糊命题逻辑和建立模糊谓词逻辑的双重任务。这是一个简化了的定义。

1. 真值:闭区间[0, 1]内的所有值。

2. 联结符:$\sim$, $\rightarrow$, $\wedge$, $\vee$, $\equiv$。

3. 量词：∀，∃。

4. 常量。

(1) $n$ 目函数常数 $f^n$。当 $n=0$ 时即为普通常量，属于某一个域。

(2) $n$ 目谓词常数 $p^n$。当 $n=0$ 时即为普通命题常量。这里的谓词即是模糊谓词。命题常量即 1。中所说的真值。

5. 变量。

(1) 普通变量(取值在某个域 $D$ 中)。

(2) 模糊变量(取值在闭区间 $[0,1]$ 中)。

以上是模糊谓词逻辑使用的符号集，它的合式公式定义如下：

1. 项(在某个域 $D$ 中取值)。

(1) 每个普通常量 $a$ 和普通变量 $x$ 都是项。

(2) 若 $t_1, t_2, \cdots, t_n$ 是项，则 $f^n(t_1, t_2, \cdots, t_n)$ 也是项。

2. 原子公式(在闭区间 $[0,1]$ 中取值)。

(1) 每个命题常量都是原子公式。

(2) 每个模糊变量都是原子公式。

(3) 若 $t_1, t_2, \cdots, t_n$ 是项，则 $p^n(t_1, t_2, \cdots, t_n)$ 是原子公式。

3. 合式公式(在闭区间 $[0,1]$ 中取值)。

(1) 每个原子公式都是一个合式公式。

(2) 若 $A$、$B$ 为合式公式，则 $\sim A$，$A \rightarrow B$，$A \wedge B$，$A \vee B$ 和 $A \equiv B$ 都是合式公式。

(3) 若 $x$ 为普通变量，$A$ 为合式公式，则 $\forall x A$ 和 $\exists x A$ 均为合式公式。

注意，我们在这里省略了对函数常量和谓词常量的定义域的说明。为简单计，假定所有的项均属于同一个域 $D$。

合式公式的真值计算规则沿用 Lukaciewicz 逻辑推广中的计算方法，但对带量词的合式公式的计值作补充规定如下：

$v(\forall x A) = \inf v(A)$，其中 $x$ 遍历它的值域

$v(\exists x A) = \sup v(A)$，其中 $x$ 遍历它的值域

按模糊逻辑的术语，如果对一个合式公式中的普通变量和模糊变量不论作何种赋值，该合式公式的真值均大于或等于 $\lambda(\lambda \in [0,1])$，则称它为 $\lambda$ 永真的。反之，若该合式公式的真值在任何情况下均小于或等于 $\lambda$，则称它是 $\lambda$ 永假的，或 $\lambda$ 不可满足的。一个不是 $\lambda$ 永真的合式公式也称为是 $\lambda$ 可假的。反之，一个

不是 $\lambda$ 永假的合式公式也称为是 $\lambda$ 可真的。通常称一个 $1/2$ 永真的合式公式为模糊真的,称一个 $1/2$ 永假的合式公式为模糊假的。

Zadeh 对这样的模糊逻辑是不满意的。在这里,虽然一个命题的真值可以是闭区间 $[0,1]$ 之中的任意一个实数,但这个实数仍然是一个分明的数,并不模糊。于是,Zadeh 倡导了多值逻辑模糊化的第三步。这一步的关键是使模糊变量和模糊谓词的取值真正模糊化。具体地说,是使它们以 $[0,1]$ 区间上的模糊子集为其值。

只需把前面的模糊逻辑定义略加修改,即可用来描述 Zadeh 的模糊逻辑。修改之点为:

1. 真值。闭区间 $[0,1]$ 上的所有模糊子集。(严格地说,应是以闭区间 $[0,1]$ 的子集为基元集 $\sharp A$ 的所有模糊子集 $A$ 。)

2. 原子公式和合式公式:可取闭区间 $[0,1]$ 上的任一模糊子集为值。

用隶属函数表示时,真值的计算规则为

$A = \sim B$,则 $\mu_A(x) = 1 - \mu_B(x)$

$A = B \wedge C$,则 $\mu_A(x) = \min(\mu_B(x), \mu_C(x))$

$A = B \vee C$,则 $\mu_A(x) = \max(\mu_B(x), \mu_C(x))$

$A = B \to C$,则 $\mu_A(x) = \min(1, 1 - \mu_B(x) + \mu_C(x))$

$A = (B \equiv C)$,则 $\mu_A(x) = \min(1, 1 - \mu_B(x) + \mu_C(x), 1 - \mu_C(x) + \mu_B(x))$

这和推广的 Lukaciewicz 逻辑的计算规则是一致的。

Zadeh 引进这种模糊逻辑,并不仅仅是为了在一般的模糊集上作演绎推理,他实际上感兴趣的是用语言形式表示的模糊变量。以年龄来说,令一个模糊变量以年龄区间 $[0,200]$ 上的模糊子集为值,实际上也就是以语言元素年轻、年老、比较年轻、既不年老又不年轻、年纪不算小、……等为值,其中每个语言元素就是一个模糊子集。一般来说,这种语言元素只能有可数多个(但不一定是有限多个,例如年轻的程度可能有年轻、非常年轻、非常非常年轻、……、(非常)$^n$ 年轻、……等)。Zadeh 用一个文法结构来生成这类语言元素。例如:

〈年龄描述〉::=〈描述词〉|〈程度词〉〈年龄描述〉|〈年龄描述〉〈联结词〉
  　　　　　〈年龄描述〉

〈描述词〉::=年老|年轻

〈程度词〉::=非常|相当|比较|不

〈联结词〉::=而且|或者

用它可以生成不少有意义的描述,如"不年老而且相当相当年轻",但也可以生成无意义的描述,如"非常年老且非常年轻"。因此,这种语法描述一般说应当是上下文有关的。每个描述词相当于一个基本的模糊子集,每个程度词相应于模糊集上的一目运算,联结词相当于二目运算(参见前一节中模糊集合的运算)。利用这些运算可以把任一语言元素转化为一个模糊集。

但是,Zadeh 的模糊语言演算(例如对年龄的演算)并不就是模糊逻辑。要想把模糊语言转换成严格的模糊逻辑,其困难是很大的。而且,在进行模糊演绎以后,得到的仍是一个模糊集,这时就不一定能把模糊集翻译成语言元素了,因为刚才说过,它们最多只有可数多个,不能覆盖[0,1]上的全体模糊集。为了解决这个问题,Zadeh 提出了语义近似的概念,定义两个模糊集之间的语义距离。当需要把模糊集翻译成语言元素时,就翻译成在语义上最接近此模糊集的那个模糊集所对应的语言元素。

Zadeh 对模糊逻辑的推广使该逻辑发生了一个根本性的变化。不妨回忆一下,从分明逻辑到模糊逻辑是使逻辑变量(包括谓词)的取值范围从$\{0,1\}$这个双元素集推广到[0,1]闭区间,而 Zadeh 的推广则进一步使上述取值范围从[0,1]这个全序集扩展到一个格上,因为闭区间[0,1]上的全体模糊子集之集合构成一个格。

简单解释一下什么是格。格是一种特殊的偏序集。一个集合 $S$ 称为是一个偏序集,如果在它的部分元素之间存在着一种次序关系,用⊑表示。它满足如下定律:

1. 自反律。$a \sqsubseteq a$。

2. 传递律。由 $a \sqsubseteq b$ 及 $b \sqsubseteq c$ 可得 $a \sqsubseteq c$。

3. 恒等律。由 $a \sqsubseteq b$ 及 $b \sqsubseteq a$ 可得 $a = b$。

例如,把集合 $A$ 包含于 $B$ 中解释为 $A \sqsubseteq B$,则任意一个集合 $U$ 的全体子集的集合(称为 $U$ 的幂集)构成一个偏序集。同样,如果把模糊集合的包含关系也解释为上述次序关系,则任意一个集合 $U$ 上的全体模糊子集的集合(可称之为 $U$ 的模糊幂集)也构成一个偏序集。

若在偏序集上能定义交运算 $\bigcap$ 和并运算 $\bigcup$,使得

1. 若 $a \bigcap b = c$,则 $c \sqsubseteq a$,$c \sqsubseteq b$,且不存在 $d \neq c$,使 $c \sqsubseteq d$,$d \sqsubseteq a$,$d \sqsubseteq a$。

2. 若 $a \bigcup b = c$,则 $a \sqsubseteq c$,$b \sqsubseteq c$,且不存在 $d \neq c$,使 $d \sqsubseteq c$,$a \sqsubseteq d$,$b \sqsubseteq d$。

3. 交换律成立,即

$$a \bigcap b = b \bigcap a, \ a \bigcup b = b \bigcup a$$

4. 结合律成立,即

$$(a \bigcap b) \bigcap c = a \bigcap (b \bigcap c)$$
$$(a \bigcup b) \bigcup c = a \bigcup (b \bigcup c)$$

5. 恢复律成立,即

$$a \bigcap (a \bigcup b) = a, \ a \bigcup (a \bigcup b) = a$$

则该偏序集称为一个格。显然,任意一个集合 $U$ 的幂集和模糊幂集都构成一个格,其中集合的交运算和并运算分别起着格上的交运算和并运算的作用。

基于交换律和结合律,可以把有限多个格元素的交集和并集简单地写为

$$a_1 \bigcap a_2 \bigcap a_3 \bigcap \cdots \bigcap a_n = \bigcap_{i=1}^{n} a_i$$

$$a_1 \bigcup a_2 \bigcup a_3 \bigcup \cdots \bigcup a_n = \bigcap_{i=1}^{n} a_i$$

前者称为诸 $a_i$ 的下确界,后者称为诸 $a_i$ 的上确界,它们显然也是格中的元素。若该性质对无穷多元素的并和交也成立,则该格称为完全格。易证任意集合 $U$ 的幂集和模糊幂集也是完全格。Zadeh 定义的模糊逻辑就是在模糊幂集这个完全格上取值的逻辑。

但是,多值逻辑模糊化的工作并未到此为止。考察一下 Zadeh 用以生成各种语言元素的文法结构,其中的程度词和描述词是分开的,但到了他的模糊逻辑中,这两种词却"合二而一"了。程度词隐含在作为描述词的谓词符号中,不能显式处理,这是不能令人满意的。下一节就来讨论这个问题。

今后,称取值在闭区间[0,1]上的模糊逻辑为卢氏模糊逻辑,称取值在[0,1]的模糊幂集上的模糊逻辑为查氏模糊逻辑。

## 15.3 算子模糊逻辑

把程度词从谓词符号中分离出来的办法之一,是把程度词看成作用于谓词符号的算子。刘叙华把这种算子加入到模糊逻辑中,建立了算子模糊逻辑。下面,我们先介绍他提出的第一种算子模糊逻辑。

在这个逻辑系统中,算子是闭区间$[0,1]$中的一个数,称作$\lambda$。把$\lambda$作用于一个命题(或命题公式)$P$,即可影响$P$的真值($P$成立的程度)。影响的结果既与$\lambda$的大小有关,也与$P$原来的真值有关,在符号上用$\lambda P$表示这种影响,在计算上则写为$\lambda \circ v(P)$,其中$v(P)$是$P$原来的真值,圆圈"$\circ$"代表$\lambda$的影响的计算方式,在该系统的术语中也称为一个算子。

在语义上对算子$\lambda$作什么解释是一个关键问题。此处刘叙华的解释是:$\lambda P$表示命题$P$在程度$\lambda$上是可信的,其中$\lambda$的含义是:

$$\lambda = \begin{cases} 1.0:\text{是}。 \\ 0.9:\text{几乎是(稍稍不是)}。 \\ 0.8:\text{非常像是(有点不是)}。 \\ 0.7:\text{很像是(有些不是)}。 \\ 0.6:\text{差不多是(比较不是)}。 \\ 0.5:\text{半真半假,不确定}。 \\ 0.4:\text{比较是(差不多不是)}。 \\ 0.3:\text{有些是(很像不是)}。 \\ 0.2:\text{有点是(非常像不是)}。 \\ 0.1:\text{稍稍是(几乎不是)}。 \\ 0.0:\text{不是} \end{cases}$$

例如,以$P$表示乌鸦都是黑的,则$0.9P$表示乌鸦几乎都是黑的,而$0.1P$则表示几乎没有乌鸦是黑的。又以$Q$表示天鹅都是白的,则

$$0.3(0.1P \equiv 0.9Q)$$

表示,"几乎没有乌鸦是黑的等价于几乎天鹅都是白的"这种说法很像是不对的。

具体来说,第一种算子模糊逻辑(简称为 OFL)的语法是这样规定的:

1. 上一节中在多值逻辑模糊化的第 2 步中给出的模糊逻辑的符号集定义仍然有效,但要增加一个算子符号$\lambda$。

2. 该模糊逻辑的合式公式定义部分的项和原子公式的定义仍然有效,但函数名和谓词名的上标$n$一般省掉,即简单地把$f^n$写为$f$,把$p^n$写为$p$。原子公式也称为原子。原子前加非符号仍为原子。

3. 若$P$为原子,则$\lambda P$称为模糊原子。

4. 模糊原子是合式公式。

5. 若 $G$, $H$ 是合式公式,则 $\lambda G$, $\sim G$, $G \rightarrow H$, $G \wedge H$, $G \vee H$, $G \equiv H$ 都是合式公式。

6. 若 $G$ 是合式公式,$x$ 是 $G$ 中自由变元,$0 < \lambda < 1$,则 $\forall x\, G(x)$, $\exists x\, G(x)$, $(\lambda \forall x)G(x)$, $(\lambda \exists x)G(x)$ 都是合式公式。

7. 除此以外无别的合式公式。

下面我们简称合式公式为公式。公式的真值按如下规则计算:

1. 若 $P$ 为原子,则 $v(\lambda P) = \lambda$,当且仅当在卢氏模糊逻辑中 $v(P) = 1$; $\lambda(\lambda P) = 1 - \lambda$,当且仅当在卢氏模糊逻辑中 $v(P) = 0$。

2. 若 $G$ 为公式(下同),则 $v(\lambda G) = \lambda \circ v(G)$,其中算子"$\circ$"的含义是:$a \circ b = (a + b)/2$。下同。

3. $v(\sim G) = 1 - v(G)$。

4. 若 $G$ 和 $H$ 为公式(下同),则 $v(G \vee H) = \max\{v(G), v(H)\}$。

5. $v(G \wedge H) = \min\{v(G), v(H)\}$。

6. $v(G \rightarrow H) = v(\sim G \vee H)$。

7. $v(G \equiv H) = v((G \rightarrow H) \wedge (H \rightarrow G))$。

8. $v(\forall x\, G(x)) = \inf\{G(x) | x \in D\}$,$D$ 为 $x$ 的值域。下同。

9. $v(\exists x\, G(x)) = \sup\{G(x) | x \in D\}$。

10. $v((\lambda \forall x)G(x)) = v(\lambda(\forall x G(X)))$。

11. $v((\lambda \exists x)G(x)) = v(\lambda(\exists x G(x)))$。

注意,算子 $\lambda$ 作用于原子的方式和作用于公式的方式是不一样的。因为原子本身的真值(不同于上节模糊逻辑的规定)只有 1 和 0 两种。$\lambda$ 作用于原子时直接将其值改变为 $\lambda$ 或 $1 - \lambda$,这可以看作是模糊原子的初值。而当 $\lambda$ 作用于公式时,并不是把公式的真值直接定为 $\lambda$ 或 $1 - \lambda$,而是把该公式的真值向 $\lambda$ 方向拉过去一半距离。例如,设

$$G = 0.8P, \quad H = 0.6G = 0.6(0.8P)$$

则当 $P$ 在卢氏模糊逻辑中取真值 1 时,$G$ 在算子模糊逻辑中的真值为 0.8,$H$ 在算子模糊逻辑中的真值为 0.7,而不是 0.6。

在下面,我们以简写 $G = H$ 来代替 $v(G) = v(H)$,其中 $G$ 和 $H$ 是公式。不难证明有下列性质成立:

1. 若 $P$ 是原子,有 $1 \sim P = 0P$。

2. 若 $P$ 是原子,有 $\sim 0P = 1P$。

3. 若 $P$ 是原子,有 $\sim \lambda P = (1-\lambda)P$。

4. 若 $P$ 是原子,有 $\sim(\lambda_n \cdots \lambda_1 P) = (1-\lambda_n) \cdots (1-\lambda_1)P$。

5. 若 $G$ 是公式,有 $\sim \lambda G = (1-\lambda)(\sim G)$。

6. 若 $G$ 是公式,有 $\sim(\lambda_n \cdots \lambda_1 G) = (1-\lambda_n) \cdots (1-\lambda_1)(\sim G)$。

7. 若 $G$ 是公式,令

$$\lambda_n \lambda_{n-1} \lambda_{n-2} \cdots \lambda_1 G = A_n$$

如果 $\lambda_n$ 趋于一个极限,即

$$\lim_{n \to \infty} \lambda_n = \lambda$$

则亦有

$$\lim_{n \to \infty} v(A_n) = v(\lambda G)$$

8. 若 $G$、$H$ 是公式,则

$$\lambda(G \vee H) = \lambda G \vee \lambda H,$$
$$\lambda(G \wedge H) = \lambda G \wedge \lambda H。$$

9. 若 $G$ 是含有自由变量 $x$ 的公式,则

$$\lambda(\forall x\, G(x)) = \forall x(\lambda G(x)),$$
$$\lambda(\exists x\, G(x)) = \exists x(\lambda G(x)),$$
$$(\lambda \forall x)G(x) = \lambda(\forall x\, G(x)),$$
$$(\lambda \exists x)G(x) = \lambda(\exists x\, G(x))。$$

10. OFL 中的公式满足如下定律:

(1) 交换律:若 $G$、$H$ 为公式,则

$$G \vee H = H \vee G, \quad G \wedge H = H \wedge G$$

(2) 结合律:若 $G$、$H$、$K$ 为公式,则

$$G \vee (H \vee K) = (G \vee H) \vee K$$
$$G \wedge (H \wedge K) = (G \wedge H) \wedge K$$

(3) 分配律:若 $G$、$H$、$K$ 为公式,则

$$G \vee (H \wedge K) = (G \vee H) \wedge (G \vee K)$$
$$G \wedge (H \vee K) = (G \wedge H) \vee (G \wedge K)$$

(4) De Morgan 定律:若 $G$、$H$ 为公式,则

$$\sim(G \vee H) = \sim G \wedge \sim H$$
$$\sim(G \wedge H) = \sim G \vee \sim H$$

11. OFL 不满足排中律、矛盾律和恒等律。

可以看出,OFL 有一些良好的性质,但正如刘叙华自己所指出的,也还有一些令人不够满意的地方,它的缺点有:

1. 不得不严格区分原子和模糊原子。原子的真值只能像普通二值逻辑中那样,要么为真(=1),要么为假(=0)。

2. $\lambda$ 算子不满足交换律,即一般地说:

$$\lambda_1 \lambda_2 G \neq \lambda_2 \lambda_1 G$$

3. $\lambda$ 算子不满足结合律,即一般地说

$$\lambda_1 \lambda_2 G \neq (\lambda_1 \cdot \lambda_2) G$$

甚至不存在函数 $f(x)$,使

$$\lambda_1 \lambda_2 G = f(\lambda_1 \cdot \lambda_2) G$$

除此之外,对于原子 $P$ 或公式 $G$ 取真值的含义也可以深究一下。如果 $P$ 在某个解释下为真(即取值 1,关于解释的定义参见 1.1 节。本节和其他章节的有关部分本应严格地使用这种术语,只是省略了),则不应把它理解为 $P$ 事实上为真,而应理解为对 $P$ 的初始认识为真,这样 $\lambda P$ 才能理解为对初始认识的修正,因为事实是不能修正的,如果这种理解是对的,那么作用于原子 $P$ 的第一个 $\lambda$ 算子的影响不同于以后的 $\lambda$ 算子的影响这种规定就显得有些不自然,考察下列例子:

$P$:所有的演员都有私人汽车($v(P)=1$),

$1P$:命题 $P$ 是真的,

$0.6(1P)$:差不多可以认为命题 $P$ 是真的,

$0.6P$:差不多所有的演员都有私人汽车。

在这里,$0.6P$ 和 $0.6(1P)$ 本来说的是一码事,但前者的真值是 $0.6$,而后者的真值是 $0.8$(非常可能所有的演员都有私人汽车)。

作为对上述 OFL 的改进,刘叙华和安直提出了另一种算子模糊逻辑。为了区别于 OFL,本节中称它为 COFL。

COFL 的语法与 OFL 差不多,只是对量词 $\forall$ 和 $\exists$ 前面的 $\lambda$ 算子解除了 $0<\lambda<1$ 的限制,允许 $\lambda$ 在整个闭区间$[0,1]$之间变动。

COFL 的真值计算规则与 OFL 的真值计算规则的区别如下:1. 原子 $P$ 的真值不再限于 0 和 1 两种,可取闭区间$[0,1]$之中的任何一个值。

2. $\lambda$ 算子对原子和公式的作用统一了,即

$$v(\lambda P)=\lambda \circ v(P), \quad P \text{ 为原子}$$
$$v(\lambda G)=\lambda \circ v(G), \quad G \text{ 为公式}$$

因此,不妨认为原子也是 COFL 中的公式,一切适用于公式的真值计算规则也适用于原子。

3. 用于真值计算的算子"$\circ$"的定义改为

$$\lambda \circ a=0.5+\lambda \cdot (a-0.5)$$

由于这些修改,COFL 显示出与 OFL 很不一样的特点,有这样一些值得注意的性质:

1. 对任何公式 $G$

$$1G=G, \qquad 1(\sim G)=\sim G$$

2. 对任何公式 $G$,算子 $\lambda$

$$\sim(\lambda G)=\lambda(\sim G)$$

3. 对任何公式 $G$,由 $v(G)=0.5$ 可以推出

$$\forall \lambda, v(\lambda G)=0.5$$

4. 对任何公式 $G$,算子 $\lambda$,有

(1) 若 $v(G) \geqslant 0.5$,则 $v(\lambda G) \geqslant 0.5$

(2) 若 $v(G) \leqslant 0.5$,则 $v(\lambda G) \leqslant 0.5$

由此可知性质 3 是性质 4 的特例,实际上还有更精确的性质,即:

5. 对任何公式 $G$,算子 $\lambda$,有

$$|v(\lambda G)-0.5|\leqslant|v(G)-0.5|$$

这表示运用 $\lambda$ 算子的效果是使公式的真值向 0.5 处集中。更精确地,我们有:

6. 对任何公式 $G$,算子 $\lambda_1 > \lambda_2$,有

(1) 若 $v(G) > 0.5$,则 $v(\lambda_1 G) > v(\lambda_2 G)$

(2) 若 $v(G) < 0.5$,则 $v(\lambda_1 G) < v(\lambda_2 G)$

这表示 $\lambda$ 算子的值越小,它使公式的真值向 0.5 处集中的程度越高。

7. 对任何公式 $G$,有

$$v(0G)=0.5$$

8. 对任何公式 $G$,算子 $\lambda_1, \lambda_2, \cdots, \lambda_n$,有

$$\lambda_1\lambda_2\lambda_3\cdots\lambda_n G=(\lambda_1 \cdot \lambda_2 \cdot \cdots \cdot \lambda_n)G$$

这表示 $n$ 个 $\lambda$ 算子逐次作用的效果相当于把它们的值乘起来以后一次作用的效果。

9. 对任何公式 $G, H$,有

$$\lambda(G \wedge H)=(\lambda G) \wedge (\lambda H)$$
$$\lambda(G \vee H)=(\lambda G) \vee (\lambda H)$$

10. 若 $G$ 是含有自由变量 $x$ 的公式,则

$$\lambda(\forall x\, G(x))= \forall x(\lambda G(x))$$
$$\lambda(\exists x\, G(x))= \exists x(\lambda G(x))$$
$$(\lambda \forall x)\, G(x)=\lambda(\forall x G(x))$$
$$(\lambda \exists x)\, G(x)=\lambda(\exists x G(x))$$

11. COFL 满足交换律、结合律、分配律和 De Morgan 定律。

12. COFL 不满足排中律、矛盾律和恒等律。

由上述性质可知,COFL 在某些方面满足了以证据积累为基础的模糊逻辑的要求,但是也还有一些方面尚不完全适合于实际使用。它的优点主要是:

1. 不必区分原子和模糊原子。

2. $\lambda$ 算子满足交换律。

3. $\lambda$ 算子满足结合律。

这正好克服了前面列出过的 OFL 的三条缺点。COFL 的一些不太合用的性质

如下：

1. 如果把 0.5 看作非真非假（没有任何信息），则性质 3 表示：若开始时对某个命题的真假值一无所知（0.5），则以后不论获得何种证据，该证据提供的信息 $\lambda$ 决不能增加我们对命题的知识（它永远取真值 0.5）。

2. 性质 4 表明，如果某命题在开始时其真值 $\geq 0.5$（为真的可能性超过为假的可能性），则无论今后获得何种反面证据，均不能使这个结论反过来（为假的可能性超过为真的可能性，即真值 $\leq 0.5$）。反之也是一样，开始为假的命题以后不可能为真。

3. 性质 5 表明，收集的证据越多（算子 $\lambda$ 越多），则命题的真值越向 0.5 靠拢。这导致"信息越多，结论越模糊"，而不是我们希望的"信息越多，结论越分明"。

刘叙华指出，若把 COFL 中的 $\lambda_1, \cdots, \lambda_n$ 看成是证据，确会导致上面所说的那些缺点。但若把 $\lambda_1, \cdots, \lambda_n$ 看作可信度，把 $\lambda_1 \cdot \lambda_2 \cdot \cdots \cdot \lambda_n$ 看作一种可信度传播方式，就有点合理了。例如，有人将 $P$ 的可信度看做是 0.6，又有人将前一人看法的可信度看做是 0.8，那么这人对 $P$ 的可信度的估计实际是 $0.8 \times 0.6 = 0.48$，而在 COFL 中，

$$\lambda_1(\lambda_2 P) = (\lambda_1 \times \lambda_2)P$$

正好满足了这个要求。

为了实现这种解释，需要加上一个条件，就是在 $i > 1$ 时，第 $i$ 个人对命题本身的真假一无所知。否则，他仍能根据本人对命题真假的认识作出判断，修改前面的人的估计，使可信度向 1 或 0 的方向发生变化。这在如下两种情况中是可能的：

1. 他对前一人说话的可信度有一总的看法。例如，他知道前一人喜欢捕风捉影，说东家长、西家短。于是，在该人又宣布某家出了耸人听闻的事时，即使他对该家的事一无所知，他也能在该人声称的可信度基础上再打一折扣（乘一个 $\lambda$ 因子）。

2. 他对前一人作结论时使用的推理规则的可信度有一看法。例如，前一人根据规则

说话者是权威→说话者的意见百分之百可信

以及事实：更前一人是权威，得出了对某事实的可信度结论。他并不同意这种判

断规则,从而仍给前一人的结论打上折扣。

当然还可以有其他解释。

有没有可能设计一种逻辑,它能反其道而行之,实现信息越多,结论越分明的目标呢?暂且称这种逻辑为 EOFL。三种算子模糊逻辑在指导思想上的不同如图 15.3.1 所示。

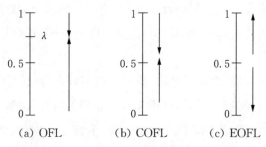

(a) OFL      (b) COFL      (c) EOFL

**图 15.3.1 三种算子模糊逻辑的真值走向**

我们对 EOFL 提出如下原则:

1. 若算子 $\lambda=0.5$,表示它不提供有关命题真假的信息,因而不改变原来的命题真值。

2. 若算子 $\lambda>0.5$,表示它倾向于肯定原来的命题,因而使真值向 1 的方向发展。

3. 若算子 $\lambda<0.5$,表示它倾向于否定原来的命题,因而使真值向 0 的方向发展。

一种可供考虑的方案是像专家系统 PROSPECTOR 对 Bayes 概率所做的那样,实行线性插值。在图 15.3.2 中,令 $\lambda=0.5$ 对应命题的当前真值 $a$。若下一个 $\lambda>0.5$,则以过 $(\lambda,0)$ 的垂线和右斜线段的交点来定新的真值,右斜线段是 $(0.5,a)$ 和 $(1,1)$ 之间的联线。若下一个 $\lambda<0.5$,则以过 $(\lambda,0)$ 的垂线和左斜线

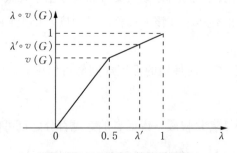

**图 15.3.2 EOFL 的线性插值**

段的交点来定新的真值,左斜线段是$(0.5,a)$和$(0,0)$之间的联线。综上所述,真值计算公式为

$$v(\lambda G)=\begin{cases}v(G)+2(1-v(G))(\lambda-0.5), & \lambda\geqslant0.5\\2\lambda\cdot v(G), & \lambda\leqslant0.5\end{cases}$$

不难看出,用这种线性插值方法定义的 EOFL 达到了上面提出的三项目标。但它的缺点也不少。第一个缺点是它在 $\lambda=0$ 和 $\lambda=1$ 处显示出奇异行为。任何命题的真值一旦达到了 0,则在一个大于 0.5 的 $\lambda$ 算子到来之前,所有小于 0.5 的 $\lambda$ 算子都是不起作用的。类似地,任何命题的真值一旦达到了 1,则在一个小于 0.5 的 $\lambda$ 算子到来之前,所有大于 0.5 的 $\lambda$ 算子都是不起作用的。第二个缺点更大,在 COFL 那里成立的 $\lambda$ 算子的交换律和结合律在此荡然无存。因此,EOFL 的真值计算规则仍然是不实用的。

但是,EOFL 的不合用性并不说明我们不能为真值算子找到其他的解释,例如,另一种可能的定义是:

$$v(\lambda G)=\begin{cases}1-2(\lambda-1)(v(G)-1),若\lambda,v(G)\geqslant0.5\\[2mm]\dfrac{\lambda+v(G)-1}{1-\min(|2\cdot\lambda-1|,|2\cdot v(G)-1|)}+\dfrac{1}{2},\\[2mm]\quad若\left(\lambda-\dfrac{1}{2}\right)\left(v(G)-\dfrac{1}{2}\right)<0 \text{ 且 }|\lambda-v(G)|<1\\[2mm]2\cdot\lambda\cdot v(G),若\lambda,v(G)\leqslant0.5\end{cases}$$

在这里只有一种情况被排除了,那就是 $|\lambda-v(G)|=1$,即已有信息和新的信息绝对矛盾。当然这也可以用某种办法加以修补,例如规定在这种情况下 $v(\lambda G)=0.5$。

我们称用该方法定义的算子模糊逻辑为 MOFL,其特点为:

1. $\lambda$ 算子满足交换律和结合律,排除了 EOFL 的缺点。

2. 它表示的是对命题的可信程度的积累。

3. 只要命题尚未达到 100% 可信($v(G)=1$),则总可以通过反面证据把它修改成不可信。但一旦它达到 100% 可信(只要一个绝对的证据:$\lambda=1$,就能使它 100% 可信),则以后的任何反面证据都不起作用了,它永远保持 100% 可信。

4. 对命题 100% 为假的情况($v(G)=0$),有相应的结论。

MOFL 的真值计算公式来自 MYCIN 的启发,有点人为构造的痕迹。实际

上,对 OFL 的真值计算规则略加修改,即可排除前面指出的缺点。我们记得它的公式是这样的:

$$a \circ b = (a+b)/2$$

不难看出,当多次使用这一算子时,越是后来的 $\lambda$ 起的作用越大,在

$$v(\lambda_n \lambda_{n-1} \cdots \lambda_2 \lambda_1 G)$$

的计算中,是以 $\lambda_n$ 为一方,$v(\lambda_{n-1} \lambda_{n-2} \cdots \lambda_1 G)$ 为另一方作平均的,$\lambda_n$ 起的作用太大了。如果把它改成:

$$v(\lambda_n \lambda_{n-1} \cdots \lambda_2 \lambda_1 P) = \frac{\sum_{i=1}^{n} \lambda_i + v(P)}{n+1}$$

那么各 $\lambda$ 的作用就一样大了。为此,对 OFL 的定义修改如下,修改后的逻辑称为 AOFL。

语法部分的修改是:

1. 令算子 $\lambda$ 取对偶 $(\alpha, n)$ 的形式,其中 $\alpha$ 属于闭区间 $[0,1]$,$n$ 为正整数。

2. 令任一公式 $G$ 的真值也取对偶 $(\alpha, n)$ 的形式,其中 $\alpha$ 与 $n$ 的规定如上。

3. 令任一原子 $P$ 的真值取对偶 $(\alpha, 1)$ 的形式,其中 $\alpha$ 的规定如上。

4. 取消带量词公式中所含 $\lambda$ 必须满足 $0 < \lambda < 1$ 的规定。

在语义(真值计算)上的修改是:

1. 对任何公式 $G$(包括原子 $P$,下同),有

$$v(\lambda G) = \lambda \circ v(G)$$

其中

$$(\alpha_1, n_1) \circ (\alpha_2, n_2) = \left( \frac{n_1 \cdot \alpha_1 + n_2 \cdot \alpha_2}{n_1 + n_2}, \ n_1 + n_2 \right)$$

2. $v(\sim G) = (1-\alpha, n)$,其中 $v(G) = (\alpha, n)$。

3. 若 $G$ 和 $H$ 为公式(包括原子,下同),则 $v(G \vee H) = (\max(\alpha, \beta), \max(n, m))$。其中 $v(G) = (\alpha, n)$,$v(H) = (\beta, m)$。

4. 若 $G$ 和 $H$ 为公式,则 $v(G \wedge H) = (\min(\alpha, \beta), \max(n, m))$。其中 $v(G) = (\alpha, n)$,$v(H) = (\beta, m)$,

5. $v(G \rightarrow H) = v(\sim G \vee H)$。

6. $v(G\equiv H)=v((G{\rightarrow}H)\wedge(H{\rightarrow}G))$。

7. $v(\forall x\,G(x))=(\mathrm{in}\,\mathrm{f}\{\alpha(x)\,|\,x\in D\}$,

$\sup\{n(y)\,|\,y\in D,\ \forall x\in D,\ \alpha(x)\geqslant\alpha(y)\})$,

其中 $G(x)=(\alpha(x),\,n(x))$，$D$ 为 $x$ 的值域。下同。

8. $v(\exists x\,G(x))=(\sup\{\alpha(x)\,|\,x\in D\}$,

$\sup\{n(y)\,|\,y\in D,\ \forall x\in D,\ \alpha(y)\geqslant\alpha(x)\})$。

9. $v((\lambda\forall x)G(x))=v(\lambda(\forall xG(x)))$。

10. $v((\lambda\exists x)G(x))=v(\lambda(\exists xG(x)))$。

不难证明 AOFL 的以下性质：

1. 若 $G$ 是原子或公式,有 $(\alpha,\,n)\sim G=\sim(1-\alpha,\,n)G$。

2. 若 $G$ 是原子或公式,有 $(\alpha_k,\,n_k)\cdots(\alpha_1,\,n_1)\sim G=\sim(1-\alpha_k,\,n_k)\cdots(1-\alpha_1,\,n_1)G$(其中 $k\geqslant1$)。

3. 若 $G$ 是原子或公式,令 $\lambda_k\lambda_{k-1}\cdots\lambda_1G=A_K$,其中对每个 $i$, $\lambda_i=(\alpha_i,\,n_i)$, 如果 $\alpha_i$ 趋于一个极限,即

$$\lim_{i\to\infty}\alpha_i=\alpha$$

则亦有

$$\lim_{K\to\infty}v(A_K)=v(\lambda G)$$

其中 $\lambda=(\alpha,\,\infty)$。

4. 若 $G$、$H$ 是公式或原子,$G=(\alpha,\,n)$, $v(H)=(\beta,\,n)$,则有

$$\lambda(G\vee H)=\lambda G\vee\lambda H$$

$$\lambda(G\wedge H)=\lambda G\wedge\lambda H$$

5. 若 $G$ 是含有自由变量 $x$ 的公式,且对每个 $G(x)$ 有:$v(G(x))=(\alpha(x),\,n)$, 则有

$$\lambda(\forall xG(x))=\forall x(\lambda G(x))$$

$$\lambda(\exists xG(x))=\exists x(\lambda G(x))$$

$$(\lambda\forall x)G(x)=\lambda(\forall x\,G(x))$$

$$(\lambda\exists x)G(x)=\lambda(\exists x\,G(x))$$

6. AOFL 中的公式满足交换律、结合律、分配律和 De Morgan 定律(参见

OFL 的性质 10)。

7. AOFL 同样不满足排中律、矛盾律和恒等律。

8. 在 AOFL 中不必区分原子和公式。它们的真值计算规则是一样的。

9. 在 AOFL 中 $\lambda$ 算子满足交换律,即

$$\lambda_2\lambda_1 G = \lambda_1\lambda_2 G$$

10. 在 AOFL 中 $\lambda$ 算子满足结合律,即

$$\lambda_1 \circ (\lambda_2 \circ v(G)) = (\lambda_1 \cdot \lambda_2) \circ v(G)$$

到现在为止,我们讨论的都是把卢氏模糊逻辑改造为算子模糊逻辑,其特点是算子的值和命题的值都取在闭区间 $[0,1]$ 上。但正如 Zadeh 所指出的,卢氏模糊逻辑模糊得还不够。他提出的查氏模糊逻辑把命题的值定在一个集合的全体模糊子集上。不难把前面讨论的算子模糊逻辑推广到查氏模糊逻辑上。最方便的办法之一就是当 $v(G)$ 的值为模糊子集时,令 $\lambda \circ v(G)$ 的含义为使 $\lambda$ 作用于模糊子集的每个元素上,从而得到一个新的模糊子集。例如,若命题 $G=$ 青年,

$$v(青年) = \{(15, 0.6), (20, 1), (25, 0.8)\}$$

则按 OFL 的真值计算规则,当 $\lambda = 0.4$ 时,

$$\lambda \circ v(青年) = \{(15, 0.5), (20, 0.7), (25, 0.6)\}$$

这样的算子模糊逻辑可以称之为 ZOFL。本节讨论过的其他算子模糊逻辑也都可以类似地建立在查氏模糊逻辑的基础上。这样做有一个顺便的好处,就是原来它们具有的性质仍然可以保持。而最大的一个问题就是:这种简单的移植方法的效用如何? 一般地说,本节中讨论的算子"○"所代表的真值计算公式应用于模糊子集的各元素时,其语义不是十分清楚的。从某种角度说,15.1 节中列出的一些模糊集运算,如集中、分散等等,用处更大,因为它们是在模糊集上的整体操作。但除了某些特定的运算(例如,令 $\lambda \circ \alpha = \alpha^\lambda$,其中 $0 \leqslant \lambda < \infty$)外,一般的模糊集运算缺少交换律、结合律等优美的特性,不便使用。

以下内容是刘叙华教授为本节增补的有关 BOFL 的研究成果。在此,谨向刘教授致以诚挚的谢意。

OFL 最大的不足还在于:上面建立的所有不同类型的 OFL 中,都没有恒等律存在!

　　我们直观的感觉是:恒等律应该成立,因为不论在什么逻辑系统中(精确的或不精确的,确定的或不确定的),形如$(A{\to}A)$的公式都应该是恒真的。因为从$A$成立(或模糊成立,或不确定是否成立,……)推出$A$成立(或模糊成立,或不确定是否成立,……),这应该是毫无问题的,亦即,不管$A$的真值是"多少",$(A{\to}A)$的真值都应该为"1"。如果在该逻辑系统中,要求$(P{\to}Q)\equiv\sim P\vee Q$,那么要求$(A{\to}A)$恒真就相当于要求排中律。这虽然和非标准逻辑的想法相悖,但却和直观相符。

　　建立在格上的逻辑系统是不可能有恒等律的,因为格中没有排中律和矛盾律(亦即互余律),因此刘叙华,邓安生在1992年讨论了建立在布尔代数上的算子模糊逻辑,简记为BOFL。

　　BOFL与OFL的主要区别如下:

　　1. 命题的真值取在一个布尔代数$B$上,而不是集合$\{0,1\}$上,算子$\lambda$取在$B$上而不是闭区间$[0,1]$上。

　　2. 不必再严格区分原子和模糊原子,它们都是公式。而且算子$\lambda$也是公式。

　　3. $v(\lambda G)=\lambda\circ v(G)$。其中算子"$\circ$"定义为

$$x\circ y=(x\cap y)\cup(\bar{x}\cap\bar{y})$$

其中$\cap$,$\cup$,$^-$分别是布尔代数中的交,并,余运算。

　　我们用一个直观例子,说明算子$\circ$的定义的背景。

　　例如,有甲乙二人做下面的对话:

　　甲说:定理$T$成立的可能性是$x$,

　　乙说:1) 甲说得完全正确,

　　　　　2) 甲完全说错了。

　　在直觉上,我们认为乙的观点分别如下:

　　(1) 定理$T$成立的可能性是$x$。

　　(2) 定理$T$不成立的可能性是$x$,亦即定理$T$成立的可能性是$\bar{x}$。

　　如果承认上述直觉,运算$\circ$应该满足:

$$1\circ x=x$$
$$0\circ x=\bar{x}$$

可以证明:在布尔代数中,满足上述两个条件的运算。是唯一确定的,那就是我们定义的

$$x \circ y = (x \cap y) \bigcup (\bar{x} \cap \bar{y})$$

4. 算子运算。满足交换律,结合律。亦即

$$\lambda_1(\lambda_2 G) = (\lambda_1 \circ \lambda_2)G = (\lambda_2 \circ \lambda_1)G。$$

5. $1G = G$, $0G = \sim G$。

6. $\sim(\lambda G) = \bar{\lambda}G = \lambda(\sim G)$。

7. $\lambda G = (\lambda \leftrightarrow G)$,其中 $P \rightarrow Q$ 定义为 $\sim P \vee Q$, $P \leftrightarrow Q$ 定义为 $(P \rightarrow Q) \wedge (Q \rightarrow P)$。

8. BOFL 中公式之间的运算 $\sim$,$\wedge$,$\vee$,$\rightarrow$,$\leftrightarrow$ 满足布尔代数中的运算律。

9. BOFL 中任一不含量词的公式,使用性质 7 都可化成等价的合取范式,其中每个子句都有如下形式:

$$\lambda \vee L_1 \vee L_2 \vee \cdots \vee L_n$$

其中 $\lambda$ 是算子,$L_i$ 是文字(即原子或原子的否定)。在经典逻辑中,不含量词的公式也可化成上述的等价合取范式,只是子句中的 $\lambda$ 只有两种可能:0 或 1。由此可见,BOFL 是经典逻辑的自然推广,经典逻辑是 BOFL 的特例。

10. 在 BOFL 中,$\lambda_1 \cdots \lambda_n P$ 表现出一种 $\lambda_1, \cdots, \lambda_n$ 之间"一致"的程度。因为 $x \circ y$ 描写了 $x$ 和 $y$"一致"的程度。

例如,设 $a, b, c, d \in [0, 1)$, $x = [a, c)$,$y = [b, d)$,我们将 $x, y$ 看做两种观点,在区间 $[b, c)$ 上,$x$ 和 $y$ 都表示"肯定",在 $[0, a)$ 和 $[d, 1]$ 上,$x$ 和 $y$ 都表示"否定",那么 $x \circ y$ 就是 $x$ 和 $y$"一致"的部分做成的一种新观点,如图 15.3.3 所示。

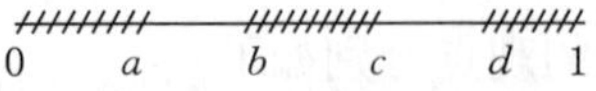

**图 15.3.3 $x \circ y$ 代表的新观点**

所以,在 BOFL 中,只要有两个完全相同的证据说明一个命题 $G$,那么 $G$ 就被"完全肯定"下来。例如:$\lambda(\lambda G) = (\lambda \circ \lambda)G = 1G = G$。

11. 如果要在 BOFL 中表现出证据积累的特性,可以对 BOFL 中的公式做如下的语义解释:

(1) $\lambda G$ 表示"$G$ 成立的可能性是 $\lambda$"。

(2) $(\lambda \rightarrow G)$ 表示"$G$ 成立的可能性至少是 $\lambda$"。

(3) $(G \to \lambda)$ 表示"$G$ 成立的可能性至多是 $\lambda$"。

我们将可证明一系列布尔蕴含式:

$$\{\lambda_1 A, \lambda_2 A\} \Rightarrow \lambda A, \lambda_1 \bigcap \lambda_2 \leqslant \lambda \leqslant \lambda_1 \bigcup \lambda_2。$$

$$\{\lambda_1 \to A, \lambda_2 \to A\} \Rightarrow (\lambda_1 \bigcup \lambda_2) \to A。$$

$$\{\lambda_2 A, \lambda_1 \to (A \to B)\} \Rightarrow (\lambda_1 \bigcap \lambda_2) \to B$$

等等,表现出证据积累的特性。在这种语义下,一个命题 $A$ 有两个证据 $\lambda_1$,$\lambda_2$,不能写成 $\lambda_1 \lambda_2 A$,而要写成 $\{\lambda_1 A, \lambda_2 A\}$。

综上所述,算子模糊逻辑的提出,仅仅是想突破目前的模糊逻辑都是在语义上表现出与经典逻辑不同的局限,希望建立一个在语法上区别于经典逻辑的模糊逻辑。从上面介绍的 OFL,COFL,EOFL,MOFL 和 BOFL 可以看出,还都是极其初步的。可以说,建立一个在语法、语义上都有明显特点,像经典逻辑那样完美的模糊逻辑系统,还有很长的路要走。

## 习 题

1. 构造下列 10 个概念的隶属函数,并对它们施以 15.1 节给出的各种模糊集运算。

鲜红,美味,动听,粗鲁,善良。

快速,狠毒,聪明,坚硬,灵活。

(提示:首先要找到合适的论域)

2. 设计 10 种新的、有意义的模糊集运算。

3. 在给出模糊集的新定义(把模糊集定义为一组 $(x, \mu_A(x))$ 的集合),规定 $0 < \mu_A(x) \leqslant 1$。为什么不是 $0 \leqslant \mu_A(x) \leqslant 1$,如果是那样会有什么结果?

4. 通常开会表决往往要 2/3 的人以上同意才算通过。从这个观点看,称 1/2 永真为模糊永真是否合适? 若 2/3 永真才称为模糊永真,该如何处理此模糊逻辑?

5. 某地行政长官看了模糊逻辑的书以后,对模糊集的隶属度可以为 0.5 这一点极不满意。他认为任何人对任何事都应至少有一倾向性意见,允许隶属度为 0.5 就是允许抹稀泥。为此他下令在该地范围内的所有阐述模糊逻辑的书中禁止允许隶属度为 0.5。同样地,他也禁止算子模糊逻辑中的 $\lambda$ 之值为 0.5。试问,执行该长官的命令将对模糊逻辑和算子模糊逻辑产生什么影响? 它们还能自圆其说吗? 为了让它们自圆其说,应作什么修改和补充?

6. 为 Zadeh 的语言元素设计一种语义距离,以便把任一模糊集翻译成语义上最近的语言元素。

7. 在 15.2 节中我们提到了四种三值逻辑,试举四个实际的例子,说明对其中的每个例子 $E$,正好对应一种三值逻辑 $L$,且不同的 $E$ 对应于不同的 $L$,使得 $L$ 能完美地解释 $E$,而其他三值逻辑都不能很好地解释 $E$。

8. 某些三值逻辑把 $U$ 值解释为不知道,这难以适应知识库的动态变化。如果有一天 $U$ 值从不知道变为知道,该逻辑如何处理? 这是否提示我们要在多值逻辑中考虑非单调因素? (参见第 16 章)

9. 平等三值逻辑中是否还留有不平等的痕迹,若有,应如何消去之?

10. 检验平等三值逻辑中各有关定律的成立性。

11. 既然是多值逻辑,那就不限于三值,试问,如果我们要建立四值逻辑或五值逻辑,它应该具有什么实际意义? 应如何规定它的联结符的真值表?

(提示:例如,三值逻辑中对 $U$ 值的不同解释和处理可以作为某种四值逻辑的基础。)

12. 波斯海战问题既可用引进模态逻辑的办法来解决(如 Aristotle),又可用引进三值逻辑的办法来解决(如 Kleene)。试问:

(1) 这两种解决办法是否等价? 有无实质区别? 若有,区别在哪里?

(2) 这是否表明模态逻辑和三值逻辑之间有某些相通之处? 它们的联系在哪里?

(3) 如果有相通之处,是否能导致一种办法,把一种逻辑的命题翻译成另一种逻辑的命题?

13. 试把多值逻辑和模态逻辑相结合,形成多值模态逻辑,并研究其性质。

14. 设计一种新的算子模糊逻辑,它满足 15.3 节中提到的所有体现数学完美性的定律,包括交换律、结合律、排中律、矛盾律、恒等律、De Morgan 定律、命题线性律(OFL 性质之 8)、量词线性律(OFL 性质之 9)等等。

15. 将 15.3 节的讨论从卢氏模糊逻辑推广到查氏模糊逻辑,建立相应的各类算子模糊逻辑(对应于 AOFL、BOFL、COFL、EOFL 等)。

# 第十六章

# 非单调逻辑和非单调推理

宋江刺配江州，路过揭阳镇时正遇病大虫薛永在使枪棒卖艺，眼见无人赏他银两，薛永惶恐。宋江仗义赠他白银五两。宋江此时自以为做了一件扶危济贫的事，必然会得到众人支持。谁知没遮拦穆弘、小遮拦穆春两弟兄出言不逊，横加阻拦，弄得宋江一行在镇上连饭也吃不成。晚上好不容易找到投宿处，以为已经摆脱了是非纠缠，没想到却已经一头扎进了穆家，险些束手就擒，他们逃出穆家后在芦苇丛中奔走，前有大江，后有穆弘、穆春两弟兄带人追赶，自以为今番插翅难飞，必落魔掌。此时居然在芦花丛中出现一叶扁舟，载着他们脱离险境，并且艄公不理会岸上穆家兄弟的威胁，摇着他们直奔江心，使宋江长舒一口气，以为否极泰来，逃命有望。正在惊魂稍定之际，忽然艄公抽出尖刀，喝令他们交出钱财，并问宋江要吃馄饨还是吃板刀面。真是"月黑杀人夜，风高放火天"。宋江此时自谓必死，和押送他的公差一起准备跳江。危急时刻，上流驶下一条船，他的朋友李俊、童威、童猛赶到，终于使宋江转危为安。

这不是在讲故事，而是用实例表明一种独特的认知现象——非单调推理。在经典的逻辑系统中，以一个无矛盾的公理系统为基础，每当加入新的事实，往往能推出新的结论，而且总是保持原有的结论不变。这种推理称为是单调的。但是在许多情况下，由于我们对客观条件掌握得不充分（而且常常是不可能掌握得充分），因此当新的事实被认识时，原来的某些结论可能要被推翻，从而使推理成为非单调的。例如，穆弘的干涉推翻了宋江对自己行为后果的预测："好人有好报"；穆家兄弟当天晚上对穆太公的一番话推翻了宋江的结论："已经离开了是非圈"；一叶扁舟的出现推翻了宋江的结论"必落魔掌"；艄公的"板刀面和馄饨"推翻了宋江的结论："逃命有望"；李俊等人的赶到又推翻了宋江的结论："此命休矣！"宋江的命运一波三折，使得他对自己是否安全的看法也随之发生变化，这是一个非单调的认识过程。

本章讨论了非单调推理的三个主要流派首先是 McCarthy 提出的所谓"限

定"理论,他的原则是"当且仅当没有事实证明 $S$ 在更大的范围中成立时,$S$ 只在指定的范围中成立"。其次是 Reiter 主张使用的"缺省"逻辑。在这个逻辑中,所谓"$S$ 在缺省条件下成立"是指"当且仅当没有事实证明 $S$ 不成立时 $S$ 是成立的"。最后是较晚出现的 Moore 的自认识逻辑,其基本信条是:"如果我知道 $S$,并且我不知道有其他任何事实与 $S$ 矛盾,则 $S$ 是成立的"。由这三种非单调推理可以看出:实现非单调推理基本上有两种方法。一种是在经典逻辑的框架内增加几个公理(或元公理),以此引导非单调推理取得预想的结果。这是 McCarthy 使用的方法。另一种是定义特定的非经典逻辑,这是 Reiter 和 Moore 的方法。两种方法各有所长。

三种方法都还很不完善,能解决的问题很有限。在研究这些方法时提出了不少有意思的问题,其中有一些将在本章第 4 节中简要说明。

# 16.1　限定推理

限定推理是研究得最早的非单调推理之一,由 McCarthy 在 70 年代末提出。他并没有引进任何新的算子或逻辑符号,只是在经典逻辑的框架内研究适合于表示非单调性的特殊推理形式。因此,McCarthy 并不叫它限定逻辑,而是叫它限定推理,本节即沿用此名字。

限定推理的核心思想是所谓"Occam 剃刀"原理:如果一个句子叙述一个命题,那么它叙述的仅仅是这个命题,一点都不能扩张和延伸。任何多余的东西都要用这把"Occam 剃刀"剃掉。例如,如果我们说船能渡河,那就意味着只有船才能渡河,其他任何可能的渡河工具都要被剃刀剃去。

McCarthy 发明的 Occam 剃刀叫极小模型。

极小模型有不同的定义方法,不同的定义适用于不同的限定推理。下面给出的是适用于论域限定的极小模型定义。

**定义 16.1.1**　令 $\Gamma$ 是一组命题的集合(可以称为公理集),$M_1$,$M_2$ 是 $\Gamma$ 的两个模型(参见 1.1 节),它们的组成如下:

| $M_1$ | $M_2$ |
|---|---|
| (1) 基本区域 $D_{1i}$,$i=1, 2, \cdots, n$ | 基本区域 $D_{2i}$,$i=1, 2, \cdots, n$ |
| (2) 每个常量都是某个 $D_{1i}$ 中的元素 | 每个常量都是某个 $D_{2i}$ 中的元素 |
| (3) 每个变量都在某个 $D_{1i}$ 中取值 | 每个变量都在某个 $D_{2i}$ 中取值 |

(4) 每个 $j$ 目函数都是一个映射：

$D_{1i_1} \times D_{1i_2} \times \cdots \times D_{1i_j} \to D_{1i_{j+1}}$

(5) 每个 $j$ 目谓词都是一个映射：

$D_{1i_1} \times D_{1i_2} \times \cdots \times D_{1i_j} \to (T, F)$

每个 $j$ 目函数都是一个映射：

$D_{2i_1} \times D_{2i_2} \times \cdots \times D_{2i_j} \to D_{2i_{j+1}}$

每个 $j$ 目谓词都是一个映射：

$D_{2i_1} \times D_{2i_2} \times \cdots \times D_{2i_j} \to (T, F)$

如果存在下列关系：

1. $\forall i$, $D_{1i} \subseteq D_{2i}$；

2. 同一常量 $a$ 相对于 $M_1$ 和 $M_2$ 来说，取某个 $D_{1i}$ 中的同一个元素为其值；

3. $M_1$ 的每个函数 $\varphi_1$ 是 $M_2$ 的一个函数 $\varphi_2$ 在 $\varphi_1$ 定义域上的一个限制。即，对每组变元 $(a_1, \cdots, a_j) \in D_{1i_1} \times D_{1i_2} \times \cdots \times D_{1i_j}$（即 $\varphi_1$ 的定义域），有

$$\varphi_1(a_1, \cdots, a_j) = \varphi_2(a_1, \cdots, a_j)$$

4. $M_1$ 的每个谓词 $p_1$ 是 $M_2$ 的一个谓词 $p_2$ 在 $p_1$ 定义域上的一个限定。即，对每组变元 $(a_1, \cdots, a_j) \in D_{1i_1} \times D_{1i_2} \times \cdots \times D_{1i_j}$（即 $p_1$ 的定义域），有

$$p_1(a_1, \cdots, a_j) = p_2(a_1, \cdots, a_j)$$

则 $M_1$ 称为 $M_2$ 的一个子模型，以 $M_1 \leqslant M_2$ 表示。

如果至少有一个 $i$，使 $D_{2i}$ 真包含 $D_{1i}$，即

$$D_{1i} \subset D_{2i}$$

则 $M_1$ 称为 $M_2$ 的一个真子模型，以 $M_1 < M_2$ 表示。

没有真子模型的模型称为极小模型。

**定义 16.1.2** 若命题 $C$ 被公理系统 $\Gamma$ 的所有极小模型所蕴含，则称 $\Gamma$ 极小蕴含 $C$，以 $\Gamma \models_m C$ 表示。

显然，由 $\Gamma \models C$ 可以推出 $\Gamma \models_m C$，但反之不一定。这里 $\Gamma \models C$ 表示 $C$ 被 $\Gamma$ 的所有模型所蕴含。

关于极小模型的一个著名的例子是下列的自然数公理：

1. $\exists x$, $Z(x)$

2. $\forall xy$, $[Z(x) \wedge Z(y) \to x = y]$

3. $\forall x$, $\exists y$, $S(x, y)$

4. $\forall xy$, $[S(x, y) \to \sim Z(y)]$

5. $\forall xyz$, $[S(x, y) \wedge S(x, z) \to y = z]$

6. $\forall xyz$, $[S(x, y) \wedge S(z, y) \to x = z]$

7. $\forall xy, [Z(y) \to A(x, y, x)]$

8. $\forall xyzuv, [A(x, y, z) \wedge S(y, u) \wedge S(z, v) \to A(x, u, v)]$

9. $\forall xy, [Z(y) \to P(x, y, y)]$

10. $\forall xyzuv, [P(x, y, z) \wedge S(y, u) \wedge A(z, x, v) \to P(x, u, v)]$

对此公理系统作如下解释：把 $Z(x)$ 解释为 $x=0$，$S(x, y)$ 解释为 $y=x+1$，$A(x, y, z)$ 解释为 $z=x+y$，$P(x, y, z)$ 解释为 $z=xy$，就得到一个标准算术模型。即全体自然数的集合。已知它是上述公理系统的唯一极小模型。此处不加证明，只给一些直观的说明。

例如，在全体偶数的集合上也可以定义加法和乘法，并且全体自然数可一一对应于全体偶数。但是全体偶数的集合不是上述公理集合的一个模型，因为它不满足公理 8（请读者自己验证）。

另一方面，以 $N$ 表示全体自然数的集合，则 $N \cup \{\infty\}$ 也是一个模型，为此我们只需对新元素 $\infty$ 作如下规定：

1. $\forall x, A(x, \infty, \infty) \wedge A(\infty, x, \infty)$

2. $S(\infty, \infty)$

3. $\forall x, Z(x) \to P(x, \infty, x) \wedge P(\infty, x, x)$

4. $\forall x, \sim Z(x) \to P(x, \infty, \infty) \wedge P(\infty, x, \infty)$

这是一个非标准模型，模型 $N$ 显然是模型 $N \cup \{\infty\}$ 的一个子模型，后者不是极小模型。

由于 $N$ 是唯一的极小模型，因此 $N$ 满足的任何命题均被上述公理系统所极小蕴含。

另一个例子：$\Gamma_1$ 为空集，此时任何命题集的模型也都是 $\Gamma_1$ 的模型。对于 $\Gamma_1$ 的每个极小模型，其元素域 $D$ 只有一个，且必定只含一个元素（$D$ 不允许是空集）。因此，凡是适合于只含一个元素的元素域 $D$ 的命题均被 $\Gamma_1$ 极小蕴含。例如：$\exists x, x=x, \forall xy, x=y$ 等等都是被 $\Gamma_1$ 极小蕴含的命题。

再举一个例子。令 $\Gamma_2$ 为如下的公理集：

1. $\forall x, \exists y, S(x, y)$。

2. $\exists y, \forall x_1, \sim S(x, y)$。

3. $\forall xyz, [S(x, y) \wedge S(x, z) \to y=z]$。

4. $\forall xyz, [S(y, x) \wedge S(z, x) \to y=z]$。

显然，前面所说的自然数集 $N$ 仍是 $\Gamma_2$ 的一个模型，但它已不是极小模型，因为该命题集虽然规定了一个最小元素的存在(命题 2),但对此最小元素的性质并未作其他规定。因此,不仅 0 可以作最小元素,任何自然数 $k$ 都可以作为最小元素,亦即任何从 $k$ 开始的自然数集合$\{k, k+1, k+2, \cdots\}$都是 $\Gamma_2$ 的一个模型。事实上,$\Gamma_2$ 没有极小模型(留作习题)。

上面讲的是限定推理的语义基础,现在讨论它的语法和证明论机制。

**定义 16.1.3**

1. 设 $\Phi$ 是一个一阶合式公式,令$\{x_1, x_2, \cdots, x_n\}$是 $\Phi$ 中出现的全部自由变量,则令

$$\Phi^\circ = \forall x_1 x_2 \cdots x_n \Phi \tag{16.1.1}$$

称 $\Phi^\circ$ 为 $\Phi$ 的闭包。

2. 设 $A$ 是一个命题,$\Phi(x)$是带有自由变量 $x$ 的一阶合式公式,与 $A$ 属同一个一阶谓词演算系统。则令

$$A^\Phi = A[\forall t(\Phi(t) \rightarrow B)/\forall t, B, \exists t(\Phi(t) \wedge B)/\exists t, B] \tag{16.1.2}$$

这是对 $A$ 中的子命题$\forall tB$ 和$\exists tB$($B$ 任意)的一个置换,称为 $A$ 中量词对一阶合式公式$\Phi$ 的相对化。

**定义 16.1.4**　设 $A$ 是一个命题,令

$$\Omega(A) = \{[A^\Phi \rightarrow \forall x, \Phi(x)]^\circ\} \tag{16.1.3}$$

其中等式右边是一个集合,$\Phi$ 可以是给定的一阶语言中的任何(含自由变量 $x$ 的)合式公式。

以集合 $\Omega(A) \cup \{A\}$ 为公理集的理论 $\text{Th}(\Omega(A) \cup \{A\})$ 称为 $A$ 的极小完备集(此处理论的含义是:$\text{Th}(\Gamma)$表示在公理集 $\Gamma$ 及通常一阶谓词演算的规则下可以推出的全部命题的集合),以 $\text{MC}(A)$ 表示,并以 $A \vdash_m B$ 来表示$\vdash_{MC(A)} B$,此时也说 $B$ 由 $A$ 极小推导而得。

举一个例子:设命题 $A$ 为$\exists x,$黑船$(x)$,则

$$\Omega(\exists x \text{黑船}(x)) = \{\exists x[\Phi(x) \wedge \text{黑船}(x)] \rightarrow \forall x \Phi(x)\}$$

令 $\Phi(x) = $黑船$(x)$,则上式右部变为

$$\exists x \text{黑船}(x) \rightarrow \forall x \text{黑船}(x)$$

即从存在一只黑船推出所有的对象都是黑船。由于存在黑船是已知事实,遂知

所有对象都是黑船。这种推理的结果是把一个论域中的全部对象$\{x\}$都限定为具有某种性质(在此处是限定所有的$x$都为黑船),所以叫论域限定。

现在改动一下命题$A$的形式,令

$$A = \forall x\, \text{吃馄饨}(x) \vee \text{吃板刀面}(x)$$

这是张横告诉宋江的公理,宋江对此进行限定推理,首先建立如下的命题框架:

$$\Omega(\forall x\, \text{吃馄饨}(x) \vee \text{吃板刀面}(x)) =$$

$$\{\forall x[\Phi(x) \to \text{吃馄饨}(x) \vee \text{吃板刀面}(x)] \to \forall x\Phi(x)\}$$

然后令$\Phi(x) = \text{吃馄饨}(x)$,代入上述命题框架后使其左部为真,由此得到右部为真,即

$$\forall x\, \text{吃馄饨}(x)$$

接着令$\Phi(x) = \text{吃板刀面}(x)$,结果得到

$$\forall x\, \text{吃板刀面}(x)$$

于是宋江知道会有$\forall x\, \text{吃馄饨}(x) \wedge \text{吃板刀面}(x)$这样一种结局,即既要跳江,又要挨刀。

但是在这种推导方式中也隐含着问题,例如,我们令

$$A = \forall x\, \text{吃馄饨}(x) \vee \sim\text{吃馄饨}(x)$$

则运用上面的推导方式将得到

$$\forall x\, \text{吃馄饨}(x) \wedge \sim\text{吃馄饨}(x)$$

这是不合理的。

再考察一个很特殊的命题:$A = \text{true}$,此时我们有

$$\Omega(\text{true}) = \{\text{true} \to \forall x\Phi(x)\}$$

注意 true 是永真的,因此右边的$\forall x\Phi(x)$恒成立。特别是,分别令$\Phi(x) = \text{吃馄饨}(x) \vee \text{吃板刀面}(x)$和$\Phi(x) = \sim[\text{吃馄饨}(x) \vee \text{吃板刀面}(x)]$,我们将得到两个矛盾的结论:

$\forall x\, \text{吃馄饨}(x) \vee \text{吃板刀面}(x)$

$\forall x \sim \text{吃馄饨}(x) \wedge \sim \text{吃板刀面}(x)$

从而,任何命题都可以由此推出。这表明,在初始公理集为一致的情况下,得到

的极小完备集可以是不一致的。McCarthy 曾经猜想,凡是通过极小推导得到的命题,一定被极小模型所蕴含,后来 D. Martin 还对此猜想给了一个"证明",但这个"证明"中有明显的漏洞,而且上面的反例也表明了有这样的情况:初始公理集通过极小推导所得的命题不全包含在任何一个模型中,当然更不全包含在极小模型中。

McCarthy 曾想修改极小推导的定义,把它改成下式:

$$\Omega(A) = \{ [\mathrm{Axiom}(\Phi) \wedge A^{\Phi} \to \forall x \Phi(x)]^{\circ} \}$$

其中,$\mathrm{Axiom}(\Phi)$ 是所有命题 $\Phi(a)$(对任一常数 $a$)及命题 $\forall x(\Phi(x) \to \Phi(f(x)))$(对任一函数符号 $f$)的与式,此外还包括高阶的函数,但是修改过的定义仍然不能解决上面的反例。

好在论域限定现在已不被认为是重要的限定方法,研究得更多的是谓词限定。

限定推理的第二种形式是谓词限定,设 $A$ 是一个命题,其中含有某个谓词 $P(x_1, x_2, \cdots, x_n)$。谓词限定的含义就是限定:只有同时满足命题 $A$ 的那些参量组 $x_i$ 才能满足谓词 $P$。

**定义 16.1.5**

1. 设 $\Phi$ 是一个一阶合式公式,$A$ 是包含谓词 $P$ 的一个命题,则 $A[\Phi/P]$ 是把 $A$ 中的 $P$ 都置换成 $\Phi$ 以后得到的命题,用 $A(\Phi)$ 表示。

2. 对 $A$ 中谓词 $P$ 的限定可以表示为下列命题框架:

$$\Omega(A(P)) = \{ [[A(\Phi) \wedge \forall x(\Phi(x) \to P(x))] \to [\forall x(P(x) \to \Phi(x))]]^{\circ} \} \tag{16.1.4}$$

3. 以集合 $\Omega(A(P)) \bigcup \{A\}$ 为公理集的理论 $\mathrm{Th}(\Omega(A(P)) \bigcup \{A\})$ 称为 $A$ 相对于谓词 $P$ 的极小完备集,以 $\mathrm{MC}(A(P))$ 表示,并以 $A \vdash_P B$ 来表示 $\vdash_{MC(A(P))} B$,此时也说 $B$ 由 $A$ 在限定 $P$ 的情况下极小推导而得。

注意这两种限定的区别。论域限定的目的是要得到 $\forall x \Phi(x)$ 形式的结论,而谓词限定的目的则是要得到 $\forall x(P(x) \to \Phi(x))$ 形式的命题:凡满足 $P$ 的 $x$ 必定也满足 $\Phi$。

现在仍以宋江遇险为例,令

$$A = 杀人手段(请吃馄饨) \wedge 杀人手段(请吃板刀面) \tag{16.1.5}$$

现在要对谓词"杀人手段"加以限定,利用式(16.1.4)的命题框架,得

$$[\Phi(请吃馄饨) \wedge \Phi(请吃板刀面) \wedge \forall x(\Phi(x) \rightarrow$$
$$杀人手段(x))] \rightarrow [\forall x(杀人手段(x) \rightarrow \Phi(x))] \quad (16.1.6)$$

用 $\Phi(x) \equiv (x=请吃馄饨 \vee x=请吃板刀面)$ 代入上式,可使它的左部为真,从而把右部分离出来,得到命题

$$\forall x[杀人手段(x) \rightarrow (x=请吃馄饨 \vee x=请吃板刀面)] \quad (16.1.7)$$

这就是说,请吃馄饨和请吃板刀面是仅有的杀人手段,达到了"如果我说 $x$ 是杀人手段,那么就没有其他的手段可以杀人"这样的限定目的。

如果把命题 $A$ 改为如下形式:

$$A=杀人手段(请吃馄饨) \vee 杀人手段(请吃板刀面) \quad (16.1.8)$$

则对杀人手段作谓词限定后得到命题框架

$$[(\Phi(请吃馄饨) \vee \Phi(请吃板刀面)) \wedge \forall x(\Phi(x) \rightarrow$$
$$杀人手段(x))] \rightarrow [\forall x(杀人手段(x) \rightarrow \Phi(x))] \quad (16.1.9)$$

先用 $\Phi(x) \equiv x=请吃馄饨$ 代入,得

$$[[(请吃馄饨=请吃馄饨) \vee (请吃馄饨=请吃板刀面)]$$
$$\wedge \forall x(x=请吃馄饨 \rightarrow 杀人手段(x))] \rightarrow$$
$$[\forall x(杀人手段(x) \rightarrow x=请吃馄饨)] \quad (16.1.10)$$

经简化后得到

$$杀人手段(请吃馄饨) \rightarrow \forall x(杀人手段(x) \rightarrow (x=请吃馄饨))$$

$$(16.1.11)$$

然后用 $\Phi(x) \equiv (x=请吃板刀面)$ 代入,也可得到

$$杀人手段(请吃板刀面) \rightarrow \forall x(杀人手段(x) \rightarrow (x=请吃板刀面))$$

$$(16.1.12)$$

我们现在尚未得到最后结论,因为式(16.1.11)和(16.1.12)中的左部条件尚未消除。但如考虑到式(16.1.8),则可推出

$$[\forall x(杀人手段(x) \rightarrow x=请吃馄饨)] \vee$$
$$[\forall x(杀人手段(x) \rightarrow x=请吃板刀面)] \quad (16.1.13)$$

即要么只请吃馄饨,要么只请吃板刀面,试把式(16.1.13)与前面论域限定中的类似例子相比,那儿得到的结论是 $\forall x$ 吃馄饨$(x) \wedge$ 吃板刀面$(x)$。与这里的不一样。

下面要讨论谓词限定的极小模型,它的定义与前面的稍有不同。

**定义 16.1.6**　设 $M$ 和 $N$ 是 $A$ 的两个模型,其中 $M$ 与 $N$ 有相同的论域,并且除了谓词 $P$ 以外,其他的谓词在 $M$ 与 $N$ 中有相同的外延($P(a)$ 在 $M$ 中为真,当且仅当它在 $N$ 中为真)。而 $N$ 中 $P$ 的外延包含在 $M$ 中 $P$ 的外延之中(若 $P(a)$ 在 $N$ 中为真,则它在 $M$ 中也为真,反之不一定)。则称 $N$ 是 $M$ 的相对于谓词 $P$ 的子模型,用 $N \leqslant_P M$ 表示。若除此之外还有:$N$ 中 $P$ 的外延不等于 $M$ 中 $P$ 的外延,则称 $N$ 是 $M$ 的相对于谓词 $P$ 的真子模型,用 $N <_P M$ 表示。以后分别简称为子模型和真子模型。

**定义 16.1.7**　若对模型 $M$ 来说,不存在相对于谓词 $P$ 的真子模型 $N$,则 $M$ 称为相对于 $P$ 的极小模型。

**定义 16.1.8**　若命题 $A$ 在公理集 $\Gamma$ 的所有相对于 $P$ 的极小模型中为真,则称 $A$ 被 $\Gamma$ 相对于 $P$ 所极小蕴含,用 $\Gamma \models_P A$ 表示。

McCarthy 证明了如下的定理。

**定理 16.1.1**　从 $\Gamma \vdash_P A$ 可推得 $\Gamma \models_P A$。

证明:设 $M$ 是相对于 $P$ 的极小模型,$P'$ 是一个谓词,把 $P'$ 代入式(16.1.4)中的 $\Phi$ 后,能使该式的左部为真,由该式左部的第二项可知 $P$ 的外延包含 $P'$ 的外延。如果该式右部不成立,则 $P$ 的外延将真包含 $P'$ 的外延,在此情况下构造 $M$ 的真子模型 $M'$ 如下:令 $M'$ 除下述一点外和 $M$ 完全一致:在 $M'$ 中以 $P'$ 代替 $P$.这样,我们就得到了一个 $M$ 的相对于谓词 $P$ 的真子模型。和原假设矛盾。

证毕。

限定推理的第三种形式是公式限定。设 $A$ 是包含谓词序列 $P$ 的一个二阶合式公式,其中 $P = (P_1, P_2, \cdots, P_n)$,每个 $P_i$ 都是 $A$ 中的一个自由出现的谓词名。为了突出 $P$,也用 $A(P)$ 表示 $A$。令 $E(P, x)$ 是一个二阶合式公式,其中 $x = (x_1, x_2, \cdots, x_m)$,每个 $P_i$ 和每个 $x_i$ 都在 $E(P, x)$ 中自由出现。所谓公式限定就是对 $A$ 中出现的谓词 $P$ 和参量 $x$ 一概加以限定。含义为:如果换一组谓词 $P'$ 也能使公式 $A$ 得到满足,则 $P'$ 和 $P$ 之间必须有同时满足或同时不满足 $E(Q, x)$ 的关系。

**定义 16.1.9**

1. $A(P)$ 和 $E(P, x)$ 的含义如上。

2. 对公式 $A$ 的限定可以表示为如下的命题框架：

$$\Omega(A(P)) = \{[A(P) \wedge \forall P'[A(P') \wedge [\forall x E(P', x)$$
$$\rightarrow E(P, x)] \rightarrow [\forall x E(P', x) \equiv E(P, x)]]]°\} \qquad (16.1.14)$$

这里 $[\Phi]°$ 的含义是不仅对 $\Phi$ 中的自由变量 $x$，而且对自由谓词 $P$ 都加上全称量词。

举一个公式限定的例子。设命题 $A$ 为如下的二阶合式公式：

$$A = \forall P[P = \cdots 方式 \wedge P(k) \rightarrow [使用(x, k) \rightarrow 付代价(x)]] \qquad (16.1.15)$$

请吃馄饨和请吃板刀面在普通语言中是请客方式，在江湖黑话中又是杀人方式。于是可总结成如下规则：

$$请客方式(k) \rightarrow 杀人方式(k) \qquad (16.1.16)$$

设我们要对式 (16.1.15) 中的子公式 $P(k)$ 进行限定，则可令

$$E(P, k) = P(k) \qquad (16.1.17)$$

$$\Omega(A(P)) = \{[A(P) \wedge \forall P'[A(P') \wedge [\forall x P'(x)$$
$$\rightarrow P(x)] \rightarrow [\forall x P'(x) \equiv P(x)]]]°\} \qquad (16.1.18)$$

特别地，以 $P' = 请客方式$ 和 $P = 杀人方式$ 代入式 (16.1.18)，得到

$$A(杀人方式) \wedge [A(请客方式) \wedge [\forall x \ 请客方式(x)$$
$$\rightarrow 杀人方式(x)] \rightarrow [\forall x \ 请客方式(x) \equiv$$
$$杀人方式(x)]] \qquad (16.1.19)$$

利用式 (16.1.15) 和 (16.1.16) 可以把式 (16.1.19) 化简为我们所想要的：

$$\forall x[请客方式(x) \equiv 杀人方式(x)] \qquad (16.1.20)$$

在这个例子中，使用公式限定的收获在于为式 (16.1.16) 增加了一个反方向的蕴含规则。

公式限定的功能非常强，但其计算也极其困难，因为这本质上是一个二阶逻辑的推演问题，可以说没有有效的方法可以解决。为此，人们研究有没有什么办

法可以把二阶逻辑问题简化为一阶逻辑问题。本节要介绍的第四种限定推理就是 Lifschitz 提出的平行限定，它可以平行地对多个谓词实行限定，并在某些情况下只需要一阶谓词公式就够用了。

**定义 16.1.10**　如果在 1.1 节中定义的模型（一阶模型）基础上再加如下规定：

1. 一个函数域 $F$，其中每个元素是一个函数。任何函数变量都在 $F$ 中取值。

2. 一个谓词域 $P$，其中每个元素是一个谓词，任何谓词变量都在 $P$ 中取值。

则所得的结构称为是一个二阶模型，有时也简称模型。

**定义 16.1.11**　设 $Q_1$，$Q_2$ 是两个谓词，它们的参数个数和类型皆相同，则 $Q_1 \leqslant Q_2$ 表示：$\forall x [Q_1(x) \rightarrow Q_2(x)]$，其中 $x$ 表示参数向量。

若 $Q_1 = (Q_{11}, Q_{12}, \cdots, Q_{1m})$ 和 $Q_2 = (Q_{21}, Q_{22}, \cdots, Q_{2m})$ 是两个谓词序列，则规定：

$$Q_1 \leqslant Q_2 \equiv Q_{11} \leqslant Q_{21} \wedge Q_{12} \leqslant Q_{22} \wedge \cdots \wedge Q_{1m} \leqslant Q_{2m} \qquad (16.1.21)$$

$$Q_1 = Q_2 \equiv Q_1 \leqslant Q_2 \wedge Q_2 \leqslant Q_1 \qquad (16.1.22)$$

$$Q_1 < Q_2 \equiv Q_1 \leqslant Q_2 \wedge \sim (Q_2 \leqslant Q_1) \qquad (16.1.23)$$

**定义 16.1.12**　设 $Q$ 是谓词序列，$Z$ 是由函数与/或谓词构成的序列

$$Q \cap Z = \varnothing \qquad (16.1.24)$$

$A$ 是一个命题，用 $A(Q, Z)$ 表示 $A$ 中含有 $Q$ 和 $Z$ 作为子公式，则谓词序列 $Q$ 在命题 $A(Q, Z)$ 中相对于 $Z$ 的限定是

$$\Omega(A(Q, Z)) \equiv A(Q, Z) \wedge \sim \exists q, z [A(q, z) \wedge q < Q] \qquad (16.1.25)$$

式 (16.1.25) 的直观含义是说：在命题 $A(Q, Z)$ 成立的前提下，已不可能有外延比 $Q$ 更小的谓词序列 $q$，使 $A(q, z)$ 得到满足。也就是说 $Q$ 的外延已达到极小。这里 $Z$ 中的谓词和函数是允许变化的，所以在式 (16.1.25) 前面实际上隐含了量词 $\forall Z$。

我们看以下几个例子。

**例 1**　$A \equiv$ 夜过景阳岗(武松)，$Z = \{\}$。$Z$ 的不出现使问题大大简化。式 (16.1.25) 表明：不存在外延比夜过景阳岗的外延更小而且满足命题 $A$ 的谓词，因此，武松是夜过景阳岗的唯一的人。这个论断可以这样来看：如果上面的说法

不对,例如设夜过景阳岗(店小二)也成立。则可以找到另一个谓词,例如非本地人夜过景阳岗。使

非本地人夜过景阳岗(武松)为真

非本地人夜过景阳岗(店小二)为假

从而新谓词的外延小于原谓词的外延,与限定的要求矛盾。

**例 2**  $A \equiv \sim$一拳毙双虎(武松), $Z = \{\}$ 。

这里并没有从正面肯定谁能一拳毙双虎,只是从反面说武松做不到这一点。但是在式(16.1.25)的意义下,凭这条信息已可作出结论:任何人都作不到这一点。否则,假定有某人,例如李逵,能作到这一点,即

$$一拳毙双虎(李逵)$$

成立,那么我们定可构造新谓词"一口吞双虎",使下列式子成立

$$\sim一口吞双虎(武松) \wedge \sim一口吞双虎(李逵)根据定义(16.1.23)有$$

$$一口吞双虎 < 一拳毙双虎$$

违反了式(16.1.25)中的极小性要求。因此,结论只能是

$$\forall x, \sim一拳毙双虎(x)$$

**例 3**  $A \equiv$打虎英雄(武松) $\wedge$ 打虎英雄(李逵)平行限定的结果为:

$$\forall x(打虎英雄(x) \equiv x = 武松 \vee x = 李逵)$$

**例 4**  $A \equiv$打虎英雄(武松) $\vee$ 打虎英雄(李逵)平行限定的结果为:

$$\forall x(打虎英雄(x) \equiv x = 武松) \vee \forall x(打虎英雄(x) \equiv x = 李逵)$$

**例 5**  $A \equiv \forall x(打虎英雄(x) \rightarrow 受人尊敬(x))$平行限定的结果为:

$$\forall x(打虎英雄(x) \equiv 受人尊敬(x))$$

**例 6**  $A \equiv \exists x,$打虎英雄$(x)$平行限定的结果为:

$$\exists x \forall y(打虎英雄(y) \equiv x = y)$$

**定义 16.1.13**  设 $M_1$ 和 $M_2$ 是命题 $A$ 的两个二阶模型。 $Q$ 和 $Z$ 的含义如定义 16.1.12 所规定。且有如下条件成立:

1. 论域 $D_1 = D_2$ (为简化计,假定 $A$ 中的变量和常量取同一类型,因之只有

一个论域)。

2. 若函数 $f$ 不在 $Z$ 中出现,则它在模型 $M_1$ 和 $M_2$ 中对应同一个映射。

3. 若谓词 $p$ 不在 $Z$ 和 $Q$ 中出现,则它在 $M_1$ 和 $M_2$ 中有相同的外延。

4. 若谓词 $p$ 在 $Q$ 中出现,则它在 $M_1$ 中的外延是它在 $M_2$ 中的外延的子集。

则称 $M_1$ 在相对于 $Q$, $Z$ 的意义下小于等于 $M_2$,以 $M_1 \leqslant_{Q,Z} M_2$ 表示。

若 $M$ 是 $A$ 的模型,且在相对于 $Q$, $Z$ 的意义下小于等于所有其他模型,则称 $M$ 为相对于 $Q$、$Z$ 的一个极小模型。

**定理 16.1.2** 当且仅当 $M$ 是命题 $A$ 相对于 $Q$ 和 $Z$ 的极小模型时它也是限定 $\Omega(A(Q, Z))$ 的一个模型。

## 16.2 缺省逻辑

在计算机程序设计中,缺省是经常使用的一种技术手段,其目的主要是为了给程序员提供方便。缺省的含义是:如果程序员不显式地指明某种要求,则系统将按约定的章程行事。例如:

1. 在一些语言中,如果不给数值型变量指定初值,则该变量的缺省值就是零。

2. 在一个框架中,如果设计者为某个槽设计了缺省值,则当此程序运行时,若用户不输入相应的值,系统即以缺省值为此槽的值。例如,人的体温的缺省值可能是 37 ℃。

3. 在分程序结构的语言中,如果内、外层分程序出现同一标识符 $x$,则内层标识符 $x$ 的缺省类型就是外层的 $x$ 的类型,除非 $x$ 在内层被再次说明。

4. 类似地,在一个框架体系中,如果父框架有某个槽,则意味着子框架在缺省的意义上有同一个槽,并且其值就是父框架相应槽的值。除非此槽在子框架中被重新说明或重新赋值。

5. 条件语句 if … then … if 是对完全条件语句 if … then … else skip if 的缺省表示,它在缺省的意义上表明 else 部分的语句为 skip。

6. 在 PROLOG 程序的数据库中,如果不出现某谓词 $P$,则表示在缺省的意义上出现它的非:$\sim P$。亦即,任何谓词的(当前)真假值均可在数据库中找到答案。这就是逻辑程序设计中的封闭世界假设。

以上仅是举了一些例子,此外还可以举出许多其他的例子。

日常生活中的事件也可以用缺省来假设,因为人在推理时往往不具备全部必需的信息,而且也没有时间等信息收集齐全后再行动。

当宋江站在滔滔大江的边上时,如果不出现一条船或其他渡江手段,则此江在缺省的意义上是渡不过去的。

当宋江跨上小船的时候,如果船家没有表现出什么异样,则在缺省的意义上,宋江认为是能靠此小船渡至对岸的。

当张横喝问宋江,"是要吃馄饨还是吃板刀面"时,如果不出现一个救星使局面转危为安,则在缺省的意义上,宋江已判定"此命休矣"!

由此可见,缺省是表达非单调推理的有力手段,正是以此为出发点。Reiter 把缺省的概念引进逻辑中,设计了一套缺省逻辑,他的基本思想是:传统逻辑是从已知的事实推出新的事实。在推理时,知识库的丰富程度决定了能推出多少事实。而在非单调推理中,知识库不够丰富,难以支持人(或系统)所需要的推理。因此需要"想当然"地对知识库进行扩充,扩充的内容即是缺省知识,它并非绝对可靠,只是在目前看来不和知识库的其他部分发生矛盾。所推出来的不能算是事实,只是对现实世界的一种猜测。Reiter 把原来的知识库称为不完备的理论,把扩充看作是理论的完备化。而缺省逻辑则提供一组元公理,作为理论完备化的手段,他对此作了两方面的研究。首先是对不完备理论的扩充给了形式化的定义。其次是探讨了缺省逻辑的证明论问题,即在什么条件下可以推断一个命题是否属于某个不完备理论的一个扩充。

**定义 16.2.1** 缺省逻辑 DL 的合式公式和缺省命题的构成是:

1. 一阶谓词演算的合式公式即是它的合式公式(参见 1.1 节)。

2. DL 系统的缺省命题形式为

$$\frac{\alpha(\bar{x}) : M\beta_1(\bar{x}), \cdots, M\beta_m(\bar{x})}{W(\bar{x})} \tag{16.2.1}$$

或者表示为线性形式

$$\alpha(\bar{x}) : M\beta_1(\bar{x}), \cdots, M\beta_m(\bar{x}) \to W(\bar{x}) \tag{16.2.2}$$

其中 $\bar{x}$ 是多个 $x_i$ 构成的参数向量。$\alpha(\bar{x})$ 是命题的前提,$W(\bar{x})$ 是命题的结论。$M$ 是缺省算子。$M\beta_1(\bar{x}), \cdots, M\beta_m(\bar{x})$ 是缺省要求。整个缺省命题可以读为:如果没有信息表明 $\beta_1(\bar{x}), \cdots, \beta_m(\bar{x})$ 中有任何一项不成立(或与现有的知识相矛盾),则从前提 $\alpha(\bar{x})$ 可以推出结论 $W(\bar{x})$。

看看前面的例子如何用缺省命题形式表示(仅举数例):

1. 关于给变量赋初值:

$$\frac{x \text{ 是数值型变量}:M\sim\text{程序中为 } x \text{ 赋值}}{x=0}$$

2. 关于封闭世界假设:

$$\frac{P \text{ 是一个谓词}:M\sim P}{\sim P}$$

3. 关于宋江过河:

$$\frac{\text{河边没有船}:M \text{ 过不了河}}{\text{过不了河}}$$

**定义 16.2.2**

1. 一个不含自由变量的合式公式称为是闭的。

2. 若 $\alpha(\bar{x})$,诸 $\beta_i(\bar{x})$,$W(\bar{x})$ 都是闭的合式公式,则式(16.2.1)称为闭缺省命题。

3. 一个缺省理论是一个二元组$(D,W)$,其中 $D$ 是一组缺省命题,$W$ 是一组闭的合式公式。

4. 缺省理论$(D,W)$称为是闭的,如果 $D$ 中的缺省命题都是闭的。

一般的缺省命题,包括前面举的三个例子,都不是闭的。下面的缺省命题是闭的:

$$\frac{\text{凡人都是要死的}:M \text{ 彭祖是人}}{\text{彭祖是要死的}}$$

由于只考虑闭的缺省命题,以下省去诸合式公式 $\alpha$,$\beta_i$,$w$ 中的参量 $\bar{x}$。可以把它们看成是普通命题逻辑中的合式公式。

**定义 16.2.3**　令 $\Delta=(D,W)$是一个闭缺省理论。以 $L$ 表示一阶逻辑合式公式的集合。对于 $L$ 中的任意闭合式公式集 $S$,$S\subseteq L$,令 $\Gamma(S)$ 是满足如下三条性质的一个最小闭合式公式集:

D1. $W\subseteq\Gamma(S)$

D2. $\Gamma(S)$是在普通命题演算的推理下封闭的。

D3. 若缺省命题$(\alpha:M\beta_1,\cdots,M\beta_m/W)\in D$,且 $\alpha\in\Gamma(S)$,$\sim\beta_1$,$\sim\beta_2$,$\cdots$,

$\sim\beta_m\notin S$，则 $W\in\Gamma(S)$）。

若对闭合式公式集 $E\subseteq L$ 来说，有 $\Gamma(E)=E$（即 $E$ 是 $\Gamma$ 的一个不动点），则称 $E$ 是 $\Delta$ 的一个扩张。

**引理 16.2.1**　对任意的闭缺省理论 $\triangle$ 和闭合式公式集 $S\subseteq L$，$\Gamma(S)$ 是唯一确定的。

**证明**　如若不是唯一确定的，则存在 $\Gamma_1(S)\neq\Gamma_2(S)$。它们都是满足上述三条性质的最小闭合式公式集。令 $A$ 为命题，$A\in\Gamma_1(S)$，但 $A\notin\Gamma_2(S)$。我们来分析一下 $A$。首先，$A$ 不能属于 $W$，因为否则它也要属于 $\Gamma_2$。其次，假设 $A$ 是通过后两条性质用推理算法得出的，又设推理一共走了 $n$ 步，最后一步得到 $A$。对 $n$ 实行归纳法。当 $n=1$ 时，性质 $D2$ 贡献由 $W$ 作一步推理所得结果，它当然属于 $\Gamma_2(S)$。性质 $D3$ 中的 $\alpha$ 只能属于 $W$，因此推理结果也属于 $\Gamma_2(S)$。这表示一步推理不会得出两样结果。现假定 $n-1$ 步推理都不能得两样结果。考察第 $n$ 步。运用与刚才类似的方法可以证明第 $n$ 步也不会得两样结果。即 $A\in\Gamma_2(S)$，矛盾。

证毕。

**定理 16.2.1**　令 $E\subseteq L$ 是一个闭合式公式集。令 $E_0=W$，且对 $i\geqslant0$。令

$$E_{i+1}=Th(E_i)\bigcup\{W|\frac{\alpha:M\beta_1,\cdots,M\beta_m}{W}\in D$$

$$其中\ \alpha\in E_i\ 且\sim\beta_1,\cdots,\sim\beta_m\notin E\} \tag{16.2.3}$$

则当且仅当

$$E=\bigcup_{i=0}^{\infty}E_i \tag{16.2.4}$$

时 $E$ 是 $\Delta$ 的一个扩张，$\Delta=(D,W)$ 是一个闭的缺省理论。

**证明**　令 $E'=\bigcup_{i=0}^{\infty}E_i$，易见它有如下三条性质：

$D1'$．$W\subseteq E'$。

$D2'$．$Th(E')=E'$。

$D3'$．若 $(\alpha:M\beta_1,\cdots,M\beta_m/W)\in D$，且 $\alpha\in E'$，且 $\sim\beta_1,\cdots,\sim\beta_m\notin E'$，则 $W\in E'$。

因此，由 $\Gamma(E)$ 的极小性质可得

$$\Gamma(E)\subseteq E' \tag{16.2.5}$$

现在证明：

(1) 若 $E$ 是 $\Delta$ 的一个扩张，则 $E=E'$。

$E$ 是 $\Delta$ 的扩张意味着 $E=\Gamma(E)$，由式 (16.2.5) 知 $E\subseteq E'$，所需证明的只是 $E'\subseteq E$。证明通过对 $i$ 实施归纳法进行。当 $i=0$ 时，$E_0=W\subseteq E$（根据定义 16.2.3 之 D1）。现假设 $E_n\subseteq E$，考察任一 $W\in E_{n+1}$，有两种可能：

1) $W\in\mathrm{Th}(E_n)$，则由于 $E_n\subseteq E$，$\mathrm{Th}(E_n)\subseteq\mathrm{Th}(E)=E$，因此 $W\in E$。

2) 存在缺省命题 $(\alpha:M\beta_1,\cdots,M\beta_m/W)\in D$，其中 $\alpha\in E_n$，且 $\sim\beta_1,\cdots,\sim\beta_m\notin E$。由于 $E_n\subseteq E$，可知 $\alpha\in E$，由定义 16.2.3 之 D3 知 $W\in E$.

因此，不论何种情况皆有 $E_{n+1}\subseteq E$。

(2) 若 $E=E'$，则 $E$ 是 $\Delta$ 的一个扩张。

由 (16.2.5) 知 $\Gamma(E)\subseteq E$。所需证的只是 $E\subseteq\Gamma(E)$，或等价地 $E'\subseteq\Gamma(E)$，因此也可通过归纳法实现。当 $i=0$ 时 $E_0\subseteq\Gamma(E)$ 是显然的（性质 D1）。现在假设 $E_n\subseteq\Gamma(E)$，考察任一 $W\in E_{n+1}$。这又有两种可能性：

1) 若 $W\in\mathrm{Th}(E_n)$，则由 $E_n\subseteq\Gamma(E)$ 知 $\mathrm{Th}(E_n)\subseteq\mathrm{Th}(\Gamma(E))=\Gamma(E)$（性质 D2），此示 $W\in\Gamma(E)$。

2) 若 $W$ 由缺省命题 $(\alpha:M\beta_1,\cdots,M\beta_m/W)\in D$ 推出，其中 $\alpha\in E_n$，且 $\sim\beta_1,\cdots,\sim\beta_m\notin E$，则由归纳假设知 $\alpha\in\Gamma(E)$，又由性质 D3 知 $W\in\Gamma(E)$，归纳法得证：

证毕。

下面的例子是根据 Reiter 例子略加修改而成：

1. $D=\left\{\dfrac{:MA}{A},\ \dfrac{:MB}{B},\ \dfrac{:MC}{C}\right\}$，$W=\varnothing$ 分两种情况：

(1) 若 $E$ 中不含 $\sim A$，$\sim B$ 或 $\sim C$，则只有当 $E=\{A,B,C\}$ 时才是 $\Delta$ 的一个扩张，因为由 $D$ 的缺省命题总可推出 $A,B,C$。此时

$$E_0=\varnothing,\ E_1=E=\{A,B,C\}$$

(2) 若 $E$ 中含 $\sim A$，$\sim B$ 或 $\sim C$，则 $E$ 不可能是 $\Delta=(D,W)$ 的扩张。否则，$E=E'=\bigcup\limits_{i=1}^{\infty}E_i$ 中将包含 $\sim A$，$\sim B$ 或 $\sim C$，即至少一个 $E_i$ 中应包含 $\sim A$，$\sim B$ 或 $\sim C$，根据定义这是不可能的。

2. $D$ 的定义如上。$W=\{\sim B\vee(\sim A\wedge\sim C)\}$ 分两种情况：

(1) 若 $E$ 中不含任何包含 $\sim A$，$\sim B$ 及 $\sim C$ 的命题，则 $E$ 不可能是 $\Delta$ 的扩

张。因为扩张必须包含 $W$，而 $W$ 中有包括 $\sim A$ 等命题的公式。

(2) 若 $E$ 包含 $\{\sim B \vee (\sim A \wedge \sim C)\}$（这是必需的！），则我们断言

$$E \bigcap \{\sim A, \sim B, \sim C\} \neq \varnothing$$

否则将有以下结果：

$$E_0 = W,$$
$$E_1 = \text{Th}(E_0) \bigcup \{A, B, C\}$$
$$E_2 = \text{Th}(E_1) \supseteq \{\sim A, \sim B, \sim C\}$$

即，$E \supseteq \{\sim A, \sim B, \sim C\}$，矛盾！

现在假设 $\sim B \in E$，则有：

$$E_0 = W$$
$$E_1 = \text{Th}(E_0) \bigcup \{A, C\}$$
$$E_2 = \text{Th}(E_1) = E_i \supseteq \{\sim B\}, i = 3, 4, 5, \cdots$$

因此只需令 $E = \text{Th}(W \bigcup \{A, C\})$ 即可。

如果假设 $\sim A \in E$，则有：

$$E_0 = W$$
$$E_1 = \text{Th}(E_0) \bigcup \{\cdots\cdots\}$$

已知 $\sim B$ 和 $\sim C$ 至少有一不属于 $E$，若 $\sim C$ 不属于 $E$，则 $C \in \{\cdots\cdots\}$，$\sim B \in \text{Th}(E_1) \subseteq E$。由前面的推理知 $\{A, C\} \subseteq E$，这与 $\sim A \in E$ 有矛盾。因此结论只能是 $E = \text{Th}(W \bigcup \{B\})$。

从这两个例子中可以看出，即使是很简单的情况，算起来也很复杂。其原因在于定理 16.2.1 给出的不是构造性的算法，因而不能实用于计算机程序中。下面我们只给出例子而不再详细分析论证其结论。

3. $D = \left\{ \dfrac{:MC}{\sim D}, \dfrac{:MD}{\sim E}, \dfrac{:ME}{\sim F} \right\}$，$W = \varnothing$

结论：$E = \text{Th}(\{\sim D, \sim F\})$

直观解释：第一个缺省命题的推理结果阻止了第二个缺省命题的应用，而这又使第三个缺省命题的应用成为可能。

4. $D = \left\{ \dfrac{:MC}{\sim D}, \dfrac{:MD}{\sim C} \right\}$，$W = \varnothing$

结论：$E = \mathrm{Th}(\{\sim C\})$ 或 $\mathrm{Th}(\{\sim D\})$

直观解释：鱼和熊掌不可兼得。

5. $D = \left\{ \dfrac{: MA}{\sim A} \right\}$，$W = \varnothing$

结论：不存在扩张。

直观解释："理发匠悖论"（参见 15.2 节）。

6. $D = \left\{ \dfrac{: MA}{\sim A} \right\}$，$W = \{A, \sim A\}$

结论：$E = \mathrm{Th}(W)$

直观解释：推不出新结论，维持原状。

这最后一个例子与前几个例子不同，它得到的扩张是不一致的（既有 $A$，又有 $\sim A$）。而且，根据数理逻辑的基本知识我们知道，这个扩张包含了该系统中所有可能的一切合式公式。关于不一致的扩张，我们有：

**推论 16.2.1**　当且仅当 $W$ 本身是不一致的时候，闭缺省理论 $(D, W)$ 有一个不一致的扩张。

**推论 16.2.2**　若一个闭缺省理论有一个不一致的扩张，则这是它唯一的扩张。

**定义 16.2.4**　一个具有不一致扩张的闭缺省理论称为是不一致的闭缺省理论。

**定理 16.2.2**　若 $E$ 和 $F$ 都是闭缺省理论 $(D, W)$ 的扩张，且 $E \subseteq F$，则有 $E = F$。

**证明**　使用定理 16.2.1 的记号，我们知道有 $E = E'$，$F = F'$ 成立。现在只需证 $F \subseteq E$，我们对 $i$ 实行归纳法，证明对所有 $i$，$F_i \subseteq E_i$。

当 $i = 0$ 时 $F_0 \subseteq E_0$ 是显然的。假设 $F_n \subseteq E_n$，考察任一 $W \in F_{n+1}$。若 $W$ 来自逻辑闭包运算 $\mathrm{Th}(F_n)$，则由 $F_n \subseteq E_n$ 可知，$\mathrm{Th}(F_n) \subseteq \mathrm{Th}(E_n)$，因此 $W \in E_{n+1}$。若 $W$ 来自缺省命题 $(\alpha : M\beta_1, \cdots, M\beta_m / W) \in D$ 的推理，其中 $\alpha \in F_n$，且 $\sim\beta_1, \cdots, \sim\beta_m \notin F$，则由于 $F_n \subseteq E_n$ 及 $E \subseteq F$，可知 $\alpha \in E_n$，且 $\sim\beta_1, \cdots, \sim\beta_n \notin E$，此示 $W \in E_{n+1}$。

证毕。

这个定理显示了扩张的极小性质：一个扩张的真子集不可能是同一缺省理论的扩张。

**定义 16.2.5** 设 $\Delta = (D, W)$ 是一个闭缺省理论,$E$ 是 $\Delta$ 的一个扩张,则

$$GD(E, \Delta) = \left\{ \frac{\alpha : M\beta_1, \cdots, M\beta_m}{W} \in D \mid \alpha \in E, \right.$$

$$\left. \sim\beta_1, \cdots, \sim\beta_m \notin E \right\} \tag{16.2.6}$$

称为 $E$ 相对于 $\Delta$ 的生成缺省命题集。

又设 $D$ 是一组任意(不一定闭)的缺省命题集,则

$$CONSEQUENTS(D) = \left\{ W(\bar{x}) \left| \frac{\alpha(\bar{x}) : M\beta_1(\bar{x}), \cdots, \beta_m(\bar{x})}{W(\bar{x})} \in D \right. \right\}$$

$$\tag{16.2.7}$$

称为 $D$ 的缺省命题的推论集。

**定理 16.2.3** 设 $E$ 是一个闭缺省理论 $\Delta = (D, W)$ 的扩张,则

$$E = Th(W \cup CONSEQUENTS(GD(E, \Delta))) \tag{16.2.8}$$

这个定理的含义在于:它说明并非 $D$ 中的每个缺省命题都一定对扩张的最后形成作出贡献。例如,在前面举的第一个求扩张的例子中,如果把命题:$MD/A$ 加进集合 $D$ 中,则所得的 $E$ 仍旧是一样的。一组生成缺省命题集好比是线性空间中的一组生成基,它不一定是唯一的。

**定理 16.2.4** 设 $E$ 是闭缺省理论 $(D, W)$ 的一个扩张,且 $G \subseteq E$,则 $E$ 也是缺省理论 $(D, W \cup G)$ 的一个扩张。

我们在上面(例子 5)已经看到,某些闭缺省理论可以是没有扩张的。如果把 $W$ 看作推理者已知的事实,把 $D$ 看作推理者心目中的世界图式(或处世经验),则扩张 $E$ 就是推理者利用 $D$ 对 $W$ 推理后所得到的一个可能的世界全景。不存在扩张表明世界图式本身的混乱。注意到例 5 中的 $W$ 为空集,很容易猜出并得到如下的定理(参见例子 6)。

**定理 16.2.5** 若 $(D, W)$ 是一个闭缺省理论,$W$ 中已含有 $D$ 中所有缺省命题的结论集,则该缺省理论的扩张 $E$ 一定存在,并且

$$E = Th(W) \tag{16.2.9}$$

但是这个定理不能让我们前进很远,从中得不到更多的有用结果。比较有用的还是 Reiter 自己提出的正规缺省理论。

**定义 16.2.6**　若$(D,W)$是一个闭缺省理论,$D$ 中的缺省命题都取$(\alpha:MA/A)$ 的形式,则$(D,W)$称为是一个正规缺省理论。

在前面举的六个例子中,只有例 1 和例 2 是正规缺省理论,其余都不是正规缺省理论。

**定理 16.2.6**　每个正规缺省理论都有一个扩张。

**证明**　令$\Delta=(D,W)$是一个正规缺省理论。若 $W$ 是不一致的,则由推论 16.2.1 知 $\Delta$ 有一个(不一致的)扩张。因此可设 $W$ 是一致的,构造 $\Delta$ 的扩张 $E$ 如下:

$E_0=W$,对 $i\geqslant0$,令 $T_i$ 是满足如下两个条件的一个极大闭合式公式集:

(1) $E_i\bigcup T_i$ 是一致的。

(2) 若 $A\in T_i$,则有某个$(\alpha:MA/A)\in D$,其中 $\alpha\in E_i$。

令 $E_{i+1}=\mathrm{Th}(E_i)\bigcup T_i$,$E'=\bigcup\limits_{i=0}^{\infty}E_i$。现在只需证明

$$T_i=\left\{W\left|\frac{\alpha:MW}{W}\in D,\text{其中 }\alpha\in E_i\text{ 且}\sim W\notin E'\right.\right\} \tag{16.2.10}$$

即可。以 $R_i$ 表示式(16.2.10)的右边,显然我们有 $T_i\subseteq R_i$。如果 $T_i\neq R_i$,则定有命题 $A\in R_i-T_i$,由 $T_i$ 的极大性可知集合 $E_i\bigcup T_i\bigcup\{A\}$ 是不一致的,即 $\mathrm{Th}(E_i)\bigcup T_i\bigcup\{A\}$ 是不一致的,即 $E_{i+1}\bigcup\{A\}$ 是不一致的。又由于 $E_{i+1}\subseteq E'$,可知 $E'\bigcup\{A\}$ 是不一致的。不难验证 $\mathrm{Th}(E')=E'$,由此可得$\sim A\in E'$,这 与 $A\in R_i$ 是矛盾的。因此,令 $E=E'$ 即得我们所要的扩张。

证毕。

非单调推理的一个重要特点,就是当新的事实(或公理)增加时,原先已有的结论可以被推翻。例如,再次考察例 3:

$$D=\left\{\frac{:MC}{\sim P},\frac{:MP}{\sim B},\frac{:MB}{\sim F}\right\},W=\varnothing$$

对这个闭缺省理论来说,$E=\mathrm{Th}(\{\sim P,\sim F\})$ 是它的一个扩张。现在令 $W'=\{\sim C\}$,则$(D,W)$的任何扩张不再包含$\sim P$,但却存在着包含$\sim B$ 的扩张,如 $E'=\mathrm{Th}(\{\sim C,\sim B\})$ 便是新缺省理论$(D,W')$的一个扩张。它虽然包含了新事实$\sim B$,却排除了老事实$\sim P$。

不通过扩充 $W$ 而通过扩充 $D$ 同样可以产生这种效果,例如,令 $D'=D\bigcup$

{∶$MA/\sim C$},而 $W$ 不变,则$(D', W)$的任何扩张 $E''$同样不再包含$\sim P$,因为 $E''$中$\sim C$的存在将阻止$\sim P$的产生,而让 $E''$不包含$\sim C$的唯一办法是令 $E''$包含$\sim A$,但$\sim A$是$(D', W)$产生不了的,因而不可能存在于 $E''$中。

缺省逻辑的这种非单调性质将导致这样一个后果:每当扩充 $W$ 或 $D$ 时,原有的扩张完全不能使用,要证明某个命题必须考虑到 $D$ 中的全部缺省命题和 $W$ 中的全部事实。这大大降低了缺省逻辑的实用价值。幸好,Reiter 发现,对于正规缺省理论来说,事情还没有糟到这个地步。

**定理 16.2.7** 设 $D$ 和 $D'$是两组正规缺省命题集,$D'\subseteq D$。又设 $E'$是正规缺省理论$\Delta'=(D', W)$的一个扩张。$\Delta=(D, W)$。则 $\Delta$ 有一个扩张 $E$,使得:

1. $E'\subseteq E$。

2. $GD(E', \Delta')\subseteq GD(E, \Delta)$。

这个定理说明,如果对已有的正规缺省理论 $\Delta'$ 中的缺省命题集 $D'$进行扩充,得到新理论 $\Delta$,则只要 $\Delta'$有扩张 $E'$,就知 $\Delta$ 也有扩张 $E$,且 $E'\subseteq E$。这里最重要的一点是扩充 $D'$ 没有使 $E'$ 中的任何命题失效,显示了在非单调逻辑中还可以保留某种意义上的单调性。考虑到在常识环境中缺省命题的数目往往是大量的,甚至是"海量"的,这个性质非常重要。该定理的第二部分表明了 $D'$ 的扩充对它的生成缺省命题集也不产生影响,扩充前的生成缺省命题集仍然可以保存在扩充后的生成缺省命题集中。

扩张的不唯一性是缺省逻辑的一个重要特点。不同的扩张之间有什么关系呢? 下面的定理对此作出说明。

**定理 16.2.8** 设 $E$ 和 $E'$是同一个正规缺省理论的两个不同的扩张,则 $E\cup E'$ 是不一致的。

这说明,如果推理者对他所在的世界有两种不同的全景(想象),那么它们一定是不一致的。Reiter 把这种性质称为正交性。

**推论 16.2.3** 设 $\Delta=(D, W)$是一个正规缺省理论,其中 $W\cup$ CONSE-QUENTS$(D)$是一致的,则 $\Delta$ 只有一个唯一的扩张。

**定理 16.2.9** 设 $\Delta=(D, W)$是一个正规缺省理论,$D'\subseteq D$。又设 $E'_1$和 $E'_2$是$(D', W)$的两个不同的扩张,则 $\Delta$ 也有两个不同的扩张 $E_1$ 和 $E_2$。且 $E'_1\subseteq E_1$,$E'_2\subseteq E_2$。

本定理表明,增加缺省命题并不能使不唯一的扩张成为唯一或减少扩张的数目。不同的扩张不会在"更高的层次上"统一起来。

## 16.3　自认识逻辑

无论是 McCarthy 的限定推理,还是 Reiter 的缺省逻辑,它们有一个共同的特点,就是在给定的前提下,进行某种似然推理。基本的思想是:已知某些事实 $\{A_i\}$ 为真,而且没有证据表明另一些事实 $\{B_i\}$ 为假,能够推出的可能结论 $\{C_i\}$ 是什么? 如果考虑到有不同的推理者存在,每个推理者的知识都不一样,那么完全可以把这种非单调性看成是由于推理者的知识局限所造成的。从这个观点出发,上面所述的基本思想就可以换一个说法,改为:我相信某些事实 $\{A_i\}$ 是真的,我没有根据相信另一些事实 $\{B_i\}$ 是假的,那么我所期待的结论 $\{C_i\}$ 是什么? 这里所谓的相信和期待,实际上就是推理者的信念。它启发人们用第十二章中讨论过的信念逻辑来研究非单调推理。正是这种考虑促使 Moore 在 1983 年提出了他的自认识逻辑。

Moore 引进了两个算子 $\underline{L}$ 和 $\underline{M}$。若 $A$ 是一个命题,则 $\underline{L}A$ 表示相信 $A$,$\underline{M}A$ 表示可接受 $A$,它们之间的关系是:

$$\underline{M}A = \sim\underline{L}\sim A \tag{16.3.1}$$

也可以把 $\underline{M}A$ 理解为:命题 $A$ 与推理者所有的全部当前知识不矛盾。式(16.3.1)告诉我们,如果推理者并不相信命题 $A$ 的非,则 $A$ 和推理者的当前知识是一致的(不矛盾的)。

**定义 16.3.1**　自认识逻辑系统 AE 的合式公式的组成规则如下(本节只考虑命题逻辑):

1. 普通命题逻辑的合式公式都是 AE 系统的合式公式。

2. 若 $A$ 是合式公式,则 $\underline{L}A$ 和 $\underline{M}A$ 也是合式公式。

3. 若 $A$,$B$ 是合式公式,则 $\sim A$,$A \vee B$,$A \wedge B$,$A \to B$ 和 $A \equiv B$ 也是合式公式。

**定义 16.3.2**　自认识逻辑系统 AE 中的命题按如下规则确定其真假值:

1. 不含算子 $\underline{L}$ 和 $\underline{M}$ 的命题按普通命题逻辑的真值指派原则赋予真假值。

2. 若 $A$,$B$ 是真假值已知的合式公式,则 $\sim A$,$A \vee B$,$A \wedge B$,$A \to B$ 和 $A \equiv B$ 的真假值按普通命题逻辑中对 $\sim$,$\vee$,$\wedge$,$\to$,$\equiv$ 五个逻辑联结符的语义

规定来赋予真假值。

3. 普通命题逻辑中的推理规则在此皆适用。

**定义 16.3.3** 若自认识逻辑系统 AE 中命题的真值指派符合下面两条规则,则 AE 称为是稳定的自认识逻辑系统:

1. 若命题 $A$ 为真,则命题 $LA$ 亦为真。

2. 若命题 $A$ 为假,则命题 $LA$ 亦为假。

换句话说,在现有信念的基础上,肯定不能再得出新的结论了。Stalunaker 把这称之为一个稳定的信念状态,Moore 借用他的说法,把 AE 系统称为稳定的自认识逻辑系统。

下面转入 AE 系统语义的讨论。

**定义 16.3.4**

1. 一个具体的 AE 系统的全部命题的集合称为一个自认识理论。其中包括了一个推理者所有的全部信念的集合。

2. 对一个自认识理论中的全部命题进行真值指派。该真值指派符合普通命题逻辑中的所有真值指派规则。对 $LA$ 形式的命题的真值指派除不违反上述规定外可以是任意的。这种真值指派称为是自认识理论的一个解释。

3. 设 $I$ 是自认识理论的一个解释,则解释中全体被指派为真的命题构成自认识理论的一个(在普通命题逻辑意义下的)模型。

4. 自认识理论的一个解释 $I$ 称为是该理论的一个自认识解释,如果命题 $A$ 被指派为真。当且仅当命题 $LA$ 被指派为真。

5. 设 $I$ 是自认识理论的一个自认识解释,则解释中全体被指派为真的命题构成自认识理论的一个自认识模型。

**定义 16.3.5**

1. 一个自认识理论 $T$ 称为是相对于公理集 $A$ 健康的。当且仅当:如果 $T$ 的一个自认识解释是公理集 $A$ 在普通命题逻辑意义下的模型,则它也是 $T$ 的一个模型。

2. 一个自认识理论 $T$ 称为是语义完备的,当且仅当:如果 $A$ 是一个在 $T$ 的所有自认识模型中皆真的命题,则 $A$ 本身包含在 $T$ 中。

稳定的自认识理论为系统的健康性提供了很好的保证。下面的定理表明,这种健康性仅取决于自认识理论中那些不含算子 $L$ 和 $M$ 的命题。Moore 把它们称为客观命题。

**定理 16.3.1** 若 $T$ 是一个稳定的自认识理论,$I$ 是 $T$ 的一个自认识解释,则如果 $I$ 是 $T$ 中所有客观命题的一个(在普通命题逻辑意义下的)模型,则 $I$ 也是 $T$ 的一个自认识模型。

注意本定理的断言超出了定义 16.3.3 的范围,那里只是说了命题 $A$ 为真,当且仅当命题 $\underline{L}A$ 为真。这并没有包括所有涉及算子 $\underline{L}$ 的命题。例如命题 $A \wedge \underline{L}A \rightarrow \underline{L}A \wedge A$ 不能写成 $\underline{L}B$ 的形式,因之不直接包含在定义 16.3.3 的陈述之中,但它却属于定理 16.3.1 的论断范围。

**定理 16.3.2** 若 $T_1$ 和 $T_2$ 是两个稳定的自认识理论,它们含有相同的客观命题集,则它们也含有相同的命题集。

稳定的自认识理论被 Moore 比喻为一个理想的推理者,他在已有公理的前提下无所不知(只要是从公理能推出的),而且所知必真。这相当于按我们在信念逻辑一章中对逻辑分类时所说的上帝信念逻辑(定义 16.3.3 之第一点)加上圣人信念逻辑(定义 16.3.3 之第二点加上定义 16.3.2 之第三点)。定理 16.3.2 的意思是说:两个理想的推理者在推理能力上应是一致的。

**定理 16.3.3** 一个自认识理论 $T$ 是语义完备的,当且仅当 $T$ 是稳定的。

本定理在自认识理论的稳定性(语法性质)和语义完备性(语义性质)之间架起了一座桥梁。但是它还没有涉及健康性问题,那么在语法规定上如何反映这一要求呢? 下面的定义回答了这个问题。

**定义 16.3.6** 设 $T$ 是一个自认识理论。称 $T$ 是忠实于公理集 $A$ 的,如果 $T$ 的每一个命题都包含在逻辑闭包

$$\text{Th}(A \bigcup \{\underline{L}P \mid P \text{ 在 } T \text{ 中}\} \bigcup \{\sim \underline{L}P \mid P \text{ 不在 } T \text{ 中}\}) \text{之中。} \qquad (16.3.2)$$

**定理 16.3.4** 一个自认识理论 $T$ 是相对于公理集 $A$ 健康的,当且仅当 $T$ 是忠实于 $A$ 的。

**定义 16.3.7** 一个稳定的,且忠实于公理集 $A$ 的自认识理论 $T$ 称为是 $A$ 的一个稳定的扩张。

注意,任给公理集 $A$,它的稳定扩张可能不是唯一的。请看下列公理集:

$$\{\sim \underline{L}(\text{金钱万能}) \rightarrow \underline{L}(\text{雷锋精神应该发扬}),$$

$$\sim \underline{L}(\text{雷锋精神应该发扬}) \rightarrow \underline{L}(\text{金钱万能})\} \qquad (16.3.3)$$

这个公理集起码有两个稳定扩张,其中一个不相信金钱万能而相信雷锋精神应

该发扬,另一个则不相信雷锋精神应该发扬而相信金钱万能。这两个扩张显然刻画了两类推理者的心理状态。

还可能有这种情况:对一组公理来说,不存在稳定的扩张。例如设公理集为

$$\{\sim L(有鬼)\to 有鬼\} \tag{16.3.4}$$

现在问:命题(有鬼)在不在稳定扩张之中? 如果不在其中,则根据稳定的要求 $L$(有鬼)也不能在其中,但由上述公理却又可推出命题(有鬼)在稳定扩张之中,这是一个矛盾。但如果命题(有鬼)真在稳定扩张之中,它又不能作为式(16.3.2)的逻辑结论得到,说明这个扩张是不忠实于公理集 $A$ 的。

Levesque 指出,Moore 的自认识逻辑在规定"一个自认识理论的全部命题的集合就是推理者的全部信念的集合"(见定义 16.3.4)时,使用了非逻辑的手段。因为上面用引号括起来的这一段话(是大意,非 Moore 原话)是用自然语言,而不是用逻辑语言表达的。Levesque 认为可以用引进一个新的模态算子 $O$来解决这个问题。具体来说,若 $A$ 是一个命题,则 $OA$ 表示推理者的信念中仅有此命题,别无其他。例如,一个金钱万能论者的信念可以表示为

$$O(只要能赚到钱就行)$$

至于如何赚钱才是合法合理的,并不在他的信念之中。

Levesque 的自认识逻辑系统称为 OL,这是包括一阶谓词演算的推理能力在内的系统。它使用的基本上是可能世界语义。

**定义 16.3.8** (只含基本命题的 OL 系统)。

1. 不包含算子 $B$ 和 $O$ 的命题称为客观命题(此处以 $B$ 代替 Moore 的 AE逻辑中的 $L$,并且不使用算子 $M$。正如我们在前面看到的。$M$ 在 AE 逻辑中并未起到多大作用)。不包括算子 $O$ 的命题称为基本命题。不使用逻辑连结符的客观命题称为原子命题。

2. 若以 $w$ 表示一个可能世界,则 $w(A)$ 表示对命题 $A$ 在此可能世界中的真值指派,它可以为 0 或 1。

3. 大写字母 $W$ 表示可能世界的一个集合,当它与一个具体的可能世界 $w$联用时,一般表示:对于可到达世界集 $W$ 和可能世界 $w$ 来说,命题 $A$ 为真,用$W, w \models A$ 表示,在 OL 逻辑中,恒假设对所有可能世界来说,能到达的可能世界集是一样的。

4. 真值指派遵循下列规则：

(1) 对任何原子命题 $A$，$W, w \models A$，当且仅当 $w(A)=1$。

(2) $W, w \models (n_i = n_j)$，当且仅当 $n_i$ 和 $n_j$ 是相同的名字（OL 包含一阶谓词演算的功能，谓词的参数称为名字）。

(3) $W, w \models \sim A$，当且仅当 $W, w \models\!\!\!\!/ \; A$。

(4) $W, w \models (A \wedge B)$，当且仅当 $W, w \models A$ 且 $W, w \models B$。

(5) $W, w \models \exists x A$，当且仅当对某个名字 $n$，$W, w \models A[n/x]$，此处 $A[n/x]$ 表示把 $A$ 中的名字变量 $x$ 皆代之以常量名字 $n$。

(6) $W, w \models \underline{B}A$，当且仅当对每个 $w' \in W$，有 $W, w' \models A$。

不难发现，在上面的定义中，前五条都只与具体的可能世界 $w$ 有关，唯有第 6 条涉及可到达的可能世界集 $W$。由于 $W$ 是公共可到达的，它的特点与第十二章中的可到达概念有些不同。举例来说，令每个可能世界对应某班级的一个学生，则该班级构成全体可能世界集。在一次考试中，老师出了一批是非题。每个人都给出了自己的答案。但并不是每个人都相信自己的答案。他们只相信班上几位最好的同学（标杆）的答案，当然要加一个条件：这几位同学的答案应该一致。如果某题的答案不一致，那还是没人相信。这就是 OL 逻辑中算子 $\underline{B}$ 的含义。

注意 $W$ 可能是空集，因此在推理时需十分小心。例如命题 $\underline{B}A \rightarrow \sim \underline{B} \sim A$ 可能不成立。它的本意是：如果相信 $A$，那么不会相信非 $A$。看起来似乎应是对的。但当 $W$ 是空集时，$\underline{B}A$ 和 $\underline{B} \sim A$ 都为真，上式就不正确了。不过只要 $W$ 非空，该式一定成立。因此不会影响 OL 逻辑的健康性。

另外一点要注意的是 $W, w \models \underline{B} \exists x A$ 和 $W, w \models \exists x \, \underline{B}A$ 是不等价的。前者要求对 $W$ 中的每个可能世界 $w'$，都存在一个名字 $n$，用它代入 $A$ 中的 $x$ 后，得到真命题 $A[n/x]$。而后者要求存在一个（统一的、固定的）名字 $n$，用它代入 $A$ 中的 $x$ 后，$A[n/x]$ 在 $W$ 的每个 $w'$ 中为真。

一般来说，即使是优秀学生也未必题题都答得正确，他们考卷上的答案不会完全一样。但是如果优秀生中有那么几位，他们对每个题的答案都是一样的，那么其中有一人或多人参加标杆组不会影响全班同学的信念。这相当于有几个可到达世界的命题赋值是一样的，它导致下列等价概念。

**定义 16.3.9**　可到达世界集 $W_1$ 和 $W_2$ 称为是等价的，若对任何命题 $A$ 和任何可能世界 $w$，均有

$$W_1, w \models A \leftrightarrow W_2, w \models A \tag{16.3.5}$$

**定义 16.3.10**

$$W^+ = \{w \mid W \text{ 等价于 } W \cup \{w\}\} \tag{16.3.6}$$

**定理 16.3.5** 令 $W$ 是一个可到达世界集,则存在一个且仅有一个最大的、包含 $W$ 并与 $w$ 等价的可能世界集,那就是 $W^+$。

**推论 16.3.1** 对任意一组基本命题 $\Gamma$,可能世界 $w$ 和可到达世界集 $W$,必有

$$W, w \models \Gamma \quad \text{当且仅当} W^+, w \models \Gamma \tag{16.3.7}$$

**推论 16.3.2**

$$W^+ = \{w \mid \text{对每个基本命题 } A, \text{若 } W, w \models \underline{B}A, \text{则有 } W, w \models A\}$$

$$\tag{16.3.8}$$

注意,由于信念的真假不依赖于推理者所在的具体的可能世界,即 $W$,$w_1 \models A \leftrightarrow W$,$w_2 \models A$,因此常简写为 $W \models A$。

**定义 16.3.11**

$$W, w \models \underline{O}A, \text{当且仅当} W, w \models \underline{B}A$$

且对任何 $w'$,若 $W$,$w' \models A$ 则 $w' \in W$。

这就是说,如果推理者只相信 $A$,那么这等价于他相信 $A$,并且 $A$ 在可到达世界集 $W$ 之外皆非真。注意,在 OL 系统中,推理者的信念是可到达世界集的公共事实。可到达世界集越大,公共事实越少,可到达世界集越小,则公共事实越多。因此,只相信命题 $A$ 的含义就是使可到达世界集在保持 $A$ 为真的前提下尽可能地大,以尽量减少其他命题成立的可能性。这并不排除除 $A$ 之外还有其他命题,例如 $B$,成立的情形,但以不影响刚才说的最大性为前提。试看下列例子,其中共有四个(也许更多,其余的不必写出来)可能世界:$w_1$,$w_2$,$w_3$ 和 $w_4$。在每个可能世界的右边列出了其中为真的命题:

| $w_1$: | $A$ | $B$ | $C$ | $\sim D$ | $E$ |
|---|---|---|---|---|---|
| $w_2$: | $A$ | $\sim B$ | $C$ | $D$ | $E$ |
| $w_3$: | $A$ | $B$ | $\sim C$ | $D$ | $E$ |
| $w_4$: | $A$ | $B$ | $C$ | $\sim D$ | $\sim E$ |

设有命题 $W$，$w_4 \models \underline{O}E$ 成立，问 $W$ 应包括哪些可能世界？根据定义 16.3.11 的规定，应有 $W = \{w_1, w_2, w_3\}$。在 $W$ 上并且仅在 $W$ 上，$E$ 是真的。这并不排除在 $W$ 上 $A$ 也为真。它表明 $A$ 与 $E$ 是兼容的。但 $W$ 不能缩小了。若减去 $w_1$，将增加命题 $D$；若减去 $w_2$，将增加命题 $B$；若减去 $w_3$，将增加命题 $C$。这些都违反了"只相信 $E$"的原则。同时我们又可以看到，只说"只相信 $E$"容易引起误解（以为 $A$ 也要排除），最好改为说"只相信 $E$ 及与 $E$ 兼容的其他命题"。

**定义 16.3.12**　一个命题集 $\Gamma$ 称为是可满足的，若存在一个最大集 $W$（即定理 16.3.5 中说的 $W^+$，下面不再指明）及可能世界 $w$，使 $W$，$w \models \Gamma$ 成立。

称命题集 $\Gamma$ 蕴含命题 $A$，表为 $\Gamma \models A$，若 $\Gamma \cup \{\sim A\}$ 是不可满足的。称命题 $A$ 为恒真的，若 $A$ 被空命题集所蕴含。

**定义 16.3.13**　一个命题集 $\Gamma$ 称为是可到达世界集 $W$ 的信念集，若有下式成立

$$\Gamma = \{A \mid A \text{ 为基本命题且 } W \models \underline{B}A\} \tag{16.39}$$

**定理 16.3.6**　若 $W$ 和 $W*$ 都是最大集，它们有相同的信念集，则对每个主观命题 $A$（所有的非逻辑符号，即定义 16.3.8 之 4.（2）中所说的名字，都包含在某个 $\underline{B}$ 或 $\underline{O}$ 算子的作用范围之内的命题称为主观命题，如 $\underline{B}A \to \underline{O}B$ 是一个主观命题，但 $A(n) \to \underline{B}B(n)$ 不是一个主观命题），$W \models A$ 当且仅当 $W^* \models A$。

这表示，若 $W$ 和 $W^*$ 在基本命题上观点一致，则它们在由基本命题构成的复合命题上观点也一致。

**定义 16.3.14**　一个命题集 $\Sigma$ 称为是另一个命题集 $\Gamma$ 的附加集，如果下式成立：

$$\Sigma = \{\underline{B}A : A \text{ 是基本命题且 } A \in \Gamma\} \cup \{\sim \underline{B}A : A \text{ 是基本命题且 } A \notin \Gamma\}$$

$$\tag{16.3.10}$$

**推论 16.3.3**　若命题集 $\Sigma$ 是信念集 $\Gamma$ 的附加集，则对任一主观命题 $A$，或者 $\Sigma \models A$，或者 $\Sigma \models \sim A$，两者必居其一。

这表明，如果一个主观命题 $A$ 在信念集中尚不能判定真假，则在附加集中一定可判定。附加集是信念集的一个无矛盾的可判定扩充。

为了要在 OL 系统和 AE 系统之间建立联系，下面引进一些概念。

**定义 16.3.15** 称命题集 $\Gamma$ 在一阶演算意义上蕴含命题 $A$，如果只使用普通一阶谓词演算的推理规则可从 $\Gamma$ 推出 $A$。令 $\varphi$ 是对所有取 $BA$ 或 $OA$ 形式命题的一个真值指派（把每个这样的命题映射为 0 或 1），则一阶谓词演算（用 FOL 表示）意义上的具体蕴含规则为：

1. 对任何原子命题 $A$，$\varphi$，$w \models_{\text{FOL}} A$，当且仅当 $\varphi(A) = 1$。

2. $\varphi$，$w \models_{\text{FOL}} (n_i = n_j)$，当且仅当 $n_i$ 和 $n_j$ 是同一个名字。

3. $\varphi$，$w \models_{\text{FOL}} \sim A$，当且仅当 $\varphi$，$w \mid \neq_{\text{FOL}} A$。

4. $\varphi$，$w \models_{\text{FOL}} A \wedge B$，当且仅当 $\varphi$，$w \models_{\text{FOL}} A$ 且 $\varphi$，$w \models_{\text{FOL}} B$。

5. $\varphi$，$w \models_{\text{FOL}} \exists x A$，当且仅当对某个 $n$，$\varphi$，$w \models_{\text{FOL}} A[n/x]$。

6. $\varphi$，$w \models_{\text{FOL}} \underline{B}A$，当且仅当 $\varphi(\underline{B}A) = 1$。

7. $\varphi$，$w \models_{\text{FOL}} \underline{O}A$，当且仅当 $\varphi(\underline{O}A) = 1$。

称命题集 $\Gamma$ 为一阶可满足的，当且仅当存在 $\varphi$ 和 $w$，使 $\varphi$，$w \models_{\text{FOL}} \Gamma$。称 $\Gamma$ 一阶蕴含 $A$，写为 $\Gamma \models_{\text{FOL}} A$，当且仅当 $\Gamma \cup \{\sim A\}$ 不是一阶可满足的。

**定义 16.3.16** 设 $\Gamma$ 为一基本命题集，如果：

1. 若 $\Gamma \models_{\text{FOL}} A$，则 $A \in \Gamma$，

2. 若 $A \in \Gamma$，则 $\underline{B}A \in \Gamma$，

3. 若 $A \notin \Gamma$，则 $\sim \underline{B}A \in \Gamma$。

则称 $\Gamma$ 为稳定的。

直观地说，稳定集就是兼有逻辑闭包性质（凡是由集中命题一阶蕴含的命题也在集中）和信念闭包性质（对任何命题的信念均在集中，且信念与命题本身保持一致）。Levesque 认为这也是对信念集的起码要求（推理者对任何命题皆有信念，且不会漏掉任何一件应能推出的事实）。

**定理 16.3.7** 设 $II$ 是一个由基本命题构成的集合，$\Gamma$ 是一个稳定集，$\Gamma$ 的附加集 $\Sigma$ 包含在 $II$ 中。则 $II$ 是可满足的，当且仅当它是一阶可满足的。

**推论 16.3.4** 设 $II$ 是如定理 16.3.7 中所述的基本命题集合，则对于任一基本命题 $A$，有

$$II \models A \leftrightarrow II \models_{\text{FOL}} A \tag{16.3.11}$$

**定理 16.3.8** 设 $II$ 是由基本命题构成的集合，则 $\Gamma$ 是稳定集，当且仅当它是某个可到达世界集 $W$ 的信念集。

这表明，信念集具有稳定的性质，并且非信念集都不具备稳定的性质。这就是前面说的 Levesque 对信念集的基本要求。

**定理 16.3.9**　如果限于命题自认识逻辑(没有量词),则稳定集被它所含的客观命题集唯一地确定(若稳定集 $\Gamma_1$ 和 $\Gamma_2$ 含有相同的客观命题集,则 $\Gamma_1 = \Gamma_2$)。但在具有一阶演算功能的 OL 系统中,稳定集不被它所含的客观命题集唯一确定。

这表明,一阶运算能力给主观命题的真值指派提供了更多的自由空间。

下面的定理回答了 Levesque 引进的"只知道"算子 $\underline{O}$ 的语义和 Moore 的稳定扩张(见定义 16.3.7)之间的关系。

**定理 16.3.10**　对任一基本命题 $A$,任一最大的可到达世界集 $W$(见定理 16.3.5),定有:$W \models \underline{O}A$,当且仅当 $W$ 的信念集是 $\{A\}$ 的一个稳定扩张。

Moore 为他的自认识理论给出过一个可能世界语义(未收在本节中),但是不包括稳定扩张。上面的定理把稳定扩张和算子 $\underline{O}$ 的语义联系起来,从而实际上使稳定扩张也有了一个可能世界语义。图 16.3.1 给出了自认识逻辑中语义概念和语法概念之间的联系。

| 语义概念 | 语法概念 |
|---|---|
| 相信 $A$<br>$\Gamma$ 是信念集<br>只相信 $A$ | $A$ 在稳定集中<br>$\Gamma$ 是稳定集<br>$\{A\}$ 的稳定扩张是信念集 |

**图 16.3.1　自认识逻辑的语义和语法对比**

**推论 16.3.5**　一个命题 $A$ 所有的不同的稳定扩张的数目也就是令 $\underline{O}A$ 为真的不同的最大可到达世界集的数目。

**定理 16.3.11**　对任何一个客观命题 $A$,存在一个唯一的最大可到达世界集 $W$,使

$$W \models \underline{O}A \text{ 成立} \tag{16.3.12}$$

**推论 16.3.6**　对任意的客观命题 $A$ 和任意的主观命题 $B$,下列两者之一且仅有一成立:

1. $\underline{O}A \to B$
2. $\underline{O}A \to \sim B$

**推论 16.3.7**　令 $A$ 和 $B$ 为任意的客观命题,则有

$$[\underline{O}A \to \underline{B}B] \leftrightarrow [A \to B]$$

**推论 16.3.8**　设 $\Gamma$ 是由一组客观命题构成的集合,则存在一个唯一的最大可到达世界集 $W$,使得对任何客观命题 $A$,有

$$W \models \underline{B}A \leftrightarrow \Gamma \models A$$

# 16.4　非单调推理中的一些难题

研究非单调推理是为了描述和实现人的常识推理。但虽然有了大量的研究成果,真正能够解决的常识推理问题却很少,而且人们在研究中还发现了一些对各种非单调推理来说都是很棘手的问题。本节列举其中的几个。

名声最大的也许是 McDermott 和他的合作者提出的所谓耶鲁射击问题。这个问题乍听起来非常简单,大意如下:

1. 某甲在时刻 $t_1$ 是活着的。

2. 某乙在时刻 $t_2 > t_1$ 把子弹装进枪膛。

3. 某乙在时刻 $t_3 > t_2$ 举枪对某甲射击。

4. 问题:某甲在时刻 $t_4 > t_3$ 还活着吗?

由于他们在研究此问题并发表文章时正在耶鲁大学工作,所以此问题被称为耶鲁射击问题。

McDermott 等人用所谓情况演算来描述这个问题。情况演算把时间轴分成一个个时间区间(参见 11.3 节)。如果在一个时间区间内所有的命题(也称为事实)都不发生变化,则此时间区间连同那些命题一起称为一个情况。某些事件的发生能够导致某些命题的改变(由成立变为不成立或反之),从而使一个情况转变为另一个情况。

**定义 16.4.1**　(情况演算)。

1. $T(f, s)$ 表示事实 $f$ 在情况 $s$ 中成立。

2. RESULT$(e, s)$ 表示在情况 $s$ 下发生事件 $e$ 后产生的新情况。

例如,$T$(火药能使用,火药是干的)表示在火药是干的情况下,火药可以使用。而 RESULT(火药被弄湿,火药是干的)表示火药被弄湿以后的新情况。$T$($\sim$火药能使用,RESULT(火药被弄湿,火药是干的))表示火药在是湿的情况下不能再使用。

情况演算中的一个基本问题是,在一个情况下为真的命题能够维持多久为

真而不变假。如果该命题的真假是显式地指出的,就像上面例子中火药从能使用变成不能使用那样。问题就好办了。但问题是这样的命题太多了,不胜枚举。例如,火药弄湿后,火药的化学成分没有变,火药发明者的名字没有变,市场上火药的价格没有变,火药的英文译名没有变,……还有数不清的与火药无关的事实都没有变。为了表达这种常识性推理,各种非单调推理的思想大致是这样的:

按照缺省的原则:$T(f, s) \rightarrow T(f, \text{RESULT}(e, s))$ (16.4.1)

为了把上式中冒号前面的那句自然语言形式化,McCarthy 引进的元谓词 AB 可用以表示时间过程中的非单调推理:

$$\forall f, e, s,\ T(f, s) \wedge \sim \text{AB}(f, e, s) \rightarrow T(f, \text{RESULT}(e, s))$$

$$(16.4.2)$$

它表示:如果在状态 $s$ 下事实 $f$ 为真,且在状态 $s$ 下事件 $e$ 并不能改变事实 $f$,则在状态 $s$ 下发生事件 $e$ 后事实 $f$ 依然成立。

单单引进元谓词 AB 并不能解决问题,因为各种可能的事件 $e$ 是不能一一列举的。为此,仍然可以采用 McCarthy 对 AB 元谓词实行限定的办法,规定:在公理中使 AB 成立的参量是满足 AB 并使公理系统为真的仅有的参量。这样,如果我们规定 AB(火药能使用,把火药弄湿,火药是干的)并对此加以限定。那就意味着,在火药是干的情况下,能使火药不再能使用的唯一事件就是把火药弄湿。

现在我们就来看这种非单调推理手段能否用来解决前面说的耶鲁射击问题。假设我们已经为它制定了如下的公理系统:

1. $T(\text{ALIVE}, s_0)$

2. $\forall s,\ T(\text{LOADED}, \text{RESULT}(\text{LOAD}, s))$

3. $\forall s,\ T(\text{LOADED}, s) \rightarrow \text{AB}(\text{ALIVE}, \text{SHOOT}, s) \wedge$
   $\quad T(\text{DEAD}, \text{RESULT}(\text{SHOOT}, s))$

4. $\forall f, e, s,\ T(f, s) \wedge \sim \text{AB}(f, e, s) \rightarrow T(f, \text{RESULT}(e, s))$

它们的含义是:在情况 $s_0$ 时某甲活着。在任何情况 $s$ 下,子弹上膛将使枪成为装弹的;如果枪是装弹的,则射击将改变某甲是活着的情况并且射击的结果将是某甲的死亡。最后一条是元规则:如果情况 $s$ 下事实 $f$ 为真且事件 $e$ 不改变事实 $f$,则发生事件 $e$ 后事实 $f$ 仍为真。

现在我们顺着耶鲁射击事件的情节进行推导,共可列出四个情况:

1. $s_0$ ♯初始情况♯

2. $s_1 = \text{RESULT}(\text{LOAD}, s_0)$

3. $s_2 = \text{RESULT}(\text{WAIT}, s_1)$

4. $s_3 = \text{RESULT}(\text{SHOOT}, s_2)$

　　$= \text{RESULT}(\text{SHOOT}, \text{RESULT}(\text{WAIT}, \text{RESULT}(\text{LOAD}, s_0)))$

在这里有一个 WAIT 的事件,它符合我们的情节,因为在前面耶鲁射击事件的描述第 3 点中说明了 $t_3 > t_2$,表示装弹后有一段等待时间。

问题:每个情况下成立的命题是哪些?

1. $s_0$:ALIVE 为真,表示某甲活着。

2. $s_1$:LOADED 为真,表示枪装弹了。

只有这两点是肯定的,其他就不好说了。因为如果没有事件 WAIT 夹在当中,而是子弹上膛以后立刻射击,则就可以援用公理 3 而得出某甲会死亡的结论。但中间夹了 WAIT 以后,由于 WAIT 对各个命题的影响不明,因此什么事情都可能发生。也许子弹上膛后,又退出来了,也许子弹中的火药被雨淋湿了,等等,这些都表明 AB(LOADED, WAIT, $s_2$)可能会成立,从而使公理 3 不再能被应用。当然也可能~AB(LOADED, WAIT, $s_2$)成立,从而公理 3 仍可应用。图 16.4.1 的(b)和(c)表示两种可能的情况序列,(a)是它们的公共部分(恒真)。

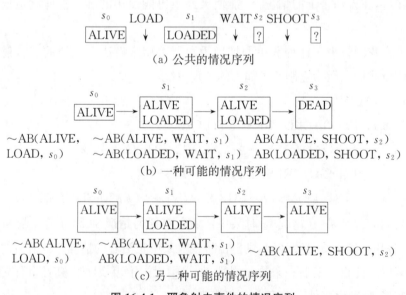

(a) 公共的情况序列

(b) 一种可能的情况序列

(c) 另一种可能的情况序列

**图 16.4.1　耶鲁射击事件的情况序列**

某乙开枪以后,某甲到底是活着还是死亡,用上述公理系统以及 McCarthy 的限定推理是无法判明的,因为图 16.4.1 的(b)和(c)都是上述公理集在谓词限定意义下的极小模型。这表明,极小模型把 Occam 剃刀于此也无能为力。

问题何在呢? 本节开头时曾经指出,对每一种情况下每一个事件的发生,要指明哪些命题不因此事件的发生而改变是很困难的。这就是本书 2.5 节中讨论过的框架问题。像限定推理等非单调推理方法,在某种意义下也是为解决这类框架问题而提出的。如像 McCarthy 建议对元谓词 AB 作限定一样。但是,与框架问题相联系的还有另一个问题,即不是指明哪些命题不变而是指明哪些命题会变,这同样是难以枚举的,而且可能比指明哪些命题不变更困难。可以把它称之为变动问题。耶鲁射击问题的麻烦之根源就在于 WAIT 期间能发生的变动可能性太多,无法说清楚。McDermott 等人指出,这并不是限定推理特有的弱点,Reiter 的缺省推理同样不能克服这个困难。

耶鲁射击问题引起了热烈的讨论,各种解决办法被作为建议提出来,但尚没有非常理想的方案,本节也没有篇幅来讨论它们了。

下面介绍几个与非单调推理有关的悖论(它们都来自常识):

1. 彩票悖论。为筹集资金,某单位发行一百万张彩票,并且事先宣布:只有一个特等奖:一辆奥迪轿车。统计学家立即算出结论:购一张彩票者获特等奖的机会是百万分之一,这本来是很清楚的事。

那么,悖论在哪里呢? 从逻辑的观点看:任意购买一张票,得特等奖的希望几乎是零,因之可以说是没有希望的。这个结论适用于每张彩票,把一百万个结论并置起来,就得到一个总的结论:所有的彩票都是没有希望的。但是开奖结果,却总能证明其中的一张彩票是大有希望的。于是得到下列两个矛盾的结论。

$\forall x$,彩票$(x) \rightarrow$ 无希望$(x)$

$\exists x$,彩票$(x) \wedge$ 有希望$(x)$

现有的非单调推理难以解决这个问题,因为对限定推理来说,每一张特定的彩票得奖都导致一个极小模型,但这些极小模型没有一个公共的、关于哪张彩票能得奖的命题,因此对解决本悖论没有用。同样,在缺省逻辑和自认识逻辑中,每一张特定的彩票得奖都导致一个信念集,从这一百万个信念集中也看不出哪个信念集更有效。

2. 反例悖论。在 McCarthy 的限定推理中,如果我们说某种鸟会飞,那么极小模型告诉我们:只有这种鸟会飞。但是,如果我们同时指出了存在一个反例,那么上述结论将会发生动摇。试看下列公理系统。

$$\forall x, 鸟(x) \wedge \sim AB(x) \rightarrow 能飞(x)$$
$$\exists x, 鸟(x) \wedge AB(x) \tag{16.4.3}$$
$$鸟(凤凰)$$

第一条公理说,在正常情况下鸟都会飞。第二条公理说,存在着不正常的鸟。第三条公理说,凤凰是鸟。公理中并没有说凤凰是不正常的鸟,因此按第一条公理它应能飞。但凤凰是唯一被说明为鸟的对象。按 McCarthy 的极小模型原理,它应是唯一的鸟。又根据第二条公理可推出它是不能飞的鸟。这是不合常理的。

这个例子到缺省逻辑中也会发生问题,不过取另一种形式。如果缺省公理的形式为:

$$\frac{鸟(x) : M \sim AB(x)}{\sim AB(x)} \tag{16.4.4}$$

则从公理系统(16.4.3)和(16.4.4)可以推得:*存在一个能证明凤凰能飞的唯一的扩张*。其中也包括了某种鸟是不能飞的事实,不过那不是凤凰,而是其他某种不知名的鸟。

问题是:如果再加两条公理

$$走兽(野猪) \tag{16.4.5}$$
$$\forall x, \; x=凤凰 \vee x=鸟_1 \vee \cdots \vee x=鸟_{8\,000} \vee x=野猪 \tag{16.4.6}$$

(全世界共有约 8 000 种鸟)。则在这个所有鸟类加上野猪的世界里,将得到在 Reiter 缺省理论意义下的唯一扩张,其中包括事实:野猪是唯一不能飞的鸟!

3. 反常悖论。如果把鸟分成很多类。并把鸟的特性也分成很多种。一般来说,很少有鸟会具有鸟类的所有特性。如果在公理系统中说明某些鸟缺少某种特性,而另一些鸟缺乏另一种特性。那么在问及一般的鸟时,非单调推理会把那些未标明缺少何种特性的鸟认为是最典型的鸟,实际上这会把最不典型的鸟看成是最典型的鸟。例如考察下列公理系统:

$$\forall x, 鸟(x) \wedge \sim AB_1(x) \wedge \cdots \wedge \sim AB_4(x) \rightarrow 典型鸟(x)$$
$$鸟(x) \wedge AB_1(x) \rightarrow \sim 能飞(x)$$
$$鸟(x) \wedge AB_2(x) \rightarrow \sim 能唱歌(x)$$

$$鸟(x) \wedge AB_3(x) \rightarrow \sim 羽毛美丽(x)$$

$$鸟(x) \wedge AB_4(x) \rightarrow \sim 能筑巢(x)$$

$$AB_1(企鹅) \wedge AB_2(天鹅) \wedge AB_3(乌鸦) \wedge AB_4(斑鸠)$$

$$鸟(企鹅) \wedge 鸟(天鹅) \wedge 鸟(乌鸦) \wedge 鸟(斑鸠) \wedge 鸟(凤凰)$$

则非单调推理的结果将表明只有凤凰是典型的鸟。其实在公理集中关于凤凰什么也没有说。

4. 排它悖论。考察如下的公理系统：

$$\forall x, 企鹅(x) \rightarrow 鸟(x)$$

$$\forall x, 企鹅(x) \rightarrow \sim 能飞(x)$$

$$\forall x, 鸟(x) \wedge \sim AB(x) \rightarrow 能飞(x)$$

$$鸟(孔雀)$$

从这个公理系统可以推出什么？对限定推理来说，总认为目前已知的世界是例外情况（反常情况）最多的世界了，一切例外都已考虑进去了。因此，既然没有说孔雀是反常的鸟，那么孔雀就不是反常的鸟，它一定能飞。另外，既然没有说存在一种反常的鸟，那么就可以认为根本没有反常的鸟。企鹅是鸟而不能飞，因之若有企鹅则必然是反常的。于是推得结论：世界上根本没有企鹅！

这当然不是理想的结论。有一种办法可避免这个问题，那就是显式地加上公理

$$\exists x, 企鹅(x) \tag{16.4.7}$$

这又回到了前面的第二个悖论：反例悖论，并导致一种不合理的结论：孔雀是一种企鹅！而且不能指望推出孔雀能飞的结论。

要是换一种方式，干脆断言存在一只具体的企鹅张三，即断言谓词

$$企鹅(张三) \tag{16.4.8}$$

为真。那又会造成别的问题。例如本来可以推得的结论"能飞(孔雀)"现在减弱为：

$$孔雀 \neq 张三 \rightarrow 孔雀能飞$$

总之，怎么改都有问题。

Etherington 等人在分析了上面的一些悖论后指出，在某些非单调推理研究的指导思想中可能存在着一些问题。本来常识推理的特点是在尽量排除例外的

情况下进行推理,而某些非单调推理却反其道而行之,在几乎是强制地引进例外的情况下进行推理,而不管这些例外与当前考虑的问题是否有关。他们建议采用推理范围的概念来排除上述消极影响,并提出了一种所谓范围限定的限定推理方式,可以用来限定推理者感兴趣的范围,避免一些不着边际的非单调推理。它的具体内容我们不介绍了。

非单调推理在日常应用中的形式常常是"如果没有意外,一般情况下某事实成立",表示为

$$\forall x[P(x) \wedge \sim AB(x) \rightarrow Q(x)] \tag{16.4.9}$$

的形式。但有时一个对象可以属于多个范畴。当把它看成是范畴甲的对象时,式(16.4.9)把它引向某种结论。而当把它看成是范畴乙的对象时,类似的推理规则又把它引向另一结论。而两个结论有时是矛盾的。如 Reiter 举过一个著名的例子

$$\forall x[[基督徒(x) \wedge \sim AB_1(x)] \rightarrow 和平主义者(x)]$$

$$\forall x[[共和党人(x) \wedge \sim AB_2(x)] \rightarrow \sim 和平主义者(x)]$$

$$基督徒(尼克松) \wedge 共和党人(尼克松)$$

问:尼克松是不是和平主义者? 这里 AB1 和 AB2 分别表示两种例外情况。

有时,这种多向非单调的情况可以变得非常复杂,特别是当它出现在一个属性继承体系中的时候。例如,下面是 Lifschitz 举的例子:

$$\forall x[鸵鸟(x) \rightarrow 鸟(x)]$$

$$\forall x, \sim[鸟(x) \wedge 飞机(x)]$$

$$\forall x[\sim AB1(x) \rightarrow \sim 能飞(x)]$$

$$\forall x[飞机(x) \wedge \sim AB2(x) \rightarrow 能飞(x)]$$

$$\forall x[鸟(x) \wedge \sim AB3(x) \rightarrow 能飞(x)]$$

$$\forall x[鸵鸟(x) \wedge \sim AB4(x) \rightarrow \sim 能飞(x)]$$

$$\forall x[鸟(x) \wedge 已死(x) \wedge \sim AB5(x) \rightarrow \sim 能飞(x)]$$

这时,要确定什么能飞,什么不能飞就要费一番周折了。而且这类问题一般没有唯一解,就好像一个函数没有唯一的极小值一样。Lifschitz 和 McCarthy 建议使用另一种限定,称为优先限定,它是对平行限定的一种推广。当需要对一组谓词作限定时,可以把谓词排一个次序。优先限定前面的谓词(优先取相对于此谓

词的极小模型），此时所得的模型对于排在后面的谓词来说可能就不是极小的了。优先的原则与谓词的语义有关。例如尼克松究竟是不是和平主义者要看基督教徒的身份对此关系更密切还是共和党员的身份对此关系更密切。

## 16.5　真值维护系统

运用非单调推理的思想来维护知识库，就得到真值维护系统。在这种系统中，每个知识单元都是一个信念，每个信念都有其正面或反面的论据，在推理过程中论据发生了变化，信念也随之而发生变化。见图 16.5.1。

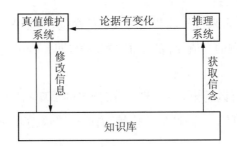

**图 16.5.1　真值维护系统**

Doyle 曾提出过一个比较著名的真值维护系统，称为 TMS(Truth Maintenance System)，本节中称之为 JTMS(J 代表 Justification-based，即基于论据的)，以与下面将要介绍的 ATMS 相区别。首先引进 JTMS 的基本术语。

**定义 16.5.1**　JTMS 的一个节点由如下几部分组成：节点编号，节点内容（某个命题）以及节点的论据集，集中的每个论据由一个 in 表和一个 out 表组成，写为

$$(SL\langle in\ 表\rangle\langle out\ 表\rangle) \tag{16.5.1}$$

这两个表中的每个元素都是一个节点编号。有时我们也把论据中的节点编号简称为节点。

例如

$$(N1,\ P,\ (SL\ \ (a,b)\ \ (c))(SL\ \ (d)\ \ (e,f))) \tag{16.5.2}$$

就是一个节点，其编号为 $N1$，代表的命题是 $P$，该节点有两个论据。

在 JTMS 中，在每一个时刻，每个节点都处在某种信念状态中，以上面的节

点 $N1$ 为例，它表示：

1. 若节点 $a$ 和 $b$（所代表的命题）都是可信的，且节点 $c$（所代表的命题）是不可信的，则论据（SL($a$，$b$)($c$)）是可信的，由此推出 $P$ 是可信的，即节点 $N1$ 是可信的。

2. 若节点 $d$ 是可信的，且节点 $e$ 和 $f$ 是不可信的，则论据（SL($d$)($e$，$f$)）是可信的，由此也可推出 $P$ 和 $N1$ 是可信的。

3. 若命题 $P$（节点 $N1$）是可信的，则两个论据中至少有一个是可信的。

这三条含义加起来等价于下面的逻辑式

$$N1 \equiv (a \wedge b \wedge \sim c) \vee (d \wedge \sim e \wedge \sim f)$$

其中我们直接用节点名来代替该节点所代表的命题，例如 $N1$ 代表命题 $P$。在含义上，它并不表示命题的真值，而表示命题的信值，即是否可信。例如 $a \wedge b \wedge \sim c$ 表示 $a$ 可信且 $b$ 可信且 $c$ 不可信。

从上面的例子可以看出，一个节点（所代表的命题）是否可信一般地取决于某些其他节点是否可信。这种"信值依赖"有时会形成循环，举例如下：

$$(N1, P, (\text{SL}(N2)()))$$
$$(N2, Q, (\text{SL}(N1)()))$$

$$(16.5.3)$$

$N1$ 和 $N2$ 互相依赖，"荣辱与共"，要么都可信，要么都不可信。

$$(N1, P, (\text{SL}(N1)()))$$

$$(16.5.4)$$

$N1$ 依赖于自己，认为它可信或不可信都行。

$$(N1, P, (\text{SL}()(N2)))$$
$$(N2, Q, (\text{SL}()(N1)))$$

$$(16.5.5)$$

$N1$ 和 $N2$ 两者中恰有一为可信，一为不可信，可以任意指定。

$$(N1, P, (\text{SL}()(N1)))$$

$$(16.5.6)$$

$N1$ 既不能是可信，又不能是不可信。（请回忆我们在 15.2 节中提到的理发匠悖论。）

$$(N1, P, (\text{SL}()(N2)))$$
$$(N2, Q, (\text{SL}(N1)()))$$

$$(16.5.7)$$

这里 $N1$ 和 $N2$ 均不能是可信或不可信,与上面的例子类似。

$$(N1,\ P,(SL(N2)()))$$
$$(N2,\ Q,(SL(N1)()))$$
$$(SL(N3)())) \tag{16.5.8}$$
$$(N3,\ R,(SL()()))$$

这里虽然和例 $(16.5.7)$ 一样在 $N1$ 和 $N2$ 之间存在循环依赖关系,但本例 $N2$ 有两个论据,第二个论据依赖于 $N3$,而 $N3$ 是一个可信节点,因此 $N2$ 是可信的,从而 $N1$ 也是可信的。这表明本例和例 $(16.5.7)$ 有本质不同。

这些例子虽然都包含循环依赖关系,但性质不同。例 $(16.5.4)$ 属于独立自主类,因为说 $N1$ 是可信或不可信都行,且都与其他节点无关。例 $(16.5.3)$ 和 $(16.5.5)$ 属于互相制约类,因为确定一个节点的信值同时也就确定了另一个(或另一些)节点的信值。例 $(16.5.6)$ 和 $(16.5.7)$ 属于矛盾类。例 $(16.5.8)$ 的 $N1$ 则不应算入任何循环类。

假若没有循环依赖关系,则 JTMS 确定各节点是否可信的任务将简单得多。在有循环依赖关系的情况下,必须首先把这些关系找出来,以便把真正可信的节点和不一定可信的节点区分开来。

Doyle 在他的原作中给出的可信节点的定义及其处理算法不很清楚,不很严格。但是我们不难看出,节点之间的依赖关系可以展开成一株与或树,因此可以利用我们熟悉的与或树技术来解决这个问题。

**算法 16.5.1** (通过与或树展开作节点分类)。

1. 选定初始节点 $N$,以此为树根(或节点),并加上"未处理"标记。

2. 对每个有"未处理"标记的或节点 $N$,作如下处理:

(1) 若 $N$ 有 $n$ 个论据 $(n>0)A_1$,$A_2$,$\cdots$,$A_n$,则从 $N$ 生出 $n$ 根或枝,第 $i$ 根或枝的顶端为论据 $A_i$。去掉 $N$ 的"未处理"标记,并为每个 $A_i$ 加上"未处理"标记。称 $N$ 为诸 $A_i$ 的父(或)节点,$A_i$ 为 $N$ 的子(与)节点。

(2) 若 $N$ 带有"非"符号~,则诸 $A_i$ 均带上"非"符号。

(3) 若 $N$ 没有论据,则 $N$ 为叶节点。

3. 对每个有"未处理"标记的与节点 $A$(这是一个论据)作如下处理。

(1) 去掉 $A$ 的"未处理"标记。

(2) 若 $A$ 的 in 表和 out 表均为空,则称 $A$ 为可信论据,删去 $A$ 的父(或)节点的其余子节点以及以这些子节点为根的子树。

（3）否则，若 $A$ 的 in 表有节点 $a_1$，$\cdots$，$a_n$，out 表有节点 $b_1$，$\cdots$，$b_k$（$m \geqslant 0$，$k \geqslant 0$，$m+k > 0$），则从 $A$ 生出 $m+k$ 根与枝，其端点分别为 $a_1$，$\cdots$，$a_m$ 和 $b_1$，$\cdots$，$b_k$，称这些端点为 $A$ 的子（或）节点，$A$ 是它们的父（与）节点。

若 $A$ 带有"非"符号，则 $a_1$，$\cdots$，$a_m$ 均带"非"符号。若 $A$ 不带"非"符号，则 $b_1$，$\cdots$，$b_k$ 均带"非"符号。

若某个 $a_i$（或 $b_i$）已在 $A$ 到树根的通路上出现过，则令此 $a_i$（或 $b_i$）为循环节点。

其余的 $a_i$ 和 $b_i$ 均加上"未处理"标记。

4. 重复第 2 步和第 3 步，直至不再能生成任何子节点。

5. 若某或节点 $N$ 至少有一个论据（子与节点）$A$ 是可信论据，则 $N$ 是可信节点。没有论据的节点是不可信节点。

6. 若某或节点 $N$ 是循环节点，则在从 $N$ 到根节点的通路上一定有另一个 $N$，称后者为 $N'$。

（1）若 $N'$ 和 $N$ 之间无其他或节点，且 $N'$ 和 $N$ 在有无"非"符号上相同，则称 $N$ 具有独立自主性。

（2）若 $N'$ 和 $N$ 之间有其他或节点，且 $N'$ 和以 $N'$ 为根的子树中的所有 $N$ 在有无"非"符号上相同，则称 $N$ 具有相互制约性。

（3）若 $N'$ 和 $N$ 在有无"非"符号上相反，则以 $N'$ 为根的子树中的所有 $N$ 具有矛盾性。

（4）上面（1）、（2）两类节点均有循环特性，它们的父节点称为循环论据，第（3）类节点的父节点称为矛盾论据。

7. 若某或节点 $N$ 的子节点全为矛盾论据，则 $N$ 是矛盾节点。

8. 若某与节点 $A$ 至少有一个子节点是矛盾节点或具有矛盾性，则 $A$ 是矛盾论据。

9. 若某与节点 $A$ 不含矛盾子节点，但至少有一个子或节点 $N$ 是可信节点，且 $A$ 和 $N$ 在有无"非"符号上相反，则 $A$ 是不可信论据。

10. 若某或节点 $N$ 的子节点全由不可信论据、循环论据和矛盾论据组成，但非全是矛盾论据，则 $N$ 是不可信节点。

11. 若 $A$ 是与节点，$A$ 的在有无"非"符号上相同的子或节点都是可信节点，且 $A$ 的在有无"非"符号上相反的子或节点都是不可信节点，则 $A$ 是可信论据。

12. 若与节点 $A$ 不含矛盾子节点,但至少有一个子或节点 $N$ 是不可信节点,且 $A$ 和 $N$ 在有无"非"符号上相同,则 $A$ 是不可信论据。

13. 反复执行以上第 5 至第 12 步,直至与或树的根节点被确定为可信节点,或不可信节点,或矛盾节点。

算法完。

**定理 16.5.1**

1. 对任意给定的节点集、论据集和(与或树)根节点,算法 16.5.1 一定能在有限步内终止。

2. 对任意给定的根节点,算法 16.5.1 能唯一地确定它为可信节点,或不可信节点,或矛盾节点。

除此之外,本算法体现了 JTMS 的如下处理原则:

1. 只要有一条推理路线能推出 $N$ 是可信节点,$N$ 即是可信节点,置其他推理路线和推理结果于不顾。

2. 如果不能推出 $N$ 是可信节点,又不能推出 $N$ 是矛盾节点,$N$ 即为不可信节点。

3. 剩下的是矛盾节点。

例如,在图 16.5.2 的与或树中,从中路看,$N1$ 有循环特性,从右路看,$N1$ 有矛盾性。但由于 $N1$ 在左路有可信论据($SL()()$),因此 $N1$ 仍是可信节点。此

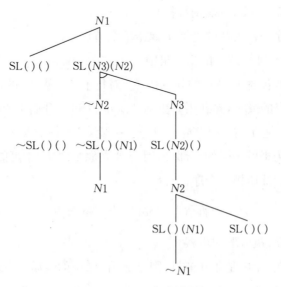

**图 16.5.2　JTMS 与或树**

外,从中路看,$N1$ 和 $N2$ 应有相反的信值,它们互相制约。然而,由于 $N2$ 在它的左路也有可信论据,使 $N2$ 和 $N1$ 都是可信节点。今后也称可信节点为 in 节点,称不可信节点为 out 节点。

由此看来,JTMS 中节点的信值可通过与或树展开唯一地计算出来。对每个节点施行上述算法,即可获得所有节点的信值。在实际应用中,不必为每个节点都独立地生成一枝与或树($m$ 个节点生成 $m$ 株与或树),因为有些节点的与或树已在其他节点的与或树展开中顺便得到了。在图 16.5.2 中,$N1$ 的与或树展开就包含了 $N2$ 和 $N3$ 的与或树,这使得我们可以在很大程度上优化与或树的建设,减少与或树的重复构造。

但是,在有循环和矛盾的情况下,利用与或树中的子树不一定能确定子树树根的节点性质。让我们再次考察图 16.5.2。如果 $N2$ 没有论据(SL()()),则右路的 $N2$ 将是矛盾节点,而中路的 $\sim N2$ 将是不可信节点,两者不一致,因而本子树不能用来确定 $N2$ 的节点性质。如果为 $N2$ 单独建一株与或树,则立即可以看出 $N2$ 应是不可信节点,因为 $N1$ 是可信节点。

在 Doyle 的 JTMS 中,为每个 in 节点任择一个可信论据作为支撑论据,并为每个 in 节点和每个 out 节点选定一批支撑节点。在真值维护过程中根据支撑节点信值的变化和支撑论据可信性的变化来确定是否应调整一个节点的信值。在下面的算法中我们省略了支撑节点,并作了其他一些简化。

**算法 16.5.2**　(JTMS 真值维护)

1. 解题程序把一个新的论据 $J$ 赋给信念节点 $B$。

2. 把 $J$ 加入到 $B$ 节点的论据集中。

3. 找到所有包含 $B$ 节点的与或树 $T_i$,对每个 $T_i$,从 $T_i$ 的每个 $B$ 节点生出一株以 $J$ 为端点的或枝,并利用算法 16.5.1 从 $B$ 和 $J$ 开始生成一株与或(子)树 $T_i(B, J)$,从而把 $T_i$ 扩充成 $T'_i$。(注意,一般来说,每个 $T_i(B, J)$ 只是 $T'_i$ 中以该相应的 $B$ 为根的子树的一部分,因为 $B$ 在原来的 $T_i$ 中可能已有子树)。

4. 对节点的性质排一个序,令:

$$矛盾节点 < \text{out 节点} < \text{in 节点}$$

5. 对每个 $T'_i$ 执行下列步骤

(1) 若 $B$ 在 $T_i$ 中是非叶节点,则令 $B$ 在 $T'_i$ 中的性质 $= \max(B$ 在 $T_i$ 中的性质,$B$ 在 $T_i(B, J)$ 中的性质),否则令 $B$ 在 $T'_i$ 中的性质即是 $B$ 在 $T_i(B, J)$

中的性质。

（2）为所有的 $B$ 加上"未处理"标记。

（3）所有"未处理"节点的兄弟节点（即同父所生的节点）也加上"未处理"标记。

（4）所有"未处理"节点的父节点也加上"未处理"标识。

（5）反复执行（3），（4），直至 $T_i'$ 的根节点成为"未处理"。

（6）对所有"未处理"的节点，反复执行算法 16.5.1 的 5、7、8、9、10、11、12 各步，以重新确定各"未处理"节点的性质（矛盾还是 out 还是 in），直至根节点的性质被确定。

6.结束算法。

算法完。

**定理 16.5.2**

1.对任意选定的节点 $B$ 和任意的新论据 $J$，算法 16.5.2 一定能在有限步内终止。

2.执行算法 16.5.2 的结果，与 $J$ 一开始便是 $B$ 的论据，并执行算法 16.5.1 的结果完全一样。

现在让我们举一个例子：唐僧要在沙僧和八戒两人中挑选一人作西天大学校长，唐僧原想任命沙僧，但八戒告状说沙僧有以权谋私行为，那么唐僧是否就应转而任命八戒呢？这取决于对下列信念进行推理的结果。

$a$：沙僧适合当校长，$(\mathrm{SL}(b)(c))$

$b$：沙僧能干，$(\mathrm{SL}(e)())$

$c$：沙僧私心重，$(\mathrm{SL}(f)(g))$

$d$：八戒适合当校长，$(\mathrm{SL}()(a))$

$e$：沙僧能创收，

$f$：八戒告发沙僧以权谋私，$(\mathrm{SL}()())$

$g$：八戒说谎，$(\mathrm{SL}()())$

不难用算法 16.5.1 求出各节点的性质：

可信节点：$f$，$g$，$d$

不可信节点：$e$，$b$，$a$，$c$

结果：任命八戒为校长

如果有一个新的证据，表明沙僧能够创收，例如把证据 $(\mathrm{SL}()())$ 加到节点 $e$

上,则需调用算法 16.5.2,对各节点的信值进行修改,修改结果为:

可信节点:$f$, $g$, $e$, $b$, $a$

不可信节点:$c$, $d$

结果:任命沙僧当校长

如果此时发现原来判断八戒说谎的根据有问题,需要撤销,因而从节点 $g$ 删去论据(SL( )( )),此时又需对各节点的信值作修改(注意算法 16.5.2 未把论据的删除考虑在内,为此需对该算法作扩充),修改后的信值是:

可信节点:$f$, $c$, $e$, $b$, $d$

不可信节点:$g$, $a$

结果:任命八戒为校长

从这个例子可以看出,JTMS 处理节点信值的基本原则是要维持知识库中各信念节点之间的一致,例如,若 $c$(沙僧私心重)是可信的,则 $a$(沙僧适合当校长)一定是不可信的,而一旦有根据表明八戒的告状是说谎时,"沙僧私心重"的不实之词立刻被平反,从而始终维持一个一致的知识库。然而当知识库中有矛盾节点时,一致性就难以维持了,在算法 16.5.1 中没有涉及矛盾节点的处理,Doyle 的做法是找出互相矛盾的假设,并设法删去其中的一个,以保持一致。

例如,若有证据表明:只要八戒能当校长,则沙僧一定也能当校长,即向节点 $a$ 增加一个新论据(SL($d$)( )),使它成为:

$a$. 沙僧适合当校长,$\{(SL(b)(c)), (SL(d)( ))\}$

此时将得到"如果沙僧不适合当校长,则沙僧适合当校长"的结论。但整个知识库的信值尚有一个不矛盾解,即令 $d$ 为不可信而 $a$ 为可信,因为 $a$ 有两个论据,$a$ 的可信性可通过另一个论据得到证实。但如把论据(SL($b$)($c$))从 $a$ 中删去,则 $a$ 肯定是矛盾节点了,按照 Doyle 的办法就要对 $a$ 的各种直接和间接论据进行处理,以消除矛盾。

De Kleer 提出一种观点,认为要求任何时刻都保持知识库的信值一致性是不必要的,甚至是有害的。首先,这种一致性原则使人们在任一时刻只能看到一个世界模式,而看不到在不同条件下可能存在的不同的世界模式。上面的例子使人们在某些时候只相信沙僧当校长是合理的,在另一些时候又只相信八戒当校长是合理的。实际上,八戒和沙僧当校长的合理性都是相对的,取决于当时的条件。其次,在 JTMS 中由一种信念过渡到另一种信念,要经过复杂的推理过程,这往往导致低效率。如果允许互相矛盾的信念并存,则许多工作可以省去。

例如,假定八戒由于得到某大佛的推荐而增强了当校长的竞争力,那只是八戒的事,对沙僧能否在某种条件下当校长并无影响。第三,JTMS 在消除循环论证和矛盾论证时一般要做出某种抉择,例如在

　　a. 沙僧能当校长,(SL()($b$))

　　b. 八戒能当校长,(SL()($a$))

中究竟任命八戒还是沙僧当校长,其抉择有任意性,如果在事后的推理过程中发现抉择错了,回溯是不可避免的。但 JTMS 在由一种信值状态过渡到中一种信值状态后,先前的信值状态已经忘却,要回溯是非常困难的,至少是低效的。

　　为此,De Kleer 提出了一种新的真值维护系统,称为基于假设的真值维护系统(Assumption-based Truth Maintenance System,简称 ATMS),该系统允许各种互相对立的假设和信念同时并存,从而克服了 JTMS 的一些重要缺点,并受到人们的重视。

　　首先引进 ATMS 的基本术语。和 JTMS 一样,一个 ATMS 系统也维持一组节点,每个节点代表一个解题元素。它的内容大致包括三部分:该节点表述的命题是什么? 该命题在什么环境中成立(定义见下面)? 它成立的根据是什么?

　　有一类节点称为假设,假设只是一个符号,它本身不含内容,例如,$A$, $B$, $C$,可以分别表示三个假设。

　　另一类节点称为被假设的节点,它是有内容的,例如

　　〔任何通货膨胀都是不好的〕

　　〔温和的通货膨胀有好处,但不能太快〕

　　〔多一点通货膨胀也没有什么不好〕

就是三个被假设的节点所代表的命题。被假设的节点可以和假设挂钩。例如可以令前面的三个假设 $A$, $B$, $C$ 分别支持这三个被假设的节点。这样,只要 $A$ 不被推翻,则"任何通货膨胀都是不好的",就仍是一个有效的假设。

　　在任何情况下为真的节点称为恒真节点,任何情况下为假的节点称为恒假节点。如

　　〔1988 年爆发了抢购风〕

是一个恒真节点的内容。

　　〔任何通货膨胀都值得欢迎〕

是一个恒假节点的内容。

　　ATMS 的论证规则形如

$$A_1, A_2\cdots, A_n \Rightarrow D$$

表示:若 $A_1$ 至 $A_n$ 皆成立,则 $D$ 亦成立。其中 $A_1$ 至 $A_n$ 称为前提,它们构成的集合称为论据,$D$ 称为结论。前提和结论都是节点,但都不能是恒假节点,不许带"非"符号。当前提为空时规则成为:

$$\Rightarrow D$$

表示 $D$ 不依赖于任何前提而成立,这也就是恒真节点。完全由恒真节点经过论证规则推出的节点也是恒真节点。

由假设节点或被假设节点经过论证规则推得的节点称为推想节点。例如若有规则:

任何通货膨胀都是不好的⇒

任何通货膨胀都应该制止

则

{任何通货膨胀都应该制止}　　　　　　　(16.5.9)

就是一个推想节点。当然,由推想节点推出的节点仍是推想节点。

有时,一个节点可以通过多种途径推得。只要其中有一个途径是通过恒真节点推得的,则此节点也是恒真节点。例如若还有规则:

1988 年爆发了抢购风⇒

任何通货膨胀都应该制止

则节点(16.5.9)就是一个恒真节点。

鉴于一个推想节点只在某些假设下才成立,为了描述推想节点的存在条件,ATMS 需要环境的概念。一个环境是一组假设的并。如 $A+B$, $A+C$, $B+C$, $A+B+C$ 是四个可能的环境,这里 $A$, $B$, $C$ 是我们在前面提到的三个假设。

如果节点 $n$ 能从环境 $E$ 中导出(借助于 $E$ 中的假设及现有的论证规则集 $J$,即各节点中使用的论证规则集之总和),则称 $n$ 在 $E$ 中成立,具体表为

$$E, J \vdash n \qquad\qquad (16.5.10)$$

例如,假设

$J = \{A\Rightarrow$任何通货膨胀都是不好的,

$B\Rightarrow$温和的通货膨胀有好处,但不能太快$\}$

则有

$$\{A，B\}，J \vdash \{任何通货膨胀都是不好的，$$
$$温和的通货膨胀有好处，但不能太快\}$$

这两个结论是互相矛盾的，因此$\{A，B\}$称为一个矛盾的，或不一致的环境。矛盾的环境又称为困境。

De Kleer 认为困境在他的真值维护算法中起着十分重要的作用，系统根据已知的困境来剔除所有不一致的环境，并根据推理的进展获得新的有关困境的信息和产生新的困境。由于 ATMS 的环境组织比较合理，利用困境的概念可以提高真值维护的效率。在 ATMS 中，所有的环境被组织成一个格，每个格点是一个环境。设 $n，m$ 为两个格点，则 $n \subseteq m$（格的偏序关系），当且仅当 $\overline{N} \subseteq \overline{M}$（集合包念关系），其中 $\overline{N}$ 和 $\overline{M}$ 分别是 $n$ 和 $m$ 所代表的环境。图 16.5.3 是环境组织的一个例子。

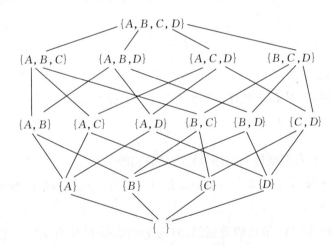

**图 16.5.3　环境组织的格结构**

例如，若已知$\{A，C\}$是困境，则立即推得$\{A，B，C\}$和$\{A，C，D\}$是困境，又知$\{A，B，C，D\}$也是困境。简言之，困境的母集必是困境。

如果从环境 $E$ 中推不出矛盾来，则 $E$ 加上所有推得的结论构成一个场景。例如，若我们还有假设节点 $F$，以及论证规则：

$F \rightarrow$政府领导人具有观点 $B$

则环境$\{A，F\}$是一致的，它的相应场景是：

$$\{A, F, \text{任何通货膨胀都是不好的},$$

$$\text{政府领导人具有观点 } B\}$$

因此,任给一个一致的环境 $E$ 及当时的论证规则集 $J$,则必有唯一的场景 $X$ 与之对应,此时称 $E$ 是 $X$ 的特征环境。但如给定场景 $X$,则特征环境不一定是唯一的,因为不同的假设和论证规则有可能导致相同的结论。

由于一个节点可以在多个不同的环境中成立,称所有使节点 $n$ 成立的环境之集合为 $n$ 的标号,标号是 ATMS 中一个非常重要的概念。如果说论据提供了每个节点是如何一步步推出来的推理路径,则标号使人一眼就可以看出该节点在哪些环境中成立,或最终依赖于哪些假设。

**定义 16.5.2** 节点 $n$ 的标号 $L$ 称为是相对于论证 $J$

1. 一致的,若 $L$ 中的每个环境都是一致的(即无矛盾的)。

2. 健康的,若 $n$ 可以从 $L$ 的每个环境中推出。

3. 完备的,若对每个一致的环境 $E$,只要 $E$ 满足式(16.5.10),必存在 $L$ 中的环境 $E'$,使

$$E' \subseteq E$$

即 $E'$ 是 $E$ 的子集。

4. 极小的,若对 $L$ 中的任意环境 $E_1$,$E_2$,不存在关系

$$E_1 \subseteq E_2$$

具有以上所有四项性质的标号称为是良构的。

ATMS 的根本目的,就是要在系统推理的过程中动态地维持所有节点标号的良构性。

现在给出 ATMS 节点的数据结构(与 De Kleer 的略有不同),它以表示为如下的三元组:

$$\langle \text{节点内容、节点标号、论据集} \rangle \tag{16.5.11}$$

这里的论据中只包括与该节点有关的论证规则。

五类节点的具体表示方法是:

1. 恒真节点:

$$\langle \text{节点内容}, (\{\}), (\ ) \rangle$$

表示该节点在空环境中成立,且无需任何论据(论证规则集为空)。

2. 恒假节点:

$$\langle \perp, (), (\cdots)\rangle$$

表示该节点在空标号中成立,即不在任何环境(包括空环境)中成立。$(\cdots)$ 中的内容无关紧要。

3. 假设节点:

$$\langle A, (\{A\}), (A)\rangle$$

表示假设 $A$ 在由 $A$ 自己构成的环境中成立,并由 $A$ 自己论证自己。

4. 被假设节点:

$$\langle 节点内容, (\{A\}), (A)\rangle$$

表示该节点内容在环境 $A$ 中成立,且由 $A$ 论证。这里 $(A)$ 是 $(A) \Rightarrow$ 节点内容) 的简写。例如,前面提到过的被假设节点可以表为:

$$\langle 任何通货膨胀都是不好的, (\{A\}), (A)\rangle$$

如前所述,对同一个被假设节点可以通过多条途径进行论证。例如:

$$\langle 节点内容, (\{A\}, \{G, H\}), (A, d)\rangle$$

表示本节点内容既可利用假设 $A$ 从环境 $A$ 中推出,又可以利用论据 $d$ 从环境 $\{G, H\}$ 中推出。

5. 推想节点:

例如,

$$\langle 任何通货膨胀都应该制止, (\{A\}, \{M\}), (f, g)\rangle$$

就是一个推想节点,其中 $A$ 和 $M$ 是两个假设:

$$f = \{A \Rightarrow 任何通货膨胀都是不好的, 任何通货膨胀都是不好的$$
$$\Rightarrow 任何通货膨胀都应该制止\}$$
$$g = \{M \Rightarrow 老百姓反对任何通货膨胀, 老百姓反对任何通货膨胀$$
$$\Rightarrow 任何通货膨胀都应该制止\}$$

以上对节点的分类,是就它们在推理过程中所起的不同作用而言的。除此之外,还有一种节点分类方法,是根据各节点所代表的命题之真假值在推理过程中的不同变化规则而分的,共分为四类:

第一类:所有恒真节点,它们不可能再变假,因此这是一个单调增长的集合。

第二类:所有恒假节点,它们不可能再变真,这也是一个单调增长的集合。

第三类:其中每个节点的标号中至少有一个非空的环境,但是没有空环境。因此该节点代表的命题只在特定的环境中成立,随着推理的进行,既可能有新的节点加入这一类,也可能有原在这一类中的节点退出这一类而变成其他类的节点。例如,该节点的标号中所含的环境被发现都是不一致的,从而使这个第三类节点变成第四类节点。因此这个节点类的变化是非单调的,它称为 in 类,其中的节点都是 in 节点。

第四类:其中每个节点的标号尚是空集,也就是说它暂时不在任何环境中成立。这个类称为 out 类,其中的节点都是 out 节点。它和 in 类一样,其变化也是非单调的。

不难看出:假设节点、被假设节点和推想节点都属于后两类。

在给出 ATMS 的真值维护算法之前,让我们先看一个实际的例子,这对于理解算法很有帮助。假设在推理开始时,系统中已有三组节点,它们是:

假设节点:$A$,$B$,$C$,$D$,$E$

其他 in 节点:〈政府不许油涨价,$(\{A,B\},\{B,C,D\})$,$(\cdots)$〉

〈商人希望油涨价,$(\{A,C\},\{D,E\})$,$(\cdots)$〉

out 节点:〈商人囤油不卖,$(\{\})$,$()$〉

困境:$\{A,B,E\}$

如果在推理过程中,解题程序从"政府不许油涨价"和"商人希望油涨价"推出"商人囤油不卖"的结论,则解题程序向真值维护程序送去一条论证规则:

政府不许油涨价,商人希望油涨价

⇒商人囤油不卖

真值维护程序注意到该规则的结论:"商人囤油不卖",一查节点表,发现该节点已经存在,只是标号尚空,属 out 类,当然论据也是空的,于是首先为该节点构造一个论据(政府不许油涨价,商人希望油涨价),然后构造一个新的标号。构造原则是从论证规则的每个前提节点中逐次抽取一个环境,然后构造各前提节点的环境的一切可能的并,在本例中我们有

1. $\{A,B\}\cup\{A,C\}=\{A,B,C\}$

2. $\{A,B\}\cup\{D,E\}=\{A,B,D,E\}$

3. $\{B,C,D\}\cup\{A,C\}=\{A,B,C,D\}$

4. $\{B, C, D\}\bigcup\{D, E\}=\{B, C, D, E\}$

仔细检查这四个环境,可以发现第 2 个环境是矛盾的,因为它包含困境$\{A$, $B$, $E\}$,从而本身也是困境。第 3 个环境包含第 1 个环境,根据极小原则它不应保留。于是最后剩下第 1 和第 4 两个环境,它们构成新的标号。现在被修改的节点变成:

$$\langle\text{商人囤油不卖},(\{A, B, C\}, \{B, C, D, E\}),$$
$$((\{\text{政府不许油涨价},\text{商人希望油涨价}\},$$
$$\{\text{政府不许油涨价},\text{商人希望油涨价}\}))\rangle$$

下面给出真值维护算法(与 De Kleer 的略有不同)。

**算法 16.5.3**　(ATMS 真值维护)。

1. 假设算法开始时所有节点的标号都是相对于当时的论据一致、健康、完备且极小的。

2. 解题程序向 ATMS 提供一条新的论证规则:

$$a_1, a_2, \cdots, a_n \Rightarrow a \qquad (16.5.12)$$

其中,已知每个 $a_i$ 属于 in 或恒真节点类。

3. 若节点 $a$ 原来就有,则转 8;否则建立一个新的节点,内容为 $a$,并计算标号如下:

(1) 设 $a_i$ 的标号为 $L_i$ 它含环境 $E_1^i, E_2^i, \cdots, E_{n_i}^i$

(2) 构造

$$L'=\{E_{i_1}^1 \bigcup E_{i_2}^2 \bigcup \cdots \bigcup E_{i_n}^n \mid (i_1, i_2, \cdots, i_n)\} \text{遍历各种可能的组合}$$

(3) 从 $L'$ 中删去所有矛盾的环境,得 $L''$

(4) 若 $E_1$ 和 $E_2$ 均属于 $L''$,且 $E_1\subseteq E_2$,则删去所有这样的 $E_2$(当 $E_1=E_2$ 时可任删一个),得 $L'''$

(5) 把 $L'''$ 中的环境排成一个全序,作为新节点 $a$ 的标号

4. 建立节点 $a$ 的论据如下:由于 $a$ 的每个环境 $E$ 是从诸 $a_i$ 中各取一个环境组合而成,因此,取与这些环境对应的论据并加以组合,即得到 $a$ 中与 $E$ 对应的论据,如此即可构造 $a$ 的论据序列。

5. 节点 $a$ 的归类如下:

(1) 若 $a\neq\perp$,$a$ 中包含空环境,$a$ 即为恒真节点;

(2) 若 $a=\bot$，$a$ 中包含空环境，则真值维护失败，停止执行算法；

(3) 若 $a=\bot$，$a$ 中不含空环境，则 $a$ 为恒假节点，$a$ 中的所有环境都是困境，把它们全部删去，并送入困境库中；

(4) 若 $a\neq\bot$，标号为空集，则 $a$ 属于 out 类；

(5) 若 $a\neq\bot$，标号只含非空环境，则 $a$ 属于 in 类。

6. 若在上一步中产生了新的困境，则

(1) 把所有节点中因此而变成不一致的环境删去；

(2) 若因(1)而使有些节点的标号变空，则把这些节点送入 out 类。

7. 若由于执行上面各步而使某个论证规则

$$b_1, b_2, \cdots, b_m \Rightarrow b$$

的左部成立，则转 2，(该规则的符号表示仍取

$$a_1, a_2, \cdots, a_n \Rightarrow a$$

的形式)，否则结束算法。

8. 计算 $a$ 的(新)结构如下：

(1) 执行第 3 步的(1)、(2)、(3)，得 $L''$；

(2) 把原节点 $a$ 中的所有环境加入 $L''$ 中，仍称此集合为 $L''$；

(3) 执行第 3 步的(4)、(5)。

9. 用与第 4 步类似的方法，构造 $a$ 的论证序列。

10. 转 5.

算法完。

**定理 16.5.3**

1. 对任意给定的新论证规则(16.5.12)，算法 16.5.3 一定能在有限步内终止。

2. 执行算法 16.5.3 的结果，所得到的标号一定都是一致、健康、完备且极小的。

# 习 题

1. 能否用 McCarthy 的限定理论表达下列思想：

(1) 宋江只要有一次在黑船上获救，以后任何时候遇上黑船必获救。

(2) 只要有一人在黑船上一次获救，任何人在黑船上都能获救。

（3）如果某个芦花丛中有一条船是黑船，则所有芦花丛中的所有船都是黑船。

（4）任何人只要吃过一次板刀面，那么以后吃的面都是板刀面。

（5）如果馄饨比板刀面好吃，那么除了馄饨以外，再没有比板刀面好吃的东西。

（提示，设计适当的命题 $A$ 和合式公式 $\Phi(x)$）

2. 考察 16.1 节中的自然数公理集 $P$，试证明：如果抽去其中的公理 5 和 6，自然数集将不再是极小模型，你将得到另一个很熟悉的极小模型，它是什么？

3. 分别考察下列公理集 $\Gamma'$ 的论域限定：

（1）$\Gamma'$ 为空集。

（2）$\Gamma' = \{\exists xy,\ x \neq y\}$.

（3）$\Gamma' = $ 自然数公理集 $\Gamma$，但去掉其中的公理 4。

它们的极小模型是否存在？ 如果存在，请你一一给出。

4. 证明：自然数公理集 $\Gamma_2$ 没有极小模型。

5. 定理 16.1.1 和 16.1.2 是 M. Davis 的贡献，但后者尚不够完善，你能去掉定理 16.1.2 中的附加条件；而得到同样的结论吗？ 或者你能证明这些附加条件是必要的吗？

6. 能不能证明定理 16.1.3 的另一个方向，即

证明：由 $\Gamma \models_P A$ 可推出 $\Gamma \vdash_P A$？

7. 研究式(16.1.2)中为什么对 $A^\Phi$ 给出这样的定义，并考虑：

（1）若把 $\forall t(\Phi(t) \rightarrow B)/\forall tB$ 改为 $\forall t(\Phi(t) \wedge B)/\forall tB$，对 16.1 节中的整套理论会有何影响？

（2）若把 $\exists t(\Phi(t) \wedge B)/\exists t,\ B$ 改为 $\exists t(\Phi(t) \rightarrow B)/\exists t,\ B$ 结果又将如何？

8. 能否用 Lifschitz 的平行限定的原理表达下列思想：

（1）秦大河是步行横越南极的唯一中国人。

（2）王军霞是世界上跑得最快的中长跑女子运动员。

（3）没有人能否认中国运动员的优秀成绩。

（4）要想参观长城，就得到中国来。

（5）《梁山伯与祝英台》是千古绝唱。

（提示：参考武松和李逵等的例子）

9. 求下列缺省理论的扩张：

$$D=\left\{\frac{:MA}{A}, \frac{B:MC}{C}, \frac{D\wedge A:ME}{E}, \frac{C\wedge E:M\sim A, M(D\vee A)}{F}\right\}$$

$$W=\{B, C\rightarrow(D\vee A), A\wedge C\rightarrow\sim E\}$$

提示:证明它有三个扩张：

$E=\mathrm{Th}(W\cup\{A, C\})$，或 $E=\mathrm{Th}(W\cup\{A, E\})$，或 $E=\mathrm{Th}(W\cup\{C, E, F\}))$。

10. 求下列缺省理论的扩张

$$\left\{\frac{A:M\forall xP(x)}{\forall xP(x)}, \frac{MA}{A}, \frac{:M\sim A}{\sim A}\right\}, W=\varnothing$$

提示:证明它有两个扩张：

$E=\mathrm{Th}(\{\sim A\})$或 $E=\mathrm{Th}(\{A, \forall xP(x)\}))$

11. 有人发现,缺省逻辑和自认识逻辑的推理机制十分相近,请看下表：

| 缺省逻辑 | 自认识逻辑 |
| --- | --- |
| 已知 $A$ 为真，<br>没有证据说明 $B$ 为假，<br>则 $C$ 为真。 | 我相信 $A$ 为真，<br>没有根据使我相信 $B$ 为假，<br>则我期待 $C$ 为真。 |

请研究并证明:在什么意义下可认为这两种逻辑等价。

12. 把自认识逻辑与第十二章中的知道逻辑与信念逻辑作一比较,它们有什么共同点,什么不同点？ 能否把自认识逻辑纳入知道逻辑和信念逻辑的范畴？ 自认识逻辑是否也会带上知道逻辑和信念逻辑的某些问题,例如逻辑全知和逻辑全信问题？

13. 知道逻辑和信念逻辑有多种不同的体系,能否用来试验构造新的自认识逻辑？

14. 证明图 16.4.1 中的(b)和(c)两个情况序列都是在限定元谓词 $AB$ 之下的极小模型。

15. 试着对 16.4 节中提出的非单调推理的种种难题给出你自己的答案。

16. 若已有命题$\{\exists x$ 黑船$(x)\wedge\exists x$ 白船$(x)\}$,能够利用论域限定证明$\forall x$[黑船$(x)\wedge$白船$(x)$]吗？

# 第四部分　定理机器证明

——利用计算机证明非数值性的结果,即确定它们的真假,这就是自动定理证明。

D. W. Loveland

1983 年,在美国科罗拉多州的丹佛市举行了美国数学会第 89 届年会。与年会同时举行的有一个自动定理证明的分会。该会被作为纪念自动定理证明 25 周年的盛大活动而记入史册。会上向两位杰出的开拓者发了奖。美籍华人数理逻辑学家王浩荣获首届自动定理证明里程碑奖(他的部分事迹见本书前言)。L. Wos 和 S. Winker 两人荣获自动定理证明当前研究成就奖。他们在利用通用定理证明器解决新领域中的新问题时取得了很大的成功。这件事说明了国际数学界对自动定理证明的重视,也说明了人工智能技术在自动定理证明中有着广泛的应用前景。

在这个会上还多次提到了我国著名数学家吴文俊教授在自动定理证明方面的工作。他们向吴文俊发出了邀请,虽然吴因故未能到会,也还是把吴文俊的两篇论文,以及 Shang-Ching Chou 的一篇应用吴方法的论文收进了文集。吴文俊在几何定理证明方面作了长期而深入的工作,并取得突破性进展。其方法的要点是把几何问题化成代数问题,把一个几何定理化成一组代数方程,然后应用代数几何中的代数簇理论给出了求解代数方程的算法并证明其正确性。这样:一个几何定理是成立的,当且仅当与它对应的代数方程组有解。这个方法被国际上的学者称为吴方法。它的应用不仅在证明和辅助发现数学新定理,而且还拓广到计算机视觉和机器人规划方面。有关学者组织过吴方法的专题讨论会,在国际人工智能杂志上出过专刊,表明他们对吴方法的重视。

如果不考虑所使用的数学方法,那么自动定理证明基本上有两条线索。一条是完全由机器来自动证明,用的主要是逻辑方法。王浩的结果是这条线索的典型代表。另一条是通过人机交互来证明定理,是人和机器的合作,Wos 和 Winker 的工作是这一线索的主要代表。如果考察一下当前有关自动定理证明的研究工作,则可以发现仍然是在按这两条线索发展,而且似乎人机交互方式还在某种意义上占了上风,表明研究工作的难度越来越大了。

在这一部分中,我们说的定理机器证明就是自动定理证明中的前一条线索。由于时间和篇幅的关系,有关人机交互的工作基本上没有列入。也没有提到现有的许多有名的定理证明器。涉及深奥数学内容的吴方法也不作详细介绍了。

# 第十七章

# 消 解 法

## 17.1 消解法原理

消解法的本质是一种反证法。为了证明一个命题 $A$ 恒真，它证明其反命题 $\sim A$ 恒假。所谓恒假就是不存在模型，即在所有的可能解释中，$\sim A$ 均取假值。但一个命题的解释通常有无穷多种，不可能一一测试。为此，Herbrand 建议使用一种方法：从众多的解释中选择一种代表性的解释，并严格证明：任何命题，一旦被证明为在这种解释中取假值，即在所有的解释中取假值，这就是 Herbrand 解释。

**定义 17.1.1** 设 $S$ 是一个子句集，$H_0$ 是 $S$ 中子句所含的全体常量集。若 $S$ 中子句皆不含常量，则任择一常量 $a$，并令 $H_0 = \{a\}$。对 $i \geqslant 1$，令

$$H_i = H_{i-1} \bigcup \{f^n(t_1, \cdots, t_n) \mid n \geqslant 1, f^n \text{ 是 } S \text{ 中秩为 } n \text{ 的函数}; t_1, \cdots,$$
$$t_n \in H_{i-1}\}$$

$$H_\infty = \bigcup_{i \geqslant 0} H_i$$

则 $H_i$ 称为 $S$ 的 $i$ 阶常量集，$H_\infty$ 称为 $S$ 的 Herbrand 论域。$H_\infty$ 的元素称为基项。

例如，令 $S = \{P(x), Q(f(a)) \vee \sim R(g(b))\}$ 则

$H_0 = \{a, b\}$

$H_1 = \{a, b, 1f(a), f(b), g(a), g(b)\}$

$H_2 = \{a, b, f(a), f(b), g(a), g(b), f(f(a)), f(f(b)), f(g(a)),$
$\quad\quad f(g(b)), g(f(a)), g(f(b)), g(g(a)), g(g(b))\}$

$H_3 = \cdots\cdots$

$\cdots\cdots$

$H_\infty = \{a, b\} \bigcup \{f(c), g(d) \mid c, d \in H_\infty\}$

又如,令 $S = \{P(父(x), 母(y), 子(z), 女(w))\}$,则(任择常量张三):

$H_0 = \{张三\}$

$H_1 = \{张三, 父(张三), 母(张三), 子(张三), 女(张三)\}$

$H_2 = \{张三, 父(父(张三)), 父(母(张三)), 父(子(张三)), 父(女(张三)),$
$\quad\quad 母(父(张三)), \cdots\}$

......

**定义 17.1.2**　设 $S$ 是一个子句集,$H_\infty$ 是它的 Herbrand 论域,则 $S$ 的 Herbrand 基 $\tilde{H}$ 定义为

$$\tilde{H} = \{P^n(t_1, \cdots, t_n) \mid P \text{ 为 } S \text{ 中秩为 } n \text{ 的谓词}, n \geqslant 1.$$

$$\text{对 } 1 \leqslant i \leqslant n, \ t_i \in H_\infty\}$$

$\tilde{H}$ 中的元素称为基原子。

在上面的第一个例子中,$\tilde{H} = \{P(a), Q(a), R(a), P(b), Q(b), R(b),$ $P(f(a)), Q(f(a)), R(f(a)), \cdots\}$。在第二个例子中,$\tilde{H} = \{P(父(张三), 母$ (张三), 子(张三), 女(张三)), P(父(父(张三)), 母(张三), 子(张三), 女(张 三)), \cdots\}$。

为了引进 Herbrand 解释,我们回忆在 1.1 节中给出的有关解释的定义。此处不考虑常量和变量的类型,因此只需要一个基本域 $D$,它就是 Herbrand 论域 $H_\infty$。

**定义 17.1.3**　子句集 $S$ 的 Herbrand 解释由下列基本部分组成:

1. 基本区域 $H_\infty$。

2. $S$ 的每个常量 $c$ 对应于 $H_\infty$ 中同一个 $c$。

3. $S$ 的每个变量 $x$ 都在 $H_\infty$ 中取值。

4. $S$ 中每个秩为 $n$ 的函数 $f^n$ 对应于一个映射 $H_\infty \times H_\infty \times \cdots \times H_\infty \to H_\infty$ (左边有 $n$ 个 $H_\infty$),使得对于任一组基项 $(t_1, t_2, \cdots, t_n)$,它的映像即是基项 $f^n(t_1, t_2, \cdots, t_n)$。

5. $S$ 中每个秩为 $n$ 的谓词 $p^n$ 对应于一个映射 $H_\infty \times H_\infty \times \cdots \times H_\infty \to (T, F)$(左边有 $n$ 个 $H_\infty$)。

这个定义表明,给定一个子句集 $S$,它的 Herbrand 解释基本上就确定了,唯一留下的自由度是由诸谓词 $p^n$ 代表的映射(定义中的第 5 点),也就是从 $\tilde{H}$ 到 $(T, F)$ 的一个映射,以 $m$ 代表此映射,则可对 $\tilde{H}$ 进行分解:

$$\tilde{H} = \tilde{H}_1 \bigcup \tilde{H}_2$$

$$\forall h \in \tilde{H}_1, \; m(h) = T$$

$$\forall h \in \tilde{H}_2, \; m(h) = F$$

因此,给出 $\tilde{H}_1$ 或 $\tilde{H}_2$,$S$ 的 Herbrand 解释就完全确定了。通常都是给出 $\tilde{H}_1$,即用 Herbrand 基 $\tilde{H}$ 的一个子集作为 $S$ 的 Herbrand 解释。

仍旧利用前面给出的例子。在第一个例子中,假设含有常量 $a$ 的谓词皆取真值,而含有常量 $b$ 的谓词皆取假值。以 $HI$ 表示 $S$ 的 Herbrand 解释,则

$$HI = \{P(a), Q(a), R(a), P(f(a)), Q(f(a)), R(f(a)),$$
$$P(f(f(a))), Q(f(f(a))), R(f(f(a))), \cdots\}$$

在第二个例子中,如果只承认父、母、子、女是直系亲属,且只有参数全为直系亲属的谓词才取真值,则

$$HI = \{P(父(张三),母(张三),子(张三),女(张三))\}$$

今后,我们把 Herbrand 论域,Herbrand 基和 Herbrand 解释分别简称为 $H$ 论域,$H$ 基和 $H$ 解释。不难看出,如果子句集 $S$ 的 $H$ 基恰好含有 $n$ 个元素,则 $S$ 共有 $2^n$ 种不同的解释。

为了论证 $H$ 解释的代表性,我们应该证明如下的定理:

**定理 17.1.1**　若子句集 $S$ 对所有 $H$ 解释都是不可满足的,则它对任何解释都是不可满足的。

换句话说,我们应该证明:如果有一个(随便什么)解释 $I$ 能够满足子句集 $S$,则必能找到一个相应的 $H$ 解释 $HI$,使 $HI$ 也能满足 $S$。因此,问题归结为如何找到这个 $HI$。这一点并不困难。前已说过,任一子句集 $S$ 的 $H$ 解释基本上是确定的,只留下映射

$$m: \tilde{H} \rightarrow \{T, F\}$$

这个自由度。如果令 $\tilde{H}$ 中的谓词 $p^n(t_1, \cdots, t_n)$ 取真值,当且仅当它在解释 $I$ 中取真值,则由于 $I$ 使子句集 $S$ 得到满足,确定了映射 $m$ 后的 $H$ 解释 $HI$ 也使 $S$ 得到满足。这就证明了上面的定理。

再看例子 $S = \{P(x), Q(f(a)) \vee \sim R(g(b))\}$。令解释 $I$ 中之基本域 $D$ 为正数集,$a$ 对应 1,$b$ 对应 2,$f(x)$ 对应 $e^x$,$g(x)$ 对应 $x^2$,$P(x)$ 对应 $x > 0$,$Q(x)$ 对应 $x > 2$,$R(x)$ 对应 $x < 5$,则 $I$ 使 $S$ 满足。相应地,可令 $HI$ 中的 $P(x)$

恒真,$Q(f(a))$及$R(g(b))$均为真,也使$S$得到满足。

把证明子句集$S$不可满足的问题缩小为证明$S$在所有$H$解释下不可满足,这已经大大前进了一步。但$H$解释也是很多的,通常有无穷多个,应该有一个系统的方法来搜索这些$H$解释,以便判断$S$是可满足还是不可满足。其中经常被应用的是所谓语义树方法。

**定义 17.1.4** 设$A$为任意原子,则句节$A$和$\sim A$称为是互补的。

**定义 17.1.5** 设$S$为子句集,$H_\infty$为$S$的$H$基,则$S$的语义树$ST$定义为:

1. $ST$是一株树。

2. $ST$的节点不带标记,边都带标记,每条边的标记都是基句节(即不含变量的句节)的集合。所有句节包含的原子均属于$H_\infty$。

3. 从每个非叶节点只生出有限多个分枝$L_1,\cdots,L_n$。令$Q_i$为$L_i$的标记中诸句节的合取,则$Q_1 \lor Q_2 \lor \cdots \lor Q_n$是一个永真的命题公式。

4. 在从根节点到任一叶节点的路径上,把构成此路径的各边的标记中的句节合在一起,则既没有重复的句节,也没有互补的句节。

**定义 17.1.6** 一株语义树称为是完备的,如果在从根节点到任一叶节点的路径上诸边的标记里包含$H_\infty$中的每个原子或其负原子。

注意,对给定的$S$,语义树一般不是唯一的,图 17.1.1 中的三株语义树对应于同一个$H$基,它们都是完备的,但去掉任何一个节点都会导致不完备。

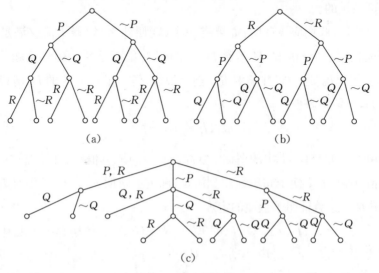

**图 17.1.1 语义树**

**定义 17.1.7**　称语义树的一个节点为否节点,若它被一个子句弄假(亦即,把从根节点到此节点的路径上的全部标记中的正句节之集合看成一个解释,则该子句在此解释下为假)。一株语义树称为是闭的,若它的所有叶节点都是否节点。一株语义树称为是规范的,若每条边的标记都只含一个原子。

现在可以利用语义树来判断一个子句集的可满足性了。

**定理 17.1.2**(Herbrand 定理 I)　子句集 $S$ 不可满足,当且仅当它对应的每株完备语义树均包含一闭的有限子树。

**证明**　首先设 $S$ 是不可满足的,$T$ 是 $S$ 的一株完备语义子树。从根节点出发的任一完整路径都是对 $S$ 的一个解释。由于 $S$ 是不可满足的,每个解释至少使 $S$ 中的一个子句为假,特别是使该子句的某个基子句(子句中所有变量均被常量置换)为假,该基子句只包含有限多个句节,因此该路径的一个有限子路径(相当于一个子解释)即足以使该基子句为假,此有限子路径的端点即是否节点。由于对每条完整路径此结论皆成立,又由于每个节点只有有限多个分叉,我们证明了在 $S$ 的完备语义树中存在着一株有限闭子树。

反过来,若已知对任一完备语义树都存在一株有限闭子树,则立得 $S$ 的不可满足性,因为否则存在一个满足 $S$ 的解释 $HI$,与 $HI$ 相对应的路径上没有否节点,从而使该路径所在的语义树不是闭的。

证毕。

**定理 17.1.3**(Herbrand 定理 II)　子句集 $S$ 是不可满足的,当且仅当存在一个有限的不可满足的基子句集 $S'$,其中每一子句都是 $S$ 中某个子句的基例句(即所有变量被常量置换)。

**证明**　首先设 $S$ 不可满足。又设 $T$ 是 $S$ 的一株完备语义树,由定理 17.1.2 知存在 $T$ 的有限闭子树 $T'$。$T'$ 只有有限多条路径,每条路径以一个否节点为末端节点,每条路径使 $S$ 中某个子句的一个基例句取假值。把这些基例句加起来,即得到一个不可满足的基子句集。

另一方面,假设有一个 $S$ 的基例句集 $S'$,它是不可满足的,而 $S$ 本身却是可以满足的,则一定存在 $S$ 的解释 $HI$,使 $S$ 满足。显然 $HI$ 也使 $S'$ 满足,与假设矛盾。

证毕。

这个定理非常重要,它是下面各种证明方法的基础。它告诉我们:为了证明一个子句集的不可满足性,只要证明一个有限的基例句集的不可满足性就行了。

例如,设子句集 $S = \{P(x), \sim P(a) \vee \sim P(b), Q(f(x))\}$,它的 $H$ 论域 $H_\infty$ 和
$H$ 基 $\widetilde{H}$ 都是无限域,但是这个无限性并不妨碍我们证明 $S$ 的不可满足性,因为
我们能找到一个有限基例句集 $\{P(a), P(b), \sim P(a) \vee \sim P(b)\}$,它是不可满
足的。于是根据定理,$S$ 也是不可满足的。与它相对应的完备语义树及有限闭
子树如图 17.1.2 所示。其中带数字的圆圈为否节点,数字表示令此路径为假的
基例句编号。不难看出,正如语义树结构不唯一一样,不可满足的有限基例句集
也是不唯一的。

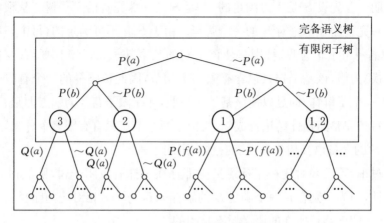

**图 17.1.2　完备语义树和有限闭子树**

如果给定的子句集 $S$ 是有限的,那么它生成的基例句顶多只有可数多个,
我们可以采取逐步测试基例句集的各有限子集的方法来找出一个不可满足的基
例句集,这就是 Gilmore 在 1960 年编的一个程序的实质。

**算法 17.1.1**(Gilmore)

1. 对给定的子句集 $S$ 计算其 $H$ 论域。

2. 令 $i = 0$。

3. 把 $H_i$ 中的元素分别代入 $S$ 的各子句,产生基例句集 $S_i$。

4. 构造 $S_i$ 中各基例句的合取式 $C_i$,把 $C_i$ 转换成析取范式(外层运算为或,
内层运算为与)。

5. 删去其中包含互补对的所有析取因式。

6. 若 $C_i$ 变成空子句,则已证明 $S_i$ 是不可满足的有限基例句集,算法终止。

7. $i := i + 1$。

8. 若 $H_i = H_{i-1}$,则已证明不存在不可满足的有限基例句集,算法终止。

9. 转 3。

算法完。

如果 $S$ 不可满足，则这个算法一定能结束。现在看两个例子。仍旧考察 $S=\{P(x),\ \sim P(a)\vee\sim P(b),\ Q(f(x))\}$，我们有：

$$H_0=\{a,\ b\}$$

$$C_0=(P(a)\wedge(\sim P(a)\vee\sim P(b))\wedge Q(f(a)))$$
$$\wedge(P(b)\wedge(\sim P(a)\vee\sim P(b))\wedge Q(f(b)))$$
$$=((P(a)\wedge Q(f(a))\wedge\sim P(a))\vee(P(a)\wedge Q(f(a))$$
$$\wedge\sim P(b)))\wedge((P(b)\wedge Q(f(b))\wedge\sim P(a))\vee(P(b)$$
$$\wedge Q(f(b))\wedge\sim P(b)))$$
$$=P(a)\wedge Q(f(a))\wedge\sim P(b)\wedge P(b)\wedge Q(f(b))\wedge\sim P(a)$$
$$=\square$$

上面的计算和算法规定的步骤稍有差别，我们提前把含互补对的析取式删去了。

第二个例子是 $S=\{P(x),\ \sim P(f(f(a)))\}$。运用上面的算法，$C_0=P(a)\wedge\sim P(f(f(a)))$，$C_1=P(a)\wedge P(f(a))\wedge\sim P(f(f(a)))$ 都是可满足的，但 $C_2=P(a)\wedge P(f(a))\wedge P(f(f(a)))\wedge\sim P(f(f(a)))$ 是不可满足的。

不难看出，Gilmore 的算法具有指数复杂性，如果 $H_i$ 含有 $n$ 个元素，则要生成 $n$ 个合取句 $C_1,\cdots,C_n$，又设 $S$ 有 $m$ 个子句，每个子句是 $K$ 个句节的析取。$C_1\wedge C_2\wedge\cdots\wedge C_n$ 则含 $mn$ 个子句，把它转化为析取范式便得到 $K^{mn}$ 个析取因式，每个析取因式含 $mn$ 个句节。当 $m$ 和 $n$ 很大时，计算将十分困难。为此，Davis 和 Putnam 提出了一套降低计算复杂性的启发式规则。

**算法 17.1.2**（Davis-Putnam 预处理）

1. 给定基子句集 $S$。

2. （重言式规则）删去 $S$ 中所有成为重言式的子句。

3. （单句节规则）若 $S$ 中有一个单句节（即只含一个句节）的基子句 $L$，则：

(1) 从 $S$ 中删去所有含 $L$ 的子句。

(2) 从 $S$ 中删去所有子句中的 $\sim L$ 句节。

4. （纯句节规则）若 $S$ 中含有句节 $L$，但不含句节 $\sim L$，则删去所有含 $L$ 的子句。

5. (分裂规则)若 $S$ 中全体子句的合取可以转化为如下形式:

$(A_1 \vee L) \wedge \cdots \wedge (A_m \vee L) \wedge (B_1 \vee \sim L) \wedge \cdots \wedge (B_n \vee \sim L) \wedge R$ 其中诸 $A_i$,
$B_i$ 和 $R$ 均不含 $L$ 或 $\sim L$,则 $S$ 的不可满足性等价于 $S_1 \vee S_2$ 的不可满足性,其中

$$S_1 = A_1 \wedge \cdots \wedge A_m \wedge R$$

$$S_2 = B_1 \wedge \cdots \wedge B_n \wedge R$$

6. 反复执行 2 至 5 各步直至不能再做。

算法完。

**定理 17.1.4**　基子句集 $S$ 是不可满足的,当且仅当 $S$ 在经过 Davis-Putnam 预处理以后是不可满足的。

本定理的证明留作习题,下面举一个例子:

设 $S = \{P \vee \sim P, Q, Q \vee R, \sim Q \vee M, W \vee N \vee K, \sim N \vee \sim K, N \vee K\}$。
以 $S^{(i)}$ 表示逐步预处理的结果,则有

$S^{(1)} = \{Q, Q \vee R, \sim Q \vee M, W \vee N \vee K, \sim N \vee \sim K, N \vee K\}$

♯重言式规则♯

$S^{(2)} = \{\sim Q \vee M, W \vee N \vee K, \sim N \vee \sim K, N \vee K\}$

♯单句节规则之(1)♯

$S^{(3)} = \{M, W \vee N \vee K, \sim N \vee \sim K, N \vee K\}$　　♯单句节规则之(2)♯

$S^{(4)} = \{W \vee N \vee K, \sim N \vee \sim K, N \vee K\}$　　♯单句节规则之(1)♯

$S^{(5)} = \{\sim N \vee \sim K, N \vee K\}$　　　　　　　　　　♯纯句节规则♯

$S_1^{(6)} = \{\sim N\}$,　$S_2^{(6)} = \{N\}$,　　　　　　　　　　♯分裂规则♯

因此 $S$ 是可满足的。注意在 $S$ 中出现的大写字母都代表句节而非原子。另外,
Davis-Putnam 方法只是一种预处理手段,单靠它不一定能解决给定子句集的不
可满足性判定问题。特别是,Davis-Putnam 规则不能施用于非基子句。

推广 Davis-Putnam 规则,就得到消解法,我们在 1.4 节中已经介绍过这个
方法,以式 (1.4.1) 为例:

$$S = \begin{cases} P \\ \sim P \vee Q \end{cases}$$

利用消解法可以推出 $Q$ 成立,利用上述 Davis-Putnam 的单子句规则也可以做
到这一点。但是如果 $P$ 和 $Q$ 带变量,Davis-Putnam 规则就不够用了。本节的

目的,就是要把在 1.4 节中已经提到的消解法用严格的语言给予描述。

**定义 17.1.8**　若子句 $C$ 含 $n$ 个相同的句节,$n>1$,则删去其中的 $n-1$ 个。此删除规则称为句节合并规则,结果以〔$C$〕表之。

**定义 17.1.9**　若子句 $C$ 中的多个句节有最广通代 $\sigma$,则〔$C\sigma$〕称为 $C$ 的一个因子。当〔$C\sigma$〕为单子句(只含一个句节的子句)时也称为 $C$ 的一个单因子。

通过取因子可以简化一个子句。例如,设 $C=P(x,a)\vee P(b,y)\vee Q(x,y,c)$,$\sigma=\{b/x,a/y\}$,则〔$C\sigma$〕=〔$P(b,a)\vee P(b,a)\vee Q(b,a,c)$〕= $P(b,a)\vee Q(b,a,c)$。

**定义 17.1.10**　设 $C_1$ 和 $C_2$ 是两个无公共变量的子句。分别含句节 $L_1$ 和 $L_2$。又设 $L_1$ 和 $\sim L_2$ 有最广通代 $\sigma$,则子句

$$\llbracket (C_1\sigma-L_1\sigma)\vee(C_2\sigma-L_2\sigma)\rrbracket$$

称为 $C_1$ 和 $C_2$ 的一个二元消解式,其中对 $i=1,2$,$C_i\sigma-L_i\sigma$ 是从 $C_i\sigma$ 中删去 $L_i\sigma$ 后剩下的部分。$L_1$ 和 $L_2$ 称为被消解的句节,$C_1$ 和 $C_2$ 则称为父子句。

在式 (1.4.3) 中,$C_1=L_1=P(x,a)$,$C_2=\sim P(b,y)\vee Q(x,a)$,$L_2=\sim P(b,y)$,$\sigma=\{b/x,a/y\}$,$C_1\sigma-L_1\sigma=\square$,$C_2\sigma-L_2\sigma=Q(b,a)$。

**定义 17.1.11**　下列四种二元消解式统称为子句 $C_1$ 和 $C_2$ 的消解式:

1. $C_1$ 和 $C_2$ 的二元消解式。

2. $C_1$ 的一个因子和 $C_2$ 的二元消解式。

3. $C_1$ 和 $C_2$ 的一个因子的二元消解式。

4. $C_1$ 的一个因子和 $C_2$ 的一个因子的二元消解式。

例如,设 $C_1=P(a,x)\vee P(y,b)\vee Q(x,t)$,$C_2=\sim P(u,d)\vee\sim P(e,v)\vee\sim Q(w,v)$,在参数中 $x,y,t,u,v,w$ 是变量,其余不是,则:

1. $\underline{P(y,b)\vee Q(d,t)}\vee\sim P(e,v)\vee\sim Q(w,v)$ 是一个第一种二元消解式。

2. $\underline{P(a,b)}\vee\sim P(u,d)\vee\sim P(e,v)$ 是一个第二种二元消解式。

3. $\underline{P(a,x)\vee P(y,b)}\vee\sim P(e,d)$ 是一个第三种二元消解式。

4. $\underline{P(a,b)}\vee\sim P(e,d)$ 是一个第四种二元消解式。

其中加下划线的部分来自 $C_1$,其余部分来自 $C_2$。

**定义 17.1.12**　给定子句集 $S$,我们说从 $S$ 可以推导出子句 $C$,如果存在一个有限的子句序列 $C_1,C_2,\cdots,C_k$,使得每个 $C_i$ 或者属于 $S$,或者是 $C_1$ 到 $C_{i-1}$

的某些子句的消解式,且 $C_k = C$。此时我们称此子句序列为 $C$ 从 $S$ 的推导,或 $C$ 的推导。当 $C$ 为空子句□时,我们也称该序列为 $S$ 的一个否证。

**定理 17.1.5** 若从子句集 $S$ 可以推导出子句 $C$,则 $C$ 是 $S$ 的逻辑推论。

其含义是:若 $S$ 有模型 $M$,则 $M$ 一定也是 $C$ 的模型。这表明消解法是健康的,不会推出错误的结果来。特别是,它导致如下的推论:

**推论 17.1.1** 若 $S$ 是可满足的,则由它推导出的任何子句都是可满足的。特别是:它不能导出空子句。

现在我们要解决一个对于消解法来说是至关重要的问题,即完备性问题。它可以表述如下:只要子句集 $S$ 是不可满足的,则利用消解法总可在有限步内推导出空子句,也即求得 $S$ 的一个否证。下面先证明一个引理,其中的例子句指的是一个子句经过部分或全部变量置换后得到的产品。若变量已被全部置换为常量项(基项),则称它为基例子句。

**引理 17.1.1**(提升引理) 若 $C'_1$ 和 $C'_2$ 分别是 $C_1$ 和 $C_2$ 的例子句,$C'$ 是 $C'_1$ 和 $C'_2$ 的消解式,则存在 $C_1$ 和 $C_2$ 上的一个消解式 $C$,使 $C'$ 是 $C$ 的例子句。

**证明** 对照图 17.1.3。

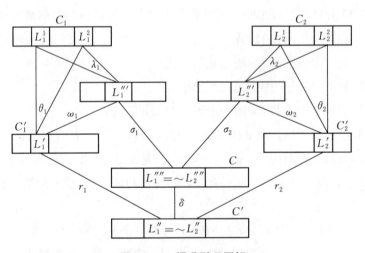

**图 17.1.3 提升引理图解**

无妨假设 $C_1$ 和 $C_2$ 无公共变量,否则作适当换名即可。由于 $C'_1$ 和 $C'_2$ 是 $C_1$ 和 $C_2$ 的例子句,可令 $C'_1 = [C_1\theta_1]$,$C'_2 = [C_2\theta_2]$。又令 $\theta = \theta_1 \cup \theta_2$,则可统一写为 $C'_i = [C_i\theta]$,$i = 1, 2$。设 $L'_1$ 和 $L'_2$ 是 $C'_1$ 和 $C'_2$ 中被消解的句节。在最一般的情

况下,它们分别从 $C_1$ 中的 $\{L_1^1, L_1^2, \cdots, L_1^{r_1}\}$ 和 $C_2$ 中的 $\{L_2^1, L_2^2, \cdots, L_2^{r_2}\}$ 经 $\theta$ 变换而来。令 $\lambda_1$ 和 $\lambda_2$ 分别是 $\{L_1^1, L_1^2, \cdots, L_1^{r_1}\}$ 和 $\{L_2^1, L_2^2, \cdots, L_2^{r_2}\}$ 的最广通代,通代结果分别是 $L'''_1$ 和 $L'''_2$。又令 $\lambda = \lambda_1 \bigcup \lambda_2$。根据最广通代的定义,应有代换 $\omega_1$ 和 $\omega_2$,使 $\theta_i = \lambda_i \circ \omega_i$。再令 $\omega = \omega_1 \bigcup \omega_2$。我们即得到 $L'_i = L'''_i \cdot \omega_i$。由于 $L'_i$ 是 $C'_i$ 中被消解的句节,必有最广通代 $\gamma = \gamma_1 \bigcup \gamma_2$,使 $L'_1 \gamma_1 = L''_1 = \sim L''_2 = \sim L'_2 \gamma_2$。于是,代换 $\omega \circ \gamma$ 是 $L'''_1$ 和 $\sim L'''_2$ 的一个通代。由此可见存在 $L'''_1$ 和 $\sim L'''_2$ 的最广通代 $\sigma = \sigma_1 \bigcup \sigma_2$。根据最广通代的定义应有代换 $\delta$,使 $\omega \circ \gamma = \sigma \circ \delta$。

综上所述,可知存在 $C_1$ 的因子 $[C_1\lambda_1]$ 和 $C_2$ 的因子 $[C_2\lambda_2]$,分别含有句节 $L'''_1$ 和 $L'''_2$,通过最广通代 $\sigma$ 得到二元消解式

$$C = [((C_1\lambda_1 \circ \sigma_1 - \{L_1^1, \cdots, L_1^{r_1}\}\lambda_1 \circ \sigma_1) \vee$$
$$(C_2\lambda_2 \circ \sigma_2 - \{L_2^1, \cdots, L_2^{r_2}\}\lambda_2 \circ \sigma_2)]$$

另一方面,$C'_1$ 和 $C'_2$ 的二元消解式为

$$C' = [((C_1\theta_1 \circ \gamma_1 - \{L_1^1, \cdots, L_2^{r_1}\}\theta_1 \circ \gamma_1) \vee$$
$$(C_2\theta_2 \circ \gamma_2 - \{L_2^1, \cdots, L_2^{r_2}\}\theta_2 \circ \gamma_2)]$$

已知 $\theta \circ \gamma = \lambda \circ \sigma \circ \delta$,因此 $C'$ 是 $C$ 的例子句。

证毕。

严格地说,上面只证明了 $C'$ 是 $C'_1$ 和 $C'_2$ 的直接二元消解式的情形。如果是 $C'_1$ 的因子与/或 $C'_2$ 的因子参与消解,只需对证明作一点微小的更动。

**定理 17.1.6**(消解法的完备性) 子句集 $S$ 是不可满足的,当且仅当存在 $S$ 的一个否证(从 $S$ 可推导出空子句□)。

**证明** 首先假设 $S$ 是不可满足的,则根据定理 17.1.2,在与 $S$ 相对应的完备语义树 $T$ 中必有一有限闭子树 $T'$。若 $T'$ 仅由一个节点(根节点)组成,则表明 $S$ 中有一子句在根节点处即被否证。这个子句只能是空子句□,包含空子句的子句集当然是不可满足的,所以在此情况下定理已得证。

若 $T'$ 由多于一个节点组成,则 $T$ 中至少有一节点 $N$,它的所有子节点皆为否节点(证明:因为是有限闭子树,树中至少有一条最长路径,此路径的端点为否节点。且此端点的兄弟节点一定也为否节点,否则这条路径就不是最长的了。该端点和它的兄弟节点的父节点就可选作节点 $N$)。参见图 17.1.2,这是一株规范语义树。

以 $N_1$ 和 $N_2$ 表示这两个否节点，$A$ 和~$A$ 表示边$\overline{NN_1}$和$\overline{NN_2}$上的标记，则必有两个基子句 $C_1'$ 和 $C_2'$，它们分别包含~$A$ 和 $A$ 为其句节，且分别在节点 $N_1$ 和 $N_2$ 处被否证。构造消解式：

$$C'=\lbrack(C_1'-\sim A)\vee(C_2'-A)\rbrack$$

由于 $C_1'-\sim A$ 和 $C_2'-A$ 都在节点 $N$ 处被否证（理由：$C_1'$ 和 $C_2'$ 都是一些句节的析取，如果 $C_1'-\sim A$ 和 $C_2'-A$ 在 $N$ 处不被否证，则 $C_1'$ 和 $C_2'$ 在 $N_1$ 和 $N_2$ 处也不会被否证，因为区别仅在于句节~$A$ 和 $A$）。$C'$ 必定也在 $N$ 处被否证。

根据提升引理，必有 $S$ 的子句 $C_1$ 和 $C_2$，它们分别以 $C_1'$ 和 $C_2'$ 为例子句，并且 $C_1$ 和 $C_2$ 有消解式 $C$，$C$ 以 $C'$ 为例子句，若 $C'$ 为空子句，则 $C$ 也是空子句，定理已得证。否则，把 $C$ 加入 $S$ 中，得集合 $S'$。已知它的例子句 $C'$ 起码在 $N$ 处被否证，所以有限闭子树的节点数起码减了 2。取使 $C'$ 为假的最靠近根部的节点为否节点，令如此修改过的树为 $T''$，对 $T''$ 和 $S'$ 施行上述过程，又可进一步缩减有限闭子树，如此反复，直至只剩下树根对应于空子句消解式，在这里，树的缩减过程就是消解过程，也就是子句集 $S$ 的否证过程。

另一方面，若已知存在 $S$ 的否证，则 $S$ 一定是不可满足的，否则将存在 $S$ 的一个模型 $M$，此模型不但满足 $S$ 中的所有子句，而且还满足它们的逻辑推论，其中包括逐次的消解式，以至最后的空子句，这是不可能的。

证毕。

例如，设 $S=\{P, \sim P\vee\sim Q, \sim P\vee\sim R, Q\vee R\}$，则其有限闭子树如图 17.1.4 所示，其中涂黑的节点为否节点，否节点旁方框内是被否证的子句。

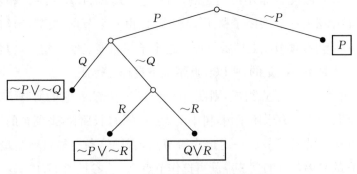

**图 17.1.4　语义树和消解过程的对应**

## 17.2　消 解 策 略

消解法虽被认为是定理证明领域中的一大突破,然而它的复杂性依然可以非常之高。为此,人们研究了各种提高消解法效率的策略。

在不利用任何策略时,消解法依靠的是一种笨办法,下面的算法便是一例。

**算法 17.2.1**(分层饱和法)

1. 给定子句集 $S$。

2. 令 $i=0$, $S^{(0)}=S$。

3. 若 $S^{(i)}$ 包含空子句□,则 $S$ 不可满足,算法终止。

4. $i:=i+1$。

5. 构造 $S^{(i)}=\{C_1$ 和 $C_2$ 的消解式 $|C_1\in(S^{(0)}\bigcup\cdots\bigcup S^{(i-1)})$ 且 $C_2\in S^{(i-1)}\}$。

6. 若 $S^{(i)}\subset(S^{(0)}\bigcup S^{(1)}\bigcup\cdots\bigcup S^{(i-1)})$ 则 $S$ 是可满足的,算法终止。

7. 转 3。

算法完。

这个算法的复杂性有多高? 假设 $S$ 有 $n$ 个子句,每两个子句间都可以有消解,每两个消解式都不一样,则头一轮共产生 $n(n-1)/2$ 个消解式,以 $f(n)$ 代表这个数,可知它的阶是 $O(n^2)$。即使我们在算法第 5 步中只考虑 $S^{(i-1)}$ 和 $S^{(i-1)}$ 的消解,得到的子句数是 $i$ 个 $f(n)$ 的嵌套,其阶为 $O(n^{2i})$。

实际上,在消解过程中产生的新子句,有些是一眼就可以看出是没有用的,它们不能对消解过程起任何积极的作用,例如,设

$$S=\{\sim P(a)\vee Q(y)\vee R(t),\ P(a)\vee\sim Q(v),$$
$$P(a),\ Q(a)\vee R(z)\vee W(c)\}$$

如果让第一个子句和第二个子句消解,则所得结果为 $\sim Q(v)\vee Q(y)\vee R(t)$,或 $\sim P(a)\vee P(a)\vee R(t)$。其中第一个不是重言式,第二个是重言式(为什么? 注意 $y$, $t$, $v$, $z$ 是变量,其余参数是常量)。重言式的存在对消解不起作用,因为它是永远被满足的。一个含重言式的子句集是不可满足的,当且仅当去掉重言式后它是不可满足的。这是 Davis-Putnam 规则的一个延伸。

另一方面,如果让第一个子句和第三个子句消解,则所得结果为 $Q(y)\vee R(t)$,对此消解式执行代换 $\theta=\{a/y,\ z/t\}$,得到例子句 $Q(a)\vee R(z)$,把它和 $S$ 中的

第四个子句比较,即可发现前者是后者的一个组成部分。不难看出,如果 $S$ 的第四个子句 $Q(a) \lor R(z) \lor W(c)$ 不能满足,则作为它的一部分的 $Q(a) \lor R(z)$ 也不能满足。由此可见,从 $S$ 中去掉 $Q(a) \lor R(z) \lor W(c)$ 不会影响 $S$ 的不可满足性。一般地,我们有:

**定义 17.2.1**  设 $C_1$ 和 $C_2$ 为两个子句。以 $\text{lit}(C_i)$ 表示 $C_i$ 中诸句节的集合,若存在代换 $\theta$,使 $\text{lit}(C_1)\theta \subseteq \text{lit}(C_2)$,则称 $C_1$ 隐含 $C_2$,或 $C_2$ 被 $C_1$ 所隐含。

**定理 17.2.1**  若 $S$ 中的子句 $C_1$ 隐含 $C_2$,则 $S$ 是不可满足的,当且仅当 $S-\{C_2\}$ 是不可满足的。

在一个子句集中找出所有的隐含关系是要费些周折的。下面给出一个这样的算法。

**算法 17.2.2**(求隐含关系)

1. 给定子句 $C$ 和 $D$。

2. 设 $\{x_1, \cdots, x_n\}$ 是 $D$ 中出现的全部变量,取 $n$ 个既不在 $C$ 中,也不在 $D$ 中出现的常量 $\{a_1, \cdots, a_n\}$,构造代换 $\theta = \{a_1/x_1, \cdots, a_n/x_n\}$。

3. 设 $D = L_1 \lor L_2 \lor \cdots \lor L_m$,构造集合 $W = \{\sim L_1\theta, \cdots, \sim L_m\theta\}$。

4. 令 $i = 0$, $S^{(0)} = \{c\}$。

5. 若 $S^{(i)}$ 包含空子句 $\square$,则 $C$ 隐含 $D$,算法终止。

6. 令 $S^{(i+1)} = \{C_1$ 和 $C_2$ 的消解式 $| C_1 \in S^{(i)}$ 且 $C_2 \in W\}$。

7. 若 $S^{(i+1)}$ 为空,则 $C$ 不隐含 $D$,算法终止。

8. $i := i+1$,转 5。

算法完。

我们不详细证明这个算法的正确性,只作一些解释。把 $D$ 中的变量全部换成常量,是为了在第 6 步求消解时防止对 $D$ 中的变量实行代换,因为这是定义 17.2.1 所禁止的。更换 $D$ 中变量所用的常量不能在 $C$ 中、也不能在 $D$ 中出现的理由可从下面两个反例得知。

反例 1:$C = P(a)$,$D = P(x)$。本来 $C$ 不隐含 $D$,但如 $D$ 中的 $x$ 用 $a$ 代,则 $D$ 变成 $P(a)$,就被 $C$ 隐含了。

反例 2:$C = P(x, x)$,$D = P(y, a)$。本来 $C$ 不隐含 $D$,但如 $D$ 中的 $y$ 用 $a$ 代,则 $D$ 变成 $P(a, a)$,就被 $C$ 隐含了。

删去重合式和被隐含子句,对提高消解效率有很大的作用。因为无用的子句可以在消解过程中产生大量无用的后代。在最坏的情况下,消解式以 $O(n^{2k})$ 的阶数增长,其中 $n$ 是子句集 $S$ 中的子句数,$k$ 是消解的次数。而只要在第一步中产生一个无用子句,它的子孙(均为无用子句)即可以 $O(n^{2k-1})$ 的阶数增长。因此,无用子句应及早删去。

但是,根本不让无用子句产生不是更好吗?不但产生无用子句本身要浪费时间,而且检测哪些子句是无用的,这也要浪费时间。杜绝无用子句的重要途径是对消解过程作各种限制,归纳起来,大致有三个方面。第一是限制参加消解的子句,第二是限制子句中被消解的句节,第三是限制消解的方式。下面我们来逐项举例说明。

首先是限制参加消解的子句。早在 1965 年,Wos,Robinson 和 Carson 等人发现:消解法常被用来证明如下形式的定理:若条件 $C_1$,$C_2$,$\cdots$,$C_n$ 成立,则结论 $C$ 成立。使用消解法时,采取的形式为证明 $C_1 \wedge C_2 \wedge \cdots \wedge C_n \wedge \sim C$ 不可满足。此时,条件集 $C_1$,$C_2$,$\cdots$,$C_n$ 一般来讲是可以满足的。因此,在诸 $C_i$ 子句之间寻求消解不会有什么成效。消解应限制在 $\sim C$ 和诸 $C_i$ 之间,或 $\sim C$ 内部。把这个思想推广,就得到了所谓支持集策略。

**定义 17.2.2** 设 $S$ 为子句集,$S'$ 是它的子集。若 $S - S'$ 是可满足的,则称 $S'$ 是 $S$ 的一个支持集。在对 $S$ 实行消解时,如果限定消解双方不能都取自 $S - S'$,则称此消解为支持集消解。若给定支持集 $S'$ 后,在一个推导(见定义 17.1.12)过程中的每一步消解都是支持集消解,则称此推导为支持集推导。推导结果为 □ 时称为支持集否证。

例如,设子句集 $S = \{P \vee R, \sim P \vee R, P \vee \sim R, \sim P \vee \sim R\}$,若令 $S' = \{\sim P \vee \sim R\}$,则 $S'$ 是 $S$ 的支持集(当 $P$ 和 $R$ 均取真值时 $S - S'$ 被满足)。$S$ 的支持集消解过程如下:

$$P \vee R \qquad\qquad\qquad\qquad\qquad (17.2.1)$$
$$\sim P \vee R \qquad\qquad\qquad\qquad\quad (17.2.2)$$
$$P \vee \sim R \quad \sharp \text{子句集} S \qquad\quad (17.2.3)$$
$$\sim P \vee \sim R \quad \sharp S' \sharp \qquad\qquad (17.2.4)$$
$$\sim P \qquad \sharp (17.2.4) + (17.2.2) \sharp \quad (17.2.5)$$
$$\sim R \qquad \sharp (17.2.4) + (17.2.3) \sharp \quad (17.2.6)$$
$$R \qquad\quad \sharp (17.2.5) + (17.2.1) \sharp \quad (17.2.7)$$
$$\square \qquad\quad \sharp (17.2.7) + (17.2.6) \sharp \quad (17.2.8)$$

除了重言式不予产生外,上述消解基本上是按支持集策略以穷举方式进行的。这证明了在某些情况下使用支持集策略可以得到较高的效率。

**定理 17.2.2**(支持集消解的完备性)  设 $S$ 是一个有限的不可满足子句集,$S'$ 是 $S$ 的子集,$S - S'$ 是可满足的,则存在一个以 $S'$ 为支持集的 $S$ 的支持集否证。

利用支持集策略虽能提高消解效率,但也有它的困难。这就是如何确定一个适当的支持集。前面已经提到如果能把子句集 $S$ 分成一个定理的条件部分和结论部分,则作为一个启发式规则,可把结论部分看作支持集。但这样的划分不是总能确定的。即使有这样一个划分,条件部分的可满足性也还有待证明。这种证明的工作量,加上支持集消解本身的工作量,不一定比直接消解的工作量少。那么,能否找到一种更好的求支持集的方法呢?

首先我们推广支持集的概念。

**定义 17.2.3**  设 $S$ 为子句集,$S^{(0)} = S$,$S^{(n)} = S^{(n-1)} \bigcup \{C_n\}$,其中 $C_n$ 是 $S^{(n-1)}$ 中的两个子句的消解式,如果有一种根据子句的语法结构划分子句集的统一的方法,使每个 $S^{(n)}$ 都划分为 $S_1^{(n)}$ 和 $S_2^{(2)}$ 两部分,并且在 $S^{(n)}$ 消解时限定消解双方不能都取自 $S_1^{(n)}$,则称 $S_2^{(n)}$ 是 $S^{(n)}$ 的一个动态支持集,称此消解为动态支持集消解。若在一个推导过程中的每一步消解都是动态支持集消解,则称此推导为动态支持集推导。推导结果为□时称为动态支持集否证。

下面列举几类动态支持集消解策略。

**定义 17.2.4**(动态支持集策略之一)  在定义 17.2.3 中令 $S_2^{(n)} = \{C_n\}$,则该策略称为线性消解策略,$C_n$ 称为 $S^{(n)}$ 进行消解时的中心子句,消解的另一方称为边子句。由线性消解组成的推导称为线性推导,相应的否证称为线性否证。

线性消解的中心思想是把每次消解所得的消解式作为下一步消解的父子句之一。以 $S = \{P \lor Q,\ \sim P \lor Q,\ P \lor \sim Q,\ \sim P \lor \sim Q\}$ 为例,它的线性否证过程如图 17.2.1 所示。

**定理 17.2.3**(线性消解的完备性)  设 $S$ 是一个有限的不可满足子句集,则一定存在 $S$ 的一个线性否证。

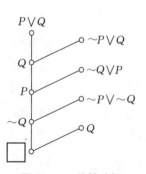

**图 17.2.1  线性消解**

注意,初始中心子句是不能任意选择的。例如 $S=\{P,\sim P,R\}$ 是不可满足子句集,但第一个中心子句不能选 $R$。

**定义 17.2.5**(动态支持集策略之二) 在定义 17.2.3 中令 $S_2^{(n)}=S$,则该策略称为输入消解策略($S$ 中的子句称为输入子句,该策略因每次消解必须有一输入子句参加而得名)。由输入消解组成的推导称为输入推导,相应的否证称为输入否证。

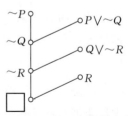

**图 17.2.2 输入消解**

例如,图 17.2.2 表示了 $S=\{\sim P,P\vee\sim Q,Q\vee\sim R,R\}$ 的输入消解过程。

很可惜,输入消解不是完备的,道理很简单。任何子句集否证的最后一步是推导出空子句□。为此,它的两个父子句必须都是单子句。如果所有的输入子句都不是单子句,则输入否证就不能实现了。图 17.2.1 中展示的正是这样的例子。那里的子句集 $S$ 虽然不可满足,却不能通过输入推导来否证。

**定义 17.2.6**(动态支持集策略之三) 在定义 17.2.3 中令 $S_2^{(n)}=\{S^{(n)}$ 中的所有单子句和单因子$\}$,则该策略称为单项消解策略。由单项消解组成的推导称为单项推导。相应的否证称为单项否证。

图 17.2.2 中给出的例子也是单项消解的例子。遗憾的是,单项消解也不是完备的。其理由和输入消解不完备的理由几乎完全一样,即当输入子句均非单子句时,它的第一次消解的父子句中不可能有单子句,所以图 17.2.1 中的例子对单项消解的完备性来说,也是一个反例。

Chang 证明了如下的定理。

**定理 17.2.4** 一个子句集 $S$ 可以用输入消解否证,当且仅当它可以用单项消解否证。

上述定理表明,这两种消解方法的能力是相等的。Henschen 和 Wos 证明:如果对子句的形式作适当的限制,则它们仍可以是完备的。

**定义 17.2.7** 如果子句 $C$ 的诸句节中顶多只有一个句节是正原子,则 $C$ 称为是一个 Horn 子句,只含 Horn 子句的集合称为 Horn 子句集。

**定义 17.2.8**(动态支持集策略之四) 在定义 17.2.3 中令 $S_2^{(n)}=\{S^{(n)}$ 中的所有正单子句$\}$,其中正单子句表示句节为正原子的单子句,则该策略称为正单项消解策略。由正单项消解组成的推导称为正单项推导。相应的否证称为正单项否证。

**定理 17.2.5**(Henschen 和 Wos)　正单项消解对 Horn 子句集是完备的。

**推论 17.2.1**　单项消解和输入消解对 Horn 子句集都是完备的。

现在回过头来再考察图 17.2.1 中的反例。该子句集含有子句 $P \vee Q$,因之不是 Horn 子句集,刚才的定理对它不适用。如果把 $P \vee Q$ 改为 $P$,则得到一个 Horn 子句集,它仍然是不可满足的,并能用输入消解或单项消解来否证。

动态支持集策略只是支持集策略的一种推广方式,它还有另一种推广方式。支持集策略把子句集 $S$ 一分为二:$S'$ 和 $S-S'$,其中 $S'$ 是支持集。它规定参加消解的两个子句不能都出自 $S-S'$,但却允许它们都出自 $S'$,正如在输入消解中允许两个输入子句消解;在单项消解中允许两个单子句消解一样。这种作法是不对称的,没有把 $S'$ 和 $S-S'$ 同等看待。如果同样禁止两个消解子句都出自 $S'$,则得到另一种消解策略。

**定义 17.2.9**(两分法消解)　设 $S$ 为子句集,$S^{(0)}=S$, $S^{(n)}=S^{(n-1)} \bigcup \{C_n\}$,其中 $C_n$ 是 $S^{(n-1)}$ 中两个子句的消解式,如果有一种统一的划分子句集的方法,使每个 $S^{(n)}$ 都划分为 $S_1^{(n)}$ 和 $S_2^{(n)}$ 两部分,并且在 $S^{(n)}$ 消解时规定从 $S_1^{(n)}$ 和 $S_2^{(n)}$ 中各出一个父子句,则称此消解为两分法消解。若在一个推导过程中的每一步消解都是两分法消解,则称此推导为两分法推导。相应的否证称为两分法否证。

下面列举几类两分法消解策略。

**定义 17.2.10**(两分法消解策略之一)　设 $HI$ 是子句集 $S$ 的一个 $H$ 解释。$S^{(n)}$, $n=0, 1, 2, \cdots$ 的定义如前。$S_1^{(n)}$ 和 $S_2^{(n)}$ 分别为 $S^{(n)}$ 中相对于解释 $HI$ 取真值和取假值的子句集。按此规定划分 $S^{(n)}$ 的两分法消解称为简单语义消解(称它是语义消解,是因为它是受一个解释 $HI$ 控制的)。

**定义 17.2.11**(两分法消解策略之二)　在定义 17.2.10 中,令 $HI$ 为空集,则相应的策略称为简单正超消解策略。

**定义 17.2.12**(两分法消解策略之三)　在定义 17.2.10 中,令 $HI$ 等于 $H$ 基,则相应的策略称为简单负超消解策略。

上面两种策略统称为超消解策略。取名为"正"和"负"表明在这两种策略中分别为正原子和负原子取假值。如果把 $H$ 基看成一个坐标空间,每个基原子看成一个方向,则仿佛有一个超平面把此空间隔成两半,其中一半令所有正原子取假值,另一半令所有负原子取假值,这可以解释为什么它叫超消解。

例如,子句集 $S=\{P, Q, \sim P \vee \sim Q \vee R, M, \sim R \vee \sim M \vee \sim P\}$ 的正超消解过程如图 17.2.3 所示。

| $C_1 \in S_1^{(n)}$ | $C_2 \in S_2^{(n)}$ | 消解式 $C$ |
|---|---|---|
| $\sim P \vee \sim Q \vee R$ | $P$ | $\sim Q \vee R$ |
| $\sim Q \vee R$ | $Q$ | $R$ |
| $\sim R \vee \sim M \vee \sim P$ | $R$ | $\sim M \vee \sim P$ |
| $\sim M \vee \sim P$ | $M$ | $\sim P$ |
| $\sim P$ | $P$ | $\square$ |

**图 17.2.3　正超消解**

可惜,这三种两分法消解都是不完备的。对不完备性的证明留作习题,此处从略。

现在考察第二方面的消解策略。它们的特点是对子句中被消解的句节加以限制。

**定义 17.2.13**(有序消解)　若对每个子句中的句节按某种规则实行排序,并在消解时根据排序规则决定消解的方法,则这种消解称为有序消解。

下面列举几类有序消解策略。

**定义 17.2.14**(有序消解策略之一)　把子句集 $S$ 中出现的所有谓词名排成全序,并规定在消解时只有父子句中排序最大的谓词(句节)被消解,则该策略称为有序谓词消解策略。相应的推导和否证称为有序谓词推导和有序谓词否证。

有序消解常和其他消解策略联用,以提高其效率。

**定义 17.2.15**　有序谓词消解和简单语义消解的联用(所谓联用是指每步消解必须同时满足两种策略的要求)称为有序谓词语义消解,其中规定 $S_2^{(n)}$ 中的子句(即相对于解释 $HI$ 取假值的子句)每次必须以序数最大的谓词参与消解。

显然,有序谓词语义消解也是不完备的。

作为例子,我们仍考察图 17.2.3 中的子句集,但这次采取负超消解策略,并与有序谓词消解联用。谓词名排序为 $M>P>Q>R$。消解过程如图 17.2.4 所示。

| $C_1 \in S_1^{(n)}$ | $C_2 \in S_2^{(n)}$ | 消解式 $C$ |
|---|---|---|
| $M$ | $\sim R \vee \sim M \vee \sim P$ | $\sim R \vee \sim P$ |
| $P$ | $\sim R \vee \sim P$ | $\sim R$ |
| $\sim P \vee \sim Q \vee R$ | $\sim R$ | $\sim P \vee \sim Q$ |
| $P$ | $\sim P \vee \sim Q$ | $\sim Q$ |
| $Q$ | $\sim Q$ | $\square$ |

**图 17.2.4　有序谓词语义消解**

如果子句中的句节全是命题(包括加上非符号后的命题),则使用谓词名排序方法是很有效的,因为任何两个不同原子之间的排序被唯一确定。但如进入谓词演算领域,事情就不那么好办了,例如在子句集 $S = \{P(x), \sim P(a) \vee \sim P(b) \vee \sim P(c)\}$ 进行消解时,第二个子句中的三个句节具有同一谓词名 $P$,因而排序相同,在消解时就不知道选哪一个好了,为此我们需要别的排序方法。

**定义 17.2.16**　固定一个子句中各句节的位置,不许它们任意移动,该子句即成为有序子句。排在前面的句节(的序号)小于排在后面的句节(的序号)。

例如,在有序子句 $P \vee Q$ 中,$P$ 小于 $Q$,在 $P(a) \vee P(b)$ 中,$P(a)$ 小于 $P(b)$,并且 $P(a) \vee P(b)$ 和 $P(b) \vee P(a)$ 是两个不同的子句。

**定义 17.2.17**　若有序子句 $C$ 中多个具有相同正负号的句节有一最广通代 $\varphi$,则〔$C\varphi$〕称为 $C$ 的一个有序因子。其中对任何两个相同的句节,删去其较大者。

例如,令 $C = P(a, x) \vee Q(x, y) \vee P(y, b)$,$\varphi = \{b/x, a/y\}$,则有序因子 〔$C\varphi$〕$= P(a, b) \vee Q(b, a)$。

**定义 17.2.18**　设 $C_1$ 和 $C_2$ 是两个无公共变量有序子句。$L_1$ 和 $L_2$ 分别是 $C_1$ 和 $C_2$ 中的句节。$L_1$ 和 $\sim L_2$ 有最广通代 $\sigma$。有序因子〔$(C_1\sigma - L_1\sigma) \vee (C_2\sigma - L_2\sigma)$〕称为 $C_1$ 和 $C_2$ 的一个有序二元消解式,其中 $L_1$ 和 $L_2$ 是被消解的句节。

例如,设有序子句 $C_1 = P(x) \vee R(x) \vee Q(x) \vee W(x)$,$C_2 = \sim P(a) \vee Q(a)$,则 $C_1$ 和 $C_2$ 的有序二元消解式是 $R(a) \vee Q(a) \vee W(a)$,而 $C_2$ 和 $C_1$ 的有序二元消解式是 $Q(a) \vee R(a) \vee W(a)$。

**定义 17.2.19**　下列四种有序二元消解式统称为有序子句 $C_1$ 和 $C_2$ 的有序消解式。

1. $C_1$ 和 $C_2$ 的有序二元消解式。

2. $C_1$ 的一个有序因子和 $C_2$ 的有序二元消解式。

3. $C_1$ 和 $C_2$ 的一个有序因子的有序二元消解式。

4. $C_1$ 的一个有序因子和 $C_2$ 的一个有序因子的有序二元消解式。

**定义 17.2.20**　在定义 17.1.12 中,规定子句必须是有序子句,消解式必须是有序消解式,则相应的推导称为有序推导,相应的否证称为有序否证。这种消解策略称为有序消解策略。

**定理 17.2.6**　上述有序消解是完备的。

**定义 17.2.21**(有序消解策略之二)　在有序子句 $C_1$ 和 $C_2$ 的消解中,规定 $C_1$ 中被消解的句节必须是 $C_1$ 中的最大句节,如此得到的策略称为强有序消解策略。

再考察上面的例子 $C_1 = P(x) \lor R(x) \lor Q(x) \lor W(x)$,$C_2 = \sim P(a) \lor Q(a)$,在强有序消解策略下,无论是 $C_1$ 和 $C_2$,还是 $C_2$ 和 $C_1$ 都不能消解。

**定义 17.2.22**　强有序消解和简单语义消解的联用称为有序子句语义消解,其中规定 $S_2^{(n)}$ 中的子句为第一个父子句(即排在前面的父子句)。由有序子句语义消解组成的推导和否证分别称为有序子句语义推导和有序子句语义否证。

例如,设 $S = \{P(x), Q(y), \sim P(a) \lor \sim Q(b) \lor R(c), \sim R(c) \lor \sim P(d) \lor \sim P(e)\}$,$HI = \tilde{H}$,则它的有序子句语义否证过程如图 17.2.5 所示。

| $C_1 \in S_2^{(n)}$ | $C_2 \in S_1^{(n)}$ | 消解式 $C$ |
|---|---|---|
| $\sim R(c) \lor \sim P(d) \lor \sim P(e)$ | $P(x)$ | $\sim R(c) \lor \sim P(d)$ |
| $\sim R(c) \lor \sim P(d)$ | $P(x)$ | $\sim R(c)$ |
| $\sim R(c)$ | $\sim P(a) \lor \sim Q(b) \lor R(c)$ | $\sim P(a) \lor \sim Q(b)$ |
| $\sim P(a) \lor \sim Q(b)$ | $Q(y)$ | $\sim P(a)$ |
| $\sim P(a)$ | $P(x)$ | $\square$ |

**图 17.2.5　有序子句语义消解**

由于简单语义消解是不完备的。因此它与强有序消解的联用自然也就是不完备的。但强有序消解仍有其意义。请看下面的定理。

**定理 17.2.7**　强有序消解和正单项消解的联用对 Horn 子句集是完备的。

这里要附加一个说明,就是 Horn 子句必须写成所谓的标准型。即在任一子句中,正原子(若有的话)必须位于子句的最前面。并且在消解时正单子句必须是第二个父子句。

**定理 17.2.8** 强有序消解和输入消解的联用对 Horn 子句集是完备的。

附加说明:除 Horn 子句应写成标准型外,参加消解的输入子句应是第二个父子句。

举一个例子,$S=\{P\vee\sim Q\vee\sim R\vee\sim W, R\vee\sim A\vee\sim B, Q\vee\sim B\vee\sim C, W\vee\sim C\vee\sim D, A, B, C, D, \sim P\}$ 是不可满足的,使用强有序正单项消解的过程如图 17.2.6 所示。

| 第一父子句 | 第二父子句 | 消解式 |
|---|---|---|
| $W\vee\sim C\vee\sim D$ | $D$ | $W\vee\sim C$ |
| $W\vee\sim C$ | $C$ | $W$ |
| $Q\vee\sim B\vee\sim C$ | $C$ | $Q\vee\sim B$ |
| $Q\vee\sim B$ | $B$ | $Q$ |
| $R\vee\sim A\vee\sim B$ | $B$ | $R\vee\sim A$ |
| $R\vee\sim A$ | $A$ | $R$ |
| $P\vee\sim Q\vee\sim R\vee\sim W$ | $W$ | $P\vee\sim Q\vee\sim R$ |
| $P\vee\sim Q\vee\sim R$ | $R$ | $P\vee\sim Q$ |
| $P\vee\sim Q$ | $Q$ | $P$ |
| $\sim P$ | $P$ | $\square$ |

**图 17.2.6 强有序正单项消解**

该子句集的强有序输入消解过程如图 17.2.7 所示。

| 第一父子句 | 第二父子句 | 消解式 |
|---|---|---|
| $P\vee\sim Q\vee\sim R\vee\sim W$ | $W\vee\sim C\vee\sim D$ | $P\vee\sim Q\vee\sim R\vee\sim C\vee\sim D$ |
| $P\vee\sim Q\vee\sim R\vee\sim C\vee\sim D$ | $D$ | $P\vee\sim Q\vee\sim R\vee\sim C$ |
| $P\vee\sim Q\vee\sim R\vee\sim C$ | $C$ | $P\vee\sim Q\vee\sim R$ |
| $P\vee\sim Q\vee\sim R$ | $R\vee\sim A\vee\sim B$ | $P\vee\sim Q\vee\sim A\vee\sim B$ |
| $P\vee\sim Q\vee\sim A\vee\sim B$ | $B$ | $P\vee\sim Q\vee\sim A$ |
| $P\vee\sim Q\vee\sim A$ | $A$ | $P\vee\sim Q$ |
| $P\vee\sim Q$ | $Q\vee\sim B\vee\sim C$ | $P\vee\sim B\vee\sim C$ |
| $P\vee\sim B\vee\sim C$ | $C$ | $P\vee\sim B$ |
| $P\vee\sim B$ | $B$ | $P$ |
| $P$ | $\sim P$ | $\square$ |

**图 17.2.7 强有序输入消解**

不难看出这两种策略的背景。我们把子句集 $S$ 改写一下，即得到它的 PROLOG 程序形式：

$$P:—Q, R, W。$$
$$R:—A, B。$$
$$Q:—B, C。$$
$$W:—C, D。$$
$$:—P。$$
$$A. B. C. D.$$

其中前四项是规则，第五项是目标，最后一行是数据。强有序单项消解相当于用向前推理的方法来执行这个程序（数据驱动），而强有序输入消解则相当于用向后推理的方法来执行这个程序（目标驱动）。

把线性推导和有序消解结合起来是一种很诱人的想法，线性推导效率高，实现也简单，若能再加上有序消解的限制，结果将会更理想。为此，人们提出了各种方案，如 $S$-线性消解，$t$-线性消解，OL（有序线性）演绎等，但均不理想。尤其是 OL 演绎，曾被认为是完备的，并有相应的"证明"。1980 年，刘叙华指出这个"证明"中有错。接着，研究生黄秉超举了一个反例，证明 OL 演绎确是不完备的。黄秉超并和刘叙华合作，建立了线性消解和有序消解相结合的新方法，分别称为 MOL 演绎和 NOL 演绎。在上面提到的这些方法中，本书仅以 MOL 演绎为例给予介绍。

与 OL 一样，MOL 也使用框句节来保留子句消解的信息。例如，令 $C_1 = P \lor Q$，$C_2 = R \lor \sim P$，则加框的有序消解为

$$\boxed{P} \lor Q \lor R \lor \boxed{\sim P}$$

其中 $\boxed{P}$ 和 $\boxed{\sim P}$ 称为框句节。

**定义 17.2.23** 由（普通）句节和框句节组成的有序子句称为框有序子句。

**定义 17.2.24** 称框有序子句 $C$ 是一个重复序子句，如果 $C$ 中有两个句节含相同的原子。

**定义 17.2.25** 对框有序子句 $C$ 施以大合并规则，是指施行如下三条规则：

1. 壁虎规则。删去位于 $C$ 末尾的所有框句节。

2. 正合并规则。对于 $C$ 中所有非框句节 $L$,若 $L$ 与其左面某非框句节相同,则删去 $L$。

3. 反合并规则。对于 $C$ 中所有非框句节 $L$,若 $L$ 左面某个框句节是 $\boxed{\sim L}$,则删去 $L$。

对 $C$ 施行上述规则后得到的框有序子句记为 $〔C〕$。

**定义 17.2.26** 设 $C$ 为框有序子句,$\sigma$ 是一个变量代换,$〔C\sigma〕$ 是 $C$ 的约化序子句,若下列条件之一得到满足:

1. $C = C_1 \vee L_2 \vee C_2 \vee L_1$,$\sigma$ 是 $L_1$ 和 $L_2$ 的最广通代。

2. $C = C_1 \vee \boxed{L_2} \vee C_2 \vee L_1$,$\sigma$ 是 $L_1$ 和 $\sim L_2$ 的最广通代。

其中 $C_1$ 和 $C_2$ 是任意的框有序子句。

**定义 17.2.27** 设 $C$,$B$ 是不含公共变量的两个框有序子句。$C = C_1 \vee L_1$,$B = B_1 \vee L_2 \vee B_2$,并且非框句节 $L_1$ 与 $\sim L_2$ 有最广通代 $\sigma$,则称 $〔C_1\sigma \vee \boxed{L_1\sigma} \vee B\sigma〕$ 为 $C$ 对 $B$ 的框有序消解式。

**定义 17.2.28** 设 $S$ 是由有序子句构成的集合。满足下列条件的消解序列称为 MOL 推导:

1. 它是一个线性推导。

2. 它是一个强有序推导。

3. 它是一个输入推导。

但加上如下修正:

4. 每一步推导产生的新子句或是中心子句的一个约化序子句,或是中心子句和边子句的一个框有序消解式。

另外,若不允许出现重复序子句,则说是在推导过程中使用了大删除策略。当 MOL 推导的最终结果为空子句时,称为 MOL 否证。

**定理 17.2.9** 设 $S$ 为不可满足的有序子句集,$C \in S$,$S - \{C\}$ 可满足,则存在以 $C$ 为顶子句的、采用大删除策略的 MOL 否证。

这表明,MOL 策略是完备的。

例如,$S = \{P(a) \vee Q, P(a) \vee \sim Q, \sim P(a) \vee Q, \sim P(x) \vee \sim Q\}$ 是不可满足的,$S - \{P(a) \vee Q\}$ 是可以满足的,以 $P(a) \vee Q$ 为顶子句的 MOL 否证如图 17.2.8 所示。其中前三步是消解,最后一步是约化。

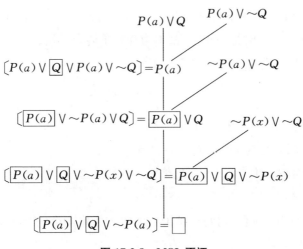

**图 17.2.8 MOL 否证**

**定义 17.2.29**（有序消解策略之三）　在子句 $C_1$ 和 $C_2$ 的消解中，规定 $C_1$ 中被消解的句节必须是指定的某个句节，如此得到的策略称为选择消解策略。用来选择句节的机制称为选择函数。

$t$-线性消解加上选择函数和一些附带规定后成为 SL 消解，其中 S 指选择函数，L 指线性。该消解原理应用于 Horn 子句时称为 SLD 消解，其中 $D$ 表示确定性子句，形式为

$$A_1 \wedge A_2 \wedge \cdots \wedge A_n \to B$$

或者

$$B : -A_1, A_2, \cdots, A_n$$

它相当于如下的 Horn 子句：

$$B \vee \sim A_1 \vee \sim A_2 \vee \cdots \vee \sim A_n$$

其中 $n \geqslant 0$。所谓确定性子句，是相对于不确定性子句而言的，后者的形式是

$$A_1 \wedge A_2 \wedge \cdots \wedge A_n \to B_1 \vee B_2 \vee \cdots \vee B_m$$

或者

$$B_1, B_2, \cdots, B_m : -A_1, A_2 \cdots, A_n$$

它相当于如下的非 Horn 子句：

$$B_1 \vee B_2 \vee \cdots \vee B_m \vee \sim A_1 \vee \sim A_2 \vee \cdots \vee \sim A_n$$

其中所有的 $B_i$ 和 $A_j$ 都是正原子。当 $m=1$ 时它成为确定性子句,$m=0$ 时称为负子句,$m$ 和 $n$ 都为 0 时是空子句,都不为 0 时是混合子句。

**定义 17.2.30**　设 $S$ 是一个确定性子句的集合,$N$ 是一个负子句:

$$N \equiv \sim A_1 \vee \sim A_2 \vee \cdots \vee \sim A_n$$

满足下列条件的消解序列称为 SLD 推导:

1. 它是一个以 $N$ 为顶子句的线性推导。

2. 它是一个输入推导。

3. 每个消解式一定是负子句或空子句。

4. 存在一个选择函数,对每个负子句消解式指定一个句节作为下一步消解中被消解的句节。

5. 若中心子句(负子句)和边子句分别为

$$\sim A_1 \vee \sim A_2 \vee \cdots \vee \sim A_n$$
$$B \vee \sim B_1 \vee \sim B_2 \vee \cdots \vee \sim B_m$$

中心子句中被指定的句节为 $\sim A_k$,$A_k$ 和 $B$ 有最广通代 $\sigma$,则得到的消解式为

$$(\sim A_1 \vee \cdots \vee \sim A_{k-1} \vee \sim B_1 \vee \cdots \vee \sim B_m \vee \sim A_{k+1} \vee \cdots \vee \sim A_n)\sigma$$

能产生空子句的 SLD 推导称为 SLD 否证。

**定理 17.2.10**　设 $S$ 为确定性子句集,$N$ 为负子句,$S \cup \{N\}$ 是不可满足的,则一定存在 $S \cup \{N\}$ 的 SLD 否证。

不难看出,SLD 策略和前面说过的强有序输入消解策略没有本质区别。一般常认为 SLD 消解是 PROLOG 型逻辑程序设计的理论基础。实际上强有序输入消解就足够了。通常的 PROLOG 也是这样实现的。

**定义 17.2.31**(有序消解策略之四)　为每个子句中的每个句节编上号,这样的子句称为加锁子句。规定:若加锁子句 $C_1$ 和 $C_2$ 消解,则被消解的句节必须是各自编号(即加锁)最小的句节。这样的消解策略称为锁消解。

**定义 17.2.32**　若加锁子句 $C$ 中有多个相同的句节,则只保留一个编号最小的,删去其余句节的策略称为锁删除策略,所得子句以 $\llbracket C \rrbracket$ 表之。

**定义 17.2.33**　若加锁子句 $C$ 中的多个句节有最广通代 $\sigma$,则 $\llbracket C\sigma \rrbracket$ 称为 $C$ 的一个锁因子。

**定义 17.2.34**　设 $C_1$ 和 $C_2$ 为无公共变量的加锁子句,$L_1$ 和 $L_2$ 分别是 $C_1$ 和

$C_2$ 中编号最小的句节,且 $L_1$ 和 $\sim L_2$ 有最广通代 $\sigma$,则〔$(C_1\sigma - L_1\sigma) \vee (C_2\sigma - L_2\sigma)$〕称为它们的加锁二元消解式。

**定义 17.2.35** 下列四种加锁二元消解式统称为加锁子句 $C_1$ 和 $C_2$ 的锁消解式。

1. $C_1$ 和 $C_2$ 的加锁二元消解式。

2. $C_1$ 的一个锁因子和 $C_2$ 的加锁二元消解式。

3. $C_1$ 和 $C_2$ 的一个锁因子的加锁二元消解式。

4. $C_1$ 的一个锁因子和 $C_2$ 的一个锁因子的加锁二元消解式。

**定义 17.2.36** 在定义 17.1.12 中,规定子句必须是加锁子句,消解式必须是锁消解式,则相应的推导称为锁推导,相应的否证称为锁否证。这种消解策略称为锁消解策略。

锁消解是 Boyer 提出的,他证明了定理 17.2.11。

**定理 17.2.11** 锁消解策略是完备的。

例如,考察 $S = \{P_1 \vee Q_2, \ P_3 \vee \sim Q_4, \ \sim P_6 \vee Q_5, \ \sim P_8 \vee \sim Q_7\}$。这个例子以前研究过,这次加了锁,用下标表示。若是不加锁,则第一步消解有 8 种可能性。加了锁以后只有一种可能性,即第三和第四个子句消解,得

$$\sim P_6$$

现在有五个子句,从它们只能得到两个锁消解式,即 $Q_2$ 和 $\sim Q_4$,由此可立即推导出空子句□。

锁消解虽然非常有效,但正如 Boyer 自己所指出的,它和许多其他策略都不兼容,即和许多其他策略的联用是不完备的。例如,锁消解和删除策略或支持集策略均不兼容。

第三方面的消解策略是对消解的方法予以限制,此处只讨论所谓的集团消解,它是从语义消解衍生出来的一种方法,文献上常把它也称为语义消解。

**定义 17.2.37** 设 $S$ 为子句集,$HI$ 是 $S$ 的一个 $H$ 解释。在 $S$ 中出现的谓词名已排成全序。有限个子句的序列〈$E_1, \cdots, E_n, N$〉,$n \geqslant 1$ 称为相对于解释 $HI$ 及上述谓词名排序的一个语义碰撞(简称 $PI$ 碰撞),当且仅当下列条件都被满足:

1. $E_1, \cdots, E_n$(称为电子)在 $HI$ 中取假值。

2. 令 $R_1 = N$(称为核子),对于 $i = 1, \cdots, n$,存在 $E_i$ 和 $R_i$ 的一个消解

式 $R_{i+1}$。

3. $E_i$ 中被消解的句节是含 $E_i$ 中排序最大的谓词名的句节。

4. $R_{n+1}$ 在 $HI$ 中取假值。

PI 碰撞是一种动态支持集消解,其中支持集为在解释 $HI$ 中取假值的所有子句(包括原在 $S$ 中的和通过消解产生的),但加上了集团消解的新限制,其中最关键的是上面定义中的第四点,它规定了集团消解的结果必须是在解释 $HI$ 下取假值的子句,这就大大限制了消解的规模。

**定义 17.2.38** 由 PI 碰撞组成的推导称为 PI 推导,相应的否证称为 PI 否证。

**定理 17.2.12** PI 碰撞是完备的。

例如,令 $S = \{P \vee Q \vee R, \sim P \vee \sim M \vee \sim N, R \vee N, Q \vee M, \sim R, \sim Q\}$,解释 $HI$ 规定所有原子取假值,谓词名排序为 $M > N > P > Q > R$。则 $S$ 的否证过程如图 17.2.9 所示。其中符号 $\oplus$ 表示碰撞,左为电子,右为核子。箭头表示碰撞的效果。

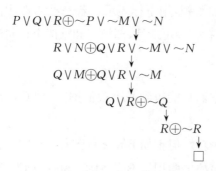

**图 17.2.9 PI 碰撞**

可以设想把 PI 碰撞和有序消解结合起来。规定以有序子句代替一般子句,以有序消解式代替一般消解式,以句节在子句中的自然序代替谓词名排序,被消解的必须是电子中的最后一个句节。这个策略称为 OI 碰撞。可惜 OI 碰撞是不完备的。

刘叙华对锁消解和语义碰撞的联用策略进行了研究,证明在一定的条件下,这种联用是可行的。

**定义 17.2.39** 设 $S$ 为加锁子句集,$HI$ 是一个 $H$ 解释。$S$ 中有限个子句的序列 $(E_1, \cdots, E_n, N)$,$n \geqslant 1$,称为关于 $HI$ 的 0 型锁语义碰撞,简称 0 型 IDI

碰撞,当且仅当下列条件都被满足:

1. $E_1$,…,$E_n$ 在 $HI$ 下取假值。

2. 令 $R_n=N$,对于 $i=n$,$n-1$,…,1,存在 $E_i$ 和 $R_i$ 的一个消解式 $R_{i-1}$。

3. $E_i$ 中被消解的句节 $L_i^1$ 和 $R_i$ 中被消解的句节 $L_2^i$ 分别为 $E_i$ 和 $R_i$ 中有最小锁的句节。

4. $R_0$ 在 $HI$ 取假值。$R_0$ 称为 0 型 IDI 碰撞的消解式。

**定义 17.2.40**　把定义 17.2.39 中的第 3 点改为:$E_i$ 中被消解的句节 $L_i^1$ 是 $E_i$ 中有最小锁的句节,$R_i$ 中被消解的句节 $L_2^i$ 是 $R_i$ 中有其例在 $HI$ 下为真的那些句节中有最小锁者,则得到 1 型 IDI 碰撞。这里的例指的是例句节,即把句节中的某些变量代之以一般的项。

**定义 17.2.41**　把定义 17.2.39 中第 3 点里关于 $R_i$ 中被消解句节的条件删除,则得到 2 型 IDI 碰撞。

**定理 17.2.13**(锁语义碰撞的完备性)

1. 0 型 IDI 碰撞对于基子句集也不完备。

2. 1 型 IDI 碰撞对于基子句集完备,但对一般子句集不完备。

3. 2 型 IDI 碰撞对于一般子句集完备。

IDI 碰撞对子句加锁的方式没有任何限制。刘叙华证明了:若对加锁方式作适当限制,则即使是 0 型 IDI 碰撞也是完备的。这种新的消解方式称为 LI 碰撞。本书由于篇幅关系不能详述,想进一步了解有关内容的读者可参阅刘叙华、姜云飞著《定理机器证明》一书。

## 17.3　调解法

在消解法中,谓词和函数都被当作形式符号处理,除了知道谓词可以取真假值外,没有任何其他特性可供利用。当我们要证明一个定理时,定理涉及的命题及其子部分本来都是有某些特性的,可是一旦写成消解法中的谓词形式,这些特性就都不能利用了,从而使本来可以证明的定理得不到证明。

例如,设子句集 $S=\{$正在下雨,天上无云$\}$,$S$ 应是不可满足的,但因命题正在下雨和天上无云从形式上看没有什么联系,所以 $S$ 的不可满足性无法证明,除非加一个公理:

$$\sim 正在下雨 \vee \sim 天上无云$$

则 $S'=S \cup \{\sim 正在下雨 \vee \sim 天上无云\}$ 是不可满足的,可以用消解法证明。

　　如果说这只是一个很个别的例子,没有什么普遍的意义,那么对某些很重要的特殊谓词就不能这样说了。例如,用等于符号=表示谓词名,则子句集 $S=\{=(a, b), \sim=(b, a)\}$ 应是不可满足的,但在消解法中它却无法证明,因为消解法并不知道,若 $a=b$,则同时有 $b=a$。另一个例子是:$S=\{<(a, b), >(a, b)\}$,这显然也是不可满足的,但同样无法证明,因为消解法并不知道若 $a<b$,则不能同时有 $a>b$。

　　上面举了谓词的例子。这种情况在函数中也有发生。例如,子句集 $S=\{P(+(a, b)), \sim P(+(b, a))\}$ 是不可满足的,其中符号+代表加法函数,但消解法却无法证明这一点,因为它不知道通常的加法满足交换律。类似地,子句集 $S=\{P(*(a, *(b, c))), \sim P(*(*(a, b), c))\}$ 是不可满足的,其中符号*代表乘法函数。但消解法也证不了这一点,因为它不知道通常的乘法满足结合律。因此,在消解法中,以及在一般的定理证明中,人们也时常研究如何利用函数的这种特殊性质,以补充一般方法的不足。

　　在本节中,我们只讨论利用特定谓词性质的一种最重要情形,即等于谓词=。为了在消解法中利用等于谓词的特殊性质,需要引进如下的公理组(写成通常的中缀形式):

**定义 17.3.1**(等式公理)

1. $x=x$(自反性)。

2. $x \neq y \vee y=x$(对称性)。

3. $x \neq y \vee y \neq z \vee x=z$(传递性)。

4. $x_i \neq x_o \vee \sim P(x_1, \cdots, x_i, \cdots, x_n) \vee P(x_1, \cdots, x_o, \cdots, x_n)$, $1 \leqslant i \leqslant n$(谓词的可置换性)。

5. $x_i \neq x_o \vee f(x_1, \cdots, x_i, \cdots, x_n)=f(x_1, \cdots, x_o, \cdots, x_n)$, $1 \leqslant i \leqslant n$(函数的可置换性)。

**定义 17.3.2**($E$ 解释)　设 $S$ 为子句集,$HI$ 是 $S$ 的一个 $H$ 解释。若 $HI$ 还满足下面的条件,则它称为是一个 $E$ 解释,其中 $\alpha, \beta, \gamma$ 是 $S$ 的 $H$ 论域中的任意项,$L$ 是 $HI$ 中的一个句节。

1. $(\alpha=\alpha) \in HI$。

2. 若$(\alpha=\beta)\in HI$,则$(\beta=\alpha)\in HI$。

3. 若$(\alpha=\beta)\in HI$,且$(\beta=\gamma)\in HI$,则$(\alpha=\gamma)\in HI$。

4. 若$(\alpha=\beta)\in HI$,且用$\beta$置换$L$中的$\alpha$后使$L$变为$L'$,则$L'$也是$HI$中的一个句节。

**定义 17.3.3**($E$ 可满足)

子句集 $S$ 称为是 $E$ 可满足的,当且仅当存在一个满足 $S$ 的 $E$ 解释。否则,$S$ 称为是 $E$ 不可满足的。

这三个定义分别从两个方面说明了等式在命题证明中的作用。定义 17.3.1 刻画了它的语法性质,而定义 17.3.2 及定义 17.3.3 则刻画了它的语义性质。下面的定理表明这两者是一致的。

**定理 17.3.1**　设 $S$ 为子句集,$K$ 为定义 17.3.1 中的等式公理集,则 $S$ 是 $E$ 不可满足的,当且仅当$(S\cup K)$是不可满足的。

**定理 17.3.2**　有限子句集 $S$ 是 $E$ 不可满足的,当且仅当存在 $S$ 的有限基例句集 $S'$,$S'$ 是 $E$ 不可满足的。

上面的第二个定理就是在等式公理条件下的 Herbrand 定理。

根据定理 17.3.1,只要把等式公理集加进原来的子句集 $S$ 中,就可以作为在含等式条件下的消解。但是这种办法的效率很成问题,因为它能产生大量的无用子句。例如,考察子句集

$$S=\{P(f(a)),\ \sim P(f(b)),\ a=b\}$$

用这个办法会在消解过程中产生如下子句:

$a=a,\qquad\quad b=b,\qquad\quad a=b,\qquad\qquad b=a,$

$f(a)=f(a),\quad f(b)=f(b),\quad f(a)=f(b),\quad f(b)=f(a),$

$f(f(a))=f(f(a)),\qquad\quad f(f(b))=f(f(b)),$

$f(f(a))=f(f(b)),\qquad\quad f(f(b))=f(f(a)),$

$\cdots\cdots\cdots\cdots\qquad\cdots\cdots\cdots\cdots\qquad\cdots\cdots\cdots\cdots$

以及

$\sim P(a)\vee P(a),\ \sim P(b)\vee P(b),\ \sim P(a)\vee P(b),\ \sim P(b)\vee P(a)$

$\sim P(f(a))\vee P(f(a)),\qquad\qquad \sim P(f(b))\vee P(f(b)),$

$\sim P(f(a))\vee P(f(b)),\qquad\qquad \sim P(f(b))\vee P(f(a)),$

$\cdots\cdots\cdots\cdots\qquad\cdots\cdots\cdots\cdots\qquad\cdots\cdots\cdots\cdots\qquad\cdots\cdots\cdots\cdots$

因此蛮干是不明智的。如果我们换一种思路：考虑到 $P(f(a))$ 为真，且 $a=b$，那么用 $b$ 代替 $a$ 后 $P(f(b))$ 同样应为真，于是可直接和 $\sim P(f(b))$ 消解并推导出空子句。这就是调解法的基本思想。

**定义 17.3.4** 设 $C_1$ 和 $C_2$ 是两个没有公共变量的子句（称为父子句），

$$C_1 : L(t) \vee C_1', \quad C_2 : r=s \vee C_2'$$

其中 $t, r, s$ 都是项，$L(t)$ 表示句节 $L$ 含项 $t$。如果 $t$ 和 $r$ 有最广通代 $\sigma$，则

$$[L\sigma(s\sigma) \vee C_1'\sigma \vee C_2'\sigma]$$

称为 $C_1$ 和 $C_2$ 的一个二元调解式，其中外层的方括号是定义 17.1.9 中提到的取因子，$L\sigma(s\sigma)$ 是把 $L\sigma$ 中的 $t\sigma$ 的一个出现换以 $s\sigma$ 而得。原来的句节 $L$ 和 $r=s$ 称为是被调解。

**定义 17.3.5** 下列四种二元调解式统称为子句 $C_1$ 和 $C_2$ 的调解式：

1. $C_1$ 和 $C_2$ 的二元调解式。

2. $C_1$ 的一个因子和 $C_2$ 的二元调解式。

3. $C_1$ 和 $C_2$ 的一个因子的二元调解式。

4. $C_1$ 的一个因子和 $C_2$ 的一个因子的二元调解式。

例如，设 $S = \{Q(f(t, y)), f(x, a)=g(b, x) \vee Q(g(w, a)), \sim Q(g(b, a))\}$。则通过调解，得到 $Q(g(b, x)) \vee Q(g(w, a))$，通过取因子，得 $Q(g(b, a))$，再通过消解即得空子句。

**定理 17.3.3** 调解和消解的混用策略在 $E$ 解释下对于含等式的子句集是完备的。

和消解法一样，调解法也可运用各种策略以提高效率。

**定义 17.3.6**（线性调解） 设 $S$ 为子句集，$C_0 \in S$。我们说 $C_n$ 是 $S$ 的一个以 $C_0$ 为顶子句的线性消调演绎，如果：

1. 对 $i=0, \cdots, n-1$，$C_{i+1}$ 是 $C_i$（称为中心子句）和某个 $B_i$（称为边子句）的一个消解式或调解式。

2. 每个 $B_i$ 或者属于 $S$，或是某个 $C_j$，$j<i$。

由线性消调演绎构成的否证称为线性消调否证。

**定义 17.3.7**（输入调解） 如果规定至少有一个父子句是输入子句，则有关的调解称为输入调解。

**定义 17.3.8**（单项调解） 如果规定至少有一个父子句是单子句或单因子，则有关的调解称为单项调解。

相应地可以定义输入消调演绎、单项消调演绎，输入消调否证和单项消调否证。

Chang 和 Lee 试图把消解法的有关结论推广到调解法上来，并给出了如下断言：

1. 线性调解是完备的，具体说就是：

设 $S$ 为子句集，$F$ 是如下的函数自反公理集：

$$\{f(x_1, \cdots, x_n)=f(x_1, \cdots, x_n)\}$$

其中 $f$ 是在 $S$ 的子句中出现的所有函数符号。如果 $S$ 是 $E$ 不可满足的，且 $S-\{C\}$ 是 $E$ 可满足的，则存在一个以 $C$ 为顶子句的 $S\cup\{x=x\}\cup F$ 的线性消调否证。

2. 在上述前提下，再加上 $S$ 全由单子句组成，则存在一个以 $C$ 为顶子句的 $S\cup\{x=x\}\cup F$ 的输入消调否证。

3. 如果子句集 $S$ 有输入消调否证，则 $S\cup F$ 定有一单项消调否证。

4. 猜想：上述 3 的逆定理也成立。

在 Chang 和 Lee 的书（Symbolic Logic and Mechanical Theorem Proving）中，上述 1，2，3 三点是作为定理给出的。可惜，孙吉贵和刘叙华证明了，其中 1，2 两个断言都是错误的，猜想 4 也是错误的。下面是他们给出的反例。

反例 1：令 $S=\{L(a_1, a_2), \sim L(b_1, b_2), a_1=c_1, b_1=c_1, a_2=c_2, b_2=c_2, a_1=a_2, b_1=b_1, c_1=c_1, a_2=a_2, b_2=b_2, c_2=c_2\}$

则 $S$ 为 $E$ 不可满足，而 $S-\{L(a_1, a_2)\}$ 为 $E$ 可满足。$S$ 具有单项消调否证，但却没有以 $L(a_1, a_2)$ 为顶子句的线性消调否证，也没有输入消调否证（留作习题）。

反例 2：令 $S=\{L(x_1)\vee L(x_2), \sim L(x_1)\vee\sim L(x_3), x_3=x_1, x_2=x_1, x_1=x_1, x_2=x_2, x_3=x_3\}$。

$S$ 是 $E$ 不可满足的，并有如下单项消调否证：

$$(L(x_1)\vee L(x_2))+(x_2=x_1)\text{推出}\ L(x_1)$$

$$(\sim L(x_1)\vee\sim L(x_3))+(x_3=x_1)\text{推出}\sim L(x_1)$$

$$(L(x_1))+(\sim L(x_1))\text{推出}\square$$

但是不可能存在 $S$ 的输入消调否证,因为如果存在这样的否证,则它的最后一步必然是两个单子句(或单因子)的消解。然而输入的单子句只含等式谓词,消解的另一方必须是不等式谓词,但这样的谓词并不存在,也不可能在演绎过程中产生。

Chang 和 Lee 的断言中只有 3 是正确的,我们把它写成定理形式。

**定理 17.3.4** 若子句集 $S$ 有一个输入消调否证,则 $S \cup F$ 定有一单项消调否证。

为什么会产生这些错误呢? 其原因在于该书中对调解的定义相对于等式两端来说不是对称的。在定义 17.3.4 中规定当 $t$ 和 $r$ 有最广通代 $\sigma$ 时,可用 $s\sigma$ 置换 $t\sigma$,却没有规定当 $t$ 和 $s$ 有最广通代 $\sigma'$ 时,是否可用 $r\sigma'$ 置换 $t\sigma'$。为此,孙吉贵提出了对称调解的想法。

**定义 17.3.9** 设 $C_1$ 和 $C_2$ 是两个没有公共变量的子句(称为父子句)。

$$C_1 : L[t] \vee C_1', \ C_2 : r = s \vee C_2'$$

其中 $t$, $r$, $s$ 都是项,如果 $t$ 和 $r$ 有最广通代 $\sigma$,或 $t$ 和 $s$ 有最广通代 $\varphi$,则

$$[L\sigma[s\sigma] \vee C_1'\sigma \vee C_2'\sigma], \ [L\varphi[r\varphi] \vee C_1'\varphi \vee C_2'\varphi]$$

都是 $C_1$ 和 $C_2$ 的二元对称调解式。

**定理 17.3.5**(对称线性调解的完备性)

设 $S$ 为 $E$ 不可满足的子句集,$S-\{E\}$ 是 $E$ 可满足的,则存在一个以 $C$ 为顶子句的 $S \cup \{x = x\} \cup F$ 的线性消调否证。

他证明了如下的结果:

**定理 17.3.6** 输入对称调解和单项对称调解对于 Horn 子句集都是完备的。即:对于 $E$ 不可满足的 Horn 子句集 $S$,必然存在对称的输入消调否证和对称的单项消调否证,其中否证是对 $S \cup \{x = x\} \cup \{$函数自反公理集 $F\}$ 进行的。

**定理 17.3.7** 具有对称单项消调否证的子句集 $S$ 未必具有对称输入消调否证。

因此,单项消调和输入消调仍然不等价。

# 17.4 广义消解法

使用消解法时,必须把命题化成合取范式,这不仅会生成许多不必要的子

句,而且能使命题的书写形式"面目全非"。同时,那些多余的子句又会参加进消解过程,从而产生更多的无用子句。消解的效率常常因此而受到影响。为此,王湘浩和刘叙华在 1979 年提出了广义消解方法。其精神是直接在原始形式的命题上进行消解,不必把命题化成合取范式。他们在 1982 年发表的文章中证明了广义消解、广义锁消解、广义线性消解和广义语义消解对广义子句集的完备性。

**定义 17.4.1**　设 $\Phi$ 是一个一阶谓词演算的命题。$\Phi$ 称为一个广义子句,如果:

1. $\Phi$ 写成前束范式。

2. 所有存在量词已被消除。

3. 命题常数 $T$ 和 $F$ 分别被 1 和 0 代替。

此时广义子句前的全称量词通常不显式地写出来。另外,若 $A_1$, $A_2$, $\cdots$, $A_n$ 是 $\Phi$ 中所含的全体原子,则该广义子句也常写为 $\Phi(A_1, \cdots, A_n)$。当我们特别要强调 $\Phi$ 包含某些原子 $A_i$, $\cdots$, $A_{i_r}$ 时,也可把 $\Phi$ 写成 $\Phi(A_{i_1}, \cdots, A_{i_r})$。并以 $\Phi(A_{i_1} = B_1, \cdots, A_{i_r} = B_r)$ 表示分别用原子 $B_1$, $\cdots$, $B_r$ 代替 $\Phi$ 中的 $A_{i_1}$, $\cdots$, $A_{i_r}$ 的所有出现后所得到的命题。

**定义 17.4.2**　如果在广义子句 $\Phi$ 中除 1,0 外没有其他原子出现,则 $\Phi$ 称为常子句。常子句可按通常的命题演算方法来求值。值为 0 和 1 的常子句分别称为零子句和壹子句。

**定义 17.4.3**　令 $\Phi$ 为广义子句,$\sigma$ 为置换,$\Phi^\sigma$ 为把 $\sigma$ 作用于 $\Phi$ 后所得到的广义子句,这里 $\sigma$ 可能是 $\Phi$ 中某些原子的通代,此时称 $\Phi^\sigma$ 是 $\Phi$ 的一个因子。

**定义 17.4.4**　设 $\Phi$、$\Psi$ 是两个广义子句,$\sigma$ 是 $\Phi$ 中原子 $A_{i_1}$, $\cdots$, $A_{i_r}$ 的最广通代,$\tau$ 是 $\Psi$ 中原子 $B_{j_1}$, $\cdots$, $B_{j_q}$ 的最广通代,又令 $\rho$ 是 $A_{i_1}^\sigma$ 和 $B_{j_1}^\tau$ 的最广通代,则

$$\Phi^{\sigma\rho}(A_{i_1}^{\sigma\rho} = 0) \bigvee \Psi^{\tau\rho}(B_{j_1}^{\tau\rho} = 1)$$
$$\Phi^{\sigma\rho}(A_{i_1}^{\sigma\rho} = 1) \bigvee \Psi^{\tau\rho}(B_{j_1}^{\tau\rho} = 0) \tag{17.4.1}$$

都称为 $\Phi$ 和 $\Psi$ 的广义消解式,其中 $A_{i_1}$ 和 $B_{j_1}$ 分别称为 $\Phi$ 和 $\Psi$ 中被消解的原子。

**定义 17.4.5**　设 $S$ 是一个广义子句集,$\Phi$ 是一个广义子句。从 $S$ 推出 $\Phi$ 的一个广义推导是一个有限广义子句序列:

$$\Phi_1, \cdots, \Phi_n \tag{17.4.2}$$

其中对每个 $i$，$\Phi_i$ 或者是 $S$ 中的广义子句，或者是 $\Phi_k$，$\Phi_l$ 的广义消解式，$k<i$，$l<i$。并且有 $\Phi_n=\Phi$。当 $\Phi$ 为零子句时也叫广义否证。

例如，考察命题

$$S=\{(A\rightarrow B)\rightarrow C,\ B,\ \sim C\} \tag{17.4.3}$$

广义消解的推导过程为

| | |
|---|---|
| $(A\rightarrow B)\rightarrow C$ | ① |
| $B$ | ② |
| $\sim C$ | ③ |
| ①及②：$[(A\rightarrow 0)\rightarrow C]\vee 1$ | ④ |
| $[(A\rightarrow 1)\rightarrow C]\vee 0$ | ⑤ |
| ④及③：$[(A\rightarrow 0)\rightarrow 0]\vee 1\vee 0$ | ⑥ |
| $[(A\rightarrow 0)\rightarrow 1]\vee 1\vee 1$ | ⑦ |
| ⑤及③：$[(A\rightarrow 1)\rightarrow 0]\vee 0\vee 0$ | ⑧ |
| $[(A\rightarrow 1)\rightarrow 1]\vee 0\vee 1$ | ⑨ |
| ⑧及⑧：$[[(0\rightarrow 1)\rightarrow 0]\vee 0\vee 0]\vee[[(1\rightarrow 1)\rightarrow 0]\vee 0\vee 0]$ | ⑩ |

易见⑩是零子句，于是 $S$ 被否证。注意这个推导过程并不是最优化的，⑥和⑦两个广义消解式完全可以不生成。但我们已经有意省去了许多本来（如果按顺序地做）会产生的广义消解式。另外，这个例子中最值得注意之处是采用了自消解方法（⑧及⑧）。在普通消解法中不会采用自消解，因为那毫无用处。而在本例中，自消解却是推导出空子句的关键一步。

**定理 17.4.1**（广义消解的完备性） 广义子句集 $S$ 不可满足，当且仅当存在一个由 $S$ 推导出零子句的广义推导。

对广义消解也可使用各种推导策略。

**定义 17.4.6** 为每个广义子句中的每个原子编上号，这样的广义子句称为加锁广义子句。规定：相同原子的不同出现可加不同的锁。0 和 1 这两个原子不加锁。且已加锁的广义子句中的原子代以 0，1 时，该原子原来的锁也自动消失。

**定义 17.4.7** 设 $\Phi$，$\Psi$ 为已加锁的广义子句，若它们的一个广义消解式是通过消解 $\Phi$ 和 $\Psi$ 中具有最小锁的原子而得到的，则此广义消解式称为广义锁消解式。

**定义 17.4.8** 只生成广义锁消解式的广义推导称为广义锁推导。相应的否证称为广义锁否证。

**定理 17.4.2**(广义锁消解的完备性) 设 $S$ 是不可满足的广义子句集。若将 $S$ 中具有相同谓词名的原子配以相同的锁,则存在 $S$ 的广义锁否证。

可以举出反例,证明若允许具有相同谓词名的原子配以不同的锁,则存在不可满足的广义加锁子句集 $S$,对它不存在广义锁消解。见习题。

**定义 17.4.9** 设 $S$ 是一个广义子句集,$\Phi_0 \in S$。以 $\Phi_0$ 为顶子句,从 $S$ 到 $\Phi$ 的一个广义线性推导是一个有限广义子句序列 $\Phi_0, \cdots, \Phi_n$,其中:

1. 对 $i = 0, \cdots, n-1$,$\Phi_{i+1}$ 是 $\Phi_i$(广义中心子句)和 $\Psi_i$(广义边子句)的一个广义消解式。

2. 每个 $\Psi_i$ 或属于 $S$,或是一个 $\Phi_j$,$j \leqslant i$。

3. $\Phi_n = \Phi$。

当 $\Phi$ 为零子句时也称此推导为广义线性否证。

**定理 17.4.3**(广义线性消解的完备性) 设 $S$ 是不可满足的广义子句集,$\Phi_0 \in S$。如果 $S - \{\Phi_0\}$ 是可满足的,则存在以 $\Phi_0$ 为顶子句的 $S$ 的一个广义线性否证。

**定义 17.4.10** 设 $S$ 为广义子句集,$HI$ 是 $S$ 的一个 $H$ 解释。在 $S$ 中出现的谓词名已排成全序。有限个广义子句的序列〔$E_1, \cdots, E_n, N$〕,$n \geqslant 1$,称为相对于解释 $HI$ 及上述谓词名排序的一个广义语义碰撞(简称广义 PI 碰撞),当且仅当下列条件都被满足:

1. $E_1, \cdots, E_n$(称为电子)在 $HI$ 中取值为 0。

2. 令 $R_1 = N$(称为核子)对于 $i = 1, \cdots, n$,存在 $E_i$ 和 $R_i$ 的一个广义消解式 $R_{i+1}$。

3. $E_i$ 中被消解的原子是含 $E_i$ 中排序最大的谓词名的原子。

4. $R_{n+1}$ 在 $HI$ 中取值为 0。

**定义 17.4.11** 由广义 PI 碰撞组成的推导称为广义 PI 推导,相应的否证称为广义 PI 否证。

**定理 17.4.4**(广义语义消解的完备性) 设 $S$ 是不可满足的广义子句集,则对任意解释 $HI$ 和任意谓词名排序,都存在 $S$ 的一个广义 PI 否证。

**定义 17.4.12** 设 $S$ 为加锁广义子句集,如果在定义 17.4.9 中规定:每个广义中心子句 $\Phi_i$ 中被消解的原子必须是 $\Phi_i$ 中含最大谓词名编号的原子,则相应的消解称为广义线性半锁消解(因为对广义边子句中被消解的原子没有限制),

所得消解式称为广义线性半锁消解式。相应的推导和否证称为广义线性半锁推导和广义线性半锁否证。

下面的定理是孙吉贵和刘叙华证明的。

**定理 17.4.5**(广义线性半锁消解的完备性) 设 $S$ 是不可满足的加锁广义子句集。具有相同谓词名的原子加相同的锁。若 $\Phi_0 \in S$，$S - \{\Phi_0\}$ 可满足,则存在从 $S$ 出发的以 $\Phi_0$ 为顶子句的广义线性半锁否证。

刘叙华还曾提出有效的删除策略来提高广义消解的效率。

差不多与王湘浩和刘叙华同时(比王、刘稍晚一点),Murray 提出了另一种广义消解方法,称为 NC 消解,定义如下:

**定义 17.4.13** 设 $A$，$B$ 是公式(广义子句),$w$ 是 $A$ 或 $B$ 的子公式,$w$ 在公式中某次出现的极性按如下规则确定:

1. $w$ 在 $w$ 中的出现是正的。

2. 若 $w$ 在 $A$ 中的某次出现是正的(负的),则 $w$ 的此次出现在 $\sim A$ 和 $(A \rightarrow B)$ 中是负的(正的)。

3. 若 $w$ 在 $A$ 中的某次出现是正的(负的),则 $w$ 的此次出现在 $A \vee B$，$A \wedge B$ 和 $B \rightarrow A$ 中是正的(负的)。

4. $w$ 在 $A \leftrightarrow B$ 中的出现既是正的又是负的。

称 $w$ 在 $A$ 中是正的(负的),当且仅当 $w$ 在 $A$ 中至少有一次出现是正的(负的);称 $w$ 在 $A$ 中是纯正的(纯负的)当且仅当 $w$ 在 $A$ 中的所有出现都是正的(负的);称 $w$ 在 $A$ 中具有双极性当且仅当 $w$ 在 $A$ 中既是正的又是负的。

**定义 17.4.14** 设 $w$ 是广义子句,有如下的化简规则,记为 $\infty$:

1. $\sim 1 = (0 \wedge w) = (w \wedge 0) \infty 0$;

2. $\sim 0 = (1 \vee w) = (w \vee 1) = (0 \rightarrow w) = (w \rightarrow 1) \infty 1$;

3. $(1 \wedge w) = (w \wedge 1) = (0 \vee w) = (w \vee 0) = (1 \rightarrow w) = (1 \leftrightarrow w) \infty w$;

4. $(w \rightarrow 0) = (0 \leftrightarrow w) \infty \sim w$。

**定义 17.4.15** 设 $A$、$B$ 是两个广义子句,下述广义子句序列:

$$A_0, A_1, \cdots, A_n$$

称为 $A$ 到 $B$ 的一个化简序列,以 $A \infty B$ 表之:

1. $A_i \equiv A_{i-1}$ 或者 $A_i$ 是 $A_{i-1}$ 进行一次化简所得的广义子句。

2. $A_0 = A$，$A_n = B$。

称 $B$ 是 $A$ 的完全化简,当且仅当 $B$ 是子句 $1$,或子句 $0$,或 $B$ 中没有 $0$,$1$。记 $B$ 为 $CR(A)$,称 $CR$ 为 $A$ 的一个完全化简过程。

**定义 17.4.16** 援用定义 17.4.4 中的符号。

1. 若 $A_{i_1}^{op}$ 在 $\Phi^{op}$ 中是纯正的(正的),$B_{j_1}^{op}$ 在 $\Psi^{op}$ 中是负的(纯负的),则称

$$CR\lbrack\Phi^{op}(A_{i_1}^{op}=0)\vee\Psi^{op}(B_{j_1}^{op}=1)\rbrack \tag{17.4.4}$$

为 $\Phi$ 与 $\Psi$ 的 $NC$ 消解式。

2. 若 $A_{j_1}^{op}$ 在 $\Phi^{op}$ 中是纯负的(负的),$B_{i_1}^{op}$ 在 $\Psi^{op}$ 中是正的(纯正的),则称

$$CR\lbrack\Phi^{op}(A_{i_1}^{op}=1)\vee\Psi^{op}(B_{j_1}^{op}=0)\rbrack \tag{17.4.5}$$

为 $\Phi$ 与 $\Psi$ 的 $NC$ 消解式。

3. 若 $A_{i_1}^{op}(B_{j_1}^{op}$ 在 $\Phi^{op}$ 和 $\Psi^{op}$ 中都具有双极性,则式(17.4.4)和(17.4.5)都是 $\Phi$ 与 $\Psi$ 的 $NC$ 消解式。

不难看出,$NC$ 消解和广义消解有许多相似之处,但是 $NC$ 消解比广义消解的要求要严格一些。它不允许两个具有相同极性的纯的原子的消解。例如,原子 $A$ 在广义子句 $A$ 和$(B{\rightarrow}A)$中都是纯正的,因此 $A$ 和$(B{\rightarrow}A)$不能生成 $NC$ 消解式。但在广义消解中却可以生成两个广义消解式:

$$1\vee(B{\rightarrow}0),\quad 0\vee(B{\rightarrow}1) \tag{17.4.6}$$

易见,不论 $B$ 取值为真或假,这两个式子总取真值,因之对否证过程不起作用。

广义消解和 $NC$ 消解的另一个不同点是前者对非常子句不用化简规则,因之也不能直接通过化简消除像式(17.4.6)这样的冗余子句。

**定理 17.4.6**(NC 消解的完备性) 若广义子句集 $S$ 是不可满足的,则一定存在 $S$ 的 $NC$ 否证。

如果不和其他策略联合,则 $NC$ 消解比广义消解的效率高。但从前面的几个定理可以知道,广义消解可以通过和其他策略联用而获得更高的效率,并保持其完备性。然而这一点对 $NC$ 消解不完全适用。我们有:

**定理 17.4.7**(线性 NC 消解的完备性) 设 $S$ 是不可满足的广义子句集,$\Phi_0\in S$。若 $S-\{\Phi_0\}$ 是可满足的,则存在从 $S$ 出发以 $\Phi_0$ 为顶子句的 $NC$ 线性否证。

**定理 17.4.8** NC 锁消解是不完备的。

**定理 17.4.9** NC 线性半锁消解是不完备的。

# 习 题

1. 设 $\varphi, \lambda, \alpha$ 是三个变量置换, 求证它们满足结合律, 即:

$$(\varphi, \lambda), \alpha = \varphi, (\lambda, \alpha)$$

2. 考察下列谓词集是否有最广通代, 若有, 则求出之。若无, 则给出分歧集。

(1) $W = \{P(x, f(x), y, g(x, y), z, h(x, y, z)),$

$\qquad P(t, u, \varphi(u), v, \psi(u, v), m)\}$

(2) $W = \{Q(x, g(x, y, f(z, t), \varphi(\omega, \psi(v)))),$

$\qquad Q(g(m, g(u, f(v, t), \psi(x), z), \psi(z), a), u)\}$

3. 考察下列子句是否有因子, 若有, 则求出所有可能的因子。

(1) $P(x) \vee Q(g(b), h(y)) \vee P(g(z)) \vee Q(z, h(f(x)))$

(2) $P(x, g(w, f(z))) \vee Q(f(u), f(g(m, v))) \vee P(f(y), u)$

$\qquad \vee Q(f(h(g(x, y))), t)$

4. 考察下列子句对是否有消解式, 若有, 则求出所有可能的消解式。

(1) $\{\sim P(x, h(y, z), w) \vee P(f(w), g(z), y) \vee$

$\qquad \sim P(g(f(h(f(w), f(x)))), w, f(u)),$

$\qquad P(g(f(w)), h(t, f(z)), f(x))\}$

(2) $\{\sim Q(a, x, y) \vee \sim Q(t, b, t), Q(x, f(z), y)\}$

5. 考察下列子句对, 是否在一对子句中有一个隐含另一个? 若有, 则对每个子句对求出所有可能的隐含关系。否则证其不可能。

(1) $\{P(x, y) \vee Q(u, t), Q(a, b) \vee P(b, b) \vee R(w)\}$

(2) $\{P(x, y) \vee Q(y, x), Q(a, w) \vee P(x, b)\}$

(3) $\{P(g(f(z, u), v), h(g(x, y))) \vee Q(h(f(x, y)), u)$

$\qquad \vee P(f(x, y), h(u)) \vee Q(h(g(f(z, u), v)), g(x, y)),$

$\qquad P(x, h(w)) \vee Q(h(x), w)\}$

6. 利用支持集消解策略否证子句集

$\{P(g(x, y), x, y), \sim P(x, h(x, y), y),$

$\qquad \sim P(x, y, z) \vee P(y, w, u) \vee \sim P(x, u, t) \vee P(z, w, t),$

$\qquad \sim P(f(x), x, f(x))\}$

有几种可能选择支持集？请证明除了你选择的支持集外,没有其他可能性。

7. 利用锁消解否证下列加锁子句集。

$$\{P_3(y, a) \lor P_5(f(y), y), P_1(x, a) \lor P_6(x, f(x)),$$

$$\sim P_5(x, y) \lor P_3(f(y), y), \sim P_5(x, y) \lor P_6(y, f(y)),$$

$$\sim P_1(x, y) \lor \sim P_5(y, a)\}$$

8. 去掉上题中的锁,用线性消解法否证之。

9. (Chang & Lee)证明输入消解和单项消解在否证能力上的等价性。

10. 证明定理 17.2.7。

11. 证明定理 17.2.8。

12. 利用 MOL 消解法否证下列子句集：

$$\{Q(b), \sim Q(b) \lor P(x) \lor \sim Q(x), Q(a), \sim P(a)\}$$

消解时请使用大删除策略。

13. OL 推导(有序线性推导)的定义如下：

设 $S$ 为有序子句集,$C_o$ 是 $S$ 中的一个有序子句,从 $S$ 出发以 $C_o$ 为顶推出空子句□的 OL 否证是满足下面条件的一个线性否证：

(1) 对 $i = 0, 1, 2, \cdots, n-1$,$C_{i+1}$ 是中心子句 $C_i$ 和边子句 $B_i$ 的有序消解式。$C_i$(或 $C_i$ 的一个有序因子)中被消解的句节必须是最后一个句节。

(2) 每个 $B_i$ 或是 $S$ 中的有序子句,或是某个 $C_j$,$j < i$。此外,当且仅当 $C_i$ 是一个可约化的有序子句时 $B_i$ 是某个 $C_j$,$j < i$ 的例化,在此情况下,$C_{i+1}$ 是 $C_i$ 的约化有序子句。

(3) 推导中不出现重言式。

当 $C_n = $□时称此推导为 OL 否证。

试求子句集 $S = \{P \lor Q, \sim Q \lor R, R \lor \sim P, \sim Q \lor \sim R, \sim P \lor \sim R\}$ 的 OL 否证。

14. (黄秉超)证明：在习题 12 中给出的子句集不能用 OL 方法否证(因之,OL 是不完备的),并且用此例分析 OL 推导不完备的原因及把 OL 改进为 MOL 的指导思想。

15. 用消调法否证下列子句集(加上函数自反公理集,下同)：

$$\{P(a) \lor P(b), \sim Q(y) \lor R(a, y), \sim P(x) \lor$$

$$\sim W(y) \lor \sim R(x, y), Q(a) \lor \sim W(a), W(b) \lor \sim P(b), a = b\}$$

16. 如果解上题时用的不是线性消调,请用线性消调再做一遍。

17. 习题15能否使用输入消调? 能否使用单项消调? 试说明理由。若能使用,请给出消调过程。

18. (Chang 及 Lee)证明若子句集 $S$ 能通过输入消调否证,则一定也能通过单项消调否证。

19. 参照消解法中的正超消解和负超消解原理,定义相应的正超消调和负超消调,并证明有关的完备性定理。

20. (孙吉贵)证明:输入对称消调和单项线性消调对于 Horn 子句集都是完备的。

21. 能否在消解法中引进"大于"谓词">",并发展出一套平行于调解法("等于"谓词)的理论?

22. 如果引进"大于等于"谓词≥,将会如何?

23. 用广义消解法否证下列子句集

$$S = \{P \rightarrow (Q \rightarrow R), M \rightarrow P \wedge Q, M \vee (P \wedge Q \rightarrow \sim R), R \rightarrow \sim M\}$$

24. 用 Murray 的 NC 消解否证上题的例子。

25. (孙吉贵、刘叙华)证明:广义线性半锁消解是完备的。

26. (王湘浩、刘叙华)对照消解法中的语义消解概念定义广义语义消解,并研究其完备性。

27. (刘叙华、孙吉贵)证明:NC 锁消解、NC 有序消解、NC 语义消解和 NC 线性半锁消解都是不完备的。

# 第十八章

# 演 绎 法

## 18.1 自然推导法

最基本的演绎方法就是自然演绎,我们在 1.2 节中已经作了初步的介绍。自然演绎法符合人的思维推理方式,直观易懂。对一阶谓词演算来说,存在着完备的自然演绎系统,但是如果只是直接应用这类系统,其效率将是非常低的。为此人们设法寻找带有启发式规则的自然演绎系统。在这方面,由 Bledsoe 在 1975 年发表的 IMPLY 系统是比较著名的一个.他使用的方法称为自然推导法。

利用 IMPLY 系统证明定理,首先要把待证命题化成标准型。在实行这种转换时要特别注意符合自然推导的需要,不能简单地照搬通常的化标准型方法。例如,设有如下公式待证:

$$\exists x[P(x) \rightarrow P(a)] \tag{18.1.1}$$

如果用通常的 Skolem 标准化方法,则在消去存在量词 $\exists x$ 时应用一常量名 $x_0$ 代入 $x$ 中,得到

$$P(x_0) \rightarrow P(a) \tag{18.1.2}$$

但是到了这一步,证明就进行不下去了,因为 $x_0$ 和 $a$ 在形式上是两个不同的常数,没法证明它们是一致的。因此,IMPLY 采取直接消去 $\exists x$ 而不用常量置换 $x$ 的办法,得到

$$P(x) \rightarrow P(a) \tag{18.1.3}$$

这样,证明系统只需找到变换 $\varphi = \{a/x\}$,使得变换后上式成为

$$P(a) \rightarrow P(a) \tag{18.1.4}$$

命题就算证明了。

反之,如果我们要证明的是

$$\forall x[P(x) \rightarrow P(a)] \tag{18.1.5}$$

则也不能像通常那样简单地删去全称量词 $\forall x$,否则将会得到式(18.1.3),从而用刚才的变换 $\varphi$ 来"证明"错误的定理(18.1.5)。正确的方法是代入常数 $x_0$,使之成为式(18.1.2),这是证不了的式子,它防止了错误结论的产生。

另外,在通常 Skolem 化的过程中,要消去蕴含符号→,在 IMPLY 算法中不予消去,而是利用这些蕴含符号来安排推导步骤,这也符合自然推导法的本意。

下面给出 IMPLY 标准化的具体规定。

**定义 18.1.1** 设 $W$ 是一阶谓词公式,对 $W$ 及 $W$ 中子公式的极性规定如下:

1. $W$(整个公式)具有正极性。

2. 若($W_1 \wedge W_2$)具有正(负)极性,则 $W_1$ 和 $W_2$ 都具有正(负)极性。

3. 若($W_1 \vee W_2$)具有正(负)极性,则 $W_1$ 和 $W_2$ 都具有正(负)极性。

4. 若 $\sim W$ 具有正(负)极性,则 $W$ 具有负(正)极性。

5. 若 $W_1 \rightarrow W_2$ 具有正(负)极性,则 $W_1$ 具有负(正)极性,$W_2$ 具有正(负)极性。

6. 若 $\forall x W$ 具有正(负)极性,则 $W$ 具有正(负)极性,量词 $\forall x$ 也具有正(负)极性。

7. 若 $\exists x W$ 具有正(负)极性,则 $W$ 具有正(负)极性,量词 $\exists x$ 具有负(正)极性。

根据本节开头的解释,不难理解下面的求标准型算法。我们只考虑没有自由变量的闭合式公式,并且只需考虑以量词开头的合式公式。

**算法 18.1.1**(IMPLY 标准型)

1. 给定一阶谓词公式 $W$。

2. 若 $W$ 只含一个量词,则

(1) 若 $W = \forall x P(x)$ 且有正极性,则标准型为 $P(x_0)$,其中 $x_0$ 是未出现过的常数。

(2) 若 $W = \forall x P(x)$ 且有负极性,则标准型为 $P(x)$。

(3) 若 $W = \exists x P(x)$ 且有正极性,则标准型为 $P(x)$。

(4) 若 $W = \exists x P(x)$ 且有负极性,则标准型为 $P(x_0)$,其中 $x_0$ 是未出现过的常数。

3. 若 $W$ 含不止一个量词,则自左至右考察每一个具有正极性的量词 $Q_i x_i$,对此量词作用域内的所有变量 $x_i$,作如下的事:

(1) 若 $Q_i$ 不在任何具有负极性的量词的作用范围内,则把这些 $x_i$(统一地)代之以一个未曾出现过的常量 $x_0$。

(2) 若 $Q_i$ 在 $j$ 个 $(j > 0)$ 具有负极性的量词

$$Q_{k_1} x_{k_1} Q_{k_2} x_{k_2} \cdots Q_{k_j} x_{k_j}$$

的作用范围内,则把这些 $x_i$(统一地)代之以一个函数 $f(x_{k_1}, x_{k_2}, \cdots, x_{k_j})$,其中 $f$ 是未曾出现过的函数符号。

4. 在做完以上各项处理后,删去所有的量词。

算法完。

**例 18.1.1** 考察下列式子:

$$W \equiv \exists x \forall y [A(x) \rightarrow B(y)] \rightarrow \forall y \exists x [A(x) \rightarrow B(y)] \qquad (18.1.6)$$

为了简化讨论,把它改写为

$$W \equiv W_1 \rightarrow W_2$$
$$W_1 \equiv \exists x \forall y [A(x) \rightarrow B(y)]$$
$$W_2 \equiv \forall t \exists u [A(u) \rightarrow B(t)]$$

$W$ 及其子公式的极性如表 18.1.1 所示。

表 18.1.1 式(18.1.6)各子公式的极性

| 正极性 | 负极性 |
|:---:|:---:|
| $W$ | $W_1$ |
| $W_2$ | $\forall y [A(x) \rightarrow B(y)]$ |
| $\exists x$ | $\forall y$ |
| $A(x)$ | $A(x) \rightarrow B(y)$ |
| $\forall t$ | $B(y)$ |
| $\exists u [A(u) \rightarrow B(t)]$ | $\exists u$ |
| $A(u) \rightarrow B(t)$ | $A(u)$ |
| $B(t)$ | |

现在我们着手求 $W$ 的 IMPLY 标准型。$W$ 共有四个量词,我们逐个考察。

1. $\exists x$。它具有正极性。受它控制的变量是 $x$。$\exists x$ 不在任何具有负极性的量词的作用范围内,应用 $x_0$ 置换 $x$,其中 $x_0$ 是新常数符号。

2. $\forall y$。它具有负极性,不予考虑。

3. $\forall t$。它具有正极性,受它控制的变量是 $t$。$\forall t$ 不在任何具有负极性的量词的作用范围内,应用 $t_0$ 置换 $t$,其中 $t_0$ 是新常数符号。

4. $\exists u$。它具有负极性,不予考虑。

最后得到的 IMPLY 标准型是

$$[A(x_0) \rightarrow B(y)] \rightarrow [A(u) \rightarrow B(t_0)] \tag{18.1.7}$$

下面我们看一下 IMPLY 的启发式推导规则。一般来说,任给一含变量的公式 $W$,只要找到变量置换 $\varphi$,使 $W\varphi \equiv W'$,其中 $W'$ 是已知为真的公式,$W$ 本身也就被证明了。其理由看本节开头的讨论即可明白,因为经 IMPLY 标准化处理后的变量均可认为是受存在量词控制的变量。所以,求一个公式 $W$ 的证明,相当于求一个满足上述条件的变量置换 $\varphi$。

1. 匹配规则(适用于 $H \rightarrow C$ 型公式)。若存在变量置换 $\varphi$,使 $H_\varphi \equiv C_\varphi$,则上式变为 $H_\varphi \rightarrow H_\varphi$,这是已知为真的公式,因此系统给出解答 $\varphi$。当 $\varphi$ 为空置换时解答是 $T$。从式(18.1.3)到式(18.1.4)是应用匹配规则的一个例子。注意这同样可用于证明 $P(a) \rightarrow p(x)$。

2. 与分裂规则(适用于 $H \rightarrow A \land B$ 型公式)。用 $[\![W]\!]$ 表示求证公式 $W$ 时系统给出的解答。若 $[\![H \rightarrow A]\!] = \varphi$,$[\![H \rightarrow B_\varphi]\!] = \lambda$,则 $[\![H \rightarrow A \land B]\!] = \varphi \circ \lambda$,其中运算。是两个变量置换的组合。例如,求证

$$P(x, b, z) \rightarrow P(a, y, u) \land P(x, b, v) \tag{18.1.8}$$

则 $\varphi = [a/x, b/y, u/z]$,$\lambda = [u/v]$。

3. 分情况规则(适用于 $H_1 \lor H_2 \rightarrow C$ 型公式)。若 $[\![H_1 \rightarrow C]\!] = \varphi$,$[\![H_2\varphi \rightarrow C]\!] = \lambda$,即 $[\![H_1 \lor H_2 \rightarrow C]\!] = \varphi \circ \lambda$。

例如,求证

$$P(x, b, z) \lor P(a, y, u) \rightarrow P(x, b, v) \tag{18.1.9}$$

则 $\varphi = [z/v]$,$\lambda = [a/x, b/y, z/u]$。

4. 或分叉规则(适用于 $H_1 \land H_2 \rightarrow C$ 型公式)。考虑到 $H_1 \land H_2 \rightarrow H_1$ 和 $H_1 \land H_2 \rightarrow H_2$ 是正确的。因此可把此问题拆为两个小问题:证明 $H_1 \rightarrow C$ 或

$H_2 \to C$。所以,若 $[\![H_1 \to C]\!] = \varphi$,则解答为 $\varphi$,否则解答为 $[\![H_2 \to C]\!]$。

例如,求证

$$P(x, b, z) \wedge P(a, y, u) \to P(x, b, v) \tag{18.1.10}$$

首先试验 $P(x, b, z) \to P(x, b, v)$ 是否为定理,结果为真,解答是 $\varphi = [z/v]$。这就不用试第二项了。否则,若要证的是

$$P(x, c, z) \wedge P(a, y, u) \to P(x, b, v) \tag{18.1.11}$$

则 $[\![P(x, c, z) \to P(x, b, v)]\!] = \text{Nil}$(不存在解),因而要试第二项,解答为 $[\![P(a, y, u) \to P(x, b, v)]\!] = [a/x, b/y, v/u]$。

5. 左移规则(适用于 $H_1 \to (H_2 \to C)$ 型公式)。把条件 $H_2$ 左移,得到 $H_1 \wedge H_2 \to C$,只要能证明这个新公式,则原来的公式也就得到证明。因此,左移规则可以通过或分叉规则来实现。例如,若我们要证

$$P(x, b, z) \to [P(a, y, u) \to P(x, b, v)] \tag{18.1.12}$$

则只要证式(18.1.10)就行。

6. 反向链规则(适用于 $H_1 \wedge (H_2 \to H_3) \to C$ 型公式)。如果具有这种形式的公式用或分叉规则证不了,则可以利用证明链

$$H_1 \to H_2, \; H_2 \to H_3, \; H_3 \to C \tag{18.1.13}$$

其中 $H_2 \to H_3$ 已出现在待证公式的左部。因此,我们只需证当 $H_1 \to H_2$ 和 $H_3 \to C$ 都成立时由 $H_1$ 可以推出 $C$ 成立。具体方法为:若 $[\![H_1 \to H_2]\!] = \varphi$,$[\![H_3\varphi \to C\varphi]\!] = \lambda$,则解答为 $\varphi \circ \lambda$。

例如,考察下式:

$$Q(x, b, z) \wedge [Q(a, y, u) \to P(y, u)] \to P(b, c) \tag{18.1.14}$$

首先求出 $[\![Q(x, b, z) \to Q(a, y, u)]\!] = \varphi = [a/x, b/y, z/u]$。$P(y, u)\varphi = P(b, z)$。$P(b, c)\varphi = P(b, c)$。而 $[\![P(b, z) \to P(b, c)]\!] = \lambda = [c/z]$。不难验证 $\varphi \circ \lambda$ 就是所求的解。

7. 交换律规则(适用于 $W_1 \circ W_2 \to W_3$ 型公式)。其中 $\circ$ 是满足交换律的运算符号,如 $\vee$,$\wedge$ 等。遇这类公式只需证明 $W_2 \circ W_1 \to W_3$。

8. 真值冗余规则。可用 $T \wedge W$ 代替任何公式 $W$。

**例 18.1.2** 现在我们运用上面给出的启发式规则来证明公式(18.1.6)。首先要把它化成 IMPLY 标准型,这我们已经有了,就是式(18.1.7)。证明步骤如下:

1. 运用左移规则,问题变为求证

$$[A(x_0) \to B(y)] \wedge A(u) \to B(t_0) \tag{18.1.15}$$

2. 试用或分叉规则,这需要求证

$$[A(x_0) \to B(y)] \to B(t_0) \tag{18.1.16}$$

3. 试用真值冗余规则,问题变为求证

$$T \wedge [A(x_0) \to B(y)] \to B(t_0)$$

4. 试用反向链规则,这需要求证下述两个式子:

$$B(y) \to B(t_0) \tag{18.1.17}$$

$$T \to A(x_0) \tag{18.1.18}$$

其中第二个式子求证失败,因此本步骤失败。此处已用到了真值冗余规则。

5. 由此导致第 2 步的或分叉规则试用失败。

6. 运用交换律规则,问题变为求证

$$A(u) \wedge [A(x_0) \to B(y)] \to B(t_0) \tag{18.1.19}$$

7. 运用反向链规则,问题变为求证下述两个式子:

$$B(y) \to B(t_0) \tag{18.1.20}$$

$$A(u) \to A(x_0) \tag{18.1.21}$$

得到 $[\![B(y) \to B(t_0)]\!] = \lambda = [t_0/y]$,$[\![A(u) \to A(x_0)]\!] = \varphi = [x_0/u]$。因此,解为 $\lambda \circ \varphi = [x_0/u, t_0/y]$。

## 18.2 语义表格法

回忆一下 Herbrand 定理 I(定理 17.1.2)。在那里,我们把一个子句集的所有可能解释编成一株语义树。每个可能的解释对应语义树上的一条路径。如果每条路径都能使子句集 $S$ 中的某个子句取假值,则该子句集是不可满足的。因此,列举语义树的所有路径,即可判断一个子句集是否可满足。这种列举所有可能解释的方法是语义树方法的核心,也是语义表格方法的核心。

语义表格方法就是把子句集中的各子句排成一个矩阵。对子句集的一个解释,相应于贯穿此矩阵的一条路径。若能找到一条使子句集为真的路径,则表明了该子句集模型的存在。否则,子句集是不可满足的。因此,语义表格方法的基本问题有两个:一是矩阵如何排列,一是路径怎样搜索。

根据 Herbrand 定理 II(定理 17.1.3),为要证明一个子句集 $S$ 不可满足,只要证明 $S$ 的一个有限基例句集不可满足即可。各种语义表格方法。归根结底,也要排出一个基例句的矩阵。所需的基例句个数虽然是有限的,但确切数量无法事先确定。Prawitz 最早研究了这个问题。他的方法与 Gilmore 方法的主要区别是:后者生成基例句的方法是盲目的,而 Prawitz 却尽可能只生成为否证所必需的基例句。

举例来说,若子句集 $S$ 为

$$\begin{cases} P(x) \\ \sim P(f(f(f(a)))) \vee \sim P(g(g(g(f(b), a), a), f(a))) \end{cases} \tag{18.2.1}$$

它是不可满足的,用消解法只要作两次消解。若用 Gilmore 方法,首先要生成 $H_4$,它含 30 824 704 个元素,用它们生成同样数量的 $P(x)$ 的基例句。这些基例句和 $S$ 中第二个子句的合取转换成析取范式后又得到两个长度为 30 824 705 的析取因式,求否证的工作量是很大的。Prawitz 认为可以借用消解法中常用的那种最广通代直接求出否证所需的基例句,而不必生成那么一大堆。具体做法是:构造第一个子句的两个拷贝 $P(x)$ 和 $P(y)$,把它们和第二个子句合取,得

$$P(x) \wedge P(y) \wedge (\sim P(f(f(f(a)))) \vee$$
$$\sim P(g(g(g(f(b), a), a), f(a))))$$

化成析取范式,得

$$[P(x) \wedge P(y) \wedge \sim P(f(f(f(a))))] \vee$$
$$[P(x) \wedge P(y) \wedge \sim P(g(g(g(f(b), a), a), f(a)))] \tag{18.2.2}$$

为了弄假第一个析取因式,可令 $x = f(f(f(a)))$,为了弄假第二个析取因式,可令 $y = g(g(g(f(b), a), a), f(a))$。其结果是在每个析取因式中生成了一个互补对 $\{P(\alpha), \sim P(\alpha)\}$。语义表格方法的基本手段,就是在每条可能的路径上寻找这样的互补对。

**定义 18.2.1** 设 $S$ 为不可满足的子句集,子句集 $M^*$ 称为是 $S$ 的置换不可满足集(简称 $S$ 不可满足集),若下列条件均满足:

1. $M^*$ 的每个子句都是 $S$ 的一个例句。

2. $M^*$ 中任何两个子句都没有公共变量。

3. 存在基置换(每个变量都用不带变量的项,即基项,置换)$\theta^*$,使 $M^*\theta^*$ 不可满足。

置换 $\theta^*$ 称为 $M^*$ 的一个解。

一般来说,$M^*$ 不能事先知道,因此需试探性地构造一个可能的 $S$ 不可满足集 $M$ 以逐步逼近 $M^*$。Prawitz 的基本方法如下:

**算法 18.2.1**

1. 构造满足定义 18.2.1 中头两个条件的新子句集 $M$。

2. 把 $M$ 转化成析取范式

$$C_1 \vee C_2 \vee \cdots \vee C_n \tag{18.2.3}$$

其中每个 $C_i$ 是有限个句节的合取式(即析取因式)。

3. 寻找置换 $\theta$,它使每个 $C_i\theta$ 为假。

4. 若存在这样的 $\theta$,则称它是 $M$ 的一个解,$M$ 成为 $M^*$,否则转 1。

算法完。

注意,即使各 $C_i$ 无公共变量,令各 $C_i$ 为假的变换 $\theta_i$ 不一定能合成一个无矛盾的置换 $\theta$。例如,若

$$S = \{P(x) \vee Q(x), \sim P(a), \sim Q(b)\}$$

令 $M = S$,转换成析取范式是

$$[P(x) \wedge \sim P(a) \wedge \sim Q(b)] \vee [Q(x) \wedge \sim P(a) \wedge \sim Q(b)]$$

$\theta_1 = \{a/x\}$ 和 $\theta_2 = \{b/x\}$ 分别使两个析取式为假,但它们无法合成一个总的置换 $\theta$ 使 $M\theta$ 不可满足。

**定义 18.2.2** 令

$$\begin{aligned} \theta_1 &= \{t_{11}/x_{11}, \cdots, t_{1n_1}/x_{1n_1}\}, \cdots, \\ \theta_r &= \{t_{r1}/x_{r1}, \cdots, t_{rn_r}/x_{rn_r}\} \end{aligned} \tag{18.2.4}$$

为一组置换,$r \geqslant 2$。令

$$E_1 = (x_{11}, \cdots, x_{1n_1}, \cdots, x_{r1}, \cdots, x_{mr})$$
$$E_2 = (t_{11}, \cdots, t_{1n_1}, \cdots, t_{r1}, \cdots, t_{mr})$$

(18.2.5)

若存在置换 $\varphi$，使 $E_1\varphi = E_2\varphi$，则称置换 $\theta_1, \cdots, \theta_r$ 是协调的。当 $\varphi$ 是 $E_1$ 和 $E_2$ 的最广通代时又称 $\varphi$ 是 $\theta_1, \cdots, \theta_r$ 的一个组合。

以这个定义考察上面的例子，对 $E_1 = (x, x)$，$E_2 = (a, b)$，显然不存在置换 $\varphi$，使 $E_1\varphi = E_2\varphi$。而在本节的第一个例子中，$E_1 = (x, y)$，$E_2 = (f(f(f((a))), g(g(g(f(b), a), a), f(a)))$，显然存在相应的置换和最广通代。

现在可以细化 Prawitz 算法如下：

**算法 18.2.2**（Prawitz 算法） 把算法 18.2.1 的第 3，4 步改为：

$3'$. 对每个析取式 $C_i$，找出一批置换 $\alpha_{i1}, \cdots, \alpha_{iq_i}$，其中对每个 $k$，$C_i\alpha_{ik}$ 含一个互补对。

$4'$. 从每组 $\{\alpha_{i1}, \cdots, \alpha_{iq_i}\}$ 中找出一个 $\alpha_{is_i}$，使得它们的全体：$\{\alpha_{1s_1}, \cdots, \alpha_{ns_n}\}$ 是协调的。如能做到这一点，则构造它们的组合 $\theta$，$\theta$ 是 $M$ 的一个解，$M$ 成为 $M^*$，否则转 1。

算法完。

Prawitz 的（候选）$S$ 不可满足集 $M$ 的析取范式可以写成矩阵形式。若令 $C_i = L_{i1} \wedge L_{i2} \wedge \cdots \wedge L_{in_i}$，则矩阵为

$$\begin{bmatrix} L_{11} & L_{12} & L_{13} & \cdots \\ L_{21} & L_{22} & L_{23} & \cdots \\ \cdots\cdots\cdots\cdots\cdots\cdots \\ L_{n1} & L_{n2} & L_{n3} & \cdots \end{bmatrix}$$

(18.2.6)

把此矩阵基例化，就得到一种语义表格，它在行的方向上是合取（首先），在列的方向上是析取（其次）。如果在每行上都能找到一个互补对，则 $M^*$ 就算找到了。

我们可采取另一种做法，即把 $M$ 转换成合取范式，也得到一个矩阵。若令 $C_i = L_{i1} \vee L_{i2} \vee \cdots \vee L_{in_i}$，则矩阵的形式是

$$\begin{bmatrix} L_{11} & L_{21} & \cdots & L_{n1} \\ L_{12} & L_{22} & \cdots & L_{n2} \\ L_{13} & L_{23} & \cdots & L_{n3} \\ \cdots\cdots\cdots\cdots\cdots\cdots \\ \cdots\cdots\cdots\cdots\cdots\cdots \end{bmatrix}$$

(18.2.7)

此矩阵在列的方向上是析取(首先),在行的方向上是合取(其次)。为了简化,我们假定这些 $C_i$ 均已是基例句。于是问题归结为能否寻找一条横贯此矩阵的路径 $(L_{1s_1}, L_{2s_2}, \cdots, L_{ns_n})$,使 $M$ 在此路径的解释下可以满足(此解释使所有的 $L_{is_i}$ 取真值)。若不能找到,$M$ 即是不可满足的。最直接的方法如下。

**算法 18.2.3**(模型穷举法)

1. 若横贯矩阵 $M$ 的所有路径均已测试过,则 $M$ 不可满足,结束算法。

2. 否则,任择一尚未测试过的路径 $p$,并置 DONE 为空集。

3. 若 $p$ 中不存在句节 $L$, $K$,使无序对 $(L, K) \notin$ DONE,则 $p$ 使 $M$ 满足,结束算法。

4. 否则,任择这样的无序对 $(L, K)$。

5. 若 $L = \sim K$,则本 $p$ 测试完毕,转 1。

6. 否则,送 $(L, K)$ 入 DONE,转 3。

算法完。

这个算法的复杂性是很高的。主要的问题在于它做了许多不必要的测试工作。考察下列例子:

$$\begin{bmatrix} A & B & \sim B & Q \\ D & E & & F & G \end{bmatrix} \tag{18.2.8}$$

在测试第一条路径 $(A, B, \sim B, Q)$ 时已经发现了其中有互补对 $(B, \sim B)$。本来,凡含此互补对的路径均可不必再测。然而,按照上述算法,路径 $(A, B, \sim B, G)$, $(D, B, \sim B, Q)$, $(D, B, \sim B, G)$ 都得重测一次。当矩阵的行数和列数增大时,重测的路径数将大大增多,这是效率上的很大浪费。

Bibel 提出了一种改进算法,其要点是从矩阵的左端开始,逐渐向右"踩"出一条通路来。当通路延伸到一定的时刻时,可能会发现它已包含了一个互补对,此时就应回溯到最近的可以另行选择句节的子句(矩阵的某个列),然后再向右走。如果能到达矩阵右端,则证明了矩阵是可满足的,否则就是不可满足的。算法中用 $M$ 表示写成矩阵的子句集,向量 $ACT$ 存放正在"踩"的通路,栈 $WAIT$ 存放回溯的端点,每个栈元素是一个二元组(下标,值),下标指示目前位于通路上的第几个路段,值是三元组 $(C, ACT, M)$,分别表示当前子句。当前通路和当前剩余矩阵($M$ 中尚未探索的部分)。

**算法 18.2.4**(Bibel 算法)

1. 置栈 $WAIT$ 为空;

2. $i:=0$; $ACT:=\{\}$;

3. 从 $M$ 中选一子句 $C$; $M:=M-C$;♯准备向右延伸一个路段,一般是取矩阵 $M$ 的下一列♯;

4. 从 $C$ 中取一句节 $L$; $C:=C-L$;♯试探突破口♯;

5. 若 $C$ 非空则把($i$,($C$,$ACT$,$M$))送入栈 $WAIT$ 中;♯保存尚未试探的部分作回溯用♯;

6. $i:=i+1$; $ACT:=ACT\cup\{(L,i)\}$;♯延伸一个路段♯;

7. 若 $M=\varnothing$ 则结束算法,通路构造成功,原 $M$ 是可满足的;

8. 若 $M$ 中有子句 $C$,使句节 $\sim K\in C$,且对某个 $j$ 有$(K,j)\in ACT$,则选择 $C$,转 10;

9. 转 1;♯已走的通路和 $M$ 中剩余部分无矛盾,这一段通路无需回溯♯;

10. $M:=M-C$;♯先处理 $C$♯。

11. 对所有句节 $K$,满足 $K\in C$ 且对某个 $j$,有$(\sim k,j)\in ACT$ 者,执行

$$C:=C-K; \quad ♯绕过障碍♯$$

12. 若 $C$ 不为空,则转 4;♯尝试新突破口♯;

13. 若栈 $WATT$ 为空,则结束算法,$M$ 是不可满足的。♯已无回溯可能♯;

14. $(C,ACT,M):=WAIT$ 栈顶元素中的值部分;

15. $i:=WAIT$ 栈顶元素中之下标部分;

16. $WAIT$ 栈退一层,转 4,♯转去回溯♯。

算法完。

如果本算法以证明 $M$ 可以满足而结束,则在 $ACT$ 中不一定存有一条完整的路径。此时若对某个 $j$,$1\leqslant j\leqslant n$,不存在 $L$,使$(L,j)\in ACT$,则表明子句 $C_j$ 中选出的句节已可作为此路径的一部分而不与其他子句矛盾。

把本算法作用于例(18.2.8),则 $ACT$ 可能首先包含$(A,1)$为其元素,并把 $D$ 送入 $WAIT$ 中备将来回溯用。由于在算法第 8 和第 9 步中判断出 $M$ 的剩余部分中不包含 $\sim A$,不会和 $A$ 形成互补对,所以从第一个子句 $C_1$ 中选择 $A$ 参加通路应无问题,于是分别从 $ACT$ 中除去$(A,1)$和从 $WAIT$ 中除去 $D$,从子句 $C_2=B\vee E$ 开始构筑通路。和刚才类似地得到 $ACT=(B,1)$,并把 $E$ 送入

$WAIT$ 中。在算法第 8 步中发现 $C_3 = \sim B \vee F$ 中含与 $B$ 互补的 $\sim B$,于是在算法第 13 步中绕过障碍 $\sim B$,并转到第 4 步去尝试新的突破口 $F$。此时 $ACT = \{(B, 1), (F, 2)\}$。现在 $M$ 中只剩下 $C_4 = Q \vee G$,它的句节和 $ACT$ 中的句节构不成互补对,因此选择 $C_2$ 的 $B$ 和 $C_3$ 的 $F$ 参加通路应无问题,于是又可从 $ACT$ 中除去 $(B, 1)$ 和 $(F, 2)$。最后一步,在 $C_4$ 中可任选 $Q$ 或 $G$。至此,横贯矩阵的通路已经找到,其中至少包括 $(A, B, F, Q)$ 这一条。

我们刚才是用了 Bibel 的方法,但是并不符合 Bibel 用此方法所要解决问题的原意。实际上,Bibel 使用的并不是合取范式,而是与 Prawitz 所用一样的析取范式 (18.2.3),只是换了一种矩阵排列方法,对式 (18.2.6) 中的矩阵作了一个转置,成为

$$\begin{bmatrix} L_{11} & L_{21} & L_{31} & \cdots & \cdots \\ L_{12} & L_{22} & L_{32} & \cdots & \cdots \\ \cdots\cdots\cdots\cdots\cdots\cdots \\ L_{1n} & L_{2n} & L_{3n} & \cdots & \cdots \end{bmatrix} \tag{18.2.9}$$

此矩阵在列的方向上是合取(首先),在行的方向上是析取(其次)。在这个矩阵中找出一条自左向右的通路就等于把矩阵化成合取范式后取其中的一个子式。例如,矩阵

$$\begin{bmatrix} A & C \\ B & D \end{bmatrix} \tag{18.2.10}$$

代表了 $(A \wedge B) \vee (C \wedge D)$,化成合取范式后成为 $(A \vee C) \wedge (A \vee D) \wedge (B \vee C) \wedge (B \vee D)$。这里有四个子式,每个子式都是矩阵 (18.2.10) 中一条自左向右的通路。

因此,如果在矩阵 (18.2.9) 的每条自左至右的通路上找到一个互补对,就相当于在该矩阵的合取范式的每个子式中找到一个互补对,这意味着不论取何种解释,该子式总取真值,从而该析取范式也取真值,这相当于证明了该矩阵所代表的定理。

这里我们看到了 Bibel 方法和 Prawitz 方法的本质区别。Prawitz 用的还是反证法,在证一个命题时需要首先求该命题的否定形式(加上非符号),然后再证此否定命题不可满足。而 Bibel 方法则不用求否定,直接证明一个命题为真。这使得 Bibel 方法比 Prawitz 方法更加有别于消解法。

还要注意证明逻辑上的不同,用反证法只要找到一个反例(矩阵(18.2.6)的一个置换 $\varphi$ 以及在置换 $\varphi$ 下每行上的一个互补对)即可。用正证法则需要验证所有的可能性(矩阵(18.2.9)的每个置换 $\varphi$ 及在置换 $\varphi$ 下每条通路上的一个互补对)。这是因为假定被证命题前面是用全称量词 $\forall$ 框定的。

但是在许多情况下,全称量词 $\forall$ 是可以避开的。例如,假定我们要证如下命题:

若

$$\forall x(\text{man}(x) \to \text{error}(x)), \quad \sharp 每个人都要犯错误 \sharp$$

且

$$\text{man}(孔夫子)。 \quad \sharp 孔夫子是人 \sharp$$

则

$$\text{error}(孔夫子)。 \quad \sharp 孔夫子要犯错误 \sharp$$

这个三段论可以转换为如下形式:

$$\sim(\forall x(\text{max}(x) \to \text{error}(x))) \vee \sim\text{man}(孔夫子) \vee \text{error}(孔夫子)$$

$$(18.2.11)$$

或者等价地

$$(\exists x(\text{man}(x) \wedge \sim\text{error}(x))) \vee \sim\text{man}(孔夫子) \vee \text{error}(孔夫子)$$

$$(18.2.12)$$

可以写成矩阵形式:

$$\exists x \begin{bmatrix} \text{man}(x) & \sim\text{man}(孔夫子) & \text{error}(孔夫子) \\ \sim\text{error}(x) & & \end{bmatrix} \quad (18.2.13)$$

这就是式(18.2.9)的形式,其中有变量 $x$,但前面不是全称量词,而是存在量词。因此只要存在一个基置换,使式(18.2.13)能像式(18.2.9)那样被直接证明,就可以了。这样的基置换是存在的,只要令 $x=$ 孔夫子,矩阵遂成为

$$\begin{bmatrix} \text{man}(孔夫子) & \sim\text{man}(孔夫子) & \text{error}(孔夫子) \\ \sim\text{error}(孔夫子) & & \end{bmatrix} \quad (18.2.14)$$

易见该矩阵中每条自左至右的通路上有一互补对。定理得证。

Bibel 称一个互补对为一个联络。如果矩阵中每条自左至右的通路至少包

含某联络集合中的一个联络,则称此联络集合为该矩阵的撑张集。这种定理证明方法称为联络方法。

几乎与 Bibel 同时(比 Bibel 稍晚一点),Andrews 也研究了语义表格方法。他和 Prawitz 一样采用否证法,即先求命题的否定形式。但利用的是合取范式。设 $C=C_1 \wedge C_2 \wedge \cdots \wedge C_n$,对每个 $i$ 有 $C_i = L_{i1} \vee L_{i2} \vee \cdots \vee L_{in_i}$,则矩阵形式是

$$
\begin{bmatrix}
L_{11} & L_{12} & L_{13} & \cdots & \cdots \\
L_{21} & L_{22} & L_{23} & \cdots & \cdots \\
\cdots\cdots\cdots\cdots\cdots\cdots\cdots\cdots\cdots \\
L_{n1} & L_{n2} & L_{n3} & \cdots & \cdots
\end{bmatrix}
\tag{18.2.15}
$$

此矩阵在行的方向上是析取(首先),在列的方向上是合取(其次)。证明时搜索矩阵中从上至下的每条通路。若每条通路都含一个互补对,则否证成功。

Andrews 称他的方法为配对方法,称每个互补对为一对配偶。Bibel 和 Andrews 的方法都可以推广到非范式的情形而取相当一般的形式。这种推广不但少产生了许多子句,而且使待证命题保留它原来的自然形式。Andrews 称这种推广了的配对方法为广义配对方法,它允许矩阵按命题的结构嵌套。下面举一个广义配对的例子。

设待证明的命题为

$$
(\exists x)(\forall y)(P(x) \equiv P(y)) \rightarrow ((\exists x)P(x) \equiv (\forall y)p(y))
\tag{18.2.16}
$$

取此命题的否定形式,消去 $\rightarrow$ 和 $\equiv$ 得:

$$
[\exists x \forall y((\sim P(x) \vee P(y)) \wedge (\sim P(y) \vee P(x)))] \wedge
$$
$$
[(\exists x P(x) \wedge \exists y \sim P(y)) \vee (\forall y P(y) \wedge \forall x \sim P(x))]
\tag{18.2.17}
$$

消去存在量词,并使所有的全称量词变量名各不相同,得:

$$
[\forall y((\sim P(c) \vee P(y)) \wedge (\sim P(y) \vee P(c)))] \wedge
$$
$$
[(P(d) \wedge \sim P(e)) \vee (\forall z P(z) \wedge \forall x \sim P(x))]
\tag{18.2.18}
$$

把式(18.2.18)写成矩阵就是

$$\begin{bmatrix} \forall y \begin{bmatrix} \sim P(c) \vee P(y) \\ \sim P(y) \vee P(c) \end{bmatrix} \\ \begin{bmatrix} P(d) \\ \sim P(e) \end{bmatrix} \vee \begin{bmatrix} \forall z P(z) \\ \forall x \sim P(x) \end{bmatrix} \end{bmatrix} \qquad (18.2.19)$$

这是一个嵌套的矩阵,而且没有写成前束范式。现在有待消除的是全称量词。就像在 Prawitz 过程中做过的那样,可以用复制多份子句的办法来消除它们。例如,对 $\forall y$ 复制两份,对 $\forall z$ 和 $\forall x$ 各复制一份,就得到

$$\begin{bmatrix} \sim P(c) \vee P(y) \\ \sim P(y) \vee P(c) \\ \sim P(c) \vee P(t) \\ \sim P(t) \vee P(c) \\ \begin{bmatrix} P(d) \\ \sim P(e) \end{bmatrix} \vee \begin{bmatrix} P(z) \\ \sim P(x) \end{bmatrix} \end{bmatrix} \qquad (18.2.20)$$

其中在多份复制时已把变量换了名。为了否证这个矩阵,需要寻找合适的通代,不难看出

$$\varphi = \{d/y,\ e/t,\ c/z,\ d/x\}$$

起到这样的作用,因为施行此通代后每条自上至下的通路都包含一个互补对。

## 18.3　项重写

利用等式进行推导是定理证明中一个十分重要的问题。在数学定理的证明中它显得尤其重要。例如,若我们要证明三角恒等式:

$$1 + \frac{(\sin x)^2}{(\cos x)^2} = \frac{1}{(\cos x)^2}$$

则我们首先需要一组等式公理:

$$x + \frac{y}{z} = \frac{x * z + y}{z} \qquad (18.3.1)$$

$$1 * x = x \qquad (18.3.2)$$

$$x + y = y + x \qquad (18.3.3)$$

$$(\sin x)^2 + (\cos x)^2 = 1 \qquad (18.3.4)$$

于是有如下的推导过程:

$$1+\frac{(\sin x)^2}{(\cos x)^2}=\frac{1*(\cos x)^2+(\sin x)^2}{(\cos x)^2} \qquad \sharp 用(18.3.1)\sharp$$

$$=\frac{(\cos x)^2+(\sin x)^2}{(\cos x)^2} \qquad \sharp 用(18.3.2)\sharp$$

$$=\frac{(\sin x)^2+(\cos x)^2}{(\cos x)^2} \qquad \sharp 用(18.3.3)\sharp$$

$$=\frac{1}{(\cos x)^2} \qquad \sharp 用(18.3.4)\sharp$$

从这个例子中,我们看到等式推导的几个特点:它总是用等式公理的右边替换它的左边;应用时常把等式公理中相同的变量(如 $x$)换以相同的项(如 $(\cos x)^2$);被推导的对象往往不是正好等于等式公理的左边,而是包含等式公理左边(或:包含经过项置换以后的等式公理左边)的一个项,因此推导的结果就是包含(经过项置换以后的)等式公理右边的一个项。

上述第一个特点体现了等式公理应用的方向性,这在很大程度上是为了保证等式推导有一个"终止"而必需的(否则可以用左、右两边反复地来回替换),因此,一般都用箭头代替等号,不写 $e_1=e_2$ 而写 $e_1\rightarrow e_2$。由于 $e_1$ 和 $e_2$ 都是项,等式推导也称为项重写。$e_1\rightarrow e_2$ 称为重写规则,该规则把 $e_1$ 重写为 $e_2$,也称把 $e_1$ 归约为 $e_2$。

重写规则的应用可以概括为如下的定义。

**定义 18.3.1** 设 $t$ 是一个项,$e_1\rightarrow e_2$ 是一个重写规则。若存在 $t$ 的子项 $u$ 及置换 $\varphi$,使 $e_1\varphi=u$,则在规则 $e_1\rightarrow e_2$ 作用下,$t$ 可以重写为 $t'$,其中 $t'$ 是把 $t$ 中的 $u$ 换成 $e_2\varphi$ 后所得的项。如果存在置换 $\varphi$,使 $u\varphi=e_1$,则 $t\varphi$ 可重写为 $t'\varphi$,其中 $t'\varphi$ 是把 $t\varphi$ 中的 $u\varphi$ 换成 $e_2$ 而得到的。这称为窄化。窄化可以和重写同时发生。

例如,假设我们把公理(18.3.1)换成:

$$t+\frac{y}{(\cos a)^2}=\frac{t*(\cos a)^2+y}{(\cos a)^2} \qquad (18.3.5)$$

则必须作置换 $\varphi=\{a/x,\ (\sin a)^2/y,\ 1/t\}$,方可把 $1+(\sin a)^2/(\cos a)^2$ 重写为 $1/(\cos a)^2$,而不能把原来的 $t+y/(\cos a)^2$ 直接重写。这表明,窄化是在重写不能完全实现时的一种加限制重写手段。本节只讨论重写,不研究窄化。

**定义 18.3.2** 令 $R$ 为重写规则集。如果有重写序列：$t_1 \rightarrow t_2 \rightarrow t_3 \rightarrow \cdots \rightarrow t_n$，其中每步重写都利用了 $R$ 中的规则，且 $n \geqslant 1$，则我们也用 $t_1 \xrightarrow{*} t_n$ 表示，当 $n > 1$ 时用 $t_1 \xrightarrow{+} t_2$ 表示，并说 $t_1$ 可重写为 $t_n$。为了防止混淆，在 $n = 2$ 时也说 $t_1$ 可直接重写为 $t_2$。

**定义 18.3.3** 若 $t_1 \xrightarrow{*} t_n$，则说 $t_1 = t_n$ 和 $t_n = t_1$ 都（在 $R$ 中）可证。若 $t = t'$ 和 $t' = t''$ 都可证，则说 $t = t''$ 和 $t'' = t$ 都可证。

**定义 18.3.4** 设 $R$ 为重写规则集，具有下列性质：若 $t_1 = t_2$ 在 $R$ 中是可证的，则一定存在项 $t_3$ 和重写

$$t_1 \xrightarrow{*} t_3, \ t_2 \xrightarrow{*} t_3 \tag{18.3.6}$$

我们称 $R$ 具有 Church-Rosser 性质。

**定义 18.3.5** 设 $R$ 为重写规则集，具有性质：对任何项 $t_1$，不存在无穷重写

$$t_1 \rightarrow t_2 \rightarrow t_3 \rightarrow \cdots \rightarrow t_n \rightarrow \cdots$$

我们称 $R$ 具有 Noether 性质。

**定义 18.3.6** 设 $R$ 为重写规则集，具有性质：若有项 $t_1$, $t_2$, $t_3$，使 $t_1 \xrightarrow{*} t_2$，$t_1 \xrightarrow{*} t_3$，则必有项 $t_4$，使 $t_2 \xrightarrow{*} t_4$，$t_3 \xrightarrow{*} t_4$。我们称 $R$ 具有分合性质（分久必合），$t_1$ 称为分合中心。

Church-Rosser 性质和分合性质的主要思想是，重写结果不依赖于重写的方式。如果 $t_1 = t_2$ 本来是可证的，则不管如何重写，其道路皆通向这个结论。在重写的路上不存在走不通的死胡同，不需要回溯。而 Noether 性质的主要思想是，对于每一个项，存在一批"终极形式"，无论从哪条路重写，必在有限步之内重写成这些终极形式之一。如果把 Noether 性质和 Church-Rosser 性质加在一起，那就意味着对任意项 $t$ 都存在唯一的终极形式，此时我们也称此终极形式为该项的标准型，用 $St(t)$ 表示。

**定理 18.3.1** 设 $R$ 为重写规则集，则当且仅当它具有 Church-Rosser 性质时，它也有分合性质。

**证明：**

1. 分合性质→Church-Rosser 性质。

设 $t_1 = t_2$ 是在 $R$ 中可证的，则把有关规则中的箭头换成等号以后，存在一条等式链：

$$t_1 = s_1 = s_2 = \cdots = s_n = t_2$$

现在考虑若恢复它们中的箭头,将有何种情况。分几种情形讨论:

(1) 只有一种方向,即 $t_1 \rightarrow s_1 \rightarrow s_2 \rightarrow \cdots \rightarrow t_2$,或反过来 $t_2 \rightarrow s_n \rightarrow s_{n-1} \rightarrow \cdots \rightarrow s_1 \rightarrow t_1$。此时显然符合 Church-Rosser 性质的要求。

(2) 只有从两端向中间的方向,即存在 $s_i$,有

$$t_1 \rightarrow s_1 \rightarrow \cdots \rightarrow s_i, \ t_2 \rightarrow s_n \rightarrow \cdots \rightarrow s_i。$$

这正是 Church-Rosser 性质所要求的。

(3) 至少有一个从中间向两端的方向,即存在 $s_i$,有

$$s_i \rightarrow s_{i-1} \rightarrow \cdots, \ s_i \rightarrow s_{i+1} \rightarrow \cdots$$

此时我们顺着箭头方向走,一直走到与逆向箭头碰头为止(或到达 $t_1$ 和 $t_2$ 为止)。即找到 $s_j(j<i)$,使 $s_i \xrightarrow{+} s_j$ 及 $(s_{j-1} \rightarrow s_j$ 或 $s_j \equiv t_1)$ 成立。同时找到 $s_k(k>i)$,使 $s_i \xrightarrow{+} s_k$ 及 $(s_{k+1} \rightarrow s_k$ 或 $s_k \equiv t_2)$ 成立。根据分合性质,必有 $s_0$,使 $s_j \xrightarrow{*} s_0$,$s_k \xrightarrow{*} s_0$。现在用

$$s_j \xrightarrow{*} s_0 \xleftarrow{*} s_k$$

取代原来的 $s_j \leftarrow \cdots \leftarrow s_i \rightarrow \cdots \rightarrow s_k$,得到一条从 $t_1$ 到 $t_2$ 的新链,链中的分合中心少了一个。由于原来的分合中心只有有限多个,因此在经过有限多步后,必能消除所有的分合中心,把链转换成情形(1)或(2)的形式。

2. Church-Rosser 性质 $\rightarrow$ 分合性质。

此证显然。

证毕。

如果重写规则集 $R$ 使每个项都有唯一的标准型(即既有 Church-Rosser 性质,又有 Noether 性质),则 $R$ 称为标准重写系统。在标准重写系统中,定理证明变得十分简单。为证明任意项 $t_1 = t_2$,只要把 $t_1$ 和 $t_2$ 都化成标准型再比较就行了。而且凡是能用的重写规则都可大胆地用,因为循任何重写路径走都能在有限步内达到标准型。

问题是:如果 $R$ 不是标准重写系统那又该怎么办呢?许多研究工作集中在这两个问题上:如何使一个重写系统具有 Church-Rosser 性质?如何使一个重写系统具有 Noether 性质?

先考察第一个问题。令

$$R=\{a{\rightarrow}b\,,\,a{\rightarrow}c\} \tag{18.3.7}$$

如果 $b{\neq}c$，则 $R$ 缺乏 Church-Rosser 性质。因为没有任何重写规则是以 $b$ 或 $c$ 为左部的。但是如果我们增加一条规则 $b{\rightarrow}c$，则问题就解决了，因为这样就有了标准型 $c$。

人们很容易产生这样的想法：为 $R$ 中每条规则构造一条反向的规则，Church-Rosser 性质岂不就有了吗？以上面的 $R$ 为例，构造

$$R'=R{\bigcup}\{b{\rightarrow}a\,,\,c{\rightarrow}a\} \tag{18.3.8}$$

则 $R'$ 肯定具有 Church-Rosser 性质。但问题是：这样一来 Noether 性质就彻底丧失了：重写时可在 $R$ 内循环任意多次而不受限制。

Knuth 和 Bendix 研究了这个问题。他们发现，重写规则中有一些所谓的关键对在起作用，是关键对的特性决定了一个重写系统能否成为一个标准重写系统。在刚才的例子中 $\langle b\,,\,c\rangle$ 就是一个关键对。它们的特点是：

1. $b\,,\,c$ 都可从 $a$ 导出。

2. $b{\neq}c$，都处于终极形式。

3. $b{\neq}c$。

一般来说，我们有如下定义。

**定义 18.3.7** 令 $R$ 是重写规则集。$e_1{\rightarrow}e_2$ 和 $e_3{\rightarrow}e_4$ 是其中的两条规则。如果有 $e_3$ 中非变量的子项 $u$ 和置换 $\varphi$，使 $u\varphi=e_1\varphi$，则对偶 $\langle e_3\varphi[e_2\varphi/u\varphi]\,,\,e_4\varphi\rangle$ 称为这两条规则的一个关键对。如果不存在项 $e$，使 $e_3\varphi[e_2\varphi/u\varphi]\overset{*}{\rightarrow}e$，$e_4\varphi\overset{*}{\rightarrow}e$，则称此关键对是发散的。

在刚才的例子中，$u=e_3=a$，$\varphi$ 是空置换。$u\varphi=e_1\varphi$。$e_3\varphi[e_2\varphi/u\varphi]=b$，$e_4\varphi=c$。$b$ 和 $c$ 无法再进一步重写，因此 $\langle b\,,\,c\rangle$ 是发散的。

再举一个例子，设有如下两条规则：

$$f(x\,,\,a){\rightarrow}g(b\,,\,x) \tag{18.3.9}$$

$$h(f(c\,,\,y)){\rightarrow}k(c\,,\,y) \tag{18.3.10}$$

把它们分别看成是定义 18.3.7 中的 $e_1{\rightarrow}e_2$ 和 $e_3{\rightarrow}e_4$，则可令 $u=f(c\,,\,y)$，并知存在置换 $\varphi=\{c/x\,,\,a/y\}$，使 $u\varphi=e_1\varphi$，由此算得：

$$e_3\varphi[e_2\varphi/u\varphi]=h(g(b\,,\,c))\,,\,e_4\varphi=k(c\,,\,a)$$

这是一个关键对,如果没有其他规则把它们变换成相同的项(这时我们也说,组成此关键对的两个项是不能归一的),则该关键对是发散的。

**事实 18.3.1** 若规则集 $R$ 是有限的,则 $R$ 的关键对个数也是有限的。

**定理 18.3.2** 设规则集 $R$ 具有 Noether 性质,则当且仅当 $R$ 的所有关键对都是可归一时,$R$ 也具有 Church-Rosser 性质。

这是 Knuth 和 Bendix 的一个关键定理。根据这个定理,对任何一个具有 Noether 性质的规则集 $R$,只要设法逐步消除其中发散的关键对而又同时保持 Noether 性质不受影响,则 $R$ 就可获得 Church-Rosser 性质。

**算法 18.3.1**(Knuth-Bendix 算法)

1. 给定具有 Noether 性质的规则集 $R$。

2. 若 $R$ 中不含发散的关键对,则算法成功结束。

3. 设 $\langle e_1, e_2 \rangle$ 是一个发散的关键对,$a$ 是 $e_1$ 的终极形式之一,$b$ 是 $e_2$ 的终极形式之一,则

(1) 若 $R \cup \{a \rightarrow b\}$ 仍有 Noether 性质,则

$$R := R \cup \{a \rightarrow b\}$$

转 2。

(2) 若 $R \cup \{b \rightarrow a\}$ 仍有 Noether 性质,则

$$R := R \cup \{b \rightarrow a\}$$

转 2。

(3) 否则,算法以失败告终。

算法完。

执行这个算法可能会有三种结局。第一种结局是算法成功结束,第二种结局是算法以失败告终。第三种结局是算法既不成功,也不失败,而是无休止地执行下去。第三种结局不能完全避免,因为这个问题(一个重写系统能否改造为标准重写系统)是不可判定的。

在一般情况下,这个算法是低效的,因为它要穷举所有的关键对,并且每走一步都要测试一下 Noether 性质是否还成立。因此,自 Knuth-Bendix 算法问世以来,围绕着如何提高该算法的效率,人们做了大量的工作。主要的思想是使规则集 $R$ 在算法执行过程中不要膨胀太快,要尽可能地保持小,同时要尽量限制所考察的关键对的数目。

**定义 18.3.8** 规则集 $R$ 称为是通约的,如果对 $R$ 中所有的规则 $e_1 \rightarrow e_2$,以下两个条件均成立:

1. $e_2$ 在 $R$ 中不可归约;

2. $e_1$ 在 $R - \{e_1 \rightarrow e_2\}$ 中不可归约。

这里我们称一个项是在 $R$ 中不可归约的,如果它不能被 $R$ 中的任何规则所重写。

**定义 18.3.9** 一个通约的标准重写系统称为是典范的重写系统。

**定理 18.3.3** 若 $R$ 是一个典范的重写系统,则 $R$ 作为通约系统的书写形式是唯一的,顶多只可能有变量命名上的差异。

例如,设 $R = \{f(x) \rightarrow g(x), g(x) \rightarrow h(x)\}$,则 $R$ 是一个标准系统,但并非典范系统。适当修改 $R$,使之成为 $R' = \{f(x) \rightarrow h(x), g(x) \rightarrow h(x)\}$,则 $R'$ 是典范系统,并且 $R'$ 与 $R$ 等价(有相同的项,每个项有相同的标准型)。不难看出,$R'$ 的形式除变量可以更名外是唯一的。反之,若令 $R_1 = \{f(x) \rightarrow g(x), g(x) \rightarrow f(x)\}$,则 $R_1$ 不是标准系统(没有 Noether 性质)。可以把 $R_1$ 改造为具有 Noether 性质的 $R'_1 = \{f(x) \rightarrow g(x)\}$。$R'_1$ 和 $R_1$ 具有相同的项和等价关系,它同时还是典范的。不过此时典范的形式不唯一,因为 $R'' = \{g(x) \rightarrow f(x)\}$ 可起同样的作用。

通约的概念就是要使规则集 $R$ 尽量地简化。下面我们用状态变换的方法来同时达到规则集标准化(成为标准重写系统)和简化的目的。

**定义 18.3.10** 对偶 $\langle E, R \rangle$ 称为一个状态,其中 $E$ 是等式系统,$R$ 是重写规则集。用 $e_1 \doteq e_2$ 表示 $e_1 = e_2$ 或 $e_2 = e_1$。用 $e_1 \rightarrow_R e_2$ 表示 $e_1$ 可通过 $R$ 中某条规则重写为 $e_2$,例如用规则(18.3.9)可把 $h(f(c, a))$ 重写为 $h(g(b, c))$。用 $e_1 \triangleright e_2$ 表示存在置换 $\varphi$,使 $e_2 \varphi$ 是 $e_1$ 的子项,但反过来不是。例如在式(18.3.9)和(18.3.10)中,可以得到 $h(f(c, a)) \triangleright f(x, a)$。

以下的定义和算法直接从一个等式系统(而不是重写系统)构造典范重写系统。

**定义 18.3.11** 以下是六种可允许的状态变换,用 $\vdash$ 表示。

1. 演绎

$$\langle E, R \rangle \vdash \langle E \cup \{e_1 = e_2\}, R \rangle$$

其中 $\langle e_1, e_2 \rangle$ 是发散的关键对。

2. 简化

$$\langle E \cup \{e_1 \doteq e_2\},\ R\rangle \vdash \langle E \cup \{e_1 = e_3\},\ R\rangle$$

如果有 $e_2 \rightarrow_R e_3$ 成立。

3. 删除

$$\langle E \cup \{e = e\},\ R\rangle \vdash \langle E,\ R\rangle$$

4. 定向

$$\langle E \cup \{e_1 \doteq e_2\},\ R\rangle \vdash \langle E,\ R \cup \{e_1 \rightarrow e_2\}\rangle$$

如果有 $e_1 > e_2$ 成立,这里 $>$ 是我们假定存在于 $R$ 之中的一个关系,它把所有的项排成偏序。

5. 归约一

$$\langle E,\ R \cup \{e_1 \rightarrow e_2\}\rangle \vdash \langle E,\ R \cup \{e_1 \rightarrow e_3\}\rangle$$

如果有 $e_2 \rightarrow_R e_3$ 成立。

6. 归约二

$$\langle E,\ R \cup \{e_1 \rightarrow e_2\}\rangle \vdash \langle E \cup \{e_3 = e_2\},\ R\rangle$$

若存在 $R$ 中的规则 $e_4 \rightarrow e_5$ 满足 $e_1 \rhd e_4$,并把 $e_1$ 重写为 $e_3$,即 $e_1 \rightarrow_R e_3$。

在这六条状态变换规则中,演绎规则用于减少发散的关键对(变成等式)。简化、删除和定向规则则进一步把等式变成重写规则。归约规则一简化重写规则的右部,归约规则二简化重写规则的左部。

**算法 18.3.2**(生成典范重写系统)

1. 给定初始状态 $\langle E_0,\ R_0\rangle = \langle E,\ \Phi\rangle$,其中 $E$ 是输入的原始等式系统,$\Phi$ 是空集。

2. 令 $i := 0$。

3. 若没有可应用的状态变换规则,则算法以失败告终。

4. 任择一个可用的状态变换规则,把 $\langle E_i,\ R_i\rangle$ 变成 $\langle E_{i+1},\ R_{i+1}\rangle$。

5. 若 $E_{i+1} = \Phi$,则算法成功结束。

6. $i := i+1$,转 3。

算法完。

和 Knuth-Bendix 算法一样,这个算法也有成功、失败和无限运行三种结局。Bachmair 等人证明了如下的结果。

**定理 18.3.4**

1. 如果算法 18.3.2 在第 $i$ 个循环成功结束，则 $R_{i+1}$ 是一个标准重写系统。

2. 若不存在可以应用于 $\langle \Phi, R_{i+1} \rangle$ 的归约规则（一或二），则 $R_{i+1}$ 是典范重写系统。

现在考察第二个问题：如何使一个重写系统具有 Noether 性质？显然，我们首先应把等式系统改造为重写系统。一种常用的办法是来一个简单的自左向右，即把 $e_1 = e_2$ 一律改造为 $e_1 \rightarrow e_2$。但这并不总是行得通的，例如假定我们有规则

$$f(x) = f(f(x)) \tag{18.3.11}$$

则把它改造为 $f(x) \rightarrow f(f(x))$ 将导致重写无法结束：它会不断地产生 $f^{(n)}(x)$，$n = 1, 2, \cdots$，正确的办法是反过来，令

$$f(f(x)) \rightarrow f(x) \tag{18.3.12}$$

这样，任何一个项 $f^{(n)}(x)$ 都能在有限步内化成标准型。一般地，人们希望在重写系统 $R$ 的项集中找到一个偏序关系 $>$，使得对每个重写规则 $e_1 \rightarrow e_2$ 都有 $e_1 > e_2$。如果不存在无限长的偏序链 $e_1 > e_2 > e_3 > \cdots$，则 Noether 性质就有保证了（在定义 18.3.11 的 4.中曾提到这样的偏序关系。排偏序有各种办法）。

**定义 18.3.12**（排偏序办法之一）

1. 把 $R$ 中出现的所有函数符号排成全序。

2. 若 $f > g$，则项 $f(\cdots) > g(\cdots)$。

3. 若 $x$ 是变量，$a$ 是常量，则 $f(\cdots) > x$，$f(\cdots) > a$。

4. 若 $e_1 > e_2$，则 $f(e_1, \cdots) > f(e_2, \cdots)$。

5. 若对 $1 \leqslant i \leqslant h$，$e_i$ 和 $e'_i$ 之间无偏序关系，但 $e_{i+1} > e'_{i+1}$，则 $f(\cdots, e_{i+1}, \cdots) > f(\cdots, e'_{i+1}, \cdots)$。

**定义 18.3.13**（排偏序办法之二）

1. 使 $R$ 中出现的每个 $n$ 目函数符号 $f$ 对应于一个多项式 $P_f(x_1, \cdots, x_n)$，它的所有系数都是正整数。

2. 设 $e_1$ 和 $e_2$ 是 $R$ 中的两个项，则

$$e_1 > e_2$$

当且仅当对所有的变量 $x_i$ 取值，$e'_1$ 的值均大于 $e'_2$ 的值，其中 $e'_1$ 和 $e'_2$ 分别是把 $e_1$ 和 $e_2$ 中的所有函数符号代之以与它们相应的多项式符号而得到的项。

例如,假设我们有如下的等式系统:

$$1 * x = x$$
$$x * 1 = x$$
$$(x * y) * z = x * (y * z)$$
$$(x + y) * z = x * z + y * z$$

用第一种办法,令 $* > +$,则得到:

$$1 * x \rightarrow x$$
$$x * 1 \rightarrow x$$
$$(x * y) * z \rightarrow x * (y * z)$$
$$(x + y) * z \rightarrow x * z + y * z$$

用第二种办法,令 $P_1 \equiv 1$, $P_*(x, y) \equiv 2x + y$, $P_+(x, y) \equiv x + y$,则前面三个重写规则和用上一个办法得到的一致,最后一个重写规则是:

$$x * z + y * z \rightarrow (x + y) * z$$

究竟选择何种排法来获取偏序,这取决于哪一种办法能实现我们的目标:得到一个标准的,甚至是典范的重写系统。有时无论选取什么偏序,均不能达此目的,如等式

$$f(x, y) = f(y, x) \tag{18.3.13}$$

就难以转换成合适的重写规则,因为无论怎样写法,它总能导致无穷循环而彻底破坏 Noether 性质,但这类等式又是不可避免的。因为它表达了某种运算的可交换性。对于结合律等其他运算规则,有类似的问题,这导致了下列概念。

**定义 18.3.14** 设 $E \cup A$ 是一个等式系统,$A$ 把 $E$ 中的项分成若干等价类,则

1. $E \cup A$ 称为具有模 $A$ Church-Rosser 性质,若只要 $t_1 = t_2$ 在 $E$ 中是模 $A$ 等价类意义下可证的,则一定存在等价的项 $t_3$ 和 $t_4$,使

$$t_1 \xrightarrow{\quad * \quad} t_3, \ t_2 \xrightarrow{\quad * \quad} t_4 \tag{18.3.14}$$

2. $E \cup A$ 称为具有模 $A$ Noether 性质,若对任何项 $t_1$,不存在无穷重写

$$t_1 \rightarrow t_2 \rightarrow t_3 \rightarrow \cdots \rightarrow t_n \rightarrow \cdots \tag{18.3.15}$$

其中对任意的 $i \neq j$，$t_i$ 和 $t_j$ 均不等价。

3. $E \cup A$ 称为模 $A$ 的标准重写系统，若它既有模 $A$ Church-Rosser 性质，又有模 $A$ Noether 性质。

有了这个定义，我们就可以令 $A$ 中的规则不直接作为重写规则，而只用于判断重写过程中的两个项是否属于同一等价类。例如，我们可以把式（18.3.13）列入定义 18.3.14 中的集合 $A$，从而对所有的 $e_1$ 和 $e_2$，$f(e_1, e_2)$ 和 $f(e_2, e_1)$ 均属于同一等价类。把它应用于本节开头的例子，即知式（18.3.3）可不参加重写过程，三角恒等式推导过程的第三步可以省去，从第二步应用等价类知识即可直接转向第四步。

考虑一个较一般化的问题：设有重写规则

$$f(b, x) \to g(x, b) \tag{18.3.16}$$

以及项 $h(\cdots f(a, y) \cdots)$，问：此项可以在规则（18.3.16）的作用下被重写吗？按定义 18.3.1 的要求是不行的，且只有当式（18.3.16）的左部 $f(b, x)$ 和该项的某一子项 $u$ 有最广通代 $\varphi$ 时方可应用式（18.3.16）以窄化方式重写此项，假设 $f(a, y)$ 是项 $h(\cdots)$ 中唯一的以 $f$ 打头的子项，它和 $f(b, x)$ 显然没有最广通代，那么项 $h(\cdots)$ 就重写不成了。但如等式（18.3.13）成立，则不妨引入代换 $\{a/x, b/y\}$，由于 $f(b, a) = f(a, b)$，项 $h(\cdots)$ 仍能被窄化重写为 $h(\cdots g(a, b) \cdots)$。我们称这种通代为模 $A$ 通代（参见定义 18.3.14）。

要给出一般的模 $A$ 通代算法是很困难的，但如只涉及交换律的使用，则还容易一些。下面我们把算法 7.1.1 改写为模一组交换律的形式，其中对效率问题未加考虑。

**算法 18.3.3**（模交换律最广通代算法）

1. 令 $k = 0$，$W_0 = W$（一组项），$\sigma_0 = \varepsilon$。

2. 若 $W_k$ 中各项在模交换律意义下完全一样，则算法成功结束，$\sigma_k$ 是 $W$ 的模交换律最广通代。否则，求 $W_k$ 的分歧集 $D_k$。

3. 若 $D_k$ 中有一变量 $x_k$，另有一项 $t_k$ 的首符，且 $x_k$ 在 $t_k$ 中不出现，则转 12。

4. 若 $D_k$ 包含某项的最外层函数符号，则算法以失败告终。

5. 设诸 $W_k$ 中位于 $D_k$ 中符号左边的最近函数符号是 $f$。

6. 若 $f$ 中各参数均不可交换，则转 9。

7. 若 $f$ 的各组可交换参数的各种交换可能性已用尽，则转 9。

8. 取 $f$ 在 $W_k$ 的某个或某些项中的出现,把它(们)的参数换一个新的排序。

9. 令 $k$,$W_k$,$\sigma_k$ 都退回到 $f$ 的第一个参数处,转 2。

10. 若 $f$ 是诸项的最外层函数符号,则算法以失败告终。

11. 取诸 $W_k$ 中位于此 $f$ 符号左边且最接近 $f$ 的函数符号,仍称它为 $f$,转 6。

12. 令 $\sigma_{k+1}=\sigma_k \circ \{t_k/x_k\}$,$W_{k+1}=W_k\{t_k/x_k\}$。

13. 令 $k:=k+1$,转 2。

算法完。

利用模 $A$ 通代算法可以改造 Knuth-Bendix 算法,以便把一个具有模 $A$ Noether 性质的系统转变为一个模 $A$ 标准重写系统。

# 习 题

1. 用自然推导法证明下列定理:

(1) $\exists x[P(x)\wedge Q(x)]\rightarrow[\exists xP(x)\wedge\exists xQ(x)]$

(2) $\forall x\forall y[\forall zP(x,y,z)\rightarrow\exists zP(x,y,z)]$

(3) $\forall x\forall yP(x,y)\rightarrow\forall xP(x,x)$

(4) $[\exists xP(x)\rightarrow\forall xQ(x)]\rightarrow[\forall x[P(x)\rightarrow Q(x)]]$

(5) $[\forall xP(x)\vee\forall xQ(x)]\rightarrow\forall x[P(x)\vee Q(x)]$

2. 把 IMPLY 中的与分裂规则修改如下:为了证明 $H\rightarrow A\wedge B$,分别证明 $H\rightarrow A$ 及 $H\rightarrow B$。试论证其是否可行。

3. IMPLY 中的反向链规则有五种可能的修改,请分别论证每种修改是否可行:

(1) $[\![H_1\rightarrow H_2]\!]=\varphi$,$[\![H_3\rightarrow c\varphi]\!]=\lambda$,解为 $\varphi\circ\lambda$

(2) $[\![H_1\rightarrow H_2]\!]=\varphi$,$[\![H_3\varphi\rightarrow c]\!]=\lambda$,解为 $\varphi\circ\lambda$

(3) $[\![H_3\rightarrow c]\!]=\varphi$,$[\![H_1\varphi\rightarrow H_2]\!]=\lambda$,解为 $\varphi\circ\lambda$

(4) $[\![H_3\rightarrow c]\!]=\varphi$,$[\![H_1\rightarrow H_2\varphi]\!]=\lambda$,解为 $\varphi\circ\lambda$

(5) $[\![H_3\rightarrow c]\!]=\varphi$,$[\![H_1\varphi\rightarrow H_2\varphi]\!]=\lambda$,解为 $\varphi\circ\lambda$

4. 若在第 3 题中把解改为 $\lambda\circ\varphi$,结果将如何?

5. 考虑一下 IMPLY 的方法能否推广到高阶谓词演算,以便处理像

$$\forall x\exists p[p(a)\rightarrow p(x)]$$

$$\forall p\exists x\exists f[p(x)\equiv p(f(x))]$$

这样的问题。

6. 考虑一下 IMPLY 的方法能否推广到包括等式谓词（如像消解法推广到调解法一样）。

7. IMPLY 方法也需把待证公式化成某种标准型，试问这种标准型是否必要？ 能否不用标准型或用较弱的标准型？ 能否在此基础上研究出一套广义的 IMPLY 方法，就像广义消解法之于普通消解法一样？

8. 用 Prawitz 方法证明习题 1 中的所有定理。

9. 用 Bibel 方法证明习题 1 中的所有定理。

10. 用 Andrews 方法证明习题 1 中的所有定理。

11. 18.2 节中介绍的语义表格法，有的是正证法，有的是反证法。试问：

（1）能否构造一种正证和反证结合的方法，例如把 Prawitz 方法和 Bibel 方法相结合，或把 Andrews 方法和 Bibel 方法相结合？

（2）比较这种方法和纯正证法或纯反证法的优缺点。

12. Bibel 方法能否像 Andrews 方法一样嵌套？ 试在这个意义上推广 Bibel 方法。

13. 考察如下的等式系统：

$$\{-(x*y)=(-x)*y, \ -(x*y)=x*(-y)$$
$$(x*y)*z=x*(y*z)\}$$

并回答如下问题：

（1）如果把等号"＝"改为箭头"→"，该系统是否具有 Noether 性质？

（2）是否具有 Church-Rosser 性质？

（3）如果不具备 Noether 性质，如何挽救？

（4）如果不具备 Church-Rosser 性质，请应用 Knuth-Bendix 算法，并判断该算法的运用是否成功。

14. 再次考察上题的等式系统（"＝"号已变成"→"号）

（1）能否把它变成一个典范重写系统（使用状态变换方法）？

（2）运用算法 18.3.2，并考察其结果。

15. 利用模 $A$ 通代算法对 Knuth-Bendix 算法进行改造，使它能把一个具有模 $A$ Noether 性质的系统改造为一个模 $A$ 标准重写系统。

# 第十九章

# 归 纳 法

## 19.1 Boyer-Moore 递归函数法

与以谓词演算为基础的定理证明方法不同，Boyer-Moore 以递归函数论为理论基础，以数学归纳法为核心技术，提出了一种新的、有效的定理证明方法。他们的定理证明描述语言具有 LISP 的风格，因而可以直接用 LISP 系统实现。本节的阐述也遵循这一传统。不熟悉 LISP 的读者请参阅 25.1 节。

数学家在建立严格的数学体系时，喜欢把"给定"的成分限制为尽可能小的一个核心，其余成分皆从此核心推导而来。Boyer-Moore 方法也是如此。它赖以起家的核心只有两个常数：$T$ 和 $F$，对应于谓词演算中的真和假两个常量，以及 EQUAL 和 IF 两个函数，它们通过如下的公理体系被定义：

**公理 19.1.1**

1. $T \neq F$ $\hspace{6em}$ (19.1.1)

2. $X = Y \rightarrow (\text{EQUAL } X\ Y) = T$ $\hspace{4em}$ (19.1.2)

3. $X \neq Y \rightarrow (\text{EQUAL } X\ Y) = F$ $\hspace{4em}$ (19.1.3)

4. $X = F \rightarrow (\text{IF } X\ Y\ Z) = Z$ $\hspace{4.5em}$ (19.1.4)

5. $X \neq F \rightarrow (\text{IF } X\ Y\ Z) = Y$ $\hspace{4.5em}$ (19.1.5)

在此基础上，不难定义其他的逻辑运算。

**定义 19.1.1**

1. $(\text{NOT } P) = (\text{IF } P\ F\ T)$ $\hspace{6em}$ (19.1.6)

2. $(\text{AND } P\ Q) = (\text{IF } P(\text{IF } Q\ T\ F)F)$ $\hspace{3em}$ (19.1.7)

3. $(\text{OR } P\ Q) = (\text{IF } P\ T(\text{IF } Q\ T\ F))$ $\hspace{3em}$ (19.1.8)

4. $(\text{IMPLIES } P\ Q) = (\text{IF } P(\text{IF } Q\ T\ F)T)$ $\hspace{2em}$ (19.1.9)

这些表示都很容易理解。例如，最后一行说明："$P$ 蕴含 $Q$ 定义为：若 $P$ 为假则真，否则（$P$ 不为假），则若 $Q$ 为假则假，否则为真。"

今后将允许 AND 和 OR 具有多个参数，例如(AND $a$ $b$ $c$)表示(AND $a$ (AND $b$ $c$))，(OR $d$ $e$ $f$ $g$)=(OR $d$(OR $e$(OR $f$ $g$)))。

现在我们已经看到了两种量。第一种是常量，如 $F$，$T$，$P$，$Q$。第二种是函数，如(NOT $P$)，或称函数调用，其中 NOT 是函数符号。我们还需要其他的量：

1. 变量 $x$，$y$，$z$，…。

2. 项：

(1) 变量是项

(2) 函数(调用)是项

例如(IF $A$ $B$ $C$)是项，但 IF 不是项。

为了运用数学归纳法，我们需要定义序关系，并在序关系的基础上定义良基关系。

**定义 19.1.2** 给定对象集合 $S$ 及 $S$ 上的二元关系 $r$。称 $r$ 为一个序关系，若对 $S$ 的任意元素 $x$，$y$，$z$ 有：

1. $(r$ $x$ $x)=F$。

2. 若$(r$ $x$ $y)\neq F$，则$(r$ $y$ $x)=F$。

3. 若$(r$ $x$ $y)\neq F$，$(r$ $y$ $z)\neq F$，则$(r$ $x$ $z)\neq F$。

则称序 $r$ 为 $S$ 上的一个良基关系，若还有下列条件成立：

4. 不存在 $S$ 中元素的无穷序列 $x_1$，$x_2$，$x_3$，…，使得对任一 $i>0$ 有$(r$ $x_{i+1}$ $x_i)\neq F$。

例如，小于关系"$<$"对非负整数集是一个良基关系，但对非负实数集则不是。小于等于关系"$\leqslant$"则根本不是定义 19.1.2 意义下的二元关系。

由于良基关系经常以某种小于关系的形式出现，当以 $r$ 表示此关系时，我们也称$(r$ $x$ $y)$为 $x$ 在 $r$ 意义下小于 $y$。

**定义 19.1.3** 设 $r$ 为 $S$ 上的良基关系，$x$ 是 $S$ 中元素，若不存在 $S$ 中另一元素 $y$，使$(r$ $y$ $x)\neq F$，则称 $x$ 是 $r$ 意义下的一个极小元素。

**定理 19.1.1** 设 $S$ 为非空集，$r$ 是 $S$ 上的良基关系，则 $S$ 中至少有一个 $r$ 意义下的极小元素。

例如，非负整数的极小元素是零。当 $S=\{0, 1\}$，$(r$ $0$ $1)=(r$ $1$ $0)=F$ 时，0 和 1 都是极小元素。

现在利用良基关系引进归纳原理。

**定义 19.1.4**(简单归纳原理)　设 $r$ 是集合 $S$ 上的良基关系，$x$ 是 $S$ 上的变量，$f$ 是 $S \to S$ 的函数符号，$p$，$q$ 是项，且有

$$(\text{IMPLIES } q(r(f\ x)x)) \tag{19.1.10}$$

成立，则为证明定理 $p$ 成立，只需证明：

　　1. 初始情况：$(\text{IMPLIES}(\text{NOT } q)p)$ $\qquad$ (19.1.11)

　　2. 归纳：$(\text{IMPLIES}(\text{AND } q\ p')p)$ $\qquad$ (19.1.12)

其中 $p' = p[(f\ x)/x]$，即把 $p$ 中的 $x$ 置换以 $(f\ x)$ 后成 $p'$。

　　例如，令 $S$ 为全体正整数，$r$ 为小于关系，$(f\ x)$ 为 $x-1$，$p$ 为定理

$$1+2+3+\cdots+x = x(x+1)/2 \tag{19.1.13}$$

$q$ 为 $x>1$，则式(19.1.10)相当于：若 $x>1$ 则 $x-1<x$，这自然成立。式(19.1.11)相当于：若 $x\leqslant 1$ 则式(19.1.13)成立。此结论对集合 $S$(正整数)来说是成立的。式(19.1.12)相当于：若 $x>1$ 且 $1+2+\cdots+(x-1)=(x-1)(x)/2$，则 $p$ 成立。

　　Boyer-Moore 对上面的简单归纳原理作了三方面的推广：允许多个归纳变量，并对变量的 $n$ 元组$(x_1, \cdots, x_n)$定义度量 $m$，设 $x_i \in D_i$，则有

$$m : D_1 \times \cdots \times D_n \to D$$

在值域 $D$ 上考虑良基关系 $r$；归纳时不仅分成 $q$ 和$(\text{NOT } q)$两种情况，而是分成 $k+1$ 种情况，其中一个情况是初始情况，另有 $k$ 个归纳情况；允许每个归纳情况有多个归纳假设：

**定义 19.1.5**(归纳原理)

归纳模板组成如下：

1. $p$ 是一个项(写成项形式的待证定理)。

2. $r$ 是一个表示良基关系的函数符号。

3. $m$ 是具有 $n$ 个变元的度量函数符号。

4. $x_1, \cdots, x_n$ 是 $n$ 个不同的变量。

5. $q_1, \cdots, q_k$ 是 $k$ 个项。

6. $h_1, \cdots, h_k$ 是 $k$ 个正整数。

7. 对 $1 \leqslant i \leqslant k$，$1 \leqslant j \leqslant h_i$，$s_{i,j}$ 是一个置换，且

$$(\text{IMPLIES } q_i(r(m\ x_1\cdots\ x_n)/s_{i,j}(m\ x_1\cdots\ x_n))) \tag{19.1.14}$$

是一个已知为真的定理。

置换 $s$ 的一般定义是:把函数调用 $(f\ x_1\cdots x_n)$ 中的每个 $x_i$ 同时换以某个项 $t_i$,得到的结果用 $(f\ x_1\cdots x_n)/s$ 表示。

8. 初始情况

$$(\text{IMPLIES}(\text{AND}(\text{NOT}\ q_1)\cdots(\text{NOT}\ q_k))p) \qquad (19.1.15)$$

9. 归纳推理。对每个 $i(1\leqslant i\leqslant k)$,有

$$(\text{IMPLIES}(\text{AND}\ q_i\ p/s_{i,1}\cdots p/s_{i,h_j})p) \qquad (19.1.16)$$

10. 若在 1 至 7 的前提下,8 和 9 都能得到证明,则定理 $p$ 亦得到证明。

举例。据说世上最早的人类夫妻是亚当和夏娃,最早的鸡类夫妻是小花和小白。亚当爱夏娃,小花啄小白。已知,若夫妻双方的父亲都爱母亲,则丈夫也爱妻子。若夫妻双方的父亲都啄母亲,则丈夫也啄妻子。如果世上只有人和鸡。求证:在任何一对夫妻中,丈夫不爱妻子者必啄妻子,反之亦然。

用上面的定义表示这个例子,得:

$p\equiv(\text{IMPLIES}(\text{妻}\ y\ x)(\text{OR}(\text{爱}\ x\ y)(\text{啄}\ x\ y)))$。

$r$ 是长辈关系,$(r\ a\ b)$ 表示 $a$ 的辈份高于 $b$。$(m\ x\ y)$ 是求出 $x$ 的辈分和 $y$ 的辈分的均值。因此,$n=2$。此外,$k=2$。

$q_1\equiv(\text{胎生}\ x)$, $q_2\equiv(\text{卵生}\ x)$

$h_1=h_2=2$。置换 $s_{i,j}$ 的定义是

$$(m\ x\ y)/s_{1,1}=(m\ x(\text{父亲}\ y))$$
$$(m\ x\ y)/s_{1,2}=(m\ x(\text{岳父}\ y))$$
$$(m\ x\ y)/s_{2,1}=(m(\text{母亲}\ x)y)$$
$$(m\ x\ y)/s_{2,2}=(m(\text{婆婆}\ x)y)$$

由此不难写出式(19.1.14)的各分式,例如其中的第一个是

$(\text{IMPLIES}(\text{胎生}\ x)(\text{长辈}(m\ y(\text{父亲}\ x))(m\ y\ x)))$

初始情况是

$(\text{IMPLIES}(\text{AND}(\text{NOT}(\text{胎生}\ x))(\text{NOT}(\text{卵生}\ x)))(\text{IMPLIES}(\text{妻}\ y\ x)$
$(\text{OR}(\text{爱}\ x\ y)(\text{啄}\ x\ y))))$

归纳推理是

$(\text{IMPLIES}(\text{AND}(\text{胎生}\ x)(\text{IMPLIES}(\text{妻}\ y'(\text{父亲}\ x))(\text{OR}(\text{爱}(\text{父亲}\ x)y')$

(啄(父亲 $x$)$y'$)))(IMPLIES(妻 $y''$(岳父 $x$))(OR(爱(岳父 $x$)$y''$)(啄(岳父 $x$)$y''$))))

(IMPLIES(妻 $y$ $x$)(OR(爱 $x$ $y$)(啄 $x$ $y$))))

以及

(IMPLIES(AND(卵生 $x$)(IMPLIES(妻(母亲 $y$)$x'$)(OR(爱 $x'$(母亲 $y$))(啄 $x'$(母亲 $y$))))(IMPLIES(妻(婆婆 $y$)$x''$)(OR(爱 $x''$(婆婆 $y$))(啄 $x''$(婆婆 $y$))))))

(IMPLIES(妻 $y$ $x$)(OR(爱 $x$ $y$)(啄 $x$ $y$))))

注意,这些写成项形式的归纳推理比前面写成文字形式的归纳推理在内涵上要弱。

**定理 19.1.2** 归纳原理 19.1.5 是健康的,即通过此归纳原理证明的定理确实成立。

到现在为止,除了几个基本的常量以外,还没有引进任何其他数据结构,连自然数都还没有引进。Boyer-Moore 通过所谓的外壳原理来引进各种数据结构及其基本的运算公理。每一种新的数据结构即是一个新的外壳。

**定义 19.1.6**(外壳原理) 增加一个新的外壳需要说明:

1. 构造符 const,

2. const 的变元个数 $n$,

3. (不是必需的)底元素($btm$),

4. 识别符 $a$,

5. 访问符 $ac_1$, $\cdots$, $ac_n$,

6. 类型限制 $tr_1$, $\cdots$, $tr_n$,

7. 缺省值 $dv_1$, $\cdots$, $dv_n$,

8. 良基关系 $r$。

其中所有符号都是新的,都不相同。$a$, $ac_1$, $\cdots$, $ac_n$ 是单变元的函数符号,$r$ 是双变元的函数符号。每个 $tr_i$ 是一个项,它只能含 $x_i$ 为其变量,且只能含 IF,$T$,$F$,$a$ 及在此之前已引进的外壳识别符为其函数符号。

如果不给出底元素($btm$),则诸 $dv_i$ 都是在此之前已引进的外壳的底元素,且对每个 $i$,

$$(IMPLIES(EQUAL\ x_i\ dv_i)tr_i) \tag{19.1.17}$$

是一个定理。如果给出了底元素($btm$)，则每个 $dv_i$ 或是($btm$)，或是某个在此之前已引进的外壳的底元素，并且对每个 $i$，

$$(\text{IMPLIES}(\text{AND}(\text{EQUAL } x_i\, dv_i)(a(btm)))tr_i) \qquad (19.1.18)$$

是一个定理。

除此之外，还有如下公理（这些公理将随着外壳的引进而由系统自动添加）。

1. $(\text{OR}(\text{EQUAL}(a\ x)T)(\text{EQUAL}(a\ x)F))$

2. $(\text{IMPLIES}(\text{AND } tr_1 \cdots tr_n)(a(\text{const } x_1 \cdots x_n)))$

3. $(a(btm))$

4. $(\text{NOT}(\text{EQUAL}(\text{const } x_1 \cdots x_n)(btm)))$

5. $(\text{IMPLIES}(\text{AND}(a\ x)(\text{NOT}(\text{EQUAL } x(btm))))$
   $(\text{EQUAL}(\text{const}(ac_1\ x)\cdots(ac_n\ x))x))$

6. 对每个 $i$，$1 \leqslant i \leqslant n$，有
   $(\text{IMPLIES } tr_i(\text{EQUAL}(ac_i(\text{const } x_1 \cdots x_n))x_i))$

7. 对每个 $i$（$1 \leqslant i \leqslant n$），有
   $(\text{IMPLIES}(\text{OR}(\text{NOT}(a\ x))(\text{EQUAL } x(btm))$
   $\qquad (\text{AND}(\text{NOT } tr_i)(\text{EQUAL } x(\text{const } x_1 \cdots x_n))))$
   $\qquad\qquad (\text{EQUAL}(ac_i\ x)dv_i))$

8. $(\text{NOT}(a\ T))$

9. $(\text{NOT}(a\ F))$

10. 若 $a'$ 是在此之前引进的某个外壳识别符，则有

$$(\text{IMPLIES}(a\ x)(\text{NOT}(a'\ x)))$$

11. $(r\ x\ y)=$
    $(\text{OR } t(\text{AND}(a\ y)(\text{NOT}(\text{EQUAL } y(btm)))$
    $\qquad (\text{OR}(\text{EQUAL } x(ac_1\ y))\cdots$
    $\qquad\qquad (\text{EQUAL } x(ac_n\ y)))))$ \hfill $(19.1.19)$

其中，若在此之前未引进过其他外壳，则 $t=F$，否则 $t=(r'\ x\ y)$，其中 $r'$ 是在此之前最后一个引进的外壳的良基关系。

此外，诸 $tr_i$ 也可省略，每个被省略的 $tr_i$ 被自动认为是 $T$（即无条件之意）。

外壳的定义不太好读。我们按次序对上面 11 个（组）公理的含义给予解释，

其中也以 $a$ 表示新引进的数据结构类型。这些解释是：任一对象 $x$ 或为类型 $a$，或非类型 $a$；若诸变元 $x_1$，$\cdots$，$x_n$ 满足类型条件 $tr_1$，$\cdots$，$tr_n$，则（const $x_1\cdots x_n$）属于类型 $a$；底元素（$btm$）属于类型 $a$；底元素（$btm$）不等于任何有结构的元素；若 $x$ 属于类型 $a$，且 $x$ 非底元素，则 $x$ 可通过诸 $ac_i$ 拆成分量后再用 const 重构；若类型条件 $tr_i$ 成立，则可通过 $ac_i$ 访问 $x$ 的分量 $x_i$；当 $x$ 受到某个 $ac_i$ 的非法访问时，恒假定 $ac_i$ 取得的值为 $dv_i$（这里的非法访问有三种情形：$x$ 不属于类型 $a$；$x$ 是底元素（$btm$）；类型条件 $tr_i$ 不满足）；$T$ 不属于类型 $a$；$F$ 不属于类型 $a$；若 $x$ 属于类型 $a$，则 $x$ 不能属于其他类型；$x$ 在 $r$ 意义下小于 $y$，如果在以前引进的外壳中 $x$ 即已在 $r$ 意义下小于 $y$，或者 $y$ 属于类型 $a$，且 $y$ 不是底元素（$btm$），且 $x$ 是 $y$ 的一个分量（用这种良基关系定义的归纳法常称为结构归纳法）。

下面我们引进几个重要的外壳。

**定义 19.1.7**（自然数）

1. 外壳名为 ADD1，

2. 变元个数为 1，

3. 底元素为（ZERO），

4. 识别符为 NUMBERP，

5. 访问符为 SUB1，

6. 类型限制为（NUMBERP $x$），

7. 缺省值为（ZERO），

8. 良基关系为 SUB1P。

由定义 19.1.6 之式（19.1.19）知

$$(\text{SUB1P } x\ y) = (\text{AND}(\text{NUMBERP } y)(\text{NOT}(\text{EQUAL } y$$
$$(\text{ZERO})))(\text{EQUAL } x(\text{SUB1 } y))) \qquad (19.1.20)$$

原公式中外层的（OR $t\cdots$）这里不出现，因为这是我们引进的第一个外壳，按规定有 $t=F$，而（OR $F$ $t'$）$=$（$t'$）。原公式中内层的（OR（EQUAL$\cdots$））也没有了，因为只有一个访问符 $ac_1=$ SUB1。

利用这个外壳，整数 5 可以表示为（ADD1（ADD1（ADD1（ADD1（ADD1（ZERO））))))。

**定义 19.1.8**（表）

1. 外壳名为 SONS，

2. 变元个数为 2，

3. 底元素为(NIL)，

4. 识别符为 LISTP，

5. 访问符为 CAR 和 CDR，

6. 缺省值为(NIL)和(NIL)，

7. 良基关系为 CAR.CDRP。

由定义 19.1.6 之式(19.1.19)知

$$(\text{CAR.CDRP } x \; y) = (\text{OR}(\text{SUB1P } x \; y)$$
$$(\text{AND}(\text{LISTP } y)(\text{OR}(\text{EQUAL } x(\text{CAR } y))$$
$$(\text{EQUAL } x(\text{CDR } y))))) \tag{19.1.21}$$

其中按规定出现了(SUB1P $x$ $y$)，SUB1P 是在此之前引进的最后一个外壳，即 ADD1 的良基关系。

本定义不包括类型限制，因为表的组成部分可以是任何对象。CONS 可以和 ADD1 一样用来表示数，如(CONS 1(CONS 1(NIL)))表示 2。但它还可用来表示树形结构，如(CONS(CONS 1 2)3)即是一株二维的树(见图 19.1.1)。

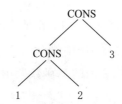

**图 19.1.1　可表示树型结构的外壳类型**

随外壳而引进的访问运算只是最基本的运算，而且只作用于同一数据结构类型之上，这显然是不够的。为了引进更多的运算(函数)，我们还需要所谓的定义原理。

**定义 19.1.9**

1. 称一个项 $t$ 为无 $f$ 的，若 $t$ 中不包含函数符号 $f$。

2. 称一个项 $t$ 控制某一项 $s$ 在另一项 $b$ 中的出现，若下列两个条件之一满足：

(1) $b$ 包含形为(IF $t$ $p$ $q$)的子项，且 $p$ 中有 $s$ 的出现，

(2) $b$ 包含形为(IF $t'$ $p$ $q$)的子项,其中 $t=$(NOT $t'$),且 $q$ 中有 $s$ 的出现。

例如,在

(IF 冷空气来临

　(IF 暖空气来临　雨雪　晴天)　晴天)

中,冷空气来临和暖空气来临都控制雨雪,冷空气来临和(NOT 暖空气来临)控制第一个晴天,(NOT 冷空气来临)控制第二个晴天。

**定义 19.1.10**(定义原理)　引进一个具有 $n$ 个变元的新函数 $f$,可以写成 Definition($f$ $x_1 \cdots x_n$)=body,其中 body 是函数体。规定

1. $f$ 不同于所有其他已引进的符号,

2. $x_1, \cdots, x_n$ 是不同的变量,

3. body 是一个项,其中不包含除 $x_1, \cdots, x_n$ 以外的变量,

4. 存在由 $r$ 定义的良基关系和由 $n$ 元函数 $m$ 定义的度量,使得对于 body 中任何形如($f$ $y_1 \cdots y_n$)的出现,以及所有控制此出现的无 $f$ 项 $t_1, \cdots, t_k$,

$$(\text{IMPLIES}(\text{AND } t_1 \cdots t_k)$$
$$(r(m \ y_1 \cdots y_n)(m \ x_1 \cdots x_n))) \tag{19.1.22}$$

是一条定理。

上面的最后一条规定表示:在用归纳法作证明的过程中,每进入一层递归调用(即进入 body),所涉及的 $f$ 函数调用(即受 $t_1, \cdots, t_k$ 控制的那些调用)应在 $r$ 意义下小于进入该层递归调用之前的 $f$ 函数调用。这样才能保证归纳证明在有限步内结束。

**定理 19.1.3**　根据定义原理引进的新函数均为存在并唯一的。

这个定理非常重要。若无此定理,我们甚至根本不知道所定义的函数是否存在。例如著名的 Russer 悖论可以表示为

$$(\text{理发 } x \ y)=(\text{IF}(\text{理发 } y \ y)F \ T)$$

它不符合定义原理的第 4 项规定,因而不存在由它定义的函数。

现在根据定义原理引进几个新函数。

**定义 19.1.11**

1. (ZEROP $x$)=

(OR(EQUAL $x$ 0)(NOT(NUMBERP $x$))) $\tag{19.1.23}$

2. $(\text{FIX } x)=(\text{IF}(\text{NUMBER } P\ x)x\ 0)$ (19.1.24)

3. $(\text{APPEND } x\ y)=$

   $(\text{IF}(\text{LISTP } x)(\text{CONS}(\text{CAR } x)$

   $(\text{APPEND}(\text{CDR } x)y))y)$ (19.1.25)

4. $(\text{PLUS } x\ y)=$

   $(\text{IF}(\text{ZEROP } x)(\text{FIX } y)$

   $(\text{ADD1}(\text{PLUS}(\text{SUB1 } x)y)))$ (19.1.26)

我们要证明它们都符合定义原理,其中关键是证明定义原理的第 4 点。前两个函数不是递归的,无需多言。以第三个函数为例,它的定义体(body)中,APPEND 只出现一次,它受无 APPEND 项(LISTP $x$)的控制。令度量函数 $m$ 为

$$(m\ A\ B)=A$$

又令 CAR.CDRP 为 APPEND 的良基关系,则

   $(\text{IMPLIES}(\text{LISTP } x)$

   $(\text{CAR.CDRP}(m(\text{CDR } x)y)(m\ x\ y)))$

确是一条定理。因为根据式(19.1.21)这相当于证明

   $(\text{AND}(\text{LISTP } x)(\text{OR}(\text{EQUAL}(\text{CDR } x)(\text{CAR } x))$

   $(\text{EQUAL}(\text{CDR } x)(\text{CDR } x))))$

至此,我们已经看到了 Boyer-Moore 归纳证明方法的基础结构,下面说明这个归纳过程是如何进行的。在本方法中,归纳法是它的最后一手,在使用归纳法之前,首先要试用其他各种方法,其中最核心的思想是化简。在使用各种方法化简待证定理直到不能再化简时,如果此时定理尚未证明,则可调用归纳法。在确定一个归纳模板并实施归纳推理时,又可进一步调用各种化简方法,如此循环反复,直至定理最后证明.在此过程中,往往把一个定理化归成一组定理。完全证明这一组定理也就是证明了原来的定理。这时我们就要对该组定理中的每一个重复上面的过程,直到最后不再存在待证的定理为止。

举一些化简策略为例:

1. 利用类型化简。每个项对应一个类型集。例如未加限制的变量 $x$ 对应万能类型 UNIVERSE,$(\text{EQUAL } x\ y)$ 对应类型集 $\{T,\ F\}$,函数(ZERO)和 $(\text{ADD1 } x)$ 对应类型集 $\{\text{NUMBERP}\}$ 等等。

应用方法:如果已知 $x$ 的类型集是 $\{A,B\}$,则在证明含变量 $x$ 的定理时就可分为 $A$ 和 $B$ 两种情况讨论。又如,若已知 $x$ 和 $y$ 属不同的类型(严格说,它们的类型集之交为空),则立得 $(\text{EQUAL } x\ y)=F$。

2. 利用公理和引理化简。例如,加法的交换律可以表示为

$$(\text{EQUAL}(\text{PLUS } x\ y)(\text{PLUS } y\ x))$$

利用它可以在任何定理的表达中用两个项中的一个取代另一个。不过,这样做必须注意防止死循环。例如反复交替地以第一项代换第二项和以第二项代换第一项。这方面也有一些启发规则,如不允许被置换的项与原项的区别仅仅在于变元位置的置换。

3. 利用函数定义化简。若已有定义

$$(f\ x_1\cdots x_n)=\text{body}$$

则可用 body 置换定理中的 $f$ 函数调用。此时应注意并非在任何时候这种置换都是有意义的。Boyer-Moore 处理这类问题的启发策略包括:凡不是递归定义的函数一律展开(即用 body 置换);递归定义的函数调用中的变元为常量时该函数调用也展开;把递归定义的函数调用先展开几层后再决定是否继续展开,等等。

4. 消除难处理的函数.假设定理表达中含两个函数调用 $(\text{QUOTIENT } x\ y)$(求商)和 $(\text{REMAINDER } x\ y)$(求余)。对这两个函数实施归纳法不容易,则可以把它们换成较易处理的加法和乘法函数。注意若以 $I$ 和 $J$ 分别代表 $x$ 除 $y$ 的商和余,则有关系

$$x=I*y+J$$

成立,以此代入原来的定理表达,即可消去不希望有的 QUOTIENT 和 REMAINDER 函数调用。这种情况经常出现在一些间接递归调用的函数中,例如:

$$(f\ x_1\cdots x_n)=\text{body}(含\ g)$$
$$(g\ y_1\cdots y_m)=\text{body}(含\ f)$$

当我们要证明有关 $f$ 的定理时,展开 $f$ 会不断地遇到 $g$。若能把 $g$ 转换成较易处理的其他函数,如 $h$,则证明过程就简化了。

5. 利用归纳假设简化归纳结论。例如,若要证明

$$(\text{IMPLIES}(\text{EQUAL}\ x\ y)(\text{EQUAL}(\text{ADD1}\ x)(\text{ADD1}\ y)))\quad(19.1.27)$$

则可利用归纳假设中 $x$ 和 $y$ 的相等关系,用 $x$ 代替结论中的 $y$,使结论成为:

$$(\text{EQUAL}(\text{ADD1}\ x)(\text{ADD1}\ x))$$

这自然成立,技术上称这种作法为"催肥"。由于本例中是把归纳假设的左部代入归纳结论的右部,因此又称为"交叉催肥"。Boyer-Moore 的经验表明,交叉催肥有时能取得较好的效果。

6. 泛化。有时,证明一个更一般的定理比证明一个具体定理还要容易些。例如,假设我们要证明

$$(\text{IMPLIES}(\text{EQUAL}(f\ x_1\cdots x_n)(g\ y_1\cdots y_m))$$

$$(\text{EQUAL}(\text{ADD1}(f\ x_1\cdots x_n))(\text{ADD1}(g\ y_1\cdots y_m))))$$

则还不如直接证明式(19.1.27)来得容易。

7. 消除无关部分。考察定理

$$(\text{IMPLIES}(\text{OR}\ \text{F}(\text{EQUAL}\ x\ y))$$

$$(\text{EQUAL}(\text{ADD1}\ x)(\text{ADD1}\ y)))$$

显然,归纳假设中的 $F$ 是多余的,把它删去后,得到简单的定理形式(19.1.27)。

现在举一个简单的归纳证明的例子。我们要证明 APPEND 函数的结合律,即

$$(\text{EQUAL}\ (\text{APPEND}(\text{APPEND}\ A\ B)C)$$

$$(\text{APPEND}\ A(\text{APPEND}\ B\ C)))\quad\quad(19.1.28)$$

我们按照定义 19.1.5 的归纳原理行事:

1. 待证定理 $p$ 即式(19.1.28)。

2. 良基关系即 CAR.CDR $P$,见式(19.1.21)。

3. 度量函数 $m$:$(m\ A\ B)=A$(对 $A$ 归纳)。

4. $A$,$B$,$C$ 为不同变量。

5. $k=1$,$q_1=(\text{LISTP}\ A)$。

6. $h_1=1$。

7. $s_{11}$ 为 $\{(\text{CDR}\ A)/A\}$

$$(\text{IMPLIES}(\text{LISTP}\ A)$$

$$(\text{CAR.CDR}\ P(m(\text{CDR}\ A)B)(m\ A\ B)))$$

等价于

$(\text{IMPLIES}(\text{LISTP } A)(\text{CAR.CDR } P(\text{CDR } A)A))$

它确是一条定理。

8. 初始情况

$$(\text{IMPLIES}(\text{NOT}(\text{LISTP } A))p) \qquad (19.1.29)$$

由 APPEND 定义知

$$(\text{IMPLIES}(\text{NOT}(\text{LISTP } x))$$
$$(\text{EQUAL}(\text{APPEND } x \ y)y))$$

因此证明式(19.1.29)的任务变成证明

$(\text{IMPLIES}(\text{NOT}(\text{LISTP } A))(\text{EQUAL}(\text{APPEND } B \ C)$
$\quad (\text{APPEND } B \ C)))$

这显然为真。

9. 归纳推理(留作习题)。

# 19.2　证明规划和涟漪技术

1988 年,Bundy 在研究数学归纳法中常见的形式以后,提出了一种一般性的启发式策略,称为证明规划,其中采用的核心技术便是所谓的涟漪技术。起这个名字是因为归纳法证明过程如同水波的扩散过程。向湖面上扔一块石头,产生的水波犹如归纳假设,水波运动至岸边时被反射回来,那一圈圈的反射波便是归纳结论。要证明归纳结论时顺着反射波的反方向走,一旦回到岸边,即意味着已从归纳结论反推到归纳假设,定理得证。这是一种反向推理,Bundy 称它为涟出策略。他最早的证明规划主要就是用的涟出策略。近年来他的思想为许多定理证明研究者所重视,对涟出策略作了多方面的推广。这些策略可以和 Boyer-Moore 证明器配合使用,成为 Boyer-Moore 归纳策略的细化。

例如,假设我们要证明自然数运算的结合律

$$x+(y+z)=(x+y)+z \qquad (19.2.1)$$

把这个式子作为归纳假设,对 $x$ 作归纳,就是要证明

$$(x+1)+(y+z)=((x+1)+y)+z \qquad (19.2.2)$$

用 $s(x)$ 表示自然数的后继函数,可以写成

$$\boxed{s(\underline{x})}+(y+z)=(\boxed{s(\underline{x})}+y)+z \qquad (19.2.3)$$

这里已经加上了涟出策略的特殊符号。其中用方框围住的部分称为波面,是正在扩展中的水面涟漪。加下划线的部分称为波孔,是水波扩散的中心点。去掉波孔以后的波面(在例中是 $s(\cdots)$)称为波前,是波面的边缘。

顾名思义,涟漪技术是通过波前的运动来实现归纳的。在涟出策略中,波前由内向外扩展。这种扩展由有关的启发式规则导引,称为波规则。下面是波规则的一个例子:

$$\boxed{s(\underline{u})}+v\Rightarrow\boxed{s(u+v)} \qquad (19.2.4)$$

在本节中,单箭头→表示蕴含,双箭头⇒表示波前的运动,把式(19.2.4)分别作用于式(19.2.3)的左、右两边,得到

$$\boxed{s(\underline{x+(y+z)})}=\boxed{s\ (\underline{x+y})}+z \qquad (19.2.5)$$

再把式(19.2.4)作用于式(19.2.5)的右边,得

$$\boxed{s(\underline{x+(y+z)})}=\boxed{s((\underline{x+y})+z)} \qquad (19.2.6)$$

根据归纳假设(19.2.1),式(19.2.6)应该成立。这表示我们从归纳结论(19.2.3)出发,通过涟出,已经回到了归纳假设,于是证明完成。

一般地说,波规则取如下形式:

$$\eta(\boxed{\xi(\underline{\mu})})\Rightarrow\boxed{\zeta(\eta(\mu))} \qquad (19.2.7)$$

其中 $\mu$ 可以是归纳变量,也可以是项。$\xi(\cdots)$ 和 $\zeta(\cdots)$ 分别称为老的波前和新的波前。在 Bundy 的术语中,波前指的是在归纳结论中出现,而不在归纳假设中出现的那部分表达式。上例中的波前 $s(\cdots)$ 就不在归纳假设中出现。既在归纳结论中出现,又在归纳假设中出现的部分称为骨架。式(19.2.1)就是一个骨架。在上例中,新、老波前都是 $s(\cdots)$。实际上它们不一定相同(即 $\zeta$ 可以不等于 $\xi$),甚至新波前可以消失($\zeta$ 为空)。下面两条波规则分别表示这两种情况:

$$\text{even}(\boxed{s(\underline{u})})\Rightarrow\boxed{\text{not}(\text{even}(u))} \qquad (19.2.8)$$

$$\text{even}(\boxed{s(s(\underline{u}))})\Rightarrow\text{even}(u) \tag{19.2.9}$$

对归纳结论中的一个子表达式 $e$ 使用一条波规则 $w$ 需要具备三个条件：

(1) $w$ 的左部与 $e$ 匹配。

(2) $e$ 中包含波前 $f$。

(3) $f$ 和 $w$ 左部的老波前匹配。

严格地说，这里还应该定义什么叫匹配。此任务留给读者。当波孔是一个项时，称该项被相应的波前所控制。波前的涟出也可用图形表示。图 19.2.1 展示了这样一个过程。

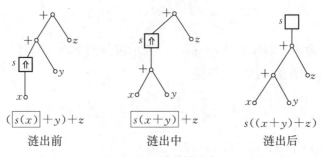

图 19.2.1　波前的涟出

波前涟出的终止分三种情况：

1. 它控制了归纳结论的左边或右边。这种情况称为靠岸，如式(19.2.6)。

2. 波前消失（ζ 为空），此时称该波前被消耗了，如式(19.2.9)。

3. 没有波规则可应用于当前的表达式，此时称波前受阻，如上述所有波规则皆不能应用于 $\text{odd}(\boxed{s(\underline{u})})$。

上述头两种情况统称为完全涟出，第三种情况也称为涟出受阻。

再举几个波规则的例子：

$$\boxed{s(\underline{u})}\times v\Rightarrow\boxed{u\times v+v} \tag{19.2.10}$$

$$u+(\boxed{\underline{v}+w})\Rightarrow\boxed{(u+v)+w} \tag{19.2.11}$$

$$(\boxed{\underline{u}+v})+w\Rightarrow\boxed{u+(v+w)} \tag{19.2.12}$$

考察这几个规则可知，它们和前面给出的波规则有一点区别，就是波孔不包括所有的变元,这是在进一步使用波规则时需要注意的。因为正在被涟出的归纳结论的波孔要和波规则左部的波孔相对应。

下面引进一些与涟出有关的技术。

1. 分裂。设有待涟出的归纳结论为

$$\boxed{s(s(\underline{u}))}+v \tag{19.2.13}$$

此时无波规则可用(上面所有的波规则的左部都不能和它匹配),这是一个复合型波前 $s(s(\cdots))$。此时可把它分裂为两个嵌套的波前,即

$$s(\boxed{s(\underline{u})})+v \tag{19.2.14}$$

然后对外层波面应用规则(19.2.4),得

$$s(\boxed{s(\underline{u})+v}) \tag{19.2.15}$$

现在又可对内层波面应用同一规则,得

$$s(\boxed{s(\underline{u+v})}) \tag{19.2.16}$$

2. 合并。刚才为了应用已有的波规则而把复合型波前分裂为两层波前。现在目的已经达到(见上式)。这双层波前也许成了进一步应用其他波规则的累赘,此时可把它们再合并成一个波前,成为

$$\boxed{s(s(\underline{u+v}))} \tag{19.2.17}$$

至少有两种使用分裂和合并策略的办法。一种是遇需要时启发式地使用,就像我们上面所做的那样。另一种办法是规定把波前化成某种标准型,例如总是把它们分裂到不能再分。

3. 并行涟出。如果允许归纳结论中有多个波孔和多个骨架,这些波孔同时向外扩展,就成了并行涟出。形象地说,由 $\sqrt{x}=\sqrt{y}$ 可以推出 $x=y$,这 $\sqrt{x}$ 和 $\sqrt{y}$ 一齐"脱帽"(去掉开方根符号)的过程就是并行涟出的过程。一般地,并行涟出的波规则(称为多波规则)可以写为

$$\eta\left( \boxed{\xi_1(\underline{\mu_1^1}, \cdots, \underline{\mu_1^{p_1}})}, \cdots, \boxed{\xi_n(\underline{\mu_n^1}, \cdots, \underline{\mu_1^{p_n}})} \right)$$

$$\Rightarrow \boxed{\zeta(\eta(w_1^1, \cdots, w_n^1), \cdots, \eta(w_1^k, \cdots, w_n^k))} \qquad (19.2.18)$$

其中每个 $w_i^j$ 或者是一个如下形式的未经涟出的波面：

$$\boxed{\xi_i(\underline{\mu_i^1}, \cdots, \underline{\mu_i^{p_i}})} \qquad (19.2.19)$$

或者是一个波孔 $\mu_i^l$。但有一个限制：对每个 $j$，至少应有一个 $w_i^j$ 是波孔。诸 $\xi_i$ 是老波前，不能为空。$\zeta$ 是新波前，可以为空。以 $\eta$ 为首的骨架从一个变成 $k$ 个，$\eta$ 也不能为空。下面是一组多波规则的例子。

$$\boxed{s(\underline{u})} = \boxed{s(\underline{v})} \Rightarrow u = v \qquad (19.2.20)$$

$$\boxed{s(\underline{u})} \geqslant \boxed{s(\underline{v})} \Rightarrow u \geqslant v \qquad (19.2.21)$$

$$\boxed{\underline{u_1^1} + \underline{u_1^2}} = \boxed{\underline{u_2^1} + \underline{u_2^2}} \Rightarrow \boxed{\underline{u_1^1} = \underline{u_2^1} \wedge \underline{u_1^2} = \underline{u_2^2}} \qquad (19.2.22)$$

$$\boxed{\max(\underline{u_1^1}, \underline{u_1^2})} \geqslant \boxed{\min(\underline{u_2^1}, \underline{u_2^2})} \Rightarrow$$

$$\boxed{\underline{u_1^1} \geqslant \underline{u_2^1} \wedge \underline{u_1^2} \geqslant \underline{u_2^2}} \qquad (19.2.23)$$

$$\boxed{(\underline{u} + \underline{v})} \times w \Rightarrow \boxed{u \times w + v \times w} \qquad (19.2.24)$$

$$\text{max-ht}(\boxed{\text{tree}(\underline{u}, \underline{v})}) \Rightarrow \boxed{s(\max(\text{max-ht}(\underline{u}), \text{max-ht}(\underline{v})))} \qquad (19.2.25)$$

$$\text{max-ht}(\boxed{\text{tree}(\underline{u}, \underline{v})}) \Rightarrow \boxed{s(\min(\text{min-ht}(\underline{u}), \text{min-ht}(\underline{v})))} \qquad (19.2.26)$$

几点说明。第一，$\text{tree}(a, b)$ 表示以 $a$ 和 $b$ 为左、右子树组成的树，$\text{max-ht}(t)$ 和 $\text{min-ht}(t)$ 分别表示树 $t$ 中最长路径和最短路径的长度。第二，不要忘了我们是在做反向推理，$A \Rightarrow B$ 表示：由 $B$ 成立可得 $A$ 成立，而不是相反，否则无法解释波规则 (19.2.22) 和 (19.2.23)。过去我们遇到的波规则都是左、右两边等价，因此容易忽略这个问题。第三，由最后三个波规则可知，多个波孔并不一定需要多个波前，实际上，一个波孔就是一个参数位置。第四，由中间三个波规则可知，波规则不一定呈递归的形式（前面的单波规则也有这样的情形）。

引进多波规则以后，前面列出的应用波规则的三项条件需作适当的修改如下：对归纳结论中的子表达式 $e$ 使用波规则 $w$ 时应有：

(1) $w$ 的左部与 $e$ 匹配。

(2) $e$ 中至少包含一个波前。

(3) $e$ 中的每个波前都与 $w$ 中的一个老波前匹配。

4. 强催肥。应用涟出策略作反向推理时，往往是已经推进到归纳假设的咫尺之间了，但还不等于达到归纳假设本身。此时常利用归纳假设本身作为一个重写规则，来完成这证明中的最后一步。这一措施称为催肥。例如，我们在前面证明自然数的结合律时，认为式(19.2.6)已经完成了证明。实际上该式两边的波孔并不恒等。严格说不能认为是证明完成了。如果利用归纳假设(19.2.1)对(19.2.6)的左边作重写，就得到

$$\boxed{s(\underline{(x+y)+z})} = \boxed{s(\underline{(x+y)+z})} \tag{19.2.27}$$

这才完成了证明。当然，我们同样可以把证明假设作为（反方向的）重写规则作用于(19.2.6)的右部，而得到

$$\boxed{s(\underline{x+(y+z)})} = \boxed{s(\underline{x+(y+z)})}$$

这样也能完成证明。只有完全涟出的子表达式才能实行催肥。若归纳结论的两边都已完全链出，则任何一边都能催肥，就像我们刚刚看到的那样。

所谓强催肥指的是直接把归纳结论的两边和归纳假设的两边比，如果它们分别相等，则对归纳结论的两边一齐脱帽，就直接回到了归纳假设。例如式(19.2.6)一齐"脱帽"即是式(19.2.1)。

5. 规则弱化。使用多波规则时不一定要所有的波孔一起上阵，有时只开动部分波孔便够了。这种作法叫规则弱化。

例如，为了证明如下的乘法结合律：

$$x \times (y \times z) = (x \times y) \times z \tag{19.2.28}$$

可实行下列涟出过程：

$$\boxed{s(\underline{x})} \times (y \times z) = (\boxed{s(\underline{x})} \times y) \times z$$

$$\boxed{\underline{x \times (y \times z)} + y \times z} = (\boxed{\underline{(x \times y)} + y}) \times z$$

$$\boxed{x \times (y \times z)} + y \times z = \boxed{(x \times y) \times z} + y \times z$$

$$\boxed{x \times (y \times z) = (x \times y) \times z} \wedge y \times z = y \times z$$

其中用到了波规则(19.2.10)，(19.2.22)和(19.2.24)，但是在应用后两条规则时并未调动它们的所有波孔，就好像它们的结构分别变为

$$\boxed{u_1^1 + u_1^2} = \boxed{u_2^1 + u_2^2} \Rightarrow \boxed{u_1^1 = u_2^1} \wedge \boxed{u_1^2 = u_2^2}$$

$$\boxed{(u + v)} \times w \Rightarrow \boxed{u \times w + v \times w}$$

即每个波面只含一个波孔。因此，我们说这两条波规则在此被弱化使用了。此外，上面实际上还使用了如下的波规则：

$$(\boxed{u + v}) \times w \Rightarrow \boxed{(u + v)} \times w$$

6. 波前简化。某些多波规则要求在其中出现的多个波前具有恒等的形式，而不只是等价。例如，多波规则(19.2.20)和(19.2.21)要求其中出现的两个波前都取 $s(\cdots)$ 的形式，规则(19.1.22)要求它左部的两个波前都取 $u + v$ 的形式。但是如果出现了例如下面这样的归纳结论：

$$\boxed{x \times (y + z)} + (y + z) = \boxed{((x \times y + x \times z) + y) + z}$$

则虽然左、右两边是等价的，也不能运用式(19.2.22)。在这种情况下，需使用某种公式简化技术，例如把它们化成某种标准型，使左、右两边恒等，再应用式(19.2.22)。

7. 涟入。涟出是由里向外扩展波前。有时也需要由外向里收缩波前，称为涟入。

举例来说，假定我们要定义一个整除 2 的函数 half，它的递归定义是：

$$\begin{aligned}
&\text{half}(0) = 0, \\
&\text{half}(s(0)) = 0, \\
&\text{half}(s(s(u))) = s(\text{half}(u))。
\end{aligned} \tag{19.2.29}$$

由此定义可得下列波规则

$$\text{half}(\boxed{s(s(\underline{u}))}) \Rightarrow \boxed{s(\text{half}(\underline{u}))} \tag{19.2.30}$$

如果我们要证明的定理是

$$\text{half}(x+x)=x \tag{19.2.31}$$

把它看成归纳假设,则归纳结论是:

$$\text{half}(\boxed{s(\underline{x})}+\boxed{s(\underline{x})})=\boxed{s(\underline{x})} \tag{19.2.32}$$

应用波规则(19.2.4)于上式左边,得

$$\text{half}(\boxed{s(x+\boxed{s(\underline{x})})})=\boxed{s(\underline{x})} \tag{19.2.33}$$

到此时已无波规则可用,涟出受阻.如果我们有与式(19.2.4)相对应的波规则:

$$u+\boxed{s(\underline{v})} \Rightarrow \boxed{s(u+v)} \tag{19.2.34}$$

则式(19.2.33)立刻变为

$$\text{half}(\boxed{s(\boxed{s(x+x)})})=\boxed{s(\underline{x})} \tag{19.2.35}$$

运用波规则(19.2.30)于其左边,得

$$\boxed{s(\text{half}(x+x))}=\boxed{s(\underline{x})} \tag{19.2.36}$$

这里我们已把式(19.2.35)左边的两层波前合并,因它不再有用。现在使用强催肥,根据归纳假设(19.2.31)重写上式左边,得

$$\boxed{s(\underline{x})}=\boxed{s(\underline{x})}$$

定理完全证明。

但如果我们没有波规则(19.2.34),有什么办法能够解决涟出受阻的问题呢? 我们可以使用弱催肥方法,先用归纳假设改造式(19.2.33)的右边,得

$$\text{half}(\boxed{s(\underline{x+s(\underline{x})})})=\boxed{s(\underline{\text{half}(x+x)})}$$

此时左、右两边已很相像。但还需作进一步的变换。已知左边无波规则可用。而右边又已完全涟出。可能的出路是对右边作涟入,看它能否变成左边的样子。逆向使用波规则(19.2.30),即得

$$\mathrm{half}(\boxed{s(x+s(x))})=\mathrm{half}(\boxed{s(s(x+x))})$$

剩下的问题是要证明

$$x+s(x)=s(x+x)$$

为此只需逆向使用规则(19.2.4)。它一方面说明了涟入是一种有用的办法。另一方面也说明了在证明过程中会遇到一些子目标。它们的解决可导致一些引理或新规则的生成。

8. 条件涟出。其形式为:条件→左边⇒右边。

问题是,在定理证明过程中如何判断该条件是否成立呢? 如果判断不了,又如何使用这种波规则呢? 因此,通常采用的办法是给出一组条件集,这些条件覆盖了所有可能的情形。这样,原先的证明就变成了一种分情形证明。由条件集控制的波规则取如下形式:

$$\mathrm{Cond}_1 \to$$

$$\eta(\boxed{\xi_1^1(\underline{\mu_1^1}, \cdots, \underline{\mu_1^{p_1}})}, \cdots, \boxed{\xi_n^1(\underline{\mu_n^1}, \cdots, \underline{\mu_n^{p_n}})}) \Rightarrow \mathrm{RHS}_1$$

$$\vdots$$

$$\tag{19.2.37}$$

$$\mathrm{Cond}_k \to$$

$$\eta(\boxed{\xi_1^k(\underline{\mu_1^1}, \cdots, \underline{\mu_1^{p_1}})}, \cdots, \boxed{\xi_n^k(\underline{\mu_n^1}, \cdots, \underline{\mu_n^{p_n}})}) \Rightarrow \mathrm{RHS}_k$$

其中每个 $\mathrm{RHS}_i$ 或者取如下形式:

$$\boxed{\zeta_i(\eta(\mu_1^{q_1^i}, \cdots, \mu_n^{q_n^i}), \cdots, \eta(\mu_1^{r_1^i}, \cdots, \mu_n^{r_n^i}))} \tag{19.2.38}$$

使得对 $1 \leqslant j \leqslant n$ 和 $1 \leqslant i \leqslant k$ 有 $1 \leqslant q_j^i$, $r_j^i \leqslant p_j$,或者是一个不含 $\eta$ 的表达式。

此外还应满足两个条件:

(1) $\mathrm{Cond}_1 \vee \cdots \vee \mathrm{Cond}_k \equiv T$。

(2) 对每个 $i$, $1 \leqslant i \leqslant n$,存在一个波前 $\xi_i$,它能隐含所有的波前 $\xi_i^j$, $1 \leqslant j \leqslant k$,其中诸 $\xi_i$ 是在归纳结论中有待涟出的波前。这里我们说波前 $\xi$ 隐含波前 $\xi'$,如

果 $\xi$ 由一组 $\xi'$ 嵌套而成。例如波前 $s(s(\cdots))$ 隐含波前 $s(\cdots)$。

第一个条件前面已解释过了。第二个条件是为了使归纳结论在任何情况下都能找到一个可用的条件波规则。

前面在引进多波规则时已经修正了应用波规则的三项条件。现在需进一步修正,具体为增加第四项条件。

(3) 若使用波规则 $R_i$,则 $R_i$ 前的条件 $\text{Cond}_i$ 应是当前可证的。

下面是几个条件波规则,其中 $a::b$ 表示把元素 $a$ 加进集合 $b$ 后所得的新集合。

$$x=y \twoheadrightarrow x \in (\boxed{y::\underline{z}}) \Rightarrow T \tag{19.2.39}$$

$$x \neq y \twoheadrightarrow x \in (\boxed{y::\underline{z}}) \Rightarrow x \in z \tag{19.2.40}$$

$$x \in z \twoheadrightarrow (\boxed{x::\underline{w}}) \bigcap z \Rightarrow \boxed{x::(\underline{w \bigcap z})} \tag{19.2.41}$$

$$\sim x \in z \twoheadrightarrow (\boxed{x::\underline{w}}) \bigcap z \Rightarrow w \bigcap z \tag{19.2.42}$$

假设我们要证明如下的定理:

$$a \in b \wedge a \in c \twoheadrightarrow a \in b \bigcap c.$$

由于我们已把集合写成表的形式($a::b$ 中的 $a$ 为表头,$b$ 为表尾),因之可实施归纳法。归纳结论为

$$(a \in \boxed{e::\underline{b}}) \wedge (a \in c) \twoheadrightarrow a \in (\boxed{e::\underline{b}} \bigcap c).$$

把归纳结论右部的 $\boxed{e::\underline{b}}$ 和条件波规则(19.2.41)及(19.2.42)左部的 $\boxed{x::\underline{w}}$ 相匹配并应用这两个规则,即得:

$$e \in c \vdash a \in \boxed{e::\underline{b}} \wedge a \in c \twoheadrightarrow a \in \boxed{e::(\underline{b \bigcap c})}$$

$$\sim e \in c \vdash a \in \boxed{e::\underline{b}} \wedge a \in c \twoheadrightarrow a \in b \bigcap c$$

此处为避免两个蕴含符号 $\twoheadrightarrow$ 混淆,已把其中的第一个改为 $\vdash$。现在引进新波规则:

$$x \in \boxed{y::\underline{z}} \Rightarrow \boxed{x=y \vee x \in \underline{z}}$$

则归纳结论进一步变成

$$e \in c \vdash (\boxed{a = e \vee \underline{a \in b}}) \wedge a \in c \rightarrow \boxed{a = e \vee \underline{a \in b \cap c}}$$

$$\sim e \in c \vdash (\boxed{a = e \vee \underline{a \in b}}) \wedge a \in c \rightarrow a \in b \cap c$$

利用其他波规则,例如运算 $\wedge$ 对 $\vee$ 的分配律等,可以进一步简化归纳结论。此处不赘述。

9. 横波。涟入和涟出可以结合起来使用。把骨架中的参数分为两部分。一部分用于涟出,另一部分用于涟入,并且在波规则的左部只作涟出,右部只作涟入。这样的规则称为横波规则。相应地,可把以前的规则称为纵波规则。最简单的横波规则可以写成

$$\eta(\boxed{\xi(\underline{\mu})}^{\uparrow}, \nu) \Rightarrow \eta(\mu, \boxed{\zeta(\underline{\nu})}^{\downarrow}) \tag{19.2.43}$$

其中向上的箭头表示涟出,向下的箭头表示涟入。

它可以推广到多个波前和条件波规则的情形:

$$\text{Cond} \rightarrow \eta(\boxed{\xi_1(\underline{\mu_1})}^{\uparrow}, \cdots, \boxed{\xi_n(\underline{\mu_n})}^{\uparrow}, \nu_1, \cdots, \nu_m)$$

$$\Rightarrow \eta(\mu_1, \cdots, \mu_n, \boxed{\xi_1(\underline{\nu_1})}^{\downarrow}, \cdots, \boxed{\zeta_m(\underline{\nu_m})}^{\downarrow}) \tag{19.2.44}$$

如果波规则的左、右两边是等价的,则存在一个上述规则的对偶规则:

$$\text{Cond} \rightarrow \eta(\mu_1, \cdots, \mu_n, \boxed{\zeta_1(\underline{\nu_1})}^{\uparrow}, \cdots, \boxed{\zeta_m(\underline{\nu_m})}^{\uparrow})$$

$$\Rightarrow \eta(\boxed{\xi_1(\underline{\mu_1})}^{\downarrow}, \cdots, \boxed{\xi_n(\underline{u_n})}^{\downarrow}, \nu_1, \cdots, \nu_m)。 \tag{19.2.45}$$

下面是一组横波规则

$$(\boxed{\underline{u}\langle\rangle v}^{\uparrow})\langle\rangle w \Rightarrow u\langle\rangle(\boxed{v\langle\rangle\underline{w}}^{\downarrow}) \tag{19.2.46}$$

$$u\langle\rangle(\boxed{v\langle\rangle\underline{w}}^{\uparrow}) \Rightarrow (\boxed{\underline{u}\langle\rangle v}^{\downarrow})\langle\rangle w \tag{19.2.47}$$

其中 $u$, $v$, $w$ 均为表,$\langle\rangle$ 是表的 append 操作。这两个规则互为对偶。

在横波的情况下,应把前面的应用波规则的四项条件中之第三项改为:

(3)$'e$ 中的每个波前都与 $w$ 中一个涟漪方向相同的老波前匹配。

图 19.2.2 是波规则(19.2.46)的图示。

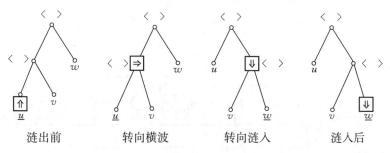

| 涟出前 | 转向横波 | 转向涟入 | 涟入后 |

**图 19.2.2  横波**

# 习　题

1. 利用外壳原理引进如下的外壳：

(1) 栈(先进后出)；

(2) 队(先进先出)；

(3) 数组(任意访问)；

(4) 记录(按域名访问)；

(5) 复数(参考自然数外壳)。

2. 在引进上述外壳时,利用定义原理至少引进如下一些新函数：

(1)栈是否空;(2)出栈;(3)进栈;(4)栈顶元素之值;(5)队是否空;(6)出队;(7)进队;(8)队首元素之值;(9)队尾元素之值;(10)数组是否为空;(11)数组目前长度;(12)数组中任一元素之值;(13)数组增一元素;(14)数组减一元素;(15)记录某个域是否赋过值;(16)记录某个域之值;(17)为记录某个域赋一值;(18)复数的加、减、乘、除;(19)复数的幅角和模(绝对值)。

每个函数引进后要严格检查它是否符合定义原理的规定。

3. 利用 Boyer-Moore 递归函数法证明：一个只含有等价联结符≡的命题演算公式 $F$ 是恒真的,当且仅当 $F$ 的每个命题常量出现偶数次。

4. 利用 Boyer-Moore 方法证明：

$$(a+b)^n = \sum_{i=0}^{n} \begin{bmatrix} n \\ i \end{bmatrix} a^i b^{n-1}$$

5.(Manna)下图的程序用于计算$z=x!$,其中$x$是整数,用 Boyer-Moore 方法证明:若输入条件 $\varphi(x)\equiv(x\geqslant0)$,输出条件 $\psi(x,z)\equiv(z=x!)$,则此程序是完全正确的(完全正确性的定义见第十一章习题 14 之(3))。

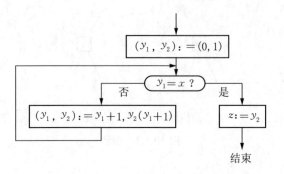

其中,$(x,y):=(a,b)$表示把值$a,b$分别(但同时)赋给$x$和$y$。

6.(Kunth)下图是一个求最大公因子的程序,输入条件为 $\varphi(x_1,x_2)\equiv(x_1>0\wedge x_2>0)$,输出条件为 $\psi(x_1,x_2,z_1,z_2,z_3)\equiv[z_3=gcd(x_1,x_2)\wedge(z_1x_1+z_2x_2=z_3)]$。请用 Boyer-Moore 方法证明此程序的完全正确性。

其中,div 是整数除法,mod 是求余。

7. Hoare 公理的基本形式是

$$\{P\}Q\{R\}$$

意思是:若在执行程序$Q$以前有条件$P$成立,且$Q$的执行能够终止,则在执行$Q$以后有条件$R$成立。

下面是几条基本的 Hoare 公理

(1) 赋值公理

$$\{P[e/x]\}x:=e\{P\}$$

表示:若把条件$P$内的变量$x$代之以值$e$后$P$为真,则执行语句$x:=e$后条件$P$成立。

(2) 条件公理

$$\frac{\{P\wedge B\}Q_1\{R\},\ \{P\wedge\sim B\}Q_2\{R\}}{\{P\}\text{if }B\text{ then }Q_1\quad\text{else }Q_2\quad\text{fi }\{R\}}$$

表示,若横线上面的断言都成立,则横线下面的断言也成立。

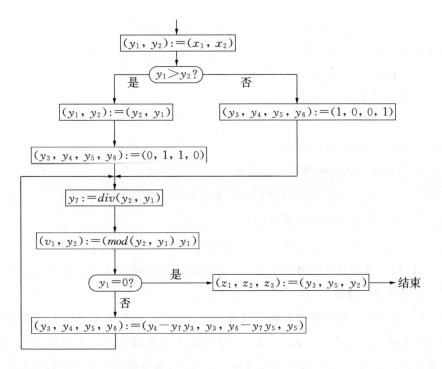

（3）组合公理

$$\frac{\{P\}Q_1\{R\},\ \{R\}Q_2\{W\}}{\{P\}Q_1;\ Q_2\{W\}}$$

其中的分号";"表示两个语句的顺序组合。

（4）循环公理

$$\frac{\{P\wedge B\}Q\{P\}}{\{P\}\mathbf{while}\ B\ \mathbf{do}\ Q\ \mathbf{od}\ \{\sim B\wedge P\}}$$

（5）前推导规则

$$\frac{P_1\rightarrow P_2,\ \{P_2\}Q\{R\}}{\{P_1\}Q\{R\}}$$

（6）后推导规则

$$\frac{\{P\}Q\{R_1\},\ R_1\rightarrow R_2}{\{P\}Q\{R_2\}}$$

试把这些公理改写为 Boyer-Moore 的引理形式，再增加必要的算术引理，并
证明：

（1）习题 5

（2）习题 6

(3) $\{x\geqslant 0 \wedge y\geqslant 0\}Q\{\sim(y\leqslant r)\wedge x=r+y\times q\}$

其中 $Q \equiv [r:=x; q:=0;$

   **while** $y\leqslant r$ **do**$(r:=r-y; q:=1+q)$ **od**$]$

8. 使用涟漪技术证明实数分配律:

$$(x+y)\times z=x\times z+y\times z$$

(提示:寻找适当的涟漪规则)。

9. 什么样的涟漪规则可用于证明

$$1+2+3+\cdots+n=n(n+1)/2$$

10. 利用并行涟出规则证明:

$$x=y\rightarrow\sqrt{x^2+1}=\sqrt{y^2+1}$$

11. 19.2 节中讲了条件涟出规则,试根据程序中循环语句的原理设计循环涟出和循环涟入规则,并举例阐明其应用。

12. 大多数归纳证明都是构造性的,即:归纳假设的形式是 $\varphi(x)$,而归纳结论的形式是 $\varphi(c(x))$。因此用 19.2 节所说的向后推理涟漪技术比较方便。但也有些定理是破坏性的,即归纳假设是 $\varphi(c(x))$,而归纳结论是 $\varphi(x)$,此时 19.2 节的方法就有些不好用了。

例如见下列规则:

$$u+v=\textbf{if } u=0 \textbf{ then } v \textbf{ else } s(p(u)+v) \textbf{ fi}$$

其中 $s$ 为后继函数,$p$ 为前驱函数。试问:

(1) 你有什么好的办法解决这类问题?

(2) Bundy 曾试过一种办法,不是从归纳结论开始向后推理,而是从归纳假设开始向前推理。结果遇到了困难。请你按照这个思路走一遍,并分析困难何在。

# 第五部分 机器学习

> ——如果一个系统能够通过执行某种过程而改进它的性能，这就是学习。

Simon

机器学习是人工智能研究的最早的课题之一，也是人工智能中最具智能特征的课题之一。有人认为，一个不具备学习功能的系统不能被认为是有智能的系统。同时，机器学习还是人工智能中最前沿的研究课题之一，机器学习的重大进展往往意味着人工智能研究向前迈进了坚实的一步。

可以从不同的角度对机器学习分类。1983 年，Carbonell，Michalski 和 Michell 在一篇文章中提出了如下三条分类标准：

1. 按照所使用的学习策略分类。

2. 按照学习者获得的知识的表示方式分类。

3. 按照该学习系统的应用领域分类。

在该文中，他们对第一点(学习策略)是这样分类的：

(1) 强记和填鸭式学习。

(2) 在教员指导下学习。

(3) 通过类比学习。

(4) 通过大批实例学习。

(5) 通过观察和发现学习。

从这个清单中，或者从研究 70 年代到 80 年代初期的文献中，可以看出，在当时的机器学习方法中，归纳学习占了非常重要的地位，通过分析(类比)学习的方法只开了一个头,其余则是灌输式学习。

五年以后,即 1989 年,Artificial Intelligence 杂志出了一期机器学习的专刊,其中第一篇文章又是 Carbonell 的综述,把它和 1984 年的综述一对比,就可以发现机器学习有了很大的发展。在这篇文章中,Carbonell 把学习策略归结为四种风范。

1. 基于归纳的学习风范。

2. 基于分析的学习风范。

3. 基于遗传原理的学习风范。

4. 基于海量并行(神经网络)的学习风范。

从这篇综述中可以得出结论:首先,归纳学习一家独领风骚的时代已不复存在,也许是因为有些问题已研究得比较成熟,但更重要的是出现了一些十分令人感兴趣的新方向,尤以基于解释的学习和基于案例的学习(可以看作是基于类比的学习的本质发展)为甚。这使得分析式学习的地位大大上升。同时,遗传式学习的异军突起也很引人注目。目前,在所有的学习风范中,遗传式学习是唯一有自己单独的国际系列会议的学习风范。而海量并行学习(神经网络学习)则是另一个重要的新现象。在 70 年代中后期,人们曾把机器学习的发展归结为三个阶段:第一阶段是直接用模拟人脑的办法来设计学习功能,其中主要的学习模型是神经网络。第二阶段的特征是以符号概念为对象的学习。第三阶段的特征是更加强调以知识为基础。现在,神经网络式学习的再度风行似乎意味着机器学习已经走过了一个螺旋形上升的阶段。

在这一部分,我们只讨论归纳学习和分析学习,并把遗传式学习和神经网络学习也放在分析学习一章中。还有一部分与实际应用密切有关的机器学习(主要是和知识工程有关)放在本书第 27 章中。

机器学习长期以来主要是一门经验科学。从 80 年代中期开始出现了归纳学习的算法理论的研究,其中心问题是一个概念的可学习性。这是一个十分重要的理论研究方向,建议读者在阅读时不要放过这一节。

# 第二十章

# 归 纳 学 习

## 20.1 盲目式搜索示例学习

在盲目式学习中,单个概念的学习是最基本的任务。什么叫单个概念的学习呢? 一种通用的定义是:

1. 给定由全体实例组成的一个实例空间,每个实例具有某些属性。

2. 给定一个描述语言,该语言的描述能力包括描述每一个实例(通过描述该实例的属性来实现)及描述某些实例集,称为概念。

3. 每次学习时,由实例空间抽出某些实例,称这些实例构成的集合为正例集。再由实例空间抽出另一些实例,称这些实例构成的集合为反例集。

4. 如果能在有限步内(假定正例集和反例集所包含的例子个数都是有限的话)找到一个概念 $A$,它完全包含正例集,并且与反例集的交集为空,则 $A$ 就是所要学的单个概念。学习成功。否则,学习失败。

5. 如果存在一个确定的算法,使得对于任意给定的正例集和反例集,学习都是成功的,则称该实例空间在该表示语言之下是可学习的。

从上述定义来看,学到的概念可能是不唯一的。因为除非正例集和反例集加起来正好等于整个实例空间,否则总可以有很大的活动余地。我们不妨估算一下这个活动余地:令 $E$,$P$ 和 $N$ 分别代表实例空间、正例集和反例集,$d = |E-P-N|$ 代表实例空间中剩余部分的元素个数,则 $\binom{d}{0} + \binom{d}{1} + \binom{d}{2} + \cdots + \binom{d}{d} = 2^d$ 就是可能学到的概念的总数。例如,如果实例空间减去正例集和反例集后还有 10 个元素,则可学到的概念是 1 024 个。

在实际生活中极易见到这种情况。例如取实例空间为所有的人,正例集为华罗庚、李四光、竺可桢、吴有训,反例集为罗斯福、斯大林、丘吉尔。则学到的概念可以是中国人,或科学家,或中国科学家,或自然科学家,或中国自然科学家,或已故中国自然科学家,等等,不胜枚举。而名人、男人、已故的人、已故名人、已故男人、曾在 20 世纪生活的人,等等则不可能是学到的概念,因为它们也包括反例。至于描述语言的表示能力,它的局限性主要体现在人工语言上(如谓词演算,命题演算等等其表达能力都是明确的),我们在上面用的是自然语言,一般来说不发生表示能力受限的问题。

在单个概念学习中,最重要的工作是 Mitchell 关于版本空间的论述。所谓版本空间,就是在当前正反例限制下所有可能的概念的空间。Mitchell 假定这个空间是一个偏序结构,并把单个概念学习定义为在这个空间中的搜索。

由于每个概念代表一个实例集,因此可用集合之间的偏序关系(见 15.3 节)定义概念之间的偏序关系。具有这种偏序关系的概念(加上所有的实例)的集合称为版本空间,以 $H$ 表示。我们恒假定 $H$ 中有一个最大元素 $\top$。定义如下的集合函数,其中 $x \in H$, $y \in H$:

1. $\text{low}(x) = \{y \mid y = x, \ y \neq x\}$

2. $\text{high}(x) = \{y \mid x \leqslant y, \ y \neq x\}$

3. $\min(B) = \{x \mid x \in B, \text{且}(\not\exists y \in B, \text{使 } y \neq x, \ y \leqslant x)\}$

4. $\max(B) = \{x \mid x \in B, \text{且}(\not\exists y \in B, \text{使 } y \neq x, \ x \leqslant y)\}$

5. $\text{down}(x) = \max(\text{low}(x))$

6. $\text{down}(B) = \bigcup_{x \in B} \text{down}(x)$

7. $\text{up}(x) = \min(\text{high}(x))$

8. $\text{up}(B) = \bigcup_{x \in B} \text{up}(x)$

9. $\text{spe}(B, y) = \textbf{if}(\exists x \in B, \ y \leqslant x)$

       **then** $\text{spe}(\text{down}(\{x \mid x \in B, \ y \leqslant x, \ y \neq x\}), y)$

            $\bigcup \{x \mid x \in B, \ y \npreceq x\}$

       **else** $B$

10. $\text{gen}(B, y) = \textbf{if}(\exists x \in B, \ y \npreceq x)$

       **then** $\text{gen}(\text{up}(\{x \mid x \in B, \ y \npreceq x\}), y)$

            $\bigcup \{x \mid x \in B, \ y \leqslant x\}$

       **else** $B$

举一些例子。在图 20.1.4 中,low(住)={睡袋,亭子间,旅行车,⊥},high(睡袋)＝{衣,住,⊤},min({衣,食,牛肉面})＝{衣,牛肉面},max({衣,中山装,⊥})＝{衣},down(衣)＝{中山装,睡袋},down({衣,住})＝{中山装,睡袋,亭子间,旅行车},up(睡袋)＝{衣,住},up({睡袋,牛肉面})＝{衣,食,住},spe({⊤},旅行车)＝{食,衣,睡袋,亭子间},gen({中山装},旅行车)＝{⊤}。

直观地说,low($x$)是求比 $x$ 小的元素,high($x$)是求比 $x$ 大的元素,min($B$)和 max($B$)分别求 $B$ 的下界和上界。down 和 up 分别表示向下和向上走一步,又称特化和泛化,spe($B$,$y$)求 $B$ 对于 $y$ 的最低限度特化,gen($B$,$y$)求 $B$ 对于 $y$ 的最低限度泛化。这两个函数都是递归定义的。以 spe($B$,$y$)为例,它的含义是:如果对 $B$ 中任一元素 $x$,都没有 $y \leqslant x$,则结果就是 $B$。否则,保留不满足这个条件(即 $y \leqslant x$)的所有 $x$,称之为 $C$,对其余的 $x$,先令其往下走一步(求 down($x$)),再计算 spe(down($x$),$y$),把所得结果与 $C$ 合起来即是 spe($B$,$y$)的值。更多的例子将在讨论算法以后再给出。

在本节中,我们将分三个层次来讨论版本空间中的盲目示例学习问题。第一层:只有正例的学习。一般用于从一组对象中抽取它们的共同特征。例如,给定一百位具体的科学家,问他们的共同特征是什么,也就是说要学习"科学家"这个概念。第二层:有正例和反例的学习。一般用于从正反两面来确定一个概念的特性。例如,在一百位科学家之外再加上一百位非科学家。比起只有正例来,可以更精确地得到所要概念的描述。第三层:既有正例和反例,也考虑到大批未经测试的例子集合。这一般用于预测将来遇到的实例属于哪个概念。示例学习的真正目的也就在这里。

在给出第一层算法之前,先要解释几个名词。

**定义 20.1.1** 称版本空间 $H$ 中的一个概念集为一个覆盖,如果每个正例 $a$ 都是其中某个概念 $x$ 的一个特化(即 $a \leqslant x$),也称 $x$ 覆盖 $a$。

设有版本空间 $H$ 中的一个覆盖 $G$。如果 $G$ 中任一概念都不覆盖任何反例,则称 $G$ 是一个无反例覆盖。

设有版本空间中的一个无反例覆盖 $G$,如果 $G$ 中每个概念都能覆盖所有正例,则称 $G$ 是一个全能覆盖。

版本空间中的一个无反例覆盖 $G$ 也称为互补覆盖(因为其中的概念合起来可以覆盖所有的正例)。

设有版本空间中的一个全能覆盖 $G_1$,如果不存在另一个全能覆盖 $G_2$,使得对 $G_1$ 的每一概念 $x$,皆存在 $G_2$ 的一个概念 $y$,使 $y \leqslant x$ 成立,且使得至少存在

$G_1$ 中的概念 $t$ 及 $G_2$ 中的概念 $w$,使 $w \leqslant t$ 及 $w \neq t$,则称 $G_1$ 是一个精确覆盖。

设有版本空间中的一个互补覆盖 $G$,如果不存在 $G$ 的元素 $a$ 及 $G$ 的子集 $G'$,使 $a \notin G'$,且 $a$ 覆盖的正例集是 $G'$ 覆盖的正例集的子集,则称 $G$ 是一个无冗余覆盖。

易见,泛谈精确覆盖和无冗余覆盖并无意义(为什么?),在图 20.1.1 中有四个覆盖,其中:

(1) $\{x\}$ 是覆盖,但不是无反例覆盖($b$ 为反例)。

(2) $\{x, y\}$ 是全能覆盖,也是精确覆盖,但不是无冗余覆盖。

(3) $\{x\}$ 是无冗余覆盖和全能覆盖,但不是精确覆盖。

(4) $\{x, y\}$ 是互补覆盖和无冗余覆盖,但不是全能覆盖和精确覆盖。

**算法 20.1.1**(正向搜索求精确全能覆盖)

1. 令 $R$ 为空集,实例个数为 $n \geqslant 1$,称全体实例之集合为 $S$。

2. 若 $n=1$ 则学习完成,停止执行算法,该实例本身即为所求概念。

3. 在版本空间 $H$ 中执行正向搜索:由 $S$ 出发向上走一步,即求 $\mathrm{up}(S)$,并以 $S'$ 表之。

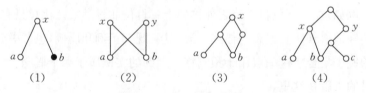

(1)　　　　(2)　　　　(3)　　　　(4)

**图 20.1.1　几种不同的覆盖**

4. 取 $S'' = \min(S')$。

5. 从 $S''$ 中取出下列子集:

$$\{x \mid x \in S'',且 \ x \ 覆盖所有实例\}$$

并把此子集之元素存入 $R$ 中。

6. 若 $S''$ 非空,则令 $S''$ 为新的 $S$,转 3。

7. 否则,停止执行算法。学习结果在 $\min(R)$ 中。

算法完。

图 20.1.2 以前面提到的四位科学家为例子,构造版本空间 $H$,对 $H$ 执行算法 20.1.1. $S$ 的初始内容是{华罗庚,李四光,竺可桢,吴有训},向上走一步后

$S'=$｛江苏人,湖北人,浙江人,江西人,数学家,地学家,气象学家,物理学家｝。由于"气象学家"≤"地学家",$S''$比$S'$少一个"地学家"。由于$S''$中没有任何概念可覆盖全部四位科学家,$R$此时为空集。在第二轮搜索中,新的$S'=$｛科学家,华东地区人,华中地区人,地学家｝。新的$S''=$｛华东地区人,华中地区人,地学家｝。此时仍无概念可覆盖全体实例,第三轮搜索使$S'=$｛科学家,中国人｝,$S''=S'$。这两个概念都能覆盖全体实例,于是被加入$R$中。学习的最后结果是｛科学家,中国人｝。为了例示算法的需要,在"李四光"和"地学家"之间有意略去了概念"地质学家"。

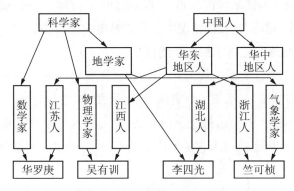

**图 20.1.2 正向求精确全能覆盖**

**算法 20.1.2**（反向搜索求精确全能覆盖）

1. 令$R$为空集,实例个数为$n \geq 1$,$G$为｛⊤｝。

2. 若$n=1$则学习完成,停止执行算法,该实例本身即为所求概念。

3. 在版本空间$H$中执行反向搜索:由$G$出发向下走一步,即求 down$(G)$,并以$G'$表之。

4. 若$G'$中有不能覆盖全部实例的元素,则删去之。

5. 把集合｛$x \mid \exists y \in$ down$(x)$,$y$在第4步中被删去｝的全部元素存入$R$中。

6. 若$G'$为空,则停止执行算法,学习结果为 min$(R)$中的全部概念。

7. 否则,以 max$(G')$为新的$G$,转3。

算法完。

在图 20.1.3 中,有三个实例$a$,$b$,$c$。在第一轮搜索中,得到$G'=$｛$x$,$y$｝,$R$为空集。在第二轮搜索中,得到$G'=$｛$a$,$b$,$c$,$z$,$t$｝,其中$a$,$b$,$c$,$t$均因不

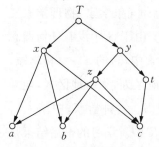

**图 20.1.3　反向求精确全能覆盖**

能覆盖全部实例而被删去,但它们的父概念 $x$ 和 $y$ 却被存入 $R$ 中,于是 $G'$ 中只剩下 $z$。在第三轮搜索中又得 $G'=\{a, b, c\}$,它们再一次被删去,导致 $z$ 送入 $R$ 中,使 $R=\{x, y, z\}$,而 $\min(R)=\{x, z\}$ 即为学习结果。

在以上两个算法中都要反复用到比较操作 $a \leqslant b$。有时这种操作不一定可以马上实施。例如,定义关系 $\leqslant$ 为:若某甲是某乙的后代则甲 $\leqslant$ 乙,在此定义下需经逐步推断才能知道 $x$ 和 $y$ 之间是否有 $\leqslant$ 关系成立。下面的算法可以在避免作"超距"比较的情况下正向求精确全能覆盖。

**算法 20.1.3**(逐步正向求精确全能覆盖)

1. 令 $R$ 为空集。实例个数为 $n \geqslant 1$。称全体实例之集合为 $S$。规定 $S$ 中每个元素带一个编号集,表示第 $i$ 个实例的 $S$ 元素的编号集为 $\{i\}$。

2. 若 $n=1$ 则学习完成,停止执行算法,该实例本身即为所求概念。

3. 对 $S$ 中每个元素 $x$,求它的推广集 $up(x)$,令 $up(x)$ 中每个元素的编号集为 $x$ 的编号集。

4. 合并诸 $up(x)$ 成一个集合 $G$,若在合并前多个 $up(x)$ 同时包含某元素 $y$,则 $y$ 在 $G$ 中的编号集即为 $y$ 在原来诸 $up(x)$ 中的编号集之并。

5. 取 $G'=\min(G)$。

6. 取出 $G'$ 中所有这样的元素,它的编号集包括从 $1$ 到 $n$ 的所有正整数,并存入 $R$ 中。

7. 若 $G'$ 非空,则令 $G'$ 为新的 $S$,转 3。

8. 否则,停止执行算法,学习结果在 $\min(R)$ 中。

算法完。

上面给出的是不考虑反例的求全能覆盖算法。下面要引入有反例的情况,用的方法也是正向和反向搜索。我们本可以像上面做的那样,对正向和反向搜索各给出一个算法。为了节省篇幅,此处合成为一个算法,但可以明显地看出它是通过反复执行正向搜索和反向搜索两个子算法实现的。除此之外,还有一个历史上的原因,那就是 Mitchell 曾在 70 年代末给出过一个类似的算法,其要点与我们在下面将要给出的算法一致。习惯上称该算法为候选-删除算法。在该算法中,$H$ 仍然表示版本空间。它的初态是由描述语言所能描述的全体概念组成的偏序集合,包括最大元素$\top$和最小元素$\bot$,其中 up($\bot$)即全体实例的集合(包括正例和反例)。$\top$和$\bot$也称为顶元素和底元素。又令$G$和$S$是$H$的两个子集,分别由顶向下和由底向上逼近所求的概念。直观地说,可称$G$为所学概念的必要条件(不覆盖反例的最高限),称$S$为所学概念的充分条件(覆盖全体正例的最低限)。$G$和$S$之间的概念满足充分必要条件。

**算法 20.1.4**(双向搜索求全能覆盖)

1. 令$G=\{\top\}$,$S=\{\bot\}$。

2. 对每个新的正例$b$,做如下工作:

(1) 除去$G$中不能覆盖$b$的元素,即,$\forall x \in G(b \not\leq x \to$删去$x)$。

(2) 若$G$为空,则学习失败,停止算法执行。

(3) 对$S$中每个不能覆盖$b$的元素,作最小限度泛化,形成能覆盖$b$的新$S'$,即,$S'=\text{gen}(S,b)$。

(4) 取$S'$的下界,即令$S''=\min(S')$。

(5) 删去$S''$中不受$G$覆盖的部分,即令

$$S''' = \{t \mid t \in S'', \ \exists z \in G, \ t \leq z\}$$

(6) 若$S'''$为空,则学习失败,停止算法执行。

(7) 否则,令新的$S$为$S'''$。

3. 对每个新的反例$c$,做以下工作:

(1) 除去$S$中覆盖$c$的元素,即$\forall x \in S(c \leq x \to$删去$x)$。

(2) 若$S$为空集,则学习失败,停止算法执行。

(3) 对$G$中每个覆盖$c$的元素$x$,作最小限度的特化,形成不覆盖$c$的新$G$,即令$G'=\text{spe}(G,c)$。

(4) 取$G'$的上界,即令$G''=\max(G')$。

(5) 删去$G''$中不覆盖$S$的部分,即令$G'''=\{t \mid t \in G'', \ \exists x \in S, \ x \leq t\}$。

(6) 若$G'''$为空集,则学习失败,停止算法执行。

(7) 否则,令新的$G$为$G'''$。

4. 如果正、反例都已输入完毕,而$G$和$S$都不是空集,则

(1) $H$的任何元素$x$,满足:$\exists y \in G$,$x \leq y$及$\exists z \in S$,$z \leq x$者,都可被认为是本次学习学到的一个概念。

(2) 若 $G=S$,则本次学习学到的每一个概念都是精确有,既不能被泛化,也不能被特化。

(3) 若 $G=S$,且都是单元素集,则本次学习取得了它本来意义上的成功,即学到了一个唯一的概念。

算法完。

这个算法的要点与文献中通称为候选-删除算法的 Mitchell 原方法一样,此处作了一些修改和严格化,执行该算法的例子见图 20.1.4.执行步骤如下:

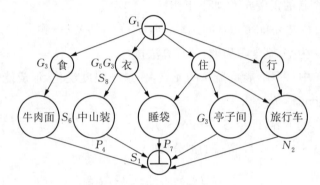

图 20.1.4   在版本空间中学习

第一步,$G_1$ 和 $S_2$ 分别为顶元素和底元素。

第二步,输入反例"旅行车"($N_2$)。

第三步,对 $G_1$ 作最小限度特化,得到 $G_1'=$ {食,衣,睡袋,亭子间}。

第四步,取 $G_1'$ 的上界,得到 $G_1''=$ {食,衣,亭子间},命名它为 $G_3$。

第五步,输入正例"中山装"($P_4$)。

第六步,除去 $G_3$ 中的"食"和"亭子间",使 $G_5=$ {衣}。

第七步,对 $S_1$ 中的底元素 $\perp$ 作最小限度泛化,得到 $S_1'=\mathrm{gen}(S_1,$中山装$)$ $=$ {中山装,衣,$\top$}。

第八步,取 $S_1'$ 的下界,得 $S_1''=$ {中山装},并令 $S_6=$ {中山装}。

第九步,输入正例"睡袋"($P_7$)。

第十步,对 $S_6$ 中的"中山装"作最小限度泛化,得到 $S_6'=\mathrm{gen}(S_6,$睡袋$)=$ {衣},并令 $S_8=$ {衣}。学习成功,最后概念是"衣"。

当初,Mitchell 在研究机器学习时,曾经把这个算法用于教计算机学习扑克牌中的一些概念,如同花、顺子等等。用谓词来表示牌的花色和点子。版本空间

$H$ 中的每个实例和每个概念(除 $\top$ 和 $\perp$ 之外)都表示成谓词公式。这里一个实例就是一副牌。在 $H$ 中,关系 $x \leqslant y$ 定义为:若谓词公式 $x$ 为真,则谓词公式 $y$ 也为真。例如,以 $c_i$ 表示一张牌,suit$(c_i,$梅花$)$ 和 rank$(c_i, A)$ 分别表示这张牌的花色是梅花,点子是 $A$,则同花的一个实例是 suit$(c_1,$梅花$) \wedge$ rank$(c_1, A) \wedge$ suit$(c_2,$梅花$) \wedge$ rank$(c_2, K) \wedge$ suit$(c_3,$梅花$) \wedge$ rank$(c_3, Q) \wedge$ suit$(c_4,$梅花$) \wedge$ rank$(c_4, J) \wedge$ suit$(c_5,$梅花$) \wedge$ rank$(c_5, 10)$。最后学得的概念是:

$\exists x, c_1, c_2, c_3, c_4, c_5:$ suit$(c_1, x) \wedge$ suit$(c_2, x)$

$\wedge$ suit$(c_3, x) \wedge$ suit$(c_4, x) \wedge$ suit$(c_5, x)$

不难看出,算法 20.1.4 与以前的几个算法有一明显的不同,就是包含几种可能失败的情况。在只有正例的学习中,这是不会出现的。在 Mitchell 原来的算法中,也没有考虑到失败的情况。这并不是因为他的算法有什么问题,而是因为他采用了特定的表示语言(谓词公式),应用于特定的对象(学习扑克牌概念)。在这种特定条件下,学习是一定能成功的,因为所用语言的表示能力足够了(下文还要回到这个问题上来)。我们的算法不假定有足够强的表示语言,适用范围比 Mitchell 的算法广。为了部分地挽救学习的失败,我们可以降低一些条件。不是求全能覆盖,而是求互补覆盖。它也可以从正反两方面进行。与在全能覆盖中定义精确覆盖一样,在互补覆盖中也可定义精确覆盖。全能覆盖越精确越好,互补覆盖却是越不精确(即越抽象)越好(为什么?)。当然单线联系(某个概念只有一个子概念)的情况不能考虑在内。

**算法 20.1.5**(正向搜索求最抽象互补覆盖)

1. 令 $R$ 为空集,正例个数为 $n \geqslant 1$,称全体正例之集合为 $S$。

2. 若 $n=1$ 则学习完成,停止执行算法,该正例本身即为所求概念。

3. 在版本空间 $H$ 中执行正向搜索:由 $S$ 出发向上走一步,即求 up$(S)$,并以 $S'$ 表之。

4. 删去 $S'$ 中覆盖反例的那些元素。

5. 若 $S$ 中某个元素 $x$ 的泛化 up$(x)$ 在第 4 步中全被删去,则送 $x$ 入 $R$ 中。

6. 若 $S'$ 为空,则停止执行算法,学习结果为 max$(R)$ 中的那些概念。

7. 若 $S'$ 中只含一个元素 $x$,则送 $x$ 入 $R$ 中,并停止执行算法,学习结果为 max$(R)$ 中的那些概念。

8. 否则,以 $S'$ 为新的 $S$,转 3。

算法完。

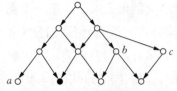

**图 20.1.5** 正向求最抽象互补覆盖

在图 20.1.5 中,最下一层是四个实例,其中黑圈表示反例。算法 20.1.4 在此情况下必然失败,而算法 20.1.5 却能成功,学到的概念集是 $\{a, b, c\}$。

**算法 20.1.6**(反向搜索求最抽象互补覆盖)

1. 令 $R$ 为空集,正例个数为 $n \geqslant 1$。令 $G = \{\top\}$。

2. 若无反例则停止执行算法,学习结果为 $\{\top\}$。

3. 在版本空间 $H$ 中执行反向搜索:由 $G$ 出发向下走一步,即求 down$(G)$,并以 $G'$ 表之。

4. 删去 $G'$ 中不覆盖任何正例的那些元素。

5. 若 $G'$ 中有元素 $y$ 不覆盖任何反例,则取出 $y$ 并存入 $R$ 中。

6. 若 $G'$ 为空,则停止执行算法。学习结果为 max$(R)$ 中的那些概念。

7. 否则,以 $G'$ 为新的 $G$,转 3。

算法完。

可以验证,用本算法对图 20.1.5 中的 $H$ 空间进行搜索,所得的结果也是 $\{a, b, c\}$。这说明,两个算法都可能产生冗余覆盖($c$ 覆盖的正例集是 $b$ 覆盖的正例集的子集)。为了求得无冗余覆盖,需要修改算法。最简单的办法是在上述学习算法结束后加上一个删除冗余的子算法,我们把它留作习题。

现在我们回过头来比较一下全能覆盖和互补覆盖。这两个概念的产生也是由于表示语言能力不足的原因。为了说明这一点,定义两个运算如下:令 $H$ 是一个偏序集,$H'$ 是它的一个子集,满足 max$(H')$ = min$(H')$ = $H'$。如果存在 $H$ 中的元素 $x, y$,满足:

1. $\forall t \in H', x \leqslant t$

   $\forall w \in \{w \mid \forall t \in H', w \leqslant t\}, w \leqslant x$

2. $\forall t \in H', t \leqslant y$

   $\forall w \in \{w \mid \forall t \in H', t \leqslant w\}, y \leqslant w$

则称 $x = $ max min$(H')$, $y = $ min max$(H')$。不难验证,如果表示语言强到足以保证 $x$ 和 $y$ 存在,则单个元素 $x$ 能代替整个全能覆盖,而单个元素 $y$ 能代替整个互补覆盖。

求互补覆盖也可以双向进行,这基本上是算法 20.1.4 的变形。它的要点如下:

**算法 20.1.7**（双向搜索求最抽象互补覆盖）

1. 令 $R$ 为空集，正例个数为 $n \geqslant 1$，称全体正例之集合为 $P$。

2. 若 $n=1$ 则学习完成，停止执行算法。该正例本身即为所求概念。

3. 若 $P$ 为空集则学习完成，停止执行算法，学习结果为 $\max(R)$ 中的那些概念。

4. 否则，令 $G=\{\top\}$，从 $P$ 中取出一正例 $a$，令 $S=\{a\}$。

5. 对每个反例 $c$，反复执行算法 20.1.4 的第 3 步，使 $G$ 不覆盖反例而覆盖 $a$。

6. 把 $G$ 中元素全部存入 $R$。

7. 从 $P$ 中除去 $G$ 中元素覆盖的全部正例。

8. 转 3。

算法完。

顺便说一下，这个算法的概要就是 Michalski 的 $A^q$ 算法。注意，由于我们在算法 20.1.4 中包含了对出错情况的处理，而本算法调用了该算法的部分，所以与 $A^q$ 算法也是不完全一样的。

现在可以进入第三层的学习，这是在有大量未经测试的例子的情况下，进行预测性的学习，首先我们要对"未经测试的例子"给出一个直观的解释。一般来说，实例的特性都是通过某些属性及其值刻画的。每个具体的实例确定了属性值的某种特定组合，例如风向$=a$，风速$=b$，风力$=c$ 等等。可能有这样的一些属性值组合，它们与所有正例和反例的属性值组合都不一样（例如当地历史上未曾记载刮过这样一种风）。与这些属性值相应的实例（应该称为潜在实例，因为这是将来可能有的风）称为未经测试的实例或未知实例。

**算法 20.1.8**（乐观预测正向求最抽象互补覆盖）

对算法 20.1.5 作如下修改：

1. 删去第 2 步

2. 把第 7 步中的"若 $S'$ 中只含一个元素 $x$"改为"若 $S'$ 中只含顶元素 $\top$"。

算法完。

所需的修改很少，这是因为算法 20.1.5 的基本调子是乐观的：只要不覆盖反例就尽量做泛化。这实际上是为了尽可能多地包含未知实例。所谓乐观，意指假设未知实例基本上都是正例（只要和现有的反例不矛盾）。算法 20.1.5 的第 2 和第 7 步与整个算法的乐观情绪不协调，有点"就此止步"的味道。上面的算法中本可简单地规定把算法 20.1.5 的第 2 和第 7 步都删去，之所以把第 7 步作了那样的修改是考虑到一个极端情况——无反例的情况。在此情况下删去第 7 步是要出毛病的。

**算法 20.1.9**（乐观预测反向求最抽象互补覆盖）

把算法 20.1.6 的第 4 步改为：

删去 $G'$ 中只覆盖反例的那些元素。

算法完。

与乐观方法相对应的是保守方法。

**算法 20.1.10**（保守预测正向求最抽象互补覆盖）

1. 设 $P$ 为正例集，$N$ 为反例集，$U$ 为未知实例集。

2. 把 $N$ 看作正例集，$P$ 看作反例集，$U$ 看作未知实例集，用算法 20.1.8 求得覆盖 $F$。

3. 把 $P$ 看作正例集，$F$ 覆盖的全体实例看作反例集，$U-(F$ 覆盖的全体实例$)$ 看作未知实例集，用算法 20.1.8 求得覆盖 $F'$。

4. 停止执行算法，$F'$ 即为所求概念集。

算法完。

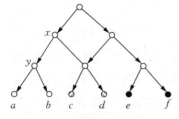

图 20.1.6　预测学习的乐观
方法和保守方法

在图 20.1.6 中，$a$，$b$ 是正例，$c$，$d$ 是未知实例，$e$，$f$ 是反例。若用乐观方法，学到的概念是 $x$，若用保守方法，学到的概念是 $y$。这显示了两种方法的不同效果。

到目前为止，我们说的全是单概念学习，这是基础。有了这个基础，现在可以研究多概念的学习，原则上可以采取如下的方法。

**算法 20.1.11**（多概念学习算法）

1. 给定 $k$ 类实例。

2. 取定一种单概念学习方法。

3. $i:=1$。

4. 以第 $i$ 类实例为正例，所有其他实例为反例，学习第 $i$ 个概念。

5. $i:=i+1$。

6. 若 $i>k$ 则学习结束，否则转 4。

算法完。

　　这个算法看起来很简单,但是有一些问题需要澄清。首先,取哪一种单概念学习方法? 是求全能覆盖还是求互补覆盖? 考虑到在多概念情况下,反例往往是大量的(因为其他概念的例子均看作反例),反例与正例交叉分布的情况可能比较复杂。因此,一般以求互补覆盖为比较现实。一些实际的机器学习系统也是这样做的。其次,一个更重要的问题是,采用乐观方法还是保守方法? 如果直接搬用上面给出的乐观方法和保守方法,则应该说两种方法都有问题,以图 20.1.6 为例。把 $\{a,b\}$ 和 $\{e,f\}$ 看作分属于两个概念的两组不同例子。如果执行乐观方法,则未知实例组 $\{c,d\}$ 既属于前一个概念,又属于后一个概念。在预测时出现了矛盾答案。如果执行保守方法,则未知实例组 $\{c,d\}$ 既不属于前一个概念,又不属于后一个概念,成了不可预测的情况(等于机器学习白学了)。这使人陷入两难境地。Michalski 提出了一个 AQ11 算法,基本上就是上面的乐观方法,但作了一个修正:每学完一个概念后把这个概念所覆盖的全体例子(包括正例和未知实例)全部抹去,这样既不会出现矛盾答案,又不会出现不可预测的情况,但同时也带来了一个新问题,即学习结果偏向于先学的概念。哪个概念先学就占便宜(更多的未知实例归入它的名下)。在图 20.1.6 中,若相应于实例组 $\{a,b\}$ 的概念先学,则未知实例组 $\{c,d\}$ 归入它的名下。反之,$\{c,d\}$ 归入与实例组 $\{e,f\}$ 相应的概念名下。总之,没有一个两全的方法。

## 20.2　启发式搜索示例学习

　　上一节讲的全是严格的穷举式搜索,本节讨论启发式搜索的示例学习。起码有三种情况使我们需要启发式搜索。第一种情况:当正例与/或反例的数量非常之大,或正例与/或反例不能一次获得时,需要对它们分批处理,这时学到的概念描述只是相对正确(所谓“正确”是指覆盖所有正例,排除所有反例)。第二种情况:当版本空间非常大时,穷举搜索的复杂性(代价)太高。此时可能需要对版本空间进行分割,然后在它的子空间内搜索。如果所搜索的子空间具有一定的“代表性”,那么可以认为这种搜索是相对完备的。为此付出的代价是:学习的结果可能不是最优的(最优性有各种定义,以后会提到)。甚至本来可以成功的学习也会因限制版本空间(这相当于限制表示语言的描述能力)而遭到失败。第三种情况:当正例和反例的分布呈十分复杂的交叉情况,甚至某些正例和反例具有同样的描述时,可能不得不在“容忍”部分反例的情况下进行学习,即允许所学的概念覆盖部分反例。为了避免学习失败,这样做是必要的。有关算法的优劣体现在所学到的概念集覆盖的正例数和反例数的某种比例上。当然要覆盖尽可能多的正例和尽可能少的反例。

先讨论第一类启发式搜索学习算法,它的基本原理是限制每次搜索时参加的正例和反例个数,同时也限制作为正例泛化的中间概念个数,使版本空间的搜索呈条状推进,因此又称为带宽搜索算法。

**算法 20.2.1**(带宽式正向求全能覆盖)

1. 给定实例集 $P$,版本空间 $H$。令 $R$, $R'$ 及 $R''$ 是初始内容为空的集合。$w$ 为正整数。$S[i]$, $S'[i]$, $S''[i]$, $P'[i]$ 是四个集合序列。$i$ 的初始值为 1。

2. 从 $P$ 中取出 $\min(w, |P|)$ 个实例,同时存入 $P'[i]$ 和 $S[i]$ 中。

3. 在版本空间 $H$ 中执行带宽正向搜索:由 $S[i]$ 向上走一步,即求 $\mathrm{up}(S[i])$,并存入 $S'[i]$ 中。

4. 令 $S''(i) = \min(S'[i])$。

5. 从 $S''[i]$ 中取出子集

$$\{x \mid x \in S''[i] \text{ 且 } x \text{ 覆盖 } P'[i] \text{ 中所有实例}\}$$

并把子集中的所有元素存入 $R$ 中。

6. 若 $|S''[i]| > w$,则按某种原则从 $S''[i]$ 中删去 $|S''[i]| - w$ 个元素。

7. 若 $S''[i]$ 非空,则以 $S''[i]$ 为新的 $S[i]$,转 3。

8. 若 $P$ 为空,转 11。

9. 按某种原则决定是否继续执行算法,若不再继续则转 11。

10. $i := i+1$;转 2。

11. 若 $i=1$ 则停止执行算法,学习结果为 $\min(R)$。

12. 令 $P'[1] := \bigcup\limits_{j=1}^{i} P'[j]$。检查 $R$ 中诸概念,把其中能覆盖 $P'[1]$ 中全部实例的概念存入 $R'$ 中,令 $R := R - R'$。

13. 若 $R$ 为空则转 19。

14. 在版本空间 $H$ 中执行带宽正向搜索:由 $R$ 向上走一步,即求 $\mathrm{up}(R)$,并存入 $R''$ 中。

15. 令 $R''' = \min(R'')$。

16. 从 $R'''$ 中取出子集

$$\{x \mid x \in R''' \text{ 且 } x \text{ 覆盖 } P'[1] \text{ 的所有实例}\}$$

并把子集中所有元素存入 $R'$。

17. 若 $|R'''|>w$，则按某种原则从 $R'''$ 中删去 $|R'''|-w$ 个元素。

18. 若 $R'''$ 非空，则以 $R'''$ 为新的 $R$，转 14。

19. 停止执行算法，学习结果为 $\min(R')$

算法完。

注意本算法求出的可能不是精确覆盖，这一点下面还要详细讨论。此外，本算法可以很容易地修改成反向搜索的对应算法，所以我们在下面直接进入求互补覆盖的讨论。

**算法 20.2.2**（带宽式正向求互补覆盖）

1. 给定正例集 $P$，反例集 $N$，版本空间 $H$。令 $R$ 及 $R'$ 是初始内容为空的集合。$w_1$ 和 $w_2$ 是两个正整数。$S[i]$，$S'[i]$，$P'[i]$，$N'[i]$ 是四个集合序列。$i$ 的初始值为 1。

2. 从 $P$ 中取出 $\min(w_1, |P|)$ 个正例，同时存入 $P'[i]$ 和 $S[i]$ 中。

3. 从 $N$ 中取出 $\min(w_1, |N|)$ 个反例，存入 $N'[i]$ 中。

4. 在版本空间 $H$ 中执行带宽正向搜索：由 $S[i]$ 向上走一步，即求 $up(S[i])$，并存入 $S'[i]$ 中。

5. 若 $S'[i]$ 中有某个元素 $x$ 覆盖 $N'[i]$ 中某个元素 $y$，则从 $S'[i]$ 中删去所有这样的 $x$。

6. 若 $S[i]$ 中某个元素 $x$ 的泛化 $up(x)$ 在第 5 步中全被删去，则送所有这样的 $x$ 入 $R$ 中，并从 $P'[i]$ 中删去 $x$ 覆盖的全部正例。

7. 若 $P'[i]$ 为空，转 10。

8. 若 $|S'[i]|>w_1$，则按某种原则从 $S'[i]$ 中删去 $|S'[i]|-w_1$ 个元素。

9. 以 $S'[i]$ 为新的 $S[i]$，转 4。

10. 若 $P$ 非空，则按某种原则决定是否继续执行算法，若继续执行则转 21。

11. 若 $i=1$ 则停止执行算法，学习结果为 $\max(R)$。

12. 否则，令 $N''=\bigcup_{j=1}^{i} N'[j]$，检查 $R$ 中诸概念，取出其中不覆盖 $N''$ 中任何反例的那些概念并放入 $R'$ 中。

13. 令 $P''=\bigcup_{j=1}^{i} P'[j]$，从 $P''$ 中删去被 $R'$ 中的概念覆盖的正例。

14. 若 $P''$ 为空则停止执行算法，学习结果为 $\max(R')$。

15. 在版本空间 $H$ 中执行带宽反向搜索：由 $R$ 向下走一步，即求 $down(R)$，

以 $R''$ 表之。

16. 从 $R''$ 中删去那些只覆盖 $N''$ 中反例的概念。

17. 取出 $R''$ 中不覆盖 $N''$ 中任何反例的那些概念。把这些概念表为 $R'''$ ，并存入 $R'$ 中。

18. 从 $P''$ 中删去被 $R'''$ 覆盖的所有正例。

19. 若 $|R''|>w_1$ ，则从 $R''$ 中删去 $|R''|-w_1$ 个元素。在删去时注意至少为 $P''$ 中的每个正例 $a$ 保留一个覆盖 $a$ 的概念。

20. 以 $R''$ 中剩下的概念为新的 $R$ ，转 14。

21. $i:=i+1$ 。转 2。

算法完。

我们来分析一下上面这两个算法，主要是分析一下使用带宽方法对学习效果带来的影响。首先，我们注意到，在这两个算法内都没有安排出错处理，这表明使用带宽方法不会影响学习算法的成败。在带宽式正向求全能覆盖算法中，由于是无反例搜索，在每条带内定能找到一个局部全能覆盖。把所有局部全能覆盖放在一起后，也定能找到一个全局全能覆盖。在带宽式正向求互补覆盖算法中，由于在删除多余元素时，注意到为每个正例保留一个覆盖它的概念，所以也总能找到局部互补覆盖。又由于把局部互补覆盖放在一起后，采用了向下特化的方法。最后总能剔除混杂其下的反例，而得到一个全局互补覆盖。

其次，使用带宽方法对学习效果的优劣还是有影响的。如何衡量学习效果的好坏呢？此处再明确一下。对全局覆盖来说，目的是要找到对一组实例的共同特性的刻画。这种刻画越精确越好。因为越精确，信息量就越大。对互补覆盖来说，目的是要找到一组只覆盖正例，而不覆盖反例的概念，组内概念的个数越少越好。概念个数少，表明此概念集的概括程度高。这两种判断标准是很明显的。可以设想，如果不坚持这两种标准。那么在全能覆盖算法中只要取一个顶元素 $T$ ，而在互补覆盖算法中只要取全体正例的集合便可宣告完成任务了。

图 20.2.1 的（1）和（2）表明了带宽方法对全能覆盖的影响。影响有两种。（1）表明在每条带中作局部搜索时，不适当地删除多余元素会造成不精确覆盖。对 $\{a,b\}$ 的泛化结果为 $\{x,y,z,w\}$ 。由于带宽为 2，此时必须删去两个元素。如果删去的是 $x$ 和 $w$ ，则留下的 $y$ 和 $z$ 在下一步泛化时就能合成 $v$ 。但若删去的是 $y$ 和 $z$ ，则 $x$ 和 $w$ 需经两次泛化后到 $p$ 处会合。虽然 $p$ 和 $v$ 都是局部全能覆盖，但显然 $v$ 比 $p$ 精确。（2）表明对实例的不适当的分组也会造成不精确覆

盖。如果$\{a,b\}$和$\{c,d\}$各在一条搜索带内,则各作一次局部搜索就得到两个局部全能覆盖$y$和$z$。合在一起后只需一步就得到全局全能覆盖$x$。反之,如果$\{b,c\}$和$\{a,d\}$各在一条搜索带内,并且从$\{b,c\}$的泛化$\{y,u,v,z\}$内删去的不是$\{u,v\}$而是$\{y,z\}$,则起码要再经过两次泛化以后到$t$处才能相会,这还是从$\{u,v\}$的泛化$\{w,p,q,s\}$中正确地删去$\{w,s\}$的缘故。若删去的不是$\{w,s\}$而是$\{p,q\}$,那这对"牛郎织女"真不知要到何年何月才能团聚。

同图的(3)和(4)表明了带宽方法对互补覆盖的影响。这里的影响也有两种。(3)表明局部搜索时不适当删除多余元素的影响。其中$\{a,c\}$是正例,$b$是反例,$\{a,c\}$的泛化是$\{x,y,z,w\}$。如果从其中删去的两个元素是$\{y,z\}$,则$\{x,w\}$再经一步泛化可在$v$处会合。此时$v$可以覆盖$\{a,c\}$。但若从$\{a,c\}$的泛化中删去了$\{x,w\}$,则$\{y,z\}$的泛化只能是$u$,而$u$覆盖一个反例$b$,所以求得的局部解是$\{y,z\}$。用两个概念$\{y,z\}$来描述两个正例,显然不如用一个概念$v$来描述的概括性强。(4)表明对正例的不适当分组所带来的影响,其中$\{a,b,d,e\}$是正例,$c$是反例。不难验证,如果把$\{a,b\}$和$\{d,e\}$各分在一条带内,则可以学到能描述全部正例而不覆盖反例的概念$v$。反之,如果把$\{a,e\}$和$\{b,d\}$各分在一条带内,则学到的很可能是概念集$\{p,y,z\}$,学习效果的差别是明显的。

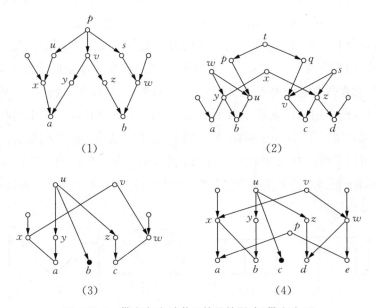

图 20.2.1　带宽方法对学习效果的影响(带宽为 2)

Dietterich 和 Michalski 在 1981 年研制的玩具木块学习系统 INDUCE 1.2 中所用的算法是算法 20.2.1 的一个特例。他们的算法只使用一条搜索带,而我们的算法则可以使用任意多条搜索带,其意义在于把空间开销转换成时间开销,克服存储容量不足的困难。当实例不能一次获得时,算法 20.2.1 还具有增量学习的优点。INDUCE 1.2 用一元谓词描述木块的特点,用二元谓词描述木块之间的空间位置关系。前者如 large, circle, red(大小、形状、颜色)等,后者如 ontop, touch(上下、相邻)等。用谓词公式描述积木世界。泛化的方法主要是去掉合取公式中的单个谓词。例如,图 20.2.2 中积木世界的学习结果是:

$\exists u, x, y$, cuboid($u$) $\wedge$ ball($x$) $\wedge$ ball($y$) $\wedge$ large($u$) $\wedge$ small($x$) $\wedge$ small($y$) $\wedge$ ontop($u$, $x$) $\wedge$ ontop($u$, $y$)

$\exists x, y$, cuboid($x$) $\wedge$ cuboid($y$) $\wedge$ large($y$) $\wedge$ ontop($x$, $y$)

图 20.2.2　在积木世界中求全能覆盖

可以把一项早期的工作,即 Winston 在 1970 年做的拱门结构学习中所使用的方法,看成是算法 20.2.1 和算法 20.2.2 的一个混合特例。他学的是全能覆盖(能描述一切拱门的概念),因此接近于算法 20.2.1。但他又使用反例,于是又接近算法 20.2.2。Winston 采用语义网作为描述语言,把拱门及其部件,连同部件的性质,以及对性质的描述等作为语义网的节点,而把它们之间的相互关系作为节点间的有向弧(参见图 4.4.1)。不同的语义网代表版本空间中的不同概念。泛化和特化操作都通过修改语义网来进行,或删除,或增加,或修改语义网上的节点和弧。他采用的带宽是 1,即 $w_1 = w_2 = 1$。每次只使用一个正例和一个反例(不同时使用)。学到一定时候,就形成了像图 4.4.1 所示的拱门概念。利用这个概念,可以判断图 20.2.3 中的(a)是拱门而(b)不是拱门。但事情并未就此结束。Langley 曾经对此提出挑战:用这个方法可以判断图 20.2.3 中的(c)是拱门而(d)不是拱门吗?

(a)　　　　　(b)　　　　　(c)　　　　　(d)

图 20.2.3　拱门概念的学习

问题在哪里呢? 我们在前面已经指出过。求全能覆盖算法之所以不会失败,是因为它不用反例。Winston 用了反例,这就难以保证算法一定成功。从常识上看,每给出一个新的反例时,总有办法指出它为什么不是拱门,从而把这个区别用来做版本空间的特化。因此似乎是不应该失败的。但 Winston 用的是一个固定的描述结构概念的语义网络语言,它的能力是有限的,不能应付日常生活中千变万化的概念。因此,Winston 研究的问题之困难就难在他想要学的是常识。对此,Langley 建议说:为了学习像拱门这样的概念,除了需要结构方面的描述外,也许还需要功能方面的描述。

在涉及常识问题的学习上,上面这种情况十分多见。例如,假若要让机器学习什么是流氓罪。根据中华人民共和国刑法第一百六十条的规定:"聚众斗殴,寻衅滋事,侮辱妇女或者进行其他流氓活动,破坏公共秩序,情节恶劣的,处七年以下有期徒刑,拘役或者管制。流氓集团的首要分子,处七年以上有期徒刑"。这就是法律指出的流氓罪。但是,要想通过一批实例来学习其中的某个概念,那就很困难了。图 20.2.4 展示的是有关的版本空间的一部分。这里假定描述语言是自然语言。观察该图可知,由于有许多"李四买菜刀"之类的反例,可能获得一

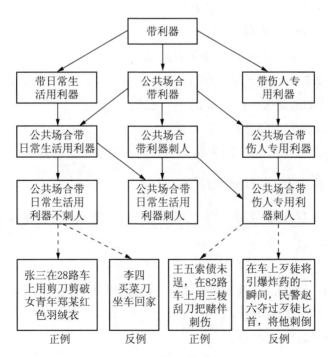

**图 20.2.4 学习概念"流氓罪"**

个概念:"公共场合带日常生活用利器不刺人"与流氓罪无关,但却恰恰有"张三剪破羽绒衣"这样的正例,于是已学的概念必须特化。同样,由于有许多"王五用三棱刮刀伤人"之类的正例,可能获得一个概念:"公共场合带伤人专用利器刺人"即是犯流氓罪,但偏偏又有民警赵六为紧急制止犯罪行为将歹徒刺倒这样的反例,使得该概念也必须进一步特化。常识类学习问题大抵都是这样的。某种意义上类似非单调推理。

现在讨论第二类启发式搜索学习算法。它的基本原理是把版本空间 $H$ 划分为若干个子空间,这些子空间的全体正好等于 $H$。每个子空间都覆盖全体实例,搜索首先分别在各子空间内进行。只要有一个子空间求得一组解(互补覆盖),学习任务即可以认为是完成了。如果在各子空间内均不能找到满意的解。再把各子空间内剩下的部分合在一起搜索。下面是一些有关的基本概念。

**定义 20.2.1** 设 $H$ 是版本空间,它的子空间 $H'$ 称为一个支撑子空间。如果:

1. $H'$ 继承 $H$ 的偏序($H'$ 的元素 $a$,$b$ 之间有 $a \leqslant b$ 关系,当且仅当它们在 $H$ 中有同样关系)。

2. 顶元素 $\top$ 和底元素 $\bot$ 属于 $H'$。

3. 所有实例皆属于 $H'$。

(形象地说,支撑子空间是"顶天立地"的。)

**定义 20.2.2** 设 $H$ 是版本空间,它的子空间 $E$ 称为一个横截面,如果 $H$ 中任何从 $\bot$ 到 $\top$ 的通路恰好包含 $E$ 的一个元素。

**算法 20.2.3**(子空间分别求互补覆盖)

1. 令 $R[i,1]$ 和 $R[i,2]$ 为两个初始内容为空的集合序列。$H$ 为版本空间,$H = \bigcup_{i=1}^{k} H_i$,诸 $H_i$ 为 $H$ 的支撑子空间。

2. 设 $F$ 为 $H$ 的横截面。$F = \bigcup_{i=1}^{k} F_i$,每个 $F_i$ 是 $H_i$(看作独立的版本空间时)的横截面。

3. $i := 1$。

4. 以支撑子空间 $H_i$ 及其横截面 $F_i$ 为参数调用算法 20.2.4,$R_1$ 和 $R_2$ 的内容分别存于 $R[i,1]$ 及 $R[i,2]$ 中。

5. $i := i + 1$。

6. 若 $i \leqslant k$ 则转 4。

7. 令 $R[1]=\bigcup\limits_{i=1}^{k}R[i,1]$，$R[2]=\bigcup\limits_{i=1}^{k}R[i,2]$。

8. 若 $R[1]$ 能覆盖全部正例则停止执行算法,学习结果为 $\max(R[1])$。

9. 否则,从 $P$ 中删去 $R[1]$ 覆盖的全部正例。

10. 在版本空间 $H$ 中执行正向搜索:由 $R[2]$ 出发向下走一步,即求 down $(R[2])$,并以 $R'[2]$ 表之。

11. 取出 $R'[2]$ 中只覆盖正例的元素存入 $R[1]$ 中,并从 $P$ 中删去这些元素覆盖的正例。

12. 若 $P$ 非空则以 $R'[2]$ 为新的 $R[2]$ 并转 10。

13. 否则,停止执行算法,学习结果为 $\max(R[1])$。

算法完。

**算法 20.2.4**(子版本空间学习)

输入:版本空间 $Q$，$Q$ 的横截面 $E$。

输出:只覆盖正例的概念集 $R_1$。正反例都覆盖的概念集 $R_2$。

1. 置 $R_1$，$R_2$ 为空集。

2. 从 $Q$ 中删去下列集合:

$$\{x \mid \exists\, y \in E,\ x \leqslant y \text{ 且 } x \neq y,\ x \neq \perp\}$$

得到新空间 $Q'$。

3. 把 $E$ 中所有覆盖 $Q$ 的反例(可能也覆盖正例)的元素看作 $Q'$ 的反例,把 $E$ 中只覆盖 $Q$ 的正例的元素看作 $Q'$ 的正例,使 $Q'$ 成为一个新的版本空间。

4. 对 $Q'$ 调用一个求互补覆盖算法,把求出的互补覆盖存入 $R_1$ 中。

5. 把 $E$ 中既覆盖 $Q$ 中正例,也覆盖 $Q$ 中反例的元素存入 $R_2$ 中。

6. 返回。

算法完。

不难猜到,这个算法在任何情况下都是成功的,因为其中没有安排出错处理,实际上正是这样,因为算法 20.2.4 输出的结果 $R_1$ 和 $R_2$ 覆盖了 $Q$ 的全部正例,经过逐次特化总可把它们覆盖的反例剔除掉。也就是说,单凭一个支撑子空间就能求得一组解。多个子空间合起来当然更没有问题。事实上,这个解在某种意义上还是最优的,证明如下:假设在非启发式搜索中得到一组最优互补覆盖(覆盖中的概念数量最少)。设 $x$ 是这个覆盖中的一个概念,$x$ 必属于某个子空间 $H_i$,在 $H_i$ 内从顶元素 $\top$ 引一条通路经 $x$ 到某个正例。根据横截面的定义,

该通路必与 $F_i$ 相交。设交点为 $u$。有两种情况:若 $u \leqslant x$,则凡是 $\leqslant u$ 的概念皆不覆盖反例,因此 $u$ 是 $Q'$ 中的正例,通过算法 20.2.4 的第 4 步必能求出 $x$ 是 $H_i$ 的互补覆盖中的一个成员。另一种可能是 $x \leqslant u$,则 $u$ 是 $Q'$ 中的反例(若 $x \neq u$ 的话),但 $u$ 又是既覆盖正例,又覆盖反例的概念,因此 $u$ 应属于 $R_2$,并作为算法 20.2.4 的输出返回算法 20.2.3。如果 $u$ 覆盖的正例不被 $R[2]$ 中的某个概念所覆盖,则总可在第 10 步中通过 $u$ 的特化得到 $x$。这说明在任何情况下算法 20.2.3 求出的覆盖都能包含 $x$。也就是说,上述最优覆盖必是该算法求出的覆盖的一个子集,删去其他成员即得此最优覆盖。

从另外一个角度看,该算法的设计并非是最优的。它把所有的支撑子空间都搜索完毕后才求总的覆盖。事实上,可能在搜索过部分子空间后就已得到一个可用的覆盖。从而不必再去搜索其余的部分。

由于这些原因,该算法还谈不上是启发式的。要得到真正启发式的算法,必须适当减弱条件。为此要补充两个定义。

**定义 20.2.3**

1. 定义 20.2.1 定义的支撑子空间去掉条件 3 后称为部分支撑子空间。

2. 定义 20.2.2 的横截面 $E$ 只满足如下条件:

$$\forall x, y \in E, x \neq y \rightarrow x \neq y$$

减弱条件之一。把算法 20.2.3 的横截面改为部分横截面,算法仍能成功,但求得的互补覆盖可能不是最优的。在图 20.2.5(a)中,$H_1 = \{\top, x, a, b, c, d, \bot\}$,$H_2 = \{\top, z, a, b, c, d, \bot\}$,$F_1 = \{x\}$,$F_2 = \{z\}$,用该算法求得的覆盖是 $\{b, c\}$,而最优覆盖是 $\{y\}$。

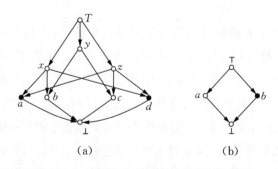

(a)　　　　　　(b)

**图 20.2.5　带减弱条件的启发式求互补覆盖**

减弱条件之二:把算法 20.2.3 的支撑子空间改为部分支撑子空间,算法可能不成功。在图 20.2.5(b)中,$a$ 是正例,$b$ 是反例。只有两个部分支撑子空间:$H_1 = \{\top, a, \bot\}$,$H_2 = \{\top, b, \bot\}$。该算法求得的解将是 $\{\top\}$,这是错误的。正确的覆盖是 $\{a\}$。

从 1985 年到 1987 年,我们做了一项从中文病历中学习医疗知识的研究,为此而研制的系统称为 AUTOCON,共分三部分。第一部分为中文自然语言理解系统 IUC,任务是从用中文书写的病历中提取信息。第二部分为机器学习系统 GPMIL,任务为从上述信息中提取规律性的知识。第三部分称 FEST。它的核心部分是一个框架推理机。FEST 接受 GPMIL 传过来的知识库,并构造一个以框架表示为基础的专家系统。我们利用 AUTOCON 在青光眼领域中做了一个实验。北京协和医院提供了 300 多份青光眼病历,从中生成了一个青光眼诊治专家系统。为了检查所学知识的可靠性,同时又做了另外两个青光眼专家系统。一个通过常规的与专家交谈方式获取知识,另一个通过人阅读分析和整理病历的方式获取知识。分别称这三个专家系统为 $E_1$,$E_2$ 和 $E_3$,用它们对 20 多份新的青光眼病历中列举的症状进行分析,并把分析结果与医生的结论对照。其符合率分别为 93%,100% 和 55%。这说明机器学习的效果还是可以接受的。所差的 7% 是由于机器学习时用的属性并非对最后的结论都同样重要。周孔骈在设计 GPMIL 时也用了一种按子空间搜索的启发式方法,其启发式原则和上面所说的大体类似。GPMIL 学习系统提供了一种背景知识描述语言,可以描述结构化的(层次性)概念,语法如下:

〈描述〉::=〈项〉|〈项〉♯〈描述〉

〈项〉::=Item〈项名〉:〈项体〉

〈项名〉::=〈标识符〉

〈项体〉::=〈描述符〉|〈描述符〉&〈项体〉

〈描述符〉::=Attribute:〈属性描述〉;

〈属性描述〉::=〈属性名〉;type〈类型〉,

　　value number〈多值性〉,value〈取值〉

　　〈缺省值〉

〈类型〉::=〈名词型〉|〈枚举型〉|〈数值型〉|〈结构型〉|above

〈名词型〉::=n

〈枚举型〉::=l

〈数值型〉∷＝d

〈结构型〉∷＝s

〈多值性〉∷＝〈单值型〉|〈多值型〉

〈单值型〉∷＝single

〈多值型〉∷＝multi

〈取值〉∷＝〈值〉|〈值〉∨〈取值〉

〈值〉∷＝〈单值〉|（〈值表〉）|〈值域〉|〈属性名〉

〈缺省值〉∷＝〈空〉|，default〈值〉

〈单值〉∷＝〈数〉|〈字符串〉

〈值表〉∷＝〈取值〉|〈取值〉,〈值表〉

〈值域〉∷＝min〈数〉,max〈数〉,precision〈数〉

下面是使用该语言描述背景知识的例子：

Item：前层角镜

    Attribute：上；type l，value number single，

        value W∨N$_1$∨N$_2$∨N$_3$∨N$_4$

    default W∨N$_1$

    Attribute：下；type above

    Attribute：外；type above

    Attribute：内；type above

    Attribute：虹膜根部；type：l，value number

        single，value 平坦∨轻度膨隆∨高度膨隆

    Attribute：入射角；type：l，value number single，

        value＜20∨20∨＞20

Item：常规检查

    Attribute：视力；type：l，value number single，

        value 1.5∨1.2∨1.0…∨光感∨失明

        default 1.5∨1.2∨1.0

    Attribute：眼压；type d，value number multi，

        value min 5，max 90，precision 1

        default min 15，max 21，precision 1.

Item：病历记载

Attribute：全方位；type：s，value number single，

    value(上，下，外，内)

    default($N_1$，$N_1$，$N_1$，$N_1$)

说明：属性"上"是枚举型，它可取 $W$，$N_1$，$N_2$，$N_3$，$N_4$ 五个值中的任一种，其中 $W$ 和 $N_1$ 都可作为缺省值。属性"下"、"外"和"内"取值的限制和属性"上"一样。属性"入射角"的值有小于 20，等于 20 和大于 20 三种。属性"眼压"的取值为 5 和 90 之间的任一整数，缺省值是 15 和 21 之间的任一整数。属性"全方位"是结构类型的属性，它的值由"上"、"下"、"外"、"内"四个属性的值组成。缺省值是四个 $N_1$。

有了背景知识，就可以输入一个个实例。例如，病人李甲，其前房角镜之属性上＝下＝外＝内＝$W$，虹膜根部＝轻度膨隆，入射角＝35，常规检查视力＝1.0，眼压＝38。病历记载中全方位＝($W$，$W$，$W$，$W$)。

现在讨论第三种启发式搜索示例学习。在这类学习中，不要求学得的概念集是无反例覆盖，只要求它们覆盖的正例数和反例数有一个合理的比例。实际上，在 GPMIL 中就已考虑到了覆盖反例的可能。下面给出的是更一般的情况。

**算法 20.2.5**（生成和测试方法）

1. 给定正例集，反例集，版本空间 $H$。

2. 根据某个原则在 $H$ 中找一组概念 $G=\{c_i\}$。

3. 计算每个 $c_i$ 覆盖的正例和反例个数。

4. 如果可能，计算每个 $c_i$ 覆盖的未知例个数。

5. 根据 4，5 两步求得的信息，以及一定的公式，算出每个 $c_i$ 的评分，并据此决定保留还是舍弃 $c_i$。

6. 根据已保留的全体概念的情况决定是否停止本算法的执行。

7. 若不停止则转 2，否则停止执行算法。学习结果为全体保留下来的概念。

           算法完。

注意，我们在这两节中给出的算法几乎都是算法 20.2.5 的特例，因此都可以在广义的意义上称为生成-测试算法。例如，在正向搜索求精确全能覆盖的算法中，在 $H$ 中找一组概念的原则就是由实例集向上，逐步进行泛化。对概念进行评分的方法就是看它是否覆盖全部实例，假定评分原则是：覆盖全部实例者得 1 分，否则得 0 分。则概念去留的原则是：得 1 分者留下，得 0 分者舍去。而决

定算法是否停止执行的原则则是：如本次生成的概念全部保留则停止执行算法，学习完成，否则继续执行。根据这一分析，我们又可把上面说的在 $H$ 中找一组概念的原则进一步具体化为：走第一个循环时以全体实例集作为生成的概念集，以后每次循环时以上一循环中舍去的概念的泛化作为新生成的概念集。对前面的其他算法也都可以用生成-测试方法加以解释。

如果生成-测试算法只是为了概括前面已经给出的一些算法，它的意义就不太大了。实际上，它可以包括更多的新算法。下面给出的爬山法就是一例。

**算法 20.2.6**（爬山法）

1. 给定正例集，反例集，版本空间 $H$ 及 $H$ 的子空间 $H'$。

2. 根据某个原则在 $H'$ 中找一组概念 $G=\{c_i\}$。

3. 像算法 20.2.5 规定的那样对每个 $c_i$ 评分。

4. 对每个 $c_i$，做下面两种操作之一：

(1) 对 $c_i$ 作某种特化，得 $c'_i$。

(2) 对 $c_i$ 作某种泛化，得 $c'_i$。

5. 计算 $c'_i$ 的评分并与原来的 $c_i$ 作比较，然后决定作下列四件事之一：

(1) 保留 $c_i$，舍弃 $c'_i$。

(2) 保留 $c'_i$，舍弃 $c_i$。

(3) $c_i$ 和 $c'_i$ 都保留。

(4) $c_i$ 和 $c'_i$ 都舍弃。

6. 根据某个原则决定是否继续执行算法，若继续则转 4。

7. 否则停止执行算法，学习结果为全体 $c_i$。

算法完。

Meta-Dendral 是利用测试-生成方法和爬山方法的一个特例。1968 年左右，Feigenbaum 等人把一个以枚举计算方式工作的质谱仪程序 Dendral 改造成为包含专家经验的启发式 Dendral 程序。1970 年前后，Buchanan 等人又为它研制了一个专用的学习程序 Meta-Dendral。由于 Dendral 的任务是根据质谱仪轰击分子以后产生的质谱图来预测分子的化学结构，Meta-Dendral 的任务就是通过一些已知的实例来学习这种预测规则。分子是由一组原子加上原子之间的键连接而成的，质谱仪的轰击会打断某些键，并在每个断键处产生一条质谱线。所以 Meta-Dendral 的任务相当于建立分子结构和断键位置之间的对应关系。Meta-Dendral 的启发式搜索部分包括两个子程序。一个是 Rulegen，负责从实例中生成一批比较粗糙（不太精确）的规则，用的是生成-测试方法。另一个是 Rulemod，负责从这批不太精确的规则中精选和修改出一组比较精确的规则，用的是爬山法。

先说 Rulegen，它从最一般的假设 $x * y$ 开始，采用向后搜索的方法。这里 $*$ 号表示断键位置，$x$ 和 $y$ 是变量，表示任意的分子结构。$x * y$ 的含义是：任何分子的任意键处均会发生断裂。这当然是最一般的假设。它相当于算法 20.2.5 中 $G$ 的初始内容。对 $G$ 中元素的评分办法是算出下列三个数：

1. 它覆盖多少实例（有多少已知发生断键的分子结构被此规则至少是部分地言中）。

2. 它覆盖实例的确切程度（它预言的一个分子结构发生断键的个数与该分子实际断键个数的差距。它只会说多而不会说少，因为是从顶向下逐步特化的）。

3. 它覆盖实例的平均确切程度。

比较是在 $G$ 中元素与它们的特化之间进行的。决定去留的原则是：如果一个特化后的概念（即规则）$a$ 覆盖半数以上的实例，并且它覆盖实例的确切程度超过它的父概念 $\beta$（$\alpha$ 属于 $\beta$ 的特化），并且只要 $\beta$ 不是过泛（所谓过泛是指 $\beta$ 对某个分子预测的断键数超过 2，或者 $\beta$ 对各分子预测的断键数平均值超过 1.5），$\alpha$ 覆盖的实例数必不少于 $\beta$ 覆盖的实例数，则在此三个条件之下，保留 $\alpha$ 而舍去 $\beta$，同时舍去不符合这些条件的其他特化。如果 $\beta$ 的所有特化都不符合条件，则舍去所有特化，并保留 $\beta$。

这里讲的特化也就是算法 20.2.5 中生成新概念的原则，它不同于过去算法中讲的那些按部就班的特化，而是在 $H$ 空间中大踏步往下走：不是每次把分子结构中的一个变量具体化，而是把离断键点同等距离的所有变量一齐具体化。因此 Rulegen 选择规则的方式是比较粗放的。

Rulemod 在 Rulegen 初步选出一组规则的基础上用爬山法实现求精，其中要把 Rulegen 所没有考虑的反例也考虑进来。Rulemod 执行如下的步骤：

1. 以 Rulegen 产生的规则组作为 $H$ 的子空间 $H'$（参见算法 20.2.6）。

2. 根据评分公式 $I \times (P + U - 2N)$ 算出 $H'$ 中每个规则的分数。其中 $I$ 是质谱线峰值的平均强度，$P$ 和 $N$ 分别是被此规则覆盖的正例数和反例数，$U$ 是只被此规则覆盖的正例数（此处把每条正确地被预测的质谱线称作一个正例，而把每条错报的质谱线看作一个反例）。

3. 从 $H'$ 中选出覆盖正例最多的规则 $x_1$，删去被 $x_1$ 覆盖的所有正例，再从 $H'$ 中选出覆盖剩下的正例最多的规则 $x_2$，删去被 $x_2$ 覆盖的所有正例，等等。直至正例全部被覆盖或 $H'$ 中剩余规则的评分小于某个阈值(考察 Rulegen 可知不会发生 $H'$ 变空而正例尚未覆盖完的情况)。把这些规则的集合作为 $G$。

4. 第一次爬山:对规则进行特化以剔除反例。特化是通过提取正例的共同特性而实现的。选择剔除反例最多的特性作为爬山方向。

5. 第二次爬山:对规则进行泛化以增加正例。泛化是通过免除某些特性限制而实现的。选择增加正例最多的特性删除作为爬山方向。

6. 重复第 2、3 两步,求出最后规则集。

Meta-Dendral 的学习方法给我们如下的启发:

1. 一个学习任务可以由多个子学习任务组成,分阶段进行。

2. 各阶段可以采用不同的学习算法。

3. 正例和反例的概念在各阶段可以不一样。

4. 有时难以绝对划分正例和反例.一个实例可以在某些方面或某种程度上是正例,而在另一些方面或另一种程度上是反例。

5. 因此,一个概念对某实例的覆盖或不覆盖可能要改成在哪些方面或多大程度上覆盖,及在哪些方面或多大程度上不覆盖。

6. 相应地,对一个概念覆盖实例情况的宏观估计也不能仅限于数量统计,还要考虑到它的"质量"方面。

这提示我们改进启发式搜索学习算法。

**算法 20.2.7**(改进的生成-测试方法)　对算法 20.2.5 作如下修改:

$1'$. 给定实例集,版本空间 $H$,以及一组($n$ 个)实例评价函数。

$3'$. 令每个 $c_i$ 覆盖的实例集为 $e_i$,对 $e_i$ 中的每个实例用评价函数算出其($n$ 个)评价值。

$4'$. 令 $c_i$ 未覆盖的实例集为 $f_i$,如有可能,对 $f_i$ 中的每个实例算出其($n$ 个)评价值。

经如此修改后的算法 20.2.5 即是本算法。

算法完。

**算法 20.2.8**(改进的爬山法)　对算法 20.2.6 作如下修改:

$1'$. 给定实例集,版本空间 $H$，$H$ 的子空间 $H'$，以及一组($n$ 个)实例评价函数。

3′. 像算法 20.2.7 规定的那样对每个 $c_i$ 评分。

经如此修改后的算法 20.2.6 即是本算法。

算法完。

## 20.3　学习判定树

在众多的以实例为基础的归纳学习算法中,Quinlan 于 1979 年提出的判定树学习算法 ID3 一直受到人们的特别注意。ID3 算法通过一批实例学习一株判定树,它的每个非叶节点表示对待分类对象的某个属性的值作判断。由非叶节点伸出的每个分枝代表该属性的某种取值,每个叶节点代表对象的某个类(有关实例参见图 4.4.3)。使用判定树对一个对象进行分类时,由树根开始对该对象的属性逐个判断其值,并顺相应的分枝往下走,直至到达某个叶节点,此叶节点代表的类就是该对象的类。

ID3 算法引起人们兴趣的原因之一是它的数学基础。由于属性的排序问题影响到判定树的工作效率,甚至(在有噪音的情况下)它的精确性,因此引起了一系列对属性排序的数学研究。在 ID3 算法中,属性排序以信息论中的熵概念为理论基础,著名信息学家香农为了描述一个随机试验的不确定性,引进了熵概念,定义如下:以 $X = (p_1(1), p_2(2), \cdots, p_n(n))$ 表示一个随机试验,其中 $p_i(i)$ 的意义是:试验结果值为 $i$ 的概率是 $p_i$。$X$ 的不确定性取决于 $n$ 的大小及诸 $p_i(i)$ 的值。当诸 $p_i(i)$ 的值接近相等(例如都是 $1/n$ 时),不确定性最大,此时各 $i$ 值以相等或接近相等的概率出现。反之,如果诸 $p_i(i)$ 的值相差很大,则表示各 $i$ 值的分布有某种偏向。在极端情况下试验只有一种结果(例如 $p_1(1) = 1$,$p_j(j) = 0$,$1 < j \leqslant n$)。此时不确定性最小。用 $H$ 表示描述这种不确定性的函数,$p_i$ 代替 $p_i(i)$,它具有如下性质:

1. 对称连续性:$H(p_1, \cdots, p_j, \cdots, p_k, \cdots, p_n) = H(p_1, \cdots, p_k, \cdots, p_j, \cdots, p_n)$,且连续。

2. 极值性:$H(0, 0, \cdots, 1, \cdots, 0, 0) = 0$。

3. 可变维性:$H(p_1, p_2, \cdots, p_n, p_{n+1}) = H(p_1, p_2, \cdots, p_{n-1}, q) + qH(p_n/q, p_{n+1}/q)$。其中 $q = p_n + p_{n+1}$。

通过一定的数学推导,可得

$$H(p_1, p_2, \cdots, p_n) = -\sum_{i=1}^{n} p_i \log p_i \qquad (20.3.1)$$

有时也把 $H(p_1, p_2, \cdots, p_n)$ 简单地表为 $H(X)$。

香农最初曾想把 $H$ 称作不确定度量,是冯·诺依曼建议把它称为熵的。这原是物理学中的一个概念,法国物理学家克劳修斯用熵描述一个物理系统的无序性。系统的无序程度越高,则熵越大。冯·诺依曼把信息论中的不确定性对应于物理上的无序性。在通信开始之前,接收方完全不知道对方将要发来什么信息,此时不确定性最大,相当于完全无序状态。随着通信的进行,接收方逐步获得信息,不确定性减少,有序程度增加。收到全部信息后,不确定性降为零,到达了完全有序状态。

Quinlan 把判定树的根部对应于最大不确定状态,表示在分类开始之前对待分类对象一无所知。随着每一个属性值的判断,从判定树中选出一株子树,此时不确定状态就小一些了。到达叶节点后,分类任务完成。不确定性也变为零。因此,要提高判定树的分类效率,相当于要求熵值的下降更快。ID3 算法的实质就是构造一株熵值下降平均最快的判定树。

在给出算法之前,首先明确几个定义。令 $\omega_1, \omega_2, \omega_3, \cdots$ 表示对象所属的类;$a, b, c, d$ 表示对象的属性;$p(\omega_1, X), p(\omega_2, X), p(\omega_3, X), \cdots$ 表示每类对象元素在 $X$ 中的出现概率;其中 $X$ 表示当前待分类对象的集合,则

$$H(X, \omega) = -\sum_i p(\omega_i, X) \log p(\omega_i, X) \qquad (20.3.2)$$

称为 $X$ 的熵。此处对数以 2 为底,熵的单位是比特,$H$ 的第二个参数 $\omega$ 表示此熵是相对于 $\omega$ 分类($\omega_1, \omega_2, \cdots$)计算的(本节对 $H$ 采用了不同的参数表示法,希望不致引起读者的迷惑)。对每个属性 $a$,以 $a(X, i)$ 表示 $X$ 中那些对象构成的子集:它的属性 $a$ 均取第 $i$ 个值(或第 $i$ 类值)。注意这是 $X$ 相对于属性 $a$ 取值的一个分解,以 $p(a(X, i), X)$ 表示 $X$ 中对象属于此类的概率,则

$$G(a, X) = \sum_i p(a(X, i), X) \cdot H(a(X, i), \omega) \qquad (20.3.3)$$

表示 $X$ 相对于属性 $a$ 进行分解后剩下的平均熵。这个量当然是越小越好。它越小,说明由于 $X$ 相对于 $a$ 作分解而造成的熵下降越快。ID3 算法的要点就是在构造判定树的每一层时,从尚未检测的属性中挑选一个使当时的熵下降最快的属性。

**算法 20.3.1**(ID3 算法)

1. 令判定树 $T$ 的初态为只含一个树根$(X, Q)$,其中 $X$ 是全体对象集。$Q$ 是全体属性集。

2. 若 $T$ 的所有叶节点$(X', Q')$皆有如下状态:或者第一个分量 $X'$ 中的对象都属于同一个类,或者第二个分量 $Q'$ 为空,则停止执行算法,学习结果为判定树 $T$。

3. 否则,任取一个不具有第 2 步中所述状态的叶节点$(X', Q')$。

4. 对 $Q'$ 中的每个属性 $a$,计算(相对于 $X'$ 分解的)剩余熵 $G(a, X')$。

5. 设 $Q'$ 中的属性 $b$ 是使上述 $G(a, X')$ 达到最小值中的一个。又设 $X'$ 被 $b$ 的不同取值分解为 $m$ 个互不相交的子集合 $X'_i$, $1 \leqslant i \leqslant m$。从$(X', Q')$伸出 $m$ 个分叉,每个分叉代表 $b$ 的一个值。诸分叉末尾的 $m$ 个新叶节点分别为 $(X'_i, Q' - \{b\})$, $1 \leqslant i \leqslant m$。

6. 转 2。

算法完。

关于本算法可有如下的讨论。

1. 本算法第二步中说到了 $X'$ 中的对象都属于同一个类或 $Q'$ 为空两种可能性。实际上,如果 $X$ 不包含矛盾(即所有属性取值相同的两个对象必属于同一个类),则由 $Q'$ 为空可推出 $X'$ 中的对象属于同一类,因此两个条件实质上是一个条件:只要判断 $X'$ 中对象是否属于同一类就够了。但当 $X$ 包含矛盾时,这两个条件是不重叠的。

2. 当 $X$ 包含矛盾时,在计算概率(如 $p(a(X, i), X)$)时要注意必要的调整,以符合概率分配的约束条件。

3. 一般来说,第 5 步中的 $m$ 应当大于 1,这样按 $b$ 的值展开叶节点才有意义。但是当 $X$ 包含矛盾时,这一点也难以保证。

4. 鉴于以上讨论,不妨把算法 20.3.1 第 2 步中的"或者第 2 个分量 $Q'$ 为空"改为"或者第 2 个分量 $Q'$ 中没有一个属性能按其值把 $X'$ 分解为两个或两个以上的非空子集"。作此修改后第 5 步的 $m$ 必然大于 1。

为了说明 ID3 算法,我们借用 Cendrowska 的一个例子。这是关于隐形眼镜的。隐形眼镜并非人人可戴,一般来说可分为下述三种情况:

1. 有人适于配戴硬性隐形眼镜

2. 有人适于配戴软性隐形眼镜

3. 有人不适于配戴隐形眼镜

为了给希望配戴隐形眼镜的人进行分类,需要判明下列四种属性的值:

1. 属性 $a$:配镜者的年龄(有三种值):

年青、老视或早期老视。

2. 属性 $b$:配镜者的视力缺陷(有两种值):

近视或远视。

3. 属性 $c$:配镜者是否有散光(有两种值):

是或否。

4. 属性 $d$:配镜者泪液分泌情况(有两种值):

减少或正常。

图 20.3.1 是虚拟的,其中指出了各属性取不同值时应把配镜者归入哪一类。$a$,$b$,$c$,$d$ 诸列中的数字是它们取的值,此处一律用数字表示(如对属性 $a$ 来说,1 代表年青,2 代表老视前期,3 代表老视等)。$\omega$ 列的数字 1,2,3 分别代表前面说的三类配镜者。一共有 24 种情形。

| | $a$ | $b$ | $c$ | $d$ | $\omega$ | | $a$ | $b$ | $c$ | $d$ | $\omega$ |
|---|---|---|---|---|---|---|---|---|---|---|---|
| 1 | 1 | 1 | 1 | 1 | 3 | 13 | 2 | 2 | 1 | 1 | 3 |
| 2 | 1 | 1 | 1 | 2 | 2 | 14 | 2 | 2 | 1 | 2 | 2 |
| 3 | 1 | 1 | 2 | 1 | 3 | 15 | 2 | 2 | 2 | 1 | 3 |
| 4 | 1 | 1 | 2 | 2 | 1 | 16 | 2 | 2 | 2 | 2 | 1 |
| 5 | 1 | 2 | 1 | 1 | 3 | 17 | 3 | 1 | 1 | 1 | 3 |
| 6 | 1 | 2 | 1 | 2 | 2 | 18 | 3 | 1 | 1 | 2 | 2 |
| 7 | 1 | 2 | 2 | 1 | 3 | 19 | 3 | 1 | 2 | 1 | 3 |
| 8 | 1 | 2 | 2 | 2 | 1 | 20 | 3 | 1 | 2 | 2 | 1 |
| 9 | 2 | 1 | 1 | 1 | 3 | 21 | 3 | 2 | 1 | 1 | 3 |
| 10 | 2 | 1 | 1 | 2 | 2 | 22 | 3 | 2 | 1 | 2 | 2 |
| 11 | 2 | 1 | 2 | 1 | 3 | 23 | 3 | 2 | 2 | 1 | 3 |
| 12 | 2 | 1 | 2 | 2 | 1 | 24 | 3 | 2 | 2 | 2 | 1 |

**图 20.3.1  隐形眼镜配戴者分类表**

上述分类称为 $\omega$,令 $\omega_1$,$\omega_2$,$\omega_3$ 表示三类配镜者,则待分类对象集 $X$ 的初始熵为:

$$H(X, \omega) \doteq -\sum_i p(\omega_i, X) \log p(\omega_i, X)$$

$$= -\frac{4}{24} \log \frac{4}{24} - \frac{5}{24} \log \frac{5}{24} - \frac{15}{24} \log \frac{15}{24}$$

$$= 0.430\,8 + 0.471\,5 + 0.423\,8$$

$$= 1.326\,1$$

为了计算在各属性值划分下的熵剩余值。需要图 20.3.2 中的统计表,该表的数字是根据图 20.3.1 中的数字计算而得的。

| 属性 | $a$ | | | | $b$ | | | $c$ | | | $d$ | | |
|---|---|---|---|---|---|---|---|---|---|---|---|---|---|
| 分类 | 1 | 2 | 3 | 共 | 1 | 2 | 共 | 1 | 2 | 共 | 1 | 2 | 共 |
| $\omega_1$ | 2 | 1 | 1 | 4 | 3 | 1 | 4 | 0 | 4 | 4 | 0 | 4 | 4 |
| $\omega_2$ | 2 | 2 | 1 | 5 | 2 | 3 | 5 | 5 | 0 | 5 | 0 | 5 | 5 |
| $\omega_3$ | 4 | 5 | 6 | 15 | 7 | 5 | 15 | 7 | 8 | 15 | 12 | 3 | 15 |
| 共 | 8 | 8 | 8 | 24 | 12 | 12 | 24 | 12 | 12 | 24 | 12 | 12 | 24 |

图 20.3.2　按属性取值划分子类

利用图 20.3.2 及式(20.3.3)不难算得:

$$G(a, X) = 1.286\,7$$

$$G(b, X) = 1.286\,7$$

$$G(c, X) = 0.949\,1 \tag{20.3.4}$$

$$G(d, X) = 0.777\,3$$

这说明,用属性 $d$ 作第一次划分最合算。通过反复计算,可得如图 20.3.3 所示的判定树。

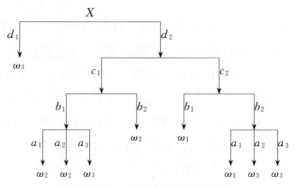

图 20.3.3　隐形眼镜配戴判定树

为了保证效率,一般要求待分类的对象全部位于内存中。当待分类对象集合 $X$ 很大时,内存可能放不下。此时可以先取 $X$ 的一个子集 $X_1$,构造判定树 $T_1$,再用 $X-X_1$ 中的对象逐步修正 $T_1$,最后获得正确的判定树,算法如下:

**算法 20.3.2**(判定树的增量构造)

1. 给定对象集 $X$,取出一子集 $X'$,用算法 20.3.1 构造以 $(X', A)$ 为根的判定树 $T$,其中 $A$ 是 $X$ 的全体属性集。

2. 若 $X$ 为空,则停止执行算法,学习结果为判定树 $T$。否则,从 $X$ 中取出一非空子集 $X'$。

3. 若 $X'$ 为空则转 2。否则从 $X'$ 中任取一对象 $x$。

4. 设 $T$ 的根节点为 $(Z, R)$,把它改成 $(Z\cup\{x\}, R)$,以 $d$ 表之。

5. 若 $d$ 为叶节点,则转 9。

6. 设 $d$ 对应于属性 $a$,$x$ 在 $a$ 上取值 $a_1$,则

    6.1 若由 $d$ 伸出分叉 $a=a_1$,则转 7。

    6.2 若无分叉 $a=a_1$ 由 $d$ 伸出,则转 12。

7. 令 $d$ 表示此分叉的末端。设 $d$ 为 $(Z, R)$,则把 $d$ 改成 $(Z\cup\{x\}, R)$。

8. 若 $d$ 为非叶节点,则转 6。

9. 若 $Z\cup\{x\}$ 的所有对象皆属于同一类,则转 3。

10. 若 $R=\Phi$ 则转 3。

11. 应用算法 20.3.1 于 $(Z\cup\{x\}, R)$ 并且构造一个以 $(Z\cup\{x\}, R)$ 为根节点的判定树 $T'$。用 $T'$ 代替 $T$ 的节点 $(Z\cup\{x\}, R)$。转 3。

12. 由 $d$ 生出一个分叉代表 $a=a_1$。用 $(\{x\}, R-\{a\})$ 表示该分叉的末端。转 3。

算法完。

Quinlan 用算法 20.3.2 对国际象棋的一种残局(国王—车对国王—马)作了研究。设前者为白方,后者为黑方。一般来说,白方占优势,但不一定赢。如果是轮到白方下,这四个子在棋盘上的合法布局约有 1 100 万种。如果轮到黑方下,则有 900 多万种合法布局。当然这里包括一些本质上相同的对称布局,如果把这类布局除去,则合法布局数分别为 180 万和 140 万种。在前者(180 万种布局)中约有 69 000 种是白方在两步内必胜的,在后者(140 万种布局)中约有 474 000 种是白方在三步内必胜的。

对于白方在两步内必胜的情况,Quinlan 先用 25 种属性作机器学习,其中

有 18 种是简单的几何属性(如国王到马的距离),另外七种则是较高级的抽象属性,描述棋盘的形势,属性空间的总规模是 $3^6 \times 2^{19}$。经 ID3 算法计算,得到一株 334 个节点的判定树,耗时 144 秒。接着,Quinlan 对同一对象做了第二个实验,这次全部采用高级属性,共 23 个。所得到的判定树有 83 个节点,耗时不到三秒钟。由此可知属性选择的重要。

对于白方三步必胜的情况,Quinlan 用 49 种属性作机器学习,这里包括了上面两个实验中用到的全部属性,得到的判定树有 177 个节点,耗时 34 秒。

为了验证学习的质量,Quinlan 做了一个对比,让判定树和其他方法对同一些实例进行分类,它们各自所需的时间如表 20.3.1 所示。其中 MM 代表极小极大树算法,IMM 代表改进的极小极大树算法。$D_1$ 和 $D_2$ 代表 ID3 算法。注意在白方两步胜的情况,ID3 算法执行了两次,它们使用的判定树不同。从这个对照中可以看出,使用判定树的效果是相当好的。其中的数字表示以毫秒计的 CPU 时间。

表 20.3.1　各种算法的残局判断效率

| 算法 | 两步胜 | 三步胜 |
|------|--------|--------|
| MM | 7.67 | 285.0 |
| IMM | 1.42 | 17.5 |
| $D_1$ | 1.37 | 3.4 |
| $D_2$ | 0.96 | |

Bratko 的研究小组在用 ID3 算法构造判定树时发现,有些属性(例如属性"病人的年龄",它有九种值)按最小剩余熵的原则被 ID3 算法列为应首先判断(靠近判定树的根)的属性,但医学专家却认为这些属性在判断病情时并不那么重要,也就是说,判明这些属性的值不会提供较多的信息。据此,Kononenko 等人认为 Quinlan 的熵函数并不理想,它有偏向于取值较多的属性的毛病。

分析表明这种批评是有道理的。设 $a$ 是一个属性,$a_1, a_2, \cdots, a_k$ 是它的可能值。建立一个新属性 $a'$,它与 $a$ 的唯一区别是:把其中的一个值,例如 $a_1$,分解为两个值,例如 $a'_1$ 和 $a''_1$,$a'$ 的其余取值和 $a$ 完全一样。又设 $a$ 的原来 $k$ 个值已提供足够的信息使分类正确进行。则按理说属性 $a'$ 相对于 $a$ 应该没有什么用处,它只能给分类增添不必要的麻烦。但若按 Quinlan 的熵函数计算,$a'$ 却应优先于 $a$ 被选取。(作为实际例子,可以设想 $a$ 是一门课的成绩,$k=5$,$a_1$ 至 $a_5$ 分别为优、上、中、可、劣。$a_1^+$ 和 $a_1^-$ 代表优$^+$ 和优$^-$。)

还可从另一个角度分析:设属性 $a$ 取值是随机的,且 $a$ 的可能值非常之多,使得任何两个待分类对象几乎不可能有相同的 $a$ 值。因此,选 $a$ 作第一个属性将得到熵的最速下降。但由于 $a$ 取值是随机的,对 $a$ 进行分类将不能得到什么信息,这又说明 $a$ 的选择是不恰当的。

为了克服偏向于取值多的属性的毛病,Kononenko 等人建议限制判定树为二叉树,使得取值多和取值少的属性有同等的机会。他们的算法已实现在 ASSISTANT 系统中。

**算法 20.3.3**(二叉判定树) 对算法 20.3.1 作如下修改:

4′. 对 $Q'$ 中的每个属性 $a$,计算其剩余熵集如下:

4.1′ 若 $X'=a(X',1)\bigcup a(X',2)$,则

$$\{G'_i(a,X')\}=\{G(a,X')\}$$

4.2′ 否则,对每个 $i$,令

$$G'_i(a,X')=\frac{|A_{i1}(X',a)|}{|X'|}H(A_{i1}(X',a))+$$

$$\frac{|A_{i2}(X',a)|}{|X'|}H(A_{i2}(X',a))$$

此处 $X'=A_{i1}(X',a)\bigcup A_{i2}(X',a)$ 是 $X$ 相对于属性 $a$ 取值的一种划分,使 $A_{i1}(X',a)\neq\Phi$, $A_{i2}(X',a)\neq\Phi$,且 $\forall x\in A_{i1}(X',a)$, $y\in A_{i2}(X',a)$, $x$ 和 $y$ 在属性 $a$ 上取值不同。下标 $i$ 遍历 $X'$ 的所有满足上述条件的可能划分。

5′. 设 $Q'$ 中的属性 $b$ 及下标 $i$ 是使上述 $G'_i(a,X')$ 达到最小值中的一个,则

5.1′ 若 $X'=b(X',1)\bigcup b(X',2)$,则从 $(X',Q')$ 伸出两个分叉,每个分叉代表 $b$ 的一个值。末尾的两个新叶节点分别为 $(b(X',1),Q'-\{b\})$ 及 $(b(X',2),Q'-\{b\})$。

5.2′ 否则,设划分 $i$ 把 $X'$ 分为

$$X'=A_{i1}(X',b)\bigcup A_{i2}(X',b)$$

则从 $(X',Q')$ 伸出两个分叉,分别代表 $b$ 在这两个子集中的取值。末尾的两个新叶节点分别为 $(A_{i1}(X',b),Q')$ 及 $(A_{i2}(X',b),Q'')$,其中当 $A_{i2}(X',b)$ 只代表 $b$ 的一个值时 $Q''=Q'-\{b\}$,否则 $Q''=Q'$。

算法完。

Quinlan 指出,Kononenko 的改进并不理想。该算法为了追求计算上的效果而把一些属性值随意地组合在一起,显得很不自然。而对同一个属性的值作多次重复测试更令人难以接受。特别是子集的不同划分总数呈指数增长:$n$ 个对象的集合按二分法共可分为 $2^{n-1}-1$ 种不同的子集对,当 $n$ 很大时算法将会表现出明显的低效率。

Quinlan 认为:ID3 算法的问题在于只考虑到对象分类过程中熵的变化,没有考虑到确定一个属性值就是获取信息,因而也有熵的问题。例如,设属性 $a$ 的可能值是 $a_1, a_2, \cdots, a_k$。设只有两个类:$P$ 和 $N$,它们拥有的对象总数分别为 $p$ 和 $n$。又设在属性 $a$ 取值 $a_i$ 的对象中有 $p_i$ 个和 $n_i$ 个分别属于类 $P$ 和 $N$。则确定属性 $a$ 的值所带来的信息总量可以下式表示:

$$\mathrm{IV}(a) = -\sum_{i=1}^{k} \frac{p_i+n_i}{p+n} \log \frac{p_i+n_i}{p+n} \tag{20.3.5}$$

获取信息是要付出代价的(例如计算、做实验等),因此,在获得同样分类结果的前提下,所付出的代价(以 $\mathrm{IV}(a)$ 衡量)越少越好。据此,Quinlan 给出新算法(见算法 20.3.4)。

**算法 20.3.4**(按信息比估值)　对算法 20.3.1 作如下修改。

1. 把其中第 4 步改为:对 $Q'$ 中的每个属性 $a$,使得 $X'$ 中有两个对象 $x$ 和 $y$,它们在 $a$ 上取值不同者,计算信息比

$$E(a, X') = (H(X', \omega) - G(a, X'))/\mathrm{IV}(a, X') \tag{20.3.6}$$

此处 $\mathrm{IV}(a, X')$ 即对象集为 $X'$ 时之 $\mathrm{IV}(a)$。

2. 把其中第 5 步的第一句话改为:设 $Q'$ 中的属性 $b$ 是使上述信息比 $E(a, X')$ 达到最大值中的一个。

$\qquad\qquad\qquad\qquad\qquad\qquad\qquad\qquad\qquad$算法完。

实验数据表明,算法 20.3.4 能较有效地克服偏向取值多的属性的毛病,但它也不是完美无缺的。它有可能选择 $\mathrm{IV}(a, X')$ 之值很低,但对分类贡献不大的属性。而且,$\mathrm{IV}(a, X')$ 之值有可能为零,从而使信息比无定义。

Cendrowska 走了另一条路。她不像 Quinlan 那样根据对象集无序性的消除(熵的降低)来选取首先判断的属性,而是根据为对象分类提供了多少有用信息来选取属性。Cendrowska 的学习结果是规则集,因为她认为规则表示在某些方面优于判定树表示。这里我们仍旧采用判定树表示。并根据 Cendrowska 的

基本思想改编为算法 20.3.5。

**算法 20.3.5**(按分类信息量估值)

1. 把算法 20.3.1 的第 4 步改为:

4′. 对每个类 $\omega_i$,使 $p(\omega_i, X') \neq 0$ 者,对 $Q'$ 中的每个属性 $a$,使 $X'$ 中有两个对象 $x$ 和 $y$,它们在 $a$ 上取值不同者,计算

$$F(a, X') = \frac{1}{m \cdot k} \sum_{i=1}^{m} \sum_{j=1}^{k} \log \frac{p(\omega_i, X' \mid a=a_j)}{p(\omega_i, X')} \qquad (20.3.7)$$

其中 $p(\omega_i, X'|a=a_j)$ 表示($X'$ 中那些属性 $a$ 取值 $a_j$ 的对象属于类 $\omega_i$ 的)概率。$k$ 是 $a$ 的取值个数,$m$ 是符合 $p(\omega_i, X') \neq 0$ 的类的个数。

2. 把同一算法第 5 步的第 1 句改为:设 $Q'$ 中的属性 $b$ 是使上述 $F(a, X')$ 达到最大值中的一个。

算法完。

De Mantaras 建议用分划距离的方法来选择属性,其原理是这样的:设待分类对象集 $X$ 中的对象属于 $m$ 个不同的类 $\omega_1$, $\omega_2$, $\cdots$, $\omega_m$。如果有一种分划方法能把 $X$ 一下子分为 $m$ 个子集 $X_1$, $X_2$, $\cdots$, $X_m$,其中每个 $X_i$ 的对象恰好属于类 $\omega_i$,这当然是最理想的了。因此不妨称这种分划为理想分划。另一方面,根据某个属性的各种可能取值把 $X$ 分成子集,这也是一种分划。如果能在两个分划之间定义一种距离,则我们可以在由各属性定义的分划中选出距理想分划最近的那个分划,把定义此分划的属性取为构造判定树的当前属性。De Mantaras 定义的距离也是以信息和熵为基础的。

现在设 $\alpha = \{\alpha_1, \alpha_2, \cdots, \alpha_m\}$ 表示 $X$ 的某种分划(不一定是对象的分类),则式(20.3.2)可以改写为如下的信息熵:

$$H(X, \alpha) = -\sum_{i=1}^{m} p(\alpha_i, X) \log p(\alpha_i, X) \qquad (20.3.8)$$

又设 $\beta = \{\beta_1, \beta_2, \cdots, \beta_n\}$ 是 $X$ 的另一种分划,相应的信息熵是

$$H(X, \beta) = -\sum_{i=1}^{n} p(\beta_i, X) \log p(\beta_i, X)$$

对 $X$ 作 $\alpha$ 和 $\beta$ 双重分划,得

$$H(X, \alpha \bigcap \beta) = -\sum_{i=1}^{m} \sum_{j=1}^{n} p(\alpha_i \bigcap \beta_j, X) \log p(\alpha_i \bigcap \beta_j, X)$$

$$(20.3.9)$$

双重分划和信息论的条件熵之间有如下的公式作为联系：

$$H(X, \beta/\alpha) = H(X, \alpha \bigcap \beta) - H(X, \alpha)$$

$$= -\sum_{i=1}^{m} \sum_{j=1}^{n} p(\alpha_i \bigcap \beta_j, X) \log[p(\alpha_i \bigcap \beta_j, X)/p(\alpha_i, X)]$$

$$(20.3.10)$$

上式左边就是条件熵。De Mantaras 定义两个分划的距离为

$$d(\alpha, \beta, X) = H(X, \beta/\alpha) + H(X, \alpha/\beta) \qquad (20.3.11)$$

为了简化行文，以下我们简写为

$$d'(\alpha, \beta) = H'(\beta/\alpha) + H'(\alpha/\beta) \qquad (20.3.12)$$

**定理 20.3.1**　$d'(\alpha, \beta)$ 满足距离公理，即

1. $d'(\alpha, \beta) \geqslant 0$，当且仅当 $\alpha = \beta$ 时 $d'(\alpha, \alpha) = 0$
2. $d'(\alpha, \beta) = d'(\beta, \alpha)$
3. $d'(\alpha, \beta) + d'(\beta, \gamma) \geqslant d'(\alpha, \gamma)$

**证明**　头两条公理是显然的，考察第三条公理。由于 $H'(\beta/\alpha) \leqslant H'(\beta)$，我们有

$$H'(\beta/\alpha) + H'(\alpha/\gamma) \geqslant H'(\beta/(\alpha \bigcap \gamma)) + H'(\alpha/\gamma) \qquad (20.3.13)$$

由式（20.3.10）可知

$$H'(\beta/(\alpha \bigcap \gamma)) + H'(\alpha/\gamma) = H'((\beta \bigcap \alpha)/\gamma) \qquad (20.3.14)$$

另一方面，由式（20.3.10）还可知道

$$H'((\beta \bigcap \alpha)/\gamma) \geqslant H'(\beta/\gamma) \qquad (20.3.15)$$

综合式（20.3.13），（20.3.14），（20.3.15），得

$$H'(\beta/\alpha) + H'(\alpha/\gamma) \geqslant H'(\beta/\gamma) \qquad (20.3.16)$$

类似地可得

$$H'(\gamma/\alpha) + H'(\alpha/\beta) \geqslant H'(\gamma/\beta) \qquad (20.3.17)$$

把式(20.3.16)和式(20.3.17)相加,即得

$$d'(\beta, \alpha)+d'(\alpha, \gamma) \geqslant d'(\beta, \gamma)$$

证毕。

De Mantaras 采用赋范距离作为选择属性的标准。赋范距离定义为

$$d'_N=(\alpha, \beta)=\frac{d'(\alpha, \beta)}{H'(\alpha \bigcap \beta)} \tag{20.3.18}$$

其中 $H'(\alpha \bigcap \beta)=H(X, \alpha \bigcap \beta)$。

**定理 20.3.2** $d'_N(\alpha, \beta)$ 满足距离公理,它的值在[0, 1]之中。

**证明** 和上面的定理一样,我们只证第三条距离公理成立。由式(20.3.10)可知

$$\begin{aligned}
\frac{H'(\beta/\alpha)}{H'(\beta \bigcap \alpha)}+\frac{H'(\alpha/\gamma)}{H'(\alpha \bigcap \gamma)} &= \frac{H'(\beta/\alpha)}{H'(\beta/\alpha)+H'(\alpha)} \\
&+\frac{H'(\alpha/\gamma)}{H'(\alpha/\gamma)+H'(\gamma)} \geqslant \frac{H'(\beta/\alpha)}{H'(\beta/\alpha)+H'(\alpha/\gamma)+H'(\gamma)} \\
&+\frac{H'(\alpha/\gamma)}{H'(\beta/\alpha)+H'(\alpha/\gamma)+H'(\gamma)} \\
&= \frac{H'(\beta/\alpha)+H'(\alpha/\gamma)}{H'(\beta/\alpha)+H'(\alpha/\gamma)+H'(\gamma)} \\
&\geqslant \frac{H'(\beta/\gamma)}{H'(\beta/\gamma)=H'(\gamma)}=\frac{H'(\beta/\gamma)}{H'(\beta \bigcap \gamma)}
\end{aligned} \tag{20.3.19}$$

类似地可以推得

$$\frac{H'(\gamma/\alpha)}{H'(\gamma \bigcap \alpha)}+\frac{H'(\alpha/\beta)}{H'(\alpha \bigcap \beta)} \geqslant \frac{H'(\gamma/\beta)}{H'(\gamma \bigcap \beta)} \tag{20.3.20}$$

把式(20.3.19)和(20.3.20)相加,即得第三条距离公理(三角不等式)。

现在证明 $d'_N(\alpha, \beta) \in [0, 1]$。显然:

$$d'_N(\alpha, \beta)=2-\frac{H'(\alpha)+H'(\beta)}{H'(\alpha \bigcap \beta)}$$

这说明我们只需证明

$$1 \leqslant \frac{H'(\alpha)+H'(\beta)}{H'(\alpha \bigcap \beta)} \leqslant 2 \tag{20.3.21}$$

即可。由 $H'(\beta/\alpha)\leqslant H'(\beta)$ 可知

$$H'(\alpha\cap\beta)\leqslant H'(\alpha)+H'(\beta)$$

这证明了式(20.3.21)的左半部。至于它的右半部,我们只需注意由 $H'(\alpha\cap\beta)\geqslant$ $H'(\alpha)$ 及 $H'(\alpha\cap\beta)\geqslant H'(\beta)$ 可推出 $2+H'(\alpha\cap\beta)\geqslant H'(\alpha)+H'(\beta)$

证毕。

De Mantaras 的距离函数与 Quinlan 的信息熵之间有一定的联系。如果以 $\omega$ 表示 $X$ 的理想分划,在式(20.3.10)中以 $\omega$ 代替任意分划 $\beta$,则得到 $\alpha$ 相对于理想分划的条件熵,可以证明(留作习题)下列等式成立:

$$G(a,X)=H(X,\omega/\alpha) \tag{20.3.22}$$

其中 $\alpha$ 是由 $a$ 的值所确定的分划。

由简单的推导可知:

$$\begin{aligned}
H(X,\omega)-G(a,X)&=H(X,\omega)-H(X,\omega/\alpha)\\
&=H(X,\alpha/\omega)+H(X,\omega)-H(X,\alpha/\omega)-H(X,\omega/\alpha)\\
&=H(X,\alpha\cap\omega)-d'(\alpha,\omega)\\
\frac{H(X,\omega)-G(a,X)}{H(X,\alpha\cap\omega)}&=1-d'_N(\alpha,\omega)
\end{aligned} \tag{20.3.23}$$

不难看出,以分划距离作信息度量有几个优点。首先是当上式左边分子不为零时,分母决不会变零。其次,Quinlan 信息比度量的另一个缺点,即可能因 $IV(a,X')$ 值很低而选择含信息量不大的属性 $a$,在这里也不会出现,因为由赋范距离的性质可知上式的分母决不会比分子小,所以当分母很小时,分子(它代表选择属性 $a$ 作判断所得到的信息量)也一定很小。以分划距离作信息度量的第三个优点是,它(在某种意义上)不倾向于取值较多的属性。这一点也留作习题请读者自证。从 De Mantaras 所做的实验结果来看,在判定树大小及判定精确度方面仅略强于 Quinlan 的信息树方法,并无显著改进。为了完整,把 De Mantaras 的结果以算法形式给出如下。

**算法 20.3.6**(按分划距离估值)　对算法 20.3.1 作如下修改。

1. 把第 4 步改为,对 $Q'$ 中的每个属性 $a$ 导致的分划 $\alpha$,计算(相对于当前对象集 $X'$ 的)赋范距离 $d'_N(\alpha,\omega)$,其中 $\omega$ 是理想分划。

2. 把第 5 步的第 1 句改为:设 $Q'$ 中的属性 $b$ 是使上述距离 $d'_N(\alpha,\omega)$ 达到

最小值中的一个。

算法完。

学习一株判定树,如何判断其质量呢? 首先当然是要能用于精确地分类未来的实例,简称之为精确性。其次是在保证精确性的前提下,要求判定树尽可能地简单,即判定树的规模尽可能小,因为太大的判定树有很多缺点。一是占用存储太多;二是判定算法运行速度变慢;三是过多的判别条件使判定树的结构不易被用户理解。还有第四个原因:如果考虑到噪声数据的存在,可能为了凑合训练实例中的某些噪声数据而在原本正确的判定树上画蛇添足,增加一些错误的判断分叉,使得大判定树的精确性反而不及小判定树的精确性高。由于以上种种原因,人们常对已生成的判定树实行剪枝。下面介绍几个剪枝算法。

Breiman 等人把判定树的代价-复杂性作为选择子树进行剪枝的依据。设 $n$ 为训练用实例的总数,$T$ 为判定树,$e$ 为 $n$ 个实例中被 $T$ 错误分类的实例个数,$L(T)$ 表示 $T$ 的叶节点个数,$u$ 是一个参数,则 $T$ 的代价-复杂性度量 $cc(T)$ 定义为:

$$cc(T)=e/n+u\times L(T) \tag{20.3.24}$$

由此可见,参数 $u$ 是当判定树为最佳(精确性最高,无错判实例;只有一个节点,所有实例属于同一类)时的代价-复杂性。

**算法 20.3.7**(根据代价-复杂性剪枝)

1. 设已构造好判定树 $T[0]$,共有 $n$ 个训练用实例,其中有 $e$ 个实例被 $T[0]$ 错误地分类。

2. 令 $i=0$。

3. 若 $T[i]$ 仅由一个节点(树根)组成,则转向 7。

4. 对 $T[i]$ 的每个非单节点子树 $S$,计算

$$u=\frac{f}{n\times(L(S)-1)} \tag{20.3.25}$$

其中

$$f=\min_{j}[用 S 的第 j 个叶节点取代 S 后新增加的错误分类实例个数]$$

5. 设 $T[i]$ 的子树 $S'$ 是使上述 $u$ 达到最小值中的一个,并设 $S'$ 的第 $k$ 个叶节点 $t$ 是使上述 $f$ 达到最小值中的一个,则以 $t$ 取代 $T[i]$ 中的 $S'$,称取代后的判定树为 $T[i+1]$。

6. $i:=i+1$，转 3。

7. 选定一个由 $m$ 个新例子组成的测试集。对每个 $T[h]$（$0\leqslant h\leqslant i$）进行测试，设有 $g[h]$ 个新例被错误分类，计算

$$\text{ERR}[h]=g[h]+se(g[h]) \qquad (20.3.26)$$

其中

$$se(g[h])=\sqrt{\frac{g[h]\times(m-g[h])}{m}} \qquad (20.3.27)$$

称为标准误差。

8. 设 $j$ 是所有使 $\text{ERR}[h]$ 达到最小值的判定树 $T[h]$ 中的最大的一个 $h$，选定 $T[j]$ 为最终的判定树，算法结束。

算法完。

不难验证，式(20.3.25)成立是使(在每一步迭代中)新判定树和老判定树具有相同代价-复杂性的充分必要条件。它的含义可以这样来理解：

1. 对每个 $i$，$T[i+1]$ 应该这样来构造，使得在某种意义下（$u$ 取某种值），$T[i+1]$ 的代价-复杂性不比 $T[i]$ 的高，而 $T[i+1]$ 的规模却比 $T[i]$ 小。

2. 在所有满足上述条件的 $T[i+1]$ 中，选择代价-复杂性最低的一个。

3. 上面两步得到的 $T[i]$，$i=0,1,\cdots$ 还只是一个候选序列，最后以某种精确度标准选定所需的判定树。

这个算法有一些缺点，首先是它所使用的选优标准尚缺少理论根据，不易说明为什么这样做是最好的。其次，它生成的是一个特定的判定树序列 $T[i]$，并没有考虑到其他的可能性。例如，假设在算法的第 5 步中能找到两株子树 $S_1'$ 和 $S_2'$，它们都能使式(20.3.25)的值达到最小，则选择 $S_1'$ 或 $S_2'$ 就成了问题。若两个都选，就产生两个序列。因此，一般地说，判定树集 $T[i]$ 应该构成一个偏序。最优判定树应该从此偏序中选出。当然，这样做将会大大增加计算量。该算法的第三个问题是需要另找一个测试实例集。

一种比较直接了当的办法是用一个测试实例集对已生成的判定树的每个子树进行测试：用该子树的最佳叶节点(即使算法 20.3.7 中的 $f$ 达到最小值的叶节点，注意 $f$ 可以为负数。因为测试集的例子不同于训练例，可能因剪枝而使测试效果更好)代替该子树，观察由此引起的错误分类实例的总数，并从中选定最优判定树。算法如下：

**算法 20.3.8**(根据错判实例数剪枝)

1. 设已构造好判定树 $T$,选定一测试实例集 $E$,用 $E$ 测试 $T$,设共有 $n$ 个实例被错误分类。

2. 若 $n=0$ 转 9。

3. 对 $T$ 的每个高度不为零的子树 $S[i]$,用 $S[i]$ 的最佳叶节点 $l[i]$ 代替 $S[i]$,得到被剪枝的判定树 $T[i]$。这些 $T[i]$ 构成集合 TS。

4. 若 TS 为空集转 9。

5. 用 $E$ 测试每个 $T[i]$,设有 $m[i]$ 个实例被错误分类。从 TS 中删去那些 $m[i] > n$ 的树 $T[i]$。

6. 若 TS 为空集转 9。

7. 从 TS 中删去所有这样的 $T[i]$,它们至少是 TS 中另一 $T[j]$ 的真子树。

8. 从 TS 中选择一个 $T[i]$,仍旧称为 $T$,清除 TS 中所有其他 $T[i]$,转 3。

9. 停止执行算法,学习结果为判定树 $T$。

算法完。

这个算法有一个优点,在每次由 $T[i]$ 到 $T$ 的循环中,精确度只会改进而不会降低,因此最后一个 $T[i]$(也是最小的一个 $T[i]$)必定是最优的。但是它和前一个算法有同样的缺点,即需要另找一个测试实例集。若要想摆脱这个缺点,就要以对未来实例判定精确度的估计来代替实际实例集的测试。下面的算法依据一种所谓的"悲观估计"来确定剪枝。假设训练实例集共含 $n$ 个实例,其中有 $m$ 个被判定树错误地分类。考虑到训练实例集毕竟是有限的,不能把 $m/n$ 作为预测未来错判率的依据。从二项式分布的平滑观点来看,至少应把它估计为 $(m+1/2)/n$。而所谓的"悲观估计"则认为这个比率应该更高,假设 $S$ 是判定树 $T$ 的一株子树,以 $\sum n$ 及 $\sum m$ 表示训练实例集中被判到这株子树的实例个数以及其中被错判的实例个数,则悲观估计认为预测错判率应该是 $(\sum m + L(S)/2)/\sum n$。只要剪枝(删去 $S$)以后的预测错判率低于这个数,剪枝即是有意义的。

**算法 20.3.9**(根据预测错判率剪枝)

1. 设已构造好判定树 $T$。

2. 对 $T$ 的每个高度不为零的子树 $S[i]$,计算它的每个叶节点错判的训练实例个数 $m[i, j]$,其中 $j$ 表示第 $j$ 个叶节点。

3. 对每个这样的子树 $S[i]$,在 $T$ 中用 $S[i]$ 的最佳叶节点 $l[i]$ 代替 $S[i]$,得到被剪枝的判定树 $T[i]$,这些 $T[i]$ 构成集合 TS。

4. 若 TS 为空集则转 8。

5. 对每个符合第 2 步条件的 $S[i]$,计算

$$\text{ERR}[i] = se(\text{PRED}[i])$$

其中 $se$ 的定义见式(20.3.27)。

$$\text{PRED}[i] = \sum_j m[i,j] + L(S[i])/2$$

6. 从 TS 中删去所有满足

$$e[i] + 1/2 > \text{ERR}[i]$$

的 $T[i]$,此处 $e[i]$ 是 $T[i]$ 的 $ls$ 叶节点错判实例的个数,而 $ls$ 叶节点是通过从 $T$ 中剪去子树 $S[i]$ 而生成的。

```
肿物坚硬＜一般
 双侧乳房患病＝真:良性(1918)
 双侧乳房患病＝假:
  年龄＜40.5:良性(58)
  年龄＞40.5:
   肿物表面光滑＝假:恶性(41)
   肿物表面光滑＝真:良性(1)
肿物坚硬＞一般
 肿物表面光滑＝假
  哺乳期患病＝真
   乳头抬高＝真:原发恶性(54)
   乳头抬高＝假:
    肿物直径 2 cm 以内＝真:良性(1)
    肿物直径 2 cm 以内＝假:原发恶性(4)
  哺乳期患病＝假
   局部疼痛＝真:原发恶性(1)
   局部疼痛＝假:良性(2)
 肿物表面光滑＝真
  肿物活动性好＝真:良性(32)
  肿物活动性好＝假:
   乳头凹陷＝假:良性(3)
   乳头凹陷＝真:
    橘皮样变＝真:恶性(120)
    橘皮样变＝假:良性(6)
```

**图 20.3.4　假想的乳腺肿瘤判定树**

7. 若 TS 不为空,则从 TS 中选择一个 $T[i]$,仍旧称为 $T$,清除 TS 中所有其他 $T[i]$,转 2。

8. 停止执行算法,学习结果为判定树 $T$。

算法完。

本算法的优点是效率比较高,并且不需要另找一个测试实例集。

下面我们以沈阳市第五人民医院对乳腺良、恶性肿瘤的诊断经验为例,说明上述三种剪枝的效果。他们共整理了 35 种属性,此处取其 11 种,判定树中每个叶节点的实例数不是真实的,借用了 Quinlan 的数据。假设用 ID3 算法得到的判定树如图 20.3.4 所示。

图 20.3.5 表示第一和第三种剪枝算法的输出。图 20.3.6 是第二种剪枝算法的输出。

```
肿物坚硬<一般:良性(2018)
肿物坚硬>一般:
│肿物表面光滑＝假:原发恶性(62)
│肿物表面光滑＝真:
│┆…………（以下与原树同）
```

**图 20.3.5　第一和第三种剪枝法效果**

```
肿物坚硬<一般:良性(2018)
肿物坚硬>一般:
│肿物表面光滑＝假:
││哺乳期患病＝真:原发恶性(59)
││哺乳期患病＝假:
││┆…………（以下与原树同）
```

**图 20.3.6　第二种剪枝法效果**

剩下的问题是剪枝以后的判定树精确度是否足够好。Quinlan 用六个实际问题对三种剪枝算法作试验,每个问题得到两组数据。把这些数据的平均值按下列公式计算精确度的改进:

$$\frac{原判定树误差率-剪枝后误差率}{原判定树误差率}$$

则可得图 20.3.7 所示的结果。

| 代价-复杂性方法 | 错判实例计数法 | 预测错判率方法 | 平均数 |
|:---:|:---:|:---:|:---:|
| 6% | 14% | 9% | 9.6% |

**图 20.3.7 剪枝法改进了精确度**

Catlett 做了一系列剪枝实验,并从实验数据中得到如下几个结论:

结论之一:采用大的训练实例集所得到的判定树的精确性比起采用一半大的训练实例集来要(在统计的意义上)显著地高。

结论之二:采用大的训练实例集所得到的(剪枝后的)判定树的规模比起采用一半大的训练实例集来要(在统计的意义上)显著地大。

结论之三:由于采用大的训练实例集而增加的判定树的规模提高了判定树的精确性。

结论之四:由于采用大的训练实例集能在构造判定树时更好地挑选属性(排在后面的属性将在剪枝时被剪掉),使判定树的精确性得以进一步提高。

结论之五:采用大的测试实例集进行剪枝可使剪枝后的判定树具有更高的精确性。

图 20.3.7 表明,适当的剪枝可以提高判定树的精确性,这主要是由于排除了噪音数据的干扰。显然,过度剪枝会降低判定树的精确性。有时为了得到较小的判定树,不得不采用过度剪枝的方法,以降低精确性为代价来换取复杂性的减少。尤其是根据结论一,增加训练实例能提高判定树的精确性,而根据结论二,这样做必然会增加判定树的规模。因此如果你想控制判定树的规模,就必须剪枝。虽然结论三告诉我们说剪枝有时会影响精确性,但结论四和结论五又表明用大实例集构造的大判定树在修剪成小树后其精确度一般仍高于直接用小实例集构造的小判定树,由此可见判定树构造方法论之一斑。

## 20.4 学习的算法理论

长期以来,大部分有关机器学习的研究都是纯经验性的,人们针对某一类问题,提出一种学习算法,并报告其实验结果。这类研究或以其思想新颖引人注意,或以其应用领域独特使人感兴趣,或以其学习效率的提高见长。时至今日,我们仍可看到大量这样的研究工作:由于缺乏有效的理论对不同的学习算法进行分析比较,研究者们只能借助于数据实验来说明问题,而这些数据本身并不一定都是可靠的,有代表性的,其分析结论自然也就缺乏很强的说服力,所以机器学习就其总体而言,至今仍是一门经验科学。

所幸的是,不少计算机科学家已经注意到了这个问题,他们作了大量的、切实的努力,为机器学习奠定一个坚实的理论基础。最根本的理论问题是学习的能行性和复杂性问题,这两者有联系,复杂性过高的算法被认为实际上不是能行的。传统的界线划在多项式复杂性和指数复杂性之间,如果一个问题类所要求的学习算法的复杂性不超过多项式复杂性,则该问题类通常被认为是可学习的,否则是在复杂性过高意义下不可学习的,当然,也还有与复杂性无关而是根本不可学习的问题。

例如,大家公认的 Gold 的早期工作(1967 年)就是与复杂性无关的,他研究了从一组语句实例中学习一个文法的问题,这个问题本身并不新,早在 1959 年,Solomonoff 就发表了题为《发现短语结构语言的文法的一个新方法》的文章,介绍了他通过输入一组合法句子来使机器自动学习一个文法的试验。但他的工作是纯经验性的,他并没有回答这样的问题:给定一个文法类 $C$,是否存在一个算法 $A$,对于 $C$ 中的任何一个文法 $G$,只要输入足够多的不同的例句,算法 $A$ 都能在有限时间内学到 $G$?

Gold 研究的正是这样的问题,并且得到了重要的结果,但是他的结果有些令人沮丧:如果输入的句子全是正例,则只有那样的文法类 $C$ 才是在上述意义下可学习的,其中 $C$ 的每一个文法都只能产生有限多个句子。换句话说,只有有限语言构成的语言类的文法才是可学习的,如果往其中加进一个无限语言,便变成不可学习的了。另一方面,如果正、反例都允许输入,并且在反复执行学习算法的意义上,任何正例或反例都有机会被输入,而且有教员指明这是正例或反例,则自原始递归语言以下(包括上下文有关语言等)都是可学习的。

自 Gold 以后,研究文法学习的人越来越多,并逐渐形成了一个研究方向,这个方向也称为文法推导,另一方面,Gold 研究的那种在绝对意义上的可学习性在机器学习领域中似乎引不起人们多大兴趣,人们感兴趣的是:学习算法的复杂性如何? 学习所得结果的可靠性如何?(用它去预测未来的例子时把握有多大?)为了研究这些问题,需要从一个新的角度来考察可学习性。

在这方面作出开创性贡献的是 Valiant,他在 1984 年发表了一篇名为《关于可学习性的理论》的论文,在这篇文章中,他给出了一个学习模型,该模型不要求学习的结果一定是精确的(允许有错),也不要求学习本身一定是成功的(允许失败),但要求学习是在多项式时间内可完成的,并且学习的结果除了可能有"小"的误差外,基本是精确的,学习本身除了可能有"小"的失败风险外,基本上是有把握成功的,在这种意义下可学习的概念称为是"概率地、近似正确地可学习的",简称 PAC(Probably Approximately Correct)可学习的,以下简称 Valiant 的学习模型(包括以后发展起来的各种变种)为 PAC(学习)模型。

在 PAC 学习模型中,学习的对象被抽象为一个布尔向量:$b=\langle b_1, b_2, \cdots, b_n\rangle$,每个 $b_i$ 可取 0, 1 或 $Nil$ 三种值之一,其中 $Nil$ 表示不知道,把每个 $b_i$ 看成是变量 $x_i$ 的值,则 $x=\langle x_1, x_2, \cdots, x_n\rangle$ 是一组布尔变量,在实际生活中,它反映事物的某些属性,其回答为"是"或"否",如

$$x=青光眼待诊病人$$
$$x_1=眼压高于 1.2 吗?$$
$$x_2=有头痛现象吗?$$
$$x_3=是上海人吗?$$
$$\cdots\cdots$$

布尔函数"青光眼"把每个向量 $b$ 映射入 $\{0, 1\}$,若映象为 0,表示该病人未患青光眼,否则,说明病人得了青光眼。显然,有些属性,如 $x_3$,与青光眼并无联系,因此,用于判断青光眼,不是整个向量 $x$,而是 $x$ 的一个子向量 $\bar{x}=\langle \bar{x}_1, \bar{x}_2, \cdots, \bar{x}_m\rangle$,这里 $m\leqslant n$,任何 $\bar{x}_i$ 都不能取值 $Nil$,每个 $\bar{x}_i$ 对应,且只对应一个 $x_j$,不同的 $\bar{x}_i$ 对应不同的 $x_j$。我们要学习的,是子向量 $\bar{x}$ 上的布尔函数,这样的函数称为概念。具体来说,向量 $x$ 上的一个布尔函数 $F$ 称为子向量 $\bar{x}$ 上的一个概念,如果 $F(x)=1$ 当且仅当 $F(\bar{x})=1$。在 PAC 模型中区分 $x$ 和 $\bar{x}$ 是因为我们在学习概念时往往只涉及少数几个有关的属性,而实际的例子却包含许多其他的属性。

以上所说的情况引出了一个分布问题,即 $F(x)=1$ 和 $F(x)=0$ 的实例是如何分布在全体实例之中的(今后不再提 $\bar{x}$)。分布是概率统计中的一个术语,我们在 14.3 节中已经介绍了概率的基本概念。掷一个硬币,结果只有两种情况,正面朝上或反面朝上,概率值各为 1/2,加起来是 1。在马路上随便问一个人:"何处人士?",若按省份答复,有 30 多种;若按县份答复,有 2 000 多种,且每一种可能的答复都附有一个概率,加起来都是 1。概率值作为硬币朝上朝下,某省人,某县人等的函数就称为一个概率分布,简称分布。当回答的可能性为无穷

多甚至不可数的情况时,分布的概念尤其重要,例如:废品率为 $x$ 的概率 $f(x)$ 是多少? 这就是一个具有不可数多个值的连续分布。在我们的情况下,以 $D$ 表示所有布尔向量上的一个分布,$D(b)$ 是使 $F(b)=1$ 成立的布尔向量 $b$ 出现的概率,它满足等式 $\sum_b D(b)=1$。

**定义 20.4.1** 设 $F$ 是一个待学习的概念,$D$ 是一个确定的,但未知的实例分布。假设学习算法得到的实例是遵从 $D$ 分布的,并且每一个实例 $b$ 被说明为正例($F(b)=1$)或反例($F(b)=0$),在学习过一批实例后学习算法产生一个预测函数 $H$ 以逼近 $F$,该函数 $H$ 的误差定义为:

$$\text{error}(H) = \sum_{H(b) \neq F(b)} D(b)$$

一个概念类 $C$ 称为是 PAC 可学习的,如果存在一个算法 $A$ 及一个多项式 $P$,使得,对任意的 $n \geq 1$($n$ 是布尔向量的维数),对 $C$ 中的任意概念 $F$,对实例空间 $X$ 上的任意分布 $D$,以及对任意的正整数 $\varepsilon > 0$ 及 $0 \leq \delta < 1$,只要 $A$ 得到 $P(n, 1/\varepsilon, 1/\delta)$ 个实例,即可学到 $F$ 的近似概念 $H$,其误差 $\text{error}(H) \leq \varepsilon$,且成功的概率 $\geq 1-\delta$。

例如,我们想通过学习得到一个医学专家系统,学习所需的布尔向量可能是(咳嗽,发烧,泻肚,早搏,头疼,腰酸,……),概念类可以是某一类疾病(如,呼吸道疾病)或所有疾病,概念是其中的某个疾病,比如肺炎是一个概念,利用上述布尔向量描述肺炎,可得到($+$,$+$,$-$,$-$,$-$,$-$,…)或($1$,$1$,$0$,$0$,$0$,$0$,…)。如果存在一个算法可以学习其中的任何一个概念,并满足定义 20.4.1 的所有条件,则称此概念类是 PAC 可学习的。注意我们不妨假定概念类是无穷的(疾病有无穷多种),并且第 $n$ 种疾病需要长度为 $n$ 的向量来判断,则算法复杂性(所需例子个数)仅多项式地依赖于 $n$(以及 $1/\varepsilon$ 和 $1/\delta$)。

有几点需要注意。首先,PAC 可学习的概念只依赖于真正起作用的属性向量的维数 $n$,而与其他所有属性,如是否上海人之类无关,这是非常重要的。其次,引进分布概念有助于克服学习中的偏向,试想,如果青光眼的发病率及病人特点在上海和北京不一样,学习算法得到的病例都是上海的,而要它测试的例子却是北京的,这就不公平了,因为上海的分布和北京的分布可能不一样。上述定义规定:学习的实例基于什么分布,则测试的实例也基于什么分布(更确切地说:判断误差的标准也基于什么分布),这是合理的。第三,上述算法以精确的($\varepsilon$,$\delta$)

语言规定了可学习性的科学标准,使得机器学习不再是一种纯经验的活动,而步入精确科学的范畴。可以说,自从 1984 年以后,PAC 学习成为学习的算法理论的主流。

一个概念是否是 PAC 可学习的,这个问题的回答与概念的表示方式有很大关系。研究得比较多的有合取范式(CNF)和析取范式(DNF),Valiant 本人证明了如下的定理。

**定理 20.4.1** 如果存在一个正整数 $K$,使概念类 $C$ 中所有目标概念的 CNF 表示中每个合取式均不含多于 $K$ 个句节(这里每个句节是一个正命题 $A$ 或负命题 $\sim A$,下同),则 $C$ 是 PAC 可学习的,并且学习时只需要正例。这个可学习概念类称为 $K$-CNF 概念类。

以上面所说的疾病判断为例,如果每一种疾病都能表示成 CNF 形式,并且其中每个合取式的长度不超过 $K$,则该疾病类是 PAC 可学习的。以 $K = 2$ 为例,

$$(腰痛 \vee 腿痛) \wedge 乏力 \wedge (吐白痰 \vee 吐黄痰)$$

就是符合上述规定的合取式,但注意 CNF 本身的长度是不受限的。

下面的定理也是成立的。

**定理 20.4.2** 如果存在一个正整数 $K$,使概念类 $C$ 中所有目标概念的 DNF 表示最多只含 $K$ 个析取式,则 $C$ 是 PAC 可学习的。这个可学习概念类称为 $K$-DNF 概念类。

与 PAC 模型相关的还有一个所谓有界错误模型,它的定义如下。

**定义 20.4.2** 给定概念类 $C$,设在学习过程中,例子被学习算法逐个猜测它是否从属于某概念,即对每个例子 $b$,学习算法猜测 $F(b)=1$ 还是 $F(b)=0$,每作一次猜测,该算法即被告知猜得对还是不对,若猜得不对则扣一分。如果存在着一个算法 $A$ 及一个多项式 $P$,使得,对任意的 $n \geqslant 1$(布尔向量维数),$C$ 中任意概念 $F$,任意的正整数 $m > 0$,只要 $A$ 得到 $P(n, m)$ 个实例及对每个实例之猜测的答复,即可学到 $F$ 的近似概念 $H$,使得 $A$ 在学习过程中至多犯 $m$ 次错误,则称概念类 $C$ 是有界错误可学习的。

Littlestone 证明了如下的定理。

**定理 20.4.3** 若概念类 $C$ 是有界错误可学习的,则它一定也是 PAC 可学习的。

第二种与 PAC 相关的模型是弱 PAC 可学习模型。

**定义 20.4.3** 对定义 20.4.1 中的 PAC 学习模型作如下修改:$\delta$ 满足 $0 < \delta \leqslant 1/2$,学习成功的概率是 $\geqslant \frac{1}{2} + \delta$,称如此所得的模型为弱 PAC 学习模型。

注意本定义只要求猜测成功率大于 1/2。但 Schapire 仍旧证明了如下的定理。

**定理 20.4.4** 若概念类 $C$ 是弱 PAC 可学习的,则 $C$ 亦是 PAC 可学习的。

第三种与 PAC 相关的模型是所谓 Occam 剃刀模型。我们在引进非单调推理中的限定理论时曾解释过 Occam 剃刀的概念。

**定义 20.4.4** 设要学习的概念是 $F \in C$,一个带参数 $\beta \geqslant 1$ 及 $0 \leqslant \alpha < 1$ 的概念 $F$ 的 Occam 剃刀学习算法 $A$ 具有如下性质:

1. $A$ 生成一个近似概念 $H$,$H$ 能正确地判断全部已知例子,该概念的描述复杂性不超过 $n^\beta m^\alpha$,其中 $n$ 是 $F$ 的描述复杂性(即布尔维数),$m$ 是例子个数。

2. $A$ 是以 $m$ 为参数的多项式时间算法。

不难看出本定义的要点是 $\alpha < 1$,因为如果 $\alpha = 1$,那就没有什么困难,把所有的已知实例拼接起来就能得到所想学的概念,难就难在概念描述的复杂性必须低于全部实例拼接起来的复杂性,这就是 $\alpha < 1$ 的含义。Occam 剃刀把概念描述中不必要的部分给剃去了,这个定义是 Blumer, Ehrenfeucht, Haussler, Warmuth 四人提出的(简称 BEHW)。他们证明了如下的定理。

**定理 20.4.5** 如果概念类 $C$ 是在 Occam 剃刀模型下可学习的,则 $C$ 必定是 PAC 可学习的。

这是一个很深刻的定理,因为就 PAC 可学习性和 Occam 剃刀可学习性的定义内容来看,两者有很大区别。前者对用学到的概念作预测提出了要求,后者则对学到的概念的复杂性提出了要求,而 BEHW 居然在两者间建立了联系,证明了后者可导出前者。

这个定理的内容能不能反过来呢? 即:如果一个概念类是 PAC 可学习的,它是否也是 Occam 剃刀可学习的呢? 对此,Shapire 给出了一个部分答案。

**定理 20.4.6** 设 $C$ 是一个 PAC 可学习的概念类,则一定存在一个算法 $A$,对任意的 $0 < \delta \leqslant 1$,任意的概念 $f \in C$,以及任意一组 $m$ 个例子,$A$ 一定能以不小于 $1 - \delta$ 的概率学到一个近似描述 $f'$,使 $f'$ 和 $f$ 在这 $m$ 个例子的判断上完全一致,并且 $f'$ 的复杂性是 $n$, $s$ 和 $\log m$ 的多项式,其中 $n$ 是变量个数(布尔向量

长度),$s$ 是概念 $f$ 的描述复杂性。

这个定理当然只能是定理 20.4.5 的部分逆。

与 PAC 模型有关的第四种模型是所谓神谕(Oracle)模型。神谕是可计算性和计算复杂性模型中一个很重要的概念。如果一个问题本来是不可计算的,或计算复杂性很高的,但是计算机能从外界(例如某个人类专家,或数据文件)获取一些关键信息,使该问题变成可解的,或计算复杂性较低的,这种信息称为神谕。在本节所述的学习模型中,允许神谕就是允许学习算法向专家提问。Valiant 本人就使用了神谕的概念,他使用的神谕后来被称为"成员神谕",即学习算法把自己认为比较关键的某个属性向量 $b$(即某个实例)提交专家,要求专家回答 $F(b)=1$ 还是 $F(b)=0$。

这表示学习算法有某种程度的选择学习实例的权利。在通常情况下,学习算法只能被动地接受实例,它顶多只能宣布:"既然你提供的实例都是偏向某一方面的(指实例分布),那么我学到的概念也只能适用于这一方面。"现在不同了,例如,假设学习算法得到的病人实例只有两类,或者是发烧但不泻肚的,或者是泻肚但不发烧的。此时学习算法就可提问:"病人既发烧,又泻肚,请问这是××病吗?"

**定义 20.4.5** 一个 DNF 称为是单调的,如果其中所有的句节都是正原子(即不存在负原子)。

Valiant 证明了如下的定理。

**定理 20.4.7** 如果允许成员神谕,则由单调 DNF 构成的类 $C$ 是 PAC 可学习的,在学习过程中所需的神谕次数不超过 $k \cdot t$,其中,$k$ 是目标概念 $F$ 中各析取式的最高次数(即含句节个数),$t$ 是布尔变量的总个数。

另一种神谕是等价神谕。使用等价神谕时学习算法可以猜测某个概念 $F'$ 与所要学的概念 $F$ 等价(即在所有属性向量上取相同的值),并向专家提问,如果猜对了,专家回答"是",否则回答"非",并给出一个反例 $a$,使 $F(a) \neq F'(a)$。例如,学习算法可以提问:"$A$ 型流感和 $B$ 型流感是等价概念吗?"如果专家认为不是,则可以举出反例:张富贵得的是 $A$ 型流感而不是 $B$ 型流感(同时给出张富贵的各种症状,即布尔向量 $a$)。

利用等价神谕可以降低学习算法的复杂性,例如有如下定理。

**定理 20.4.8** 如果利用等价神谕,则 $K$-CNF 概念类和 $K$-DNF 概念类的学习复杂性仅为 $n^K$ 的多项式,其中 $n$ 是变量个数(布尔向量长度)。

请注意对比,在定理 20.4.1 和定理 20.4.2 中我们已经说了这两个概念类是 PAC 可学习的。但根据 PAC 可学习性的定义,其学习复杂性还要多项式地依赖于 $1/\epsilon$ 和 $1/\delta$。这两项参数在本定理中不出现,从而大大降低了学习复杂性:我们可以要求学习成功率任意之高,学习精确性也任意之高,却不必因此而增加学习的强度。这种学习算法也称为精确学习算法。因而上述定理也可以表为:利用等价神谕可以 $P(n^K)$ 的复杂性精确地学习 $K$-CNF 和 $K$-DNF 概念类。

这两种神谕中的任何一种都不能代替另外一种。Angluin 证明了如下的定理。

**定理 20.4.9** 单用成员神谕或单用等价神谕,确定性有限自动机(DFA)作为一个概念类都是不可学习的。但如兼用两种神谕,则 DFA 是 PAC 可学习的。

DFA 是一种计算模型,按其计算能力和右线性文法(见 22.1 节)等价。它包括一些状态。其中有一个初始状态,还有一个或多个终结状态。它还有一个符号表和一些状态转换规则,其中规定:在什么状态下遇到什么输入符号时应该转向哪一个状态。每个 DFA 的状态集和输入符号表都是有限的。有的 DFA 还可以有输出符号。图 20.4.1 是 DFA 的一个例子,它刻画了猪的生活规则,其中睡是初始状态,宰是终结状态,{饿,饱,累,肥}是输入符号表。

**图 20.4.1  猪自动机**

使用神谕次数的多少,也是学习算法复杂性的重要标志。例如,Bshouty 等人在 1992 年发表了如下的结果。

**定理 20.4.10** 利用等价神谕精确地学习 $K$-DNF 概念类时,若 $K$ 已知,需 $K$ 个等价提问,若 $K$ 未知,需 $K+1$ 个等价提问。

除了这两种神谕外,还有其他的神谕,Angluin 曾举出如下一些:

1. 子集神谕,问 $L \subseteq L_1$? 否定时举反例 $x \in L - L_1$;

2. 超集神谕,问 $L \supseteq L_1$? 否定时举反例 $x \in L_1 - L$;

3. 互斥神谕,问 $L \cap L_1 = \varnothing$? 否定时举反例 $x \in L \cap L_1$;

4. 互补神谕,问 $L \cup L_1 = L^*$? 否定时举反例 $x \in L^* - L \cup L_1$。

Valiant 本人也利用过其他的神谕。

PAC 学习模型是建立在映射 $\{0, 1\}^n \rightarrow \{0, 1\}$ 的概念之上的,即判断属性向量 $\langle a_1, \cdots, a_n \rangle$ 之值 $f(a_1, \cdots, a_n) = a$,其中诸 $a_i$ 及 $a$ 的值均取 0 和 1 两者之一。这种定义具有局限性,对许多问题不适用。例如,某地法院对经济犯罪的判决有一条内部掌握的“杠杠”,大致为:凡贪污公款在 $c_1$ 元到 $c_2$ 元之间,挪用公款 $d_1$ 元到 $d_2$ 元之间,接受贿赂 $e_1$ 元到 $e_2$ 元之间,则认为是中等经济犯罪,判刑 10—15 年。该地某公司职员步耀廉眼看许多人“发”了,想“拼死吃河豚”,趁机捞一把,并以不超过中等经济犯罪为界线,可是他不知道 $c_1$, $c_2$, $d_1$, $d_2$, $e_1$, $e_2$ 这些数字,只看到一件件的实判案例,他要通过学习实例把这六个数字猜出来。于是问题变为求映射:$[0, a]^3 \rightarrow \{0, 1\}$,其中 $a$ 是某个上界(例如,一个严重经济犯罪者的贪污数字)。在这里,$[0, a]$ 区间中的任何一个实数都是考察的对象,即参数值可以连续变化。这就向人们提出一个新问题:在这种情况下,PAC 学习模型是否仍有效?

1989 年,Blumer, Ehenfeucht, Haussler 和 Warmuth 发表了一项重要的工作,建立了在参数连续变化基础之上的 PAC 学习模型。他们把 PAC 可学习性与所谓 Vapnik-Chervonenkis 维数(简称 VC 维数)联系起来。VC 维数的概念来源于 1971 年 Vapnik 和 Chervonenkis 发表的一篇文章。在这篇文章中,他们研究了经验概率估计的与分布无关的收敛性及其对模式识别理论的应用。为此,他们定义了 VC 维数,并用它来描述集合间的某种组合关系。

**定义 20.4.6**(VC 维数)　令 $X$ 为数据空间,$2^x$ 是 $X$ 的幂集,集合 $c \subseteq 2^x$,$c \neq \Phi$,又设 $S$ 是 $X$ 的子集,令

$$\pi_c(S) = \{S_i \mid \exists f \in c, S_i = S \cap f\}$$

这里 $\cap$ 是集合求交。如果有 $\pi_c(S) = 2^S$($2^S$ 是 $S$ 的幂集),则称 $S$ 被 $c$ 所粉碎。若存在有限的集合 $S$,$c$ 能粉碎 $S$,但任何真包含 $S$ 的集合均不能被 $c$ 粉碎,则称 $S$ 的势(元素个数)为 $c$ 的 VC 维数,以 $\mathrm{VC}(c)$ 表之,若不存在这样的有限集 $S$,则令 $\mathrm{VC}(c) = \infty$。

直观上说,$\mathrm{VC}(c)$ 可以看成是集合 $C$ 的结构复杂化程度,这从下面的例子很容易看出。

令 $X$ 为实数轴,$c$ 为 $X$ 上的所有(开或闭)的区间的集合。考察由两个实数

组成的集合 $S=\{x_1, x_2\}$，$x_1<x_2$，则我们总能找到 $c$ 的四个元素：$c_1$，$c_2$，$c_3$ 和 $c_4$，使得 $c_1\bigcap S=\{x_1\}$，$c_2\bigcap S=\{x_2\}$，$c_3\bigcap S=\varnothing$，$c_4\bigcap S=S$。由此可知，$S$ 被 $c$ 所粉碎，但如果 $S$ 由三个实数组成：$S=\{x_1, x_2, x_3\}$，$x_1<x_2<x_3$，则 $c$ 中不存在任何区间，它能包含 $x_1$ 和 $x_3$，但不包括 $x_2$，因此 $\mathrm{VC}(c)=2$。

可以把这个例子推广到多个区间的并。令 $X$ 仍为实轴，$n$ 为固定正整数，$c$ 为所有不超过 $n$ 个区间的区间并。现在令 $S=\{x_1, \cdots, x_{2n}\}$，$x_i<x_{i+1}$，$1\leqslant i\leqslant 2n-1$。则易证 $S$ 被 $c$ 所粉碎。但若令 $S=\{x_1, \cdots, x_{2n+1}\}$，则 $c$ 中任何元素都不能只包含 $x_1, x_3, \cdots, x_{2n+1}$，而不包含 $x_2, x_4, \cdots, x_{2n}$，即 $S$ 不能被 $c$ 所粉碎。因此 $\mathrm{VC}(c)=2n$。

上例的另一种推广是令 $X=E^n$（$n$ 维欧氏空间），$n\geqslant 1$，$c$ 为与 $X$ 中各坐标轴方向平行的 $n$ 维长方体的集合，则若令 $S$ 为由 $2n$ 个点组成的集合，其中每个点是 $E^n$ 中单位立方体的某一个（$n-1$ 维）面的中心点。不难证明，$S$ 被 $c$ 所粉碎。同时，任何一个由 $2n+1$ 个点组成的集合 $S$ 必不能被 $c$ 粉碎。因为如果 $S$ 有 $2n+1$ 个点，则构造一个平行于 $X$ 各坐标轴且包含这 $2n+1$ 个点的最小闭长方体 $P$。由于 $P$ 只有 $2n$ 个面，因此必有下列情况之一：① $S$ 中至少两个点 $\{a, b\}$ 位于 $P$ 的同一面上；② $S$ 有一个点 $a$ 在 $P$ 的内部。这表示，$c$ 中任何一个长方体，凡包含 $S-\{a\}$ 的，必然也包含 $a$。于是证明了 $S$ 不能被 $c$ 所粉碎。因此，这里也有 $\mathrm{VC}(c)=2n$。

下面举一个 VC 维数为无穷的情形，仍令 $X=E'$（实轴），且

$$c=\{c_n \mid \exists n, c_n=I_1\bigcup I_2\bigcup\cdots\bigcup I_n\}$$

其中每个 $I_i$ 是一个有限长的区间。此时任何有限点集 $S$ 均可被 $c$ 所粉碎，因此 $\mathrm{VC}(c)=\infty$。

下面是他们四人给出的定理的主要内容。

**定理 20.4.11** 概念类 $c\subseteq 2^X$ 是 PAC 可学习的，当且仅当 $\mathrm{VC}(c)$ 是一个有限值。具体说是，$\mathrm{VC}(c)=d<\infty$ 和下列事实等价：存在一个多项式 $P$ 及算法 $A$，$A$ 学习 $P(d, 1/\varepsilon, 1/\delta)$ 个实例后，即可以大于 $1-\delta$ 的概率，学到一个误差小于 $\varepsilon$ 的概念函数 $c$。

这里所用术语的确切含义前面都交代过了，此处不再赘述。

**推论 20.4.1** $E^n$ 中所有由有限多个与坐标轴平行的长方体的并构成的集合是一个可学习概念类，但若允许无限多个长方体的并，则是不可学习的概

念类。

**推论 20.4.2** $E^2$ 中所有凸多边形构成的集合是不可学习的。

PAC 可学习性的研究涉及许多理论知识,本节仅能择要简介而不能作详尽的讨论。作为结束,我们提一下该项研究中一个著名的尚未解决的问题。由前面的讨论我们已知存在肯定是 PAC 可学习的概念类,如 $K$-DNF 和 $K$-CNF 类,我们也知道存在(在不用神谕的条件下)肯定是 PAC 不可学习的概念类,如 DFA 类。那么,有没有目前尚不知是否 PAC 可学习的概念类呢? 有! 其中最著名的一个就是 Valiant 本人在他的第一篇文章中就已经提到的 DNF 类(不加 $K$ 的限制)。至今我们知道的只是部分结果。例如,Kearns 等人在 1987 年证明了的如下定理。

**定理 20.4.12** 当且仅当单调 DNF 是 PAC 可学习时,DNF 本身也是 PAC 可学习的。

这个定理很重要,有了它,人们只要研究单调 DNF 就够了。这已把问题大大化简。然而,定理 20.4.12 只告诉我们,单调 DNF 在利用成员神谕的前提下是 PAC 可学习的。除此之外,Angluin 还告诉我们:

**定理 20.4.13** 若同时利用成员神谕和等价神谕,则单调 DNF 是精确可学习的。

那么,不利用神谕行不行呢? Angluin 有一个负面的结果。

**定理 20.4.14** 如果要求学到的概念必须以 DNF 形式表示,那么即使用等价神谕,DNF 也是 PAC 不可学习的。

有关 DNF 问题的最终结果,我们只能拭目以待了。

# 习 题

1. 算法 20.1.1 和算法 20.1.2 分别从正向和反向求全能覆盖,它们求出的结果是否一样? 试分析之。

2. 同样地,也请对比分析算法 20.1.5 和算法 20.1.6 求出的结果。

3. 正向求全能覆盖可以逐步进行(算法 20.1.3),反向求全能覆盖是否也可以逐步进行?

4. 证明算法 20.1.4 的正确性。

(提示:证明下列各点:

(1) 当正、反例个数均为有限时,本算法肯定在有限步内终止。

(2) 在算法执行的每一大步(该算法共四大步)结束后,如果没有报错,则下列性质恒成立:

(a) $G$ 的每个元素都能覆盖每个正例且不覆盖任何反例。

(b) $S$ 的每个元素都能覆盖每个正例且不覆盖任何反例。

(c) $G$ 的每个元素至少覆盖 $S$ 的一个元素。$G$ 不为空集。

(d) $S$ 的每个元素至少被 $G$ 的一个元素所覆盖。$S$ 不为空集。

(3) 如果算法报错,则描述语言所能描述的概念中一定不包括这样的概念:它接受输入的全部正例,排斥输入的全部反例。)

5. 探讨如下两个问题。在执行算法 20.1.4 时:

(1) 在什么条件下最终 $S=G$?

(2) 在什么条件下 $S=G$ 且均为单元素集?

6. 在算法 20.1.4 中,共有四处可能报错(即学习失败)。试就这四种情况各举一实例。

7. 在算法 20.1.4 中,第 2 大步的(1),(4),(5)三小步和第 3 大步的(1),(4),(5)三小步都有可能要从 $G$ 或 $S$ 中删去一些元素,试为这六种情况各举一实例。

8. 在算法 20.1.4 的第 2 大步中,为什么对 $G$ 中不能覆盖 $b$ 的元素,采取简单删去的办法,而对 $S$ 中不能覆盖 $b$ 的元素,则要用最小限度泛化的办法? 相应地,在第 3 大步中,为什么对 $S$ 中覆盖 $c$ 的元素,采取简单删去的办法,而对 $G$ 中覆盖 $c$ 的元素,则要用最小限度特化的办法? 都采用简单删去法不行吗? 如果不行,请用实例说明其可能后果。

9. 算法 20.1.4 是针对 $H$ 是一般偏序集的情况设计的,如果 $H$(除掉底元素 $\perp$ 以后)是一株树,有可能对算法作什么改进吗?

10. 算法 20.1.4 用的泛化。特化函数与其他算法用的不一样,如果予以交换(即算法 20.1.4 采用其他算法的泛化、特化函数,反之也一样),各算法是否仍能保持其正确性? 同时设法比较两种泛化、特化方法的优劣。

11. 把算法 20.1.5 第 8 步的 $S'$ 改为 $\max(S')$ 或 $\min(S')$,或把算法 20.1.6 第 7 步的 $G'$ 改为 $\max(G')$ 或 $\min(G')$,将会出现什么情况? 试分析之。

12. 补充一个子算法,使算法 20.1.5 和算法 20.1.6 的求互补覆盖成为无冗余的。

13. 给出保守预测反向求互补覆盖算法。

14. 给出双向预测求互补覆盖算法。

15. 鉴于乐观预测、保守预测和 Michalski 的改进方法都有缺点,你能否找到一个更好的多概念预测求互补覆盖方法?

16. 能否给出带宽式反向求全能覆盖算法?

17. 能否给出带宽式反向求互补覆盖算法?

18. 详细论证算法 20.2.1 和算法 20.2.2 的正确性(参照第 4 题中对算法 20.1.4 正确性的证明)。

19. 证明 $G(a, X) = H(X, \omega/\alpha)$。

20. 设 $\omega$ 是对象集 $X$ 的理想分划,$\alpha$ 和 $\beta$ 是任意两个分划,其中 $\beta$ 分划细于 $\alpha$ 分划(即在 $\beta$ 中被划入同一组的对象在 $\alpha$ 中必然也被划入同一组),而 $\alpha$ 分划又细于理想分划 $\omega$。试证明在此情况下必有:(1)$d'(\alpha, \omega) \leqslant d'(\beta, \omega)$,(2)$d'_N(\alpha, \omega) \leqslant d'_N(\beta, \omega)$。

21. 上题中的结果是在一个比较强的条件下($\beta$ 细于 $\alpha$,$\alpha$ 细于 $\omega$)获得的,这是否足以说明 De Mantaras 的方法不偏向于取值多的属性? 如果说服力还不够,能否在更一般的条件下讨论这个问题?

22. (孙怀民)试把 14.2 节中提到的 Lakatos 方法应用于归纳学习,并

(1) 以此定义一种渐进式的归纳学习。

(2) 构造算法,针对任一组输入数据和输出数据,能自动生成相应的 PRO-LOG 程序。

# 第二十一章

# 分 析 学 习

## 21.1 基于类比的学习

类比是人类认识事物的一个重要手段。许多事情,也许用通常的话讲许多也讲不清,但只要用一个比喻,听的人就立刻清楚了。例如,若有人说张三是个活雷锋,你立刻知道张三是像雷锋一样乐于助人的人。这就是把张三的行为类比于雷锋的事迹。又若有人说李四是个陈世美式的人物,你也立刻会想到李四一定是在发迹之后抛弃了自己的结发妻子,这又是把李四的劣迹类比于陈世美的恶行。像这样的类比可以抽象为如下的问题:

给定个体 $x$ 和集合 $Y$,问 $x$ 对应于 $Y$ 中的哪个个体 $y$?

上面的提法没有涉及如何在 $Y$ 中寻找所需的 $y$,如果把这一点也考虑进去,则问题的提法可以进一步具体化为:

给定集合 $X$ 和 $Y$,集合 $X$ 的每个元素 $x$ 均有一个属性表,表中有属性 $a_1$, $a_2 \cdots$, $a_n$,其中每个 $a_i$ 取适当的(与个体 $x$ 有关的)值。相应地,集合 $Y$ 的每个元素 $y$ 也有一个属性表,属性是 $b_1$, $b_2$, $\cdots$, $b_m$,每个属性也取一定的值。现在从 $X$ 中取出一个元素 $x$,要从 $Y$ 中找出一个元素 $y$ 来,它与 $x$ 有尽可能多相通的属性和尽可能多相近的属性值。这样的 $y$ 是可以与 $x$ 类比的。

但是,这样的问题提法并不一定能很好地反映实际情况。1954 年,周恩来总理率团参加日内瓦会议,随团带去艺术片《梁山伯与祝英台》为外国代表和记者播放。他提议在请柬上写"放映中国的罗密欧与朱丽叶",结果引起客人强烈兴趣,放映大获成功。显然这是一个恰当的类比。如果按上面所说的那样列出属性表,其结果可能会是:

| 梁山伯与祝英台 | | 罗密欧与朱丽叶 |
|---|---|---|
| 主角 | 中国人 | 英国人 |
| 出身 | 书香门第 | 封建贵族 |
| 时代 | 近 代 | 中世纪 |
| 关系 | 同 学 | 有仇的家族 |
| 死亡 | 病故、撞死 | 服 毒 |
| 死后 | 变蝴蝶 | 变成两族和好的动力 |
| 剧种 | 越 剧 | 芭 蕾 |
| …… | | …… |

由对比可以看出,这两张表的属性值很不相同,那我们又怎能说把它们类比是恰当的呢? 问题就在属性的选择和处理上。

1. 在把两个事物进行类比时,属性的选择不能是任意的。必须选择最重要、最能反映事物本质的属性。对于理解爱情故事来说,中国人还是英国人并不重要,剧中人所处的时代也并非最重要,而爱情发展的结局以及导致这种结局的原因却是十分重要的。

2. 属性及其值之间的直接相比往往并不能说明问题,只有经过抽象以后的属性方能更反映事物的本质。梁山伯是伤心过度而病死的,罗密欧则服毒而亡。具体的死亡方式不能导致正确的类比,只有把它抽象为悲剧的结局后才能显示出两者的类似来。

在类比的时候,还要注意类比重点的不唯一性,不同的重点将会导致不同的类比结果。例如,在中国成语中常用狼来作比喻,比喻的重点和要说明的意思是很不一样的:

狼吞虎咽(进食方式的类比)

狼子野心(凶恶本质的类比)

狼狈为奸(恶类勾结的类比)

杯盘狼藉(环境杂乱的类比)

狼奔豕突(四散逃窜的类比)

它们中的每一个都以狼的某一方面特点为主进行类比。这说明:即使把狼的所有重要属性都列成表,也不能适应用狼作类比时其重点动态改变的情况。一个好的类比算法必须指明当前类比的重点是什么。

指明类比重点的方法之一是条件类比,它的提问方式大致如下:

给定集合 $X$ 和 $Y$，$X$ 中的元素 $x_1$ 和 $x_2$，以及 $Y$ 中的元素 $y_1$。问：如果 $x_1$ 可以类比于 $y_1$，那么 $x_2$ 应该类比于什么？

这里，在寻找 $x_2$ 的类比对象时，有一个提示可供参考，那就是 $x_1$ 可以类比于 $y_1$。它指出了类比的方向，限定了类比的范围。有了这个提示，类比就不是任意的了。仍旧以上面说的狼为例，现在不再简单地问狼可以类比于什么，而是采用如下的提示：

1. 如果蚕可以类比于小口进食、吃饭很慢的人，那么狼可以类比于什么？答：狼可以类比于大口吞食、吃饭很快的人（狼吞虎咽）。

2. 如果蚕可以类比于行动迟缓、走路很慢的人，那么狼可以类比于什么？答：狼可以类比于奔跑迅速、横冲直撞的人（狼奔豕突）。

3. 如果蚕可以类比于奉献自己、只为他人的人，那么狼可以类比于什么？答：狼可以类比于贪婪自私、凶残害人的人（狼心狗肺）。

可以看出，当 $x_1$ 类比于 $y_1$ 导致 $x_2$ 可以类比于 $y_2$ 时，$y_1$ 和 $y_2$ 之间存在着某种特殊的关系（例如概念上的对立关系），这种关系往往是 $x_1$ 和 $x_2$ 之间原有关系的一种抽象。例如：

问：如果一丈青扈三娘可以类比于鲜花，那么矮脚虎王英可以类比于什么？答：牛粪。这里鲜花和牛粪的关系是扈三娘和王英关系的一种恰当抽象。与前面蚕和狼的类比不同，它不是在同一范围中寻找类比对象（这一类型的人和那一类型的人），而是在完全不同的范围内寻找（植物和非植物）。一个缺少语言知识的系统也许会把矮脚虎王英比做野草或枯木（限于植物范围内）。这说明类比的成功程度与知识的多少有很大关系。

为了给出概念类比算法，我们需要一些定义。为此假设有一组谓词刻画对象的属性。一个谓词可能在某些对象上有定义而在另一些对象上没有定义。同时假设所有的对象已按它们的分类构成一个层次组织。属于同一类的对象，也称为属于同一范畴，它们具有公共的父对象。若对象 $a$ 是对象 $b$、$c$ 的公共父对象，且对 $b$、$c$ 的任何其他公共父对象 $d$，$a$ 都不是 $d$ 的父对象，则称 $a$ 是 $b$、$c$ 的极小公共父对象，或称 $b$ 和 $c$ 属于同一个极小范畴，例如，在图 20.1.2 中，华东地区人是吴有训和竺可桢的极小公共父对象，科学家也是他们的极小公共父对象，但是中国人只是他们的公共父对象而非极小。以华东地区人和科学家为根的子树都是他们的共同极小范畴。

**算法 21.1.1**（概念类比）

1. 给定对象 $x_1$，$x_2$ 和 $y_1$。待解问题为：若 $x_1$ 类比于 $y_1$，$x_2$ 类比于什么？

2. 若 $x_1$ 已用属性 $A_o$ 显式地限定，则转 18。

3. 若 $y_1$ 已用属性 $A_o$ 显式地限定，则转 19。

4. 若 $x_1$ 和 $y_1$ 无共同属性，则转 16。

5. 在 $x_1$ 和 $y_1$ 的其余共同属性中选出最重要的一组来，并按其重要性大小排列为 $A_1$，$A_2$，$\cdots$，$A_n$。

6. $i := 1$。

7. 若 $A_i$ 不存在，则转 14。

8. 若 $A_i(x_1) = \sim A_i(y_1)$，则转 14。

9. 若 $A_i(x_2)$ 无定义则转 14。

10. 若 $A_i(x_1) = A_i(x_2)$ 则转 17。

11. 从包含 $y_1$ 的最小范畴开始，向外逐层寻找这样的 $y_2$，它满足 $A_i(y_1) = \sim A_i(y_2)$。

12. 若找不到，则转 14。

13. 取最先寻到的 $y_2$，类比成功，结束算法。

14. $i := i+1$。

15. 若 $i \leqslant n$ 则转 8。

16. 类比失败，结束算法。

17. 取 $y_2 = y_1$，类比成功，结束算法。

18. 若 $y_1$ 也有属性 $A_o$，则把 $A_o$ 定为 $x_1$ 和 $y_1$ 的最重要共同特性。转 5。

19. 若 $x_1$ 也有属性 $A_o$，则把 $A_o$ 定为 $x_1$ 和 $y_1$ 的最重要共同特性。转 5。

算法完。

本算法基本上可以解决前面提出的概念类比问题。第 2 步和第 3 步中的属性 $A_o$ 是非特指的，在 $x_1$ 和 $y_1$ 的描述中不管提到什么属性，它就是 $A_o$。例如"小口进食、吃饭很慢的人"中，对象是人，用于限定人的属性 $A_o$ 就是小口进食和吃饭很慢。此算法要求对任何公共属性 $A_i$，必有 $A_i(x_1) = A_i(y_1)$，它不允许有反比。例如决不能从扈三娘类比于牛粪推出王英类比于鲜花。对于 $A_i(x_1) = A_i(x_2)$ 的情况，它简单地取 $y_1 = y_2$。这种办法有时不能达到类比的目的。例如，设问题为：若扈三娘类比于鲜花，那么貂蝉类比于什么？答：鲜花。表面上看来这是正确的，实际上问题的原意是要把扈三娘与貂蝉的区别体现在鲜花（$y_1$）

与 $y_2$ 的区别之中。更好的答案应该是貂蝉类比于柔弱的鲜花。为此不妨修改算法如下。

**算法 21.1.2**(强调区别的概念类比) 把算法 21.1.1 修改如下：

$17'$. 找 $x_1$ 与 $x_2$ 的共同属性。若有则转 $20'$，否则令 $y_2=y_1$，结束算法。

$20'$. 若对所有 $x_1$ 与 $x_2$ 的共同属性 $B$，都有 $B(x_1)=B(x_2)$，则令 $y_2=y_1$，结束算法。

$21'$. 否则，在所有满足 $B_i(x_1)=\sim B_i(x_2)$ 的共同属性中，取最重要的一个，设为 $B_o$。

$22'$. 从包含 $y_1$ 的最小范畴开始，向外逐层寻找这样的 $y_2$，它满足下式：

$$[A_i(x_1)=A_i(y_2)]\wedge[B_o(x_1)=\sim B_o(x_2)]\wedge[B_o(y_1)$$
$$=\sim B_o(y_2)]$$

$23'$. 如果存在这样的 $y_2$，则取第一个找到的 $y_2$ 作为答案。结束算法。

$24'$. 否则，把 $\sim B_o$ 作为限定词，限定 $y_1$ 后得到答案。结束算法。

算法完。

上面的算法只从具有相同属性的对象中去寻求类比答案。这种方法在稍微高级一点的类比问题中显得不足。例如：

问：若把一场战争类比于一局棋，则一位将军应类比于什么？答：一位棋手。

在这里，战争和棋局的共同特点是竞争性、对抗性、有胜负等等。而将军作为个人却没有这些属性。正确的类比应该是研究将军在战争中所起的作用，并寻问什么样的对象在棋局中起类似的作用，这就是棋手。为了解决这种类比问题，可修改算法 21.1.1 如下。

**算法 21.1.3**(基于功能的概念类比) 修改算法 21.1.1 如下：

$1'$. 给定对象 $x_1$，$x_2$ 和 $y_1$，它们分别属于范畴 $X_1$，$X_2$ 和 $Y_1$。待解问题为：若 $x_1$ 类比于 $y_1$，$x_2$ 类比于什么？

$8'$. 寻找保持属性 $A_i$ 之值不变的、双向唯一的映射 $f_i$，

$$f_i:X_1\to Y_1$$

若不存在这样的 $f_i$，则转 14。

$9'$. 寻找单值映射 $g$，

$$g:X_1\to X_2,\ g(x_1)=x_2$$

若不存在这样的映射,则转 14。

10′. 若不能扩充 $f_i$ 的定义,使新映射 $f'_i$ 把映射 $g$ 映射为新映射 $g'_i=f'_i(g)$,使对适当的 $Y_2$ 有

$$g'_i:Y_1\rightarrow Y_2$$

则转 14。

11′. 寻找这样的 $y_2\in Y_2$,使 $g'_i(y_1)=y_2$。

算法完。

实际上,要做到本算法中对映射 $f_i$ 和 $g$ 的双向唯一要求是很困难的。例如若把战争对应于棋局,则历史上战争的次数不可能正好等于棋局的次数。所谓双向唯一是函数变换本身的要求。我们可以通过适当修改映射的定义而予以减弱。另一方面,算法 21.1.3 突出了 $X_1$ 和 $Y_1$ 的关系。实际上,$X_1$ 和 $X_2$ 的关系往往更重要。下面的算法体现了这一点。

**算法 21.1.4**(用关系代替映射)  修改算法 21.1.3 如下:

8″. 寻找 $X_1\times X_2$ 上的关系 $G_i$,使得$(x_1,x_2)\in G_i$,且 $\forall (x'_1,x'_2)\in G_i$,$x'_2$ 为 $x'_1$ 的属性 $A_i$ 之值。若找不到转 14。

9″. 若存在 $Y_2$,使 $G_i$ 可推广到 $Y_1\times Y_2$,$\exists y\in Y_2$,使$(y_1,y_2)\in G_i$,且 $y_2$ 是 $y_1$ 的属性 $A_i$ 之值,则转 11′。

10″. 否则,寻找 $Y_2$ 及与 $G_i$ 关系最近的 $G'_i$,使 $G'_i$ 在 $Y_1\times Y_2$ 上有定义,$\exists y_2\in Y_2$,$(y_1,y_2)\in G'_i$,且 $y_2$ 是 $y_1$ 的属性 $A_i$ 之值。若找不到则转 14。

11″. 若有多个 $y_2$ 满足上述条件,则任选一个。否则,即为此唯一的 $y_2$。

算法完。

把此算法应用于战争和棋局的类比关系,可以得到关系 $G$＝指挥关系,即指挥关系(战争、将军)成立。这个 $G$ 不能直接应用于棋局(算法中的第 9″ 步不能做),而 $G'$＝运筹关系是与 $G$ 最接近的关系之一。对每个棋局,可以找到一位棋手,使 $G'$(棋局,棋手)成立。因此,任意一位棋手都可被选中作为 $y_2$。

如果把问题改成这样:若把赤壁之战类比于中日第一届围棋擂台赛,那么周瑜应该类比于什么? 此时的 $G$ 仍然是指挥关系,$G'$ 也仍然是运筹关系,但此时并非对任意的棋手,都有 $G'$(中日第一届围棋擂台赛,棋手)成立,只有当棋手是特定的聂卫平时,$G'$ 才成立。

如果把问题进一步改为:若把赤壁之战类比于中日第一届围棋擂台赛,那么粟裕应该类比于什么? 由于找不到关系 $G$,使 $G$(赤壁之战,粟裕)成立,因此找

不到所求的类比结果,这导致算法 21.1.4 中第 8″步的类比失败。

上述算法中的关系、范畴、属性及其值都是事先存放在知识库中的,系统类比的能力随知识库的丰富程度而异。所谓两个关系相近,需要设计专门的定义,本节不予讨论。其他有关细节亦如此。概念类比的进一步研究见习题。

另一类重要的类比学习是用类比方法来学习解题手段。日常生活中不乏此类事例。通过与鸟类飞行类比,人们发明了飞机;通过与鱼类潜水类比(鱼鳔的功能),人们发明了潜水艇(利用压缩空气)。反面的例子也有,不少罪犯交待,他们的犯罪手段是从电视、电影里学来的。人们注意到,战争往往在星期日的早晨爆发,因为历史表明在这种时机组织突然袭击容易取得成功。解题手段的类比学习就是要机器像人一样,从分析已有的解题过程中求得解决新的、类似问题的方法。

Carbonell 对解题手段的类比学习进行了系统的研究,先后提出了两种学习方法,一种称为变换类比方法,另一种称为推导类比方法。我们先讨论变换类比方法。它的基础是手段—目的分析法(见 9.1.6 节)。

**算法 21.1.5**(变换类比)

1. 建立一个解题空间 $R$。$R$ 的元素是各类问题可能有的状态。由一连串状态构成的路径表示由初始状态(串头)到目标状态(串尾)的解题过程,其中对每个 $i$,由串中第 $i$ 个状态 $S_i$ 到第 $i+1$ 个状态 $S_{i+1}$ 应该是联通的。

2. 建立一个变换空间 $T$。$T$ 的元素相当于 $R$ 中的解题路径。若从 $T$ 的元素 $W_1$ 有联线通向另一元素 $W_2$,则表示存在变换 $\alpha$ 把 $W_1$ 变为 $W_2$。$\alpha$ 就标在 $W_1$ 到 $W_2$ 的联线(弧)上。

3. 建立 $T$ 空间上的一个度量 $D_T$,它可以测度 $T$ 空间两个元素之间的距离:

$$D_T = D_R(S_{I,1}, S_{I,2}) + D_R(S_{F,1}, S_{F,2})$$
$$+ D_P(\mathrm{PC}_1, \mathrm{PC}_2) + D_A(\mathrm{SOL}_1, \mathrm{SOL}_2)$$

其中对所有 $x, y, z$,有

$$D_x(y, z) \geqslant 0 \text{ 且 } D_x(y, z) = 0 \leftrightarrow y = z$$

它们的含义是:

(1) $D_R$ 表示 $R$ 空间中两个状态间的距离。

(2) $D_P$ 表示两个路径限制 $\mathrm{PC}_1$ 和 $\mathrm{PC}_2$ 之间的距离。

（3）$D_A = \dfrac{\text{其中不能应用于 SOL}_2\text{ 的算子个数}}{\text{SOL}_1\text{ 中使用的 }R\text{ 算子个数}}$

此处 $R$ 算子是指 $R$ 空间中的解题算子。所谓不能应用是指当需要用到此算子时它的前提条件不满足。

（4）$S_I$ 和 $S_F$ 分别表示初始和目标状态。

（5）下标 1 和 2 分别表示已得到的中间解和所需的最终解。

（6）SOL$_1$ 是中间解的解题路径，SOL$_2$ 是待解问题的要求说明。

4. 建立一张作用在 $T$ 空间上的变换算子表，其中的算子称为 $T$ 算子（见算法 21.1.6）。

5. 建立一张启发式的 $T$ 算子应用表。表中每一项的形式为：如果当前已得到的中间解符合某某条件，则可采用某个 $T$ 算子以缩短中间解和最终解的距离 $D_T$。

6. 给定待解问题 $F_2$，寻找一个已解问题 $F_1$，使 $F_1$ 和 $F_2$ 之间的距离为最短。令 $F_1$ 和 $F_2$ 分别为 $T$ 空间的初始状态和目标状态。

7. 若 $F_1 = F_2$ 则解已找到，结束算法。

8. 若当前没有 $T$ 算子可应用，则转 10。

9. 选择一个能最大限度地缩短距离 $D_T$ 的 $T$ 算子，作用于 $F_1$，得到的新的（$T$ 空间中的）状态仍称为 $F_1$。转 7。

10. 若存在一个 $R$ 算子，可以应用于 $F_1$ 在 $R$ 空间中对应的解题路径，改变其前提条件以使它接近于所需的前提条件，则应用之并转 8。

11. 否则，类比失败，结束算法。

算法完。

**算法 21.1.6**（$T$ 算子表）　有下列 $T$ 算子可供使用：

1. 一般插入。插入一个新的 $R$ 算子到 $F_1$ 中。

2. 一般删除。从 $F_1$ 中删去一个 $R$ 算子。

3. 插入子问题的解。若在中间解 $F_1$ 中有某个 $R$ 算子由于在新情况下前提条件不满足而不能应用，则把满足该前提条件作为一个新的子问题，求得该子问题在 $R$ 空间中的解后把解序列（$R$ 算子序列）插入 $F_1$ 中的相应位置。

4. 算子替换。若在中间解 $F_1$ 中有某个 $R$ 算子由于在新情况下前提条件不满足，或导致某种不允许的副作用而不能应用，则寻找一个新的 $R$ 算子或 $R$ 算子序列以代替老算子，新算子或新序列能起到老算子同样的功能，但满足前提条件且不产生有害的副作用。

5. 尾联接。在 $R$ 空间中求解如下的问题:把中间解 $F_1$ 的目标状态看作是新问题的初始状态,寻找 $R$ 算子或 $R$ 算子序列以缩短此初始状态到 $F_2$ 的目标状态的距离。把这个 $R$ 算子或序列接在 $F_1$ 的已有算子序列之后。

6. 首联接。在 $R$ 空间中求解如下的问题:寻找一个状态 $S$ 和一个 $R$ 算子(或算子序列)$W$,使 $S$ 到 $S_{I,2}$ 的距离小于 $S_{I,2}$ 到 $S_{I,1}$ 的距离,并且 $W$ 作用于 $S$ 可生成状态 $S_{I,1}$。把 $W$ 作为子序列接在 $F_1$ 的已有算子序列之前。

7. 序列合并。如果存在两个中间解 $F_{1,1}$ 和 $F_{1,2}$,其中任何一个都不能完成 $F_2$ 的全部要求,但每一个都能完成一部分另一个所不能完成的要求。并且双方均不产生足以破坏对方前提条件的副作用,则可以合并 $F_{1,1}$ 和 $F_{1,2}$ 以产生一个新的中间解 $F_1$。

8. 序列重排。把 $F_1$ 所含的 $R$ 算子序列按某种要求重新排列。

9. 参数置换。把 $F_1$ 中 $R$ 算子所作用的对象部分或全部地换成 $F_2$ 所需的对象。

10. 子序列删除。删去 $F_1$ 中 $R$ 算子序列的多余部分。特别地,若经某个初始子序列作用后生成的状态 $S$ 比 $S_{I,1}$ 更接近 $S_{I,2}$,则可删去 $F_1$ 中 $S$ 之前的部分。反之,若 $S$ 比 $S_{F,1}$ 更接近 $S_{F,2}$,则可删去 $S$ 以后的部分。

11. 序列反转。把 $F_1$ 中的 $S_{I,1}$ 变成 $S_{F,1}$,并把原来的 $S_{F,1}$ 变成 $F_{I,1}$。同时用 $R_i^{-1}$($R_i$ 的逆)置换每个算子 $R_i$。

算法完。

现在举一个例子。第六章的习题 13 讨论了 $2n$ 个硬币的重排问题。在那里给出了 $n=3$ 时的解法。我们用类比的方法来求 $n=4$ 时的解法。不难看出,即使是这样简单的一个问题,也不能直接套用算法 21.1.5,因为老问题的任何中间状态都含六个硬币,而新问题的任何中间状态都含八个硬币。直接转换是很困难的。

首先考察 $R$ 算子,共有十二个。

$R_1$. 两个同面相邻硬币移至最右面。

$R_2$. 两个同面相邻硬币插入右面空档。

$R_3$. 两个同面相邻硬币就地向右靠紧。

$R_4$. 两个异面相邻硬币移至最右面。

$R_5$. 两个异面相邻硬币插入右面空档。

$R_6$. 两个异面相邻硬币就地向右靠紧。

另外六个算子:$R_7$ 到 $R_{12}$ 和上面一样,只是把方向从向右改为向左。前面给出的 $n=3$ 时的答案是 $R_1 \circ R_4 \circ R_5$。利用这个已有的解去对付新问题 $n=4$,可以得到图 21.1.1 中左面带 * 号的那一行硬币状态。此时任何算子都不能作用于最左面的那个正面硬币。为了满足 $R$ 算子的操作条件,可以执行算子 $R_9$,然后再执行一次算子 $R_5$,即完成解题任务。最后得到的解路径是 $R_1 \circ R_4 \circ R_5 \circ R_9 \circ R_5$。

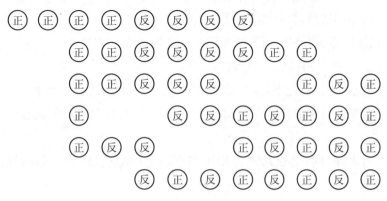

**图 21.1.1 用类比法解硬币移动问题**

从所得的解题结果来看,它是在原有解之后加上一个 $R$ 算子序列 $R_9 \circ R_5$,怎么用状态变迁来解释这个结果呢? 可以用计分办法。每两个同面硬币加一分,每个空档(不管多长)加一分。用总分数来表示状态,则 $n=3$ 的解是把状态 4 变为状态 0,而求解 $n=4$ 需把状态 6 变为状态 0,利用原来的解法已把新问题从状态 6 变为状态 2(由于路径约束条件不一样,不能立即变成状态 0),再接上算子序列 $R_9 \circ R_5$ 就把状态 2 变为状态 0。

如果老问题的解过程在形式上与新问题的解有很大的区别,则用变换方法就比较困难了。例如,若老问题的解是用 FORTRAN 语言编的程序,而新问题要求用 Pascal 语言编程序,它们在外表上的差别就大了,要从 FORTRAN 直接变换成 Pascal 是很困难的,何况还要加上解题方法本身的变换。为此 Carbonell 提出了第二种类比解题方法,即推导类比。它的核心思想是把旧方案的实现过程作为一种逐步求精的过程记录下来,然后不是把解题过程本身,而是把旧方案的逐步求精过程变换成解决新问题的新方案的逐步求精过程,以此得到新问题的解决方案。推导类比的算法分为两部分。

**算法 21.1.7**(记录求精过程) 在用逐步求精法求解一个问题时,记录以下各项:

1. 待解问题的各层子目标结构。

2. 在制订解题方案过程中做的各种决策。

(1) 选择哪种方案,抛弃哪种方案。

(2) 作出某种决策的理由。

(3) 对作出某种错误决策的检讨。

(4) 前面的决策对后面的决策的影响。

3. 在制订解题方案时用到的知识的一览表。

4. 找到的解题路径所含的信息,包括:

(1) 若求解失败,记下最后达到的状态,以及不能继续前进的原因。

(2) 若解题过程依赖于在问题描述中未曾给出的信息(如时间依赖关系),则记下之。

(3) 若解题过程已成功地应用于多个问题的解决,则记下其频繁使用的部分。

算法完。

**算法 21.1.8**(推导类比)

1. 建立一个已解问题的(求解过程)实例库 $R$,其中的每个实例含有如下信息:解题方案的逐步求精过程;解题方案对具体解题环境的依赖;曾用到过的知识的一览表;没有被采用的候选方案;对失败的尝试的检讨,等等。

2. 对每个待解问题 $F_2$,从 $R$ 中找出一个已解问题 $F_1$ 来。$F_1$ 的解题方案的逐步求精过程的头几步也能应用于 $F_2$。

3. 顺着 $F_1$ 的求精过程对 $F_2$ 求精,一直走到不能再前进一步为止。此时必有某个求精的前提条件不成立。

4. 如果存在另一种求精方法,可以绕过目前的障碍,则用此新方法取代老方法,并向前求精一步。把改换求精方法的原因及经过记录下来。

5. 如果 $F_1$ 中做过的某个决策不适用于 $F_2$,则作下列五项之一:

(1) 估计其他的候选决策的可用性并选择其一加以使用;

(2) 找出改造现环境的方法,以使老的决策仍然可以使用;

(3) 放弃这条求精路线,改走其他路线;

（4）放弃实例 $F_1$，从 $R$ 中改选其他实例；

（5）采用其他解题方法。

6. 如果当前采取的新决策曾在 $F_1$ 中被证明是错误的，则要详细检查其错误的原因以及产生错误的解题环境，验证这种解题环境在 $F_2$ 中是否还存在。如果这种环境在 $F_2$ 中已不存在，且当初在 $F_1$ 中尝试这些决策的原因（理由）仍然有效，则仍尝试之。

7. 如果在求精过程的某一点采用了新的决策，从而导致一条新的求精（即推导）路线，则不要抛弃老的推导路线，因为 $F_1$ 中以后诸步的推导可能不一定与这一个决策有关而仍可采用。

8. 如果在求精过程中发现对原有决策修改太多，以致 $F_1$ 的参考作用变得很小，则可放弃把推导类比作为解 $F_2$ 的尝试。

算法完。

用过去的实例作推导类比的思想已经很接近于下节要讲的基于案例的学习。所以这里就不再深入讨论了。

## 21.2　基于案例的学习

基于案例的学习是基于类比的学习的进一步发展。如果说基于类比的学习重视的是给定两个或三个对象，如何在它们之间进行类比以推出新的结论，则基于案例库的学习重视的是如何组织和管理一个案例库，需要进行类比推理时如何检索这个库以找到合理的类比对象，当有多个对象均可参与类比时如何排除二义性，选中最合适的对象。以及如何根据类比结果的成败与好坏去改进案例库的组织及检索方法，也就是对案例库所代表的知识进行求精。它与归纳学习方法的最主要区别是它直接保存案例而不是保存从案例中归纳出的规则，并且直接用与已有的案例类比来解决新问题，而不是通过规则推导来解决新问题。

基于案例的学习是由一组大同小异的学习策略组成的。在文献中可以看到不同的名字，如 Case-based learning，Examplar-based learning 和 Instance-based learning 等都是。与基于归纳方法的学习和其他机器学习方法相比，它确有许多优点。首先，它特别适用于这样的领域，在那里较难发现规律性的知识，也不容易找到因果模型。在现实世界中，许多概念是模糊的。它们很难被清楚而确切地描述。即使用一大堆属性也不见得能说清楚，例如，朋友、敌人、善良、丑恶、有利、不利等等。实际的案例往往能比一组分类规则提供更多的信息。其次,案例库都是实际案例的记载,它不像规则库那样有个知识的一致性问题。一般来说,当把一组实例转化成一组规则时,概念的泛化和抽象往往是不可避免的,知识的不一致性也就在此时被引进了。第三,基于案例的学习从其本性来说就是增量式的,因为案例是一个个地增加的。并且每当一个新来的案例与库中的案例相匹配,并且由指导教员肯定或否定这一匹配的结果时,库中所含的知识也就作了一次求精。由此而导致的案例库的修改总是局部的,不需要对案例库实行重新组织。

基于案例的学习的主要缺点是它需要保持和管理一组数量较大的案例,并且每当一个新案例来临时要花许多时间去搜索这个大案例库。因此时间和空间的复杂性都是必须考虑的。但是人们也找到了降低这种复杂性的一些方向,从下面的一些算法中可以看到这一点。

最简单和最自然的算法是这样的:

**算法 21.2.1**(恒定案例库)

1. 把全体训练用的案例集一次输入案例库 $B$ 中。

2. 若有一新案例 $x$ 要测试,则从库 $B$ 中寻找一个能与 $x$ 作最佳匹配的案例 $y$。如果找不到这样的 $y$,则宣布匹配失败,拒绝 $x$。

算法完。

这个算法实际上并没有做任何学习,也不会有任何机器学习系统使用它。我们把它放在这里仅仅是为了与以下的算法作对比。

**算法 21.2.2**(可变案例库)

1. 建立一个空的案例库 $B$。

2. 取一个训练用的案例 $x$。

3. 从库 $B$ 中寻找一个能与 $x$ 作最佳匹配的案例 $y$。

4. 若找不到这样的 $y$,则转 6。

5. 若找到了这样的 $y$,且教员确认 $x$ 和 $y$ 属于同一范畴,则合并 $x$ 和 $y$,转 7。

6. 把 $x$ 加入库 $B$ 中,并把 $x$ 所属的范畴 $c$ 作为标识加在 $x$ 上。

7. 若训练用的案例集已经用完,则结束算法,否则转 2。

算法完。

这个算法中仍有许多问题不清楚,首先是算法第 5 步中提到的合并,什么叫两个案例的合并？有几种可能。

**算法 21.2.3**（案例合并）　若新来的案例 $x$ 与库 $B$ 中的某个已有案例 $y$ 成功地匹配，且 $x$ 与 $y$ 被教员确认为属于同一范畴，则下面几种合并操作都是可能的。

1. 直接把 $x$ 插入 $B$ 中。♯结果是同一概念范畴在库中有多个代表性案例♯

2. 舍弃 $x$，保存 $y$。♯采用先入为主的方法，对于案例库的维护来说最为简单♯

3. 从 $x$ 和 $y$ 中选择一个对范畴 $c$ 最具代表性的案例，其中 $c$ 是它们共同所属的范畴。只保存这个选出的案例而舍弃另一个。♯什么叫代表性，此处尚无定义♯

4. 把 $x$ 和 $y$ 的特性混合起来，构造一个新的案例 $z$。舍弃 $x$ 和 $y$，只保存 $z$。♯这个方法对基于案例的学习的最初定义有所偏离♯

5. 计算 $x$ 和 $y$ 的匹配度 $d$，若 $d$ 的值不很高则把 $x$ 存在库 $B$ 中，作为 $x$ 和 $y$ 所属范畴的另一实例，否则舍弃 $x$。♯这可能是最合理的方法♯

算法完。

究竟采用哪一种方法进行合并，可视情况而定。例如，若库的容量足够，且案例都是很重要的，可采用第一种方法。若案例库的修改和维护开销较大，可采用第二种方法。若案例数量极大而案例库容量有限，可采用第三种方法。若目的是为了从模糊的案例中找到对目标概念的较准确的概括，可采用第四种方法。若一个范畴内通常包括许多属性相差甚远的案例，可采用第五种方法。

算法 21.2.2 的第 6 步意味着，只要 $x$ 和 $y$ 不属于同一个范畴，则只要把 $x$ 简单地存入库 $B$ 中就行了，实际情况不这么简单。即使在此时也还有许多可供选择的考虑。

**算法 21.2.4**（区别不同情况）　如果由于 $x$ 和 $y$ 不属同一范畴而要把 $x$ 存入库 $B$ 中，则有如下几种做法可供选用。

1. 简单地把 $x$ 存入 $B$ 中。♯这种做法最简单，但可能会导致在今后处理其他案例时的不良性能♯

2. 若 $x$ 和 $y$ 的匹配度 $d$ 不太高，则简单地存 $x$ 于 $B$ 中。否则要求教员提供 $x$ 和 $y$ 在属性上的本质区别，把这些区别加在 $x$ 和 $y$ 原来的表示上，然后把 $x$ 加入库 $B$ 中。♯缩小 $x$ 和 $y$ 各自的影响范围，使它们不相交，以减少今后的新

案例同时匹配 $x$ 和 $y$ 的可能性 ♯

3. 若匹配度 $d$ 不太高则存 $x$ 于 $B$ 中。否则(匹配度 $d$ 较高),若 $y$ 的代表性并不太强,则舍弃 $y$ 而保留 $x$(于 $B$ 中)。否则(匹配度 $d$ 高且 $y$ 的代表性强),则要求教员给出 $x$ 和 $y$ 的本质区别,把这些区别加到 $x$ 和 $y$ 原来的表示上,并把 $x$ 和 $y$ 都留在库 $B$ 中。♯在任何情况下保留 $x$ ♯

4. 与 3 相同,只有一点差别:若 $y$ 具有很强的代表性,则考察 $x$。若 $x$ 不具有很强的代表性则舍弃 $x$,否则要求教员像 3 中一样地提供指导。♯舍弃 $x$ 和 $y$ 中的较弱者 ♯

算法完。

许多研究工作表明,如果案例库非常大,则在进行基于案例的学习时,不但时间和空间的复杂性会很高,而且学习的质量(新案例匹配的正确率)也会下降。D.Kibler 曾经用几种方法作过对比实验。他们称把所有案例存入库中的方法为逼近型方法,称增量式地存储最具代表性的案例为增长型方法。他提出了一种新的方法,称为缩减型方法,算法如下:

**算法 21.2.5**(缩减型方法)

1. 把所有训练用的案例输入库 $B$ 中。

2. 若 $B$ 中有一对这样的案例 $x$ 和 $y$,它们的匹配程度很高且属于同一范畴,则从 $x$ 和 $y$ 中任意删去一个。

3. 重复执行第 2 步直至它的条件不再成立。

算法完。

这个算法有一个缺点,它不考虑两个互相匹配的案例分属于不同范畴的情况。不难利用前面算法的思想来修改它,使这种情况也得到考虑。D.Kibleir 等人利用 Quinlan 的甲亢病人数据对逼近型、增长型和缩减型三种方法都作了试验,下面是他们得到的部分结论:

1. 如果在学习时把所有可能的属性都用上,则逼近型方法的性能较其他两种方法差。而且有一个出人意料的结论:即使增加案例也不能扭转这种趋势。例如,逼近型方法在有 11 个甲亢正例的情况下,学习正确率为 60%,而增长型方法在只有六个正例时,学习正确率达到 80%。

2. 如果在学习时只考虑"有关的"属性,则逼近型方法的性能较其他两种方法优,其代价是逼近型方法需要更多的案例。在 11 个正例的情况下,逼近型方法可达到 83% 的正确率。而另一方面,增长型方法只用四个正例就达到 79% 的正确率。缩减型方法只用三个正例就达到 77% 的正确率。这意味着,逼近型方法用了三倍或四倍的案例数,才在正确率上比另两种方法超过 4% 或 6%。

在算法 21.2.2 中还有一个概念未予说明,那就是匹配。什么叫做两个案例互相匹配呢? 最简单的办法是把案例的属性一一比较,看它们是否相近或相等。更好的办法是以知识为基础进行匹配。下面的算法基本上取自机器学习系统 PROTOS。

**算法 21.2.6**(以知识为基础的匹配)

1. 把所有的案例及与它们相关的概念和属性组成一个语义网络 $N$。

2. 在 $N$ 中,某些属性和概念相联接,另一些属性则和案例相联接。每条联接弧都有一个权,权的大小与它所联接的属性相对于它所联接的概念或案例的重要程度成正比。

3. 在 $N$ 的概念和案例之间也有弧联接,这些联接弧也有权重,表示它所联接的案例相对于它所联接的概念的代表性。

4. 知识库中还有另外一个网 $A$,称为推理网络。$A$ 有两组属性作为它的节点。其中一组属性即是 $N$ 中的属性节点,另一组属性是开放性的,它们或与已有的属性有关,或可能在未来的案例中出现。

5. 当测试一个新案例 $x$ 时,把 $x$ 的属性与 $N$ 中的属性相匹配。每一个匹配成功的属性激活那些包含此属性的概念和案例,每一个被激活的概念和案例又激活与它们有关的属性,如此下去,直至获得一个被激活的最大集。

6. 利用 $x$ 的不直接在 $N$ 中出现的属性去激活 $A$ 的在 $N$ 中出现的属性,这个激活操作是通过 $A$ 中的联接弧实现的,然后使用被激活的属性去进一步激活 $N$ 中的其他概念和案例,如像在前一步中所描述的那样。

7. 上述第 5 步和第 6 步分别对某些案例的激活作出自己的贡献,把这两方面的贡献综合起来,得到每个案例的累加被激活度,这也就是新案例 $x$ 和 $N$ 中诸老案例的匹配度。

算法完。

图 21.2.1 是一个以知识为基础的匹配的例子。其中 $N$ 含一个概念(罪行)和两个案例(偷窃和谋杀)。其他节点都是属性。联接弧的粗细表示该弧的权。例如,比起偷窃来,谋杀是一种更具代表性的罪行。现假设新案例 $x$ 是"张三用刀威胁李四,并从李四处抢走一万元"。这个案例中只有一个属性,即刀,出现在网 $N$ 中。乍一看来,似乎 $x$ 只能和谋杀相匹配。但是教员否定了这个结论。于

是系统激活推理网络中的诸属性,其中包括一个属性"财产损失"。而财产损失反过来又激活了案例"偷窃"。现在看来偷窃是一个可能的解。但是教员又否定了这个结论。为了得到一个合理的解,教员向库中插入新的案例"抢劫",并以此修改了网络 $N$。在图 21.2.1 的(a)中,用虚线围起的部分是根据教员的解释后加的。

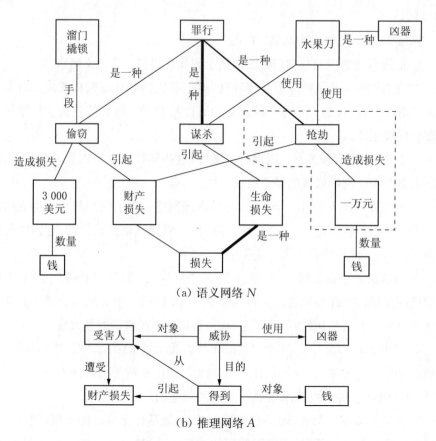

(a) 语义网络 $N$

(b) 推理网络 $A$

**图 21.2.1    以知识为基础的匹配**

迄今为止,语义网络 $N$ 的联接弧上的权都被假定是静态不变的。如果允许它们在学习过程中动态改变,则可以得到较好的学习效果。

**算法 21.2.7**(修改联接强度)

1. 设在测试一个新的案例 $x$ 时在网 $N$ 和 $A$ 上进行推理。如果通过激活属性 $a$ 和联接 $a$,$b$ 的弧 $c$ 使某个老案例 $b$ 被激活,且 $x$ 与 $b$ 最后匹配成功并得到教员的确认,则增强弧 $c$ 的权。

2. 设在测试一个新案例 $x$ 时在网 $N$ 和 $A$ 上进行推理。如果通过激活属性 $a$ 和联接 $a$，$d$ 的弧 $c$ 使某个概念 $d$ 被激活，$b$ 是 $d$ 的一个案例，且 $x$ 与 $b$ 最后匹配成功并得到教员的确认，则增强 $c$ 的权，并增强 $b$ 相对于 $d$ 的代表性。

3. 设在上面所说的新案例 $x$ 的测试过程中，$x$ 的某个属性 $a_1$ 激活了 $A$ 中的另一属性 $a_2$，则增强从 $a_1$ 到 $a_2$ 的最短通路(按加权或不加权计算)上每条弧的权。

4. 假设在上面的情况 1、2、3 中，案例 $x$ 与 $b$ 的匹配被教员所否定，则降低有关弧的权。如果案例 $b$(至少是部分地)被概念 $d$ 所激活，则同时还要降低 $b$ 相对于 $d$ 的代表性。

算法完。

这个算法还可以弄得更细一点，至少有两个因素是可以考虑的。首先，联接弧的权的增加和减少的量可以因情况而不同。在算法第 1 步中权的增长量可以大于第 2 步中权的增长量，并且更大于第 3 步中权的增长量。同样的原理适用于权的减少。其次，推理网络 $A$ 中的联接弧也可以加权，并且这些权也可以在学习的过程中动态修改。

另一个值得探讨的问题是案例库的搜索策略。我们在前面已经指出，由于案例库可能很大，搜索案例的时间复杂性会相当高。由于搜索策略和案例库的组织有关，我们在下面通过给出案例库的不同组织方法来说明搜索策略的不同。

**算法 21.2.8**(案例库组织和搜索)　下列任何一种策略都是可以选用的：

1. 用普通的并列方法组织库中的案例，匹配时采用盲目搜索方法。

2. 构造一个交叉索引表。其中包括属性、案例、概念之间的相互索引。匹配时可根据索引表直接找到所需案例。

3. 构造一个层次结构(偏序)包括概念的层次和案例的层次。概念层次按一般性—特殊性的程度来排列，案例层次按其代表性的强弱来排列。匹配时按层次结构来搜索。

4. 构造一个以概念和案例为节点的区分网络。每一对相邻的概念(或案例)之间通过某些属性及其值来区分。搜索时往往采用爬山法。一个节点被认为比另一个节点"高"，如果该节点和新来的案例有更多的属性和属性值相匹配。

5. 利用成功匹配和不成功匹配的历史来修改案例库的组织，例如，通过改动库中案例代表性的强弱来修改案例的层次结构。

算法完。

在上面的讨论中,我们有一个隐含的假定,那就是每次只有一个库中案例与新来的案例匹配得"最好",而没有去研究这种情况:如果库中有多个案例均和新来的案例匹配得很好,而这多个案例又分属不同的范畴(概念),此时应如何确定新来案例的范畴呢? 为了解决这个问题,人们研究了所谓 $k$ 个最近的邻居的算法,简称 KNN 算法。

**算法 21.2.9**(KNN)

1. 建立一个空的案例库 $B$。

2. 输入一个训练案例 $x$。

3. 设法从库 $B$ 中找到 $k$ 个案例 $y_i$, $i=1$, $\cdots$, $k$,使得所有的 $y_i$ 都与 $x$ 很好匹配。

4. 如果完全找不到这样的 $y_i$,则转 7。

5. 如果找到 $m$ 个这样的 $y_i$, $i=1$, $\cdots$, $m$, $m \leqslant k$,则利用诸 $y_i$ 所属的范畴 $c_i$ 来计算 $x$ 应该属于的范畴 $c$。

6. 若教员确认此结果(即:$c$ 是 $x$ 的范畴),则用某种方法把 $x$ 和原有的案例合并,转 8。

7. 把案例 $x$ 送入库 $B$ 中,根据教员的指示给 $x$ 标上它所应该属于的范畴 $c'$。

8. 若训练例全部用完,则结束算法,否则,转 2。

算法完。

在这个算法中有一些地方没有交代清楚,首先是:如何找到 $k$ 个最近的邻居? 下面的算法指出,至少有两种方法能做到这一点。

**算法 21.2.10**(找 KNN)  下面的每一个寻找 KNN 的策略都是可供选用的:

1. 令 $k$ 是一个固定的正整数。设库 $B$ 共有 $j$ 个案例,则每次从库中选择 $\min(k, j)$ 个案例 $y_i$,这些案例与新来案例 $x$ 的匹配程度至少不比库中剩余的其他案例差。

2. 令 $k$ 是一个可变的正整数。每次从库 $B$ 中选出所有这样的案例 $y_i$,它们与新来案例 $x$ 的匹配程度超过一个预先设定的阈值(换句话说,这些 $y_i$ 和 $x$ 之间的"距离"小于一个限定的值)。这样的 $y_i$ 的个数即是 $k$。

算法完。

**算法 21.2.11**(确定范畴)  设 $y_i$, $i=1$, $\cdots$, $k$ 是案例 $x$ 的 KNN。它们分属于(不一定不相同的)范畴 $c_i$, $i=1$, $\cdots$, $k$。在利用诸 $c_i$ 计算 $x$ 的范畴 $c$ 时,

下面的任何一种策略都可以被选用：

1. 若存在一个 $c_j$，$1 \leqslant j \leqslant k$，$c_j$ 包含的 $y_i$ 比其他任一 $c_h$，$h \neq j$，所包含的 $y_i$ 在数量上要多，则 $c_j$ 被认为是 $x$ 所属的范畴。

2. 若存在一个 $c_j$，$1 \leqslant j \leqslant k$，$c_j$ 包含的 $y_i$ 的数量超过了 $f(k)$，其中 $f$ 是一个定义在正整数集上的取正整数为值的函数，则 $c_j$ 被认为是 $x$·所属的范畴。

3. 令 $m_i$ 表示 $y_i$ 与 $x$ 的匹配程度，又令

$$V_j = \sum_i m_i,$$

其中 $m_i$ 对所有使 $y_i$ 属于 $c_j$ 的 $i$ 求和。如果有一个 $c_h$，使得

$$V_h > V_i，对所有的 i \neq h$$

则 $c_h$ 被认为是 $x$ 所属的范畴。

4. 如果存在一个 $c_h$，使得

$$V_h > g(k) \cdot \sum_{1 \leqslant i \leqslant k} V_i$$

其中 $g$ 是一个定义在正整数上的、取正整数为值的函数，则 $c_h$ 被认为是 $x$ 所属的范畴。

5. 与上述的策略 3 一样，只是

$$V_j = \sum_i \alpha_i m_i$$

求和也是对所有使 $y_i \in c_j$ 的 $i$ 进行。其中 $\{\alpha_i \mid 1 \leqslant i \leqslant k\}$ 是一组权。

6. 与上面的策略 4 一样，只是计算 $V_j$ 的公式作类似于上面策略 5 中那样的修改。

算法完。

这个算法包括了三组共六个不同的策略。它们一组比一组精细。其中第一组最粗。第二组细一些，它们考虑到了 $x$ 和 $y_i$ 之间的距离（匹配的程度）。第三组最精细，它们连诸 $y_i$ 的重要性（权）也考虑到了。如果连第三组策略也解决不了新案例 $x$ 的归属，那只好请教员来指点了。

当然，算法 21.2.9 还可以作进一步的精化，就好像算法 21.2.2 一样，后来的算法 21.2.3，21.2.4，21.2.6，21.2.7 等都是算法 21.2.2 的精化，完全可以"照葫芦画瓢"地把有关思想应用到 21.2.9 上。

Aha 等人注意到一个现象:现有的基于案例的学习方法对噪音数据的抵抗能力很差,因为一个案例一旦进入案例库,便很难再把它请出来了,但它完全可能是一个不合常规的噪音数据(例如:一个误诊的病例,一个误判的案件)。一个案例是否对某一范畴具有代表性,不是一开始就能知道的,而是要在学习的过程中逐渐搞清楚。Aha 建议对案例库中的每个案例建立一个匹配记录,一旦记录显示该案例是一个"不好的"案例,即把它从库中除去,下面的算法称为 IB3,它就是这样一个抗噪音的算法。

**算法 21.2.12**(IB3)

1. 建立一个非空案例库 $B$。

2. 输入一个训练例 $x$。

3. 设法从库 $B$ 中找到一个案例 $y$,它与 $x$ 有最佳匹配,并且匹配程度是可接受的(超过某个阈值)。

4. 如果找不到这样的 $y$,则转 10。

5. 若教员确认 $x$ 和 $y$ 属于同一范畴,则转 11。

6. 否则,把 $x$ 加上它所属的范畴 $c$ 的标志后存入库 $B$ 中。

7. 从库 $B$ 中找出所有这样的案例 $y_i$,它们和 $x$ 的匹配程度至少不亚于 $y$ 和 $x$ 的匹配程度,在所有这些 $y_i$ 的匹配记录上扣分。

8. 从库 $B$ 中删去一切这样的案例 $t$,它们的匹配记录上的分数小于某个规定的值。

9. 如果训练例已经用完,则停止执行算法。否则转 2。

10. 从库 $B$ 中任选一个案例 $y$,转 5。

11. 从库 $B$ 中找出所有这样的案例 $y_i$,它们和 $x$ 的匹配程度至少不亚于 $y$ 和 $x$ 的匹配程度,在所有这些 $y_i$ 的匹配记录上加分。

12. 转 9。

算法完。

Aha 使用负的欧氏度量作为匹配程度的定量估计,其中欧氏度量是在属性值的空间取的。他们得到了如下的结论:

1. 利用 IB3 算法,库中所收的案例基本上不含噪音数据,而用通常的增长型方法,库中约有 28.3%的案例是噪音数据。

2. 利用 IB3 算法,案例学习的精确度约提高 5—10%。

3. 利用 IB3 算法,案例库的存储量约减少 20%(平均)。

改进基于案例的学习的另一个尝试是采用其他的度量(即不采用欧氏距离)来衡量匹配的程度。Cost 和 Salzberg 曾试用所谓曼哈顿距离来作匹配标准。该度量用两点之间的联线的长度作为两点间的距离,这种联线直来直去,很像美国纽约曼哈顿区的大街,所以称为曼哈顿距离。后来,Mangasarian 等人又试用所谓无限模作匹配标准。几种不同的距离定义如下。

**算法 21.2.13**(欧氏和非欧氏距离) 下面三种度量的每一种都可以作为基于案例的学习算法中的匹配标准:

1. 欧氏距离

$$d_{ij} = \{\sum_{h=1}^{n} \alpha_h (a_{ih} - a_{jh})^2\}^{1/2}$$

其中 $n$ 是属性总数,$a_{ih}$ 是第 $i$ 个案例的第 $h$ 个属性的值,$\alpha_h$ 是第 $h$ 个属性的权重。此处每个属性的值均已作过规范化处理。即均值为 0。标准偏差为 1。

2. 曼哈顿距离

$$d_{ij} = \sum_{h=1}^{n} \alpha_h \mid a_{ih} - a_{jh} \mid$$

3. 无限模

$$d_{ij} = \max_{1 \leqslant h \leqslant n} \alpha_h \mid a_{ih} - a_{jh} \mid$$

算法完。

有的心理学家曾估计,采用曼哈顿距离所得到的性能会优于欧氏距离,因为曼哈顿距离更符合心理学的要求。但 Salzberg 等所作的实验否定了这一猜想。他用三种不同的距离对三组不同的数据作实验,这些数据是:糖尿病、肿瘤和心脏病的诊断记录。它们的案例数、属性数、范畴数分别是 576,8,2;369,9,2 和 303,13,4。实验结果如图 21.2.2 所示。

| 距离 | 糖尿病 | 肿瘤 | 心脏病 |
|------|--------|------|--------|
| 曼哈顿 | 67.8 | 93.3 | 79.2 |
| 欧氏距离 | 70.6 | 93.9 | 77.2 |
| 无限模 | 68.9 | 92.7 | 73.0 |

**图 21.2.2 三种度量的精确度比较**

不难看出,采用不同度量所得的精确度之间没有什么明显的差别。

## 21.3 基于解释的学习

基于解释的学习(EBL)是一种重要的分析学习算法,它兴起于 80 年代中期。Mitchell 和 De Jong 等人作了开创性的工作。EBL 依靠一个丰富的知识库。每当学习的时候,针对输入的一个具体实例,它力图用知识库中的知识去证明该实例属于某个概念,这个证明过程就称为解释过程,此过程被作为一种(控制解题的)知识记录下来,然后再被适当地推广,使得推广以后的知识不仅覆盖这一个实例,而且能覆盖更多的情形。这就是基于解释的学习。把学到的知识加进知识库中,可以提高今后的解题效率。这种思想可以形式化为如下的学习算法。

**算法 21.3.1**(基本 EBL 算法)

1. 给定一个具有丰富领域知识的知识库。

2. 给定一个目标概念 $G$。

3. 输入一个实例 $e$。

4. 使用知识库中的领域知识,或在专家的帮助下证明 $e$ 是 $G$ 的一个实例。这一步称为解释。

5. 对上一步中获得的解释进行推广,得到一个更一般的解题过程。这一步称为泛化。

6. 把通过泛化得到的知识加进知识库中。

算法完。

这个算法有两个关键之点,那就是解释和泛化。对这两点需要作进一步的说明。首先要说明我们怎样生成一个解释。下面介绍两种生成方法,第一种是 Nilsson 引进的目标回归方法,曾用于描述机器人规划程序 STRIPS 的操作原理。STRIPS 中产生式的基本结构我们已在 2.5 节中提到过,这里简要地重复一下:一个 STRIPS 产生式分为四部分:

1. 首部。$p(x_1, \cdots, x_n)$。$p$ 为产生式名,代表一个动作,诸 $x_i$ 为其参数,分别出现在其余三个部分中。

2. 前提。Precondition:<谓词序列>。表示为执行此产生式,当前状态必须满足的条件。

3. 删除表。Delete:<谓词序列>,表示执行产生式后,应当从状态中删除的谓词。

4. 增加表。Add：＜谓词序列＞，表示执行产生式后应加到状态中去的谓词。

这里的状态可以看作是一组谓词的集合。在逻辑上它们是用与运算联接起来的。下面用 $H_i$，$P_i$，$D_i$，$A_i$ 分别表示一个产生式的首部，前提，删除表和增加表。

**算法 21.3.2**（目标回归法）

1. 设目标概念为 $G_1 \wedge G_2 \wedge \cdots \wedge G_n$。

2. 用实例的参数代入目标概念后得到（可能是部分例化的）具体目标 $G'_1 \wedge G'_2 \wedge \cdots \wedge G'_n$。

3. 把实例提供的信息（一般为例化的谓词）作为事实送入知识库中。

4. 如果知识库中的信息使目标至少部分地得到满足，则只考虑目标的剩余部分。若剩余部分为空，则回归完成。算法结束。

5. 如果目标未全部完成，则取出其中的一个，比如说 $G'_1$。

6. 如果存在一条规则 $a$ 及一个最广通代 $\varphi$，使得 $G'_1\varphi$ 存在于 $a\varphi$ 的增加表 $A_i(a\varphi)$ 中，而所有的 $G'_i\varphi$（$1 \leqslant i \leqslant n$，包括目标中已经被满足的那些部分）与 $a\varphi$ 的删除表 $D_i(a\varphi)$ 之交均为空，则可以通过此产生式实行一步回归（即向后推理），回归用产生式的首部 $H_i(a\varphi)$ 表示。回归后的新目标是产生式的前提 $P_i(a\varphi)$ 与目标中尚未满足的部分（例如 $G'_2\varphi \wedge G'_3\varphi \wedge \cdots \wedge G'_n\varphi$）的并集。

7. 如果存在一个回归序列，使最后的子目标全由知识库中的事实或最基本的谓词组成，则算法结束，此回归序列（产生式首部 $H_i(a\varphi)$ 的序列）就是所求的解释。

算法完。

该算法本质上是一种带变量的问题空间盲目搜索算法。在 7.3 节中讲了宽度优先和深度优先两种策略，上面叙述的可算是它的一般情形。我们尚未说明算法中所说的"最基本的谓词"是什么，这涉及可操作性问题，将在以后详述。本节中，我们只考虑产生式的简化例子。一个产生式只有前提和增加表两部分，不考虑删除表，规则首部也省去。

现在看一个例子：

目标概念：get-a-ticket$(x)$

领域理论（知识库）：

give($y$, ticket, $x$)→get-a-ticket($x$)

mk-friend($u$, $v$) ∧ has($u$, ticket)→give($u$, ticket, $v$)

offer($x$, gift, $y$) ∧ invite($x$, $y$, restaurant)→mk-friend($y$, $x$)

offer($x$, gift, $y$) ∧ invite($x$, $y$, kalaok)→mk-friend($y$, $x$)

pay($x$, fee, $y$) ∧ has($y$, ticket) ∧ honest($y$)→give($y$, ticket, $x$)

relative($x$, $y$)→mk-friend($y$, $x$)

实例:侯孟想观看环球运动会足球比赛,为此需要一张门票。但门票已售完。他想起他的表弟吴比在运动场担任门卫。侯孟给吴比送了一瓶二锅头,请他吃了一次韩国烧烤。这使侯孟花 70 元钱。吃完又让吴比带回去两瓶果茶。吴比很高兴,给了侯孟一张门票。

运用领域理论对此实例解释的过程如图 21.3.1 所示。解释结果是如下的一条规则:

offer(侯孟,二锅头,吴比) ∧ invite(侯孟,吴比,韩国烧烤) ∧ has(吴比,门票)→get-a-ticket(侯孟)

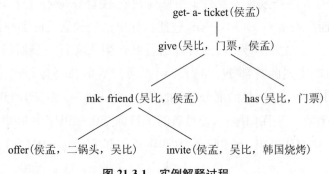

**图 21.3.1　实例解释过程**

显然,本解释为所有想要挤进足球赛场而又苦于购不到票的球迷提供了一种启发信息。当然,这个知识还需经过推广后才能纳入知识库中。

第二种解释方法可以称为基于解释的特化(EBS),使用于 PRODIGY 系统中。PRODIGY 是一个与领域无关的解题器,能够通过解释专家的解题行为获取解题知识,特别是获取那些能在解决复杂任务时降低搜索复杂性的控制知识。它的知识表示方法比较复杂。目标概念可以是一组子概念的合取和析取的递归嵌套组合。在 PRODIGY 中,一个规则称为一个公理,它的条件部分称为公理体,动作部分称为公理首部。它还包含像(FORALL($x$, …)SUCH THAT $F_1$,

$F_2$)之类的循环语句,该语句的含义是:对满足条件 $F_1$ 的参量表($x$,…)中的每组参量,执行动作 $F_2$。

**算法 21.3.3**(基于解释的特化)

1. 若目标概念为下列子概念的合取

$$F_1 \wedge F_2 \wedge \cdots \wedge F_n = F$$

则对目标概念的特化归结为对每个子概念的特化,并得到如下的新目标:

$$(\text{Spec } F_1) \wedge (\text{Spec } F_2) \wedge \cdots \wedge (\text{Spec } F_n) = \text{Spec } F$$

其中 Spec 表示特化。

2. 若目标概念为下列子概念的析取

$$F_1 \vee F_2 \vee \cdots \vee F_n = F$$

则有

$$\text{spec } F = \text{spec } F_j$$

其中 $F_j$ 是诸 $F_i$ 中第一个与实例一致(不矛盾)的子概念。

3. 若目标概念是如下形式的一个循环:

$$F = (\text{FORALL}(x, \cdots) \text{SUCH THAT } F_1, F_2)$$

它的含义是:求所有满足条件 $F_1(x, \cdots)$ 的 $F_2$。此时应做的操作是先找出 $F_2$ 的所有实例,然后用条件 $F_1(x, \cdots)$ 检查之。设共有 $n$ 个 $F_2$ 的实例满足此条件,则结果为:

$$(\text{Spec } F_2)_1 \vee (\text{Spec } F_2)_2 \vee \cdots \vee (\text{Spec } F_2)_n$$

其中每个括号内的 $F_2$ 代表一个实例。

4. 若目标概念是 $\sim F$,则不加改变地送回结果 $\sim F$。

5. 若目标概念是原子命题 $p(x_1, x_2, \cdots, x_m)$,则不加改变地送回结果 $p(x_1, x_2, \cdots x_m)$,此处原子命题是未用任何公理定义的命题。

6. 若目标概念是非原子命题 $p(x_1, x_2, \cdots, x_m)$,则

(1) 找到定义此命题的公理:

$$\text{公理体} \rightarrow p(y_1, y_2, \cdots, y_m)$$

要求该公理与实例是一致的。

(2) 用相应的 $x_i$ 代入诸 $y_i$。

(3) 对公理体中各变量相应地重新命名。

(4) 把(Spec 公理体)作为结果送回。

算法完。

不难看出,上述算法的描述与 PRODIGY 中使用的知识表示方法有关。其他一些算法也有类似的问题。因此,读者在研究这类算法时只需注意其精神实质即可,而不必去记住那些细节。从精神实质上看,PRODIGY 的方法与前面讲的目标回归法没有重大的区别,都是把待解目标一步步回归成知识库中的基本单元。

下面我们讨论基于解释学习中的第二个要点:泛化。一个未经泛化的解释学习是很难有使用价值的。以侯孟搞足球票为例。在那里学到的知识只适用于他本人通过吴比在环球运动会上搞足球票。如果在例子中还说明了日期,那么连日期都不能改。也就是说他的经验只此一次有效。严格地说,这只是一个具体事例的剖析而没有上升为经验。而泛化是把具体事例上升为经验的必由之途。在具体实施时,泛化可有许多不同的方向。下面的算法概括了其中比较重要的几种。

**算法 21.3.4**(泛化)  下面的每一种策略都可用于泛化一个解释。

1. 删去所有与学习目标无关的具体属性。

2. 把其中的常量换成变量。

3. 更换解释中包含的子结构。

4. 在解释结构中增加新的析取子结构。

5. 推广各子结构的顺序关系。

6. 推广各子结构出现的次数。

算法完。

仍以环球运动会门票为例,上述泛化策略在该例中的运用可以是:

1. 关于删除无关属性。侯孟为请客花了 70 元钱,这是一条无关属性,在构造解释时已经删去。

2. 关于把常量换成变量。谓词 invite(侯孟,吴比,韩国烧烤)可以泛化为 invite(侯孟,吴比,restaurant)以消除餐厅名常量,还可进一步泛化为 invite($x$, $y$, restaurant)以消除人名常量。其他常量名亦可相应地换成变量。试对比泛化前和泛化后的解释结构。

泛化前：offer(侯孟,二锅头,吴比)∧invite(侯孟,吴比,韩国烧烤)∧has(吴比,门票)→get-a-ticket(侯孟)。

泛化后：offer($x$, gift, $y$)∧invite($x$, $y$, restanrant)∧has($y$, ticket)→get-a-ticket($x$)

读作：若某人有票,则送礼物给他并请他上馆子吃饭,就可得到票。

注意：把常量换成变量并不是永远有效的。上述解释结构的彻底变量化可能是：

$$offer(x, t, y)∧invite(x, y, z)∧has(y, u)→get-a-ticket(x)$$

则它也可以例化成：

offer($x$,一副手铐,$y$)∧invite($x$, $y$,提篮桥监狱)∧has($y$,十年徒刑)→get-a-ticket($x$)

为了避免常量换变量的滥用,可以限制为恢复在执行解释时被例化的变量,并在变量名不同时作必要的最广通代。前面那个正确的泛化后解释结构就是这样得来的。但是,我们在下面将会看的,并不是在任何情况下都能找到使学习系统避免过分泛化的良方。

3. 关于更换子结构。在找到第一个解释结构后,如果进一步搜索,可能会发现谓词 relative(侯孟、吴比)之值为真,因为表兄弟也是一种亲戚关系(知识库中需要有相应的规则)。知道了利用亲戚关系同样可以搞到票,侯孟就不必给吴比送二锅头,更不必邀请他去外面吃饭了。于是有了第二种解释结构：

$$relative(x, y)∧has(y, ticket)→get-a-ticket(x)$$

4. 关于增加析取子结构。子结构 invite($x$, $y$, restaurant)可以推广为析取结构：

invite($x$, $y$, restaurant)∨invite($x$, $y$, kalaok)于是得到第三种解释结构：

offer($x$, gift, $y$)∧〔invite($x$, $y$, restaurant)∨invite($x$, $y$, kalaok)〕∧has($y$, ticket)→get-a-ticket($x$)

5. 关于推广子结构顺序。谓词 offer 和 invite 的顺序可以改变而不影响其效果。于是得到第四种解释结构：

invite($x$, $y$, restaurant)∧offer($x$, gift, $y$)∧has($y$, ticket)→get-a-ticket($x$)

6. 关于推广子结构出现次数:在这个例子中,吴比吃完饭后又带了两瓶果茶回家;这也是侯孟送给他的。此情节说明送礼不嫌多,于是,一个经过泛化的规则可具有如下形式:

$invite(x, y, restaurant) \wedge \{offer(x, gift, y)\}_1^n \wedge has(y, ticket) \rightarrow get\text{-}a\text{-}ticket(x)$

记号$\{\cdots\}_1^n$说明括号里的内容可以重复$n$次,$n$为任意正整数。

在各类基于解释的学习系统中,泛化并非都是自动进行的,大致有如下三种方法。

1. 按照事先确定的机制,由学习系统机械地执行。

2. 按照某种启发式原则,由学习系统实行试探式的泛化,然后由专家给予证实。

3. 直接由专家给出泛化。

从这个角度看,基于解释的学习系统并非完全不增加领域知识(此处不指控制知识,因为控制知识的增加是肯定的)。凡是在对泛化实行人工干预时,一般都向知识库增加了某些知识。

分析一下学习侯孟搞球票的例子使我们得到什么实际的好处。以泛化后的第一种解释结构为例,在把它加进知识库之前,如果我们要解一个新问题:get-a-ticket(辛仁)。辛仁的情况和侯孟大致相同,则辛仁必须独立地走一遍侯孟已走过的路,这涉及三条规则的链接。如果在匹配时每次都从第一条规则搜索起,则(不包括与事实的匹配)共需六次与规则右部的匹配。但若把学到的解释结构加进知识库中并放在最前面,则只需一条规则和一次匹配就够了。

现在讨论一个对基于解释的学习来说是至关重要的概念,即可操作性概念。在算法21.3.2实施的目标回归中,要一直回归到最基本的谓词为止,我们把最基本定义为可操作。因此有必要说明什么是可操作的。对这一点,不同的研究者有不同的看法。下面的定义罗列一些有代表性的观点。在这里,知识的表示不再限于谓词,它可以是一般的知识元,例如,它可以是一个用代码编写的过程。

**定义 21.3.1**(可操作性)

1. (Mostow)能被解题程序直接执行的过程称为是可操作的(参见第二十章,一个学习系统包含学习程序和解题程序两部分)。

2. (Mitchell)被用户指定为可操作的谓词(或概念)是可操作的。

3. (De Jong)如果一个目标概念附有一个可执行的规划(在这里规划指的是

一个能实现此目标的过程），则此目标概念称为是可操作的。

4.（Hirsch）如果一个谓词满足用户事先确定的某些（可能需要动态检验的）准则，则此谓词是可操作的。

5.（Winston）如果一个目标概念被一组属性所描述，而这些属性的取值是可以很容易地直接检验的，则此目标概念是可操作的。

6.（Keller）如果一个目标概念被一组属性所描述，此描述能实际地应用于一个解题程序中，并且此应用能根据预定要求提高解题程序的性能，则此目标概念是可操作的。

7.（Minton）如果一个目标概念被一组直接可观察的属性和/或直接可观察的动作描述，并且应用此描述可使解题程序提高其实用性，则此概念是可操作的，此处实用性定义如下：

$$实用性＝(AS×AF)-AMC$$

其中目标概念通过一个规则来定义，并且

AMC＝此规则匹配的平均开销

AS＝应用此规则带来的平均收获（解题时间的节省）

AF＝实际解题时此规则的使用率（实际使用次数/规则测试次数）

8.（邹晨东，石纯一）可操作性不是定义了一个普通的谓词集合，而是定义了所有谓词集上的一个模糊子集，其中隶属函数 $\mu_{op}$ 定义如下：

（1）$\mu_{op}(q)=1$，若 $q$ 为一事实

（2）若有一规则

$$p_1 \wedge p_2 \wedge \cdots \wedge p_m \to q$$

此处无妨假设对 $i<j$ 恒有 $\mu_{op}(p_i) \geqslant \mu_{op}(p_j)$，则

$$\mu_{op}(q)=\max\left(\mu_{op}(p_m)-\varepsilon \sum_{i=1}^{m} \frac{\mu_{op}(p_m)}{\mu_{op}(p_i)},\ 0\right)$$

（3）若有一规则

$$p_1 \vee p_2 \vee \cdots \vee p_m \to q$$

则在与（2）相同的前提之下有

$$\mu_{op}(q)=\max\left(\frac{1}{m}\left[\sum_{i=1}^{m}\mu_{op}(p_i)-\varepsilon \sum_{i=1}^{m}\sum_{j=1}^{m}\frac{\mu_{op}(p_j)}{\mu_{op}(p_i)}\right],\ 0\right)$$

其中 $0<\varepsilon<1$，$\varepsilon$ 与解题程序有关。

下面对定义稍加解释。Mostow 可能是最早涉足可操作性研究的人，他在知识编译的探讨中区分了一个不可操作的概念（例如扑克牌的同花）和该概念向可操作方向的转变（例如指明同花说的是一副牌有相同的花色：全为梅花、方块、红心或黑桃），使该概念可由计算机判别、处理。Mitchell 是首先明确地提出基于解释的泛化（EBG）的人，他认为只有那些可直接观察且有机械的准则判断其真伪的谓词才是可操作的，例如本例中的吴比是否有门票，侯孟是否给吴比送了礼，是否邀请吴比去吃饭，以及日常生活中某物体的重量、某人的体温、某树的高度等等。但是他的可操作性准则受到了人们的批评，因为所谓能否观察和能否判断往往是相对的，例如菜是否咸，张三是否是好人，甲和乙是否为朋友，等等。也就是说，他的准则本身是不可操作的（不可机械判断的）。因此，他的准则实际上是让用户来指定哪些是可操作谓词。

De Jong 提出的以是否有可实施的规划作为一个概念是否可操作的判断标准与 Mostow 的标准有些类似。这个标准把可操作性的范围拓广了。有些在 Mitchell 意义下似乎不可操作的谓词，到这里也许能成为可操作的了。例如用测定盐分的办法判断菜是否咸，用查看档案的办法判断张三是否为好人等等。

Hirsch 和 De Jong 都发现，笼统地把谓词作为判断可操作性的单位是不行的。例如，offer(侯孟，二锅头，吴比)是可操作的。但 offer(侯孟，肥缺，吴比)却是不可操作的，因为肥缺的定义并不清楚，这说明应该把谓词的参数考虑进去。此外，如果把 invite(侯孟，吴比，韩国烧烧)改为 invite(侯孟，吴比，油饼豆浆)，则吴比未必就肯把票给侯孟，所以，也许需要把有关的规则改为

$$\text{offer}(z, \text{gift}, t) \wedge \text{invite}(z, t, \text{restaurant}) \wedge \text{gr}(\text{cost}(\text{restaurant}), 50) \rightarrow \text{mk-friend}(t, z)$$

表示请客 50 元以上才有效。这就是 Hirsch 定义的含义。

Winston 的可操作性定义最好用他所喜欢的拱门例子（见图 4.1.1）来说明。拱门概念是不可操作的，但该图中所列的种种属性的真伪却是可以直接检验的，因而是可操作的。严格说来，此定义接近 Mitchell 的定义，因而有与该定义类似的缺点。

Keller 的定义明确提出了性能要求，这可以是多方面的，如缩短运行时间、减少存贮空间等。一般来说，可以这样来刻画性能要求。

**定义 21.3.2**　一个概念称为是可用的,如果有一个算法,能在有限步内判断任何实例是否属于此概念。它称为有用的,若此算法的复杂性是可接受的。它称为是可有效使用的,若此算法是高效的。使一个概念可操作就是把它从不可用的变为可用的,或从可用的变为有用的,或从有用的变为可有效使用的,或从可有效使用的变为可更有效使用的。

前面举的侯孟搞球票的例子就说明了把学来的规则加进知识库中有可能提高性能.但也有相反的情况(下面再说)。

Minton 的定义可说是 Keller 定义的一种具体化。他确定以时间开销为效率标准,并给出了计算公式。值得注意的是他的定义与可操作概念的描述在系统中被实际使用的频率有关(见 Minton 公式中的 AF 项)。使用此定义将使可操作性概念非客观化。例如,一个概念描述是否可操作将依赖于知识库的组织及该描述在知识库中的位置,因为放在前面和放在后面很不一样,放在前面时被应用的机会就多。它也将依赖于知识库的推理机制,同一个概念描述在深度优先和广度优先的推理策略下,其被应用的机会是不一样的。毫无疑问,它也会依赖于不同的用户。当然可以辩解说使用频率也可取各种情况下的平均值,但不同的情况多得不可计数,因而求平均的设想也就成为不可操作的了。

邹晨东认为可操作性是一个模糊概念,这是一个新的构思,值得肯定。不过为完善这种定义,还有许多工作要作。例如对于向前推理和向后推理来说,可操作性的变化是不一样的。在向前推理中某些非事实可能变为事实,从而使相应谓词的可操作性变为 1。与此有关的谓词的可操作性也会相应提高。但在向后推理中谓词的可操作性却不会变化。此外还有隶属函数的定义等都是值得进一步研究的。

概括起来,各种可操作性定义之间的区别可以从以下几方面来看:

1. 学习说明性的概念(例如用于分类)还是学习过程性的概念(例如机器人规划)。

2. 静态定义(事先确定,与推理过程无关)还是动态定义(可操作性在推理过程中改变)。

3. 离散的(可操作或不可操作)还是连续的(比较可操作或比较不可操作)。

4. 用外延方式定义(如 Mitchell 那样)还是用内涵方式定义(如 De Jong 那样)。

5. 绝对的(只和概念本身有关)还是相对的(和概念被使用的环境及方式

有关)。

在可操作性的这五方面区别中,前四种区别涉及基于解释学习的基本理论,而第五种区别则主要涉及它的应用。Minton 明确地建议应把实用性考虑进可操作性概念中去。在他的实用性概念中包括一个参数 AF,意为应用频率。在他看来,一个概念的可操作性不仅取决于该概念使用起来是否方便,而且也取决于该概念是否确被使用以及使用的频率。例如,侯孟走后门的经验在一个球票紧张,球迷多,且风气不太正的地方具有较高的可操作性,而在管理严格的地方或球票富裕的地方可操作性就较低。虽然这两种性质很不一样,前者表示走后门较难实行而后者表示走后门不需要实行,但对 Minton 来说,它们都属于可操作性的范畴。

但无论如何,实用问题总是一个很重要的问题,值得深入研究。特别是如果我们要把基于解释的学习实际应用于知识库维护,那就更不能忽视它了。在这方面已有许多研究工作。下面介绍的是在 PRODIGY 中采用的方法。

除了学习模块以外,PRODIGY 还有一个执行模块(符合前面说过的对机器学习系统的要求),它的工作周期可用下列算法表示。

**算法 21.3.5**

1. 从搜索树中选择一个叶节点。

2. 为该节点选择一个目标。

3. 为该目标选择一个合适的操作。

4. 把该操作中的变量例化为当前求解问题的实际参数。

5. 若例化后的操作能够应用,则应用之。

6. 若上述第 1 至 4 步都不能成功,则考虑把一个可能的目标分解为子目标,然后对各子目标实施上面的第 3 至 5 步。各个子目标的解都求出后,就把它们综合成一个总体解。

算法完。

在执行上述解题算法的过程中,PRODIGY 的学习模块即执行下列算法,以获取用于制定决策的控制知识。

**算法 21.3.6**(多角度学习)  下列四方面的控制知识都是 PRODIGY 学习的内容:

1. 关于成功的知识,如果算法 21.3.5 的第 5 步能够(在某一次执行中)成功,则把第 1 至 4 步的各项选择记录下来作为一条成功的经验,称为优先规则。

2. 关于失败的知识。如果算法 21.3.5 的第 5 步没有成功,则把第 1 至第 4 步的选择作为失败的教训记录下来,称为拒绝规则。

3. 关于唯一选择的规则。如果在本算法的第 1 步记录下来的优先规则是算法 21.3.5 在当时情况下的唯一可能的选择(其他的选择都导致失败),则把这条优先规则记录为单选规则。

4. 关于目标相互作用的规则。如果在执行算法 21.3.5 的过程中由于第 5 步的失败而导致回溯,则回溯过程被记录成一条优先规则。

算法完。

在侯孟搞足球票的例子中,上述算法的运用可以体现在下列方面:

1. 侯孟因请吴比吃韩国烧烤而搞到了足球票。于是"请人吃饭"被作为优先规则记录下来。

2. 侯孟因拿了盖公章的信去找吴比要票而遭到拒绝。于是"公事公办"被作为拒绝规则记录下来。

3. 侯孟因替吴比找到了急需的《第五次世界大战》录像带而搞到了票。于是"送礼要投其所好"被作为单选规则记录下来。

4. 侯孟第一次请吴比吃白水羊头,未能搞到票。第二次请吴比吃韩国烧烤,才搞到了票。于是"请客不能太吝惜钱"被作为一条优先规则记录下来。

显然,PRODIGY 的多角度学习方法对获取控制知识是很有利的。但正如我们在前面已经指出的,在如何运用学来的知识的问题上有许多讲究。基于解释的学习的一个特点是它往往并不是把一个不可用的概念转化为一个有用的概念,而是把一个可用的概念转化为一个有用的概念,或把一个有用的概念转化为一个可有效使用的概念。在这个意义上说,常把基于解释学习获得的知识称为冗余知识。冗余知识往往是一种启发性的知识,它鼓励系统在正常搜索知识库前先去尝试一些捷径。但这并不总能提高效率。例如假定吴比爱吃臭豆腐,侯孟探听到这一点,投其所好并获得成功。如果把它作为捷径加入知识库中,肯定会导致系统效率下降,因为爱吃臭豆腐的人毕竟不多,即使把这条知识泛化为臭的食品或有异味的食品也不行。如果在试验碰壁以后再回过头来按正常顺序去搜索知识库,开销就大了。因为这些捷径是搜索树的一个组成部分。按正常步骤遍历搜索树时这些捷径仍然要试一遍。这就造成了同一路径的重复搜索,是造成基于解释学习反而引起低效的重要原因。

克服这种缺点的方法之一是在已经尝试过的,但是遭到失败的捷径入口处标上"此路不通"的记号。这样,当正常遍历搜索树再路过此地时就不会误入歧途了。Markovitch 把这称之为选择应用法。他使用了一种所谓知识过滤的技术。

**算法 21.3.7**(选择应用法)  下面的每一种策略都可以用来使问题求解程序防止不必要的回溯:

1. 在问题求解程序上增加一个过程,它可以检验当前节点以前是否被访问过,即当前节点是否是一条已经尝试过并且已失败的捷径的一个组成部分。

2. 让学习模块记录下不成功的搜索的教训及曾经走过的死胡同(参见算法 21.3.6),以便执行模块参照这些教训,避免走入死胡同。

3. 一株搜索树的比较高层的分枝既能引向成功的低层分枝,也能引向失败的低层分枝,让学习模块记录下每个分枝成功和失败的次数,得到一些统计数字。这些数字在学习过程中被修改,从而能更精确地反映每个分枝的成功可能性。统计包括下列四方面:

(1) 在求解某个目标时,某个特定的谓词成功和失败的次数。

(2) 在求解某个目标时,某个特定的谓词及其特定的参数约束成功和失败的次数。

(3) 在求解某个目标时,某个特定的规则体成功和失败的次数。

(4) 在求解某个目标时,某个特定的规则体及其特定的参数约束成功和失败的次数。

算法完。

在侯孟搞球票的例子中,可以记录下的统计数字包括:

(1) 谓词 invite($x$, $y$, restaurant)的成功和失败次数。

(2) 谓词 invite($x$, $y$,韩国烧烤)的成功和失败次数(参数已被部分约束)。

(3) 规则 offer($x$, gift, $y$) $\wedge$ invite($x$, $y$, restaurant)→mk-friend($y$, $x$)的成功和失败次数。

(4) 规则 offer($x$,白酒,$y$) $\wedge$ invite($x$, $y$,韩国烧烤)→mk-friend($y$, $x$)的成功和失败次数。

事实表明,基于解释的学习不能无限制地使用,Mooney 做了一批实验,比较在三种情况下的解题效率。第一种情况是完全不用基于解释的学习,简称 NOEBL。第二种情况是使用基于解释的学习并且无限制地使用所学到的规则,简称 FULLEBL。第三种情况是使用基于解释的学习，但是只使用有限制的规则，简称 PARTEBL。此处无限制的使用规则意为把学到的规则和原有的规则同样对待，这两类规则可按任意次序混合并可随意使用。而有限制的使用学来的规则则意味着：

1. 学来的规则总是放在原有的规则的前面。

2. 先学到的规则放在前面，后学到的规则放在后面。

3. 仅当一个学到的规则可以单独用来解决一个问题时它才被允许使用。这表示，不准把一个学到的规则与其他规则（无论是原有的规则或学到的规则）链接起来解决问题。

Mooney 用了一个 EGGS 问题求解程序，并使用两组测试实例。其中一组是选自《数学原理》一书的 52 道题目。另一组是 30 个随机生成的积木世界类问题。他得到了如下的结果：

1. 在相同的搜索深度内，FULLEBL 能解决比 NOEBL 和 PARTEBL 所能解决的更多的问题，但所用的时间开销也更大。

2. 当搜索深度增加时，FULLEBL 的解题能力优越性逐渐下降，而它在时间开销上的缺点却明显上升。

3. PARTEBL 与 FULLEBL 的解题能力相近，而所需时间开销比 FULLEBL 少。随着搜索深度的增加，PARTEBL 时间开销少的优点更加明显。

4. 如果只考虑原来知识库中的规则能解决的问题，则 FULLEBL 在解题能力上没有显示什么优点。相反，它却显示了时间开销大的缺点。并且这种缺点随搜索深度增加而上升。

5. 对于比较"结构化"的问题集（即，后面的问题的解依赖于前面的问题的解），FULLEBL 显示出较好的性能。

6. 如果不是采用深度优先方法，而是采用广度优先方法，则 FULLEBL 在解题能力和时间开销两方面都优于 NOEBL，并且性能的提高是显著的。

这最后一个结论并不出人意料，因为广度优先搜索可以使问题求解程序避免走入长长的死胡同，从而也就避免了 FULLEBL 额外时间开销的主要来源。

多年以来，人们只看到对基于解释学习中所用概念和技术的各种探讨。也有人描述过一些纸上谈兵式的理想实验。但真正把基于解释学习的技术应用到实践中去并取得成效的却不多见。在第十二届国际人工智能大会上，Samuelsson 等人报道的一项实验,令人耳目一新。他们把这个技术应用于改进一个自然语言理解软件(斯坦福人工智能研究所开发的 Core Language Engine)。在分析一个英语句子时,该软件通常要经过词法分析,语法分析和(部分的)语义处理.这是一个很复杂的过程。为了尽可能地避开它,他们通过基于解释的学习把一组额外的规则加进知识库中,让分析程序"走捷径"。基本思想是在学到的规则上加下标,以便在分析每一个新句子时能迅速找到有关的规则,从而提高效率。一共用了两种加下标方法:决策树下标方法和关键字下标方法。

**算法 21.3.8**(决策树下标方法)

1. 向学习模块输入一个句子 $s$。

2. 把决策树的根节点标志为当前节点 $d$。

3. 若 $s$ 的第一个字属于一个词法范畴 $C$。$C$ 是从 $d$ 伸出的某个分枝 $l$ 上的标记,则转 6。

4. 否则,(对新句子的)标注失败,没有任何学到的规则可应用于此句子。

5. 若还有未处理的句子,则转 1。否则结束算法。

6. 从 $s$ 中删去第一个字。

7. 若 $s$ 未变为空句子,则转 9。

8. 树枝 $l$ 的下端 $e$ 即是该输入句子的标记。它是某个已学到规则的下标。表明此规则可应用于输入的句子。转 5。

9. 令 $e$ 为当前节点 $d$,转 3。

算法完。

**算法 21.3.9**(关键字下标方法) 对每个词法范畴赋以一个关键字。关键字的一个序列即构成一个学到的规则的下标。

算法完。

实验的结果令人鼓舞。他们从 ATIS 语料库中选了 1 563 个句子作为训练集。另选 100 个句子作为测试集。通过在训练集上进行学习,他们得到了 680 条规则。把这些规则再次应用于训练集,以测量每条规则的使用频率。根据频率高低对规则重新安排。使用频率较高的放在前面。最后,把重新排过的规则集应用于测试集,以测量这些规则对被测试句子的覆盖程度。当使用的规则数为 150 时,覆盖程度为 60%。以后每增加 10 条规则约可提高覆盖度 0.75% 左右。最后,当 680 条规则全部用上时,覆盖度约达到 90% 左右。由于使用了基于解释学习得来的规则,语句分析的速度提高为原来的三倍。

## 21.4　遗传式学习

60年代初,Holland在研究自适应系统时,发现可以把竞争机制引进系统中,以便不断改进和完善系统的工作性能。这样,一种新的学习方法——遗传式学习方法,就诞生了。一个系统称为是自适应的,如果它在工作过程中能根据外界的反馈信息对自己的工作方式进行调节,甚至于对自己的工作机制重新组织,使整个系统工作得更好,例如一枚现代化的导弹就是一个自适应系统,它能根据风向、风速和其他因素不断调整自己的飞行姿势,以实现正确击中目标的目的。在社会上,一个人,一个机构,也都是根据外界的信息(例如表扬和批评)来不断调整自己的行为,因之也是一个自适应系统。这种调整和适应的过程,可以看作是系统的学习过程。在自适应系统中引进竞争机制,就是把达尔文发现的物种竞争,适者生存那一套生物进化规律运用到系统的演变中来,把它们也作为一种学习的手段加以运用,以便淘汰不适用的知识,增加有用的知识。

生存竞争不是遗传式学习的唯一原理。它的另一个特点是知识更新的随机性。在许多情况下,一个系统的知识应该向什么方向演变,是谁也不知道的,唯一的办法是作各种随机的改动,然后把改动的结果应用于解题,保留成功的,抛弃失败的。这相当于在一个庞大的解空间中作随机搜索,在使用适当的启发式原则的前提下,搜索结果将收敛于一个较好的解。

遗传算法采用的启发式原则主要是爬山法。从一个初始知识库出发,随机地选择能够改进知识库性能的某种更动,这相当于向山的高处爬了一步,结果得到一个新的知识库。然后再以此知识库为出发点,再作改动,再向上爬一步。这样不断地改进。所用的改进手段称为遗传算子。

若把知识库中的一个知识单元看作自然界中的一个生物,则该知识单元的各个组成部分就相当于生物体中的基因。自然界中生物的演变决不是所有的生物个体齐步走的。对于一个生物个体来说,也不是所有的基因同时变化的。在每一时刻,总是只有一部分个体发生明显的变化(包括旧物种的灭绝和新物种的产生)。对于一个个体来说,也只有一部分的基因在变化。遗传算法既然模拟自然界生物的变化,就有一个选择哪些物种和基因使之发生演变的问题。这涉及数学中的抽样统计和概率计算。于是,统计抽样成为遗传算法的支柱之一。

自然界中生物的进化并不是顺序进行的。非洲的古猿和亚洲的古猿分别
(即使不是同时)向猿人变化,它们之间并无什么必然联系。用遗传算法来改进
知识库也是这样的,这个知识单元和那个知识单元的改进之间并无必然联系。
这显示了它的又一特点:可以用大规模并行的机制予以实现。

由于遗传算法是以上多种特性的综合,因此它引发了许多有兴趣的值得研
究的问题。该算法的基本部分如下:

**算法 21.4.1**(基本遗传算法)

1. 给定一个初始知识库。

2. 计算每个知识单元 $u$ 对外界环境的适应程度 $f(u)$。若知识单元是规则,
则称为规则强度。

3. 根据各知识单元对环境的适应度 $f(u)$ 计算它们被选中作物种演变的概
率值。

4. 根据概率值选出一批知识单元来。

5. 运用各种遗传算子于被选中的知识单元,产生一批新的知识单元,即它
们的后代。

6. 用这批后代去代替知识库中原有的适应度最低的那些知识单元,实现知
识更新。

7. 把新知识库作用于外界环境,解决新的问题,获取新的反馈信息,重新计
算各知识单元对环境的适应度。转 3。

算法完。

为了把上述算法具体化,需要落实知识库和知识单元的表示形式。在遗传
算法中通常采用一种称为分类器的语言。这种语言形式简单、规范化,便于大规
模并行处理。

**定义 21.4.1**

1. 一个分类器语言 $L$ 是一个三元组 $(A, \sharp, k)$,其中 $A$ 是一个由有限多个
不同符号构成的集合,称为字母表。$\sharp$ 是一个特殊字母,称为变量符。$k$ 是一个
正整数,$k \geqslant 1$。$L$ 中的每个句子是一个长度为 $k$ 的符号串,其中每个符号属于集
合 $A \cup \{\sharp\}$。

2. 一个规则型分类器语言 $L$ 是一个四元组 $(A, \sharp, k_1, k_2)$,其中 $A$ 和 $\sharp$
的含义如上。$k_1$ 和 $k_2$ 都是正整数。$L$ 中的每个句子是一个长度为 $k_1+k_2$ 的符

号串,其中每个符号属于集合 $A \cup \{\#\}$。由前面的 $k_1$ 个符号组成的子串称为该句子的条件部分,后面的 $k_2$ 个符号组成的子串称为该句子的动作部分。句子也称为规则。

**定义 21.4.2**

1. 设 $L = (A, \#, k)$ 是一个分类器语言,$a$ 和 $b$ 都是 $L$ 中的句子,则 $a$ 和 $b$ 称为是互相匹配的,若对每个 $i$,$1 \leqslant i \leqslant f$,有:

$$a[i] = b[i] \lor a[i] = \# \lor b[i] = \#$$

其中 $a[i]$ 和 $b[i]$ 分别是 $a$ 和 $b$ 的第 $i$ 个符号。

2. 设 $L = (A, \#, k_1, k_2)$ 是一个规则型分类器语言,$a$ 是 $L$ 的一个句子,$a_1$ 和 $a_2$ 分别是 $a$ 的条件部分和动作部分。若 $b$ 是长度为 $k_1$ 的符号串,其符号均属于 $A$。对 $1 \leqslant i \leqslant k_1$ 有:

$$a_1[i] = b_1[i] \lor a_1[i] = \#$$

则称(规则)$a$ 的左部和 $b$ 匹配成功。

由定义可知,变量符 $\#$ 确实起着变量的作用,像扑克牌中的大鬼和小鬼那样,可以和任意对象匹配。为了简化讨论,下面除非特别指明,恒假定 $A = \{0, 1\}$。在下面的四个句子中,第一行的两个句子互相匹配,第二行也如此,但两行之间不匹配:

1011#0#001#,      #01#101#011

110#101#100,      1#011#11#0#

**定义 21.4.3**(遗传算子)  设 $L = (A, \#, k)$ 是一个分类器语言,$a_i$ 和 $b_i$ 是 $L$ 的句子,$i = 1, 2, 3, \cdots$。句子也称为知识单元,则

1. **c** 是一个杂交算子,它作用于 $a_1$ 和 $a_2$ 时,用随机方式确定两个正整数 $j_1$ 和 $j_2$,满足 $j_1 \leqslant j_2$,并产生两个新句子 $a_1'$ 和 $a_2'$,使

$$\forall j, 1 \leqslant j \leqslant j_1 - 1, a_1'[j] = a_1[j], a_2'[j] = a_2[j]$$
$$\forall j, j_1 \leqslant j \leqslant j_2, \quad a_1'[j] = a_2[j], a_2'[j] = a_1[j]$$
$$\forall j, j_2 + 1 \leqslant j \leqslant k, a_1'[j] = a_1[j], a_2'[j] = a_2[j]$$

简写为 $\mathbf{c}(a_1, a_2) = \{a_1', a_2'\}$。

2. **m** 是一个变异算子,它作用于 $a_1$ 对,随机地选择正整数 $j$ 及 $a_1$(作为符号串)的 $j$ 个互不相交、也互不连接的子串,并把它们换成随意的等长的子串。

即:选择 $j$ 对正整数 $\{g_i, g'_i\}$:

$$1 \leqslant g_1 \leqslant g'_1 < g_2 \leqslant g'_2 < \cdots < g_j \leqslant g'_j \leqslant k$$

并产生一个新串 $a'_1$,满足

$$a'_1[t] = a_1[t], \text{若} \exists i, g_i \leqslant t \leqslant g'_i$$
$$a'_1[t] = \text{其他}, \text{ 若} \exists i, g_i \leqslant t \leqslant g'_i$$

简写为 $\mathbf{m}(a_1) = a'_1$。

3. $i$ 是一个逆转算子。它作用于 $a_1$ 时,随机地选择正整数 $j_1$ 和 $j_2$,满足 $j_1 < j_2 \leqslant k$,使得产生新句子 $a'_1$,满足

$$\forall j, 1 \leqslant j \leqslant j_1 - 1, a'_1[j] = a_1[j]$$
$$\forall j, j_1 \leqslant j \leqslant j_2, \quad a'_1[j] = a_1[j_2 - j + j_1]$$
$$\forall j, j_2 + 1 \leqslant j \leqslant k, a'_1[j] = a_1[j]$$

简写为 $\mathbf{i}(a_1) = a'_1$。

例如,设

$$a_1 = 0010 \sharp 0101, \quad a_2 = 11011 \sharp 010$$

则它们杂交的后代可能是

$$a'_1 = 1101 \sharp 0101, \quad a'_2 = 00101 \sharp 010$$

也可能是

$$a'_1 = 00101 \sharp 001, \quad a'_2 = 1101 \sharp 0110$$

等等。而它们的变异则可能是

$$a'_1 = 0110 \sharp 001, \quad a'_2 = 110100010$$

它们的逆转可能是:

$$a'_1 = 0 \sharp 0100101, \quad a'_2 = 1100 \sharp 1110$$

上面的定义解决了算法 21.4.1 中所没有具体交代的遗传算子及其作用方式问题。现在我们要进一步研究该算法中提到的知识单元的适应度。给每个知识单元赋一个适应度(对规则来说是赋一个强度),在遗传学习算法中称为信任分配。要搞清楚信任分配的原理,必须先搞清楚分类器系统的工作方式。

**定义 21.4.4**　分类器系统是以遗传学习算法为基础的完整的学习系统,它由下列部分组成(不包括外部环境):

1. 一个知识库,库中的每个单元称为一个分类器。这里的分类器是某个规则型分类器语言中的句子,即规则。知识库中的规则是该分类器语言的句子集合的一个子集。

2. 一个输入界面,用以从外部环境接收信息(称为消息)。

3. 一个输出界面,用以向外部环境输出消息。

4. 一个消息表,用于存放从外部接收的和在内部产生的消息。

5. 一个执行程序,执行知识库中的规则,解决外部环境的任务。

6. 一个信任分配程序,根据外部环境提供的信息,重新计算知识库中各规则的强度。

7. 一个遗传学习程序,通过学习修改库中的规则或建立新的规则。

**算法 21.4.2**(分类器系统工作原理)

1. 输入界面从外部环境接收消息。

2. 把收到的外部消息记在消息表上。

3. 把消息表上的全部消息和知识库中所有规则的条件部分匹配。

4. 令匹配成功的规则集为 $S$。若 $S$ 为空集,则转 9。

5. 使 $S$ 中的诸规则相互竞争,竞争获胜的那些规则可以把自己的动作部分作为新的消息存在缓冲区中。

6. 若缓冲区中含有矛盾消息,则继续用竞争的办法消除矛盾中较弱的一方。

7. 用缓冲区中剩余的消息取代消息表上原有的消息。

8. 根据上面 4、5、6 中的执行情况重新计算并分配规则强度。

9. 调用遗传学习算法改进知识库,得到一个新的知识库。转 3。

10. 输出界面向外部环境输出消息表中的消息,转 1。

算法完。

在这个算法中,没有任何一步是转向第 10 步的。表面上看来好像第 10 步永远不能执行。实际上第 10 步可以和其他各步并行执行,所以没有特别标明从哪一步转入第 10 步。该算法所体现的分类器系统的组织和工作机制如图 21.4.1 所示。它的四个基本的可以并发执行的循环如图 21.4.2 所示。

现在我们要对算法 21.4.2 进行细化。首先是要说明其中的竞争机制。

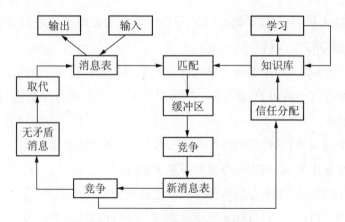

**图 21.4.1 分类器系统运行机制**

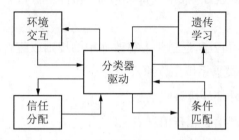

**图 21.4.2 分类器系统的四个基本循环**

**定义 21.4.5**

1. 规则 $a$ 的专用度 $z(a)$ 定义为

$$z(a) = \frac{a \text{ 的条件部分中非} \sharp \text{符号个数}}{a \text{ 的条件部分的长度}}$$

此处长度即为符号总个数。

2. 规则 $a$ 在时刻 $t$ 的强度用 $q(a, t)$ 表示。

3. 规则 $a$ 在时刻 $t$ 的竞争力定义为

$$B(a, t) = c \cdot z(a) \cdot q(a, t)$$

其中 $c$ 是一个大大小于 1 的常数。

根据竞争原则可对算法 21.4.2 补充如下。

**算法 21.4.3**(水桶排队算法) 对算法 21.4.2 作如下修改。

$1'$. 输入界面从外部环境接收消息。如果其中包含对上一步中某个输出消息的肯定,且此输出消息的生产者是规则 $a$,则令

$$q(a,t):=q(a,t)+B(a,t)$$

5'. 设当时时刻为 $t$,计算每条规则在时刻 $t$ 的竞争力。根据竞争力算出这些规则被选中的概率。根据这些概率选出一批规则作为获胜者,他们把自己的动作部分作为新消息存于缓冲区中。

8'. 若经过 4,5,6 各步后缓冲区中尚存的诸消息的生产者是规则组 $\{a_i\}$。则对每个 $a_i$ 做如下操作。

(1) $q(a_i,t+1):=q(a_i,t)-B(a_i,t)$

(2) 对任何规则 $b_j$,如果 $b_j$ 在上一步中产生的消息使 $a_i$ 在这一步匹配成功,令

$$q(b_j,t+1):=q(b_j,t)+B(a_i,t)/n$$

其中 $n$ 是满足上述条件的 $b_j$ 的个数。

9'. 调用遗传学习算法改进知识库,得到一个新的知识库。

10'. 输出界面向外部环境输出消息表中的消息,$t:=t+1$,转 1。

算法完。

为了加进循环 $t$ 的计数,上面的算法放弃了算法 21.4.2 中原有的一些并发性。现在 10' 步跟在 9' 步的后面,再不是并发的了。如要维持并发,需对循环 $t$ 作更精细的描述。

Holland 用资本流通的例子来解释上述算法的核心思想。每条规则 $a$ 的强度相当于这条规则拥有的资本,它的竞争力相当于资本中准备投入流通的部分。如果另一条规则 $b$ 产生的消息与 $a$ 的条件部分匹配成功并使 $a$ 在竞争中获胜,则相当于 $b$ 向 $a$ 供应了某种货物或原料,$a$ 向 $b$ 付出的代价就是从自己的资本中扣去准备投入流通的部分。$a$ 的支出即是 $b$ 的收入。如果 $a$ 产生的消息又被另一条规则 $c$ 匹配成功且 $c$ 在竞争中获胜,则 $c$ 又把自己资本中准备投入流通的部分拿出来给 $a$。这样一代一代地传下去,直到某一条规则产生的消息直接被外部环境所使用并直接从外部环境得到报酬。注意,参加竞争的规则是承担风险的。如果一条规则不断出钱购买货物(它的条件部分匹配成功),但却不能把自己的货物销出去(它产生的消息不能与其他规则的条件部分匹配),那就有破产(竞争力过低,退出市场)的危险。这种信任分配方法也是比较公平的,因为一条能直接作用于外部环境的有用的消息的产生往往要经过多条规则匹配成功的接力工序,如果只为直接产生最后那条消息的规则提高信任度,那就是忽视了

前几道工序的作用,导致了不公平。把这个算法称为水桶排队算法是说这些按接力方式工作的规则就像一队水桶一样,每条规则的强度就像桶中的水,分类器系统工作时每个水桶与前面的桶产生的消息匹配成功时即将一部分水(流通资本)倾入前面的桶中,然后后面桶中的水又倾入这个桶中,如此继续下去,完成信任分配(桶中水的分配)任务。

把信任分配机制具体化为水桶排队算法后,遗传算法也就可以进一步具体化了。

**算法 21.4.4**(具体遗传算法) 算法 21.4.1 可以修改如下:

2′. 利用水桶排队算法计算知识库中每条规则 $a_i$ 的强度 $q(a_i, t)$ 及标准强度 $q(a_i, t)/q(t)$,其中 $t$ 表示当前时刻(第 $t$ 个循环),$q(t)$ 是库中全体规则强度之平均值。

3′. 根据各规则的标准强度计算它们被选中作物种演变的概率值。

4′. 根据概率值从知识库中选出 $2n$ 条规则并构造它们的复制品,其中 $n$ 应远远小于库中规则的总数。

5′. 把 $2n$ 条规则随机地组成 $n$ 对,对每一对规则施用杂交算子或其他遗传算子,得到 $n$ 对新的规则。每一条新规则的强度是它们的父母规则强度的平均值。

6′. 用这批新规则取代知识库中原来强度最低的 $2n$ 条规则。$t:=t+1$。

算法完。

## 21.5 神经网络学习

本书引言部分曾经提到,美国神经生理学家 McCulloch 和青年数理逻辑学家 Pitts 在 1943 年曾提出了第一个神经网络数学模型,在他们的模型中,神经网由神经元及神经元之间的突触两部分组成。各神经元的活动通过突触联系起来,如图 21.5.1 所示。

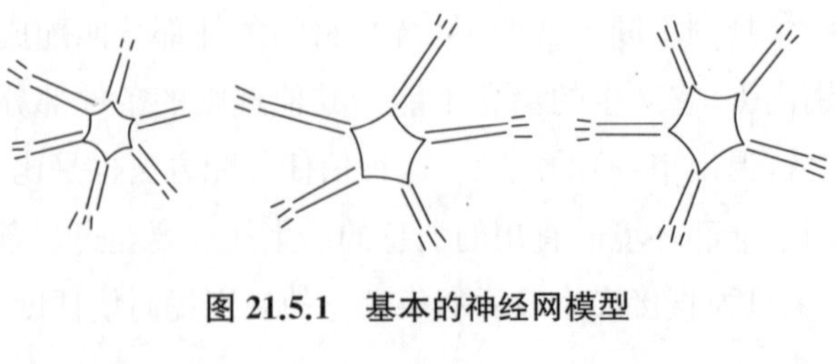

图 21.5.1 基本的神经网模型

从那时以后,神经网络的研究分为两个方向,以 Kleene 为代表的理论计算机科学工作者把它抽象成为自动机理论。而对研究智能问题感兴趣的学者却在考虑如何让这种思想应用于实践。

Rosenblatt 的感知机曾经是当时最有名的一次尝试。虽然它很快被 Minsky 和 Papert 著书否定,但那是任何事物在发展初期难免的不完善现象,通过引入隐节点及其他一些改进,这个领域的研究渐渐又恢复了生气,并取得了许多重要的成果。神经网络研究的明显复兴始于 1982 年。加州理工学院的 Hopfield 提出了一种既有坚实的数学基础,又很容易用物理电路实现,还能找到广泛应用的神经网模型,引起人们极大兴趣,被公认为是带来了神经网研究的第二次高潮。10 多年来,神经网的研究队伍越来越大,有人甚至认为,神经网的道路已可取代传统人工智能(用符号推理方法),这当然也是片面的。

本节只讨论几种主要神经网络的学习问题。

我们从 McCulloch 和 Pitts 的神经网(简称 MP 网)开始。先介绍它的静态结构:MP 网可以被看作一个有向图。它的边有两种:兴奋边和抑制边。若该有向图不含循环,则称此 MP 网是前馈的,否则称它为递归的。有向图中的节点称为神经元。神经元本身可以表示为二元组 $N=(v, s)$,其中 $v$ 是 $N$ 的阈值,可为任意实数。$s$ 是 $N$ 的当前状态,是一个布尔值,可为 0 或 1,分别表示 $N$ 当前处于抑制或激活状态。

MP 网的运行机制是这样的:

**算法 21.5.1**(MP 网运行机制)

1. 给定一个全网统一的时钟,并假设时间按正整数序列演变。

2. 给定网中每个节点的初始状态 $s$。

3. 令当前时刻 $t:=0$。

4. 设在时刻 $t$ 时,节点 $N$ 有 $n$ 条输入兴奋边 $(a_i, N)$,$0 \leqslant i < n$;这里 $a_i$ 表示边的起点,$N$ 表示其终点。又有 $m$ 条输入抑制边 $(b_i, N)$,$0 \leqslant i < m$。其中有 $h$ 个 $a_i$ 处于激活状态,$0 \leqslant h < n$,$g$ 个 $b_i$ 处于激活状态,$0 \leqslant g < m$。

5. 若 $g > 0$,则 $N$ 在时刻 $t+1$ 处于抑制状态。

6. 若 $g = 0$,则

(1) 若 $h \geqslant v$,这里 $v$ 是 $N$ 的阈值,则 $N$ 在时刻 $t+1$ 处于兴奋状态。

(2) 否则,$N$ 在时刻 $t+1$ 处于抑制状态。

7. $t:=t+1$,转 4.

算法完。

图 21.5.2 是一个递归 MP 网运行的例子,其中带箭头的边是兴奋边,带圆圈的边是抑制边。标明 1 的节点处于激活状态,其他节点处于抑制状态。不难验证,该 MP 网在上述算法控制下在图中所示三种(全局)状态间循环运行不息(假设每个节点的阈值都是 0.5)。

**图 21.5.2　一个递归 MP 网**

对 MP 网可以作各种推广,例如

1. 可以在各条边上加权。

2. 可以改变兴奋信息的计算规则,例如,把线性规则改为非线性规则。

3. 可以改变抑制信息的计算规则,例如,把绝对抑制(一票否决)改为相对抑制(少数服从多数)。

作为第一种推广,我们考虑 Rosenblatt 的感知机。在最简单的情况下,感知机的静态结构可以描述如下:

1. 它是一个前馈网络(无递归)。

2. 它有 $n$ 个输入单元($n \geq 1$):$a_1, a_2, \cdots, a_n$ 和一个输出单元 $b$,从每个 $a_i$ 到 $b$ 有一条边。

3. 所有的边都是兴奋边,没有抑制边。

4. 每条边上有一个实数作为权.

这种感知机的运行机制与 MP 网一样,只是在计算总输入时要考虑到加权问题。令

$$I = w_1 s_1 + w_2 s_2 + \cdots + w_n s_n \tag{21.5.1}$$

其中 $s_i$ 是 $a_i$ 的当前状态(0 或 1),$w_i$ 是输入边 $(a_i, b)$ 的权,则 $I$ 便是总输入。设 $v$ 为 $b$ 的阈值,则 $b$ 将处于激活状态,当且仅当 $I \geq v$ 作为例子,我们研究如何用一个感知机来实现一个逻辑元件的功能(见图 21.5.3)。

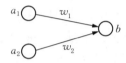

**图 21.5.3　用感知机实现逻辑元件**

如果要实现的功能是逻辑与,则可令 $w_1 = w_2 = 0.5$, $v = 1$。如果要实现的功能是逻辑或,则可令 $w_1 = w_2 = 0.5$, $v = 0.5$。但是,这并不意味着用感知机可以实现任何逻辑元件的功能。Minsky 和 Papert 发现,感知机无法实现异或功能。所谓"异或"是指这样的逻辑运算 XOR,使得:

$$\text{XOR}(1, 0) = \text{XOR}(0, 1) = 1$$
$$\text{XOR}(0, 0) = \text{XOR}(1, 1) = 0$$

$(21.5.2)$

我们来证明这一点。如果 XOR 功能是能用感知机实现的,则必有一对权 $w_1$, $w_2$,使得

$$w_1 + w_2 < v, \ 0 < v,$$
$$w_1 \geqslant v, \qquad w_2 \geqslant v$$

其中 $v$ 是 $b$ 的阈值。这显然是不可能的,因为由前两个式子知道 $w_1 + w_2 < 2v$,由后两个式子知道 $w_1 + w_2 \geqslant 2v$,矛盾。

感知机能力的局限可以用几何观点说明。对于有 $n$ 个输入单元的感知机,可以设想每个单元的状态在一维线性空间中取值。$n$ 个单元相当于 $n$ 维空间。式子 $w_1 s_1 + w_2 s_2 + \cdots + w_n s_n = v$ 是此空间中的一个超平面。把一群输入模式分成两组相当于用此超平面把一群输入点集分隔在两个半空间中。这是不一定能成功的。以 XOR 问题为例,相当于用直线在平面上划分一个点集。对逻辑与和逻辑或能做到这一点,对 XOR 却做不到,见图 21.5.4。

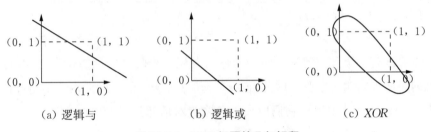

(a) 逻辑与　　　　　(b) 逻辑或　　　　　(c) *XOR*

**图 21.5.4　XOR 问题的几何解释**

在讨论如何解决 XOR 问题之前,我们先研究一下感知机的学习问题。神经网络的学习可以从多方面进行。学习对象可以是各边的权,可以是各节点的阈值,也可以是网络的拓扑结构,等等。研究得最多的是通过学习来调整边的权。这里就从调整感知机的边权的算法开始。我们把一个具有 $n$ 条输入边的感知机的 $n$ 个权合成一个 $n$ 维向量,把式子

$$w_1 s_1 + w_2 s_2 + \cdots + w_n s_n$$

看成是权向量 $w = (w_1, w_2, \cdots, w_n)$ 和状态向量 $s = (s_1, s_2, \cdots, s_n)$ 的内积(参见式(21.5.1)),把阈值规范化为 $v = 0$,则前面提到的模式分类问题可简略地表示为判断内积 $w \cdot s \geqslant 0$ 还是 $< 0$。下面的算法由 Minsky 和 Papert 提供:

**算法 21.5.2**(感知机学习)

1. 令 $t := 0$。

2. 任意给定初始权向量 $w_o$。

3. 任意给定 $n$ 个输入模式($n \geqslant 1$)及相应的 $n$ 个状态向量 $s_i$,$1 \leqslant i \leqslant n$。其中前 $k$ 个模式属于 $A$ 组,后面的 $n-k$ 个模式属于 $B$ 组。

4. 若对任意的 $i \leqslant k$,有 $w_t \cdot s_i \geqslant 0$,并且对任意的 $j > k$,有 $w_t \cdot s_{jk} < 0$,则权向量 $w_t$ 已能正确地把 $n$ 个模式分成 $A$,$B$ 两组。算法成功结束。

5. 任选一个 $s_i$,$1 \leqslant i \leqslant n$(但不删除)。

6. 若 $i \leqslant k$,且 $w_t \cdot s_i \geqslant 0$,则转删去 $s_i$,并 5。

7. 若 $i > k$,且 $w_t \cdot s_i < 0$,则转删去 $s_i$,并 5。

8. 若 $i \leqslant k$,且 $w_t \cdot s_i < 0$,则

(1) $w_{t+1} = w_t + s_i$;

(2) $t := t+1$,转 4。

9. 否则:

(1) $w_{t+1} := w_t - s_i$;

(2) $t := t+1$,转 4。

算法完。

本算法有一个几何解释。两个向量的内积等于两个向量的长度之积,再乘以两向量所夹内角之余弦。因此,$w_t \cdot s_i \geqslant 0$ 表示 $w_t$ 和 $s_i$ 所夹内角不超过正负 90 度。$w_t \cdot s_i < 0$ 则表示它们所夹内角之绝对值超过了 90 度。当 $w_t \cdot s_i < 0$ 时,在 $w_t$ 上加一个 $s_i$ 表示把 $w_t$ 和 $s_i$ 之间的夹角缩小。反之,当 $w_t \cdot s_i \geqslant 0$ 时

从 $w_t$ 中减去 $s_i$ 则是使 $w_t$ 和 $s_i$ 之间的夹角放大。这样调整的目的,是使权向量 $w_t$ 靠近 $A$ 类模式的状态向量,而远离 $B$ 类模式的状态向量。经过必要的叠代次数以后,权向量 $w_t$ 移到 $A$ 类模式的状态向量中间,$w_t$ 的垂线 $l$($w_t$ 可看作是 $l$ 的法线)准确地把 $A$ 类模式和 $B$ 类模式的向量分开,如图 21.5.5 所示。

**定理 21.5.1**　如果输入模式组 $A$ 和 $B$ 是如图 21.5.5 那样可被(直线 $l$)分割开的,则算法 21.5.1 一定在有限步内终止,且所求得的权向量 $w_t$ 是 $l$ 的法线。

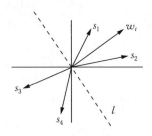

**图 21.5.5　感知机分类的几何解释**

**证明**:为方便计,令所有向量都是规范的,即向量的长度为1。同时,对 $B$ 组中的每个状态向量 $s_j$ 以 $t_j = -s_j$ 代替之,考察向量集合 $C = A \bigcup \{t_j \mid s_j = -t_j, s_j \in B\}$,这样,算法 21.5.2 的第 8 步和第 9 步可以统一起来(统一采用公式 $w_{t+1} := w_t + s_i$)。设 $w^*$ 是本定理的前提中假设存在的直线 $l$ 的法线向量(指向 $A$ 组一方)。$\varphi$ 是 $w^*$ 和 $w_{t+1}$ 之间的内夹角,则有

$$\cos\varphi = \frac{w^* \cdot w_{t+1}}{\| w_{t+1} \|} \qquad (21.5.3)$$

(注意 $\| w^* \| = 1$),考虑到 $w_{t+1} = w_t + s_i$,我们有

$$
\begin{aligned}
w^* \cdot w_{t+1} &= w^* \cdot (w_t + s_i) \\
&= w^* \cdot w_t + w^* \cdot s_i \\
&\geqslant w^* \cdot w_t + \delta \qquad (21.5.4)
\end{aligned}
$$

其中 $\delta = \min\{w^* \cdot s_i \mid s_i \in C\}$。由本定理前提知,与 $w^*$ 垂直之线 $l$ 能正确地将 $A$、$B$ 两组模式分开。此处不妨假定对原 $B$ 组中之 $s_i$,均有 $s_i \cdot w^* < 0$(而不仅是 $\leqslant 0$),由于 $A$ 是有限集,这总能通过适当改动阈值 $v$ 而得到。因此 $w^* \cdot s_i$ 对 $s_i \in C$ 总 $> 0$,即 $\delta > 0$。多次运用式(21.5.4)可得

$$w^* \cdot w_{t+1} \geqslant w^* \cdot w_0 + (t+1)\delta \qquad (21.5.5)$$

另一方面,展开 $\| w_{t+1} \|^2$ 得:

$$\| w_{t+1} \|^2 = \| w_t \|^2 + 2w_t \cdot s_i + \| s_i \|^2$$

已知 $w_t \cdot s_i \leqslant 0$(否则 $w_{t+1}$ 的计算就是不必要的了),由此得

$$\begin{aligned}
\| w_{t+1} \|^2 &\leqslant \| w_t \|^2 + \| s_i \|^2 \\
&= \| w_t \|^2 + 1 \qquad (21.5.6)
\end{aligned}$$

多次运用上述推理可得

$$\| w_{t+1} \|^2 \leqslant \| w_0 \|^2 + (t+1) \qquad (21.5.7)$$

以式(21.5.5)和式(21.5.7)代入式(21.5.3)得

$$\cos \varphi \geqslant \frac{w^* \cdot w_o + (t+1)\delta}{\sqrt{\| w_o \|^2 + (t+1)}} \qquad (21.5.8)$$

当 $t$ 充分大时,上式右部是变元 $t$ 的单调增函数,并且每次增长的量不小于某个固定的正常数 $\varepsilon > 0$。但是式子右部已被 $\cos \varphi$ 限制住,由 $\cos \varphi \leqslant 1$ 知 $t$ 只能增长有限多次。由此可知算法 21.5.2 必在有限步内结束。

证毕。

虽然在问题有解的情况下上述算法肯定能找到一个解,但 Minsky 和 Papert 已经指出,在不恰当地选取状态向量(算法第 5 步)的情况下,此算法的复杂性会达到指数级。但 Baum 在 1990 年证明了:如果随机地选取状态向量 $s_i$,则复杂性只是多项式的。注意这里讨论的模式分类问题也可以看作是线性规划中一个线性不等式组的求解问题。1984 年,Karmarkar 给出了解这类线性不等式组的著名的椭球算法,其复杂性只有 $O(n^{3.5})$。因此,原则上我们的模式分类问题也可以 $n^{3.5}$ 的复杂性为代价来求解。可是 Karmarkar 算法的每一步都有很复杂的计算。所以如非必要,人们并不愿采用他的算法。Mansfield 在 1991 年指出,直至维数 $n = 30$ 为止,算法 21.5.2 的效率都是可与 Karmarkar 算法匹敌的。

上述感知机学习算法只是一种更广泛的神经网络学习算法的特例。该算法的基本思想是心理学家 Hebb 在 1949 年提出来的。Hebb 认为在神经网络中,如果节点 $a_i$ 接受节点 $a_j$ 的输入,且 $a_j$ 和 $a_i$ 都被激活,那么就可假设在 $a_i$ 和 $a_j$

之间有某种必然联系,边$(a_j, a_i)$的权就应增大。

Hebb 学习法则的一般形式如下:令 $a_i$、$a_j$ 为网络中的任意节点。$w_{ij}$ 为由 $a_j$ 通向 $a_i$ 的边的权值。$h_i$ 为节点 $i$ 的激活状态。$g_i$ 为教员对节点 $a_i$ 发出的指示(指出在给定的输入模式下该节点是否应该被激活)。$f_j$ 是节点 $a_j$ 的输出值。$\Delta w_{ij}$ 是 $w_{ij}$ 通过学习得到的增量(可以为正也可以为负)。这里 $h_i$、$g_i$、$f_j$ 的取值均可为 $+1$ 或 $-1$。$w_{ij}$ 和 $\Delta w_{ij}$ 则可以任意的整数为值。学习公式是:

$$\Delta w_{ij}(t, t+1) = \varphi(h_i(t), g_i(t))\psi(f_j(t), w_{ij}(t)) \qquad (21.5.9)$$

其中的参数 $t$ 表示时刻。$\Delta w_{ij}$ 有两个参数 $t$ 和 $t+1$,表示权值的修改是在由时刻 $t$ 到 $t+1$ 过渡时进行的。该公式的简化形式是:

$$\Delta w_{ij}(t, t+1) = a \cdot g_i(t) \cdot f_j(t) \qquad (21.5.10)$$

在不发生混淆时参数 $t$ 可以省略。注意,对于感知机这样的单层网络来说,每一个单个学习过程只有一个节拍,即从 $t$ 到 $t+1$。只需一个节拍就处理完一个输入模式。从 $t+1$ 到 $t+2$ 继续学习则处理的是第二个模式。当然同一模式也可处理多次,就像我们在算法 21.5.2 中所做的那样,以便得到较高的权值,从而越过可能是相当高的阈值。$\alpha > 0$ 称为学习速度。

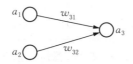

**图 21.5.6　简单感知机的学习**

考察图 21.5.6 中的简单感知机,它只有三个节点。假设所有权的初始值皆为 0。阈值也为 0。现在令 $\alpha = 1$。假设我们有四个输入模式 $M_1$、$M_2$、$M_3$、$M_4$。有关数据如图 21.5.7 所示。

|       | $M_1$ | $M_2$ | $M_3$ | $M_4$ |
|-------|-------|-------|-------|-------|
| $f_1$ | 1     | 1     | $-1$  | $-1$  |
| $f_2$ | 1     | $-1$  | 1     | $-1$  |
| $g_3$ | 1     | 1     | $-1$  | $-1$  |

**图 21.5.7　感知机学习数据**

$$\sum \Delta w_{31} = 1 \cdot 1 + 1 \cdot 1 + (-1)(-1) + (-1)(-1) = 4$$

$$\sum \Delta w_{32} = 1 \cdot 1 + (-1) \cdot 1 + 1 \cdot (-1) + (-1)(-1) = 0$$

由此可知,通过四个模式的学习,大大提高了 $w_{31}$ 的值,也即大大提高了输入节点 $a_1$ 的重要性。这是符合实际的,因为对于这四个模式来说,仅靠 $a_1$ 的输出即可决定 $a_3$ 的激活值,而与 $a_2$ 的输出无关。

但这个方法并不总是有效的。在图 21.5.8 中,感知机共有四个输入单元。用四个模式 $M_1$,$M_2$,$M_3$,$M_4$ 去训练,有关数据如图 21.5.9 所示。

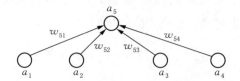

**图 21.5.8　四个输入单元的感知机**

|       | $M_1$ | $M_2$ | $M_3$ | $M_4$ |
|-------|-------|-------|-------|-------|
| $f_1$ | 1     | 1     | 1     | 1     |
| $f_2$ | -1    | 1     | 1     | -1    |
| $f_3$ | 1     | 1     | 1     | -1    |
| $f_4$ | -1    | 1     | -1    | 1     |
| $g_5$ | 1     | 1     | -1    | -1    |

**图 21.5.9　四单元感知机学习数据**

$$\sum \Delta w_{51} = 1 \cdot 1 + 1 \cdot 1 + 1 \cdot (-1) + 1 \cdot (-1) = 0$$

$$\sum \Delta w_{52} = (-1) \cdot 1 + 1 \cdot 1 + 1 \cdot (-1) + (-1)(-1) = 0$$

$$\sum \Delta w_{53} = 1 \cdot 1 + 1 \cdot 1 + 1 \cdot (-1) + (-1)(-1) = 2$$

$$\sum \Delta w_{54} = (-1) \cdot 1 + 1 \cdot 1 + (-1)(-1) + 1 \cdot (-1) = 0$$

学习结果表明只有 $a_3$ 与 $a_5$ 有关。四个权值分别为 0,0,2,0。但这个结果是不正确的。为看出这一点,只需把它们作用于第三个模式 $M_3$,得到的结果应是 1,然而此时 $a_5$ 的激活值却是 -1,矛盾! 人们可能会想,学习结果的错误是由于正确的权值根本不存在。但事实并非如此。存在一组正确的权值 -1,

—1，2，1，读者不妨自行验证。

现在让我们来分析一下产生错误的原因。假设前面提到的初始条件仍成立。即：各权的初始值为0。用 $m$ 个模式训练感知机，后者由 $n$ 个输入节点和一个输出节点组成。令 $f_{jk}$ 是第 $k$ 个输入模式中第 $j$ 个输入节点的值，$h_{ik}$ 是相对于第 $k$ 个输入模式的第 $i$ 个输出节点（此处实际上只有一个）的激活值。$w_{ij}$ 是从 $a_j$ 到 $a_i$ 的权。$f_p$ 是训练完毕后进行测试时第 $p$ 个输入节点的值。$h_s$ 是测试时第 $s$ 个输出节点的激活值。则我们首先知道训练所得的权为

$$w_{ij} = \alpha \sum_{k=1}^{m} f_{jk} g_{ik} \qquad (21.5.11)$$

其次，测试结果 $h_s$ 可表示为：

$$
\begin{aligned}
h_s &= \sum_{p=1}^{n} w_{sp} f_p \\
&= \alpha \sum_{p=1}^{n} \sum_{k=1}^{m} f_{pk} g_{sk} f_p \\
&= \alpha \sum_{k=1}^{m} g_{sk} \sum_{p=1}^{n} f_{pk} f_p \qquad (21.5.12)
\end{aligned}
$$

在上式中，项 $\sum_{p=1}^{n} f_{pk} f_p$ 是两个输入向量的内积。从几何意义上说，内积之值为0当且仅当这两个向量互相垂直。此处我们增加一个额外的假设：所有向量长度均为1。于是：内积之值为1当且仅当这两个向量指向同一方向（即重合）。分析式子(21.5.12)，我们得到如下的结论：

1. 如果测试时的输入向量和训练时的所有输入向量均垂直，则 $h_s = 0$，反之也成立。这个结论给"两个向量互相垂直"以一个模式辨识上的含义：它等同于"两个输入彼此无关"，即任何一方都不包含另一方的信息。

2. 如果测试时的输入向量等同于训练时的输入向量之一，而与其他输入向量皆垂直，则测试时所得的输出值即是训练时同一向量的教授值，乘以比例因子 $\alpha$。这个结论表明，在此情况下，训练结果是"保真"的。为了取得这个效果，应该要求所有训练时输入向量彼此两两垂直。

3. 如果训练时的输入向量并不彼此两两垂直，则在测试时就可能发生这种情形：对某些测试向量的输出是多个训练时输出向量的组合。

作为例子，考察图 21.5.7 中的四个向量。这些向量并不满足两两垂直的条

件。例如 $M_1 \cdot M_4 < 0$。如果拿学到的权（$w_{31}=4$，$w_{32}=0$）来测试，结果和原来不一样，以 $M_1$ 为例，将得到

$$w_{31} \cdot 1 + w_{32} \cdot 1 = 4$$

它之所以仍能维持结果正确是因为感知机按阈值来取输出值。在该图中，$M_1$ 和 $M_2$ 垂直，$M_3$ 和 $M_4$ 垂直。因此，如果学习时只取 $M_1$ 和 $M_2$，或 $M_3$ 和 $M_4$，那测试结果将会与学习结果完全一致，当然，这里还要注意把向量长度标准化为 1。

为了克服简单 Hebb 学习方法的缺点，Widrow 和 Hoff 两人在 1960 年引进了广义 Hebb 学习律（式(21.5.9)）的另一种简化，称为 $\delta$ 学习规则：

$$\Delta w_{ij}(t, t+1) = \alpha \cdot [g_i(t) - h_i(t)] \cdot f_j(t) \qquad (21.5.13)$$

其中 $g_i(t)$ 为教员指示。这个规则的含义是：权值的修改量正比于教员指示和激活值之差与 $f_j$ 的乘积。不难看出，式(21.5.13)与式(21.5.10)有一个本质区别，前者考虑到了每次修改权值后的反馈信息，而后者没有。

类似于简单 Hebb 学习规则，我们有

$$w_{ij} = \alpha \sum_{k=1}^{m} f_{jk}(g_{ik} - h_{ik}) \qquad (21.5.14)$$

以及

$$h_s = \alpha \sum_{k=1}^{m} (g_{sk} - h_{sk}) \sum_{p=1}^{n} f_{pk} f_p \qquad (21.5.15)$$

在相同的条件下（向量长度规范化为 1），我们对 $\delta$ 学习的效果也作一分析：

1. 如果测试时的输入向量和训练时的所有输入向量均垂直，则 $h_s = 0$，反之也成立。这一点与简单 Hebb 学习律相同。

2. 如果测试时的输入向量等同于训练时的输入向量之一，而与其他输入向量皆垂直，则测试时所得的输出值即是训练时同一输入的教授值，乘以比例因子 $\alpha$，这一点也与简单 Hebb 学习律相同。证明如下：由于初始权值全为 0，因此对任何输入 $f_{p1}$，它的输出 $h_{s1}$ 均为 0，现假设 $h_{s1}$，$h_{s2}$，$\cdots$，$h_{sq}$ 均为 0，新的训练输入 $f_{p,q+1}$ 与前面的 $f_{p1}$，$f_{p2}$，$\cdots$，$f_{pq}$ 皆垂直，则根据已知的简单 Hebb 学习律的性质，$h_{s,q+1}$ 必定也是 0。由此知所有 $h_{si}$，$1 \leqslant i \leqslant n$，均为 0。于是，式(21.5.14)和式(21.5.15)分别退化为式(21.5.11)和式(21.5.12)。

3. 在一般情况下，$\delta$ 学习规则起着校正误差的作用。因为如果我们用一个向量 $f_j$ 训练网络一次，再用同一向量作测试，则测试时的输出与训练时输出相比有如下改变：

$$\Delta h_s = \sum_{j=1}^{n} \Delta w_{sj} \cdot f_j$$

$$= \alpha \cdot [g_s - h_s] \cdot \sum_{j=1}^{n} f_j^2$$

$$= \alpha \cdot [g_s - h_s] \qquad (21.5.16)$$

当 $\alpha=1$ 时，$\Delta h_s$ 恰好是 $g_s - h_s$。$\delta$ 学习律和简单 Hebb 学习律的区别主要在此。

在实际使用 $\delta$ 学习规则时，至少有三个因素可以调节：输入向量规范化还是不规范化；学习速度（步长）$\alpha$ 定为多大；以及每个模式学习多少次。如果这些因素调节得不好，效果会很差。在图 21.5.10(a) 中，输入向量没有规范化，$\alpha=1$，采用的是图 21.5.9 的例子。可以看出，学习中产生了很大的"摆动"，学习一个循环后 $h$ 和 $g$ 有很大差距，在同图(b)中，改学习速度为 $\alpha=0.25$，效果就好得多。这里只做一个循环。如果连续做 20 个循环，则可以正确地学习到前面所说的权重 $(-1, -1, 2, 1)$，读者可自行计算并验证之。

| $f_1$ | $f_2$ | $f_3$ | $f_4$ | $w_{51}$ | $w_{52}$ | $w_{53}$ | $w_{54}$ | $h_5$ | $g_5$ | $\Delta w_{51}$ | $\Delta w_{52}$ | $\Delta w_{53}$ | $\Delta w_{54}$ |
|---|---|---|---|---|---|---|---|---|---|---|---|---|---|
| 1 | $-1$ | 1 | $-1$ | 0 | 0 | 0 | 0 | 0 | 1 | 1 | $-1$ | 1 | $-1$ |
| 1 | 1 | 1 | 1 | 1 | $-1$ | 1 | $-1$ | 0 | 1 | 1 | 1 | 1 | 1 |
| 1 | 1 | 1 | $-1$ | 2 | 0 | 2 | 0 | 4 | $-1$ | $-5$ | $-5$ | $-5$ | 5 |
| 1 | $-1$ | $-1$ | 1 | $-3$ | $-5$ | $-3$ | 5 | 10 | $-1$ | $-11$ | 11 | 11 | $-11$ |

(a) 效果不好的学习

| $f_1$ | $f_2$ | $f_3$ | $f_4$ | $w_{51}$ | $w_{52}$ | $w_{53}$ | $w_{54}$ | $h_5$ | $g_5$ | $\Delta w_{51}$ | $\Delta w_{52}$ | $\Delta w_{53}$ | $\Delta w_{54}$ |
|---|---|---|---|---|---|---|---|---|---|---|---|---|---|
| 1 | $-1$ | 1 | $-1$ | 0 | 0 | 0 | 0 | 0 | 1 | 0.25 | $-0.25$ | 0.25 | $-0.25$ |
| 1 | 1 | 1 | 1 | 0.25 | $-0.25$ | 0.25 | $-0.25$ | 0 | 1 | 0.25 | 0.25 | 0.25 | 0.25 |
| 1 | 1 | 1 | $-1$ | 0.5 | 0 | 0.5 | 0 | 1 | $-1$ | $-0.5$ | $-0.5$ | $-0.5$ | 0.5 |
| 1 | $-1$ | $-1$ | 1 | 0 | $-0.5$ | 0 | 0.5 | 1 | $-1$ | $-0.5$ | 0.5 | 0.5 | $-0.5$ |
| ... | ... | ... | ... | ... | ... | ... | ... | ... | ... | ... | ... | ... | ... |

(b) 效果较好的学习

**图 21.5.10 用 $\delta$ 学习规则学习**

Widrow 和 Hoff 在提出 $\delta$ 学习规则时，利用了最小均方差原理，简称 LMS

原理。这个原理是说,权值调整的方向应是使各权值的误差平方和变得最小的方向。单次学习的误差定义为:

$$E=(g_i-h_i)^2 \tag{21.5.17}$$

其中

$$h_i=\sum w_{ij}f_j \tag{21.5.18}$$

上面两个式子的下标 $i$ 都是固定的。现在再对某个固定的 $j$,求微商

$$\frac{\partial E}{\partial w_{ij}}=-2(g_i-h_i)\cdot f_j \tag{21.5.19}$$

权值的调整应使 $w_{ij}$ 的值朝着 $\frac{\partial E}{\partial w_{ij}}=0$ 的方向移动,也就是朝着与式(21.5.19)的正负号相反的方向移动,即 $\Delta w_{ij}$ 应与式(21.5.19)的负数成正比,即:

$$\Delta w_{ij}=-\beta\frac{\partial E}{\partial w_{ij}} \tag{21.5.20}$$

其中 $\beta$ 是比例常数。以式(21.5.19)代入得

$$\Delta w_{ij}=2\beta(g_i-h_i)\cdot f_j \tag{21.5.21}$$

这就是 $\delta$ 学习规则。它根据函数值梯度变化的方向来调整,因此又叫梯度下降法。需要说明的是,感知机的学习以线性阈值网为基础,而 LMS 方法则已不利用阈值的概念,是纯线性的。实际上,前面的许多讨论早已偏离了严格的感知机定义了。

现在我们再回到感知机的判别功能上来。已知感知机不能解决 XOR 问题。但是人们发现,只要在输入节点和输出节点之间加一个中间节点,把两层网络变成三层网络,XOR 问题就可以解决了。图 21.5.11 给出了一个解决方案,其中圆圈代表节点,圆圈内的数字是阈值,有向边旁边的数字是权值。

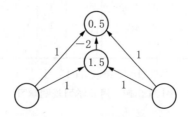

**图 21.5.11　XOR 问题解决方案**

这种既非输入节点，又非输出节点的中间节点称为隐节点。隐节点的引入导致了多层神经网的产生，层次可以任意之多。它大大提高了神经网的表达和推理能力。

随之而来的一个问题是：多层网络的学习问题怎么解决？对于多层神经网，我们只掌握两端的信息：输入端的输入数据和输出端的输出数据以及教员的指示。至于隐节点的输入、输出信息我们是不知道的，只能根据两端的信息来分析、推断中间的信息以及中间各边的权值应如何修改。解决这个问题的有效算法之一是所谓的反传算法。应用这种算法的网络称为反传网络。首先提出此算法的是 Werbos，他在 1974 年推广统计学上的回归算法并得到了反传算法。

为了给出反传算法，首先要明确多层网络的概念。如果网络的节点集 $N$ 分成 $n+1$ 个互不相交的子集 $N_i$。并且 $N_i$ 中的节点只能有边通向 $N_{i+1}$，则称此网络为 $n$ 层网络。显然 $N_1$ 中的节点都是输入节点，$N_{n+1}$ 中的节点都是输出节点。对所有 $i$，$1<i<n+1$，$N_i$ 中的节点都是隐节点。

首先考虑单层网络，即 $i=2$。令 $|N_1|=m$（$N_1$ 中节点个数），$|N_2|=n$。同时我们假定一个节点的激活值不直接等于该节点的加权输入，而是加权输入后再经一个函数 $\varphi$ 的换算。因此，式(21.5.12)应被代以下式：

$$h_s = \varphi\left(\sum_{p=1}^{m} w_{sp} f_p\right) \tag{21.5.22}$$

我们把总的误差写成

$$E = \frac{1}{2}\sum_{i=1}^{n}\left[\varphi\left(\sum_{p=1}^{m} w_{ip} f_p\right) - g_i\right]^2 \tag{21.5.23}$$

运用梯度下降法，需要求偏微商：

$$
\begin{aligned}
\frac{\partial E}{\partial w_{jk}} &= \sum_{i=1}^{n}\left[\varphi(h_i) - g_i\right]\varphi'(h_j) f_k \big|_{i=j} \\
&= \left[\varphi(h_j) - g_j\right] \cdot \varphi'(h_j) \cdot f_k \\
&= -\delta_j \cdot f_k
\end{aligned}
\tag{21.5.24}
$$

此处把 $-\left[\varphi(h_j) - g_j\right] \cdot \varphi'(h_j)$ 定义为 $\delta_j$。这基本上就是式(21.5.19)，由此不难利用式(21.5.20)来计算 $\Delta w_{jk}$。

现在考虑双层网络，即 $i=3$。令 $|N_1|=m$，$|N_2|=q$，$|N_3|=n$，其中 $N_2$ 是隐节点集，则总误差 $E$ 为：

$$E = \frac{1}{2} \sum_{i=1}^{n} [\varphi(\sum_{j=n+1}^{n+q} w_{ij} \cdot \varphi(h_j)) - g_j]^2$$

$$= \frac{1}{2} \sum_{i=1}^{n} [\varphi(\sum_{j=n+1}^{n+q} w_{ij} \cdot \varphi(\sum_{k=n+q+1}^{n+q+m} w_{jk} f_k)) - g_i]^2 \qquad (21.5.25)$$

假设我们要求 $\Delta w_{uv}$，其中 $w_{uv}$ 是输入节点 $a_v$ 到隐节点 $c_u$ 的边的权，则

$$\frac{\partial E}{\partial w_{uv}} = \sum_{i=1}^{n} [\varphi(h_i) - g_i] \cdot \frac{\partial \varphi}{\partial w_{uv}}(h_i)$$

$$= \sum_{i=1}^{n} [\varphi(h_i) - g_i] \varphi'(h_i) \frac{\partial h_i}{\partial w_{uv}}$$

$$= \sum_{i=1}^{n} [\varphi(h_i) - g_i] \varphi'(h_i) w_{iu} \varphi'(h_u) f_v$$

$$= -\sum_{i=1}^{n} \delta_i \cdot w_{iu} \cdot \varphi'(h_u) \cdot f_v \qquad (21.5.26)$$

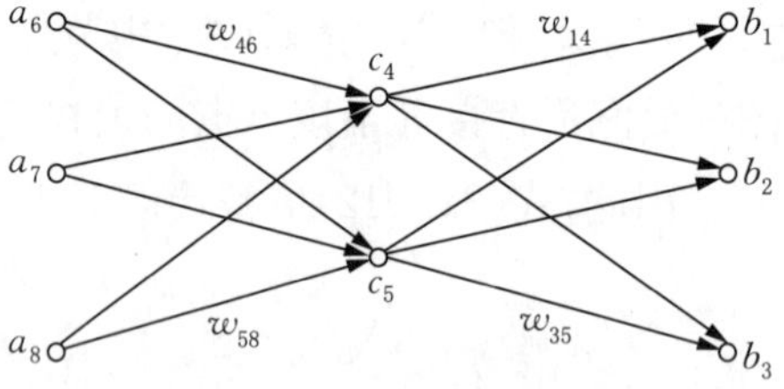

**图 21.5.12　带隐节点的双层网络**

由此可见，为了计算 $\Delta w_{uv}$，不仅要知道 $\varphi'(h_u)$ 的值，还要知道 $\varphi(h_i)$ 和 $\varphi'(h_i)$ 的值。因此，若不把网络中的推理一直进行到输出节点，并计算出相应的激活函数值和激活函数导数值，则任何一个 $\Delta w_{uv}$ 都无法求得。另一方面，如果我们已求得了输出节点的激活函数值和激活函数导数值，则利用式（21.5.24），即可求得从隐节点到输出节点的边的权值修改量。接着又可利用式（21.5.26）求得从输入节点到隐节点的边的权值的修改量。

这个思路可以推广到任意的多层网络。首先要推广式（21.5.26），使之适用于任意的 $n$ 层网，推广后的式子中将包含各输入节点的输入值 $f_i$，各边的权值 $w_{pq}$，各隐节点的激活函数的导数值 $\varphi'(h_j)$，各输出节点的激活函数值 $\varphi(h_k)$ 及其导数值 $\varphi'(h_k)$，还有教员对这些点的指示值 $g_k$。因此，任意 $n$ 层网的反传算法大体上包含 2 步：

第一步：从输入节点的输入值 $f_i$ 开始，向前逐层计算各隐节点及输出节点的激活函数值 $\varphi(h_j)$ 及其导数值 $\varphi'(h_j)$，直至所有的输出节点都处理完毕。

第二步：对各输出节点，计算其总误差值 $E$，然后从输出节点开始，向后逐层计算 $E$ 对各边的权 $w_{pq}$ 的偏微商。计算时只需将在第一步中已计算好的激活函数导数值 $\varphi'(h_j)$ 及有关边的权值依次乘在前一层求得的偏微商上并对诸边求和即可。例如，在图 21.5.13 中，假定已知 $\dfrac{\partial E}{\partial w_{1q}}$，$\dfrac{\partial E}{\partial w_{2q}}$，…，$\dfrac{\partial E}{\partial w_{nq}}$ 的值。现在往后推一步，求 $\dfrac{\partial E}{\partial w_{qr}}$ 的值，则可应用如下公式：

$$\frac{\partial E}{\partial w_{qr}} = \sum_{i=1}^{n} w_{iq} \frac{\partial E}{\partial w_{iq}} \varphi'(h_q) \cdot \Delta/\varphi(h_q) \tag{21.5.27}$$

其中若 $r$ 为隐节点则 $\Delta=\varphi(h_r)$，否则 $\Delta=f_r$。

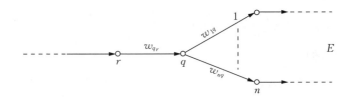

**图 21.5.13　反传时的递归推导**

反传算法的名称即由此而来。

在前面讨论的简单网络中，我们曾使用线性阈值函数来计算网络的输出值。权值的微小变动可引起输出值的很大改变，从而导致误差 $E$ 的很大改变，这相当于在权空间中的一个不连续曲面（见图 21.5.14(a)），当然更谈不上可微了。在反传算法中，人们采用的是处处可微的激活函数（见图 21.5.14(b)），消除了由于权值的微小变化使输出值巨变的现象。通常人们采用的是如下的戒上型函数：

(a)　　　　　　　　　　(b)

**图 21.5.14　可微和不可微的激活函数**

$$\varphi(x) = \frac{1}{1 + e^{-cx}} \tag{21.5.28}$$

其中 $c$ 是常数，$c > 0$。$c$ 的值越大，就越接近原来的线性阈值函数，如图 2.5.15 所示，图中 $c_1 < c_2 < c_3$。

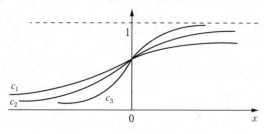

**图 21.5.15　可微的激活函数**

这个函数有一个独特的性质：

$$\varphi'(x) = c \cdot \varphi(x) \cdot (1 - \varphi(x)) \tag{21.5.29}$$

计算起来非常方便。

以上介绍的模型都是同步模型。网络中好像有一个全局的钟，控制着所有节点的输入、输出和激活的节奏，为此我们曾经用 $t$ 来表示时间参数。这种同步机制不符合生物学中神经系统的工作规律。上述网络的另一个特点是：信息的传递顺着固定的方向进行，每两个节点之间的边都是有向边。甲节点可以激活乙节点，乙节点却不能激活甲节点。这种单向作用机制同样有悖于生物脑神经元的兴奋—抑制工作方式。1982 年，Hopfield 提出了一种新的神经网模型，其特点为：

1. 没有全局时钟，各节点的输入、输出和激活是异步的。

2. 每两个不同节点间都有一条边相连。任何节点没有连向自己的边。

3. 每条边都是双向的（也可说是无向的）。

4. 每个节点何时进行输入、输出和激活等工作，这是随机的。

5. 每个节点只取两种值，1 或 0（有时是 1 或 −1），代表被激活和未被激活。

因此，如果我们把节点的输入、输出和激活函数计算等看成是时间极短的（瞬时的），则可以认为每一时刻顶多有一个节点在工作。

Hopfield 模型的激活方式是线性阈值方式。即：若节点 $a$ 工作，诸 $a_i$，$i =$

$1, \cdots, n$ 为所有与 $a$ 相联的节点。它们的激活值分别为 $x_i$。又设 $w_i$ 为 $a$ 和 $a_i$ 之间的边的权值。节点 $a$ 的阈值为 $\theta$。令

$$\sum_{i=1}^{n} w_i x_i - \theta = \alpha \tag{21.5.30}$$

则节点 $a$ 的激活值 $x$ 为：

$$x = \begin{cases} 1, 若 \alpha > 0 \\ 0, 若 \alpha < 0 \\ 保持不变, 若 \alpha = 0 \end{cases} \tag{21.5.31}$$

在前文研究过的网络中，节点分为三类：输入节点、输出节点和隐节点。Hopfield 网络的工作方式与前面的网络不同。每次运行时选定网中的某些节点作为输入节点。每个输入节点的激活值是事先确定的，且在网络运行过程中不改变，称为定势（从物理上说，可以认为它们有外接高电位或低电位）。输入节点和输出节点统称为可见节点，其余节点称为隐节点。作此划分是因为 Hopfield 网络中没有明显层次。如果 Hopfield 网络运行到某一时刻，各节点的激活值不再变化，则称该网络进入了一个稳定状态。处于稳定状态的网络诸节点的值，就是人们所求的。例如，在汉字识别中，把一个残缺不全的汉字作为输入节点集，则网络达到稳定状态后，就显示出一个完整的汉字（当然，这个识别可能是错误的）。

Hopfield 为他的模型定义了一个能量函数：

$$E = \frac{1}{2} \sum_{j=1}^{n} \sum_{i=1}^{n} w_{ij} x_i x_j + \sum_{i=1}^{n} \theta_i x_i \tag{21.5.32}$$

其中 $x_i$ 是节点 $a_i$ 的激活值，$w_{ij}$ 是节点 $a_i$ 和 $a_j$ 之间的边的权值，$\theta_i$ 是 $a_i$ 的阈值。根据无向边的假设，每条边只应有一个权，因此权值是对称的，$w_{ij} = w_{ji}$。根据任何节点无边通向自己的假设，对任何 $i$ 有 $w_{ii} = 0$。

下面的定理十分重要。

**定理 21.5.2**（Hopfield 网络的收敛性）

1. 任意给定一组输入节点及其激活值，给定符合上述条件的权，Hopfield 网络必在有限步内达到一个稳定状态。

2. 此稳定状态对应的能量值是式(21.5.32)的能量函数的一个极小值。

3. 在到达稳定状态之前，Hopfield 网络的每一步变化所造成的能量值的变化 $\Delta E$ 都小于零，也就是说，能量值是单调下降的。

Hopfield 网络也可以学习。比方说，在网中选定一组节点作为输入节点。用 $m$ 个残缺不全的汉字进行训练。这些汉字实际上是同一个字，只是残缺情况不一样罢了。对网中每一条边的权 $w_{ij}$，若第 $k$ 个汉字输入后该网络处于稳定状态时 $a_i$ 和 $a_j$ 同被激活（$x_i = x_j = 1$）或同不被激活（$x_i = x_j = 0$），则令 $w_{ij}$ 之值加 1。反之，若 $a_i$ 和 $a_j$ 中只有一个被激活（$x_i = 1$，$x_j = 0$ 或 $x_i = 0$，$x_j = 1$），则令 $w_{ij}$ 之值减 1。写成式子是

$$w_{ij} = \sum_{k=1}^{m} (2x_i^k - 1)(2x_j^k - 1) \tag{21.5.33}$$

其中 $m$ 是训练用汉字个数，$x_i^k$ 是用第 $k$ 个汉字训练时 $x_i$ 的值。

Hopfield 网络固然有许多优点，但也有缺点，最主要的缺点就是它容易陷入能量值为局部极小（而非全局极小）的稳定状态。在权空间中，能量函数 $E$ 取极小值的位置只是一个点集。Hopfield 网络运行时，初始权值靠此点集中的哪一个点最近，就会以此点为最后的稳定状态，因此很可能不是全局极小，它的一维情况示于图 21.5.16。

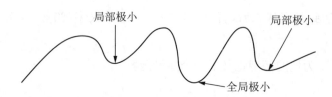

**图 21.5.16　局部极小和全局极小**

局部极小的问题我们在 9.1.5 节中讨论爬山法时已经遇到过，不过那里使用的方法对神经网络不适用，必须另辟蹊径，这就是使用模拟退火方法。在冶金技术上，如果把材料加热到很高的温度，然后再让它慢慢冷却，则容易得到晶体结构比较完整，错位和缺陷较少的加工件。这是因为当温度很高时，材料中的分子和原子具有较高的能量，可以较自由地移动，从而跳过那些比较浅的局部极小，最后落在全局极小中，达到能量的最低状态，材料性质就稳定了。在 Hopfield 网络中，每改变一个节点的状态，能量就降低一些，因此，位于局部极小附近的初始状态通过网络运行只有掉进此局部极小的份儿，无缘进入全局极小。为克服

这一困难,就应允许网络状态也有机会向能量高的方向走。把这个思想引进
Hopfield 网络,就得到一种新型神经网,称为玻耳兹曼(Boltzmann)机,这是由
Hinton 和 Sejnowski 首先在 1984 年建议的。

我们在前面引进 Hopfield 网络时列举了它的五个特点,这五个特点玻耳兹
曼机全有。后者不同于前者的地方在于它虽然也是根据线性阈值原则行事,但
并非当输入值超过阈值时就一定使有关节点被激活,而只是根据一定的概率激
活该节点。另一方面,当输入值小于阈值时该节点也不一定不被激活,也有一定
的概率使它被激活,具体说来,给定一个 Hopfield 网络,把它的激活规则改为:

$$x_i = \begin{cases} 1, 概率为\ p_i \\ 0, 概率为\ 1-p_i \end{cases} \tag{21.5.34}$$

其中

$$p_i = \frac{1}{1 + \exp(-(-\sum_{i \neq j} w_{ij} x_j - \theta_i)/T)} \tag{21.5.35}$$

其中,$T$ 是一个温度常数,用以调节各节点被激活的概率。不难看出:

1. 输入值和阈值之差 $\sum w_{ij} x_j - \theta_i$ (称为输入盈余)越高,则节点被激活的
概率越高。输入盈余越低,激活概率也越低。

2. 输入盈余为正数时,温度 $T$ 越高,激活概率越低;温度 $T$ 越低,激活概率
越高。总的来说,概率在 1/2 和 1 的区间中变化。

3. 输入盈余为负数时,温度 $T$ 越高,激活概率越高;温度 $T$ 越低,激活概率
越低。总的来说,概率在 0 和 1/2 的区间中变化。

4. 输入盈余为零时,或温度 $T$ 为无穷大时,激活概率均为 1/2,显示出完全
的不确定状态。

由此可见,加进温度常数 $T$ 可以起到模拟退火的作用。玻耳兹曼机运行时
首先定一个比较高的温度值 $T$,让网络的激活状态可以较为自由地变化,减少局
部极小的干扰,然后逐步降低温度值,最后 $T$ 为 0,网络进入稳定状态。在 $T$ 为
0 之前,网络状态是不会稳定的。由于玻耳兹曼机采用和 Hopfield 网络一样的
能量函数(见式(21.5.32)),因此它在运行过程中既可以使能量值上升,也可以
使能量值下降。温度值越低,能量下降的概率越大,最后进入能量低谷。Aarts
和 Korst 在 1989 年证明,在渐近的意义上,玻耳兹曼机总能达到全局性的能量
极小值。

从热力学我们知道,如果一个物理系统处于热平衡状态中,则此平衡状态以一定的概率等于几个可能的状态之一。设该物理系统共有 $m$ 种可能的平衡状态,它们的能量值各为 $E_i$, $i=1, \cdots, m$。则该系统处于第 $i$ 个状态的概率是:

$$p_i = \frac{\exp(-E_i/T)}{\sum\limits_{j=1}^{m} \exp(-E_j/T)} \tag{21.5.36}$$

从状态 $i$ 转向状态 $j$ 的概率则是

$$p_{ij} = \frac{1}{1 + \exp((E_j - E_i)/T)} \tag{21.5.37}$$

其中 $T$ 表示温度。这种概率分布称为玻耳兹曼分布。它在玻耳兹曼机的学习机理研究中起着重要的作用。

玻耳兹曼机的学习机理是比较复杂的。前面讨论过的几种学习算法都不能应用到这儿来。一般来说,在输入节点上给定定势值后,输出节点的激活值分布不一定是唯一的,通常有几种可能的状态,令输入定势值为 $x_\alpha$,其中 $\alpha$ 表示输入状态。相应输出值为 $x_\beta$ 的概率可表示为 $q_{\alpha\beta}$。

现在假定不从外界给输入值,而是让玻耳兹曼机(在给定的各边权值和随意的初始状态下)自由运作。此时输入节点的值为 $x_\alpha$,而输出节点的值为 $x_\beta$ 之概率为 $p_{\alpha\beta}$,它服从我们上面所说的玻耳兹曼分布,即

$$p_{\alpha\beta} = \frac{\exp(-E_{\alpha\beta}/T)}{\sum\limits_{\gamma, \delta} \exp(-E_{\gamma\delta}/T)} \tag{21.5.38}$$

学习的任务,就是要使玻耳兹曼机的条件概率由天然的 $p_{\alpha\beta}$ 变成训练者所希望的 $q_{\alpha\beta}$。已经证明,这个任务可以通过修改权值而达到,修改量为:

$$\Delta w_{ij} = \delta \cdot (q_{ij} - p_{ij}) \tag{21.5.39}$$

其中 $\delta$ 是常数。$q_{ij}$ 是外界有输入定势时节点 $a_i$ 和 $a_j$ 同时被激活的概率。$p_{ij}$ 是外界无输入时节点 $a_i$ 和 $a_j$ 同时被激活的概率。

经过学习训练的玻耳兹曼机,可用于图像、雷达、声呐等方面的模式识别,但由于其学习机制的复杂,实际应用的尚不很多。

# 习 题

1. 算法 21.1.1 和 21.1.2 每次只考虑 $x_1$ 和 $y_1$ 的一个共同属性。如果(1)需同时考虑多个共同属性,(2)各属性用不同的权值表示其重要性,应如何修改该算法?(提示:不要忘了 $x_2$ 和 $y_2$ 之间也要考虑多个共同属性,且共同的程度与 $x_1$ 和 $y_1$ 之间属性的共同程度不一定一样)。

2. 如果属性不是简单地取真假值,而是取 $[0,1]$ 之间的值(模糊值),该如何修改算法 21.1.1 和 21.1.2?

3. 有时两个对象的属性不能直接相比,需经过某种抽象后才能相比,此时应如何修改算法 21.1.1 和 21.1.2?

4. 若把算法 21.1.3 中的映射函数改为模糊函数,应如何修改该算法?

5. 若把算法 21.1.4 中的关系改为模糊关系,应如何修改该算法?

6. 在 21.1 节中讨论算法 21.1.4 时提到,不存在关系 $G$,使 $G$(赤壁之战,粟裕)成立。实际上这个说法不太确切,比如:被研究(赤壁之战,粟裕)就是一个合法的关系。如果采用这个关系,那么问题:"若把赤壁之战类比于中日第一届围棋擂台赛,则粟裕应该类比于什么?"的答案将是俞斌或张文东。这个答案并不理想,试问原因何在?用什么方法可以得到更好的答案?

7. 21.1 节中的概念类比要么成功,要么失败。实际上可以定义类比的程度。例如可以问这样的问题:若 $x_1$ 在程度 $a$ 上($0<a\leqslant1$)可以和 $y_1$ 类比,那么 $x_i$ 在程度 $b$ 上($0<b\leqslant a$)类比于什么?试根据此思想修改该节中的算法。

8. 讨论如下的问题,研究它们的算法及应用。

(1) $x_1$(在程度 $a$ 上)类比于 $y_1$,$y_1$(在程度 $b$ 上)类比于 $z_1$,问 $x_1$ 怎样类比于 $z_1$?

(2) $x_1$(在程度 $a$ 上)类比于 $y_1$,又(在程度 $b$ 上)类比于 $z_1$,问 $y_1$ 怎样类比于 $z_1$?

(3) 给定一个集合 $X$,把 $X$ 分成一些子集 $X_1$, $X_2$, $\cdots$, $X_n$,使得每个子集内部能互相类比,而子集之间不行。

9. (徐家福,伊波)如果我们为了求解某个问题 $P$ 而开发了一个软件:该软件需求分析为 $A$,设计说明为 $B$,程序代码为 $C$,现在要针对问题 $Q$ 开发另一个软件,已经写出了这个新软件的需求分析 $A'$。是否可用类比学习的方法完成新软件的设计说明 $B'$ 和程序代码 $C'$？即解决这样两个问题：

(1) 若把 $A$ 类比于 $A'$，则 $B$ 应该类比于什么？

(2) 若上边问题的解为 $B'$，则继续问：若把 $B$ 类比于 $B'$，则 $C$ 应该类比于什么？

请在探讨这个问题时注意：

(1) 搞清楚有关的概念：如什么是两个需求分析的类比？什么是两个设计说明的类比，等。

(2) 搞清楚用类比方法解决软件开发问题的难点所在以及应该附加一些什么条件？（类比方法显然不是万能的。）

(3) 用很小的例子(一般为只有几行的例子)来试验你的方法。

10. 如果我们为了实施软件复用而建立了三个库。一个是需求分析库,一个是设计说明库,一个是程序代码库,试问：为了实现上题所说的用类比法开发软件,这三个库中的部件应设计成什么样子,才能进行方便的类比？（这里指的是这三个部件的具体数据结构）

11. 把上题中的三个库看成是案例库。请问：

(1) (为了检索方便)这三个案例库应如何组织？

(2) 案例之间的距离怎样定义？除通常的距离公理外,它还应满足下列条件：

(a) 代码 $a$ 到代码 $b$ 的距离越近,把 $a$ 改写为 $b$ 越容易。

(b) 设计说明 $A$ 到设计说明 $B$ 的距离越近,则与它们对应的代码 $a$ 和 $b$ 也越近。

(c) 需求分析 $A'$ 到需求分析 $B'$ 的距离越近,则与它们对应的设计说明 $A$ 和 $B$ 也越近。

(3) 对这三个案例库应采取何种动态运行策略？

12. (徐家福,吕建)如果习题 9 中你的类比程序在解决具体问题“若把 $x$ 类比于 $y$,则 $x'$ 应类比于什么”时失败,则你通常要修改、补充你的类比程序,使它能解决这个问题。请问如何用基于解释的方法使你这次修改的经验一般化,以便使修改后的类比程序不仅增加一个问题的解题能力,而是增加一类问题的解题能力？

13. 探讨归纳学习和基于案例的学习的结合：它既不像归纳学习那样舍弃实例，只要概念；也不像基于案例的学习那样只留实例，不上升为概念，而是概念和实例并存。请设计有关数据库的组织及有关算法，并与原来的算法作比较。

14. 在讨论基于解释的学习时，我们是用一个例子来引导学习系统的。这与归纳学习需大量实例造成对比。如果我们允许多个例子（但数量不大）来引导解释学习系统，情况将会如何？分析下列问题：

(1) 若多个例子解释结果不一致，如何处理？

(2) 若多个例子解释结果一致或部分一致，如何处理？

15. 在上题中，若多个例子解释结果至少部分一致，我们能否把一致的部分总结成一个宏算子？（例如，硬币移动的头几步，可总结成宏算子）。

16. 在从一个操作序列概括宏操作时，如果第 $i$ 步：if $c_i$ then $a_i$ 和第 $j$ 步：if $c_j$ then $a_j$ 被收入同一宏操作中，$i < j$。$a_i$ 中包含动作元 $a_{ih}$，它修改状态元 $s_m$。假设所有的 $c_g$，$g = i+1$，$i+2$，$\cdots$，$j$ 都未曾用到（即不依赖于）$s_m$，而 $a_j$ 又修改同一状态元 $s_m$，则动作元 $a_{ih}$ 没有产生任何效果，可以不收进宏操作中，试根据此思想修改上题的算法，使它产生的宏操作不包含这类冗余动作。

17. 在题 14 中，若多个例子解释结果不一致，我们能否用归纳学习方法把这些不一致部分抽象提高，使它们在较高层次上一致？

18. 在题 14 中，能否先用归纳学习把多个实例抽象提高为数量更少的抽象实例，然后再对抽象实例进行解释？

19. 作一个遗传算法的实验。设知识库的初始内容为：{10110011, 01011100, 11001110, 00100100}，定义每个知识单元的适应程度为其中所含"1"的个数，设它们的适应程度分别为 $f_1$，$f_2$，$f_3$，$f_4$。令每个知识单元 $a_i$ 的被选取概率为 $f_i / \sum_{j=1}^{4} f_j$。按此概率选出新的知识单元 $b_1$，$b_2$，$b_3$，$b_4$（其中每个 $b_i$ 都是某个原来的 $a_j$）。对它们施以各种可能的遗传算子，得到新知识单元 $b'_1$，$b'_2$，$b'_3$，$b'_4$。然后从 $\{a_1, a_2, a_3, a_4, b'_1, b'_2, b'_3, b'_4\}$ 中选出四个适应程度最高的单元，设为 $\{c_1, c_2, c_3, c_4\}$，然后开始新的一轮循环。如此反复执行，请你：

(1) 编一个执行上述过程的程序并运行之。

(2) 打印出知识库中各单元适应度的上升曲线（可以用四个单元的平均适应度表示）。

(3) 打印出知识库中最佳适应单元和最差适应单元的适应度变化曲线。

(4) 研究：这个过程的收敛速度及其与遗传算子应用的关系。

(5) 研究：本过程能最终求出最佳结果吗？（指四个知识单元全部由"1"组成）。

20. 在下列修正条件下重做上道题的实验。

(1) 用随机方法生成一个较大的初始知识库（不是只含四个知识单元，而是含几十个或几百个知识单元）。每次只随机选取它的一个子集来运用遗传算子。如果生成了 $m$ 个新知识单元，则把它们加进知识库后从库中删去适应度最差的 $m$ 个单元，以维持知识库容量不变。

(2) 对 $m$ 个知识单元运用遗传算子时，不是只生成 $m$ 个新知识单元，而是生成 $2m$ 个、$3m$ 个或更多的新知识单元，然后从中选出适应度最好的 $m$ 个来参加算法 21.4.1 的优选循环。

(3) 不是按知识单元中含"1"的个数来计算适应度，而是按该知识单元看作二进制数时其值的大小，或按知识单元中连续的"1"的最大个数来计算适应度。

(4) 不是用"0"和"1"来构造知识单元，而是用英文字母来构造。定义每个知识单元的适应度为其中所含英文单词的最大长度。

21. (韩战钢)如果知识单元的形状不是数字串或字母串，而是一株树，试定义一组适用于树变换的遗传算子，并研究其应用效果。

22. (韩战钢)设平面上有一组点，要用一条曲线去拟合它，此曲线由一方程描述。可把方程表示为一个树结构，其中每个运算符表示为中间节点，每个变量或常数表示为叶节点，试用上题的方法来求出最优曲线。

23. 分类器系统只适用于由"0"，"1"等构成的规则。如何推广到一般产生式系统？

24. 设有一条电子导盲犬，它要正确地引导盲人在路上行走，包括上厕所时不要走错地方。国外的厕所门上一般有一个明显的拉丁字母，其中 $H$、$M$ 和 $G$ 三个字母都代表男厕所；$D$, $W$, $F$ 三个字母都代表女厕所。这六个字母模式的原始形象如下图所示。试证明，该模式识别问题在下图中模式划分的意义上是不能用感知机解决的。（提示：令每个字母模式的九个小方格中空白小方格代表零，非空白小方格代表 1。）

**字母模式的原始形象**

25. 盒中脑(Brain State in Box,简称 BSB)是线性阈值网的推广,各单元的激活值在−1和+1之间。因此,一个具有 $n$ 个节点的 BSB 的所有可能状态构成 $n$ 维空间一个长度为 $\alpha$ 的正方形盒子。假设它的激活规则是:

$$h_j(t+1)=\begin{cases}1, & 若\,h_j(t)\geqslant 1 \\ h_j(t)+\sum w_{ji}h_i(t), & 若-1<h_j(t)<+1 \\ -1, & 若\,h_j(t)\leqslant-1\end{cases}$$

(1) 试证明 BSB 的终结状态一定是该正方体的某个顶点。

(2) 试讨论 BSB 的 Hebb 学习规则和 $\delta$ 学习规则。

26. 21.5节介绍的神经网络学习都是有教师指导的学习。神经网络也可作没有教师指导的学习。这类学习一般都通过竞争机制实现。其原理是:把网中的节点分成若干集团。若节点 $a$、$b$ 属于不同的集团,则 $a$、$b$ 之间有兴奋性联系,即一方被激活会促使另一方也被激活。若节点 $a$、$b$ 属于相同的集团,则 $a$、$b$ 之间有抑制性联系,即一方被激活会压制另一方的激活。试设计这样的一个网络及其激活规则,并讨论如下问题:

(1) 在什么情况下网络会达到稳定状态?

(2) 输入值对相互竞争进程的影响以及相互竞争的结局。

(3) 由于兴奋性联系是双向的,会不会出现 $a$ 兴奋 $b$,$b$ 又兴奋 $a$ 等循环上升的局面(共振)?

(4) 由于抑制性联系也是双向的,会不会出现势均力敌,相持不下的局面?

27. 21.5 节介绍的学习只修改神经网络诸边的权,不涉及它们的拓扑结构。实际上,学习还可以增加和减少网络的节点,增加和减少网络的边,改变边的走向,重组网络的层次等,试为以上各种原则各设计相应的学习算法。

28. 设计一类神经网络,它们能够学习一些模糊的概念,如年轻,健康,高大等等。

29. 设计一类神经网络,它们能够学习具有层次结构的概念。例如疾病分肝病、胃病、肺病等;肝病又分肝炎、肝癌、脂肪肝等;肝炎又分甲型、乙型、丙型等。

30. 设计一类神经网络,它们能够学习规则,例如:若有铁锈样痰则病人有肺炎。

# 第六部分　自然语言理解

——语言是从劳动中并和劳动一起产生出来的。

Engels(恩格斯)

恩格斯在《从猿到人》一书中,对语言的产生作了精辟的论述。他指出,是劳动使猿变成了人。"劳动的发展必然促使社会成员更紧密地互相结合起来","这些正在形成中的人,已经到了彼此间有些什么非说不可的地步了。需要产生了自己的器官:猿类不发达的喉头,由于音调的抑扬顿挫的不断加多,缓慢地然而肯定地得到改造,而口部的器官也逐渐学会了发出一个清晰的音节"。"语言是从劳动中并和劳动一起产生的,这是唯一正确的解释。""首先是劳动,然后是语言和劳动一起,成了两个最主要的推动力,在它们的影响下,猿的脑髓就逐渐地变成人的脑髓。""脑髓和为它服务的器官,愈来愈清楚的意识以及抽象能力和推理能力的发展,又反过来对劳动和语言起作用,为二者的进一步发展提供愈来愈新的推动力。"

据统计,世界上共有5 651种不同的语言或方言,有不少古代语言已经死亡,数以千计的语言正在衰亡之中,使用它们的人数越来越少。经语言学家确认为独立的语言有2 790种,其中70%还没有相应的文字。经过分析研究的语言只有约500种,使用人数超过6 000万的语言有13种,其中汉语位居榜首。在语言中使用汉语字符的人口占世界人口的36%。

语言学是一门宏大的科学,它走过了历史比较语言学,结构主义语言学和转换生成语言学这三个主要阶段。若把语言学的发展和生物学的发展作一比较,就可发现它们之间存在着惊人的相似。历史比较语言学的研究方法和达尔文研究生物进化的方法十分相似,它在对大量语言资料作分析比较的基础上,研究人类语言进化繁衍的历史,并以此为基础划分语言的谱系。其中最重要的成果也许是 18 世纪下半叶在印度当官的一位英国学者提出的。他发现印度古代的梵语和西欧古语言有相似之处,于是提出了这两种语言同属一个语系的设想。在丹麦和德国学者的努力研究下,这个谜终于被解开。原来在东起印度西达欧洲的广大地域内,存在着一个包括八个语族和 100 多种语言的大语系,称为印欧语系。中国的汉语却属于另一个大语系,称为汉藏语系,分为四个语族:汉语族(实际上汉语是统一的,没有成"族")、侗泰语族、藏缅语族和苗瑶语族。

结构主义语言学相当于生物学上的解剖学研究。如果说历史比较语言学是从历史的长河来考察语言的变迁,则结构主义语言学是在某个固定的时刻考察各语言之间的关系以及语言内部的结构。前者是历时的(动态的),后者是共时的(静态的),结构主义语言学的大师 Saussure 就称他的讲稿为"静态语言学"。顺便说一下,结构主义是一种哲学思潮,它的影响不限于语言学方面,在许多学科中都能见到。例如 Levi-Strauss 的结构主义社会学,Lacan 的结构主义心理学,Barthes 的结构主义文艺理论,以至在数学中也出现了 Bourbaki 学派的结构主义数学。Saussure 的最主要观点是把语言看作一种体系,即一种结构。他认为,语言的意义并不仅在于它的各个组成部分,而更在于各组成部分之间的相互关系。语言学的研究任务是分析这个大结构及其组成规则,以便搞清这个复杂体系的形成机制,特别是研究每一种语言区别于其他语言的特征。

向结构主义语言学发起挑战的是 Chomsky(乔姆斯基)。他认为,语言不是一种孤立的现象,不能孤立起来研究,而应与使用语言的人结合起来进行研究。特别是要搞清楚:人是怎么会使用语言的? 父母和老师只给儿童传授过有限的语句集合,为什么儿童(特别是成长以后)会讲出几乎是无限多种不同的句子来? 为了解释这个现象,Chomsky 在 50 年代末、60 年代初创立了转换生成语言学,从而与他的导师 Bloomfield 分道扬镳。Chomsky 开辟了语言学研究的第三个时代,我们可以把它与生物学上关于生命起源和遗传工程的研究相对比。但是 Chomsky 虽然离开了结构主义语言学,却并没有离开结构主义。他的学说依然在结构主义思想的影响之下。他的转换生成理论实际上是结构主义研究方法的有力手段。

要划分清楚人工智能和语言学两者的研究领地是很困难的。我们遵循的原则是:第一,不研究某种具体语言的特性(以此区别于语言学研究);第二,不研究语言处理的计算机实现技术(以此区别于软件编译研究);第三,不纠缠于有关语言研究的哲学争论(以此区别于语言哲学的研究)。我们要突出人工智能技术在语言处理中的应用。

同时,由于篇幅所限,这一部分不能全面讨论自然语言处理问题。按理说它至少应包括自然语言理解和自然语言生成两方面。对于后者,我们只好省略了。还有一些重要的应用,如机器翻译,在此也不能涉及了。

# 第二十二章

# 语　法　学

## 22.1　转换生成文法

　　Chomsky 创建了转换生成语言学,为语言学的研究开创了一个新的时代。他的学说和前辈学说的区别并不仅在于方法上,而是首先在基本的观点上。问题的触发点是:儿童是怎样学习语言的? 过去人们总认为:儿童先是从大人那里学习一句一句的具体语言,然后再从这些具体的语句中慢慢形成一个文法结构,这样他的说话就会合乎文法,成为一个会说某种语言的人。可是 Chomsky 认为有许多现象在这个理论中不能得到合理的解释。例如,有些句型是一位儿童从来没有听说过的,但他却能正确地表达,这是为什么? 再如,根据 Gold 所得的结论:即使是像上下文无关文法那样相对来说比较简单的文法,也是不可学习的。就是说,不存在这样的算法,使得对任何一个上下文无关文法,只要输入足够多的(有限个)例句,该算法就能总结出这个文法来。既然这样的算法根本不存在,那么儿童又是如何从有限个例句中学到正确的文法的呢? 还有一件事引起了语言学家们的关注。在很多年以前,欧美殖民主义者曾经靠大批贩卖奴隶发了一笔横财。他们从亚、非等地掳走了很多青壮年,运到海外去开矿、修路、做苦工。其中有一些被送到大海中的岛屿上。这些人和他们的后代在共同的生活中为了交流思想的需要,逐渐发展起了与每个人的祖国语言都不同的语言,称为克里奥尔语。经语言学家研究:克里奥尔语不可能从这些人的祖国语言中的任何一种发展而来。更有意思的是,各个不同地区独立形成的支流语言(我们统一称它们为克里奥尔语)居然有很多相似之处,并且它们之间的相似性要超过它们和其他自然语言之间的相似性。这种现象是旧的语言学习理论不能解释的:既然父辈们讲的都不是克里奥尔语,那么儿童们从哪里去学习它呢? 既然各岛之间的奴隶后代互不往来,那么在这些岛上形成的克里奥尔语又为何如此相似呢?

Chomsky 认为：儿童的语言能力并不是后天通过总结语句实例形成的，而是先天地存在于大脑之中，这种语言能力可以是一种通用的语言模式，也可能是一批各具特点的语言模式。儿童出生后在家庭和社会的影响下固定了其中的一种模式，并在此基础上进一步发展其语言能力。但是，在某种自然语言占主导地位的环境中，儿童的先天语言模式得不到自由发展的机会，只能被环境溶化成当地的主导模式。只有在多民族杂居的地区，在各种"洋泾浜"语滋生的环境中，儿童的先天语言模式才有成长发展的可能性。

Chomsky 在 50 年代开始发起对语言学传统观点的冲击，他提出了一系列新的主张：

1. 如上所述，人的语言能力并不是后天通过总结例句而获得的，而是由一个先天的文法模式控制的。人说的所有语句，都是通过这个（经过后天调整的）文法逐步生成的，这是一种"语言生成"的观点。

2. 人实际讲的语言是有限的，但是通过上述文法模式能生成的语言是无限的。因此，他主张区分人的"语言行为"和"语言能力"，前者通过讲话表现出来，而后者是一种潜能。

3. 人在说话之前，先在脑中形成一个想要表达的基本意思，称为语言的深层结构，而他说出来给别人听的，则是已经组织好的语句，称为语言的表层结构。其中深层结构是直接由人的先天文法模式（称为基础）生成的，而表层结构则是由深层结构通过某种转换而生成的，这是"语言转换"的观点。

把第 1 点和第 3 点合起来，就是 Chomsky 的学说被称为转换生成语言学的原因。

Chomsky 首先用他的语言生成方法去研究形式语言。形式语言不同于人讲的自然语言。是用数学方法定义的人工语言。给定一组符号（一般是有限多个），称为字母表，以 $\Sigma$ 表之。又以 $\Sigma^*$ 表示由 $\Sigma$ 中字母组成的所有符号串（也称字，包括空字，即由零个符号组成的字）的集合，则 $\Sigma^*$ 的每个子集称为 $\Sigma$ 上的一个（形式）语言。例如，若令 $\Sigma$ 为 10 个阿拉伯数字的集合，则所有阿拉伯数字串的集合就是 $\Sigma^*$，而第一个数不为零的数字串之全体构成 $\Sigma^*$ 的一个子集，它也是一个语言，对应于全体非零整数集。

在 Chomsky 意义下的一个文法定义成四元组 $G=(\Sigma, V, S, P)$。$\Sigma$ 是字母表，又称终结符号表，$V$ 是变量表，又称非终结符号表，$S$ 是出发符号（生成任何句子的出发点），$P$ 是生成规则（又称产生式）的集合。其中 $\Sigma$，$V$ 和 $P$ 都是有

限集 $\Sigma \bigcap V = \varnothing$ （空集）, $S \in V$, $P$ 中的每个产生式 $p$ 均可写成

$$\alpha \rightarrow \beta \qquad (22.1.1)$$

的形式,其中 $\alpha$ 和 $\beta$ 都是由 $\Sigma \bigcup V$ 中符号组成的串(加上空串), $\alpha$ 至少包括 $V$ 中的一个符号,并且至少有一个产生式的 $\alpha$ 是 $S$。

例如,令 $\Sigma = \{a, b, 发, 星, 追, 烧, 什, 么\}$, $V = \{S, A, B\}$, $P = \{S \rightarrow AabB, Aa \rightarrow AAa, bB \rightarrow bBB, Aa \rightarrow 什, bB \rightarrow 么, A \rightarrow 发, A \rightarrow 追, B \rightarrow 烧, B \rightarrow 星\}$,则我们就得到一个这样的文法,不难看出,像

发发发什么星星星星星

追追追追追什么烧烧烧烧烧

都是由这个文法生成的句子。Chomsky 把文法划分为四个型。除上述规定外不加任何其他限制的是零型文法,规定在所有的产生式中 $|\alpha| \leqslant |\beta|$ 的是一型文法,其中 $|\alpha|$ 和 $|\beta|$ 分别表示 $\alpha$ 和 $\beta$ 的长度。若进一步规定 $|\alpha| = 1$,则得到二型文法。如果规定产生式中的 $\beta$ 都取 $aB$ 或 $a$ 的形式,其中 $a \in \Sigma^*$, $B \in V$,则得到三型文法。这四型文法各有专门的名字,它们分别依次称为不受限文法、上下文有关文法、上下文无关文法和右线性文法。大体上,每个 $n+1$ 型文法都是 $n$ 型文法的子文法。只有一个小小的例外,就是二型文法允许某个产生式的 $\beta$ 为空串,而一型文法不允许。上面举的例子是零型文法而不是一型文法,当然更不得二、三型文法。 $n$ 型文法生成的语言称为 $n$ 型语言。对每个 $n$, $n+1$ 型语言集是 $n$ 型语言集的严格子集。亦即,对每个 $n$,存在一个 $n$ 型语言,它不能由任何 $n+1$ 型文法生成。

Chomsky 的文法分型理论对计算机科学的发展产生了重大影响,有着丰富的研究成果,但我们在此不准备继续介绍了,因为历史表明,它的影响主要在形

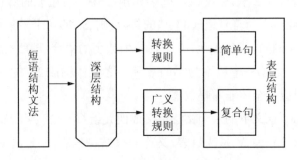

**图 22.1.1 转换生成文法**

式语言方面。对于人类使用的自然语言,Chomsky 以他的转换生成语言模型为核心,展开了另一条线索的研究。Chomsky 模型的概况如图 22.1.1 所示。

　　Chomsky 认为,日常语言中五花八门的表层结构,往往是由同一个深层结构衍生出来的,因此,只要把基本的深层结构研究透了,再把各种转换规则研究透了,则五花八门的表层结构也就在我们掌握之中了。这里举一个中文的例子。分析句子"哼!看你往哪儿跑!",可以看出它是由深层结构"你跑"衍生出来的,具体过程如下:

| | |
|---|---|
| 你　　　跑。 | ♯深层结构♯ |
| 你　能　跑。 | ♯增加模态(辅助动词)♯ |
| 你 不 能 跑。 | ♯否定♯ |
| 你不能跑了。 | ♯以完成式的形式表示某种状态的确立♯ |
| 你跑不了了。 | ♯改换表示形式♯ |
| 你跑不了了。 | ♯换成惊叹式♯ |
| 你往哪儿都跑不了了! | ♯加重语气♯ |
| 看你往哪儿跑! | ♯换成蔑视语气♯ |
| 哼!看你往哪儿跑! | ♯加重语气♯ |

从这个例子可以看出,同一个深层结构能衍生出许许多多不同的表层结构。按照 Chomsky 的早期理论,深层结构表示语句的意义,而所有的变换均应是保义的(保持意义不变)。但是这些表层结构能被说成是具有相同的意义吗? 把同一内客的肯定和否定,叙述和惊叹,提问(如"你能跑得了吗?")和命令,统统看成具有相同的意义,这对一个常人来说是无法接受的,也是 Chomsky 的理论引起争议的重要原因,下面我们还要谈到在 Chomsky 的后期理论中对这一点的改进。

　　不仅一个深层结构可以对应许多表层结构(现在我们只考虑在"保义"限制下的深一表层变换,例如:"张三打了李四"和"李四被张三打了"是同一深层结构的两个不同表层结构),而且一个表层结构也可以对应多个深层结构。例如,北京街头许多小"面的"的后窗上贴着这样一张纸条:

太平洋保险保太平　　　　　　　　　　　　　　(22.1.2)

它可以理解成

太平洋保险　保　太平　　　　　　　　　　　(22.1.3)

即太平洋保险公司能保你的太平,但它也可以理解成:

$$太平洋 \quad 保险 \quad 保 \quad 太平 \qquad (22.1.4)$$

即太平洋公司的保险能保你的太平。若把"保险"理解成副词,则有太平洋公司保证能保你的太平的意思。如果不把"太平洋"理解成公司的名字,而理解成真正的太平洋,则句子(22.1.4)又可理解成:走太平洋这条路线保证能保你的太平(走大西洋较为危险)。这样,同一个句子在同一个分词方式(22.1.4)下就能有三种不同的理解。假如改变分词方式为:

$$太平 \quad 洋保险 \quad 保 \quad 太平 \qquad (22.1.5)$$

则又可理解为太平公司的洋保险可以保你的太平(至于叫洋保险的原因,可能因为太平公司是洋人开的,也可能因为太平公司设有土、洋两种保险,而土保险不如洋保险能保安全)。

最后,我们还可设想有如下的分法:

$$太平洋保 \quad 险 \quad 保 \quad 太平$$

即:有一个叫太平洋保的日本人在很"悬"的情况下保住了太平(也许是在一场车祸中死里逃生)。

像这种一个表层结构对应多个深层结构的情况,体现了自然语言的二义性。在汉语中,由于多了一个分词的麻烦而增加了二义性混乱。解决二义性一般要考虑上下文知识,只看一个语句本身是不行的。

从另一个角度看,英语也有英语的问题。英语的动词和名词都有词尾变化,而且还有性、数、人称协调一致的问题。把英语的叙述句转变为问句时,句子中字的顺序要起变化,头上要加疑问词 who, when, what, where, why 等,对动词本身提问时还要加上辅词 Do 及其人称和时间变位。Chomsky 的文法变换规则在很大程度上就是为解决这些问题而设计的。不难看出,用上下文无关文法是很难描述这些复杂现象的,必须使用上下文有关文法,甚至不受限文法。例如,考察下列微型文法:

〈语句〉∷=〈名词短语〉〈动词短语〉〈名词短语〉〈状语〉

〈名词短语〉∷=〈冠词〉〈名词〉

〈冠词〉∷=〈定冠词〉|〈不定冠词〉

〈定冠词〉∷=the

〈不定冠词〉::＝a

〈动词短语〉::＝〈动词〉

〈名词〉::＝professor | professors | book | books

〈动词〉::＝write | writes | wrote

〈状语〉::＝today | yesterday

这个文法写成了上下文无关的形式，但显然不能按上下文无关的方式推导，否则将会出现 A professor write a books today 之类的错误句子。在图 22.1.2 中，用相同的线段连接的字构成了合法的句子。

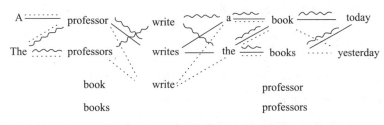

**图 22.1.2　上下文有关的英语句子推导**

使用短语结构文法可以把一个句子的语法结构表示为一株树。Chomsky 主张，不把这株树看成是句子的(静态)语法结构，而把它看成是句子的(动态)推导过程。变换规则不是作用于一维的语法符号串上，而是作用于二维的语法推导树上，是树到树的变换。在 Chomsky 的术语中，这种语法推导树称为短语结构树，或称短语标识，简称 P 标识。

Chomsky 的变换规则由三部分组成：

1. 结构描述，简称 SD。这是一个模板，当把 P 标识看成一个图像时，它用来匹配其中的一个子图像，以找到可以变换的对象。每个 SD 由描述元的一个序列组成，其中：

〈描述元〉::＝〈描述内容〉〈标号〉

　　|〈描述元〉—optional

〈描述内容〉::＝〈语法成分〉

　　|(〈语法成分〉,{〈语法成分〉})

〈语法成分〉::＝〈语法范畴〉|〈文法标记〉|〈字〉

〈语法范畴〉::＝〈名词〉|〈动词〉|……

〈文法标记〉::＝〈现在式〉|〈过去式〉|〈单数〉|〈复数〉|……

〈标号〉::＝〈正整数〉

这里,若 SD 有 $n$ 个描述元,则第 $i$ 个描述元的标号必须是 $i$。标号用于把描述元和 $P$—标识中节点作顺序匹配,带 optional 的描述元不是必需的,在匹配时可以跳过。若描述内容包含多个语法成分,则表示匹配时可任选其中的一个。文法标记是为在变换过程中名词、动词的变化而设置的。

2. 结构变换,简称 SC。它说明如何把 $P$ 标识中匹配成功的部分变换成一个新的图像。每个 SC 由变换元的一个序列组成,其中:

〈变换元〉::=〈标号〉|〈变换表达式〉| ∅
〈变换表达式〉::=〈对象〉〈变换操作〉〈对象〉
　　　　　　 |〈对象〉〈变换操作〉〈变换表达式〉
〈对象〉::=〈标号〉|〈字〉
〈变换操作〉::=＋| ♯ |＞|＜

这里的标号与 SD 中的标号是对应的。变换操作＋表示兄弟节点拼加,如 $a+b$ 表求把 $b$ 作为 $a$ 的弟弟拼加在 $a$ 的右面。变换操作＞表示幼子节点拼加,如 $a＞b$ 表示把 $b$ 拼加在 $a$ 的原来的幼子右面作为新的幼子。变换操作＜表示长子节点拼加,如 $a＜b$ 表示把 $a$ 拼加在 $b$ 的原来的长子前面作为新的长子。注意被拼加的节点永远位于＜或＞记号的较小的一边。变换操作 ♯ 称为 Chomsky 拼加,是指把原节点复制为同样的两份,新来的节点和原节点的一个复制品一起成为原节点的另一复制品的子节点。例如 $a♯b$(其中 $b$ 为原来节点)表示增加一个节点 $b$,使 $a$ 和 $b$ 同为 $b$ 的子节点。这里的 $b$ 指的是节点的语法成分。变换元 ∅ 表示把相应的(原来的)节点删去。我们在下面还要看到变换元和变换操作的应用实例。

3. 一组条件。说明为要使匹配成功的变换规则真正执行,还有哪些额外的条件需要满足。对这些条件需另作说明。

为了给出变换算法,我们还需要如下的定义。

**定义 22.1.1**　在一个 $P$ 标识中,一个节点 $B$ 称为是另一节点 $A$ 的右邻节点,如果:

1. $A$ 和 $B$ 是同一父节点的子节点,$B$ 紧跟在 $A$ 的后面(即右面)。

2. 或者:$A$ 是父节点 $C$ 的幼子(最右面的子节点),$B$ 是 $C$ 的右邻节点。

3. 或者:$B$ 是父节点 $C$ 的长子(最左面的子节点),$C$ 是 $A$ 的右邻节点。

注意,右邻节点是不唯一的,在图 22.1.3 中,节点 $B$、$C$、$D$ 都是 $A$ 的右邻节点。

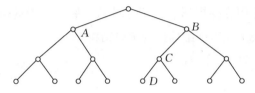

图 22.1.3 右邻节点的不唯一性

在下面的算法中,我们略去了匹配、搜索的细节。

**算法 22.1.1**($P$ 标识变换)

1. 令 PM 是一个 $P$ 标识。

2. 令 TR 是一条变换规则,它的结构描述为 SD$=\{d_1, \cdots, d_n\}$。

3. 如果存在 SD 的一个子序列

$$SD'=\{d'_1, \cdots, d'_h\}$$

以及 PM 中节点的一个序列

$$NS=\{n_1, \cdots, n_h\}$$

使得下列条件都满足:

(1) $1 \leqslant h \leqslant n$。

(2) SD 中的非 optional 描述元全部出现在 SD′中。

(3) SD′没有改变 SD 的描述元排序。

(4) 对每个 $j$,$n_{j+1}$ 都是 $n_j$ 在 PM 中的右邻节点。

(5) 对每个 $i$,存在整数 $j \geqslant 1$ 及 $d'_i$ 的某个语法成分 $d'_{ij}$,使 $n_i$ 的语法成分也是 $d'_{ij}$,则称 TR 的 SD 与 PM 的 NS 匹配成功,否则 TR 与 PM 匹配失败,TR 不能应用于 PM。

4. 对每个 $i$,找出 TR 的 SC 中与 $d'_i$ 对应的变换元 $c_j$,按如下方法把其中的标号代真:对任何 $g$,若 $d'_g$ 与 $n_g$ 匹配成功,且 $d'_g$ 所含标号为 $m$,则把 $c_j$ 中的标号 $m$ 均换成节点 $n_g$。在 $c_j$ 中的所有标号都换成实在节点以后,执行 $c_j$ 中所含的变换操作,得到 $c'_j$,用 $c'_j$ 取代原来的 $n_i$。

5. 在这里,对一个节点的操作,应看成是对以此节点为子树的根的子树的操作。例如两个节点的拼加表示两株子树的拼加,节点的删除表示子树的删除,等等。

算法完。

下面举一些应用变换规则作变换的例子。在 $P$ 标识的树形结构中,我们有时以一个三角形表示无需详细描述的子树结构。

**例 22.1.1** 主动式变被动式。

变换规则为

$$
\begin{array}{cccccc}
\text{SD：} & \text{NP} & \text{Aux} & \text{Verb} & \text{NP} & \text{Adv-opt} \\
& 1 & 2 & 3 & 4 & 5 \qquad (22.1.6)\\
\text{SC：} & 4 & 2{>}\text{be}{+}\text{en} & 3 & 5 & \text{by}\,\#\,1
\end{array}
$$

其中 SD 的诸语法成分分别为:名词短语、辅助动词、动词、名词短语、副词(非必需)。

待变换句子为

The student was selling the teacher.

与此句子相应的 $P$ 标识如图 22.1.4(a)所示。利用变换规则(22.1.6)后得到的 $P$ 标识如图(b)所示。它对应的句子是

The teacher was being sold by the student.

从这个图可以看出,动词在树中是保留其原形的,其时态、性、数变化由另外的文法标记注明,Tense 即表示时态,直到变换的最后才把变化加到动词本身上。图的(a)部分中没有 Adv 节点,因而规则(22.1.6)的第 5 个描述元未能匹配成功,但这不要紧,因为该描述元不是必需的。

**例 22.1.2** 介词短语变与格。

变换规则为

$$
\begin{array}{ccccc}
\text{SD：} & \text{Verb} & \text{NP} & \left\{\begin{array}{c}\text{to}\\ \text{for}\end{array}\right\} & \text{NP} \\
& & & & \qquad (22.1.7)\\
& 1 & 2 & 3 & 4 \\
\text{SC：} & 1{+}4 & 2 & \varnothing & \varnothing
\end{array}
$$

其中第 3 个描述元包括两个语法成分,它们都是字。待变换句子为

Tieshan gave the fan to Wukong.

与此句子相应的 $P$ 标识如图 22.1.5(a)所示。利用规则(22.1.7)变换后得到的 $P$ 标识如图 22.1.5(b)所示。它对应的句子是

Tieshan gave Wukong the fan.

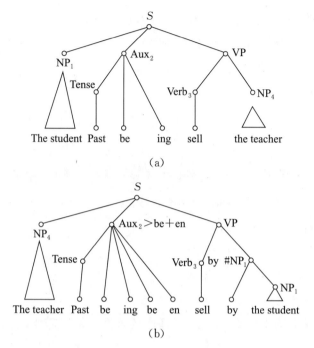

(a)

(b)

图 22.1.4　例 22.1.1 的变换过程

在从图 22.1.5(a)变到图(b)的过程中，根据规则，节点 to 应被删除。由于

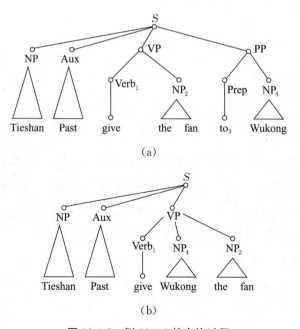

(a)

(b)

图 22.1.5　例 22.1.2 的变换过程

它是 Prep 的唯一子节点，所以 Prep 也应被删除。又由于 $NP_4$ 应被删除，表明 PP 的子节点全应删除，导致 PP 也被删除。

**例 22.1.3** 带条件的变换。

变换规则为

$$
\begin{array}{ccccccc}
\text{SD:} & \text{NP} & \text{Aux} & \text{Verb} & \text{NP} & \text{for} & \text{NP} & \text{VP} \\
& 1 & 2 & 3 & 4 & 5 & 6 & 7 \\
\text{SC:} & 1 & 2 & 3 & x & y & z & 7
\end{array}
$$

条件：(1) 若 Verb 为 want，hope 等，则

1) 若 $NP_1 = NP_4$ 则 $x = \varnothing$

2) 若 $NP_1 = NP_6$ 则 $y = z = \varnothing$，

3) 若 $NP_1 = NP_4 = NP_6$ 则 $x = y = z = \varnothing$，

4) 除此之外，$x = 4$，$y = 5$，$z = 6$。

(2) 若 Verb 为 let、force 等，应有什么条件？是否需要改动 SC？请读者考虑。

用此规则可变换如下的句子：

● Father wanted son for father to study.
→Father wanted son to study.
● Father wanted father for son to study.
→Father wanted for son to study.
● Father wanted father for father to study.
→Father wanted to study.
● Father wanted son for money to study.
→原样不变.

注意有些变换会丢掉一些信息。在上面的第一和第三个例句中，变换时都把"for father"给丢掉了，使变换后 study 的目的不明，可以有各种解释。

上面所说的变换都是把一个句子变为另一个句子，称为狭义变换。另外还有广义变换，可把多个句子变成一个句子，例如：

The student studies at a university.

The student works for a company secretly.

可以通过适当的变换成为

The student who studies at a university works for a company secretly.

这个办法被 Chomsky 用来解决各类副句和短语的变换生成问题。

1960 年左右,Chomsky 把他的变换生成文法进一步系统化,形成了所谓标准理论。这个理论对变换规则也作了改进,使变换是真正保义的。叙述句、问句、惊叹句、否定句等等不再被认为有相同的深层结构了,它们在变换中分别用适当的文法标记注明。例如,句子

The advertisement is cheating.

The advertisement is not cheating.

Is the advertisement cheating?

对应的深层结构分别是

The advertisement cheat-〔+Progressive〕.

NEG The advertisement cheat-〔+Progressive〕.

*Q* The advertisement cheat-〔+Progressive〕.

这里 NEG 和 *Q* 分别代表否定句和疑问句,Progressive 表示进行式。

但是,问题并没有就此了结。人们发现,即使是主动句变被动句这样的简单变化,也可能会完全改变原来的意思。再次考虑规则(22.1.6),我们在那里用的例句没有用到第 5 个描述元 Adv-opt,因为那不是必需的。现在我们用上它,并把例句改为

The student was selling the teacher happily.

则经过变换后将得到

The teacher was being sold happily by the student.

原句为学生高兴地卖老师,变换后为老师高兴地被学生卖,意思显然不同.再举一个例子:

Few people read many books.

变成被动句后将是

Many books are read by few people.

原句为很少人念许多书,变换后为许多书(只有)很少人念,意思也显然不同。

为了克服这个困难和许多别的困难,Chomsky 又把他的理论进一步发展为扩充标准理论。在这里,不是简单地加几个 NEQ 和 *Q* 之类的文法标记就能解决问题了,而是要对他的变换生成模型作较大的修改,这又引起了一场新的争论。

有关变换生成文法的研究成果很丰富,远非本节内容所能概括。然而,用一个形式化的机制来确切地描述一个自然语言是太困难了(也许根本不可能),我们可以向 Chomsky 理论提出的问题包括:

1. 语法(分析)和语义(分析)能够分家吗?(在他的模型中,分析意义只涉及深层结构,产生句子只涉及表层结构)。

2. 深层结构和表层结构的区分是绝对的,还是相对的?(不只有两层,而是很多层?)

3. 根据什么原则确定深层结构? 深层结构能够和意义等同起来吗?

人们指出,Chomsky 理论的叙述里有很多模糊不清、定义不严格的地方。应该说它至今没有完全形式化。

## 22.2　扩充转移网络

从它本来的意义上讲,文法是生成语言的工具,这在上一节的叙述中已得到充分体现。另一方面,文法又是检测和分析一个语言的工具:输入一个任意字符串,文法是一个检测标准,可用来判断该字符串是否属于某个确定的语言(是否为该语言的一个语句)。当文法起前一种作用时,它称为语言生成器。当文法起后一种作用时,它称为语言识别器。但文法只是语言结构知识的一种说明性表示,当它用作识别器时,具体的识别过程并未显式地包含在文法之中,为了实际地构造出识别过程,必须有另一种表示方式,这在语言理论上通常称为自动机。对应于不同的文法和语言,存在着许多种不同的自动机。已经证明,Chomsky 的四层文法(或语言)体系,大体上对应四类自动机,其中 0,1,2,3 型文法(语言)分别对应于图灵机、线性界限自动机、堆栈自动机和有限自动机。对它们的详细讨论属于计算机科学理论的范畴。

转移网络是自然语言处理中常用的自动机,它大体上对应于有限自动机。又和图论中的有向图十分类似。每个转移网络由一个状态集和一个标号集组成,它的构造方式可以表示为

$$状态 \times 标号 \rightarrow 状态 \tag{22.2.1}$$

含义是:给定当前状态和当前标号后,可以求得下一步的状态。在识别语言时,状态指的是当前的句子分析到了哪一步,标号指的是当前面临的语法成分是

什么。

例如,设有 $Q_0$,$Q_1$,$Q_2$,$Q_3$ 四个状态:

$Q_0$:代表语句分析开始,

$Q_1$:代表主语分析完毕,

$Q_2$:代表谓语分析完毕,

$Q_3$:代表全句分析完毕。

又有名词、动词两个标号,则图 22.2.1 表示一个转移网络。在这里,$Q_0$ 是初始状态,$Q_3$ 是终结状态。该转移网络可用来分析许多简单语句,如

**图 22.2.1　一个简单的转移网络**

转移网络可以在多个方面复杂化,以描述复杂的自然语言语句。这些复杂化包括:可以有分叉,可以有循环,可以有多于一个的终结状态等,如图 22.2.2 所示。

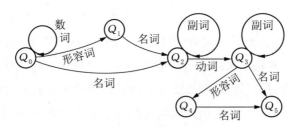

**图 22.2.2　一个复杂的转移网络**

图中已经显示了分叉和循环。如果把这个图展开,则可看到有许多个终结状态。例如:名词—动词—名词和名词—动词—形容词—名词这两条路线就会达到两个不同的终结状态(把 $Q_5$ 分解为两个节点)这个网络可以描述一些比较复杂的自然语言语句,如图 22.2.3 所示。

| Q0 | Q0 | Q1 | Q2 | Q2 | Q3 | Q3 | Q4 | Q5 |
|---|---|---|---|---|---|---|---|---|
|  |  | 独 | 立 |  |  |  | 寒 | 秋 |
|  | 湘江 | 北 | 去 |  |  |  |  |  |
|  | 橘子洲头 |  |  |  |  |  |  |  |
| 万 | 山 |  | 红 | 遍 |  |  |  |  |
|  | 层 | 林 | 尽 | 染 |  |  |  |  |
|  | 鹰 |  | 击 |  |  |  | 长 | 空 |
|  | 鱼 |  | 翔 |  |  |  | 浅 | 底 |
| 百 | 舸 | 争 | 流 |  |  |  |  |  |
|  |  |  |  |  | 指点 |  | 江山 |  |

$Q_0 \quad Q_0 \quad Q_1 \quad Q_2 \quad Q_2 \quad Q_3 \quad Q_3 \quad Q_4 \quad Q_5$

**图 22.2.3　用复杂的转移网络分析语句**

　　只有从 $Q_0$ 开始，到 $Q_5$ 结束的语句才是在图 22.2.2 的转移网络意义下的合法语句。这样说来，图 22.2.3 中只有"鹰击长空"和"鱼翔浅底"两个语句是合法的。但是如果我们允许 $Q_3$ 也是终结状态，则上图中合法句子的数量就增加到六个。

　　自然语言的句子可以是非常复杂的，如果要考虑到句子结构的各种可能性，则转移网络也将变得非常复杂。为了降低复杂性，人们研究如何把转移网络模块化，并尽可能地分成层次结构，为此而提出了一种高级转移网络，称为递归转移网络。

　　递归转移网络仍以状态为节点，主要是弧的标号和普通转移网络不一样。这里的标号既可以是简单的词类（形容词、名词、……），又可以是另一个递归转移网络的名字，后者是原来的递归转移网络的下层网络。这样就实现了转移网络的模块化和分层化。例如，图 22.2.2 中的转移网络可以表示为图 22.2.4 中所示的递归转移网络。其中，下层网络的初始状态都用它在上层网络中的相应标号表示。

　　这种递归转移网络的结构非常像程序设计语言中的过程结构，也是一层一层地调用。在图 22.2.4 的例子中，调用深度达到三层。但是这个例子尚未能体现递归转移网络中递归二字的含义。事实上，一个递归转移网络中的一个标号可以是该递归转移网络本身，正好像一个过程可以递归调用一样。在这里，递归至少有两个作用。第一，可以不限层次多少地指明某种语法结构的嵌套可能性。

第二,可以指明某种语法结构的对称(或镜像)性质。下面,我们用一个例子来说明这两点作用。

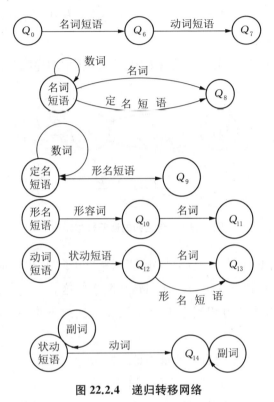

图 22.2.4 递归转移网络

在日常语言中,"如果……,那么……"是常见的语法结构,其中"如果"和"那么"是配对的。如果有多个"如果"和"那么"接连出现,那么,它们之间的配对应该遵循一定的规则,即只能嵌套而不能交叉。式(22.2.2)是正确的配对,而式(22.2.3)是错误的配对。

不难证明,任给一个由"如果"和"那么"组成的串,至多存在一个正确的配对方式。

式(22.2.2)的一个例子是:

$$如果 \quad 如果 \quad 那么 \quad 如果 \quad 那么 \quad 那么 \qquad (22.2.2)$$

$$如果 \quad 如果 \quad 那么 \quad 如果 \quad 那么 \quad 那么 \qquad (22.2.3)$$

如果

1. 他经常关心别人。

2. <u>如果</u>别人有困难且他能帮上忙,<u>那么</u>他一定去帮忙。

3. <u>如果</u>他帮了别人的忙,<u>那么</u>他感到十分高兴且从不主动说出去。

<u>那么</u>　他是一个活雷锋。

像这样的句子结构,可以归纳为如图 22.2.5 所示的递归转移网络。

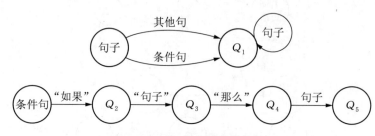

**图 22.2.5　含递归的递归转移网络**

在这个图里,既有直接递归("句子"调用"句子"),也有间接递归("条件句"通过"句子"调用"条件句")。递归转移网络的这一非形式定义给我们一个直观印象:它的描述能力相当于上下文无关文法或下推自动机,事实也确实如此。

但是,递归转移网络仍有其严重不足之处。主要问题是:在分析完一个句子之后,它只能给出关于该句子是否符合语法的信息。答案只能为"是"或"否"。它不能回答有关该句子的语法结构这类问题。原因在于分析时未把所得到的信息记录下来。为此,Woods 把递归转移网络加以扩充,成为扩充转移网络(Augmented Transition Network,简称 ATN)。

ATN 用一组寄存器存放语法分析信息。它每走一步都要测试一下当前情况,并根据测试结果决定做什么动作。最后把各寄存器中的信息综合起来,即得到被分析句子的语法结构。ATN 有一个描述语言,该语言不仅刻画了转移网络的结构,并且指明了每一步应做些什么。这个语言的 BNF 描述大致如下:

〈ATN〉::=〈状态弧〉{〈状态弧〉}

　　〈状态弧〉::=〈状态〉〈弧〉{〈弧〉}

　　〈弧〉::=CAT〈范畴〉〈分析动作〉

　　　　　　|PUSH〈状态〉〈分析动作〉

　　　　　　|TST〈标号〉〈分析动作〉

　　　　　　　｜POP〈表达式〉〈测试〉

〈分析动作〉::=〈测试〉{〈动作〉}〈结束动作〉

〈动作〉::=SETR〈寄存器〉〈表达式〉

　　　　　｜SENDR〈寄存器〉〈表达式〉

　　　　　｜LIFTR〈寄存器〉〈表达式〉

〈结束动作〉::=TO〈状态〉

　　　　　　｜JUMP〈状态〉

〈表达式〉::=GETR〈寄存器〉｜*

　　　　　｜GETF〈特性〉

　　　　　｜APPEND〈寄存器〉〈表达式〉

　　　　　｜BUILD〈片断〉{〈寄存器〉}

　　说明:〈范畴〉指基本词类范畴,如形容词、副词。PUSH 是进入下一层名为〈状态〉的网络。TST 也是对当前弧进行测试,但不一定是根据弧的名字,也可以根据其他条件。POP 是判断本层网络是否已达终结状态并准备返回上层网络。SETR 把一个值送入指定的寄存器。SENDR 把一个值送入下层网络,LIFTR 则相反,把一个值送入上层网络。TO 表示移动输入语句的指针,并在指定的节点上处理该语句的下一成分。JUMP 不移动输入语句指针,在指定节点上继续处理语句的当前成分。GETR 给出指定寄存器的当前值。* 是输入语句中当前正被加工的部分。GETF 给出当前被加工部分的某个特性。APPEND 把一个值附加到当前寄存器的值中去。BUILD 把有关寄存器中的内容综合起来。〈片断〉即综合所得的值。〈测试〉即测试某个条件所得的结果,为 $T$ 或 $F$。〈标号〉也是一个状态,可以为空。

　　现在举一个简单的例子。假设我们有下列语法公式。

〈句子〉::=〈主语〉〈动词〉〈宾语或空〉

〈主语〉::=〈名词短语〉

〈宾语或空〉::=〈宾语〉｜〈空〉

〈宾语〉::=〈名词短语〉

〈名词短语〉::=〈名词组〉｜〈名词〉

〈名词组〉::=〈冠词〉〈可修饰名词〉

〈可修饰名词〉::=〈名词〉｜〈形容词〉〈名词〉

　　处理这组语法公式的扩充转移网络如图 22.2.6 所示。

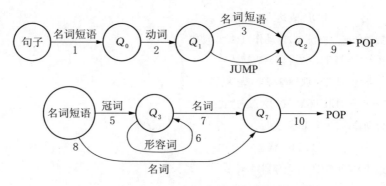

**图 22.2.6   一个扩充转移网络**

该扩充转移网络的处理算法如下：

**算法 22.2.1**(小型 ATN 处理)   用图 22.2.6 的扩充转移网络处理语句时，按下列表格中的指令执行。意义为：若走弧 $x$ 则作测试 $y$ 且执行动作 $z$。其中的测试 $y$ 是对该弧的额外测试，并非是"该不该走弧 $x$"的测试。走哪条弧的测试应是自动进行的。

| 弧 | 测　试 | 动　作 |
|---|---|---|
| 1 | 无 | 进入：PUSH 名词短语<br>返回：SETR 主 * |
| 2 | TST 数〔主〕∩数〔*〕≠∅ | SETR 动 *<br>SETR 数　数〔主〕∩数〔*〕 |
| 3 | 无 | 进入：PUSH 名词短语<br>返回：SETR 宾 * |
| 5 | 无 | SETR 冠 *<br>SETR 数　数〔*〕 |
| 6 | 无 | SETR　形 APPEND 形 * |
| 7 | TST 数∩　数〔*〕≠∅ | SETR　句首　*<br>SETR　数　数∩数〔*〕 |
| 8 | 无 | SETR 名 *<br>SETR　数　数〔*〕 |
| 9 | 无 | 返回全部寄存器内容 |
| 10 | 无 | 返回全部寄存器内容 |

其中的主、名、动、形、数、冠都是寄存器名,分别代表主语、名词、动词、形容词、数量属性、冠词。此外,数〔主〕和数〔*〕分别代表存放主语数量属性和当前被加工部分数量属性的临时工作单元。

算法完。

用上面的算法来处理如下的句子:

The soldiers occupied Weihushan.

结果是如下的处理记录:

| 弧 | 测　试 | 动　作 |
|---|---|---|
| 1 | 无 | PUSH　名词短语 |
| 5 | 无 | SETR　冠 The<br>SETR　数{3单,3多} |
| 7 | {3单,3多}∩{3多}≠∅ | SETR　句首 soldiers<br>SETR　数{3多} |
| 10 | 无 | 返回(NP 冠 The<br>　　句首 soldiers 数{3多}) |
| 1 | 无 | SETR 主(NP 冠 The<br>　　　句首 soldiers<br>　　　数{3多}) |
| 2 | {3多}∩{所有可能}≠∅ | SETR 动 occupied<br>SETR 数{3多} |
| 3 | 无 | PUSH 名词短语 |
| 8 | 无 | SETR　名 Weihushan<br>SETR　数{3单} |
| 10 | 无 | 返回(NP 名 Weihushan<br>　　数{3单}) |
| 3 | 无 | SETR 宾(NP 名 Weilhushan<br>　　数{3单}) |
| 9 | 无 | 返回<br>S 主(NP 冠 The<br>　　　句首 soldiers<br>　　　数{3多})<br>动 occupied<br>数{3多}<br>宾(NP 名 Weihushan<br>　　数{3单}) |

## 22.3 基于通代的文法

曾记否？Chomsky 把形式文法划分为四个层次（类型），其中研究得最透彻的是上下文无关文法，而自然语言一般来说是上下文有关的。因此，在各类文法中更值得研究的还是上下文有关文法。基于通代的文法，就是把上下文引进文法结构的一种机制。它提供了一种描述词类的上下文属性的方法，以及如何在上下文条件限制下把词组合起来的原则。基于通代的文法是一类文法的总称，属于这一类或与它相近的文法包括词汇功能文法（LFG），范畴功能文法（CFG，不是上下文无关文法），功能通代文法（FUG），广义短语结构文法（GPSG），首部驱动的短语结构文法（HPSG）等等。

这类文法的表示方法并不复杂：在每条上下文无关的规则旁边加注上下文有关条件，这些条件用词性搭配规则表示。所谓词性，就是词（或字）的文法属性，就像框架中的槽一样，文法属性依其取值不同而分为类型，定义如下：

1. 布尔属性，例如：

（1）及物（动词）：是，否。

（2）单数（动词，名词，代词）：是，否。

2. 单值属性，例如：

（1）词类范畴：N（名词），V（动词），Adj（形容词），Adv（副词），Pp（介词），……

（2）语法格：nom（第一格），gen（第二格），dativ（第三格），akk（第四格）。

（3）性（专有名词，代词）：mas（阳性），fem（阴性），non（无性）。

3. 复合属性

（1）复合属性可以以（属性，值）对为值。

（2）复合属性可以以（属性，值）对的集合为值。

（3）在（1），（2）中提到的（属性，值）对中的属性可以是布尔属性，单值属性或复合属性.

举几个例子：

1. 代词 she 的属性表示：

$$
\text{she:}\begin{bmatrix} \text{词类范畴:Pron} \\ \text{语法:}\begin{bmatrix} \text{配位变化:}\begin{bmatrix} \text{格:nom} \\ \text{性:fem} \\ \text{单数:yes} \end{bmatrix}\end{bmatrix}\end{bmatrix} \tag{22.3.1}
$$

其中 Pron 表示代词。词类范畴、格和性是单值属性。单数是布尔属性。语法和配位变化是复合属性。

第二个例子:拿破仑。

$$拿破仑:\left[语法:\begin{bmatrix}词类范畴:N\\\\配位变化:\begin{bmatrix}性:mas\\单数:yes\end{bmatrix}\end{bmatrix}\right] \qquad (22.3.2)$$

其中 mas 表示阳性。这里没有列出格,因为从"拿破仑"这个名字看不出是什么格。这种在信息不全时省略属性不写的作法在基于通代的文法中是常用的。省略的含义是:表明该属性的取值尚是自由的,或者说:该属性尚未约束到某个值,这样就增加了词组搭配的自由度。

第三个例子:she likes him.　　　　　　　　　　　　　　　　(22.3.3)

这是一句话,它的属性结构是句中各词属性结构的总和。

$$句子:\begin{bmatrix}she:\left[语法:\begin{bmatrix}词类范畴:Pron\\配位变化:\begin{bmatrix}格:nom\\性:fem\\单数:yes\end{bmatrix}\end{bmatrix}\right]\\[12pt]likes:\left[语法:\begin{bmatrix}词类范畴:V\\配位变化:\begin{bmatrix}单数:yes\\时态:present\end{bmatrix}\end{bmatrix}\right]\\[12pt]him:\left[语法:\begin{bmatrix}词类范畴:Pron\\配位变化:\begin{bmatrix}格:akk\\性:mas\\单数:yes\end{bmatrix}\end{bmatrix}\right]\end{bmatrix} \qquad (22.3.4)$$

其中 present 表示现在时态。

第四个例子:He likes her.　　　　　　　　　　　　　　　　(22.3.5)

第五个例子:They liked us.　　　　　　　　　　　　　　　(22.3.6)

第六个例子:We like them.　　　　　　　　　　　　　　　(22.3.7)

我们当然可以把所有这些例子(以及其他类似的例子)的属性结构都写出来。但这样做太麻烦,而且穷举一切可能往往是作不到的。更重要的是:我们的目标是要把句子结构的上下文有关性以一种规律的形式写出来。现在让我们来尝试一下用一个属性结构来概括上面的所有句子：

$$
\text{述宾句}: \left[\begin{array}{l} \text{主语}: \left[\text{语法}: \left[\begin{array}{l} \text{词类范畴}: Pron \\ \text{配位变化}: \left[\begin{array}{l} \text{格}: subj \\ \text{单数}: (1) \end{array}\right] \end{array}\right]\right] \\ \text{述语}: \left[\text{语法}: \left[\begin{array}{l} \text{词类范畴}: V \\ \text{及物}: yes \\ \text{配位变化}: [\text{单数}: (1)] \end{array}\right]\right] \\ \text{宾语}: \left[\text{语法}: \left[\begin{array}{l} \text{词类范畴}: Pron \\ \text{配位变化}: [\text{格}: obj] \end{array}\right]\right] \end{array}\right] \tag{22.3.8}
$$

在这里，动词 like 被概括为一般的及物动词。主语的性属性是不重要的，它对句中其他成分的属性结构不产生影响，因此被删去。注意这是针对英文特点的，在俄文中就不能这样做（动词的过去式形式受主语的性的约束）。根据英文特点，这里还把四个格简化为 subj（主格）和 obj（宾格）两种。另一方面，主语的单数属性的值用记号(1)表示，与述语的单数属性的值一样，表示这两者的值必须一致。同时，在述语的属性子结构里，把配位变化的时态属性删去了，因为它在这里不会增加额外的通代约束。在宾语的属性子结构里，把性和单数这两个属性也都删掉了，它们同样不会增加新的（对句中其他成分的）约束。

把式(22.3.8)简写为

$$
\text{述宾句}: \left[\begin{array}{l} X_1: [A] \\ X_2: [B] \\ X_3: [C] \end{array}\right] \tag{22.3.9}
$$

则它可为下列语法公式加注：

$$
\langle\text{述宾句}\rangle::=\langle\text{主语}\rangle\langle\text{述语}\rangle\langle\text{宾语}\rangle, \left[\begin{array}{l} X_1: [A] \\ X_2: [B] \\ X_3: [C] \end{array}\right] \tag{22.3.10}
$$

其中 $X_1$，$X_2$，$X_3$ 分别代表语法规则右部的第一、二、三项，加注属性结构指明了这三个项之间存在的上下文有关限制。

在式(22.3.10)中，述宾句是一个完整的句子，它没有什么性、数、格之类的

属性。但对于短语来说,这类属性是应予考虑的,例如在

$$\text{Two beautiful girls like him} \tag{22.3.11}$$

中,主语是短语 Two beautiful girls,它是复数,决定了动词的变位应是 like 而不是 likes。这个例句说明短语的数属性也是很重要的。此时在属性结构里应增加一个子结构足 $X_0$,表示整个短语经分析以后得到的综合结果。句子(22.3.11)和句子

$$\text{One awful boy likes her} \tag{22.3.12}$$

中的主语部分可概括成如下的规则和属性结构(其中 $X_0$ 代表名词短语):

〈名词短语〉::＝〈数量定语〉〈修饰定语〉〈中心语〉,

$$\begin{bmatrix} X_0 : \begin{bmatrix} 语法 : \begin{bmatrix} 短语范畴 : NP \\ 配位变化 : 〔单数 : (1)〕 \end{bmatrix} \end{bmatrix} \\ X_1 : \begin{bmatrix} 语法 : \begin{bmatrix} 词类范畴 : Num \\ 配位变化 : 〔单数 : (1)〕 \end{bmatrix} \end{bmatrix} \\ X_2 : 〔语法 : 〔词类范畴 : Adj〕〕 \\ X_3 : \begin{bmatrix} 语法 : \begin{bmatrix} 词类范畴 : N \\ 配位变化 : 〔单数 : (1)〕 \end{bmatrix} \end{bmatrix} \end{bmatrix} \tag{22.3.13}$$

在多数情况下,下列句子比式(22.3.12)的句子更合用:

$$\text{An awful boy likes her} \tag{22.3.14}$$

但 An 是一个不定冠词,不是数词,不能用式(22.3.13)的 $X_1$ 来概括(Num 代表数词)。同样,在式(22.3.8)中,放代词 Pron 的地方也可以放名词 N。因此,属性结构中应有表达这种“或”关系的手段,通常是用分号把几种可能性隔开。例如式(22.3.8)的主语子结构可改为

$$\text{主语} : \begin{bmatrix} 语法 : \begin{bmatrix} 词类范畴 : Pron; N \\ 配位变化 : \begin{bmatrix} 格 : subj \\ 单数 : (1) \end{bmatrix} \end{bmatrix} \end{bmatrix} \tag{22.3.15}$$

但是式(22.3.13)中的 $X_1$ 不能作这样的简单处理,因为对不定冠词 An 不存在单数属性,需要对不定冠词和数词作分别处理,为此要引进条件控制,并且对其中的 $X_1$ 和 $X_3$ 两个子结构都作修改:

$$X_1: \left[ 语法: \left[ \begin{array}{l} 词类范畴:Num;Nda \\ 配位变化: \left[ \begin{array}{l} Num \rightarrow [单数:(1)] \\ Nda \rightarrow [形变:\cdots] \end{array} \right] \end{array} \right] \right] \quad (22.3.16)$$

$$X_3: \left[ 语法: \left[ \begin{array}{l} 词类范畴:N \\ 配位变化: \left[ 单数: \begin{array}{l} Num \rightarrow (1) \\ Nda \rightarrow yes \end{array} \right] \end{array} \right] \right]$$

其中 Nda 表示不定冠词,它的形变属性是指在它后面的形容词或名词以某些元音开头时,不定冠词 a 要变成 an,此处把具体的条件略去了。

如果感到这样写麻烦,可以直接用分号分隔复合属性值,如式(22.3.16)的 $X_1$ 可改写为

$$X_1: \left[ 语法: \left[ \begin{array}{l} 词类范畴:Num \\ 配位变化:[单数:(1)] \end{array} \right] \right]; \left[ \begin{array}{l} 词类范畴:Nda \\ 配位变化:[形变:\cdots] \end{array} \right] \quad (22.3.17)$$

现在我们要进入正题了。我们要说明:"基于通代的文法"中的"通代"的含义是什么.比较如下两个属性结构:

$$X_1: \left[ 语法: \left[ \begin{array}{l} 词类范畴:V \\ 及物:yes \end{array} \right] \right] \quad (22.3.18)$$
$$X_2: [语法:[词类范畴:V]]$$

其中 $X_1$ 代表所有的及物动词,$X_2$ 代表所有的动词,后者包含了前者,前者是后者的一个例化,我们用

$$X_1 \subseteq X_2 \quad (22.3.19)$$

表示这种包含关系,显然我们有

$$X_3 \subseteq X_2 \text{ 且 } X_2 \subseteq X_1 \rightarrow X_3 \subseteq X_1 \quad (22.3.20)$$

因此式(22.3.19)是一种偏序关系。我们引进顶元素 $\top$ 及底元素 $\bot$,使得对任意的 $X$ 有:

$$X \subseteq \top, \ \bot \subseteq X \quad (22.3.21)$$

其中我们规定了对任意的 $X$ 有

$$X \subseteq X \quad (22.3.22)$$

式(22.3.19)只是一个偏序而不是全序,因为存在着彼此都不能包含的属性结构对,例如令

$$X_3 : \left[\text{语法} : \begin{bmatrix} \text{词类范畴} : \text{V} \\ \text{及物} : \text{No} \end{bmatrix}\right] \qquad (22.3.23)$$

则式(22.3.18)中的 $X_1$ 和式(22.3.23)中的 $X_3$ 谁也不能包含谁。它们一个代表及物动词,另一个代表不及物动词,是互斥的,但是若我们令

$$X_4 : \left[\text{语法} : \begin{bmatrix} \text{词类范畴} : \text{V} \\ \text{配位变化} : 〔\text{时态} : \text{present}〕 \end{bmatrix}\right] \qquad (22.3.24)$$

则虽然式(22.3.18)中的 $X_1$ 和式(22.3.24)中的 $X_4$ 谁也不能包含谁,但可以找到一个 $X_5$:

$$X_5 : \left[\text{语法} : \begin{bmatrix} \text{词类范畴} : \text{V} \\ \text{及物} : \text{yes} \\ \text{配位变化} : 〔\text{时态} : \text{present}〕 \end{bmatrix}\right] \qquad (22.3.25)$$

使得 $X_1$ 和 $X_4$ 都包含 $X_5$,或者说:$X_5$ 是 $X_1$ 和 $X_4$ 的公共部分($X_5$ 代表所有的时态为现在式的及物动词)。

**定义 22.3.1** 若 $X_1$ 和 $X_2$ 是两个属性结构,它们都包含另一个属性结构 $X_3$,则 $X_3$ 称为是 $X_1$ 和 $X_2$ 的一个通代。若除此之外,对 $X_1$ 和 $X_2$ 的任何一个通代 $X$,皆有 $X \subseteq X_3$,则 $X_3$ 还是 $X_1$ 和 $X_2$ 的一个最广通代。

在上例中,不难看出 $X_5$ 是 $X_1$ 和 $X_4$ 的最广通代,因为它包含且仅包含 $X_1$ 和 $X_4$ 的属性及其值,没有任何多余的东西。在一般情况下,我们有:

**事实 22.3.1** 设 $X_1$ 和 $X_2$ 是两个属性结构,它们有通代 $X_3$,则它们一定也有唯一的最广通代 $X_4$,使 $X_3 \subseteq X_4$。

由于我们没有严格定义属性结构,所以对这个事实也就不加严格证明了。

**事实 22.3.2** 通代和最广通代有下列性质:

1. 它们满足交换律。

2. 它们满足结合律。

若以符号 $\bigcap$ 表示最广通代,则上述事实相当于

$$X_1 \bigcap X_2 = X_2 \bigcap X_1 \qquad (22.3.26)$$

$$X_1 \bigcap (X_2 \bigcap X_3) = (X_1 \bigcap X_2) \bigcap X_3 \qquad (22.3.27)$$

由此我们可推广定义 22.3.1。

**定义 22.3.2** 若 $X_1$，$X_2$，$\cdots$，$X_n$ 是一组属性结构，它们都包含另一个属性结构 $X$，则称 $X$ 为这组属性结构的通代。若除此之外，对该组属性结构的任何一个通代 $X'$，皆有 $X' \subseteq X$，则 $X$ 还是该组属性结构的一个最广通代。

类似地，还可推广事实 22.3.1。

根据以上的讨论，我们可以把式 (22.3.18) 中的 $X_1$ 和式 (22.3.24) 中的 $X_4$ 与式 (22.3.25) 中的 $X_5$ 的关系表示为

$$X_5 = X_1 \bigcap X_4 \qquad (22.3.28)$$

必须正确理解这个式子，它并不意味着把 $X_1$ 和 $X_4$ 两个表达式中的可见部分按集合形式取交集，因为这样得到的将不是 $X_5$。事实上，我们在前面给出的所有表达式都可以看成是一种简写形式，其中只把语法上已经有限制的部分写了出来，尚未加限制的部分则仍是自由的。相当于有关的变量尚未赋值，以式 (22.3.18) 为例，可以把它看成是

$$X_1: \left[ 语法: \begin{bmatrix} 词类范畴:V \\ 及物:yes \\ 配位变化:x \end{bmatrix} \right] \qquad (22.3.29)$$

而式 (22.3.24) 可以看作是

$$X_4: \left[ 语法: \begin{bmatrix} 词类范畴:V \\ 及物:y \\ 配位变化:[时态:present] \end{bmatrix} \right] \qquad (22.3.30)$$

其中 $x$ 和 $y$ 是变量。要想使 $X_1$ 和 $X_5$ 兼容，就要对 $x$ 和 $y$ 作合适的赋值（代换），利用代换

$$\varphi = [\text{[时态:present]}/x, \ yes/y] \qquad (22.3.31)$$

可以作到这一点，结果即是 $X_5$，这也是为什么把 $X_5$ 称为 $X_1$ 和 $X_4$ 的最广通代的原因。它相当于求 $X_1$ 和 $X_4$ 的下确界。

把 $X_1$ 和 $X_4$ 的可见部分按通常集合运算方式求其交并非是没有意义的。得到的结果是：

$$X_6:\llbracket 语法:\llbracket 词类范畴:V\rrbracket\rrbracket \qquad (22.3.32)$$

它是 $X_1$ 和 $X_4$ 两个类的公共母类。

**定义 22.3.3** 若 $X_1 \subseteq X_2$,则称 $X_1$ 是 $X_2$ 的一个代换(或例化),$X_2$ 是 $X_1$ 的一个还原(或泛化)。

**定义 22.3.4** 若 $X_1$ 和 $X_2$ 是两个属性结构,它们有一个公共的泛化 $X_3$,则称 $X_3$ 是 $X_1$ 和 $X_2$ 的通泛。如果对 $X_1$ 和 $X_2$ 的其他任意通泛 $X_4$,$X_4$ 都是 $X_3$ 的一个泛化,则称 $X_3$ 是 $X_1$ 和 $X_2$ 的最窄泛化或最窄还原。

不难看出,式(22.3.32)中的 $X_6$ 是式(22.3.18)中的 $X_1$ 和式(22.3.24)中的 $X_4$ 的最窄泛化。

通代和还原各有各的用处,通代用于在语句分析时检查语句各部分的上下文有关性是否得到遵守,是否符合语法规定。还原用于从一组实例句子中抽象出它们所蕴含的文法来。

作为本节的结束,我们给出一个通代文法的分析算法的梗概。

**算法 22.3.1**(自底向上通代文法分析)。

1. 给定一个句子 $S = a_1 a_2 \cdots a_n$,其中诸 $a_i$ 是 $S$ 的组成部分。

2. 寻找一个语法规则:

$$b::=b_1 b_2 \cdots b_m, \quad m \leqslant n \qquad (22.3.33)$$

使得存在 $j$,$1 \leqslant j \leqslant n$,及 $(a_j a_{j+1} \cdots a_{j+m-1})$ 和 $(b_1 b_2 \cdots b_m)$ 的最广通代 $\varphi$,使得对每个 $i$,$1 \leqslant i \leqslant m$,$b_i \circ \varphi = a_{j+i-1} \circ \varphi$。

3. 把句子改为

$$S = a_1 \circ \varphi a_2 \circ \varphi \cdots a_{j-1} \circ \varphi b \circ \varphi a_{j+m} \circ \varphi \cdots a_n \circ \varphi \qquad (22.3.34)$$

4. 若 $m = n$,且 $b$ 为根符号(代表一个句子的文法符号),则分析成功。停止算法。

5. 否则,把 $S$ 改写为

$$S = a_1 a_2 \cdots a_n \qquad (22.3.35)$$

转第 2 步。注意这里的 $n$ 已非上一循环中的 $n$。

6. 若第 2 步失败,则试用回溯,寻找其他的语法规则。

7. 若回溯失败,则结束算法。$S$ 为非法句子。

算法完。

## 22.4  系统功能文法

本世纪 60 年代,在 Chomsky 的转换生成语言学兴起的同时,产生并发展起来了另一个语言学派,称为系统功能语言学派。这两种学派的指导思想很不一样。转换生成语言学把语言看成是人的认知过程中的一个现象,企图用逻辑和数学的方法加以处理。系统功能语言学则把语言看成是一种社会现象,采用描述和归纳的方法进行研究。它的代表人物有 First 和 Halliday 等人。Halliday 认为,上述两种学派在观点和方法上的区别不是偶然的,而是自古以来语言学家对语言学的两种对立观点的进一步发展。转换生成语言学继承了 Aristotle 对语言学的观点。系统功能语言学则继承了 Protagoras 和 Plato 的观点。他把这两种不同的见解用表 22.4.1 加以对照。

千百年来,这两种学派都在发展。属于 Aristotle 体系的有结构主义学派、转换生成学派和生成语义学派等。属于 Protagoras 和 Plato 体系的有哥本哈根学派、布拉格学派、伦敦学派、系统功能语法学派等。两种学派各有特点,互为补充。比较起来,Chomsky 的转换生成学派名气更大一些,在中国尤其如此。但是,系统功能文法的学说也是我们所不能忽视的。

**表 22.4.1  对语言学的两种观点**

| Protagoras 和 Plato | Aristotle |
|---|---|
| 1. 语言学是人类学的一部分。 | 1. 语言学是哲学的一部分。 |
| 2. 语法是文化的一部分。 | 2. 语法是逻辑学的一部分。 |
| 3. 语言是谈论事情的手段。 | 3. 语言是表示肯定与否定的手段。 |
| 4. 语言是一种活动方式。 | 4. 语言是一种表示判断的方式。 |
| 5. 使用描述性方法。 | 5. 使用规范性方法。 |
| 6. 注意不规则现象。 | 6. 注意规则现象。 |
| 7. 关心语义与修辞功能的关系。 | 7. 关心语义与真值的关系。 |
| 8. 语言是选择系统。 | 8. 语言是规则系统。 |
| 9. 对话语作语义解释。 | 9. 对句子作形式分析。 |
| 10. 把可接受性或用途作为理想化标准。 | 10. 把合乎语法性作为理想化标准。 |

系统功能文法的内容分为系统和功能两大部分。下面分别加以说明。

　　什么叫系统？我们可以从语言的生成过程给予解释。转换生成语言学强调语言生成过程取决于转换规则和投影规则。（见 23.2 节），强调逻辑性。系统功能语言学则强调语言生成过程取决于人类社会交际的需要，因而说话者有一个在各种语料及语料组合之间进行选择的必要。这种选择要依赖于多种标准，每一种标准里包括一系列可能性。例如，说话者叙述某件事情时，他可以选用主动形式或被动形式。这主动和被动就是一种选择标准之下的两个可能性。每一种选择标准加上它的所有可能性构成一个系统功能语言学意义下的系统。系统不是孤立的，各系统之间存在着种种联系，系统的全体加上系统间的联系构成一个系统网络。

　　就总体上说，在英语中存在四种系统：

　　1. 语态系统。最基本的语态是句子的语气：它是询问式？还是命令式？说明式？语气规定了句子的基本结构形式。其他起作用的语态还包括该句子的本性，它是肯定式？否定式？还是不确定式？句子的体态，是完成式？还是未完成式？等等。所有这些都对语句的结构有影响。

　　2. 传递系统。每个句子中都有动词，每个动词都指明了某种动作或某种关系。动作有动作主体（称为 ACTOR）和动作目标（称为 GOAL），可能还有其他参加者，我们在下面详述传递功能时还要提到。可以这么说：传递系统代表了一个句子中最基本的内容：谁对谁做了些什么？

　　3. 主题系统。同样的句子，同样的内容，其强调的重点可以不一样，也就是说句子的主题可以不同，主题以外的部分称为述题。在下面的例句中，我们用下划线表示主题。

　　<u>刘备</u>娶了吴国太的女儿孙尚香。　　　　　　　　　　　　　　（22.4.1）
　　（回答："谁娶了吴国太的女儿孙尚香？"或"刘备娶亲了吗？"）

　　<u>吴国太</u>的女儿孙尚香嫁给了刘备。　　　　　　　　　　　　　（22.4.2）
　　（回答："吴国太的女儿嫁给谁了？"或"谁的女儿嫁给刘备了？"）

　　<u>孙尚香</u>，吴国太的女儿，嫁给了刘备。　　　　　　　　　　　（22.4.3）
　　（回答："谁嫁给了刘备？"或"孙尚香嫁给了谁？"）

　　4. 信息系统。语句向听话者提供信息，但是英语句子不能向不懂英语者提供任何信息，因为英语句子中没有听话者能懂的任何信息。由此可见，一个句子

中通常既含听话者已知的信息,又含听话者未知的信息,两者联系起来,听话者才能得到真正有用的信息。例如,

$$鲁迅就是周树人 \tag{22.4.4}$$

对于既未听说过鲁迅,又未听说过周树人的人来说,这并未提供什么信息。但对于只知道鲁迅或只知道周树人的人来说,却提供了一条真正有用的信息。一个信息系统的任务是在句子中区分什么是已知信息,什么是新信息。

系统功能文法把音调的高低作为区分已知信息和新信息的方法。通常英语句子的最后一个音组呈降调,这不能作为区分新旧信息的标志。但是如果说话者不明确地改变他的音调,也只好缺省地认为句子最后的降调就是新信息。在中文里,说话者一般用加强的语调来指明什么是他提供的新信息。同样的方法也可用来指明主题系统中的主题,这样,我们就不必用改变句中成分次序的办法来指明主题了。例如,句子(22.4.1)可以修改为

刘备娶了吴国太的女儿孙尚香 (22.4.5)
(主题或新信息是孙刘结亲。)

刘备娶了吴国太的女儿孙尚香 (22.4.6)
(不是乔国老或曹操的女儿。)

刘备娶了吴国太的女儿孙尚香 (22.4.7)
(不是吴国太的侄女。)

刘备娶了吴国太的女儿孙尚香 (22.4.8)
(不是吴国太的另一个女儿。)

表 22.4.2 是用这四种系统对句子(22.4.1)的成分作划分的结果。

**表 22.4.2 语句的系统分析**

| | 刘 备 娶 了 吴 国 太 的 女 儿 孙 尚 香 | | |
|---|---|---|---|
| 语 态 系 统 | 主 语 | 谓 语 | 宾 语 |
| 传 递 系 统 | 主 体 | 动 作 | 目 标 |
| 主 题 系 统 | 主 题 | 述 题 | |
| 信 息 系 统 | 已 知 信 息 | 新 信 息 | |

下面我们要考察具体的系统结构。基于前面说过的原因,这里的系统称为选择系统,因为在每个系统里存在一组可供选择的特性。首先要解释一下所使用的符号标志。图22.4.1(a)表示名为 $A$ 的系统有甲、乙、丙、丁四种特性可供选择;图(b)表示若选择系统 $A$ 的属性乙,则又有子、丑、寅三种属性可供选择,这叫条件选择。例如,若在词类系统中选择了动词,下一步才可在及物动词和不及物动词中继续选择,因为对名词来说无及物和不及物之分;图(c)表示若进入系统 $A$,则必须在系统 $B$ 和系统 $C$ 中同时且互相独立地进行选择。在这里共有(金,水),(金,火),(木,水),(木,火)四种可能;图(d)表示把系统 $A$ 的属性分为甲、乙和其余三部分;图(e)表示,若在前一步中同时选择了系统 $A$ 的丙和系统 $B$ 的子,则可进入系统 $C$ 继续选择;图(f)表示,若在前一步中选择了系统 $A$ 的丙或系统 $B$ 的子,则都可进入系统 $C$ 继续选择;图(g)表示,若在前一步中选择了系统 $B$ 的丑,则还可回过头来重新进入系统 $C$ 继续选择。这体现了系统选择中的递归功能。

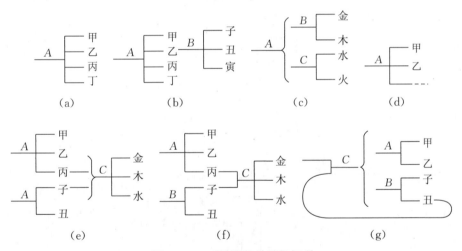

图 22.4.1 系统网络的符号标志

在几种系统中,研究得最多的是语态系统,下面举几个例子。图22.4.2是英语语态系统的概貌(片断)。

图22.4.3是英语语态系统代词部分的概貌片断,其中每一项都举了例。

为了作一个比较,我们在图22.4.4中给出了中文语态系统代词部分概貌片断。请注意这两者的差别。特别是"哪里","那里"等词在中文语态系统中作代词处理。

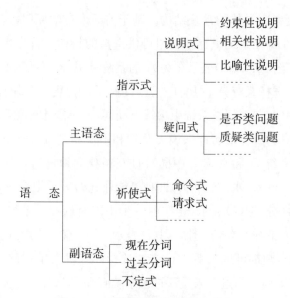

**图 22.4.2 英语语态系统概貌(片断)**

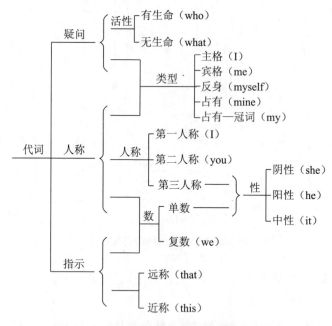

**图 22.4.3 英语语态系统代词部分概貌(片断)**

关于传递系统,由于它涉及的范围太广,很难确定一个完善的方案。5.3 节中 Shank 的概念依赖关系是一种可供选用的方案。下面介绍的是另一种方案,它体现在图 22.4.5 中。

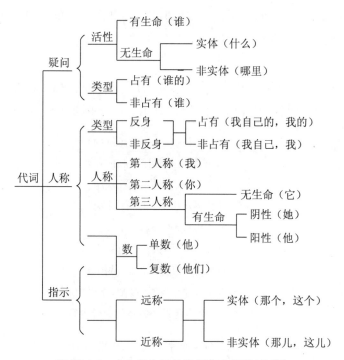

**图 22.4.4　中文语态系统代词部分概貌(片断)**

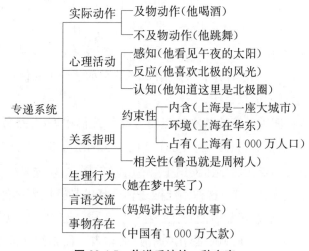

**图 22.4.5　传递系统的一种方案**

在这个图中,感知表示从外界得到信息,包括看见、听见、嗅到、摸到等。反应是对外界信息的心理活动,包括喜欢、讨厌、惭愧、高兴等。认知是一种信念现象,包括知道、相信等。内含是表示某个对象属于某个集合,如上海属于大城市的集合,环境是指时间、地点、条件等外部世界对事物的约束。相关性是建立两个对象之间的关系。生理行为包括哭、笑、咳嗽、呕吐等在人身上可能发生的生理现象。

对主题系统的研究不是很多。原则上,为了强调说话者想要表达的意思,句子中的任何一部分都可作为主题。图 22.4.6 列出了一个主题系统方案的部分内容。

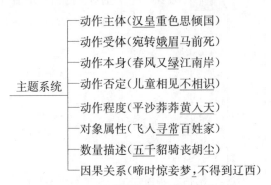

图 **22.4.6** 一个主题系统方案的部分内容

至于第四种系统——信息系统,通常在系统功能文法中只强调区分一个句子中的已知信息和新信息,有关的例子我们已在前面举过了。这里我们想指出它的另一方面。在新信息中往往包含两个方面:正面的、显式的信息和侧面的、隐式的信息。后者常通过说话者精心地修辞体现。在这方面,中文具有特别强的表达能力。白硕在博士论文中曾以死亡一词的不同说法为例强调汉语的表达能力。此处对白硕的例子作了扩充。图 22.4.7 展示了一个在传达死亡信息时用修辞附带其他信息的信息系统。

不难看出,这四种系统的基本特点与分类系统很相近,并且分类可粗可细,也即系统网络可以很短(只含一层,如上面的主题网络片断),也可以向右延伸得很远。据此,系统功能文法学派提出了"精密度"的概念,认为系统网络层次分得越多就越精密,或者说:利用这种系统网络作选择的精密度就越高,它的这个特点与转换生成文法形成了显著的对比。在转换生成文法中一般以某些属性的有或无来描述语言及其转换规则,显出"离散"的特点。而系统功能文法却以精密度概念显示出它在语言分析方面的某种"连续"性。这个特点有其两重性。一方面,它增强了系统功能文法的描述能力。另一方面,它使得系统功能文法的形式化比较困难。

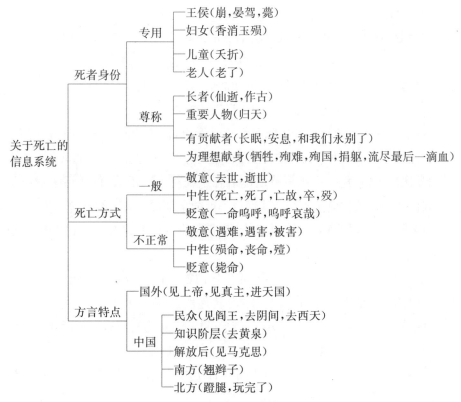

**图 22.4.7　传达死亡信息的信息系统片断**

　　现在要说到系统功能文法的另一方面,即功能方面。提起功能,人们可以有两种理解。一个词,一个短语或一个子句在句子中可以起主语、宾语、补语、谓语等等作用。或者,按照格文法的术语来说,它们可以起动作主体,动作受体,或工具,或地点等等作用。所有这些功能都是局部性的,因而可以称之为局部功能。词、短语和子句等还有另一种作用,那就是对整个的话语和篇章所起的作用,即在传达意义和与其他人交流思想中所起的作用。这种功能是全局性的,因而可以称之为宏功能。系统功能文法关心的主要是这后一种功能。它们大体上可以分为三大类:

　　1. 表意功能。它的任务是传达说话者所要表达的意思,一般是对某个命题的陈述。它主要与传递系统有关。

　　2. 交流功能。完成特定环境下特定人之间的思想交流任务。本功能体现了话语对听话者所起的作用。它可以是告知听话者一件事实;要求听话者做一件事情;向听话者表达某种感情等等。在内容已定的前提下,本功能主要通过语态系统实现。

3. 组篇功能。一篇文章或一场谈话常由许多句子组成,需要把它们恰当地组织起来,以完成前面两项功能。然而这里所说的组篇功能并不是简单地把句子组织起来,而是把表意功能和交流功能恰当地组织起来,以完成文章和谈话的任务。本功能主要通过主题系统和信息系统实现。

从上述四种系统和三类功能我们不难看出,系统功能文法同时考虑到了一个语言的语法、语意和语用等各个方面,这是它的一大优点。但是我们不能作简单的类比。例如,我们不能简单地说语态系统对应于语法,传递系统对应于语义,其他两种系统对应于语用。我们也不能简单地说表意功能对应于语义,其他两种功能对应于语法和语用。事实上,我们在言语行为理论一节中将看到,语义和语用也是不能完全分家的。

下面简要地说明一下三大功能的具体内容。首先是表意功能,它包括传递性、方向性和极性三个方面,其中主要是传递性。

传递性的内容又可分为三方面:传递的内容(称为进程),参加者和情境。其中共有六种不同的进程:

1. 物质进程。体现某个具体或抽象的动作,基本要素是演员、进程和目标。例如

$$高俅+陷害+林冲⇒演员+进程+目标$$
$$林冲+被高俅+所害⇒目标+演员+进程$$
$$林冲+夜奔⇒演员+进程$$

2. 心理进程。体现心理活动,包括感知、反应和认知等。基本要素是感受者、进程和现象。例如

$$林冲+怨恨+高俅⇒感受者+进程+现象$$

3. 关系进程。体现事物之间的关系,分为约束关系和相关关系两种,其中约束关系又分为从属关系、修饰关系和所有关系三种。它们的基本要素是属性、载体和联系动词。例如

$$林冲+是+禁军教头⇒载体+联系动词+属性$$
$$林冲的发配地+在+沧州⇒载体+联系动词+属性$$

相关关系的基本要素是识别者、联系动词和被识别者。例如林冲的外号+

是＋豹子头⇒被识别者＋联系动词＋识别者

4. 行为进程。这里的行为指的是生理行为。基本要素是行为者、进程和进程修饰。例如：

林冲＋开怀＋大笑⇒行为者＋进程修饰＋进程

5. 言语进程。通过言语交流信息和思想。基本要素是说话者、进程、听话者和说话内容。例如

陆虞侯＋叫＋林冲＋去白虎堂呈刀⇒
说话者＋进程＋听话者＋说话内容

6. 存在进程。表示某种事物的存在。基本要素是存在物、存在修饰和存在进程。例如：

沧州＋有＋一座草料场⇒存在修饰＋存在进程＋存在物

上面阐述的是六种进程。至于传递性的另外两方面，即参加者和情境，已基本上在叙述进程时附带说明了。参加者包括动作主体，动作受体，动作受益者和动作受害者等。环境大体上就是各类进程中的修饰成分，包括时间、空间、程度、方式、原因、目的、后果等等，它们粗略地与格文法的各类语义格对应。

表意功能的方向性主要指该句子是以主动语气还是被动语气表达的。Halliday 建议在这两种语气之外增加一种中动语气。像"林冲夜奔"这样的句子没有动作受体，它既非主动，又非被动，因此称为中动。表意功能的极性指的是该句子要回答的问题是双极性的还是多极性的。若对一个问题的回答只有是和否两种可能，则此问题是双极性的，否则是多极性的。

现在简单说一下交流功能。前已提到，它通过适当选择语态系统的属性而实现。交流功能的基本要素是交际角色和交流内容。从表面看来，交际角色可以五花八门，如提问、回答、命令、请求等等。但如仔细分析，则不难看出其中有两种是最基本的，即表示给予的愿望和表示索取的愿望。给予和索取的内容无非是服务、物品和信息这三大类。因此，交际角色和交流内容的组合构成了六种最基本的交流功能。以某官员答记者问为例：

1. "美国声称要对中国实行贸易制裁，中国准备采取何种对策？"（索取信息）

2. "我们坚决反对。"（给予信息）

3. "您能向我们提供外贸部声明的文本吗？"（索取物品）

4."可以提供。"(表示给予物品)

5."请允许我再提一个问题。"(要求提供服务)

6."你可以再提一个问题。"(表示给予服务)

所有这些功能,原则上均应能通过适当选择语态系统中的属性而达到,其中包括语调的控制。

最后一种宏功能是组篇功能。它包括主题和述题关系、新老信息关系和衔接关系这三方面。关于前两个方面前面已经提到过了。衔接关系需要说一下。有五种基本的衔接手段。它们是:指代、省略、置换、连接和词汇衔接。举例如下:

1. 叵耐这厮好生无礼!("这厮"指代某人)

2. 大哥休多言,小弟应允便是。(应允的内容在这里省略了)

3. 别人打家劫舍,他也干上了这买卖。("买卖"一词置换了"打家劫舍")

4. 被官府逼得走投无路,哪能不上梁山。("哪能"把原因和结果连接起来)

5. 天天盼着报仇,报仇的机会来了。(词汇以重复方式衔接)

6. 穿红袍的小将聚在大红旗下,穿白袍的小将聚在大白旗下。(词汇以对比方式衔接)

更具体的功能分析属于纯语言学的范围,此处就不多说了。

# 习　题

1. 研究英语主从句的 Chomsky 变换(见 22.1 节),主要是用 who,which,when,where,why,how 联接的关系从句,包括:

(1) 用 P 标识描述主从句。

(2) 主从句的结构描述.

(3) 主从句的结构变换规则,例如:

$$I \text{ know why he is happy.}$$

可变换成两个独立句:

$$He \text{ is happy.}$$

$$I \text{ know the reason of it.}$$

(4) 主从句变换必须满足的条件。

2. Chomsky 的转换生成语言学派后来发生了分裂,其中有两派观点比较对立。一派叫解释语义学,一派叫生成语义学。两派都认为转换生成系统由语法部分、语义部分和语音部分三个子系统组成。解释语义学认为语法部分是基本的,语义部分是对语法部分的解释,使用的是投影规则。语音部分是语法部分的外部表现形式,使用的是转换规则。生成语义学派认为语义部分是基本的,语法部分和语音部分均通过转换规则从语义部分生成。两派观点的区别如下图所示:

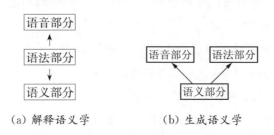

(a) 解释语义学          (b) 生成语义学

你认为哪种观点更有道理? 试通过实例分析来论证你的观点。

3. 构造一个尽量小的扩充转移网络,它能分析以下的句子:

"夕阳辉耀着山头的塔影;

月色映照着河边的流萤;

春风吹遍了坦平的原野,

群山结成了坚固的围屏。"

4. 构造一个尽量小的扩充转移网络,它能分析以下的句子:

"往年古怪少啊,今年古怪多啊,

板凳爬上墙,灯草打破了锅啊。

半夜三更里哟,老虎闯进了门哪,

我问它来干什么,它说保护小绵羊啊。

田里种石头哟,灶里生青草啊,

人向老鼠讨米吃,秀才做了强盗啊。"

5. 在 22.3 节中我们曾指出属性结构的泛化是有意义的,可用于从例句中抽象出文法规则,请你:

(1) 为习题 3 中四个例句的每一个建立一个属性结构。

(2) 运用泛化办法,从这四个结构中抽象出一个能包含所有四个例句的属性结构来。

(3) 把这个属性结构和习题 3 中得到的扩充转移网络作一比较。

6. 针对习题 4 的例句做同样的工作。

7. 算法 22.3.1 的通代文法分析是自底向上的,试设计一个由顶向下的通代文法分析算法。

8. 把泛化方法与 20.1 节的诸机器学习算法作一比较,看看有何相似之处,并研究是否可以把其中的某些学习算法运用到这里的泛化上来。

9. 比较 22.3 节的通代算法和 22.1 节的扩充转移网络,研究

(1) 它们各有什么优缺点?

(2) 通代分析算法能否完全代替扩充转换网络?

(3) 若不能完全代替,应补充哪些功能?

(4) 若能,请找出它们之间的对应关系。

10. 中文里有一类词叫助词,它们缺少独立性和实在的意义,常附在其他词或词组的前面或后面。还有一种词叫语气词,常用在句中停顿处或句末,表示说话时的陈述、疑问、祈使、感叹等各种语气。请你参考一些中文语法书,搜索一批助词和语气词,建立它们的语态系统(参照图 22.4.4 中的中文代词语态系统)。

11. 图 22.4.5 是系统功能语法的传递系统概要,实际上,Schank 的概念依赖理论也可用来设计传递系统,请根据 5.3 节所述试行设计此系统。

12. 除了图 22.4.6 列举的以外,还有其他句子成分可以作为主题吗? 请再找出 5—10 种可作主题的句子成分来并举例说明。

13. 请参考图 22.4.7 的方法,列举一个传达眼睛功能的信息系统,其中包括各种"看视"的用词(如:看、视、窥、凝睇、阅读等)。

14. 在 PROLOG 语言(见 25.2 节)中加入适当的成分,即可描述自然语言,称为逻辑文法。现在已有多种逻辑文法,有的已实用化,你能设计出自己的逻辑文法吗?

15. 使用本章介绍的各种文法于英语和汉语的自然语言描述,并研究

(1) 哪些文法是主要为英语而设计的,对中文不大合用?

(2) 哪些文法既能有效地描述英语,又能有效地描述汉语?

(3) 能否设计出特别适合于描述汉语的文法?

# 第二十三章
# 语 义 学

## 23.1　关于语言意义的争鸣

一提到语言的意义,人们首先就会想到语言学家在这个领域中所作的大量研究工作。但是,语言学家擅长的是对具体的自然语言,如汉语、英语、爱斯基摩语、蒙古语、僧迦罗语、……等等进行研究,并从中抽象出一些也许对其他语言也适用的原则。至于从更深刻的角度对语言意义的本质进行研究、阐述,这个任务就不是语言学家所能独立地完成的了,它历史地落在了另一批人——哲学家的身上。本节的基本内容,就是要介绍哲学家在语言意义问题上所作的贡献。了解这一点对我们研究语义学是很有帮助的。

半个多世纪以来,西方兴起了一股哲学思潮,称为分析哲学,它的影响随时间流逝而日渐增大,甚至在英、美等国的哲学中占了主导地位。分析哲学家认为,哲学的首要任务在于分析,他们不像过去的哲学家那样一上来就企图建立一个庞大的哲学体系,而是从具体的事物和概念开始,一点一点地进行分析。他们认为,哲学家之间意见的不同和纷争,都是由于所用的概念和语言含混不清,只要能找到一种科学的形式分析或逻辑分析方法,并正确地使用它,哲学上的许多分歧就可以迎刃而解。这种观点的核心部分是错误的,因为哲学上有一些根本的分歧,如唯物论和唯心论之争,决不是由于概念和语言的混淆而引起的,企图用什么形式分析或逻辑分析方法来分析出唯物论和唯心论"原来并无分歧",或调和它们的对立,都是不现实的。但是,分析哲学家为了贯彻他们的主张而提出的许多方法和技术,却值得我们借鉴和使用。

分析哲学有两个主要的发展方向,形成了两个主要的派别。一派以分析哲学的思想先驱——德国哲学家 Frege,以及分析哲学的主要奠基人——英国哲学家 Russell、奥地利哲学家 Wittgenstein(早期)和德国哲学家 Carnap 为首。他们认为,现有的自然语言十分庞杂,缺少形式化,语义含混不清。在这种语言的基础上想搞严格的形式化分析是不可能的。为了严格地描述概念并进行分析，必须另行创立一种人工语言。这种语言从一开始就是形式的、严格的，并且还具有足够强的描述功能和分析功能。为此，该学派也被称为人工语言学派。他们的最主要成果是创立了数理逻辑。Frege 由于在形式逻辑中引进了全称和存在量词的思想并提出狭谓词演算而成为数理逻辑的奠基者。Russell 则由于提倡用彻底的逻辑方法来克服由集合论悖论引起的数学危机而成为逻辑主义学派的首领。

分析哲学的另一个派别以英国哲学家 Moore、奥地利哲学家 Wittgenstein（后期）等人为首。他们认为现有的自然语言完全可用来描述和分析概念。过去的含混不清是由于人们误解并不正确地使用自然语言而引起的。因此，完全没有必要创建专门的人工语言，只需要把自然语言的语义搞清楚就行了。为此，该学派也被称为日常语言学派。本书自然语言理解部分介绍的理论和技术，应该说主要都是在日常语言学派的思想和观点影响下产生的研究成果。

这两派对语言意义的研究主要集中在两方面。一方面是对词和短语语义的研究，另一方面是对整个句子语义的研究。这两方面存在着联系，不能截然分开。本节的介绍将同时涉及人工语言和日常语言这两个学派的观点。也有人研究整篇文章或整篇话语的语义的，不过这已经纯粹是日常语言学派的领地了。用逻辑方法研究成组命题的"集体"语义现在是另一个学科——数理逻辑的研究对象，与语言学已经没有多大关系了。

让我们从词或短语的意义谈起。原来，人们曾认为一个词或者一个名词短语的意义是它所指的对象，叫作指称（物）。例如，"长江"指的是中国最大的河流，"珠穆朗玛峰"指的是世界最高的山峰。"1994 年的美国总统"指的是 1992 年在小石城当州长的那个名叫克林顿的人。"'四世同堂'的作者"指的是 1966 年在太平湖自沉的那位中国著名作家。在这里，"长江"、"珠穆朗玛峰"是专有名词，或称专名；"总统"、"作者"是通用名词，或称普通名词，也称通名。

但是，把指称当作名词的意义，会带来一些难以解决的问题。例如，人们早就知道，晨星和暮星实际上是同一颗星，即天文学上所谓的金星。因此，"晨星"的指称就是"暮星"的指称。如果说指称就是意义的话，那么我们说"晨星就是暮星"这句话还有什么意义呢？岂不和说"晨星就是晨星"完全一样了么？但是"晨星就是晨星"这句话没有告诉人任何新的信息，而"晨星就是暮星"却向人们提供了新的信息。可见，晨星和暮星总应该有些不同的地方，而这不同的地方应该是和它们的不同意义相联系的。

首先在这个问题上发表突破性观点的是建立数理逻辑的那位德国哲学家 Frege。他是从研究 $A = A$（例如"晨星就是晨星"）和 $A = B$（例如"晨星就是暮星"）这两类命题有何不同开始的。为什么后一类命题能够比前一类命题提供更多的信息呢？他认为，虽然命题中等号两边的名词有相同的指称，但指称不等于意义。$A$ 和 $A$ 不仅指称相同，意义也相同。$A$ 和 $B$ 虽然指称相同，意义却不同。例如，晨星是指人们在早晨看到的金星，暮星是指人们在傍晚看到的金星。Frege 关于应把指称和意义区分开的观点，已为广大语言哲学家所接受。图 23.1.1 是名词（包括词组）、指称和意义之间的关系。在联线旁边的注解是名词的意义。

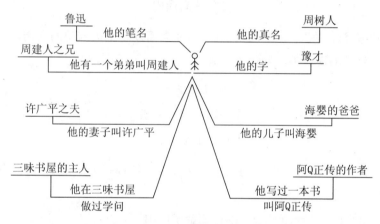

**图 23.1.1 名词（组）、指称和意义之间的关系**

把指称和意义区分开还有助于解决另一个问题，即同名置换问题。按理说，如果指称和意义一致，那么具有相同指称的名词（组）应该可以在句子中相互置换。例如在

$$许广平的丈夫是鲁迅 \tag{23.1.1}$$

一句中可以把"许广平的丈夫"置换以"海婴的爸爸"而不会有问题，但这并不永远是可行的。例如，在

$$A\ 知道许广平的丈夫是鲁迅 \tag{23.1.2}$$

中就不能把"许广平的丈夫"置换成"海婴的爸爸"，因为知道鲁迅的妻子不等于知道鲁迅的儿子。还有一种情况：

陆文龙不知道金兀术就是他的杀父仇人　　　　(23.1.3)

中的"金兀术"和"他的杀父仇人"有同一指称,但如用后者置换前者,则将得到:

陆文龙不知道他的杀父仇人就是

他的杀父仇人　　　　(23.1.4)

成了无意义的句子。其原因就在于:两者指称虽同,而意义不同。

指称问题的另一个困惑人之点是被指称的对象往往并不存在。著名的例子是

当今的法国国王　　　　(23.1.5)

或者

当今的高衙内　　　　(23.1.6)

大家都知道,法国在 20 世纪已没有国王,而高衙内是中国宋朝的人物,他们都不可能在"当今"出现。类似的短语还有

最大的素数　　　　(23.1.7)

大于零的最小实数　　　　(23.1.8)

圆形的立方体　　　　(23.1.9)

它们指称的对象都不存在。有关这个问题的著名研究工作是 Russell 作出的。他以句子

不存在金子的山　　　　(23.1.10)

为例,指出:这句话本身是正确的,但从逻辑上讲有些问题,因为"金子的山"毕竟是一个词组,它的指称是什么? 不存在! 特别是,如果有人针对句(23.1.10)提问说:什么东西不存在? 回答必然是:金山不存在。如果金山有指称,而回答又说它不存在,两者岂不矛盾了吗?

Russell 的解决办法是:把没有实际指称的名词(组)在句子中所起的作用改成谓语,使它不代表一个实际的对象,而代表一种性质,这就没有矛盾了。在 Russell 的解释下,句(23.1.10)可用如下的逻辑公式表示

$$\sim \exists x, \text{金山}(x) \qquad (23.1.11)$$

即,不存在这样的对象 $x$,它具有金山这种性质。句子"不存在最大的素数"则可以表为

$$\sim \exists x \, 素数(x) \wedge \lbrack \forall y \, 素数(y) \wedge 不等(x, y)$$
$$\rightarrow 大于(x, y) \rbrack \qquad (23.1.12)$$

Russell 称"最大的素数","金子的山"等名词短语为摹状词。他的理论称为"摹状词理论"。

利用 Russell 的摹状词方法,还可以对例如

$$5 是最大的素数 \qquad (23.1.13)$$
$$4 不是最大的素数 \qquad (23.1.14)$$

等命题的真假作出判断。本来,由于"最大的素数"没有指称,这两个句子在逻辑上难以说真假。但是用式(23.1.12)把"最大的素数"作为一种性质来描述后,上面两个式子的真假就可以判断了。5 是素数,满足式(23.1.12)的第一个条件,但不满足它的第二个条件,因为存在比 5 大的素数 7。于是句子(23.1.13)取假值。另一方面,4 不是素数,式(23.1.12)的第一个条件就未得到满足,因此 4 肯定不是最大的素数。句子(23.1.14)取值为真。

并非所有的分析哲学家都同意 Russell 的摹状词理论。英国牛津学派的 Strawson 就是一例。他认为,任何类似 $A=B$,或 $A$ 有性质 $B$ 的命题,都有个前提,即 $A$ 是存在的。命题 $A=B$ 是在"$A$ 存在"这个前提之下作出的命题,因而不会由于 $A$ 实际上不存在而变得无意义。例如,"当今的某国国王是个秃子"应理解为

如果存在当今的某国国王,
且 $x$ 就是当今的某国国王, $\qquad (23.1.15)$
则 $x$ 是个秃子。

所以他认为完全没有必要把"当今的法国国王"变成谓语。

Strawson 还认为,Russell 把语句和语句的使用混为一谈了。"当今的法国国王"中的"当今"二字,并未指定某个确定的年代。如果这个语句在路易十四的时代被说出,那么它指的就是路易十四。如果它是在路易十五的时代被说出,那么指的就是路易十五,如此等等。而语句的真假值也应根据该语句说出的环境来判断。"当今的中国皇上住在北京"这句话在 19 世纪说是对的,在 1 世纪说是不对的,而现在说则无所谓真假,因为现在中国没有皇上。

Strawson 和 Donnellan 进一步研究了摹状词的使用方法。他们认为其中有

归属性和指称性两种用法。所谓归属性是指说话者不知道他所指的对象具体是哪一个,但他假定存在这么一个对象,而指称性则不仅假定有这个对象,而且确切知道该对象是哪一个。同一个摹状词可能在不同的语境下有不同的用法。为了说明这一点,我们设想有下面的故事:

1. 英国报业大王死于卧室中。

2. 福尔摩斯:"看来报业大王是自杀的,否则凶手不可能没留下痕迹"。

3. 法医证明报业大王是他杀。

4. 福尔摩斯:"凶手已经逃到南非"。

5. 警察证明只有五个人可能到过现场。

6. 福尔摩斯(对这五人):"凶手就在你们中间"。

7. 技术人员对出了其中一人的指纹。

8. 福尔摩斯(对五人):"我们已知道凶手是谁"。

9. 其中一人站起来自首。

10. 福尔摩斯(问其余四人):"我们应如何处置凶手?"。

在这里,摹状词"凶手"出现了五次,每次作用都不同。第一次出现相当于表明:"不存在凶手",从第二次出现到第三次出现,凶手嫌疑犯逐渐集中,但都还是归属性使用。"凶手"的后两次出现是指称性使用,但这是仅就福尔摩斯而言的。对听者来说,"凶手"的第四次出现仍是归属性的。

现在我们考察一个句子的语义。许多早期的语言哲学家倾向于把一个句子和该句子所表达的命题等同起来。具有代表性的观点是 Russell 的逻辑原子论。他认为语言好比一面镜子,镜子前站着的人是现实世界,镜子里的人像就是现实世界的逻辑表达。现实世界可以划分为许多基本的事实($1+1=2$,氢和氧组成水,等等)及事实之间的联系(若 $a=b$ 则 $a+1=b+1$,若 $x$ 和 $y$ 可以化合成 $z$,则 $z$ 可以分解为 $x$ 和 $y$,等等)。相应地,镜像中的逻辑世界也可以分解为逻辑原子及其联系,逻辑原子和现实世界中的事实相对应。Russell 的学生 Wittgenstein 在他的名著《逻辑哲学论》中继承和发展了 Russell 的逻辑原子论思想。

既然一个语句和一个命题相对应。那么很自然地,语句随其所表达的命题而有了真假值。这种真假值也就是语句的指称。例如,"晨星"和"暮星"的指称都是金星,但"晨星就是暮星"的指称却是真。这里我们再一次看到了不能把指称作为意义。否则由于"$1+1=2$"的指称也是真,任何一个知道 $1+1=2$ 的人将同时也知道晨星就是暮星,这显然是不可能的。

当人们似乎习以为常地把语句的真假值看成指称时,有一些麻烦找上门来了。首先,这种约定(把语句的真假值看成指称)用于陈述句是可以理解的,但若用于疑问句、祈使句(包括请求句和命令句等等)就不好解释了。例如:"请你开一下门"究竟取真值还是取假值? 用上述约定是无法判断的。实际上它并无真假之分,只是表达了说话者想要达到的目的。为了克服这类困难,英国哲学家 Austin 提出了言语行为理论,认为应把言语理解成说话者的一种行为。我们将在 24.1 节予以阐述。

语句真假论遇到的另一个麻烦是真假悖论。试看下列句子:

$$本句的内容是错误的。 \qquad (23.1.16)$$

这句话应该取真值还是取假值? 若取真值,则它的内容是错误的,应该取假值。若取假值,则它的内容应该是正确的,又应该取真值。总之,不管怎样定真假都有问题。好比某岛的一个居民说:"本岛人都是说谎者",究竟应不应该相信他这句话? 令人无所适从。

波兰哲学家 Tarski 企图解决这个问题。他指出,上述悖论的根源在于说那句话者使用了语义上封闭的语言。所谓封闭是指:该语句不仅陈述了一些内容("本句的内容是错误的"),而且给这些内容起了一个名字("本句"),并且还对内容的真假性作了判断("是错误的")。这就构成了一个循环(一个语句论述自己所说的内容是否正确)。问题的根源就在于这个循环。要解决问题就必须打断这个循环。Tarski 的方案是:把语义上封闭的语言变成开放的。他区分两种不同的语言:对象语言和元语言。对象语言用于描述客观世界。例如,"雪是白的"这句话属于对象语言,因为雪属于客观世界。而"'雪是白的'这句话是真的"却属于元语言,因为它涉及一句话的真假判断。元语言也有真假问题,我们可以说:"'"雪是白的"这句话是真的'这句话是真的",这是对元语言的真假作判断的元语言,属于更高的层次,这样的层次可以一层一层地无穷地加上去,形成一个开放系统。

区分了元语言和对象语言以后,Tarski 就能定义什么是一个真命题(即真理)了。他把真理的定义写成一种约定,用 $T$ 表示:

$$(T)X \text{ 是真的,当且仅当 } P \qquad (23.1.17)$$

其中 $P$ 代表对象语言的内容,$X$ 是对象语言的语句,整个句子 $(T)$ 是元语言的语句。例如：

(T)"雪是白的"是真的，当且仅当雪是白的

当然 X 和 P 在文字上不一定要重复。下面的句子也是一个真理判断：

(T)"海婴是鲁迅和许广平的儿子"是真的，

当且仅当鲁迅和许广平共同生下了

海婴，并且海婴是男的。

Tarski 的主要目的在于给真理下一个定义，对于剖析自然语言命题的真假来说，他的方法不一定很好用。设想有如下的语句：

甲在 10 点钟时说："乙在 11 点钟说的话是错的。"

乙在 11 点钟时说："甲在 10 点钟说的话是对的。"

这里并没有（句子内部的）语义自封闭，因而按 Tarski 的规定应该是允许的，然而它们仍然构成一个循环。仍然包含悖论。

实际上，我们有一个简单的办法来摆脱悖论。我们干脆把一个句子或一组句子看成一个逻辑系统。每给定一个句子 $S$，我们用一个命题 $A$ 代表 $S$ 的内容，并自动引进判断 $T \rightarrow A$，其中 $T$ 代表恒真，并把 $A$ 的内容显式地写成命题 $B$，自动引进判断 $A \rightarrow B$。例如，句子"雪是白的"可以表示成

$$T \rightarrow A$$
$$A \rightarrow \forall x \llbracket 雪(x) \rightarrow 白(x) \rrbracket \tag{23.1.18}$$

如果另有一个句子："长春的雪是红的"，则我们又有逻辑公式

$$T \rightarrow A'$$
$$A' \rightarrow \exists x \, 雪(x) \wedge 地点(x, 长春) \wedge 红(x) \tag{23.1.19}$$

再加上如下的常识：

$$\forall x \llbracket 红(x) \rightarrow \sim 白(x) \rrbracket \tag{23.1.20}$$

则式(23.1.18)，(23.1.19)，(23.1.20)构成一个不一致的逻辑系统。这并不奇怪，因为命题中可以出现矛盾。按同样方法，句子(23.1.16)可以表示为

$$T \rightarrow A$$
$$A \rightarrow F \tag{23.1.21}$$

由此可见，所谓真假悖论，无非是一个不一致的逻辑系统。悖论不悖。

实际上,不一致的逻辑系统到处可见。我们不能只看一个句子自身的矛盾,也不能只看一组句子之间的矛盾,还要看句子和常识之间的矛盾。我们把常识看成是由大量句子组成的集合,其中包含着"雪是白的","碳是黑的"等句子。因此,即使我们面前只有一个句子:"长春的雪是红的",它和常识加起来也构成一个矛盾的逻辑系统。

刚才展开的讨论,基本上围绕着"什么是语句的真假"这个主题进行。从某种意义上说,讨论的内容反映了一百多年来分析哲学家们对语言本质研究的核心。包括 Russell 和 Tarski 等人在内,研究的重点都没有离开这个主题。近几十年来,这种研究方法逐渐受到了新一代语言哲学家的挑战。他们认为:只研究语句的真和假,内容未免太贫乏了。语句中包含着丰富的信息,语言学的研究应能把这种丰富的信息抽取出来,把研究重点从真假问题移向信息抽取和信息处理。其中一个代表性的学派是 Barwise 等人首创的情景语义学。

Barwise 研究了前人在论述语言意义时遇到的各种问题,包括本节前面列举过的一些麻烦。除此之外,他还指出了语言意义的相对性。例如,考察下面的句子:

我是中华人民共和国主席　　　　　　　(23.1.22)

这句话的真假值如何确定? 如果它出自江泽民之口,那么指称为真。换一个别人来说,指称就是假了。即使是江泽民,如果他在 80 年代说这句话,指称也是假的。只有在 90 年代他当了国家主席之后,他说这句话才是正确的。由此可见,一句话的指称不仅取决于话语本身,还取决于说话者及说话的时间、地点、条件,等等。Barwise 称具有相对真假值特点的语句为有效能的语句,称语言的这种特点为语言的效能。当然也有无效能的语句,例如,"北京是中国的首都","芹菜五块钱一斤","1+1=2",等等,谁说都是一样。但仔细一推敲,却又并非绝对真理。唐朝时中国的首都在长安,早市上芹菜只卖四块钱一斤,在布尔代数中 $1+1=1$(Barwise 曾以为数学是无效能语句的最后领地)。因此,真正的无效能语句是很少的,甚至可能是不存在的。

根据以上的分析,Barwise 在话语的意义和指称之外引进了第三个要素:解释。解释位于从意义到指称的中间路上,意义只有经过解释才知其真假值。无论是从意义到解释,还是从解释到指称,都是以事实为依据的。前者以说话时的事实:说话者、听话者、时间、地点、条件等为依据,后者以与话语中所描述的内容

有关的事实为依据。这两组事实称为两个情景。以句子(23.1.22)为例,我们有

话语:"我是中华人民共和国主席"

意义:说话者称自己是中华人民共和国主席。

情景一:说话者是江泽民,时间为 1993 年 12 月。

解释:江泽民在 1993 年 12 月称自己是中华人民共和国主席。

情景二:江泽民在 1993 年 12 月确是中华人民共和国主席。

指称:真。

我们可以用图 23.1.2 把 Barwise 和 Frege 两人的模式作一比较。其中,从话语到意义是根据什么? Barwise 没有作出说明,我们暂且让它空着。不难看出,加进解释这一环节使意义和指称的定义更合理了,其中也包含了 Strawson 的思想。

(a) Frege 的语义模式

(b) Barwise 的语义模式

**图 23.1.2　Frege 和 Barwise 的语义模式比较**

那么什么是语义呢? Barwise 认为,语义就是(话语被说出时现场的)情景和(与话语中描述的情节有关的)情景之间的关系。分别用 $u$ 和 $r$ 表示这两个情景,则句子(23.1.22)的情景语义可以表示为

$u$〚我是中华人民共和国主席〛$r$ 为真

当且仅当存在对象 $a$ 和对空位置 $l$,使

在情景 $u$ 中:位置 $l$:说话,$a$; $yes$。

在情景 $r$ 中:位置 $l$:是中国主席,$a$; $yes$。

在这里,$a$ 和 $l$ 就像是参数一样,只要找到一对($a$, $l$),使上式为真,即是找到了一个指称为真的解释。对本例来说,至少可以找到四对参数,即(刘少奇,1960 年),(李先念,1985 年),(杨尚昆,1990 年),(江泽民,1993 年)。这里只写了时间,没有写地点。实际上,对于一个情景来说,可以写的细节还很多,如那一年的天文、气象、国际形势、国内形势等等,但这些细节并不影响上述解释的指称,因而可以略去。

Barwise 还发展了一套逻辑,称为情景逻辑,作为情景语义的基础,这里就不说了。

## 23.2　词义学

在自然语言中,构成篇章意义的最小单位是句子,而构成句子意义的最小单位又是词。因此,要研究语义,首先要研究词的语义,我们姑且称之为词义学。在这里,不仅要研究每个词的语义,而且要研究一个词的语义和与它联接的其他词的语义有什么关系。

让我们首先从 Katz 和 Fodor 的语义理论谈起。他们批评 Chomsky 的学说(语法结构)只重视语法而不重视语义,并在于 1964 年发表的题为"一个语义理论的结构"的文章中提出了这样的公式:

$$语言描述－文法＝语义$$

他们认为:文法只能描述句子的结构,语义理论才对这种结构的意义作出解释。他们的语义理论包括词义描述和词组合规则两部分,分别通过词典和投影规则来实现。

词典中的每个词条包括三部分内容:语音部分,语法部分和语义部分。其中语法部分主要是一个语法标识,指明该词属于什么范畴,例如是名词还是动词。语义部分分为两部分:语义标识和区分特征。例如,词条"大亨"的内容可能是这样的:

1. 语音部分:daheng,

2. 语法部分:名词。

3. 语义部分:

(1) 语义标识:

① 非常有钱的人。

② 非常有势的人。

③ 商标名。

(2) 区分特征:

①,②:多用于解放前,至 90 年代又有此说法。

③:只用于果茶。

由此可见,区分特征是对语义标识的一种限定,以便区别于其他有相同语义标识的词。在这个例子中用的区分特征可以把大亨同大腕、大款之类区分开来。这个词条的内容可以表示成一株树,如图 23.2.1 所示。

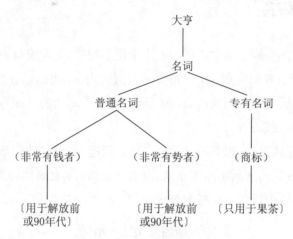

**图 23.2.1 词条的树形表示**

(图中未加括号的是语法标识,加圆括号的是语义标识,加中括号的是区分特征)

投影规则通过指明词的组合限制而确定词的用途。例如,若"老"字词条的部分内容是:

1. 形容词,(年纪大),〔指人时要求 60 岁以上〕

2. 形容词,(时间久),〔非亲戚的社会关系〕

3. 形容词,(过时),〔观念,服装〕

4. 形容词,(不好嚼),〔食品〕

5. 称呼词,(表示尊重),〔对方在 40 岁以上〕

6. 名词,(老人),〔60 岁以上〕。

7. 名词,(受尊敬的老人),〔长辈,领导〕。

8. 名词,(姓),〔用于古代〕。

9. 动词,(死亡),〔用于老人〕。

又设"马"字词条的部分内容是:

1. 名词,(动物),〔四条腿,能乘坐飞跑〕。

2. 名词,(棋子),〔中国象棋或国际象棋〕。

3. 名词,(姓),〔回民特别多〕。

则组合 1+1(老马=年纪大的马)和 5+3(老马=某个姓马的人)都是可以的,其他组合皆有问题,这就是投影规则的作用。

需要说明,"老"和"马"既是字,又是词,它们的组合还是一个词,在中文中,更值得注意的是由多字组成的词的和语义组合规则。就像食盐的性质中并不包含氯或钠的性质一样,新词的含义也常大不同于它的组成诸元的含义。以老字为例,"老板""老本""老外""老粗""老公""老虎"等均不含上面列出的"老"字意义,而"马达""马屁""马驹""马桶""马虎"也不含上面列出的"马"字的意义。这是在构造词典和投影规则时需要特别注意的。

Chomsky 接受了他们两位的批评和建议,把语义成分加进他的语法结构中,成为在 22.1 节中已提到的标准理论。在这个理论中,文法结构由下列部件组成:

1. 语法部件。

(1)基础部件:

短语结构规则,

词典。

(2)转换部件:

2. 语义部件。

3. 语音部件。

其中语法部件称为生成性的,因为它生成深层结构并把深层结构传递给语义部件和语音部件,而后两个部件则是解释性的,它们解释语法部件传过来的深层结构,并分别输出深层结构的意义和发音序列。图 23.2.2 是 Chomsky 的标准理论模型。

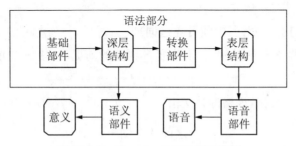

**图 23.2.2　Chomsky 的标准理论模型**

Fillmore 的格语义是对词义的一种全新的解释(相对于他以前的解释来说,见 4.3 节)。他认为:第一,一个词的词义不能孤立地解释,必须根据该词在整个句子中的作用来判断。第二,所谓一个词在句子中的作用,不能简单地以它是句中的主语、宾语、谓语等句法身份来判断,而是应以它在句中的语义身份,即Fillmore 所谓的语义格来判断。例如,考察下面两个句子:

秦王杀了荆轲。

荆轲被秦王杀了。

这两个句子的意义完全一样,秦王和荆轲在其中所起的作用也完全一样。但第一句的主语是秦王,第二句的主语却是荆轲。可见,句法身份并不总能确切地反映语义身份。

按各词在某个句子中所扮演的语义角色不同,可以把它们划入不同的(相对于此句子的)语义格。Fillmore 本人给出了一组语义格的定义,后人又作了修改和补充,包括我们在 4.3 节中讲的 FTCS 网络,都是建立在语义格基础上的。在上例中,秦王属于动作主体格(不管他在句法上以主语还是宾语的形式出现),荆轲则属于(FTCS 的)目标格,或(Fillmore 原来的)主题格。

语义格的定义可多可少,可粗可细,无公共标准。FTCS 网络只规定五种基本的格,好像太少了,应该作许多补充,但补充难有尽头。鲁川针对汉语划分了以事件为中心的 32 个语义格 *,可谓多了,但也还不全,比如事件的原因就没有作为一个格列进去,这不能归咎于某种具体的语义格划分方法,而是因为自然语言太丰富了,难以求全。

那么,划分语义格到底有没有一个标准呢? Fillmore 认为有一种判断办法:如果:

1. $x$ 是语句 S 的一个成分。

2. 下列条件之一成立:

(1) $x$ 之前有一介词(中间可隔冠词)。

(2) 适当调整 S 的结构,在不改变 S 语义的前提下,使 $x$ 之前有一介词(中间可隔冠词),

则 $x$ 属于某一语义格,该格的含义由

$x$ 之前的介词＋$x$

决定。例如(与语义格有关的成分用下划线表示):

---

* 鲁川:汉语信息处理中的语义网络和谓词框架,技术资料。

1. 动作主体格：

　　　　　荆轲<u>被秦王</u>杀死了。

2. 动作受体格：

　　　　　秦王<u>把荆轲</u>杀死了。

3. 工具格：

　　　　　荆轲<u>用匕首</u>刺秦王。

4. 地点格：

　　　　　荆轲<u>在宫中</u>行刺秦王。

5. 源泉格和目标格：

　　　　　荆轲<u>从燕国</u>来<u>到秦国</u>。

　　按照 Fillmore 的规定,只有属于相同语义格的词才能用连词连起来使用。例如

　　　　　荆轲和地图行刺秦王。

是语义上不正确的句子,因为荆轲是动作主体格,而地图是隐匿匕首的工具,属工具格。

　　Fillmore 认为语言应分为深层结构和表层结构两部分,就这一主张来说接近于 Chomsky 的观点,他把句子的语义格结构看成是深层结构。在书面或口说的语言中,对应于语义格的成分前不一定有介词,那是因为在转换成表层结构时把某些介词省去了。

　　对 Fillmore 学说的主要批评是:语义格是最基础的语义成分吗? 学者们认为可能不是。例如,在

　　　　　荆轲<u>用燕太子丹送给他的匕首</u>行刺秦王。

一句中,加下划线的部分构成第二动作主体格,但它看来并非最基础的语义成分。该学说的第二个毛病是对语义格的分析常因分析者的理解而有所不同。如在

　　　　　燕太子丹和荆轲行刺秦王

一句中,有人可能认为燕太子丹和荆轲都是动作主体,可以用连词连起来。也可能有人认为荆轲不过是燕太子丹的工具,他们两人属于不同的格,不能连用。

70 年代初,美国语言学家 Chafe 提出了另一种格语义理论。其中定义的一组语义格和 Fillmore 的语义格大同小异,但格框架的组织不一样。Fillmore 按语义格的排列组织格框架,Chafe 却按动词的类型(称为语义范畴)组织格框架。这是 Chafe 理论和 Fillmore 理论的第一个不同之处。

Chafe 按三个层次作词类分析:

1. 最高层。只分动词和名词两种,它们是构成句子的主要成分,称为词类单位。

2. 中间层。称为选择单位,或语义范畴。

(1) 动词的语义范畴。分为状态性、动作性、过程性和环境、情况性四类。

(2) 名词的语义范畴。共有可数性、能动性、有生命性、人类性、阴阳性、专有性等六种标准,把名词分为 $2^6 = 64$ 类(有些属性不能兼容,因此实际上少于此数)。

3. 最低层。就是具体的词。

在这里,动词的语义范畴最重要,我们举例说明:

1. 状态性:荆轲怒发冲冠。

2. 动作性:秦王剑砍荆轲。

3. 过程性:荆轲耗尽力气。

4. 环境、情况性:宫廷内鸦雀无声。

Chafe 分别用 $p$,$A$,$P$ 和 $F$ 代表与这四种语义范畴相对应的格框架。它们可以组合,例如 $AP$ 代表动作性和过程性的组合,在 Chafe 那里称为事件。

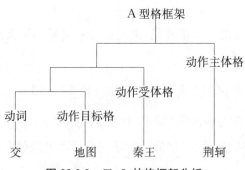

图 23.2.3  Chafe 的格框架分析

Fillmore 把所有的语义格看作平等的,把它们线性地排列在同一层次上。Chafe 却把它们分成多层,最高层的是句子的动作主体,其他依次为动作受体,

动作目标等。例如,图 23.2.3 是语句

荆轲给秦王一份地图。

的格框架分析。格框架的不同结构是 Chafe 格语义和 Fillmore 格语义的另一主要不同点。

近年来,语义学家们对词和词之间在语义上的联系和区别作了大量的研究,取得了重要的结果。其中结构语义学主要研究同一时代不同词的词义之间的关系。历史语义学主要研究同一词的词义随历史而变迁的情况。

结构语义学研究的词义关系包括:

1. 包含关系。例如,剑和匕首都是冷兵器的子概念,冷兵器又是兵器的子概念,兵器是工具的子概念,等等。在语义学中也称父概念为上义词,子概念为下义词。关于这类问题,我们在第三章讨论框架表示时已经遇到过了。

2. 反义关系。好和坏,生和死,战争与和平等等都是反义关系。结构语义学家区分两类反义关系。像生和死这一对概念是绝对对立的,一个人不能又是生又是死。而好和坏的对立却是相对的,很可能 $B$ 相比于 $A$ 是坏的,相比于 $C$ 却是好的。有一些词只在特定环境下具有反义关系。例如各种颜色本来是平等的,无所谓哪两种颜色特别对立。但在"黑白分明"一句中,黑和白是对立的,在"红军和白军"的语言中,红和白是对立的,在"红白喜事"中也是一样。小说"红与黑"则指明了红与黑的对立。另外,是否构成反义词还与在词的多种含义中取哪一种有关。前面说了生与死是绝对对立的,但在"革命烈士虽死犹生,叛徒虽生犹死"中,却又说一个人可以既生又死,这是因为此处取了"生"字的转义——精神上的永生。

3. 相对关系。在许多情况下,词 $A$ 与词 $B$ 构成一个事物的两面。没有 $A$ 就无所谓 $B$,没有 $B$ 就无所谓 $A$,但是 $A$ 和 $B$ 在概念上并不对立,此时称 $A$ 和 $B$ 为相对关系。例如:父母和子女,丈夫和妻子,买和卖,娶亲和出嫁等都是相对关系。要区别反义关系和相对关系是有一定困难的,因为对于什么叫"对立",不同的人可以有不同的理解,所以毛泽东在《矛盾论》中把这两种关系统一为矛盾关系。

结构语义学家们还提出一种弱相对关系,那是存在于多个词之间的。例如:$A$ 向 $B$ 求婚,$B$ 要么同意,要么拒绝,两者必居其一,因此,

(求婚/同意,拒绝)

构成弱相对关系。他们把原来的相对关系称为强相对关系。不过这种弱相对关系是比较勉强的。人们可以用"申请","要求","恳求"等词中的任意一个代替"求婚",得到的仍是一个弱相对关系。

4. 联想关系。一提战争,人们就会想到飞机、大炮、流血、死亡。一提股票,人们就会想到投机、暴发、倾家荡产和疯狂,这就是词与词之间的联想关系。有些结构语义学家称它为并置关系,因为有联想关系的词常在话语和文章中一起出现。

5. 内含关系。词的意义并非是不可分的原子。一个词往往代表一个概念,概念有许多侧面。两个词可以通过某个公共的侧面而互相联系。这种联系就叫做内含关系。考察下面 10 个词:

批评　谴责　批判　责备　毁谤
表扬　赞美　歌颂　夸奖　吹捧

其中第一行五个词的公共侧面是表达对某个具体或抽象对象的否定信息。第二行的公共侧面是表达相反的信息——肯定信息。从左起第一列的公共侧面适用于日常政治思想工作;第二列适合于社会上或国际上的重大事件;第三列适合于道德规范和思想意识;第四列适合于家庭里弄和社会市民生活;第五列则适用于别有用心和道德修养有缺陷的人。

凡有联想关系的词一般都有内含关系,反之则不一定。例如,批评与毁谤就很少同时出现。

6. 语义场。由德国语言学家 Trier 最早提出。他认为,不能孤立地研究一个词的语义,必须把它放到与其他词的关系中去研究,只有在与其他词的关系中才能真正理解一个词的含义。

举例来说,人们熟知"专家","知识","专家系统"等词,并且往往会产生这样的印象:专家都是富有知识的,专家的知识可以采集来开发专家系统。但是,可以在倒油时令一罐油穿过铜钱眼的卖油老翁算不算专家? 如果算,那么卖油老翁的知识是什么? 能否用来开发倒油专家系统? 如果不能,那么我们必须在对词的语义的理解上作出反省。或者是我们对"知识"没有理解透,应该把"技能"与"知识"区分开来。或者是我们对"专家"没有理解透,具备科学知识的人才是专家。或者我们对这两个词都没有理解透。这表明,"知识"、"技能"、"专家"等词是不能割裂开来理解的。

Trier 还认为,词和词的关系在不断变化。旧词会消亡,新词会出现,词义之间的"疆界"也会发生变化。举例来说:儿童、少年、青年、壮年、中年、老年等词在"年龄段"的意义下构成一个语义场,它们各有自己的"领地"。前几年社会上有一种"红移"现象*,把中年称作青年,老年称作中年。这就是词义疆界的变化,并且不是孤立的。"中年"疆界的改变必然要涉及老年和青年疆界的改变。

另一个例子是:"生"与"死"的疆界也在发生变化。从脑死亡到停止呼吸到停止心跳,过去把停止心跳作为死亡标志,现在则有许多人倾向于把脑死亡作为死亡标志。根据这种观点,植物人将被认为是死的。

近年来,语言学界兴起了一股新潮流:语料库语言学,它的基础也是词义学,许多语言学家认为,自然语言的现象太复杂,即使把语法规则的数量搞得很庞大,也无法完全解决正确理解和机器翻译问题。为了实用,应该以大量的语料为基础,这里所说的语料,就是经过标注的一批样本句子。标注的内容主要是词性。而词性的关键之处在于各词之间的搭配关系。本节中讲的各种方法,对于词性标注技术有很大的参考价值。

语料标注的基础是 Tesniere 的依存文法。通常认为,自然语言语法的研究有两种作法。一种作法是在语法结构中设立多层语法单位,如词、短语、句子等,典型代表是短语结构文法。另一种作法主张只设一种语法单位,即词,句子中所有的关系都是词和词的关系,典型代表是依存文法。后来,Robinson 进一步提出了依存关系的四条公理,系统地表达了依存文法的基本思想。这四条公理是:

1. 一个句子中只有一个要素是独立的。

2. 其他每个要素都直接依存于某个要素。

3. 任何一要素都不能依存于两个或两个以上的要素。

4. 如果 $A$ 要素直接依存于 $B$ 要素,而 $C$ 要素在句子中位于 $A$ 和 $B$ 之间,则 $C$ 直接依存于 $A$,或 $B$,或 $A$、$B$ 之间的其他要素。

这里所说的要素基本上就是词,独立的要素称为中心词。黄昌宁等根据汉语语料库的实践,提出了第五条公理:

5. 中心词左、右两边的词(中心词除外)相互不发生依存关系。

依存文法本来应该在上一章语法部分讲,但因该文法的直接体现是加标注

---

\* 红移是天文学现象,远离地球而去的星球的光谱线向红光方向移动。

的大量语料,这些语料又都是以词性(词的搭配关系)为基础的,所以把它归入本节的词义学讨论。

因为实用背景强,所以语料库语言学的研究仍处于方兴未艾的阶段。

## 23.3 语句和篇章结构

在自然语言理解中,我们不仅要解决词和短语的理解问题,还要解决整个句子、句子组、段落以至篇章的理解问题。中学语文老师在分析课文的时候,常要讲解课文的中心思想、段落大意、主要线索、人物、情节等等。完整的自然语言理解应能妥善地解决这些问题。虽然我们目前能做到的还十分粗浅,但这是一个不应回避的任务。在本节中,我们要从语句和段落的理解开始,特别是从其中的一个具体问题,即指代问题,来开始我们的讨论。

指代问题是一个很复杂的问题。当句子中出现一个"不明身份"的词或词组时,它往往是某个或某些已知身份的词或词组的代表。写作者或说话者假定阅读者或听话者能自己分析出这些不明身份的对象所对应的已知身份的对象是什么,因而采用省略的方式写成简洁的语句,其中留有这种待读者自行分析的不明身份对象。让一个自然语言理解系统来模拟这种分析功能,就叫指代分析。

最简单的指代是以人称代词指代一个专有名词,例如:

二黑哥县里去开英雄会,他说是今天要回家转。　　　(23.3.1)

其中的他就指代二黑哥。

也可以用人称代词指代一个普通名词,如我们在 4.1 节中已经见过的:

在那遥远的地方,有位好姑娘,
人们走过她的身旁,都要回头留恋地张望。　　　(23.3.2)

其中的她就指代那位好姑娘。

在这两个例子中,指代问题是比较容易解决的。分析时可以从人称代词开始,顺序向前寻找第一个与该代词在性、数等方面都一致的人物,这叫向前搜索规则,表为:

第一个合用人物←代词　　　(23.3.3)

但情况并不总是这样顺利,有时,代词在前而被它指称的人物在后,例如

不是他贪玩耍丢失了牛,放牛的孩子王二小。 (23.3.4)

其中的他指代的是王二小。这里应该从代词出发,顺序向后搜索,即

代词→第一个合用人物 (23.3.5)

这两条启发式规则说明:在大多数情况下,被指代的对象就在最近的地方。因此,一种有效的指代分析法就是构造一张对象出现次序的表,每遇代词,就在这张表上顺序查找。这样层次分明,不会找错对象。在

商店的老板瞧也不瞧,挑担的小贩皱眉毛。

他鼻子一哼,嘴巴一翘,还要向你笑一笑。

要饭的花子看见了,他眼一斜,摆摆手,

把那脑袋瓜子摇几摇。 (23.3.6)

这一段话中,共有两个"他"字。按照上面所讲的办法用对象出现次序表向前查找(向后查找的情况较少出现),不难确定第一个"他"指代的是小贩(既非老板,又非花子),第二个"他"则指的是花子(既非老板,又非小贩)。

但是也有例外,请看下面的例子:

他回过头来望一望,刚碰上我们的刘队长,吓得他浑身打颤直叫娘。

(23.3.7)

显然,其中的第二个"他"指代的并不是刘队长,而是一个其他什么人。所以对象出现次序表的办法并不是永远可用的,但在大多数情况下用这个办法很有效。Hobbs 在 1978 年著文报告了他做的实验:在 100 个使用代词的例子中,有 98% 的被指代的对象就和代词在同一句子中(就像本句中的"Hobbs"一样)或在前面紧挨着的句子中。至于 2% 的例外并非不会带来麻烦,其中有一个被指代的对象距指代他的代词竟有九句之遥。Grosz 在 1974 年报告的情况甚至比这还严重(被指代对象离代词更远)。

在许多情况下,不是用代词而是用词组(短语)来指代一个对象。如:

万里长空,且为忠魂舞。 (23.3.8)

其中的"忠魂"指代的是骄杨和柳,当然还包括其他牺牲了的烈士。这里我们又看到一个远距离指代的例子。"忠魂"不是指离它最近的嫦娥,也不是指稍远的吴刚。"骄杨"和"柳"离"忠魂"有五句之遥。

特别值得注意的是从属关系的省略,这常常会导致系统分析时产生误解。例如:

达坂城的石路硬又平哪,

西瓜呀大又甜哪,

那里的姑娘辫子长啊,　　　　　　　　(23.3.9)

两个眼睛真漂亮。

正确理解的结果应该是下面这样:

达坂城的石路(都)硬又平哪,

达坂城的西瓜(都)大又甜哪,

达坂城的姑娘的辫子(都)长啊,　　　　(23.3.10)

达坂城的姑娘的眼睛(都)漂亮啊。

但是系统在进行指代分析时不一定能达到这样理想的结果。例如,对第二句中"西瓜"的适用范围就可以有不同的理解。是所有的西瓜都大又甜? 还是达坂城的西瓜大又甜? 还是达坂城的石路上的西瓜大又甜? 第三句的"那里"所指是什么? 这也有二义性。此外,在"姑娘"和"辫子"之间缺了一个"的"字,给分析带来了额外的困难。最后,为了正确分析第四句,系统应具备如下的知识:

1. 与西瓜不一样,眼睛是不能独立的,它必须从属于某个对象。因此第四句不能理解为"存在两个漂亮的眼睛"。

2. 眼睛只能从属于有生命物体,在这里是姑娘。所有诸如"辫子的眼睛","西瓜的眼睛"等都是错误的分析。

3. 每个姑娘有且只有两个眼睛。因此,两个眼睛就意味着一个姑娘的全部眼睛。这使得第四句的含义大大有别于"一个眼睛真漂亮"和"两根头发真漂亮"。

4. 根据常识,一个地方不能只有一个姑娘。

5. 上述第 4 点不能导致这样的结论:在达坂城的姑娘中存在着这样一位,她的眼睛很漂亮。"两个眼睛"代表了所有姑娘的所有眼睛。

概括上述,我们有如下的启发式算法。

**算法 23.3.1**

1. 扫描一个篇章中的各句子,顺序记下其中所有的名词性短语和第三人称人称代词。

2. 对名词性短语,记下它是通名还是专名,并记下它是指人还是指物。

3. 对名词性短语，记下它可以独立存在还是必须从属于某一对象。对于后者，还要记下它是只能属于有生命（一般为人）的对象，还是属于一般对象。然后从头检查代词和名词。

4. 若篇章中的人称代词和（通）名词（组）已检查完毕，则结束算法。否则查下一个。

5. 若是人称代词，则转 14。

6. 若该（通）名词（组）不能独立存在，转 10。

7. 在对象出现次序表中向前查找最近的对此（通）名词（组）的约束。

8. 若查到，以此约束限定原词（组），转 4。

9. 否则，认为该词（组）是独立的，转 4。

10. 若该（通）名词（组）所属对象已知，转 4。

11. 否则，在表中向前查找最近的一个以被检查者为组成部分的对象。若被检查者必须是人的一部分，则查找到的对象也应是人。

12. 若查到，则使原词（组）代表的对象从属于此查到的对象，转 4。

13. 否则，输出失败信息，转 4。

14. 在表上向前查找最近的，与被查者性、数均一致的对象。

15. 若查到，以此对象代换人称代词，转 4。

16. 否则，输出失败信息，转 4。

算法完。

指代分析有时能找到具体的指代对象，有时找不到，只能缩小指代范围，这就是约束。如达坂城是对西瓜和姑娘的约束。

这是一个很不完全的启发式算法，只能解决一部分问题。但我们不应有过高的奢望。可以说，非启发式的、放之四海而皆准的算法是不存在的。即使是这样一个简单的算法，它的有效运行也需要依靠知识。例如，我们可以用一个语义网络或一个框架体系把与待分析篇章有关的知识单元组织起来。其中的 is-a（元素）关系可以确定对象的属性，包括该对象是否是一个人；part-of（部分）关系可以确定一个对象是否从属于另一对象，等等。没有知识是寸步难行的。

有时，一个名词短语指称的不是一个单个的对象，而是对象的集合。这种情况对于代词来说不构成问题，因为代词本身包含了这种信息（我们，你们，他们）。但名词短语就不一样，它本身往往不提供这样的信息，需要通过分析才能知道。例如句子（23.3.8）中的"忠魂"一词并未表明它指代的是个体还是集合。只是在分析了前面的句子以后才知道它指称集合{杨开慧,柳直荀}。在中文里,有一种语言成分可以帮助系统作这种指代分析,那就是数量描述词。例如:

哪怕它美蒋勾结、假谈真打、

明枪暗箭、百般花样。　　　　　　　　(23.3.11)

其中数量描述词"百般"提示系统不能把"百般花样"与"假谈真打、明枪暗箭"等在所起的作用上并列起来。"百般花样"指代的是包括假谈真打、明枪暗箭等在内的一个集合。本句还有一个特殊的现象,就是"百般花样"自己又被同一句中的代词"它"所指代,从而加重了句子想要表达的语气。

下面是指代集合的另一个例子,其中被指代的集合位于指代者的后面:

入林海他与土匪多次打交道,

擒栾平,逮胡标,活捉野狼嗥。　　　　　(23.3.12)

数量描述词"多次"起到了与上面的"百般"一样的作用。

句子(23.3.11)和(23.3.12)还揭示了另一种现象。一个代词或名词短语指代的对象既非一个实在的物体,又非一个抽象的概念,而是一个完整的过程描述。如像"擒栾平","逮胡标"等都是具体的过程描述。而"打交道"则是抽象的过程描述,正好可用来指代具体过程描述的集合。

除了分析集合名词(短语)和被它指代的集合之间的关系外,还要注意句中的个体和集合中元素之间的对应关系。在上例中,不仅要知道"与土匪多次打交道"对应于"擒栾平","逮胡标","活捉野狼嗥"等事件,还要知道其中的"土匪"就对应于"栾平","胡标","野狼嗥"等人,这才能把集合指代分析透。

不仅名词可对应于集合元素,代词也可对应集合元素。马车夫之歌的下两句是:

假如你要嫁人,不要嫁给别人。　　　　　(23.3.13)

其中的"你"指的就是达坂城的姑娘中的一个,可能是给定的一个,也可能随便指谁。值得注意的是:在此句之前,都是以第三人称称呼达坂城的姑娘,此处却突然用第二人称。这种人称上的转折,是系统在做指代分析时必须考虑在内的。

被指代的对象还可以是一个断言,如:

有一个美丽的传说,河里的石头会唱歌。　　(23.3.14)

其中第一句话的"传说",指代的就是第二句话所表达的断言。

被指代的对象还可以是在句子和篇章中根本没有出现过的,此时就要靠逻辑和情景分析来确定被指代的是谁。例如某首歌的一开头便是:

> 天上飘着些微云,地面吹着些微风。
>
> 微风吹动了我头发,教我如何不想他。　　　　　　（23.3.15）

歌词中多次重复"教我如何不想他",却始终未点明他是谁。有的人出于误解,把"他"写成"她"。实际上,"他"字是泛指的。在这首歌曲诞生的年代,"他"字是不分性别的。

再如,一首香港歌曲的大意说:

> 我心中想着那个他,
>
> 却又不能亲近他,　　　　　　（23.3.16）
>
> 只因为他旁边还有一个她!

这里不仅有一个无指代对象的"他",还引出了另一个无指代对象的"她"。仅靠语法分析是无法搞清这两个代词的含义的。

考虑到集体指代,我们可以把算法23.3.1改进为下列算法:

**算法 23.3.2**

1. 扫描一个篇章中的各句子,顺序记下其中所有的名词性短语、第三人称的人称代词和抽象过程描述。

2. 对名词性短语,记下它是通名还是专名,并记下它是指人还是指物。

3. 对名词性短语,记下它的主要属性。记下它可以独立存在还是必须从属于某一对象。对于后者,还要记下它是只能属于有生命(一般为人)的对象,还是属于一般对象。然后从头检查。

4. 若篇章中的人称代词、(通)名词(组)和抽象过程描述已检查完毕,则结束算法。否则,查下一个。

5. 若是人称代词,转24。

6. 若是抽象过程描述,转20。

7. 若该(通)名词(组)不能独立存在,转12。

8. 若该(通)名词(组)之前有表示复数的数量描述词(如百般、多次)或指示代词(如这些、那些),转16。

9. 在对象出现次序表中向前查找最近的,对此(通)名词(组)的约束。

10. 若查到约束 $A$,则:

(1) 若有其他约束与 $A$ 构成并列词组,则以此并列词组限定原词(组)。

(2) 否则,以约束 $A$ 限定原词(组)。

转 4。

11. 否则,认为该词(组)是独立的,转 4。

12. 若该(通)名词组所属对象已知,转 4。

13. 否则,在表中向前查找最近的一个以被检查者为组成部分的对象,若被检查者必须是人的一部分,则查找到的对象也应是人。

14. 若查到,则使原词(组)代表的对象从属于此查到的对象,转 4。

15. 否则,输出失败信息,转 4。

16. 在表中向前查找与此词(组)有相同属性的一组(多于一个)对象。

17. 若查到,以这组对象置换(包括数量描述词和指示代词等在内的)原词(组),转 4。

18. 若只查到一个这样的对象,则输出失败信息,转 4。

19. 若未查到任何这样的对象,则认为原词(组)本来就是在抽象意义上理解的,转 4。

20. 在表中向前查找最近的,能被此描述概括的具体过程描述 $A$。

21. 若查到多个这样的 $A_i$,它们构成并列短语,则以该组并列短语置换原过程描述,转 4。

22. 若只查到一个这样的过程描述,则输出失败信息,转 4。

23. 若未查到任何这样的具体过程描述,则认为原抽象过程描述是独立的,转 4。

24. 在表中向前查找最近的,与此人称代词性、数均一致的对象。

25. 若找到,以此对象置换原代词,转 4。

26. 否则,输出失败信息,转 4。

算法完。

我们再次说明:对于这一类算法不能苛求,总能找到它处理不了的自然语言篇章。因此关键是了解处理方法的梗概,在应用时根据具体情况自己编制算法。

把一个句子内部的指代关系分析清楚,有助于了解这个句子的结构。把句子之间的指代关系分析清楚,有助于了解这些句子之间的相互关系,并有助于了解这些句子所在的话语段落的结构。反过来,把话语的段落结构搞清楚了,分析指代问题也就容易多了。在本节的剩余部分,我们要研究一下话语的结构问题。首先是话语如何分段的问题。

要十分恰当地划分段落是不容易的,而且缺乏统一的标准。此处遵循的原则是,划分段落应该:

1. 有利于指代问题的解决。

2. 有利于把内容紧密相连的句子结合在一起。

3. 有利于按正叙和模块化原则重新组织话语结构。

4. 有利于理解整个话语篇章的含义。

为此,基于 Allen 的观点,我们规定划分的具体标准为:

1. 同一段中的背景假设应该不变。

2. 说话者和听话者在同一段中应相对固定。

3. 每段有一个局部的中心内容。

4. 段中事件的发生顺序应和句子的排列顺序一致。

5. 段中每个代词所指的对象是唯一的。

6. 各段既可以并列,也可以形成嵌套结构。

7. 因此,一个段在原文中不必是由连续的句子组成的(可以在中间以嵌套的形式插入别的段)。

为了实现分段,有多种技术可供采用。下面列出其中的几种:

1. 用时态方法分段。这个办法对英语分段比较有效。例如在一连串的以普通过去式为变位动词的语句之后,忽然出现了过去完成式动词,我们就可以认为是开始了一个新的段落了。

在中文里动词是没有时态变化的,只能采取另一种办法,即显式地提示时间的办法。它一般用来指示段落的开始,如

<u>八年前</u>,风雪夜,大祸从天降!           (23.3.17)

<u>那时候</u>,妈妈没有土地。           (23.3.18)

<u>第一次</u>我到你家,你不在,

          你妈妈敲了我两锅盖。           (23.3.19)

<u>四九年</u>那么呼嗨,大生产那么呼嗨。           (23.3.20)

2. 用指代分析方法分段。如果代词 $P$ 指代的是名词(组)$N$,那么 $N$ 和 $P$ 应该属于同一个段落。如果代词 $P$ 的两个不同的出现指代两个不同的名词(组),则 $P$ 的这两个不同的出现应分属于不同的段。如果在对象出现次序表上有两个名词(组)$N_1$ 和 $N_2$ 都可能被同一代词 $P$ 指称,那么 $N_1$ 和 $N_2$ 应属于不同的段。

用上述原则划分句子(23.3.6)可以得到:

商店的老板瞧也不瞧,//挑担的小贩皱眉毛,他鼻子一哼,嘴巴一翘,还要向你笑一笑。//要饭的花子看见了,他眼一斜,摆摆手,把那脑袋瓜子摇几摇

$$(23.3.21)$$

简单地说,就是要求在每一个段内,每个代词所指代的对象存在且唯一。这个要求并非总能达到,例如它和前面说的按时态分段就可能有矛盾。所以这只能是供参考用的一条启发式规则。

3. 按语气词分段。语言中的语气词常常是一种表征说话内容有转折的标志。这样的语气词有很多,如:

表示新段落开始的。忽然、原来、本来、事情是这样的、是这么回事、我有一个想法、说实在的、说真的、可是好景不长、偏偏天不作美、俗话说,等等。

表示当前段落结束的:就这样、这真是、算了、不提它了、从此、愿……!、让……吧!、听明白了吗?、……矣! ……也!,等等。

表示恢复被中断的段落的:再说……、却说……、至于……,等等。

这些语气词用于分段的例子,如:

> 自从鬼子来,百姓遭了殃。
> 啊,黄河,你是我们民族的摇篮。
> 忽报人间曾伏虎,泪飞顿作倾盆雨。　　　　　　(23.3.22)
> 假如你要嫁人,不要嫁给别人。
> 我正在城楼观山景,忽听得城外乱纷纷。

还可以举出其他一些分段的办法。但是这些办法往往要求系统首先深入了解句子和段落的意义,根据其意义的变化来分段,这就比较难了。上面提到的三种办法中第一种和第三种是比较简单的,不需要系统事前就对篇章含义有深入的了解。这两种分段法可以通过一个栈来实现。当原来的段尚未结束而一个新

段要开始时,可把原来的段压入栈中,待到需要恢复时再放出来。在下面的算法中,我们假定每个句子至多含一个时间提示语或换段语气词。

**算法 23.3.3**(简单分段法)

1. 给定一份篇章 TX,一个段落栈 ST 及一个段落集合 SS。

2. 置 ST 和 SS 为空。

3. 令 $i:=1$

4. 若篇章中的时间提示语和换段语气词(两者合称换段词)已检查完毕,则转 9,否则,查下一个换段词。

5. 若查到的换段词 $C$ 在第 $k$ 句中,则把 TX 中编号小于 $k$,且尚未进过栈的语句均压入 ST 中。其中:

(1) 若栈中原来为空,则以 $i.1:1$ 为当前段号。

(2) 若栈中原来非空,则保持当前段号不变。

6. 若查到的换段词为新段开始标志,则把该词所在的语句(第 $k$ 句)压入栈中,且:

(1) 若栈中原来为空,则以 $i.1:1$ 为当前段号。

(2) 若原栈顶段号为 $x:j$,则新栈顶段号(即当前段号)是 $x.j:1$。

(3) 转 4。

7. 若查到的换段词为老段结束标志,则

(1) 若栈中为空,则把该词所在的语句(第 $k$ 句)作为单独的一段,段号为 $i.1:1$,送入集合 SS 中,$i:=i+1$。

(2) 否则,退出栈顶的段,加上第 $k$ 句后,送入 SS 中,并且:

(2.1) 若此时栈中为空,则 $i:=i+1$。

(2.2) 对退出的段:

若段号为 $x:j$,即以 $x$ 为段号送入 SS 中。

(2.3) 对退出后的栈顶段(若非空的话):

若退出后栈顶段号为 $y:k$,则改退出后栈顶段号为 $y:g$,其中 $g=k+1$。

(3) 转 4。

8. 若查到的换段词为老段恢复标志,则

(1) 若栈中为空,则输出错误信息。

(2) 否则,退出栈顶的段 $x:y$,把 $x$ 送入 SS 中,并且

(2.1) 若此时栈中为空,则输出错误信息。

(2.2) 否则，把老段恢复句压入栈顶。对退出后栈顶段段号的处理同第 7 步的 (2.3)。

(3) 转 4。

9. 区分几种情况。

(1) 若栈中非空，TX 的语句也未处理完毕，则把剩下的语句全部依次压入栈中，参加栈顶的段。然后从栈顶开始，把所有栈元素（每个元素是一个段）依次退出送入 SS 中。

(2) 若栈中非空，TX 的语句已处理完毕，则从栈顶开始，把所有栈元素依次退出送入 SS 中。

(3) 在以上两步中，凡段号带尾缀 $:j$ 的，均应除去尾缀。

(4) 若栈中为空，TX 的语句尚未处理完毕，则把剩下的语句作为一段，段号为 $i.1$，送入 SS 中。

(5) 若非上述三种情况，则什么也不做。

10. 对 SS 中的每一个段 SEG，调用算法 23.3.2，并且以向前搜索和向后搜索两种方式调用。然后作如下处理：

(a) 设人称代词（第三人称）$P$ 在 SEG 中有多个出现，分别指代 SEG 中的 $m$ 个对象 $N_1, N_2, \cdots, N_m$（依次排列），则把 SEG 分成 $m$ 个段，每个段 $SEG_i$ 含 $N_i$ 及所有指代 $N_i$ 的 $p$ 的出现。如果这个分割不成功，则发出错误信息。

(b) 设 SEG 中的人称代词 $P$ 指代同一段中的对象 $N$，并且 SEG 中另有一些对象 $N_1, N_2, \cdots, N_m$ 也可能被 $P$ 指代（参见句子 (23.3.20)，其中第一个"你"指代小贩，但老板和花子也可能被它指代），则把位于 $P$ 和 $N$ 两者之前的所有语句（若其中含某些 $N_i$ 的话）另组成一个新段，并对位于 $P$ 和 $N$ 两者之后的语句同样处理。

11. 经上述步骤处理后，如果仍有一些人称代词（第三人称）未找到指代对象，则对整个篇章 TX 再次以向前搜索和向后搜索两种方式调用算法 23.3.1。

12. 如果在第 11 步中破坏了关于人称代词指代唯一性的约定，则再次执行第 10 步。

算法完。

不难看出，这仍是一个示意性的算法，只能说明处理这类问题的原则。若真要实现它则尚有许多细节问题需要考虑，而且它也只适用于某些类型的谈话，分段能力很低。这从下面的例子可以看出来。在有的谈天,有的吵。有的苦恼,有的笑。

有的谈国事呀,有的就发牢骚。　　　　　　(23.3.23)

这一段中,六个"有的"指的是一群在茶馆喝茶的茶客,其中每个"有的"代表一个或一些人。不同的"有的"之间无必然联系,可以相交(作为集合),也可以不相交。而在

一个是阆苑仙葩,一个美玉无瑕。

一个枉自嗟呀,一个空劳牵挂。　　　　　　(23.3.24)

一个是水中月,一个是镜中花。

这一段中,六个"一个"只说了两个人:林黛玉和贾宝玉。并且是对偶句:上一句说一个人,下一句说另一个人,与(23.3.23)那一段相比,句子的结构十分类似,在分段的意义上却大相径庭。像这类问题,不是表面上的语句分析所能解决的。

# 习　题

1. 在专名和通名的意义问题上,语言哲学家们存在着不同的观点:

(1) Frege 和 Russell 等人认为,通名和专名都是有内涵的,它们的作用相当于摹状词。

(2) Kripke 和 Putnam 等人认为,通名和专名都没有内涵,它们只是由于某个历史的原因而被与某个对象拴在一起。

例如:前一派认为:"玫瑰花"这一名词是香和美的化身,而后一派则像罗密欧所说的,主张:"玫瑰花不叫玫瑰花,不是也一样的香吗?"

试分析这两派的观点并发表你的意见。

2. 行为主义者认为:语句的意义在于该语句在特定场合被说出时在听话者身上引起的反应。例如:在黑夜里讲鬼故事会使一个小孩十分害怕,这就是"鬼"一字的意义,曹操的军士走路口渴之极时,曹操用鞭一指说前边有梅林,军士们登时精神百倍,这就是"梅"一字的意义。行为主义者称之为刺激——反应理论。你对这种观点有何看法?(提示:有人认为同一个刺激可能在不同的人身上引起不同反应,如商人闻"涨价"喜,居民闻"涨价"惧;还有些刺激引不起反应,如"温度""气压"等词对听话者不会有影响。因此用刺激——反应理论表示意义是站不住脚的。你认为这样的批判是否足够有力?)

3. 有人说,即使某些名词指称的是客观世界现实物体,也会发生矛盾。例如,句子"A 昨天吃掉的那个苹果是红的"中的"苹果"指称的是什么? 如果指称的是 A 昨天吃掉的那个苹果,那么它今天已经不存在了,还能在话语中指称它吗? 你对这种观点有何评价? 怎样解释这个问题?

4. 逻辑实证主义者认为,语句的意义就是能被观察者的经验所证实的该语句表达的概念。若以 C 表示概念,R 代表某种操作或观察条件,E 代表 R 的效果,则 C 的意义就是公式(如果 R,则 E)。例如,说"这块石头硬",其中"硬"的意义可表示为:"如果用刀砍,则石头砍不坏",你对这种观点有何看法?

5. 试分析下列句子的意义:

(1) 绿色的思想在愤怒地睡觉。

(2) 姐在房中头梳手,忽听门外人咬狗,拿起狗来扔石头,又怕石头咬了手。

(3) 在三角形圆球的两个对顶角之间取出五公斤矮小的巨梦。

这些句子在意义上各有什么问题? 这些问题之间有什么本质的区别? 一个实用的自然语言理解程序应该如何处理这些问题?

6. 23.2 节讲的投影规则和上一章的基于通代的文法中的属性结构之间有什么联系? 有什么区别? 能否用投影规则的思想来改进属性结构的设计与应用? 反过来,能否用属性结构的方法来改进投影规则的设计和应用?

7. 参照 23.2 节中对"老"字和"马"字的词条组织和投影规则的作法,为下面这首元曲小令中的每个字和词设计相应的词条,并编出内容足够实用的投影规则:

> 枯藤,老树,昏鸦。
>
> 小桥,流水,人家。
>
> 古道,西风,瘦马。
>
> 夕阳西下,
>
> 断肠人在天涯。

8. 研究下列问题:像上题中的词含有许多不完整的句子,试问:

(1) 按通常方法,应如何确定其中的字和词在语句中所起的作用(主语部分,述语部分,……)?

(2) 按 Fillmore 的语义格方法,应如何确定这些字和词的语义格?

(3) 在不完整的句子中,Fillmore 的判断语义格的准则(以介词为标志)不再有效。应采用什么新的判别方法?

9. 用 Chafe 的语义格理论分析下面一首诗：

> 飘萍身世几经秋，岁月催人逐水流。
>
> 极目烟云舒望眼，两肩风雨带轻愁。
>
> 斜阳古道迷归路，芳草天涯忆旧游。
>
> 故国春深乡梦远，情多王粲怯登楼。

10. 把 Chafe 的语义格理论推广到分析篇章结构。不仅分析上题诗中的每一个句子，而且把这首诗作为一个整体来分析，研究每一诗句在整体结构中的作用和各诗句之间的关系。

11. 把习题 7 和习题 9 中的词收集起来，用 Trier 的理论进行研究。

(1) 这些词的语义场应如何划分？（例如，马和鸦可同属一语义场 $A$，王粲和人又同属一语义场 $B$。）

(2) 这些语义场的结构有何区别？（例如，$A$ 中的马和鸦是并列关系，$B$ 中的王粲是人的特例。）

(3) 这些语义场之间有何联系？（例如，$A$ 和 $B$ 同属一更大的语义场 $C$，即所有动物。）

12. 照上题这种分析方法，似乎语义场组织很像一个分类体系了（马对动物是子类关系，王粲对人是个体关系），因而用普通的框架体系就可表达。实际上语义场的含义比这要丰富，试参考有关文献，作更深一层的研究。

13. 某些语义学家有这样的观点：每个有实际意义的词（即不考虑那些"的"，"了"，"吗"，"呢"之类的虚词）的意义都可分解为一些语义成分，或称义素。例如，下表的 15 个英文词共分八个义素，即："成年阳性"，"成年阴性"，"非成年"，"人"，"牛"，"鸡"，"鸭"，"马"，这些义素的不同组合即构成了不同的字或词。

|  | 人 | 牛 | 鸡 | 鸭 | 马 |
|---|---|---|---|---|---|
| 成年阳性 | man | bull | rooster | drake | stallion |
| 成年阴性 | woman | cow | hen | duck | mare |
| 非成年 | child | calf | chicken | duckling | foal |

请你仿照这个办法，用中文里表示亲戚关系的词（如姑，姨，舅，叔，…）为例，作一个义素分解。

14. 针对上题作如下研究：

(1) 英文的 bull, cow, calf, 到中文里都成了"牛"，把"公""母""犊"等字义分出去了。反过来,中文的叔、伯、舅等字,到英文中都成了 uncle,这说明什么问题? 为什么义素分解不能彻底? 用什么方法补救?

(2) 无生命物体的义素如何分解? 非名词的义素如何分解?

(3) 在(1)中所提的问题是否可以提示我们:义素分析法并不能真正确定一个词的语义(例如,"人"这个字的语义还多得很:人是有生命的;人是生活在社会中的;等等,这些都未出现在义素中。),而只能用来分析含义相近的词在语义上的相对区别?

(4) 义素分析法的另一个问题,不同的人对同一词的含义有不同的理解。例如,对"国家"一词至少有两种理解:国家=独立的政府+领土+人民;或国家=阶级统治的工具。

(5) 义素分析法还有一个问题,词往往有转义的用法,如"桥"可以表示某种联系;"风雨"可以表示某种恶劣的环境。

你如何看待(4),(5)两个问题?

15. 在不完整的句子中,出现一种独特的指代问题:空指代,即动作的主语被省缺了,请适当修改 23.3 中的有关算法,以解决缺省主语的恢复问题。例如:"回眸一笑百媚生,六宫粉黛无颜色。"是谁回眸一笑?

16. 把上题的算法应用于分析《长恨歌》和《琵琶行》,并研究其效果。

# 第二十四章

# 语　用　学

## 24.1　言语行为理论

　　言语行为理论的创始人是日常语言学派的哲学家 Austin。他的学说起源于
30 年代,至 50 年代形成了一套完整的理论。在他的学说影响下,言语行为理论
成为日常语言哲学中最重要的流派之一,也是语用学研究中最重要的方法之一。

　　在他之前,语言哲学家们通常把一个语句看作一个命题。就像逻辑中的命
题一样,语句作为命题也有其真假值,但其含义与逻辑中的真假值不一样。逻辑
真假值仅决定于它所采用的公理系统,而语句真假值却取决于常识。例如,

$$二加二等于四 \qquad (24.1.1)$$

在常识下取真值,而

$$太阳从西边出来。 \qquad (24.1.2)$$

在常识下取假值。也有语句的真假值依赖于语境的,如

$$今天的米价又涨了。 \qquad (24.1.3)$$

的真假值就取决于句中的“今天”指的是哪一天,当然还取决于句中的“米价”指
的是什么地方的米价,等等。

　　可是,Austin 注意到,并非所有的语句都能按其取值真、假来分类,因为有
些语句根本就无所谓真假。请看下列句子:

　　　　1. 我们通知米店不许涨价。

　　　　2. 我们感谢那些不涨价的米店。

　　　　3. 我们警告那些涨价的米店。　　　　　(24.1.4)

　　　　4. 我们保证本市的米店不会涨价。

　　　　5. 我们同意亏损的米店少量涨价。

这些句子分别表示说话者的命令、感谢、警告、保证、让步等行为,不能用真或假来表示它们的值。因此,Austin 认为句子应该分成两类。句子(24.1.1),(24.1.2)和(24.1.3)属于第一类,称为表述句;式(24.1.4)中的五个句子属于第二类,称为完成行为句,它们完成的行为就是上面所说的命令、感谢、警告、保证、让步。对于完成行为句,Austin 提出了另一种特性标志,称为恰当性。在式(24.1.4)中,第一句至第四句可以认为是恰当的,因为它们符合政府的政策。而第五句有可能是不恰当的,因为它不符合政府的政策,且说话者越权了:他没有同意涨价的权力。

Austin 的这个观点在有些情况下行不通。首先,完成行为句不一定以第一人称开头,也不一定含有某种表示它是完成行为句的特殊成分。其次,完成行为句和表述句很难截然分开。例如:

赵高对秦二世说:"头上长角的是马"　　　　　　　(24.1.5)

这从表面上看是表述句,实际上是完成行为句。赵高要借此威慑朝廷,建立专权。另一方面,有些句子形式上像完成行为句,本质上却是表述句。如:

"你瞧他那骄傲的样子!"　　　　　　　(24.1.6)

本质上表明"他的样子很骄傲。"

由于意识到把语句划分为完成行为句和表述句两大类有不能令人满意之处,Austin 后来修正了他的观点,在 1962 年出版的《如何以言行事》一书中,他换了一种分类法,把人们通过言语所能完成的行为——简称言语行为——分为三类:以言表意行为;以言行事行为和以言取效行为。在这里,出发点是:一切语句都能完成某种行为,即便是陈述句,也能完成一定的行为。Austin 为这三类语句所举的例子是:

1. 他对我说:"你不能那样做"——以言表意。

2. 他抗议我那样做——以言行事。

3. 他阻止我那样做——以言取效。

理由是:第一句话只是转达了一个判断;第二句话则是实实在在地做一件事——抗议;第三句话产生阻止我那样做的效果。

但是,这种分类法在很大程度上仍然是勉强的,仔细分析可以知道:第一,以言表意和以言行事很难分开,表意总是为了行事,而行事也首先必须表意。通过语句(24.1.5)我们对这一点已看得很清楚了。第二,以言行事和以言取效也很难分开。凡行事总是为了达到某种效果,而要取效又必须通过行事。因此,这三者其实是不可分的。所谓不可分,并非指三者合而为一,这三者仍然代表了人们言语的语用的三个方面。不可分是指原则上不存在这样的语句,它们的言语行为只是三者中之一,或三者中之二,而不是其全部。

事实上,在这三者中,以言行事是最主要的,是核心。从 Austin 学派的研究工作来看,主要地也是集中在这一方面。Austin 本人对以言行事的行为作了分类,他认为应分为如下五个方面。

1. 通过断定词引入的以言行事,如认定、相信、判断、估计、推测等。

2. 通过阐释词引入的以言行事,如说明、解释、陈述、剖析、描述等。

3. 通过执行词引入的以言行事,如命令、指挥、阻止、禁止、号召、请求、呼吁等。

4. 通过行为词引入的以言行事。如感谢、道歉、批评、表扬、祝贺、慰问等。

5. 通过承诺词引入的以言行事,如允许、答应、批准、决定、保证、发誓等。

所有这些词:断定词、阐释词、执行词、行为词、承诺词等在 Austin 那里都是动词,他称它们为以言行事动词。所以,他对以言行事行为的分类实际上是对以言行事行为动词的分类。仅此一点,就已引起了其他学者对这种分类法的批评。批评首先来自 Austin 学说的继承者之一 Searle。这位美国语言学家认为,Austin 把某种特定的自然语言(英语)中的动词作为以言行事行为的分类标准是不合适的。如果这样做,那么不同的自然语言就会有不同的以言行事分类法。

实际上,一个语句的以言行事性质并不完全取决于句中的动词,甚至一些完全不含动词的语句也可以起到以言行事的作用。例如,单词"水"就可构成多种以言行事行为:

1. 柴达木盆地的勘探队在沙漠中突然发现一处泉源,队员旺喜喊道:"水!"

2. 上甘岭坑道中的重伤战士微微张开干枯的嘴唇,断断续续地说:"水,……"。

3. 正在掘进的坑道工人无意中掘开了一处暗河,工人撒腿就跑,大喊道:"水!"

在这里,第一个"水"表示惊喜的心情和通报好消息。第二个"水"表示喝水的愿望。第三个"水"表示惊慌并通知大家快跑。

此外,Searle 还认为 Austin 的分类法不能唯一地把一个动词归入某一类,类之间的相交非空,甚至有些被 Austin 认为是以言行事的动词实际上根本不是以言行事的。鉴于以言行事行为分类的重要性,Searle 重新研究了分类问题。他指出,起码有 12 条准则可用于以言行事行为的分类。它们是:

1. 行为的目的是什么? 例如,命令、请求、恳求、呼吁等行为都是为了使听话者做某件事。感谢、批评、表扬、道歉等都是为了使听话者知道说话者对某件事的态度。承诺、答应、保证、发誓等都是为了使听话者相信说话者做某件事的决心。

2. 以言词去适应世界还是使世界来适应言词? 前者是用言语来描述客观世界及其变化,而后者是企图以此为模式来改变客观世界。例如日记、新闻报道、总结、年鉴等都是以言词适应世界,而计划、方案、命令、阴谋等都是以世界适应言词。还可以举这样一个例子:某中医甲有祖传秘方,从来只给病人发药,不给病人处方。有一次,他上街采购配药的原料,采购时带着一张清单。另一位中医乙知道了,悄悄跟在中医甲后面,把他采购的每一种原料及数量都记下来。这样就有了两张内容完全一样的清单,但它们的以言行事行为却是不同的。中医甲的清单是以世界适应言词,而中医乙的清单却是以言词适应世界。当然,在一定条件下这种行为是可以转化的。如果中医乙拿了他记下的清单去采购,则该清单又成了以世界适应言词了。同样,如果中医甲把他的清单贡献给中医研究院,则该清单又成了以言词适应世界了。

3. 说话者的心理状态是什么? 每个人在以言行事时都有某种心理状态。例如,若某人断言或宣称事实 $P$ 成立,他一定抱有对 $P$ 的某种信念;若某人命令、要求或恳请另一人去做事情 $P$,他一定是对 $P$ 抱有某种愿望;大声呵斥者一定胸怀不满;连连叫好者必然心中喜悦,如此等等。在这里,Searle 排除了说话者表里不一,口不从心的情况,而假定他说的就是他想的。他附加的这个条件称为真诚性条件。

以后我们将会看到,人物心理状态的区分对理解话语及其有关情节起着很大的作用。Searle 用大写字母 $B$,$W$ 和 $I$ 分别代表人物的信念、愿望和企图。

4. 以言行事的力量强度如何? 比较下列说法:"你能告诉我钱放在哪里吗?""请告诉我钱放在哪里?""快说! 钱放在哪里?""你不说钱放在哪里就毙了你!"

5. 说话者和听话者的地位不同对以言行事的力量强度有何影响? 设想几个公差押着犯人赶路。如果公差说:"休息吧!"那是命令;如果犯人说:"我走不动了,休息吧!",那是请求。

6. 言语对说话者和听话者的利害关系如何？例如,祝贺是肯定听话者遇上好事;慰问(更确切地说:安慰)则是肯定听话者遇上了不幸;批评是表示听话者做错了事;表扬则说明听话者做对了事。这些都涉及说话者和听话者,特别是后者的利害关系。

7. 与对话的其余部分的关系有何不同？例如:"现在发布重要新闻"与下面的谈话有关;"违者严惩不贷,切切此布"与上面的谈话有关;"我不同意王君的意见"与别人的谈话有关;"我对刚才的话作一点更止"与自己的另一段谈话有关;"我这可是丑话说在前面"与本语句自身有关。并且关系的性质各各不同(读者试作一分析)。

8. 以言行事的表征词对以言行事的内容有何影响？例如,预测、报告、总结都用于说明某些情况,但用了不同的表征词"预测"、"报告"、"总结"。它们对说明的内容作出了不同的限制:预测只涉及将来,总结只涉及过去,而报告则是中性的,可以涉及过去、现在或将来。

9. 通过以言行事实现的行为是否必须通过言语实现？有些言语行为只反映了说话者的内心活动,说不说出来都是一样。例如:"我估计"、"我预测"、"我猜想"、"我感到"、"我分析"等等,都不必说出来。这与"我批评"、"我表扬"等不说出来就不能体现效果的言语行为是不一样的。

但是,如果说话者的意图是要把自己的内心活动告诉别人,这就又当别论。这时应当把"我估计"当作"我告诉××我估计"来处理。

10. 言语行为的实现是否需要言语以外的手段？当一个强盗或警察喊"不许动!"时,他手里必定拿着武器,这就是语言以外的手段。否则此言语行为是无法实现的。这与第5个准则所讲的说话者与听话者的相对地位是两码事,因为即使听话者知道喊话者是强盗或警察,但看见对方手里没有武器,他也不会听从。当然,大多数言语行为是不需要言语以外的手段的。

11. 以言行事的动词是否真正能起到以言行事的作用？在"我保证"、"我猜想"、"我宣布"等语句中,"保证"、"猜想"、"宣布"等以言行事动词确切地反映了说话者要做的事。但是,威胁、吹嘘、奉承等行为却不能直接用"威胁"、"吹嘘"、"奉承"作为以言行事动词,因为它们起不到这个作用。

12. 以言行事的风格是什么？例如"倾诉衷肠"和"畅叙别情"在某些语境下可能说的是同一内容,但"倾诉"和"畅叙"却有不同的风格。"宣布"和"通告"、"表扬"和"赞美"等都是风格不同而内容基本相同的以言行事动词。这个标准和上述第 4 条准则"力量强度"不一样,因为风格是难以用强度来衡量的。

基于以上的分析,Searle 对 Austin 的分类标准作了修改,下面是他对以言行事行为的重新划分:

1. 断言行为。表明说话者相信某种事实,用

$$\vdash \downarrow B(p) \tag{24.1.7}$$

表示,其中 $B$ 代表信念,$p$ 是事实的内容,向下的箭头 $\downarrow$ 表示以言词适应世界。

2. 指示行为。说话者要求听话者做某事,用

$$! \uparrow W(H \ does \ A) \tag{24.1.8}$$

表示。其中 $W$ 代表愿望,$H$ 代表听话者,$A$ 代表要做的事,向上的箭头 $\uparrow$ 代表使世界适应言词。

3. 承诺行为。说话者向听话者承诺做某件事。在这里,Searle 认为"企图"、"将要"等动词都不能表示承诺,只有"保证"、"应允"等才是表示承诺。该行为可表示为

$$C \uparrow I(S \ does \ A) \tag{24.1.9}$$

其中 $C$ 代表承诺,$I$ 代表意图,$S$ 代表说话者。

4. 表达行为。说话者表达他的心理状态。此处真诚性条件必须得到遵守。该行为可表示为

$$E \varnothing (P)(S/H + property) \tag{24.1.10}$$

其中 $E$ 代表表达,$\varnothing$ 代表在言词和世界之间不存在谁适应谁的问题,$P$ 是一个变量,可取任一心理状态为值。$S/H$ 代表说话者或听话者,property 是被赋予 $S/H$ 的一个属性,它说明了产生这种心理状态的原因。例如,在"甲祝贺乙得了大奖"这句话中,property 就是大奖,它被赋予乙(即 $H$)。

5. 宣布行为。随着说话者宣布某一事实为真,该事实确实变为真。如"罗斯福宣布美国和德国处于战争状态","梅兰芳金奖评委会宣布刘长瑜获金奖","人民政府宣布刘巧儿解除婚约"等都是宣布行为的例子。这类行为可表示为

$$D \updownarrow \varnothing (p) \tag{24.1.11}$$

其中 $D$ 代表宣布,双向箭头 $\updownarrow$ 表示这里既有以言词适应世界,也有使世界适应言词。符号 $\varnothing$ 表示此处不需要真诚性条件,$p$ 是宣布的内容。

以上这一切可以概括为如下的公式：

$$F(p) \tag{24.1.12}$$

其中 $p$ 表示以言行事的内容，$F$ 表示以言行事的力量。所谓力量，并非数量大小的概念，实际上指的是类型。对于 Searle 来说，就是上面所说的五种类型。但是类型和力量实在是两种不同的概念，并且这五种类型也难以概括所有的以言行事行为。因此，更合适的公式应该是

$$\langle p, t, f \rangle \tag{24.1.13}$$

其中 $t$ 表示类型，而 $f$ 表示力度。例如，对请求和命令来说，$t$ 是一样的，而 $f$ 之值不同。

上面所说的言语行为，统统可以称之为直接言语行为。它们的特点是说话者直接表达出他想要做的事。除此之外，还有一种间接言语行为。按 Searle 的说法，说话者说的一句话包含着某种显式的以言行事的内容，但同一句话除此之外还隐含着其他的以言行事内容，后者是前者的延伸，这就是间接言语行为。例如，甲问乙：

$$\text{你知道现在是几点钟吗？} \tag{24.1.14}$$

表面上是要求乙回答是否知道现在的时间（显式的以言行事），实际上还包括要求乙告诉甲现在是几点，如果乙知道的话（隐式的以言行事）。后者就是间接的言语行为了。在某些语境中，它还可以有更间接（更深）的含义。例如，会议主持者把会从下午一直开到晚上八点钟，饥肠辘辘的与会者无法忍受，只好提出了这样的问题。提问者并非不知道现在是几点，他是明知故问，好让会议主持者意识到应该散会了。我们常说的"言外之意"，阿庆嫂说的"听话听声，锣鼓听音"就是要听话者明白这种间接的言语行为。Searle 曾举一个例子来说明其理解过程，考察下面的对话：

> 学生甲：今晚我们看电影去吧。
> 学生乙：我要复习功课，准备考试。 (24.1.15)

表面上看，这两句话毫无关系，学生乙好像是在答非所问。实际上，学生乙拒绝了学生甲的建议，学生甲的分析过程如下：

1. 我向乙提了建议，而乙的回答是他要准备考试。

2. 乙是严肃的，他的回答应与我的提问有关。

3. 与我建议有关的回答只可能有如下几种含义之一：接受、拒绝、反建议、进一步讨论等。

4. 但从他的回答中看不出这种有关性，因为回答不是上面列出的几种可能之一。

5. 因此，他的回答可能有另外的含义，而与其字面的含义不同。

6. 我知道准备考试要花去许多时间，看一场电影也要花去许多时间。

7. 因此，他不能一个晚上又看电影又复习功课。

8. 如果他同意或承诺做某件事，首先必须他确有可能做这件事。

9. 因此，从他的说话可以推出，他实际上无法接受我的建议。

10. 因此，他的回答的真正含义（以言行事）很可能是拒绝我的建议。

为什么听话者的理解能超出说话者的话语的直接内容呢？ Searle 认为，这是由于说话者和听话者有共同的背景知识，包括语言学和非语言学的背景知识，再加上听话者本人的理性和推理能力。

这种解释是有道理的。但是，它不能解释如下的问题：甲分别对乙和丙说同样的话，此话涉及的背景知识为乙和丙所共有，但甲的话却对乙和丙产生了不同的间接言语行为。仍旧以语句(24.1.3)为例，以下五种情形都是可能发生的：

1. 妻子告诉丈夫："今天的米价又涨了"，丈夫听后设法多赚点钱来维持家用。

2. 丈夫告诉妻子："今天的米价又涨了"，妻子听后赶紧去多买点米，以防米价再涨。

3. 市民报告政府："今天的米价又涨了"，政府采取措施，平抑米价。

4. 米商们互相转告："今天的米价又涨了"，米商纷纷把米收起来，盼望米价进一步上涨。

5. 记者打电话给主编："今天的米价又涨了"，主编马上在报上发一条消息，题为："米老虎逞威，市民叫苦"。

由此可见，同一句话在不同的人身上确实产生了不同的效果。这些效果涉及的背景知识是五个听话人所共有的，所需的推理能力也是五个听话人所共有的，那为什么各人所得的结论会不一样呢？ 这是因为不同的人头脑里（在不同情况下）有不同的敏感点，间接言语行为要想产生预想的效果，必须能触动这个敏感点才行。说话者要知道什么是听话者的敏感点，并且采用何种言词能触动对方的哪一个敏感点，这是非常重要的。再举三例：

1. 银行行长对上门求信贷的个体户说："听说东芝卡拉 OK 音质很好"，这是行长知道个体户脑中有"想行贿不知送什么"的敏感点。

2. 医生对病人说："这种手术一点没有痛苦"，这是医生知道病人脑中有疑虑手术造成痛苦的敏感点。

3. 在《智斗》中，刁德一说阿庆嫂"抗日救国，舍己为人"，阿庆嫂说自己"江湖义气，背靠大树"，刁德一说阿庆嫂"对新四军安排照顾更周详"，阿庆嫂说自己"人一走，茶就凉"，都是抓住对方敏感点，尤其是抓住听话的第三方，即胡传葵的敏感点的例子。

直接言语行为与间接言语行为有什么关系？有事实表明，它们不是在任何场合下都可以互相取代的。因为：

1. 间接言语行为常含有说话者不愿或不能用直接言语行为表达的因素。我们不能想象刁德一当着胡传葵的面问阿庆嫂："你是共产党吗？"，也不能想象刁德一未提这样的问题而阿庆嫂自我辩解："我不是共产党"。在电影"归心似箭"中有一句话："我要你给我挑一辈子水"，决不能改为："我要你娶我"。都是一样的道理。

2. 在某些场合下要产生某种效果时只能用直接言语行为。例如"冲啊！""抓住他！""今年我们要完成三亿元的产值""昨天下午我丢了钱包""2 加 2 等于 4"。

Searle 认为，为了使言语行为达到预期的效果，如下六个条件应该得到满足：

1. 正常的输入/输出条件。例如，说话者不是哑巴（用哑语者又例外），听话者不是聋子。说话的环境不是真空，等等。

2. 命题内容条件。说话的内容必须符合双方能共同接受的形式（语法、语义）。不能说听不懂的外国话、黑话或者废话。

3. 先决条件。客观世界中使言语行为能实现的必备条件。其中包括：

(1) 听话者能执行说话者要求的动作 $A$。

(2) 说话者相信听话者能执行 $A$。

(3) 并非听话者本来就要执行 $A$，至少说话者不知道这一点（非显然性条件）。

例如，说话者可以要求听话者不要睡懒觉，但不能要求听话者不睡觉（因为他自己也不相信人可以不睡觉）。另一方面，劝告别人"不准一辈子不睡觉"是无意义的，因为即使你不劝他，到时候他也会睡觉。

4. 真诚性条件。要求说话者所说的内容必须符合他的真实思想。即：若他要求 $x$ 做某事，则他确实希望 $x$ 做该事；若他应允做某事，则他确实打算做该事；若他断言某事实，则他确实相信该事实，等等。

5. 本质性条件。应指明说话者到底想要干什么。例如，若言语以要求的形式出现，则所产生的行为就是企图要听话者做某件事。

6. 自觉性条件。只有当说话者确实有与听话者交流思想的愿望时，他才去实行有关的言语行为。

关于这些条件的适用性，我们在下面还会提到。

## 24.2　基于规划和意图的话语理解

我们已经看到，言语是行为的一种手段。行为是有目的的，这就是说话者的意图。为了达到目的，就要适当地选择和组织言语行为，这就是规划。另一方面，既有制订规划并通过言语行为来实现规划的一方，也就有通过分析和破译规划来理解话语的一方。这是理解话语语用的重要方面。

近年来，有关语用研究的文献不少，仔细阅读时，可以发现他们论述语用的角度不完全一样，大体上可归纳成如下三类：

1. 进入角色类。$A$ 和 $B$ 谈话，从 $A$ 的角度分析 $B$ 的话语的含义，此时，自然语言理解系统是谈话的一方。

2. 现场旁观类。$B$ 和 $C$ 谈话，$A$ 在旁观察。从 $A$ 的角度分析 $B$ 和 $C$ 在谈话中传递的信息及各自实施的言语行为。

3. 分析评价类。$C$ 和 $D$ 谈话，$B$ 在旁观察并以写实或编为故事的形式记录下来。$A$ 阅读 $B$ 的写实或故事，从 $A$ 的角度分析 $B$ 的记录手法和 $B$ 的观点、意图。

图 24.2.1 展示了语用论述的三种不同的角度，分别用(a)，(b)，(c)标记。

本节主要探讨第一种角度，至于后两种角度，我们放到下节去讨论。

在这方面开展研究较早的是 Cohen 和 Perrault，他们提出了在言语行为中构造规划的四个要素，其中第一个由后三个组成：

1. 操作。现实世界的动作，如走路、吃饭。

2. 前提。这是实施某项动作的必备条件。

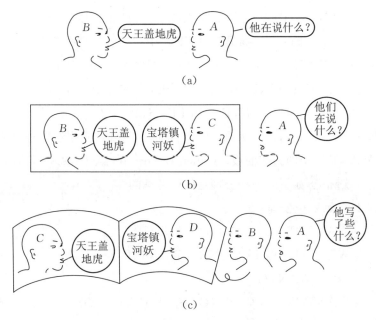

**图 24.2.1 语用理解的三种角度**

3. 操作体。这是动作的具体内容。

4. 效果。这是实施动作造成的影响。

前提和效果用特殊的模态公式表示,有三个算子:

1. BELIEVE算子。由于动作是通过言语来实现的,效果也是通过言语来达到的,而言语是影响谈话对方的手段。因此,为了要作出恰当的言语行为规划,谈话必须有相应的认知模型作为基础。每个谈话者有自己的认知模型,其中有他对现实世界的认识,包括他对谈话对方的认识,也包括他对谈话对方的认知模型的认识。这种认识就体现在BELIEVE算子中。

这里的BELIEVE算子并没有很多新思想,它是利用了我们在第十二章中已经讨论过的有关信念逻辑的研究成果。信念逻辑可以有不同的公理系统。Cohen和Perrault采用的是如下的公理系统,其中 $P$, $Q$ 代表命题,$a$ 代表谈话的一方。

**公理 24.2.1**(信念公理)

B1　a BELIEVE(谓词演算的所有公理)

B2　a BELIEVE(P)→a BELIEVE(a BELIEVE(P))

B3　a BELIEVE(P)∨a BELIEVE(Q)→a BELIEVE(P∨Q)

B4  a BELIEVE(P) $\wedge$ a BELIEVE(Q)$\equiv$a BELIEVE(P$\wedge$Q)

B5  a BELIEVE(P)$\rightarrow$$\sim$a BELIEVE($\sim$P)

B6  a BELIEVE(P$\rightarrow$Q)$\rightarrow$〔a BELIEVE(P)$\rightarrow$a BELIEVE(Q)〕

B7  $\exists$ x a BELIEVE(P(x))$\rightarrow$a BELIEVE($\exists$ x P(x))

B8  $\forall$ a, b, y, a BELIEVE〔b BELIEVE By〕, 1$\leqslant$y$\leqslant$7

2. WANT算子。言语行为总有一个目的,制订和实施规划也是为了达到这个目的,WANT 算子即为此而设。Cohen 和 Perrault 认为,WANT 的形式语义很难确定。实际上,如下的一些公理是可以考虑的。

**公理 24.2.2**(愿望公理)

W1  a WANT(P)$\rightarrow$a WANT〔a WANT(P)〕

W2  a WANT(P)$\rightarrow$a BELIEVE〔a WANT(P)〕

W3  $\exists$ P, a WANT(P)

W4  a WANT(P) $\vee$ a WANT(Q)$\rightarrow$a WANT(P$\vee$Q)

W5  a WANT(P) $\wedge$ a WANT(Q)$\equiv$a WANT(P$\wedge$Q)

W6  a WANT(P)$\rightarrow$$\sim$a WANT($\sim$P)

W7  a WANT〔b BELIEVE(P)〕$\rightarrow$a BELIEVE(P)

W8  a WANT〔b BELIEVE(P)〕$\rightarrow$$\sim$a BELIEVE〔b BELIEVE(P)〕

这些公理都是容易理解的,只有三条公理需要一点解释。公理 W3 表明,任何人在说话时总有某种目的,想通过言语行为来达到,不存在没有目的的谈话。公理 W7 表明,如果谈话者希望听话者相信某个命题 $P$,则他自己首先就应该相信命题 $P$。这条公理反映了 Searle 的真诚性条件(见上节)。公理 W8 表明,如果谈话者希望听话者相信某个命题 $P$,则他并不相信听话者已经相信这个命题,否则,言语行为就没有必要了。这条公理反映了 Searle 的先决条件的第(3)点。

3. CANDO 算子。Searle 的先决条件还有另外两点,即第(1)点和第(2)点,其中都提到了听话者能否执行一个动作的问题。因此,谈话者执行动作的能力也应该能够用公式写出来,这就是 CANDO,我们也用模态算子的形式把它写成逻辑公式。

**公理 24.2.3**(条件公理)

C1  a BELIEVE〔b CANDO(A)〕$\rightarrow$b CANDO(A)

C2  $\forall$ A a CANDO〔a WANT(A)〕

C3  a CANDO(A) $\vee$ a CANDO(B)$\equiv$a CANDO(A$\vee$B)

C4　a CANDO(A∧B)→a CANDO(A)∧a CANDO(B)

C5　∃ A a CANDO(A)

这里的 $A$ 表示动作,公理 C1 是说:若说话者相信听话者能做动作 $A$,则听话者确实能做动作 $A$。这是 Searle 的先决条件中(1)、(2)两项的进一步概括。因为,为了使言语行为顺利取效,说话者不能要求听话者做他做不了的事。公理 C2 是说,对任何事 $A$,"希望 $A$"总是能实现的。公理 C3 表明:能做 $A$ 或 $B$ 等价于能做 $A$ 或能做 $B$,试把 C3 与公理 B3 和 W4 相比,在那里,从相信(希望)〔$A$ 或 $B$〕推不出相信(希望)$A$ 或相信(希望)$B$。公理 C4 是说:从能做($A$ 及 $B$)可推出能做 $A$ 及能做 $B$。但反过来不行,例如一个人可以向东走,也可以向西走。但不能同时向东和向西走。公理 C5 是说:每个人至少可以做一件事,否则,就没有人同他讲话了(因为任何言语行为对他不产生效果)。

以上是三个基本的模态算子。Cohen 和 Perrault 利用它们来构造现实世界的动作。他们所说的动作可以分为两类:现实世界的具体动作(如走路、吃饭)和现实世界的抽象动作。所谓抽象动作,是指像 Shank 的概念依赖理论(见 5.3 节)那样把具体动作概括、提炼成抽象动作,当然具体的概括、提炼方式不一定一样。几个代表性的动作如下:

1. MOVE 动作

MOVE(演员,出发地,目的地):

CANDO 条件：　LOC(演员,出发地)

WANT 条件：　演员 BELIEVE 演员 WANT 移动

EFFECT：　　　LOC(演员,目的地)

这里 LOC($x$,$y$)表示 $x$ 位于 $y$ 地,EFFECT 是效果。演员只有一个人。

2. REQUEST 动作

REQUEST(说者,听者,动作):

CANDO 条件:(1) 说者 BELIEVE 听者 CANDO 动作。

(2) 说者 BELIEVE 听者 BELIEVE 听者 CANDO 动作。

WANT 条件:说者 BELIEVE 说者 WANT 此要求。

EFFECT:听者 BELIEVE 说者 BELIEVE 说者 WANT 动作。

作几点说明。首先,在 MOVE 和 REQUEST 动作中,演员和说者都只是 BELIEVE(WANT)而不是 WANT,这是因为 Cohen 和 Perrault 展开的是基于信念的分析,说话者只是相信自己要提出这个要求,至于他是否确实需要提此要求,那是不清楚的。其次,CANDO 条件(1)表明听者确能做此动作(根据公理C1),而 CANDO 条件(2)表明听者相信自己能做此动作(这个条件是必需的,因为从公理 C1 推不出这一点)。第三,执行 REQUEST 的效果只是听者明白了说者的要求,但不等于听者接受了说者的要求。因此,下面的 CAUSE-TO-WANT 动作是不可少的。

3. CAUSE-TO-WANT 动作

CAUSE-TO-WANT(演员甲,演员乙,动作):

CANDO 条件:演员乙 BELIEVE 演员甲 BELIEVE 演员

甲 WANT 动作

EFFECT:演员乙 BELIEVE 演员乙 WANT 动作

不难看出,把 REQUEST 和 CAUSE-TO-WANT 串接起来,就可以产生预期的效果。但有时说者并非要求听者做某件事,而是要求听者相信某件事。为此,说者首先要把他希望听者相信的命题告诉听者,因此我们还需要下面的动作。

4. INFORM 动作

INFORM(说者,听者,命题):

CANDO 条件:说者 BELIEVE 命题。

WANT 条件:说者 BELIEVE 说者 WANT 通知听者。

EFFECT:听者 BELIEVE 说者 BELIEVE 命题。

正像 REQUEST 不能保证听者执行说者所要求的动作一样,INFORM 也不能保证听者相信说者告诉他的命题。为此,我们还需要下面的动作。

5. CONVINCE 动作

CONVINCE(演员甲,演员乙,命题):

CANDO 条件:演员乙 BELIEVE 演员甲 BELIEVE 命题。

EFFECT:演员乙 BELIEVE 命题。

不难看出,把 INFORM 和 CONVINCE 串接起来,就能达到使听者相信一个命题的效果。

现在可以把前面所述的内容综合起来并研究如何制订言语行为的规划了。制订言语行为规划应该遵循如下的原则:

1. 制订规划的最根本一条是构造一个动作链,链上第一个环节的前提条件是已经具备的,最后一个环节的效果是说话者追求的目标。并且链中每一个环节的效果都使后一个环节的前提条件得到满足。

2. 如果一个动作的效果是已经存在的或将要自动存在的,则规划中不应考虑此动作。

3. 若 $E$ 是一个目标,则把能达到此目标的动作加入规划中。

4. 若规划中有一动作 $A$,$A$ 的前提条件未全部满足,则把尚未满足的条件作为目标加入规划中。

5. 若规划器需要知道某个命题 $P$ 的真假值,则可以把"求 $P$ 的真假值"作为目标加入规划中。

6. 若规划器需要知道某个属性 $A$ 的值,则可把"求 $A$ 的值"作为目标加入规划中。

7. 永远假定:每个谈话者都相信其他的谈话参加者和他一样地遵守这些规划原则。

这表明,此处总是假定所有的谈话者都是互相合作的,当他们了解到别人的规划后不会试图去破坏别人的规划。并且所有的谈话者都是一样聪明的,不需要有人去提醒别人应该如何制订规划。

现在看一下规划的例子。根据迄今为止所讨论的,无非是两类规划。第一类是要求某人做某件事,如:

少剑波派杨子荣上威虎山 (24.2.1)

规划过程如图 24.2.2 所示,其中连接箭头旁的符号 $c$,$w$,$e$ 分别代表 CANDO 条件,WANT 条件和 EFFECT。第二类规划是让某人相信某件事。如。

少剑波告诉杨子荣座山雕厉害 (24.2.2)

用 $P$ 代表命题"座山雕厉害",则图 24.2.3 表示了实现目标(24.2.2)所需的规划。

Cohen 和 Perrault 的工作集中在如何生成一个言语行为的规划,其中所用的推理主要是说话者的推理。但是,为了完成言语行为,通常需要听话者的合作。而说话者要求听话者完成什么样的合作,并不总是可从说话者的片言只语中直接了解到的。听话者往往需要对听到的内容进行推理,分析出说话者是在执行一个什么样的言语行为规划。这叫言语行为的意图或规划分析。其中 Allen 和 Perrault 的工作是比较著名的。

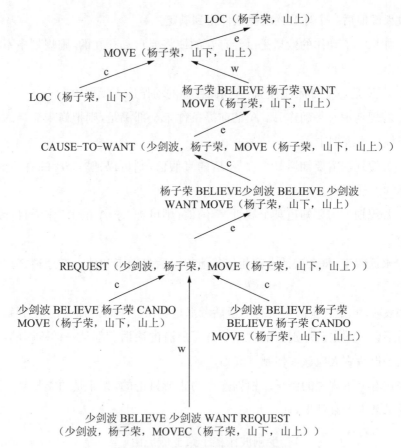

**图 24.2.2 与 REQUEST 有关的规划**

再次考察例句(23.1.14)。如果听话者对这句话不加分析,他的答复可能是

我知道。 (24.2.3)

这个回答虽然提供了某种信息,可它对提问者毫无用处。如果会议主持者从提问者脸上漠然的表情看出自己的回答并不理想,他可能会赶紧补充说:

现在是晚上八点钟。 (24.2.4)

对于一个在火车站询问时间的人来说,这个答复也许够了。然而,为要答复一个无法忍受"马拉松式"会议的人,这仍然是无效的,甚至会带来负效(既然知道这么晚了,为什么还要把会开下去?)。正确的答复应该是:

好! 我们再用五分钟就散会。 (24.2.5)

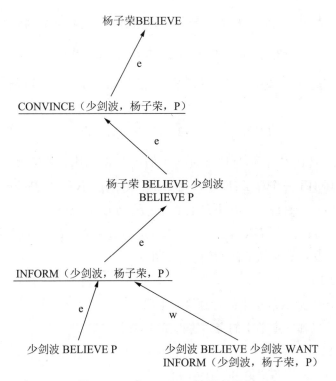

**图 24.2.3　与 INFORM 有关的规划**

这个答复就是通过对说话者的话语进行规划和意图分析后得到的。

　　Allen 本人还举过这样的例子。一个人拖着空的煤气罐在街上走，并打听：

你知道最近的煤气站在哪儿吗？　　　　　　　　(24.2.6)

在这个情况下，如果告诉他

最近的煤气站在北京路和南京路之间。　　　　　(24.2.7)

可能是一个不恰当的答复，因为那个煤气站已经关门了。听从他指点的问话者将要埋怨他把自己引入歧途。Allen 把问话中包含的目标称为障碍，把目标达到称为障碍消除。把听话者的目标搜索称为障碍发现。话语分析的目的就是要发现说话者的障碍并尽自己的能力帮助他消除。在上面第一个例子中，障碍是马上散会。第二个例子的障碍是灌煤气。

　　规划分析使用两组规则，一组是规划构造规则，另一组是规划推理规则。

　　规划构造规则基本上就是前面讲过的那些。Allen 换用了简化的符号，用 $B$ 和 $W$ 分别代表 BELIEVE 和 WANT，用 $C$ 和 $E$ 分别代表前提条件和效果，用 $A$

和 $P$ 分别代表动作和命题 $F$ 表示部分。则规划构造规则可举例如下：

$$PC1. \quad a \quad W(P) \wedge E(A, P) \xrightarrow{C} a \quad W(A)$$

它表示，若演员 $a$ 希望实现 $P$，且动作 $A$ 的效果是 $P$，则 $a$ 可能希望执行动作 $A$。

$$PC2. \quad P \wedge E(A, P) \xrightarrow{C} \sim a \quad W(A)$$

表示，若状态 $P$ 已经为真，且执行动作 $A$ 的效果是 $P$，则 $a$ 不需要执行动作 $A$。

Allen 增加了三个算子：$KI$, $K$ 和 $KR$。其中 $a \quad KI(P)$ 表示 $a$ 知道命题 $P$ 是否为真（但是没有说明 $a$ 知道 $P$ 为真，还是 $a$ 知道 $P$ 为假）。$a \quad K(P)$ 表示 $a$ 知道命题 $P$ 为真。$a \quad KR(x: p(x))$ 表示 $a$ 知道使谓词 $P(x)$ 成立的那个 $x$ 是谁，它们的含义可分别从下面的例子中看出来。

**例 24.2.1**

学生 $K$〔老师 $KI$（学生的考题答对了）〕

即学生知道：老师知道学生的考卷答得是否对。

**例 24.2.2**

老师 $KR$〔$x$：考得最好的学生 $(x)$〕

即老师知道考得最好的学生是谁。

下面是又一个规划构造规则：

$$PC.3 \quad a \quad W(P) \wedge \sim a \quad KI(P) \xrightarrow{C} a \quad W〔a \quad KI(P)〕$$

表示，若演员 $a$ 想要达到状态 $P$，但不知道 $P$ 是否为真，则 $a$ 可能要想知道 $P$ 是否为真。

规划推理规则是分析谈话对方的言语行为规划的规则。举例如下：

$$PI1.a \quad B \quad b \quad W(P) \wedge C(P, A) \xrightarrow{i} a \quad B \quad b \quad W(A)$$

表示，若 $a$ 相信 $b$ 希望出现 $P$，且 $P$ 是动作 $A$ 的前提条件，则可以推理：$a$ 相信 $b$ 希望执行动作 $A$。

$$PI2.a \quad B \quad b \quad W(A) \wedge F(A, D) \xrightarrow{i} a \quad B \quad b \quad W(D)$$

表示，若 $a$ 相信 $b$ 希望执行动作 $A$，且 $A$ 是动作 $D$ 的一部分。则可以推理：$a$ 相信 $b$ 希望执行动作 $D$。

$$PI3.a \quad B \quad b \quad W(A) \wedge E(A, P) \xrightarrow{i} a \quad B \quad b \quad W(P)$$

表示,若 $a$ 相信 $b$ 希望执行动作 $A$,且状态 $P$ 是执行 $A$ 的效果。则可以推理: $a$ 相信 $b$ 希望出现 $P$。

$$PI4.a \quad B \quad b \quad W[d \quad W(A)] \xrightarrow{i} a \quad B \quad b \quad WR(b, d, A)$$

表示,若 $a$ 相信 $b$ 希望(让)$d$ 希望执行动作 $A$,则可以推理:$a$ 相信 $b$ 希望要求 $d$ 执行动作 $A$,其中的 $R$ 即 REQUEST。

$$PI5.a \quad B \quad b \quad W[b \quad KI(P)] \xrightarrow{i} a \quad B \quad b \quad W(P)$$

表示,若 $a$ 相信 $b$ 希望知道 $P$ 的真假,则可以推理:$a$ 相信 $b$ 希望 $P$ 为真。

$$PI6.a \quad B \quad b \quad W[b \quad KI(P)] \xrightarrow{i} a \quad B \quad b \quad W(\sim P)$$

条件同上,推理结果为 $a$ 相信 $b$ 希望 $P$ 为假。

$$PI7.a \quad B \quad b \quad W[b \quad KI(\exists d : P(d))] \xrightarrow{i}$$
$$a \quad B \quad b \quad W[b \quad KR(x : P(x))]$$

表示,若 $a$ 相信 $b$ 希望知道是否存在一个 $d$,使 $P(d)$ 成立,则可以推理:$a$ 相信 $b$ 希望知道是哪一个 $x$ 使 $P(x)$ 成立。

$$PI8.a \quad B \quad b \quad W[b \quad KR(x : D(x))] \xrightarrow{i}$$
$$aB[\exists P : b \quad W[P(x : D(x))]]$$

表示,若 $a$ 相信 $b$ 希望知道是哪一个 $x$ 使 $D(x)$ 成立,则可以推理:$a$ 相信存在一种性质 $P$,$b$ 希望使 $D(x)$ 成立的那个 $x$ 也能使 $P$ 成立,此处 $P$ 是另外的性质。

在例子(24.2.6)中,$x$ 是所找的煤气站,$D(x)$ 是煤气站的地点最近,$P(x)$ 是煤气站在正常营业。这种 $P$ 往往不直接出现在说话人的言辞中,需要听话人根据常识推断。

还可以设计其他的规划构造规则和规划推理规则。

## 24.3 故事情节理解

在早期的自然语言理解研究中,人们只注重单句的结构及其意义的研究,后来又把这种研究拓宽到双人对话,从对话中提取信息。但随着研究的逐步深入,人们发现无论是单句结构还是片断的双人对话都很难代替整个的篇章或故事在自然语言理解中的地位。这至少有两方面的原因。

从单句结构和片断对话的角度看,扩大研究范围是加深理解的必要前提。我们都知道自然语言理解的一大困难是其二义性问题。对汉语来说,从分词开始就有二义性困难。在语法、语义、语用三个层次的研究中都有这个问题,并且语义的二义性超过语法的二义性,语用的二义性又超过语义的二义性。之所以这样,是因为二义性的产生往往来自语境(或用 Barwise 的话说,是情景)不明。解释语义比分析语法更需要语境,解释语用又比解释语义更需要语境。因此,随着研究范围由语法领域向语义和语用领域延伸,二义性的问题越来越大。试看下例:

$$他是中华人民共和国的主席 \qquad (24.3.1)$$

这句话在语法上无二义性,在语义上就不清楚了,"他"指的是谁? 若把"他"换成江泽民,则在语义上是清楚了,而语用上仍可有多种解释。例如:

1. 说明性的:告诉小学生谁是国家主席。

2. 驳斥性的:严正揭穿某人假冒国家主席的企图。

3. 抗议性的:不允许外国报刊对中国国家主席作人身攻击。

4. 安慰性的:让家属明白国家主席公务忙,不可能过多地料理家务。

由此可见,把研究范围扩大到篇章和故事,有助于点明语言分析时所处的语境(情景),从而减少二义性的干扰,较为完整地从语法、语义和语用三个层次来进行分析。

重视篇章和故事情节理解的另一个原因,是因为在分析篇章和故事情节时会遇到许多在分析单句结构和双人谈话时不出现的问题,这些问题很有研究价值。在 23.3 节中我们已经以中学语文老师分析课文为例,说明了在篇章和故事情节理解中值得研究的种种问题,本节的讨论将会涉及其中的一部分。

实际上,本书的知识表示部分已经涉及过故事理解问题。5.2 节的时序框架和 5.3 节的剧本方法都曾引起过人们的广泛注意。这两种方法的实质都是模式匹配。

利用文法来描述故事是又一种途径。Rumelhart 在 1975 年提出一种观点,认为故事像语句一样可以有其语法结构和语义结构,可以用类似于分析语句结构的方法来分析故事。他总结了 11 条故事文法规则,每一条文法规则都有相应的语义解释规则。例如:

规则 $R1$:故事→背景+事件

规则 $R1'$:ALLOW(背景,事件)

规则 $R2$:背景→(状态)*

规则 $R2'$:AND(状态,状态,…)

它的意思是:每个故事都由背景和事件两部分组成,而背景是一些状态的集合。背景和事件之间是允许(ALLOW)关系:在××背景下允许××事件发生,而状态与状态之间的关系是并列(AND),表示这些状态同时存在。Rumelhart 定义了一系列的语义关系,包括 AND, ALLOW, INITIATE, MOTIVATE, CAUSE, THEN 等等。同时,他还总结了 13 条所谓的概括规则,用于概括故事的主要情节。例如:

$$规则 S1:(CAUSE[x,y])→演员(x)\wedge 引起(y)$$

概括了以因果关系为主线的故事情节。在"蛇咬农夫,农夫死亡"事件中,蛇是导致农夫死亡的罪魁,用此事件例化上述规则,得

$$(CAUSE[蛇,农夫死亡])→演员(蛇)\wedge 引起(农夫死亡)$$

用故事文法来描述故事情节的思想得到了一些学者的响应,同时也受到另一些学者的批评。批评者认为,故事文法是上下文无关的,不足以描述故事中互相关联的情节。这种文法有可能产生出一些非故事性的东西来,而某些故事却无法由它产生。在这些批评的影响下,对故事文法的研究此后一直处于沉寂状态。

张松懋重新以故事文法作为分析理解故事情节的工具。在技术上作了两项较大的改进,第一是采用上下文有关文法而不是上下文无关文法。第二是采用了高维文法(森林文法)而不是串文法。这两项改进使得故事文法的分析能力大大增强了。

考虑到以前的故事文法只强调语法而忽视语义,张松懋以格语义方法为基础来建立文法体系。粗略地说,每个语句分析为一个格框架,一个故事的语句序列就对应于一个格框架序列,每个格框架在语法上对应于一株树,一个格框架序列对应的便是树的序列,称为森林。因此,这里所用的文法称为森林文法,它是文献中的树文法的拓广。这个文法是二维的,不同于以前故事文法用的串文法。森林文法又是一个带参数的文法,森林和树的各节点通过共享参数而形成上下文相关。大体上,上下文相关的森林文法称为故事分析文法,不加限制的故事分析文法是很难处理的,为此在张的工作中作了一些限制:只考虑弱优先故事分析文法。这里借用了编译理论中弱优先文法的概念。

　　由于本书的主题和篇幅所限,我们不能详细给出这些文法的定义,只能作一个非形式化的描述,所谓优先文法,是指在一个程序中可能出现的符号之间规定一种优先关系,以便于语法分析。例如,在赋值语句

$$x:=2+3*5;$$

中,若有 $p(x)\leqslant p(:=)\leqslant p(2)\leqslant p(+)\leqslant p(3)\leqslant p(*)\leqslant p(5)$,而 $p(5)>p(;)$,这里的 p 表示优先数,则在作语法分析时系统会从 x 开始一直往右扫描(扫过的符号送入一个栈中),直至遇到分号";"为止。此时 5 的优先数大于分号";"的优先数,不能再往右走了。系统便实行所谓归约,从语义上说是执行栈顶的运算,即3 乘 5,得到结果 15 后栈顶运算变为 +。再次执行栈顶运算(加法),得到结果17 后栈顶运算变为:=。再次执行栈顶运算(赋值),便把 17 赋给变量 x,从而完成了赋值语句的处理。此处把优先文法的规定大大地简化了。例如,一般来说,应有 $p(+)<p(3)$, $p(5)>p(;)$,而数字 5 又在栈顶,这才可以对 $3*5$ 实行归约。见图 24.3.1。

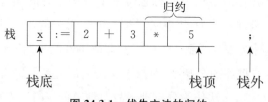

**图 24.3.1　优先文法的归约**

　　之所以称此操作为归约,是因为它是把一个语法公式的右部归约为它的左部。在上例中,它使用了语法公式

$$\langle 因子\rangle::=\langle 数\rangle*\langle 数\rangle$$

　　被归约的 $3*5$ 称为句柄。优先文法有很多种,如简单优先文法,算符优先文法等。弱优先文法在确定句柄的右端(上例中是 5)时原则和刚才所说的一样。在确定句柄的左端时不是比较优先数,而是把栈顶符号串和语法公式的右部(上例中是 $3*5$)相比,找到能归约的就实行归约。

　　在森林优先文法中,优先关系存在于两株树之间,如果森林 F 中最右端的树 $T_2$ 优先于 F 右外边的邻树,F 中最左端的树 $T_1$ 也优先于 F 左外边的邻树,则F 是一个句柄,可以归约成一株树。

　　现举例说明森林文法的应用。设有故事:

"白雪公主比王后美丽,王后因为妒忌她就命令猎人杀死白雪公主。王后还命令白雪公主吃有毒的苹果,白雪公主吃了有毒的苹果。后来,白雪公主没有死,而王后却死了。"

这个故事由六个句子组成,分析这个故事得到的格框架森林是 $k_1k_2k_3k_4k_5k_6$,森林中各树的内容如图 24.3.2 所示。其中,每个树节点标识的括号中的内容表征该树节点的性质。它们的含义是:

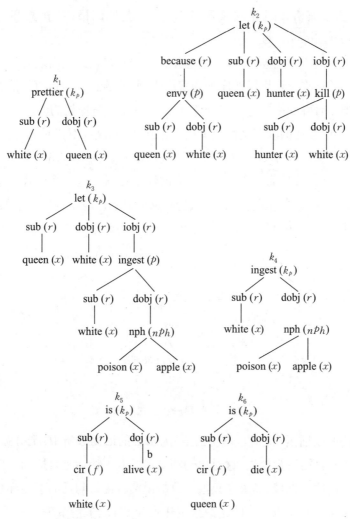

**图 24.3.2　描述白雪公主故事的格框架森林**

1. $kp$:格框架树的树根。
2. $p$:代表一个动作。

3. $nph$:代表名词短语。

4. $r$:格关系标识符。

5. $x$:树的叶节点。

6. $f$:代表一个函数。

树节点标识中位于括号前面的部分的含义是:对 $x$ 类节点是故事中用的名称,如 white 代表白雪公主,queen 代表王后;对 $r$ 类节点是格关系,如 sub 是主格,dobj 是直接宾格,iobj 是间接宾格,because 是原因格;对 $p$ 类和 $kp$ 类节点是动词,如 let, ingest, is。

故事情节是有时间关系的,在格框架森林中并未显式地出现时间关系,这是因为时间关系已隐含在格框架序列的次序中(此处的森林不是树的集合,而是树的序列),排在后面的格框架的时间晚于排在前面的格框架的时间,采用这种方法表明:本节中叙述的故事文法只适用于正叙式的故事(不含回忆情节)。

下面举例介绍森林文法中产生式规则的形式。图 24.3.3 中产生式的含义是:"若 $X$ 因为妒忌 $Y$ 而去害 $Y$,那么 $X$ 的性格残忍。"这个产生式在推导时,同名变量(如 $X$,$Y$)必须作同样内容的置换,这就显示出故事分析文法的上下文相关性。此外,产生式中 CHAR 是关键字,表明人的性格。诸 $k_i$ 是树的编号。

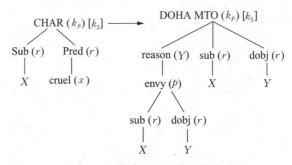

**图 24.3.3 故事分析文法的产生式**

在传统的以话语(特别是单句话语)为基础的语用分析中,十分强调研究说话人的意图和言语行为规划,这对单句和简单的双人谈话是合适的。然而,到了故事情节理解这个领域,如果还只限于分析说话者说每句话的意图和规划,就显得很不够了。人们首先关心的是故事的中心思想,故事情节理解的首要任务也就是要把中心思想分析出来。

上面介绍的故事分析文法可以用来分析故事的中心思想,例如,利用如下一组规则可以分析出白雪公主故事的中心思想是"善有善报,恶有恶报"。

1. 如果 $Y$ 性格残忍,$X$ 性格善良,$Y$ 得了恶报,$X$ 得了好报,则中心思想是"善有善报,恶有恶报"。

2. 如果 $Y$ 死了,则 $Y$ 得恶报。

3. 如果 $X$ 活着,则 $X$ 得好报。

4. 如果 $Y$ 因为妒忌 $X$ 而去害 $X$,那么 $Y$ 的性格残忍。

5. 如果 $X$ 杀 $Y$,就是 $X$ 害 $Y$。

6. 若 $X$ 经常帮助 $Y$,则 $X$ 性格善良。

7. 如果 $Y$ 命令 $Z$ 去害 $X$,那么就是 $Y$ 害 $X$。

上述用自然语言叙述的规则都可以写成产生式的形式,图 24.3.3 中的产生式就对应其中的第 4 条规则。

对于故事分析来说,不仅中心思想是重要的,主要情节也是重要的。它不能像中心思想那么抽象,也不能像故事本身那么具体。张松懋采用了如下的启发式规则:与故事中主要角色和主要道具有关的情节是主要情节。

**算法 24.3.1**(用角色关系图找主要情节)

1. 以故事中所有角色和所有道具为图 $G$ 的节点集合。

2. 若角色(道具)$a$ 和角色(道具)$b$ 之间通过一个格框架相联系,则在 $a$ 和 $b$ 之间加一条联线(即边)。任何一对节点 $a$,$b$ 之间至多有一条边,边上标有正整数 $i$,表示 $a$ 和 $b$ 通过多少个格框架相联[直观地说,若故事中有 $n$ 个句子把 $a$ 和 $b$ 联系起来,则在边 $(a,b)$ 上标以正整数 $n$],称此图为角色关系图。

3. 若如此生成的图 $G$ 是不连通的,则取其中的一个主要连通分枝 $G^1$(见算法 24.3.2)。

4. 对每个节点 $a$,若有 $n$ 条边 $e_i$ 与 $d$ 相联,$e_i$ 上标的正整数是 $f_i$,则令

$$w(a) = \sum_{i=1}^{n} f_i$$

$W(a)$ 称为 $a$ 的权,表示 $a$(代表角色或道具)在故事中的重要程度。

5. 以 $\max(G')$ 表示 $G'$ 中各顶点的权之极大值,选择恰当的数 $m$,使 $1 \leqslant m \leqslant \max(G')$。

6. 令 $G'' = \{n \mid n \in G', w(n) \geqslant m\}$。

7. 令 $G''' = \{n \mid n \in G''$,或 $\exists n_1, n_2 \in G''$ 及句子 $S$,使 $n, n_1, n_2$ 同属 $S\}$。

8. $G'''$ 加上其顶点间原有联线即是主要情节。

算法完。

**算法 24.3.2**(选主要连通分枝)选择主要连通分枝 $G'$ 有如下几种可供选择的标准：

1. 顶点数最多的是主要连通分枝。

2. 各边权之和最大的是主要连通分枝。

3. 边数(不考虑权)最大的是主要连通分枝。

4. 以正整数 $k$ 表示故事中顺序发生的第 $k$ 个动作，$k$ 称为动作发生时间点，令 $G$ 的连通分枝 $G_i$ 中涉及的动作的最小时间点是 $t_i^1$，最大时间点是 $t_i^2$，又定义 $t_i^2 - t_i^1$ 为连通分枝 $G_i$ 的时间跨度。则令时间跨度最大的分枝为主要连通分枝。

算法完。

上述两个算法当然包含有许多可商榷之点，例如：

1. 主要连通分枝不唯一怎么办？

2. 各连通分枝的顶点数、边数或时间跨度相差无几时怎么办？

3. 算法 24.3.1 的第 7 步中的 $G'''$ 可能也是不连通的。

4. $G'''$ 还可能只由孤立的点组成。

这些都是在故事分析技术实用化时必须解决的问题。现在举一个例子。下面是白雪公主的故事的较详细的版本。

"白雪公主的妈妈死了。国王再次结婚。白雪公主比王后美丽。她经常帮助小动物。王后因为嫉妒白雪公主就派猎人去杀她，而猎人却放走了白雪公主。白雪公主在森林里遇到七个小矮人。七个小矮人非常同情白雪公主，让她住在他们的房子里。魔鬼帮助王后找到七个小矮人的房子。王后命令白雪公主吃有毒的苹果，白雪公主只好吃了有毒的苹果。七个小矮人发现白雪公主死了。他们非常伤心。一位王子在森林里看见白雪公主并爱上了她。王子把白雪公主带回自己的皇宫。王子让神医救白雪公主。她又活了。王子非常高兴，他和白雪公主结婚了。王子命令仆人给王后送去了魔鞋，仆人给王后穿上魔鞋。王后不久就得暴病死了。"

图 24.3.4 是这个故事的角色关系图。

通过计算可知 $w$(白雪公主)$=20$，$w$(王后)$=14$，$w$(其他节点)$\leqslant 10$。根据算法 24.3.2 的任何一种标准，均可算出有白雪公主和王后的分枝是主要连通分枝。令 $m=12$，则得到的主要情节如图 24.3.5 所示。不难看出，这个主要情节就是本节前面给出的简化了的白雪公主故事。

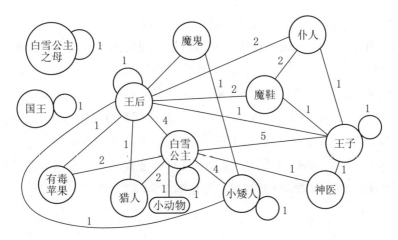

**图 24.3.4 角色关系图**

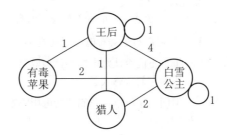

**图 24.3.5 主要情节图**

这只是一种启发式算法,存在着许多改进的余地。例如,把白雪公主的母亲看成和白雪公主没有关系(中间无边相连),是没有道理的。出现这个问题的原因是在格框架中把"母亲"处理成白雪公主的函数,母亲没有成为一个角色,没有进入角色关系图。解决这个问题需妥善处理好名词短语。再如,把国王看成和白雪公主无关也是没有道理的,因为国王理应是白雪公主的父亲。这个问题说明故事分析文法十分需要常识性知识库的支持。

Grosz 在研究话语结构时也认为除了意图之外还应该有其他因素支配着话语的语用,这就是谈话重点,或注意焦点。她提出了话语分析的三线索并行理论,即话语的语言结构、意图结构和注意焦点应该是分析话语的三条平行线索。其中语言结构大体上相当于 23.3 节中所说的话语结构,它是嵌套的。意图结构并非指每个句子的意图。Grosz 认为整篇文章应有一总的意图,同时语言结构中的每个段落又有其段落意图。段落意图在两个意义上支持总体意图。首先,它们是总体意图的组成部分,而且小段落意图又是大段落意图的组成部分。其次,先行的段落为后来的段落创造条件。例如你在评价一个人之前先要介绍他的情况。由此可见,Grosz 的总体意图和段落意图大体上相当于我们所说的中心思想和段落大意。至于注意焦点,即是为每个段落配备一个注意空间,其中包括该段落涉及的所有对象、属性、关系,以及段落意图。语言理解系统运行时使用一个栈,栈中放着所有未处理完的注意空间,栈顶是当前注意空间。图 24.3.6 是经适当修改的 Grosz 给出的一个例子,这是一篇报刊文章经话语分析以后的结果。其中 DSi 表示第 $i$ 个段落,读者不难自己分析出每个段落的意图及整个谈话的意图。这段话语的注意空间的变化如图 24.3.7 所示。

DS0

DS1　1. 人人都爱看电影。
　　　2. 尤其是年轻人。
　　　3. 现在是关心电影的社会效果的时候了。

DS2　4. 父母可以对子女看电影问题放任不管吗?

DS3　5. 谁也不能否认好电影的社会效果。
　　　6. 因为它们太感人了。

DS4　7. 但问题是可以无节制地看电影吗?
　　　8. 难道这不是有害的吗?

DS5　9. 首先是好电影并不多。
　　　10. 只要看看那些电影广告就行了。

DS6　11. 即使比较好的电影问题也不少。

DS7　12. 有些电影内容空虚。
　　　13. 有些电影离现实太远。
　　　14. 爱国主义的主题反映得不够。

15. 年轻人尽看这些电影有好处吗?

16. 父母和老师们该深思了。

**图 24.3.6　言语结构和意图结构**

Lehnert 认为,故事中人物的感情变化可以作为分析故事情节的依据。他把人物的感情分为三种状态:高兴(+),不高兴(-),中性($M$)。感情的变化用连接两种感情状态的链表示,共有四种链:$m$(motivation,表示某种动机的产生),$a$(actualization,表示通过实现某种行为而达到一种感情境界),$t$(termination,表示某种感情状态的结束),$e$(equivalence,表示两种感情状态的等价)。Lehnert 称用链连接起来的一对感情状态为基本情节单元。通过基本情节单元可以构造复合情节单元。

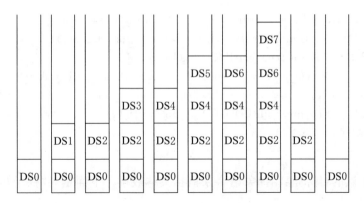

**图 24.3.7  注意空间的变化**

例如，让我们考察下列故事：

"梁山伯和祝英台因三年同窗而相爱。祝英台被父母逼嫁马家。英台抗婚不成。梁山伯痛不欲生，死后化蝶。祝英台哭灵后也化为蝶。从此不再分离。"

用稍加修改的 Lehnert 方法可得图 24.3.8。上、下两行分别代表梁、祝二人的感情变化。

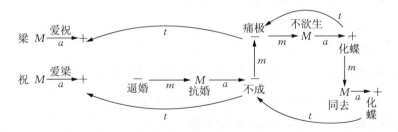

**图 24.3.8  梁山伯和祝英台的感情变化**

利用情节单元图同样可以分析主要情节，主要角色等故事情节的关键因素。

李小浜总结了童话中角色之间的关系，从角色的情感和内在动机等各方面对故事情节进行抽象，定义了一种抽象描述语言 ARL。该语言的简单语法如下：

⟨故事⟩::=⟨EXP⟩|⟨EXP⟩⟨故事⟩

⟨EXP⟩::=Nil|⟨ED⟩|⟨W—EXP⟩|⟨B—EXP⟩|⟨S—EXP⟩|⟨E—EXP⟩|⟨M—EXP⟩

  |⟨I—EXP⟩|⟨R—EXP⟩|⟨L—EXP⟩

⟨W—EXP⟩::=⟨CD⟩want⟨EXP⟩

⟨B—EXP⟩::=⟨CD⟩believe⟨EXP⟩

⟨S—EXP⟩∷=⟨CD⟩damage⟨CD⟩by doing⟨ED⟩|⟨CD⟩help⟨CD⟩by doing⟨ED⟩

⟨E—EXP⟩∷=⟨CD⟩is happy by doing⟨ED⟩|⟨CD⟩is unhappy due to⟨ED⟩

⟨M—EXP⟩∷=⟨CD⟩has good moral|⟨CD⟩has bad moral

⟨I—EXP⟩∷=⟨CD⟩inform⟨CD⟩with wrong information|⟨CD⟩inform⟨CD⟩with right information

⟨R—EXP⟩∷=⟨CD⟩succeed by doing⟨ED⟩|⟨CD⟩fail due to⟨ED⟩

⟨L—EXP⟩∷=⟨CD⟩agree with⟨CD⟩|⟨CD⟩disagree with ⟨CD⟩

⟨CD⟩∷=（⟨演员⟩,⟨编号⟩）

⟨ED⟩∷=⟨事件⟩

　　李小浜的目标是：用抽象语言来概括具体故事。下面是对"猴子与鳄鱼"故事的概括。

　　1. 鳄鱼 inform 猴子 with wrong information

　　原文：鳄鱼骗猴子说要驮它过河去吃香蕉。

　　2. 猴子 believe〔鳄鱼 want（鳄鱼 help 猴子 by doing 驮猴子过河）〕

　　原文：猴子信以为真，跳上了鳄鱼的背。

　　3. 鳄鱼 damage 猴子 by doing 淹猴子入水。

　　原文：鳄鱼游到河中央身子一沉，将猴子淹入水中。

　　4. 猴子 is unhappy due to 淹猴子入水。

　　原文：猴子惊慌地呼救。

　　5. 鳄鱼 inform 猴子 with right information

　　原文：鳄鱼告诉猴子说要用猴子的心治鳄鱼母亲的病。

　　6. 猴子 inform 鳄鱼 with wrong information。

　　原文：猴子骗鳄鱼说它忘了把心带来。

　　7. 鳄鱼 believe〔猴子 want（猴子 help 鳄鱼 by doing 回去取心）〕

　　原文：鳄鱼相信了猴子的话，驮它回去取心。

　　8. 猴子 damage 鳄鱼 by doing 用果子砸鳄鱼。

　　原文：猴子上岸后用树上的果子砸鳄鱼。

　　9. 鳄鱼 is unhappy due to 用果子砸鳄鱼。

　　原文：鳄鱼知道上当，失望地游走了。

　　对照这个例子中的 ARL 语句和原文，并利用关键字的助忆功能，不难了解每种 ARL 语句的含义，把具体故事提炼成 ARL 形式的抽象故事后，还可根据其中的抽象情节提炼出人物的心理特征。这些特征用五对矛盾来表示：正面意图和反面意图；正向情感和反向情感；合作和对立；正面信念和反面信念；正面品格和反面品格,分别用 10 个函数表示。假设每个函数当参数(某个人物)为正面心理时取值 1,为反面心理时取值 0,并且让这个值随时间(故事的进展)而变化,则将看出故事中人物心理状态的变化曲线。例如,"猴子和鳄鱼"故事中双方情感变化的曲线如图 24.3.9 所示。

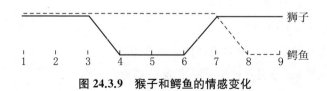

**图 24.3.9　猴子和鳄鱼的情感变化**

不同的心理函数曲线不仅反映了角色的不同特征,也反映了故事构思的不同特征。李小浜用心理函数的这种特点对童话故事作了分类试验。

# 习　题

1. 设计 10 个中文语句,当它们在不同的语境中使用时,每一个都能分别实行安慰、恫吓、命令、说明、请求、疑问、抱怨、宣布等等语言行为。

2. 设计 10 个中文语句,当它们在不同的语境中使用时,每一个都能分别表达愤怒、高兴、悲哀、伤心、失望、恐惧、悔恨、内疚、得意、迷惘等心情。

3. Austin 在三四十年代坚持表述句和完成行为句的区分,到 50 年代,他又修改自己的观点,认为表述句也是一种完成行为句,你认为他的前期观点更有道理还是后期观点更有道理? 为什么?

(提示:Austin 的早期观点有三个根据:

(1) 完成行为句有标准型式,而表述句没有。

(2) 完成行为句有恰当和不恰当之分,而表述句没有这种区分。

(3) 表述句有真假之分,而完成行为句没有这种区分。

后来他自己把这三个根据否定了,请你从这三点出发作分析讨论。)

4. Searle 把人通过说话产生的行为区分为言语行为(有意向性的说话)和语言行为(无意向性的说话,如梦话,胡言乱语)。

(1) 你认为 Searle 的这种划分有道理吗?

(2) 如果有道理,那么语言行为有否进一步分类的可能与必要?

(3) 如有必要,请你像 Austin 和 Searle 对言语行为的作法一样也对语言行为作一分类。

5. 实际上,以言行事行为还可以进一步根据所使用的言语手段为子类。设想公共汽车上某甲踩在某乙的脚上,则某乙的反应可能有如下几种:

(1)(对不起),你踩在我的脚上了。

(2)请你把脚挪开一下好吗?

(3)你怎么踩我的脚啊?

(4)你没有长眼啊!看你的脚都踩在哪儿了!

(5)据我所知,踩别人的脚是不礼貌的行为。

(6)我的脚上承受着每平方厘米十公斤的压力,你能帮我减轻一下吗?

(7)你的脚下好像踩着 100 元钱。

请你通过下列讨论来补充 Searle 的以言行事分类标准:

(a)针对某种意向,研究有多少种不同的言语手段可达此目的。并据此对以言行事行为进一步分类。

(b)研究这种分类是依赖于特定的意向的,还是不依赖于特定意向的?

(c)研究这种分类能否进一步导致对说话者的气质、文化特点和以言行事方式的分类。

6. Searle 划分的以言行事行为类中的最后一类是宣布行为类,其特点是"随着说话者宣布某一事实为真而该事实确实变为真"。但是,被宣布的事实有可能最终不为真,如:牧师刚宣布完简·爱和她的主人结为夫妻,一个男子即闯进来声明该主人的妻子,即男子的妹妹,还活着;一位大臣刚向国王提出辞呈,就被国王驳回;"娃哈哈"刚在电视广告上宣布自己是儿童最佳饮料,就被随后出现的"乐百氏"广告驳回。像这种情况还能符合 Searle 的定义吗? 实际上,Searle 定义宣布行为类的出发点是为了找出一种既符合"以言词适应世界",又符合"以世界适应言词"的行为类。是"从观点出发找例子",或"以例子适应观点",试分析他的这种定义是否完全合理,有无改进办法?

7. 实际上,Searle 的宣布行为类是在以言行事行为的分类中加进了以言取效行为的内容,他的前四种以言行事行为类均无此特点。试没法把以言取效的内容清除出去,再考虑如何调整 Searle 的分类。

8. Austin 和 Searle 等人都把语句的意义和言语行为联系起来,认为只有通过言语行为才能实现语句的意义。但是,他们的言语行为理论只强调说话者的主观意图,而不去分析说话者的非主观意图,即言语的副作用问题。他们常把主观意图之外的东西笼统地归之为无意向性的语言行为(见习题 4)，这是过分简单化了，让我们考察下面的例子：

某甲请四人吃饭，有一人未到，甲说"怎么该来的还不来？"乙想"那么我就是不该来的啦"，于是起身就走，甲又说："怎么不该走的人走了？"丙想"那么我是该走的啦"，于是起身就走。甲忙说："我说的不是你"。最后一位是丁，他想："那么说的是我了"，于是也起身离去。

试分析某甲的言语行为。

9. 在 24.2 节中 Cohen 和 Perrault 建议了三个模态算子，并用它们定义了五种基本动作，试分析这些基本动作和言语行为的关系。它们是以言表意呢？还是以言行事呢？还是以言取效呢？并说明：(1)你这么认为的理由；(2)Cohen 和 Perrault 这样做的理由。

10. Cohen 和 Perrault 的方法(在 24.2 节中介绍的部分)适用于描述疑问句的规划吗？如果不适用，请你对之进行扩充，并考虑：是否要扩充模态算子？是否要扩充基本动作？还是两者都扩充？

11. 考察有多个主角卷入的言语行为，如"A 通过训斥 B 而杀鸡给猴看"；"A 呼吁 B 和 C 团结起来"；"A 请 B 代 A 向 C 问好"等等。并考虑如下问题：在此情况下：

(1) Austin 和 Searle 的言语行为理论是否够用？要否发展？

(2) Cohen 和 Perrault 的方法是否够用？要否发展？

12. 利用上题的结果分析问句：

"他为什么要问你火车几点钟到站"

的言语规划。

13. Cohen 和 Perrault 的方法足以表达 Austin 和 Searle 的言语行为吗？
(1)能否找到一种方法，把后者翻译成前者？(2)若不能，应对前者作何种扩充？
(3)Austin 和 Searle 对言语行为的分类方法在 Cohen 和 Perrault 的模态算子和基本动作集上有何反映？(4)Searle 的以言行事分类准则在 Cohen 和 Perranlt 的方法上有何反映？

14. 习题 8 讲的副作用问题在 Cohen 和 Perrault 方法中如何体现？

15. Allen 的规划识别规则能够识别 Cohen 和 Perrault 的言语行为规划吗？能够识别 Austin 和 Searle 的以言行事行为吗？试一一分析之，并在不够的情况下补充规划识别规则。

16. 用猴子和鳄鱼的例子中猴子和鳄鱼的话作例子分析其规划构造和规划识别。

17. 用格框架森林描述下列故事情节：

"唐明皇在全国选美,找到了杨家的三女儿杨玉环,唐明皇把她许配给儿子寿王为妃,不久自己又看中了她,先叫杨玉环出家,后又娶她为贵妃。唐明皇和杨贵妃十分恩爱,使其他嫔妃妒忌和羡慕。杨贵妃的堂兄杨国忠当了宰相。不久,安禄山起兵谋反,唐明皇逃走。路上军队哗变,杀了杨国忠,并迫唐明皇缢死杨贵妃。安禄山叛乱平定后,唐明皇回到长安,天天想念杨贵妃。有一名道士替他找到了杨贵妃,原来杨贵妃一直住在一个仙岛上,杨贵妃托他带信给唐明皇,表示思念之意。"

18. 设计一组规则,写成森林文法规则的形式,分析唐明皇故事的中心思想。

19. 用角色关系图找唐明皇故事的主要情节。

20. 用 Lehnert 的方法分析唐明皇故事中人物的感情变化,并分析其主要情节和主要角色。

21. 用 ARL 语言描述唐明皇故事。

22. 分析并画出唐明皇故事的心理变化曲线(共五条)。

23. 用 ARL 语言改写"猴子和鳄鱼"的故事时,鳄鱼在湖心告诉猴子说要取猴子的心为母亲治病这一段情节被翻译成"鳄鱼inform 猴子with right information"。这固然正确,但未体现猴子的生命受威胁这一含义,否则就不会使猴子惊慌而想逃走。这表明,把消息分为好消息和坏消息可能是有意义的。试设计一个消息的分类系统,既足以表达消息在一般故事中所起的作用,又不使系统太庞大,并以此扩充 ARL 语言。

# 第七部分　知识工程

——要建立一门"知识工业"，在这门工业中，知识本身将成为可以出售的商品。

Feigenbaum

在本书中，并不只是这一部分才与知识工程有关。实际上，除第四部分和第六部分与知识工程关系稍少外，其他部分都与此关系密切。本部分只是从前面尚未考察过的那些知识工程技术中，择其重要的作一补充。下图列出的技术是一个简单的概括。

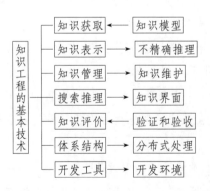

知识工程的出现确实对人工智能研究的复苏起了很大的作用，这在本书前言里已经提到了。知识工程的影响很快传到了国内。70 年代末，国产专家系统开始问世，其中就有关幼波大夫的中医肝炎诊治专家系统。80 年代里国内的专家系统研究有了很大的发展，仅"七五"期间列入国家攻关课题的专家系统项目就有 26 个。Feigenbaum 本人在 1988 年作了一次调查。根据他掌握的情况，当

时投入运行的专家系统约有 2 000 个,分布在欧美各国和日本。这里没有包括发展中国家的数字。

对专家系统的意义究竟应如何估计? 这至今还是有争议的,争议的问题包括:

专家系统真的能达到专家水平吗? 这是人们首先关心的问题。许多事实表明,专家系统并不是在每种情况下都能达到人类专家的最高水平。例如,石油测井专家系统 DIPMETER 在分析海洋钻井数据时,在 90% 的情况下能达到一般地质工作者的水平,至于另外的 10% 就离不开人的干预了。自动选定 VAX 计算机系统最佳配置的 XCON(即 R1)也是如此,尽管它创造了这样的记录:在三个月内处理的 3 000 多张订货单中,正确的结构设计超过 85%,可是它仍比不上 DEC 公司最优秀的工程师。

专家系统的咨询水平受到限制的重要原因之一,是因为它的知识总是不完备的。一个专家系统通常是某个或某些专家的经验汇集,然而正如 McCarthy 所指出的,专家系统缺乏平常人的知识。像 Mycin 这样颇具声望的医疗专家系统,居然没有生与死的概念,没有事物的产生和消灭的概念。对于垂死的病人,它照样慢吞吞地开药方。在这些方面,它比一个普通的医生还差得很远。

专家系统缺少的第二种知识,是原理性知识。它告诉人们的只是最后的结论,却经不起多问几个为什么。它可以说出心跳的哪一种杂音意味着心脏有什么毛病,或在什么条件下应禁忌服用什么药,但是说不出这样规定的理由。其结果是把许多规则绝对化了。例如 Mycin 规定八岁以下儿童禁用四环素,其医学原因是四环素可能会妨碍发育期儿童牙齿和骨骼的生长。由于 Mycin 并不懂得这个原因,因此即使在儿童病情危重时它仍坚持这一条原则,如果完全相信它就会耽误病情。

另一种常见的现象是专家系统缺乏"自知之明"。其实,每个系统的知识都限于一个非常狭窄的领域,而且很不完备。一旦问题接近它知识的边缘,它的判断能力就急剧下降。通常把专家系统的这种毛病称之为脆弱性。由于一般的系统自己无法意识到这一点,往往对于自己不清楚的问题也大言不惭地指手画脚。在没有人类专家监督时就可能闹出不可收拾的乱子来。正因为如此,许多精心设计、研制成功的医疗专家系统未能真正投入使用。鼎鼎大名的 Mycin 常被人说成是只说不练的天桥把式。成为反对专家系统的人手里的一个把柄。挪威在

1978 年前就研制出了控制核反应堆的软件,但政府明令不准使用,其原因盖出于此。

以上种种对专家系统的批评使人们更加重视知识的重要性。Mc Dermott 指出:"当前专家系统的主要弱点是使用一种单一的问题求解方法"。他认为关键是要集中力量于获取知识。专家们也公认:知识获取是知识工程的瓶颈问题,知识愈多,能解决的问题也愈多。在这里最难的是获取常识性知识。然而,许多人没有注意到,专家系统之所以获得成功也就在于它避开了常识性知识。Feigenbaum 指出,当人们发明专家系统这个新事物时,其指导思想就是要它在狭窄的专业知识平台上发挥作用。"由于 1965 年在斯坦福 Dendral 的研制中发现了一个设计策略,专家系统诞生了。这个策略就是,如果你要一个聪明的机器,就得把你关心的领域限制在一个狭小的范围内,……因为这是我们今天所能作到的一切"。换句话说,知识狭窄并不说明专家系统的发展走错了路。恰恰相反,正是因为把知识集中到了一个极小的领域内,才使专家系统像激光一样,能施展它最大的能量。至于原理性的知识,这个问题已经受到了普遍的注意,根据深层模型来建造专家系统的例子已经不少。即使专家系统是根据表层知识构造的,人们往往也要附加一个深层模型,以便表层知识不够用时,能支持表层知识的推理,并且当用户不能理解时,能给出必要的解释,参见 28.3 节。

阻碍专家系统发展的另一个原因是开发周期长且费用贵。一些成功的系统耗费人年数均在 10 到 20 之间,甚至还有 40、50 人年的。虽然也有人宣布两个人花 20 个小时搞成一个系统的,但那是个非常小的实验系统,而且还使用了现成的工具,有人作过粗略的统计,结果如下表所示:

| 名　称 | 开发年代 | 工作量(人年) |
| --- | --- | --- |
| DENDRAL | 1965 | 45 |
| MACSYMA | 1967 | 45 |
| CADUCIOUS | 1970 | 32 |
| CASNET | 1971 | 16 |
| MYCIN | 1972 | 25 |
| HEARSAY | 1973 | 40 |
| HARPY | 1974 | 17 |
| PUFF | 1976 | 8 |
| PROSPECTOR | 1977 | 20 |
| XCON | 1979 | 10 |

　　如果画一条曲线,平均工作量是逐步下降的。但有人估计,5 个人年是未来的下限,不能再少了。与此相应,专家系统开发费用也十分昂贵,常高达百万美元以上。近年来由于有了开发工具,费用下降到十万美元左右。成本下降的原因主要有两点:一是注意了知识获取技术的研究。关于这一点我们将在第二十七章作专门的讨论。第二就是使用了专家系统并发工具,由于它涉及许多具体的软件技术,我们除了用专门的一章(第二十五章)讨论知识表示语言外,其余的内容就都省掉了。

# 第二十五章

# 知识表示语言

　　知识表示问题是人工智能要研究的根本问题之一。一般来说,要想通过计算机实现某种智能,必须要解决智能行为以及该行为所涉及的知识如何在计算机上表示的问题。为了便于人把知识和智能传授给计算机,还必须有合适的知识表示语言,又称人工智能语言。这类语言一般都以知识和智能的某种模型为基础,而模型本身体现了抽象。它们大抵有三个来源。

　　第一个来源是计算机科学家们对可计算性理论的研究。从这个观点出发,任何程序设计语言,包括机器语言,都可以说是"人工智能语言",因为它们都具有图灵机的功能。因此,人们之所以称某些语言为人工智能语言,只是因为用它们来编程求解人工智能中的问题更方便罢了。每一个这类语言都有一个可计算性的理论基础。LISP 语言是为处理人工智能中大量出现的符号编程问题而设计的,它的理论基础是符号集上的递归函数论。已经证明,用 LISP 可以编出符号集上的任何可计算函数。PROLOG 语言是为处理人工智能中也是大量出现的逻辑推理问题(首先是为解决自然语言理解问题)而设计的。它的理论基础是一阶谓词演算(首先是它的子集:Horn 子句演算)的消解法定理证明,其计算能力等价于 LISP。OPS5 面对的问题也是逻辑推理。不过 PROLOG 是向后推理,它是向前推理。OPS5 的理论基础是 Post 的产生式系统,其计算能力也等价于 LISP(参见 2.1 节)。虽然这类语言都有优美的理论基础,但是每个仅满足其理论基础的语言只是一个数学工具,用于实际编程时既不方便、效率又低。为了实用,人们不得不往里加进许多"命令式语言"的功能,这些功能反映了冯·诺依曼体系结构的特点,破坏了原有理论基础的纯正、优美、统一,并且非常不利于程序正确性证明。但这在很大程度上是没有办法的事。

　　第二个来源是认知科学的研究成果。人们研究出各种各样的认知模型,并为这些模型设计相应的知识表示语言。本书第一部分所介绍的产生式表示,框架表示,语义网络表示等实际上都有其认知模型作为背景(因此产生式系统作为知识表示有两个不同的来源,参见 2.1 节)。各类表示均有其相应的语言。框架语言如 SRL，FRL，FEST 等，语义网络语言常见于各类知识获取技术的本体论表示中(参见 27.4 节)，概念图和 SNetl 也都是语义网络表示语言。5.4 节中提到的面向对象程序设计是在 SIMULA 中的类程和 Minsky 的框架表示两种思想融合的基础上发展起来的。它适用于计算机软件的所有领域，不只是人工智能。但因人工智能编程(特别是知识工程开发工具)中出现了明显的向面向对象程序设计转轨的现象，所以不可轻视这股潮流。近年来出现了具有人工智能特色的面向对象程序设计，称为面向活体(Agent)程序设计。往一个对象中增加更多的智能，使它能根据环境的变化进行推理并规划自己的行为，就得到活体。活体概念符合 Minsky 提出的"意念社会"认知模型，特别适用于分布式环境。因此亦有所谓智能活体和自治活体之说法。经典的面向对象程序设计语言是 Smalltalk，后来出现了各式各样的面向对象程序设计语言。至于面向活体的程序设计语言，也已经有了一些，如 OZ 等。但还没有一个被大家公认和普遍采用。最后，神经网络语言也是一个重要的知识表示流派，与之相应的认知模型是 PDP 模型(Parallel Distributed Processing)，用于海量平行的计算场合，使用这种模型解题的流派把它称作计算智能研究。

第三个来源是知识工程的实际需要。为了开发各种领域的专家系统，人们打破了上述两种来源的某些限制，使知识表示语言更加实用化。例如，专家系统中普遍需要不精确推理或不确定推理，许多语言因此包含了这些功能。又如，为了反映专家的思维方式，有时需要交叉使用多种不同的推理机制，LOOPS 和 TUILI 就是含有多推理机制语言的例子。再如，有时看到某一个专家系统做得比较成功，干脆抽去它的领域知识，留下它的表示方法，也成为一种语言，俗称专家系统外壳。例如，抽去医学专家系统 Mycin 的领域知识就得到一个外壳语言 Emycin.

本章将介绍几个代表性的语言及对这些语言的研究概况。

# 25.1 LISP 家族

1960 年，人工智能研究的先驱者之一，美国的 McCarthy 推出了他设计的语言 LISP，当时称为 LISP 1.0，表示了要继续发展它的意图。LISP 是 LISt Processer(表处理器)之意。在它之前的计算机高级语言如 FORTRAN，主要用于数值计算，而 LISP 则主要用于符号计算。在它之前还有一个 IPL(Information

Processing Language)，由卡内基·梅隆大学的 Newell 等人设计，但使用不如 LISP 方便，所以未广为流传。因而 LISP 可以算是第一个，而且至今仍是使用最广泛的一个符号处理语言。

创立 LISP 有其理论上的意义。在计算机科学的可计算理论中，人们已经证明递归函数和图灵机具有相同的(也就是理论上最高的)计算能力，通常指的是自然数集上的递归函数。但这个结论对符号集上的递归函数也成立。McCarthy 在 LISP 中设计了一套符号处理函数，它们具有符号集上的递归函数的计算能力，因此原则上可以解决人工智能中的任何符号处理问题。由于 LISP 具有这样的能力，所以许多 LISP 的解释系统是用 LISP 写的。人工智能程序中的很大一部分也是用 LISP 写的。LISP 为人工智能的发展作出了不可磨灭的贡献。

LISP 既然叫作表处理器，可见它的主要数据结构是表。表是一种符号表达式，简称为 S 表达式，最一般的 S 表达式(递归地定义)为一个 S 表达式对，两边有圆括号，中间加一点，称为表：

$$\langle S\ 表达式\rangle ::= (\langle S\ 表达式\rangle · \langle S\ 表达式\rangle) \tag{25.1.1}$$

S 表达式的终极成分可用下列式子表示：

$$
\begin{aligned}
&\langle S\ 表达式\rangle ::= \langle 原子\rangle \\
&\langle 原子\rangle ::= \langle 变量\rangle | \langle 常量\rangle \\
&\langle 常量\rangle ::= \langle 数值\rangle | \langle 函数名\rangle \\
&\langle 变量\rangle ::= \langle 变量名\rangle
\end{aligned} \tag{25.1.2}
$$

LISP 的基本语法就这么简单，其他的 LISP 结构都是从这里演化出来的。作为例子我们有

$$（冬冬.(长.(了.(4.(个.牙))))) \tag{25.1.3}$$

$$(((蒙蒙.有).双).(新.鞋子)) \tag{25.1.4}$$

S 表达式有一种等价的写法：称式(25.1.1)中右边的第一个 S 表达式为首部，称第二个 S 表达式为尾部。规定：凡一对 S 表达式像式(25.1.1)中那样构成首部和尾部的关系者，则将它们中间的圆点除去。如果作为尾部的 S 表达式被一对圆括号括住，则这对圆括号也除去。经简化表示后的式(25.1.3)和式(25.1.4)如下：

$$（冬冬\quad 长了\quad 4\quad 个\quad 牙）\qquad (25.1.5)$$

$$（（（蒙蒙\quad 有）\quad 双）\quad 新\quad 鞋子）\qquad (25.1.6)$$

在这里,冬冬、蒙蒙、鞋子都是原子。注意,首部的括号是不能除去的,否则层次关系将要乱套。现在的式(25.1.5)和(25.1.6)并没有丢失式(25.1.3)和(25.1.4)的任何信息,可以唯一地再变回去。今后我们只采用简化的表示形式。

有一个特殊的原子叫 NIL,表示空,即什么也没有。所以,表(X NIL)可以简写为(X)。NIL 的另一个含义是假,相当于逻辑中的 false,它的对立面是原子 T,表示真。

介绍一些 LISP 的基本函数。

1. (ATOM $X$)

若 $X$ 为原子则此表达式之值为 $T$,否则为 NIL。注意 ATOM 是函数名。(ATOM $X$)相当于通常程序设计语言中的 ATOM($X$)。

2. (NULL $X$)

若 $X$ 为空表则表达式值为 $T$,否则为 NIL。空表形式为(　),可以看作(NIL)的简化。

3. (CAR $X$)

若 $X$ 为空表则表达式值为 NIL。若 $X$ 为原子则此表达式无定义(报告出错),否则取 $X$ 的首部为值。例如,以 $D$ 和 $M$ 分别表示式(25.1.5)和(25.1.6),我们有:

(CAR $D$)＝冬冬

(CAR $M$)＝((蒙蒙　有)双)

4. (CDR $X$)

若 $X$ 为原子则此表达式无定义,否则表达式的值为一个表,表中内容为 $X$ 的尾部。

(CDR D)＝(长　了　4　个　牙)

(CDR M)＝(新　　鞋子)

(CDR(冬冬))＝(　)

(CDR())＝(　)

(CDR(冬冬　(蒙蒙)))＝((蒙蒙))

与 CAR 的值可以是原子或表不同,CDR 的值,若有的话,一定是表。

5.（EQ X Y）

检查 X 和 Y 是否是相同的原子,若是则其值为 $T$,否则为 NIL。当 X 和 Y 不都是原子时,此表达式无定义。如

（EQ(CAR(CDR(说　三　道　四)))(CAR(三　心　两　意)))＝T

6.（EQUAL X Y）

这是 EQ 函数的推广,允许 X 和 Y 是任意的表或原子。对相同的表或原子给出值 $T$,否则给出值 NIL。

7.（CONS X Y）

这是 CAR 和 CDR 两者合起来之逆。要求 Y 必须是表,否则无定义,若 Y 为表,则把 Y 的内容作为一个新表的尾部,而把 X 本身作为新表的首部。总的关系是:令 L 为一个表,则

（CONS(CAR L)(CDR L))＝L

例如

（CONS 部长(副部长　部长助理))

　　＝(部长　副部长　部长助理)

8.（SET X Y）

若 X 非变量则此表达式无定义,否则把 Y 的值赋给 X。相当于一个赋值函数,它返回的值即是 Y 的值。

有一个问题:如果 Y 本身的值还要通过一番计算才能得到,那么 X 得到的值应该是计算前的还是计算后的? 如

（SET X(CAR(A B)))

X 的值是 A 还是(CAR(A B))? 根据 LISP 的语义,此处的值应是 A! 如果希望把整个(CAR(A B))赋给 X,那应该禁止 CAR 的求值。这个功能可通过使用特殊原子 QUOTE 实现。对任何一个表 L,(SET X(QUOTE L))使 X 之值为 L 本身,而不是 L 的值,如

（SET X(QUOTE(CAR(A B))))

使 X 之值为(CAR(A B))

QUOTE 常用简化的引号'代替。因此上式等价于(SET X'(CAR(A B)))

9.（APPEND X Y）

X 和 Y 必须是表,这个函数把两个表的内容合成一个表。如

（APPEND D M)＝(冬冬　长　了　4　个　牙((蒙蒙　有)　双)　新

鞋子)

10. (LIST X Y)

条件同上,但 X 和 Y 的元素不拆散,而是作为两个独立的表联接成新表。如

(LIST  (A B)(C D))=((A B)(C D))

11. 各类数值处理函数,如

(PLUS 3 4)=7

(TIMES 3 9)=27

(MAX 2 3 8)=8

等等。

12. 各类逻辑求值函数,如

(AND T T NIL NIL)=NIL

(OR(NULL NIL)(EQ A B))=T

(LESSP  (LENGTH  (A B))(LENGTH  (A B C)))=T

以上提到的函数均未给出严格定义,但它们所起的作用从所举的例子中一看便知。

LISP 中的原子可以带属性,称为属性表。属性表的每个元素均是(属性名,属性值)对。例如,原子"二锅头"的属性表的一部分可以是:

(类别  白酒),(厂家  红星),

(产地  北京),(售价  5),……

下面的函数是处理属性表的:

13. (GET X Y)

表示取 X 的 Y 属性的值,X 和 Y 都必须是原子。如

(GET  二锅头  产地)=北京

14. (PUTPROP X Y Z)

表示把(Z Y)作为 X 的属性表元素存起来。例如:

(PUTPROP 二锅头 8 售价)

即是把(售价 8)作为属性表元素存起来。如果属性表中已有售价这一属性,设为(售价 5),则用新值 8 代替旧值 5 即可。

15. (REMPROP X Y)

表示除去 X 的特性表中以 Y 为属性名的那个属性表元素。

作为一种计算机语言的基本成分,条件语句是不可缺少的。

16. (COND(X₁Y₁)…(XₙYₙ))

表示从 $i=1$ 开始,逐个检验诸条件 $X_i$ 的值,当遇到第一个 $X_j$ 之值为真时,即取相应的 $Y_j$ 为表达式的值。若所有 $X_j$ 之值都为假,则取 NIL 为值。例如

(COND((EQ(GET 二锅头 售价)5)(BUY 二锅头))

(T(BUY 白兰地))

现在引进十分重要的函数定义。

17. (DEFUN X Y Z)

表示一个新函数的定义。它的名字为 X,参数表为 Y(因此 Y 必须是一个表!),函数体为 Z。例如:

(DEFUN AVER(N1 N2)(QUOTIENT(PLUS N1 N2)2))

定义了一个求算术平均的函数。

函数可以是递归的,例如下面的函数在一个线性表(没有嵌套的表)中寻找第一种价格在 5 元以下的酒。

(DEFUN FINDW(W)

(COND((NULL W)NIL)((LESSP (GET(CAR W) 售价)5)(CAR

W))(T(FINDW(CDR W))))))

像 ALGOL60 和 Pascal 中的分程序那样,在 LISP 中也可以引进局部变量,其途径是使用 PROG 函数。

18. (PROG X Y)

其中 X 是局部变量表,Y 是程序体,也即局部变量的作用域。程序体的头几个"语句"应该给所有的局部变量赋初值。程度体中可以有标号,还可以有GOTO 语句。如

(PROG (RES SUM)

    (SET RES 1)

    (SET SUM N)

    LOOP

(COND((ZEROP SUM)(RETURN RES)))

    (SET RES (PLUS RES (ADD1 RES)))

    (SET SUM (SUB1 SUM))

    (GO LOOP))

计算表达式 1+2+…+(N+1),其中 ADD1 和 SUB1 分别是加 1 和减 1 函数,

ZEROP 是测试是否为零的(谓词)函数。RETURN 是带值返回函数,LOOP 是标号,GO 是转向语句。不难看出,PROG 及其他一些成分又是徒有函数之名,实际上完全具有过程式语言中的过程和语句性质。它们的出现方便了编程,但破坏了 LISP 的统一的函数式语言风格。这正是我们在本章开头所说的:数学的严格性和编程的方便性难以两全。

关于 LISP 本身此处只再说一点:它的函数调用是动态作用域,这与 ALGOL 60 类语言的静态作用域有很大不同。下面是两个相似的程序片断,左为 ALGOL 60,右为 LISP,试比较其结果:

| ALGOL 60 | LISP |
|---|---|
| **INTEGER** X; | |
| **INTEGER PROCEDURE** SCOPE; | (DEFUN SCOPE ( ) |
| SCOPE:=X; | (RETURN X)) |
| X:=5; | (SET X 5) |
| **BEGIN INTEGER** X; | (PROG (X)) |
| X:=8; | (SET X 8) |
| PRINT(SCOPE); | (PRINT (SCOPE)) |

对左边的 ALGOL 60 程序来说,过程调用后打印的值是 5,而右边的 LISP 程序打印的值是 8。这种区别是由作用域原则不同所造成的。LISP 实现动态作用域的手段是属性表。每进入一层新的程序结构,属性表即增加一层,同一个 $X$ 在层内和层外的属性值不一样。查表时先查最近的 $X$,得到的值是 8。而 AL-GOL 60 则是先认准了 SCOPE 定义所在的那一层,在那里寻找 $X$,得到值 5。

最早的 LISP 版本(即 LISP1.0)没能得到很大的发展,因为它太"纯"了,又叫纯 LISP。流传最广的版本是 LISP1.5。其他如 LISP1.6,LISP1.9 等都没有得到公众承认。后来的版本尚有 MLISP, TLISP, ULISP, HLISP, FRANZLISP, CONCURRENT LISP, STANDARD, LISP, MACLISP, INTERLISP, COM-MONLISP 等。这些新的 LISP 型语言在功能上都有很大发展。参见图 25.1.1。

首先是数据结构上的发展。

所谓数据结构,一般是指由简单的数据类型组合成复杂的数据类型。例如,在算法语言中,简单的数据类型是老三样:整数、实数、逻辑量。若加入字符类型就已超出了早期算法语言的范畴。而数据结构呢?早期的是数组和记录,分别代表了齐性和非齐性的集团数据。后来,枚举类型文随着 Pascal 而兴起,并在

Ada 中得到充分发挥。Pascal 的 SET 类型似乎并未获得多大成功,但集合论语言 SETL 却受到一般人的重视。

| 数据结构 | 可交换性 | 零幂性 | 可结合性 |
|---|---|---|---|
| 组(Tuple) | × | × | × |
| 串(String) | × | × | √ |
| 团(Commune) | × | √ | × |
| 结合团(Acommune) | × | √ | √ |
| 袋(Bag) | √ | × | × |
| 结合袋(Abag) | √ | × | √ |
| 类(Class) | √ | √ | × |
| 堆(Heap) | √ | √ | √ |

**图 25.1.1　八种数据结构的性质**

在 LISP 型的符号处理语言中,老三样的数据结构是表、树和字符串。LISP 以后的一些人工智能语言,扩充了一些数据结构,它们可统称为数据集团。其语义基本上是对 LISP 中的表结构给予新的解释,重要的有八种:元组、串、团、结合团、袋、结合袋、类、堆。一般的写法是:

(结构类型　元素 1　元素 2　…　元素 $N$)

元素通常相当于 LISP 的原子,在允许多层次结构的语言中,元素也可以本身又是一个结构类型,如

(结构 A　元素 1　(结构 B　元素甲　元素乙)

元素 3　(结构 C　(结构 D　元素子　元素丑

元素寅)　元素丁)　元素 5)

它们的区别在于三条性质:可交换性,零幂性和可结合性。

可交换性:(结构 A B)＝(结构 B A)

零幂性:(结构 A B A)＝(结构 A B)

可结合性:(结构 A　(结构 B C) D)

　　　　　＝(结构 A B C D)

上述八种数据结构的性质如图 25.1.1 所示。仔细分析可以发现,这里的组就是 LISP 中的表,这里的类就是集合,袋就是多重集(允许同一元素在集合中出现多次)。

在把 LISP 的唯一数据结构——表,扩充为八种数据结构之后,LISP 中的各种表处理函数也可以扩充为这八种数据结构的处理函数。为了书写方便,在下面的例子中仍旧采用这八种数据结构的英文原名,它们是:Tuple,String,Commune,Acommune,Bag,Abag,Class,Heap。例如,CAR 和 CDR 可以推广为 HEAD 和 TAIL

(HEAD　(TUPLE A B C))＝A

(TAIL(TUPLE A B C))＝(B C)

但要注意,由于 CLASS 是可交换的,因此:

(HEAD(CLASS A B C))＝A 或 B 或 C

(TAIL(CLASS A B C))＝(CLASS A B)或(CLASS B C)或(CLASS A C)

结果是非确定性的。

此外,在这八种数据结构中,有的用处并不大。许多语言都不同时具备这八种结构。比较常用的是组、串、袋和类。如:

(PLUS　(BAG 1 2 3 2 1))＝9

这里必须用袋。若用类就不灵了:

(PLUS(CLASS 1 2 3 2 1))＝

(PLUS(CLASS 1 2 3))＝6

下面要说一下数据库。一般较新的人工智能语言都具有管理数据库的能力,LISP 型的语言也不例外。按其本质来说也可以把这个数据库理解为知识库.在 LISP 型的人工智能语言中,知识库的管理有一个发展过程。

1. LISP 中勉强可称为知识库的设备是它的原子属性表。可是这种知识库非常简单,查找也很不方便,只能线性地查。后来有人作了些扩充,例如在 HLISP 中可以用杂凑方法查找原子属性表,在有层次结构或模块结构的 LISP 语言中还可以分区查找。这些功能都在不同程度上提高了知识库的查找效率,但还没有脱离传统过程型语言的查找方法。

2. 联想查找。新型 LISP 类语言在知识库管理上的根本标志之一是联想查找。例如 SAIL 中有两类数据结构,皆建立于基本类型 item 之上。一类是 item 的集合,另一类是 item 的三元组:

item 1 ⊗ item 2＝item 3

这个式子可以理解为

item 1 of item 2 is item 3

例如：

　　Color ⊗ Apple＝Red

　　Capital ⊗ China＝Beijing

有了这两类数据结构，就可以定义相应的循环语句，也是两类。它们的形式是：

　　**foreach** x **suchthat** x **in** Fruit **do** eat it

　　**foreach** Apple **suchthat** Color ⊗ Apple＝Red **do** buy it

注意循环变量可位于任意位置。在上面的两个循环语句中，第一句表示吃所有的水果，第二句表示购买所有的红苹果。下面一句表示记下所有杀人犯的名字。

$$\textbf{foreach} \ x \ \textbf{suchthat} \ Name \otimes Murder = x$$

$$\textbf{do} \ record \ it$$

　　SAIL 的三元组实现时用三重反表，它是一般数据库中反表的推广。

　　3. Planner，Conniver 等语言比 SAIL 更进一步，不仅允许三元组，而且允许任意的 $n$ 元组，其中的 $n$ 还可以是不确定的数字。这时，就不能完全靠反表来解决问题了。因此，这些语言采用了另一种重要的搜索技术，就是图象匹配。

　　在 Planner 中，有两类数据，一类叫 Assertion，它是一个任意的 $n$ 元组，另一类叫 Theorem，它是一个 $n$ 元组加上一个程序。例如

　　(Color Apple Red)

　　(Warm Sun)

　　(Planner is a AI-Language)

　　对于这类数据可用图象匹配方法查找。例如：

$$(IF \quad (IS \quad (Color \ \$ \ x \ Red)$$

$$THEN(PRINT \ \$ \ x)$$

$$ELSE(FAIL)))$$

就是一个图象匹配程序，它用图象(Color $\$$ x Red)和所有的 $n$ 元组匹配，其中 $\$ x$ 是图象变元。一旦匹配成功，即打印 $x$ 的值(所有颜色为红的东西)，关于 Planner 的 Theorem，我们到后面讨论控制结构时再讲。

　　4. Planner 和 Conniver 只能存放一般的 Assertion，但是不能说明这个 Assertion 是真还是假。QLISP 继承了 LISP 的属性表功能，可以添入一个表示真或假的属性。如

(QPUT(VECTOR Color Apple Red)MODELVALUE T)表示事实(Color Apple Red)是真的。

FUZZY 是一种模糊表语言,它不仅可以表示真假,而且还可以表示可信度。表示可信度的量叫 Z-值。如:

((CHANCE OF RAIN)0.30)

中的 0.30 就是可信度。

新型 LISP 语言在数据的作用域问题上也作了很多文章。我们知道,程序设计语言中被说明的量都有一个作用域问题。例如 ALGOL 60 基本上是静态作用域,主要体现在它的分程序结构上。分程序的嵌套可以展开成树状结构。每个标识符的属性和值由分程序的几何层次所决定,与动态调用无关。程序不能在作用域之间任意转移,只能顺着树结构规定的路线进或退。而 LISP1.5 则是动态作用域。在 LISP 函数被调用时,每个原子的属性不由它静态所在的层次决定,而由动态调用的层次决定。

如果我们采取这样的观点,把一个 ALGOL60 或 Pascal 程序中定义的所有标识符看作是构成一个数据库,则此数据库并非是每一项数据在每一个时刻都可以被程序访问的。数据库的能被访问的部分在程序执行过程中不断地变化,并且每一个标识符所对应的值也在不断地变化。每进入一层分程序或过程调用,数据库即增加内容或把某些标识符的值"冷冻"起来。每退出一层分程序或过程调用,数据库即减少内容或恢复某些标识符原来被冷冻的值。根据一些研究者的建议,我们把程序中数据库的当前可访问部分及其值称为一个数境(context)。图 25.1.2 是 ALGOL 型语言数境的一个例子。

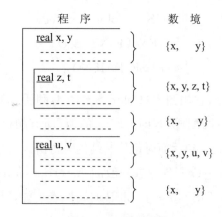

**图 25.1.2 静态数境**

LISP 后的一些表语言的数据库和 ALGOL 型及 LISP 型的数据库都不一样。对于 ALGOL 型的过程式语言来说,访问数据都是按名字或地址进行的,基本上可在编译时静态确定数据的位置,即使是像过程调用这样需要动态确定参数的机制,也有较为有效的手段可在程序运行时使用。但在上述的一些表语言中,取数据是用联想和图象匹配的方式,这都是动态的,且缺少有效的方法,当数据库很大时,查找所需的时间开销会很大。利用数境来限制查找的范围,是一种有效的降低开销的手段。

另一方面,在这些语言中大量使用回溯技术。如果把一个程序的执行过程看成是一株动态的树的搜索过程,则树的每个节点都是一个数境,叶节点是当前数境,非叶节点是被暂时冻结的数境。当在某个节点的试探失败时,要返回到前面的节点。因此如何保存(冻结)节点是一个大问题,弄不好会消耗过多的存储。处理数境的手段各语言不一样。在 Planner 中,数境的处理由系统隐含地进行。在 Conniver 中,用户可以使用有关手段来自己调节数境。

已有的数境处理手段如下:

1. PUSH(c)。从目前的数境出发,建立一个下级数境,并进入此下级数境。c 是下级数境的名字。新数境的初始内容与老数境相同。

2. SPROUT($c_1$, $c_2$)。从数境 $c_1$ 长出一个下级数境 $c_2$,但不立即进入它。

3. POP。取消目前的数境,退回上级数境。

4. SWITCH(c)。从目前的数境转向数境 c,使 c 成为当前数境。

5. DELETE(c),把以数境 c 为根的全部数境子树(连 c 在内)一起删去。

注意,进入新的数境并不增加新的数据内容,只是为修改数据内容作准备。

下面说一下控制结构。

1. 目标制导是这一类语言的一个重要特点。在传统的过程性语言中,过程调用时要显式地指明被调用过程的名字。而在 LISP 后的语言中则只是指明调用的目的,并按此目的去寻找合适的过程。这种寻找的过程被看作是定理证明的过程。在 Planner 中称为推论定理,它的一般形式是

(CONSE 目标　子目标 1　子目标 2……子目标 $n$)

例如,设我们要证明如下定理:"若甲地生活条件好,且乙地生活条件差,且 A 生活在甲地,且 A 被派往乙地工作,且 A 非常重视生活条件,则 A 将拒绝去乙地工作。"就可以用 Planner 书写如下(? 指示自由变量,←指示待约束变量)。

(CONSE (REFUSE ? X)
      (GOAL(GOODLIVE ? Y))
      (GOAL(BADLIVE ? Z))
      (GOAL(NOWLIVE ←X←Y))
      (GOAL(SENTTO ←X←Z))
      (GOAL(LIKELIVE ←X)))

数据库中的事实可能是：

|  |  |
|---|---|
| （GOODLIVE 广州）， | （GOODLIVE 上海）， |
| （BADLIVE 长春）， | （BADLIVE 北京）， |
| （NOWLIVE 姚前 广州）， | （NOWLIVE 成佳 广州）， |
| （SENTTO 姚前 上海）， | （SENTTO 成佳 北京）， |
| （LIKELIVE 成佳）， | （LIKELIVE 严青） |

此时若想知道谁拒绝去外地工作，可以用（GOAL（REFUSE ？ V））的方法进行提问，则程序推导过程（定理证明过程）如图 25.1.3 所示。总的来说，Planner 是做深度优先搜索的。这整套机制与 PROLOG 十分类似（见 7.3 节及下一节），显示了不同类型的人工智能语言向某些共同点合流的趋势。但图 25.1.3 显

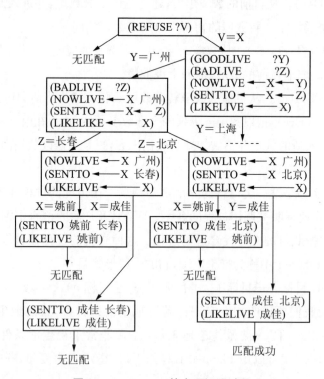

图 25.1.3 Planner 的定理证明过程

示的只是一种标准模式,如果程序员感到不方便,则 Planner 还提供一些指令以对回溯过程作适当调整。例如,当某个节点因匹配失败而向上回溯时,一般来说原先作的操作的效果都要被清除(如被匹配变量所赋的值),有一条命令可以使这些效果固定化,在回溯时不被消去。又如,一般的回溯是回到该节点的直接上级,也有指令可以使它回到更高的上级,等等。

2. 事件制导是这类语言的另一个重要特点。当某个条件成立时,会自动引发一个过程并执行相应的任务。这就是我们在 5.4 节中说的魔鬼机制。在 Planner 中,魔鬼机制表现为所谓前提定理,它的一般形式是

$$（ANTE 条件 \quad 动作 1 \quad 动作 2 \cdots\cdots 动作 n）$$

一旦条件成立,即执行 $n$ 个动作,与推论定理不同,它是采用向前推理方式的,下面是一个前提定理的例子:

$$（ANTE \quad （HUMAN \quad ? \ X）（MORTAL \quad \leftarrow X））$$

表示是人都会死。一旦往知识库中加进事实:某某是人,则此事件会马上触发一个魔鬼,它向知识库中加入一条事实:某某是会死的。注意这里的某某是对定理中变量 X 的例化。

3. 灵活性和效率是语言设计中的一对矛盾。Conniver 的设计者不同意 Planner 过分强调灵活性的指导思想,认为回溯是一种代价昂贵的操作。Planner 的作法是鼓励用户盲目地、不必要地在任何情况下使用回溯。实际上在许多情况下根本不需要回溯,在另一些情况下则完全可以用一般的递归来代替。

Conniver 要求把控制权交到用户手里,不但避免不必要的回溯,而且可以任意地改变控制流。实现这种控制的基本思想我们在 5.4 节中已经提到了。有关控制的基本信息是存在一个叫作 Frame 的数据结构中的。一个简单的例子如下:

```
(PROG  (X)
    (SETQ X 50)
    (SETQ G2(TAG A))
    (SETQ G1(FRAME))
    (PRINT 'PIN)
  A(PRINT 'PAN))
```

其中 G2 被赋予 TAG A 的值(即标号 A 的地址),G1 被赋予 FRAME 的值(即本段程序开始地址)。此后若有

(CONTINUE G1)
(CONTINUE G2)

即分别表示从标号 A 处,或从该程序段起始处恢复运行。又

(SETQ　X　17)
(PRINT(CEVAL 'X　G1))

将打印 50 而不是 17。

采用这种方法有很多优点,主要是避免了单纯的深度优先搜索,也可以作广度优先或最佳优先搜索。

另一个重要问题是图象匹配。这也是人工智能语言区别于传统语言的重要之点。访问数据不是根据名字和地址,而是根据该数据的部分内容或结构形式,所以也叫联想式访问,图象匹配的关键在于图象变元的匹配规则,比较流行的有两种模式,五种类型。两种模式是:

1. 单元变量,只能匹配一个元素。

2. 区间变量,能匹配在同一级别上的任意多个元素。

五种类型是;

1. 开变量。可匹配任意项,用? X 表示。

2. 闭变量。只能匹配与已匹配赋值的同名变量相同的值,用←X 表示。

3. 间接开变量。以该变量的值为地址取出的内容来匹配任意项,用♯? X 表示。

4. 间接闭变量。间接的意义同上,但按闭变量方式匹配,用♯←X 表示。

5. 受限变量。满足一组限制条件下的匹配,也分受限开变量和受限闭变量两种,书写形式和开变量、闭变量一样,但另有一个限制性说明:

$$(\text{RES X } a_1 a_2 \cdots a_n)$$

表示 X 的取值范围限制在集合 $\{a_1, a_2, \cdots, a_n\}$ 之内。

6. 以上各类变量均为单元变量。若是区间变量,则前四类变量分别用?? X,←←X,♯?? X 和♯←←X 表示。第五类变量只用于单元变量。

用于匹配的图象也分三种类型:

1. 普通图象。不含特殊的图象匹配符 * 和 $,匹配规则即是上面指出的那些规则。

2. 循环图象。用一对 * 符号括起的图象可以重复任意多次。

3. 递归图象。在一对 * 符号之间可以出现一个(但顶多一个)$ 符号,表示在此处可以递归调用用 * 符号括起的图象。

现在举一些例子。设有数据$(Z(A\ A\ B\ B)C)$,则用不同图象匹配的结果如图 25.1.4 所示。注意数据中的 $Z$ 是变量,$\mathbb{Z}$ 是 $Z$ 的地址,其余原子为常量。由于数据中有变量,这已是双向图象匹配。

| 图　象 | 成败 | 约　束 |
|---|---|---|
| ? X | √ | X=(Z　(A A B B)　C) |
| (? X) | × | |
| (? X　(←X A B B)　C) | × | |
| (? X　(?? Y B)　C) | √ | X=.　Z, Y=(A A B) |
| (? X　(? Y←Y?? V)　C) | √ | X=.　Z, Y=A, V=(B B) |
| (? X　(#? X A B B)　C) | √ | X=.　Z, Z=A |
| (? X　(? Z #←X B B)　C) | √ | X=.　Z, Z=A |
| (? X　(\*A\* \*B\*)　C) | √ | X=.　Z |
| (? X　(\*A$B\*)　C) | √ | X=.　Z |
| 若(RES Y A B): | | |
| (? X　(A A B B)　? Y) | × | |
| (? X　(? Y A B B)　C) | √ | X=.　Z, Y=A |

**图 25.1.4　图象匹配示例**

若把图象变元的匹配模式和类型与数据结构的属性结合起来,则具有更大的威力,如图象

(PLUS(BAG 0 ?? X))

可以匹配

(PLUS(BAG 1 2 0 3 4))

因为 BAG 是不讲次序的。

(PLUS(BAG 0 ? X))

可以匹配

(PLUS(BAG 0 0 1 0 0))

因为后者和

(PLUS(BAG 0 1))

是一样的。注意,在这里,我们已经从语法匹配进入语义匹配的领域。这种匹配

有很多用处,特别是可用于图象处理。例如,在公式化简中,若我们要消去加法表达式中多余的 0,则可用类似 Planner 的前提定理形式表示为

$$(\text{ANTE}(?\ X\ \text{PLUS}(\text{BAG}\ 0\ ??\ Y))(\text{ASSERT}(\leftarrow X\ \text{PLUS}(\text{BAG}\ \leftarrow\leftarrow Y)))$$

若要消去表达式中又加又减的项,则可以写为

$$(\text{ANTE}(?\ X\ \text{PLUS}(\text{BAG}\ ??\ Y\ ?\ Z(\text{MINUS}\leftarrow Z)))$$
$$(\text{ASSERT}(\leftarrow X\ \text{PLUS}(\text{BAG}\ \leftarrow\leftarrow Y))))$$

除了检索数据以外,图象匹配还有另一个用处,就是调用过程。在这类新型表处理语言中,调用过程时并不一定要指定过程名或存放过程名的地址,只需以图象形式给出一个目标就行,凡能与此图象相匹配的形式皆可调用。例如图象

$$(\text{GOAL}(?\ X(儿子\ 高俅)))$$

表示询问系统:关于高俅的儿子有什么可说的? 它可调用任何形为 $(Y(儿子\ 高俅))$ 及 $(Y\ ?\ Z)$ 的事实和过程,其中包括

事实:(衙内(儿子　高俅))

　　　(花花公子(儿子　高俅))

　　　(强抢过林教头夫人(儿子　高俅))

　　　……

过程:(CONS(宋朝人 ? $Y$)(GOAL(宋朝(生活年代$\leftarrow Y$))))

　　　(CONS(姓高 ? $Y$)(GOAL(姓高(父亲$\leftarrow Y$))))

　　　……

这里的过程就是 Planner 的推论定理,它的过程头(宋朝人 ? $Y$)和(姓高 ? $Y$)能和过程调用的图象匹配,做一次过程调用就是做一次定理证明。

尽管这些语言在人工智能编程技巧方面作出了许多贡献,但它们在 LISP 的后代中却不是最有名的。七八十年代流行的最强有力的版本是麻省理工学院开发的 MACLISP 和 XEROX 公司开发的 INTERLISP,其主要特点是有雄厚的程序开发环境作为支持。近年来,COMMONLISP 逐渐发展为众多 LISP 版本中的标准版本。LISP 的另一个重要发展方向是增加平行推理功能,如各种 MULTILISP, QLISP 等,以及嵌入并发和分布式推理环境,如 CCLISP, CONCURRENT LISP, DISTRIBUTED LISP 等。部分 LISP 版本的演变情况如图 25.1.5 所示。

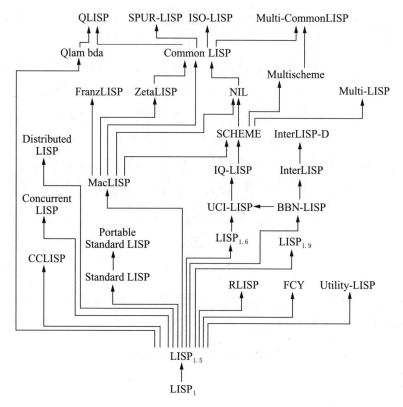

图 25.1.5　部分 LISP 版本之演变

## 25.2　PROLOG 家族

用逻辑方法作程序设计是一种很自然的思想。其间要克服的一个障碍是逻辑命题语义的重新说明。本来一个逻辑命题是说明性的，它指出用逻辑联结符联结的一些谓词(原子命题)在一定前提(公理系统)下成立。为此我们在第一章的开头已经举了不少例子。像这样的说明性命题怎样能作为一个程序中的语句呢？首先在实践上解决这一问题的是马赛大学的 Colmerauer，他们设计了一个逻辑程序设计语言，取名 PROLOG(PRO gramming in LOGic)，并在 1973 年实现。次年，Kowalski 即在一篇文章中指出：PROLOG 所起的作用正好是给一阶谓词演算中的说明性命题以过程性解释，从而，说明性命题就成了可执行的过程了。于是，不仅是在人工智能领域，而且在整个程序设计语言领域，产生并发展了一个新的家族：PROLOG 家族。

我们首先简单地阐述说明性的命题语义是怎样一步步转化为 PROLOG 的过程性语义的。

第一步:对一阶谓词加以限制,只允许出现 Horn 子句。办法是:首先把任何命题化成子句形式(见 1.4 节),得到一个子句集,然后再设法化成 Horn 子句集(见定义 17.2.7)。有一种简单的办法是换名,例如,$A \vee B \vee C$ 不是 Horn 子句,但若令 $B = \sim P$,$C = \sim Q$,则 $A \vee \sim P \vee \sim Q$ 就成了 Horn 子句。但要注意,已经证明换名方法并不总能把一般子句改造为 Horn 子句。一个反例是:

$$\sim P \vee Q \vee \sim R$$
$$\sim Q \vee R \vee S$$
$$\sim R \vee S \vee P \qquad (25.2.1)$$
$$\sim S \vee P \vee Q$$

第二步:改造 Horn 子句的形式。只有正原子的子句(正单子句)不需改造。若子句中兼有正、负原子,如:

$$\sim A_1 \vee \sim A_2 \vee \cdots \vee \sim A_{n-1} \vee A_n \qquad (25.2.2)$$

则把它改写为

$$A_1 \wedge A_2 \wedge \cdots \wedge A_{n-1} \rightarrow A_n \qquad (25.2.3)$$

读作:若对 $1 \leqslant i \leqslant n-1$,所有的 $A_i$ 皆成立,则 $A_n$ 亦成立。这已经是一个规则的形式。当 $n = 1$ 时我们说 $A_1$ 是一个事实,因为它无条件地成立,此时 $A_1$ 是正单子句。

第三步:把式(25.2.3)念成过程性的,即:若能证明对 $1 \leqslant i \leqslant n-1$,诸 $A_i$ 皆成立,则也就证明了 $A_n$ 成立。进一步,还可把上面所说的"证明"换成"通过执行某种过程而证明诸 $A_i$ 成立"。

第四步:把第三步中的话倒过来念,即:为了证明 $A_n$ 为真,可以(但并非必须!)通过证明诸 $A_i$($1 \leqslant i \leqslant n-1$)为真来实现这一点。这里仅说"可以",是因为可能有多条形如式(25.2.3)的规则以 $A_n$ 为结论,只要其中一条走通,$A_n$ 即得证。

第五步:把第四步中所说的过程连接起来,形成一个反向链。链的一头是待解的问题,另一头是已有的事实。例如,待解问题是 $A$,首先看库中有无事实 $A$,若有则问题已解。否则找一条以 $A$ 为结论(目标)的规则,把它左部的条件 $A_i$

看成子目标,重复刚才的步骤,直到所有的子目标都与库中事实匹配为止。反向链接机制的基本内容是 7.3 节中所说的深度优先带变量盲目搜索,其中用到了通代算法。已经证明:Horn 子句用这种方式求解也是完备的(见定理 17.2.8)。另一方面,Hasenjäger 在 1959 年即已证明:Horn 子句的计算能力等同于一阶逻辑。因此,基于 Horn 子句的 PROLOG 语言在解题能力上不亚于任何高级语言。

PROLOG 语言的背景和过程式语义就是这样。当然,为了编程方便,PROLOG 中还包含一些其他内容,例如,等式谓词"="就是 PROLOG 的固有谓词,它使 PROLOG 懂得 $x=y$ 是什么意思(回忆一下,一般的谓词在逻辑中是与谓词名的本来意义无联系的,见 1.1 节)。还有一些其他的扩充,这在下面还要谈到。

下面用 BNF 形式给出 PROLOG 语法的概要。

〈程序〉::＝〈程序子句〉{〈程序子句〉}$_0^n$

〈程序子句〉::＝〈无条件子句〉|〈条件子句〉

〈无条件子句〉::＝〈首部〉

〈条件子句〉::＝〈首部〉:—〈体〉

〈首部〉::＝〈原子〉

〈体〉::＝〈原子〉{,〈原子〉}$_0^n$

〈原子〉::＝〈命题〉|〈谓词〉|〈分割符〉

〈命题〉::＝〈命题名〉

〈谓词〉::＝〈谓词标识符〉(〈项〉{,〈项〉}$_0^n$)

〈项〉::＝〈常数〉|〈变量〉|〈函数式〉
　　　　　|〈表〉|〈算术表达式〉

〈常数〉::＝〈整数〉|〈常数标识符〉

〈变量〉::＝〈变量标识符〉

〈函数式〉::＝〈函数标识符〉(〈项〉{,〈项〉}$_0^n$)

〈表〉::＝NIL|〔〕|〔〈项〉{,〈项〉}〕|〔〈项〉{,〈项〉}"|"〈项〉〕

〈算术表达式〉::＝〈算术项〉{〈加减符〉〈算术项〉}$_0^n$

〈算术项〉::＝〈因子〉{〈乘除符〉〈因子〉}$_0^n$

〈加减符〉::＝＋|—

〈乘除符〉::＝＊|/|&

〈分割符〉::＝!

〈提问〉::=〈目标子句〉

〈目标子句〉::=? —〈体〉

从上面的语法公式可以看出,PROLOG 的数据结构比较简单,基本上是简单数据加函数加表,其中表结构在上一节中已予充分介绍,其他数据类型则是在普通程序设计语言中常见的,并且除了表以外没有其他的结构型数据。

从语法公式还可以看出,〈程序〉的语法定义完全符合前面所说的过程性语义解释的要求,只是书写方式改了一下。式(25.2.3)被写成

$$A_n : —A_1, A_2, \cdots, A_{n-1} \tag{25.2.4}$$

语法公式中包含了一个〈程序〉以外的成分,即〈目标子句〉:

$$? —B_1, B_2, \cdots, B_m \tag{25.2.5}$$

它的语义是本书 1.4 节中提到的用消解法证定理时在被证定理前加一个非符号,然后送进已有的子句集中,通过消解推出矛盾这样一个基本思想。在语法上,它等价于

$$\sim (B_1 \wedge B_2 \wedge \cdots \wedge B_m) \tag{25.2.6}$$

亦即

$$\sim B_1 \vee \sim B_2 \vee \cdots \vee \sim B_m \tag{25.2.7}$$

这正是我们在前面论述由 Horn 子句过渡到 PROLOG 语句时所未曾提到的第三种 Horn 子句形式(另两种形式是正单子句及式(25.2.2))。

概括地说,PROLOG 程序的运行原理就是 17.2 节中所说的强有序输入消解(定理 17.2.8)。PROLOG 程序要求第三种 Horn 子句(式(25.2.7))只有一个,其他两种 Horn 子句数量不限。这样,每个程序有一个明确的解题目标。

用 PROLOG 编程序和解题的例子实际上在第二章中即已给出,可参见图 2.4.4 和图 2.7.1,那里没有指出 PROLOG 的名字,但在使用深度优先向后推理的意义上可以把它们看成是 PROLOG 程序。注意:目前专家们倾向于把逻辑知识表示和产生式系统知识表示严格区分开来,前者限定为 PROLOG 式的向后推理,后者限定为 OPS 5 式的向前推理。本章遵循这一规定。

PROLOG 程序运行时有两项关键技术:通代和回溯。如果读者对此印象不深,请参阅 7.2 节和 7.3 节,那里有较详细的说明和例子。此处对 PROLOG 的其他功能再作一点补充。

首先要介绍分割操作 cut,这是 PROLOG 中的一个特殊谓词,写作!.cut 的特点是:

1. 在推理过程中第一次遇到 cut 的某个出现(作为谓词位于某个子句的条件部分)时,该 cut 之值为真。

2. 如果在同一子句中该 cut 后面的某个谓词因匹配失败而向 cut 回溯时,该 cut 之值为假。亦即,该 cut 起一个阻挡回溯的作用。

3. 如果这种情况发生,则该 PROLOG 子句的首部作为一个目标彻底失败,不再作其他匹配尝试。

例如,青年人沈圣把爱情看得非常严肃。他决心不轻易谈恋爱,一谈就要成功,若遇挫折决不找第二个。他的恋爱观可以编成如下的 PROLOG 程序:

$$结为伉俪(沈圣,y):-爱(沈圣,y),!,爱(y,沈圣)。$$
$$爱(沈圣,歌星A)。$$
$$爱(沈圣,影星B)。$$
$$爱(沈圣,大款C)。 \qquad (25.2.8)$$
$$爱(影星B,沈圣)。$$
$$爱(大款C,沈圣)。$$
$$? -结为伉俪(沈圣,y)。$$

实行推理时,子句中第一个条件与数据爱(沈圣,歌星 $A$)匹配成功,使第二个条件爱($y$,沈圣)中的 $y$ 也约束为歌星 $A$。此时应寻找与条件爱(歌星 $A$,沈圣)匹配的数据,但没有,因之匹配失败。按 PROLOG 规定向左回溯,但被 cut 符号! 挡住,于是回溯失败。并且目标结为伉俪(沈圣,$y$)彻底失败,沈圣终身不娶。

在这个例子中,如果不插入! 符号,则将对第一个条件爱(沈圣,$y$)实行回溯,并使 $y$ 与影星 $B$ 匹配成功,得到爱(沈圣,影星 $B$),第二个条件爱(影星 $B$,沈圣)也能匹配成功,因之目标结为伉俪(沈圣,影星 $B$)成功。

顺便指出,插入 cut 还可防止多个解的产生。假设数据库中有数据爱(歌星 $A$,沈圣),则目标结为伉俪(沈圣,歌星 $A$)将成功。此时如果希望得到第二个解,可在计算机输出的答案后输入一个分号";",PROLOG 系统将强令(已经成功的)最后一个条件失败,并继续寻找新的匹配,匹配不成时向左回溯。在上例中,此回溯同样被 cut 挡住。若无 cut,则将另外得到两个解:结为伉俪(沈圣,影

星 $B$),结为伉俪(沈圣,大款 $C$)。可见,cut 谓词使沈圣避免了犯重婚罪。

PROLOG 的另一个特殊谓词是 Fail,相当于逻辑中的 False,即恒假。单独使用 Fail 是没有什么意义的。它通常和其他符号联用。例如,目标子句

$$? \,\text{—}g(x), \text{Write}(x), \text{Fail}。$$

将自动产生 $g(x)$ 的全部解。但 Fail 最重要的功能还是和 cut 联用。例如,我们假定沈圣交朋友有很强的原则,一旦发现所爱的人行为不端,也会感到痛心而终身不谈恋爱。他的决心可编为如下的 PROLOG 程序:

$$\text{爱}(沈圣, y)\text{:}\text{—}\text{行为不端}(y), !, \text{Fail}。$$
$$\text{爱}(沈圣, y)\text{:}\text{—}\text{品行端正}(y)。$$
$$\text{行为不端}(歌星 A)。 \tag{25.2.9}$$
$$\text{品行端正}(影星 B)。$$

由于发现歌星 $A$ 行为不端,使式(25.2.9)的第一个条件匹配成功,但随之在 Fail 的作用下全式匹配失败,按规定整个目标爱(沈圣,$y$)匹配失败,即使下一条规则能与数据品行端正(影星 $B$)匹配成功也无济于事,沈圣的爱心已经泯灭。注意式(25.2.8)和式(25.2.9)有原则的不同,前者是当一条件不成立时目标恒失败,后者是当一条件成立时目标恒失败。这一特点提醒我们可用 cut 和 Fail 定义一个谓词的"非":

$$\text{Not}(P(\cdots))\text{:}\text{—}P(\cdots), !, \text{Fail}。$$
$$\text{Not}(P(\cdots))。 \tag{25.2.10}$$

不难看出:如果 $P(\cdots)$ 之值为真,则在 Fail 作用下,$\text{Not}(P(\cdots))$ 恒失败。如果 $P(\cdots)$ 之值为假,则第一个子句匹配虽失败,第二个子句却使目标成功。也就是说,$\text{Not}(P(\cdots))$ 为真,当且仅当 $P(\cdots)$ 为假。

引进谓词 $P$ 的非表示 $\text{Not}(P(\cdots))$ 有两方面的意义。首先,根据 PROLOG 的语法和语义,谓词 $P$ 的"非"形式一般是不允许在程序中出现的。这就大大削弱了 PROLOG 的描述能力。考察下面的论断:

财大气粗者不是大款就是大腕。

个体户都是财大气粗。

大款都是一掷千金。

个体户都不是大腕。

把它编成逻辑程序将会得到

$$大款(x) \vee 大腕(x):-财大气粗(x)。 \tag{25.2.11}$$

$$财大气粗(x):-个体户(x)。 \tag{25.2.12}$$

$$一掷千金(x):-大款(x)。 \tag{25.2.13}$$

$$\sim 大腕(x):-个体户(x)。 \tag{25.2.14}$$

这不是 PROLOG 程序,因为出现了非符号~和或符号∨。若要消去式(25.2.11)中的或符号,就要把大款(x)或大腕(x)移到右边,这又导致出现更多的非符号。

Meltzer 建议用换名法来解决这个问题。如果一个谓词和它的非不同时在程序中出现,则可把所有带非符号的谓词换名。上例的式(25.2.11)和式(25.2.14)可分别改为

$$大款(x):-非大腕(x),财大气粗(x)。 \tag{25.2.15}$$

$$非大腕(x):-个体户(x)。 \tag{25.2.16}$$

这里把非大腕(x)看成是一个新谓词。但换名法的功用是有限的,用换过名的程序只能证明某人是大款,却不能证明某人是大腕。至少我们缺少了如下的规则:

$$大腕(x):-非大款(x),财大气粗(x)。 \tag{25.2.17}$$

但即使加上这条规则,也还是不能解决大腕的推理问题。

换名法还有一个更严重的问题:它难以处理否定信息。从原则上说,一个PROLOG 程序的数据库中应该指明每个数据的(已知)真假值,但由于涉及的量太大,往往不可能做到,从而造成许多问题。例如,幼儿园老师告诉小朋友说:不是自己的爸爸来接时不能跟着走,用程序表示就是

$$拒跟(y,x):-来人(x),\sim 爸爸(x,y)。 \tag{25.2.18}$$

采用换名法,得到

$$拒跟(y,x):-来人(x),非爸爸(x,y)。 \tag{25.2.19}$$

本来,小牛的爸爸是大牛,但来接小牛的竟是大羊。那么,小牛是否应该"拒跟"呢?这要看数据库中是否有谓词非爸爸(大羊,小牛)。但是,除了大牛以外,全中国 12 亿人都不是小牛的爸爸,这就要求数据库存放 12 亿个非爸爸($x$,小牛),显然不可能。

为解决此问题,Reiter 在 1978 年提出了封闭世界假设。他认为,每个数据库都描述一个世界。如果我们假定数据库的知识不一定是完备的,那么只有当某谓词的否定信息显式地存在于数据库中时,才知此谓词取假值。若数据库无此谓词的任何信息,则它的值被认为是未知。这种假定称为开放世界假设,简称 OWA。反之,如果我们假定数据库的知识是完备的,那么凡是未被数据库显式地包含的信息即被认为是否定的,数据库中不出现的谓词自动取假值。这种假定称为封闭世界假设,简称 CWA。

设 Th 是一个公理系统,A 是一个命题。则 Th $\vdash$ A 和 Th $\not\vdash$ A 分别表示从 Th 可推出 A 或推不出 A。对 CWA 来说,全体否定命题的集合是

$$\text{Neg(Th)} = \{\sim A \mid A \text{ 为基项}, \text{Th} \not\vdash A\} \tag{25.2.20}$$

全体基命题的集合是

$$\text{World(Th)} = \{L \mid \text{Th} \cup \text{Neg(Th)} \vdash L\} \tag{25.2.21}$$

这里 L 可以是正命题,也可以是负命题。

不难看出,式(25.2.10)对 $\text{Not}(P(\cdots))$ 的定义正好反映了 CWA 的思想: $\text{Not}(P(\cdots))$ 为真,当且仅当不能证明 $P(\cdots)$ 为真。这种策略称为"失败作为否定"(Negation as Failure),即把求证命题 $P(\cdots)$ 的失败看作就是对命题 $\sim P(\cdots)$ 的证明。是 CWA 在 PROLOG 程序中的具体体现,该思想来自 Clark。据此,式(25.2.18)可改写为

$$\text{拒跟}(y, x) :\!— \text{来人}(x), \text{Not}(\text{爸爸}(x, y))。 \tag{25.2.22}$$

该程序只需要一个很小的数据库 DB 以记载该幼儿园孩子们的爸爸就够了。

从这里可以看出引进 $\text{Not}(P)$ 的第二方面的意义,即把一个 PROLOG 数据库完备化,但在使用时必须十分小心。我们在定义(25.2.21)中强调基命题,这是很重要的。以式(25.2.22)为例,设数据库是

$$\text{来人}(\text{大羊})。$$
$$\text{来人}(\text{大牛})。$$
$$\text{爸爸}(\text{大牛}, \text{小牛})。$$

求解目标子句是

$$? \!— \text{Not}(\text{拒跟}(y, x))。$$

求解过程首先问是否有 $y$，$x$，使拒跟($y$，$x$)成立，由于来人($x$)和来人(大羊)匹配，Not(爸爸(大羊，$y$))成功，使拒跟($y$，大羊)成功。到这一步结论还是正确的，即任何人都不能跟大羊走(因大羊不是任何人的爸爸)。但这导致 Not(拒跟($y$，$x$))彻底失败，包括 Not(拒跟(小牛，大牛))也失败。这个结论是错误的：由于大羊冒领了一次小牛，使真正的爸爸大牛来时小牛也不跟着走了。所以，在使用 Not 谓词时，为了避免用错，最好在该谓词参数完全例化(代入具体值)以后再调用式(25.2.10)。

注意，如果离开了 PROLOG 子句(即 Horn 子句)的范围，CWA 是会导致矛盾的。例如假设公理系统 Th 包含如下的(唯一)命题：

$$A \vee B \tag{25.2.23}$$

则由 Th $\nvdash A$ 和 Th $\nvdash B$ 可知 $A$ 和 $B$ 均应取假值，但这是不可能的，因为 $A$ 和 $B$ 中至少应有一个取真值。

为解决此问题，Minker 提出了广义封闭世界假设(GeWA)，他把式(25.2.20)改为

$$\text{Neg(Th)} = \{\sim A \mid \text{由 Th} \vdash A \vee C \text{ 可推出 Th} \vdash C，$$
$$\text{其中 } C \text{ 为任何正子句}\} \tag{25.2.24}$$

从另一个角度考察式(25.2.23)，它可以改写成如下形式的子句：

$$\text{A:—}\sim\text{B.} \tag{25.2.25}$$
$$\text{B:—}\sim\text{A.} \tag{25.2.26}$$

假设有两个公理系统甲和乙，各含上两式之一。则系统甲认为在 CWA 下 $B$ 应取假值，从而导致 $A$ 取真值。乙认为在 CWA 下 $A$ 应取假值，从而导致 $B$ 取真值。他们的结论正好相反。说明在此情况下 $A$ 和 $B$ 有一个竞争谁取真值的问题。为了确定程序的语义，首先应为 $A$ 和 $B$ 排一个优先次序。

更进一步说，$A$ 和 $B$ 的排序本质上是逻辑程序的模型选取问题。求解一个逻辑程序就是寻找该程序的一个 Herbrand 模型(即使程序中所有子句取真值的一个 Herbrand 解释，参见 17.1 节)。为了得到一个可靠的语义，人们需要的是极小 Herbrand 模型(模型是排成偏序的)。对于不含负谓词的确定型子句，PROLOG 系统所得到的是唯一的极小模型。但若出现负谓词，好景就不长了。刚才的例子表明存在两个极小模型：$A$ 正 $B$ 负或 $A$ 负 $B$ 正。

为解决此问题,Apt 等人提出了分层逻辑程序的概念,核心思想是对谓词排优先顺序:

**定义 25.2.1**(分层逻辑程序) 一个泛逻辑子句的形式是:

$$C:-A_1, A_2, \cdots, A_m, \sim B_1, \sim B_2, \cdots, \sim B_n \qquad (25.2.27)$$

其中 $m$, $n \geqslant 0$, $A_i$, $B_j$, $C$ 均为正原子。由泛逻辑子句组成的逻辑程序 $P$ 称为是分层的,若存在 $P$ 的划分:

$$P = P_1 \cup P_2 \cup \cdots \cup P_k \qquad (25.2.28)$$

满足如下两个条件:

1. 若某谓词符号 $Q$ 在 $P_i$ 的某个子句中以正谓词形式出现,则 $Q$ 的定义(以 $Q$ 为首部的子句)都在 $\bigcup_{j \leqslant i} P_j$ 中。

2. 若某谓词符号 $Q$ 在 $P_i$ 的某个子句中以负谓词形式出现,则 $Q$ 的定义都在 $\bigcup_{j < i} P_j$ 中。

这里每个 $P_i$ 称为 $P$ 的一个层。

**定理 25.2.1** 每个分层逻辑程序有唯一的极小模型。

**定义 25.2.2**(分层数据库) 一个多泛逻辑子句的形式是:

$$C_1 \vee C_2 \vee \cdots \vee C_k :- A_1, A_2, \cdots, A_m, \sim B_1, \sim B_2, \cdots, \sim B_n$$

$$(25.2.29)$$

其中 $m$, $n \geqslant 0$, $k \geqslant 1$, $A_i$, $B_j$, $C_h$ 都是正原子。由多泛逻辑子句组成的数据库 $D$ 称为是分层的,若存在 $D$ 的划分:

$$D = D_1 \cup D_2 \cup \cdots \cup D_h \qquad (25.2.30)$$

满足如下三个条件。

1. $C_i$ 中的所有谓词符号属于同一层 $D_g$。

2. 以正谓词形式出现的谓词符号 $Q$ 都在 $\bigcup_{j \leqslant g} D_j$ 中。

3. 以负谓词形式出现的谓词符号 $Q$ 都在 $\bigcup_{j < g} D_j$ 中。

注意这里的数据库 $D$ 和上面的逻辑程序 $P$ 的根本区别在于,$D$ 中的多泛逻辑子句是不排序的,因之谓词符号的排序方式与上面不同。

**定理 25.2.2** 存在着这样的分层数据库,它有多个极小模型。

虽然分层数据库不能保证极小模型的唯一性,但它提供了一种按层次推算极小模型的方法。鉴于分层数据库对谓词排序的要求很严格，有些数据库难以满足此要求。Przymusinski 把它推广为局部分层数据库，其中不是对谓词名排序，而是对原子排序。cholak 曾认为一个数据库能否局部分层是不可判定的。沈一栋用一个判定算法否定了 Cholak 的说法。沈还给出了用最小不动点方法构造极小模型的有效方法。

逻辑程序设计的另一个重要发展是约束逻辑程序设计。用 PROLOG 程序求解某一问题时，往往需要附加一些约束条件，规定满足这些条件的解才是我们所需的解。尽管这些约束条件一般来说都可以用 PROLOG 子句描述，但执行的时候往往会造成低效率。例如，假定公安人员要从数据库中寻找某案件的嫌疑犯。已知罪犯是男性，身高 1.8 米以上，平头，且估计与被害人有仇，则搜寻嫌疑犯的规则为：

嫌疑犯$(x)$:—性别$(x,$男$)$，身高$(x,y)$，$>(y,1.8)$，
　　　　　发型$(x,$平头$)$，有仇$(x,$被害人$)$。

假定数据库中的人员档案是顺序排列的，则 PROLOG 系统将按个查询这些人是否符合规则中的条件。如果头 100 万人全是女性，第二个 100 万人身高都低于 1.8 米，第三个 100 万人都留长发，则系统起码要作三百万次无用的匹配。约束逻辑程序设计的基本思想是改变 PROLOG 那种先盲目列举然后再测试条件是否满足的做法。而是先把不符合约束条件的数据过滤掉，只在满足条件的数据空间内寻求匹配。在上例中就是先划定一个满足性别、身高、发型等条件的数据子空间，然后在此子空间内集中寻找与被害者有仇的人（确定是否有仇也许要经过复杂的推理）。

实现约束逻辑程序设计的语言在 70 年代就出现了。由 Colmerauer 在 1978 年设计的 PROLOG Ⅱ可以在逻辑程序中加进等式和不等式约束，1983 年就有产品问世。1987 年又推出了 PROLOG Ⅲ，在算术约束之外还加上了布尔和串约束。同一年，Jaffer 和 Lasser 论述了约束逻辑程序设计的理论基础，提出了约束逻辑程序设计语言框架 CLP($D$)，其中 $D$ 是一个参数，代表可以构造约束条件的论域，如 CLP($R$) 表示可构造实数约束（算术约束）的 CLP 语言，CLP(Bool) 表示可构造布尔约束的 CLP 语言等等。欧共体研究中心自 1985 年开始设计的 CHIP 语言可以描写离散和布尔约束，主要用于解决组合学问题，已用于电路设计等领域。Trilogy 语言可以描写整数约束，相当于 CLP(Z)。

举一条 PROLOG Ⅲ 的规则：

$$\text{solve}(x, y) \rightarrow \{x \geqslant 8, y \geqslant 9, x * y = 12,$$
$$2x + 4y = 34, y \neq x - 1\}; \tag{25.2.31}$$

这是一个在某些约束下求解二元二次代数方程组的规则,实际上规则右部都写成了约束:等式约束和不等式约束。求解这些约束时用的是算术方法而不是 PROLOG 的逻辑推理方法。可见约束逻辑程序设计的第二个基本思想是不仅用 Herbrand 基来规定程序的语义,而且要使用特定的具体论域的语义,如在 CLP(R) 中就要用到实数算术的语义,在 CLP(Bool) 中就要用到命题逻辑的语义,与此相应,消解的算法也要有所改变。最广通代算法 7.1.1 可以说是纯语法性的,在 18.2 节中我们已经指出:当组成项的函数具有某种特殊性质,如可交换性时,通代算法要作适当的调整,使得在纯语法意义下不可通代的项在可交换意义下也能通代,这就已经进入了语义通代的领域。在 CLP(R) 中,我们更要求 $\sqrt{16}$ 和 $2^2$ 也能通代,这便是直接利用算术运算的语义来修正通代算法了。

按照 CLP 框架,约束逻辑子句的基本形式是:

$$p : -a_1, \cdots, a_n, b_1, \cdots, b_m \tag{25.2.32}$$

其中 $p$ 和诸 $a_i$ 都是谓词,诸 $b_i$ 是约束。目标子句的左部为空,且约束分为已解约束($b'_i$)和延迟约束($c'_i$)两种,具体形式是:

$$: -a'_i, \cdots, a'_h, b'_1, \cdots, b'_g, c'_1, \cdots, c'_j \tag{25.2.33}$$

我们说目标子句的求解推进了一步,若下列两个条件之一被满足:

1. 从子目标的延迟约束中选出一个 $c'_i$ 并予求解,使之成为已解约束 $b'_{g+1}$,并且要求约束集 $\{b'_1, \cdots, b'_g, b'_{g+1}\}$ 无矛盾。新的子目标是:

$$: -a'_i, \cdots, a'_h, b'_1, \cdots, b'_g, b'_{g+1}, c'_1, \cdots, c'_{i-1}, c'_{i+1}, \cdots, c'_j$$
$$\tag{25.2.34}$$

2. 从子目标的谓词中选择一个 $a'_i$,并从程序中找一条规则:

$$q : -a''_1, \cdots, a''_k, b''_1, \cdots, b''_t \tag{25.2.35}$$

使 $q$ 和 $a'_i$ 有相同的谓词名并且有最广通代。新的子目标是:

$$: -a'_1, \cdots, a'_{i-1}, a''_1, \cdots, a''_k, a'_{i+1}, \cdots, a'_h, b'_1, \cdots, b'_g,$$
$$q = a'_i, b''_1, \cdots, b''_t, c'_1, \cdots, c'_j \tag{25.2.36}$$

其中未解约束 $q=a_i'$ 是一组等式,实际上代表了 $q$ 和 $a_i'$ 的最广通代。

为什么有些约束要延迟呢? 再次考察式(25.2.31),那里有一个约束 $x*y=12$,这是一个非线性约束,若要判断它和其他约束的一致性,其计算量要超过线性约束,因此在 $CLP(R)$ 中先把它放着,待后面的约束把 $x$ 和 $y$ 中的一个值确定以后再来推算它和其他约束的一致性,这就是约束逻辑程序设计的第三个基本思想:用延迟处理办法来对付暂时处理不了的约束。

从上述一步求解的定义不难看出约束逻辑程序求解的全貌:当目标子句中的谓词和延迟约束全部消失时,求解任务也就完成,此时目标子句中只剩下一组互不矛盾的已解约束。由此又可以知道约束逻辑程序设计的第四个基本思想:PROLOG 程序求得的是一个解,而 CLP 程序求得的却是一组约束,它们代表了一个解空间。

逻辑程序设计的另一个发展是并行逻辑程序设计。并行执行逻辑程序的可能性来自这类程序执行机制的不确定性。有两种这样的不确定性,第一种叫与不确定性,它来自子句体中各子目标执行顺序的不确定性,即在子句

$$P:-Q_1, Q_2, \cdots, Q_n \qquad (25.2.37)$$

中,各子目标 $Q_i$ 的执行顺序是不确定的。第二种叫或不确定性,即一个子目标在与另一子句的首部匹配时,如果有多个子句的首部能与此子目标匹配,则首先选取哪一个子句的首部来匹配是不确定的。例如假设式(25.2.37)的子目标 $Q_2$ 被选中首先执行,又设程序中有子句

$$Q_2:-R_1, R_2, \cdots, R_m \qquad (25.2.38)$$

$$Q_2:-S_1, S_2, \cdots, S_h \qquad (25.2.39)$$

则首先让子目标 $Q_2$ 与式(25.2.38)还是式(25.2.39)的首部匹配是不确定的。

注意到这一点,人们想到可以让一个 PROLOG 程序"并行"地执行,其途径是把上述两种不确定性转换成程序执行的并行性,其中与不确定性将转换成与并行性,或不确定性将转换成或并行性,这就是所谓的并行性开发,实现机制由一组进程体现,目的是提高逻辑程序的执行效率。在作这种转换的时候,我们不要忘记 PROLOG 的操作语义原本是顺序的,是确定性的。现在把它说成是不确定性的,这多少偏离了 PROLOG 原来的语义。并且使得一些原来有意义的程序变得没有意义了。例如

$$P(y):-add(1, y, x), print(x) \qquad (25.2.40)$$

在顺序执行机制下被子目标 $P(1)$ 调用时是有意义的,print 谓词将输出 2。但如让 add 利 print 并行执行,则 print 将执行"输出一个无值变量的值"这种无意义的动作。另外,子句的顺序在某些情况下也是重要的,例如在有 Not 谓词出现的情况。

像 PROLOG 这样表面上没有并行操作谓词而实际上蕴含了并行执行可能性的语言称为具有隐式并行机制。近年来出现了一些 PROLOG 语言的变种,它们的并行性在一定程度上是在程序中标明的,这种机制称为显式并行。代表性的并行逻辑程序设计语言如 CONCURRENT PROLOG(Shapiro),GHC(Ueda)和 PARLOG(Gregory)等都具有显式并行机制。本节只简单介绍其中的一个,即 PARLOG。

PARLOG 问世于 1983 年,它的前身是 IC-PROLOG(1979)和关系语言(Relational Language,1981)。它们都是并行逻辑程序设计语言,其并行机制在语言演变过程中不断改进。

PARLOG 的第一个特点是它的模式说明。在程序中出现的每个谓词的每个参数必须在程序首部被说明是输入参数(用?表示)还是输出参数(用↑表示)。如果一个谓词变量是输入参数,那么该变量的例化(取值)必须来自其他谓词的值传播(在本规则中)或某个子目标调用与该谓词的匹配(来自其他规则),或程序启动时的初始例化。如果一个谓词变量是输出参数,那么该变量的例化值是它自身产生的。因此,输入参数也称消费者,输出参数也称生产者。以式(25.2.40)为例,其中的谓词的模式可以说明为:

$$P(?), add(?, ?, \uparrow), print(?) \qquad (25.2.41)$$

对于具体的式(25.2.40)来说,$P(y)$ 的 $y$ 是第 2 类输入变量,add(1, $y$, $x$)中的 1 是第 3 类输入参数,其中的 $y$ 和 print($x$)中的 $x$ 是第 1 类输入变量。add 中的 $x$ 则是输出变量,PARLOG 的这个特点是为了在并行执行时不至于出现刚才所说的在 $x$ 的值尚未确定时就要执行 print($x$)这种问题。在 PARLOG 中,如果执行一个谓词时发现至少有一个输入变量尚未例化,则该谓词的执行被挂起,直至其他进程把这个值传过来才继续执行下去。

PARLOG 的第二个特点是它的规则形式:

$$P:—Q_1, Q_2, \cdots, Q_m : P_1, P_2, \cdots, P_n \qquad (25.2.42)$$

规则右部冒号之前的诸 $Q_i$ 称为岗哨,冒号本身称为托付运算符,整个子句称为有哨子句,或托付子句。

采用有哨子句形式是为了避免逻辑程序并行执行导致严重的低效率。请看下列例子:茜茜小姐准备结婚。她要求新房内的所有东西,包括丈夫的皮肤,应有相同颜色。规则是:

茜茜新房:—丈夫($x$,$y$),沙发($y$),席梦思($y$),组合柜($y$),餐桌($y$)。

丈夫($x$,白):—身高($x$,$z$),大于($z$,1.8):性格($x$,温和)。

丈夫($x$,黑):—财富($x$,$z$),大于($z$,百万):风度($x$,潇洒)。

沙发(白):—皮革产地($z$),加工地($z$)。

席梦思($y$):—绒布($y$),木料($y$),缝线($y$)。

绒布(黑):—质量(黑,$z$),大于($z$,中等):价格($z$),……

木料(黑):—品种(黑,$z$),好于($z$,枣木):价格($z$),……

……

茜茜在作并行搜索时,要对丈夫和所有家具尝试各种可能性(白、黄、黑、棕……)。这些尝试是并行进行的。但因颜色必须一致,它们又是互相约束的。这些约束是在搜索过程中以进程间通信的方式实现的。因此,不仅搜索进程的个数多(以一百种颜色计,第一步即有 500 个进程),而且进程间通信也多。更有甚者,这种并行性的分叉在搜索过程中会继续膨胀。例如对于白沙发来说,皮革产地和加工地又可并行搜索,它们之间也通过变量 $z$ 互相约束,若有 100 个地点,则进程数成了 20 400 个。而且有些并行性分叉不是一开始就能看出来,如席梦思的颜色就不在它本身的规则中标明,只有推理到绒布规则和木料规则时。颜色才是确定的。不难看出,若不予以适当控制,则并行分叉及其通讯任务的不断膨胀将导致并行爆炸,造成不堪忍受的时、空重负。

为解决此问题,PARLOG 规定,当某个子目标 $P'$ 被求解时,它试图与所有形如式(25.2.42)的规则匹配,其中 $P$ 与 $P'$ 有相同的谓词名。如果 $P'$ 与某子句的首部 $P$ 匹配成功,则还要对该子句的岗哨(诸 $Q_i$)作检查(试执行),若岗哨调用成功,则该子句成为一个候选子句。PARLOG 从中任择一个候选子句,把子目标 $P'$ 的前途完全托付给它:如果该子句调用成功,则子目标 $P'$ 成功。否则认为 $P'$ 失败,并不再考虑其他的候选子句。因此,被选中的子句也称为托付子句。

对茜茜小姐来说,如果找到一个白皮肤且身高大于一米八的小伙子,即以终身相托,即使由于发现对方性格不温和而未能结为连理,茜茜小姐也不找第二个了。同样,只要找到一个黑皮肤的百万富翁,也可视作如意郎君,即使由于发现对方风度太差而良缘告吹,也不作新的匹配尝试了。进一步说,即使茜茜找到一个满足全部条件的白皮肤丈夫,而同时又找到了一个黑色席梦思,目标"茜茜新房"也是失败,因为席梦思规则中也有岗哨,一旦该规则匹配成功,就不许作别的尝试了。

岗哨概念最初由 Dijkstra 提出,后被 Hoare 采用于通信进程语言 CSP 中。PARLOG 中的岗哨概念进一步发展了 PROLOG 的 cut 技术,比较一下茜茜和沈圣择偶的例子就可知道它们之间的联系和区别。采用岗哨方法使并行推理的效率成为可接受的,但同时也限制了 PARLOG 的求解能力,使它有时不能求到全部解或甚至求不到解。

人们比较 PROLOG 和 PARLOG 的两种不确定性。PROLOG 系统不知道解在何处,用盲目搜索并在必要时回溯的方法去求解,它具有"无知识"(don't know)不确定性。PARLOG 系统感到并行搜索头绪太多,不求全,只求快,用先入为主的方式找到解就算,它具有"无所谓"(don't care)不确定性。

但是,某些问题的求解不能满足于"无所谓"不确定性,它们要求求出全部解,由此引来了 PARLOG 的第三个特点:既允许单解,也允许全解。需要全解时,把规则中的岗哨部分除去,PARLOG 系统即像 PROLOG 系统那样求解。在求全解过程中,也可以在需要时以单解方式求解某些子目标,即调用带岗哨的规则。至于具体的编程形式,此处就不讲了。

近年来,许多人研究多种程序设计风范的合成。其中,函数程序设计和逻辑程序设计的合成首先引起了人们的兴趣。但其中有一些只是表面上的合成。如把逻辑子句和函数定义并置于一个语言中,编程序时想用哪种功能就用哪种功能,中间加一个值传递机制,可以把运算过程中所得的值从一种计算结构传向另一种计算结构。这种合成方法显然是一种凑合。例如,POPLOG 是 LISP,PROLOG 和 POP-11 的混合物,其中允许这三种语言写的程序互相调用。

另一种合成方法是以一种程序设计风范为主,引进必要的补充成分,以兼顾另一种风范。例如,对 PROLOG 型语言中的等式谓词

$$eq(f(x), g(x))$$

的求值给予新的解释。在典型的 PROLOG 中,人们借助于匹配、通代和回溯来求 eq 的值。在 Eqlog(Equational Logic)中,人们可以用等式单独给出函数 $f(x)$ 和 $g(x)$ 的定义,然后用项重写来求函数的值,并最后确定谓词 eq 的值。在项重写中既用通代,也用窄化(参见 18.3 节)。于是,Eqlog 在形式上把两种程序设计风范较紧密地结合起来,在计算上却分别采用不同的方法。

反过来,也有以 LISP 结构为基础,加进逻辑程序成分的,如 LOGLISP。但是,真正熔函数和逻辑程序设计两种理论基础于一炉,在统一的理论指导下设计的新语言,却至今尚未出现。

## 25.3 SMALLTALK 家族

SMALLTALK 语言是面向对象的程序设计语言家族的主要代表。说它是代表,并不意味着它就是老祖宗。它上有祖宗,下有子孙,是一个庞大家族的一员。只因为它在这个家族中名气最大,最早具有面向对象程序设计语言的所有基本特征,因而受到特别的重视。

我们在 5.4 节中已经扼要地提到了 SMALLTALK,在 3.1 节中还简单地介绍了它的老祖宗——SIMULA 语言的继承机制。现在,我们就从 SIMULA 语言的其他重要特性谈起。

最早的 SIMULA 语言称为 SIMULA Ⅰ,它的设计开始于 1962 年,完成于 1964 年,1965 年投入使用。设计目标规定它应该既是一个离散系统模拟语言,又是一个系统程序设计语言。在 SIMULA Ⅰ 中已经有了类和对象的概念,不过名字不同。类称为活动,而对象则称为进程。经过试用和改进,在 1967 年出现了 SIMULA 67。仔细考察这个语言的结构就能知道,它深受 ALGOL 60 的影响,主要是沿用了 ALGOL 60 的分程序结构。这从 3.1 节中给出的 SIMULA 67 程序结构模式可以看出来。我们把它录在下面:

CLASS A(PA);SA;

BEGIN DA;IA;INNER;FA END      (25.3.1)

其中的 INNER 就是嵌入子类说明的地方,相当于 ALGOL 60 的内层分程序。关于分程序概念的使用,在研究者中是有争议的。争议之点主要有两个。第一,ALGOL 60 诞生的年代是顺序程序设计占统治地位的年代,分程序的概念反映了这个特点。基于分程序结构的程序难以被并行执行。第二,由于内层分程序的寿命不可能超过外层分程序,因此在分程序结构中,程序模块的独立性是难以实现的。分程序结构的这两个弱点正好与现代学者关于面向对象程序设计的构思相抵触。

SIMULA 67虽然不能让它的程序并行执行,却可以让它的子程序交错执行。这种交错执行的子程序合在一起组成联立子程序。联立子程序在许多方面不同于ALGOL 60的过程。首先,ALGOL 60过程(如同其他许多程序设计语言的过程一样)调用时只能从入口进去,从出口出来。并且一旦出来,过程调用即告结束,数据区内容(如参数值,工作单元值等)不再保留。下次再要调用此过程,需重起炉灶另开张。而SIMULA 67与此不同,一个子程序可以分好几段执行。每执行一段以后可以跳出去作别的事(执行其他子程序),过一会再跳回来在原先中断的地方接下去继续执行。子程序在中断执行(称为挂起)期间保留着全部数据现场,这保证了子程序执行语义的延续性。其次,在每个时刻,每个ALGOL 60子程序顶多只能有一份拷贝处于"已开始执行但尚未执行完毕"状态(包括执行状态和挂起状态两种)。但SIMULA 67的子程序却有分身术。在任一时刻,对同一个SIMULA 67子程序 A 来说,可以有 A 的多个拷贝同时处于执行/挂起状态,而且这些拷贝可以拥有不同的数据,执行不同的任务。就好像操作系统中的某一个函数可以生成多个进程,同时为多个用户服务一样。

SIMULA 67通过如下过程来实现这些功能。

1. NEW $A(P_1, \cdots, P_n)$。用实在参数 $P_1, \cdots, P_n$ 生成类 A 的一个实例,并从头开始执行之(执行的内容通常为该实例的初始化)。

2. DETACH.暂时中断被调用程序的执行,返回到原程序的调用点。

3. CALL$(X)$。$X$ 是一个变量,其内容为某子程序 $Y$ 的名字;本过程的作用是调用 $Y$,从 $Y$ 上次中断处开始执行。

4. RESUME$(X)$。$X$ 意义同上。本过程的作用是中断当前子程序的执行,恢复子程序 $Y$ 的执行,并从 $Y$ 上次中断的地方开始。

现在假设战争是一个类,上述过程的使用例子如下:

$X:$—NEW 战争(美国,伊拉克);♯美国与伊拉克开仗,这次战争记入 $X$ 中♯

DETACH;♯美机已轰炸巴格达168次,战争暂停♯

$Y:$—NEW 战争(塞族,穆族);♯塞族和穆族开仗,这次战争记入 $Y$ 中♯

CALL($X$)；♯塞族已炮轰 96 次,战争暂停,美伊重开仗,美机作第 169 次轰炸♯

RESUME($Y$)；♯美机已轰炸巴格达 234 次,战争暂停。塞、穆重开仗,塞族作第 97 次炮轰♯

各过程的功能及相互关系如图 25.3.1 所示。

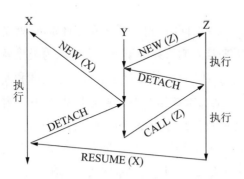

图 25.3.1　联立子程序的运行

联立子程序的设计思想是很巧妙的,但它也受到了学者们的批评。并且不再被现代的面向对象语言所采用。它的第一个毛病就是它是伪并行而不是真并行,无非是让几个子程序交叉执行而已。其次,它要求在一组联立子程序中有一个是主程序,其他子程序的存在以主程序的存在为先决条件。这种不对称性在很大程度上影响了对象的独立自主性(SIMULA 67 的一个子程序可以视作一个对象)。

SIMULA 67 的另一个特点是从一个对象内部可以直接访问另一个对象内部的变量或其他数据,为此只需在被访问的数据前加注对象名就可以了。例如:

$$x :- a.y$$

表示把对象 $a$ 的变量 $y$ 的值赋给 $x$。SIMULA 67 的这个特点与其说是优点,还不如说是缺点,它使每个对象的数据直接暴露在所有其他对象面前,让它们随意访问、修改,对程序的可靠性有极大危害。实际上,从 70 年代初开始,研究者们提出了程序模块中数据隐蔽的原则。对于有嵌套结构的程序来说,一个程序模块中的数据既不能被外层结构随意访问,也不能被内层结构随意访问,当然也不能被同层结构(同一水平上的其他模块)随意访问。每个模块必须显式地说明哪些数据是可以被模块外的语句访问的,同时还必须显式地说明它引用了哪些不属于本模块的数据。这两种说明分别称为移出说明和移入说明。因此,模块 $B$ 若要使用模块 $A$ 的数据 $x$,则 $x$ 必须既被 $A$ 移出,又被 $B$ 移入。当然,不同语言对此的规定不一样,有的严格一些,有的宽松一些。70 年代问世的采用数据隐蔽原则的第一个语言是 CLU,其他还有 ALPHARD, EUCLID, MESA, CONCURRENT PASCAL, MODULA(后为 MODULA 2),EDISON, XCY, XYZ, ADA 等。

与这些新潮语言出现的同时,一个概念成为时尚,那就是抽象数据类型。关于数据的类型问题历来是人们研究的重点。那种认为类型就是一组特定数据的观点(例如实型就代表全体实数)早已被人抛弃。把数据和允许施行于该类数据的运算集合绑在一起,是抽象数据类型的重要原则之一。例如,栈是一种数据,进栈、退栈、问栈中是否为空? 等等就是允许施行于栈上的运算。这样,程序员如果想象对待数组那样去对待栈,从栈中间挖一个元素出来,就是非法操作了。抽象数据类型的另一个重要原则是数据隐蔽。SIMULA 67 的设计满足了上述第一个原则,却不满足第二个原则。因此,它不能被认为是拥有抽象数据类型的语言。

有一种观点把抽象数据类型和对象的类等同起来。根据这种观点,ADA 也是面向对象语言。但多数人不这么看。Wegner 认为可以把“面向对象”的定义弱化为“基于对象”,并称 ADA 为基于对象的语言。ADA 中没有类的概念,CLU 中有了,功能是用作生成实例的模板。所以 Wegner 把 CLU 称为基于类的语言,比 ADA 更靠近面向对象语言。在他看来,SIMULA 67 才算是面向对象语言。当然也有更激进的观点,认为 SIMULA 67 还未具备面向对象语言的全部基本特征,SMALLTALK 才算是真正的面向对象语言。

在 ALGOL 60 传统的影响下,SIMULA 67 实行强类型原则。这是指一切数据间的类型匹配问题(例如,不许把一个实数赋给字符型变量)均可在编译时得到检验。这样做是用增加编译时开销来减少运行时开销和保证运行时安全。这个原则好不好? 从程序可靠性原则看当然是好。其缺点是增加了编写程序的复杂性。以算术运算而言,对同一个加法,有整数加、有理数加、实数加、复数加等等,甚至还可以有向量加、矩阵加,如果为每一种情形都单独编一个子程序,未免太麻烦了。学者们提出了一种方法,称为多类型机制,允许以同一个运算符号(例如＋号)代表多种不同类型的运算(如加法)。这样在编译时就很难彻底检查类型匹配问题了。SIMULA 67 由于坚持强类型机制而放弃了多类型机制。

SIMULA 67 引进了虚拟子程序的概念。这种子程序是只有部分参数被说明的类。当由这些类生成实际的对象时,可以附加所需的参数说明,附加参数的类型和数量均不受限制。例如,假定我们定义了一个类:CLASS 战争(美国),则此类适用于有美国参加的一切战争。若把它看作虚拟子程序,则可以在运行时动态地加上参数(亚洲)而变成美国在亚洲打的战争,或加上参数(美洲,19 世纪)而变成美国于 19 世纪在美洲打的战争,等等。虚拟子程序可以起到 ALGOL 60 中过程参数的作用,我们在下面还要看到这一点。

总之,SIMULA 67 的问世宣告了面向对象程序设计语言家族第一个成员的诞生。无论是它的成就,还是它的不足,都为后来的研究者提供了丰富的经验教训。十余年之后,终于以 SMALLTALK 的出现而大放异彩。

60 年代后期,一些计算机科学家已经预见到了计算机个人使用化的趋势。当时提出了一个称为 Dynabook 的野心勃勃的项目。其野心倒不在于要设计和制造一种面向个人使用的计算机,而在于要把这种个人计算机设计成几乎是万能的计算机,它应该能做所有其他计算机能做的所有事,而且应该能适于所有人使用。这样一来,软件的表达能力和用户友好性就成为一项关键技术。正是受这个思想的鼓舞,Alan Kay 全身心地投入了这项工作。他负责 Dynabook 的图形界面部分。最初的软件版本称为 Flex machine。Kay 去了施乐公司(XEROX)以后,继续这项研究,终于设计出了 SMALLTALK,从它的英文名字(意为闲谈)可以看出设计者的指导思想。经过 SMALLTALK 72,SMALL-TALK 74 和 SMALLT-ALK 76 等版本,最后推出了被公认的标准版本 SMALL-TALK 80。一个完整的 SMALLTALK 80 系统由编程语言和支撑环境两部分组成。更具体一点说,该系统由如下四部分组成:语言核心、编程风范、编程系统和界面模型。其中语言核心是基本的语法和语义。编程风范是关于如何在核心的基础之上建起整个系统大厦的一个规范。编程系统提供最基本的系统对象和系统类。利用编程风范把系统对象和系统类组织起来,经过反复的自举和生成,就可得到用户所需的 SMALLTALK 系统。界面模型是用系统的基本成分构造用户友好界面的规范。

回忆一下我们在 5.4 节中关于 SMALLTALK 说过些什么:

1. SMALLTALK 程序以对象为基础,对象组织成类。凡能被计算机处理的数据都可定义为对象。

2. 类构成继承的层次体系。

3. 每个类可以包含一些方法,方法也可以被子类继承。

4. 对象 $A$ 需要对数据 $B$ 作 $C$ 类运算时,向代表 $B$ 的对象(也称 $B$)发一条通知(也称消息),由对象 $B$ 中的方法 $C$(或对象 $B$ 所属的某个类的方法 $C$)完成此运算。

仅从这几点就已可以看出 SMALLTALK 与 SIMULA 67 的不同。在 SMALLTALK 中,一个对象不能直接访问另一对象的内部变量,只能访问后者向外公开的方法,至于这个方法如何执行,需要用到哪些内部变量,需要调用哪些内部子方法,这都是被访问对象的内部事务,外部对象是不能干涉的。这样,一个对象的内部细节被掩盖,实现了数据掩蔽的功能。

其次,方法是从属于运算对象所属的类的。这样,同一名称的方法在不同的类内可有不同的含义(及代码)。比如,同样是加法,同样用符号+表示,在实数类和复数类或字符类内就可有不同含义。这个性质简化了通知的形式。通知中的参数类型不必明确指出,从而实现了上面所说的多类型功能,这也是 SIMULA 67 中所没有的。由于一个通知(相当于一般语言中的过程调用)的确切含义要到运行时才知道,因此一切类型检查等统统都免了。与 SIMULA 67 相反,它是一个无类型语言。这种到运行时才确定通知含义的机制称为动态汇集。

第三,由于把过程调用变成了通知传递,SMALLTALK 的表达式计算异于普通语言。它没有优先数,只按运算符次序执行。如 $2+3\times5=25$ 而不是 17。

SMALLTALK 的出现并没有完全解决面向对象语言设计中的种种疑难问题。从某种意义上可以说,它新提出的问题多于它解决了的问题,它使得这方面的研究更加深入了。

以继承概念为例,它表面上似乎很简单,实际上问题很多。SMALLTALK 中子类继承父类的属性和方法并不只是直接继承。子类可以抵制父类中的某些方法,使它不往下传。这可以通过调用系统方法 does-not-understand 而实现。另一方面,虽然儿子能抵制父亲,但孙子和曾孙又可以恢复祖父或曾祖父的方法,他们不一定要服从那个发动抵制的父类。这就是说,继承可以是间接的、隔代的,或隔几代的,这种规定方便了编程,使程序能灵活地适应不同的情况,然而也带来了额外的复杂性。更为麻烦的是,SMALLTALK 还允许子类修改父类的方法,即在继承父类方法代码的基础上对之进行修改。这就在继承修改的意义上破坏了父类的数据隐蔽,使 SMALLTALK 的数据隐蔽成为不完全的。

有些面向对象语言力图避免不恰当继承带来的问题。如 Common Objects 不允许间接继承，也不允许用继承方式修改父类方法的代码。C$^{++}$ 则把方法分成两类。一类是静态的方法，子类只能继承而不能修改它们。另一类是虚方法，允许子类在继承中修改，这算是折衷方案。应该指出，允许修改和不允许修改各有利弊。子类修改父类的方法实际上是一种方法重载，即同一方法名在父类和子类中代表不同的代码，这有利于程序模块的复用，当然同时也影响了程序的可靠性。

SMALLTALK 规定每个子类只有一个父类，这使得继承问题大大简化。然而，在现实生活中一个子类常有多个父类。例如，鲁迅同时属于下列各类：作家、绍兴人、姓周的人、生活在 20 世纪的人、有胃病的人、喜欢抽烟的人、会讲日语的人、学过医的人，等等。其中没有任何两个类有父子关系。查找鲁迅的不同属性时，可能需要访问不同的类。向鲁迅发一个通知："写小说"，相应的方法要到作家类中去找。如果发的通知是"吃药"，则相应方法可能要到类"有胃病的人"或类"学过医的人"中去找。由于这个原因，现代的许多面向对象语言都允许一个子类有多个父类。随之而来的问题便是多继承问题：若两个父类中有同名但不同内容的方法，你继承哪一个？

解决多继承问题有不同的途径，有的语言要求子类直接点名说明从哪个父类中继承，如 Trellis/owl 和 Common Objects 都是这样处理的。有的语言把一个子类的直接父类排成一个线性优先次序，继承时按优先次序选择。然而这两种办法都带来一些问题。问题的根源在于从当前子类到某个（非直接的）父类之间可能有不止一条继承路线可通。例如，鲁迅（此处我们把鲁迅看成一个类）所属的所有父类（上面列举的作家、绍兴人等等）本身全都是"人"这个更高的父类的子类。这表明从类"鲁迅"到类"人"有不止一条路可走。因此，如果在出现多继承时采用点名指定父类的方法，则可能发生同一父类多次响应同一点名，从而造成同一方法错误地执行多次的问题，需用特殊的技术予以补救。如果不采用点名而用父类排序优先的办法，则可能由于一个子类的全体父类不构成一株树而构成一个有向图，从而引起了复杂的图搜索问题。例如，在图 25.3.2 中，程序员心目中想的可能是深度优先搜索，系统实际上执行的可能是广度优先搜索。结果用户以为 A 继承的是 D 中的方法 m（因为 B 中无此方法），而系统的实现是让 A 继承 C 中的方法 m。这两个方法名字相同而内容不同。图中的箭头表示继承的方向（即父类方向）。

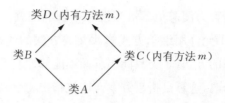

**图 25.3.2  多继承中的排序优先问题**

方法的另一种多继承机制是把多个同名方法组合起来使用,形成一个更一般的方法。例如在 CLOS 语言中,所有具有某一特定名称 $a$ 的方法组成了以 $a$ 为名字的类属函数。具体执行时,通过类属函数的例化调出所需方法组合后执行之。此外,Common Objects 语言也有把方法组合起来的功能。

由 SMALLTALK 引起的讨论和研究还很多,此处不能一一列举。这里只说一下它的面向对象风格对程序设计领域产生的影响,其主要成果是产生了一大批体现多种程序设计风范结合的新型语言。

首先是面向对象程序设计和函数式程序设计的结合,主要是和 LISP 的结合。由于 LISP 有不同的版本,因此设计出来的语言也多种多样,有把面向对象程序设计引进 INTERLISP 的(LOOPS),有把它引进 MACLISP 的(FLA-VORS),有把它引进 COMMON LISP 的(COMMON LOOPS, COMMON Objects, CLOS)。这些语言除了引进面向对象成分外,还引进了其他一些功能,例如我们在 5.4 节中简要介绍过的 LOOPS 就是四种程序设计风范的结合。

由于 LISP 有许多特点,面向对象程序设计引进 LISP 带来了一些有趣的问题。其中之一是:LISP 程序具有自修改功能,这给 LISP 带来了极大的灵活性,当然也影响了程序的可靠性。自修改功能本是低级语言的一个特色(机器指令、汇编语言都能轻而易举地做自修改),然而我们却不能认为它在高级语言中已毫无用处。抽象地说,就是一个程序可以改变自己的控制结构。通常,一个系统可以分为控制部分和运算(推理)部分,前者规定了后者的行为,但有时根据运算(推理)过程中遇到的不同情况,特别是根据外界环境传来的信息,也可以反过去改变原来的控制机制。系统的这种功能称为计算反射。程序的自修改只是计算反射的形式之一。

高级语言中的计算反射有许多形式。形式之一是中断和异常。在特殊事件发生时它们可以立即改变原来的控制结构。形式之二是把程序分为运算程序和元程序两级,甚至分为任意多级,$n$ 级元程序可以控制 $n+1$ 级元程序的运行,而

$n+1$ 级元程序又可送回信息给 $n$ 级元程序,请它改变控制结构。例如 TUILI 的程序就是这么组织的。同一个 $n+1$ 级元程序块,可以在 $n$ 级元程序的不同指令下,在程序同一次运行的不同时刻做向前推理、向后推理、深度优先、广度优先、最佳优先等不同的工作。多层次的黑板结构(参见 28.1 节)运行过程中也蕴含着计算反射。

在面向对象的程序设计语言中,至少有四种不同的模式可以实现计算反射。

1. ROO(Rigorously Objective Object)模式。本模式实际上不实现计算反射。每个对象只拥有和处理客观世界的信息,不掌握有关自身的信息。

2. OIA(Object Is All)模式。每个对象拥有,并有权处理全部与自己有关的信息。包括产生本对象的类名及其地址、本对象的名字、内外存地址、存储形式、运行历史、修改信息等。我们称这种对象具有完全的计算反射能力。

3. CAM(Class As Meta)模式。每个对象的元信息全部存在产生这个对象的类里。因此它可以根据在相应的类里找到的信息对自己的结构和行为进行修改。

4. Mayes 模式。针对每个对象设立一个元对象,在后者之中存放着有关前者的元信息。计算反射可以通过访问元对象而实现。

总的来说,计算反射并不是一种可有可无的功能,它的应用之一是在所谓的智能活体中。活体是对象概念的扩充。如果一个对象具备必要的知识和能力,可以在一个复杂的外部环境里独立生存,对外部环境的刺激(主要是信息形式)作出反应并解决某些问题,则称此对象为活体。若除此以外该对象还能从自己行为的后果和外部环境对自己行为的反应里学习,改进自己的知识、解题能力和适应外部环境的能力,则称它为智能活体。不难看出,计算反射是智能活体的必备功能。

面向对象程序设计和逻辑程序设计的结合也早就引起了人们的注意。以 PROLOG 为五代机语言核心的日本人对此最为积极。1984 年,Keio 大学开发了 PROLOG 和 SMALLTALK 相结合的并行语言 Orient 84K。1985 年,日本 IBM 公司又开发了 PROLOG 的面向对象扩充 SPOOL。比这两个语言稍早的还有 Shapiro 在 1983 年发表的 CONCURRENT PROLOG。

有一种技巧性的做法,用逻辑程序设计语言来编面向对象的程序,或把逻辑程序解释成面向对象程序。如在 CONCURRENT PROLOG 中没有显式地使用对象概念,但它的进程隐含了对象功能。CONCURRENT PROLOG 与

PARLOG(见 25.2 节)的实现原理不同。在 PARLOG 中,它的每个谓词的每个参数的模式(输入参数还是输出参数)是在程序首部静态说明的。但在 CONCURRENT PROLOG 中,谓词(作为过程)的参数调用模式是由调用一方决定的,这好比调用一方向被调用者发一个消息,然后等待过程调用的结果。这个机制对应于对象之间的消息发送和方法调用。在这一点上,CONCURRENT PROLOG 的数据结构"流"起了很大的作用。"流"是一种长度不限的数据元序列,输入数据时送入流的一头,输出数据时从流的另一头取出,因此,"流"恰好能模拟消息的队列。这种数据结构不但适用于共享存储的硬件,也适用于以消息交换为基础的网络。

应该指出,CONCURRENT PROLOG 并不是唯一适用于模拟面向对象机制的逻辑语言。有人(如 Zaniolo)甚至直接用 PROLOG 来模拟。他在 PROLOG 中增加了 with、isa 和:等内部谓词,分别表示方法定义、继承关系和消息发送。如

教授　isa 学者 with〔级别,学校,授课〕

级别:方法代码 1

学校:方法代码 2

授课,方法代码 3

表示定义教授为学者的子类,它在学者已有方法的基础上增加级别、学校、授课等三个方法,如果向该类的一个对象"石纯一"发送如下消息:

石纯一:授课

则得到的答复可能是石纯一教授的授课清单。

Shapiro 和 Zaniolo 的思路归根到底都是以逻辑程序设计为基本框架,而把面向对象机制引入其中。另一种思路则反过来,即以面向对象程序设计为基本框架,而把逻辑程序机制引入其中。例如 P.Mello 提出了一个所谓 CPU(Communicating PROLOG Units)模型,每个 PROLOG Unit(称为 $P$ 单元)是一个独立的 PROLOG 程序。$P$ 单元体现了程序模块化和信息隐藏功能,$P$ 单元之间的继承关系用谓词 Connect 显式指明,$P$ 单元 $u_1$ 可以向 $P$ 单元 $u_2$ 发送形如 $ask(u_2, G)$ 的消息,要求 $u_2$ 证明目标 G。

金芝的 SCKE 系统也是以对象体制为基本框架。SCKE 吸收了 CPU 的某些思想,但与 CPU 有所不同。首先,CPU 把 $P$ 单元实现为进程,而 SCKE 把逻

辑程序模块纳入抽象数据类型的规范，其中使用了移入和移出语句等。其次，CPU 的 *P* 单元是永久进程，而 SCKE 的对象是动态创立的，它的类既可以静态说明，也可以动态创建。最后，CPU 并没有真正区分面向对象范例的不同语义成分，它实际上只是一种带继承的模块化逻辑程序语言；而 SCKE 则试图完全以对象体制为基本框架，用逻辑程序描述对象的属性与操作，从而给出面向对象范例的一种基于逻辑的解释。

以对象体制为基本框架的还有周樏的 SPOT(Skeletal Plan Oriented Tool)，它是一种规划型语言，其中有两个类的体系，一个类体系描述领域知识，另一个类体系描述规划知识，后一个体系中的诸类就是前一个体系中诸类的方法。SPOT 把方法从类（或对象）中取出来另立体系，是为了让骨架规划独立于领域知识。第二个体系中的每个类（或对象）代表一个骨架规划，子类代表的规划是父类代表的规划的细化，每个规划是一组 PROLOG 型子句。

面向对象的程序设计还可以和其他程序设计风范结合起来，例如产生式语言和命令式语言等，前面已多次提到过的 LOOPS 就是一个很好的例子。

在研究中，人们把注意力进一步投向两种以上程序设计风范的结合，典型的代表是 LOOPS。这是一个集面向对象、面向过程、面向数据（见 5.4 节）和面向产生式规则等四种程序设计风范于一身的综合性语言。多风范结合的语言会引起复杂的语义问题，这需要专门的研究。

## 25.4　逻辑和产生式语言 TUILI

TUILI(Tool of Universal Interactive Logical Inference)是一个集逻辑程序设计和产生式规则编程于一身的语言。语言文本初稿完成于 1983 年，第二稿完成于 1984 年，第三稿完成于 1986 年，1990 年实现的 TUILI 1.1 系统包括了第三稿的主要核心功能。

TUILI 的第一个特点是它的数据类型。在 PROLOG 中只有几种简单的数据类型：原子（数、字符串）、表和形式函数。TUILI 吸收了现代高级语言的设计思想，引进了比较丰富的数据类型，包括整型、实型、布尔型、串型、串元型、表型、记录型、任意型等，其中整型和实型又按它们所含的区间和集合分为任意多层子类型，例如若以符号 ⊂ 表示子类型关系，则有

$${3, 5}型 \subset {1, 3, 5, 27}型 \subset [1, 27]型$$
$$\subset [-100, 100]型 \subset 整型$$

这里用花括号括起的是集合型,如{3,5}型的变量只许在集合{3,5}中取值。用方括号括起的是区间型,如[1,27]型的变量只许在区间[1,27]中取值。TUILI的串元型相当于普通程序设计语言中的串型,一个串元型变量只能取字符串为值。TOILI的串型实际上是串表达式型,其思想来自 SNOBDL。一个串表达式是一些串元(包括学符串和串元变量)用符号/联接而成的表达式。例如:

$$‘感恩’/x/‘的和’/y/‘靠真主’ \tag{25.4.1}$$

就是由五个串元联成的一个串表达式,串变量即取串表达式为值。表型和记录型与通常程序设计语言中的相应数据类型接近,它们的元素可以是任意其他类型。因此,TUILI 的结构类型又是递归地由元素类型组合起来的。

TUILI 是强类型语言,规定变量类型的合法性应在编译时检查,这省去了不少动态类型检查的时间。但任意型变量(允许取任意类型的数据为值)在增加灵活性的同时也在一定程度上影响了强类型的彻底性。TUILI 的类型体系如图 25.4.1 所示。对结构型(串、表、记录)变量中的某些分量的类型施加限制,即形成子结构类型,例如式(25.4.1)本身描述了串型的一个子类型,具有此子类型的变量可能取的值包括:

‘感恩节的和平靠真主’($x=$‘节’,$y=$‘平’)
‘感恩寺的和尚靠真主’($x=$‘寺’,$y=$‘尚’)

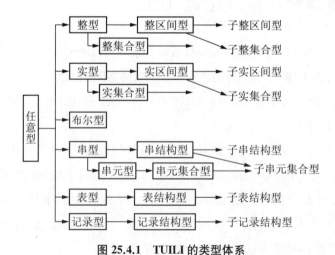

**图 25.4.1　TUILI 的类型体系**

而下式又是式(25.4.1)的父类型：

$$‘感恩’/x/‘的和’/y/‘靠’/z \qquad (25.4.2)$$

下面两个值虽属于类型(25.4.2)，但不属于类型(25.4.1)：

‘感恩节的和平靠上帝’($z=$‘上帝’)

‘感恩寺的和尚靠施舍’($z=$‘施舍’)

所有变量、常量、函数、谓词的类型都在 TUILI 程序的第一个模块中说明，称为图象基，函数和谓词的类型结构分别称为函数图象和谓词图象。下面是图象基的一个例子：

```
pattern-base；
var x：real〔2.71；3.14〕；
    y：int{1，3，5}，
pred p(x，y)；
const z=True：bool；
var u，v，w：elem；
type ty1=‘感恩’/u/，‘的和’/v/‘靠’/w；
type ty2=(‘感恩’,u,‘的’(‘和’,v),(‘靠’,w))
type ty3=〔名字：‘感恩’,性质：u,主题：(‘的和’,v),结论：〔中介：‘靠’,目标：w〕〕
var i：ty1；
    j：ty2；
func f(i，j)：ty3；
eof-pb；
```

其中 $x$ 和 $y$ 分别被说明为子区间类型和子集合类型，它们约束了谓词 $p$ 的两个参量的类型，$u$，$v$，$w$ 是串元型，用它们构成的串表达式、表表达式和记录表达式分别定义了三个类型名：ty1，ty2 和 ty3，其中 ty2 含有子表，ty3 含有子表和子记录。函数 $f$ 的参量类型由 $i$ 和 $j$ 确定，$f$ 的值类型是 ty3。

TUILI 是一个模块化的语言，它的程序结构可用下列 BNF 表示：

〈TUILI 程序〉::=〈程序首部〉〈图象基〉

　　{〈数据基〉}$_0^n${〈过程基〉}$_0^1${〈规则基〉}$^n$

　　〈程序尾部〉

〈程序首部〉::=tuili(〈程序名字〉)；

〈程序尾部〉::=eof-tuili；

其中图象基已如刚才所述。数据基用于把数据从规则基中分出来单独存放；把输入数据和输出数据分别存放；把这一步推理所需(得)数据与下一步推理所需

(得)数据分别存放。这样做有利于细致地设计和实现各种推理策略,以提高推理的效率。在 PROLOG 中,所有的数据和推理规则都是混放在一起的。OPS 5 中虽然把数据和规则分别放在工作存储区和产生式存储区中,但不再往下进一步细分了。

过程基的作用是允许用户用非 TUILI 语言,例如 C 语言,书写过程。规则基中的规则在执行时可以调用这些过程。

规则基是 TUILI 程序中最主要的部分,可以有任意多个。规则基语法的主要部分是:

〈规则基〉::=〈规则基首部〉〔〈中断清单〉〕

〈规则部分〉〈规则基尾部〉

〈规则基首部〉::=rulebase(〈规则基名〉,〈规则基级别〉);

〈规则基级别〉::=〈非负整数〉;

〈中断清单〉::=interrupt〈中断名序列〉;

〈规则〉::=〔〈标号〉:〕〈左部〉→〈右部〉

程序中的所有规则基按其级别排成偏序,级别数越小的其级别越高,上级规则基可以通过控制命令控制下级规则基的运行。通常以零级规则基作为总控规则基。这样做的好处是不仅使控制结构层次分明,而且把领域知识和元知识用统一的形式表示。更主要的是这种结构实现了控制策略的可编程性:用户可以在相当高的级别上设计和实现他所需的控制策略。

TUILI 的控制策略十分丰富,就方向来说,有向前推理(产生式)和向后推理(逻辑规则)。原则上,TUILI 规则的形式是统一的,同一条规则既可用作向前推理,也可用作向后推理,取决于当前规则基正在执行哪一种推理策略。TUILI 规则基的形式也是统一的,同一个规则基既可用作向前推理,也可用作向后推理,这取决于启动本规则基运行的上级规则基指明了什么策略。零级规则基没有上级,它的推理方向被缺省地指定为向前推理。因此,同一个规则基(零级除外)和同一个规则在程序运行的不同时刻可以作不同方向的推理。这个原则适用于以下还要讲到的其他控制策略。

就搜索策略来说,有深度优先、广度优先和最佳优先三种。前两种是盲目搜索策略,第三种是启发式搜索策略。TUILI 提供选择最佳节点和最佳规则两个启发式命令。其中选择节点的命令是:

$$\text{selnode}(\langle 谓词\,1\rangle{\rightarrow}p_1,\cdots,\langle 谓词\,n\rangle{\rightarrow}p_n) \qquad (25.4.3)$$

这里诸 $p_i$ 是推理树的节点,相当于规则中的谓词名。该命令的作用是:从 $i=1$ 开始到 $n$,若〈谓词 $i$〉为真则选择 $p_i$ 以进一步展开推理树,若对所有 $i$,〈谓词 $i$〉均不取真值,则选择推理树上任一节点展开。

选择规则的命令有两种形式,第一种形式是

$$\text{selrule}(\langle 谓词\,1\rangle{\rightarrow}l_1,\cdots,\langle 谓词\,n\rangle{\rightarrow}l_n) \qquad (25.4.4)$$

其中诸 $l_i$ 是规则标号,它的作用与式(25.4.3)类似。第二种形式是

$$\text{selrule}(\text{pname}(n_1,\cdots,n_m),\langle 标记\rangle,\langle 表达式\rangle,\langle 启发式函数调用\rangle)$$
$$(25.4.5)$$

〈标记〉::＝0|1

〈表达式〉::＝max|min|〈算术表达式〉

〈启发式函数调用〉::＝〈算术表达式〉

这里诸 $n_i$ 是谓词名,被选中的最佳规则的右部必须具有以诸 $n_i$ 之一命名的谓词,否则(如果不存在这样的规则)本命令不起作用。〈表达式〉为 max 和 min 时,表示在所有候选规则 $n_i$ 中,取使启发式函数调用之值为极大或极小的那条规则。〈表达式〉为〈算术表达式〉时,取使启发式函数调用之值等于〈算术表达式〉之值的那条规则。〈标记〉为 0 时,上述计算都在规则执行之前进行,〈标记〉为 1 时,上述计算都在规则执行之后进行。这里指的是推理过程中参数值已被例化的规则。如果计算时发现有关的值尚未例化(如要计算 $x+1$ 而 $x$ 之值尚未知)则未例化的规则不予考虑。如果所涉及的候选规则都未例化,则本命令不起作用。注意这里所说的执行候选规则是虚拟的,试探性的,是为了比较启发式函数的值。只有最后被选中的规则才被真正地执行。

TUILI 提供了一组实用的系统函数供程序员编写启发式函数之用。如 $\text{arg}(p,i)$ 表示谓词 $p$ 的第 $i$ 个参数等等。下面我们还将给出启发式搜索程序的具体例子。

深度优先,广度优先和最佳优先都是针对推理树而言的。TUILI 还提供一组针对规则基中的规则排序的搜索策略,其中有:

1. 排序优先。推理时按规则排列次序逐条尝试。若有一条规则推理成功,则重新从第一条规则试起。若该规则推理失败,再尝试下一条规则。

2. 循环优先。不论某条规则执行成功与否,下一步总是执行按次序的下一条规则。这里把第一条规则理解成最后一条规则的下一条规则。

3. 线性搜索。从头到尾,试探并执行(匹配成功的)规则一遍。不做第二遍。

4. 简单搜索。确定一个参量 $m$,推理时只使用最新生成的 $m$ 个数据。

后两种搜索策略能加快推理进程,但一般不保证推理的完备性,只能有选择地使用。如当所有规则的左部和右部无公共谓词时,可在向前推理中使用线性搜索。对某些使用时间性数据的领域可使用简单搜索,如:气象预报数据,工业上设备检测数据,股票行情数据等。

向前推理还分单调和非单调两种。单调推理只增加数据基中的数据,而不改变其中原有的数据。非单调推理可以删去数据基中已有的某些数据。最简单的办法是使用 clear 命令。clear($D$,$P_1$,$P_2$,$\cdots$,$P_n$)表示删去数据基 $D$ 中诸谓词 $P_1$,$P_2$,$\cdots$,$P_n$ 的全部样品。clear($D$,$P_1(t_1,\cdots,t_{1n_1})$,$P_2(t_2,\cdots,t_{2n_2})$,$\cdots$,$P_m(t_m,\cdots,t_{mn_m})$)表示删去数据基 $D$ 中诸谓词 $P_i(t_i,\cdots,t_{in_i})$ 的全部实例。$D$ 参数不出现时表示该命令适用于所有的数据基。凡涉及状态改变的推理问题经常要用到这种非单调推理,如九宫图问题上每产生一个新状态就要删去老状态。利用 clear 命令还可以缩小数据空间,提高推理效率。

推理分有目标和无目标两种,凡向后推理都是有目标的。向前推理可以有目标,也可以没有目标。产生什么就是什么。向后推理和向前推理的目标的每一个实现都是一个解,无目标向前推理产生的每一个新数据也都是一个解。根据程序中指定的命令,TUILI 系统可以提供一般解、严格解(没有变量例化)、全部解和最优解。启动规则基推理时用 goal(〈谓词序列〉)指定推理目标,〈谓词序列〉中的每一个谓词都是推理目标。要最优解时用命令

$$\text{selgoal}(\lceil\text{pname}(n_1,\cdots,n_m),\rfloor\langle\text{表达式}\rangle\langle\text{启发式函数调用}\rangle)\quad(25.4.6)$$

其含义与命令(25.4.5)类似,只不过这里选的是目标,而不是推理节点。当推理目标已通过 goal 命令指定时,方括号内的 pname 部分可以不要。

我们不能排除推理过程无限继续或占用的时间和空间大到不能容忍的可能,例如在深度优先的情况下可能沿某一分枝无限深入下去,又如在解的数量很大时我们只需要一定数量的解(如计算素数)。此时需要让推理"适可而止",办法是利用命令 limit($x$,$y$),表示限制 $x$ 的值以 $y$ 为极限。举例:limit(time,10)限制

推理时间为 10 秒,limit(depth，5)限制推理深度为 5 层,limit(solution，100)限制求解个数为 100,等等。

上面说了 TUILI 提供的许多推理策略,这些策略可以在适当限制下(如某些策略只适用于向前推理)组合使用,形成丰富的 TUILI 控制策略群。

停止一个规则基运行的总的办法是中断,中断分为明中断和暗中断两种。在规则基首部〈中断清单〉中指明的中断都是明中断,该规则基运行时若在某条规则中触发了这种中断,即停止运行而返回到启动此规则基的上级规则基中有关的中断标号处继续运行。暗中断包括:limit 命令规定的极限出现,求得一个新的解,某些异常(如算术运算出现错误)发生等。

一个下级规则基可以在下列情况下返回上级规则基:推理成功(求得一个解),推理完成(求得所有解),推理失败(找不到解),推理到限(limit 极限出现),其他中断条件成立。一个 TUILI 程序的模块结构和控制结构可粗略地表为图 25.4.2 的形式。

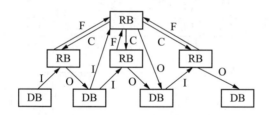

**图 25.4.2　TUILI 模块控制结构**
(C:控制,F:反馈,RB:规则基,I:输入,O:输出,DB:数据基)

在某些推理过程中需要沿推理树或推理网络传播某些信息,例如专家系统 Mycin 和 Prospector 在推理过程中需要把可信度信息和几率信息沿推理路径往回传送,传送时还要作某些计算,例如一条规则的各个前提条件均被赋予某种可信度时,它的结论的可信度应是什么? 这是信息通过与节点的传送。又如当同一结论被多条规则以不同的可信度确认(否认)时,该结论的综合可信度是多少? 这是信息通过或节点的传送。这两种信息都要通过多个层次传送,并交叉地在与、或节点间进行。为此,TUILI 提供两条命令:

sendor(〈方式〉,〈节点条件〉,〈传播函数〉)

sendand(〈方式〉,〈节点条件〉,〈传播函数〉)

其中〈节点条件〉是一个布尔函数,表明本命令适用于哪些节点。

〈传播函数〉是被传播信息的计算方法。〈方式〉有两种,〈立即式〉规定每走一步推理都立即把信息往回发送,〈事后式〉规定推理完成后一次性完成发送。这两种发送信息方式的代表是 Prospector 和 Mycin。参见 26.1 节和 26.2 节。

　　TUILI 程序可以带参数,从而使它们可以互相调用,这里的参数一般来说不像普通程序设计语言中的过程参数那样代表一个数值,而是代表一整个规则基,一整个数据基,甚至一整个 TUILI 程序。每个 TUILI 程序按规定格式写好后即相当于库过程。放入库中后能被任意调用而无需修改。图 25.4.3 是程序调用的例子,程序 A 调用程序 B 和 C。A,B 和 A,C 之间的联线表示形参和实参的对应关系。A,B 反映了张医生和李医生的经验,C 反映了王药剂师的经验。

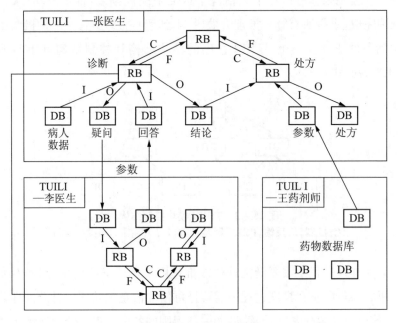

图 25.4.3　TUILI 知识库

　　为了配合上述功能,TUILI 拥有一批初具规模的文件处理功能以及一组数据基接口功能。此外,TUILI 可用于交互式推理,用户可以现场暂停 TUILI 程序的运行,更新其数据基,改变其推理策略,甚至增加新的数据和规则。

　　下面我们把在 2.5 和 8.2 节中讨论过的九宫图问题编成 TUILI 程序,采用 H* 算法,令启发式函数为所有棋子偏离指定位置的距离总和,程序中的 $ev(i,j)$ 表示第 $i$ 号棋子(目前位于第 $j$ 个位置)离第 $i$ 号位置有多少步,棋子的布局采

用 2.5 节中的 at 谓词。九宫图的起始位置和终结位置如图 25.4.4 所示。参数 5
代表空格。

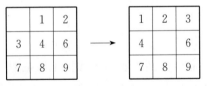

**图 25.4.4 九宫图复位**

```
tuili（eight-puzzle）;
    pattern-base;
    var x1，x2，x3，x4，x5，x6，x7，x8，x9: int;
    pred at(x1，x2，x3，x4，x5，x6，x7，x8，x9);
    eof-pb;
    database(db1);
    at(5，1，2，3，4，6，7，8，9);
    eof-db1;
    procbase(distance);
    ev(i，j)
    int i，j;
    {int k; if(i==j)return(0);
      k=i+j; if(k>10)k=20-k;
      if(k==3 ‖ k==5 ‖ k==7 & & abs1(i-j)==3
         ‖ k==9 & & abs1(i-j)<5)return(1);
      if(k==4 ‖ k==6 ‖ k==8 ‖ k==10 & &
               i%2==0)return(2);
      if (k==7 ‖ k==9)k=3;
        else k=4;return(k);}
    eof distance;
    rulebase(rb1，0);
    start:→in(db1) ∧ out(db2) ∧ sford ∧ opt ∧
      selrule(pname(at)，1，min，ev(arg(at，1)，1)，+ev(arg(at，2))
          2)+ev(arg(at，3)，3)+ev(arg(at，4)，4)+ev(arg(at，5)，
          5)+ev(arg(at，6)，6)+ev(arg(at，7)，7)+ev(arg(at，8)，
          8)+ev(arg(at，9)，9) ∧ goals(at(1，2，3，4，5，6，7，8，9))
            ∧ run(rb2);
      done:→print3 ∧ stop;
      fail:→print("fail") ∧ stop;
    eof-rb1;
    rulebase(rb2，1);
```

at(5, x1, x2, x3, x4, x5, x6, x7, x8)→clear(at) ∧

   at(x1, 5, x2, x3, x4, x5, x6, x7, x8);

  …………

eof-rb2;

eof tuili;

程序中的 in 和 out 命令分别指明输入和输出数据基,在本例中它们是同一个。sford 表示带前探(虚走一步)的向前推理,opt 表示最佳优先,run(rb2)是启动 rb2 运行的命令。标号 done 和 fail 分别指明下级规则基(rb2)推理完成或失败后的返回处。

从 TUILI 已经派生出多个语言,与分布式关系数据库管理功能结合后称为 R-TUILI,与分布式知识库管理功能结合后称为 D-TUILI,加上分布式通信进程管理后称为 C-TUILL。

# 习 题

1. 定义一个 LISP 函数,能求三次方程

$$ax^3 + bx^2 + cx + d = 0$$

之解。(提示:若本章讲的 LISP 功能不够用,可查阅有关的 LISP 教科书或用户手册。编好后要能在机器上运行。下同。)

2. 定义一组 LISP 过程,使它们能分别实现 2.3 节中讲的各种产生式系统。

3. 定义一个 LISP 函数 reverse,把它作用于一个表后,能把表中元素颠倒次序,而且每一个子表的元素也颠倒次序。例如,表

$$((a\,b\,c)\,d\,e\,(f\,g))$$

经 reverse 加工后成为

$$((g\,f)\,e\,d\,(c\,b\,a))$$

4. 25.1 节中讲了 LISP 采用动态作用域原则而 ALGOL 60 采用静态作用域原则。考虑两个问题:

(1) LISP 能否实行静态作用域原则? 结果将如何? (包括:语言文本是否需要大的改变? 语言的理解能力有无大的影响? 语言的基本函数是否需要重新定义? 等等。)

（2）ALGOL 60 能否实行动态作用域原则？结果将如何？（问题同上）

5. 图 25.1.1 的八种数据结构能否无矛盾地共存于一个语言中？

（1）若能够，试把 LISP 扩充为能容纳所有这些数据结构的语言。

（2）若不能，试说明其理由，并找出这八个数据结构构成的集合的一组最大子集，使 LISP 分别通过这些子集扩充。

（3）若能够，还请探索是否有必要把这八种数据结构全部加入一个语言中？如果只采用一部分，并用它们来表示其余部分，是否可以。

（4）还有什么数据结构可考虑加入 LISP 中？

6. 用 PROLOG 编一个求所有素数的程序。

7. PROLOG 是向后推理的语言，能否用来编向前推理的程序？即，设有如下问题模式：

若 $P_{11}$ 且 $P_{12}$ 且…且 $P_{1n}$　　则 $P_1$

若 $P_{21}$ 且 $P_{22}$ 且…且 $P_{2k}$　　则 $P_2$

……　　　　　　……

若 $P_{m1}$ 且 $P_{m2}$ 且…且 $P_{mg}$　　则 $P_m$

现有数据 $P'_1$，$P'_2$，…，$P'_h$（其中每个 $P'_i$ 等于某个 $P_{ur}$），问能推出什么结果？

试设计一个通用的 PROLOG 程序模式，使上述问题模式能直接被此程序模式所反映。

（提示：不要掉入陷阱。注意在向前推理中能产生新的数据并参加推理，而在向后推理中则不行。）

8. PROLOG 是深度优先的推理语言，能否用来编广度优先的推理程序？即：设计一个通用的 PROLOG 程序模式，使得任何一个问题 $Q$，写成普通的 PROLOG 程序 $P$ 以后，能够按此模式改写为 PROLOG 程序 $P'$，其中 $P'$ 和 $P$ 解决的是同一个问题，但在 $P'$ 中搜索是按宽度优先方式进行的。

9. 在 PROLOG 中，子句

$$A:\!-B，C，D$$

表示：若 $B$、$C$、$D$ 成立，则 $A$ 成立。有没有办法表示：$B$、$C$、$D$ 成立当且仅当 $A$ 成立？这类规则在推理中有何特殊意义？它和 25.2 节中讨论的否定信息和封闭世界假设有何联系？

10. 我们在第一章中已说过如何把一个谓词公式逐步转换为一组子句（但

不一定是 Horn 子句),试问

(1) 是否存在一种办法把任意子句组转化为 Horn 子句组?

(2) 如果(1)中的办法不好找,是否存在一种限制,这种限制规定了任意子句集的一个子集,这个子集中的子句都能形式地转化为 Horn 子句? (提示:用谓词换名办法)

11. 如果引进或符号,使 PROLOG 允许下列形式的句子:

$A:—B \lor C \lor D$

$A:—(B \lor C),(D \lor E)$

其中逗号','具有 PROLOG 符号 $\land$("与")的标准含义,这样做是否会产生什么问题,该如何解决?

12. 证明:在 17.2 节中提到的强有序输入消解是 PROLOG 推理的理论支持。即:用强有序输入消解的性质(定理 17.2.8)。证明:给定 PROLOG 程序 $P$,把 $P$ 返写为普通的 Horn 子句的形式,记为 $P'$。如果 $P'$ 蕴含命题 $A$,则把 $A$ 作为目标时,定可用 $P$ 按 PROLOG 的证明方式给予证明。

13. 但是,上题只适用于"纯"PROLOG 系统,即不含系统固有谓词的 PROLOG 系统,如果允许使用谓词 $eq(x, y)$,来表示 $x$ 等于 $y$,则消解法肯定不够用了。这已进入调解法领域,你能把定理 17.2.8 推广到调解法领域,从而为带 eq 谓词的 PROLOG 程序建立理论支持吗?

14. 有的 PROLOG 系统还引进不等谓词 $nq(x, y)$,大于谓词 $gt(x, y)$ 和小于谓词 $Is(x, y)$。这样,用调解法来论证 PROLOG 推理也不够用了。你能把上一道题的结果再推广一步吗?

15. 在上述几题研究的基础上,再考察带 cut 谓词的 PROLOG 程序,试研究 cut 谓词对 PROLOG 程序求解的理论基础的影响。

16. 设计和实现一个面向对象系统,其中包括整数、实数、复数、有理数、非负数、正数等数类,以及加、减、乘、除、平方、开方、对数、三角函数等方法,为每个类设计一批属性。安排好类之间的继承关系及由此产生的方法和属性的继承关系。适当地设置类变量。注意方法的重载(如加法分实数加和复数加等等)。

17. 在上题的面向对象系统中加进布尔数和模 $p$ 整数($p$ 为素数)类。此时对同一个数 1 可有不同含义,它既可属于普通整数类,又可属于布尔数类,又可属于模 $p$ 素数类,因此 1 有多个父类,试研究此系统中的多继承问题并找出解决办法。

18. 如果对象中的方法用逻辑公式表示,则你认为下列几种方法中哪一种表示法比较好?

(1) 每个谓词及以此谓词为首部的所有 PROLOG 子句代表一个方法。

(2) 每个子句代表一个方法。

(3) 每组封闭的(不能在同一类中调用组外逻辑公式的)PROLOG 子句代表一个方法。

(4) 同(1),但加上所有能继承到的以同名谓词为首部的 PROLOG 子句。

(5) 同(1),但加上发送通知一方的所有以同名谓词为首部的 PROLOG 子句。

(6) 同(4),但加上发送通知一方的所有以同名谓词为首部的 PROLOG 子句。

并说明理由。

19. 用 TUILI 编一个实现 A* 算法(见 8.2 节)的程序。

20. 用 TUILI 实现 SOAR 系统(见 9.2 节)。

21. 用 TUILI 编一个下棋程序(例如五子棋)。

22. TUILI 的任意型是保留好还是删去好,试讨论其利弊。

23. TUILI 的图象基是集中好还是分散到规则基中去好? 试讨论其利弊,以及图象分散后产生问题时的解决办法。

24. 如果把 TUILI 改造为面向对象型,应该如何重新设置其功能? 包括:(1)什么是它的方法? (2)什么是它的属性? (3)如何解决继承问题? (4)如何解决通知发送问题? (5)继承体系和原来的规则基体系如何统一?

# 第二十六章

# 不 精 确 推 理

人类的思维,以精确方式进行的少,以不精确方式进行的多。领域专家的思维过程同样有这个特点。知识工程的研究目标之一就是要妥善地解决这个问题。

应该说明,不精确思维并非专家的习惯或爱好所致,而是客观现实的要求。例如:

1. 很多原因导致同一结果。在医学上,造成低烧的原因起码有几十种。如果没有其他的明显症状,医生只能根据低烧的持续时间、方式及病人的体质、病史等作出猜测性的推断。这样的推理不可能是精确的。

2. 推理所需的信息不完备。打仗时如能知道敌方的作战计划,则基本上胜券在握。可惜这种计划难以搞到,只能根据种种迹象作出判断,这当然也是不精确的。又如香港股市波动往往与对某些特定情况的传闻极有关,但股市操纵者又得不到这类情况的确切信息,只好作不精确推理。

3. 背景知识不足。人类尚未完全攻克癌症。由于医生对癌症的机理未全明了。因此在预防、检查、诊断、治疗等方面只好作不精确推理。

4. 信息描述模糊。被害者向警方报告:"凶手是高个子年轻人,三角眼、鹰爪鼻、山羊胡。"征婚者在报上登广告:"寻求年轻、富裕、风度潇洒的意中人。"这些信息都是模糊的,以它们为基础的推理也不可能精确。

5. 信息中含有噪声。为了逃税,有些公司在月底做假账。为了争功,有些地方领导虚报成绩。由于应付不了无穷而不切实际的统计报表,下级不得不胡编一些数字来应付上级。这样,各级统计部门提供的数字就不是完全可靠的,政府领导只能"参考"使用。此外,含噪声的信息不一定是人为的。在军事上,雷达、声呐都会测进噪声,在医学上,化验、分析也会含有噪声数据。以这些数据为基础的推理当然只能是不精确的。

6. 规则是模糊的。"如果物价上涨过快,就要紧缩信贷。""如果犯罪活动猖獗,就要加大打击力度。"都属于模糊规则之列。

7. 推理能力不足。科学家在掌握天气变化规律方面已取得很大成就。但规律的使用往往依赖于大量计算。目前的计算机尚不能完全满足这种需要。例如 Navi-Stockes 方程的定量数值解连巨型计算机也难以胜任。因此科学家只能满足于时间不太长和精度尽可能好的天气预报。

8. 解题方案不唯一。无论是军事作战还是大型施工，一般都有许多种不同的可能方案。政府解决政治、经济等各类社会问题，也有许多可供选择的办法。在不能绝对地判断各方案优劣的情况下，只好选择主观上认为相对较优的方案，这又是不精确推理。

总之，在人类的知识和思维行为中，精确性只是相对的，不精确性才是绝对的。知识工程需要各种适应不同类的不精确性特点的不精确知识描述方法和推理方法。在这方面已经积累起相当丰富的成果。本章由于篇幅所限，只介绍其中最常用的三种。

## 26.1 Bayes 概率推理

概率推理是一种常用的不精确推理。根据我们在 14.3 节中所作的分析，此处只讨论基于 Bayes 主义的概率推理。当先验概率被解释成个人的信念时，这就是主观 Bayes 主义的概率推理。它有两类基本的量：假设 $H$ 的先验概率 $P(H)$ 和在证据 $e$ 为真时假设 $H$ 的条件概率 $P(H/e)$。其中先验概率都是给定的，条件概率的一部分也是给定的，另一部分则要通过先验概率和给定的条件概率计算出来，称为后验概率（我们不采取先验概率是上帝给定的、不可知的、只能逐步逼近的那种观点）。

Bayes 概率应服从三条公理：

$$0 \leqslant P(H) \leqslant 1 \qquad (26.1.1)$$

$$P(\text{已知为真的假设}) = 1 \qquad (26.1.2)$$

$$P(H \text{ 或 } G) = P(H) + P(G), \qquad (26.1.3)$$

其中 $H$ 和 $G$ 互斥。

由上述公理不难推出下述结论：

$$P(H) + P(\sim H) = 1 \qquad (26.1.4)$$

$$\sum_i (H_i \mid e) = 1 \tag{26.1.5}$$

其中~$H$是假设$H$的否定,$H_i$的全体构成在证据$e$下一切可能假设的总和,并且当$i \neq j$时,任意的$H_i$和$H_j$互斥。例如,对于掷骰子来说,有下列事实成立:

$$\sum_{i=1}^{6} P(\text{朝上的面为}i\text{点} \mid \text{骰子是均匀、规格的}) = 1$$

Bayes理论中常用到两个公式,一个是条件概率公式

$$P(H\&G) = P(H|G)P(G) = P(G|H)P(H) \tag{26.1.6}$$

这个公式的意义在于指出了$H$和$G$两个假设之间可能存在着的相关性。例如,冠心病和脑血栓是有联系的两种疾病。如果冠心病病人的房颤引起冠状动脉内脂肪大片脱落,则脱落的脂肪可能会阻塞脑血管而引起脑血栓,这表示

$$P(\text{脑血栓}|\text{冠心病}) > P(\text{脑血栓})$$

即冠心病的存在增加了脑血栓发生的可能性。在$H$和$G$互不相关(又称互相独立)的情况下:

$$P(H|G) = P(H), \ P(G|H) = P(G)$$
$$P(H\&G) = P(H) \cdot P(G)$$

条件概率公式简化为普通的概率乘积公式。

一个假设的先验概率可以表示为两个假设的概率,其中后一个假设遍历各种可能性并且各可能性相互独立

$$P(H) = P(H\&G) + P(H\& \sim G) \tag{26.1.7}$$

更一般地

$$P(H) = \sum_i P(H\&G_i) \tag{26.1.8}$$

这对任何的$H$、$G$都对,如

$$P(\text{克林顿当选美国总统}) =$$

$$\sum_{i=-\infty}^{+\infty} P(\text{克林顿当选美国总统} \& \text{张艺谋加}i\text{级工资})$$

将式(26.1.6)代入式(26.1.8),得

$$P(H) = \sum_i P(H \mid G_i) P(G_i) \tag{26.1.9}$$

直观上,这相当于说:假设 $H$ 的概率应等于从各种证据提供的信息所推出的条件概率之总和,这些证据满足前面所说的独立性(互不相关)和完全性(覆盖一切可能性)条件。用上面的例子表示,就是

$P$(克林顿当选美国总统)=

$\displaystyle\sum_{i=-\infty}^{+\infty} P$(克林顿当选美国总统 | 张艺谋加 $i$ 级工资)$\cdot P$(张艺谋加 $i$ 级工资)

公式(26.1.6)可以推广到 $n$ 个假设并存的情形,即

$$P(H_1 \& H_2 \& \cdots \& H_n) = P(H_1 \mid H_2 \& H_3 \cdots \& H_n) \cdot$$

$$P(H_2 \mid H_3 \& \cdots \& H_n) \cdots P(H_{n-1} \mid H_n) \cdot P(H_n) \tag{26.1.10}$$

与此相应的一个例子是

$P$(张艺谋在 80 年代年年加工资)=$P$(张在 1989 年加工资|张在 1980 到
  1988 年年年加工资)$\cdot$

$P$(张在 1988 年加工资|张在 1980 到 1987 年年年加工资)$\cdot \cdots \cdots P$(张在
  1981 年加工资|张在 1980 年加工资)$\cdot P$(张在 1980 年加工资)

由此也可以看出这些假设之间的相关性,因为每个单位在加工资的时候一般都要考虑到前几年加工资的情况。

Bayes 理论的另一个重要公式是逆概率公式,它是 Bayes 理论中最具特点的公式。该公式实质上是条件概率公式的一个变形。试看式(26.1.6)的右边两部分,它们的相等是由于 $H$ 和 $G$ 的对称性:

$$P(H \mid G) \cdot P(G) = P(G \mid H) \cdot P(H)$$

当 $P(G)$ 不为零时可把 $P(G)$ 挪到右边,即成

$$P(H \mid G) = \frac{P(G \mid H) \cdot P(H)}{P(G)} \tag{26.1.11}$$

给定 $G$ 为真时 $H$ 的概率用给定 $H$ 为真时 $G$ 的概率来表示,所以叫逆概率公式。如果有多个可供选择的假设 $H_1$, $H_2$, $\cdots$, $H_n$,则利用式(26.1.9),可以将式(26.1.11)改写为

$$P(H_i \mid G) = \frac{P(G \mid H_i) \cdot P(H_i)}{\sum_{j=1}^{n} P(G \mid H_j) \cdot P(H_j)} \qquad (26.1.12)$$

逆概率公式不仅仅是条件概率公式的一个简单的改头换面。它告诉我们，如果某种条件概率在实际生活中不便计算，则可以先算它的逆概率，并用逆概率反过来推出所要的条件概率。例如，要问咳嗽的人中有多少个得肺炎（求 $P$（肺炎|咳嗽)）是比较困难的，因为咳嗽的人太多了。但如问得肺炎的人中有多少人咳嗽（求 $P$（咳嗽|肺炎)）就容易多了，因为得肺炎的人毕竟比较少。我们算一个实际的例子：假设已知每 10 000 人中有一个得肺炎，每 10 人中有 1 人咳嗽。此外，90％的肺炎患者都咳嗽。则咳嗽的人得肺炎的概率是

$$P(\text{肺炎} \mid \text{咳嗽}) = \frac{0.9 \times 0.000\ 1}{0.1} = 0.000\ 9$$

可以从另外一个观点来看逆概率公式。把式(26.1.11)的形式稍加修改，则为

$$P(H \mid G) = \left( \frac{P(G \mid H)}{P(G)} \right) P(H) \qquad (26.1.13)$$

此时，$P(H)$ 是 $H$ 的先验概率，$P(H \mid G)$ 是发现证据 $G$ 为真时 $H$ 的后验概率，等式右边用方括号括起的部分是一个乘积因子，它把先验概率修正为后验概率。在上一个例子中，医生认为任何人得肺炎的可能性是万分之一，但如发现他咳嗽，则立即调整为万分之九的后验概率。

不难看出，证据 $G$ 的先验概率越小，给定 $H$ 为真时 $G$ 的条件概率越大，则该乘积因子起的作用就越大。如果世界上很少有人咳嗽，但得肺炎者几乎个个都咳嗽，则咳嗽的人得肺炎的可能性就很大了。在上例中，令 $P$（咳嗽)＝0.000 1，$P$（咳嗽|肺炎)＝0.999 9，$P$（肺炎)仍为 0.000 1，则 $P$（肺炎|咳嗽)也是 0.999 9，比刚才的 0.000 9 超出 1 000 倍还多。

在实际生活中，一个假设所需的证据往往不止一个。例如查肺炎除了问有无咳嗽外还要问有没有铁锈样痰，也许还要拍 $X$ 光片。为此，我们可令式(26.1.11)中的证据 $G$ 为 $n$ 个证据 $G_i$，$i=1, \cdots, n$ 的并，此时公式成为

$$P(H \mid G_1 \& G_2 \& \cdots \& G_n) = \frac{P(G_1 \& G_2 \& \cdots \& G_n \mid H) \cdot P(H)}{P(G_1 \& G_2 \& \cdots \& G_n)}$$

$$(26.1.14)$$

这样写虽然方便,但却有一个问题:$n$ 个证据不一定在每个场合下都出现。这样,就需要对其中的任意一个子集$\{C_{i_1}, G_{i_2}, \cdots, G_{i_t}\}$, $1 \leqslant t \leqslant n$,都算出相应的先验概率和条件概率,并列出相应的概率修正公式,这在技术上是不可行的。如果诸证据 $G_i$ 是互相独立的,则上式可用一简单得多的公式

$$P(H \mid G_1 \& G_2 \& \cdots \& G_n) = \frac{\prod_{i=1}^{n} P(G_i \mid H)}{\prod_{i=1}^{n} P(G_i)} P(H) \qquad (26.1.15)$$

代替。换句话说,对任意的 $m$, $1 \leqslant m \leqslant n-1$,我们有

$$P(H \mid G_1 \& G_2 \& \cdots \& G_{m+1}) = \frac{P(G_{m+1} \mid H)}{P(G_{m+1})}$$
$$\cdot P(H \mid G_1 \& G_2 \& \cdots \& G_m) \qquad (26.1.16)$$

这样我们就有了一个递推公式,可以随着新证据的不断获得,从证据少时的后验概率,推出证据多时的后验概率,并且每一步都是把上一步算出的后验概率看作是在新证据到来时的先验概率。

公式(26.1.14)还可以有另外一种形式。利用式(26.1.10)作如下推导:

$$P(H \& G_1 \& G_2) = P(H \mid G_1 \& G_2) \cdot P(G_1 \& G_2)$$
$$= P(H \mid G_1 \& G_2) \cdot P(G_2 \mid G_1) \cdot P(G_1) \qquad (26.1.17)$$

另一方面,由 $H$, $G_1$ 和 $G_2$ 的对称性,有

$$P(H \& G_1 \& G_2) = P(G_2 \mid H \& G_1) \cdot P(H \& G_1)$$
$$= P(G_2 \mid H \& G_1) \cdot P(H \mid G_1) \cdot P(G_1) \qquad (26.1.18)$$

组合式(26.1.17)及式(26.1.18),得

$$P(H \mid G_1 \& G_2) = \frac{P(G_2 \mid H \& G_1)}{P(G_2 \mid G_1)} \cdot P(H \mid G_1) \qquad (26.1.19)$$

这里假定 $P(G_1)$ 和 $P(G_2 \mid G_1)$ 均不为零,在某些情况下这是有用的。例如,设 $H$ 表示在监狱服过徒刑,$G_1$ 表示有赌博行为,$G_2$ 表示有赌博以外的其他刑事犯罪行为。如果目的是要求 $P(H \mid G_1 \& G_2)$,则用公式(26.1.14)时需要知道 $P(G_1 \& G_2 \mid H)$,而用公式(26.1.19)则需要知道 $P(G_2 \mid H \& G_1)$。后者也许容易一些,因为一个赌博且坐过牢的人一般都有其他刑事犯罪行为。

有时,采用几率和似然比来代替概率是比较方便的,后者是绝对的度量,而前者是相对的度量,某种程度上更符合人的思维规律。令

$$O(H) = \frac{P(H)}{P(\sim H)} \qquad (26.1.20)$$

$O(H)$ 称为 $H$ 的几率或先验几率。利用几率的概念,我们可以不再说某事成功的可能性是 3/4,而说某事成功的可能性是失败的可能性的三倍,等等。类似地,可以定义条件几率

$$O(H|E) = \frac{P(H|E)}{P(\sim H|E)} \qquad (26.1.21)$$

例如,$O($晴天$|$冬天早上有雾$) = 4.2$ 表示:若冬天早上有雾,则该天为晴天的可能性是非晴天可能性的 4.2 倍。不难利用前面的概率公式求出从先验几率 $O(H)$ 到后验几率 $O(H|E)$ 的转化规律。用 $\sim H$ 替换式(26.1.11)中的 $H$,得

$$P(\sim H|G) = \frac{P(G|\sim H) \cdot P(\sim H)}{P(G)} \qquad (26.1.22)$$

把式(26.1.11)的两边分别除以式(26.1.22)的两边,即得

$$O(H|G) = \frac{P(G|H)}{P(G|\sim H)} \cdot O(H) \qquad (26.1.23)$$

用 $\mathrm{LS}(G|H)$ 表示转化因子,上式成为

$$O(H|G) = \mathrm{LS}(G|H) \cdot O(H) \qquad (26.1.24)$$

在有多个互相独立的证据的情况下,有

$$\mathrm{LS}(G_1 \& G_2 | H) = \frac{P(G_1 \& G_2 | H)}{P(G_1 \& G_2 | \sim H)}$$

$$= \frac{P(G_1|H) \cdot P(G_2|H)}{P(G_1|\sim H) \cdot P(G_2|\sim H)}$$

$$= \mathrm{LS}(G_1|H) \cdot \mathrm{LS}(G_2|H)$$

这表示,对于几率有类似于式(26.1.15)的公式:

$$O(H|G_1 \& G_2 \& \cdots \& G_n) = \prod_{i=1}^{n} \mathrm{LS}(G_i|H) \cdot O(H) \qquad (26.1.25)$$

从理论上说,有了公式(26.1.24)就已经够了,它不仅能反映正面证据(某证

据成立)的影响,也能反映反面证据(某证据不成立)的影响,因为若以~$G$代替原来的$G$,则得到

$$O(H|\sim G)=\text{LS}(\sim G|H)\cdot O(H) \tag{26.1.26}$$

用 LN($G|H$)表示 LS($\sim G|H$),得到

$$O(H|\sim G)=\text{LN}(G|H)\cdot O(H) \tag{26.1.27}$$

很明显,它不是什么新东西,但是在有的实用专家系统中,如 PROSPECTOR,却同时采用了 LS($G|H$)和 LN($G|H$),这是因为在采用几率的系统中,人们直接给出先验几率和从先验几率到后验几率的转换因子 LS 和 LN。从提供的信息量上说,这和给出先验概率和条件概率是一样的。例如,在诸证据相互独立的情况下,公式(26.1.15)的右边要求事先提供 $2n+1$ 个量。鉴于 $P(\sim G_i|H)=1-P(G_i|H)$ 以及 $P(\sim G_i)=1-P(G_i)$,不必单独为反面证据提供先验概率和条件概率了。而式(26.1.25)的右边也要求提供 $2n+1$ 个量,因为 LS($\sim G_i|H$)并不等于 $1-$LS($G_i|H$),所以 LS($\sim G_i|H$)需单独提供,连同 LS($G_i|H$)和 $O(H)$ 正好也是 $2n+1$ 个量。

在直接给出 LS 和 LN 这两个量时,还不能是完全任意的。这由它们的定义可以看出。它们受到的约束是:两者必须都是非负的量,并且若 LN($G|H$)$>1$,则 LS($G|H$)$<1$;若 LN($G|H$)$<1$,则 LS($G|H$)$>1$;若 LN($G|H$)$=1$,则 LS($G|H$)$=1$。反之亦然。但是,这也是本节提到的概率公理所加给 LS 和 LN 这两个量的仅有约束。除此之外,它们的值可以任意给定。关于这一点的证明留作习题。

在证据间互相不独立的情况下,同时使用 LS 和 LN 两个量还有另外一个问题,就是由于 LS 只考虑正面证据和 LN 只考虑反面证据,而使得正、反混合的证据不好处理。当然也可以把反面证据按正面证据处理(令 $G'=\sim G$),但这样一来所需的信息量(预先给定的 LS 和 LN 的值)会大大增加,而且 LN 的作用也会完全被 LS 所代替(或反之),从而使我们仍然只需要 LS 或 LN 两者之一。

在证据间互相独立的情况下,同时使用 LS 和 LN 是方便的,式(26.1.25)可以推广为

$$O(H\mid G_1\&\cdots\&G_n\&\sim K_1\&\cdots\&\sim K_m)=\prod_{i=1}^{n}\text{LS}(G_i\mid H)\cdot$$

$$\prod_{j=1}^{m}\text{LZ}(K_j\mid H)\cdot O(H) \tag{26.1.28}$$

其中各证据间的先后次序(因之各 LS 和 LN 之间的先后次序)可以任意调换。

在 PROSPECTOR 中,LS 称为充分因子,LN 称为必要因子,它们附着于每条规则之上。LS 之值很大说明前提(证据)成立时结论(假设)成立的可能性很大。LN 之值很小说明前提不成立时结论不成立的可能性很大。LS 和 LN 之值接近 1 时分别表明前提成立或不成立对结论是否成立的影响很小。但是没有考虑 LS<1 和 LN>1 的情况,也许是因为 PROSPECTOR 中的证据都是有利于表明矿藏存在的。但在实际情况中证据不一定都是有利的。

设想这样一种情况:某大学今年有 4 个正教授的指标,竞争者 8 人,忻步安副教授也在其中。投票前夕,他作了如下的形势预测:若不考虑评委的因素,成功的概率是 1/2,这相当于先验几率 $O(H)=1$。但投票结果取决于评委,他们一共是 15 人。其中 5 人来自其他竞争者所在的系,这对忻副教授构成不利因素,评委中有 4 人与忻素有微隙,因此支持忻的可能性不大,尤其是其中 2 人兼有来自其他竞争者所在系这一背景,更对忻构成威胁。使忻能聊以自慰的是评委中有 5 人是他的铁杆朋友,估计投他的票没有问题。他定义了如下的似然比:

LS($x$ 出席|忻当选)=1/2,$x$ 来自其他竞争者所在系。

LS($x$ 出席|忻当选)=1/4,$x$ 与忻素有微隙。

LS($x$ 出席|忻当选)=1/8,$x$ 来自其他竞争者所在系且与忻素有微隙。

LS($x$ 出席|忻当选)=4,$x$ 是忻的铁杆朋友。

LS($x$ 出席|忻当选)=1,$x$ 不属于以上情况。

LN($x$ 出席|忻当选)=8,$x$ 来自其他竞争者所在系且与忻素有微隙。

......

按原来通知,15 人均应到会,假定各条件互相独立,则忻成功的后验几率是

$$O(忻当选|15 人都出席)=\left(\frac{1}{2}\right)^3 \cdot \left(\frac{1}{4}\right)^2 \cdot \left(\frac{1}{8}\right)^2 \cdot (4)^5 = \frac{1}{8}$$

换算成概率,得到的后验几率是 1/9。忻以为这次成功的希望不大了。但到评委开会时,又传来消息说,有一位与忻素有微隙且来自其他竞争者所在系的评委 A 临时有事不能来,代之以一位态度中立的评委。在修改后验几率时,首先要乘上因子 8(=LS($\sim A$ 出席|忻当选)=LN(A 出席|忻当选)),其次要乘上因子 1(=LS(中立评委|忻当选)),这使忻成功的后验几率提高为原来的 8 倍,成为 1,相应的后验概率是 1/2,使忻当选的前景大为改善。

上面的例子说明了 LS 可以小于 1,LN 可以大于 1,但它至少有两个毛病。

第一,证据的集合应该是封闭的,如果以原定评委 15 人是否出席作为证据集合,就不能考虑补充新的评委。如果以全校有资格的人是否当评委并出席作为证据集合,就应当把其他有资格的人的 LN 因子也乘上去。所以,上面的证据选择是不严谨的。第二,上面的计算方法赋予个别评委以太大的作用。设评委 $B$ 是忻的铁杆朋友,在 $B$ 以外的诸评委的似然比都给定的情况下,只要使劲增加 $B$ 的似然比(LS($B$ 出席|忻当选)),后验几率可趋于无穷大(后验概率趋于 1)。这是不符合实际情况的,因为任何个人决定不了选举的结局。问题的根源在于诸条件原来是相关的($B$ 发挥作用的大小与 $A$ 是否出席有关),而我们把它们简化成相互独立了。

但是保证证据间的互相独立性(或使用考虑到证据间相关性的公式)并不能解决一切问题,因为条件概率或条件几率在此处不是根据频率统计,而是根据主观估计给出或推算出的,如果主观估计偏差很大,结果仍然会不正确。特别是当证据的出现或不出现有各种程度之别时,这种程度的估计以及程度间的区别对最后结果所产生的影响的估计是很困难的。这对于采用几率的系统来说,就是如何估计似然比 LS 和 LN。

在上例中有 5 位评委是忻副教授的铁杆朋友,他们的出席对老忻至关重要。为了确保这一点,老忻求他们务必帮忙。得到的回答是:

$B$,$C$:没问题,到时候一定能参加。

$D$:我老父亲在外地病得很重,到时若来一电报,我就得去。

$G$:哎呀,这几天正赶上我儿子参加高考,我在家给他当后勤呢! 不过我一定争取参加。

$F$:我要去查一下,有没有其他更重要的会。

基于上述回答,应该对证据($B$,$C$,$D$,$G$,$F$ 将出席会议)的可靠性作何估计呢? 这里的情况还可能更复杂。比如说,老忻知道 $B$ 是一个健忘的人,$C$ 说话的信用不佳,$D$ 平时对父亲不怎么孝顺,$G$ 的儿子向来成绩优秀,$F$ 最近辞去了许多名誉头衔,这些因素都会影响老忻对五人表态中所含信息的分析和估计。

PROSPECTOR 的解决办法是,当观察到的证据 $E'$ 不能完全确证推理规则中使用的证据 $E$ 时,首先给出条件概率 $P(E|E')$,然后推算出相对于假设 $H$ 的条件概率 $P(H|E')$,把它换算成条件几率 $O(H|E')$,再用公式

$$\mathrm{LS}(E'|H) = \frac{O(H|E')}{O(H)} \qquad (26.1.29)$$

算出当前证据 $E'$ 下的似然比。在诸证据相互独立的前提下,可以分别计算它们的似然比 LS($E'_i \mid H$) 并代入式(26.1.25)中,即可得到最后的条件几率 $O(H \mid E'_1 \& E'_2 \& \cdots \& E'_n)$ 并换算成条件概率。在这个过程中,关键是如何给出 $P(E \mid E')$ 和如何推算 $P(H \mid E')$。

在老忻的朋友是否出席评审这个例子上,我们已经看出,不易找到严格估算 $P(E \mid E')$ 的方法,因为 $E'$ 的内容太复杂,$E'$ 影响 $E$ 的机制也难以搞清,在 $E'$ 和 $E$ 之间横着一条常识推理和逻辑推理的分界线。目前还只能由人来对 $E'$ 的影响作一个笼统的综合估计,这就是概率量 $P(E \mid E')$。

为了估算 $P(H \mid E')$,PROSPECTOR 用了一个简化的办法:线性插值。在图 26.1.1 中,只要 $P(E)$,$P(H)$,$P(H \mid E)$,$P(H \mid \sim E)$ 等四个量是已知的,即可根据 $P(E \mid E')$ 的估值($\alpha$)算出 $P(H \mid E')$ 的估值($\beta$),用公式表示,即是

$$P(H \mid E') = \begin{cases} P(H) + \dfrac{P(H \mid E) - P(H)}{1 - P(E)} \cdot (P(E \mid E') - P(E)), \\[2mm] \quad 若 P(E) \leqslant P(E \mid E') \\[3mm] P(H \mid \sim E) + \dfrac{P(H) - P(H \mid \sim E)}{P(E)} \cdot P(E \mid E'), \\[2mm] \quad 若 P(E \mid E') < P(E) \end{cases}$$

(26.1.30)

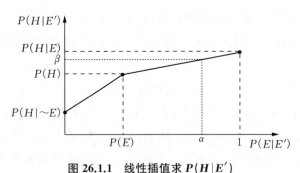

图 26.1.1　线性插值求 $P(H \mid E')$

这个办法有一个明显的缺点,就是在计算时混合使用了概率 $P$ 和几率 $O$。我们在前面已经说过,无论是给定一组完全的概率量还是一组完全的几率量(包括似然比),都能确定一个符合概率公理的 Bayes 推理的基础。而且 PROSPEC-TOR 的设计者已经倾向于采用几率推理来代替概率推理,那么在证据不确定的情况下混合使用概率和几率就意味着知识工程师或领域专家要同时进行概率和

几率两种思维,这增加了产生不协调的可能性,是不合理的。

为此,让我们来改造一下公式(26.1.30),它可以写成如下的形式:

$$P(H|E') = \begin{cases} a+b \cdot P(E|E'), & \text{若 } P(E) \leqslant P(E|E') \\ c+d \cdot P(E|E'), & \text{若 } P(E|E') < P(E) \end{cases} \quad (26.1.31)$$

这里 $a, b, c, d$ 是 $P(E)$, $P(H)$, $P(H|E)$, $P(H|{\sim}E)$ 的函数,可以在构造知识库时即予确定。用公式(26.1.20)和(26.1.21)把式(26.1.31)中的所有概率量换算成几率量,可以得到

$$O(H|E') = \begin{cases} \dfrac{a_1+b_1 \cdot O(E|E')}{c_1+d_1 \cdot O(E|E')}, & \text{若 } O(E) \leqslant O(E|E') \\[3mm] \dfrac{a_2+b_2 \cdot O(E|E')}{c_2+d_2 \cdot O(E|E')}, & \text{若 } O(E|E') < O(E) \end{cases} \quad (26.1.32)$$

这里 $a_i, b_i, c_i, d_i, i = 1, 2$,是 $O(E)$、$O(H)$、$O(H|E)$、$O(H|{\sim}E)$ 的函数,也可以在构造知识库时予以确定。如果 $E'$ 能完全确定 $E$。则 $O(E|E') = \infty$,因此 $O(H|E) = b_1/d_1$。反之,如果 $E'$ 能完全否定 $E$ 的存在,则 $O(E|E') = 0$,因此,$O(H|{\sim}E) = a_2/c_2$。

式(26.1.32)使我们在推算不精确性时,把思维方式集中在几率上,但是这还不够。该式直接从 $O(E|E')$ 推算 $O(H|E')$,而不利用似然比 LS 和 LN。这样又形成了一种不一致性:当证据 $E$ 完全肯定或完全否定时,系统利用似然比 LS 和 LN,借助于公式(26.1.24)和(26.1.27)来进行渐进性推导,而当证据 $E$ 不完全肯定或不完全否定时,却又要另起炉灶,用式(26.1.32)作直接推导。我们能不能有一个类似于

$$\text{LS}(E'|H) = F(\text{LS}(E|H), O(E'|E)) \quad (26.1.33)$$

的式子呢? 若有了它即可有统一的几率修正式

$$O(H|E') = \text{LS}(E'|H) \cdot O(H) \quad (26.1.34)$$

对 $\text{LN}(E'|H)$ 来说也是如此。这个问题我们请读者在习题中考虑。

上面我们探讨了几种不同的估算后验概率或后验几率的方法。无论是哪一种方法,都要求输入初始证据 $E'$。现在的计算机还不能从事真正意义下的常识推理,因此 $E'$ 不能以 $B$ 是铁杆朋友,或 $D$ 的父亲病重,或 $G$ 的儿子参加高考等形式输入。能行的方法是由人给出一个(或一组)能反映 $E'$ 的影响的综合性数

据。这里又有两种可能：或者把数据作为条件概率 $P(E|E')$ 的形式输入，然后根据不同方法的需要，换算成其他形式，如 $O(E|E')$ 之类；或者直接按不同方法所要求的形式输入。由此产生的一个问题是：怎样解释用户的输入数据才算合理？这是因为：所有推理方法需要的数据都是形式化了的，而专家根据观察所得的印象是非形式化的，非形式化向形式化的转换一般是不唯一的。

例如，忻副教授在综合分析有关 $B$ 的一切信息以后得出结论，八成 $B$ 能参加评审会。如何解释这个"八成"呢？

解释之一：$B$ 参加会的概率是 0.8，亦即 $P(E|E')=0.8$。此处 $E$ 表示 $B$ 参加会，$E'$ 表示有关 $B$ 的信息之综合。

解释之二：$B$ 参加会的几率是 4。亦即 $O(E|E')=P(E|E')/P(\sim E|E')$ $=0.8/0.2=4$。这与上面的结果一样。

解释之三：$B$ 参加会的似然比是 4。亦即 $LS(E'|E)=P(E'|E)/P(E'|\sim E)$ $=0.8/0.2=4$。

解释之四：$B$ 参加会的可信度是 0.8（参见下一节）。即在式（26.1.30）中，令

$$\frac{P(E|E')-P(E)}{1-P(E)}=0.8$$

四种解释，三样结果，究竟取哪一种呢？这取决于系统设计者的观点和实践。主要的一点是：要仔细分析各种信息的真实含义。

## 26.2 可信度方法

Bayes 理论在应用方面的弱点，促使实用专家系统的研制者寻求其他的不精确推理方法，Shortliffle 和 Buchanen 等人在研制著名的 Mycin 系统时就是这么做的。他们在寻找新方法时基本上遵循下列原则：

1. 不采用严格的统计理论，但也不是完全不用，而是用一种接近统计理论的近似方法。

2. 用专家的经验估计代替统计数据。

3. 尽量减少需要专家提供的经验数据量，尽量使少量数据包含多种信息。

4. 新方法应适用于证据为增量式地增加的情况。

5. 专家数据的轻微扰动应不影响最终的推理结论。

最后,他们决定以 Carnap 的确认理论为基础,设计一种可信度方法。确认理论的核心是我们在 14.3 节介绍的概率逻辑,它不是基于频度计算,而是基于人为分配的测度函数 $m$。根据 $m$ 计算出来的概率函数 $c$ 便隐含了 Mycin 可信度函数的基本思想。可信度方法的基础就是以定量法为工具、比较法为原则的相对性确认理论。因此,Mycin 的诊断结果不是只给出一个最可信结论及其可信度,而是给出可信度较高的前几名,供人们比较选用。

为了说明可信度方法。需要先介绍 Mycin 的规则形式。抽象地说,Mycin 的规则可用下列 BNF 范式表示。对其具体结构我们暂时不感兴趣。

〈规则〉::=〈前提〉→〈结论〉,〈可信度〉

〈前提〉::=〈条件组〉$\{\wedge\langle$条件组$\rangle\}_0^n$

〈条件组〉::=〈条件〉$\{\vee\langle$条件$\rangle\}_0^n$

〈结论〉::=〈条件〉|〈动作〉

确认理论和概率理论的重要区别是:设 $e$ 为证据,$h$ 为假设,则对概率论来说恒有 $p(h|e)+p(\sim h|e)=1$。但对确认理论则不然,若以 CF 表示在确认理论意义下的定量可信度,则一般来说 $\mathrm{CF}(h|e)+\mathrm{CF}(\sim h|e)\neq 1$。即:如果一个医生根据检查情况判断病人得肝炎的可能性是 70%,则这并不意味着他认为病人不是肝炎的可能性恰好为 30%。因此,可信度方法要求用两个量来表示在给定证据下,对某个假设的肯定和否定程度,分别用 MB 和 MD 表示。$\mathrm{MB}(h|e)=a$ 的含义是:证据 $e$ 的出现使假设 $h$ 的可信度增加了数量 $a$。而 $\mathrm{MD}(h|e)=b$ 的含义是:证据 $e$ 的出现使假设 $h$ 的不可信度增加了 $b$。由此可知 $a$ 和 $b$ 不能同时大于 0,因为同一个证据不可能既增加某假设的可信度,又增加它的不可信度。

原则上,$\mathrm{MB}(h|e)$ 和 $\mathrm{MD}(h|e)$ 的值应由专家根据经验给出。为了给可信度计算提供某种理论根据,人们给出了这两个量的概率解释。注意这只是一种解释,一般不直接用于构造知识库。

$$\mathrm{MB}(h|e)=\begin{cases} 1 & \text{若 } p(h)=1 \\ \dfrac{\max(p(h|e),\ p(h))-p(h)}{p(\sim h)} & \text{其他} \end{cases}$$

$$\mathrm{MD}(h|e)=\begin{cases} 1 & \text{若 } p(\sim h)=1 \\ \dfrac{p(h)-\min(p(h|e),\ p(h))}{p(h)} & \text{其他} \end{cases}$$

(26.2.1)

仔细推敲这两个式子可以知道,该概率解释无非是前面提到的 MB 和 MD 含义的某种定量模型,具有如下的性质:

**定理 26.2.1**

1. 当 $p(h)=1$ 时 $MB(h|e)=p(h|e)=1$, $MD(h|e)=p(\sim h|e)=0$。

2. 当 $p(\sim h)=1$ 时 $MB(h|e)=p(h|e)=0$, $MD(h|e)=p(\sim h|e)=1$。

可见在两种极端情况下 MB 与 MD 的含义与通常概率 $p$ 的含义一致。

3. 恒有 $0 \leqslant MB(h|e)$, $MD(h|e) \leqslant 1$。

4. 恒有 $MB(h|e) \cdot MD(h|e)=0$。

这一点在前面已经说过了。

5. 若 $MB(h|e)=1$,则对任何 $e'$ 必有 $MD(h|e')=0$。反之,若 $MD(h|e)=1$, 则对任何 $e'$,必有 $MB(h|e')=0$。

这说明任何完全肯定的证据足以抵消所有部分否定的证据,反之亦然。例如,很多事实对史炳仁是否得血吸虫病起否定作用,如他没有去过血吸虫疫区,没有下过水田江河等等,但只消从他粪便中查出血吸虫卵,就可完全抵消上面诸事实的作用,而确证他得了血吸虫病。当然,$MB(h|e)=MD(h|e')=1$ 应视为矛盾情况而予以排除。

现简称 MB 为信念增长函数,MD 为信念减少函数。两者统称为信念函数。为了把它们实际应用于专家系统推理,需要考虑处理复合证据(多个正面证据,多个反面证据)和复合假设的情况,以下是一组组合公式:

1. 处理(可能是增量地获得的)复合证据。

$$MB(h|e_1 \wedge e_2)=\begin{cases} 0, \text{若 } MD(h|e_1 \wedge e_2)=1 \\ MB(h|e_1)+MB(h|e_2)(1-MB(h|e_1)), \text{其他} \end{cases}$$

$$MD(h|e_1 \wedge e_2)=\begin{cases} 0, \text{若 } MB(h|e_1 \wedge e_2)=1 \\ MD(h|e_1)+MD(h|e_2)(1-MD(h|e_1)), \text{其他} \end{cases}$$

$$(26.2.2)$$

2. 处理(包含未知证据的)复合证据。

$$MB(h|e_1 \wedge e_2)=MB(h|e_1)$$
$$MD(h|e_1 \wedge e_2)=MD(h|e_1)$$

$$(26.2.3)$$

其中 $e_2$ 为未知真假的证据。

3. 处理(两个假设的)合取。

$$MB(h_1 \wedge h_2 | e) = \min(MB(h_1 | e), MB(h_2 | e))$$
$$MD(h_1 \wedge h_2 | e) = \max(MD(h_1 | e), MD(h_2 | e)) \tag{26.2.4}$$

4. 处理（两个假设的）析取。

$$MB(h_1 \vee h_2 | e) = \max(MB(h_1 | e), MB(h_2 | e))$$
$$MD(h_1 \vee h_2 | e) = \min(MD(h_1 | e), MD(h_2 | e)) \tag{26.2.5}$$

当规则 $e_1 \rightarrow h$ 和 $e_2 \rightarrow h$ 都成立时，可用公式组（26.2.2）来综合计算 $MB(h | e_1 \wedge e_2)$ 和 $MD(h | e_1 \wedge e_2)$。当规则 $e \rightarrow h_1$ 和 $e \rightarrow h_2$ 都成立时，可用公式组（26.2.3）来综合计算 $e \rightarrow h_1 \wedge h_2$ 的信念函数 $MB(h_1 \wedge h_2 | e)$ 和 $MD(h_1 \wedge h_2 | e)$，并用公式组（26.2.4）来综合计算 $e \rightarrow h_1 \vee h_2$ 的信念函数 $MB(h_1 \vee h_2 | e)$ 和 $MD(h_1 \vee h_2 | e)$。在这些计算中隐含地用到了公式组（26.2.3）。

不难证明，由上述组合函数算出的 MB 和 MD 仍满足定理 26.2.1 的断言。同时，这些组合函数本身又有一些很好的性质。下面我们以 MBD 统一表示 MB 和 MD。

**定理 26.2.2**

1. 证据的复合规则满足交换律。

$$MBD(h | e_1 \wedge e_2) = MBD(h | e_2 \wedge e_1) \tag{26.2.6}$$

2. 证据的复合规则满足结合律。

$$MBD(h | e_1 \wedge (e_2 \wedge e_3)) = MBD(h | (e_1 \wedge e_2) \wedge e_3) \tag{26.2.7}$$

3. 假设的复合规则满足交换律。

$$MBD(h_1 \wedge h_2 | e) = MBD(h_2 \wedge h_1 | e)$$
$$MBD(h_1 \vee h_2 | e) = MBD(h_2 \vee h_1 | e) \tag{26.2.8}$$

4. 假设的复合规则满足结合律。

$$MBD(h_1 \wedge (h_2 \wedge h_3) | e) = MBD((h_1 \wedge h_2) \wedge h_3 | e)$$
$$MBD(h_1 \vee (h_2 \vee h_3) | e) = MBD((h_1 \vee h_2) \vee h_3 | e) \tag{26.2.9}$$

5. 假设的复合规则满足分配律。

$$MBD(h_1 \wedge (h_2 \vee h_3) | e) = MBD((h_1 \wedge h_2) \vee (h_1 \wedge h_3) | e)$$
$$MBD(h_1 \vee (h_2 \wedge h_3) | e) = MBD((h_1 \vee h_2) \wedge (h_1 \vee h_3) | e) \tag{26.2.10}$$

组合函数的这些性质使我们在构造规则及规则库时,在规则内部诸条件的次序和规则之间的次序上不必有太大的顾虑,改变这些次序不会影响推理的结果。需要说明的是对于 Mycin 形式的规则来说,假设复合的分配律是不必要的,因为这种形式的复合在 Mycin 规则中不出现(Mycin 的或运算不能出现在最外层),但它提示我们可把 Mycin 规则的形式扩充而不影响组合函数的使用。

在一个系统里保持两种度量(MB 和 MD)是不方便的,尤其是前面给出的计算规则要求 MB 和 MD 分别存放、分别计算,这会带来许多问题。于是,把它们合成一种度量就是很自然的了。这种度量称为 CF,即可信度因子之意,定义为

$$CF(h \mid e) = MB(h \mid e) - MD(h \mid e) \tag{26.2.11}$$

关于 CF,有如下一些性质:

**定理 26.2.3**

1. $-1 \leqslant CF(h \mid e) \leqslant +1$。 $\tag{26.2.12}$

2. 令 $e^+ = e_1 \wedge e_2 \wedge \cdots \wedge e_n$ 为所有有利于假设 $h$ 的证据之总和(即对每个 $i$,$MB(h \mid e_i) > 0$),$e^- = e'_1 \wedge e'_2 \wedge \cdots \wedge e'_m$ 为所有不利于假设 $h$ 的证据之总和(即对每个 $i$,$MD(h \mid e'_i) > 0$),则

$$CF(h \mid e^+ \wedge e^-) = MB(h \mid e^+) - MD(h \mid e^-) \tag{26.2.13}$$

3. $CF(h \mid e) + CF(\sim h \mid e) = 0$ $\tag{26.2.14}$

利用 CF,专家可以只给出一种度量,$CF(h \mid e) = a$ 表示:在证据 $e$ 下假设 $h$ 为真的可信度是 $a$,它综合了 MB 和 MD 两方面的信息。同时,我们也可以对前面的组合函数加以扩充,使 $MBD(h \mid e)$ 不仅可表示当证据 $e$ **确定地**成立时假设 $h$ 的信念变化,而且也可表示当证据 $e$ **并非**完全确定地成立时假设 $h$ 的信念变化。具体地说,如果在证据 $e'$ 之下另一证据 $e$ 的可信度为 $CF(e \mid e')$,则我们有

$$MBD(h \mid e') = MBD(h \mid e) \cdot \max(0, CF(e \mid e')) \tag{26.2.15}$$

**推论 26.2.1**

1. 可信度函数 CF 满足定理 26.2.2 中信息函数 MBD 满足的同样性质。

2. 若 $e_2$ 为未知其真假的证据,则

$$CF(h \mid e_1 \wedge e_2) = CF(h \mid e_1) \tag{26.2.16}$$

　　我们在前面谈及建立可信度方法的原则时曾提到要使专家数据的轻微扰动不影响最终的推理结论。为此，Mycin 设置了一个最低阈值 0.2。它的含义是：只有可信度不低于 0.2 的证据（或证据的复合）才对信念函数的变化起作用。根据这个原则，式(26.2.2)及式(26.2.15)应作如下补充：

　　1. $MB(h|e_1 \wedge e_2) = 0$，若 $MD(h|e_1 \wedge e_2) = 1$ 或 $CF(e_1 \wedge e_2) < 0.2$。

　　2. $MD(h|e_1 \wedge e_2) = 0$，若 $MB(h|e_1 \wedge e_2) = 1$ 或 $CF(e_1 \wedge e_2) < 0.2$。

　　3. $MBD(h|e') = MBD(h|e) \cdot CF(e|e')$，若 $CF(e|e') \geqslant 0.2$

$$\qquad\qquad = 0 \qquad\qquad\qquad\qquad\qquad 其他$$

其中对任意 $x$，$CF(x)$ 表示原始证据 $x$ 的可信度，或表示推理进行到某一步时，假设 $x$ 的当前可信度。

　　现在举一个例子，设有四条以同一假设 $h$ 为目标的推理规则：

$a \wedge b \to h$，$0.7$

$c \to h$，$0.5$

$(d \vee e) \wedge f \wedge (g \vee i) \to h$，$0.9$

$j \to h$，$0.3$

它们在推理时链接成如图 26.2.1 所示的树形。以 $a'$，$b'$ 等表示肯定（或否定）$a$，$b$ 等证据成立的可直接观察的原始数据。诸叶节点旁标明了它们对 $a$，$b$ 等的肯定程度，树枝旁标明了有关规则的可信度，则 $h$ 的可信度可计算如下：

$$MB(h|a' \wedge b') = 0.7 \cdot \min(0.2, 0.5) = 0.14$$

它的贡献小于 0.2，根据上面的规定不予考虑。

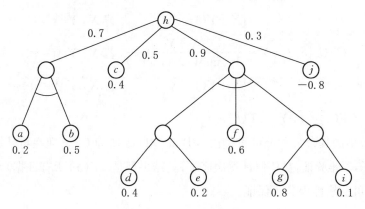

图 26.2.1　可信度推理树

$$MB(h|c')=0.5 \cdot 0.4=0.2$$

$$MB(h|d' \wedge e' \wedge f' \wedge g' \wedge i')=$$

$$0.9 \cdot \min(\max(0.4, 0.2), 0.6, \max(0.8, 0.1))=0.36$$

于是

$$MB(h|c' \wedge d' \wedge e' \wedge f' \wedge g' \wedge i')=0.488$$

$$MD(h|j')=0.3 \cdot 0.8=0.24$$

$$CF(h|a' \wedge b' \wedge c' \wedge d' \wedge e' \wedge f' \wedge g' \wedge i' \wedge j')=0.488-0.24=0.248$$

可信度方法提出以后,人们在使用过程中发现了一些问题,其中有的已经解决,有的找到了部分答案,有的则看来很难解决。

首先一个问题是,系统中必须使用三种量:MB, MD 和 CF。这是违背原来引进 CF 的宗旨(用一个量代替两个量)的。注意,在推算 CF 值的时候,总是先算出相应的 MB 和 MD 值,然后用它们的差作为 CF 的值。一般地说,不存在直接从前提的 CF 值算出结论的 CF 值的公式。上面列出的 MB 和 MD 的组合公式不能直接改写为 CF 的组合公式。如果那样做,算出的结果会有问题,起码运算的可交换性丢掉了。读者不妨重做一遍刚才的例子,但把计算次序换一下。先算 $CF(h|c' \wedge j')=MB(h|c')-MD(h|j')$,再把此中间结果和 $MB(h|d' \wedge e' \wedge f' \wedge g' \wedge i')$ 合并,结果一定和原来的不一样。

为了解决这个问题,Van Melle 在构造以 Mycin 为骨架的专家系统外壳 EMycin 时采用了新的定义和新的组合函数:

$$CF=\frac{MB-MD}{1-\min(MB, MD)}$$

$$CF(h|e_1 \wedge e_2)=\begin{cases} X+Y(1-X), & \text{若 } X, Y \text{ 皆} > 0 \\ \dfrac{X+Y}{1-\min(|X|, |Y|)}, & \text{若 } X, Y \text{ 有一} < 0 \\ X+Y(1+X), & \text{若 } X, Y \text{ 皆} < 0 \end{cases}$$

其中 $X=CF(h|e_1)$, $Y=CF(h|e_2)$。

本节中的其余公式都可直接由 MB 或 MD 改造为 CF。现在再计算一遍刚才的例子,不难验证,在任何计算次序下,其结果都是 $CF(h|$所有证据$)=31/95$。这表示,可交换性得到了保证。

但是 van Melle 的公式不仅解决了可交换性问题,它还克服了可信度方法

的另一个弱点,即一个简单的否证有时可推翻许多肯定的证据。例如,设某假设有 10 个正面的证据,其可信度都在 0.9 以上,它们总加起来虽然很接近 1,但却到不了 1。此时只要来一个可信度为 0.8 的否证,该假设的总可信度马上降到 0.2 以下,因而正面证据不起作用。假设不成立,这是很不合理的,van Melle 的新公式使这种情况大为改善。让我们来分析一下,设正面证据 $X$ 已很接近 1,可用 $1-\varepsilon$ 表之,$Y$ 是反面证据,$|Y|<|X|$,则 van Melle 的第二个式子可表示为

$$CF=(1-\varepsilon+Y)/(1+Y)$$

什么时候 CF<0.2 呢? 当 $\varepsilon=0.1$(即 $X=0.9$)时 $Y$ 须小于 $-0.875$。而当 $\varepsilon=0.01$(即 $X=0.99$)时 $Y$ 须小于 $-0.9875$ 才有可能。

可信度方法的另一个问题是它没有重视概率方法所必须遵循的证据独立性问题。可以举春秋时著名的鲁国学者曾参为例。曾参是孔子的著名弟子之一,很有学问,后世尊他为曾子。有一天,另一个也叫曾参的人杀了人。有人来报告他的母亲。曾母说,我的儿子不会杀人。说完依旧织她的布。一会儿又有人来说曾参杀了人,曾母仍不信,照样织布。待到第三个人传来同样的消息,曾母才着了慌,扔下织布工具,翻墙逃走了。这个故事说明可信度积累所造成的影响。由于曾母对他的儿子很相信,所以即使有人报告曾参杀人,曾母认为其可信度只有 0.2。把规则按人列出就是:

甲说曾参杀人→曾参杀了人,CF=0.2

乙说曾参杀人→曾参杀了人,CF=0.2

丙说曾参杀人→曾参杀了人,CF=0.2

甲来报告时,曾母的相信程度只有 0.2,所以毫不惊慌。乙来报告时,曾母的相信程度上升为 $0.2+0.2-0.2\times0.2=0.36$。对她的影响仍不大。丙来报告时,曾参杀人的可信度已上升为 0.488,将近 1/2,曾母这才沉不住气了。可是,如果曾母知道乙和丙都是听甲说的,三条消息实际上有同一来源,那么可信度应该仍然是 0.2,而不是 0.488。曾母没有深究证据的独立性问题,致使李白叹道:"曾参岂是杀人者? 谗言三及慈母惊。"

证据间的另一种不独立性是一种证据的存在改变了另一种证据的作用。举例如下。设有两条规则。

$A$:房内有一缸汽油→房子将被烧掉,CF=0.2

$B$:房内有人抽烟→房子将被烧掉,CF=0.0001

若 $A$ 和 $B$ 的前提都成立,则组合的 CF 值为 0.200 08,房子是烧不起来的。但如由人来直接为这种情况赋 CF 值,那至少 CF=0.9。这就是说,人知道在有一缸汽油存在的前提下,抽烟引起火灾的可信度将急剧增加。

解决这个问题的一种办法是增加一条规则

$C$:房内有一缸汽油且有人抽烟→房子将被烧掉,CF=0.9

对于一个复杂的知识系统来说,如果条件很多且互相影响,则上述办法几乎要为每一个条件子集合单独赋一次可信度。在极端情况下要有 $2^{|A|}$ 条规则和赋 $2^{|A|}$ 次可信度,其中 $A$ 是条件集合。这样的复杂性是难以忍受的。

另一种办法是仔细考察各条件(证据)之间的关系,尽量把相互有关的条件纳入同一规则之中,例如 Clancey 提出了如下的检查条件无关性的启发式规则:

1. 在具有相同右部的 $A$,$B$,$C$ 三条规则中,如果 $B$,$C$ 有相同的可信度,但 $A \& B$ 和 $A \& C$ 的可信度不一样(其中 $\&$ 表示把两条规则的前提组合在一起),则它们中存在着条件相关性。

2. 若 $A$ 和 $B$ 的前提是不相关的,则 $A \& B$ 的可信度应等于用组合函数计算出的可信度。

简单地用乘法来连接两条规则的可信度还会造成另一个问题,即导致不恰当的推理结果。试看下面四条规则:

$A$:早搏严重→二尖瓣脱落,CF=0.9

$B$:心绞痛→冠状动脉阻塞,CF=0.7

$C$:二尖瓣脱落→服用维心康,CF=0.6

$D$:冠状动脉阻塞→服用保心丹,CF=0.9

病人贝午珍兼有早搏严重和心绞痛两种症状。使用规则 $A$ 和 $B$ 可知患二尖瓣脱落的可能性较大(0.9),但进一步使用规则 $C$ 和 $D$ 却发现应该服用专治冠状动脉阻塞的保心丹(组合 CF=0.63),而不服用针对二尖瓣脱落的维心康(组合 CF=0.54)。真是"南其辕而北其辙"!

这种现象的解释之一是两种不同性质的推理(判断和建议)混在一起造成了混乱。如果把诊断和处方分两步进行,情况将会不同。解释之二是规则的前提中只说需要什么证据,不说应排除什么证据,因而信息不完整。如果把规则 $D$ 的前提改为:冠状动脉阻塞且无二尖瓣脱落,情况又将不同。

对于 CF 的赋值还有其他的限制。例如,根据式(26.2.11)的定义及 CF 的概率解释,有:

**定理 26.2.4**  若 $h_1, h_2, \cdots, h_k$ 是 $k$ 个互相独立的假设，$e$ 为对它们有利的证据，则

$$\sum_{i=1}^{k} \mathrm{CF}(h_i \mid e) \leqslant 1, \quad k > 0$$

这也是专家在赋 CF 值时必须遵守的规定。人们要问：这样定义的 CF 在实际使用时效果如何呢？Mycin 的研制者作过一个实验，其中使用两套 CF 函数。一套用本节给出的组合函数计算，另一套直接用实验数据模拟。结果发现两者算出的值符合得相当好。凡是符合不佳之处都是因为使用组合函数时迭代次数较多（累计误差）或证据之间存在相关性。这说明对于像 Mycin 这样的专业领域，可信度方法（包括其组合函数）还是比较适用的。有人指责可信度方法没有完全遵循概率理论，如组合函数就与概率传播原则不一致。但问题恰恰在于因为概率理论不实用，他们才想出了这个近似而实用的办法。可信度方法的宗旨不是理论上的严密性，而是处理实际问题的可用性。这一点是最最主要的。当然，Harré 也指出：可信度方法及其公式不能一成不变地使用于任何领域，甚至也不能使用于所有科学领域。推广至一新领域时必须根据实际情况修正之。

## 26.3  模糊推理

在第 15 章中，我们已经阐述了模糊集合论和模糊逻辑的基本思想。本节就如何将它们实际运用于不精确推理作一讨论。

第一个问题就是如何确定隶属函数。在讨论概率推理时已经提到，对于不精确推理中所需的概率数据，可以根据事件发生频率来计算，而在大多数情况下是根据主观经验来先验地给出。那么隶属函数呢？这里介绍三种确定模糊集隶属函数的方法。

方法之一：民意测验。让一组专家（或群众，视需要而定）对一个对象集合中的每个对象发表意见，指出它们是否属于某个范畴，然后根据赞成和反对的比例确定该对象对此范畴的隶属度。例如，对于中国历史上奴隶制社会和封建社会的分界线历来有很尖锐的争论，而且这确实是个模糊概念，因为有些朝代兼有奴隶制和封建制的特点，很难把它们绝对地划入某一社会发展阶段。为了解决这个问题，可以邀请一批历史学家，请他们就有关朝代究竟是奴隶制还是封建制逐一进行投票。假设一共邀请了一百位历史学家，他们的投票结果如图 26.3.1 所示。

| | 夏 | 商 | 西周 | 东周 | 春秋 | 战国 | 秦 | 西汉 | 东汉 |
|---|---|---|---|---|---|---|---|---|---|
| 奴隶制 | 90 | 80 | 70 | 50 | 35 | 25 | 25 | 20 | 10 |
| 封建制 | 10 | 20 | 30 | 50 | 65 | 75 | 75 | 80 | 90 |

图 26.3.1　中国历史分期的民意测验

根据投票结果，可以算出奴隶制和封建制两个隶属函数。由于这两个命题互为逆命题，因此下面只给出封建制的隶属函数，如图 26.3.2 所示。

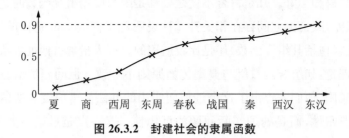

图 26.3.2　封建社会的隶属函数

在某些情况下，投票者难以直接对投票对象是否属于某个范畴表示"是"或"否"的意见。此时采用比较法也许是可行的。例如明末时期南京有著名的秦淮八艳，她们个个才貌双绝，为世人称颂。但在评选"绝代佳人"时却发生了问题，因为投票者个个认为她们全都是绝代佳人，如若投票，每人都获全票，所以每人的隶属度都是 1，难分伯仲。于是选美会组织者只好请人对她们两两进行比较，对每对 $x$，$y$ 回答如下问题：$x$ 和 $y$ 谁更美？下面把一百位投票者的投票结果用矩阵表示。矩阵元 $Mxy$ 表示在 $x$ 和 $y$ 相比时，$x$ 所得票数，如图 26.3.3 所示：

| | 李香君 | 陈圆圆 | 董小宛 | 柳如是 | 马湘兰 | 顾横波 | 卞玉京 | 寇白门 |
|---|---|---|---|---|---|---|---|---|
| 李香君 | / | 45 | 55 | 43 | 58 | 42 | 67 | 54 |
| 陈圆圆 | 55 | / | 53 | 61 | 49 | 72 | 48 | 51 |
| 董小宛 | 45 | 47 | / | 46 | 51 | 39 | 71 | 64 |
| 柳如是 | 57 | 39 | 54 | / | 63 | 47 | 56 | 61 |
| 马湘兰 | 42 | 51 | 49 | 37 | / | 44 | 54 | 62 |
| 顾横波 | 58 | 28 | 61 | 53 | 56 | / | 47 | 38 |
| 卞玉京 | 33 | 52 | 29 | 44 | 46 | 53 | / | 48 |
| 寇白门 | 46 | 49 | 36 | 39 | 38 | 62 | 52 | / |

图 26.3.3　秦淮八艳循环赛得分

　　注意在投票结果中可能含有一些矛盾的信息。例如,从图 26.3.3 可以看出,李香君不如陈圆圆美(45：55),陈圆圆不如马湘兰美(49：51),马湘兰又不如李香君美(42：58)。这是可以理解的,因为即使同一个人投的票,也可能包含矛盾,人的思维不是那么一致的。为了把得分矩阵转换成隶属函数,有几种可能的办法:

　　1. 按各人所得最高票数排列,然后令获最高票者隶属度为 1,其余人的隶属度按比例计算。此时次序为:陈圆圆(72),董小宛(71),李香君(67),柳如是(63),马湘兰(62),寇白门(62),顾横波(61),卞玉京(52)。

　　2. 按各人所得最低票数排列,然后令最低票中之最高者隶属度为 1,其余按比例计算。此时次序为:陈圆圆(48),李香君(42),董小宛(39),柳如是(39),马湘兰(37),寇白门(36),卞玉京(29),顾横波(28)。

　　3. 按各人所得总票数排列。

　　4. 按各人获胜的次数排列(在一场对抗赛中得票超过 50 称为获胜一次)。

　　除此之外,还可以设想其他的方法。也可以把上面的方法混合使用。实际上,有时混合使用不同的方法是不可避免的,在上面提到的前两种方法中,都有两人得票相同的情况,这就必须用其他方法来为她们分高低了。

　　实际应用时,不一定采用双循环制。只要立一个人为标杆,把她和其余每个人都比较一遍就够了。例如,图 26.3.3 中的第一行数据就已足以决定一个排序,即顾横波、柳如是、陈圆圆、李香君、寇白门、董小宛、马湘兰、卞玉京。

　　确定隶属函数的另一种方法是向概率论中借鉴概率分布的思想。有一些其特性已被研究得很透的函数,常被用来模拟一定条件下的概率分布,当对象集的确切数据难以收集,但它们的大致特性能够掌握时,可以采用与这种特性相近的已知函数来逼近它,举例如下:

　　1. 对于中间对称,中心最强,向两边均匀地减弱的隶属度分布,可以采用概率论中的正态分布来逼近隶属函数。如概念"中年"即是。

　　2. 对于隶属度随某种属性的值增长的情况,可以采用单调递增或非减函数,特别是,对属性值达到足够大的程度时隶属度恒为 1 的情况,可以采用戒下型函数。如概念"老年"即是。

　　3. 对于和 2. 相反的情况,可采用单调递减或非增函数,并在特定情况下采用戒上型函数。如概念"童年"即是。

　　图 26.3.4 显示了这三种函数,其中

(a) 正态分布函数

$$\mu(x) = e^{-(\frac{x-a}{b})^2} \tag{26.3.1}$$

(b) 戒下型函数

$$\mu(x) = \begin{cases} 0, & x \leqslant a \\ e^{-c^2(\frac{x-b}{x-a})^2} & 0 < a < b < 1 \\ 1, & x \geqslant b \end{cases} \tag{26.3.2}$$

(c) 戒上型函数

$$\mu(x) = \begin{cases} 1, & x \leqslant a \\ e^{-c^2(\frac{x-a}{x-b})^2} & 0 < a < b < 1 \\ 0, & x \geqslant b \end{cases} \tag{26.3.3}$$

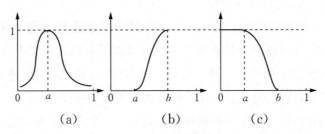

图 26.3.4　三种典型的隶属函数

为了具体论述模糊推理,还需要补充几个概念。首先要引进模糊关系。设某模糊集 $R$ 的分明基 $\sharp R$ 是分明集 $A \times B$ 的子集,其中 $A \times B$ 表示两个分明集 $A$ 和 $B$ 的拓朴积,则 $R$ 也称为 $A \times B$ 上的一个模糊关系,或 $\sharp R$ 上的一个模糊关系。$R$ 中的元素表为 $((a, b), \mu(a, b))$,其中 $a \in A$,$b \in B$,$\mu(a, b)$ 表示 $(a, b)$ 对关系 $R$ 的隶属度。设 $A$ 和 $B$ 分别有 $m$ 和 $n$ 个元素,设法对它们分别排序,使 $A$ 和 $B$ 成为两个有限序列,即可对之建立一个 $m$ 行 $n$ 列的模糊矩阵,仍以 $R$ 表示之。并规定,若矩阵元素 $R_{ij}$ 与 $\sharp R$ 中的一个元素相对应,则 $R_{ij}$ 之值即为此元素对 $R$ 的隶属度,否则,$R_{ij}$ 之值为零。

模糊关系可以推广到 $n$ 元的情形,若模糊集 $R$ 的分明基 $\sharp R$ 是分明集 $A_1 \times A_2 \times \cdots \times A_n$ 的子集,则 $R$ 也称为 $A_1 \times A_2 \times \cdots \times A_n$ 上的一个($n$ 元)模糊关系。$R$ 中的元素表为 $((a_1, a_2, \cdots, a_n), \mu(a_1, a_2, \cdots, a_n))$,其中 $a_i \in A_i$,$\mu(a_1, a_2, \cdots, a_n)$ 表示 $(a_1, a_2, \cdots, a_n)$ 对 $R$ 的隶属度。用与上面类似的方

法,可以建立 $n$ 维空间中的一个超矩阵,由于在二维平面上表示很不方便,一般不直接按超矩阵的形式写出来。有时,$A_1$ 相对于其他的 $A_i(i>1)$ 来说有特殊的含义,此时可把 $A_1$ 的元素按行排列,其他 $A_2×A_3×\cdots×A_n$ 的元素按列排列,仍得到一个二维空间的矩阵。对于本节的需要来说,这已经够了。因此下面我们只讨论这类普通的模糊矩阵。

设 $R$ 是 $U×V$ 上的一个模糊关系,$S$ 是 $V×W$ 上的一个模糊关系,则定义 $R$ 和 $S$ 的合成关系 $Z=R\circ S$ 为:

$$Z_{ij} = ((u_i,\ w_j),\ \sum_{k=1}^{n} \mu_R(u_i,\ v_k) × \mu_S(v_k,\ w_j)) \tag{26.3.4}$$

其中 $\mu_R$ 和 $\mu_S$ 分别是模糊关系 $R$ 和 $S$ 的隶属函数,$n$ 是 $V$ 的元素个数。运算符号 $\sum$ 解释为取极大值,$×$ 解释为取极小值。

模糊关系与实际的概念相联系时会把某些限制强加给实际概念(或反过来,实际概念会把某些限制强加给模糊关系),使用时必须十分注意。例如,"天下乌鸦一般黑"是定义在集合 $V×V$ 上的一个模糊关系,其中 $V=\{$中国乌鸦,美国乌鸦,索马里乌鸦$\}$。经某种测算后,其模糊矩阵(只列出隶属度,以下同)如图 26.3.5 所示。

|  | 中国乌鸦 | 美国乌鸦 | 索马里乌鸦 |
|---|---|---|---|
| 中国乌鸦 | 1 | 0.9 | 0.7 |
| 美国乌鸦 | 0.9 | 1 | 0.8 |
| 索马里乌鸦 | 0.7 | 0.8 | 1 |

图 26.3.5 乌鸦比黑

这是一个对称矩阵,对角线元素为 1。表明若乌鸦 $x$ 和 $y$ 一样黑,则 $y$ 也和 $x$ 一样黑,并且任何乌鸦总是和它们自己一样黑。若矩阵不对称或对角线元素不为 1 就成问题了。我们不妨假设 $V$ 中的每个元素只表示一只乌鸦,以免产生例如中国乌鸦之间是否一般黑的问题。

关系的合成也要注意其语义,例如,若关系 $R$ 表示天下乌鸦一般黑,$S$ 表示天下乌鸦唱歌一样好听,则它们的合成 $R\circ S$ 表示什么? 这需要针对具体情况进行分析。在本例的情况下可以认为:$R\circ S$ 矩阵元 $RS_{ij}$ 的值表示对第 $i$ 只乌鸦和第 $j$ 只乌鸦来说,"存在一只乌鸦 $a$,它和第 $i$ 只乌鸦一样黑,并和第 $j$ 只乌鸦唱歌一样好听"这个命题为真的程度。

现在引进投影的概念。设 $R$ 是 $A_1 \times A_2 \times \cdots \times A_n$ 上的一个模糊关系,则 $R$ 在 $A_{i_1} \times A_{i_2} \times \cdots \times A_{i_k}$ 上的投影定义为一个 $k$ 元模糊关系 $R^k$,其中 $1 \leqslant k \leqslant n$,$1 \leqslant i_1 < i_2 < \cdots < i_k \leqslant n$,

$$R^k = \{(a_{i_1}, a_{i_2}, \cdots, a_{i_k}), \max_{\overline{q} \in \overline{A^k}}(\mu_R(a_1, a_2, \cdots, a_n))\} \quad (26.3.5)$$

其中 $A^k = A_{i_1} \times A_{i_2} \times \cdots \times A_{i_k}$,$\overline{A^k} = A_{j_1} \times A_{j_2} \times \cdots \times A_{j_{n-k}}$,$1 \leqslant j_1 < j_2 < \cdots < j_{n-k} \leqslant n$,对任意的 $u$ 和 $v$,有 $i_u \neq j_v$。也就是说,若 $A^k$ 是从 $n$ 个 $A_i$ 中抽取出 $k$ 个所作的拓朴积,则 $\overline{A_k}$ 便是其余的 $n-k$ 个 $A_i$ 的拓朴积。$q$ 是 $A^k$ 的元素,$\overline{q}$ 是 $\overline{A^k}$ 的元素。整个式子的意思是:若把投影看作是由 $A = A_1 \times A_2 \times \cdots \times A_n$ 到 $A_k$ 的映射,则原来 $A$ 中的多个点会映射到 $A^k$ 中的同一个点。此时定义像点的隶属度为诸原点的隶属度的极大值。这正是 15.1 节中定义的上扩张的一个实例。对应地,我们完全可以把像点的隶属度定义为诸原点的隶属度的极小值,这对应于 15.1 节中的下扩张。今后,我们称前一种投影为胖投影,后一种投影为瘦投影。

显然,$A$ 中的不同模糊关系在 $A^k$ 上可有相同的投影。对胖投影 $R_F^k$ 来说,必存在一个唯一的 $A$ 上的最大关系 $R_F$,使 $R_F$ 的胖投影即是 $R_F^k$。所谓最大,是指 $A$ 上的任何关系 $R'$,若其在 $A^k$ 上的胖投影为 $R_F^k$,则定有 $R' \subseteq R_F$。相应地,对瘦投影 $R_T^k$ 来说,必存在一个唯一的 $A$ 上的最小关系 $R_T$,使 $R_T$ 的瘦投影即是 $R_T^k$。所谓最小,是指 $A$ 上的任何关系 $R'$,若其在 $A^k$ 上的瘦投影为 $R_T^k$,则定有 $R_T \subseteq R'$。

易证 $R_F^k$ 也是 $R_F$ 的瘦投影,同样,$R_T^k$ 也是 $R_T$ 的胖投影。今后称 $R_F$ 为 $R_F^k$ 的胖柱,$R_T$ 为 $R_T^k$ 的瘦柱。两者统称为柱状扩展。

例如,在图 26.3.5 中,胖投影为 $\{($中国乌鸦$, 1), ($美国乌鸦$, 1), ($索马里乌鸦$, 1)\}$,瘦投影为 $\{($中国乌鸦$, 0.7), ($美国乌鸦$, 0.8), ($索马里乌鸦$, 0.7)\}$。胖柱是所有元素为 1 的矩阵,瘦柱是三列(或三行)元素分别全为 0.7, 0.8 和 0.7 的矩阵。

可以把投影的语义理解为关系的分解。若 $A$ 上的关系 $R$ 分别在 $A^k$ 和 $\overline{A^k}$ 上投影 $R_1$ 和 $R_2$,则认为 $R_1$ 和 $R_2$ 的组合有可能满足原关系 $R$。胖投影是对这种可满足性的乐观估计,而瘦投影则是相应的悲观估计。胖柱是对原关系 $R$ 的最佳猜测,瘦柱是最坏猜测。

为了说明这些,可以换一个更好的例子,假设某公司有 $a$,$b$,$c$ 三个分部,构成集合 $A_1$,新聘三位职员 $d$,$e$,$f$,构成集合 $A_2$。令 $A=A_1 \times A_2$,$A$ 上的关系 $R$ 为"合适人选",它的模糊矩阵如图 26.3.6 所示。$R$ 在 $A_1$ 上的胖投影为(只写隶属度)$\{0.8,0.7,0.9\}$,表示对各分部能找到最佳人选的乐观估计。瘦投影为 $\{0.4,0.2,0.3\}$,表示相应的悲观估计。$R$ 在 $A_2$ 上的胖投影为 $\{0.9,0.6,0.7\}$,表示各人找到合适工作的乐观估计,瘦投影为 $\{0.2,0.4,0.3\}$,表示相应的悲观估计。注意乐观估计并不一定能全部实现,如果 $a$ 分部雇用合适人选 $d$,$c$ 分部就不能再雇用了。同样,如果 $d$ 找到最合适的工作,$e$ 也就不能有最合适的工作了。这些数据显示的实际上是一种可能性,因此 Zadeh 把他发展的模糊推理称为可能性理论,其性质与概率不一样。对悲观估计适用同样的结论。

|   | $d$ | $e$ | $f$ |
|---|-----|-----|-----|
| $a$ | 0.8 | 0.4 | 0.6 |
| $b$ | 0.2 | 0.5 | 0.7 |
| $c$ | 0.9 | 0.6 | 0.3 |

**图 26.3.6　合适人选模糊矩阵**

现在可以具体地说明什么是模糊推理了。考察函数关系 $y=f(x)$,假定 $f$ 是单值函数,在 $f$ 有定义的区间内,任给一 $a$,应能得到 $f(a)=b$。若把 $a$ 看成是初始数据,$f$ 看成是推理过程,则 $f(a)$ 便是推理的结果。此时我们也说 $a$ 和 $b$ 之间通过 $f$ 体现出某种因果关系:由 $a$ 推出 $b$。若更进一步,令 $a$ 为模糊集,$b$ 也是模糊集,则 $f$ 可以看成是 $a$ 和 $b$ 之间的一种模糊关系。分别以 $X$,$Y$,$A$,$B$ 和 $F$ 表示模糊化了的 $x$,$y$,$a$,$b$ 和 $f$,则两者之间的类比如图 26.3.7 所示。

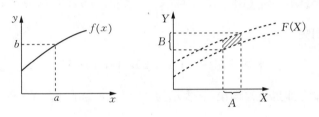

**图 26.3.7　分明推理和模糊推理**

用前面讨论过的概念可以完成从 $A$ 推出 $B$ 的过程。首先求 $A$ 的柱状扩展（这里不能区分胖柱和瘦柱），得到图中由两条垂直虚线夹起来的部分。令此柱状区和代表 $F(X)$ 关系的带状区相交，得到被阴影覆盖的部分，把它再投影到 $Y$ 轴上，即得到模糊集 $B$。

令 $A = \{(x, \mu_A(x))\}$，$A$ 的柱状扩展 $\overline{A} = \{((x, y), \mu_A(x))\}$.
又令关系 $F$（即图中的函数 $F$）为 $\{((x, y), \mu_F(x, y))\}$，则 $\overline{A}$ 和 $F$ 之交集 $I$ 为

$$I = \overline{A} \bigcap F = \{((x, y), \min(\mu_A(x), \mu_F(x, y)))\}$$

$I$ 到 $Y$ 轴的胖投影 $B$ 为

$$B = \{(y, \max_A(\min(\mu_A(x), \mu_F(x, y))))\} \tag{26.3.6}$$

另一方面，如果我们把 $V$ 上的模糊关系 $R$ 和 $V \times W$ 上的模糊关系 $S$ 组合起来，则描述合成关系 $Z = R \circ S$ 的公式（26.3.4）应修改为

$$Z_j = (w_j, \sum_{k=1}^{n} \mu_R(v_k) \times \mu_S(v_k, w_j)) \tag{26.3.7}$$

比较式（26.3.6）和（26.3.7）可知，利用模糊关系 $F$ 从 $A$ 推出 $B$ 的过程即是求合成关系 $A \circ F$ 的过程，这是模糊推理的基本思想。除了 $A$，$B$ 和 $F$ 均可以是模糊的外，它还有一个重要的特点，即初始数据不一定是 $A$，而可以是 $A'$，$F$ 同样可以从 $A'$ 推出 $B'$，只要 $A'$ 和 $A$ 都定义在集合 $V$ 上即可。这相当于在普通不确定推理中初始数据的可信度是可变的。

现在通过一个实例来阐明模糊推理的过程。假设有如下规则：若气候温和且雨量充沛则适宜于种柑橘。问怎样表示这条规则且用它实现推理。

首先要把这条规则从语言表示的形式转化为用分布表示的形式，即量化形式。我们放松模糊集的对偶集表示形式，允许其中出现隶属度零。令气候温和的模糊集表示为

气候温和 $= \{(0, 0), (10, 0.5), (20, 1), (30, 0.5), (40, 0.2), (50, 0)\}$

它定义在分明集

$$平均气温 = \{0, 10, 20, 30, 40, 50\}$$

之上。而雨量充沛也是模糊集，它表示为

雨量充沛 $= \{(100, 0.1), (200, 0.4), (300, 0.7), (400, 1)\}$

它定义在分明集

$$年降雨量＝\{100，200，300，400\}$$

之上。第三个模糊集是

$$适宜种柑橘＝\{(100，0.5)，(200，0.7)，(300，1)\}$$

它定义在分明集

$$单株产量＝\{100，200，300\}$$

之上。

一般来说,模糊推理规则

$$X \wedge Y \rightarrow W$$

可以表为如下的模糊关系:

$$R＝((X \cap Y) \cap W) \cup (\sim(X \cap Y) \cap U)$$

其中 $U$ 是分明集, $W$ 即定义在 $U$ 上。

气候温和且雨量充沛＝{((10，100)，0.1)，((10，200)，0.4)，((10，300)，0.5)，((10，400)，0.5)，((20，100)，0.1)，((20，200)，0.4)，((20，300)，0.7)，((20，400)，1)，((30，100)，0.1)，((30，200)，0.4)，((30，300)，0.5)，((30，400)，0.5)，((40，100)，0.1)，((40，200)，0.2)，((40，300)，0.2)，((40，400)，0.2)}

其中隶属度为零的项均已删去。

最后得到如下的模糊关系:

若气候温和且雨量充沛则适宜于种柑橘

＝{((10，100，100)，0.9)，((10，100，200)，0.9)，((10，100，300)，0.9)，((10，200，100)，0.6)，…}

其中每个三元组 $(x，y，z)$ 代表(平均气温,年降雨量、单株产量)。把前两者的不同组合看成是行的下标,后者看成是列的下标,则 $R$ 可以排成一个 16 行 3 列的模糊矩阵,称为本规则的条件(气温和雨量)和结论(柑橘产量)之间的模糊关系。

在应用时,输入数据是对某个具体地区的(气候和雨量的)条件描述。这种描述可以是以数值形式给出的隶属函数值的分布,也可以是用语言形式给出的模糊变量(如气候炎热,雨量稀少)。如果是模糊变量,应先转换成分布(也应该有 16 项),以 $\alpha$ 表之,则合成关系 $\alpha \circ R$ 就是所求的结果。

Zadeh 形式的模糊推理还有不少值得推敲的地方。首先,作为一种可能性理论,只要是可能的情形,其隶属度总是 1,而不管其多少。例如,甲、乙、丙三个城市都有过年降雨量 200,300,400 的记录,甲市 10 年中有 7 年为 200,2 年为 300,1 年为 400;相应地,乙市是(4 年,4 年,2 年);丙市为(1 年,3 年,6 年)。显然这三个城市的降雨量是很不一样的,但它们却对应于同一个分布$\{(200, 1),(300, 1), (400, 1)\}$。

其次,根据 $A \to B$ 构造起来的关系 $R$,当 $A$ 作用于它时,并不一定能得到 $B$。例如,令 $A = \{(a, 0.2), (b, 0.4)\}$, $B = \{(c, 0.5), (d, 0.3)\}$,则$(A \to B)$ $= \{((a, c), 0.8), ((a, d), 0.8), ((b, c), 0.6), ((b, d), 0.6)\}$,而

$$A \circ (A \to B) = \{(c, 0.4), (d, 0.4)\} \neq B$$

这类问题是不可避免的,因为在构造 $R$(即 $A \to B$)的过程中只使用 max 和 min 运算,难免丢失许多信息。

第三,把关系 $R = (A \to B)$ 定义为 $(A \times B) \bigcup (\sim A \times U)$ 是对 $A \to B$ 的一种解释,但是完全可以有别的解释,而且不同的解释之间不一定等价。在普通二值逻辑和某些三值逻辑中,$A \to B$ 被定义为 $\sim A \vee B$。但这种定义不能直接推广到查氏模糊逻辑中来,因为 $A$ 和 $B$ 通常有不同的论域(即分明基,例如 $\sharp A$ 为雨量,$\sharp B$ 为产量),简单地求 $\sim A \bigcup B$ 只是把两者混合起来,不能起到推理的作用,因此 Zadeh 才建议用 $(A \times B) \bigcup (\sim A \times U)$ 来表示。但用我们在 15.1 中引进的直接和也可以把二值逻辑的 $\sim A \vee B$ 推广到查氏模糊逻辑中来,而且是更直接地推广为 $\sim A + B$(此处 + 为直接和符号,不是 Zadeh 使用的并集符号),但是一般地 $\sim A + B \neq (A \times B) \bigcup (\sim A \times U)$。

由此可见,要把查氏模糊逻辑应用到实际的推理中来,还有许多研究工作要做。

## 习 题

1. 血型遗传有一定的规律,取决于父母的遗传基因。各种血型人的遗传基因如下式所示:

O 型：$(i,i)$♯表示有两个 $i$ 基因♯

A 型：$(I^A,i)$或$(I^A,I^A)$

B 型：$(I^B,i)$或$(I^B,I^B)$

AB 型：$(I^A,I^B)$

遗传规律为：父母双方各出一个基因，组成孩子的基因，例如：父母均为 O 型的，孩子一定是 O 型，父母一方为 O 型，一方为 A 型的，孩子可能是 O 型，也可能是 A 型，等等。

设某地是一封闭地区，从不与外人通婚，1930 年统计，O 型人占 23%，A 型人占 31%，B 型人占 29%，AB 型人占 17%，又设基因遗传规律为：对$(I^A,i)$型，贡献 $I^A$ 和 $i$ 基因的概率各为 65% 和 35%，对$(I^B,i)$型，贡献 $I^B$ 和 $i$ 基因的概率各为 59% 和 41%，对$(I^A,I^B)$型者，贡献 $I^A$ 和 $I^B$ 基因的概率各为 51% 和 49%。

1930 年在该地发生一起绑架案，一个刚出生的婴儿被绑架，以后一直下落不明，他的父母临终前留下巨额遗产，声明如能找到被绑架者或其后代，即以遗产相赠，1993 年有人叫柴密信者，声称是被绑架婴儿的孙子，要求继承遗产。经验血，柴的血型是 A 型，试问，柴话为真的概率有多少。

2. 设各种血型的人找对象的机会均等，问经过五代以后，该地区的血型分布变成什么样？

3. 如果经过五代以后，血型分布为：O 型 31%，A 型为 27%，B 型 23%，AB 型 19%，这结果可能和上题算出的不一样。如果确实不一样，那很可能是由于外来人口拥入该地区的结果，已知该地人口传到第三代时，由于发现金矿，流入了约等于当时当地人口 1/3 的外地人口，你能推算出流入的外地人口的血型概率吗？

4. 试证明：几率转化因子 $LS(H|G)$ 和 $LN(H|G)$ 除了必须满足 26.1 节中提到的条件外，其量是可以任意给定的。〔提示：(1)利用 $LS(G|H)$ 和 $LN(G|H)$（以下简称 A 和 B）和概率量 $P(G|H)$，$P(G|\sim H)$（以下简称 $\alpha$ 和 $\beta$）的关系式把 $\alpha$ 和 $\beta$ 作为 A 和 B 的函数解出来。(2)证明 $\alpha$ 和 $\beta$ 均在 0 和 1 之间。(3)考察与 $\alpha$ 和 $\beta$ 有联系的如下两个式子：

$$\alpha = \frac{P(H|G) \cdot P(G)}{P(H)}$$

$$\beta = \frac{P(\sim H|G) \cdot P(G)}{P(\sim H)}$$

注意到右边有三个独立的量(例如,$P(G)$,$P(H)$,$P(H|G)$,分别以 $x$,$y$,$z$ 表示之),证明此方程式组可对 0 和 1 之间的任意 $\alpha$ 和 $\beta$ 求解,并能得到至少一组 $x$,$y$,$z$ 的值,使 $\alpha$,$\beta$,$x$,$y$,$z$ 满足 26.1 节中提到的概率公理]。

5. PROSPECTOR 在使用 LS 和 LN 两个量时没有完全遵循 26.1 节中给出的对这两个量的约束(例如参见 R.Duda 等人的文章,该文的举例中包括 LS $(CVR|FLE)=800$,LN $(CVR|FLE)=1$ 的数据)。(1)探讨 PROSPECTOR 的作者为什么要这样做,有何好处? (2)定性地分析不遵守概率公理的 LS 和 LN 值对推理结果可能产生的影响,其中不遵守概率公理的情况包括 LS=1 而 LN>1(或<1);LN=1 而 LS>1(或<1);LS 和 LN 皆大于 1 或皆小于 1 等等。产生的影响包括对正面证据或反面证据所起作用估计过高或过低等等。(3)对上述结果进一步作定量分析。把产生消极影响的程度作为 LS 和 LN 之值偏离约束的程度的函数来加以估计。

6. 把式(26.1.24)和(26.1.27)推广到有多个假设,$H_1$,$H_2$,$\cdots$,$H_n$,以及每个证据可取多种值(而不仅仅是存在或不存在)的情况,例如发烧作为一种证据,可分为高烧、低烧、无烧等三种,或甚至更多的情况。

7. 若 $P(H|E)<P(H|\sim E)$,图 26.1.1 应怎样修改?

8. 能否给出式(26.1.33)中 $f(LS(E|H),O(E'|E))$ 的表达式,以便用于式(26.1.34)中? 困难何在? 应怎样解决? 相应地考虑 $g(LN(E|H),O(E'|E))$,其中函数 $g$ 满足下式:

$$LN(E'|H)=g(LN(E|H),O(E'|E))$$

9. 能否把图 26.1.1 的线性插值思想应用于几率估计(即把图中的概率量都换成几率量,以从 $O(E|E')$ 推算 $O(H|E')$)? 如果不能直接推广,应作何修改? 比较直接对几率插值和先对概率插值,再换算成几率这两种方法的优缺点及由此所算得的后验概率之间的差异。

10. 能否把图 26.1.1 的线性插值思想应用于似然比估计(即把图中的概率量都换成几率量和似然比 LS,LN,以从 $O(E|E')$ 推算 $LS(E'|H)$ 和 $LN(E'|H)$)? 如果不能直接推广,应作何修改? 把上题的方法与本题的方法作一比较。

11. 证明：若 $R$ 是 $A_1 \times A_2 \times \cdots \times A_n$ 上的 $n$ 元模糊关系，$R$ 在每个 $A_i$ 上的胖投影为 $R_i$，瘦投影为 $R'_i$，则有

$$R'_1 \times R'_2 \times \cdots \times R'_n \subseteq R \subseteq R_1 \times R_2 \times \cdots \times R_n$$

12. 证明模糊关系的合成满足结合律，即

$$(R_1 \circ R_2) \circ R_3 = R_1 \circ (R_2 \circ R_3)$$

13. 证明对任一 $n > 0$，全体 $n \times n$ 模糊关系（只考虑隶属度）的集合构成一个么半群(monoid)。其中，元素集 $G$ 和二元运算 $\circ$ 构成么半群，若：

(a) $a, b \in G \to a \circ b \in G$

(b) $\exists e \in G$，对任何 $a \in G$ 有：$e \circ a = a \circ e = a$

(c) $a, b, c \in G \to (a \circ b) \circ c = a \circ (b \circ c)$

14. 某公司开业，招聘员工时经理胡某以貌取人，按貌定薪，规则为：

(1) 若报名者相当年轻且十分漂亮则工资从优。

(2) 若报名者年龄太大且相当丑陋则基本上不考虑录取。

现有三人报名，甲已近中年，容貌端正；乙十分年青，相貌平平；丙五十出头，俏丽不减当年。试用模糊推理方法推断胡某对这三人的考察结论。

（提示：参照 26.3 中的柑橘产量分析例子，首先要确定论域和模糊矩阵。）

15. 分析各种不精确推理技术对不同的知识领域的适用程度（提示：参照 27.5 节中的领域知识模型）。

# 第二十七章

# 知 识 获 取

国内外专家普遍认为,知识获取是知识工程的关键工序。Buchanan 认为,知识获取是关键的瓶子口。Yasdi 认为,知识获取是开发专家系统的核心。Feigenbaum 在他的名著《人工智能对世界的挑战》一书中也反复地提到了这个问题。他说:"知识获取是人工智能的一个长期存在的问题","是人工智能研究的中心问题中最重要的","是人工智能研究的关键性的难关","是知识工程技术人员当前面临的最大的难关",是"各人工智能实验室今后 10 年必须面临和解决的重大研究课题"。当然,Feigenbaum 的这些观点与他的知识中心论有关。因此,为了避免争议,不妨把上述引文中的"人工智能"读作"知识工程"。

知识获取贯穿于一个专家系统生命周期的始终,是一个长期的、与专家系统共生死的过程,犹如新陈代谢之对于一个人一样。粗略地说,可分为早期、中期和后期三个阶段。早期知识获取直接从知识源获取原始知识,这里所说的知识源包括人类专家的知识和记录在载体上的知识。中期知识获取是对已经得到的原始知识实行再加工,把那些隐含于原始知识中但不能为我们直接利用的知识提炼出来。后期知识获取是用实践来检验已有的知识,达到去伪存真、去粗取精的目的。本章叙述的主要是早期知识获取。中期知识获取的主要手段是机器学习,参见第 20、21 章。后期知识获取又称知识求精,在 28.2 节中介绍。

知识获取的困难首先在于知识本身的广袤性、模糊性、不确定性,再加上领域专家常不能很好合作,使知识工程师学习和掌握一门新知识十分不易。

知识获取的目的不仅是为了开发专家系统。目前各类软件,包括系统软件和应用软件,都有日趋智能化的倾向,这就离不开以知识为基础。例如智能操作系统,智能数据库系统,还有各种 ICAX(ICAD, ICAM, ICAI, …)等。因此,研究和运用知识获取技术,对各方面的软件工作者都是重要的。

## 27.1 知识诱导

前已提到,"在专家系统开发中知识获取是一个瓶颈",说它是瓶颈,有多方面的含义。其中有许多与专家本人有关,主要是专家不能提供知识工程师以构造专家系统所需要的知识。其原因也是多方面的。概括起来,无非是两类。一类是不愿意提供,一类是不知道怎样提供。像人的血型一样,专家在这个问题上也可以分成四类。我们称知道怎么提供自己的知识,但不愿意提供的人为 A 型;称愿意提供自己的知识,但不知道怎样提供的人为 B 型;称既愿意提供自己的知识,又知道怎样提供的人为 O 型;而称既不愿意提供自己的知识,又不知道怎样提供的人为 AB 型。当然,这种区分不是绝对的,在许多情况下是模糊的。无疑,知识工程师都希望自己所遇到的专家是 O 型,而决不希望他们是 AB 型。但事情并不总是像人们所希望的那样顺利,如果你遇到的专家不是 O 型,那你总有一些麻烦的事情要做。或者你要克服专家在提供知识问题上的保守心理,或者你要帮助专家挖掘并整理他自己的知识,或者两者兼而有之。这就是知识工程师和专家谈话之困难所在。所谓知识诱导,就是一种谈话技术,目的是为了顺利地解决上述困难,保障知识获取顺利进行。

为了使领域专家更好地在知识获取方面给予合作,说明如下几点可能是有用的:

1. 任何一个领域都是有规律性的,只是表现形式不同罢了。专家只是自觉或不自觉地按照这些规律性来办事。只要专家和知识工程师充分合作,规律总是可以找出来的。

2. 在任何领域中,总有大量规律是模糊的、不确定的。而专家经验是解决这些模糊性和不确定性的关键。没有一个真正的专家是只凭书本知识解决问题的。知识工程师寻找的主要是这种书本上没有的专家知识。

3. 在一般情况下,专家系统都不是用来代替人的。它只提供咨询意见,最后决定由人来做。所以既不用担心专家系统开错药方害死病人,也不必因为"最后要听上级的"就认为专家系统不能起作用。

4. 一个专家系统只能记载一个专家的部分知识,难以学到该专家的全部"胸中才学"。但这并不意味着专家系统的本事必然是专家本事的一个子集。由于计算机的特点,软件技术的特点,知识工程技术的特点,以及可以补充其他知识来源等原因,一个专家系统的本事完全可以在某些方面超过原来的专家。一个有事业心的专家在了解到这一点后,会对专家系统开发产生浓厚的兴趣并抱积极合作态度。

5. 对于希望保护自己技术的专家,可以采取某些必要的技术保密措施。例如,在知识库上加密,或者向专家提供工具,由专家自己来编辑知识,甚至可以只把知识的二进制代码提供给知识工程师。但是必须说明:绝对的保密是做不到的,用户完全有办法通过设计特定的咨询谈话来套取知识库的内容。而且完全的保密与专家系统的某些技术要求,例如解释和教学,是矛盾的。因此归根结底是要使专家理解到用专家系统的形式保存和推广他的经验的意义。

心理学家们建议过各种各样的用于获取知识的谈话方式。其中有些实质上是一致的,有些则有显然的差异。如果我们不考虑技术手段上的不同,则从大的方面看,基本上可以分为两派:温和派和激进派。温和派主张为谈话创造一个良好的气氛,使专家在轻松和舒畅的心情中愉快地提供自己的知识。激进派却不然,他们看重的是以各种尖锐的提问尽可能多地和尽可能确切地从专家头脑中挖取知识和经验,而很少考虑到各种提问方式对专家情绪的影响。从某种意义上可以说,温和派的做法比较适合于 A 型专家,而激进派的主张比较适合于 B 型专家。当然这不是绝对的。在实际工作中究竟采用哪一派的作法,或者在多大程度上采取哪一派的作法,而同时参考另一派的作法,那就要根据具体情况来决定了。在表 27.1.1 中,我们把两派的部分意见作一对比,供读者在选用不同的知识获取技术时作参考。

**表 27.1.1　两种谈话方法对比**

| 温和派 | 激进派 |
|---|---|
| 1. 不要根据假设的情况来提问题。 | 1. 应该设想各种可能情况并要求专家解答。 |
| 2. 不要对专家的结论提出质疑或反问题。 | 2. 对专家的结论可以表示怀疑并提出追问。 |
| 3. 不要试图找出专家谈话中的矛盾之处,至少不要马上打断他。 | 3. 应该把专家谈的各种结论进行对比。如有矛盾应立即提问。 |
| 4. 不要总想着去告诉专家应该如何遵循知识工程的原则来谈他的领域知识。应让专家以最自由的方式谈论他的经验。 | 4. 应该尽可能向专家普及知识工程知识,以便使他提供的领域知识更符合要求。 |
| 5. 如有可能,应避免使用录音机等设备,以使专家在讲授知识时在心理上没有顾虑。 | 5. 应尽可能使用录音机等设备,以免遗漏掉专家讲授的重要知识。 |
| 6. 应忠实于专家对有关领域内各种问题的观点及处理方法。 | 6. 考虑到每个专家在处理问题时可能有他自己的倾向性。设法找出这种倾向性并消除其影响。 |

下面我们转向与专家谈话的技术方面。它们是许多知识工程专家和心理学家的研究成果。我们首先列出一些与具体领域无关的、通用的谈话技术，并给出一张概述性的清单。

**正向模拟。**采用这类技术的人往往举几个典型实例，要求专家说明：假如他面临这些实例，他将如何处置。军事上称为出情况。一个实例往往只代表初始情况，要在模拟（即专家回答）的过程中不断地出新的情况，以便较全面地了解专家在各种情况卜的解题思路。

**总结回顾。**要求专家对已处理过的问题总结经验教训，看看哪些地方处理对了，哪些地方处理错了。总结出来，就是专家知识。

**案例分析。**与上一类技术的不同之处是这些典型案例由专家根据自己的体会从他历史上处理过的大批案例中选出。它们具有某种（成功或失败的）代表性，而不像上一类技术那样总结刚刚处理过的实例。这些案例应该是专家印象最深刻的，能体现他个人经验的。

**授课实例。**这又是另一类案例。它们不一定反映专家的独特经验，然而却能包含最基本的领域知识。这种方法要求专家选出一批能基本上覆盖领域知识各个方面的案例（如肝病有许多种，选出的案例要能代表各种不同的肝病）。

**知识反猜。**又称 20 个问题。这个名字来自一种称为"20 个问题"的扑克牌游戏。知识工程师心中想好一个概念或一个案例，专家通过向知识工程师提问来猜这个概念或案例是什么。猜到以后，专家的提问序列及知识工程师的相应回答就构成了对这个概念的描述。例如，知识工程师在心中想好了一个甲型肝炎的具体病例。专家可以提这样的问题："发病是否突然？""有无黄疸？""发病期多长？"等等。如果专家根据知识工程师的回答猜出了该病例是甲型肝炎，则这些回答就构成了对甲型肝炎的描述。

**迂回提问。**当专家由于某种原因（例如个人利害关系）而不愿意提供某方面的知识或观点时，知识工程师可以采用某种模糊或迂回的方法提问，然后从专家的回答中抽取有用的信息。例如，询问一位银行信贷员："你有没有把银行资金贷给按规定不该贷的熟人？"对这种问题，正面询问往往得不到真实答案。此时可以准备一大叠卡片，按一定比例往每张卡片上写问题 A 或问题 B（每张卡片只写一个问题）。问题 A 就是上面要问的真正的问题，问题 B 是一个已知其概率的问题，如"今天是星期四吗？"准备好以后，让被问者随机抽取一张卡片，在不给知识工程师知道是哪一种卡片的前提下回答是或否。此时被问者回答问题的顾虑要少得多。但知识工程师却可从概率计算中抽取有用的信息。因此这种方法特别适合于对一群专家进行询问,从而得到例如:"有多少百分比的信贷员曾把贷款给不该贷的熟人"这类信息。

**知识反教**。在知识工程师从领域专家那里学到知识后,根据自己的理解反过来向专家讲授。这样,专家就可以检查知识工程师是否正确理解了他所讲的一切,并且给予必要的更正和补充。

**局外评论**。请专家对别人(或某个已初步完成的专家系统)处理问题恰当与否进行评述。并指出:"假如是我来处理这个问题,我会怎样做"。这样可以较为深入地了解专家处理问题的具体经验,并比较不同专家在观点和处理方法上的差别。

还有另外一大类谈话技术,这类技术或多或少地与知识领域的特点有关。这里的特点并非指工业、农业、医学,更不是指具体的汽车、拖拉机、$X$ 光机等等,而是指某类知识的结构和功能特点。此处列举几种如下:

**分类技术**。由知识工程师提出一个目标概念(如经济萧条),然后专家给出一组支持此目标概念的子概念(如股市疲软)。接着再把每个子概念作为目标概念,寻求它们的子概念(如道琼斯指数下跌)。如此下去,直至找到一组不能再分的子概念(往往是可以直接观察的数据,如道琼斯指数跌到 2 000 以下)。

**合成技术**。它是上一类技术的逆。知识工程师提出一组数据,或现象、症状等等。由专家把它们聚类。把每个类看作一个中间数据,再由专家进一步把中间数据聚类。如此下去,直至得到一组最终的目标概念。

**卡片分类法**。它兼有以上两类技术的特点。把需要分类的数据或资料分别写在一叠卡片上。每张卡片写一个数据(可以是符号、图形等等)。然后要求专家按某种分类原则把这叠卡片分为两叠或数叠,然后再对分好的每叠卡片进一步分解,直至不能再分为止。

**个人结构分析**。由知识工程师在一批实例中随机挑出数个(经常为 3 个),要求专家举出一个能把这几个实例分成两组的属性。然后再挑一组实例,再找能把它们分成两组的属性。经过多次循环以后,即可积累一群能把全体实例分成几类的属性,从而达到获取概念及其描述方法的目的。这是一项十分重要的技术,我们将在 27.3 节中详细介绍。

**目标分解**。通常施用于规划类问题。由知识工程师给出一个目标(例如治重感冒),要求专家把它分解为子目标(例如退烧、止咳)。完成这些子目标即等于完成了整个目标。然后再把子目标依次分解为进一步的子目标(例如清热、去邪),直至分解成明显可解的子目标(例如打针,吃药)为止。

**实例泛化。**首先由知识工程师举出一个实际问题(例如建造杨浦大桥),要求专家给出这个实际问题的解法(例如用斜拉钢索方法)。然后由知识工程师逐步删去专家解法中的各种特殊规定(例如所用钢材的强度),询问专家经过如此泛化以后的解法是否仍能有效地解决问题。经过多次反复后,最后得到有关解某类问题的一般性知识。

**条件细化。**首先由知识工程师举出一个实际问题,要求专家给出这个实际问题的解法。针对专家的解题方案,知识工程师设置各种特殊情况(例如在杨浦大桥下要过万吨巨轮),询问专家在此特殊情况下该解法是否还有效。如果该解法不适用于此特殊情况,则请专家给出修改方案。然后知识工程师又可以进一步设置特殊情况。最后形成一个相对完善的知识库。

**大声思考。**观察专家的解题过程。要求专家大声说出他解决一个问题的思维过程(现场并且立即说出),知识工程师把它及时记录下来。其中有的只要求专家说出解决问题的逻辑过程(如从症状到证候到最后的疾病结论),有的则要求专家说出一切自觉和不自觉的意识过程(如一看病人脸色就怀疑他有什么隐疾。一度想让病人作某种检查,后来又取消了这个念头)。这种作法的优点是可以跟踪专家的思维过程,缺点是有可能干扰专家的思维。本方法主要应用于场记分析中,详见下节。

**结构化调查。**这类谈话技术强调按事先准备好的提问大纲从各方面搞清楚专家拥有的领域知识。下面我们比较详细地介绍一个典型的提问大纲。

La France 提出了一种通用的知识获取框架,称为知识获取表,有一定的参考价值。这个知识获取表把应该获取的领域知识分为六大类,其中每类知识又分为五种形式,合在一起构成一个六行五列的矩阵,这六大类问题是:

1. 宏观类问题。用于确定本知识领域的范围。包括专家对本领域的总的看法,要解决哪些问题,知识的组织和分类等。典型的问题如:"请你谈谈牙科医生的治病过程。"在大的范围确定以后,还可以对本领域的各子领域提同样的问题。

2. 范畴类问题。用于搞清楚专家使用的术语和概念的层次体系。典型的问题如:"请你谈谈牙科疾病分哪几种,牙科和口腔科是否一码事? 口腔外科和口腔内科有什么区别?"

3. 属性类问题。用于搞清楚各种概念通过什么属性来区分以及它们的取值情况。典型的问题如："你把什么样的病人确定为不宜拔牙者？把什么样的病人确定为拔牙时机尚未成熟者？"

4. 关系类问题。用于搞清楚各种概念之间的相互关系,特别是因果关系。典型的问题如："你为什么问病人平时爱吃什么东西？"

5. 推理类问题。用于搞清楚专家在各种特定情况下如何作出反应和解决问题。典型的问题如："请你谈谈判断口腔疾病的最好方法。"

6. 推敲类问题。用于对已经获得的信息和解答进行推敲、查证、核实。这又分为五类子问题：

(1) 常识性问题。如"你所说的口腔包括多大范围？"

(2) 吹毛求疵类问题。如"既然天生牙总比义齿好,你为什么要拔掉她的牙呢？不能采取姑息疗法吗？"

(3) 设置假想情况。如："如果一名血友病患者有一颗牙非拔不可,你将如何处置？"

(4) 怀疑性追问。如："这个人的牙真的非拔不可吗？"

(5) 寻找例外。如："你说牙垢必须清除,可是我的朋友满嘴都是牙垢,也没听说他有什么事啊!"

知识的五种形式是：

1. 概貌类知识。定义为该专业领域在专家头脑中的宏观映象,因此是全局性的知识。主要通过前面所说的宏观类问题来获取。

2. 故事类知识。主要指处理问题的实例性经验,其中也包括我们在后面将要详细介绍的场记分析。在许多非结构化的知识领域中,如军事、法律、经商等等部门,一些成功和失败的实例往往会比条文化的知识更有用。

3. 脚本类知识。主要指本领域中常规的过程性和操作性知识。像 Schank 的脚本理论(见本书 5.3 节)那样,这里也包括演员、道具、背景、标准动作序列及其相应的结果等整套内容。

4. 隐喻类知识。为弥补直接叙述的不足,有时需用与另一事物对比来间接描述所需的知识。

5. 经验性规则。在不同情况下判断和处理问题的启发性规则,是专家知识中经验性最强的部分。例如,对不会照相的人来说："在一般天气下,光圈 0.8,时间 1/50 秒"便是一条经验性规则。这部分知识的量可能很大,而且边缘不清。

　　La France 的知识获取表的最大优点,是可以使知识工程师在获取知识时避免疏漏。据研究,人对事物的记忆是按其特征分组存放的。提问的效率取决于所提问题与上述特征组的重合程度。因此要从各方面多提问题,以争取覆盖尽可能多的特征组。即使是对同一组特征,也可能有多条不同的记忆路径通向它。如果由于某种障碍而使一条路径走不通。则尝试另一条路径就有可能到达目标。这是问题类型多样化的一个理论根据。

　　从本质上说,结构化调查方法是一种广义的知识模型方法,提问大纲就体现了知识模型的思想。我们将在 27.4 和 27.5 两节中对知识模型技术作更详尽的讨论。

## 27.2　场记分析方法

　　同分类表格技术一样,场记分析方法也发源于心理学,特别是发源于行为心理学向认知心理学的过渡时期。与行为心理学的观点不同,认知心理学家认为人的意识和精神活动是可以观察,可以了解,可以分析和研究的。场记分析方法的要旨就是要求被试验者用"大声朗读"的方法说出他正在处理某件事情时的内心意识过程,以便获取和研究被试验者的意识活动。早在 1972 年,Newell 和 Simon 就作过这样的实验:让下棋者在下棋过程中大声说出他们的思考过程,并且要不加整理和优化地"原封不动"说出来,供研究者分析。此后,场记分析成为认知心理学的重要研究手段。知识工程兴起以后,又成为知识获取的有效方法。这里的"场记"指的是现场记录的意思。

　　根据 Ericsson,Simon 以及其他许多人的研究,生成场记的方法至少有如下六种:

　　1. 大声思考法。要求被试者大声说出他解决一个问题的思维过程。

　　2. 大声意识流法。要求被试者把处理一件事前后的不自觉的意识活动也讲出来。

　　3. 当场反省法。要求被试者把处理一件事时对自己某些想法的批判和修正也讲出来。

　　4. 事后回顾法。要求被试者在处理完一件事后把自己在处理过程中的思想活动讲出来。

　　5. 行为记录法:由实验者实时记录被试者处理一件事的全部过程。

6. 记录评讲法。用录音或录像的方法把被试者处理一件事的过程记下来,事后放给被试者听或看,由被试者边听(看)边予以评述,实验者再记下这些评述。

容易看出,以上这些方法难以绝对区分开来,它们有相互重复之处,但各自强调不同的侧面。概括起来,可以认为有下列主要的区别:

1. 当场讲述(记录)还是事后讲述(记录)。

2. 只讲解题的逻辑思维过程,还是也讲自觉和不自觉的意识过程。

3. 只讲当时的实际思维过程,还是也讲事后的回顾,总结和提高。

不同的方法各有其优缺点。例如,当场讲述的优点是情节比较真实、细致,不易遗漏。但要求被试者当场讲述容易搅乱他解题的思路,特别是当试验者中途插问要求被试者回答时更是如此。又如,专家的理性思维是我们构造知识库时需要的核心内容,但有些解题思路往往难以用理性思维来描述。它们似乎产生于专家的灵感和顿悟。因此,记载下专家的意识流活动亦极有裨益。再如,记下专家的实际思维过程是研究和模拟专家经验的好方法,但专家经验本身也有个优化问题,所以请专家评述他自己的思维和行为过程也是个好方法。等等。

不管用什么方法作场记,该方法的核心还是要对场记作分析。目前研究者们使用的方法很不规范,带有相当的任意性。有些学者使用统计方法,从场记中摘取专家谈话的基本词汇,甚至音节,话间停顿等素材加以统计,然后逐步归纳出专家使用的基本概念及其使用频度等。这样的知识获取起点太低了。在本节中,我们将给出一种以问题求解为中心的场记分析方法,以及有关的知识表示。它的基本内容是:定义一组问题求解的基本操作元,再定义一种能表述问题求解知识的解题描述树。实际工作时,首先对场记作逐句逐段的分析,把场记转化为问题求解基本操作元的一个序列。然后再按照一定的步骤把这个操作元序列转换成一株解题描述树。

**定义 27.2.1** 无修饰的问题求解基本操作元有如下几种:

1. SOL——问题求解。求$(P, S, f)$三元组,其中 $P$ 为问题集合,$S$ 为解的集合,$f$ 为映射:

$$f: P \rightarrow 2^S$$

例:(想吃烤鸭,上全聚德,想吃烤鸭→上全聚德)

2. EXT——问题集的扩充。已知$(P, S, f)$,求$(Q, T, g)$,使

$$P \subset Q, \quad S \subseteq T, \quad \forall x \in P, \quad f(x) = g(x)$$

例:把(想吃烤鸭上全聚德)扩充为(想吃烤鸭上全聚德,想吃包子上狗不理)。

3. DEL——解(或解释,或深层知识)的删除。已有$(P,S,f)$或$(P,S,f,E,g)$,删去之。

4. MOD——解(或解释,或深层知识)的修改。已知$(P,S,f)$,求$(P,T,g)$。或已知$(P,S,f,E,g)$,求$(P,S,f,E',g')$。

例:把(想吃烤鸭上东来顺)改为(想吃烤鸭上全聚德)。

5. PRC——缩小解的范围。已知$(P,S,f)$,求$(P,T,g)$,使

$$\forall x \in P, g(x) \subseteq f(x) \ \& \ \exists x \in P, g(x) \subset f(x)$$

例:把(想吃烤鸭上东来顺或全聚德)缩小为(想吃烤鸭上全聚德)。

6. EXA——解的精确化。已知$(P,S,f)$,求$(P,T,g)$,及映射$\alpha$,使

$$\forall x \in P, f(x) = \alpha(g(x))$$

其中,$\alpha$ 是单值满射:$\alpha:T \rightarrow S$。

例:把(上北京站坐电车)精确化为(上北京站坐 103 路电车)。

7. GEN——扩大解的范围。已知$(P,S,f)$,求$(P,T,g)$,使

$$S \subseteq T, \ \forall x \in P, f(x) \subseteq g(x) \ \& \ \exists x \in P, f(x) \subset g(x)$$

例:把(想吃烤鸭上王府井)扩大为(想吃烤鸭上王府井或和平门)。

8. SPE——解的特殊化。已知$(P,S,f)$,求$(Q,T,g)$及映射$\alpha$,使$S \subseteq T$,$\alpha:Q \rightarrow P$ 为单值满映射。

$$\forall x \in P, \ \exists y \in Q, \alpha(y) = x \ \& \ g(y) = f(x)$$

例:把(想请客上香港美食城)特殊化为(腰缠万贯者想请客上香港美食城)。

9. CLA——分类解题。已知$(P,S,f)$,求$(P,T,g)$,使$S \subseteq T$,且

$$\forall t \in P, \ \forall y \in f(t), \ \exists x \in f^{-1}(y), g(x) = y$$

例:把(炒菜用武火,炖牛肉用武火)分类为(炒菜用武火,炖牛肉用文火)。

10. DEP——深层知识。已知 $P$ 或$(P,S,f)$,求$(P,K,H)$;或已知$(Q,K',H')$,求$(K',K,H)$;或已知$(P,S,f,E,g)$,求$(E,K,H)$。其中 $P$ 是问题集合,$Q$ 是问题或深层知识集合,$E$ 是解释集合,$K'$ 和 $K$ 是深层知识集合。

$$\forall h \in H, h:P(或 K'或 E) \rightarrow K$$

$h$ 称为其变元的某个方面的深层知识。

例:$P=\{防霉\}$,$S=\{晾晒\}$,$K=\{潮湿\}$,$H=\{原因\}$。

11. STR——解题策略。已知$(P, S, f)$,求$(P, S, f, E, g)$,其中

$$g:\{(x, f(x)) \mid x \in P\} \rightarrow E$$

$E$ 是策略解释的集合。

例:(去广州坐飞机是因为路程远,去天津坐火车是因为路程近)。

12. PAR——平行问题分解。已知问题集 $P$,求$(Q, S, f)$及映射$\alpha$,使$\alpha$:
$P \rightarrow 2^Q$ 为单值映射。且$(P, 2^S, g)$是一解题三元组,其中

$$\forall x \in P, g(x) \subseteq \{\{t_1, \cdots, t_n\} \mid \forall i, t_i \in f(x_i)\}$$
$$\alpha(x) = \{x_1, \cdots, x_n\}$$

这里$\{t_1, \cdots, t_n\}$及$\{x_1, \cdots, x_n\}$都是无序 $n$ 元组。

例:(备考)可分解为(复习物理,复习化学)

13. SEQ——顺序问题分解。已知问题集 $P$,求$(Q, S, f)$及映射$\alpha$,使

$$\alpha: P \rightarrow \{x_1 x_2 \cdots x_n \mid n > 0, \forall i, x_i \in Q\}$$

为单值映射,且$(P, T, g)$是一个解题三元组,其中

$$\forall x \in P, g(x) \subseteq \{t_1 t_2 \cdots t_n \mid \forall i, t_i \in f(x_i)\}$$
$$\alpha(x) = x_1 x_2 \cdots x_n, T = \bigcup_{x \in P} g(x)$$

例:(自讨苦吃)可分解为(偷东西,上法庭,坐监狱)。

14. PPT——平行解题模式识别。

已知$(Q, S, f)$,求问题集 $P$ 及映射$\alpha$,其余同 PAR。

例:已知 $Q=\{发表讲话,解决问题,贯彻指示\}$,$S=\{让秘书起草,请示上级,照本读文件\}$,则 $P=\{懒大哈当领导\}$,$\alpha(懒大哈当领导)=Q$。

15. SPT——顺序解题模式识别。已知$(Q, S, f)$,求问题集 $P$ 及映射$\alpha$,其余同 SEQ。

例:已知 $Q=\{钟情,波折,终成眷属\}$,$S=\{深深一瞥后若无其事地离去,"啪"一记耳光后哭着跑开,骂一声"你真坏"后投入怀抱\}$,则 $P=\{常规爱情剧\}$,$\alpha(x)=x_1 x_2 x_3, x \in P, \forall i, x_i \in S$。

注意,在上述定义中,$f$, $g$, $h$ 等映射函数一般来说都是偏函数,甚至可以是完全无定义的函数。例如,在 SPE 的定义中,实际上把问题"想请客"分解成"腰缠万贯者想请客"和"非腰缠万贯者想请客"两个子问题。对于后者,函数 $g$ 尚未有定义。另外,如果专家说:养鱼可以养青、草、鲢、鲤等鱼种,养的方法可以在湖面、池塘活水渠中放养。则可以认为专家既给出了问题集(养何种鱼),又给出了解决方法(在何处养),但未给出从问题到方法的映射函数,因而此时函数 $f$ 完全无定义。

**定义 27.2.2** 设 $F$ 是一个问题求解基本操作元,则可以加上如下的修饰:

1. ? $F$——要求对方给出 $F$。

2. $F$?——说出 $F$,征询对方意见。

3. $F$!——肯定或强调 $F$。

4. $FX$——否定 $F$。

5. $XF$——告诉对方 $F$ 不存在。

5. $F$! $X$——指出 $F$ 不完全对。

**定义 27.2.3** 一株解题描述树 $T$ 定义如下:

1. $T$ 是图论意义下的一株有向树。

2. $T$ 的节点分为问题节点、修饰节点和解释节点三种。根节点是问题节点。

3. 节点之间用有向弧相连,称为叉。若从问题节点 $a$ 有叉通向问题节点 $b$,则称此叉为解题叉,$b$ 称为 $a$ 的子问题。若从问题节点 $a$ 有叉通向修饰节点 $c$,则称此叉为修饰叉,$c$ 称为对 $a$ 的修饰。一个修饰节点可以有修饰叉通向另一个修饰节点,但不能有叉通向问题节点。修饰叉之间可有与关系或或关系。

4. 从同一个问题节点 $x$ 出发的几个解题叉可以构成一个组。共有四种组:

(1)平行与叉。相当于对 $x$ 作 PAR 分解。

(2)顺序与叉。相当于对 $x$ 作 SEQ 分解。

(3)选择或叉。每枝叉上标明一个条件,$x$ 的求解归结为某个条件为真的选择或叉指向的那个子问题的求解。

(4)循环与叉。除了相当于对 $x$ 作 SEQ 分解外,还可在某个或某些与叉上标明条件,一旦执行到该与叉时条件不成立,$x$ 的求解即告完成。

5. 问题节点和修饰节点都可以有解释叉通向解释节点,一个解释节点可以有解释叉通向另一个解释节点。除此以外,没有别的叉把解释节点和其他节点相连。

在给出场记分析的算法之前,我们要规定一些术语。知识工程师和专家的每一次完整谈话称为一场对话。每场对话又可分为交谈双方的轮流发言,每方的每轮发言称为一段插话。每段插话由一个句子序列构成。其中每个句子可以是完整的或不完整的。有些研究者把谈话中用到的语气词、口头语等无用的成分,以及对话双方同时发声的情况都列入场记中予以研究。此处我们不予考虑。

**方法 27.2.1** 令 $E_i$ 和 $K_i$ 分别代表专家和知识工程师的第 $i$ 段插话,

1. 整理记录,删去冗余和无用的内容。

2. 称整理后的场记为 PCL,把它划分成如下的插话段序列:

$$\text{PCL} = \prod_{i=1}^{n} K_i E_i = K_1 E_1 K_2 E_2 \cdots K_n E_n$$

其中 $K_1$ 与/或 $E_n$ 的内容可以为空。

3. 根据每个 $K_i$ 和 $E_i$ 的内容及其所起的作用使它们各对应于定义 27.2.1 中的一个问题求解基本操作元(或一组这样的操作元)。于是得到一个相应的操作元序列

$$\text{FPCL} = \prod_{i=1}^{m} F_i = F_1 F_2 \cdots F_m$$

这些操作元中的每一个都可以是带修饰的。

4. 按算法 27.2.1 把 FPCL 变换为问题描述树 $T'$。

5. 根据 FPCL 中带修饰的操作元调整 $T'$。

6. 进一步调整 $T'$,消除 $T'$ 反映的解题知识中的某些不一致性。

7. 请专家检验 $T'$,根据专家意见再作调整。最后得到解题描述树 $T$。

算法完。

**算法 27.2.1** 构造树 $T'$ 如下:

1. 以本场对话要解决的问题为根节点 $R$。

2. 若 FPCL 中的操作元尚未穷尽,则依次查看下一个操作元 $F$,否则算法结束。

3. 若该操作元中需要求解的(或求深层知识的,或求解释的)问题(或深层知识,或解释)已经以节点形式存在于 $T'$ 中,则

(1) 若 $F$ 为 SOL, $P=\{x\}$,则对每个 $y\in f(x)$,从 $x$ 引出一枝或叉到 $y$。

(2) 若 $F$ 为 EXT, $P=\{x\}$,则 $\forall y\in Q-P$,若 $y$ 为 $T'$ 中已有节点,则对每个 $z\in g(y)$,引出一枝或叉从 $y$ 到 $z$。否则,若 $x$ 不是根节点,先从 $x$ 的父节点引一或叉到 $y$,再从 $y$ 引或叉到 $z$,当 $x$ 是根节点时 EXT 无意义。

(3) 若 $F$ 为 DEL,处理对象是 $(P,S,f)$, $P=\{x\}$,则删去所有 $f(x)$ 及其下属节点。若处理对象是 $(P,S,f,E,g)$, $P=\{x\}$,则删去所有 $g(x,f(x))$ 及其下属节点。

(4) 若 $F$ 为 MOD,处理对象是 $(P,S,f)$, $P=\{x\}$,则先做 DEL,然后对每个 $y\in g(x)$,由 $x$ 引一枝或叉到 $y$,当 $y$ 是深层知识时还要在叉上标明 $g$。若处理对象是 $(P,S,f,E,g)$, $P=\{x\}$,则先做 DEL,然后对每个 $y\in g'(x,z)$,其中 $z\in f(x)$,由 $z$ 引一枝或叉到 $y$,并在叉上标明 $g'$。

(5) 若 $F$ 为 PRC, $P=\{x\}$,则删去 $f(x)-g(x)$ 中的所有节点及其后代节点。

(6) 若 $F$ 为 EXA, $P=\{x\}$,则对每个 $y\in f(x)$,从 $y$ 引一枝修饰或叉到 $\alpha^{-1}(y)$。

(7) 若 $F$ 为 GEN, $P=\{x\}$,则对所有 $y\in g(x)-f(x)$,由 $x$ 引一枝或叉到 $y$。

(8) 若 $F$ 为 SPE, $P=\{x\}$, $Q=\{x_1,\cdots,x_n\}$,则删去 $x$ 的所有后代节点,由 $x$ 引出 $n$ 枝选择叉到 $x_1,\cdots,x_n$。再对每个 $y\in g(x_i)$,由 $x_i$ 引出一枝或叉到 $y$。并在选择叉上标明条件。

(9) 若 $F$ 为 CLA, $P=\{x_1,\cdots,x_n\}$,则对所有 $x_i$,凡 $f(x_i)\neq g(x_i)$ 者,删去 $x_i$ 的所有后代节点,并对每个 $t\in g(x_i)$,由 $x_i$ 引一枝或叉到 $t$。

(10) 若 $F$ 为 DEP, $P=\{x\}$,则对每个 $h\in H$,每个 $t\in h(x)$,由 $x$ 引一枝解释叉到 $t$,并在叉上标明 $h$。当把 $P$ 换成 $K'$ 或 $E$ 时方法相同。

(11) 若 $F$ 为 STR, $P=\{x\}$,则对每个 $y\in f(x)$,对每个 $t\in g(y)$,由 $y$ 引一枝解释叉到 $t$,并在叉上标明 $x$ 和 $y$。

(12) 若 $F$ 为 PAR, $P=\{x\}$, $Q=\{x_1,\cdots,x_n\}$,则从 $x$ 引出 $n$ 枝平行与叉到 $x_1,\cdots,x_n$,再对每个 $t\in f(x_i)$,从 $x_i$ 引一枝解题或叉到 $t$。

(13) 若 $F$ 为 SEQ, $P=\{x\}$, $Q=\{x_1,\cdots,x_n\}$,则从 $x$ 引出 $n$ 枝顺序与叉

到 $x_1$, …, $x_n$, 再对每个 $t \in f(x_i)$, 从 $x_i$ 引一枝解题或叉到 $t$。

(14) 若 $F$ 为 PPT, $P = \{x\}$, $Q = \{x_1, \cdots, x_n\}$, 则从 $R$ 引出一枝或叉到 $x$, 其余同 PAR。

(15) 若 $F$ 为 SPT, $P = \{x\}$, $Q = \{x_1, \cdots, x_n\}$, 则从 $R$ 引出一枝或叉到 $x$, 其余同 SEQ。

4. 除去 PPT 和 SPT 两种情况, 若操作元 $F$ 中需要求解的(或求深层知识的, 或求解释的)问题(或深层知识, 或解释) $x$ 尚未以节点形式存在于 $T'$ 中, 则分别从 $R$ 引一枝解题或叉(或解释叉)到 $x$, 再对 $x$ 施以本算法第 3 步的各项操作。

算法完。

为了不陷入细节, 在上面的算法中作了一些简化, 如令 $P = \{x\}$ 等。若不作这些简化, 本算法的原理同样适用。此外, 本算法只处理了不带修饰的操作元。下面简述处理带修饰的操作元的原则:

1. 若有求解操作? $F$, 而无相应的解题操作 $F$, 则存在有问无答的矛盾。

2. 若有咨询操作 $F$?, 而无赞成操作 $F$! 或反对操作 $FX$, 或解题操作 $F$, 则存在有问无答的矛盾。

3. 若有咨询操作 $F$? 又有反对操作 $FX$, 则对 $F$? 不予考虑。同时, 若 $F$ 的操作变元是 $(P, S, f)$, 则把反对的内容构成修饰节点 $t$, 从 $P$ 的每个元素 $x$ 引一枝修饰叉到 $t$, 当只有反对操作 $FX$ 时也是如此。

上面略举数例说明了处理带修饰的操作元的原则。详细的处理算法留作习题。对于方法 27.2.1 的第 6 步, 也可简述其原则如下:

1. 若根节点 $R$ 的直接子节点 $x$ 是问题节点, 但不是 $R$ 的子问题, 或者是修饰节点而修饰的对象不是 $R$, 或者是解释节点而解释的对象不是 $R$, 则应解除 $R$ 和 $x$ 的联系。把以 $x$ 为根的子树挂到合适的节点上。如果不存在这样的节点, 则存在有答无问的矛盾。

2. 若从某节点 $x$ 引出一组或叉到下属节点 $x_1$, $x_2$, …, $x_n$, 但这些节点之间应该是与关系, 则应把该组或叉改为平行与叉或顺序与叉。

3. 若从某节点 $x$ 引出的一组与叉所指向的子问题是互相矛盾的, 或从 $x$ 引出的一组解释是互相矛盾的, 则存在解答或解释不一致问题。

4. 若从某节点 $x$ 引出的一组选择叉并未包含所有可能的情况, 则存在解答不完备问题。

如此等等。其中多数问题要靠专家来解决。详细的检查算法也留作习题。

现在以中央电视台"为您服务"节目中播出的一场谈话为例说明上述场记分析过程。在这场谈话中,节目主持人向服装染洗专家了解服装的保管和保护办法,通过交谈获得了有关的知识。以它作为场记分析例子有两个缺点。第一是专家直接介绍规律性知识,而不像一般场记分析那样,专家一边处理某一个具体事例,一边介绍他为什么要这样做;第二是节目主持人在录像前已同专家建立了某种默契,实际上起着专家助手的作用,因而不能像一般的知识工程师那样处处好奇且多问。下面抄录的谈话是经过整理的录音。一些不必要的和冗余的成分已经去掉。谈话编号是我们加的,$I$ 代表节目主持人,$E$ 代表专家。

1. $I$:衣服是怎么发霉的呢?

2. $E$:一般在潮湿和不通风的地方容易出现这个问题。

3. $I$:那么为了避免这个问题,就应该把衣服放在通风干燥的地方,是吗?

4. $E$:对,尤其是南方地区潮湿比较厉害。

5. $E$:因此放在衣柜和衣箱内的衣服必须离墙面和地面 45 到 50 厘米左右。

6. $I$:那么衣服之间的距离多少比较合适呢?

7. $E$:一般在 2 公分到 3 公分之间。

8. $I$:那么不同颜色的衣服保管起来还有什么讲究吗?

9. $E$:有的。不同颜色的衣服有时互相影响。

10. $E$:挂的时候尽量把浅颜色和深颜色的衣服分开。

11. $I$:那么有些衣服还容易变质变脆,这些现象怎么发生的?

12. $E$:从产生原因来看是因为日光曝晒破坏了它的纤维组织结构。

13. $I$:噢,这样就变质、变脆了。

14. $E$:对。一般来说洗染过程本身就是要破坏纤维组织的。阳光曝晒是其中的一个主要方面。

15. $I$:那么什么时候晾衣服比较好呢?

16. $E$:从季节来看,一般是五六月份比较好。

17. $E$:因为这正好是蛀虫产卵期间。虫蛀啊、产卵啊,在这个期间比较活跃。

18. $E$:所以在这个时候要勤晒衣服,每月一至两次。

19. $I$:噢,每月要晾晒一至两次?

20. $E$:对,每月晾晒一至两次。

21. $I$:那么每天掌握在什么时候比较合适?

22. *E*:每天可以掌握在上午十点钟以前,下午两点钟以后。

23. *I*:噢,就是把中午阳光特别强的这段时间错过去。

24. *E*:对。

25. *I*:那么直接放在通风、荫凉、背阴的地方可以吗?

26. *E*:对的,可以直接放在大的通风的地方。

27. *I*:那么虫蛀的现象是怎么发生的呢?

28. *E*:衣服穿了一些时候就要洗,洗完了以后再进行收藏。这当中必须放一些樟脑球之类的东西。

29. *I*:那么在放的时候,樟脑球等可以直接接触衣服吗?

30. *E*:这个不能,必须用薄的白纸把樟脑球包起来。

31. *I*:用报纸或者牛皮纸信袋都不可以吗?

32. *E*:这个不行。它本身就有油墨。必须用白纸。

这场对话转换成相应的操作元序列 FPCL 后得到如图 27.2.1 所示的结果。

| 编　号 | 1 | 2 | 3 | 4 | 4 | 5 |
|---|---|---|---|---|---|---|
| 操作元 | ? DEP | DEP | SOL? | SOL! | DEP | EXA |
| 编　号 | 6 | 7 | 8 | 9 | 10 | 11 |
| 操作元 | ? EXA | EXA | ? EXT | DEP | EXT | ? DEP |
| 编　号 | 12 | 13 | 14 | 14 | 15 | 16 |
| 操作元 | DEP | DEP? | DEP! | DEP | ? SOL | SOL |
| 编　号 | 17 | 18 | 19 | 20 | 21 | 22 |
| 操作元 | STR | EXA | EXA? | EXA! | ? EXT | EXT |
| 编　号 | 23 | 24 | 25 | 26 | 27 | 28 |
| 操作元 | STR? | STR! | GEN? | GEN! | ? DEP | PAR |
| 编　号 | 29 | 30 | 30 | 31 | 32 | 32 |
| 操作元 | EXA? | EXAX | EXA | GEN? | GENX | STR |

**图 27.2.1　一场谈话的操作元序列**

这个操作元序列经算法 27.2.1 转换,并用方法 27.2.1 中提示的几个方面进行整理后,得到如图 27.2.2 所示的问题描述树。

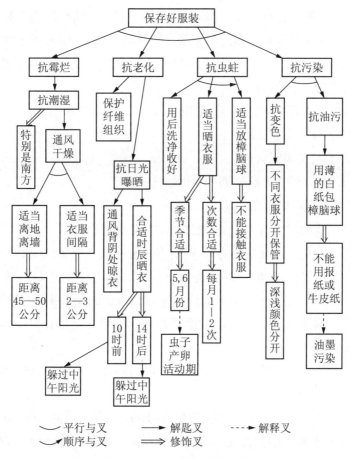

**图 27.2.2 一株解题描述树**

## 27.3 个人结构理论和分类表格技术

1955 年,出于研究医疗心理学的需要,英国心理学家 Kelly 提出了一种理论,称为个人结构理论。它的核心观点是认为每个人都以自己的独特眼光观察世界,认识世界,划分世界上的万事万物。由于这种观察世界事物的视角因人而异,所以被称为个人结构。掌握了一个人的个人结构,十分有利于了解这个人的思想和心理状态。而分类表格(repertory grid)技术就是通过交谈搞清个人结构的有效方法。最早时 Kelly 称此技术为分类测试(repertory test),后因感到此名字容易混淆而采用现名。这个方法后来被人们逐渐应用于不仅分析观察者个人,而且分析被观察的世界。对此,曾有人不以为然。他们觉得用某个个人的观点来划分客观事物是否有点太主观、太片面了？但如果我们想到专家系统的知识库正是反映某个专家对他熟悉的某个专业领域的观点，则使用这种方法来获取专家知识就是很自然的了。事实上，知识工程师们已经逐渐注意到采用分类表格技术。这也是本节讨论的对象。

分类表格技术有不少变种，最常用的方法是三中取二法。

**算法 27.3.1**(三中取二法)

1. 令 $E$ 为待分类元素集。

2. 设 $|E|=k$，建立 $k$ 行 0 列的属性矩阵 $A$。

3. 对 $E$ 调用算法 27.3.2。

4. 若调用返回时之值为 stop，则终止本算法执行。

5. 设返回时提供之元素组为 $C$，则要求专家提供一个属性元 $t_1$，$t_1$ 不属于 $A$ 中已有的任何属性($A$ 的每列代表一个属性)，并且 $t_1$ 能把 $C$ 分为两个非空组 $C_1$，$C_2$，其中 $C_1$ 组的元素都有属性元 $t_1$，而 $C_2$ 组的元素都没有属性元 $t_1$。

6. 要求专家提供与 $t_1$ 对立的属性元 $t_2$，使 $C_2$ 组元素都有属性元 $t_2$，而 $C_1$ 组元素都没有属性元 $t_2$。

7. 属性矩阵 $A$ 增加一列，与属性元偶($t_1$，$t_2$)对应，属性元偶简称属性，或双极属性。

8. 设新加的列是第 $n$ 列，则对属性矩阵的($m$，$n$)位置填值，其中 $m$ 是元素编号。规定：如元素 $m$ 具有属性元 $t_1$，则($m$，$n$)内填 1，若具有属性元 $t_2$，则($m$，$n$)内填 5，若两种属性元都不具备，则($m$，$n$)内填 NIL。

9. 转 3。

算法完。

**算法 27.3.2**(挑选元素)

1. 若属性个数(即属性矩阵的列数)达到预设上限 $h(>0)$，转 5。

2. 若最大不可分元素个数小于预设下限 $f(\geqslant 1)$，或专家意见认为不需要再细分，则转 5。此处称两个元素为不可分的，若它们对所有的已知属性都具有相同的属性元。

3. 若采用指定元素方法，则由专家或知识工程师选出三个元素($a$，$b$，$c$)，并返回。

4. 否则，由预设的系统过程选定一个最大不可分元素集合 $B$($B$ 是 $E$ 的子集，$B$ 中元素彼此不可分。不存在 $E$ 的元素个数比 $B$ 多的同类子集)。

（1）若 $|B| \geqslant 3$，则任选其中三个元素 $(a, b, c)$ 并返回。

（2）若 $|B| = 2$，则取 $B$ 返回。

5. 以 stop 返回。

算法完。

例如，设任务是要区分五种不同性质的皮疹：风疹、麻疹、猩红热、奶麻和药物疹。这五种皮疹就是属性矩阵的五个行元素。以下是系统和专家之间的一场对话：

系统：（选出风疹、麻疹和猩红热三个元素），请您给出区别属性。

专家：风疹和猩红热都是发烧后 1—2 天内出疹，而麻疹不是。

系统：那么麻疹是什么情况呢？

专家：麻疹是发烧后 3—4 天出疹。

系统：好！我们得到一个双极属性（发烧后 1—2 天内出疹，发烧后 3—4 天内出疹）。现在请您用它来判断其他元素。

专家：奶麻也是发烧后 3—4 天出疹。至于药物疹嘛，它很不规律，说不上是几天出疹。

系统：好！对于这个双极属性来说，风疹和猩红热取值 1，麻疹和奶麻取值 5，而药物疹取值 NIL。（再取三个元素）……

按此方法，可以得到图 27.3.1 所示的分类表格。此内容取材于王萍芬著《风疹和水痘》。

| 正向属性元 | 发烧后1—2天出疹 | 疹一天出齐 | 耳后淋巴结肿大 | 全身性分布 | 全身症状轻 | 有服药史 |
|---|---|---|---|---|---|---|
| 风　疹 | 1 | 1 | 1 | 1 | 1 | 5 |
| 麻　疹 | 5 | 5 | 5 | 1 | 5 | 5 |
| 猩红热 | 1 | 1 | 5 | 5 | 5 | 5 |
| 奶　麻 | 5 | 1 | 5 | 5 | 1 | 5 |
| 药物疹 | NIL | NIL | 5 | NIL | 1 | 1 |
| 反向属性元 | 3—4天出疹 | 2—3天出齐 | 不肿大 | 局部性分布 | 全身症状重 | 不一定有 |

**图 27.3.1 皮疹的分类表格**

使用算法 27.3.1 解决某些问题时会遇到困难。首先是某些属性不一定只取两个极端，可以有一些中间过渡状态。例如学生的成绩，可以由好到坏排成很多档次,不能总是简单地分为好学生和坏学生两种。通常把这种有过渡状态的属性分成五档,评分为 1,2,3,4,5。我们在算法 27.3.1 中用 1 和 5 表示两极,就隐含着这个意思。用五分制也可改进图 27.3.1 的评分,因为"有服药史"的反向属性元应该是"没有服药史",而不是"不一定有服药史"。使用五分制,就可以用 3 分来表示"不一定有服药史"。这种属性叫双极多层属性,算法 27.3.1 中的叫简单双极属性。

另一种困难是某些属性可有多于两个属性元。例如对软件进行分类时,其属性之一是在什么机器上运行,是 VAX,PC,还是 IBM4391? 即使不涉及具体型号,也可分为大型机、小型机、微型机、工作站等等,对它们是不能简单地作线性排序的,这种属性我们称为多极属性,在图 27.3.1 中,皮疹出在什么部位也可以是一种多极属性。

下面的算法作了这两点改进。

**算法 27.3.3**(多极属性及评分分析)

1. 令 $E$ 为待分类元素集。

2. 设 $|E| = k$,建立 $k$ 行 0 列的属性矩阵 $A$。

3. 对 $E$ 调用算法 27.3.2。

4. 若算法 27.3.2 提供之值为 stop,则终止本算法执行。

5. 设算法 27.3.2 提供之元素组为 $C$,则要求专家提供一个属性 $t_1$,$t_1$ 不是 $A$ 中已有的任何属性($A$ 的每列代表一个属性),并且 $t_1$ 能把 $C$ 至少分为两个非空子组,使得同一子组之内的元素在 $t_1$ 上取相同值,而不同子组的元素在 $t_1$ 上取不同值(此处把无定义也看作一种值)。

6. 属性矩阵 $A$ 增加一列,与该属性 $t_1$ 对应。

7. 设新加的列是第 $n$ 列,则对属性矩阵的 $(m,n)$ 矩阵元填值,其中 $m$ 是元素编号。填值按本算法 8,9,10 三步的规定执行。

8. 若 $t_1$ 为简单双极属性,则

(1) 若第 $m$ 个元素具有 $t_1$ 所示属性,则矩阵元 $(m,n)$ 内填 1。

(2) 若第 $m$ 个元素具有与 $t_1$ 所示属性相反的属性,则矩阵元 $(m,n)$ 内填 5。

(3) 若 $t_1$ 对第 $m$ 个元素无定义,则矩阵元 $(m,n)$ 内填 NIL。

9. 若 $t_1$ 为双极多层属性,则

(1) 若 $t_1$ 对第 $m$ 个元素有定义,则根据专家意见,在矩阵元 $(m,n)$ 内填入位于 1 和 5 中间的一个数。

（2）否则，在$(m, n)$内填 NIL。

10. 若 $t_1$ 为多极属性，则

（1）若 $t_1$ 对第 $m$ 个元素有定义，则直接在$(m, n)$内填 $t_1$ 对该元素的值。

（2）否则，在$(m, n)$内填 NIL。

11. 转 3。

算法完。

　　某红学家用算法 27.3.3 对红楼人物进行了分类，分类结果如图 27.3.2 所示。为节省篇幅，图中对双极属性只写出正向属性元，略去了反向属性元。其意义是清楚的。除此之外，还增加了一个多极属性。把红楼人物分类和前面的皮疹分类相比，可以看出明显的不同。在皮疹分类中，每种皮疹代表一个群体（患有该种皮疹的人群），各属性刻画了群体的特征。分类的最终目的是把每个群体和所有其他群体分开。因此，这种分类的结果可以直接用作群体间分类的专家系统知识库。在红楼人物分类中，每个红楼人物都是一个个体。如果只作到图 27.3.2 所示的那一步，则只是把各个个体的特征刻画出来了。这不是我们的目的，我们要把红楼人物分划为一组群体，并对群体的特征作出刻画，这才是专家系统需要的知识库。因此，皮疹分类和红楼人物分类体现了分类表格技术的不同用途。前一种是对已有的概念给出描述，后一种是首先把一组个体聚类成概念，同时也就得到了这些概念的描述。在分类表格技术中，这后一种应用是主要的。下面我们说明如何在此应用个体聚类技术。

| 属　　性 | 老祖宗喜欢 | 善于理家 | 有才华 | 锋芒毕露 | 人缘好 | 工于心计 | 结　　局 |
|---|---|---|---|---|---|---|---|
| 林黛玉 | 4 | 5 | 1 | 1 | 5 | 5 | 哀怨而亡 |
| 薛宝钗 | 1 | 2 | 2 | 5 | 1 | 1 | 嫁到贾府 |
| 王熙凤 | 2 | 1 | 5 | 2 | 3 | 1 | 败落而死 |
| 史湘云 | 2 | 3 | 2 | 5 | 2 | 3 | 嫁到贾府* |
| 贾探春 | 3 | 1 | 3 | 2 | 3 | 3 | 远嫁他乡 |

**图 27.3.2　部分红楼人物分类**

*据王湘浩教授考证，史湘云后来嫁给了贾宝玉。

　　为了聚类，首先要分析各个体之间的相异性和相似性。一般来说，相异性可以定义为各属性值之间差异的平均值。但这个方法仅适用于双极属性。多极属性的各属性元之间的距离需要寻找别的方法来定义。我们建议采用角色替换的方法。即:把一个多极属性的诸属性元看作是待分类的个体,另找一组属性,对这些个体施行分类表格技术。如果另找的属性都是双极属性,则这些个体之间的相异性就可计算出来,并据此推算出它们作为属性元之间的距离。如果另找的属性中还包含多极属性,则又把其中的属性元看作待分类个体。如此不断深入,直到最后算出结果。具体算法如下:

**算法 27.3.4**(元素的相异相似性分析) 对所有元素(即个体)偶 $x \neq y$ 计算如下:

1. 设第 $i$ 个属性为双极属性,若 $A[x, i]$ 和 $A[y, i]$ 都不为 NIL,其中 $A[x, i]$ 和 $A[y, i]$ 分别为 $x$ 和 $y$ 的第 $i$ 个属性的值,则令

$$d(x, y, i) := |A[x, i] - A[y, i]|$$

否则令

$$d(x, y, i) := 4$$

2. 设第 $i$ 个属性为多极属性。如果 $A[x, i]$ 和 $A[y, i]$ 的值均不为 NIL,则用算法 27.3.5 算出属性元 $t_j$ 和 $t_l$ 之间的距离 $d'(t_j, t_l)$, $1 \leq j \neq l \leq p$。然后令

$$d(x, y, i) := d'(t_j, t_l)$$

其中 $t_j = A[x, i]$, $t_l = A[y, i]$。否则,令

$$d(x, y, i) := 4$$

3. 令元素 $x \neq y$ 的相异性为

$$D(x, y) = \Big[\sum_{i=1}^{h} d(x, y, i)\Big] / (4 \times h)$$

其中 $h$ 是属性矩阵 $A$ 的列数。

4. 令元素 $x \neq y$ 的相似性为

$$S(x, y) = 1 - D(x, y)$$

算法完。

**算法 27.3.5**(多极属性元的距离计算)

1. 如果专家能对多极属性 $(t_1, \cdots, t_p)$ 中的任意两个不同的属性元 $t_j$, $t_l$ 给出它们的距离:

$$0 \leqslant d'(t_j, t_l) \leqslant 4, \qquad 1 \leqslant j \neq l \leqslant p$$

则算法结束。

2. 否则,以 $(t_1, \cdots, t_p)$ 为元素集,执行算法 27.3.3 及算法 27.3.4,算出任意两个不同元素 $t_j$ 和 $t_l$ 之间的相异性 $D(t_j, t_l)$,然后令

$$d'(t_j, t_l) = \text{Ent}(4 \times D(t_j, t_l))$$

这里 Ent 是四舍五入取整函数。

算法完。

为了计算红楼人物之间的相异性和相似性,首先要算出它的多极属性("结局")诸属性元之间的距离。红学家对林黛玉等人的四种结局列出了是否幸福、是否达到目的、是否值得同情和是否活着等四种属性,使用分类表格技术的算法 27.3.1 和算法 27.3.2,得到如图 27.3.3 所示的结果。这些属性都是双极属性,因而可以容易地用算法 27.3.4 计算诸结局间的相异性和距离。如图 27.3.4 所示。

| 正向属性元 | 幸福 | 达到目的 | 活着 | 值得同情 |
|---|---|---|---|---|
| 哀怨而亡 | 5 | 5 | 5 | 1 |
| 败落而死 | 5 | 4 | 5 | 5 |
| 嫁到贾府 | 3 | 1 | 1 | 3 |
| 远嫁他乡 | 1 | 2 | 1 | 2 |
| 反向属性元 | 悲惨 | 未达目的 | 死去 | 不值得同情 |

**图 27.3.3 红楼人物结局分析**

| | 败 | | 嫁 | | 远 | |
|---|---|---|---|---|---|---|
| | 相异性 | 距离 | 相异性 | 距离 | 相异性 | 距离 |
| 哀 | 0.3 | 1 | 0.75 | 3 | 0.75 | 3 |
| 败 | / | / | 0.69 | 3 | 0.81 | 3 |
| 嫁 | / | / | / | / | 0.25 | 1 |

**图 27.3.4 结局的相异性**

现在可以计算诸红楼人物之间的相异性,结果如图 27.3.5 所示。根据相异性和相似性,即可进行聚类分析。使用简单的聚类分析算法 27.3.6,可把红楼人

物作如图 27.3.6 的分类,其中百分比表示相似性。

|  | 薛 | 王 | 史 | 贾 |
|---|---|---|---|---|
| 林 | 0.79 | 0.64 | 0.61 | 0.54 |
| 薛 | / | 0.46 | 0.18 | 0.43 |
| 王 | / | / | 0.50 | 0.29 |
| 史 | / | / | / | 0.32 |

**图 27.3.5  红楼人物的相异性**

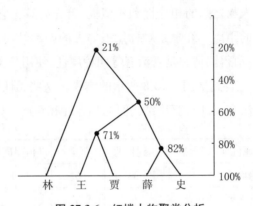

**图 27.3.6  红楼人物聚类分析**

**算 27.3.6**(简单聚类分析)

1. 给定元素集 $E$ 及各元素之间的相似性。

2. 若只有一个元素,则结束算法,聚类完成。

3. 寻找元素 $d_1$,$d_2$,使相似性 $S(d_1,d_2)$ 最大。

4. $E$ 中的其他元素,凡和 $d_1$,$d_2$ 的相似性不小于 $S(d_1,d_2)-5\%$ 者,均和 $d_1$,$d_2$ 一起构成子集 $E_1$。

5. 从 $E$ 中减去子集 $E_1$。

6. 若现在 $E$ 中元素数不小于 3,则转 3。

7. 若现在 $E$ 中元素大于 0,则把剩余元素构成一个子集。

8. 如果 $E$ 划分的子集数 $\leqslant 2$,则聚类完成,$E$ 本身是最大的类。

9. 以各子集作为新的元素,新元素之间的相似性 $S(E_1,E_2)$ 定义为:

$$S(E_1,E_2)=\min\{S(d_1,d_2)\,|\,d_1\in E_1,d_2\in E_2\}$$

10. 递归调用本算法,直至聚类完成。

算法完。

不难看出,通过本算法可得到一个分类的层次体系。

在人物分组以后,应该接着给出各组的特性以刻画之。而且这种特性最好是能用文字表述的。当属性值是用评分方法给出时,我们对文字表述作如下约定:以 $p$ 表示双极属性中的一个极,以 $\bar{p}$ 表示其反向极,$x$ 为任一元素,则:

当 $x$ 在 $p$ 上取值 1 时,说"$xp$"。

当 $x$ 在 $p$ 上取值 1 或 2 时,说"$x$ 比较 $p$"。

当 $x$ 在 $p$ 上取值 1 或 2 或 3 时,说"$x$ 不算 $\bar{p}$",对 $\bar{p}$ 的说法与此对称(把 1 换成 5,2 换成 4,等等)。

于是,红楼人物可分为如下几组:

第一组:薛宝钗,史湘云。

特　点:老祖宗比较喜欢,不算不善于理家,比较有才华,锋芒收敛,人缘比较好,不算不工于心计,最后嫁到贾府。

第二组:王熙凤,贾探春。

特　点:老祖宗不算不喜欢,善于理家,才华不算好,比较锋芒毕露,人缘一般,不算不工于心计。

第三组:林黛玉。

特　点:老祖宗不大喜欢,不善于理家,有才华,锋芒毕露,人缘不好,不工于心计,结局不幸福。

第四组:(第一组和第二组的并)。

特　点:老祖宗不算不喜欢,不算不善于理家,人缘不算不好,不算不工于心计。

根据上述特点,红学家作了如下的定名:称第四组是善于处世派,第三组是为世不容派。其中第四组进一步分为:第一组是贤惠淑女派,第二组是精明强干派。红楼部分人物分类至此遂告初步完成。

不过,这还只能算是用分类表格技术获取知识的第一个循环。分类结果出来以后,要请专家审阅。看看分类结论与他心目中想的是否一致。有时可能会不一致,甚至令专家感到惊讶。如果经专家审慎思考以后,确认是系统结论有问题,就应该进入第二个循环,修正已有的分类表格。可以从三个方面作修正:修正原来为各元素的属性评的值;增加新的、更适于反映元素特点的属性,删去老的不说明问题的属性;扩大待分类的元素集,使它更具有代表性。如果新的分类表格还不能反映专家的观点,则还可以作第三次、第四次循环等等,直到专家满意为止。

例如,若我们的目的是要对红楼人物的性格特点作分类,那么把"结局"作为属性之一就有些欠妥。去掉这个属性会使林黛玉和王熙凤的相异性更大些。如果再加上一个"是否整人"的属性,那王熙凤的性格就更特出了。

除了对元素的相异性和相似性作分析外,对属性间的关系也可作类似分析。其中,蕴含关系的分析最为直截了当。例如,比较图 27.3.2 中的属性可得如下结论:

凡老祖宗比较喜欢的,人缘都不算坏。

凡工于心计的,老祖宗都比较喜欢。

人缘比较好的,恰好是锋芒收敛的。

凡善于理家的,都不算有才华。

人缘一般的,恰好是善于理家的。

如此等等。

蕴含关系揭示了属性之间的某种相关性。但是蕴含关系只反映了它们的部分相关性。要想知道全面的相关情况,还得利用统计学中的回归分析手段。此外,相关性可以有两个方向:正向相关和反向相关。以上面列出的蕴含关系为例:"凡工于心计的,老祖宗都比较喜欢"是正向相关,"凡善于理家的,都不算有才华"是反向相关。我们也把正向相关性称为相似性。

**算法 27.3.7**(属性的相关性和相似性) 对属性矩阵中任意两个不同的属性 $A_i$ 和 $A_j$ 计算如下:

1. 若 $A_i$ 和 $A_j$ 都是双极属性。令 $x_k = A[k, i]$,$y_k = A[k, j]$,$1 \leqslant k \leqslant g$,其中 $g$ 是被分类元素的个数。又令 $\bar{x}$ 和 $\bar{y}$ 分别是 $x_k$ 和 $y_k$ 的平均值,令

$$R(x, y) = \left(\sum_{k=1}^{g} (x_k - \bar{x})(y_k - \bar{y})\right) / \sum_{k=1}^{g} (x_k - \bar{x})^2$$

$$R(y, x) = \left(\sum_{k=1}^{g} (x_k - \bar{x})(y_k - \bar{y})\right) / \sum_{k=1}^{g} (y_k - \bar{y})^2$$

$$r(A_i, A_j) = \min(|R(x, y)|, |R(y, x)|)$$

$$s(A_i, A_j) = \text{sign}(R(x, y)) \cdot r(A_i, A_j)$$

其中 $\text{sign}(R(x, y))$ 是 $R(x, y)$ 的正负号。

称 $r(A_i, A_j)$ 为 $A_i$ 和 $A_j$ 的相关性，$s(A_i, A_j)$ 为 $A_i$ 和 $A_j$ 的相似性。

2. 若 $A_i$ 是双极属性，$A_j$ 是多极属性 $(t_1, \cdots, t_p)$。令 $x_k = A[k, i]$，$y_k = A[k, j]$，$1 \leq k \leq g$，又令

$$z_k = r, \text{若 } y_k = t_r, \ 1 \leq r \leq p$$

又令 $(w_1, \cdots, w_g)$ 是 $(z_1, \cdots, z_g)$ 的一个排列，求 $x_k$ 和 $w_k$ 之间的相关性和相似性，分别用 $r_w(A_i, A_j)$ 和 $s_w(A_i, A_j)$ 表示，则

$$r(A_i, A_j) = \max r_w(A_i, A_j)$$
$$s(A_i, A_j) = \max s_w(A_i, A_j)$$

是 $A_i$ 和 $A_j$ 的相关性和相似性。

3. 若 $A_i = (t_{i1}, t_{i2}, \cdots, t_{ip})$ 和 $A_j = (t_{j1}, t_{j2}, \cdots, t_{jp})$ 都是多极属性，令

$$x_k = r, \text{若 } A[k, i] = t_{ir}$$
$$y_k = r, \text{若 } A[k, j] = t_{jr}$$

$u_k$ 和 $v_k$ 分别是 $x_k$ 和 $y_k$ 的排列，求 $u_k$ 和 $v_k$ 之间的相关性和相似性，分别用 $r_{uv}(A_i, A_j)$ 和 $s_{uv}(A_i, A_j)$ 表示，则

$$r(A_i, A_j) = \max r_{uv}(A_i, A_j)$$
$$s(A_i, A_j) = \max s_{uv}(A_i, A_j)$$

是 $A_i$ 和 $A_j$ 的相关性和相似性。

算法完。

根据上述算法，可以算出红楼人物诸属性的相似性（多极属性除外），如图 27.3.7 所示。对这些相似性取绝对值即是它们的相关性。

|  | 善 | 有 | 锋 | 人 | 工 |
|---|---|---|---|---|---|
| 老 | 0.38 | −0.24 | −0.5 | 0.73 | 0.61 |
| 善 | / | −0.73 | −0.22 | 0.48 | 0.57 |
| 有 | / | / | −0.14 | −0.15 | 0.61 |
| 锋 | / | / | / | −0.72 | −0.43 |
| 人 | / | / | / | / | 0.68 |

**图 27.3.7　红楼人物属性的相似性**

从图中可以明显看出,老祖宗喜欢和人缘好之间,老祖宗喜欢与工于心计之间,人缘好与工于心计之间都有较大的正向相关性(60％以上),而善于理家和有才华之间,有才华和工于心计之间,以及锋芒毕露和人缘好之间都有较大的反向相关性。此外,善于理家和锋芒毕露之间,有才华和锋芒毕露之间,以及有才华和人缘好之间的相关性都很小。

## 27.4 基于模型的知识获取

获取知识不能从空白开始。任何知识获取过程都是以原有的知识为基础来获取新的知识。在这原有的知识中有一部分是核心的,根本的,称为知识模型,有时也叫背景知识。一个到农村去搞土改的人,脑子里首先装着地主、富农、中农、贫农等农村阶级划分的模型,然后在扎根串连中根据这个模型获取当地的实际材料。一个到实际单位求职的大学生,首先要填各种各样的表格,表格上有姓名、年龄、性别、学历等各种栏目。这些表格体现的也是一个模型,被人事部门用来获取和管理有关干部的信息,模型的使用是贯穿于所有知识获取过程之中的,只是使用方式不同,有时显式,有时隐含。本节专门讨论显式的模型使用。为了澄清模型这个词在不同文献和不同场合下的不同含义,我们首先在下面列出几种常见的解释。这里不包括与知识获取无关的解释。例如,数理逻辑的模型论中所说的模型,或作战参谋们用沙土堆成的模型均不是我们考虑的对象。

1. 说明模型。借助软件工程中软件生命周期早期阶段(如需求分析、规格说明)所使用的方法,加以变通,运用到对领域知识的分析中来,形成抽象的知识模型。

2. 领域模型。以某个领域的知识为基础,构成解决该领域中某类问题的公共理论框架。根据这个框架去获取知识,即可生成一个具体的知识库。这里一般指较大的领域,如诊断型,规划型,数据分析型等等。

3. 专题模型。把领域模型中的领域知识限制为只用于解决某类问题的某类方法,即成为一个专题模型。一个专题模型也可以派生出许多不同的知识库。它们的区别往往只是在派生时使用的一些参数不同,其结构大同小异。

4. 描述模型。这类模型关心的是某一领域或某一问题的原理性知识,有时也叫深层模型。一般使用说明性的描述方法,有的文献中提到基于模型的推理,指的就是这种模型。

5. 操作模型。具体给出解题方法的操作性知识，有时也叫浅层模型，一般使用过程性的描述方法，与具体的知识表示方法无关。

6. 表示模型。已落实到知识表示一级的具体模型，可以使用产生式规则、框架、语义网络、分类树等任何一种知识表示。

7. 系统模型。某些文献把整个知识系统的结构也叫作知识模型。在本书中，系统模型放在知识系统的结构这一章中作专题讨论。本节将不予涉及。

我们记住一个要点：模型也是知识，是一类特殊的知识。知识是用来解决问题的，好像机器是用来制造产品的一样。模型知识和一般知识的不同之点是，它好像机器中的工作母机，可以用来生产别的机器，即可以用来获取别的知识。更进一步，它既可以获取一般知识，也可以获取新的模型知识，就好像工作母机既可以生产一般机器，又可以制造新的工作母机一样。知道了这一点，就可以变换出许许多多设计和使用模型的方法来。

图 27.4.1 是前六类模型相互关系的一个例子。

下面分别进一步探讨各类模型。本节主要讨论说明模型。

首先受到人们注意的是实体-关系数据模型（见 4.2 节），把它推广到知识模型领域中来就成了所谓的本体论方法。它的要点是用一种清晰的方法把领域知识分解为一组知识元以及它们之间的相互关系，这些知识元和相互关系合在一起就构成了该领域的本体。本体论方法不仅仅是实体-关系模型的一个简单移植，知识和数据的区别决定了它有着更丰富的内容。基本定义如下：

**静态本体。** 基本的物理对象、概念、属性，以及它们之间的静态关系的集合。静态本体可用多种不同的方法表示，其中有一些在本书的知识表示部分已经介绍过。举例如下：

（1）语义网络。用以表示各种概念之间的相互关系以及概念和属性之间的关系。典型的例子是 4.1 节中给出的一些命题语义网络。特别是 4.4 节中给出的 PROSPECTOR 推理网络（图 4.4.5 及 4.4.6），去掉其中的推理部分（这两个图中右边一列元素）后很好地描述了各种地质概念之间的相互（静态）关系。这种语义网络可以称之为静态关系网络。

但是，上述 PROSPECTOR 推理网络表示成谓词公式的形式，在这一点上它不符合本体论方法的抽象要求。实际上，我们完全无需借助谓词表示这根拐杖，见图 27.4.2，其中 $A \xrightarrow{C} B$ 表示"A 是 B 的 C"。

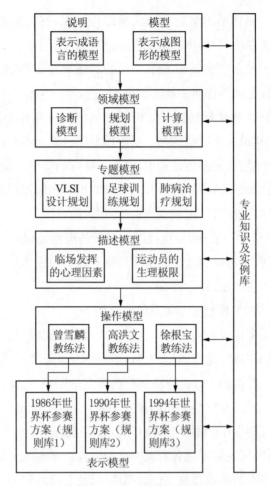

图 27.4.1　六类模型实例

（2）分类网络。用以表示概念的层次结构，典型的例子是图 4.4.2。

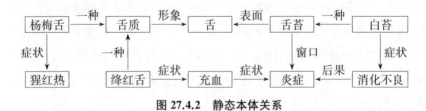

图 27.4.2　静态本体关系

不难看出，用网络之类的图形表示知识本体的能力是有限的。它不易表示具有复杂结构和复杂相互关系的知识，特别是难以表示具有递归结构的知识。下面介绍一种语言表示法。

（3）概念描述语言。它用名字表示简单概念，如舌质、舌苔。用拓扑积表示复合概念。如

舌诊＝舌质×舌苔

表示舌诊由舌质和舌苔两部分组成。其次，用拓扑和表示几个互斥的概念，如

舌苔＝正常苔＋白苔＋黄苔＋黑苔

表示舌苔分为正常苔、白苔、黄苔、黑苔四种类型。集合表示法和通常的差不多，如

舌苔集＝｛正常苔，白苔，黄苔，黑苔｝

用 $2**D$ 表示集合 $D$ 的幂集（由 $D$ 的全体子集构成的集合），如［$2**$舌苔集］共有 $\binom{4}{1}+\binom{4}{2}+\binom{4}{3}+\binom{4}{4}+1=16$ 个元素（空集也算在内）。

用右上角星号表示概念（不拘个数）的有限顺序组合，如令

药群＝｛阿斯匹林，三九胃泰，喉症丸｝

用药记录⊆药群*

则［阿斯匹林］、［阿斯匹林，阿斯匹林］、［三九胃泰，喉症丸，阿斯匹林］等等都可以是用药记录的元素。注意用药记录可有无穷多个元素。

记号 $A \to B$ 表示概念 $A$ 到概念 $B$ 的映射，一般用来表示事物间的对应关系。例如：

药物编号＝［药群→整数集］

价格＝［药物编号→实数集］

解药＝［药物编号→药物编号］

总结一下：现在我们已有了多种数据结构，包括原子、集合、拓扑积、拓扑和、幂集、序列、映射等等，当然还可以增加新的，例如元组。这是有限多个元素的有序集，如

发烧过程＝（起病，发烧，退烧）

这些恐怕是最基本的了。在基本数据结构之上可以构造复合数据结构和定义各种运算（如集合运算），从而形成一个功能周全的抽象知识描述语言（静态部分）。

**动态本体**。它描述基本的状态空间以及状态空间上的操作，反映了该专业领域的推理过程，这也有多种不同表示：

（1）推理网络。表示概念之间的推导关系，典型的如图 4.4.4 的简单推理网络。另外，图 4.4.6 的规则子网也是一个推理网络，但它的表示方法失之于过分具体。

（2）知识处理网络。类似于软件工程中的信息流图，只是以知识代替数据，以推理代替信息加工过程。见图27.4.3。这是油气水层综合评价专家系统 ES-OCE 的经过简化的知识模型。ESOCE 是储集层综合评价专家系统 ESCER 的一部分，后者是冯方方根据北京石油勘探开发科学研究院提供的知识整理并开发的。图中方框表示知识，圆框和椭圆框表示推理，RK 表示有关知识。推理框的输入是推理所需的信息，输出是推理的结果，其中有"与"型输出（参数特征和物性），也有"或"型输出（参透层和非渗透层），图中未加区分。有些推理框之间直接相连，实际上中间也是有知识传递的，只是被省略掉罢了。

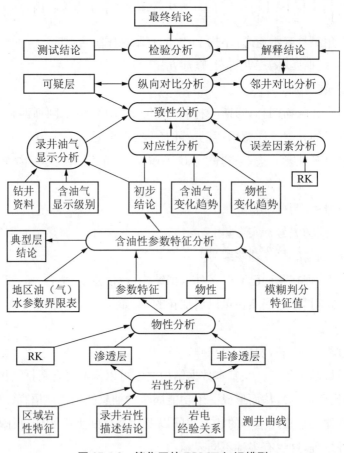

**图 27.4.3　简化了的 ESOCE 知识模型**

（3）嵌套知识处理网络。比起通常的知识处理网络来，它具有知识模块化和层次化的优点。图 27.4.4 是一个例子，表明 ESCER 在运行时的知识处理分块。五个子空间对应知识库中的五个规则基。每个子空间包含一批知识框架（以圆圈表示），框架所在的横线表示框架所属的层次，框架之间的有向弧表示证据的传递，表明下级框架的值对上级假设的支持。空间之间的弧表示信息传递，包括证据、假设和操作信息。这样，该图中表示的知识至少分为三个层次：框架，空间以及空间的全体。

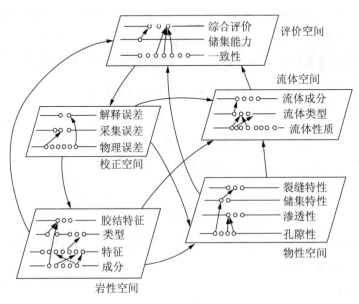

**图 27.4.4　ESCER 的嵌套知识处理网络**

（4）推理描述语言。和静态本体一样，动态本体也可以用语言来描述。在这里，函数描述符→起着关键的作用。例如，可以把图 27.4.3 中的某些内容改用语言形式表示如下：

岩性分析＝[区域岩性特征×录井岩性描述结论×岩电经验关系
　　　　　×测井曲线]→[渗透层＋非渗透层]

邻井对比分析＝[解释结论×RK1]→[解释结论×RK2]

其中 RK1 是纵向对比分析向邻井对比分析的输出，RK2 是邻井对比分析向纵向对比分析的输出。由后一个式子可以看出，这种语言还具有描述递归推理的能力。

不难看出，用这种语言描述的高阶函数（函数到函数的映射或高阶函数到高阶函数的映射或函数到高阶函数的映射或高阶函数到函数的映射都称为高阶函数）完全适合于用来表示嵌套的知识处理网络。

**任务本体。**有些知识分析工具有此一级本体，有些知识分析工具则没有。它实际上是嵌套知识处理网络的一种变形。以本知识系统所要解决的某个任务为核心，把为解决这个任务所需的知识处理部分组织在一起，就构成一个任务本体的单元。这类单元常按过程性表示组织知识。它往往要更详细地说明各知识处理部分之间的关系以及执行细节。因此在抽象程度上要低一些。例如，ESCER 的另一子系统——多井对比专家系统 ESOMW 的井层特征提取任务可表述为如下本体：

井层特征提取任务（输入：分层结果，对比曲线；输出：各层特征）；

[选择标志层和渗透层特征化曲线；

各层取值并确定层厚；

若是标志层则确定位置特征

否则确定邻层特征；

确定岩性特征；

确定曲线形态特征]

**策略本体。**指明知识系统运行时使用的控制策略，特别是指明不同的知识处理单元使用的不同策略和不同的运行状态下使用的不同策略。也有多种描述方法。

（1）带控制的知识处理网络。它的原始思想也来自软件工程。Softech 公司开发了一种著名的需求分析方法，叫 SADT 方法。每个信息处理单元除注明输入和输出外，还注明控制和（运行）机制。其基本结构如图 27.4.5 所示。在这里，输入和控制的区别是：前者是有待加工的信息（如百货销售数据），后者是指导加工的信息（如公司规定的最低库存量），机制指的是信息加工使用的方法（如排序、列表），输出可以是一批报表。在 SADT 中，有 Actigram（行动图）和 Datagram（数据图）两种信息处理单元，基本结构类似。此处不予详细介绍。SADT

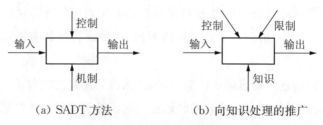

（a）SADT 方法 　　　　（b）向知识处理的推广

**图 27.4.5　策略本体的图形表示**

方法很容易推广到知识结构分析中来。图 27.4.5(b) 是其中的一种,这里的控制指的是使用何种推理策略,限制指的是求出的解必须满足哪些条件,知识指的是该知识单元基于哪些领域知识。

关于策略本体的一个实例见图 27.4.6。

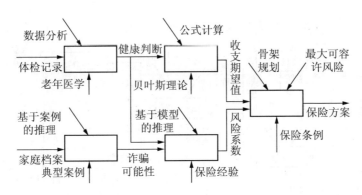

**图 27.4.6 人寿保险的策略本体**

(2) 带时间控制的知识处理网络。无论是一般的信息系统还是居于较高层次的知识处理系统,都会遇到一个时间表示问题。但时间表示问题尚是一个研究得很不够的课题。Jardine 和 Matzov 等指出,迄今为止,在信息系统的概念模型中未对时间表示给予足够的注意。实际上,关于时间表示的基础研究已经提供了许多可供选择的表示手段,其主要部分我们已在 11.3 节中作过介绍,把它们引进知识模型中是完全有条件的。大体上,时间表示可分为绝对表示和相对表示两类,从另一个角度又可分为时间片表示和时间点表示(后者可看成是长度为零的时间片)两类。选择哪种方法与使用者的偏好有关。图 27.4.7 引进一种简单的表示方法,它是不完备的,仅供示例时使用。

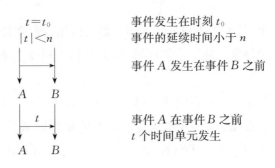

**图 27.4.7 事件发生的时间次序**

时间表示多用于实时知识处理系统的模型构造中。现举一例：假设有两个雷达站，分别监视两个空域，它们分析收到的信号，作出判断。如果是敌方飞行物，则作出迎战的规划，在报请上级批准后发射地空导弹。这一切都是有时间限制的。图 27.4.8 是该系统模型的一个示意。

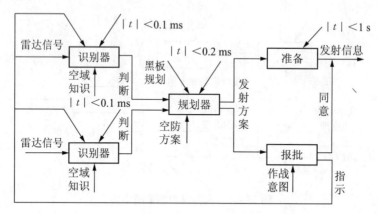

**图 27.4.8　带时间信息的实时系统知识模型**

时间表示在描述静态本体时也是有用的。例如，图 27.4.9 描述小儿麻疹的几个症状之间的关系（参见图 27.3.1）。

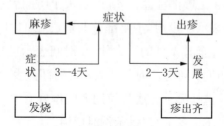

**图 27.4.9　静态本体中的时间表示**

不难看出，任务本体和策略本体也都可以用我们在描述静态本体和动态本体时使用过的抽象描述语言加以描述，但在抽象程度上还是不一样。我们把它留作习题。

使用本体论方法构造说明性模型的已经有许多家。本节给出的是一个综合性的介绍。在各派方法中，比较有代表性的是阿姆斯特丹大学的 Wielinga 和 Breuker 等人提出的 KADS(Knowledge Acquisition and Documentation Structuring)方法。该方法把说明性知识模型分为四层：领域层、推理层、任务层和策略层,分别对应于本节阐述的四种本体。KADS 的领域层用语义网络表示,对应于本节阐述的四种本体。其中领域层用语义网络表示,基本元素是概念和关系。推理层用知识处理网络表示,基本元素是元概念类和知识源,前者是被处理的对象,后者是处理前者的功能元。任务层用过程性描述语言表示,策略层与此类似。如果整个解题过程使用固定的策略,则策略层可以省掉。KADS 区分三种模型。第一种是概念模型,包括所有上述四层。第二种是解释模型,每个这样的模型是针对某类领域的某类问题设计的。它只有三个层次,比概念模型少一个领域层,是概念模型构造过程中的半成品,因为 KADS 方法的特点是:先依靠极其初步的领域层知识来构造推理层等上级层次,也就是先得到一个解释模型,然后再用解释模型去获取详尽的领域层知识。解释模型还可存库备解决类似问题时使用。从这个意义上说,它相当于我们所说的领域模型和专题模型。第三种是设计模型,它描述概念模型的实现。一个设计模型分为三部分:功能描述,行为描述和结构描述。

Alexander 和 Freiling 等人依据本体论方法设计了一个知识模型描述语言族 SPOONS,这是 Specification Of ONtological Structure 的缩写。它的核心语言称为 SUPE-SPOONS,即 SUPEr-Structure SPOONS 之意。它描述的本体分为三层:静态本体、动态本体和认识本体,比 KADS 少一个任务本体。它的认识本体相当于我们的策略本体或 KADS 的策略层。SUPE-SPOONS 使用抽象语言而不是图来描述本体。

Balder 和 Akkermans 在 KADS 的基础上进一步提出更一般化的模型 StrucTool。这也是一个多层模型,但本质上不限层数,总的原则如下:

(1) 每层分为一些知识模块,每个模块是用某种逻辑语言(目前使用一阶谓词演算)编写的独立单位,可根据某种公理体系进行推理。

(2) 在每一层次内,可以用模块组合符把较小的模块组合成复合模块。模块之间可以进行某种有限的通讯。

(3) 下层和上层的关系是理论和元理论的关系,可以通过“提升”运算把理论推进到元理论。这里的提升并不限于解释学习中那样把常量公式提升为变量公式。而且也包括各种形式的推广和弱化推广,例如把下层的公理变成上层的假设。

(4) 不同层次之间的推理可以通过所谓“反射”原理来实现。这是一些推导规则,其前件在下层而后件在上层。

StrucTool 虽然对 KADS 作了本质的推广,却因太抽象而尚未实用化。其中一个重要原因是它的每层都使用同一种语言——一阶谓词演算,从而难以表达领域性知识,特别是难以表达过程性知识。

吴建敏提出了一个知识级领域问题描述模型 PHIMO,也是一种本体论模型。PHIMO 分为两层。第一层是领域知识模型 KM,相当于静态本体,分为两个子类:概念模型层 OKM,用于描述该领域中的具体概念及它们之间的相互关系;以及元概念模型层,用于描述该领域中的概念类及它们之间的相互关系。第二层是领域问题求解模型 PSM,相当于动态本体、任务本体和策略本体的综合,但按另一种方式组织,分为三个子层:问题求解层 PSL(根据问题的目标,解的结构及解空间的抽象机制确定问题求解方法),基本任务层 BTL(完成 PSL 层问题求解所需的基本任务)和基本思维模式层 BIM(完成 BTL 层基本任务所需的基本思维模式),其中最受重视的是基本任务层。对于专家系统的基本任务,已有不少人作过研究。例如 Chandrasekaran 按基本任务来组织专家系统(见 28.1 节),Clancey 对分类型专家系统的基本任务作过分析,图 27.4.10 是吴建敏给出的基本任务类分析,图中最下面一排方框是基本任务。

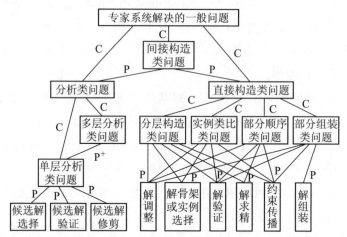

(C:子类关系。例如,单层分析类问题是分析类问题的子类问题;P:部分关系。例如,分析类问题是间接构造类问题的一部分;P⁺:部分重复关系。例如,多层分析类问题是由多个单层分析类问题构成的)

**图 27.4.10　基本任务对专家系统解题的支持**

可以这样说,如果通常的本体论方法是在横的方向(按功能)对知识模型作划分,则刚才介绍的方法是在纵的方向(按知识粒度)对知识模型作划分,而同时又保持了某些横向划分的性质。把这两种方法更好地结合起来,将会推动知识模型的研究。

## 27.5　基于领域模型的知识获取

这里首先讨论上节中说的第二类模型,即领域模型。迄今为止,除个别例子外,领域模型未得到系统而透彻的研究。一些文献中讨论专家系统分类时,往往就其应用范围分为诊断型、解释型、规划型、监视型等等。这些分类固然有其一定的道理,但没有完全揭示各类专家系统的不同本质,因而也不能为领域模型的系统研究打下牢固的基础。在这一节里,我们提出专家系统的另一种分类方法,并在此基础上归纳出一组领域模型。当然,这不可能是完备的,但基本上包括了一些最重要的领域。

1. 有穷无结构目标搜索型。

推理模型

(1) 收集案例数据。

(2) 从全体目标中找出与这些数据相对应的子集。

(3) 如果不要求缩小目标的范围则推理结束,否则寻求区分这些目标所需的证据。

(4) 收集这些证据。

(5) 如果有的证据本身需要通过推理得到,则把证据作为目标,并转(1)。

(6) 找到能与案例数据最佳匹配的一组为数最少的目标。

知识获取模型

(1) 数据定义域及其属性、属性值。

(2) 候选目标集及与数据间的对应关系。

(3) 数据和数据,数据和目标及目标和目标间的因果关系。

(4) 它们之间的共生关系(某一现象伴随另一现象出现)。

(5) 目标和数据的启发性对应关系。

(6) 区分不同目标的特征知识。

(7) 数据的来源(通过提问还是推理)。

实例:疾病诊断,故障诊断,动植物分类,预定方案的选择,有限答案的预报。

2. 无穷无结构目标搜索型。

推理模型

(1) 收集案例数据。

(2) 计算和目标选择有关的参数。

(3) 通过公式推导或实例库搜索对所求目标给出一个近似解。

(4) 对近似解和理想解的误差给出一个估计值。

(5) 通过公式计算或询问专家确定该近似解能被接受的程度。

(6) 若对近似解不满意则:

　　1) 需要进一步数据时转(1)。

　　2) 需要进一步计算时转(2)。

　　3) 需要进一步推理时转(3)。

知识获取模型

(1) 有穷无结构目标型需要的知识。

(2) 从数据到参数到目标的计算模型。

(3) 误差估计模型,包括误差量的定义、计算方法及误差量对解的性能的影响程度。

(4) 根据不同的参数和目标而定下的最大可允许误差及其对各参数的依赖关系。

(5) 根据经验定下的理想解方案。

实例:有毒药物剂量确定,保险公司赔偿额计算,法院量刑,建筑物安全系数确定。

3. 有结构目标搜索型。

推理模型

(1) 收集案例数据。

(2) 在模型指导下加工数据,包括

　　1) 噪声处理。

　　2) 缺省信息补充。

　　3) 矛盾信息解释。

(3) 找出与数据匹配的最佳模型。

(4) 如果是分段搜索,则以找到的模型(目标)作为数据,反复执行(1)—(3)。

(5) 如果在某一段搜索失败,则退回前一段重新搜索。

知识获取模型

(1) 有穷无结构目标型需要的知识。

(2) 每个目标的结构模型。

(3) 数据间的语义联系,包括数据一致性约束等。

(4) 智能化数据处理的启发式函数。

(5) 数据与模型的匹配算法和回溯算法。

(6) 误差估计与累计误差估计。

实例:地质勘探,雷达信号分析,石油测井数据分析,心电图解释,汉字模式识别。

4. 有空间结构的目标构造型。

这里所说的空间结构不是指几何结构,而是指由不同语义的数据组成的数据空间。

推理模型

(1) 收集案例数据。

(2) 按内部结构把目标层层分解为子目标。

(3) 根据限制条件为每个子目标确定一组解,形成各子目标的可能解集。

(4) 采用下列两种方法之一构造整体解。

　　1) 在对目标作层次分解的基础上,由上而下地逐层删去不合要求的子目标组合,从而以无回溯的方法求出一组结构解。

　　2) 或从最低层的子目标开始逐步试验各种组合方案。如果在某层行不通则进行回溯,找出有问题的局部解并修改之,最后也求出一组结构解。

(5) 如果解不止一个而要求找到最优解,则转入有结构目标搜索型。

知识获取模型

(1) 有结构目标搜索型需要的知识。

(2) 选择和组合部分解的过程性知识。

(3) 对解的组合的各种限制条件。

(4) 对解的组合的优缺点清单或评价算法。

(5) 修改部分解的启发式方法。

实例:各种 CAD 系统,装箱问题,配药问题,工艺设计,计算机配置。

5. 有时间结构的目标构造型。

推理模型

(1) 收集案例数据。

(2) 在模型和历史数据指导下推出未来数据,其中可以设置试验参数。

(3) 需要时以上述结果为案例数据进一步往前推,其中要考虑运行过程中出现的新数据。

(4) 若结果不能满足要求或需要比较,可以更换模型和试验参数重新推理。

(5) 需要时可使用有结构目标搜索型中提供的其他手段。

知识获取模型

(1) 有结构目标搜索型需要的知识。

(2) 历史数据及其概率分布。

(3) 含时间参数的目标构造模型。

(4) 比较推理结果优缺点的准则。

实例:天气趋势预测,人口预测,市场预测,农村病虫害预报。

6. 含时空结构的目标构造型。

推理模型

(1) 收集案例数据。

(2) 确定目标及其结构。

(3) 交替或同时使用下列两种方法:

　　1) 采用有空间结构的目标构造型中的方法由局部最优解形成全局最优解。

　　2) 采用有时间结构的目标构造型中的方法,加上评分原则,由分阶段最优解形成全过程最优解。

(4) 对初步形成的方案模拟执行,分析其结果并决定是否需要调整或回溯。

知识获取模型

(1) 有空间结构的目标构造型所需的知识。

(2) 有时间结构的目标构造型所需的知识。

(3) 解的各种时空组合的效益函数。

(4) 解的各种时空组合的选择策略。

(5) 人工干预点及干预方法。

实例:作战计划,治疗方案,工程规划,实验方案,决策支持系统。

上面我们举了六个典型的例子。由这些例子可以看出，以领域模型为基础的知识获取系统一般来说不是独立的。每一个这样的实用系统必须包括两部分。一部分负责知识获取，并把获取来的知识转化为某种具体的、便于推理的知识。另一部分接受这些知识并在其上进行推理。文献中报道的第一个这样的系统是斯坦福大学的 ROGET。

ROGET 适用于有穷无结构目标搜索型，且是从 EMYCIN 基础上抽象出来的，带有强烈的疾病诊断知识模型色彩。它的工作步骤是：

（1）确定未来的专家系统要执行哪些任务。

（2）判断该应用领域及知识工程人员是否适合于构造这样的专家系统。

（3）获取专家系统的概念结构。

（4）帮助用户修改此概念结构。

（5）把有关知识转换成 EMYCIN 的规则。

其中，确定未来专家系统任务的方法有两条。一条是让用户输入描述性的短语，ROGET 用一个语义文法予以识别并从中导出必要的结论。另一条是列举现有的一些专家系统名，让用户从中挑选与他想要构造的系统最接近的先例。在这两条方法的基础上，ROGET 运用固有的对疾病诊断问题的知识，通过启发性提问，搞清楚需要调用哪些任务。ROGET 的知识库中存有九类系统固有任务。它们是：诊断问题、确定原因、建议措施、确定额外检查、预测观察结果、推算证据、监视病情、综合措施及设计方案。

ROGET 在获取概念结构时采用先（根据在前两步中获取的知识）提出初步建议，再在和专家交谈中补充修改的办法。ROGET 备有一组系统固有的初始概念结构。例如，图 27.5.1 是"建议措施"的初始概念结构。除此以外，其他系统固有任务也都有自己的初始概念结构。在 ROGET 的知识库中，概念结构表示为有向无循环图的形式，其中每个节点代表一个概念，称为有关事实的聚类。对每个事实，系统要求专家提供可以支持该事实的证据范畴，供系统运行时获取证据用。

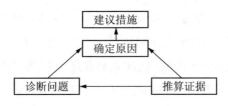

**图 27.5.1　"建试措施"的初始概念结构**

另外几个有代表性的成果是卡内基-梅隆大学研制的 SALT，MOLE 和 SEAR 系统。

SALT 适用于有空间结构的目标构造型，它的推理模型基本上就是在上面第四个模型中提到的那样。它采取的是由下而上，带回溯的逐步构造整体解的方法。SALT 有三类规则：规划建议规则（用逐步扩充法）、限制识别规则和规划修改规则（当原规划被限制条件否定后使用）。他们用 SALT 系统为西屋电气公司研制了一个电梯配置规划系统 VT。截至 1986 年 3 月止，VT 已有 1 432 条规则，其中三类知识各占 1 142 条，192 条和 98 条。

MOLE 适用于有穷无结构目标搜索型，它的推理模型基本上就是在上面第一个模型中提到的那样。其知识库分为三部分：诊断知识（确定能解释症状的假设），区分知识（区分能解释同一症状的不同解释）及组合知识（寻找能解释所有症状的最佳假设组合）。其中区分知识又分为四类：因果性知识、共生性知识（两个因素正相关或负相关）、精确化知识（对症状进行细分以便区分原先区分不了的一组假设）及信任度知识（加强或减弱因果性或共生性知识联系）。MOLE 已被用来生成了一个初步的轧钢机故障诊断专家系统。

SEAR 适用于有结构目标构造型。但它的推理机制不同于 SALT，也不是本节中给出的任何一种推理机制，它的运行基于 SOAR（见 9.2.2 节），因此知识库也是按照 SOAR 的原则划分的，共分四个部分：关于何时某一算子可成为候选者及何时某一算子应退出候选行列的知识，关于某一算子在候选队列中排序的知识，关于某一算子如何改变状态空间的知识，以及任务完成或失败的知识。SEAR 已被用来生成 VAX 计算机配置设计专家系统的知识库。

下面讨论专题模型。它大体上可分为两种。一种是小型的领域模型，或者说是前面提到的领域模型的子模型。另一种是某一领域专家的知识的抽象化，其适用范围即是该专家的知识的适用范围。我们来考察三个例子。

第一个例子是癌症治疗知识模型 OPAL。它的基础是癌症治疗专家系统 ONCOCIN。这是由斯坦福大学开发的。ONCOCIN 以一组规范疗法的形式存储它的知识。在表示上，知识库分为三个部分。一部分是框架，描述症状、药物及治疗方法的层次关系，例如化疗和放疗就是其中的两大节点。另一部分是规则，它们在框架体系的各个节点之间建立起推理关系，框架的节点成为规则中的参数。第三部分是过程性知识，用状态转换矩阵的形式记下在何种情况下应采取何种治疗措施。ONCOCIN 的推理方法基于逐步求精的骨架规划方法。由于在一个治疗方案中通常各子措施之间没有什么相互影响,因此可以一步求精到底,不需要回溯。

从知识组织的观点来看,癌症治疗只是一个专题,但事实上它也是一个很大的领域,需要不断添加新的疗法。OPAL 就是以 ONCOCIN 的已有知识为基础,向用户获取新的癌症疗法。OPAL 的知识分为四部分。第一,实体及关系知识,如症状、药名、剂量、疗法等;第二,癌症疗法描述知识,提供一组领域操作,可以建立或修改治疗方案;第三,病情条件描述知识,提供一组领域谓词,可以用来说明实施领域操作所需的前提条件;第四,治疗方案组建知识,可以用来构造完整的治疗方案。OPAL 提供一个图表式的界面,在上述知识指导下有针对性地向专家提问,专家只需在指定的屏幕空位上填入他的回答就行了。如相对于第一类知识的提问表格可能包括这样的内容:化疗名、周期、药物名、剂量、投药方式、最大一次剂量、最大累计剂量、可代用药物等等。相对于第二类知识的提问有一个操作菜单,菜单上的任选项有减少剂量、停药、换药、推迟用药、建立新疗法、跳过一个疗程等等。相对于第三类知识的提问按其背景知识划分为若干张屏幕表格,例如血液情况是一张表,化验结果又是一张表。每张表和上述操作菜单同时出现在屏幕上,以便用户同时指明操作及操作的条件。例如若专家在血液情况表上填:白血球<4 000,血小板在 8 万以下,并在菜单上选"禁药"项,则表示:当上述血液情况出现时不得用药。相对于第四类知识的获取在一个图形操作环境下进行,用户通过屏幕上图表的组合指明一个治疗方案。

OPAL 大大提高了用户的知识获取能力。原来在为 ONCOCIN 添加淋巴结癌的治疗知识时花去两年时间及一位专家的 800 个工作小时。添加三个乳腺癌疗法花去数月时间。有 OPAL 以后,一年之内增加了三十多个疗法。

第二个例子是中医处方知识模型。南京中医学院以及中科院计算所(和北京西苑医院合作)都设计过包含中医知识的治疗描述专用语言。使用这类语言特别适合于获取中医专家的知识。现以南京中医学院的 TCMDL 语言为例。它的设计目标是描述六方面的知识:辨证过程、药名药价医嘱、处方病理治法、处方用药、加减规则及教学分析。该语言的主要 BNF 表示有下面诸项:

〈组合症状说明〉::=〈标号〉〈组合症状名〉〈组合症状表达式〉

〈辨证条件描述〉::=〈标号〉〈标识部分〉/

　　　　　　　　〈辨证条件下限值〉:〈辨证条件表达式〉

〈标识部分〉::=〈证候名〉|〈姑拟证候名〉|〈证候集合名〉

⟨辨证顺序描述⟩∷＝⟨证候集合名⟩/⟨元素表⟩

⟨药名药价描述⟩∷＝⟨编号⟩⟨药名⟩{⟨药物煎服法⟩}⟨药价⟩/⟨计价单位⟩

⟨病理治法描述⟩∷＝⟨病理描述⟩⟨治法描述⟩

⟨处方描述组⟩∷＝{⟨处方描述⟩}ⁿ₁|{⟨成方描述⟩}⟨加减标志描述⟩⟨加减类别
　　　　描述⟩

⟨药物说明⟩∷＝⟨简单代换说明⟩|⟨规则说明⟩

⟨规则⟩∷＝IF⟨条件⟩THEN⟨动作⟩

⟨动作⟩∷＝⟨药物处理⟩|⟨病理治法处理⟩|……

⟨药物处理⟩∷＝⟨简单药物处理⟩|⟨复合药物处理⟩|⟨药物代换⟩|⟨混合处理⟩

⟨简单药物处理⟩∷＝⟨加若干味药⟩|⟨减若干味药⟩|⟨两者混合⟩

⟨复合药物处理⟩∷＝⟨用某药替换处方中某药⟩

⟨教学分析⟩∷＝⟨基本分析部分⟩|⟨随机分析部分⟩

⟨基本分析部分⟩∷＝⟨病因病理分析⟩|⟨治法方药分析⟩

⟨治法方药分析⟩∷＝⟨治法方意分析⟩|⟨药物分析⟩

⟨随机分析部分⟩∷＝⟨症状分析⟩|⟨药物分析⟩

以上是从 TCMDL 的语法公式集中摘引了一部分,当然不是完备的,但由此可知该语言的大概风格。计算所研制的语言与此类似。TCMDL 语言已被用来获取著名中医张泽生教授的脾胃病诊治与教学知识,并形成专家系统。

第三个例子是气象预报知识模型。吉林大学以基本的气象知识为基础,设计了一个气象预报骨架系统 CME。它的理论支柱中包括气团-锋面学说。CME 的知识库分为三部分:实况数据库、预报情况库和经验知识库。其中实况数据库的知识结构为:

⟨$k$ 时 $t$ 间隔实况数据 $DS(k, t)$⟩∷＝

　　⟨$k$ 时实况数据 $D(k)$⟩[⟨$k$ 时 $t$ 间隔历史数据 $P(k, t)$⟩]

⟨$D(k)$⟩∷＝⟨日期/时刻 $k$⟩⟨各天气系统数据⟩

⟨天气系统数据⟩∷＝⟨天气系统名⟩⟨空间位置⟩⟨强度⟩……

经验知识库由要素预报模型库和系统演变知识库组成。这里的要素是指待预报的天气现象,如大风、大雪、暴雨等,按要素分别组织成子库。系统演变指天气系统随时间的演变。经验知识库的知识结构为

⟨经验知识库⟩∷＝⟨要素预报模型库⟩|⟨系统演变知识库⟩

⟨要素预报模型⟩∷＝if⟨条件⟩then⟨要素⟩

〈条件〉∷＝（〈亚型族〉）|（〈亚型族〉）and〈条件〉

〈亚型族〉∷＝〈亚型〉|〈亚型〉or〈亚型族〉

〈亚型〉∷＝〈天气系统〉|〈天气系统〉and〈亚型〉

〈天气系统〉∷＝〈系统名〉〈空间位置〉〈物理参数〉〈可信度〉

〈系统名〉∷＝西风急流|副热带高压|西风槽|锋|锋区|高度涡旋|地面低压|高压|切变线|华北倒槽|气流|雨团|云团|－8度线|湿度

〈物理参数〉∷＝强度|热力性|已持续时间|生命周期|气压值|变压值|风向|风速|冷暖性

〈系统演变规则〉∷＝〈系统状态〉〈环境〉→〈系统状态〉〈环境〉

这里的系统状态是指天气系统在它生命周期中的某个阶段,如形成阶段、发展阶段、衰减阶段等,是确定的气象概念,与预报时的具体情况无关,后者体现在环境参数中。系统状态按其相互关系构成状态网络。系统演变推理就是在状态网络上的时态推理。上面的语法公式也是不完备的,只摘取了一部分。而且明显地只反映东北和部分华北地区的气象现象。CME系统已被用来生成了吉林地区春季大(暴)风雪预报专家系统。

TCMDL和CME两个系统在构造专题知识模型上均下了不少功夫,但与OPAL相比,在用户界面的设计方面尚显不足。其实,说到底,研究以知识模型为基础获取知识的问题,本质上是一个设计高级人机界面的问题,不过这不仅是通常意义上的窗口、图形那种界面,而更是一种接近领域专家的知识自然表示形式的界面。

人们注意到,构造一个以领域知识为基础的知识获取界面本身仍是一项繁重的任务。为了进一步提高它的自动化程度,知识获取界面的自动生成问题被提到日程上来。这一类技术的要点就是所谓获取知识的知识。一个典型的例子是斯坦福大学研制的PROTEGE。它是把OPAL再提高一步,构造一个能生成OPAL之类知识获取界面的系统。

PROTEGE的风格和OPAL类似。它由两部分软件组成:一个图表形式的知识获取界面和一个存储获取到的知识的关系数据库系统,后者起着PROTEGE中间语言的作用。PROTEGE有13种不同形式的图表,包括千余项提问,和OPAL一样,它使用的推理原则也是逐步求精的骨架规划方法。PROTEGE的知识模型包括三部分知识实体:

(1) 规划实体,它们构成骨架规划;

（2）领域操作，它们被用来修改规划；

（3）操作前提，它们是一些假设，施行操作前必须成立。

下面分别说明这三类实体。

规划实体构成由粗到细的一个框架体系，最高节点是总体规划，称为治疗方案。每个节点有一组属性，为以该节点为根的子框架体系所共有。属性赋值有三种方法：

（1）由 PROTEGE 的用户指定；

（2）由 PROTEGE 生成的知识获取工具的用户指定；

（3）由 PROTEGE 生成的知识获取工具生成的专家系统在运行时确定。

PROTEGE 的属性值有数据类型之分，有静态和动态值之分，以及单值和多值之分。有六种属性是 PROTEGE 固有的，即 NAME（规划名），STOP. CONDITION（何时中止执行规则），RESUME. CONDITION（何时恢复执行规划），POINT. PROCESS（规划是否正被执行），DEFAULT. RULES（框架使用的缺省规则），DURATION（疗程，按天计算），其余属性由 PROTEGE 的用户设置。因此，描述规划层次，指定各级属性，确定属性类型和赋值方法（包括计算属性的过程）就成了说明规划实体的主要步骤。

每个领域操作由两部分组成：一个过程性描述（脚本）及一组有待例化的属性。其中脚本是基本操作的一个序列。基本操作有六种：start, stop, suspend, resume, alter attribute 及 display。其语义从英文名字可以看出，至于操作前提，在 PROTEGE 中非常简单，每个条件取如下形式：属性值＝某常量。

在用户作了上述说明以后，PROTEGE 即把它们转换成一个以此说明为基础的知识获取工具，其工作方式类似于 OPAL 的图表方式，它所生成的专家系统的推理机制即 ONCOCIN 的推理机制。PROTEGE 已被用来生成了一个 OPAL 的等价系统 p-OPAL 及一个治疗高血压的知识获取工具 HTN。总的来说，PROTEGE 有一些很好的想法。但也有不少需进一步解决的问题。如它并没有彻底解决把以知识表示为基础的知识获取上升为以知识模型为基础的知识获取问题，它的用户必须用 ONCOCIN 的规则形式来建立属性求值和规划框架之间的联系。其次，它用于描述领域操作及其前提假设的语言过于简单，妨碍了用户用此语言描述复杂的领域知识。虽然据说对癌症治疗来说，这已经够了。但推广到其他医疗领域恐怕就有问题。

## 27.6　从文字资料获取知识

文字资料是一种重要的知识获取来源。研究者们已开发了多种不同的文字资料知识获取方法。大体上可分为四种类型。

第一种是人工分析方法。它主要提供一种分析方法学，由知识工程师，或领域专家，或两者合作分析文字材料，从中提取知识。

第二种是统计分析方法。它不考虑文章本身的含义，只对文章中出现的词汇作某种统计分析，以此获取知识。在场记分析一节中已经提到了这种方法的使用。它已经超出了知识工程的范围，成为语言学的有力研究手段。据说有人用这种手段识别了伪造的莎士比亚著作。在国内也有红学家用这种方法判断红楼梦后四十回非曹雪芹原著。还有人用它研究分析了老舍著作的文学语言风格等等。

第三种是自然语言理解方法。它不但用于作报刊文摘，也用来对有限范围内的技术资料，如设备使用说明书进行理解，获取知识。

第四种是知识编译方法。该方法不但使用某种语言规范（语法、语义、词汇表）来理解语言，而且用一个内在的知识模型来获取语言中所包含的知识，把它转换成内部形式，直至最后组织成知识库。

在本节中，我们只讲第一和第四种方法。其中第四种方法是重点。第二种和第三种方法已分别在前面简单地讨论过了，此处不再重复。

首先介绍人工分析方法。该法无一定常规。早期应用于知识获取的初期阶段，现在也应用于知识获取的后期，包括用来作知识验证。

在 Neuron Data 公司的 NEXPERT 系统中，人工获取书本知识被作为知识获取的启动手段。担任分析任务的是领域专家（DE），而知识工程师（KE）则从旁协助。大致步骤如下：

1. 把书本上关于某一任务的操作步骤改编成某种中间知识表示（DE）。

2. 在中间知识表示上加上每一步的执行条件、规则的强度、可信度等（DE）。

3. 进一步把中间知识表示改写成规则，并在推理机支持下初步运行和检查这些规则。

4. 向其他领域专家演示，征求他们的意见作为改进依据。

5. 把专家意见补充进知识库中，特别是加进规则调用的运行策略。

6. 转 1。

从上述操作规范可见,NEXPERT 并未提供书本资料分析的具体方法。现在我们再看一下卡塞斯劳滕大学提出的 COKAT 方法(Case-Oriented Knowledge Acquisition from Texts)。该方法的要点是用书本知识来检验一个已初步形成的知识库。主要步骤为:

1. 书面资料和实例的选定。由领域专家选定恰当的(针对当前领域的)参考文献。根据解题需要从中选取恰当的章节和段落,加上标记。

由知识工程师(必要时在其他领域专家协助下)选定该领域的一个实际问题及其解答。此实际问题的选定应在上述文献段落的选定之后。

2. 应用书面资料解释实例。专家设法用事先标记过的文献段落来解释这个实例的解答。如果需要,他也可以使用未标记过的文献段落。如果这还不够,他可以加上他自己的补充,包括对为何使用某些文献段落的解释。这三者合在一起构成对上述实例及其解的完整解释。

可以邀请多个专家重复做上述工作(用同一个实例和同一些文献段落)。

3. 对获取的知识进行分析。把在第 2 步中获取到的知识分为三类。包含在标记过的段落中的被用到的知识,也包含在标记过的段落中的未被用到的知识,以及专家补充的知识。后者包括使用未标记过的段落,专家个人的经验以及领域常识。

对第一类知识,可以分析专家使用它们的次序,把每一步转化为规则,并把整个解释过程转化为一株证明树。比较不同实例的证明树即可搞清专家的推理过程。

对第二类知识,可以进一步区分,是它们本身有问题,还是它们被专家忽略了,还是在本例中不需要它? 如果某段知识对这个实例来说确是不需要的。则对这段知识打一个问号。如果知识本身有问题,则应请专家给予说明或作必要修改。对于被专家忽略的知识,则应请专家重新考虑他的解释并给出忽略的理由。这些理由也许可以成为未来专家系统运行时使用的控制知识。

这三步都作完之后,可以选择新的例子重复这一过程。在多次重复之后,观察:不同的例子是否使用了不同的知识段落,依此可以对例子和知识进行分类。对那些为大量实例所不用的知识,可以考虑不放在知识库中。

我们对这个方法作如下评论:从某个角度看来,本方法带有基于解释的学习的思想。但不是由机器,而是由人完成的。看来该方法的研究者本人并未意识到这一点。因而基于解释的学习中的一些好的思想,如泛化,未能推广到这里来。在这方面可以深入研究许多问题。其次,实例的选择是很有讲究的。例如,已经解释过的实例对未来实例的选择有什么影响? 解释的内容和方式,以及解释过程中遇到的问题对选择新例又有什么影响? 例子个数以多少为合适? 等都是值得推敲的。第三,如果多个专家对同一实例解释不一样,甚至有矛盾时该怎么办? 研究者似乎未考虑这一点。最后,这个方法依赖人工的程度太大,似乎难以用于大本的书籍和复杂的例子。此外,它要求知识工程师和领域专家必须紧密合作。这一个缺点,恰好在下面我们将要介绍的方法中得到较好的克服。

通过自然语言理解获取专业技术知识,国内外都有人作过试验。一般是直接获取解题所需的过程性知识,例如从设备说明书获取设备使用规则。此处要介绍的一个系统 AUTOCON(AUTOmatic CONstruction of expert Systems)则是把自然语言理解和机器学习结合起来,该系统的目标是,输入一批用中文自然语言写的技术资料,即可输出一个以这些技术资料中所含知识为基础的专家系统。AUTOCON 的系统结构分为三部分:中文自然语言理解接口 IUC,基于实例归纳的机器学习程序 GPMIL,和基于框架的专家系统开发工具 FEST。它们的工作流程是:首先由 IUC 接受并分析理解用中文自然语言写的实例性技术资料,把从分析理解中得到的、与所要解决的问题类有关的知识抽出来交给 GPMIL。后者阅读这些实例资料(此时已整理成一张张的属性——值表,每张表代表一个实例),并用归纳学习方法从这批实例资料中提取规律性的知识,形成规则。最后,FEST 把 GPMIL 生成的规则库转换为框架形式并把框架知识库和一个框架推理机相结合,形成一个专家系统。该专家系统运用时也利用一个中文理解和中文输出接口,整个系统结构如图 27.6.1 所示。

AUTOCON 的三个子系统分别由李小浜、周孔骊、吴辉荣完成。用它做的第一个试验是自动生成一个青光眼专家系统,北京协和医院的眼科大夫提供了 300 多份病历,其中 250 份用于 IUC 的中文资料输入,由 AUTOCON 自动加工并生成专家系统 AUTO/GC。为了考查 AUTO/GC 的诊断能力,同时构造了两个类似的专家系统,一个通过与专家交谈获取知识,另一个通过人工阅读获取知识,分别称此二系统为 $G_1$ 和 $G_2$。周孔骊等用余下的 50 份病历对这三个系统进行了考核,结果,其判断正确率分别为:AUTO/GC 97%,$G_1$ 100%,$G_2$ 50%。

原则上,AUTOCON 是与领域无关的,但它需要与领域有关的知识的支持,AUTOCON 的三个组成部分都满足下列两个要求。第一,每部分都由两个模块

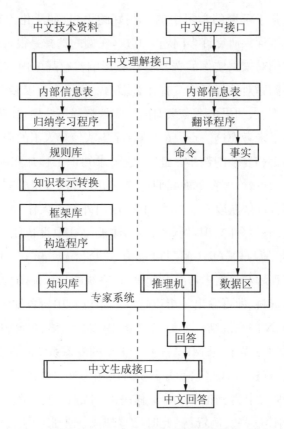

**图 27.6.1  AUTOCON 的系统结构**

组成：一个与领域无关的算法部分，和一个与领域有关的知识库，更换领域时，只需更换第二个模块就行。第二，每个模块都能起双重作用，它既能作为 AUTO-CON 的一个组成部分工作，又可以独立地作为一个专家系统开发工具来使用，或作为其他开发环境的一个组成部分。

AUTOCON 的领域知识库的主要部分，是一个领域知识模型，与 27.5 节中的 TCMDL 及 CME 模型很相似，为了支持自然语言理解，这个知识模型写成文法形式，称为语义文法，除了要全面、准确地表达知识内容外，该语义文法还要符合医生写中文病历的行文习惯。因此为构造知识库，必须首先人工阅读约 20 份病历，把文法总结出来，这也是一项比较费时的工作。后来柳英辉研究了在计算机辅助下获取语义文法的技术，构造了文法获取工具 CALAS，不过也只能说是处于实验室阶段。

比较从文字资料获取知识的不同途径，可以看出：人工获取的方法效率太低,难以用来开发大型、实用的知识库。统计分析方法获取的知识十分有限,而且位于很浅的浅层,只处于词汇阶段,不能用来学习系统的解题知识。自然语言理解方法虽有诱人的前景,但困难太大,目前尚离不开人的干预,它离真正实用化尚有一段距离。下面给出一种新的方法,称为知识重组方法,又称书本知识库快速成型方法。它的要点是:设计一种十分接近书本语言形式的受限自然语言,同时要求它是一个没有二义性的计算机语言。开发知识库时,知识工程师首先根据专家推荐找来载有领域知识的书籍,然后基本上逐句逐段地把书本语言翻译成该计算机语言(称为书本知识描述语言)。由于该语言是无二义性的,翻译后的文字即是一个程序,可以被编译,并被整理加工成一个知识库,配上推理机即成为专家系统。这样做的好处是:第一,减轻知识工程师学习新知识的负担。他在翻译书本知识时,无需事先把整本书看完,甚至也不需看完一章、一节。只需像外文翻译似地依次照翻即可;第二,由于同样的理由,减轻了知识工程师整理知识的负担;第三,获得了类自然语言表示的好处而又回避了自然语言理解的困难。自然语言的二义性问题在翻译过程中被人脑轻易地过滤掉了;第四,可以把知识获取(知识库构造)分为两步。第一步用书本知识描述语言获取知识,生成书本知识库。第二步再用专家经验对知识库求精,生成名副其实的专家知识库。这种两步法,松弛了知识库构造阶段知识工程师对领域专家的依赖关系。第五,快速成型。现在我们来看一下这个思想的具体实现。

　　在上述总的原则的指导下,关键在于书本知识描述语言的设计。作为第一步,这个语言是面向有穷无结构目标搜索型的(见 27.5 节)。因此,它的知识整理的结果是一个框架体系。从这个意义上说,本方法可以看成是框架体系的机器学习方法(与机器学习部分的规则学习和决策树学习相对照),实现的系统称为 PROTEX。定下知识模型以后,语言可以有不同的风格和实现方法。崔青实现时采用了宏方法。他首先设计并实现了一个核心语言,该语言基本上是一个框架表示语言。用户用核心语言描述的知识经编译加工后形成一个知识库。为了使用户能以更接近自然语言的形式工作,他设计实现了另一个语言 SPTDL (Sentence Pattern Transformation Definition Language)。用户可通过 SPTDL 定义各种自然语言句型,使知识工程师只需和自然语言句型打交道即可。用类似书本自然语言形式的语句描述的知识,经宏加工程序 GSPT 处理以后转换成核心语言程序的形式,再进一步加工成知识库。

　　这样得到的知识库还只能称为书本知识库。潘志青构造了一个知识求精工具 KBRS。把 KBRS 和配上推理机的书本知识库一起交给领域专家,领域专家即可输入一组已有确认结论的实例,KBRS 能自动把实例的推理结论和书本知识库相比较,若不符,即自动找出问题所在(哪一条规则不合适),建议专家改正,这叫知识求精或知识维护(见 28.2 节),通过求精,即可得到一个真正的专家知识库,当然专家也可直接修改书本知识库。整个流程如图 27.6.2 所示。

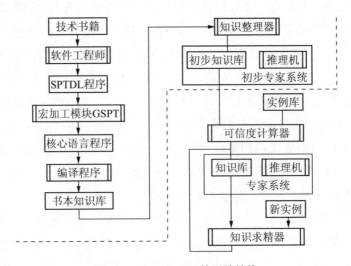

**图 27.6.2  PROTEX 的系统结构**

在这里,我们主要感兴趣的不是框架的具体形式(即核心语言的具体形式),这种形式可以随需要而设计。我们感兴趣的是核心语言编译以后所作的知识整理,它有如下几方面的内容:

1. 知识的归类集中。书本知识结构与知识库结构大不一样。有些在知识库中成组块存放的知识,有可能散布于一本书的各处(例如在一本讲金属的书中,关于铜的物理性质,化学性质,化合物种类,工业应用,矿藏分布等可能分散在各章中叙述)。系统应把它们集中成组块形式,包括:

(1) 同名框架的集中和归并。

(2) 对归并后的框架检查其一致性和冗余性,包括类型一致,父子联系一致,以及同一属性槽的取值方法一致等。

2. 知识的联网。为了组成合理的框架体系,需要检查

(1) 各框架中所指的父框架和子框架是否确实存在。

(2) 是否发生父子框架循环现象?

（3）除了根框架之外，是否发生有些框架无父框架的现象？

（4）是否发生父子互不相认现象？即：框架 $A$ 的属性集是框架 $B$ 的属性集的子集。并且对这一部分属性来说，相应的值完全一样或至少 $B$ 的属性值满足 $A$ 的属性值的条件。图 27.6.3 是这种情况的一个例子。在那里，飞机应该是战斗机的父框架，但书中未显式指出。

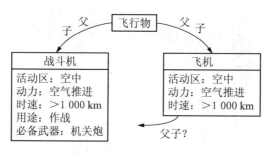

**图 27.6.3　父子互不相认**

3. 知识的补充配齐。此时框架内部仍然可能存在混乱现象，其中包括：

（1）只有槽（属性）名而无槽值。如根据文字"长城、浪潮、紫金、东海都是个人微电脑，其中长城 286 型主频可达 25 兆赫"整理出来的框架中，浪潮、紫金、东海及长城其他型号均只有槽名"主频"，而无槽值。

（2）只有槽值而无槽名。如"长城机用的是 DOS"，只说 DOS（槽值）而未给出槽名（操作系统）。

（3）同一槽有不同名称，如"长城机的机框是 $a×b×c$ 厘米，浪潮机的机箱也是 $a×b×c$ 厘米"。这里的机框和机箱指的是同一个槽。

以上说的这些知识整理，不能完全由机器独立地做，有时要依靠人的干预，特别是在发现问题而缺少解决问题的信息时，需要向用户求助。总的说来，崔青做的是在书本知识描述语言方面的第一个尝试。这项工作使我们获得了一些经验。它的主要不足之处是上述知识整理基本上是语法性质的。为了深入到语义层中去，曹存根设计了第二个书本知识描述语言 BKAS，整个知识获取（及专家系统生成）系统称为 CONBES，其工作流程如图 27.6.4 所示。

BKAS 仍然以有穷无结构目标搜索型作为基本模型，但是采取了有语义的关键词匹配方法。BKAS 的关键词分三级。第一级是系统关键词，基本上与领域无关。如"如果……那么"，"称为"，"是"。第二级是领域关键词，主要适用于有

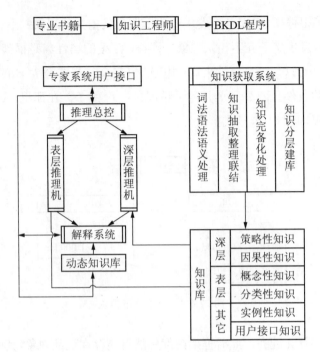

**图 27.6.4　CONBES 的系统结构**

穷无结构目标搜索型。目前以分类和诊断领域为主,如"诊断","病例","分类为"。第三级是用户关键词,可以由用户根据自己的使用习惯自己定义并加入库中。

　　一个 BKAS 程序由七种基本程序结构的任意复合组成。这七种基本程序结构是:可省略章,因果模型章,分类结构章,原理章,对象章,实例章,接口章。每一种程序结构大体上就是一段书本语言组成的文字,其中杂以各种关键词。不同章的区别在于所使用的关键词不完全相同。又因关键词是有语义的,所以不同的章起的作用也不一样,如果说关键词体现了语义,那么章的结构就体现了语用。下面,我们以《红娘学》一书中内容为例,说明不同的章和关键词在描述书本知识过程中所起的作用。

　　因果模型章:因果模型章以因果引导句开始。因果引导句有两种。一种是目标引导句,例如:

　　<u>产生</u>　大龄未婚　<u>常见</u>　<u>原因</u>:

其中<u>产生</u>,<u>常见</u>,<u>原因</u>等带下划线的词是关键词(下同),而大龄未婚则是一个目标。另一种是假设引导句,如

<u>造成</u> <u>性情孤僻</u> <u>常见</u> <u>重要</u> <u>原因</u>:

中的性情孤僻就是一个中间假设。在引导句后面的是因果模型章的主体。如在大龄未婚的目标引导句后可以跟这样的主体:

1* 性情孤僻:……

2* 容貌欠佳:……

3* 择偶条件过于苛刻:……

分类章:分类章也有分类引导句和分类章主体的结构。分类结构允许嵌套。例如:

男青年的择偶标准 <u>分类为</u>

1* 贤妻良母型:……

2* 漂亮活泼型:……

漂亮活泼型 <u>分类为</u>

(1)* 善于社交型:……

(2)* 天真无邪型:……

3* 志同道合型:……

原理章:原理章用于描述领域对象的工作原理或活动规律,以及领域对象在分类过程中的作用。原理章也分为引导句和主体两部分。原理章适合于描写深层知识,例如:

<u>如果</u> 婚姻受过挫折 <u>那么</u> <u>引起</u> 对异性不信任感 <u>导致</u>拒绝交异性朋友。

对象章:对象章中的对象既可以是抽象的也可以是具体的。对象章用于描述各对象的属性,结构及功能。这是领域知识中静态本体的重要组成部分。具体例子如:

<u>相关于</u> 择偶 <u>的</u> 条件/对象

1* 住房:<u>因为</u> 结婚必须安家 <u>所以</u> <u>如果</u> 没有住房 <u>那么</u> 就谈不上结婚。

2* 经济条件:<u>如果</u> 工资不高 <u>那么</u> <u>产生</u> 经济拮据 <u>导致</u> 抚养孩子困难。

3* 学历:<u>一般地</u> 要求中专以上。

实例章:用于表示书本上的实例。实例章的开头应用关键词标明该实例所

属的领域(也即该实例所属的概念,如动物,植物,矿物等)。在《红娘学》中的实例是:

<u>征婚者</u>:大龄未婚青年

<u>姓名</u>　向德梅

<u>性别</u>　女

<u>择偶条件</u>　三居室住房、1 000 元工资、上无父母、下无子女。

<u>接口章</u>:作为章、节的开头和结尾,起承上启下的作用。包括:

1. 因果模型的概括。

<u>产生</u>　反对老人再婚　的　<u>原因</u>　<u>包括</u>:感情问题,经济问题,社会舆论问题。

2. 目标属性的概括。

<u>诊断</u>　家庭不和　<u>相关于</u>:经济、地位、性格、品德。

3. 属性取值范围的概括。

<u>征婚者</u>　的　婚姻状态　<u>可以是</u>　未婚、离异、丧偶。

<u>可省略章</u>:相当于一般程序中的注解。

除了上面给出的例子以外,还有许多其他句型和关键词,在此不一一列出。为了更好地说清楚语言的概貌。下面综述几类重要的关键词。

1. 否定词:<u>不</u>,没有,<u>不能</u>。

2. 逻辑连词:<u>或</u>,<u>与</u>,<u>或者</u>,和,<u>抑或</u>。

3. 被动词:<u>受</u>,<u>被</u>。

4. 程度副词:包括计量副词(<u>过量地</u>、<u>大量地</u>、<u>少量地</u>等),范围副词(<u>全部地</u>、<u>大部地</u>、<u>部分地</u>等),力度副词(<u>猛烈地</u>、<u>强烈地</u>、<u>轻微地</u>等),时间修饰词(<u>长期地</u>、<u>缓慢地</u>、<u>短暂地</u>等),规则修饰词(<u>规律地</u>、<u>无规律地</u>、<u>混乱地</u>等),重要性修饰词(<u>一般地</u>、<u>主要地</u>、<u>次要地</u>等),可能性修饰词(<u>可能</u>、<u>必然</u>、<u>有利于</u>等),等等。

5. 时间连词:<u>以前</u>,之时,<u>以后</u>,<u>之内</u>。

6. 量词:<u>大约</u>,<u>以上</u>,<u>以下</u>。

7. 定义词:是,<u>是指</u>,又叫,<u>也称</u>,<u>称为</u>,<u>性质是</u>,<u>包括</u>,<u>属于有</u>,<u>为</u>。

8. 功能词:<u>功能是</u>,<u>机能是</u>。

9. 因果词:<u>如果</u>,<u>那么</u>,<u>因为</u>,<u>导致</u>,<u>引起</u>,<u>产生</u>,影响,<u>出现</u>,<u>所以</u>,若,<u>使得</u>,<u>原因</u>,<u>造成</u>。

BKAS 的实现系统 CONBES 有如下几个主要特点:

1. CONBES 接受的语言,即 BKAS,表面上几乎和书本自然语言没有什么差别,因此十分便于使用。

2. 关键词数量大(目前有 200 多个),在诊断领域中相对完整。因此能比较精确地描述书本语言中的语义。

3. 大量关键词是针对因果模型的,使得该系统不仅能获取书本中的表层知识,还能获取书本中的深层知识。CONBES 备有两部推理机:表层推理机和深层推理机,可以交替或混合使用。CONBES 还把书本中的原理性知识装配成解释词典和预制解释文本,供用户调用。

4. BKAS 程序中包含的对象描述知识被 CONBES 用来自动生成提问菜单。

5. 书中的实例被收入 BKAS 的实例库,供查询或推理之用。

因此,CONBES 能比较充分地获取这一类领域书本的知识并加以利用,但距获取全部知识尚有一定距离,如公式、图表等知识表示形式需要特殊的获取手段。另外,CONBES 目前只有一种知识模型,进一步应该扩充其他知识模型。

# 习 题

1. 选定一个领域及一位领域专家,把 LA FRANCE 的提问大纲具体化为该领域的问题,然后向专家提问,获取知识。在此过程中遇有需要时可自己补充新的问题,最后把获取到的知识和问题分别整理,并研究如何用你的经验来修正和丰富 LA FRANCE 的大纲。

2. 研究:我们在 27.1 节前半部分列出的一组谈话技术能否用来修正和丰富 LA FRANCE 的提问大纲。

3. 把下列记者采访导弹专家时的谈话改编为 27.2 节中的操作元序列 FPCL 和相应的解题描述树,其中记者发言以 $J$ 表示,专家发言以 $E$ 表示。

$J$:现在各国都在发展导弹,请问什么样的导弹最有效?

$E$:这不好说,取决于使用目的,如远距离可用战略导弹,近距离可用中程或短程导弹。

$J$:什么叫远距离?

$E$:大约 3 000 公里以上吧,1 000 公里左右是中距离,近距离多在二三百公里以内。

$J$:为了导弹威力大,是否应多装炸药?

E:多装炸药能提高导弹威力,但也增加了导弹重量,所以不能过多装炸药,要巧装炸药。

J:什么叫巧装炸药?

E:在导弹头部圆柱形炸药的一端制成锥形凹槽,则炸药爆炸时能量在凹槽处集中释放。这个槽叫聚能槽,配有聚能槽的炸药室叫反装甲战斗部,能击穿很厚的钢板。

J:力量很大吗?

E:很大,聚能流速度可达每秒一万米。

J:还有更有效的办法吗?

E:有,在反装甲战斗部外面罩一层金属罩,能提高破甲效能达四倍。

J:为什么?

E:因为它能产生高能量的金属聚能流。

J:如果对方用反导弹怎么办?

E:可以使用多弹头分导技术,让对方防不胜防。

J:可是成本高了,重量也增加了。

E:其中大部分弹头可以是假的么,这样花钱少,重量也轻,能迷惑对方就行。

J:怎样找到目标?

E:把一幅地图装在导弹头部,按地图飞行就不会错。

J:怎样躲过对方雷达?

E:有了地图就可超低空飞行,叫巡航导弹,对方雷达一般不易发现。

J:要是对方用预警飞机呢?

E:可以在导弹上涂吸收雷达波的材料,使之隐身。

4. 在关于服装保护的一场谈话中,有几个基本操作元没有用到。它们是:DEL, MOD, PRC, SPE, CLA, SEQ, PPT, SPT。试制作一份场记,其中含有这八个操作元的功能,并做相应的场记分析。

5. 在图 27.2.2 中没有用到循环与叉和选择与叉,试构造实例以使用它们。此外,在算法 27.2.1 中也没有提到处理哪种操作元时将生成循环与叉,是否能把该算法设计得更精确一点,以便用上循环与叉?

6. 对方法 27.2.1 的第 5 步构造详细算法。

7. 对方法 27.2.1 的第 6 步构造详细算法。

8. 在场记分析中会不会遇到递归求解问题的情况(例如,在叙述复合函数求微分的规则时)? 我们的解题描述树能表述这种情况吗? 若不能,应作何种改进?

9. 在图 27.2.2 中子节点"躲过中午阳光"出现了两次,如果把它们合成一个节点将会怎样? 把这个问题与上题中的递归求解问题联系起来,是否可以认为用图而不是用树描述解题过程更为方便? 试讨论两种方案的优缺点。

10. 在描述一个复杂问题的求解过程时,解题描述树将会变得十分庞大并失去直观,有没有一种模块化的办法把解题树分解为各种部件,可以随时拆卸和组装?

11. 我们在本章中以五位红楼人物为例,运用分类表格技术对她们分组,试加入更多的红楼人物,如"金陵十二钗正册"和"副册"中的人物,再加入更多的属性,用分类表格技术对她们作更全面的分类。

12. 以下是红楼梦中的 12 段咏菊诗,每段 2 句,试从内容、风格、技巧、思想性等多种属性,利用分类表格技术对它们分类:

(1) 忆菊:空篱旧圃秋无迹,瘦月清霜梦有知。

(2) 访菊:霜前月下谁家种,槛外篱边何处秋。

(3) 种菊:昨夜不期经雨活,今朝犹喜带霜开。

(4) 对菊:萧疏篱畔科头坐,清冷香中抱膝吟。

(5) 供菊:霜清纸帐来新梦,圃冷斜阳忆旧游。

(6) 咏菊:毫端蕴秀临霜写,口齿噙香对月吟。

(7) 画菊:淡淡神会风前影,跳脱秋生腕底香。

(8) 问菊:孤标傲世偕谁隐,一样花开为底迟?

(9) 簪菊:短鬓冷沾三径露,葛巾香染九秋霜。

(10) 菊影:窗隔疏灯描远近,篱筛破月锁玲珑。

(11) 菊梦:睡去依依随雁断,惊回故故恼蛩鸣。

(12) 残菊:蒂有余香金淡泊,枝无全叶翠离披。

13. 在形成分类表格时,为什么每次取三个元素(算法 27.3.1)? 如果取 4 个,5 个,或 6 个,7 个元素,将会怎样?

14. 有时,可以把算法 27.3.1 的第 9 步改为"转 5",或把算法 27.3.3 的第 $8'$,$9'$,$10'$ 步的"转 3"改为"转 5",问:(1)这样做有什么好处? (2)算法 27.3.2 应如何相应修改?

15. 除了双极属性和多极属性外,分类表格有没有可能采用偏序属性? 试问:(1)这样做有什么好处? (2)应如何修改各算法? 请找出适合于使用偏序属性的实例,并对它们运用修改后的算法。

16. 如果在分类表格中允许对属性加权,哪些算法应作相应修改? 什么样的实际问题适合于(或需要)对属性加权? 试计算一些实例。

17. 分类表格中的元素也可以加权吗? 什么情况下这种加权办法比较有用? 试修改有关算法并计算实例。

18. 在27.3节中,属性的蕴含关系是用语言表示的,如"凡工于心计的,老祖宗都比较喜欢"。试问:(1)若要改成定量的不精确推理方式(如用可信度或模糊逻辑)应怎样修改算法? (2)在属性加权的情况下如何修改?

19. 在27.3节中,我们对元素之间的相异性和相似性比较,以及属性之间的相关性和相似性比较给了不同的定义,用了不同的方法,试问:(1)为什么对元素和属性要采用不同的方法? (2)把两种方法交换一下应用对象,将会有什么结果?

20. 在27.3节中对元素分类时产生了多个层次。对属性分类也可有多个层次。方法之一是运用该节中定义的属性相似性概念(算法27.3.6),用和元素一样的方法进行分层。方法之二是深入分析属性的蕴含关系,列出各种可能的多层蕴含(如由"不算不善于理家"推出"不算不工于心计",由后者又推出"人缘不算不好",由后者又推出"老祖宗不算不喜欢")及多条件蕴含(如由"有才华"加上"锋芒毕露"推出"不工于心计")。方法之三是针对已有的属性向专家提出进一步的问题。一种问题是:"为什么说 $x$ 具有属性 $y$?",对它的回答可以构成比现有属性低一层的属性。另一种问题是:"$x$ 具有属性 $y$ 使得 $x$ 怎么样了?"。对它的回答可以构成比现有属性高一层的属性。试比较这三种不同方法的用途和优缺点,并设计适当的算法实现之。

21. 上题的三种方法可以组合使用吗? 试分析其可行性及优缺点。

22. 用 Schank 的原子动作思想细化 La France 的脚本类知识表示,使之能描述下列段落。

"从建设单位收入固定资产时,应根据建设单位编制的交接凭证(如交接清册),办理交接手续;用专用拨款或专用基金购建的固定资产,也应编制交接凭证(如交接单),在企业内部办理验证交接手续。在交接凭证中,应详细列明每项固定资产的名称、规格、技术特征、数量、单价、附属物、预计使用年限等资料,作为核算的依据。固定资产无偿调拨,应由调出单位根据上级调拨命令、编制调拨单,详细列明各项指标。固定资产的有偿调拨还应填入应付的价款。一切交接凭证都应由交接双方签证。并由会计部门认真审核,最后报上级部门备案,对违反国家财经纪律者应拒绝执行,并报请有关部门处理。"

23. 用某种领域知识模型细化 La France 的概貌类知识表示,使之能描述下列段落。

"河流的侵蚀作用表现为河槽的下蚀和侧蚀以及其他的形式。下蚀把河槽蚀深,降低河底,这种侵蚀作用在河流上游表现最为明显。河流的侧蚀也叫旁蚀,是水流侵蚀两岸,使河岸后退,河槽加宽,河弯曲率加大,在河流的中、下游常常可以看到这种侧蚀。侧蚀作用往往使河岸被冲塌,对农田建设和沿江城市的建筑物带来很大的危害。此外,河流还向着源头方向侵蚀,叫作向源或溯源侵蚀。"

24. 分析并画出下列例子的静态本体(参考图 27.4.2)。

(1)"从古生代的寒武纪开始,地层里出现了较高级的无脊椎动物,种类繁多的三叶虫就是一例。三叶虫可分为头、胸、尾三部分,在浅海生活,属节肢动物,相当现代虾蟹一类动物的远祖。海生无脊椎动物的出现和繁盛是生物进化的一次重大飞跃。到了泥盆纪,鱼类十分繁盛,鱼类属于脊椎动物,从无脊椎动物发展到脊椎动物,这又是动物界发展史上的一次大的飞跃。"

(2)"地球是太阳系中仅有的一个有海洋的星体。太平洋、大西洋、印度洋、北冰洋和南冰洋形成了一个彼此相通的大洋,欧亚大陆、美洲大陆、非洲大陆以及南极洲和大洋洲都是这个大洋中的岛屿。大洋的总面积是 3.6 亿平方公里,占地球表面积的 71%,它的容积,按平均深度 3.7 公里计算,约为 13.4 亿立方公里——相当于地球总体积的 0.15%。海洋中所含的 $H_2O$ 相当于地球上全部 $H_2O$ 的 97.2%。"

25. 用 27.4 节的概念描述语言改写下面的一段文字:

"分子由一些原子组成。原子由原子核和在核外的一些电子组成。原子核由一些中子和质子组成。电子绕原子核高速运转。能量较高的电子离核较远,能量较低的电子离核较近。电子一共分为七层,分别用 $K$、$L$、$M$、$N$、$O$、$P$、$Q$ 七个字母表示。每层可容纳的电子数有一定的限度。第 $n$ 层里的电子数最多为 $2n^2$ 个,第一层最多容纳两个电子,第二层最多容纳 8 个电子,第三层最多容纳 18 个电子。已达到最高容纳数的电子层叫饱和层,否则就是不饱和层。"

26. 把下列文字改编为 27.4 节中的动态本体图:

"把蝾螈的一个受精卵,用一根细头发在一定的位置上扎起来,使受精卵一边含有细胞核,一边没有细胞核。等到有细胞核的那一半细胞进行了细胞分裂,产生出大约 8 个或 16 个细胞的时候,让一个细胞核进入原来没有细胞核的那一半受精卵的细胞质里,于是这一半细胞质由于有了细胞核也进行了细胞分裂。结果两边的细胞都能进行发育,各自产生出正常的胚胎。所不同的是一个个体大些,因为它先进行了细胞分裂,一个个体小些,因为它以后才进行细胞分裂。"

27. 把下列文字改编为 27.4 节中的策略本体图:

"如果有一定数量的阔叶树(或者灌木)与松树混生一起,形成混交林,则复杂而隐蔽的环境,充分的食物供应,就会使鸟类易于栖身和繁殖,吃阔叶树的昆虫和小型肉食性昆虫(蜘蛛、蜻蜓等)数量也较多。在树林的保护下,各种野花得以较好地生长,从而为多种寄生蜂提供充足的花粉花蜜,使它们较快地发展,成为松毛虫的天敌,限制它不能大批增长。"

28. 把下列文字改编成 27.4 节中的策略本体:

(1)"能使敌人自己来上钩的,是以小利引诱的结果;能使敌人不能到达其预定地域的,是以各种方法阻碍的结果。所以,敌人休整得好,能设法使它疲劳;敌人给养充分,能设法使它饥饿;敌军驻扎安稳,能够使它移动。

出兵要指向敌人无法援救的地方,行动要在敌人意料不到的方向。行军千里而不疲困的,是因为行进在没有敌人及其没有设防的地区。进攻必然得手的,是因为攻击敌人不注意防守或不易守住的地方;防守必然巩固的,是因为扼守敌人不敢攻或不易攻破的地方。"

"用示形的办法欺骗敌人,诱使其暴露企图,而自己不露形迹,使敌人捉摸不定,就能够做到自己兵力集中而使敌人兵力分散""我就能以十倍于敌的兵力打击敌人""做到以众击寡"。

(2)"作手为了抬高股票,在抬高过程中故意制造卖压,好让低价买进的坐轿客下轿,以减轻拉抬压力,这种举动就叫洗盘。"

"在股票市场操纵哄抬,用不正当的方法把股票抬高后卖掉,然后再设法压低行情,低价补回。这叫作手。"

"空头卖出股票后,股价非但不跌,而且一路上涨。空头害怕,赶紧补回卖出的股票,反空为多,称为轧空。"

"先买后卖或先卖后买股票的行为称为平仓。在股票交易中,当亏损且押金不足时,投资者如还不平仓,则应将所亏之数目补入,称为补仓。"

"投资人原本预期价格上涨,但买进股票后股价却下跌,但又不甘心卖出,只好抱着股票,称为套牢。"

"预期利多或利空消息即将公布,股价必将随之大幅涨落,于是先期买进或卖出股票,等待消息一出现,大家抢进或抢出,使股价大涨或大跌后由卖出或买回股票获取厚利,称为坐轿。"

29. 在 27.5 节的开头给出了六类领域知识模型。试指出下列专家系统的知识领域应属于这六种模型中的哪一种模型:

(1) 寻找培养良种鸡的方案。

(2) 预报火山爆发的日期。

(3) 估计柴达木盆地的石油储量。

(4) 对博物馆的蝴蝶标本分类。

(5) 设计一个新的集成电路。

(6) 教授关于基本粒子的知识。

(7) 分析考古队挖掘出的墓葬属于哪个朝代。

(8) 充当电脑红娘。

(9) 给公安局破案当助手。

(10) 根据顾客特点设计新的时装。

30. 找一本你最熟悉的教科书,用 27.6 节的书本知识语言 BKDL 改写之。通过改写,请你对该语言的适用性发表意见:它能确切地描述书中的内容吗? 描写起来方便吗? 应该修改和补充哪些内容?

# 第二十八章

# 专家系统

## 28.1　专家系统组织

专家系统的结构无论怎样变化,其基本组成均如图 28.1.1 所示。

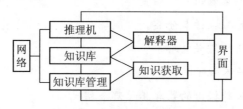

**图 28.1.1　专家系统的基本结构**

在这个基本结构中,最核心的部分是推理机和知识库,这是任何专家系统都不可缺少的。本书的第一部分讲了知识表示,与本专家系统有关的领域知识就是按一定的表示形式组织在知识库中的。推理机反映专家的思维、解题过程,它在知识库上操作,利用这些知识来分析问题数据并得到相应的结论。推理机本身也包含知识:关于如何运用知识库中领域知识的知识,俗称元知识,常表现为控制知识的形式。在较为精细的专家系统结构(如下面要提到的双黑板结构)中,控制知识被进一步从推理机中分离出来。本书第二部分讲了搜索技术,推理机中与领域无关的知识主要就是搜索技术,它知道应该怎样从很大的可能解集合中去寻找我们所需要的解。在这一节里将要对推理技术作一些补充,主要是如何把基本的搜索技术组织成解决某类领域问题所需要的搜索策略。有一类重要的推理技术称为不精确推理,它特别能反映领域专家解决问题的方法。第 26章专门讨论过这个问题。

有了知识库,就要有知识库管理系统。在最简单的情况下,专家系统(或专家系统工具)不提供任何知识库管理系统。一切知识都用通常的正文编辑程序编辑后输入。它不进行知识格式的检查,实行"文责自负"。这好像一个没有语法检查的高级语言编译程序一样,肯定要闹出乱子来,但是知识库管理系统的职责并不限于检查用户输入的知识是否符合规定的格式。它更重要的任务是检查输入知识的内容是否有问题,包括知识是否有冗余? 知识是否有矛盾? 等等。当然这些检查都是以用户自己输入的知识为依据的。它不考虑用户输入的知识实际上究竟对不对,只考察它们是否符合逻辑上公认的准则。例如,知识库管理系统不会对下列规则:

$$\text{天在下雨} \longrightarrow \text{天上无云} \tag{28.1.1}$$

提出质疑,除非它与另一条规则相抵触。如果知识库中有了像式(28.1.1)这样的规则,要靠知识求精系统来解决。

知识库管理系统的另一功能是知识检索,它的静态检索功能类似于数据库的检索功能,而动态检索功能则要把推理过程中使用知识的情况显示出来,这是数据库管理中所没有的。

知识获取是知识工程的瓶颈,本书专门用一章(第 27 章)讨论这个问题,其中提到了在知识工程的整个生命周期都存在知识获取问题。第 27 章主要阐述了早期和中期的知识获取,后期知识获取(知识求精)在 28.2 节中讨论。

为了得到用户,特别是专家用户的信任,许多专家系统都配备有解释器,以便向用户解释推理的结果和在推理过程中发生的一切。它不仅能"说服"用户相信自己的推理,也能帮助用户来挑推理中的毛病,从而改进知识库。本书把解释器的概念扩大为知识界面的概念,并在 28.3 节中详加说明。

和一般的应用软件一样,专家系统也需要良好的用户界面。多窗口、多菜单自不必说,多媒体也正在逐步普及。图形和自然语言接口是让专家系统"接近群众"的重要手段。我们所说的知识界面也要通过这些形式来体现。

网络接口是通向计算机网中其他节点的通道,这些其他节点可以是数据库、知识库或别的专家系统。网上的多个专家系统可以构成分布式专家系统。

以上是关于专家系统组成的一个简要说明,下面仅就推理机的组织展开进一步的讨论。在知识库不是非常大的情况下,主要是推理机的不同组织方式决定了专家系统结构的多样性。

1. 单片式结构。多数中、小型专家系统采取这种结构形式。它的特点是知识库不分模块,控制机制简单,推理一气呵成。最典型的例子是用 PROLOG 语句编写一组规则,然后由 PROLOG 解释器或编译器来实现推理。因此,这类专家系统不需特殊的开发工具即可实现。

单片式结构中最简单的一种也许是一组直接把前提和结论联系起来的规则,如:

$$症状 1 \wedge \cdots\cdots \wedge 症状\ n \rightarrow 疾病\ 1$$

$$\cdots\cdots\cdots\cdots\cdots\cdots\cdots\cdots\cdots\cdots\cdots \quad (28.1.2)$$

$$症状\ k \wedge \cdots\cdots \wedge 症状\ m \rightarrow 疾病\ h$$

在这里,前提集和结论集的相交为空集,所有推理均在一步内完成(当然不排除由同一组症状推出多个结论来),这些规则可以是像 PROLOG 那样的子句,也可以是产生式规则(关于这两种规则的区别参见 25.4 节)。

2. 多层式结构,表示推理要经过多个步骤才能完成,有两种模式:

(1) 节节推进式。某些概念的最后形成或问题的最后解决要经过许多中间阶段,每个中间结论都是上一个中间结论的推论。这类推理机常采用向前推理的演绎方式。例如,中医看病过程可粗分为诊断和处方两大步骤。其中诊断又可细分为症状收集、症状群归纳、证候抽象和证候群归纳等,处方又可细分为施治原则确定、主方规划、辅方加减等。图 28.1.2 表示皮肤科专家系统 ZRK-82 的部分推理过程。

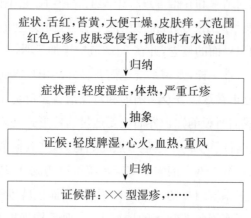

图 28.1.2 ZRK-82(朱仁康中医)推理过程

(2) 进退迂回式。在多数情况下,推理的道路不是笔直的,需要经多次分析、综合、试探、归纳等步骤才能完成。这里面往往要用到多种不同的推理方法,

以分析型专家系统为例,有三种逻辑推理方法常要用到,它们是:假设、推论和综合,其含义分别是:

① 假设。也称反绎(abduction)。给定一组现象,考察可能导致这些现象的所有前提,过滤掉那些可能性不大的,剩下的部分称为当前假设,它们还有待验证。

② 推论。对每一个假设作如下推论:假若本假设成立,应有什么现象发生?这些现象必须是可以由人检验的,本步骤也称演绎。

③ 综合。对每个假设应导致的所有现象逐一检验,凡符合者认为此假设成立,否则予以排除。也有人称此步骤为归纳,这里归纳的概念与我们在归纳逻辑一章中阐述的概念不完全一样。

图 28.1.3 表示地质勘探专家系统 PROSPECTOR 的分层推理方法。在实际应用中,知识较丰富的专家系统均采用进退迂回式。

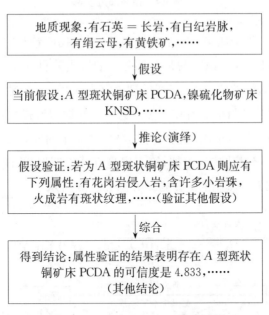

**图 28.1.3 PROSPESTOR 推理过程**

3. 循环逼近求解。在某些问题领域中不能直接求得满意的解,要经过多次的试验和改进才能完成解题过程。其中有些是通过数值计算,有些是通过启发式搜索。本书第九章已经介绍了一些这样的方法。图 28.1.4 是专家系统中循环逼近求解结构的一个简要概括。

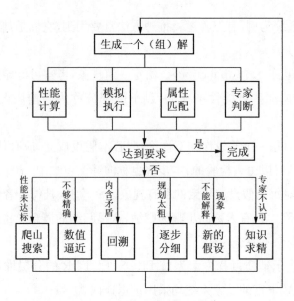

**图 28.1.4  循环逼近求解**

4. 聚焦结构。为了加快专家系统的求解过程,我们希望它把推理的当前注意力集中到某个目标或知识库的某个部分。如果当前目标不止一个,则把其中希望最大的一个选作推理焦点,一切推理围绕它来进行,直到它被证实,或被否定,或有迹象表明其他目标更宜作为焦点为止。在框架形式的知识库中,聚焦结构常取这样的形式:按各框架当前得分的高低动态地对它们排层次。最高层为已确认框架,第二层是待确认框架,第三层是有希望框架,第四层是暂不考虑框架,框架系统 FEST 中状态的动态转换如图 28.1.5 所示。

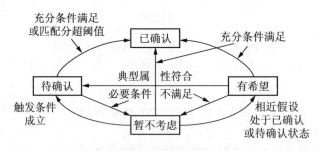

**图 28.1.5  FEST 的框架聚焦**

5. 演绎数据库结构。对于需用大量有规律数据的专家系统,可以在数据库管理系统(通常为关系型)上加一个演绎系统(如 PROLOG),形成演绎数据库。

有两种观点:从演绎系统的观点看,数据库中的数据是演绎系统本身所含数据的扩充,是演绎系统知识库的一个组成部分。从数据库管理系统的观点看,演绎系统为数据库添加了一大批"虚"数据。它们不像实数据那样需要占据存储空间,但却可以在推理时随时生成。例如,假定数据库中只存放父子关系,则利用演绎系统:

$$父子(x,y) \wedge 父子(x,z) \wedge y \neq z \rightarrow 兄弟(y,z)$$
$$父子(x,y) \rightarrow 长辈(x,y)$$
$$长辈(x,y) \wedge 兄弟(x,z) \rightarrow 长辈(z,y)$$
$$长辈(x,y) \wedge 兄弟(y,z) \rightarrow 长辈(x,z)$$
$$长辈(x,y) \wedge 长辈(y,z) \rightarrow 长辈(x,z)$$

可以推出兄弟、长辈等许多虚数据,无形中扩大了数据库中的数据量。

演绎系统与数据库有许多结合方法。松耦合只调用其查询功能,紧耦合要改造原有的数据库管理系统。静态调度把可能用到的数据一次全调出来,动态调度随用随调。关于否定信息的处理参见 25.2 节。何新贵利用模糊数据库管理系统 FDDBMS(=模糊 PROLOG 系统 Fprolog+数据库)实现了一个疾病与营养咨询专家系统 DPANUEXS,它的工作原理如图 28.1.6 所示。

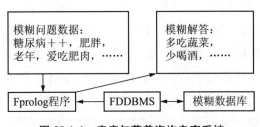

**图 28.1.6 疾病与营养咨询专家系统**

6. 深表层结构。好的专家系统应既有现象性知识(表层知识),又有原理性知识(深层知识)。后者的用处是,让非专家用户理解推理过程和推理结果;让领域专家信服推理过程和推理结果;当领域知识不够用时直接用深层知识推理;把深层知识作为控制领域知识调用的元知识;把深层知识作为进一步获取领域知识的框架;当不同的领域知识推理得出矛盾的结果时用深层知识消解矛盾;等等。

例如,宋朝的医生知道长江三峡的中间一峡(即巫峡)的水熬煎中药效果特别好,这是领域知识。王安石要他的学生苏轼船过巫峡时为他取一坛水熬药,苏轼忘了,待船到西陵峡时才想起并胡乱取了西陵峡水回去交账。王安石品水味不对劲,指出此水并非来自巫峡,并告诉苏轼三峡流水的深层知识:上峡水过急,下峡水过缓,只有中峡水不急不缓,适于熬药。苏轼于是信服。当然,深层知识背后还有更深层的知识,划分深表层不是绝对的。

图28.1.7是27.6节讲的CONBES系统使用的深表层结构推理机框架。

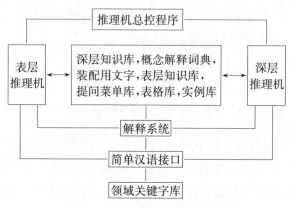

**图 28.1.7　CONBES 的系统结构**

7. 黑板结构。有时一个专家系统的推理任务可以分解为许多子任务,每个子任务有自己的输入信息和输出信息。子任务间有合作,某些子任务的输出信息可以是另一些子任务的输入信息。此外,子任务的操作可以是异步的,即一个子任务只要有了必要的输入信息就可以开工,而不必等待其他子任务与之同步。这种推理方式可以用黑板结构实现。黑板结构最早见于语音识别专家系统HEARSAY-Ⅱ中。所谓黑板是一个信息缓冲区,是各子任务交换信息的场所。执行各子任务的部件称为知识源。这些知识源在总控程序驱动下,读出黑板上的有关信息,并向黑板输出自己生成的信息。图28.1.8是黑板结构的一般模式。图28.1.9是HEARSAY-Ⅱ专家系统的黑板结构。

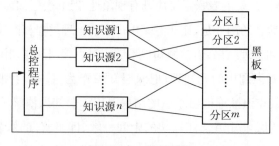

**图 28.1.8　黑板结构**

注意,图 28.1.9 是经过简化的。知识源的运行并非总是笔直向前,如参数分段模块输入语音参数,加工后输出语音片断,音节形成模块又输入语音片断,输出音节,等等。如果下道工序发现上道工序提供的信息无法使用,如构字模块发现用音节形成模块提供的音节信息无法构成合法的字,则送过去一个回溯信息,让上道工序重新考虑其推理结果。

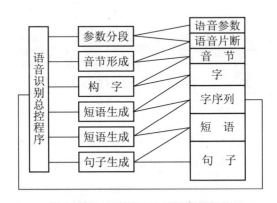

**图 28.1.9 HEARSAY-Ⅱ 的黑板结构**

8. 多黑板结构。在一个黑板结构中,如果总控程序本身又由许多分量组成,这些分量各司其职。在它们的背后还有一个更高级的控制程序,控制这些分量的调度和运用,则我们可以采用双黑板结构:称控制程序的这些分量为控制知识源,称原来的知识源为领域知识源。建立一块新的黑板,称为控制黑板,把领域知识源写在这块黑板上,由控制知识源来读取和修改。原来的黑板则称为数据黑板。这样:高级控制程序驱动控制知识源,控制知识源加工和驱动领域知识源,领域知识源再加工领域知识,形成更加灵活的控制结构,如图 28.1.10 所示。

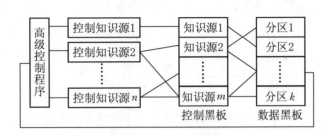

**图 28.1.10 双黑板结构**

　　理论上,控制黑板还可以再分层次,从而形成多于二层的黑板结构,但这要根据实际需要来确定。另一种多黑板结构是扩充黑板上的信息内容,使它不仅是被加工的数据。图 28.1.11 表示分布式交通管理专家系统 DVMT 的一个节点上的双黑板结构,它包括数据黑板和目标黑板,后者是用于征求解答的。图 28.1.12 表示分布式专家联合 UNION 的多黑板结构。

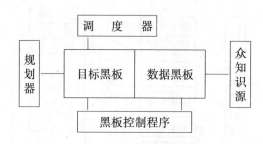

**图 28.1.11　DVMT 的双黑板结构**

| 特征<br>标志 | 输入<br>数据 | 系统<br>命令 | 输出<br>数据 | 工作<br>状态 | 事件<br>信息 |
|---|---|---|---|---|---|

**图 28.1.12　UNION 的多黑板结构**

　　9. 面向对象结构。面向对象程序设计近年来十分走红,人工智能领域也不免受它的影响。有关面向对象的人工智能语言参见 25.3 节。图 28.1.13 是用 LOOPS 语言编写的单克隆抗体生产专家系统的部分结构。

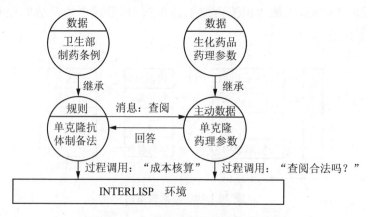

**图 28.1.13　单克隆抗体制备专家系统**

10. 专业化分工。Chandrasekaran 和他的研究集体在分析了专家系统中常用的解题方法后,提出了一种通用任务分工法。其原理是为每种任务设计一种特定的知识表示方法及解题模块。开发专家系统时像搭积木一样把需要的部件组装起来。下面是他们设计和开发的模块举例。

(1) CSRL。一个用于描述分类知识的语言加上一个分类推理机。

(2) DSPL。从粗到细的规则设计工具。

(3) HYPER。在一个层次结构的假设体系内寻找最恰当假设(最佳匹配)。

(4) PEIRCE。用反绎方法进行综合。

(5) DB-SEARCH。利用数据库作推理。

图 28.1.14 是在通用任务分工法思想指导下的一个诊断型专家系统的结构。

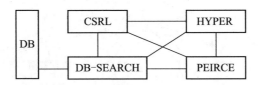

**图 28.1.14   诊断型专家系统的分工结构**

11. 符号处理和神经网络相结合。自专家系统问世以来,在相当长的一个时期中一直是用符号推理的方法编制推理机的。近年来,随着神经网络研究的复兴,以神经网络为基本推理机制的专家系统开始出现,而且神经网络还和符号推理结合起来,形成混合推理方式,结合的方法有很多种,举例如下:

(1) 用网络推理取代规则推理。例如,若原来在符号推理方式下是

$$前提 \longrightarrow \boxed{规则基} \longrightarrow 结论 \qquad (28.1.3)$$

则把它改为

$$前提 \longrightarrow f(前提) \longrightarrow \boxed{神经网络} \longrightarrow 结论 \longrightarrow f^{-1}(结论) \quad (28.1.4)$$

这里 $f$ 是把符号形式的数据转换为网络所需数据的函数,称导入函数。$f^{-1}$ 的作用相反,称导出函数。

(2) 用规则推理联接网络推理。把形如式(28.1.4)的规则和纯符号推理规则串联或并联起来,形成推理网络。

图 28.1.15 是中国科学院自动化所开发的中医专家系统外壳 NNS 的部分结构。图中(a)为表层知识,(b)为深层知识。

12. 分布式专家系统。有两种不同的含义。第一类分布式专家系统实际上是单一的系统,但有多个模块,分布在计算机网的不同节点上,例如 Lesser 的分布式水面目标监视系统,分布式城市交通管理系统等。第二类分布式专家系统由已经事先构造好的专家系统联合而成。这些专家系统的结构、知识表示、推理机制,甚至专业术语都可以不一样。专家系统联合 UNION 是这样的一个例子。通过计算机网,UNION 可以使一个专家系统同时为多个用户服务,也可以使多个专家系统同时为一个用户服务。UNION 管理程序负责组织和协调各专家系统的工作。它的工作程序如图 28.1.16 所示。

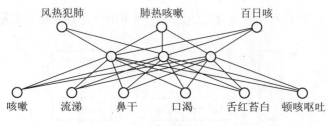

（a）表层知识

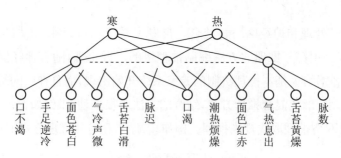

（b）深层知识

**图 28.1.15　NNS 的神经网知识表示**

（引自田禾、戴汝为:专家系统外壳 NNS）

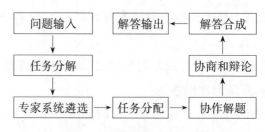

**图 28.1.16　UNION 的工作过程**

## 28.2 知识维护

专家系统的知识维护是一个相当复杂的问题。在理论上和实践上,我们都应该承认一个知识库应该不断完善,也就是说需要维护。80 年代初,出现了一些有关知识求精的研究工作。这些工作的特点是:用一批已知结论的实例来考察一个知识库,并根据考察结果对知识库作改进。80 年代末至 90 年代初,知识求精的概念进一步发展成为知识验证和知识确认,这是从软件工程引进的名词。一般地说,一个软件的验证是指该软件的功能与当初开发此软件时所写的规格说明所规定的功能是否相符。一个软件的确认相当于该软件的验收,指的是该软件的功能是否符合实际使用环境的要求。现在,知识验证和知识确认已成为知识软件开发中一个重要的研究课题。

只要稍微深入地考察一下知识维护问题,就知道它涉及很广的范围,需小心地加以区分:

1. 维护的目的是为了改进解题的质量还是为了提高解题的效率。改进解题质量实际上就是改进知识质量。前面所说的知识求精、验证和确认都属于这一范畴。提高解题效率则是另一回事,它关心的是在给定知识内容的前提下,应采用什么知识表示,如何组织知识库以及如何设计推理机,以达到最大限度的时空节省。

2. 知识维护只是在知识库建成以后才进行,还是在生命周期的各个阶段,在知识获取的每个时刻都进行?目前研究知识验证和知识确认的专家比较一致地倾向于认为知识维护应该贯穿于知识工程生命周期的始终。

3. 是维护知识的逻辑结构的内在和谐性(如一致性,完备性,无冗余性等等),还是维护知识在解决领域问题过程中的实用性和可靠性?前者与领域无关而后者与领域有关。

4. 是针对哪种知识表示进行维护?尤其是在知识工程的后期,当知识表示形式已基本确定时,这种区分显得更加必要,因为此时的维护技术与知识表示形式有很大关系。

本节的讨论只遵循有限的目标:我们只研究知识质量的改进,而不考虑解题效率的提高。(在机器学习部分曾讨论过提高效率问题,如基于解释的学习。)我们只研究知识库建成以后的知识维护,不考虑知识获取前期阶段的知识维护。

我们以知识的内涵(它作为领域知识的实质内容)维护为主,对知识的逻辑结构和谐性的维护只是简单地提一下。并且我们只研究以规则为表示形式的知识维护,而不考虑表示成其他形式的知识维护问题。(在 27.6 节讨论书本知识获取时曾提到 PROTEX 系统中框架知识的维护。)

下面我们首先考察知识的逻辑结构和谐性问题。它涉及下列几方面:

1. 知识是否冗余? 如果从知识库中删去某些知识后,该知识库仍能在同样的前提下推出原知识库能推出的同样结论,则称此知识库是有冗余的。例如,下面三条规则组成一个冗余知识库:

$$a \to b, \ b \to c, \ a \to c \tag{28.2.1}$$

其中第三条规则是可以删去的。又如:

$$a \wedge b \to c, \ a \to c \tag{28.2.2}$$

也是一组冗余规则,其中第一条规则是第二条规则的推论,可以删去。注意,要把冗余规则和多重推理路线区分开来,如

$$a \to b, \ b \to d, \ a \to c, \ c \to d \tag{28.2.3}$$

并非冗余规则,尽管从 $a$ 出发,有两条路线可以到达 $d$。当规则含可信度时,判断规则是否冗余要格外小心。例如:

$$a \to d, \text{可信度 } 0.7 \tag{28.2.4}$$
$$a \wedge b \to d, \text{可信度 } 0.9 \tag{28.2.5}$$
$$a \wedge c \to d, \text{可信度 } 0.6 \tag{28.2.6}$$

并非冗余规则,一个直观的解释是:$a$ 表示喝生水,$b$ 表示体质弱,$c$ 表示体质强,$d$ 表示拉肚子。

有一种冗余性以包含的形式出现,如

$$P(x) \to Q(x), \ P(f(a)) \to Q(f(a)) \tag{28.2.7}$$

就是冗余规则组,其中第二条规则是第一条规则的推论,可以删去。但有些情形不那么简单,例如:

$$P(x, b) \to Q(x, b), \ P(b, y) \to Q(b, y) \tag{28.2.8}$$

有一点儿冗余,因为当 $x = y = b$ 时,这两条规则都成为

$$P(b,b) \rightarrow Q(b,b)$$

但我们却不能删去其中的任何一条规则,因为第一条规则能推出 $P(a,b) \rightarrow Q(a,b)$ 而第二条规则不能,反过来也有类似情形。

应该说明,有些知识库为了支持高效率的推理,故意保留某些冗余性(参见 21.3 和 28.1 节)。就像铁路上有了慢车(它在每站都停)还要增开快车一样。

2. 知识是否有矛盾? 如果同一知识库既支持某一结论的肯定,又支持某一结论的否定,则称此知识库是有矛盾的。例如:

$$a \rightarrow b, \ a \rightarrow \sim b \tag{28.2.9}$$

是一组矛盾的规则。当 $b$ 和 $c$ 不能同时出现时

$$a \rightarrow b, \ a \rightarrow c \tag{28.2.10}$$

也是矛盾规则。例如:

不来梅大战慕尼黑 → 不来梅足球队胜

不来梅大战慕尼黑 → 慕尼黑足球队胜

就是矛盾的。但要注意:

脸黄肌瘦 → 营养不良

脸黄肌瘦 → 有虫寄生

不是矛盾规则。

一个原来无矛盾的知识库可能因为加进某些新知识而成为有矛盾的,此时知识库称为是非单调的。保证一个非单调知识库正确运行的知识维护系统是我们在 16.5 节讨论过的真值维护系统。

知识库的内在矛盾不是一眼就可以看出来的,往往要经过多步推理以后才能发现,而且跟输入的数据密切相关。在一般的情况下,不存在判定知识库是否有矛盾的算法。实际开发专家系统时可以定一个检测深度 $n$,如果推到 $n$ 步还没有矛盾,那么就可以认为是没有矛盾了,但这也只是在数据集为有限的情况下才可行。

本节的其余部分主要谈知识求精问题。

知识求精是一个比较复杂的任务,它与知识的表示形式及语义密切相关。因此,我们首先作如下的限定:知识表示采取产生式规则的形式;推理深度只有一层(即对本产生式系统蕴含的任何目标概念,只需经过一条规则的推理即可得到);如果以同一目标概念 $G$ 为结论的产生式规则有多条,则在推理时所有规则

皆应尝试,而不管其中是否已有某条规则匹配成功,以便最后知道有几条规则得到此结论。

在以上诸项条件的限制下,我们还需要进一步区分产生式系统的类型。

**定义 28.2.1**

1. 产生式形式为

$$A_1 \wedge A_2 \wedge \cdots \wedge A_n \rightarrow A_{n+1} \tag{28.2.11}$$

其中诸 $A_i$ 不含变量,则称为命题型产生式,简称 $A$ 型产生式。

2. 产生式形式为

$$A_1(x_1) \wedge A_2(x_2) \wedge \cdots \wedge A_n(x_n) \rightarrow A_{n+1}(x_{n+1}) \tag{28.2.12}$$

其中每个 $x_i$ 可为零个、一个或多个变量,则称为谓词型产生式,简称 $P$ 型产生式。

3. 产生式形式为

$$A_1 \wedge A_2 \wedge \cdots \wedge A_n \rightarrow A_{n+1}, C \tag{28.2.13}$$

其中 $C$ 为一实数,表示可信度,则称为可信度产生式,简称 $C$ 型产生式。

4. 产生式形式为

$$\wedge \{A_1 \vee A_2 \vee \cdots \vee A_n / g\}_1^n \rightarrow A \tag{28.2.14}$$

它是式(2.6.1)的简写和一般形式,则称为选项产生式,简称 $W$ 型产生式。

5. 产生式形式为

$$A_1(g_1) \wedge A_2(g_2) \wedge \cdots \wedge A_n(g_n) \wedge P(g) \rightarrow A_{n+1} \tag{28.2.15}$$

它是式(2.6.2)的简写和一般形式,则称为加权产生式,简称 $G$ 型产生式。

6. 产生式形式为

$$A_1 \wedge A_2 \wedge \cdots \wedge A_h \rightarrow A_{h+1}(n, s) \tag{28.2.16}$$

其中 $n$ 是必要因子,$s$ 是充分因子(参见 2.6 节),则称为充要型产生式,简称 $S$ 型产生式。

7. 产生式形式为

$$A_1(n_1, s_1) \wedge A_2(n_2, s_2) \wedge \cdots \wedge A_m(n_m, s_m) \wedge P(g) \rightarrow A_{m+1} \tag{28.2.17}$$

其中 $n_i$ 和 $s_i$ 分别代表 $A_i$ 的充分性和必要性，则称为双权产生式，简称 $D$ 型产生式，它是式 (2.6.3) 的简写和一般形式。

假设在执行知识求精任务时，共有 $m$ 个目标概念 $K_1$，$K_2$，$\cdots$，$K_m$。参加考核的实例共有 $N$ 个。按照人类专家给出的正确结论，$N$ 个实例对 $m$ 个概念的分配是 $N_1$，$N_2$，$\cdots$，$N_m$。又设共有 $H$ 条规则，按照它们的结论部分来分，这 $H$ 条规则对 $m$ 个概念的分配是 $H_1$，$H_2$，$\cdots$，$H_m$，即有 $H_i$ 条规则是为推出概念 $K_i$ 服务的。假设有 $D_i$ 个实例被宣布为属于概念 $K_i$，而其中只有 $R_i$ 个是正确的判断。现在我们可以根据这些数据来定义知识库的质量了。注意，知识库的质量可以在不同的层次上给予评价，例如：整个知识库的质量；该知识库相对于某个目标概念所作判断的质量；该知识库中某条规则的质量；该知识库中某条规则的某个组成部分的质量；等等。

**定义 28.2.2**　设 KB 是一个知识库，则

1. $\dfrac{\sum R_i}{\sum N_i} = \dfrac{R}{N}$ 称为 KB 的确判率。

2. $\dfrac{\sum N_i - \sum R_i}{\sum N_i} = \dfrac{N-R}{N}$ 称为 KB 的漏判率。

3. $\dfrac{\sum D_i - \sum R_i}{\sum D_i} = \dfrac{D-R}{D}$ 称为 KB 的误判率。

这里 $R$ 和 $D$ 都是为了简化而引进的符号，不难看出 $N = D$，因此 KB 的漏判率等于 KB 的误判率。这从直观上看也是对的，因为在这个概念处的漏判就是在另一个概念处的误判，反过来也是，它们的总数相等。

**定义 28.2.3**　设 KB 是一个知识库，$G_i$ 是所有以 $K_i$ 为目标概念的规则的集合，则

1. $R_i / N_i$ 称为 $G_i$ 的确判率。

2. $(N_i - R_i)/N_i$ 称为 $G_i$ 的漏判率。

3. $(D_i - R_i)/D_i$ 称为 $G_i$ 的误判率。

如果知识库的质量有问题，由该库的哪一部分来承担责任，这是必须搞清楚的。否则知识求精无从做起。由上面的定义可知，如果责任的范围只圈定到 $G_i$（即针对某个目标概念的规则集团）为止，那还是可以分清的。可是，如果再细分到具体的规则，那就有问题了。每条规则只能对它造成的误判承担全部责任，却

不能为它的漏判承担全部责任。因为针对同一目标概念的规则可能不止一条。例如,设有如下两条规则:

$$a=1 \wedge b=2 \longrightarrow A$$
$$a=3 \wedge b=4 \longrightarrow A$$

现在有一个实例属于目标概念 $A$。而属性是 $a=3$ 及 $b=6$。显然两条规则都不适用于它,而哪一条规则都不能为此负全责。但在大家都负责的前提下,各规则所负的责任可以有轻有重。在上面的例子中,第二条规则所负的责任应该大一些,它的条件之一($a=3$)已经和漏判的实例匹配上了,而第一条规则的所有条件都未能匹配上。就像在排球场上,离球落点最近的球员应对未能把球救起负主要责任一样。为此,我们要定义规则和实例之间的距离概念。

**定义 28.2.4** 设 $r$ 是一条规则,$e$ 是一个实例。规定 $r$ 和 $e$ 之间的距离 $d(r,e)$ 为:

1. 若 $r$ 是一条 $A$ 型规则,则 $d(r,e)$ 等于 $r$ 中未能被 $e$ 满足的条件的个数。

2. 对 $P$ 型和 $C$ 型规则采取和 $A$ 型相同的方法。

3. 对 $W$ 型规则,采用如下公式计算:

$$d(r,e) = \sum_{i=1}^{k}(\alpha_i - \beta_i)/r_i \tag{28.2.18}$$

其中 $k$ 是规则中未被 $e$ 满足的条件个数,$r_i$ 是第 $i$ 个未被满足的条件(暂称为 $b_i$)中包含的析取项(即式(28.2.14)中的诸 $A_i$)的个数,$\alpha_i$ 是要求满足的析取项的个数(即式(28.2.14)中的 $g$),$\beta_i$ 是被 $e$ 实际满足的析取项的个数。

4. 对 $G$ 型规则,采用如下公式计算:

$$d(r,e) = \Big[\sum_{i=1}^{k} g_i - g + c\Big] \times h \tag{28.2.19}$$

其中 $h$ 是规则中全体条件的个数,$k$ 是规则中未被 $e$ 满足的条件个数,$g_i$ 是这些条件的权,$g$ 是规则的阈值。注意这些权必须是规范化的,即对所有规则,存在一个统一的常数 $c$,使得任何规则中诸条件的权之和均为 $c$,例如 $c$ 可以是 1。

5. 对 $S$ 型规则按如下公式计算:

$$d(r,e) = k + n/s \tag{28.2.20}$$

其中 $k$ 是规则中未被 $e$ 满足的条件个数。

6. 对 $D$ 型规则,采用如下公式计算:

$$d(r, e) = h \times \sum (n_i + s_i)/2 + c - g \qquad (28.2.21)$$

其中 $h$,$g$,$c$ 的含义与 4 中的相同。$\sum n_i$ 是全体未被 $e$ 满足的条件的必要性之和,$\sum s_i$ 是这些条件的充分性之和。

在这七种形式的产生式规则中,以 $A$ 型规则为最基本,其余形式都是 $A$ 型规则的复杂化。不难验证,在复杂形式的规则还原为简单形式的规则时,公式 (28.2.18) 至公式 (28.2.21) 都还原为最简单的 $A$ 型规则的公式($=k$,规则中未被实例 $e$ 满足的条件的个数)。这对 $P$ 型和 $C$ 型规则是显然的,对 $W$ 型规则可令 $\alpha_i = \gamma_i = 1$,$\beta_i = 0$。对 $G$ 型规则可令 $g = c = 1$,$g_i = 1/h$。对 $S$ 型规则可令 $n/s = 0$(合理的约定)。对 $D$ 型规则可令 $g = c = 1$,$n_i = s_i = 1/h$。注意 $D$ 型规则中的充分性和必要性概念完全不同于 $S$ 型规则中的充分因子和必要因子概念,切勿混淆。在这里有些公式的形式搞得比较复杂,就是为了保证实现上面所说的结论,其意义在于理论上的统一性。在实用时,特别是在只使用某种型式的规则时(通常均如此),可不必拘泥于这种约束而自行选择较简单的公式形式。

此外,距离计算公式还可以采用另一种变形。考虑到不同规则中条件的个数有多有少,一个有一百个条件的规则中有两个条件不满足和一个只有两个条件的规则中两个条件都不满足,其分量是很不一样的,我们可把 $A$ 型规则的距离公式定义为:

$$d(r, e) = k/h$$

其中 $k$ 和 $h$ 的含义均见上述,相应地,其他形式的规则也可把此因素考虑在内。

**算法 28.2.1**(规则求精)

1. 给定一个规则库 PB 和一个实例库 EB。给定一个允许的漏判上界 $c_1$ 和允许的误判上界 $c_2$。

2. 计算整个规则库对这批实例的漏判率 $x_1$ 和误判率 $x_2$。

3. 若 $x_1 \leqslant c_1$ 且 $x_2 \leqslant c_2$,则任务完成,停止执行算法。

4. 若 $(x_1 - c_1) > (x_2 - c_2)$,则转 8。

5. 当前任务为减少误判,对每个概念 $K_i$,计算误判率 $(D_i - R_i)/D_i = x_{2i}$,$1 \leqslant i \leqslant h$。设 $i = 1$ 时误判率最高。

6. 在针对概念 $K_1$ 的所有规则 $r_{1j}$ 中,计算每条规则的误判率 $x_{21j} = (D_{1j} -$

$R_{1j})/D_{1j}$,其中,$D_{1j}$和$R_{1j}$分别为被规则$r_{1j}$判断为$K_1$的实例数及其中属于正确判断的个数。设$j=1$时误判率最高。对规则$r_{11}$作如下改进:任选一个被$r_{11}$误判的实例$e$,

(1) 若$r_{11}$为$A$型规则,则对$r_{11}$增加一个$e$所不满足,而为原来满足$r_{11}$的尽可能多的正例满足的条件。

(2) 若$r_{11}$为$P$型规则,则除按(1)处理外,还可对规则中原有的谓词增加条件。例如规则中有谓词$A_1(y_1)$,与实例$e$匹配时例化为$A_1(a_1)$,则可在原规则中增加条件$\sim eq(y_1,a_1)$。

(3) 若$r_{11}$为$C$型规则,则除按(1)处理外,还要适当增加规则的可信度$C$。

(4) 若$r_{11}$为$W$型规则,则除按(1)处理外,还可使规则中的某个条件对$e$不成立,即:寻找条件$b_i$,

1) 若$b_i$由$u$个子条件的析取构成,$e$满足其中的$t$个,而$b_i$要求至少满足$s$个,$s \leqslant t$。若$t < u$,则可修改$s$,使$t < s \leqslant u$。但要使尽可能多的原来满足$b_i$的正例仍然满足$b_i$。

2) 如果按1)做使很多原来的正例不能满足,则可以同时向$b_i$中增加原来的正例满足而$e$不满足的子条件。若增加了$v$个子条件,则令新的$u'$为$u+v$,现在$b_i$由$u'$个子条件析取而成。

(5) 若$r_{11}$为$G$型规则,则除按(1)处理外,如$e$至少不满足$r_{11}$的一个条件,还可用调整权的办法,包括:

1) 设$e$满足的条件的总权数为$\sum g_i = g_e \geqslant g$。适当提高$g$,使$g_e < g$而又不影响原来的正例。

2) 寻找一个或数个不被$e$满足的条件,提高这些条件的权数,同时可降低被$e$满足的条件的权数,使$e$的总权数$g_e < g$,而又不影响原来的正例。

(6) 若$r_{11}$为$S$型规则,则除按(1)处理外,还要适当提高充分因子$s$的值,降低必要因子$n$的值。

(7) 若$r_{11}$为$D$型规则,则除按(1)处理外,还可用调整权或充分性、必要性的办法,包括

1) 提高$g$的值,如(5)之1)。

2) 提高$e$不满足的条件之$n_i$,降低$e$满足的条件之$s_i$,使$\sum s_i$(对$e$满足的条件求和)$- \sum n_i$(对$e$不满足的条件求和)$< g$,而又不影响原来的正例。

7. 转 2。

8. 当前任务为减少漏判。对每个概念 $K_i$，计算漏判率 $(N_i-R_i)/N_i=x_{1i}$，$1 \leqslant i \leqslant h$。设 $i=1$ 时漏判率最高。

9. 在针对概念 $K_1$ 的所有规则 $r_{1j}$ 中，计算每条规则 $r_{1j}$ 到漏判实例 $e_f$ 的距离 $d(r_{1j}, e_f)$，$1 \leqslant f \leqslant k$，$k$ 是 $K_1$ 的漏判实例总数。设 $d(r_{11}, e_1)$ 是所有距离中最短的。

10. 对规则 $r_{11}$ 作如下改进：

(1) 若 $r_{11}$ 为 A 型规则，则

1) 若 $e_1$ 至少满足 $r_{11}$ 中的一个条件，则删去 $r_{11}$ 中不被 $e_1$ 满足的所有条件。

2) 否则，把 $e_1$ 的属性描述本身作为一个规则，加入到规则库中。

(2) 若 $r_{11}$ 为 P 型规则，则

1) 若 $r_{11}$ 中有一些不为 $e_1$ 所满足的谓词，把谓词对值域的限制放宽（其中包括把常量放宽为变量）后能被 $e_1$ 所满足，则执行放宽措施。

2) 如经过措施 1）后 $r_{11}$ 仍未为 $e_1$ 所满足，则按 A 型规则处理。

(3) 若 $r_{11}$ 为 C 型规则，则按 A 型规则处理。如果删去了一些条件，应相应降低可信度。

(4) 若 $r_{11}$ 为 W 型规则，则

1) 若 $r_{11}$ 中的条件 $b_i$ 不被 $e_1$ 满足。$b_i$ 由 $u$ 个子条件析取而成。$b_i$ 要求至少满足 $s$ 个，现在 $e_1$ 满足 $t$ 个。$0 < t < s \leqslant u$，则令新的 $s'$ 等于 $t$。

2) 如果在 1）中 $t=0$，或 $t$ 之值太小，则可向 $b_i$ 中增加能被 $e$ 满足的子条件或把某些不能被 $e$ 满足的子条件换成能被 $e$ 满足的子条件。

3) 如 $r_{11}$ 仍不能被 $e_1$ 满足，则可按 A 型规则处理。

(5) 若 $r_{11}$ 为 G 型规则，则

1) 设 $e_1$ 满足的条件的总权数为 $\sum g_i = g_e < g$，适当降低 $g$，使 $g_e \geqslant g$。

2) 提高被 $e_1$ 满足的条件的权数，降低不被 $e_1$ 满足的条件的权数，使 $g_e \geqslant g$。

3) 按 A 型规则处理。

(6) 若 $r_{11}$ 为 S 型规则，则

1) 降低 $g$ 的值，如（5）之 1）那样。

2) 降低 $e_1$ 不满足的条件之 $n_i$，提高 $e_1$ 满足的条件之 $s_i$，使 $\sum s_i$（对 $e$ 满足的条件求和）$- \sum n_i$（对 $e$ 不满足的条件求和）$\geqslant g$。

11. 转 2。

算法完。

关于这个算法,有一些问题值得我们讨论。首先是:漏判和误判之间常有一定的制约关系,降低漏判率可能会提高误判率,降低误判率也可能会提高漏判率。算法中在叙述降低误判率时提到了要尽可能不影响原来的正例,在叙述降低漏判率时虽未明说,实际上也包含了尽可能不影响原来的反例的意思。但是,如果做不到这两点该如何办呢? 这时就要由人来干预,提出新的办法了。例如,当因降低误判率而使正例受到影响时,可以设法为受影响的正例寻找一种新的描述方法(增加新规则)。

## 28.3 知识界面

当前的软件,尤其是应用软件,都很重视用户界面,据统计,一个好的应用软件用于用户界面部分的编码量常占软件编码总量的 60% 以上。但是,人们重视的往往只是形式上的界面,例如窗口、图形、自然语言界面、菜单,包括图标(Icon)形式的菜单等等。这些界面的共同特点是,它们不改变,也不增加输入/输出信息的内容,只是把输入/输出的方式换成一种对用户友好的,被用户喜欢的方式。现在的多媒体技术更促进了这种趋势,声音、动画等都被作为界面技术。可以设想,不久的将来,人们也将可以利用盲文和哑语来和计算机打交道。鉴于这些界面只是知识表示形式不同,我们称之为表示界面。

相比之下,另一种界面就不怎么受人重视了。这就是为人们使用某个软件提供辅助知识的界面。由于用户受教育的层次不同,知识面不同,职业背景不同,对本软件的熟悉程度不同,在使用软件时需要不同程度的帮助。一般的Help 程序只能在帮助用户掌握操作规程上起一点作用,在理解和掌握计算机输出的内容上,它帮不了用户的忙。对于专家系统来说,就可能产生这样的问题,如:

专家系统宣布一个结论,用户不知道这个结论是怎么来的(例如未用透视即认定某人得了肺炎)。

专家系统提一个问题,用户不知道这个问题和当前要确诊的病有什么关系(例如 Mycin 在诊断血液病时可能会问病人过去是否被烧伤过)。

专家系统给一个建议,用户不知道此建议有什么根据(例如要求病人在服用打钩虫的药的期间不要吃油腻的食物）。

等等。在这种情况下，使用专家系统的用户往往要求专家系统作出进一步的说明。如果专家系统不能给出相应的说明，则可能的后果是该专家系统将不能得到用户的信任，特别是不能得到同一领域的人类专家的信任和认可，它的结论和建议将得不到采纳，正像一位卖力推销布匹的售货员，如果不能说明这种布为什么好，也不知道它的缩水率、褪色率、耐磨损程度是多少，那么不管他的态度是多么友好可亲，布还是卖不出去的。

在专家系统的术语中，称这种向用户解释系统推理行为的功能为解释功能。我们在下面将会看到，提供辅助知识的作用实际上超过了"解释"二字所能表示的含义。我们称具有这种功能的界面为知识界面。

对于专家系统来说，知识界面可以向用户提供很多有用的信息。列举几种如下：

1. 说明当前正在做什么，如：

"当前我正在查看肺炎的可能性，为此我首先要知道病人的痰是什么颜色。"

（引号内为系统输出，下同）

2. 说明当前为什么要这样做，如：

"由于病人确认久咳不愈，长期发烧不退，且吃一般感冒药无效。因此我怀疑有肺炎的可能性。"

3. 说明当前要遵循的策略，如：

"我的原则是首先排除对病人危险最大的病。此病人已年逾七旬，大叶肺炎对他是比较危险的，所以我先从这里查起。"

4. 说明当前涉及的知识，如：

"螺旋霉素是新研制成的一种广谱抗菌素，它的毒性很小。"

5. 说明当前遇到的困难，如：

"病人同时患有二尖瓣脱落和冠心病，这两种病的治疗方法是相反的，我正在寻找一种兼顾两种病的治疗方法，目前还在推理之中。"

6. 说明迄今为止已做的事，如：

"我先排除了最危险的肺癌，肺炎和肺气肿，然后又确定不可能是肺结核，现正查看是否为支气管扩张。"

7. 说明得出某个结论的根据，如：

"铁锈色痰是肺炎的特征，病人有这种痰，兼之又久咳不愈，久烧不退，因此我断定他得了肺炎。"

8. 说明否定某个结论的根据,如:

"凡肺结核者的结核试验必定是阳性反应,现在病人的反应是阴性,说明他未患肺结核。"

9. 说明作某种提问的理由,如:

"烧伤病人可能受绿脓杆菌的感染,这种杆菌留在血液内会造成血液病。所以我要了解病人过去是否被烧伤过。"

10. 说明不作某种提问的理由,如:

"我没有问病人是什么年龄,因为这种病各种年龄的人都会得,并且概率一样。"

11. 说明两种可能的取舍,如:

"病人的症状既像重感冒又像流行性出血热,但因本地区是流行性出血热的高发区,而且这种病危险性大,所以先按流行性出血热治疗。"

12. 说明对假设前提的推断,如:

"如果病人的痰不是像刚才的信息那样是铁锈色的,而是白色的,那我就要认真考虑肺气肿的可能性了。"

13. 说明解释的根据,如:

"我说如果痰是白色就要认真考虑肺气肿,这是因为除了痰的颜色不同外,肺气肿的其他症状都和肺炎很相像。"

14. 说明多次解释之间的关系,如:

"我前面说已排除了肺结核的可能性,现在又说在考虑肺结核,这是因为在考虑了各种可能性之后,发现其他疾病的可信度比肺结核更低,而且病人又新提供了得过肠结核的信息。"

系统还可提供多种其他内容的信息,此处不能一一列举。我们只需指出,系统不仅能说明自己是如何进行正确推理的,也可以在推理失败时说明自己是如何推不出正确结论的。这里的推理失败有两种含义:

1. 在考虑了各种可能性之后,系统未能证实任何一种可能性;或在探讨了各种方案之后,系统未能给出一个符合要求的方案。

2. 系统的结论被人类专家所否定;或系统的方案被用户拒绝采纳。

此时,原则上可以采用 28.2 节中讲的各种求精措施,但用户将对求精的内容、过程、理由所知甚少。作为一种改进,系统可以把自己的反省过程通过知识

界面告诉用户。它的形式和上面列举的十分相像,只是把成功的经验改成失败的教训。例如:

1. 说明得出某个错误结论的原因,如:

"我在指明肺炎的规则中,没有加进'铁锈色痰'作为必要条件,所以把没有铁锈色痰的病人也判断为肺炎了。"

2. 说明未能得到正确结论的原因,如:

"在我的知识库中,把判断肺气肿的规则放在判断肺炎的规则之后,而我的推理机制又是只要求得出一个结论,因此,得出错误结论'肺炎'之后,就不再继续往下搜索了。"

3. 说明没有得到任何结论的原因,如:

"在我的知识库中,具有墨绿色痰特征的肺病只有三种,可是在综合考虑其他因素之后,发现它们的可信度均低于 0.2,因此未予考虑。"

必须指出,系统是根据用户的提问作答复的。因此,知识界面必须为用户提供一个方便易用的知识查询语言。它应该非常灵活,能表达各种意思,完全不同于数据库用的数据查询语言。它也不能是像 PROLOG 那样的一般演绎推理语言,因为那种语言只能用于推导领域知识,而知识界面要求的主要是专家推理的各种元知识。一个早期的这种界面见于 Mycin 中,它为用户准备了两类问题。一类是 How,提问系统是如何得出某个结论的。另一类是 Why,提问系统为什么要向用户问某个问题。这种功能当然是很有限的,以后的系统逐步有所发展。在专家系统工具 CONBES 和专家系统开发环境"天马"的常规推理机制中,提问达到了八种,但和我们前面说的要求比起来,当然也还是不够,而且迄今为止所有专家系统的解释功能有一个共同的缺点:它们只允许用户对系统的行为(包括已经给出的解释)作整体提问,而不允许就其中的某一部分进行提问,这是知识粒度过粗的表现。下面以正在研制中的 DSG 系统的设计思想为例,说明这种针对性提问的功能。假设有一个食品生产专家系统输出了如下的"咸鸭蛋制备要点":

"挑选新鲜、个大的鸭蛋,泡在中等浓度的盐水里,再投入一小包'制蛋灵',约 30 天后即可食用。"

对于这个解答,用户有很多不明白之处,DSG 允许用户把光标(用下划线表示)移到他想提问的地方,然后用关键词提问。下面是用户与系统的一段对话记录:

$T_1$（上下文）挑选新鲜、个大的鸭蛋，……

$Q_1$（提问）什么意思？

$A_1$（回答）生下 24 小时之内。

$Q_2$　做不到。

$A_2$　时间可放宽，但越新鲜越好。

（注意，这是对解释的进一步提问，又称追问，通常的系统只能对推理过程提问。）

$T_3$　时间可放宽，但越新鲜越好。

$Q_3$　否则将怎样？

$A_3$　不新鲜的鸭蛋做成的咸鸭蛋黑色有臭味，不能食用。

$T_4$　泡在中等浓度的盐水里。

$Q_4$　什么意思？

$A_4$　含盐量在 7％到 8％之间。

$T_5$　再投入一小包制蛋灵。

$Q_5$　解释。

$A_5$　一种加速咸鸭蛋生成的药品，上海市食品公司有售。

$T_6$　约 30 天后即可食用。

$Q_6$　短了将怎样。

$A_6$　味道不佳且不易保存。


$T_7$　泡在中等浓度的盐水里。

$Q_7$　什么要求？

$A_7$　一般的水即可。

$T_8$　泡在中等浓度的盐水里。

$Q_8$　为什么不高浓度？

$A_8$　太咸了也不好吃。

DSG 系统的提问和回答方式的风貌大致就是这样。请特别注意最后两个提问。其中回答 $A_7$ 表示了系统对过去曾发出的信息（$A_4$）的记忆能力。它知道用户已知道水里是要加盐的，因此提问 $Q_7$ 只和水有关。否则，系统有可能回答"加盐的水"，这完全不是用户想要知道的信息。$Q_8$ 说明了用户提反问题的能力。DSG 不是一个自然语言理解系统，因此对提问格式有严格的限制。在 $Q_8$

中，"为什么不"是关键词，"高浓度"和"中等浓度"相对应，"高"和"中等"的含义在知识库中也有说明，所以系统是能解释的。

对于不依赖于上下文的问题，用户可以直接提问，如"推理状态"，"推理历史"，"推理策略"等都是可提的问题。

上面说的对 $Q_7$ 的回答是系统在应答问题上具有某种智能的表现。这种智能是多方面的，如：

1. 对已给出的信息不再重复的能力。

2. 与已给出的信息不矛盾的能力。

3. 引用已给出的信息的能力。

4. 根据已给出的信息判断用户"知道"状态的能力。

5. 根据用户提问信息判断用户"知道"状态的能力。

6. 根据对用户"知道"状态的判断挑选和组织信息的能力。

等等。系统为了实现这些功能，必须具备多方面的知识。除了知识库中已有的领域知识外，它还应该具备和使用如下知识：

1. 原理性知识。例如知识库中规定鸭蛋在咸水中浸泡 30 天，它应该知道为什么是 30 天而不是更长或更短。

2. 机理性知识。例如知识库中有规则说明，若机器冒烟则机器有故障，它应该知道什么样的故障导致冒烟以及通过一个什么样的物理和机械过程导致冒烟。

3. 事实性知识。对知识库中涉及的事实应能给予说明，如前例中的"制蛋灵"。

4. 实例性知识。这是很重要的一种知识，但迄今未得到专家系统开发者的足够重视。当知识库中的规则体现的是经验性知识而非科学规律时，尤其应在解释时附例说明，如：

$T_{37}$　边防部队从星期六晚上到星期天早上要特别注意戒备。

$Q_{37}$　为什么？

$A_{37}$　因为这是人们容易放松警惕的时候，敌人会利用这个时机发动突然袭击。例如，二战中德国进攻苏联，日本偷袭珍珠港都是利用这种时机。

在这里，用户并没有询问二战的战例，这些战例完全是系统为了说明问题而主动加上去的。

5. 统计性知识。这是实例性知识的一种补充或代用品。在上例中，也可以不举二战的例子而用如下一段文字代替："在过去 200 年间发生的双方兵力在万人以上的五万多次战争中,有 63% 是在星期天早上发生的。"*

6. 关于系统本身的知识。系统要有自知之明,关于自己知道什么,不知道什么,应用的是什么策略,过去在哪些问题上成功,哪些问题上失败,已经做了些什么,说了些什么,等等。以便对用户提问作出恰当的回答。

7. 关于用户的知识。在与用户的交谈中确定用户的模型,特别是要确定用户的"知道"状态,以便在答问中有的放矢。

在开发专家系统的实践中,人们积累了许多构造知识界面的方法,下面略举数种。

1. 构造预制文本。如果能事先估计到需要向用户提供什么信息,或至少是知道向用户提供的信息中包括哪些组成模块(文字段),就可用自然语言把它们编制好并存起来,到需要时调用。这是最常见的方法之一。像前面讲的二战实例就可用此办法。

2. 记录推理踪迹。把从用户数据推出最后结论的每一步推理都记录下来。当用户提问"为什么有这个结论"(即 Mycin 的 How)时,即可把推理记录翻译成自然语言形式或图表形式告诉用户。可以在推理结束的时候做,也可以在推理的中间做。可以只显示最后成功的推理树,也可以显示包括尝试、失败、回溯等启发式探索的过程。可以在用户提问时才显示,也可以在程序运行时同时通过一个窗口显示。

3. 报告推理根据。有时不需要把推理的每一步都显示给用户,只需把推得所需结论的事实根据报告给用户就可以了。在基于解释的学习(21.3 节)中,我已经讨论过这类技术的应用。例如,若有这样的规则:

$$亲戚(x, y) \rightarrow 亲戚(y, x)$$
$$亲戚(x, y) \land 亲戚(y, z) \rightarrow 亲戚(x, z)$$
$$长辈(x, y) \rightarrow 亲戚(x, y)$$
$$小姨(x, y) \rightarrow 长辈(x, y)$$
$$大姑(x, y) \rightarrow 长辈(x, y)$$

则为了向用户解释为什么有关系亲戚(张三,李四)成立,只需向用户报告事实小姨(李二,张三) ∧ 大姑(李二,李四)就行了。它们是(逆向)推理树的叶节点。

---

\* 此统计数字是任意编的,无历史根据。

4. 推理树变换。计算机是进行机械推理的,有许多细节,在推理过程中可能必不可少,但对于作为人的用户来说,却可能是多余的,甚至是累赘的。就上面的例子来说,如果知识库中不以小姨($x$, $y$),大姑($x$, $y$)为最终事实,而以养育($x$, $y$)为最终事实,且有规则

$$母亲(x, y) \land 妹妹(z, x) \to 小姨(z, y)$$

$$父亲(x, y) \land 姐姐(z, r) \to 大姑(z, y)$$

$$养育(x, y) \land 女(x) \to 母亲(x, y)$$

$$女(x) \land 同胞(x, y) \land 年龄(x, u) \land 年龄(y, v)$$

$$\land 小于(u, v) \to 妹妹(x, y)$$

$$女(x) \land 同胞(x, y) \land 年龄(x, u) \land 年龄(y, v)$$

$$\land 小于(v, u) \to 姐姐(x, y)$$

$$养育(x, y) \land 养育(x, z) \to 同胞(y, z)$$

则证明张三和李四是亲戚的推理树如图 28.3.1 所示。如果简单地使用报告推理根据的方法,为解释张三和李四是亲戚,需向用户说明:

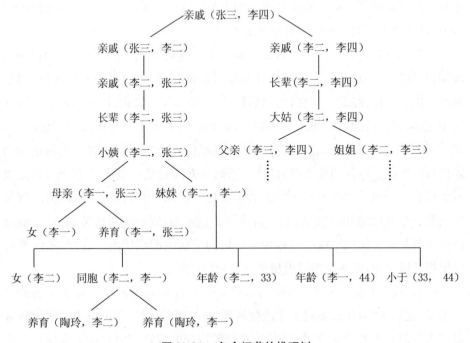

**图 28.3.1　包含细节的推理树**

女(李一)∧养育(李一,张三)∧女(李二)∧养育(陶玲,李二)∧养育(陶玲,李一)∧年龄(李二,33)∧年龄(李一,44)∧小于(33,44)∧男(李三)∧养育(李三,李四)∧女(李二)∧养育(陶玲,李二)∧养育(陶玲,李三)∧年龄(李二,33)∧年龄(李三,30)∧小于(30,33)

这样的说明当然有很多问题。首先是累赘,细节太多,反而使人看不明白。其次是重复,尤以有关李二的信息,重复最多。第三个问题是冗余,用户只需要知道张三和李四为什么是亲戚,至于李一、李二、李三、陶玲等信息,完全是不必要的。为此,Eriksson 等人建议先对推理树作恰当的变换,然后再展示给用户,变换方法包括:

(1) 删去只对推理有用的中间环节,例如图 28.3.1 中的小姨(李二,张三)可以直接接在亲戚(张三,李四)之下,删去三个中间环节。

(2) 根据需要,由粗到细地逐层显示,例如第一步显示亲戚(李二,张三)∧亲戚(李二,李四),用户不满意时第二步显示长辈(李二,张三)∧长辈(李二,李四),用户还不满意时,再显示小姨(李二,张三)∧大姑(李二,李四)。

(3) 删去同一层次的中间环节,尤其是在翻译成自然语言时可以如此,例如用户只需要知道张三的小姨就是李四的大姑,至于名字李二乃是不重要的中间环节,可以删去。对其他中间环节亦如此。

5. 区分知识的层次。可以区分深层知识和浅层知识,或区分控制知识和领域知识,或区分一般性知识和特殊性知识,等等。在推理过程中使用浅层知识、领域知识和特殊性知识。在向用户解释时,则使用深层知识、控制知识和一般性知识,或两方面搭配起来使用。例如 Swartout 把知识库分为领域模型(浅层知识)和领域原理(深层知识)两部分。其中领域模型由因果网络和分类网络等描述性知识组成。每条领域原理由目标、原则和方法三部分组成。图 28.3.2 是领域原理的一个例子。图中的下划线表示变量,具体应用时代入实际的值。例如方法的一个实际应用可以是:如果血清钙含量增加,则减少洋地黄剂量,否则维持洋地黄剂量。领域原理按目标和子目标的结构组织成层次。这样,系统就可以根据领域原理,而不是领域模型来回答用户的问题。

6. 根据用户选择答案。不同的用户对解释有不同的要求。对于上面的例子来说,在回答"为什么要减少洋地黄剂量"的问题时,对医生可以说:"洋地黄剂量过大引起病人血清钙含量增加,这有导致房颤的危险。"但对病人家属也许应该回答,"用药剂量过大对病人血液有影响,有导致心脏功能出问题的危险。"两

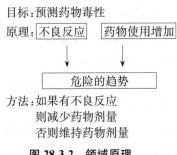

**图 28.3.2　领域原理**

种答案的区别在于运用领域模型和领域原理的程度。Swartout 建议采用观点（Viewpoints）来指导解释的选择。例如在回答医生的问题时，只挑选那些标明医生观点的知识来答复。

7. 记录专家系统的生成过程。Swartout 采用了所谓自动程序员的方法。步骤为：首先给出领域原理（通用），其次针对有关领域给出领域模型（专用），第三，用领域原理作用于领域模型（如上面 5。中所做的变量代真等等）以生成一个专家系统。第四，专家系统运行中需要解释时利用当初所用的领域原理并且和领域模型搭配起来组成解释。第五，根据观点清单挑选需要显示的部分。第六，根据对系统已显示信息的记忆删去其中的冗余信息，并重组解释。

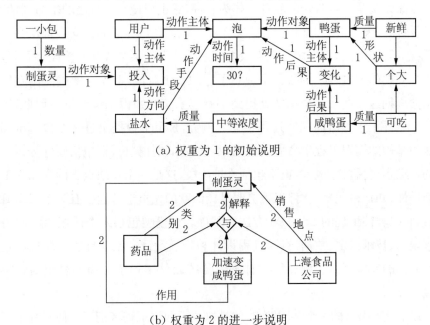

（a）权重为 1 的初始说明

（b）权重为 2 的进一步说明

**图 28.3.3　用于针对性解释的语义网络**

其中核心的部分是根据领域原理来生成专象系统。Swartout 认为这样可强迫专家系统构造者在编写专家系统时认真思考每一条知识的原理。

8. 采用多侧面、细粒度的知识表示方式。为了应付不同类型的用户和不同类型的问题，知识表示不能单一化。例如，用因果网络表示概念间的推理关系，用分类网络表示概念间的层次关系，用结构网络表示概念的空间结构，用时序网络表示概念的时间结构，用命题语义网络表示系统的结论和解释等。此处我们只说如何用命题语义网络实现本节前面说过的针对性提问和解释。有关咸鸭蛋制备过程的语义网络如图 28.3.3 所示。这样，当用户针对某个环节提问时，系统可迅速找到它在整个答案中的(语义性)位置。它和本书 4.1 节所说的命题语义网络有两点重要区别。第一是它对所有的弧加了权重 $n$。第一次给答案时只显示权重为 1 的部分(图 28.3.3(a))。如果用户对权重为 $n$ 的弧所连的节点提问，则系统进一步显示与该节点直接相联的、权重为 $n+1$ 的弧所表示的部分(图 28.3.3(b))。

## 28.4 专家系统的生命周期

专家系统是一种特殊的软件。作为软件，它也应该有它自己的生命周期，这涉及设计、开发、应用和维护。在许多关于专家系统的专著和论文中都谈到了专家系统的开发方法，其中多数只涉及专家系统开发的某个或某些阶段，而不包含它生命周期的全过程。少数文章提到了它的各个阶段，但没有明确点出专家系统生命周期这一概念。个别文献提到了专家系统和知识工程的生命周期，但却套用了软件工程生命周期的通用概念。例如，Keller 曾提出过一个以 Yourdon 方法为基础的知识工程生命周期模型，不仅包括软件分析，还包括硬件分析。但他的模型不包括快速成型，也不包括维护阶段，这是一个大缺点。因为知识工程的渐进性(知识精化)比软件工程更明显。西欧的尤里卡计划中有一个 GEMINI 项目，它以软件工程的 SSADM 方法为基础。该模型包括六个阶段：系统分析、需求说明、技术选定、数据设计、进程设计和物理设计。该项目的主要目标是开发政府用的专家系统。GEMINI 计划受传统软件工程生命周期思想的影响很明显。

以上这些努力的一个共同缺点，就是忽视了知识工程区别于一般软件工程的重要特点。知识工程的核心和灵魂是知识获取、知识工程生命周期的设计必须反映这个特点。这两年,国外的一些专家开始对此有所醒悟,一个典型的例子是 KADS 项目的重点转变。本书 27.4 节已介绍过 KADS,它实际上是 KADS Ⅰ,是欧洲信息高技术计划 ESPRIT 的一个课题,这四个字母代表的含义是 Knowledge Acquisition and Documentation Structuring(知识获取和表示结构化)。1992 年,ESPRIT 计划推出了新课题,称为 KADS Ⅱ。同样的四个字母,现在代表的含义是 Knowledge Acquisition and Design Structuring(知识获取和设计结构化)。只改了一个字,意义却很重大。它表明,第一,专家们已开始认识到应在方法学上和工具环境上支持知识工程的各个阶段(在 KADS Ⅱ 课题的说明中明确指出了这一点)。第二,专家们已开始认识到知识获取和知识工程的全生命周期支持方面有着天然的、不可分的联系。

本节要讨论的知识工程生命周期模型称为 LUBAN,这是我国历史上著名工程师鲁班的谐音名。LUBAN 的特点主要表现在下述各点:

1. 它一共包括七个阶段。它们是:需求分析(REQ)、系统设计(DES)、知识获取(ACQ)、原型测试(PRT)、知识求精(REF)、系统包装(PCK)和系统集成(ITG)。在这里,第七个阶段并不是最后一个阶段,从后面的阶段可以返回到前面的阶段去。系统维护,特别是知识维护就体现在这种循环中。

2. 它不是一个单一的模型,而是一个模型框架,通过下列方法可以生成知识工程生命周期的不同模型:

(1)对它各阶段的任务作适当调整和不同的解释。

(2)选取生命周期中的部分阶段及部分任务,不一定从第一个阶段开始,也不一定在第七个阶段结束。

(3)对从上一阶段到下一阶段的执行机制作不同的解释和安排。

3. 它是有反馈的瀑布模型和快速原型机制的结合。

4. 它是以知识获取为中心线索的生命周期模型,知识获取贯穿于生命周期的始终。在它的七个阶段中有一个阶段,即第三阶段,称为知识获取阶段,那只是因为在这个阶段中相对集中地获取领域知识,而并不意味着知识获取只在这一阶段进行。

LUBAN 模型(见图 28.4.1)可以用一个矩阵(称为 LUBAN 矩阵)表示,写为 $L$。$L[i,j]$ 指 $L$ 的第 $i$ 行第 $j$ 列元素,有如下的一般原则:

1. 对所有 $i$,$L[i,i]$ 表示在第 $i$ 阶段要完成的主要任务。

2. 对所有 $i<j$,$L[i,i]$ 必须在 $L[j,j]$ 之前完成。

|  | 需求分析 | 系统设计 | 知识获取 | 原型试验 | 知识求精 | 系统包装 | 系统集成 |
|---|---|---|---|---|---|---|---|
| 需求分析 | 原始<br>知识库 |  |  |  |  |  |  |
| 系统设计 | 解题模式 | 系统结构 |  |  |  |  |  |
| 知识获取 | 知识结构 | 知识模型 | 知识库 |  |  |  |  |
| 原型试验 | 评价准则 | 推理机<br>原型 | 知识库<br>原型 | 评估报告 |  |  |  |
| 知识求精 | 求精标准 | 求精算法 | 原有<br>知识库 | 知识缺陷 | 新知识库 |  |  |
| 系统包装 | 用户模型 | 实现环境 | 界面设计 | 界面改<br>进要求 | 专家系<br>统核心 | 用户界面 |  |
| 系统集成 | 对 DBMS, OS<br>及其他应用软<br>件及高级语言<br>之需求 | 推理机和<br>其他选件 | 内部接口<br>程序 | 应用和演<br>示实例集 | 各类<br>知识库 | 开发机和<br>文档资料 | 完整专家<br>系统 |

**图 28.4.1　LUBAN 矩阵**

3. 任意给定 $i$，$2 \leqslant i \leqslant 7$，则对所有的 $j < i$，$L[i, j]$ 都是第 $i$ 阶段的子任务。它们的全体是完成任务 $L[i, i]$ 的充分条件。

4. 对所有 $i < j$，$L[i, j]$ 是诸阶段任务 $L[k, k]$ 提供的反馈信息之总和，其中 $j \leqslant k \leqslant 7$。

下面是由这个模型框架派生出来的一些模型的例子：

1. 只考虑诸主要阶段任务 $L[i, i]$，$1 \leqslant i \leqslant 7$，此时各阶段任务的子任务划分及阶段之间的衔接有最大的自由度。

2. 规定，对每个 $i$ 和 $j < k$，必须在 $L[i, j]$ 完成之后才能做 $L[i, k]$，这是严格的子任务排序。

3. 规定，对每个 $i < j$ 以及 $k$, $h$，必须在 $L[i, h]$ 完成之后才能做 $L[j, k]$，这是严格的按阶段排序。

4. 把 2.和 3.结合在一起，就成了严格的循序渐进。

5. 规定，对每个 $k < h$ 以及 $i$, $j$，必须在 $L[i, k]$ 完成以后才能做 $L[i, h]$，这是严格的按子任务性质排序，是各阶段同一性质子任务的统一行动，是规定 2.的进一步严格化。

在本节中，我们较详细地就模型 5 的内容作一阐述。

**第一阶段:**需求分析。

1. $L[1,1]$:原始知识。在这里,$L[1,1]$已不代表第一阶段的全部工作,而是第一阶段的第一个子任务,即可行性分析。分析的内容包括:

(1) 有无合适的知识来源,如专家,资料?

(2) 是否涉及难以形式化的常识知识? 例如,一个破案专家系统可能涉及许多生活常识。

(3) 能否获得可靠数据? 例如,一个脉象诊断专家系统要求有准确测出脉象的仪器。

(4) 知识库内容是否稳定? 例如,股市行情预测系统要求随时分析政治形势和市场经济形势的变化。

(5) 特殊要求能否满足? 例如,实时专家系统能否在规定的时限内给出答案?

除此之外,还有开发人员、开发费用、开发周期、实际应用可能、市场前景等种种因素的考虑。它们都构成原始知识库的内容。

2. $L[2,1]$:获取解题模式。使用各种知识获取方法,确定本专家系统(待开发)属于 27.5 节六种领域模型中的哪一种? 或者是某些领域模型的混合模型?

3. $L[3,1]$:知识结构。明确如下问题:

(1) 就专业划分来说,开发本系统应具备哪些方面的领域知识?

(2) 这些领域知识的特点,如不精确性、常识性、海量性、易变性、实时性、有争议性、保密性等等。每一种特性还可细分,如不精确性可划分为随机性、模糊性和其他不确定性。

(3) 针对上述特点,本系统(的各部分)应(各)采用何种知识表示方法? 粗的如框架、规则、过程、……。细的如不精确推理的可信度法、贝叶斯法、证据理论方法、……。

4. $L[4,1]$:评价准则

(1) 搞清楚在使用同等手段的前提下专家能够达到的水平。例如,不用透视,不用验血,医生对肺部病变的诊断正确率是多少?

(2) 制定目标。本专家系统应在何种程度上达到专家水平? 具体地说,对诊断型系统就是各种病的诊断正确率应达到多少? 对规划型系统就是制定各种规划时达到最优或较优的比例是多少? 对实时型系统则应规定时间要求。

(3) 收集一组已有定论(包括正确结论和专家评分)的实例备查验知识库质量用。

5. $L[5,1]$:求精标准。与评价准则基本相同,但增加一组最低要求及重点突出要求(如某类危险病的诊断正确率,某类时间性应答的响应速度)。

6. $L[6,1]$:用户模型。搞清两个问题:

(1) 本系统用户的知识水平和操作水平。他们是专家,还是一般用户? 使用何种自然语言? 是否具有英语或符号操作能力?

(2) 本系统用户的领域特点,如:本系统将用于辅助教学? 辅助决策? 辅助设计? 这些对系统设计都会产生影响。

7. $L[7,1]$:对其他软件之需求,包括

(1) 是否需要数据库支持?

(2) 是否需要窗口、图形、菜单、汉字、自然语言接口等界面支持?

(3) 需要嵌入哪些高级语言(可从专家系统内部调用以这些高级语言编的过程)。

(4) 是否需要其他软件包,如统计、电子报表、方法库、模型库?

**第二阶段:系统设计。**

1. $L[2,2]$:系统结构。见 28.1 节。

2. $L[3,2]$:知识模型。针对已经确定的知识表示原则,完善其细节。如:

(1) 对分类网络,确定概念集、属性集,以及概念的层次体系、框架组织等。

(2) 对一般语义网络,确定实体集、关系集、系统过程集等。

(3) 对规则,确定是逻辑规则还是产生式规则,前件和后件的形式,谓词结构、参数类型等。

(4) 对(关系)数据库,确定关系模式。

本步骤通常称为设计系统的概念模式。

3. $L[4,2]$:推理机原型。根据系统结构和知识模型,确定推理机应具备的功能,推理机结构的划分(使用一个或多个推理机)以及推理机应具备的特殊功能,如示踪、追踪、中断、回退、解释、示教等。

4. $L[5,2]$:求精算法。参见 28.2 节。

5. $L[6,2]$:实现环境。包括外部环境和内部环境,其中外部环境包括:

(1) 确定本系统将在何种机型、何种操作系统上实现,以及近期和远期移植到其他机型和其他操作系统上去的可能性。

（2）若要在网络上运行，则要确定相应的网络运行环境。

（3）本系统用何种高级语言或开发工具编写？

（4）使用何种中文平台？

（5）如果要用数据库管理系统，选择哪一个？

内部环境包括确定本系统的哪些模块和未来界面的哪些部分有信息交流，采取什么形式等。

6. $L[7,2]$：推理机和其他选件：根据前面选定的种种功能，确定本系统应具备哪些部件，需购进的购进，其余的自己开发。

**第三阶段**：知识获取。

1. $L[3,3]$：构造知识库：利用知识模型获取具体知识，包括领域知识和控制知识，表层知识和深层知识等等。

2. $L[4,3]$：知识库原型，即 $L[3,3]$ 中的知识库。

3. $L[5,3]$：原有知识库，即 $L[3,3]$ 中的知识库。

4. $L[6,3]$：界面设计。包括：

（1）获取用户对界面（包括知识界面，多媒体界面）的要求。

（2）根据用户模型、实现环境以及用户对界面的要求，设计出本专家系统的界面。

5. $L[7,3]$：内部接口程序。设计并实现本系统各部件之间的接口以及本系统与其他系统软件和应用软件之间的接口，其中包括：

（1）知识表示的转换。

（2）信息流、控制流、数据缓冲区。

（3）调用关系和内存布局（有些系统由于模块多且大而导致内存不够用）。

**第四阶段**：原型试验。

1. $L[4,4]$：评估报告。用已有的知识库原型和推理机原型运行于已收集好的一组实例上，根据运行情况生成评估报告，包括：

（1）从咨询正确性、合理性的角度判断知识库质量。

（2）从运行时、空效率的角度判断质量。

（3）从用户友好性的角度判断质量。

（4）试运行中发现需改进的其他问题。

2. $L[5,4]$：知识缺陷。即评估报告的结论和评价准则的差异加上新发现的问题。

3. $L[6,4]$：界面改进要求。特指用户友好性方面存在的问题及其改进目标。

4. $L[7,4]$：应用和演示实例集。把在原型试验过程中用到的实例收集起来，待测试全部通过后可选出一部分加入系统中送交用户作为示教素材。

**第五阶段**：知识求精。

1. $L[5,5]$：新知识库。针对知识缺陷，用求精算法改进已形成的知识库。

2. $L[6,5]$：专家系统核心。新知识库加上已配备好的推理机。

3. $L[7,5]$：各类知识库。除核心知识库（通常为领域知识库）外，还包括深层知识库、数据库、方法库、模型库、案例库等。

**第六阶段**：系统包装。

1. $L[6,6]$：根据已有的诸 $L[6,i]$，$1 \leqslant i \leqslant 4$，生成友好的用户界面。主要是两类界面：视听界面和知识界面，后者需要一个解释器。界面生成以后要和 $L[6,5]$ 联接起来。

2. $L[7,6]$：开发机和文档资料，包括

（1）生成一个支持用户开发自己的知识库和自己的用户界面的开发工具，称为开发机。由于专家系统开发一般是渐进过程，开发机对于它的不断改进是有用处的，特别是对那些本身是领域专家的用户。

（2）根据开发过程中积累的资料，生成有关的文档资料，如使用说明书、维护手册、开发日志等。

**第七阶段**：完整专家系统。

把 $L[7,i]$ 的全体，$2 \leqslant i \leqslant 6$，配合组装成完整的专家系统。

上面已经提到，使用 LUBAN 方法不一定要从第一个阶段走到最后一个阶段。这是因为所开发的专家系统规模大小和复杂性高低不一样；开发者对有关专业领域的熟悉程度不一样；知识来源及其所提供的知识广度和深度不一样；知识表示形式不一样；开发者手中掌握的工具不一样，等等。在这里要特别讲一下快速原型的问题。在 LUBAN 模型中，快速原型的设计和实现取决于下列因素：

1. 开发者已经具备的领域知识。

2. 开发者认为可以省略的功能。

3. 开发工具蕴含的领域知识。

4. 开发工具自动执行的操作。

这四个因素之间是有联系的。LUBAN 的快速原型机制体现在：开发者根

据上述 1，2 两个因素，适当选择符合上述 3、4 两个因素的开发工具，以便跳过或令工具自动执行某些开发阶段。图 28.4.2 是 LUBAN 矩阵的另一种表示形式，其中每个小圆圈代表一个阶段子任务，圆圈间联线代表子任务间的过渡。如果有一开发工具或方法学的名字通过一个箭头指向某圆圈，则表示此工具或方法学可协助开发者从这个圆圈所代表的子任务开始开发工作。有关名称的含义大都可在第二十七章或本章中找到。REAL(REquirement Analysis Language)是一个原始知识库获取工具，GAS 是一个表格分类技术工具，它们以及 GPMIL 和 KBRS 都是 LUBAN 实验环境 KM 的组成部分。注意这里没有区分手工开发还是机械开发，也没有标明在开发过程中哪些子任务被跳过。

# 习 题

1. 举出十个工作领域，在这些领域内(或这些领域的某些方面)开发专家系统将是不适宜的，或至少是十分困难的，说明你的理由。

2. 弄清下列诸概念间的相似、联系和区别之点。

专家系统、以知识为基础的系统、决策支持系统、专家咨询系统、演绎数据库系统、智能系统、专家数据库。

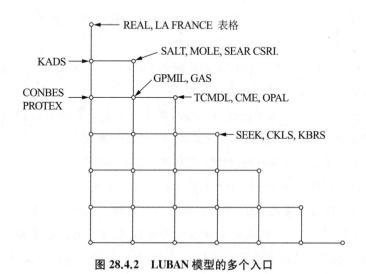

图 28.4.2　LUBAN 模型的多个入口

(提示：对不清楚的概念可查阅有关文献)

3. 弄清下列诸概念间的相似、联系和区别之点：

专家系统开发工具、专家系统外壳、专家系统工具包、专家系统开发环境、专家系统编程工具、专家系统生成工具、人工智能语言、知识工程语言、专家系统编程语言。

4. 能否把每个领域的知识特征划分为若干基本要素。每个要素给予一个评分标准。然后把 28.1 节中专家系统结构的选择作为该领域诸要素评分的函数。例如：要素之一可能是知识量的大小，要素之二可能是其中常识性知识含量的多少，要素之三可能是知识随时间变化之程度等等。选择函数之值为一向量，其中每个分量表示某一结构形式之适宜程度。该函数的大致形式是：

若：要素 1 之评分为 $S_1$，要素 2 之评分为 $S_2$，$\cdots$，要素 $n$ 之评分为 $S_n$，则：选择结构 1 之适宜性为 $A_1$，选择结构 2 之适宜性为 $A_2$，$\cdots\cdots$，选择结构 $m$ 之适宜性为 $A_m$。

请你考察一组代表性的领域，从中抽取一批要素及相应的评分标准，并定义一组适宜性标准，然后构造一组上述形式的结构选择函数。

5. 应用你定义的结构选择函数为下列知识领域评选适合的结构。

(1) 根据政治、经济和股票市场行情变化确定如何从事股票投机。

(2) 根据物理学和材料力学原理确定机器故障及其排除方法。

(3) 根据历史气象资料，当年气象情况及山川河流的地形预测水情变化。

(4) 根据生物学规律、化学知识、历史虫情资料、当年气象情况及作物种植情况决定应准备何种农药及其数量和施用方法。

(5) 根据中国及北京市的改革开放计划，人口、经济、文化、旅游、绿化、交通等的发展情况确定北京市城市建设规划。

(6) 根据波黑冲突三方的政治、经济、军事、民众、地形情况，以及国际政治及地缘政治的需要，为北约制定在波黑的一个应变计划包括：

(a) 什么情况下考虑政治解决？采用何种解决方案？

(b) 什么情况下考虑军事干涉？采用何种作战方案？

(c) 什么情况下考虑政治、军事双管齐下？两种手段如何配合？

(7) 根据雷达信号，地理形势及我方布防情况确定飞行物是否敌方导弹？是否多弹头导弹？敌方袭击目标及战略、战术意图是什么？我方反导弹如何起飞拦截？

(8) 根据远洋货轮船舱布局及容量，起航日期、货物品种及数量和化学、物理性质,以及码头装卸机械情况,确定最佳装船方案。

6. 根据上面的分析,对 28.1 节中给出的各种专家系统结构模式作一个一般的评价:

(1) 可适应性(适用于很多领域)

(2) 可扩充性(已有的知识库内容可随时添加)

(3) 可修改性(方便地随时修改知识库内容)

(4) 可结合性(本结构和另一个结构或另一组结构有机地结合使用)

(5) 其他。

7. 深入讨论上题中所说的可组合性,仔细研究:任取两个或三个结构加以组合使用的方案(例如,黑板结构和聚焦结构如何结合? 和深表层结构又如何结合?),并说明不同的组合方案能用于哪些不同的用途。

8. 27.5 节中给出了六种领域知识模型,试分析其中的每一个模型应如何体现为专家系统的体系结构,并选择下列答案之一:

(1) 对每种模型,存在本章所说体系结构中的一个或数个最适宜的结构(给出对应关系)

(2) 存在一种或数种模型,对它们来说不存在单独的最适宜结构,必须用几种结构的组合才能解决问题(给出结构的组合方案)

(3) 存在一种或数种模型,对它们来说即使是把几种结构组合起来也不完全适用。而必须另找合适的结构(提出你的建议)

(4) 根本不存在所谓适用不适用的问题,关键是:

(a) 看你如何恰当地使用每一种结构。

(b) 只有更深入到实际问题中去才能作出决策。(说明具体理由)

9. 28.2 节中提到了专家系统的验证(*Verification*)及验收(*Validation*)问题,但未展开讲,在软件工程中,有人对这两个概念下了这样的定义,验证是正确地构造一个系统(符合需求和设计说明),验收是构造一个正确的系统(符合使用需要)。试根据这个观点探讨专家系统的验证和验收(简称 $V \& V$)问题。

(提示:验证应在每个开发阶段结束时进行而验收一般来说只在整个系统完成后进行)。

10. 28.2 节中提到了知识求精问题,但主要是针对产生式规则的,试把其中的原则推广到其他的知识表示形式,包括:

(1) 逻辑表示;(2)框架表示;(3)各种语义网络表示;(4)面向对象表示;

(5)各种过程性表示(参见第5章)等。

11. 28.2节中讲了对产生式系统的知识求精,其中有一个限制,就是每次推理都是一步得到结论(相当于28.1节中的单片式结构)。如果需要经过多步推理,试问应如何修改相应的求精算法。

12. 如果一个专家系统有某方面的特殊用途,例如

(1)作为计算机辅助教学系统。

(2)作为计算机辅助决策系统。

(3)作为计算机辅助设计系统。

则在知识库和知识界面方面应增添什么功能?

13. 考察28.3中的推理树修剪技术,那是针对一般推理的,如果加入不精确推理因素,应如何改进技术使修剪同样有效?

14. 考察28.3中的系统解释功能,那是针对一般推理的。如果加入不精确推理因素,应增加哪些解释功能?

15. 知识获取应贯穿于整个专家系统生命周期的始终,LUBAN模型提到了几个关键的知识获取阶段,但未深入其细节。试详尽地探讨专家系统立题、设计、开发、使用、维护等各个环节上每一步可能有的知识获取问题以及它们之间的相互关系。

16. 在推广使用专家系统或其开发工具的过程中,培训是一个很重要的环节,试讨论培训和开发、维护、知识获取(求精)等各方面的关系。

17. 把专家系统的开发和普通软件的开发作一比较,并研究它们在以下几方面的区别。

(1)从知识表示角度看。

(2)从知识获取角度看。

(3)从需求分析角度看。

(4)从设计和实现角度看。

(5)从生命周期概念看。

(6)从快速原型技术看。

# 参 考 文 献

## 一、英文书籍

### 第零部分

[ 1 ] Baner ji, R. B., Artificial Intelligence, A Theoretical Approach, North-Holland, 1980.

[ 2 ] Barr, A. and Feigenbaum, E. A., The Handbook of Artificial Intelligence, Vol.1, 2, 3, Pitman Publishing, 1982.

[ 3 ] Beardon, C., Hand, C., Lumsden, D., Ruocco, P. and Sgarkey, N., eds., Artificial Intelligence Terminology: A Reference Guide, Ellis-Horwood Ltd., 1989.

[ 4 ] Bernold, T. and Albers, G., eds., AI, Towards Practical Application, North-Holland, 1985.

[ 5 ] Born, R., ed., Artificial Intelligence, The Case Against, ST Martin's Press, 1987.

[ 6 ] Charniak, E., et al., Artificial Intelligence Programming, Lawrence Erlbaum Associates, 1987.

[ 7 ] Charniak, E. and McDermott, D., Introduction to Artificial Intelligence, Addison-Wesley, 1985.

[ 8 ] de Callatay, A. M., Natural and Artificial Intelligence, North-Holland, 1986.

[ 9 ] Dreyfus, H. L., What Computers can't Do: The Limits of Artificial Intelligence, Harper & Row, New York, 1979.

[10] Elithorn, A. and Banerji, R., Artificial and Human Intelligence, North-Holland, 1984.

[11] Feigenbaum, E. A. and McCorduck, P., The Fifth Generation Artificial Intelligence and Japan's Computer Challenge to the World, Addison-

Wesley, 1983.

[12] Foerster, H.V. and Beauchamp, J.W., Music by Computers, John Wiley and Sons, 1969.

[13] Franhe, H.W. and Jager, G., Apparative Kunst, M. Dumont Schauberg, 1973.

[14] Ginsberg, M., Essentials of Artificial Intelligence, Morgan Kaufmann, 1993.

[15] Graham, N., Artificial Intelligence, Making Machines "Think", TAB Books, 1979.

[16] Grimson, W.E.L. and Patil, R.S., AI in the 1980s and Beyond, An MIT Survey, MIT Press, 1987.

[17] Hall, P., Amstrads and Artificial Intelligence, Sigma Press, 1986.

[18] James, M., Basic AI, Butter Worths, 1986.

[19] Moody, T.C., Philosophy and Artificial Intelligence, Prentice Hall, 1992.

[20] Narayanan, A., On Being a Machine, Vol.1: Formal Aspects of Artificial Intelligence, Ellis-Horwood Ltd., 1988.

[21] Narayanan. A., On Being a Machine, Vol.2: Philosophy of Artificial Intelligence, Ellis-Horwood Ltd., 1990.

[22] O'shea, T., Advances in Artificial Intelligence, North Holland, 1984.

[23] Raphael, B., The Thinking Computer, Freeman, san Francisco, 1976.

[24] Rich, E., Artificial Intelligence, McGraw-Hill Book Co., 1983.

[25] Schutzer, D., Artificial Intelligence, An Application-Oriented, Van Nostrand Reinhold Co., 1987.

[26] Shapiro, S., ed., Encyclopedia of Artificial Intelligence, New York: Wiley, 1990.

[27] Shirai, Y. and Tsujii, J., Artificial Intelligence Concepts, Techniques and Applications, John Wiley & Sons Lid, 1984.

[28] Steels, L. and Campbell, J.A., eds., Progress in Artificial Intelligence, Ellis-Horwood Ltd., 1985.

[29] Winston, P.H., Artificial Intelligence. Second Edition, Addison-Wesley, 1984.

[30] Yazdani, M. and Narayanan, A., eds., Artificial Intelligence: Human Effects, Ellis-Horwood Ltd., 1984.

第一部分

[ 1 ] Anderson, J.A., Pellionisz, A. and Rosenfeld, E., eds., Neurocomputing 2: Directions for Research, The MIT Press, Cambridge, MA, 1990.

[ 2 ] Anderson, J.A. and Rosenfeld, E., eds., Neurocomputing: Foundations of Research, The MIT Press, Cambridge, MA, 1990.

[ 3 ] Antognetti, P., ed., Neural Networks: Concepts, Applications, and Implementations, Vol.1, 2, 3, Prentice-Hall, 1991.

[ 4 ] Brachman, R. J. and Levesque, H.J., Readings in Knowledge Representation, Morgan, Kaufmann, San Mateo, 1985.

[ 5 ] Carr, B., Knowledge Theory for Computer Scientists, Ellis Horwood Ltd., 1993.

[ 6 ] Ellis, R.W., Neural Network Programming Techniques, Prentice Hall, 1993.

[ 7 ] Epstein, R.L., The Semantic Foundations of Logic, Kluwer Academic Publishers, 1990.

[ 8 ] Findler, N.V., ed., Associative Networks, Academic Press, New York, 1979.

[ 9 ] Gabbay, D. and Owens, R., Elementary Logics: A Procedural Approach, Ellis Horwood Ltd., 1993.

[10] Gallien, J.H., Logic for Computer Science, Foundations of Automatic Theorem Proving, Harper & Row, 1986.

[11] Garnham, A., Mental Models as Representations of Discourse and Text, Ellis Horwood Ltd., 1987.

[12] Genesereth, M.R. and Nilsson, N.J., Logical Foundations of Artificial Intelligence, Morgan Kaufmann, Los Altos, 1987.

[13] Gray, P.M.D., Logic, Algebra and Databases.

[14] Hecht-Nielsen, R., Neurocomputing, Addison-Wesley, Reading, MA, 1990.

[15] Hertz, J., Krogh, K. and Palmer, R.G., Introduction to the Theory of

Neural Computation, Addison-Wesley, Redwood City, CA, 1991.

[16] Hinton, G.E. and Anderson, J.A., Parallel Models of Associative Memory, Lawrence Erlbaum Associates, 1981.

[17] Hodgson, J.P.E., Knowledge Representation and Language in AI, Ellis Horwood Ltd., 1991.

[18] Johnson-Laird, P.N. and Byrne, R.M.J., Deduction, Erlbaum, Hillsdale, NJ, 1991.

[19] Mctear, M.F., ed., Understanding Cognitive Science, Ellis Horwood Ltd., 1988.

[20] Mineau, G.W., Conceptual Graphs for Knowledge Representation, Springer-Verlag, 1993.

[21] Muller, B. and Reinhardt, J., Neural Networks: An Introduction, Springer-Verlag, Berlin, 1990.

[22] Nagle, T.E., Nagle, J.A., Gerholz, L.L. and Eklund, P., eds., Conceptual Structures: Current Research and Practice, Ellis Horwood Ltd., 1992.

[23] Schank. R.C. and Abelson, R, P., Scripts. Plans, Goals and Understanding, Lawrence Erlbaum, Hillsdale, NJ, 1977.

[24] Schank, R.C., Dynamic Memory, Cambridge University Press, Cambridge, 1982.

[25] Schank, R.C. and Colby, K.M., eds. Computer Models of Thought and Language, Freeman, San Francisco, CA, 1973.

[26] Simpson, P.K., Artificial Neural Systems, Pergamon Press, New York, 1990.

[27] Sowa. J., ed., Principles of Semantic Networks, Morgan Kaufmann, San Mateo, CA, 1991.

[28] Winograd, T. and Flores, F., Understanding Computers and Cognition, Addison-Wesley, Reading, MA, 1986.

[29] Zeidenberg, M., Neural Networks in Artificial Intelligence, Ellis Horwood Ltd., 1990.

第二部分

[ 1 ] Aho, A. et al., The Design and Analysis of Computer Algorithms, Addi-

son Wesley, 1974.

[ 2 ] Andrew, A.M., Continuous Heuristics: The Prelinguistic Basis of Intelligence, Ellis Horwood Ltd., 1990.

[ 3 ] Botvinnik, M.M., Computers, Chess and Long-Range Planning, Springer-Verlag, 1970.

[ 4 ] Campbell, J.A., Implementations of PROLOG. Ellis Horwood, 1984.

[ 5 ] Chichester, Computer Game-Playing: Theory and Practice, Ellis Horwood, 1983.

[ 6 ] Emrich, M.L. et al., Methodologies for Intelligent Systems, Selected Papers, Knoxville, 1990.

[ 7 ] Ernst, G.W. and Newell, A., GPS: A Case Study and Problem Solving, Academic Press, 1969.

[ 8 ] Etherington, D.W., Reasoning with Incomplete Information, Morgan Kaufmann, 1988.

[ 9 ] Fox, M.S., Constraint-Directed Search: A Case Study of Job-Shop Scheduling, Morgan Kaufmann, 1987.

[10] Garey, M. et al., Computer and Intractability, W.H. Freeman, 1974.

[11] Griffiths, M. and Palissier, C., Algorithmic Methods for Artificial Intelligence, Hermes, 1986.

[12] Kanal, L.N. et al., Search in Artificial Intelligence, Springer Verlag, 1988.

[13] Lauriere, J.L., Problem Solving in Artificial Intelligence, PHI UK Original Publication, 1989.

[14] Marsland, T.A. et al., Computers, Chess, and Cognition, Springer-Verlag, 1990.

[15] Nilsson, N.J., Principles of Artificial Intelligence, Tioga, 1980.

[16] Palay, A.J., Searching with Probabilities, Pitman Publishing, 1985.

[17] Pearl, J., Heuristics, Intelligent Search Strategies for Computer Problem Solving, Addison-Wesley, 1984.

[18] Reinefeld, Á., Spielbaum Suchverfahren, Springer Verlag, 1989.

[19] Sacerdoti, E.D., A Structure for Plans and Behavior, American Else-

view, 1977.

[20] Shanahan, M. and Southwick, R., Search, Inference and Dependencies in Artificial Intelligence, Ellis Horwood Ltd., 1989.

[21] Silver, B., Meta-Level Inference, North-Holland, 1986.

[22] van den Herik, J. and Allis, V., eds., Heuristic Programming in Artificial Intelligence 3, The Third Computer Olympiad, Ellis Horwood Ltd., 1992.

[23] Waterman, D.A. et al., Pattern Directed Inference Systems, Academic Press, 1978.

第三部分

[ 1 ] Allen, J.F., Kautz, H.A., Pelavin, R.N. and Tenenberg, J.D., eds., Reasoning About Plans, Morgan Kaufmann, San Mateo, CA, 1991.

[ 2 ] Bestougeff, H., Logical Tools for Temporal Knowledge Representation, Ellis Horwood Ltd., 1992.

[ 3 ] Brachman, R.J., et al., eds., Principles of Knowledge Representation and Reasoning, Morgan Kaufmann, Los Altos, 1989.

[ 4 ] Brewka, G., Nonmonotonic Reasoning: Logical Foundations of Commonsense, Cambridge Tracts in Theoretical Computer Science, Cambridge University Press, 1990.

[ 5 ] Davis, E., Representations of Commonsense Knowledge, Morgan Kaufmann, San Mateo, CA, 1990.

[ 6 ] Faltings, B. and Struss, P., eds., Recent Advances in Qualitative Physics, MIT Press, 1992.

[ 7 ] Friedman, W.J., About Time, MIT Press, Cambridge, MA, 1990.

[ 8 ] Gale, W.A., Artificial Intelligence and Statistics, Addison-Wesley, 1986.

[ 9 ] Galton, A., ed., Temporal Logics and Their Applications, Academic Press, London, 1987.

[10] Gardenfors, P., Knowledge in Flux: Modelling the Dynamics of Epistemic States, Bradford Books, MIT Press, 1988.

[11] Genesereth, M.R. and Nillson, N.J., Logical Foundations of Artificial Intelligence, Morgan Kanfmann, Los Altos, 1987.

[12] Gentner, D. and Stevens, A.L., eds., Mental Models, Lawrence Erl-baum, Hillsdale, NJ, 1983.

[13] Georgeff, M.P. and Lansky, A.L., eds., Proc. of the Workshop on Rea-soning about Actions and Plans, Los Altos, Morgan Kaufmann, 1986.

[14] Ginsberg, M.L., Readings in Nonmonotonic Reasoning, Morgan Kauf-mann, 1987.

[15] Gupta, M.M., Saridis, G.N. and Gaires, B.R. eds., Fuzzy Automata and Decision Processes, North-Holland, 1977.

[16] Herskovits, A., Language and Spatial Cognition, Cambridge UP, Cam-bridge, 1986.

[17] Hobbs, J. and Moore, R.C., eds., Formal Theories of the Commonsense World, Ablex, Norwood NJ, 1985.

[18] Kandel, A., Fuzzy Techniques in Pattern Recognition, John Wiley & Sons, 1982.

[19] Lukaciewicz, W., Non-monotonic Reasoning: Formalization of Common-sense Reasoning, Ellis Horwood Ltd., 1990.

[20] Mamdani, E.H. and Gaines, B.B., eds., Fuzzy Reasoning and its Appli-cations, Academic Press, 1981.

[21] Nebel, B., Reasoning and Revision in Hybrid Representation Systems, LNAI 422, Springer-Verlag, 1990.

[22] Negoita, C.V., Fuzzy Systems, Tunbridge Wells, 1981.

[23] O'Donnell, M.J., Equational Logic as A Programming Language, MIT Press, 1985.

[24] Prior, A.N., Tie and Modality, Oxford University Press, Oxford, 1957.

[25] Prior, A.N., Past, Present and Future, Clarendon Press, Oxford, 1967.

[26] Reinfrank et al., eds., Non Monotonic Reasoning, Springer Verlag, LNAI 346, 1989.

[27] Rescher, N., Hypothetical Reasoning, North-Holland, Amsterdam, 1964.

[28] Rescher, N. and Urquhart, A., Temporal Logic, Springer-Verlag, 1971.

[29] Sanchez, E., etc., Approximate Reasoning in Decision Analysis, North-

Holland, 1982.

[30] Smith, B. and Kelleher, G., eds., Reason Maintenance Systems and Their Applications, Ellis Horwood Ltd., 1988.

[31] Swinburne, R., ed., The Justification of Induction, Oxford University Press, Oxford, 1974.

[32] Thanassas, D., The Phenomenon of Commonsense Reasoning: Nonmonotonicity, Action and Information, Ellis Horwood Ltd., 1992.

[33] Touretzky, D. S., The Mathematics of Inheritance Systems, Morgan Kaufmann, Los Altos, CA, 1986.

[34] Turner, R., Logics for Artificial Intelligence, Ellis-Horwood Ltd., 1984.

[35] van Benthem, J.F.A.K., The Logic of Time: A Model-Theoretic Investigation into the Varieties of Temporal Ontology and Temporal Discourse, Reidel, Dordrecht, 1983.

[36] van der Hoek, W., Ch Meyer, J.J. and Tan, T.T., eds., Non-Monotonic Reasoning and Partial Semantics, Ellis Horwood Ltd., 1992.

[37] Weld, D.S. and deKleer, J., eds., Reasonings in Qualitative Reasoning about Physical Systems, Morgan Kaufmann, San Mateo, CA, 1990.

[38] Wilensky, R., Planning and Understanding: A Computational Approach to Human Reasoning, Addison-Wesley, Reading, MA, 1983.

第四部分

[ 1 ] Ait-Kaci, H. et al., Resolution of Equations in Algebraic Structures, Academic Press, 1989.

[ 2 ] Andrews, P.B., An Introduction to Mathematical Logic and Type Theory: To Truth Through Proof, Academic Press, 1986.

[ 3 ] Bachmair, L., Canonical Equational Proofs, Pitman-Wiley, 1990.

[ 4 ] Barendregt, H.P., The Lambda Calculus, its Syntax and Semantics, North-Holland, 1984.

[ 5 ] Benninghofen, B.S. et al., Systems of Reductions, LNCS 277, Springer-Verlag, 1987.

[ 6 ] Bibel, W., Automated Theorem Proving, Vieweg, Braunschweig, 1982.

[ 7 ] Bibel, W., Deduktion, Oldenbourg, 1992.

[ 8 ] Bledsoe, W. W. et al., Automated Theorem Proving: After 25 Years, Contemporary Mathematics, Vol. 29, American Mathematical Society, 1984.

[ 9 ] Borger, E., Computability, Complexity, Logic, Studies in Logic and the Foundations of Mathematics 128, North-Holland, 1990.

[10] Boyer, R.S. et al., A Computational Logic, Academic Press, 1979.

[11] Boyer, R.S. et al., A Verification Condition Generator for FORTRAN, the Correctness Problem in Computer Science, Academic Press, 1981.

[12] Boyer, R.S. et al., A Computational Logic Handbook, Academic Press, 1988.

[13] Bundy, A., The Computer Modelling of Mathematical Reasoning, Academic Press, 1983.

[14] Chang, C.L. and Lee, R.C.T., Symbolic Logic and Mechanical Theorem Proving, Academic Press, 1973.

[15] Corcoran, J., History and Philosophy of Logic, 1986.

[16] De Groot, D., et al., Logic Programming: Functions, Relations and Equations, Prentice-Hall, 1986.

[17] Fitting, M., First-Order Logic and Automated Theorem Proving, Springer-Verlag, 1990.

[18] Fitting, M.C., Proof Methods for Modal and Intuitionistic Logics, D.Reidel Pub. Co., 1983.

[19] Gallier, J. H., Logic for Computer Science, Foundations of Automatic Theorem Proving, Harper and Row, 1986.

[20] Jouannaud, J. P., Rewriting Techniques and Applications, Academic Press, 1987.

[21] Lassez, J., Computational Logic: Essays in Honour of Alan Robinson, MIT Press, to appear.

[22] Loveland, D.W., Automated Theorem Proving: A Logical Basis, North Holland, 1978.

[23] Manna, Z., Mathematical Theory of Computation, McGraw-Hill Book Co., 1974.

[24] Minker, J., Foundations of Deductive Databases and Logic Programming, 1988.

[25] Nillson, N. J., Problem Solving Methods in Artificial Intelligence, McGraw-Hill Book Co., 1971.

[26] Nivat, M. et al., Algebraic Methods in Semantics, Cambridge Uni. Press, 1985.

[27] O'Donnell, M.J., Computing in Systems Described by Equations, LNCS 58, Springer Verlag, 1977.

[28] Robinson, J.A., Logic: Form and Function, Elsevier North-Holland, 1979.

[29] Rusinowitch, M. Demonstration Autonatique: Technique de Reecriture, Inter Editions, 1989.

[30] Schutte, K., Contributions to Mathematical Logic, North-Holland, 1990.

[31] SiekMann et al., The Automation of Reasoning, Springer Verlag, 1983.

[32] Takeuti, G., Proof Theory, North-Holland, 1987.

[33] van Leeuwen, J., Handbook of Theoretical Computer Science, V.A. & V.B. Elsevier, 1990.

[34] Walther, C., A Many-Sorted Calculus Based on Resolution and Paramodulation, Research Notes in Artificial Intelligence, Pitman & Morgan Kaufmann, 1987.

[35] Wos, L., etc., Automated Reasoning, Introduction and Applications, Prentice-Hall, 1984.

[36] Wos, L., Automated Reasoning: 33 Basic Research Problems, Prentice Hall, 1987.

第五部分

[ 1 ] AI-Attar, A, and Hassan, T., Rule Induction in Knowledge Engineering, Data Analysis and Case, Ellis Horwood Ltd., 1994.

[ 2 ] Beale, R. and Finlay, J., Neural Networks and Pattern Recognition in Human Computer Interaction.

[ 3 ] Bergadano, F., Giordana, A. and Saitta, L., Machine Learning An Inte-

gated Framework and its Applications, Ellis Horwood Ltd., 1991.

[ 4 ] Burnod, Y., An Adaptive Neural Network: The Cerebral Cortex, PHI UK Original Publication, 1991.

[ 5 ] Chen, C. H., Pattern Recognition and Artificial Intelligence, Academic Press, 1976.

[ 6 ] Duda, R. O. and Hart, P. E., Pattern Classification and Scene Analysis, John Wiley & Sons, 1973.

[ 7 ] Hammond, K., Case Based Planning, Viewing Planning as a Memory Task, Academic Press, Perspectives in Artificial Intelligence Series, Boston, 1989.

[ 8 ] Jantke, K. P., ed., Analogical and Inductive Inference, LNCS 265, Springer-Verlag, 1987.

[ 9 ] Keane, M. T., Analogical Problem Solving, Ellis Horwood Ltd., 1987.

[10] Kearns, M., The Computational Complexity of Machine Learning, ACM Distinguished Dissertation, The MIT Press, 1990.

[11] Kelly, G. A., The Psychology of Personal Constructs, Norton, New York, 1955.

[12] Korf, R. E., Learning to Solve Problems for Macro Operators, Pitman Publishing, 1985.

[13] Langley, P., Scimon, H. A. and Bradshaw, G. L., Scientific Discovery, Computational Explorations of the Creative Processes, MIT Press, 1987.

[14] Last, R. W., Artificial Intelligence Techniques in Language Learning, Ellis Horwood Ltd., 1989.

[15] Lavrac, N. and Dzeroski, S., Inductive Logic Programming: Techniques and Applications, Ellis Horwood Ltd., 1993.

[16] Long, D., A Formal Model for Reasoning by Analogy, Ellis Horwood Ltd., 1993.

[17] Michalski, R., Carbonell, J. and Mitchell, T., eds., Machine Learning: An Artificial Intelligence Approach, Tioga, Palo Alto, CA, 1983.

[18] Michalski, R., Carbonell, J. and Mitchell, T., eds., Machine Learning: An Artificial Intelligence Approach, Vol.2, Morgan Kaufmann, 1986.

[19] Morik, K., ed., Knowledge Representation and Organization in Machine Learning, Springer-Verlag, Berlin, Tokio, New York, 1989.

[20] Morik, K., Wrobel, S., Kietz, J.U. and Emde, W., Knowledge Acquisition and Machine Learning: Theory, Methods, and Applications, Academic Press, London, 1993.

[21] Muggleton, S., ed., Inductive Logic Programming, A.P.I.C. Series, Academic Press, London, 1991.

[22] Murre, J.M.J., Learning and Categorizing in Modular Neural Networks, Harvester Wheatsheat, 1992.

[23] Pask, G., Conversation, Cognition and Learning, Elsevier, 1975.

[24] Riesbeck, C.K. and Schank, R.C., Inside Case-Based Reasoning, Erlbaum, Hillsdale, NJ, 1989.

[25] Taylor, C.C., Spiegelhalter, D.J. and Michie, D., eds., Evaluating the Quality of Machine Learning Methods, Ellis Horwood Ltd., 1993.

[26] Utgoff, P.E., Machine Learning of Inductive Bias, Kluwer Academic Publishers, 1986.

[27] Williams, N., The Intelligence Micro, McGraw-Hill Book Co., 1986.

[28] Wos, L., etc., Machine Learning(II), Prentice-Hall, 1985.

第六部分

[ 1 ] Allen.J., Natural Language Understanding, Benjamin/Cummings, 1987.

[ 2 ] Alshawi, H., ed., The Core Language Engine, MIT Press, Cambridge, MA, 1992.

[ 3 ] Appelt, D.E., Planning English Sentences, Cambridge University Press, Cambridge, 1985.

[ 4 ] Austin, J.L., How to Do Things with Words, Oxford University Press, Oxford, 1962.

[ 5 ] Bach, E. and Harms, R., eds., Universals in Linguistic Theory, Holt, Rinehart and Winston, New York, 1969.

[ 6 ] Barwise, J. and Perry, J., Situations and Attitudes, MIT Press, 1983.

[ 7 ] Bauerle, R., Egli, U. and van Stechow, A., Semantics from a Different Point of View, de Gruyter, Berlin, 1979.

[ 8 ] Bauerle, R., Schwarze, C., and van Stechow, A., Meaning, Use and Interpretation of Language, Berlin, de Gruvter, 1983.

[ 9 ] Beach, W.A., Fox, S.E. and Philosoph, S., eds., Papers from the Thirteenth Regional Meeting of the Chicago Linguistics Society, Chicago, 1977.

[10] Beardon, C., Lumsden, D. and Holmes, G., Natural Language and Computational Linguistics: An Introduction, Ellis Horwood Ltd., 1991.

[11] Benson, J. and Greaves, W., eds., Systemic Perspectives on Discourse, Ablex, Norwood, NJ, 1985.

[12] Berwick, R.C., ed., Computational Models of Discourse, MIT Press, Cambridge, MA, 1983.

[13] Berwick, R.C., The Acquisition of Syntactic Knowledge, MIT Press, 1985.

[14] Berwick, R.C., Abney, S.P. and Tenny, C., Principle-Based Parsing: Computation and Psycholinguistics, Band 44 Studies in Linguistics and Philosophy, Kluwer Academic Publishers, 1992.

[15] Berwick, R.C. and Weinberg, A.S., The Grammatical Basis of Linguistic Performance, Language Use and Acquisition, MIT Press, 1984.

[16] Bierman, A. and Feldman, J., A Survey of Grammatical Inference in Frontiers of Pattern Recognition, Watanabe, S., ed., Academic Press, 1972.

[17] Brady, M. and Berwick, R.C., eds., Computational Models of Discourse, MIT Press, Cambridge, MA, 1983.

[18] Bresnan, J., ed., The Mental Representation of Grammatical Relations, MIT Press, Cambridge, MA, 1982.

[19] Brown, C.G. and Koch, G., eds., Natural Language Understanding and Logic Programming, North-Holland, 1991.

[20] Campbell, R. and Smith, P., eds., Recent Advances in the Psychology of Language, Plenum Press, New York, 1978.

[21] Chomsky, N., Current Issues in Linguistic Theory, Mouton, 1964.

[22] Chomsky, N., Aspects of the Theory of Syntax, MIT Press, Cambridge,

MA, 1965.

[23] Chomsky, N., Lectures on Government and Binding, Foris Publications, 1982.

[24] Chomsky, N. and Halls, M., The Sound Pattern of English, Harper & Row, 1968.

[25] Clarke, D. and Murray, U.M., Practical Machine Translation, Ellis Horwood Ltd., 1993.

[26] Cohen, P.R., Morgan, J.L. and Pollack, M.E., eds., Intentions in Communication, A Bradford Book, MIT Press, System Development Foundation Benchmark Serial, Cambridge, MA, 1990.

[27] Cole, P. and Morgan, J. L., eds., Syntax and Semantics, Academic Press, San Diego, New York, Berkeley, 1975.

[28] Comrie, B., Aspect: An Introduction to the Study of Verbal Aspect and Related Problems, Cambridge University Press, Cambridge, 1976.

[29] Cooper, R., Mukai, K. and Perry, J., eds., Situation Theory and Its Applications, CSLI Publications, Stanford University, 1990.

[30] Covington, M.A., Natural Language Processing for PROLOG Programming, Prentice Hall, 1993.

[31] Dale, R., Mellish, C. and Zock, M., eds., Current Research in Natural Language Generation, Academic Press, 1990.

[32] Danlos, L., The Linguistic Basis of Text Generation, Cambridge University Press, Cambridge, 1987.

[33] Dechert, H.W. and Raupach, M., eds., Temporal Variables in Speech, Mouton, The Hague, 1980.

[34] Dowty, D.R., et al., eds., Natural Language Parsing: Psychological, Computational and Theoretical Perspectives, Cambridge University Press, 1985.

[35] Fenstad, J.E., Halvorsen. P.K., Langholm, T. and van Bentham. J., Situations, Language and Logic, Band 34 Studies in Linguistics and Philosophy, Reidel Publishing Company, 1987.

[36] Gamut, L.T.F., Logic, Language and Meaning, The University of Chica-

go Press, Chicago, 1991.

[37] Garfield, J., ed., Modularity in Knowledge Representation and Natural-Language Understanding, MIT Press, Cambridge, MA, 1987.

[38] Gazdar, G., Klein, E., Pullum, G. and Sag, I., Generalized Phrase Structure Grammar, Harvard University Press, 1985.

[39] Gazdar, G, and Mellish, C. G., Natural Language Processing in PRO-LOG: An Introduction to Computational Linguistics, Addison-Wesley, Reading, MA, 1989.

[40] Groenendijk, J., Janssen, Th. and Stokhof, M., ed., Formal Methods in the Study of Language, Mathematisch Centrum Tracts, Amsterdam, 1981.

[41] Grosz, B., The Structure of Discourse Analysis, Garland Publishing, New York, London, 1985.

[42] Grosz, B.J., Jones, K.S. and Webber, B.L., eds., Readings in Natural Language Processing, Morgan Kaufmann Publ., Los Altos, CA, 1986.

[43] Halliday, M.A.K., An Introduction to Functional Grammar, Edward Arnold. London, 1985.

[44] Hanson, P., ed. information, Language and Cognition, 1989.

[45] Harris, M. D., Introduction to Natural Language Processing, Reston Publ., 1985.

[46] Herrmann, T., Speech and Situation: A Psychological Conception of Situated Speaking, Springer-Verlag, Heidelberg, 1983.

[47] Horacek, H. and Zock, M., eds., New Concepts in Natural Language Generation: Planning, Realization, and Systems, Frances Pinter, London, 1992.

[48] Hovy, E. H., Generating Natural Language under Pragmatic Constraints, Lawrence Erlbaum, Hillsdale, NJ, 1988.

[49] Jackendoff, R., Semantics and Cognition, MIT Press, Cambridge, Massachusetts, 1988.

[50] Johnson-Laird, P. N., Nental Models: towards a Cognitive Science of Language, Inference and Consciousness, Cambridge University Press,

Cambridge, 1983.

[51] Joshi, A.K., Webber, B.L. and Sag, I.A., eds., Elements of Discourse Understanding, Cambridge University Press, Cambridge, 1981.

[52] Kamp. H. and Reyle, U., From Discourse to Logic, Kluwer Academic Publishers, Dordrecht, 1992.

[53] Karttunen, D.B., Dowty, D.R. and Zwicky, A., eds., Natural Language Parsing: Psychological, Computational and Theoretical Perspectives, Cambridge University Press, Cambridge, 1985.

[54] Kempen, G., ed., Natural Language Generation, Martinus Nijhoff Publishers, Dordrecht, Boston, Lancaster, 1987, NATO ASI Serial E Nr. 135.

[55] King, M., ed., Machine Translation Today: the State of the Art, Edinberg, 1984.

[56] Klein, E. and van Benthem, J., eds., Categories, Polymorphism and Unification, CCS/ILLI, 1987.

[57] Klein, E. and Veltman, F., eds., Natural Language and Speech, Springer-Verlag, 1991.

[58] Krulee, G.K., Computer Processing of Natural Language, Prentice Hall, 1991.

[59] Lang, E., Carstensen. K.U. and Simmons, G., Modelling Spatial Knowledge on a Linguistic Basis, Springer-Verlag, Berlin, Heidelberg, 1991, Lecture Notes in Artifical Intelligence No.481.

[60] Lehnert, W.G. and Ringle, M.H., eds., Strategies for Natural Language Processing, Erlbaum, Hillsdale, NJ.1982.

[61] Lenneberg, E., Biological Foundations of Language, New York, 1967.

[62] Levelt, W.J.M., Speaking, From Intention to Articulation. A Bradford Book, MIT Press, Cambridge, MA, 1989.

[63] Linsky, L., ed., Reference and Modality, Oxford University Press, London, 1971.

[64] Lyons, J., Semantics, Cambridge University Press, London, 1977.

[65] Marcus, M.P., A Theory of Syntactic Recognition for Natural Language,

MIT Press, 1980.

[66] McDonald, D.D. and Bole, L., eds., Natural Language Generation Systems, Springer-Verlag, Berlin, New York, 1988.

[67] Michalski, R.S., et al., Machine Learning: An Artificial Intelligence Approach, Tioga, Palo Alto, Calif., 1983.

[68] Miller, M and Johnson-Laird, P.N., Language and Perception, Cambridge University Press, Cambridge, 1976.

[69] Minsky, M., ed., Semantic Memory Processing, MIT Press, Cambridge, Massachusetts, 1968.

[70] Moore, T.E., ed., Cognitive Development and the Acquisition of Language, Academic Press, New York, 1973.

[71] Obermeier, K.K., Natural Language Processing Technologies in Artificial Intelligence: The Science and Industry Perspective, Ellis Horwood Ltd., 1989.

[72] Paris, C., Swartout, W. and Mann, W., eds., Natural Language Generation in Artificial Intelligence and Computational Linguistics, Kluwer Academic Publishers, Dordrecht, 1991.

[73] Partee, B.H., Ter Meulen, A. and Wall R.E., Mathematical Methods in Linguistics, Kluwer Academic Publishers, Dordrecht, 1990.

[74] Pask, G., Conversation, Cognition and Learning, Elsevier, 1975.

[75] Peters, S. and Saarinen, E., eds., Processes, Beliefs, and Questions, Reidel, Dordrecht, 1982.

[76] Pinker, S., Language, Learnability and Language Development, Harvard University Press, Cambridge, MA, 1984.

[77] Reyle, U. and Rohrer, C., eds., Natural Language Parsing and Linguistic Theories, Reidel Publishing Company, 1988.

[78] Rustin. R., Natural Language Processing, Algorithmics Press, 1973.

[79] Samad, T., A Natural Language Interface for Computer-aided Design, Kluwer Academic Publishers, 1986.

[80] Sanit-Dizier, P. and Szpakowicz, S., eds., Logic and Logic Grammars for Language Processing, Ellis Horwood Ltd., 1990.

[81] Schank, R., ed., Conceptual Information Processing, North Holland, Amsterdam, 1975.

[82] Schank, R. and Riesbeck, F., Inside Computer Understanding: five Programs plus Miniatures, Lawrence Erlbaum Associates, Hillsdale, NJ. 1981.

[83] Searle, J, R., Speech Acts: A Essay in the Philosophy of Language, Cambridge University Press, Cambridge, 1969.

[84] Sells, P., Shieber, S. and Wasow, T., eds., Foundational Issues in Natural Language Processing, MIT Press, 1991.

[85] Sprout, R., Morphology and Computation, MIT Press, 1992.

[86] Steinberg, D. and Jakobovits, L., Semantics: An Interdisciplinary Reader in Philosophy, Linguistics and Psychology, Cambridge University Press, New York, 1971.

[87] Strzalkowski, T., ed., Reversible Grammars and Natural Language Processing, Kluwer Academic Publishers, 1992.

[88] van Dijk, T.A., Handbook of Discourse Analysis, Academic Press, London, 1985.

[89] van Dijk, T.A. and Kintsch, W., Strategies of Discourse Comprehension, Academic Press, New York, 1983.

[90] Wales, R.J. and Walker, E., eds., New Approaches to Language Mechanisms, North Holland, Amsterdam, 1976.

[91] Wallace, M., Communicating with Database in Natural Language, Ellis-Horwood Ltd., 1984.

[92] Whitelok, P., Wood. M., Somers, H., Johnson, R. and Bennet, P., eds., Linguistic Theory and Computer Applications, Academic Press, 1987.

[93] Wilks, Y., ed., Theoretical Issues in Natural Language Processing, New Mexico State University, Las Cruces, NM, 1987.

[94] Wilks, Y., Theoretical Issues in Natural Language Processing, Lawrence Erlbaum Associates, 1989.

[95] Winograd, T., Understanding Natural Language, Academic Press, New

York, 1972.

[96] Winograd, T., Language as a Cognitive Process, Addison-Wesley, Reading, MA, 1983.

[97] Winograd, T. and Flores, C.F., Understanding Computers and Cognition: A New Foundation for Design, Ablex Publ., Norwood, NJ, 1986.

[98] Zock, M. and Sabah, G., eds., Advances in Natural Language Generation: An Interdisciplinary Perspective, Vol.1, 2, Frances Pinter, London, 1988.

第七部分

[ 1 ] Aleksander, I., Designing Intelligent Systems, Kluwer Academic Publishers, 1984.

[ 2 ] Allen, J., Anatomy of LISP, McGraw Hill Book, Co., 1978.

[ 3 ] Allen, J., Handler, J. and Tate, A., Readings in Planning, Morgan Kaufmann, San Mateo, CA, 1990.

[ 4 ] Allen, J., Kautz, H., Pelavin, R. and Tenenberg, J., Reasoning about Plans, Morgan Kaufmann, San Mateo, CA, 1990.

[ 5 ] Alty, J.L. and Coombs, M.J., Expert Systems, Concepts and Examples, NCC, 1984.

[ 6 ] Anderson, R., Beddle, L. and Raeburn, S., Information and Knowledge Based Systems, PHI UK Original Publication, 1992.

[ 7 ] Barbosa, V.C., Massively Parallel Models of Computation: Distributed Parallel Processing in Artificial Intelligence and Optimization, Ellis Horwood Ltd., 1993.

[ 8 ] Baret, R., Ramsay, A. and Sloman, A., POP-11, A Practical Language for AI, Ellis Horwood Ltd., 1985.

[ 9 ] Beerel, A.C., Expert Systems: Strategic Implications and Applications, Ellis Horwood Ltd., 1987.

[10] Beerel, A.C., Expert Systems: Real World Applications, Ellis Horwood Ltd., 1992.

[11] Bond, A.H. and Gasser, L., eds., Readings in Distributed Artificial Intelligence, Morgan Kaufmann, San Mateo, CA, 1988.

[12] Bonnet, A., Haton, J.P. and Truong-Noc, J.M., Expert Systems Principles and Practice, PHI UK Original Publication, 1988.

[13] Boose, J. and Gaines, B., eds., Knowledge Acquisition Tools for Expert Systems, Volume 2, Academic Press, 1988.

[14] Bramer, M.A., ed., Research and Development in Expert Systems, Cambridge University Press, Cambridge, UK, 1985.

[15] Bratko, I., Prolog Programming for Artificial Intelligence, Addison Wesley, Reading, MA, 1986.

[16] Brodie, M.L., Mylopoulos, J. and Schmidt, J.W., On Conceptual Modelling, Perspectives From Artificial Intelligence, Data Base, and Programming Languages, Springer-Verlag, 1984.

[17] Brown, D.C. and Chandrasekaran, B., Design Problem Solving: Knowledge Structure and Control Strategies, Pitman Publishing, London, 1989.

[18] Brownston, L., et al., Programming Expert Systems in OPS5: An Introduction to Rule-Based Programming, Addison-Wesley, 1985.

[19] Buchanan, B.G. and Shortliffe, E.H., eds., Rule-Based Expert Systems, The MYCIN Experiments of the Stanford Heuristic Programming Project, Addison Wesley, 1984.

[20] Campbell, J.A., ed., Implementations of Prolog, Ellis-Horwood Ltd., 1984.

[21] Charniak, E., Riesbeck, C.K. and McDermott, D.V., Artificial Intelligence Programming, Lawrence Erlbaum Associates, 1984.

[22] Charniak, E., Riesbeck, C.K. and McDermott, D.V., Artificial Intelligence Programming, Second Edition, Lawrence Erlbaum Associates, Hillsdale, NJ, 1987.

[23] Chorafas, D.N., Applying Expert Systems in Business, McGraw Hill Books Co., 1987.

[24] Clocksin, M.F. and Mellish, C.S., Programming in PROLOG, 3rd Edition, Springer-Verlag, Berlin, 1987.

[25] Cohen, P.R., Heuristic Reasoning about Uncertainty: An Artificial Intel-

ligence Approach, Pitman Publishing, 1985.

[26] Coombs, M.J. Developments in Expert Systems, Academic Press, 1984.

[27] Craig, I.D., Formal Specification of Advanced AI Architectures, Ellis Horwood Ltd., 1991.

[28] Dean, T. and Wellman, M.P., Planning and Control, Morgan Kaufmann, San Mateo, CA, 1991.

[29] Dougherty, E.R. and Giardina, C.R., Mathematical Methods for Artificial Intelligence and Autonomous Systems, Prentice Hall, 1988.

[30] Doukidis, G.I., Land, F. and Miller, G., eds., Knowledge Based Management Support Systems, Ellis Horwood Ltd., 1989.

[31] Dybvig, R.K., The SCHEME Programming Language, Prentice Hall, Englewood Cliffs, NJ, 1987.

[32] Elstein, A., Schulman, L. and Sprafka, S., Medical Problem Solving, Harvard University Press, 1978.

[33] Elzas, M.S., etc., Modelling and Simulation Methodology in the AI Era, North-Holland, 1986.

[34] Ericsson, K.A. and Simon, H.A., Protocol Analysis, MIT Press, Cambridge, CA, 1984.

[35] Firlej, M., Knowledge Elicitation, PHI UK Original Publication, 1991.

[36] Franz Inc., COMMON LISP: The Reference, Addison-Wesley, Reading, MA, 1988.

[37] Gardin, J.C., etc., Artificial Intelligence and Expert Systems: Case Studies in the Knowledge Domain of Archaeology, Ellis Horwood, Ltd., 1988.

[38] Gero, J., ed., Expert Systems Ain Computer Aided Design, Amsterdam, 1987.

[39] Gero, J., ed., Artificial Intelligence in Engineering Diagnosis and Learning, Southampton, 1988.

[40] Gevarter, W.B., Artificial Intelligence, Expert System, Computer Vision and Natural Language Processing, Noyes Publications, 1984.

[41] Goldberg, A., SMALLTALK-80, The Interactive Programming Envi-

ronment, Addison-Wesley, 1984.

[42] Goldberg, A. and Robson, D., SMALLTALK 80, The Language and its Implementation, Addison-Wesley, 1983.

[43] Gonzalez, A.J., Engineering of Knowledge-Based Systems: Theory and Practice, Prentice Hall, 1993.

[44] Gottlob, G. and Nejdl, W., eds., Expert Systems in Engineering, Heidelberg, 1990.

[45] Greenwell, M., Knowledge Engineering for Expert Systems, Ellis Horwood Ltd., 1988.

[46] Gupta, M.M., etc., ed., Approximate Reasoning in Expert Systems, North-Holland, 1985.

[47] Gusgen, H.W., CONSAT: A System for Constraint Satisfaction, Pitman Publishing, 1989.

[48] Hamscher, W., de Kleer, J., and Console, L., eds., Readings in Model based Diagnosis: Diagnosis of Designed Artifacts Based on Descriptions of their Structure and Function, Morgan Kaufmann, San Mateo, 1992.

[49] Harmon, P. and King, D., Expert Systems-Artificial Intelligence in Business, John Wiley & Sons, 1985.

[50] Harrison, P.R., COMMON LISP and Artificial Intelligence.

[51] Hart, A., Knowledge Acquisition for Expert Systems, Kogan Page, 1986.

[52] Hayes, J.E., et al., Intelligent Systems: the Unprecedented Opportunity, Ellis-Horwood Ltd., 1983.

[53] Hayes, J.E., ed., Machine Intelligence 10, Intelligent Systems: Practice and Perspective, Ellis-Horwood, Ltd., 1982.

[54] Hayes-Roth, F., Waterman, D. and Lenat, D.B., eds., Building Expert Systems, Addison-Wesley, 1983.

[55] Hertzberg, J. and Gusgen, H.W., A Perspective of Constraint-Based Reasoning, Springer-Verlag, LNAI 597, 1992.

[56] Hickman, F.R., Killin, J.L., Land, L., Mulhall, T., Porter, T. and Taylor, R.M., Analysis for Knowledge-Based Systems: A Practical

Guide to the KADS Methodology, Ellis Horwood Ltd., 1989.

[57] Huhns, M. N., Distributed Artificial Intelligence, Pitman Publishing, 1987.

[58] Johnson, L., et al., Expert System Technology, A Guide, Abacus Press, 1985.

[59] Kanal, L. N., Uncertainty in Artificial Intelligence, North-Holland, 1986.

[60] Kerry, R., Integrating Knowledge-Based and Database Management Systems, Ellis Horwood Ltd., 1990.

[61] Kosko, B., Neural Networks and Fuzzy Systems: A Dynamical Systems Approach to Machine Intelligence, Prentice Hall, 1991.

[62] Kowalski, R., Logic for Problem Solving, North-Holland, New York, 1979.

[63] Kowalski, T. J., An Artificial Intelligence Approach to VLSI Design, Kluwer Academic Publishers, 1985.

[64] Kreutzer, W. and McKenzie, B., Programming for Artificial Intelligence, Addison Wesley, Sydney, 1991.

[65] Kung, S. Y., Digital Neurocomputing: From Theory to Implementation, Prentice Hall, 1992.

[66] Leigh, W. E. and Burgess, C., Distributed Intelligence: Trade-offs and Decisions for Computer Information Systems, South-Western, 1987.

[67] Lenat, D.B. and Guha, R. V., Building Large Knowledge-Based Systems, Addison-Wesley, Reading, MA, 1990.

[68] Li, D, Y., A Prolog Database System, Research Studies Press Ltd., 1984.

[69] Liebowitz, J., ed., Structuring Expert Systems: Domain, Design and Development, Prentice Hall, 1989.

[70] Lu, R., New Approaches to Knowledge Acquisition, World Scientific, 1994.

[71] Marcellus, D. H., Expert Systems Programming in Turbo Prolog, Prentice Hall, 1989.

[72] Marcus, S., ed., Automating, Knowledge Acquisition for Expert Systems, Kluwer Academic Publishers, 1988.

[73] Martin, J., Building Expert Systems, Prentice Hall, 1988.

[74] McGraw, K. L., Designing and Evaluating User Interfaces for Knowledge-Based Systems, Ellis Horwood Ltd., 1992.

[75] McGraw, K. L., and Westphal, C. R., Readings in Knowledge Acquisition: Current Practices and Trends, Ellis Horwood Ltd., 1990.

[76] Meny, M., Expert Systems 85, Cambridge, 1985.

[77] Michie, D., ed., Expert Systems and Micro Electronic Age, Edinburgh University Press, Edinburgh, 1979.

[78] Miller, P., ed., Selected Topics in Medical Artificial Intelligence, Springer-Verlag, 1988.

[79] Mockler, R., Knowledge-Based Systems for Strategic Planning, Prentice Hall, 1988.

[80] Mumpower, J.L., etc., Expert Judgement and Expert Systems, Springer-Verlag, 1987.

[81] Naylor, C., Building Your Own Expert System, Sigma, 1987.

[82] Negoita, C. V., Expert Systems and Fuzzy Systems, Benjamin/Cummings, 1985.

[83] Newmarch, J., Logic Programming: Prolog and Stream Parallel Language, Prentice Hall, 1990.

[84] O'Keefe, R. A., The Craft of Prolog, MIT Press, Cambridge, MA, 1991.

[85] Pau, L. E., ed., AI in Economics and Management, North Holland, 1987.

[86] Perl, J., Probabilistic Reasoning in Intelligent Systems: Networks of Plausible Inference, Morgan Kaufmann, 1988.

[87] Price, C.J., ed., Knowledge Engineering Toolkits, Ellis Horwood Ltd., 1990.

[88] Ras, Z.Z. and Zemankova, M., Intelligent Systems: State of the Art and Future Directions, Ellis Horwood Ltd., 1990.

[ 89 ] Rees, J. and Clinger, W., eds., Revised Report on the Algorithmic Language Scheme, MIT Press, Cambridge, MA, 1991.

[ 90 ] Reggia, J.A. and Peng, Y., Abductive Inference Models for Diagnostic Problem Solving, Springer Verlag, 1990.

[ 91 ] Reitman, W., AI Applications for Business, Ablex, 1984.

[ 92 ] Sacerdoti, E.D., A Structure for Plans and Behavior, American Elsevier, New York, 1977.

[ 93 ] Sherman, P.D. and Martin, J.C., OPS5 Primer, An Introduction to Rule-Based Expert Systems, Prentice Hall, 1990.

[ 94 ] Siegel, P., Expert Systems, A Non programmer's Guide to Development and Applications, TAB Books Inc, 1986.

[ 95 ] Spencer-Smith, R., Logic and PROLOG, Harvester Wheatsheet Publication, 1991.

[ 96 ] Spivey, J.M., Logic Programming for Programmers, PHI Series in Computer Science, 1993.

[ 97 ] Springer, G. and Friedman, D.P., Scheme and the Art of Programming, MIT Press, Cambridge, MA, 1989.

[ 98 ] Sriram, D. and Adey, R.A., eds., Knowledge Based Expert Systems in Engineering: Planning and Design, Computational Mechanics Publications, 1987.

[ 99 ] Steele, Jr., G.L., COMMON LISP, The Language, 2nd Edition, Digital Press, Bedford, MA, 1990.

[100] Sterling, L. and Shapiro, E., The Art of Prolog, MIT Press, Cambridge, MA, 1986.

[101] Szolovis, P., ed., Artificial Intelligence in Medicine, Westview Press, 1982.

[102] Tansley, D.S.W. and Hayball, C.C., Knowledge Based Systems Analysis and Design: A KADS Developers Handbook, Prentice Hall, 1993.

[103] Taylor, M.J. and Lisboa, P.J.G., eds., Techniques and Applications of Neural Networks, Ellis Horwood Ltd., 1993.

[104] Taylor, S., Parallel Logic Programming Techniques, Prentice Hall,

1989.

[105] Teft，L.，Programming in Turbo Prolog with an Introduction to Knowl-
edge-Based Systems.

[106] Tyree，A.，Expert Systems in Law，Prentice Hall，1989.

[107] van Hentenryck，P.，Constraint Satisfaction in Logic Programming,
MIT Press，Cambridge，MA，1989.

[108] Waterman，D.A.，A Guide to Expert Systems，Addison-Wesley，1986.

[109] Waterman，D.A. and Hayes Roth，F.，eds.，Pattern Directed Inference
Systems，Academic Press，New York，1978.

[110] Weiss，S.M. and Kulikowski，C.A.，A Practical Guide to Designing Ex-
pert Systems，Rowman & Allamheld，1984.

[111] Wilkins，D.E.，Practical Planning，Extending the Classical AI Planning
Paradigm，Morgan Kaufmann，San Mateo，CA，1988.

[112] Winston，P. ed.，The Artificial Intelligence Business，The Commercial
Uses of AI，MIT Press，1984.

[113] Winston，P. H. and Horn，B. K. P.，LISP，Second Edition，Addison
Wesley，1984.

[114] Winston，P.H. and Horn，B.K.P.，LISP，Third Edition，Addison-Wes-
ley，1989.

[115] Winter，H.，AI and Man-Machine Systems，Springer-Verlag，1986.

[116] Witting，T.，ed.，Archon：An Architecture for Multi-Agent Systems,
Ellis Horwood Ltd，1992.

[117] Wood，S.，Planning and Decision-Making in Dynamic Domains，Ellis
Horwood Ltd.，1993.


二、中文书籍
[ 1 ] 王树林主编,人工智能辞典,人民邮电出版社,1992 年.
[ 2 ] 王树林,袁志宏,专家系统设计原理,科学出版社,1991 年.
[ 3 ] 王宪钧,数理逻辑引论,北京大学出版社,1982 年.
[ 4 ] 王雨田主编,现代逻辑科学导引,上、下册,中国人民大学出版社,1987 年.
[ 5 ] 王钢,普通语言学基础,湖南教育出版社,1988 年.

［6］石纯一、黄昌宁:王家骹,人工智能原理,清华大学出版社,1993.

［7］石纯一,自动定理证明,气象出版社,1989年.

［8］石纯一主编,知识工程进展1991,中国地质大学出版社,1991年.

［9］史忠植,知识工程,清华大学出版社,1988年.

［10］史忠植,神经计算,电子工业出版社,1993年.

［11］江天骥,归纳逻辑导论,湖南人民出版社,1987年.

［12］伍谦光,语义学导论,湖南教育出版社,1988年.

［13］冯晋臣,季静秋,曹立宏,陈漂,模糊模式识别,河北科学技术出版社,1992年.

［14］林尧瑞,张钹,石纯一,专家系统原理与实践,清华大学出版社,1988年.

［15］许卓群主编,知识工程进展1990,中国地质大学出版社,1990年.

［16］刘椿年,曹德和,PROLOG语言——它的应用与实现.

［17］刘大有主编,人工智能学术会议93论文集,吉林大学出版社,1993年.

［18］刘开瑛,郭炳炎,自然语言处理,科学出版社,1991年.

［19］刘叙华,模糊逻辑与模糊推理,吉林大学出版社,1989年.

［20］刘叙华主编,中国人工智能90,吉林大学出版社,1990年.

［21］刘叙华,数理逻辑基础,吉林大学出版社,1991年.

［22］刘叙华,基于归结方法的自动推理,科学出版社,1994年.

［23］刘叙华,姜云飞,定理机器证明,科学出版社,1987年.

［24］孙怀民主编,知识工程进展1988,中国地质大学出版社,1988年.

［25］孙宗智,赵瑞清,LISP语言,气象出版社,1986年.

［26］李未,怀进鹏,白硕编,智能计算机基础研究,清华大学出版社,1994年.

［27］何新贵,知识处理与专家系统,国防工业出版社,1990年.

［28］何新贵,模糊知识处理的理论和技术,国防工业出版社,1994年.

［29］何自然,语用学概念,湖南教育出版社,1988年.

［30］吴文俊,几何定理机器证明的基本原理(初等几何部分),科学出版社,1984年.

［31］陈世福,潘金贵等编,知识工程语言与应用,南京大学出版社,1989年.

［32］陈克艰,上帝怎样掷骰子,四川人民出版社,1987年.

［33］陆汝钤等,专家系统开发环境,科学出版社,1994年.

［34］沈清,汤霖,模式识别导论,国防科技大学出版社,1991年.

［35］赵瑞清,专家系统原理,气象出版社,1987年.

［36］张钹,张铃,问题求解理论及应用,清华大学出版社,1990年.

[37] 周远清,张再兴,智能机器人系统,清华大学出版社,1989 年.

[38] 胡守仁,张晨曦等,逻辑程序并行处理技术,国防工业出版社,1992 年.

[39] 胡运发,高宏奎,人工智能系统——原理与设计,国防科技大学出版社,1988 年.

[40] 胡壮麟,朱永生,张德录,系统功能语法概论,湖南教育出版社,1989 年.

[41] 洪加荣主编,中国机器学习 91,哈尔滨工业大学,1991 年.

[42] 桂诗春,应用语言学,湖南教育出版社,1988 年.

[43] 莫绍揆,数理逻辑初步,上海人民出版社,1980 年.

[44] 贺仲雄,模糊数学及其应用,天津科学技术出版社,1983 年.

[45] 涂序彦,人工智能及其应用,电子工业出版社,1988 年.

[46] 涂纪亮,英美语言哲学概论,人民出版社,1988 年.

[47] 徐立本,姜云飞编,机器学习及其应用,吉林大学社会科学丛刊编辑部,1988 年.

[48] 徐立本主编,机器学习新方法,吉林大学出版社,1990 年.

[49] 渠川璐,人工智能,专家系统及智能计算机,北京航空航天大学出版社,1991 年.

[50] 黄可鸣,专家系统导论,东南大学出版社,1988 年.

[51] 焦李成,神经网络系统理论,西安电子科技大学出版社,1990 年.

[52] 童骊,沈一栋,知识工程,科学出版社,1992 年.

[53] 傅京孙,蔡自兴,徐光佑,人工智能及其应用,清华大学出版社,1987 年.

[54] 管纪文,刘大有等,知识工程原理,吉林大学出版社,1988 年.

[55] 戴汝为,史忠植主编,人工智能和智能计算机,电子工业出版社,1991 年.

## 三、系列国际会议和系列文献

[1] Advances in Computer Chess(英国,1977 年起).

[2] Annual Conference on Uncertainty in Artificial Intelligence(1985 年起).

[3] Annual Meeting of the Association for Computational Linguistics.

[4] Artificial Intelligence and Advanced Computer Technology Conference & Exhibition(欧洲).

[5] Australian Knowledge Engineering Congress(1988 年起).

[6] European Conference on Artificial Intelligence(1974 年起).

［ 7 ］European Workshop on Knowledge Acquisition for Knowledge-Based Systems(1987 年起).

［ 8 ］German Workshop on Artificial Intelligence(德国,德文,1977 年起).

［ 9 ］Heuristic Programming Project(HPP)，Report，Stanford University.

［10］IEEE Transaction on Pattern Analysis and Machine Intelligence(1984 年起).

［11］IEEE Transaction on Systems，Man，and Cybernetics(SMC) (1981 年起).

［12］IEEE Workshop on Principles of Knowledge-Based Systems，1984.

［13］International Conference on AI Methodology, Systems, Applications (Bulgaria，1986 年起).

［14］International Conference on AI in Economics and Management (Singapore，1988 年起).

［15］International Conference on Applications of AI in Engineering(1986 年起).

［16］International Conference on Automated Deduction(1983 年起).

［17］International Conference on Database and Expert System Applications (1990 年起).

［18］International Conference on Fifth Generation Computer Systems(日本, 1984 年起).

［19］International Conference on Industrial and Engineering Applications of AI and Expert Systems (1988 年起).

［20］International Conference on Information Processing(IFIP Congress).

［21］International Conference on Intelligent Systems Engineering(1992 年起).

［22］International Conference on Machine Learning(1985 年起).

［23］International Conference on Principles of Knowledge Representation and Reasoning(Canada Society for Computational Studies of Intelligence, AAAI，IJCAI，1989 年起).

［24］International Conference on Temporal Logic(1994 年起).

［25］International Conference on the State of the Art in Machine Translation (1986 年起).

［26］International Neural Network Society Annual Meeting(AT&T).

［27］International Symposium on Logic Programming(美国,1984 年起).

［28］International Symposium on Methodologies for Intelligent Systems(1991

年起).

[29] International Workshop on AI and Statistics(Society for AI and Statistics，AAAI, 1988 年起).

[30] International Workshop on Expert Systems and Their Applications（法国,1981 年起).

[31] International Workshop on Inductive Logic Programming(1991 年起).

[32] Machine Intelligence(英国,1967 年起).

[33] Symposium on Computer and Information Sciences(美国,1964 年起).

[34] The International Joint Conference on Artificial Intelligence(JICAI, 1969 年起).

[35] The National Conference on AI(AAAI Conference,美国,1980 年起).

[36] Workshop on Knowledge Acquisition for Knowledge-Based Systems（ΛAAI, 1986 年起).


## 四、杂志

[ 1 ] AI Communications，the European Journal on Artificial Intelligence(欧洲).

[ 2 ] AI and Law(U.S.A.).

[ 3 ] AI and Society，the Journal of Human and Machine Intelligence(Springer).

[ 4 ] AI Magazine(AAAI).

[ 5 ] AI Review(U.K.).

[ 6 ] An International Journal on New Generation Computing(Springer).

[ 7 ] Annals of Mathematics and AI(Isreal).

[ 8 ] Applied Artificial Intelligence，An International Journal(Austria).

[ 9 ] Applied Intelligence(U.S.A.).

[10] Artificial Intelligence(North-Holland).

[11] Artificial Intelligence in Engineering(CMP).

[12] Automated Software Engineering(U.S.A.).

[13] Cognition(France).

[14] Computational Intelligence(Canada，National Research Council).

[15] Computer Speech & Language(Academic Press).

[16] Cognitive Science, a Multidisciplinary Journal(ABLEX).

[17] Computational Linguistics(ACL).

[18] Computer Vision, Graphics, and Image Processing(Academic Press).

[19] Computer Surveys.

[20] Data & Knowledge Engineering(Academic Press).

[21] Engineering Application of AI(U.S.A.).

[22] Expert Systems Strategies(Harmon Associates).

[23] Expert Systems, the International Journal of Knowledge Engineering (Learned Information).

[24] Expert Systems with Applications(U.S.A.).

[25] Future Generation Computer Systems(North-Holland).

[26] Human Computer Interaction(Lawrence Erlbaum Associates).

[27] Information and Control(New York).

[28] Intelligent Systems Engineering Journal(U.K.).

[29] International Classification(INDEKS).

[30] International Journal of Approximate Reasoning(U.S.A.).

[31] International Journal of Engineering Intelligent Systems(U.K.).

[32] International Journal of Expert Systems, Research and Application(U.S.A.).

[33] International Journal of Intelligent and Cooperative Information Systems (Singapore).

[34] International Journal of Intelligent Systems(U.S.A.).

[35] International Journal of Man-Machine Studies(Academic Press).

[36] Journal of Applied Non-Classical Logics(France).

[37] Journal of Artificial Intelligence Research(U.S.A.).

[38] Journal of Automated Reasoning(D.Reidel).

[39] Journal of Experimental and Theoretical Intelligence(U.S.A.).

[40] Journal of Intelligent Information Systems(U.S.A.).

[41] Journal of Logic and Computation(U.K.).

[42] Journal of Logic, Language and Information(Netherlands).

[43] Journal of Machine Learning(U.S.A.).

[44] Journal of Symbolic Computation(Austria).

[45] KI(德国,SYNERGTECH).

[46] Knowledge Acquisition(U.K.).

[47] LISP Pointers，Newsletter(IBM).

[48] Minds and Machines(U.S.A.).

[49] Pattern Recognition(Pergamon).

[50] User Modelling and User-Adapted Interaction，An International Journal (German).

[51] The Knowledge Engineering Review(Cambridge).

[52] The Journal of Logic Programming(North-Holland).